高级油藏管理与工程(第2版)

Advanced Reservoir Management and Engineering, 2nd Edition

[美]塔雷克·艾哈迈德(Tarek Ahmed),
[美]纳森·梅汉(D. Nathan Meehan)著
白振瑞　杨国丰　朱起煌等　译

中国石化出版社

著作权合同登记　　图字 01-2014-8338

图书在版编目(CIP)数据

高级油藏管理与工程/(美)塔雷克·艾哈迈德(Tarek Ahmed),(美)纳森·梅汉(D. Nathan Meehan)著;白振瑞,杨国丰,朱起煌译. —2版. —北京:中国石化出版社,2019.9
ISBN 978-7-5114-5491-1

Ⅰ. ①高… Ⅱ. ①塔… ②纳… ③白… ④杨… ⑤朱… Ⅲ. ①油藏管理-高等学校-教材 ②油藏工程-高等学校-教材 Ⅳ. ①TE34

中国版本图书馆 CIP 数据核字(2019)第 189831 号

中国石化出版社出版发行
地址:北京市东城区安定门外大街 58 号
邮编:100011　电话:(010)57512500
发行部电话:(010)57512575
http://www.sinopec-press.com
E-mail:press@sinopec.com
北京柏力行彩印有限公司印刷
全国各地新华书店经销
*
787×1092 毫米 16 开本 42 印张 1066 千字
2019 年 10 月第 1 版　2019 年 10 月第 1 次印刷
定价:198.00 元

译者序

据 EIA 预测(IEO 2003)，2010~2040 年间，在经济发展的带动下，全球能源消费将增长 56%。虽然可再生能源和核能都将以每年 2.5%的速度增长，但化石燃料在世界能源使用总量中所占比重仍将保持在 80%左右。油气在化石能源供应中的主体地位仍将保持不变，全球石油及其他液态燃料的年消费量将从 2010 年的 4.45Gt 增长到 2040 年的 5.88Gt；而全球天然气消费量将从 2010 年的 $3.2\times10^{12}m^3$ 大幅增加到 2040 年的 $5.2\times10^{12}m^3$。

与此同时，油气供应面临的挑战却在不断加大。随着世界油气勘探程度的不断提高，条件比较好的常规油气发现的数量在减少，而且规模也在变小。油气勘探的重点领域逐渐转向条件恶劣的深水、沙漠、极地及偏远地区。在油气开发方面，成熟油气区常规油气资源的开采难度在逐渐加大，对油气藏管理的要求越来越高，提高采收率已成为增储上产的重要途径。新的大型油气发现大都集中在深海，例如墨西哥湾和巴西海域盐下层以及西非和东非深海的大型油气发现，这些油气田的开发面临极大的技术挑战。非常规油气资源潜力巨大，近年来，随着技术的进步，越来越多的非常规油气资源得以开发。北美(尤其是美国)的页岩气和致密油开发快速发展，已经成为当前油气工业的热点和亮点。据 BP 公司预测，到 2030 年全球页岩气产量将达到 $7540\times10^8m^3$，占当年天然气总产量的 16.5%；致密油产量将达到 450Mt，占原油总产量的 9%。

在油气勘探开发难度增加的同时，环境保护的要求也在不断提高。油气的勘探和开采都会产生大量的污染源，如果处理措施不当，都会造成极其严重的环境破坏。在当今大力倡导绿色发展的形势下，油气行业需要增强环保意识，并努力做好环境保护工作。

不论是复杂地区的油气勘探、老油区的增储上产，还是勘探开发过程中的环境保护，都需要有先进的新技术。国外(尤其是美国)等油气技术强国在油气上游的各个领域都在不断进行技术创新，而且也积累了丰富的经验，相关的技术文献很多。

为了引介国外先进的油气勘探开发理论和技术，进一步促进我国相关领域的理论研究和技术研发，由中国石化集团公司科技部组织，中国石化石油勘探开发研究院牵头，联合中石化石油工程设计有限公司、中国石化河南油田分公司、中国石化江汉油田分公司、中国石化出版社等单位，召集有关专家学者，根据国内油气勘探开发的技术需求，在广泛征求业内专家意见的基础上，优选了一批代表国外油气勘探开发技术最新成果的科技专著，以译丛的形式翻译出版，供国内读者阅读、参考。

该套系列图书的顺利出版，是团队合作的结果，是集体智慧的结晶。向给予大力支持的以上单位和参与翻译出版工作的专家们致以诚挚谢意！

由于本套丛书涉及的专业面较广，而参与翻译和审校人员的专业背景不同，难免有疏漏之处，敬请读者批评指正。

译丛编译工作组
2019 年 7 月

前　言

本书重点论述如何运用最简单且最直观的数学手段来说明油藏工程的基本物理过程。只有对油藏工程的物理过程有了全面而深入的认识，油藏工程师才能以务实的方式来解决复杂的油藏问题。本书既适合于作为本科高年级学生和硕士研究生的教科书，也适合于作为从事实际工作的工程师的参考书。

第1章论述了试井和压力分析的理论与实践，这可能是油藏工程中最为重要的内容。第2章介绍了各种水侵模型并详细描述了其应用中所涉及的计算步骤。第3章讨论了非常规气藏工程所涉及的数学问题，这里所讲的非常规气藏包括超压气藏、煤层气、致密气、天然气水合物和浅层气藏。第4章探讨了石油开采机理的基本原理，以及各种形式的物质平衡式(BME)。第5章重点论述了物质平衡方程在不同驱替机理下储层动态预测中的实际应用。第6章则概述了提高石油采收率的机理及其应用。第7章介绍了油田经济分析的基本原则，包括风险分析、不同的国际财税制度及储量报告等问题。第8章探讨了油藏工程师需要了解的财务报告和并购问题。第9章论述了石油工程师的职业精神和职业道德。

目 录

第 1 章　试井分析

1.1　主要的储层特征

多孔介质中的流体流动很复杂，无法像导管中的流体流动那样明确地进行描述。导管的长度和直径比较容易测量，而且以压力函数的方式计算其流动能力也不难。然而，多孔介质中的流体流动与其不同之处，在于没有适宜于测量的明确流动路径。

近年来，多孔介质中的流体流动分析一直在朝着两个方向发展：试验研究和解析研究。物理学家、工程师和水文地质学家通过试验研究了不同流体穿过多孔介质流动的特性，包括从填砂柱到熔结派莱克斯耐热玻璃(fused Pyrex glass)的一系列多孔介质。在其分析研究的基础上，他们曾尝试找出规律并建立相关关系，用于对类似的流动系统进行解析预测。

本章的目的是介绍用于描述储层流体流动特性的数学关系式。这些关系式的数学表达方式会随着储层特性的不同而呈现一定的变化。必须加以考虑的主要储层特性包括以下几点：储层流体类型、流动状态、储层几何形态、储层中流动的流体的种类数量。

1.1.1　流体类型

等温压缩系数基本上是储层流体类型识别方面的主要因素。总体上，储层流体可以划分为三大类：不可压缩流体、微可压缩流体和可压缩流体。

等温压缩系数(c)可以由以下两个等效的数学表达式进行描述。

以流体体积来表示：

$$c=\frac{-1}{V}\frac{\partial V}{\partial p} \tag{1.1}$$

以流体密度来表示：

$$c=\frac{1}{\rho}\frac{\partial \rho}{\partial p} \tag{1.2}$$

式中：V 为流体体积；ρ 为流体密度；p 为压力，psi(1psi≈6.895kPa，下同)；c 为等温压缩系数(Ψ^{-1})。

1.1.1.1　不可压缩流体

不可压缩流体是指体积或密度不随压力变化而变化的流体，也就是：

$$\partial V/\partial p=0 \text{ 和 } \partial \rho/\partial p=0$$

绝对意义上的不可压缩流体并不存在。但在一些情况下，为了简化求导过程和最终的流动方程表达式，可以假设存在这样的流体特性。

1.1.1.2　微可压缩流体

“略微”可压缩流体是指体积或密度会随着压力变化而表现出轻微变化的流体。如果在参考(初始)压力(p_{ref})条件下微可压缩流体的体积(V_{ref})已知，通过对式(1.1)进行积分，可以对这种流体的体积特征随压力(p_{ref})的变化进行数学描述。其数学表达式如下：

$$\begin{gathered}
-c\int_{p_{ref}}^{p}\mathrm{d}p=\int_{V_{ref}}^{V}\frac{\mathrm{d}V}{V} \\
\exp[c(p_{ref}-p)]=\frac{V}{V_{ref}} \\
V=V_{ref}\exp[c(p_{ref}-p)]
\end{gathered} \tag{1.3}$$

式中：p 为压力，psi(绝)；V 为压力 p 条件下的体积，ft^3(1ft≈0.3048m，下同)；p_{ref} 为初始(参考)压力，psi(绝)；V_{ref} 为初始(参考)压力，psi(绝)条件下的流体体积。

指数项 e^x 可以由以下基数展开式来表述：

$$e^x = 1+x+\frac{x^2}{2!}+\frac{x^2}{3!}+\cdots+\frac{x^n}{n!} \tag{1.4}$$

由于指数 x[代表 $c(p_{ref}-p)$ 项]非常小，通过截尾可以近似地把指数项 e^x 表述为：

$$e^x = 1+x \tag{1.5}$$

把式(1.5)与式(1.3)合并后得出：

$$V=V_{ref}[1+c(p_{ref}-p)] \tag{1.6}$$

对式(1.2)进行类似的求导可以得出：

$$\rho=\rho_{ref}[1+c(p_{ref}-p)] \tag{1.7}$$

式中：V 为压力 p 条件下的体积；ρ 为压力 p 条件下的密度；V_{ref} 为初始(参考)压力(p_{ref})条件下的流体体积；ρ_{ref} 为初始(参考)压力(p_{ref})条件下的密度。

应当指出的是，很多原油和水流动系统都属于这种类型。

1.1.1.3　可压缩流体

可压缩流体是指流体体积会随着压力变化而出现大幅度变化的流体。所有的气体和气-液流动系统均被视为可压缩流体。类似于式(1.5)的基数展开式截尾处理方法，并不适用于这种流体类型，因此采用了由式(1.4)给出的完整展开式。

任何蒸气相流体的等温压缩系数都可以由下列表达式进行描述：

$$c_g=\frac{1}{p}-\frac{1}{Z}\left(\frac{\partial Z}{\partial p}\right)_T \tag{1.8}$$

图 1.1 和图 1.2 展示了所有三种流体类型的体积和密度随压力变化的示意图。

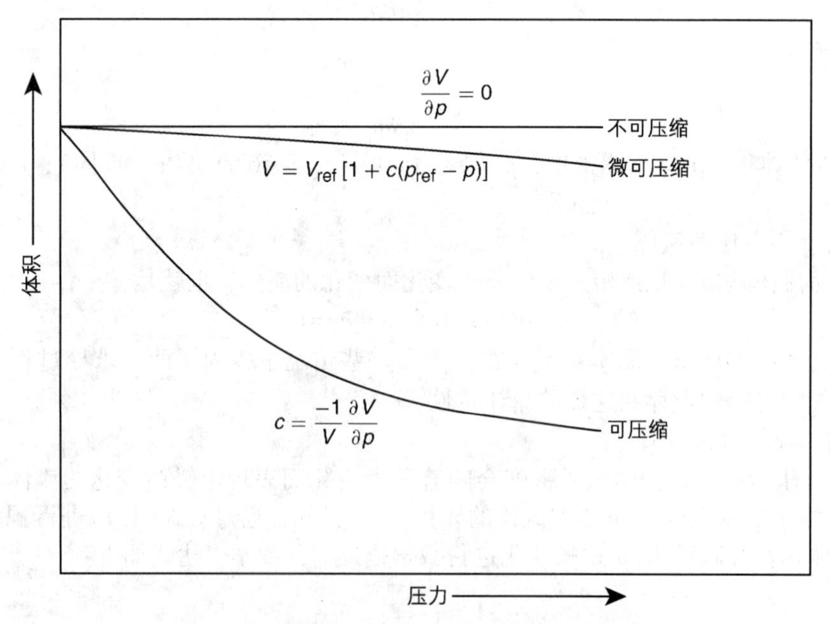

图 1.1　不同类型流体的压力-体积关系曲线

1.1.2　流动状态

要描述流体流动特征及作为时间函数的储层压力分布，必须识别三种流体流动状态，它们分别是：稳态流、非稳态流和拟稳态流。

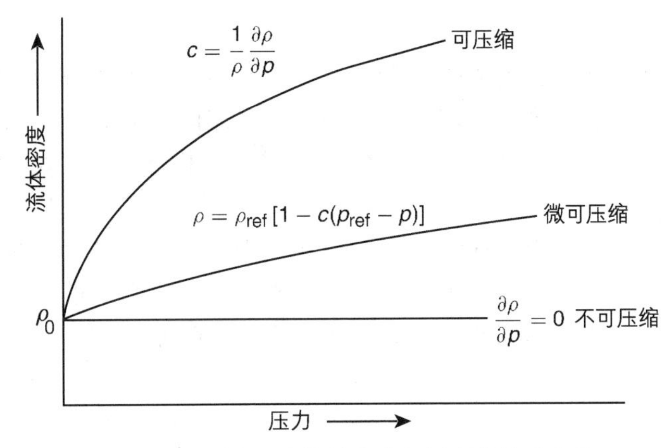

图 1.2　不同类型流体的密度与压力的关系曲线

如果油藏各处的压力都保持恒定，即不随时间而变，那么流体流动状态就可以视为稳态流。这种流动状态的数学表达式为：

$$(\partial p/\partial t)_i = 0 \tag{1.9}$$

这个方程描述的是：在任意位置(i)处压力(p)随时间(t)的变化是零。在油藏中，只有通过强含水层或者通过压力保持作业，油藏得到完全补给并实现压力支撑，才能出现稳态流动状态。

非稳态流(通常被称作“瞬变流动”)是指在油藏任意位置上压力随时间变化的速度不为零或不恒定情况下的流动状态。这个定义说明压力对时间的导数基本上是位置(i)和时间(t)的函数，即：

$$(\partial p/\partial t) = f(i, t) \tag{1.10}$$

拟稳态流是指在油藏不同位置上压力随时间呈线性递减(即以恒定的速度递减)情况下的流动状态。就数学意义而言，这个定义说明油藏中每个位置上压力随时间变化的速度都是恒定的，即：

$$(\partial p/\partial t)_i = \text{常数} \tag{1.11}$$

应当指出的是，拟稳态流通常被称为半稳态流(seimisteady-state flow)或拟稳定流(quasisteady-state flow)，而且微可压缩流体也有可能出现这种流动状态。图 1.3 示意性地对比了这三种流动状态下压力随时间递减的曲线。

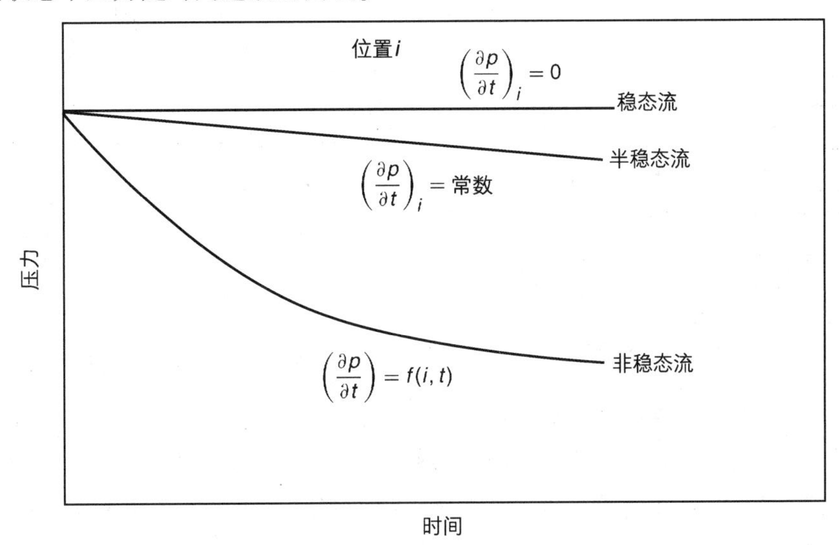

图 1.3　流动状态

1.1.3 油藏几何形态

油藏形状对其流动特征具有很大的影响。大多数油藏都具有不规则的边界，通常只有采用数值模拟器才有可能对其几何形态进行严格的数学描述。然而，对于很多工程目的而言，实际的流动几何形态可以由以下几种流动几何形态之一来描述：径向流、线性流、球状和半球状流。

在油藏不存在严重的非均质性的情况下，在井筒周围相当大的距离内流入或者流出井筒的流体都沿径向流线流动。由于流体从四周向井筒流动并在井筒内汇聚，所以采用“径向流”这个术语来描述进入井筒的流体流动。图 1.4 显示了径向流动系统的理想化流线和等势线。

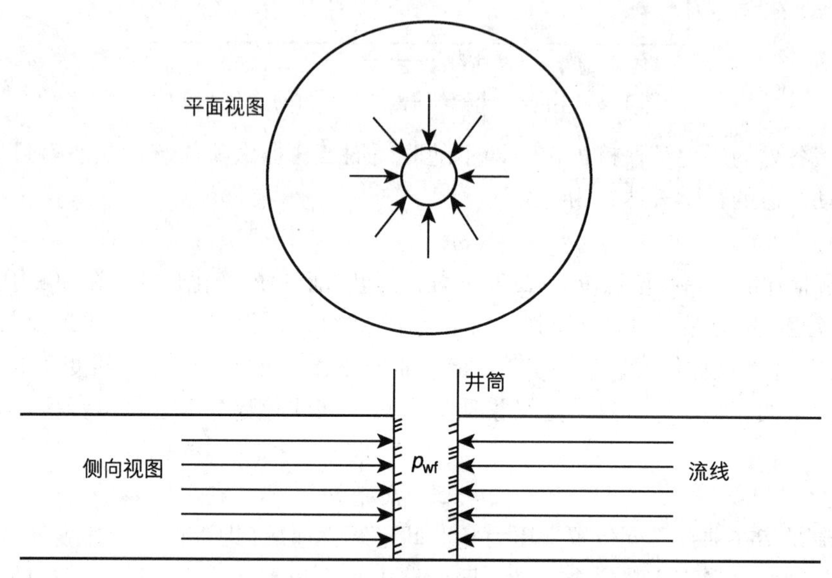

图 1.4　流入井筒的理想化径向流示意图

在流动路径平行且流体沿同一个方向流动的情况下就会出现线性流。此外，流动通道的横截面面积必须是恒定的。图 1.5 显示了理想化的线性流动系统。线性流动方程的一个常见的应用是描述进入纵向水力裂缝的流体流动(见图 1.6)。

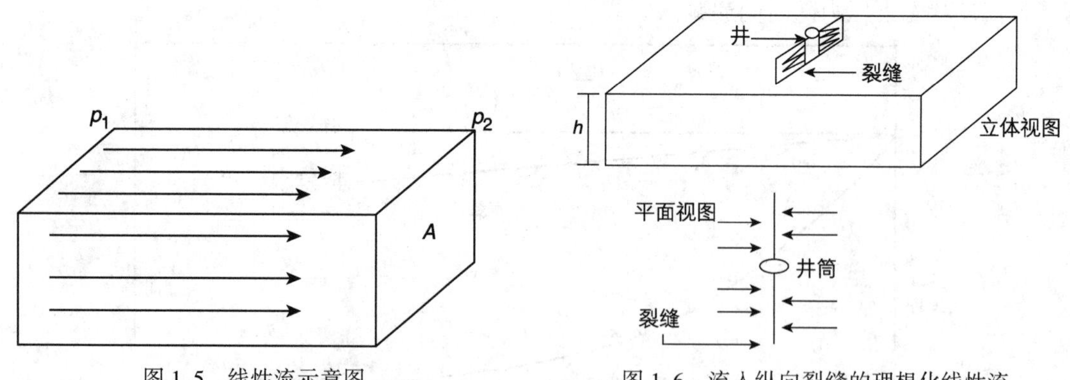

图 1.5　线性流示意图

图 1.6　流入纵向裂缝的理想化线性流

在近井筒地带会出现球形流或半球形流，这要取决于井筒完井配置(completion configuration)的类型。射孔段长度有限的井，在射孔段附近会形成球形流，如图 1.7 所示。在打开程度不完善的井中(见图 1.8)，可能会形成半球形流。在底水锥进发挥重要作用的情况下，也会产生半球形流。

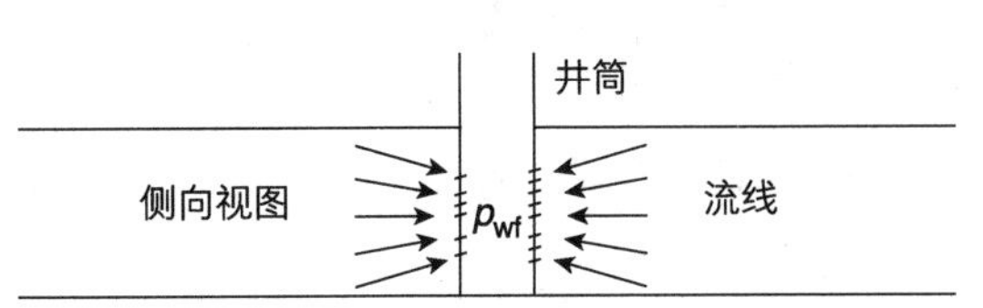

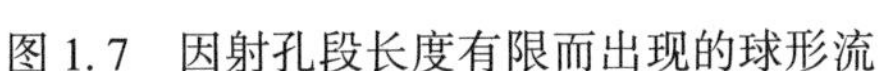
图 1.7　因射孔段长度有限而出现的球形流

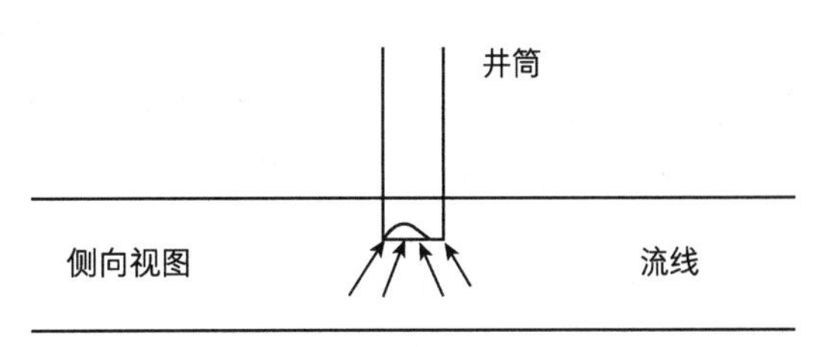

图 1.8　在打开程度不完善的井中形成的半球形流

1.1.4　油藏中流动的流体种类数量

用于预测油藏开采动态(volumetric performance)和压力特征的数学表达式，其形式和复杂性都会因油藏中可动流体的种类多少而不同。一般存在三种流动系统：单相流(石油、水或气)、两相流(油–水、油–气或气–水)和三相流(油、水和气)。随着可动流体种类数量的增多，流体流动的描述和随后的压力数据分析都会更加困难。

1.2　流体流动方程

用于描述油藏流动特征的流体流动方程有多种形式，这要取决于上文所述的变量组合(即流动类型、流体类型等)。把质量守恒方程与迁移式(达西方程)及各种状态方程相结合，可以建立所需的流动方程。鉴于所考虑的所有流动方程都取决于达西定律，考虑流动方程与迁移方程的关系就显得非常重要了。

1.2.1　达西定律(Darcy's law)

描述多孔介质中流体流动的基本定律是达西定律。达西(Darcy)于 1856 年提出的数学表达式说明，多孔介质中均质流体的流动速度与压力梯度成正比，而与流体黏度成反比。对于水平线性流动系统而言，这个关系式为：

$$v = q/A = -(k/\mu)(\mathrm{d}p/\mathrm{d}x) \tag{1.12a}$$

式中：v 为视速度，cm/s；q 为体积流量，cm^3/s；A 为岩石的总横截面积，cm^2。

换句话说，A 既包括了岩石物质的横截面积，又包括了孔隙通道的横截面积。流体黏度(μ)的单位是 cP(1cP=mPa·s，下同)，压力梯度($\mathrm{d}p/\mathrm{d}x$)是单位长度(cm)的大气压，其方向与 v 和 q 相同。比例常数 k 是岩石渗透率。

式(1.12a)中的负号是添加的，添加的原因是在图 1.9 中所示的流动方向上的压力梯度($\mathrm{d}p/\mathrm{d}x$)为负值。

对于水平径向流动系统而言，压力梯度是正值(参见图 1.10)，而且达西方程可以按照下列简化的径向流形式来表述：

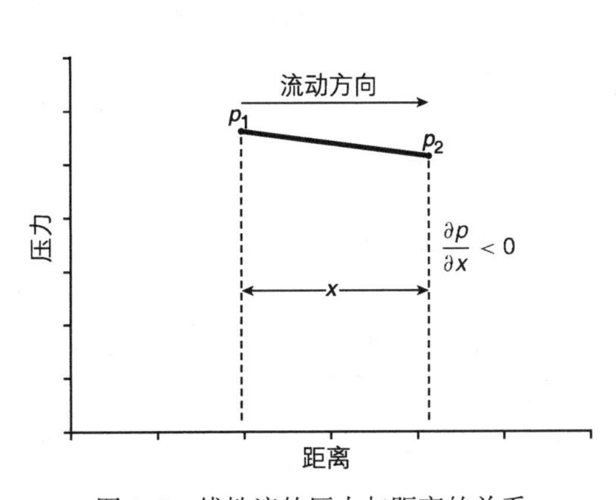

图 1.9　线性流的压力与距离的关系

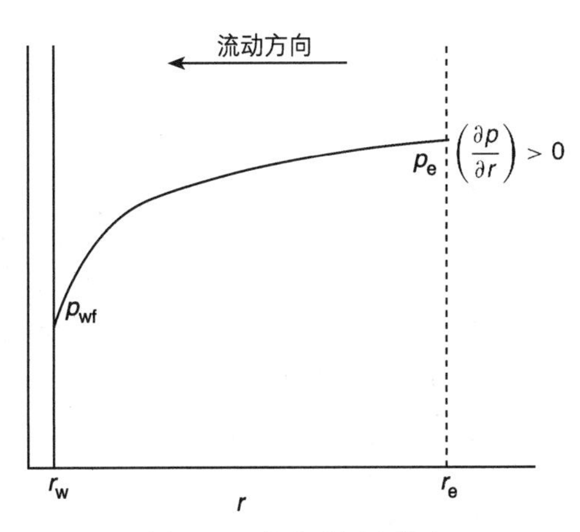

图 1.10　径向流压力梯度

$$v=q_r/A_r=(k/\mu)(\partial p/\partial r)_r \tag{1.12b}$$

式中：q_r为半径为r条件下的体积流量；A_r为半径为r条件下的流动横截面积；$(\partial p/\partial r)_r$为半径为$r$条件下的压力梯度；$v$为半径为$r$条件下的视流动速度。

半径为r条件下的横截面积基本上等于柱体的表面积。对于产层净厚度为h的完全打开的井而言，横截面积(A_r)的计算公式为：

$$A_r=2\pi rh$$

只有在满足以下条件的情况下，达西定律才适用：层流(黏滞流)、稳态流、不可压缩流体、均质地层。

对于在流速较高情况下出现的紊流而言，压力梯度增加的速度要大于流量增加的速度，因而需要对达西方程进行特殊的调整。在存在紊流的情况下，应用达西方程会导致严重的误差。针对紊流所做的调整将在本章后面进行论述。

1.2.2 稳态流

如上文所给的定义，稳态流是指整个油藏的压力都不随时间而变的流动状态。下面介绍如何运用稳态流来描述几种流体类型在不同油藏几何形态下的流动特征。这些流动类型包括：不可压缩流体的线性流、微可压缩流体的线性流、可压缩流体的线性流、不可压缩流体的径向流、微可压缩流体的径向流、可压缩流体的径向流和多相流。

1.2.2.1 不可压缩流体的线性流

在线性流动系统中，假定流体通过横截面积恒定为A的截面流动，而且两端都完全对流体流动开放。此外，还假设没有流体越过侧面、顶面或底面流动(见图1.11)。如果不可压缩流体通过单元dx流动，那么所有的点上都具有相同的流体速度v和流量q。这种流动系统中的流动特征可以由不同形式的达西方程来描述，即式(1.12a)。分离出式(1.12a)中的变量，并在这个线性流动系统的长度上进行积分：

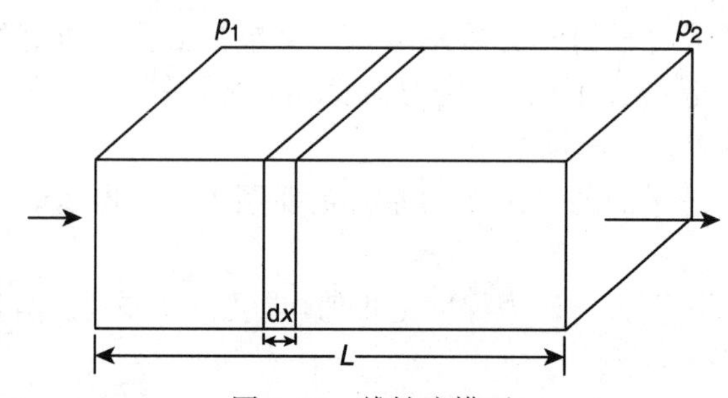

图1.11 线性流模型

$$\frac{q}{A}\int_0^L \mathrm{d}x=-\frac{k}{u}\int_{p_1}^{p_2}\mathrm{d}p$$

就可以得出：

$$q=kA(p_1-p_2)/\mu L$$

人们通常会希望采用常用的油田计量单位来表述上述关系式，即：

$$q=0.001127kA(p_1-p_2)/\mu L \tag{1.13}$$

式中：q为流量，bbl/d(1bbl=159L，下同)；k为绝对渗透率，mD(1mD≈$1\times10^{-3}\mu\text{m}^2$，下同)；$p$为压力，psi(绝)；$\mu$为黏度，cP；$L$为距离，ft；$A$为横截面积，ft^2。

【示例1.1】

假设不可压缩流体在具有下列特性的多孔介质中线性流动：L=2000ft；h=20ft；宽度=

300ft；$k=100\text{mD}$；$\phi=15\%$；$\mu=2\text{cP}$；$p_1=2000\text{psi}$；$p_2=1990\text{psi}$。

解答：

计算横截面积(A)：　　$A=h\times$宽度$=20\times100=6000(\text{ft}^2)$

利用式(1.13)计算流量：

$$q=0.001127kA(p_1-p_2)/\mu L=0.001127\times100\times6000(2000-1990)/(2\times2000)=1.6905(\text{bbl/d})$$

计算视速度：

$$v=q/A=1.695\times5.615/6000=0.0016(\text{ft/d})$$

计算实际的流体流动速度：

$$v=q/(\phi A)=1.695\times5.615/(0.15\times6000)=0.0105(\text{ft/d})$$

式(1.13)中的压差(p_1-p_2)并非倾斜油藏中流体流动的唯一驱动力。重力是另外一种重要的驱动力，在确定流体流动方向和计算流量时必须考虑重力的作用。流体梯度力(gradint force)的方向总是垂直向下，而在压降作用下所产生的力可以是任意方向的。推动流体流动的力就是这两个力的向量和。在实践中，我们是通过引入一个被称为“流体势”(符号 Φ)的新参数来获取这个结果的，流体势具有与压力相同的量纲，例如 psi。油藏中任意点的流体势被定义为该点的压力与相对于任意设定的基准面的流体压头所施加压力之差。设 Δz_i 为油藏中点 i 到这个基准面的垂直距离，则有：

$$\Phi_i=p_i-(\rho/144)\Delta z_i \tag{1.14}$$

式中：ρ 为密度，lb/ft^3(1lb≈0.454kg，下同)。

把式(1.14)中流体密度的单位转变为 g/cm^3 后，该方程变为：

$$\Phi_i=p_i-0.433\gamma\Delta z \tag{1.15}$$

式中：Φ_i 为点 i 处的流体势，psi；p_i 为点 i 处的压力，psi；Δz_i 为从点 i 到所选取基准面的垂直距离；ρ 为油藏条件下的流体密度，lb/ft^3；γ 为油藏条件下的流体密度(它并不是流体的相对密度)，g/cm^3。

基准面一般选取气-油界面、油-水界面或地层的最高点。在采用式(1.14)或者式(1.15)计算位置点 i 处的流体势 Φ_i 时，如果点 i 位于基准面之下，那么纵向距离 z_i 的数值为正；如果点 i 在基准面之上，那么纵向距离就为负值。

如果点 i 在基准面之上，则有：

$$\Phi_i=p_i+(\rho/144)\Delta z_i$$

其等效方程为：

$$\Phi_i=p_i+0.433\gamma\Delta z_i$$

如果点 i 在基准面之下，则有：

$$\Phi_i=p_i-(\rho/144)\Delta z_i$$

其等效方程为：

$$\Phi_i=p_i-0.433\gamma\Delta z_i$$

把上述简化的概念应用于达西方程[式(1.13)]，则得出：

$$q=0.001127kA(\Phi_1-\Phi_2)/\mu L \tag{1.16}$$

需要指出一点，只有在流动系统是水平的情况下，流体势降($\Phi_1-\Phi_2$)才会等于压降(p_1-p_2)。

【示例 1.2】

假设具有类似于示例 1.1 中所给定特性的多孔介质倾斜 5°，如图 1.12 所示。不可压缩流

体的密度为 $42lb/ft^3$。采用这个附加的信息解析示例 1.1。

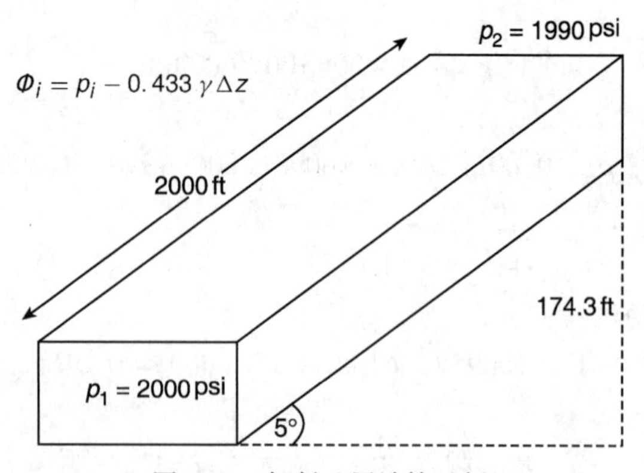

图 1.12　倾斜地层计算示例

解答：

第 1 步，为了通过图解说明流体势的概念，选取两点之间垂直距离的中点作为基准面，即 87.15ft，如图 1.12 所示。

第 2 步，计算点 1 和点 2 处的流体势。由于点 1 位于基准面之下，所以：

$$\Phi_1=p_1+(\rho/144)\Delta z_1=2000-(42/144)\times87.15=1974.58(\mathrm{psi})$$

由于点 2 位于基准面之上，所以：

$$\Phi_2=p_2+(\rho/144)\Delta z_2=1990-(42/144)\times87.15=2015.42(\mathrm{psi})$$

由于 $\Phi_2>\Phi_1$，流体向下从点 2 向点 1 流动。流体势之差为：

$$\Delta\Phi=2015.42-1974.58=40.84(\mathrm{psi})$$

注意，如果我们选择点 2 作为基准面，那么：

$$\Phi_1=2000-(42/144)\times174.3=1949.16(\mathrm{psi})$$

$$\Phi_2=1990-(42/144)\times0=1990(\mathrm{psi})$$

上述计算表明，不管所选取的基准面位置在哪里，流体都是从点 2 到点 1 向下流动，而且流体势之差都是：

$$\Delta\Phi=1990-1949.16=40.84(\mathrm{psi})$$

第 3 步，计算流量：

$$q=0.001127kA(\Phi_1-\Phi_2)/\mu L=0.001127\times100\times6000\times40.84/(2\times2000)=6.9(\mathrm{bbl/d})$$

第 4 步，计算速度：

$$视速度=6.9\times5.615/6000=0.0065(\mathrm{ft/d})$$

$$实际速度=6.9\times5.615/(0.15\times6000)=0.043(\mathrm{ft/d})$$

1.2.2.2　微可压缩流体的线性流

式(1.6)描述了微可压缩流体的压力与体积之间的关系，即 $V=V_{\mathrm{ref}}[1+c(p_{\mathrm{ref}}-p)]$。

这个方程可以变形，以流量的方式表述为：

$$q=q_{\mathrm{ref}}[1+c(p_{\mathrm{ref}}-p)] \tag{1.17}$$

其中，q_{ref}是参照压力(p_{ref})下的流量。把上述关系式代入达西方程得出：

$$q/A=q_{\mathrm{ref}}[1+c(p_{\mathrm{ref}}-p)]/A=-0.001127(k/\mu)(\mathrm{d}p/\mathrm{d}x)$$

分离出变量并对方程进行整理：

$$\frac{q_{ref}}{A}\int_0^L dx = -0.001127\frac{k}{\mu}\int_{p_1}^{p_2}\left[\frac{dp}{1+c(p_{ref}-p)}\right]$$

对上述方程求积分得出：

$$q_{ref} = \left[\frac{0.001127kA}{\mu cL}\right]\ln\left[\frac{1+c(p_{ref}-p_2)}{1+c(p_{ref}-p_1)}\right] \tag{1.18}$$

式中：q_{ref}为参考压力(p_{ref})条件下的流量，bbl/d；p_1为上游压力，psi；p_2为下游压力，psi；k为渗透率，mD；μ为黏度，cP；c为平均流体压缩系数，psi^{-1}。

选取上游压力(p_1)作为参考压力(p_{ref})，并代入式(1.18)得出点1处的流量：

$$q_1 = (0.001127kA/\mu cL)\ln[1+c(p_1-p_2)] \tag{1.19}$$

选择下游压力(p_2)作为参考压力并代入式(1.18)得出：

$$q_2 = (0.001127kA/\mu cL)\ln\{1/[1+c(p_1-p_2)]\} \tag{1.20}$$

式中：q_1和q_2分别为点1和点2处的流量。

【示例 1.3】

以示例1.1中给出的线性流动系统为研究对象，假设流体类型为微可压缩流体，计算线性流动系统两端的流量。流体的平均压缩系数为$21\times10^{-5}psi^{-1}$。

解答：

选取上游压力作为参考压力得出：

$$\begin{aligned}q_1 &= (0.001127kA/\mu cL)\ln\{1/[1+c(p_1-p_2)]\}\\ &= (0.001127\times100\times6000)/(2\times21\times10^{-5}\times2000)\ln[1+21\times10^{-5}(2000-1990)]\\ &= 1.689(bbl/d)\end{aligned}$$

选取下游压力作为参考压力得出：

$$\begin{aligned}q_2 &= (0.001127kA/\mu cL)\ln\{1/[1+c(p_1-p_2)]\}\\ &= (0.001127\times100\times6000)/(2\times21\times10^{-5}\times2000)\ln\{1/[1+21\times10^{-5}(2000-1990)]\}\\ &= 1.689(bbl/d)\end{aligned}$$

上述计算结果表明，q_1和q_2的差别并不是很大，其原因是流体类型为微可压缩流体，因而其体积并不会随着压力而明显变化。

1.2.2.3 可压缩流体(气体)的线性流

对于均质线性流动系统中的黏滞(层流)气体流动而言，可以采用实际的气体状态方程计算压力p、温度T和体积V条件下的气体摩尔数(n)：

$$n = pV/ZRT$$

在标准条件下，被上述n摩尔气体占据的体积为：

$$V_{sc} = nZ_{sc}RT_{sc}/p_{sc}$$

把上述两个表达式合并而且假设$Z_{sc}=1$，可以得出：

$$pV/ZT = V_{sc}p_{sc}/T_{sc}$$

利用油藏条件下的流量q(bbl/d)和地表条件下的流量Q_{sc}(ft^3/d)来表示，上述方程可以等效地表述为：

$$p(5.615q)/ZT = Q_{sc}p_{sc}/T_{sc}$$

经重新整理后变为：

$$(p_{sc}/T_{sc})(ZT/p)(Q_{sc}/5.615)=q \tag{1.21}$$

式中：q 为压力 p 条件下的天然气产量，bbl/d；Q_{sc} 为标准条件下的天然气产量，ft^3/d；Z 为天然气压缩系数；T_{sc} 为标准温度，°R；p_{sc} 为标准压力，psi(绝)。

把上述方程两边都除以横截面积 A，并使之与达西定律相等[即式(1.12a)]，则得出：

$$q/A=(p_{sc}/T_{sc})(ZT/p)(Q_{sc}/5.615)=-0.001127(k/\mu)(dp/dx)$$

常数 0.001127 用于把国际单位制转换为油田单位制，分离变量并整理后可得出：

$$\left[\frac{Q_{sc}p_{sc}T}{0.006328kT_{sc}A}\right]\int_0^L dx=-\int_{p_1}^{p_2}\frac{p}{Z\mu_g}dp$$

假设在指定的压力范围 p_1 和 p_2 之间，$Z\mu_g$ 的值保持恒定，可以得出：

$$\left[\frac{Q_{sc}p_{sc}T}{0.006328kT_{sc}A}\right]\int_0^L dx=-\frac{1}{Z\mu_g}\int_{p_1}^{p_2}p\,dp$$

即：

$$Q_{sc}=0.003164T_{sc}Ak(p_1^2-p_2^2)/p_{sc}TZ\mu_g L$$

式中：Q_{sc} 为标准条件下的天然气产量，ft^3/d；k 为渗透率，mD；T 为温度，°R；μ_g 为天然气黏度，cP；A 为横截面积，ft^2；L 为线性流动系统的总长度，ft。

设 $p_{sc}=14.7$psi，$T_{sc}=520$°R，则上述表达式可变为：

$$Q_{sc}=0.111924Ak(p_1^2-p_2^2)/TZ\mu_g L \tag{1.22}$$

必须指出的是，天然气性质参数 Z 和 μ_g 随压力的变化非常强烈，但为了简化最终的气体流动方程，把它们从积分中去除了。在压力低于 2000psi 的条件下，上述方程的应用是有效的。必须在由式(1.23)定义的平均压力 $\bar{p}$ 下对天然气性质进行评价：

$$\bar{p}=\sqrt{\frac{p_1^2+p_2^2}{2}} \tag{1.23}$$

【示例 1.4】

相对密度为 0.72 的天然气在温度为 140℉ 多孔介质中线性流动。上游压力和下游压力分别为 2100psi 和 1894.73psi。横截面积恒定为 $4500ft^2$。总长度为 2500ft，绝对渗透率为 60mD。以 ft^3/d(标)为单位计算天然气产量($p_{sc}=14.7$psi，$T_{sc}=520$°R)。

解答：

第 1 步，采用式(1.23)计算平均压力：

$$\bar{p}=\sqrt{\frac{2100^2+1894.73^2}{2}}=2000\text{psi}$$

第 2 步，运用天然气的相对密度和下列方程计算其拟临界特性：

$$T_{pc}=168+325\gamma_g-125\gamma_g^{\,2}=168+325\times0.72-125\times0.72^2=395.5(°\text{R})$$

$$p_{pc}=677+15\gamma_g-37.5\gamma_g^{\,2}=677+15\times0.72-37.5\times0.72^2=668.4[\text{psi(绝)}]$$

第 3 步，计算拟对比压力和温度：

$$p_{pr}=2000/668.4=2.99$$

$$T_{pr}=600/395.5=1.52$$

第 4 步，根据 Standing-Katz 曲线图计算 Z 系数：

$$Z=0.78$$

第 5 步，运用 Lee-Gonzales-Eakin 法并按照下列计算顺序求取天然气黏度：

$$M_a = 325\gamma_g = 28.96 \times 0.72 = 20.85$$

$$\rho_g = pM_a/ZRT = 2000 \times 20.85/(0.78 \times 10.73 \times 600) = 8.3\text{lb/ft}^3$$

$$K = (9.4 + 0.02M_a)T^{1.5}/(209 + 19M_a + T)$$

$$= (9.4 + 0.02 \times 20.96)600^{1.5}/(209 + 19 \times 20.96 + 600) = 119.72$$

$$X = 3.5 + 986/T + 0.01M_a = 3.5 + 986/6000 + 0.01 \times 20.85 = 5.35$$

$$Y = 2.4 + 0.2X = 2.4 + 0.2 \times 5.35 = 1.33$$

$$\mu_g = 10^{-4}K \cdot \exp[X(\mu_g/62.4)^Y] = 0.0173(\text{cP})$$

第 6 步，采用方程 1.22 计算天然气产量：

$$Q_{sc} = 0.111924Ak(p_1{}^2 - p_2{}^2)/TZ\mu_g L$$

$$= 0.111924 \times 4500 \times 60 \times (2100^2 - 1894.73^2)/(600 \times 2500 \times 0.78 \times 0.0173)$$

$$= 1224242[\text{ft}^3/\text{d(标)}]$$

1.2.2.4　不可压缩流体的径向流动

在径向流动系统中，所有的流体都从四面八方流向生产井。然而，在流动启动前，必须存在压差。因此，一口井要生产石油，就意味着流体要穿过地层流向井筒，那么井筒所在位置地层的压力必须小于距井筒一定距离以外地层的压力。井筒所在位置的地层压力被称为井底流动压力(p_{wf})。

图 1.13 是一口直井中不可压缩流体径向流的示意图。假设产层具有均匀的厚度(h)和恒定的渗透率(k)。由于流体是不可压缩的，流量(q)在所有的半径下都一定是恒定的。在稳态流动条件下，井筒周围的压力剖面随时间保持恒定。

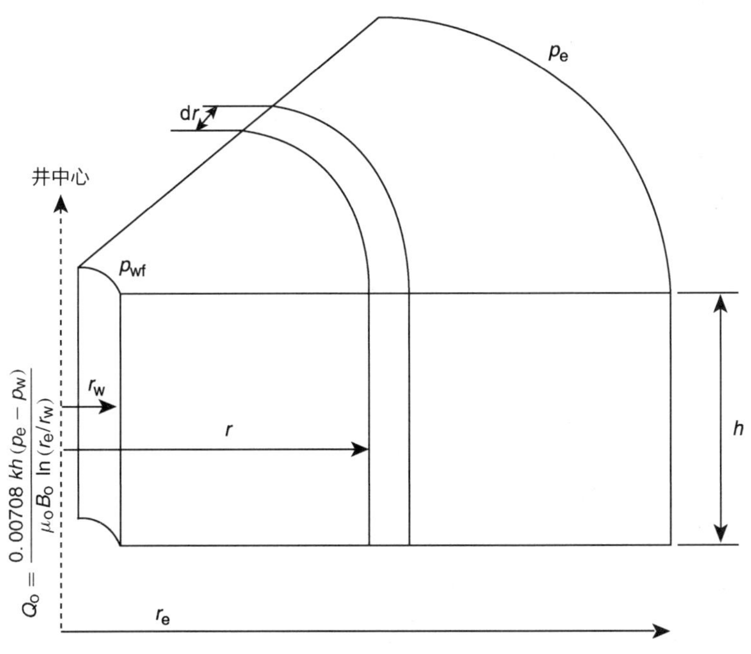

图 1.13　径向流模型

假设 p_{wf} 代表在井筒半径 r_w 条件下的井底流动压力，而 p_e 代表外半径或泄油半径处的外部压力，那么利用式(1.12b)所描述的简化达西定律方程，可以计算任意半径(r)处的流量：

$$v = q/A_r = 0.001127(k/\mu)(\text{d}p/\text{d}r) \tag{1.24}$$

式中：v 为视流速，bbl/(d·ft^2)；q 为半径 r 处的流量，bbl/d；k 为渗透率，mD；μ 为黏度，

cP；0.001127 为用于把方程转换为油田单位制的转化系数；A_r为半径 r 处的横截面积。

图 1.13 所示的径向流动系统(方程)中不再需要负号，其原因是半径增加的方向与压力增加的方向是一致的。换句话说，随着半径在离开井筒的方向上增大，压力也在增加。在油藏的任意点上，有流体流过的横截面积都是柱体的表面积($2\pi rh$)，即：

$$v=q/A_r=q/2\pi rh=0.001127(k/\mu)(dp/dr)$$

原油流动系统的流量通常以地表体积单位来表示，即储罐桶(STB)，而不是用油藏条件下的体积单位来表示。用符号 Q_o来代表以 STB/d 为单位的原油产量，那么：

$$q=B_oQ_o$$

式中：B_o是原油地层体积系数，bbl/STB。

达西方程中的流量可以 STB/d 为单位来表述，则得出以下方程：

$$B_oQ_o/2\pi rh=0.001127(k/\mu_o)(dp/dr)$$

在两个半径(r_1和 r_2)之间求这个方程的积分，可在压力为 p_1和 p_2条件下可以得出：

$$\int_{r_1}^{r_2}\left(\frac{Q_o}{2\pi h}\right)\frac{dr}{r}=0.001127\int_{p_1}^{p_2}\left(\frac{k}{\mu_oB_o}\right)dp \tag{1.25}$$

对于均匀地层中的不可压缩流动系统而言，式(1.25)可以简化为：

$$\frac{Q_o}{2\pi h}\int_{r_1}^{r_2}\frac{dr}{r}=\frac{0.001127k}{\mu_oB_o}\int_{p_1}^{p_2}dp$$

对其积分后可得出：

$$Q_o=0.00780kh(p_2-p_1)/\mu_oB_o\ln(r_2/r_1)$$

通常情况下，所关心的两个半径是井筒半径(r_w)和外部半径或泄油半径(r_e)。这样就可以得出：

$$Q_o=0.00780kh(p_e-p_w)/\mu_oB_o\ln(r_e/r_w) \tag{1.26}$$

式中：Q_o为石油产量，STB/d；p_e为外部压力，psi；p_{wf}为井底流动压力，psi；k 为渗透率，mD；μ_o为石油黏度，cP；h 为厚度，ft；r_e为外部或泄油半径，ft；r_w为井筒半径，ft。

外部(泄油)半径 r_e一般是根据单井控制面积来计算的，其方法是使单井控制面积等同于一个圆的面积。其计算公式为：

$$\pi r_e^2=43560A$$

即：

$$r_e=\sqrt{\frac{43560A}{\pi}} \tag{1.27}$$

式中：A 为的单井控制面积，acre(1acre≈4046.85m^2，下同)。

在实践中，外部半径和井筒半径往往都无法准确获得。好在是它们都是以对数的形式被纳入方程的，所以其在方程中的误差要小于半径本身的误差。

可以对式(1.26)进行整理，以求取任意半径 r 下的压力 p，计算公式为：

$$p=p_{wf}+(B_oQ_o\mu_o/0.00708kh)\ln(r/r_w) \tag{1.28}$$

【示例 1.5】

假设一座无名油田有一口生产井，在 1800psi 的稳定井底流动压力下以 600STB/d 的定产量生产。压力恢复试井资料分析表明，产层的渗透率为 120mD，均匀厚度为 25ft。该井的泄油面积大约为 40acre。此外，以下数据也是已知的：r_w=25ft，A=acre；B_o=1.25bbl/STB；μ_o=2.5cP。

计算压力剖面(分布)，并列出 1ft 半径间隔上的压降，分别为：从井筒半径 r_w到 1.25ft、从 4ft 到 5ft、从 19ft 到 20ft、从 99ft 到 100ft 和从 744ft 到 745ft。

解答：

第 1 步，整理式(1.26)并求解半径 r 处的压力。

$$
\begin{aligned}
p &= p_{wf} + (B_o Q_o \mu_o / 0.00708kh)\ln(r/r_w) \\
&= 1800 + [(2.5\times1.25\times600)/(0.00708\times120\times25)]\ln(r/0.25) \\
&= 1800 + 88.28\ln(r/0.25)
\end{aligned}
$$

第 2 步，计算指定半径处的压力，见表 1.1。

表 1.1　半径处的压力计算结果

r/ft	p/psi	半径间隔/ft	压降/psi
0.25	1800	0.25~1.25	1942−1800=142
1.25	1942		
4	2045	4~5	2064−2045=19
5	2064		
19	2182	19~20	2186−2182=4
20	2186		
99	2328	99~100	2329−2328=1
100	2329		
744	2506.1	744~745	2506.2−2506.1=0.1
745	2506.2		

图 1.14 显示了根据计算结果绘制的以半径为函数的压力剖面。

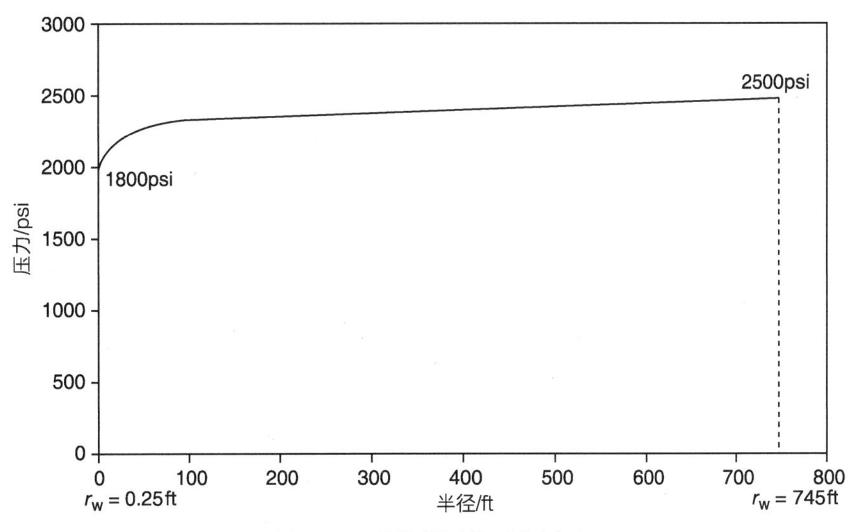

图 1.14　井筒周围的压力剖面

示例 1.5 的计算结果说明，井筒周围的压降(142psi)是 4~5ft 半径间隔上压降的 7.5 倍，是 19~20ft 半径间隔上压降的 36 倍，是 99~100ft 半径间隔上压降的 142 倍。井筒周围压降如此高的原因是：流体是从面积达 40acre 的泄油面积流入井筒的。

式(1.26)中外部压力 p_e 的测量很困难，但如果不存在很强且活跃的含水层，那么外部压力不会明显偏离初始地层压力。

多位研究者认为，在开展物质平衡计算和流量预测时，应当采用平均地层压力 p_r。在试井结果报告中，一般都会提供这个压力值。Craft 和 Hawkins(1959)证实，在稳态流动状态下，平均压力大致出现在泄油半径 r_e 的 61%处。

把 $0.61r_e$ 代入式(1.28)得出：

$$p(r=0.61r_e)=p_r=p_{wf}+(B_oQ_o\mu_o/0.00708kh)\ln(r/r_w)$$

或者用流量来表示：

$$Q_o=0.00708kh(p_r-p_{wf})/B_o\mu_o\ln(0.61r_e/r_w) \tag{1.29}$$

但由于 $\ln(r=0.61r_e)=\ln(0.61r_e/r_w)-0.5$，所以：

$$Q_o=0.00708kh(p_r-p_{wf})/B_o\mu_o[\ln(r_e/r_w)-0.5] \tag{1.30}$$

Golan 和 Whitson(1986)提出了近似计算普通油藏生产井泄油面积的方法。他们假设单井泄油体积与其流量成正比。假设油藏特性保持不变，而且厚度均匀，那么单井泄油面积 A_w 大致为：

$$A_w=A_T(q_w/q_T) \tag{1.31}$$

式中：A_w 为单井泄油面积；A_T 为油田的总面积；q_T 为油田总流量；q_w 为井产量。

1.2.2.5　微可压缩流体的径向流

Terry 等(1991)采用式(1.17)表述了微可压缩流体的流量与压力的关系。如果把这个方程代入符合达西定律的径向流方程，就可以得出：

$$q/A_r=q_{ref}[1+c(p_{ref}-p)]/2\pi rh=0.001127(k/\mu)(dp/dr)$$

式中：q_{ref} 是在参考压力 p_{ref} 条件下的流量。

分离出变量并假设在整个压降过程中压缩系数保持不变，那么在多孔介质长度上进行积分：

$$\frac{q_{ref}\mu}{2\pi kh}\int_{r_w}^{r_e}\frac{dr}{r}=0.001127\int_{p_{wf}}^{p_e}\frac{dp}{1+c(p_{ref}-p)}$$

可以得出：

$$q_{ref}=\left[\frac{0.00708kh}{\mu c\ln(r_e/r_w)}\right]\ln\left[\frac{1+c(p_e-p_{ref})}{1+c(p_{wf}-p_{ref})}\right]$$

$$Q_o=[0.00708kh/c_oB_o\mu_o\ln(r_e/r_w)]\ln[1+c_o(p_e/p_{wf})] \tag{1.32}$$

式中：c_o 为等温压缩系数，psi^{-1}；Q_o 为石油产量，STB/d；k 为渗透率，mD。

【示例 1.6】

红河油田(Red River Field)一口井的下列数据已知：$p_e=2506psi$；$p_{wf}=1800psi$；$r_e=745ft$；$r_w=0.25ft$；$B_o=1.25bbl/STB$；$\mu_o=2.5cP$；$k=0.12D$；$h=25ft$；$c_o=2531026psi^{-1}$。假设所开采的是微可压缩流体，计算石油产量。把其计算结果与不可压缩流体的进行对比。

解答：

对于微可压缩流体，石油产量可以由式(1.32)进行计算：

$$\begin{aligned}Q_o&=[0.00708kh/c_oB_o\mu_o\ln(r_e/r_w)]\ln[1+c_o(p_e/p_{wf})]\\&=[0.00708\times120\times25/(2.5\times1.25\times25\times10^{-6})\ln(745/0.25)]\times\\&\quad\ln[1+(25\times10^{-6})(2506-1800)]\\&=595(STB/d)\end{aligned}$$

假设所开采的是不可压缩流体，流量可以由达西方程[即式(1.26)]进行估算：

$$\begin{aligned}Q_o&=0.00708kh(p_e-p_w)/B_o\mu_o\ln(r_e/r_w)\\&=0.00708\times120\times25(2506-1800)/[2.5\times1.25\times\ln(745/0.25)]\\&=600(STB/d)\end{aligned}$$

1.2.2.6　可压缩气体的径向流

适用于水平层流的达西定律的基本微分形式(differential form)可用于描述气体和液体系统的流动。对于气体径向流动而言，其达西方程的表达式为：

$$q_{gr}=0.001127(2\pi rh)k/\mu_o(\mathrm{d}p/\mathrm{d}r) \tag{1.33}$$

式中：q_{gr}为半径 r 处的天然气产量，bbl/d；r 为径向距离，ft；h 为层厚，ft；μ_g为天然气黏度，cP；p 为压力，psi；0.001127 为把达西单位转换为油田单位的变换常数。

天然气产量传统的单位是 $\mathrm{ft^3/d}$(标)。把标准(地表)条件下的天然气产量称为 Q_g，运用天然气地层体积系数 B_g的概念，就可以把井筒流动条件下的天然气产量(q_{gr})转换为地表条件下的流量：

$$Q_g=q_{gr}/B_g$$

$$B_g(\mathrm{bbl/ft^3})=(p_{sc}/5.615T_{sc})(ZT/p)$$

即：

$$(p_{sc}/5.615T_{sc})(ZT/p)Q_g=q_{gr} \tag{1.34}$$

式中：p_{sc}为标准压力，psi(绝)；T_{sc}为标准温度，°R；Q_g为天然气产量，$\mathrm{ft^3/d}$；q_{gr}为半径 r 处的天然气产量，bbl/d；p 为半径 r 处的压力，psi(绝)；T 为油藏温度，°R；Z 为在压力 p 和温度 T 条件下的天然气压缩系数；Z_{sc}为标准条件下的天然气压缩系数(约为 1.0)。

把式(1.33)与式(1.34)合并，可以得出：

$$(p_{sc}/5.615T_{sc})(ZT/p)Q_g=0.001127(2\pi rh)k/\mu_o(\mathrm{d}p/\mathrm{d}r)$$

假设 $T_{sc}=520°\mathrm{R}$ 和 $p_{sc}=14.7$psi(绝)，则可以得出：

$$(TQ_g/kh)(\mathrm{d}r/r)=0.703(2p/\mu_o Z)\mathrm{d}p \tag{1.35}$$

从井筒(r_w和 p_{wf})向油藏中任意点(r 和 p)进行积分，可以得出：

$$\int_{r_w}^{r}\left(\frac{TQ_g}{kh}\right)\frac{\mathrm{d}r}{r}=0.703\int_{p_{wf}}^{p}\left(\frac{2p}{\mu_g Z}\right)\mathrm{d}p \tag{1.36}$$

把达西定律的条件施加到式(1.36)上，即稳态流(要求 Q_g在所有的半径上都保持恒定)和均质地层(意味着 k 和 h 保持恒定)，可以得出：

$$\left(\frac{TQ_g}{kh}\right)\ln\left(\frac{r}{r_w}\right)=0.703\int_{p_{wf}}^{p}\left(\frac{2p}{\mu_g Z}\right)\mathrm{d}p$$

该方程的 $\int_{p_{wf}}^{p}\left(\frac{2p}{\mu_g Z}\right)\mathrm{d}p$ 经扩展后可得：

$$\int_{p_{wf}}^{p}\left(\frac{2p}{\mu_g Z}\right)\mathrm{d}p=\int_{0}^{p}\left(\frac{2p}{\mu_g Z}\right)\mathrm{d}p-\int_{0}^{p_{wf}}\left(\frac{2p}{\mu_g Z}\right)\mathrm{d}p$$

用上述扩展式替代式(1.35)中的积分项，可以得出：

$$\left(\frac{TQ_g}{kh}\right)\ln\left(\frac{r}{r_w}\right)=0.703\left[\int_{0}^{p}\left(\frac{2p}{\mu_g Z}\right)\mathrm{d}p-\int_{0}^{p_{wf}}\left(\frac{2p}{\mu_g Z}\right)\mathrm{d}p\right] \tag{1.37}$$

积分项 $\int_0^p 2p/(\mu_g Z)\mathrm{d}p$ 被称为“真实气体拟势”或“真实气体拟压力”，而且通常由 $m(p)$或者 ψ 来表示：

$$m(p)=\psi=\int_{0}^{p}\left(\frac{2p}{\mu_g Z}\right)\mathrm{d}p \tag{1.38}$$

式(1.38)可以由真实气体拟压力来表示，其表达式为：

$$(TQ_g/kh)\ln(r/r_w)=0.703(\psi-\psi_w)$$

即：

$$\psi=\psi_w+(TQ_g/0.703kh)\ln(r/r_w) \tag{1.39}$$

式(1.39)表明，如图1.15所示，ψ 与 $\ln(r/r_w)$ 的交汇曲线为一条直线，其斜率为 $TQ_g/0.703kh$，截距为 ψ_w。精确流量的计算公式为：

$$Q_g=0.703kh(\psi-\psi_w)/[T\ln(r/r_w)] \tag{1.40}$$

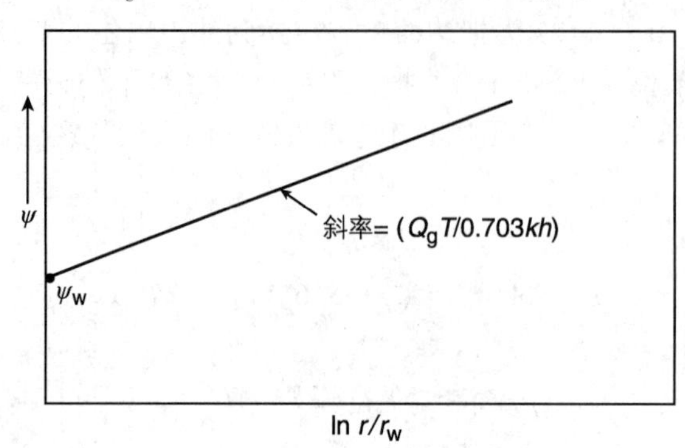

图1.15 ψ 与 $\ln(r/r_w)$ 的交汇图

在 $r=r_e$ 的特殊情况下，该式可变为：

$$Q_g=0.703kh(\psi_e-\psi_w)/[T\ln(r_e/r_w)] \tag{1.41}$$

式中：ψ_e 为压力从0提高到 p_e 时的真实气体拟压力，psi^2/cP；ψ_w 为压力从0提高到 p_{wf} 时的真实气体拟压力，psi^2/cP；k 为渗透率，mD；h 为厚度，ft；r_e 为泄油半径，ft；r_w 为井筒半径，ft；Q_g 为天然气产量，ft^3/d。

由于天然气产量通常以 $1000ft^3/d$(标)为单位，式(1.41)可以表述为：

$$Q_g=kh(\psi_e-\psi_w)/[1422T\ln(r_e/r_w)] \tag{1.42}$$

如果以平均地层压力 p_r 而非初始地层压力 p_e 的形式表述式(1.42)，则其表达式为：

$$Q_g=kh(\psi_e-\psi_w)/\{1422T[\ln(r_e/r_w)-0.5]\} \tag{1.43}$$

为了计算式(1.42)中的积分项，计算了多个压力 p 数值下的 $2p/\mu_g Z$ 数值。然后，在笛卡尔坐标系中绘制 $2p/\mu_g Z$ 与 p 的交会图，并采用数值方法或者几何方法计算曲线下方的面积。从 $p=0$ 到任意压力 p 的曲线下方的面积代表了对应于 p 的 ψ 值。以下示例说明了这个过程。

【示例1.7】

表1.2给出了Anaconda气田一口气井的PVT数据：

表1.2 气井的PVT数据

p/psi	μ_g/cP	Z	p/psi	μ_g/cP	Z
0	0.0127	1.000	2400	0.02010	0.763
400	0.01286	0.937	2800	0.02170	0.775
800	0.01390	0.882	3200	0.02340	0.797
1200	0.01530	0.832	3600	0.02500	0.827
1600	0.01680	0.794	4000	0.02660	0.860
2000	0.01840	0.770	4400	0.02831	0.896

这口井在3600psi的稳定井底流压下生产。井筒半径为0.3ft。以下数据也是已知的：k=65mD；h=15 ft；T=600°R；p_e=4400psi；r_e=1000ft。计算天然气产量。

解答：

第 1 步，计算各个压力下的 $2p/\mu_g Z$，见表 1.3：

表 1.3　各个压力下的 $2p/\mu_g Z$ 计算结果

p/psi	μ_g/cP	Z	$2p/\mu_g Z$
0	0.0127	1.000	0
400	0.01286	0.937	66391
800	0.01390	0.882	130508
1200	0.01530	0.832	188537
1600	0.01680	0.794	239894
2000	0.01840	0.770	282326
2400	0.02010	0.763	312983
2800	0.02170	0.775	332986
3200	0.02340	0.797	343167
3600	0.02500	0.827	348247
4000	0.02660	0.860	349711
4400	0.02831	0.896	346924

第 2 步，如图 1.16 所示绘制 $2p/\mu_g Z$ 与压力的关系曲线。

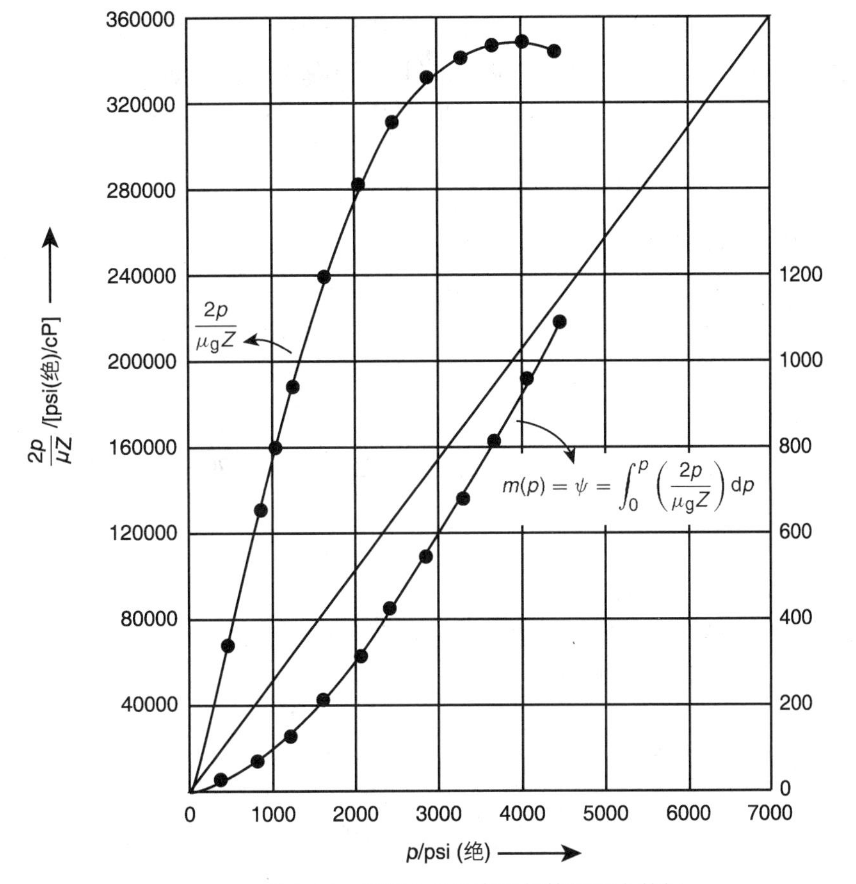

图 1.16　示例 1.7 的真实气体拟压力数据

（来源：Donohue D，Erkekin T，1982. Gas Well Testing，Theory and Practice. International Human Resources Development Corporation，Boston）

第3步，采用数值方法计算各个p数值条件下曲线下方的面积。这些面积值对应于各个压力数值下的真实气体拟压力ψ。这些数值见表1.4：

表1.4 各个压力数值下的真实气体拟压力ψ

p/psi	ψ/(psi²/cP)	p/psi	ψ/(psi²/cP)
400	13.2×10^6	2400	422.0×10^6
800	52.0×10^6	2800	542.4×10^6
1200	113.1×10^6	3200	678.0×10^6
1600	198.0×10^6	3600	816.0×10^6
2000	304.0×10^6	4000	950.0×10^6

注意，在图1.16中还标绘了$2p/\mu_g Z$与p的交汇曲线。

第4步，在$p_w=3600$psi时，$\psi_w=816.0\times10^6$ psi²/cP；在$p_e=4400$psi时，$\psi_w=1089\times10^6$ psi²/cP。由式(1.41)计算流量：

$$\begin{aligned}Q_g&=0.703kh(\psi_e-\psi_w)/[T\ln(r_e/r_w)]\\&=65\times15(1089-816)\times10^6/[1422\times600\times\ln(1000/0.25)]\\&=37614\times10^3[\mathrm{ft}^3/\mathrm{d}(标)]\end{aligned}$$

在对天然气产量进行近似计算时，通过把$2/\mu_g Z$作为一个常数移出积分项，可以近似计算由不同形式达西定律[即式(1.36)~式(1.43)]表述的精确天然气产量。应当指出，只有在压力小于2000psi时$\mu_g Z$之积才能被视为常数。式(1.42)可以变换形式为：

$$Q_g=\left[\frac{kh}{1422T\ln(r_e/r_w)}\right]\int_{p_{wf}}^{p_e}\left(\frac{2p}{\mu_g Z}\right)\mathrm{d}p$$

移动$2/\mu_g Z$项并进行积分可得出：

$$Q_g=kh(p_e^2-p_{wf}{}^2)/[1422T(\mu_g Z)_{avg}\ln(r_e/r_w)] \tag{1.44}$$

在平均压力$\bar{p}$条件下对$(\mu_g Z)_{avg}$项进行了评价，平均压力的计算公式为：

$$\bar{p}=\sqrt{\frac{p_{wf}^2+p_e^2}{2}}$$

上述近似计算方法被称为压力平方法，仅适用于地层压力低于2000psi时的流量计算。其他近似计算方法将在第2章中介绍。

【示例1.8】

采用示例1.7中给出的数据，采用压力平方法求解天然气产量，并与采用精确计算方法得出的结果(即真实气体拟压力解)进行对比。

解答：

第1步，计算算数平均压力：

$$\bar{p}=\sqrt{\frac{4400^2+3600^2}{2}}=4020\text{psi}$$

第2步，确定4020psi压力条件下的天然气黏度和压缩系数：$\mu_g=0.0267$；$Z=0.862$。

第3步，应用式(1.44)计算：

$$Q_g=kh(p_e^2-p_{wf}{}^2)/[1422T(\mu_g Z)_{avg}\ln(r_e/r_w)]$$

$=65\times15(4400^2-3600^2)/[1422\times600\times0.0267\times0.862\times\ln(1000/0.25)]$

$=38314\times10^3$[ft^3/d(标)]

第4步，结果显示，压力平方法所得结果与精确解[37614×10^3ft^3/d(标)]接近，绝对误差为1.86%。这个误差是由压力平方法仅适用于2000psi以下压力这个局限性造成的。

1.2.2.7　水平多相流

如果多个流体相在水平介质中同时流动，那么在达西方程中必须采用各流体相的有效渗透率及相关的物理性质。对于径向流动系统而言，可以运用达西方程的简化形式进行计算：

$$q_o=0.001127(2\pi rh/\mu_o)k_o(\mathrm{d}p/\mathrm{d}r)$$

$$q_w=0.001127(2\pi rh/\mu_w)k_w(\mathrm{d}p/\mathrm{d}r)$$

$$q_g=0.001127(2\pi rh/\mu_g)k_g(\mathrm{d}p/\mathrm{d}r)$$

式中：k_o、k_w、k_g分别为油、水和气的有效渗透率，mD；μ_o、μ_w、μ_g分别为油、水和气的黏度，cP；q_o、q_w、q_g分别为油、水和气的流量，bbl/d；k为绝对渗透率，mD。

有效渗透率可以按照以下方式由相对渗透率和绝对渗透率来表达：

$$k_o=k_ok$$

$$k_w=k_wk$$

$$k_g=k_gk$$

采用达西方程中的上述概念并在标准条件下计算流量，其表达式为：

$$Q_o=0.00708(rhk)(k_{ro}/\mu_oB_o)(\mathrm{d}p/\mathrm{d}r) \tag{1.45}$$

$$Q_w=0.00708(rhk)(k_{rw}/\mu_wB_w)(\mathrm{d}p/\mathrm{d}r) \tag{1.46}$$

$$Q_g=0.00708(rhk)(k_{rg}/\mu_gB_g)(\mathrm{d}p/\mathrm{d}r) \tag{1.47}$$

式中：Q_o、Q_w分别为油和水的产量，STB/d；B_o、B_w分别为油和水的地层体积系数，bbl/STB；Q_g为天然气产量，ft^3/d(标)；B_g为天然气地层体积系数，bbl/ft^3(标)。

天然气地层体积系数(B_g)的表达式为：

$$B_g=0.005035ZT/p$$

对式(1.45)～式(1.47)进行常规积分得出：

(1) 油相：

$$Q_o=0.00708hkk_{ro}(p_e-p_{wf})/\mu_oB_o\ln(r_e/r_w) \tag{1.48}$$

(2) 水相：

$$Q_o=0.00708hkk_{rw}(p_e-p_{wf})/\mu_wB_w\ln(r_e/r_w) \tag{1.49}$$

(3) 气相：

采用真实气体势计算时的表达式为：

$$Q_g=khk_{rg}(\psi_e-\psi_w)/[1422T\ln(r_e/r_w)] \tag{1.50}$$

采用压力平方计算时的表达式为：

$$Q_g=khk_{rg}(p_e^2-p_{wf}{}^2)/[1422(\mu_gZ)_{avg}T\ln(r_e/r_w)] \tag{1.51}$$

在很多油气工程计算中，采用与其他流体相之比的形式表述任何一种流体相的流量，是一种比较方便的处理方法。比较重要的两个流量比为“瞬时”水-油产量比(WOR)和“瞬时”气-油产量比(GOR)。可以采用达西方程的简化形式计算这两个流量比。

瞬时WOR定义为水产量与油产量之比，这两个流量的单位都是STB/d，即：

$$\mathrm{WOR}=Q_w/Q_o$$

拿式(1.47)除以式(1.45)得出：

$$\text{WOR}=(k_{rw}/k_{ro})/(\mu_o B_o/\mu_w B_w) \tag{1.52}$$

瞬时 GOR 定义为总天然气产量(即游离气和溶解气)与油产量之比，即：

$$\text{GOR}=(Q_o R_s+Q_g)/Q_o=R_s+Q_g/Q_o \tag{1.53}$$

式中；R_s为天然气溶解度，ft^3(标)/STB；Q_g为游离气产量，ft^3(标)/STB；Q_o为油产量，STB/d。

把式(1.45)和式(1.47)代入式(1.53)得出：

$$\text{GOR}=R_s+(k_{rg}/k_{ro})/(\mu_o B_o/\mu_g B_g) \tag{1.54}$$

在后续的章节中将全面介绍 WOR 和 GOR 的实际应用。

1.2.3 非稳态流

图 1.17a 显示了一口关闭井的情况，该井位于半径为r_e的均质圆形油藏的中心，整个油藏具有均匀压力p_i。这个初始油藏条件代表了生产时间为零时的情况。如果这口井以定产量进行生产，那么就会在砂面上产生压力扰动。井筒中的压力(即p_{wf})将随着这口井的打开而瞬时下降。压力扰动将以一定的速度从井筒向外传递，决定其传递速度的因素有以下几种：渗透率、孔隙度、流体黏度，以及岩石和流体的压缩系数。图 1.17(b)展示了在时间t_1压力扰动已经向油藏中移动了距离r_1。注意：压力扰动的半径随着时间延长而持续增大。这个半径一般被称为研究半径(radius of investigation)，其符号是r_{inv}。还需要指出的重要一点是，只要研究半径还没有达到油藏的边界(即r_e)，油藏就会表现出规模无限大的特性。在这个阶段，我们可以认为油藏是无限大的(infinite acting)，其原因是外泄油半径r_e在数学意义上是无限的，即$r_e=\infty$。上述讨论还适用于描述以恒定的井底流动压力生产的油井。图 1.17(c)示意性地显示了研究半径随时间延长而向油藏深处推进的情况。在时间t_4，压力扰动到达边界，即$r_{inv}=r_e$。这时，压力特征就会改变。

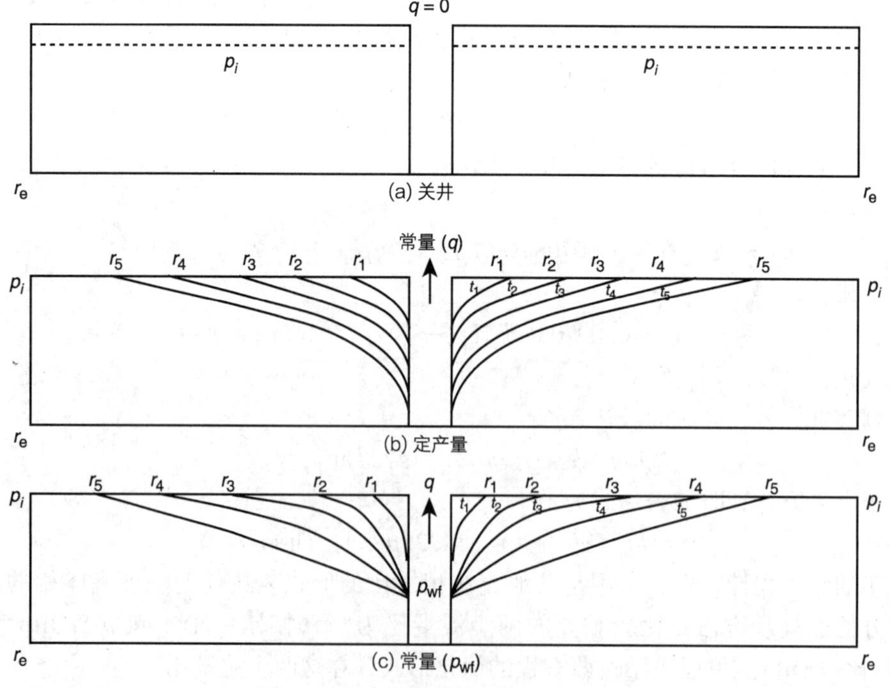

图 1.17 压力扰动随时间变化的变化

基于上述讨论，瞬变(非稳态)流定义为地层边界对地层压力动态没有影响，因而地层规模似乎无限大的流动时期。图 1.17(b)显示出，在定产量情景下，瞬变流出现在$0<t<t_t$时间段

内；而在图 1.17(c)中的恒定 p_{wf} 情景下，瞬变流出现在 $0<t<t_4$ 时间段内。

1.2.4 基本瞬变流动方程

在稳态流动条件下，进入流动系统的流体量等于流出系统的流体量。在非稳态流动条件下，流入多孔介质的流体量可能不等于流出这个多孔介质的流体量，也就是说，多孔介质中的流体含量是随时间而改变的。除了具备稳态流的控制因素之外，非稳态流还有其他控制变量，包括：时间(t)、孔隙度(ϕ)、总压缩系数(c_t)。

瞬变流方程数学表达式的构建是基于三个独立的方程，以及构成非稳态方程的一组特定的边界条件和初始条件。下面简要描述这些方程和边界条件。

连续方程：连续方程本质上是把所有的采出流体、注入流体和地层中剩余流体都考虑在内的物质平衡方程。

迁移方程：连续方程与这个流体运动式(迁移方程)相结合来描述“流入”和“流出”地层的流体量。迁移方程基本上是达西方程的简化微分形式(generalized differential form)。

压缩系数方程：流体压缩系数式(以密度或者体积来表达)用于建立非稳态流动方程，其目的是描述流体体积随着压力变化的变化。

初始条件和边界条件：要建立瞬变流动方程并求取其解析解，需要有两个边界条件和一个初始条件。这两个边界条件是：地层流体以恒定的速度流入井筒；没有流体越过外边界，并且油藏表现出规模无限大的特性，即 $r_e=\infty$。简单地讲，初始条件就是油藏在开始生产时(即 $t=0$)其压力均一。

考虑图 1.18 中所示的流动单元。这个流动单元的宽度为 d_r，到井筒中心的距离为 r。这个多孔单元的微分体积为 dV。根据物质平衡方程的概念，在微分时间 Δt 内，进入流动单元的物质流量与流出这个单元的物质流量之差，一定等于这个时间段内累积的物质流量，也就是：

$$[\text{在 }\Delta t\text{ 内进入体积单元的质量}]-[\text{在 }\Delta t\text{ 内流出体积单元的质量}]$$
$$=[\text{在 }\Delta t\text{ 内累积的总质量}] \quad (1.55)$$

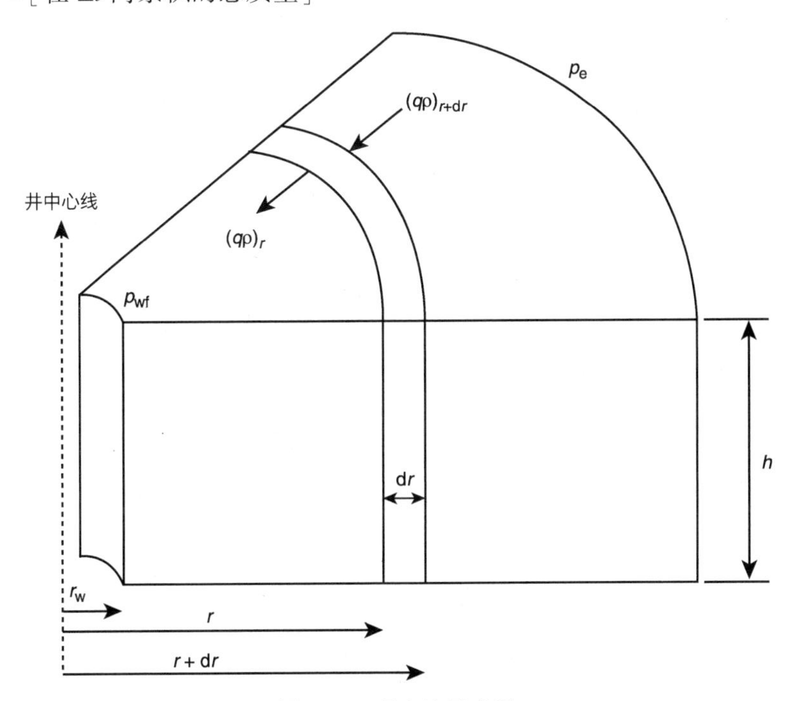

图 1.18 径向流示意图

下面对式(1.55)中的项逐个进行描述。

(1) 在 Δt 内进入体积单元的质量：

$$(\text{Mass})_{\text{in}}=\Delta t[Av\rho]_{r+\mathrm{d}r} \tag{1.56}$$

式中：v 为流体流动速度，ft/d；ρ 为在(r+dr)处的流体密度，lb/ft^3；A 为在(r+dr)处的面积；Δt 为时间段，d。

流体流入侧流动单元的面积为：

$$A_{r+\mathrm{d}r}=2\pi(r+\mathrm{d}r)h \tag{1.57}$$

把式(1.57)与式(1.46)合并得出：

$$(\text{Mass})_{\text{in}}=2\pi\Delta t(r+\mathrm{d}r)h(v\rho)_{r+\mathrm{d}r} \tag{1.58}$$

(2) 在 Δt 内流出体积单元的质量。采用同样的方法可以得出：

$$(\text{Mass})_{\text{out}}=2\pi\Delta trh(v\rho)_r \tag{1.59}$$

(3) 在 Δt 内累积的总质量。半径为 r 的流动单元的体积计算公式为：

$$V=\pi r^2h$$

相对于 r 对上述方程求微分，得出：

$$\mathrm{d}V/\mathrm{d}r=2\pi rh$$

即：

$$\mathrm{d}V=(2\pi rh)\mathrm{d}r \tag{1.60}$$

在 Δt 内累积的总质量$=\mathrm{d}V[(\phi\rho)_{t+\Delta t}-(\phi\rho)_t]$。把 d$V$ 代入上式可以得出：

$$\text{累积的总质量}=(2\pi rh)\mathrm{d}r[(\phi\rho)_{t+\Delta t}-(\phi\rho)_t] \tag{1.61}$$

用计算出的关系式替代式(1.55)中的对应项得出：

$$2\pi h(r+\mathrm{d}r)\Delta t(v\rho)_{r+\mathrm{d}r}-2\pi hr\Delta t(v\rho)_r=(2\pi rh)\mathrm{d}r[(\phi\rho)_{t+\Delta t}-(\phi\rho)_t]$$

方程两边同时除以(2πrh)dr 并进行简化后得出：

$$[1/(r)\mathrm{d}r][(r+\mathrm{d}r)(v\rho)_{r+\mathrm{d}r}-r(v\rho)r=(1/\Delta t)[(\phi\rho)_{t+\Delta t}-(\phi\rho)_t]$$

即：

$$(1/r)\{\partial[r(v\rho)]/\partial r\}=\partial(\phi\rho)/\partial t \tag{1.62}$$

式(1.62)被称为连续方程，它构成了径向坐标系中的质量守恒定律。

要建立控制体积 dV(control volume)内流体流动速度与压力梯度之间的联系，就必须把迁移方程引入连续方程。达西定律本质上是基本运动方程，它说明了流速与压力梯度 $\partial p/\partial r$ 成正比。从式(1.24)可以得出：

$$v=(5.615)(0.001127)\frac{k}{\mu}\frac{\partial p}{\partial r}=(0.006328)\frac{k}{\mu}\frac{\partial p}{\partial r} \tag{1.63}$$

把式(1.63)与式(1.62)合并可以得出：

$$\frac{0.006328}{r}\frac{\partial}{\partial r}\left(\frac{k}{\mu}(\rho r)\frac{\partial p}{\partial r}\right)=\frac{\partial}{\partial t}(\phi\rho) \tag{1.64}$$

通过取指示导数(indicated derivatives)对方程右侧进行扩展，消除了方程右侧偏导数项中的孔隙度：

$$\frac{\partial}{\partial t}(\phi\rho)=\phi\frac{\partial\rho}{\partial t}+\rho\frac{\partial\phi}{\partial t} \tag{1.65}$$

通过下列公式建立孔隙度与地层压缩系数的联系：

$$c_{\mathrm{f}}=\frac{1}{\phi}\frac{\partial\phi}{\partial p} \tag{1.66}$$

把微分学的链式法则应用于 $\partial\phi/\partial r$ 得出：

$$\frac{\partial\phi}{\partial t}=\frac{\partial\phi}{\partial p}\frac{\partial p}{\partial t}$$

把式(1.66)代入这个方程得出：

$$\frac{\partial\phi}{\partial t}=\phi c_{\mathrm{f}}\frac{\partial p}{\partial t}$$

最后，把上述关系式代入式(1.65)，再把所得结果代入式(1.64)，得出：

$$\frac{0.006328}{r}\frac{\partial}{\partial r}\left(\frac{k}{\mu}(\rho r)\frac{\partial p}{\partial r}\right)=\rho\phi c_{\mathrm{f}}\frac{\partial p}{\partial t}+\phi\frac{\partial p}{\partial t} \tag{1.67}$$

式(1.67)是通用偏微分方程，用于描述多孔介质中径向的任意流体流动。除了最初的假设外，还增加了达西方程，这就意味着流动是层流。否则，这个方程就不局限于某种流体类型，而且对于气体和液体都同样适用。然而，可压缩流体和微可压缩流体必须分开对待，这样才能建立可用于描述这两种流体流动特性的实用方程。下面论述对两种流动系统的处理：微可压缩流体的径向流动和可压缩流体的径向流动。

1.2.5 微可压缩流体的径向流动

为了简化式(1.67)，假设渗透率和黏度在不同的压力、时间和距离范围内都是恒定的。这样就可以得出：

$$\left[\frac{0.006328k}{\mu r}\right]\frac{\partial}{\partial r}\left(r\rho\frac{\partial p}{\partial r}\right)=\rho\phi c_{\mathrm{f}}\frac{\partial p}{\partial t}+\phi\frac{\partial p}{\partial t} \tag{1.68}$$

对上述方程进行扩展，得出：

$$0.006328\left(\frac{k}{\mu}\right)\left[\frac{\rho}{r}\frac{\partial p}{\partial r}+\rho\frac{\partial^2 p}{\partial r^2}+\frac{\partial p}{\partial r}\frac{\partial\rho}{\partial r}\right]=\rho\phi c_{\mathrm{f}}\left(\frac{\partial p}{\partial t}\right)+\phi\left(\frac{\partial\rho}{\partial t}\right)$$

在上述关系式中应用链式法则后得到：

$$0.006328\left(\frac{k}{\mu}\right)\left[\frac{\rho}{r}\frac{\partial p}{\partial r}+\rho\frac{\partial^2 p}{\partial r^2}+\left(\frac{\partial p}{\partial r}\right)^2\frac{\partial\rho}{\partial p}\right]=\rho\phi c_{\mathrm{f}}\left(\frac{\partial p}{\partial t}\right)+\phi\left(\frac{\partial\rho}{\partial t}\right)\left(\frac{\partial\rho}{\partial p}\right)$$

在上述关系式两边同时除以流体密度 ρ，得出：

$$0.006328\left(\frac{k}{u}\right)\left[\frac{1}{r}\frac{\partial p}{\partial r}+\frac{\partial^2 p}{\partial r^2}+\left(\frac{\partial p}{\partial r}\right)^2\left(\frac{1}{\rho}\frac{\partial\rho}{\partial p}\right)\right]=\phi c_{\mathrm{f}}\left(\frac{\partial p}{\partial t}\right)+\phi\frac{\partial p}{\partial t}\left(\frac{1}{\rho}\frac{\partial\rho}{\partial p}\right)$$

任何流体的压缩系数都与其密度具有如下关系：

$$c=\frac{1}{\rho}\frac{\partial\rho}{\partial p}$$

把上述两个方程合并后得出：

$$0.006328\left(\frac{k}{\mu}\right)\left[\frac{\partial^2 p}{\partial r^2}+\frac{1}{r}\frac{\partial p}{\partial r}+c\left(\frac{\partial p}{\partial r}\right)^2\right]=\phi c_{\mathrm{f}}\left(\frac{\partial p}{\partial t}\right)+\phi c\left(\frac{\partial p}{\partial t}\right)$$

方程中的 $c(\partial p/\partial r)^2$ 项被认为非常小，因而可以忽略不计，这样上述方程就可以简化为：

$$0.006328\left(\frac{k}{\mu}\right)\left[\frac{\partial^2 p}{\partial r^2}+\frac{1}{r}\frac{\partial p}{\partial r}\right]=\phi(c_{\mathrm{f}}+c)\frac{\partial p}{\partial t} \tag{1.69}$$

把总压缩系 c_{t} 数定义为：

$$c_{\mathrm{t}}=c+c_{\mathrm{f}} \tag{1.70}$$

把式(1.68)和式(1.69)合并，经简化后得出：

$$\frac{\partial^2 p}{\partial r^2}+\frac{1}{r}\frac{\partial p}{\partial r}=\frac{\phi\mu c_{\mathrm{t}}}{0.006328k}\frac{\partial p}{\partial t} \tag{1.71}$$

式(1.71)被称作扩散方程，而且被视为石油工程中最重要而且最为广泛应用的数学表达式之一。这个方程在试井分析中的应用尤其重要。在试井资料中，时间 t 的单位通常是小时(h)。这个方程可以改写为：

$$\frac{\partial^2 p}{\partial r^2}+\frac{1}{r}\frac{\partial p}{\partial r}=\frac{\phi\mu c_t}{0.0002637k}\frac{\partial p}{\partial t} \tag{1.72}$$

式中：k 为渗透率，mD；r 为径向位置，ft；p 为压力，psi(绝)；c_t为总压缩系数，psi^{-1}；t 为时间，h；ϕ 为孔隙度，小数；μ 为黏度，cP。

在油藏中所赋存的流体类型不止一种的情况下，总压缩系数的计算公式为：

$$c_t=c_o S_o+c_w S_w+c_g S_g+c_f \tag{1.73}$$

式中：c_o、c_w、c_g为分别代表油、水和气的压缩系数；S_o、S_w、S_g为分别代表以小数表示的油、水和气的饱和度。

注意，把 c_t引入式(1.71)后，这个方程仍无法应用于多相流动。如式(1.72)所定义的那样，c_t的应用只是简单地考虑了有可能与可动流体共存于油藏中的任何不可动流体的压缩系数。

方程中的 $0.000264k/\phi\mu c_t$项被称作扩散常数，其符号为 η，表达式为：

$$\eta=0.0002637k/\phi\mu c_t \tag{1.74}$$

这样就可以把扩散方程改写为以下更加便于应用的形式：

$$\frac{\partial^2 p}{\partial r^2}+\frac{1}{r}\frac{\partial p}{\partial r}=\frac{1}{\eta}\frac{\partial p}{\partial t} \tag{1.75}$$

由式(1.75)所表示的扩散方程实质上是用于确定随时间 t 和位置 r 而变化的压力。

注意，对于稳态流动状态而言，油藏任意点上的压力都是恒定不变的，而且不会随着时间而变，即 $\partial p/\partial t=0$，所以式(1.75)可以简化为：

$$\frac{\partial^2 p}{\partial r^2}+\frac{1}{r}\frac{\partial p}{\partial r}=0 \tag{1.76}$$

式(1.76)被称为稳态流的拉普拉斯方程(Laplace's equation)。

【示例 1.9】

达西方程的径向流形式就是式(1.76)的解。

解答：

第 1 步，从达西定律入手，即式(1.28)：

$$p=p_{wf}+(B_o Q_o \mu_o/0.00708kh)\ln(r/r_w)$$

第 2 步，对于稳态不可压缩流体而言，方括号内的项是恒定的，用符号 C 来表示，这样上述关系式就变为：

$$p=p_{wf}[C]\ln(r/r_w)$$

第 3 步，求取上述表达式的一阶导数和二阶导数，得出：

$$\partial p/\partial r=[C](1/r)$$

$$\partial^2 p/\partial r_2=[C](-1/r^2)$$

第 4 步，把上述两个导数代入式(1.76)，得出：

$$[C](-1/r^2)+(1/r)[C](1/r)=0$$

第 5 步，第 4 步的结果表明达西方程满足式(1.76)，而且的确是拉普拉斯方程的解。

为了得到扩散式[式(1.75)]的解，有必要确定一个初始条件和两个边界条件。初始条件简单地说明在生产开始时油藏具有均一压力 p_i。这两个边界条件要求井的产量保持恒定，而且油藏表现出规模无限大的特征，即 $r_e=\infty$。

根据给式(1.75)设定的边界条件，扩散方程有以下两个简化解：恒定末端压力解和恒定末端流量解。

恒定末端压力解用于提供一个边界上压力保持恒定的油藏在任意时间的累积流量。该方法经常用于计算气藏和油藏中水侵量。

径向扩散方程的恒定末端流量解求取的是：在径向流动系统的一个末端(即生产井)流量保持恒定情况下这个径向流动系统内部的压力变化。恒定末端流量解的两个常用的形式为：Ei 函数解和无量纲压降 p_D解。

在径向流扩散方程的定产量解中，在某一半径处(通常是井筒半径)的流量被认为是恒定的，而且这个半径周围的压力剖面是时间和位置的函数。在恒定末端压力解中，已知压力在一些特定的半径上是恒定的，而且这个解求取的是所指定半径(边界)上的累计流量。恒定压力解被广泛应用于水侵量的计算。这个解的详细描述及其实际的油藏工程应用请参阅第 5 章的论述。

恒定末端流量解是大多数不稳定试井分析技术的有机组成部分，例如压降和压力恢复分析。这些测试大都涉及以定产量进行生产并随时间记录流动压力，即 $p(r_w, t)$。恒定末端流量解的常见形式有以下两种：E_i 函数解和无量纲压降 p_D解。下面讨论扩散方程解的这两个常用的形式。

针对无限大的油藏，Matthews 和 Russell(1967)给出了扩散式[即式(1.66)]的如下解：

$$p(r, t)=p_i+\left[\frac{70.6Q_o\mu B_o}{kh}\right]\mathrm{Ei}\left[\frac{-948\phi\mu c_t r^2}{kt}\right] \tag{1.77}$$

式中：$p(r, t)$为 t 时间(h)后距离井筒半径为 r 处的压力；t 为时间，h；k 为渗透率，mD；Q_o 为流量，STB/d。

数学函数(Ei)被称为指数积分，其定义为：

$$\mathrm{Ei}(-x)=-\int_x^\infty\frac{e^{-u}du}{u}=\left[\ln x-\frac{x}{1!}+\frac{x^2}{2(2!)}-\frac{x^3}{3(3!)}+\cdots\right] \tag{1.78}$$

Craft 等(1991)分别以表列和图形显示的方式给出了 Ei 函数值，如表 1.5 和图 1.19 所示。

表 1.5　−Ei(−x)的值作为 x 的函数[①]

x	$-\mathrm{Ei}(-x)$	x	$-\mathrm{Ei}(-x)$	x	$-\mathrm{Ei}(-x)$
0.1	1.82292	1.1	0.18599	2.1	0.04261
0.2	1.22265	1.2	0.15841	2.2	0.03719
0.3	0.90568	1.3	0.13545	2.3	0.03250
0.4	0.70238	1.4	0.11622	2.4	0.02844
0.5	0.55977	1.5	0.10002	2.5	0.02491
0.6	0.45438	1.6	0.08631	2.6	0.02185
0.7	0.37377	1.7	0.07465	2.7	0.01918
0.8	0.31060	1.8	0.06471	2.8	0.01686
0.9	0.26018	1.9	0.05620	2.9	0.01482
1.0	0.21938	2.0	0.04890	3.0	0.01305

续表

x	$-\text{Ei}(-x)$	x	$-\text{Ei}(-x)$	x	$-\text{Ei}(-x)$
3.1	0.01149	5.5	0.00064	7.9	0.00004
3.2	0.01013	5.6	0.00057	8.0	0.00004
3.3	0.00894	5.7	0.00051	8.1	0.00003
3.4	0.00789	5.8	0.00045	8.2	0.00003
3.5	0.00697	5.9	0.00040	8.3	0.00003
3.6	0.00616	6.0	0.00036	8.4	0.00002
3.7	0.00545	6.1	0.00032	8.5	0.00002
3.8	0.00482	6.2	0.00029	8.6	0.00002
3.9	0.00427	6.3	0.00026	8.7	0.00002
4.0	0.00378	6.4	0.00023	8.8	0.00002
4.1	0.00335	6.5	0.00020	8.9	0.00001
4.2	0.00297	6.6	0.00018	9.0	0.00001
4.3	0.00263	6.7	0.00016	9.1	0.00001
4.4	0.00234	6.8	0.00014	9.2	0.00001
4.5	0.00207	6.9	0.00013	9.3	0.00001
4.6	0.00184	7.0	0.00012	9.4	0.00001
4.7	0.00164	7.1	0.00010	9.5	0.00001
4.8	0.00145	7.2	0.00009	9.6	0.00001
4.9	0.00129	7.3	0.00008	9.7	0.00001
5.0	0.00115	7.4	0.00007	9.8	0.00001
5.1	0.00102	7.5	0.00007	9.9	0.00000
5.2	0.00091	7.6	0.00006	10.0	0.00000
5.3	0.00081	7.7	0.00005		
5.4	0.00072	7.8	0.00005		

① 来源：Craft，B. C.，Hawkins，M.（Revised by Terry，R. E.），1991. Applied Petroleum Reservoir Engineering，second ed. Prentice Hall，Englewood Cliffs，NJ。

Ei 解[式(1.77)]通常被称为线源解。在其自变量 x 小于 0.01 时，指数积分“Ei”可以采用下列方程进行近似表示：

$$\text{Ei}(-x)=\ln(1.781x) \tag{1.79}$$

在这种情况下，式中自变量 x 的表达式为：

$$x=984\phi\mu c_t r^2/kt$$

式(1.79)近似表示 Ei 函数，误差不到 0.25%。在 $0.01<x<3.0$ 的情况下，可用于近似表示 Ei 函数的另外一个表达式是：

$$\text{Ei}(-x)=a_1+a_2\ln(x)+a_3[\ln(x)]^2+a_4[\ln(x)]^3+a_5x+a_6x^2+a_7x^3+a_8/x \tag{1.80}$$

其中，系数 $a_1 \sim a_8$ 的数值为：$a_1=20.33153973$；$a_2=20.81512322$；$a_3=5.22123384\times10^{-2}$；$a_4=5.9849819\times10^{-3}$；$a_5=0.662318450$；$a_6=20.12333524$；$a_7=1.0832566\times10^{-2}$；$a_8=8.6709776\times10^{-4}$。

采用上述关系式近似计算 Ei 值，所得结果的平均误差为 0.5%。应当指出的是，在 $x>10.9$ 的情况下，在工程计算中 $\text{Ei}(-x)$ 可以视为零。

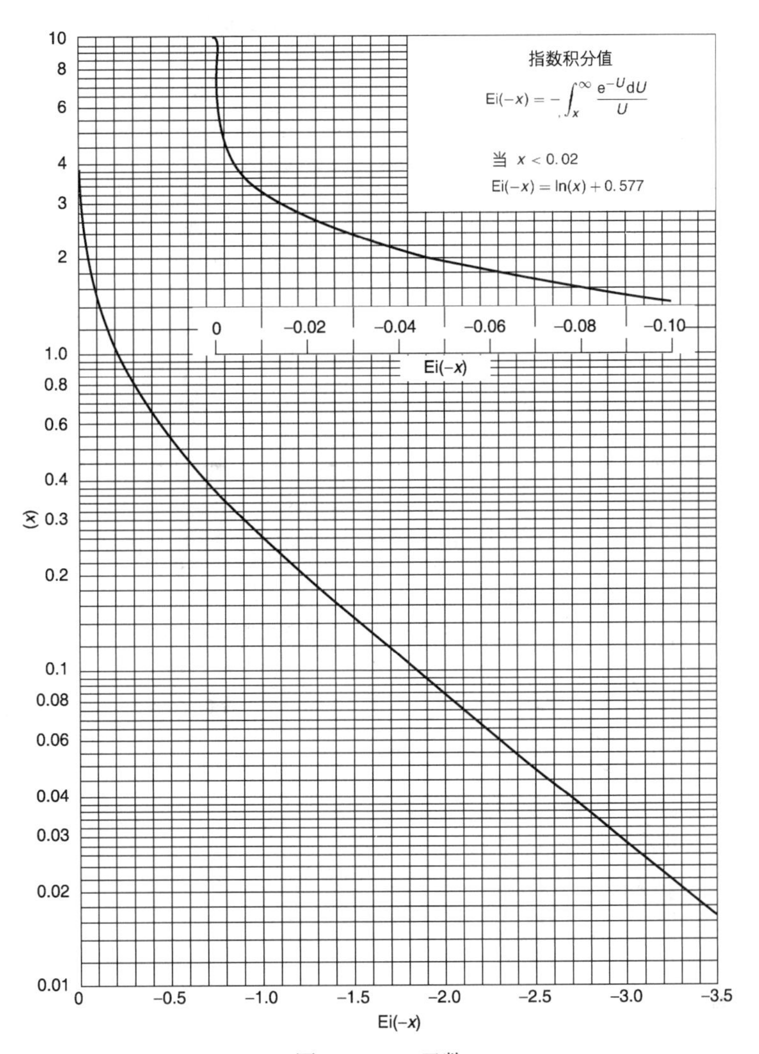

图 1.19　Ei 函数

【示例 1.10】

一口油井在非稳态流动状态下以 300STB/d 的定产量生产。油藏的岩石和流体性质如下：$B_o=1.25$bbl/STB；$\mu_o=1.5$cP；$c_t=12\times10^{-6}$psi^{-1}；$k_o=60$mD；$h=15$ft；$p_i=4000$psi；$k=60$mD；$\phi=15\%$；$r_w=0.25$ft。

(1) 计算生产 1h 后半径 0.25ft、5ft、10ft、50ft、100ft、500ft、1000ft、1500ft、2000ft 和 2500ft 处的压力，并按照以下方式把计算结果标绘成图：压力与半径对数值的交会图；压力与半径的交会图。

(2) 在 $t=12$h 和 $t=24$h 情况下重复计算上述各半径处的压力，并绘制压力与半径对数值的交会图。

解答：

第 1 步，由式(1.77)得：

$$p(r,\ t)=4000+[70.6\times300\times1.5\times1.25/(60\times15)]\times\mathrm{Ei}[-948\times1.5\times1.5\times12\times10^{-6}\times r^2/(60t)]$$
$$=4000+44.125\mathrm{Ei}(-42.6\times10^{-6}\times r^2/t)$$

第 2 步，按照表 1.6 的格式计算生产 1h 后各个半径处的压力。

表 1.6　1h 后各个半径处的压力计算结果

r/ft	$x=-42.6\times10^{-6}\times r^2/1$	Ei($-x$)	$p(r, 12)=4000+44.125\mathrm{Ei}(-x)$
0.25	-2.6625×10^{-6}	−12.26①	3459
5	−0.001065	−6.27①	3723
10	−0.00426	−4.88①	3785
50	−0.1065	−1.76②	3922
100	−0.4260	−0.75②	3967
500	−10.65	0	4000
1000	−42.60	0	4000
1500	−95.85	0	4000
2000	−175.40	0	4000
2500	−266.25	0	4000

① 根据式(1.29)计算。

② 来自图 1.19。

第 3 步，按照图 1.20 和图 1.21 的形式把计算结果标绘成图。

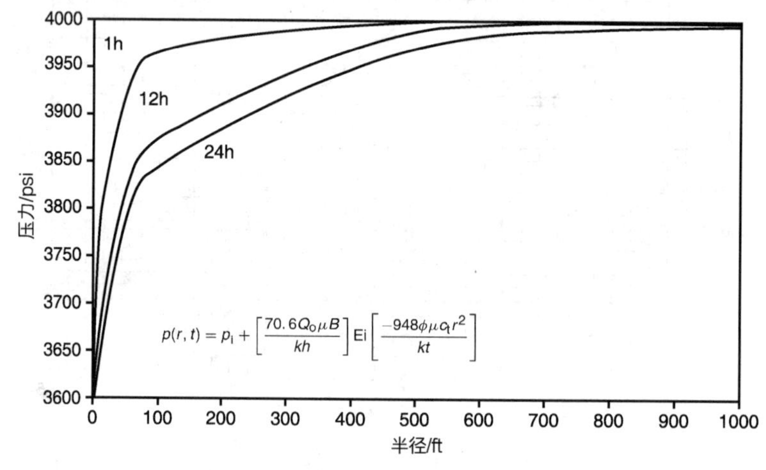

图 1.20　作为时间函数的压力剖面

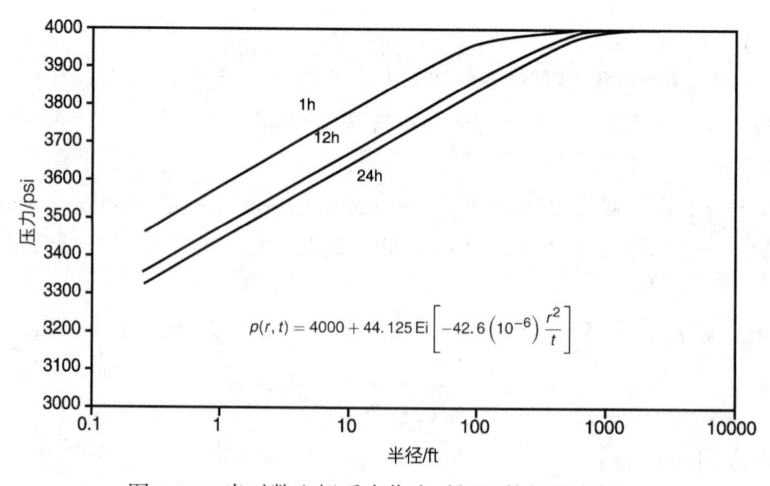

图 1.21　半对数坐标系中作为时间函数的压力剖面

第 4 步，重复计算 $t=12\mathrm{h}$ 和 $t=24\mathrm{h}$ 时上述各半径处的压力，结果见表 1.7、表 1.8。

表 1.7　$t=12\text{h}$ 时上述各半径处的压力的计算结果

r/ft	$x=(42.6\times10^{-6})r^2/12$	Ei(−x)	$p(r,\ 12)=4000+44.125\text{Ei}(-x)$
0.25	0.222×10^{-6}	−14.74①	3350
5	88.75×10^{-6}	−8.75①	3614
10	355.0×10^{-6}	−7.37①	3675
50	0.0089	−4.14①	3817
100	0.0355	−2.81②	3876
500	0.888	−0.269	3988
1000	3.55	−0.0069	4000
1500	7.99	-3.77×10^{-6}	4000
2000	14.62	0	4000
2500	208.3	0	4000

① 根据式(1.29)计算。
② 来自图 1.19。

表 1.8　$t=24\text{h}$ 时上述各半径处的压力的计算结果

r/ft	$x=(42.6\times10^{-6})r^2/24$	Ei(−x)	$p(r,\ 24)=4000+44.125\text{Ei}(-x)$
0.25	-0.111×10^{-6}	−15.44①	3319
5	-44.38×10^{-6}	−9.45①	3583
10	-177.5×10^{-6}	−8.06①	3644
50	−0.0045	−4.83①	3787
100	−0.0178	−8.458②	3847
500	−0.444	−0.640	3972
1000	−1.775	−0.067	3997
1500	−3.995	−0.0427	3998
2000	−7.310	8.24×10^{-6}	4000
2500	−104.15	0	4000

① 根据式(1.29)计算。
② 来自图 1.19。

第 5 步，按照图 1.21 的形式把第 4 步的计算结果标绘成图。

图 1.21 表明，随着压力扰动沿径向从井筒向外推进，地层边界及其形状对压力特征并没有产生影响。基于此给出了瞬变流如下的定义：瞬变流是指地层边界对压力特征没有影响，而且油井表现出无限大油藏生产特征时期的流体流动。

示例 1.10 说明，大部分的压力损失发生在近井筒地带，因而近井筒条件对流动特性的影响是最大的。从图 1.21 可以看出，压力剖面和泄油半径随时间变化而持续不断地变化。还需要注意的重要一点是，由于 Ei 函数与流量无关，油井的产量对压力扰动推进的速度或者距离不会产生影响。

当 Ei 参数 $x<0.01$ 时，由式(1.79)表述的 Ei 函数的对数近似值可以代入式(1.77)得：

$$p(r,\ t)=p_i-\frac{162.6Q_oB_o\mu_o}{kh}\left[\log\left(\frac{kt}{\phi\mu c_t r^2}\right)-3.23\right] \tag{1.81}$$

对于大多数瞬变流计算而言，工程师关心的主要问题是井筒中井底流压的特性，即 $r=r_w$。在 $r=r_w$时，由式(1.81)可得：

$$p_{wf}=p_i-\frac{162.6Q_oB_o\mu_o}{kh}\left[\log\left(\frac{kt}{\phi\mu c_t r_w^2}\right)-3.23\right] \tag{1.82}$$

式中：k 为渗透率，mD；t 为时间，h；c_t 为总压缩系数，psi^{-1}。

应当指出的是，只有在流动时间 t 超过了由下列约束条件设定的界限之后，才能采用式(1.81)和式(1.82)：

$$t>9.48\times10^4\phi\mu c_t r^2/k \tag{1.83}$$

注意，如果油井是在非稳态(瞬变)流动条件下以定产量进行生产的，那么对式(1.82)进行整理，可使之变为直线方程：

$$p_{wf}=p_i-\frac{162.6Q_oB_o\mu_o}{kh}\left[\log(t)+\log\left(\frac{k}{\phi\mu c_t r_w^2}\right)-3.23\right]$$

或者：

$$p_{wf}=a+m\log(t)$$

上述方程式说明，在半对数坐标系中绘制 p_{wf} 与 t 的交会曲线，结果将是一条直线，其截距 a 和斜率 m 的计算公式分别为：

$$a=p_i-\frac{162.6Q_oB_o\mu_o}{kh}\left[\log\left(\frac{k}{\phi\mu c_t r_w^2}\right)-3.23\right]$$

$$m=\frac{162.6Q_oB_o\mu_o}{kh}$$

【示例 1.11】

利用示例 1.10 中的数据估算生产 10h 后的井底流压。

解答：

第 1 步，式(1.82)只能用于计算在式(1.83)所限定时间以外的任意时间点的 p_{wf}，即：

$$t>9.48\times10^4\phi\mu c_t r^2/k$$

$$t=9.48\times10^4\times0.15\times1.5\times12\times10^{-6}\times0.25^2/60=0.000267(h)=0.153(s)$$

在实际应用中，在瞬变流动时期的任意时点，都可以采用式(1.82)估算井底压力。

第 2 步，由于所指定的时间 10h 大于 0.000267h，可以采用式(1.82)计算 p_{wf} 的数值：

$$p_{wf}=p_i-\frac{162.6Q_oB_o\mu_o}{kh}\left[\log\left(\frac{kt}{\phi\mu c_t r_w^2}\right)-3.23\right]$$

$$=4000-\frac{162.6(300)(1.25)(1.5)}{(60)(15)}\times\left[\log\left(\frac{(60)(10)}{(0.15)(1.5)(12\times10^{-6})(0.25)^2}\right)-3.23\right]$$

$$=3358psi$$

扩散方程的第二种形式的解被称为无量纲压降解，下面对其进行讨论。

为了引入无量纲压降 p_D 解的概念，考虑前面由式(1.26)给出的径向流格式的达西方程：

$$Q_o=0.00708kh(p_e-p_{wf})/B_o\mu_o\ln(r_e/r_w)=kh(p_e-p_{wf})/141.2B_o\mu_o\ln(r_e/r_w)$$

对上述方程进行整理得：

$$p_e-p_{wf}/(141.2Q_oB_o\mu_o/kh)=\ln(r_e/r_w) \tag{1.84}$$

很显然，上述方程式的右侧没有单位(即无量纲)，相应地，方程式左侧也一定没有量纲。既然方程式左侧无量纲，而 p_e-p_{wf} 的单位是 psi，那么方程式中 $Q_oB_o\mu_o/0.00708kh$ 项的单位一定是以压力为单位。实际上，任何压力差与 $Q_oB_o\mu_o/0.00708kh$ 的商都是无量纲压力。因此，式(1.84)可以无量纲的形式改写为：

$$p_D=\ln(r_{eD})$$

其中：

$$p_D=(p_e-p_{wf})r_{eD}/(141.2Q_oB_o\mu_o/kh)=r_e/r_w$$

这个无量纲压降的概念可以加以拓展，用于描述非稳态流动过程中压力的变化。在这里，压力是时间和半径函数：

$$p=p(r,\ t)$$

因此，在非稳态流动过程中无量纲压力的表达式为：

$$p_D=p_i-p(r,\ t)/(141.2Q_oB_o\mu_o/kh) \tag{1.85}$$

由于以无量纲形式表示的压力 $p(r,\ t)$ 随时间和位置而变，因而传统上以无量纲时间 t_D 和半径 r_D 函数的形式来表示，其表达式如下：

$$t_D=0.0002637kt/\phi\mu c_t r_w^{\ 2} \tag{1.86a}$$

无量纲时间 t_D 的另外一个常见形式是基于总泄油面积 A，其表达式如下：

$$t_{DA}=0.0002637kt/\phi\mu c_tA=t_D(r_w^{\ 2}/A) \tag{1.86a}$$

$$r_D=r/r_w \tag{1.87}$$

而且，r_{eD} 可以表示为：

$$r_D=r_e/r_w \tag{1.88}$$

式中：p_D 为无量纲压降；r_{eD} 为无量纲外半径；t_D 为基于井筒半径 r_w 的无量纲时间；t_{DA} 为基于泄油面积 A 的无量纲时间；A 为油井的泄油面积(即 $\pi r_e^{\ 2}$)，ft^2；r_D 为无量纲半径；t 为时间，h；$p(r,\ t)$ 为半径为 r 且时间为 t 时的压力；k 为渗透率，mD；μ 为黏度，cP。

可以把上述无量纲方程组(即 p_D、t_D 和 r_D)代入扩散式[式(1.75)]，把扩散方程变换为以下无量纲方程：

$$\frac{\partial^2 p_D}{\partial r_D^2}+\frac{1}{r_D}\frac{\partial p_D}{\partial r_D}=\frac{\partial p_D}{\partial t_D} \tag{1.89}$$

Van Everdingen 和 Hurst(1994)基于以下假设条件给出了上述方程式的解析解：理想的油藏径向流动系统；生产井位于中心位置而且以定产量(Q)进行开采；在生产开始之前整个油藏的压力是均一的 p_i；没有流体越过外半径 r_e 流动。

Van Everdingen 和 Hurst 以指数项和 Bessel 函数的无穷级数的形式给出了式(1.88)的解。他们在很宽的 t_D 数值范围内针对多个 r_{eD} 数值评价了这个级数，并以作为无量纲时间 t_D 和无量纲半径 r_{eD} 函数的无量纲压降 p_D 的形式给出了该方程的解。Chatas(1953)和 Lee(1982)列表给出了以下两种情形下的解：无限大油藏 $r_{eD}=\infty$；有限径向流动油藏。对于无限大油藏而言，即 $r_{eD}=\infty$，式(1.89)的无量纲压降 p_D 解是无量纲时间 t_D 的严格函数，即：$p_D=f(t_D)$。

Chatas(1953)和 Lee(1982)列表给出了无限大油藏的 p_D 数值(见表 1.9)。以下数学表达式可近似地代表该表中的 p_D 数值。

在 $t_D<0.01$ 时，则有：

$$p_D=2\sqrt{\frac{t_D}{\pi}} \tag{1.90}$$

在 $t_D>100$ 时，则有：

$$p_D=0.5[\ln(t_D)+0.80907] \tag{1.91}$$

表 1.9 p_D和t_D的数值(无限大径向流动系统，内边界上的流量恒定)[①]

t_D	p_D	t_D	p_D	t_D	p_D
0	0	0.2	0.4241	50.0	2.3884
0.0005	0.0250	0.3	0.5024	60.0	2.4758
0.001	0.0352	0.4	0.5645	70.0	2.5501
0.002	0.0495	0.5	0.6167	80.0	2.6147
0.003	0.0603	0.6	0.6622	90.0	2.6718
0.004	0.0694	0.7	0.7024	100.0	2.7233
0.005	0.0774	0.8	0.7387	150.0	2.9212
0.006	0.0845	0.9	0.7716	200.0	3.0636
0.007	0.0911	1.0	0.8019	250.0	3.1726
0.008	0.0971	1.2	0.8672	300.0	3.2630
0.009	0.1028	1.4	0.9160	350.0	3.3394
0.01	0.1081	2.0	1.0195	400.0	3.4057
0.015	0.1312	3.0	1.1665	450.0	3.4641
0.02	0.1503	4.0	1.2750	500.0	3.5164
0.025	0.1669	5.0	1.3625	550.0	3.5643
0.03	0.1818	6.0	1.4362	600.0	3.6076
0.04	0.2077	7.0	1.4997	650.0	3.6476
0.05	0.2301	8.0	1.5557	700.0	3.6842
0.06	0.2500	9.0	1.6057	750.0	3.7184
0.07	0.2680	10.0	1.6509	800.0	3.7505
0.08	0.2845	15.0	1.8294	850.0	3.7805
0.09	0.2999	20.0	1.9601	900.0	3.8088
0.1	0.3144	30.0	2.1470	950.0	3.8355
0.15	0.3750	40.0	2.2824	1000.0	3.8584

① $t_D<0.01$ 时，$p_D \cong 2zt_D/x$；$100<t_D<0.25r_{eD}^2$时，$p_D \cong 0.5(\ln t_D+0.80907)$；资料来源：Lee J，1982. Well Testing，SPE Textbook Series，Permission to Publish by the SPE，Copyright SPE，1982。

在 $0.02<t_D \leqslant 1000$ 时，则有：

$$p_D=a_1+a_2\ln(t_D)+a_3[\ln(t_D)]^2+a_4[\ln(t_D)^3]+a_5t_D+a_6(t_D)^2+a_7(t_D)^3+\frac{a_8}{t_D} \tag{1.92}$$

上述方程式中的系数值分别为：$a_1=0.8085064$；$a_2=0.29302022$；$a_3=3.5264177\times10^{-2}$；$a_4=-1.4036304\times10^{-3}$；$a_5=-24.7722225\times10^{-4}$；$a_6=5.1240532\times10^{-7}$；$a_7=-2.3033017\times10^{-10}$；$a_8=-2.6723117\times10^{-3}$。

对于有限的径向流动系统而言，式(1.89)的解同时是无量纲时间 t_D和无量纲半径 r_{eD}的函数，即：$p_D=f(t_D, r_{eD})$。其中，r_{eD}=外半径/井筒半径$=r_e/r_w$。

表 1.10 列出了 $1.5<r_{eD}<10$ 时作为 t_D函数的 p_D的数值。应当指出的是，van Everdingen 和 Hurst 主要应用 p_D函数解来模拟水侵入油藏的动态。因此，在这个示例中，这两位研究者所描述的井筒半径 r_w就是油藏的外半径，而 r_e实质上就是含水层外边界的半径。所以，对于这个应用而言，表 1.10 中列出的 r_{eD}的数值范围是可行的。

表 1.10　p_D和t_D的数值(有限大径向流动系统，径向流动系统内边界上的流量恒定，内边界上的流量恒定)[①]

$r_{eD}=1.5$		$r_{eD}=2.0$		$r_{eD}=2.5$		$r_{eD}=3.0$		$r_{eD}=3.5$		$r_{eD}=4.0$	
t_D	p_D	t_D	p_D	t_D	p_D	t_D	p_D	t_D	p_D	t_D	p_D
0.06	0.251	0.22	0.443	0.40	0.565	0.52	0.627	1.0	0.802	1.5	0.927
0.08	0.288	0.24	0.459	0.42	0.576	0.54	0.636	1.1	0.830	1.6	0.948
0.10	0.322	0.26	0.476	0.44	0.587	0.56	0.645	1.2	0.857	1.7	0.968
0.12	0.355	0.28	0.492	0.46	0.598	0.60	0.662	1.3	0.882	1.8	0.988
0.14	0.387	0.30	0.507	0.48	0.608	0.65	0.683	1.4	0.906	1.9	1.007
0.16	0.420	0.32	0.522	0.50	0.618	0.70	0.703	1.5	0.929	2.0	1.025
0.18	0.452	0.34	0.536	0.52	0.628	0.75	0.721	1.6	0.951	2.2	1.059
0.20	0.484	0.36	0.551	0.54	0.638	0.80	0.740	1.7	0.973	2.4	1.092
0.22	0.516	0.38	0.565	0.56	0.647	0.85	0.758	1.8	0.994	2.6	1.123
0.24	0.548	0.40	0.579	0.58	0.657	0.90	0.776	1.9	1.014	2.8	1.154
0.26	0.580	0.42	0.593	0.60	0.666	0.95	0.791	2.0	1.034	3.0	1.184
0.28	0.612	0.44	0.607	0.65	0.688	1.0	0.806	2.25	1.083	3.5	1.255
0.30	0.644	0.46	0.621	0.70	0.710	1.2	0.865	2.50	1.130	4.0	1.324
0.35	0.724	0.48	0.634	0.75	0.731	1.4	0.920	2.75	1.176	4.5	1.392
0.40	0.804	0.50	0.648	0.80	0.752	1.6	0.973	3.0	1.221	5.0	1.460
0.45	0.884	0.60	0.715	0.85	0.772	2.0	1.076	4.0	1.401	5.5	1.527
0.50	0.964	0.70	0.782	0.90	0.792	3.0	1.328	5.0	1.579	6.0	1.594
0.55	1.044	0.80	0.849	0.95	0.812	4.0	1.578	6.0	1.757	6.5	1.660
0.60	1.124	0.90	0.915	1.0	0.832	5.0	1.828			7.0	1.727
0.65	1.204	1.0	0.982	2.0	1.215					8.0	1.861
0.70	1.284	2.0	1.649	3.0	1.506					9.0	1.994
0.75	1.364	3.0	2.316	4.0	1.977					10.0	2.127
0.80	1.444	5.0	3.649	5.0	2.398						

$r_{eD}=4.5$		$r_{eD}=5.0$		$r_{eD}=6.0$		$r_{eD}=7.0$		$r_{eD}=8.5$		$r_{eD}=9.0$		$r_{eD}=10.00$	
t_D	p_D	t_D	p_D	t_D	p_D	t_D	p_D	t_D	p_D	t_D	p_D	t_D	p_D
2.0	1.023	3.0	1.167	4.0	1.275	6.0	1.436	8.0	1.556	10.0	1.651	12.0	1.732
2.1	1.040	3.1	1.180	4.5	1.322	6.5	1.470	8.5	1.582	10.5	1.673	12.5	1.750
2.2	1.056	3.2	1.192	5.0	1.364	7.0	1.501	9.0	1.607	11.0	1.693	13.0	1.768
2.3	1.702	3.3	1.204	5.5	1.404	7.5	1.531	9.5	1.631	11.5	1.713	13.5	1.784
2.4	1.087	3.4	1.215	6.0	1.441	8.0	1.559	10.0	1.663	12.0	1.732	14.0	1.801
2.5	1.102	3.5	1.227	6.5	1.477	8.5	1.586	10.5	1.675	12.5	1.750	14.5	1.817
2.6	1.116	3.6	1.238	7.0	1.511	9.0	1.613	11.0	1.697	13.0	1.768	15.0	1.832
2.7	1.130	3.7	1.249	7.5	1.544	9.5	1.638	11.5	1.717	13.5	1.786	15.5	1.847
2.8	1.144	3.8	1.259	8.0	1.576	10.0	1.663	12.0	1.737	14.0	1.803	16.0	1.862
2.9	1.158	3.9	1.270	8.5	1.607	11.0	1.711	12.5	1.757	14.5	1.819	17.0	1.890
3.0	1.171	4.0	1.281	9.0	1.638	12.0	1.757	13.0	1.776	15.0	1.835	18.0	1.917
3.2	1.197	4.2	1.301	9.5	1.668	13.0	1.810	13.5	1.795	15.5	1.851	19.0	1.943
3.4	1.222	4.4	1.321	10.0	1.698	14.0	1.845	14.0	1.813	16.0	1.867	20.0	1.968
3.6	1.246	4.6	1.340	11.0	1.757	15.0	1.888	14.5	1.831	17.0	1.897	22.0	2.017
3.8	1.269	4.8	1.360	12.0	1.815	16.0	1.931	15.0	1.849	18.0	1.926	24.0	2.063
4.0	1.292	5.0	1.378	13.0	1.873	17.0	1.974	17.0	1.919	19.0	1.955	26.0	2.108

续表

$r_{eD}=4.5$		$r_{eD}=5.0$		$r_{eD}=6.0$		$r_{eD}=7.0$		$r_{eD}=8.5$		$r_{eD}=9.0$		$r_{eD}=10.00$	
t_D	p_D	t_D	p_D	t_D	p_D	t_D	p_D	t_D	p_D	t_D	p_D	t_D	p_D
4.5	1.349	5.5	1.424	14.0	1.931	18.0	2.016	19.0	1.986	20.0	1.983	28.0	2.151
5.0	1.403	6.0	1.469	15.0	1.988	19.0	2.058	21.0	2.051	22.0	2.037	30.0	2.194
5.5	1.457	6.5	1.513	16.0	2.045	20.0	2.100	23.0	2.116	24.0	2.906	32.0	2.236
6.0	1.510	7.0	1.556	17.0	2.103	22.0	2.184	25.0	2.180	26.0	2.142	34.0	2.278
7.0	1.615	7.5	1.598	18.0	2.160	24.0	2.267	30.0	2.340	28.0	2.193	36.0	2.319
8.0	1.719	8.0	1.641	19.0	2.217	26.0	2.351	35.0	2.499	30.0	2.244	38.0	2.360
9.0	1.823	9.0	1.725	20.0	2.274	28.0	2.434	40.0	2.658	34.0	2.345	40.0	2.401
10.0	1.927	10.0	1.808	25.0	2.560	30.0	2.517	45.0	2.817	38.0	2.446	50.0	2.604
11.0	2.031	11.0	1.892	30.0	2.846					40.0	2.496	60.0	2.806
12.0	2.135	12.0	1.975							45.0	2.621	70.0	3.008
13.0	2.239	13.0	2.059							50.0	2.746	80.0	3.210
14.0	2.343	14.0	2.142							60.0	2.996	90.0	3.412
15.0	2.447	15.0	2.225							70.0	3.246	100.0	3.614

① 对于给定 r_{eD} 的油藏而言，在 t_D 小于本表所列数值时，油藏表现出无限大的特征；p_D 的数值参见表 1.9；在 $25<t_D$ 且 t_D 大于本表中所列数值的情况下，$p_D \cong (0.5+2t_D)/r_{eD}^2-(3r_{eD}^4-3r_{eD}^4\ln r_{eD}-2r_{eD}^2-1)/4(r_{eD}^2-1)^2$；对于 $r_{eD}\gg 1$ 的回弹后油藏中的油井而言，$p_D \cong 2t_D/r_{eD}^2+\ln r_{eD}-0.75$；资料来源：Lee J，1982. Well Testing，SPE Textbook Series，Permission to Publish by the SPE，Copyright SPE，1982。

考虑由式(1.77)给出的扩散方程的 Ei 函数解：

$$p(r,\ t)=p_i+\left[\frac{70.6QB\mu}{kh}\right]\mathrm{Ei}\left[\frac{-948\phi\mu c_t r^2}{kt}\right] \tag{1.93}$$

通过转换可以把这个关系式变换为无量纲表达式：

$$\frac{p_i-p(r,\ t)}{[141.2Q_oB_o\mu_o/kh]}=-\frac{1}{2}\mathrm{Ei}\left[\frac{-(r/r_w)^2}{4(0.0002637kt/\phi\mu c_t r_w^2)}\right]$$

根据式(1.85)~式(1.88)中无量纲变量的定义，即 p_D、t_D 和 r_D，用它们来表述上面的关系式得：

$$p_D=-0.5\mathrm{Ei}(-r_D^2/4t_D) \tag{1.94}$$

Chatas(1953)提出了在 $25<t_D$ 且 $0.25r_{eD}^2<t_D$ 条件下计算 p_D 的数学表达式：

$$p_D=\frac{0.5+2t_D}{r_{eD}^2-1}-\frac{r_{eD}^4[3-4\ln(r_{eD})]-2r_{eD}^2-1}{4(r_{eD}^2-1)^2}$$

在 $r_{eD}^2\gg 1$ 或者 $t_D/r_{eD}^2>25$ 的条件下，上述方程式有以下两个特例。

如果 $r_{eD}^2\gg 1$，那么：

$$p_D=2t_D/r_{eD}^2+\ln(r_{eD})-0.75$$

如果 $t_D/r_{eD}^2>25$，那么：

$$p_D=0.5[\ln(t_D/r_D^2)+0.80907] \tag{1.95}$$

采用 p_D 函数确定瞬变流动过程中(即无限大油藏内流体流动过程中)井底流压变化的计算过程可以分为以下几个步骤：

第 1 步，由式(1.86a)计算无量纲时间 $t_D=0.0002637kt/\phi\mu c_t r_w^2$。

第 2 步，确定无量纲半径 r_{eD}。注意：对于无限大油藏而言，无量纲半径 $r_{eD}=\infty$。

第 3 步，采用 t_D 的计算值并根据合适的表或方程式[例如式(1.91)或式(1.95)]来确定对应的压力函数。对于无限大油藏而言，$p_D=0.5[\ln(t_D)+0.80907]$；对于有限大油藏而言，$p_D=0.5[\ln(t_D/r_D{}^2)+0.80907]$。

第4步，由式(1.85)求取压力得：

$$p(r_w,\ t)=p_i-(141.2Q_oB_o\mu_o/kh)p_D \tag{1.96}$$

【示例1.12】

一口油井在非稳态流动状态下以300STB/d的定产量进行生产。油藏的岩石性质和流体性质如下(参见示例1.10)：$B_o=1.25\text{bbl/STB}$；$\mu_o=1.5\text{cP}$；$c_t=12\times10^{-6}\text{psi}^{-1}$；$k=60\text{mD}$；$h=15\text{ft}$；$p_i=4000\text{psi}$；$\phi=15\%$；$r_w=0.25\text{ft}$。

假设油藏是无限大的，即$r_{eD}=\infty$，采用无量纲压力法计算生产1h后的井底流压。

解答：

第1步，由式(1.86a)计算无量纲时间t_D得：

$t_D=0.0002637kt/\phi\mu c_tr_w^2=(0.0002637\times60\times1)/(0.15\times1.5\times12\times10^{-6}\times0.25^2)=93866.67$

第2步，由于$t_D>100$，采用式(1.91)计算无量纲压降函数得：

$$p_D=0.5[\ln(t_D)+0.80907]=0.5[\ln(93866.67)+0.80907]=6.1294$$

第3步，由式(1.96)计算生产1h后的井底流压得：

$$\begin{aligned}p(r_w,\ t)&=p_i-(141.2Q_oB_o\mu_o/kh)p_Dp(r_w,\ t)\\&=4000-[(141.2\times300\times1.25\times1.5)/(60\times15)]\times6.1294\\&=3459(\text{psi})\end{aligned}$$

这个示例表明，采用p_D函数法得出的解与采用Ei函数法得出的解相同。这两个公式之间的主要差别是：p_D函数只能用于计算在流量Q恒定且已知条件下半径r处的压力。在这种情况下，p_D函数的应用基本上被限定在井筒半径上，其原因是这里的流量一般都是已知的。另一方面，Ei函数法则可以用于根据井产量Q来计算油藏中任意半径上的压力。

应当指出的是，对于$t_D>100$的无限大油藏而言，p_D函数可以经由以下关系式与Ei函数建立联系：

$$p_D=0.5[-\text{Ei}(-1/t_D)] \tag{1.97}$$

以上示例(即示例1.12)并不是一个真实的例子，但它本质上设计用于展示p_D解法的物理意义。在不稳定流动测试中，我们一般用时间的函数来记录井底流压。所以，无量纲压降法可用于确定一个或多个油藏特性参数，例如k或kh。本章后面将对此进行论述。

1.2.6　可压缩流体的径向流动

天然气的黏度和密度随压力的变化很大，因此对于气体流动系统(即可压缩流体)而言，无法满足式(1.75)的假设条件。为了建立描述油藏中可压缩流体流动的适当数学函数，必须考虑以下两个额外的气体方程。

气体密度方程：

$$\rho=pM/ZRT$$

气体压缩系数方程：

$$c_g=1/p-(1/Z)(\mathrm{d}Z/\mathrm{d}p)$$

把上述两个基本的气体方程与式(1.67)合并后可得：

$$\frac{1}{r}\frac{\partial}{\partial r}\left(r\frac{p}{\mu Z}\frac{\partial p}{\partial r}\right)=\frac{\phi\mu c_t}{0.000264k}\frac{p}{\mu Z}\frac{\partial p}{\partial t} \tag{1.98}$$

式中：t 为时间，h；k 为渗透率，mD；c_t为总等温压缩系数，psi^{-1}；ϕ 为孔隙度。

Al-Hussainy 等(1966)通过把真实气体拟压力 $m(p)$ 引入式(1.98)对上述基本流动方程进行了线性化处理。前文给出的 $m(p)$ 表达式为：

$$m(p)=\int_0^p \frac{2p}{\mu Z}\mathrm{d}p \tag{1.99}$$

对 p 求上述关系式的微分得：

$$\partial m(p)/\partial p=2p/\mu p \tag{1.100}$$

运用链式法则可以得出下列表达式：

$$\partial m(p)/\partial r=[\partial m(p)/\partial p][\partial p/\partial r] \tag{1.101}$$

$$\partial m(p)/\partial t=[\partial m(p)/\partial p][\partial p/\partial t] \tag{1.102}$$

把式(1.100)分别代入式(1.101)和式(1.102)得：

$$\partial p/\partial r=(\mu Z/2p)[\partial m(p)/\partial r] \tag{1.103}$$

$$\partial p/\partial t=(\mu Z/2p)[\partial m(p)/\partial t] \tag{1.104}$$

把式(1.103)及式(1.104)与式(1.98)合并得：

$$\partial^2 m(p)/\partial r^2=(1/r)[\partial m(p)/\partial r]=(\phi\mu c_t/0.000264k)[\partial m(p)/\partial t] \tag{1.105}$$

式(1.105)就是可压缩流体的径向扩散方程。这个微分方程把真实气体拟压力(真实气体势)与时间 t 及半径 r 联系在了一起。Al-Hussainy 等(1966)曾指出，在气井试井分析中，定产量解要比恒定压力解更具实际的应用价值。这些研究者给出了式(1.105)的精确解，这通常被称作 $m(p)$ 解法。这个精确解还有另外两个近似解。这两个近似法被称为压力平方法(pressure-squared)和压力法。一般来讲，这个扩散方程有三种形式的数学解：$m(p)$ 解法(精确解)、压力平方法(p^2近似法)和压力法(p 近似法)。下面对这三种解法进行详细说明。

1.2.6.1 第一种解法：$m(p)$ 解法(精确解)

以定产量作为求解式(1.105)的边界条件之一，Al-Hussainy 等(1966)给出了扩散方程的以下精确解：

$$m(p_{wf})=m(p_i)-57895.3(p_{sc}/T_{sc})(Q_gT/kh)[\log(kt/\phi\mu_i c_{ti}r_w^2)-3.23] \tag{1.106}$$

式中：p_{wf}为井底流压，psi；p_e为初始地层压力；Q_g为天然气产量，$10^3ft^3/d$(标)；t 为时间，h；k 为渗透率，mD；p_{sc}为标准压力，psi；T_{sc}为标准温度,°R；T 为油藏温度；r_w为井筒半径，ft；h 为厚度，ft；μ_i为初始压力条件下的天然气黏度，cP；c_{ti}为 p_i条件下的总压缩系数，psi^{-1}；ϕ 为孔隙度。

设 $p_{sc}=14.7$psi(绝)，$T_{sc}=520$°R，则式(1.106)可以简化为：

$$m(p_{wf})=m(p_i)-(1637Q_gT/kh)[\log(kt/\phi\mu_i c_{ti}r_w^2)-3.23] \tag{1.107}$$

通过把无量纲时间[前面式(1.85)所定义的]代入式(1.107)，可以把后者简化为：

$$t_D=0.0002637kt/\phi\mu_i c_{ti}r_w^2$$

通过等价变换，由无量纲时间 t_D来表述式(1.107)得：

$$m(p_{wf})=m(p_i)-(1637Q_gT/kh)[\log(4t_D/\gamma)] \tag{1.108}$$

上述方程式中的 γ 被称为 Euler 常数，其表达式为：

$$\gamma=e^{0.5772}=1.781 \tag{1.109}$$

由式(1.107)和式(1.108)给出的扩散方程的解，把井底真实气体拟压力表示为瞬变流动时间 t 的函数。以 $m(p)$ 的方式表示的解适用于各种压力范围，因而被推荐为开展气井压力分析的数学表达式。

利用无量纲真实气体拟压降 ψ_D，可以按照无量纲的形式来表述径向气体扩散方程。所得无量纲方程的解由下式给出：

$$\psi_D=[m(p_i)-m(p_{wf})]/(1422Q_gT/kh)$$

或者：

$$m(p_{wf})=m(p_i)-(1422Q_gT/kh)\psi_D \tag{1.110}$$

运用式(1.90)到式(1.95)的适当表达式，可以建立无量纲拟压力降 ψ_D 与 t_D 的函数关系。当 $t_D>100$ 时，由式(1.181)可以计算 ψ_D，即：

$$\psi_D=0.5[\ln(t_D)+0.80907] \tag{1.111}$$

【示例 1.13】

井筒半径为 0.3ft 的一口气井在瞬变流动状态下以 $2\times10^6\text{ft}^3/\text{d}$(标)的定产量开采天然气。油藏温度为 140°F，初始地层压力(关井压力)为 4400psi，产层渗透率和厚度分别为 65mD 和 15ft，孔隙度为 15%。天然气性质以及作为压力函数的 $m(p)$ 的数值参见示例 1.7。为了方便起见，在表 1.11 中重新列出了这些参数值。

表 1.11　气井参数值

p/psi	μ_g/cP	Z	$m(p)/(\text{psi}^2/\text{cP})$
0	0.01270	1.000	0.000
400	0.01286	0.937	13.2×10^6
800	0.01390	0.882	52.0×10^6
1200	0.01530	0.832	113.1×10^6
1600	0.01680	0.794	198.0×10^6
2000	0.01840	0.770	304.0×10^6
2400	0.02010	0.763	422.0×10^6
2800	0.02170	0.775	542.4×10^6
3200	0.02340	0.797	678.0×10^6
3600	0.02500	0.827	816.0×10^6
4000	0.02660	0.860	950.0×10^6
4400	0.02831	0.896	1089.0×10^6

假设初始的总等温压缩系数为 $3\times10^{-4}\text{psi}^{-1}$，计算生产 1.5h 后的井底流压。

解答：

第 1 步，计算无量纲时间 t_D：

$$t_D=0.0002637kt/\phi\mu_ic_{ti}r_w^2=[(0.0002637\times65\times1.5)/(0.15\times0.02831\times3\times10^{-4}\times0.3^2)]$$
$$=224498.6$$

第 2 步，由式(1.108)求解 $m(p_{wf})$：

$$m(p_{wf})=m(p_i)-(1637Q_gT/kh)[\log(4t_D/\gamma)]$$
$$=1089\times10^6-[(1637\times2000\times600)/(65\times15)]\times[\log(4\times224498.6/e^{0.5772})]$$
$$=1077.5\times10^6$$

第 3 步，基于给出的 PVT 数据，采用 $m(p_{wf})$ 的数值进行内插，求出对应的 p_{wf} 数值为 4367psi。

运用 ψ_D 方法可以得出相同的解，步骤如下：

第 1 步，由式(1.111)计算 ψ_D：

$$\psi_D=0.5[\ln(t_D)+0.80907]=0.5[\ln(224498.6)+0.80907]=6.565$$

第 2 步，由式(1.110)计算 $m(p_{wf})$：

$$m(p_{wf})=m(p_i)-(1422Q_gT/kh)\psi_D=1089\times10^6-[(1422\times2000\times600)/(65\times15)]\times6.565$$
$$=1077.5\times10^6$$

通过在 $m(p_{wf})=1077.5\times10^6$ 处进行内插，得出对应的 p_{wf} 数值为 4367psi。

1.2.6.2　第二种解：压力平方法

这个精确解的第一种近似解法是把取决于压力的项(μZ)移到定义 $m(p_{wf})$ 和 $m(p_i)$ 的积分之外，得出：

$$m(p_i)-m(p_{wf})=\frac{2}{\overline{\mu Z}}\int_{p_{wf}}^{p_i}p\mathrm{d}p \tag{1.112}$$

或：

$$m(p_i)-m(p_{wf})=\frac{p_i^2-p_{wf}^2}{\overline{\mu Z}} \tag{1.113}$$

参数 μ 和 Z 之上的“横线”代表在平均压力 $\bar{p}$ 下计算的天然气黏度和天然气偏差系数。这个平均压力的计算公式为：

$$\bar{p}=\sqrt{\frac{p_i^2+p_{wf}^2}{2}} \tag{1.114}$$

把式(1.113)与式(1.107)、式(1.108)或者式(1.110)合并可得：

$$p_{wf}^2=p_i^2-\left(\frac{1637Q_gT\overline{\mu Z}}{kh}\right)\left[\log\left(\frac{kt}{\phi\mu_ic_{ti}r_w^2}\right)-3.23\right] \tag{1.115}$$

或：

$$p_{wf}^2=p_i^2-\left(\frac{1637Q_gT\overline{\mu Z}}{kh}\right)\left[\log\left(\frac{4t_D}{\gamma}\right)\right] \tag{1.116}$$

其等价方程式为：

$$p_{wf}^2=p_i^2-\left(\frac{1422Q_gT\overline{\mu Z}}{kh}\right)\psi_D \tag{1.117}$$

上述近似解表明，μZ 积被假定为在平均压力 $\bar{p}$ 下保持恒定。这个假设条件有效地限定了压力平方法仅适用于压力低于 2000psi 的油藏。应当指出的是，在运用压力平方法计算 p_{wf} 时，设定 $\overline{\mu Z}=\mu_iZ$ 就足够了。

【示例 1.14】

一口气井在瞬变流动状态下以 7454200ft^3/d(标)的定产量采气。已知的数据如下：$k=50$mD；$h=10$ft；$\phi=20\%$；$p_i=1600$psi；$T=600$°R；$r_w=0.3$ft；$c_{ti}=6.25\times10^{-4}$psi^{-1}。

天然气性质见表 1.12：

表 1.12　天然气性质参数

p/psi	μ_g/cP	Z	$m(p)$/(psi^2/cP)
0	0.01270	1.000	0.000
400	0.01286	0.937	13.2×10^6
800	0.01390	0.882	52.0×10^6
1200	0.01530	0.832	113.1×10^6
1600	0.01680	0.794	198.0×10^6

采用下列两种方法计算开采 4h 后的井底流压：$m(p)$ 法和 p^2 法。

解答：

(1) 采用 $m(p)$ 法。

第 1 步，计算 t_D：

$$t_D=[(0.000264\times50\times4)/(0.2\times0.0168\times6.25\times10^{-4}\times0.32^2)]=279365.1$$

第 2 步，计算 ψ_D：

$$\psi_D=0.5[\ln(t_D)+0.80907]=0.5[\ln(279365.1)+0.80907]=6.6746$$

第 3 步，运用式(1.110)求解 $m(p_{wf})$：

$$m(p_{wf})=m(p_i)-(1422Q_gT/kh)\psi_D=198\times10^6-[(1422\times7454.2\times600)/(50\times10)]\times6.6746$$
$$=113.1\times10^6$$

对应的 p_{wf} 数值为：$p_{wf}=1200\text{psi}$。

(2) 采用 p^2 法。

第 1 步，由式(1.111)计算 ψ_D：

$$\psi_D=0.5[\ln(t_D)+0.80907]=0.5[\ln(279365.1)+0.80907]=6.6746$$

第 2 步，由式(1.116)计算 $p_{wf}{}^2$：

$$p_{wf}^2=p_i^2-\left(\frac{1422Q_gT\bar{\mu}\bar{Z}}{kh}\right)\psi_D=1600^2-\left[\frac{(1422)(7454.2)(600)(0.0168)(0.794)}{(50)(10)}\right]6.6747$$
$$=1427491$$

$$p_{wf}=1195\text{psi}$$

第 3 步，计算平均绝对误差，所得结果为 0.4%。

1.2.6.3 第三种解：压力近似法

气体径向流精确解的第二种近似方法是把气体视为“假液体(pseudo-liquid)”。回顾上文给出的以 bbl/ft^3(标)为单位的天然气地层体积系数 B_g 的表达式为：

$$B_g=(p_{sc}/5.615T_{sc})(ZT/p)$$

或：

$$B_g=0.00504(ZT/p)$$

由上述方程式求解 p/Z 得：

$$p/Z=(Tp_{sc}/5.615T_{sc})(1/B_g)$$

真实气体拟压力中差值的表达式为：

$$m(p_i)-(p_{wf})=\int_{p_{wf}}^{p_i}\frac{2p}{\mu Z}\mathrm{d}p$$

把上述两个表达式合并得：

$$m(p_i)-m(p_{wf})=\frac{2Tp_{sc}}{5.615T_{sc}}\int_{p_{wf}}^{p_i}\left(\frac{1}{\mu B_g}\right)\mathrm{d}p \tag{1.118}$$

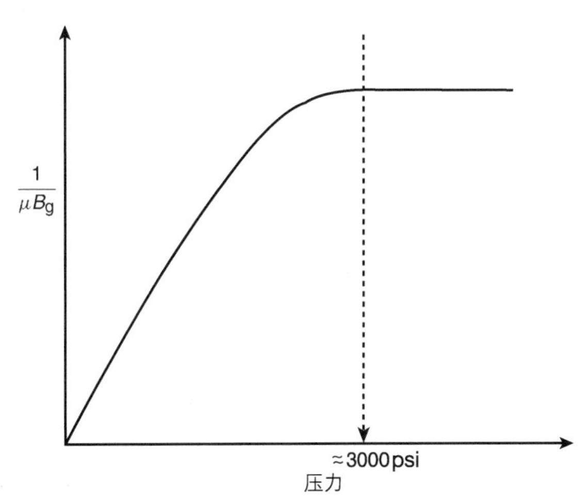

图 1.22 $1/\mu B_g$ 与压力的交会曲线

Fetkovich (1973) 曾指出，在压力高于 3000psi ($p>3000$psi) 的情况下，$1/\mu B_g$ 几乎是恒定的，如图 1.22 所示。把 Fetkovich 给定的条件施加到式(1.118)上并进行积分可得：

$$m(p_i)-m(p_{wf})=\frac{2Tp_{sc}}{5.615T_{sc}\overline{\mu B_g}}(p_i-p_{wf}) \tag{1.119}$$

把式(1.119)与式(1.107)、式(1.108)或者式(1.110)合并得：

$$p_{wf}=p_i-\left(\frac{162.5\times10^3Q_g\overline{\mu B_g}}{kh}\right)\left[\log\left(\frac{kt}{\phi\overline{\mu}\overline{c}_t r_w^2}\right)-3.23\right] \tag{1.120}$$

或：

$$p_{wf}=p_i-\left(\frac{(162.5\times10^3)Q_g\overline{\mu B_g}}{kh}\right)\left[\log\left(\frac{4t_D}{\gamma}\right)\right] \tag{1.121}$$

以无量纲压降来表述，其等价方程式为：

$$p_{wf}=p_i-\left(\frac{(141.2\times10^3)Q_g\overline{\mu B_g}}{kh}\right)p_D \tag{1.122}$$

式中：Q_g为天然气产量，$10^3ft^3/d$(标)；k为渗透率，mD；B_g为天然气地层体积系数，bbl/ft^3(标)；t为时间，h；p_D为无量纲压降；t_D为无量纲时间。

应当注意的一点是，天然气性质(即μ、B_g和c_t)是在压力$\overline{p}$下评价的，$\overline{p}$的表达式为：

$$\overline{p}=\frac{p_i+p_{wf}}{2} \tag{1.123}$$

同样，这个方法仅局限适用于压力大于3000psi的气藏。在求解p_{wf}时，在p_i下评价天然气性质就足够了。

【示例1.15】

为了方便起见，重复使用示例1.13中的数据。井筒半径为0.3ft的一口气井在瞬变流动状态下以$2\times10^6ft^3/d$(标)的定产量开采天然气。油藏温度为140℉，初始地层压力(关井压力)为4400psi，产层渗透率和厚度分别为65mD和15ft，孔隙度为15%。天然气性质以及作为压力函数的$m(p)$的数值参见表1.13。

表1.13　天然气性质及作为压力函数的$m(p)$的数值

p/psi	μ_g/cP	Z	$m(p)/(psi^2/cP)$
0	0.01270	1.000	0.000
400	0.01286	0.937	13.2×10^6
800	0.01390	0.882	52.0×10^6
1200	0.01530	0.832	113.1×10^6
1600	0.01680	0.794	198.0×10^6
2000	0.01840	0.770	304.0×10^6
2400	0.02010	0.763	422.0×10^6
2800	0.02170	0.775	542.4×10^6
3200	0.02340	0.797	678.0×10^6
3600	0.02500	0.827	816.0×10^6
4000	0.02660	0.860	950.0×10^6
4400	0.02831	0.896	1089.0×10^6

假设初始的总等温压缩系数为$3\times10^{-4}psi^{-1}$，采用p近似法计算生产1.5h后的井底流压，并与精确解进行对比。

解答：

第 1 步，计算无量纲时间 t_D：

$$t_D = 0.0002637kt/\phi\mu_i c_{ti} r_w^2 = [(0.000264\times65\times1.5)/(0.15\times0.02831\times3\times10^{-4}\times0.3^2)]$$
$$=224498.6$$

第 2 步，计算 p_i 下的 B_g：

$$B_g = 0.00504(Z_i T/p_i) = 0.00504(0.896\times600/4400) = 0.0006158[\text{bbl/ft}^3(\text{标})]$$

第 3 步，由式(1.91)计算无量纲压力 p_D：

$$p_D = 0.5[\ln(t_D)+0.80907] = 0.5[\ln(224498.6)+0.80907] = 6.565$$

第 4 步，由式(1.122)近似计算 p_{wf}：

$$p_{wf} = p_i - \left(\frac{(141.201^3)Q_g\overline{\mu B_g}}{kh}\right)p_D$$
$$=4400-\left[\frac{141.2\times10^3(2000)(0.02831)(0.0006158)}{(65)(15)}\right]6.565$$
$$=4367(\text{psi})$$

这个解等于示例 1.13 的解。应当指出，示例 1.10～示例 1.15 用于说明不同解法的应用。但这些示例并不实际，其原因是在瞬变流分析中，井底流压一般都是以时间函数的方式给出的。以往所有的方法实质上都是通过计算渗透率 k 或渗透率与厚度之积(kh)来描述油藏的。

1.2.7　拟稳态流

在上述非稳态流案例中，我们假设生产井位于非常大的油藏中，而且以定产量生产。油气开采在油藏中诱发压力扰动，而这种扰动在整个“无限大油藏”中向外推进。在这个瞬变流动时期，地层边界对生产井的压力特征没有影响。很显然，这个假设有效的时间往往非常短。一旦压力扰动到达所有的泄油边界，瞬变(非稳态)流动状态就结束，取而代之的是边界主导的流动状态。这种不同的流动状态被称为拟稳态(半稳态)流。在这个时点，就需要对扩散方程给出不同的边界条件，从而得出这种流动状态下合适的解。

图 1.23 显示了径向流动系统中的一口井，这口井已经以定产量开采了足够长的一段时间，因而最终影响到了整个泄油面积。在这个半稳态流过程中，在整个泄油面积内，压力随时间的变化都是一样的。图 1.23(b)显示出，在后续的各时间段内压力的分布曲线都是平行的。在数学上，这个重要的条件可以表示为：

$$(\partial p/\partial t)_r = \text{常数} \tag{1.124}$$

假定没有游离气产出，那么根据压缩系数的定义，由简单的物质平衡方程就可以求出上述方程式中的“常数”，所以可得：

$$c = -(1/V)(\mathrm{d}V/\mathrm{d}p)$$

上述关系式经变形后得：

$$cV\mathrm{d}p = -\mathrm{d}V$$

对时间 t 求微分得：

$$cV(\mathrm{d}p/\mathrm{d}t) = -(\mathrm{d}V/\mathrm{d}t) = q$$

或：

$$\mathrm{d}p/\mathrm{d}t = -q/cV$$

以 psi/h 为单位来表述上述关系式中的压力递减速度 $\mathrm{d}p/\mathrm{d}t$ 可得：

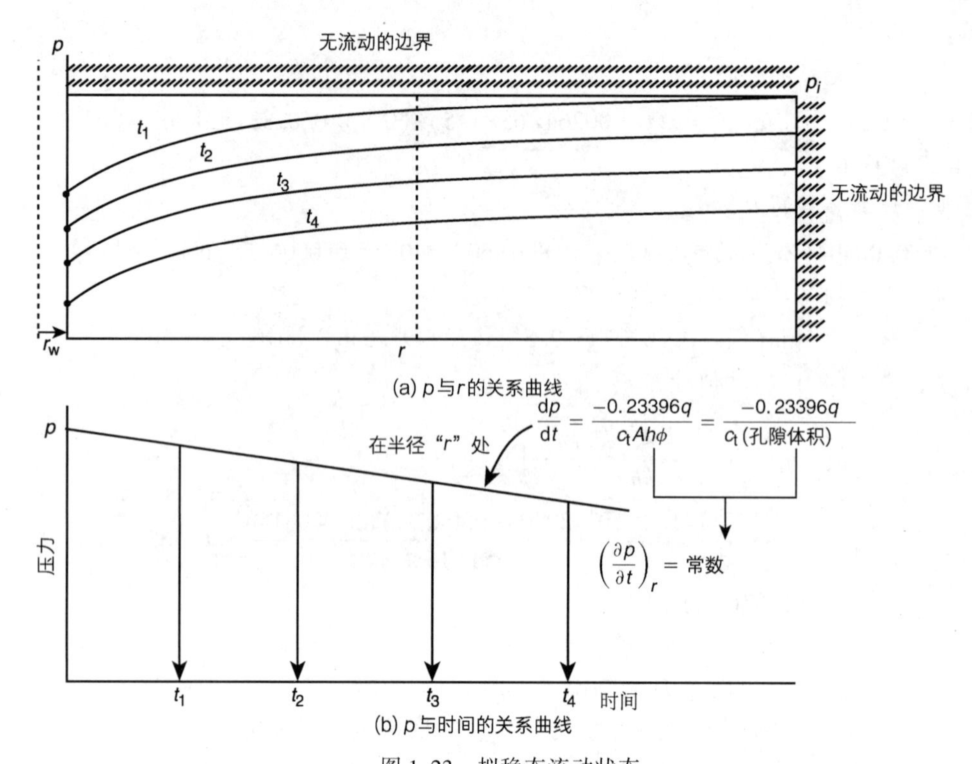

图 1.23　拟稳态流动状态

$$dp/dt=-q/24cV=-Q_oB_o/24cV \tag{1.125}$$

式中：q 为产量，bbl/d；Q_o 为产量，STB/d；dp/dt 为压力递减速度，psi/h；V 为孔隙体积，bbl。

对于径向泄油系统而言，孔隙体积的计算公式为：

$$V=\pi r_e^2h\phi/5.615=Ah\phi/5.615 \tag{1.126}$$

式中：A 为泄油面积，ft^2。

把式(1.126)与式(1.125)合并得：

$$dp/dt=-0.23396q/c_t(\pi r_e^2)h\phi=-0.23396q/c_tAh\phi=-0.23396q/c_t(孔隙体积) \tag{1.127}$$

式(1.127)反映了拟稳态流动时期压力递减速度 dp/dt 的以下重要特征：随着流体产量提高，地层压力递减速度增大；总压缩系数越大，地层压力递减速度越低；油藏的孔隙体积越大，地层压力递减速度越低。

在水以 e_w(bbl/d)的流入量侵入油藏的情况下，这个方程式可以转变为：

$$dp/dt=-(0.23396q+e_w)/c_t(孔隙体积)$$

【示例 1.16】

假设一口油井在拟稳态流动状态下以 120STB/d 的定产量生产。试井资料表明，地层压力以 0.04655psi/h 的恒定速度递减。其他已知的数据如下：$h=12ft$；$\phi=25\%$；$B_o=1.3bbl/STB$；$c_t=25\times10^{-6}psi^{-1}$。

计算这口井的泄油面积。

解答：

$$q=Q_oB_o=120\times1.3=156(bbl/d)$$

由式(1.127)求解 A 得：

$$dp/dt = -0.23396q/c_t(\pi r_e^2)h\phi = -0.23396q/c_tAh\phi = -0.23396q/c_t(\text{孔隙体积}) -0.04655$$
$$= -0.23396\times156/25\times10^{-6}\times72\times0.25A$$
$$A = 1742400\text{ft}^2 = 40\text{acre}$$

Matthews 等(1954)曾指出，一旦油藏进入拟稳态流动状态，那么其中的所有生产井都从各自的无流动边界内泄油，而与其他井无关。要使这种流动状态普遍存在，整个油藏内的压力递减速度 dp/dt 都必须近似于恒定，否则流体就会越过边界流动，导致其位置重新调整。由于在油藏内每个点上压力都以相同的速度改变，我们据此可以得出结论，油藏的平均压力也以相同的速度递减。这个油藏平均压力实质上被设定为等于按体积平均的地层压力$\bar{p}_r$。在拟稳态流动状态下进行流动计算，所采用的就是这个压力。上述讨论说明，原则上，以$(p_i-\bar{p})/t$替换压力递减速度 dp/dt，就可以利用式(1.127)估算油井泄油面积内的平均压力$\bar{p}$，即：

$$p_i-\bar{p} = 0.23396q/c_t(Ah\phi)$$

也就是：

$$\bar{p} = p_i - [0.23396q/c_t(Ah\phi)]t \tag{1.128}$$

注意，上述表达式实际上是一个斜率为 m'、截距 p_i的直线方程，其表达式为：

$$\bar{p} = a + m't$$
$$m' = -[0.23396q/c_t(Ah\phi)] = -[0.23396q/c_t(\text{孔隙体积})]$$
$$a = p_i$$

式(1.128)表明，在累积生产石油 N_p(STB)之后，平均地层压力可以由下式近似计算：

$$\bar{p} = p_i - [0.23396B_oN_p/c_t(Ah\phi)]$$

应当指出的是，在开展物质平衡计算时，计算流体性质采用的是整个油藏的体积平均压力。根据各井的泄油特性可以确定这个压力，公式如下：

$$\bar{p}_r = \sum_j(\bar{p}V)_j/(\sum_jV_j)$$

式中：V_j为第 j 口井泄油体积的孔隙体积；$(\bar{p})_j$为第 j 口井泄油体积内的体积平均压力。

图 1.24 图示了体积平均压力的概念。在实践中，V_j往往难于确定，所以通常利用各井的产量 q_i，并根据其平均泄油压力来确定平均地层压力：

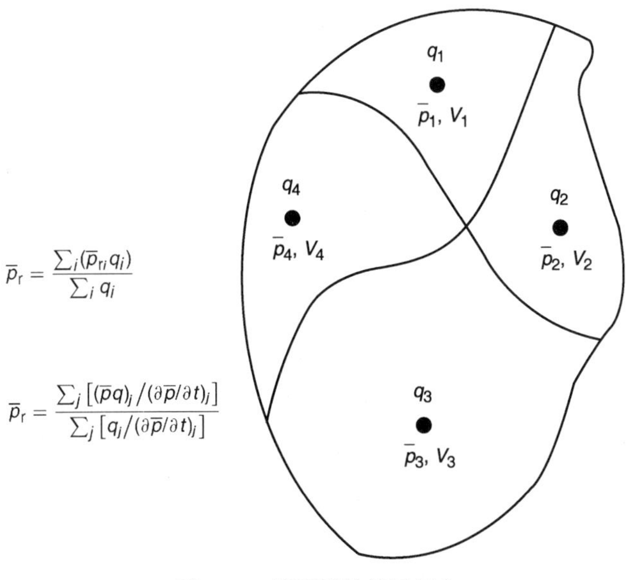

图 1.24　容积平均储层压力

$$\bar{p}_{\mathrm{r}}=\sum_j(\bar{p}q)_j/(\sum_j q_j)$$

在每一个油田的寿命期内，井产量都是要定期测量的一个参数，这就为体积平均地层压力$\bar{p}_{\mathrm{r}}$的计算创造了有利条件。另外一种方法是，根据各井的平均泄油压力递减速度和流体流量计算平均地层压力，计算公式如下：

$$\bar{p}_{\mathrm{r}}=\sum_j[(\bar{p}q)_j/(\partial\bar{p}/\partial t)_j]/\sum_j[q_j/(\partial\bar{p}/\partial t)_j] \tag{1.129}$$

然而，由于物质平衡方程的应用一般都要有规则的 3~6 个月的时间间隔(即 $\Delta t=3\sim6$ 个月)，因而在油田的整个寿命期内，油田的平均压力可以由地下流体采出量的净增量 $\Delta(F)$ 来表述，其表达式如下：

$$\bar{p}_{\mathrm{r}}=[\sum_j\bar{p}_j\Delta(F)_j]/[\sum_j\Delta(F)_j/\Delta\bar{p}_j] \tag{1.130}$$

其中，时刻 t 和 $t+\Delta t$ 的地下流体总采出量的计算公式分别为：

$$F_t=\int_0^t[Q_{\mathrm{o}}B_{\mathrm{o}}+Q_{\mathrm{w}}B_{\mathrm{w}}+(Q_{\mathrm{g}}-Q_{\mathrm{o}}R_{\mathrm{s}}-Q_{\mathrm{w}}R_{\mathrm{sw}})B_{\mathrm{g}}]\mathrm{d}t$$

$$F_{t+\Delta t}=\int_0^{t+\Delta t}[Q_{\mathrm{o}}B_{\mathrm{o}}+Q_{\mathrm{w}}B_{\mathrm{w}}+(Q_{\mathrm{g}}-Q_{\mathrm{o}}R_{\mathrm{s}}-Q_{\mathrm{w}}R_{\mathrm{sw}})B_{\mathrm{g}}]\mathrm{d}t$$

$$\Delta(F)=F_{t+\Delta t}-F_t$$

式中：R_{s}为天然气溶解度，$\mathrm{ft^3}$(标)/STB；R_{sw}为天然气在水中的溶解度，$\mathrm{ft^3}$(标)/STB；B_{g}为天然气地层体积系数，bbl/$\mathrm{ft^3}$(标)；Q_{o}为石油产量，STB/d；q_{o}为石油产量，bbl/d；Q_{w}为水产量，STB/d；q_{w}为水产量，bbl/d；Q_{g}为天然气产量，$\mathrm{ft^3}$/d。

下面介绍拟稳态流状态扩散方程在以下两种类型流体描述中的实际应用：微可压缩流体的径向流动和可压缩流体的径向流动。

1.2.8 微可压缩流体的径向流动

在瞬变流动状态下由式(1.72)表述的扩散方程的表达式为：

$$\frac{\partial^2 p}{\partial r^2}+\frac{1}{r}\frac{\partial p}{\partial r}=\left(\frac{\phi\mu c_{\mathrm{t}}}{0.000264k}\right)\frac{\partial p}{\partial t}$$

对于拟稳态流，$\partial p/\partial t$ 项是常数，而且由式(1.127)来表述。把式(1.127)代入扩散方程可得：

$$\frac{\partial^2 p}{\partial r^2}+\frac{1}{r}\frac{\partial p}{\partial r}=\left(\frac{\phi\mu c_{\mathrm{t}}}{0.000264k}\right)\left(\frac{-0.23396q}{c_{\mathrm{t}}Ah\phi}\right)$$

或：

$$\frac{\partial^2 p}{\partial r^2}+\frac{1}{r}\frac{\partial p}{\partial r}=-\frac{-887.22q\mu}{Ahk}$$

这个表达式可以变换为：

$$\frac{1}{r}\frac{\partial}{\partial r}\left(r\frac{\partial p}{\partial r}\right)=-\frac{887.22q\mu}{(\pi r_{\mathrm{e}}^2)hk}$$

对上述方程式进行积分得：

$$r\frac{\partial p}{\partial r}=-\frac{887.22q\mu}{(\pi r_{\mathrm{e}}^2)hk}\left(\frac{r^2}{2}\right)+c_1$$

其中，c_1是积分常数，通过给上述方程式施加外部无流动边界条件[即$(\partial p/\partial t)_{\mathrm{re}}=0$]可以计算 c_1。其表达式为：

$$c_1=141.2q\mu/\pi hk$$

把这两个方程式合并得：

$$\frac{\partial p}{\partial r}=\frac{141.2q\mu}{hk}\left(\frac{1}{r}-\frac{r}{r_e^2}\right)$$

再次积分得：

$$\int_{p_{wf}}^{p_i}\mathrm{d}p=\frac{141.2q\mu}{hk}\int_{r_w}^{r_e}\left(\frac{1}{r}-\frac{r}{r_e^2}\right)\mathrm{d}r$$

完成上述积分并假设 r_w^2/r_e^2 可以忽略不计，可得：

$$(p_i-p_{wf})=\frac{141.2q\mu}{kh}\left[\ln\left(\frac{r_e}{r_w}\right)-\frac{1}{2}\right]$$

上述方程式的更加合适的表述方式用于求解以 STB/d 为单位的流量，其表达式为：

$$Q=\frac{0.00708kh(p_i-p_{wf})}{\mu B[\ln(r_e/r_w)-0.5]} \tag{1.131}$$

式中：Q 为流量，STB/d；B 为地层体积系数，bbl/STB；k 为渗透率，mD。

油井泄油面积内的体积平均压力 $\bar{p}$ 通常用于计算拟稳态流状态下的产液量。把 $\bar{p}$ 引入式(1.131)可得：

$$Q=\frac{0.00708kh(\bar{p}-p_{wf})}{\mu B[\ln(r_e/r_w)-0.75]}=\frac{(\bar{p}-p_{wf})}{141.2\mu B[\ln(r_e/r_w)-0.75]} \tag{1.132}$$

注意：

$$\ln\left(\frac{r_e}{r_w}\right)-0.75=\ln\left(\frac{0.471r_e}{r_w}\right)$$

上述结果表明，在拟稳态流状态下，体积平均压力 $\bar{p}$ 出现在泄油面积半径的约 47%处，即：

$$Q=\frac{0.00708kh(\bar{p}-p_{wf})}{\mu B[\ln(0.471r_e/r_w)]}$$

应当指出，拟稳态流存在与否，与油藏的几何形态并没有关系。对于几何形态不规则的油藏而言，在开采时间足够长因而使整个泄油面积都受到影响后，也可以出现拟稳态流动状态。

Ramey 和 Cobb(1971)没有为每一个泄油面积的几何形态都建立一个单独的方程，而是引入了一个被称作形状因子 C_A 的修正因子，用于在泄油面积偏离理想圆形时对方程进行修正。这个形状因子(列在表 1.14 中)还用于修正油井在泄油面积内的位置。

把 C_A 引入式(1.132)并求解 p_{wf}，可以得出两个解。

从体积平均压力 $\bar{p}$ 方面来说：

$$p_{wf}=\bar{p}-\frac{162.6QB\mu}{kh}\log\left(\frac{2.2458A}{C_A r_w^2}\right) \tag{1.133}$$

从初始地层压力 p_i 方面来说，式(1.128)给出了平均地层压力 $\bar{p}$ 随时间和初始地层压力 p_i 的变化：

$$\bar{p}=p_i-\frac{0.23396qt}{c_t Ah\phi}$$

把这个方程式与式(1.133)合并得：

$$p_{wf}=\left(p_i-\frac{0.23396QBt}{Ah\phi c_t}\right)-\frac{162.6QB\mu}{kh}\log\left(\frac{2.2458A}{C_A r_w^2}\right) \tag{1.134}$$

式中：k 为渗透率，mD；A 为泄油面积，ft^2；C_A 为形状因子；Q 为流量，STB/d；t 为时间，h；c_t 为总压缩系数，psi^{-1}。

表 1.14　各种单井泄油面积的形状因子①

在有边界的油藏中	C_A	$\ln C_A$	$0.5\ln(2.2458/C_A)$	t_{DA}的精确值	误差小于1%时的t_{DA}数值	采用误差小于1%的无限大流动系统解时的t_{DA}数
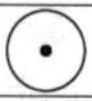	31. 62	3. 4538	−1. 3224	>0. 1	>0. 6	>0. 10
	31. 6	3. 4532	−1. 3220	>0. 1	>0. 06	>0. 10
	27. 6	3. 3178	−1. 2544	>0. 2	>0. 07	>0. 09
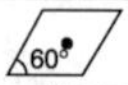	27. 1	3. 2995	−1. 2452	>0. 2	>0. 07	>0. 09
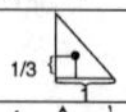	21. 9	3. 0865	−1. 1387	>0. 4	>0. 12	>0. 08
	0. 098	−2. 3227	+1. 5659	>0. 9	>0. 60	>0. 015
	30. 8828	3. 4302	−1. 3106	>0. 1	>0. 05	>0. 09
	12. 9851	2. 5638	−0. 8774	>0. 7	>0. 25	>0. 03
	10132	1. 5070	−0. 3490	>0. 6	>0. 30	>0. 025
	3. 3351	1. 2045	−0. 1977	>0. 7	>0. 25	>0. 01
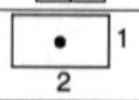	21. 8369	3. 0836	−1. 1373	>0. 3	>0. 15	>0. 025
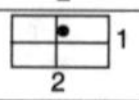	10. 8374	2. 3830	−0. 7870	>0. 4	>0. 15	>0. 025
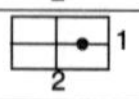	10141	1. 5072	−0. 3491	>1. 5	>0. 50	>0. 06
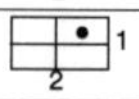	2. 0769	0. 7309	−0. 0391	>1. 7	>0. 50	>0. 02
	3. 1573	1. 1497	−0. 1703	>0. 4	>0. 15	>0. 005
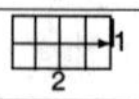	0. 5813	−0. 5425	+0. 6758	>2. 0	>0. 60	>0. 02
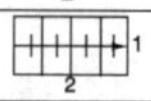	0. 1109	−2. 1991	+1. 5041	>3. 0	>0. 60	>0. 005
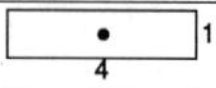	5. 3790	1. 6825	−0. 4367	>0. 8	>0. 30	>0. 01
	2. 6896	0. 9894	−0. 0902	>0. 8	>0. 30	>0. 01
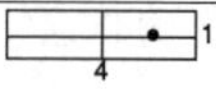	0. 2318	−1. 4619	+1. 1355	>4. 0	>2. 00	>0. 03
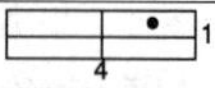	0. 1155	−2. 1585	+1. 4838	>4. 0	>2. 00	>0. 01
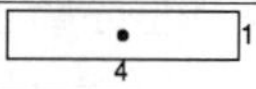	2. 3606	0. 8589	−0. 0249	>1. 0	>0. 40	>0. 025
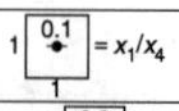	在发育纵向裂缝的油藏中，对于裂缝性流动系统，采用$(x_e/x_f)^2$替代A/r_w^2					
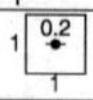	2. 6541	0. 9761	−0. 0835	>0. 175	>0. 08	不能使用
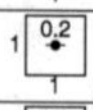	2. 0348	0. 7104	+0. 0493	>0. 175	>0. 09	不能使用
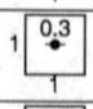	1. 9986	0. 6924	+0. 0583	>0. 175	>0. 09	不能使用
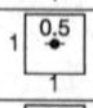	1. 6620	0. 5080	+0. 1505	>0. 175	>0. 09	不能使用
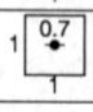	1. 3127	0. 2721	+0. 2685	>0. 175	>0. 09	不能使用
	在水驱的油藏中					
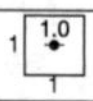	0. 7887	−0. 2374	+0. 5232	>0. 175	>0. 09	不能使用
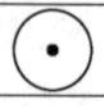	19. 1	2. 95	−1. 07			
	在不知道生产参数的油藏中					
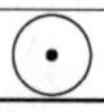	25. 0	3. 22	−1. 20			

① 资料来源：Earlougher，Robert C，Jr，1977. Advances in Well Test Analysis，Monograph，vol. 5. Society of Petroleum Engineers of AIME，Dallas，TX；Permission to publish by the SPE，Copyright SPE，1977。

对式(1.134)稍加整理可得：

$$p_{wf}=\left[p_i-\frac{162.6QB\mu}{kh}\log\left(\frac{2.2458A}{C_A r_w^2}\right)\right]-\left(\frac{0.23396QB}{Ah\phi c_t}\right)t$$

上述关系式说明，在拟稳态流动和定产量的条件下，它可以用一个直线方程来表述：

$$p_{wf}=a_{pss}+m_{pss}t$$

其中，a_{pss}和m_{pss}分别定义为：

$$a_{pss}=\left[p_i-\frac{162.6QB\mu}{kh}\log\left(\frac{2.2458A}{C_A r_w^2}\right)\right]$$

$$m_{pss}=-\left(\frac{0.23396QB}{c_t(Ah\phi)}\right)=-\left(\frac{0.23396QB}{c_t(\text{孔隙体积})}\right)$$

很显然，在拟稳态(半稳态)流动时期，井底流压p_{wf}与时间t的交会图是一条直线，其负斜率为m_{pss}，截距为a_{pss}。

整理式(1.133)并求解Q，可以得出更为简洁的达西方程表达式：

$$Q=\frac{kh(\bar{p}-p_{wf})}{162.6B\mu\log(2.2458A/C_A r_w^2)} \tag{1.135}$$

应注意一点，如果把式(1.135)应用于半径为r_e的圆形油藏，那么：

$$A=\pi r_e^2$$

而且，圆形泄油面积的形状因子(如表1.14给出的数值)为：

$$C_A=31.62$$

把它代入式(1.135)后，这个方程式可简化为：

$$Q=\frac{0.00708kh(\bar{p}-p_{wf})}{B\mu[\ln(r_e/r_w)-0.75]}$$

简化后的方程式等同于式(1.134)。

【示例1.17】

位于井距为40acre的正方形井网中心的一口油井，在拟稳态流状态下以100STB/d的定产量生产。油藏参数如下：$k=20$mD；$h=30$ft；$\phi=15\%$；$p_i=4500$psi；$B_o=1.2$bbl/STB；$A=40$acre；$r_w=0.3$ft；$c_{ti}=25\times10^{-6}\text{psi}^{-1}$。

计算井底流压并绘制其与时间的交会图。根据所绘制的交会曲线计算压力递减速度。在$t=10\sim200$h这段时间内，平均地层压力递减速度是多少？

解答：

(1) 计算p_{wf}：

第1步，根据表1.14确定C_A的数值：$C_A=30.8828$。

第2步，把面积A的单位从acre换算为ft^2：

$$A=40\times43560=1742400(\text{ft}^2)$$

第3步，由式(1.134)计算：

$$p_{wf}=\left(p_i-\frac{0.23396QBt}{Ah\phi c_t}\right)-\frac{162.6QB\mu}{kh}\log\left(\frac{2.2458A}{1C_A r_w^2}\right)$$

$$=4500-0.143t-48.78\log(2027436)$$

或者：

$$p_{wf}=4192-0.143t$$

第 4 步，计算所假设的不同时间的 p_{wf}，结果见表 1.15：

表 1.15 不同时间的 p_{wf} 的计算结果

t	$p_{wf}=4192-0.143t$	t	$p_{wf}=4192-0.143t$
10	4191	100	4178
20	4189	200	4163
50	4185		

第 5 步，以图 1.25 所示的图形的形式展示第 4 步的计算结果。

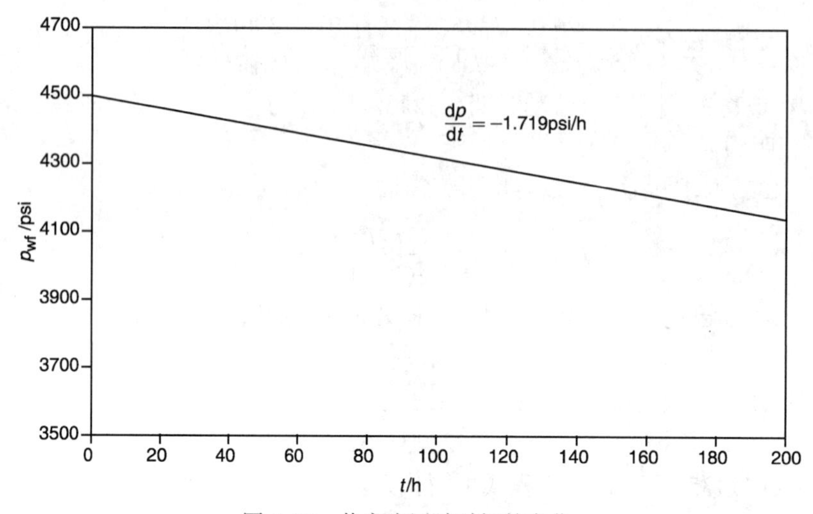

图 1.25 井底流压随时间的变化

（2）从图 1.25 和上述计算过程可以明显看出，井底流压的递减速度为 0.143psi/h，即：$dp/dt=-0.143$psi/h。

这个示例的意义在于，在拟稳态流动时期，整个泄油面积内的压力递减速度都是一样的。这就意味着平均地层压力$\bar{p}_r$以 0.143psi/h 的速度递减，因此在从第 10h 到第 200h 的这个时间段内$\bar{p}_r$的变化是：$\Delta \bar{p}_r=0.143\times(200-10)=27.17$(psi)。

【示例 1.18】

假设一口油井以 1500psi 的恒定井底流压生产。当前的油藏平均压力$\bar{p}_r$为 3200psi。这口井位于井距为 40acre 的正方形井网的中心。其他已知的油藏参数如下：$k=50$mD；$h=15$ft；$\phi=16\%$；$\mu=26$cP；$B_o=1.15$bbl/STB；$r_w=0.25$ft；$c_{ti}=10\times10^{-6}\text{psi}^{-1}$。请计算井产量。

解答：

由于给定了体积平均压力，选用式(1.135)计算井产量：

$$Q=\frac{kh(\bar{p}-p_{wf})}{162.6B\mu\log[2.2458A/C_A r_w^2]}$$

$$=\frac{(50)(15)(3200-1500)}{(162.6)(1.15)(2.6)\log[(2.2458(40)(43560))/((30.8828)(0.25^2))]}$$

$$=416(\text{STB/d})$$

需要注意的有趣一点是，通过对式(1.135)进行变形，并引入无量纲时间 t_D 和无量纲压降

p_D，可以把这个方程式转换为无量纲的形式，其表达式如下：

$$p_D = 2\pi t_{DA} + 0.5\ln(2.3458A/C_A r_w^2) + s \tag{1.136}$$

其中，基于油井泄油面积的无量纲时间由式(1.86a)给出：

$$t_{DA} = 0.0002367kt/\phi\mu c_t A = t_A(r_w^2/A)$$

式中：s 为表皮系数(将在本章后面加以介绍)；C_A 为形状因子；t_{DA} 为基于油井泄油面积 πr_e^2 的无量纲时间。

式(1.136)说明，在边界主导的流动时期，即拟稳态流阶段，在笛卡尔坐标系中 p_D 与 t_{DA} 的关系曲线是一条斜率为 2π 的直线，即：

$$\partial p_D/\partial t_{DA} = 2\pi \tag{1.137}$$

对于位于圆形泄油面积内且无表皮系数(即 $s=0$)的油井而言，对式(1.136)的两边同时取对数可得：

$$\log(p_D) = \log(2\pi) + \log(t_{DA})$$

这个方程式表明，在双对数坐标系中，p_D 与 t_{DA} 的关系曲线是一条直线，其倾角为 45°，截距为 2π。

1.2.9 可压缩流体(气体)的径向流

建立了由式(1.105)表述的径向扩散流方程式，用于研究非稳态流动状态下可压缩流体的动态。该方程式的表达式如下：

$$\frac{\partial^2 m(p)}{\partial r^2} + \frac{1}{r}\frac{\partial m(p)}{\partial r} = \frac{\phi\mu c_t}{0.000264k}\frac{\partial m(p)}{\partial t}$$

对于拟稳态流而言，真实天然气拟压力随时间的变化速度是恒定的，即：

$$\partial m(p)/\partial t = 常数$$

采用与前文描述液体流动所用的相同的方法，可以得出扩散方程的以下精确解：

$$Q_g = \frac{kh[m(\bar{p}_r) - m(p_{wf})]}{1422T[\ln(r_e/r_w) - 0.75]} \tag{1.138}$$

以上精确解的两个近似解被广泛应用。它们是压力平方近似解和压力近似解。

如前所述，在 $p<2000$psi 时，压力平方近似解法为我们提供了与精确解相当的近似解。这个近似解具有为大家所熟悉的以下表达式：

$$Q_g = \frac{kh(\bar{p}_r^2 - p_{wf}^2)}{1422T\bar{\mu}\bar{Z}(\ln(r_e/r_w) - 0.75)} \tag{1.139}$$

天然气性质参数 $\bar{Z}$ 和 $\bar{\mu}$ 的评价方式如下：

$$\bar{p} = \sqrt{\frac{\bar{p}_r^2 + p_{wf}^2}{2}}$$

压力近似法在 $p>3000$psi 的条件下适用，其数学表达式为：

$$Q_g = \frac{kh(\bar{p}_r - p_{wf})}{1422\bar{\mu}\bar{B}_g[\ln(r_e/r_w) - 0.75]} \tag{1.140}$$

天然气性质评价方式为：

$$\bar{p} = \frac{\bar{p}_r + p_{wf}}{2}$$

天然气地层体积系数的表达式为：

$$B_g = 0.00504\overline{Z}T/\overline{p}$$

为了建立流动方程，我们给出了以下两个假设条件：整个泄油面积内的渗透率均一；层流（黏滞流）。在利用上述流动方程的任何数学解之前，必须对其进行调整，以便把可能偏离以上两个假设条件的情况考虑在内。把以下两个校正因子引入流动方程的解，可以消除上述的两个假设条件：表皮因子和紊流因子。

1.2.10 表皮因子

在钻井、完井或修井作业过程中，诸如泥浆滤液、水泥浆或黏土颗粒侵入地层是很常见的一种现象，它会导致井筒周围地层的渗透率降低。这种情况通常被称为“井筒污染”，渗透率改变的区域被称作“井壁污染带”。井壁污染带的厚度不等，薄的只有几英寸，而厚的则可达数英尺。很多油井还需要通过酸化或压裂进行增产处理，这些增产措施实际上是增大近井筒地带的渗透率。因此，近井筒地带的渗透率总是不同于远离井筒、没有受到钻井作业或增产处理措施影响的地层的渗透率。图 1.26 是井壁污染带的示意图。

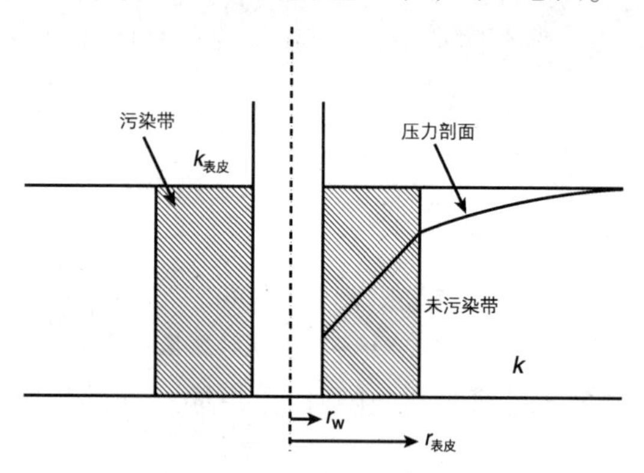

图 1.26 近井筒表皮效应

井壁污染带的效应是改变井筒周围的压力分布。在井壁遭受污染的情况下，井壁污染带会在地层中产生额外的压力损失。在井筒因增产处理措施而得到改善时，情况与井壁污染则刚好相反。如果我们把井壁污染带的压降表示为 $i\Delta p_{表皮}$，图 1.27 对三种可能情况下井壁污染带压降的差异性进行了对比。

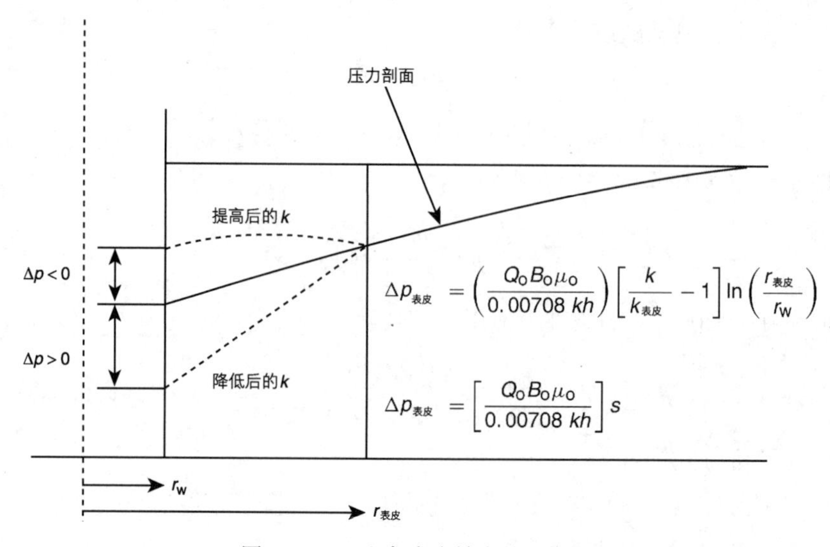

图 1.27 正和负表皮效应的示意图

第一种结果：$i\Delta p_{表皮}>0$，它表明压降因井筒污染而高于正常值，即 $k_{表皮}<k$。第二种结果：$i\Delta p_{表皮}<0$，它表明压降因增产处理措施而低于正常值，即 $k_{表皮}>k$。第三种结果：$\Delta p_{表皮}=0$，它表明井筒条件没有改变，即 $k_{表皮}=k$。Hawkins(1956)曾提出，井壁污染带的渗透率(即 $k_{表皮}$)是均一的，而且这个带上的压降可以采用达西方程进行近似计算。Hawkins 提出的方法如下：

$$\Delta p_{表皮}=[\text{由 } k_{表皮}\text{引起的表皮区域的 } \Delta p]-[\text{由引起的表皮区域的 } \Delta p]$$

利用达西方程可得：

$$(\Delta p)_{表皮}=\left(\frac{Q_o B_o \mu_o}{0.00708hk_{表皮}}\right)\ln\left(\frac{r_{表皮}}{r_w}\right)-\left(\frac{Q_o B_o \mu_o}{0.00708hk}\right)\ln\left(\frac{r_{表皮}}{r_w}\right)$$

或：

$$\Delta p_{表皮}=\left(\frac{Q_o B_o \mu_o}{0.00708kh}\right)\left[\frac{k}{k_{表皮}}-1\right]\ln\left(\frac{r_{表皮}}{r_w}\right)$$

式中：k 为地层的渗透率，mD；$k_{表皮}$为井壁污染带的渗透率，mD。

上述用于确定井壁污染带额外压降的表达式通常采用以下形式来表示：

$$\Delta p_{表皮}=\left(\frac{Q_o B_o \mu_o}{0.00708kh}\right)s=141.2\left(\frac{Q_o B_o \mu_o}{kh}\right)s \tag{1.141}$$

其中，s 被称为表皮系数，其定义为：

$$s=\left[\frac{k}{k_{表皮}}-1\right]\ln\left(\frac{r_{表皮}}{r_w}\right) \tag{1.142}$$

如果上述公式中 $\ln(r_{表皮}/r_w)$ 始终为正值，那么评价表皮系数只能得出三种可能的结果，这要取决于渗透率比 $k/k_{表皮}$：

(1) 正的表皮系数，$s>0$。如果井筒附近存在井壁污染带，那么 $k_{表皮}$小于 k，因而 s 为正数。表皮系数随着 $k_{表皮}$减小而增大，而且随着污染深度 $r_{表皮}$的增大而增大。

(2) 负的表皮系数，$s<0$。如果井筒附近地层渗透率 $k_{表皮}$大于地层的正常渗透率 k，那么表皮系数为负值。表皮系数为负值，表明井筒条件得到改善。

(3) 表皮系数为零，$s=0$。在井筒周围地层渗透率没有被改变(即 $k_{表皮}=k$)的情况下表皮系数为零。

式(1.142)表明，表皮系数为负值时 $\Delta p_{表皮}$的数值会是负的。这就意味着，经过增产处理的油井以产量 q 进行生产所需的压降，要低于具有均一渗透率的等效油井。

所提出的对上述流动方程式的修改，是基于如下概念：实际的总压降会以 $\Delta p_{表皮}$的幅度增大或减小。假设$(\Delta p)_{理想}$代表具有均一渗透率 k 的泄油面积内的压降，那么：

$$(\Delta p)_{实际}=(\Delta p)_{理想}+(\Delta p)_{表皮}$$

或：

$$(p_i-p_{wf})_{实际}=(p_i-p_{wf})_{理想}+\Delta p_{表皮} \tag{1.143}$$

上述的概念，即通过修改流动方程式来考虑井筒表皮效应所造成的压降变化，可以应用于前面所讲的三种流动状态：稳态流、非稳态流(瞬变流)和拟稳态流(半稳态流)。大体上，式(1.143)可以按照下面几小节中所讲的方式加以应用。

对于稳态径向流(考虑表皮系数)，把式(1.26)和式(1.141)代入式(1.143)，得：

$$(\Delta p)_{实际}=(\Delta p)_{理想}+(\Delta p)_{表皮}$$

$$(p_i-p_{wf})_{实际}=\left(\frac{Q_o B_o \mu_o}{0.00708kh}\right)\ln\left(\frac{r_e}{r_w}\right)+\left(\frac{Q_o B_o \mu_o}{0.00708kh}\right)s$$

求解流量得：

$$Q_o=\frac{0.00708kh(p_i-p_{wf})}{\mu_oB_o[\ln(r_e/r_w)+s]} \tag{1.144}$$

式中：Q_o为石油产量，STB/d；k 为渗透率，mD；h 为厚度，ft；s 为表皮系数；B_o为石油地层体积系数，bbl/STB；μ_o为石油黏度，cP；p_i为初始地层压力，psi；p_{wf}为井底流压，psi。

对于微可压缩流体的非稳态径向流(考虑表皮系数)的情况，把式(1.82)和式(1.141)与式(1.143)合并，可得：

$$(\Delta p)_{实际}=(\Delta p)_{理想}+(\Delta p)_{表皮}$$

$$p_i-p_{wf}=162.6\left(\frac{Q_oB_o\mu_o}{kh}\right)\left[\log\frac{kt}{\phi\mu c_t r_w^2}-3.23\right]+141.2\left(\frac{Q_oB_o\mu_o}{kh}\right)s$$

即：

$$p_i-p_{wf}=162.6\left(\frac{Q_oB_o\mu_o}{kh}\right)\left[\log\frac{kt}{\phi\mu c_t r_w^2}-3.23+0.87s\right] \tag{1.145}$$

对于可压缩流体的情况，采用与上述类似的方法可以得出：

$$m(p_i)-m(p_{wf})=\frac{1637Q_gT}{kh}\left[\log\frac{kt}{\phi\mu c_{ti} r_w^2}-3.23+0.87s\right] \tag{1.146}$$

而且，在采用压力平方法时，差值$[m(p_i)-m(p_{wf})]$可以由以下表达式来替代：

$$m(p_i)-m(p_{wf})=\int_{p_{wf}}^{p_i}\frac{2p}{\mu Z}\mathrm{d}p=\frac{p_i^2-p_{wf}^2}{\bar{\mu}\bar{Z}}$$

从而得出：

$$p_i^2-p_{wf}^2=\frac{1637Q_gT\bar{Z}\bar{\mu}}{kh}\left[\log\frac{kt}{\phi\mu_i c_{ti} r_w^2}-3.23+0.87s\right] \tag{1.147}$$

式中：Q_g为天然气产量，$10^3\mathrm{ft}^3/\mathrm{d}$(标)；$T$ 为温度，°R；k 为渗透率，mD；t 为时间，h。

对于微可压缩流体的拟稳态流(考虑表皮系数)的情况，把表皮系数引入式(1.134)可得：

$$Q_o=\frac{0.00708kh(\bar{p}_r-p_{wf})}{\mu_oB_o[\ln(r_e/r_w)-0.75+s]} \tag{1.148}$$

对于可压缩流体的情况，则为：

$$Q_g=\frac{kh[m(\bar{p}_r)-m(p_{wf})]}{1422T[\ln(r_e/r_w)-0.75+s]} \tag{1.149}$$

或以压力平方近似法表示为：

$$Q_g=\frac{kh(p_r^2-p_{wf}^2)}{1422T\bar{\mu}\bar{Z}[\ln(r_e/r_w)-0.75+s]} \tag{1.150}$$

式中：$\bar{\mu}_g$为平均压力$\bar{p}$条件下的天然气黏度，cP；$\bar{Z}_g$为平均压力$\bar{p}$条件下的天然气压缩系数。

【示例 1.19】

假设钻井液侵入半径为 2ft，计算由此而产生的表皮系数。井壁污染带的渗透率估计为 20mD，而没有受到钻井液侵入影响的地层渗透率为 60mD。井筒半径为 0.25ft。

解答：

由式(1.142)计算表皮系数得：

$$s=(60/20-1)\ln(2/0.25)=4.16$$

Matthews 和 Russell(1967)通过引入考虑井壁污染带的压降的“有效或视井筒半径”r_{wa}，提出了一种替代的表皮效应处理办法。他们给出的 r_{wa}定义如下：

$$r_{wa}=r_w.\ e^{-s} \tag{1.151}$$

通过简单地用视井筒半径 r_{wa}来替代井筒半径 r_w，就可以对所有的理想径向流方程进行表皮效应修正。例如，式(1.145)可以等效地表示为：

$$p_i-p_{wf}=162.6\left(\frac{Q_oB_o\mu_o}{kh}\right)\left[\log\left(\frac{kt}{\phi\mu c_t r_{wa}^2}\right)-3.23\right] \tag{1.152}$$

1.2.11 紊流系数

到目前为止所介绍的数学表达式都是基于层流这个假设。在径向流动过程中，流动速度会随着到井筒的距离减小而增大。而随流动速度的增大，井筒周围会产生紊流。如果紊流的确存在，它很可能是与天然气有关，而且会与表皮效应产生类似额外的压降。业界用“非达西流(non-Darcy)”这个术语来描述由紊流(非达西流)造成的额外压降。

把由非达西流造成的额外真实天然气拟压降计为 $\Delta\psi_{非达西流}$，那么总(实际)压降的计算公式为：

$$(\Delta\psi)_{实际}=(\Delta\psi)_{理想}+(\Delta\psi)_{表皮}+(\Delta\psi)_{非达西流}$$

Wattenbarger 和 Ramey(1968)提出了以下用于计算$(\Delta\psi)_{非达西流}$的公式：

$$(\Delta\psi)_{非达西流}=3.161\times10^{-12}\left[\frac{\beta T\gamma_g}{\mu_{gw}h^2r_w}\right]Q_g^2 \tag{1.153}$$

这个公式可以简化为：

$$(\Delta\psi)_{非达西流}=FQ_g^2 \tag{1.154}$$

其中，F 被称为“非达西流系数”，其表达式为：

$$F=3.161\times10^{-12}\left[\frac{\beta T\gamma_g}{\mu_{gw}h^2r_w}\right] \tag{1.155}$$

式中：Q_g为天然气产量，$10^3ft^3/d$(标)；μ_{gw}为 p_{wf}条件下的天然气黏度，cP；γ_g为天然气相对密度；h 为厚度，ft；F=非达西流系数，$psi^2/\{cP\cdot[10^3ft^3/d(标)]^2\}$；$\beta$ 为紊流参数。

Jones(1987)曾建立了估算紊流参数β 的数学表达式：

$$\beta=1.88(10^{-10})(k)^{-1.47}(\phi)^{-0.53} \tag{1.156}$$

式中：k 为渗透率，mD；ϕ 为孔隙度，小数。

采用和处理表皮系数一样的方式，可以把 $FQ_g{}^2$纳入所有的可压缩气体流动方程。这个非达西流项被视为取决于流量的表皮系数。针对以下三种流动状态，对气体流动方程式进行了紊流效应修正：非稳态(瞬变)流、拟稳态流和稳态流。

1.2.11.1 非稳态径向流

式(1.146)给出了非稳态流的流动方程，对这个方程进行修正就可以把真实气体势(real-gas potential)的额外降幅考虑在内，即：

$$m(p_i)-m(p_{wf})=\left(\frac{1637Q_gT}{kh}\right)\left[\log\left(\frac{kt}{\phi\mu_i c_{ti} r_w^2}\right)-3.23+0.87s\right]+FQ_g^2 \tag{1.157}$$

式(1.157)可以简化为：

$$m(p_i)-m(p_{wf})=\left(\frac{1637Q_gT}{kh}\right)\left[\log\left(\frac{kt}{\phi\mu_i c_{ti} r_w^2}\right)-3.23+0.87s+0.87DQ_g\right] \tag{1.158}$$

其中，DQ_g项被视为取决于流量的表皮系数。系数 D 被称为“惯性或紊流系数”，其表达式为：

$$D=\frac{Fkh}{1422T} \tag{1.159}$$

真实表皮系数 s 反映的是地层伤害或增产处理的结果，它一般要与取决于流量的非达西表皮系数结合在一起，合并称为“视表皮系数”或“总表皮系数 s'”，即：

$$s'=s+DQ_g \tag{1.160}$$

或：

$$m(p_i)-m(p_{wf})=\left(\frac{1637Q_gT}{kh}\right)\left[\log\left(\frac{kt}{\phi\mu_i c_{ti} r_w^2}\right)-3.23+0.87s'\right] \tag{1.161}$$

以压力平方近似法的形式表示，式(1.61)可变换为：

$$p_i^2-p_{wf}^2\left(\frac{1637Q_gT\bar{Z}\bar{\mu}}{kh}\right)\left[\log\frac{kt}{\phi\mu_i c_{ti} r_w^2}-3.23+0.87s'\right] \tag{1.162}$$

式中：μ_i 为 p_i 条件下的天然气黏度，cP。

1.2.11.2　拟稳态流

对式(1.149)和式(1.150)进行适当修改，就可以考虑非达西流的情况，其表达式如下：

$$Q_g=\frac{kh[m(\bar{p}_r)-m(p_{wf})]}{1422T[\ln(r_e/r_w)-0.75+s+DQ_g]} \tag{1.163}$$

以压力平方近似法的形式表示，其表达式变换为：

$$Q_g=\frac{kh(\bar{p}_r-p_{wf}^2)}{1422T\bar{\mu}\bar{Z}[\ln(r_e/r_w)-0.75+s+DQ_g]} \tag{1.164}$$

系数 D 的定义为：

$$D=\frac{Fkh}{1422T} \tag{1.165}$$

1.2.11.3　稳态流

采用与上述类似的修改方法，可以把式(1.43)和式(1.44)变换为：

$$Q_g=\frac{kh[m(p_i)-m(p_{wf})]}{1422T[\ln(r_e/r_w)-0.5+s+DQ_g]} \tag{1.166}$$

$$Q_g=\frac{kh(p_e^2-p_{wf}^2)}{1422T\bar{\mu}\bar{Z}[\ln(r_e/r_w)-0.5+s+DQ_g]} \tag{1.167}$$

【示例 1.20】

假设一口油井的井筒伤害半径估计为 2ft，而且估算的渗透率降幅为 30mD。产层的渗透率和孔隙度分别为 55mD 和 12%。这口井以 $20\times10^6\text{ft}^3/\text{d}$(标)的流量生产，天然气相对密度为 0.6。其他已知的数据如下：$r_w=0.2$；$h=20\text{ft}$；$T=140°\text{F}$；$\mu_{gw}=0.013\text{cP}$。计算视表皮系数。

解答：

第 1 步，由式(1.142)计算表皮系数：

$$s=\left[\frac{k}{k_{skin}}-1\right]\ln\left(\frac{r_{skin}}{r_w}\right)=\left[\frac{55}{30}-1\right]\ln\left(\frac{2}{0.25}\right)=1.732$$

第 2 步，由式(1.156)计算紊流参数 β：

$$\beta=1.88(10^{-10})(k)^{-1.47}(\phi)^{-0.53}=1.88\times10^{10}(55)^{-1.47}(0.12)^{-0.53}=159.904\times10^6$$

第 3 步，由式(1.155)计算非达西流系数：

$$F=3.161\times10^{-12}\left[\frac{\beta T\gamma_{g}}{\mu_{gw}h^{2}r_{w}}\right]=3.1612\times10^{-12}\left[\frac{159.904\times10^{6}(600)(0.6)}{(0.013)(20)^{2}(0.25)}\right]=0.14$$

第 4 步，根据式(1.159)计算系数 D：

$$D=\frac{Fkh}{1422T}=\frac{(0.14)(55)(20)}{(1422)(600)}=1.805\times10^{-4}$$

第 5 步，采用式(1.160)计算视表皮系数：

$$s'=s+DQ_{g}=1.732+(1.805\times10^{-4})(20000)=5.342$$

1.2.12 叠加原理(Principle of Superposition)

本章前面所讲的径向扩散方程的解，似乎仅适用于描述在无限大油藏中以定产量生产的单井所产生的压力分布。由于真实的油藏生产系统一般都有多口生产井，而且各井的产量也不尽相同，因而需要有一个更具一般性的方法来研究非稳态流动时期的流体流动特征。

叠加原理是一种非常有用的理论，可用于消除施加在瞬变流动方程的不同形式解上的限制条件。在数学上，叠加原理的含义是：扩散方程的任何单个解之和同样也是这个方程的解。这种理论可用于考虑影响瞬变流方程解的以下效应：多井效应、产量变化效应、边界效应和压力变化效应。Slider(1976)对于叠加原理在解决各种非稳态流动问题中的应用，进行了全面的回顾和深入的讨论。

1.2.12.1 多井效应

通常情况下，需要考虑一口以上的生产井对油藏中某一位置上压力的影响。根据叠加原理，油藏中任意点上的总压降都是这个油藏中所有井的生产在这个点上所引发的压降之和。换句话说，我们可以简单把各井的作用叠加在一起。图 1.28 展示了一个无限大油藏中(即非稳态流动油藏)以不同的产量进行生产的 3 口井。

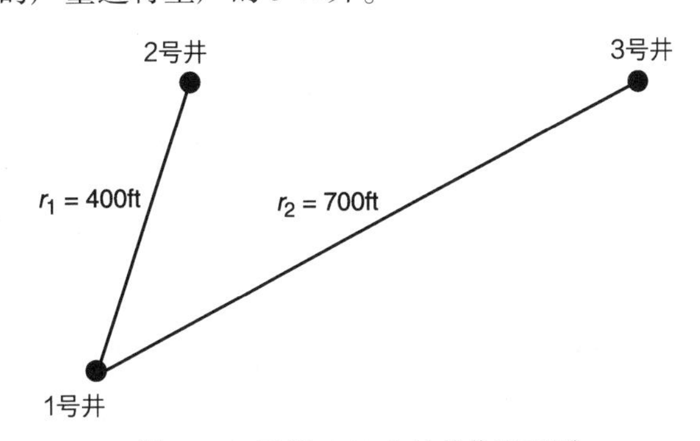

图 1.28 示例 1.21 中的井位平面图

根据叠加原理，在任意井中观察到的总压降(例如 1 号井)都是：

$$(\Delta p)_{1\text{号井中的总压降}}=(\Delta p)_{\text{由1号井引起的压降}}+(\Delta p)_{\text{由2号井引起的压降}}+(\Delta p)_{\text{由3号井引起的压降}}$$

由 1 号井自身生产所引发的压降由式(1.145)所代表的 Ei 方程解的对数近似表达式来表示，即：

$$(p_{i}-p_{wf})=(\Delta p)_{1\text{号井}}=\frac{162.6Q_{o1}B_{o}\mu_{o}}{kh}\left[\log\left(\frac{kt}{\phi\mu c_{t}r_{w}^{2}}\right)-3.23+0.87s\right]$$

式中：s 为表皮系数；Q_{o1} 为 1 号井的石油产量。

因 2 号井和 3 号井生产而在 1 号井中引发的额外压降必须以 Ei 方程解的形式来表述，即式(1.77)，其原因是在到 $x>0.1$ 的生产井的距离 r 比较大的情况下，不能采用对数近似法计算压力。因此，采用如下表达式：

$$p(r, t)=p_i+\left[\frac{70.6Q_o\mu_oB_o}{kh}\right]\mathrm{Ei}\left[\frac{-948\phi\mu_oc_tr^2}{kt}\right]$$

采用上述表达式计算由另外两口井生产所造成的额外压降：

$$(\Delta p)_{2号井压降}=p_i-p(r_1, t)=-\left[\frac{70.6Q_{o1}\mu_oB_o}{kh}\right]\times\mathrm{Ei}\left[\frac{-948\phi\mu_oc_tr_1^2}{kt}\right]$$

$$(\Delta p)_{3号井压降}=p_i-p(r_2, t)=-\left[\frac{70.6Q_{o2}\mu_oB_o}{kh}\right]\times\mathrm{Ei}\left[\frac{-948\phi\mu_oc_tr_2^2}{kt}\right]$$

总压降的计算公式为：

$$(p_i-p_{wf})_{1号井总计}=\left(\frac{162.6Q_{o1}B_o\mu_o}{kh}\right)\left[\log\left(\frac{kt}{\phi\mu c_tr_w^2}\right)-3.23+0.87s\right]-\left(\frac{70.6Q_{o2}B_o\mu_o}{kh}\right)\mathrm{Ei}\left[-\frac{948\phi\mu c_tr_1^2}{kt}\right]-\left(\frac{70.6Q_{o3}B_o\mu_o}{kh}\right)\mathrm{Ei}\left[-\frac{948\phi\mu c_tr_2^2}{kt}\right]$$

上述计算方法同样也可以用于计算 2 号井和 3 号井中的压降。此外，还可以对其进行拓展，用于计算在非稳态流动状态下任意一口生产井的压降。需要注意的是，如果研究对象是在一口措施井(operating well)，那么只有这口井才必须考虑表皮系数。

【示例 1.21】

假设有 3 口生产井(见图 1.28)在瞬变流动状态下生产了 15h。其他已知的数据如下：$Q_{o1}=100\mathrm{STB/d}$；$Q_{o1}=160\mathrm{STB/d}$，$Q_{o3}=200\mathrm{STB/d}$；$p_i=4500\mathrm{psi}$；$B_o=1.20\mathrm{bbl/STB}$；$c_t=20\times10^{-6}\mathrm{psi}^{-1}$；$s_{1号井}=-0.5$；$h=20\mathrm{ft}$；$\phi=15\%$；$k=40\mathrm{mD}$；$r_w=0.25\mathrm{ft}$；$\mu_o=2.0\mathrm{cP}$；$r_1=400\mathrm{ft}$；$r_2=700\mathrm{ft}$。

假设这 3 口井都以定产量生产，计算 1 号井中井底流动压力。

解答：

第 1 步，采用式(1.145)计算由 1 号井自身生产所造成的压降：

$$(p_i-p_{wf})=(\Delta p)_{1号井}=\frac{162.6Q_{o1}B_o\mu_o}{kh}\times\left[\log\left(\frac{kt}{\phi\mu c_tr_w^2}\right)-3.23+0.87s\right]$$

$$(\Delta p)_{1号井压降}=\frac{(162.6)(100)(1.2)(2.0)}{(40)(20)}\times\left[\log\left(\frac{(40)(15)}{(0.15)(2)(20\times10^{-6})(0.25)^2}\right)-3.23+0.87(0)\right]=270.2(\mathrm{psi})$$

第 2 步，计算由 2 号井生产导致的 1 号井的压降：

$$(\Delta p)_{2号井压降}=p_i-p(r_1, t)=-\left[\frac{70.6Q_{o1}\mu_oB_o}{kh}\right]\mathrm{Ei}\left[\frac{-948\phi\mu_oc_tr_1^2}{kt}\right]$$

$$(\Delta p)_{2号井压降}=-\frac{(70.6)(160)(1.2)(2)}{(40)(20)}\times\mathrm{Ei}\left[-\frac{(948)(0.15)(2.0)(20\times10^{-6})(400)^2}{(40)(15)}\right]$$

$$=33.888[-\mathrm{Ei}(-1.5168)]=(33.888)(0.13)=4.41(\mathrm{psi})$$

第 3 步，计算由 3 号井生产导致的 1 号井的压降：

$$(\Delta p)_{3号井压降}=p_i-p(r_2, t)=-\left[\frac{70.6Q_{o2}\mu_oB_o}{kh}\right]\mathrm{Ei}\left[\frac{-948\phi\mu_oc_tr_2^2}{kt}\right]$$

$$(\Delta p)_{3号井压降}=-\frac{(70.6)(200)(1.2)(2)}{(40)(20)}\times \mathrm{Ei}\left[-\frac{(948)(0.15)(2.0)(20\times10^{-6})(700)^2}{(40)(15)}\right]$$

$$=(42.36)[-\mathrm{Ei}(-4.645)]=(42.36)(1.84\times10^{-3})=0.08(\mathrm{psi})$$

第 4 步，计算 1 号井中的总压降：

$$(\Delta p)_{1号井总压降}=270.2+4.41+0.08=274.69(\mathrm{psi})$$

第 5 步，计算 1 号井的 p_{wf}：

$$p_{\mathrm{wf}}=4500-274.69=4225.31(\mathrm{psi})$$

1.2.12.2 可变产量效应

本章上文所述的所有数学表达式都要求井在瞬变流动时期以定产量生产。而在实践中，所有的生产井都是以可变的产量进行生产，所以预测产量变化时生产井的压力动态很重要。为此，叠加原理认为：生产井中任何的产量变化都会产生一个压力响应，而这个压力响应与由以前的其他产量变化所造成的压力响应无关。相应地，任何时点的总压降都是由每一个净产量变化所产生的单独压力变化之和。

假设一口关闭的生产井(即 $Q=0$)重新投产，在不同的时间以不同的定产量进行生产，如图 1.29 所示。为了计算时刻 t_4井底的总压降，把特定的产量-时间序列中的单个定产量解进行累加，得出综合解，即：

$$(\Delta p)_{总}=(\Delta p)_{由于(Q_{o1}-0)}+(\Delta p)_{由于(Q_{o2}-Q_{o1})}+(\Delta p)_{由于(Q_{o3}-Q_{o2})}+(\Delta p)_{由于(Q_{o4}-Q_{o3})}$$

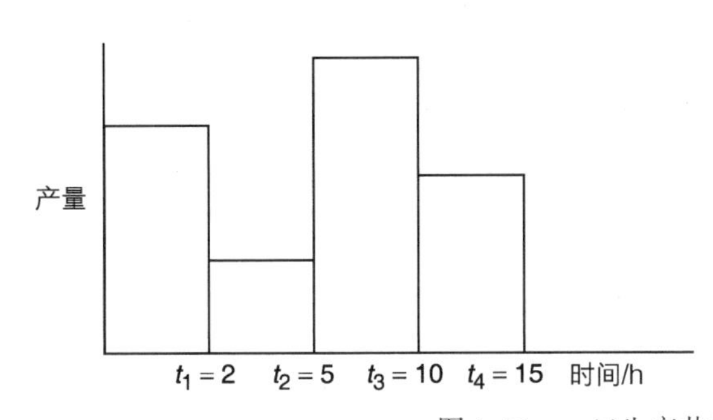

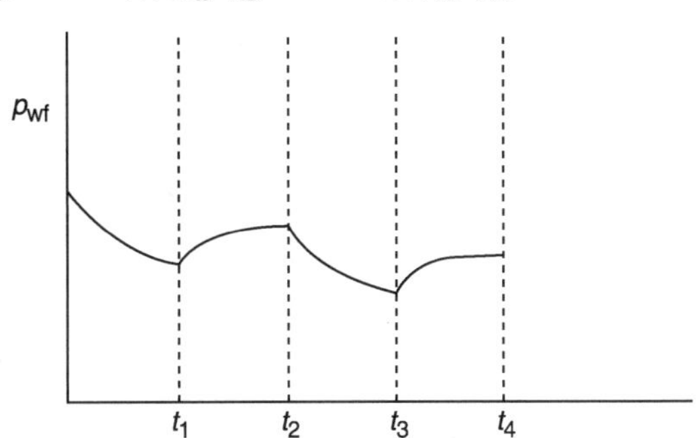

图 1.29 一口生产井的产量和压力变化历史

上述表达式说明，4 个单独的产量对总压降有 4 个不同的贡献。

第一个贡献来自于产量从 0 增加到 Q_1，而且这个变化实际上是在整个时间段 t_4内实现的：

$$(\Delta p)_{Q_1-0}=\left[\frac{162.6(Q_1-0)B\mu}{kh}\right]\times\left[\log\left(\frac{kt_4}{\phi\mu c_t r_w^2}\right)-3.23+0.87s\right]$$

非常关键的一点是，要注意上述方程式中所采用的产量变化(即新产量-老产量)。正是产量的变化导致了压力扰动。此外，还要注意，该方程中的“时间”代表产量变化起作用后所持续的总时间。

第二个贡献来自时刻 t_1时产量从 Q_1降至 Q_2，所以：

$$(\Delta p)_{Q_2-Q_1}=\left[\frac{162.6(Q_2-Q_1)B\mu}{kh}\right]\times\left[\log\left(\frac{k(t_4-t_1)}{\phi\mu c_t r_w^2}\right)-3.23+0.87s\right]$$

采用同样的方法，还可以计算产量从 Q_2变化到 Q_3和从 Q_3变化到 Q_4而对总压降的贡献：

$$(\Delta p)_{Q_3-Q_2}=\left[\frac{162.6(Q_3-Q_2)B\mu}{kh}\right]\times\left[\log\left(\frac{k(t_4-t_2)}{\phi\mu c_t r_w^2}\right)-3.23+0.87s\right]$$

$$(\Delta p)_{Q_4-Q_3}=\left[\frac{162.6(Q_4-Q_3)B\mu}{kh}\right]\times\left[\log\left(\frac{k(t_4-t_3)}{\phi\mu c_t r_w^2}\right)-3.23+0.87s\right]$$

上述方法还可以加以拓展，用于模拟经历多次产量变化的生产井。然而，需要注意的是，只有在以初始产量开始生产后的所有时间内，一直是在非稳态流动状态下进行开采的生产井，才适于采用这个方法。

【示例 1.22】

图 1.29 显示了一口在瞬变流状态下生产 15h 油井的产量变化历史。假设以下参数已知：$p_i=5000\text{psi}$；$h=20\text{ft}$；$B_o=1.1\text{bbl/STB}$；$\phi=15\%$；$\mu_o=2.5\text{cP}$；$r_w=0.3\text{ft}$；$c_t=20\times10^{-6}\text{psi}^{-1}$；$s=0$；$k=40\text{mD}$。

计算开采 15h 后的井底流压。

解答：

第 1 步，计算整个流动期间由第一个产量所产生的压降：

$$(\Delta p)_{Q_1-0}=\frac{(162.6)(100-0)(1.1)(2.5)}{(40)(20)}\times\left[\log\left(\frac{(40)(15)}{(0.15)(2.5)(20\times10^{-6})(0.3)^2}\right)-3.23+0\right]$$
$$=319.6(\text{psi})$$

第 2 步，计算产量从 100STB/d 降至 70STB/d 所造成的额外压降：

$$(\Delta p)_{Q_2-Q_1}=\frac{(162.6)(70-100)(1.1)(2.5)}{(40)(20)}\times\left[\log\left(\frac{(40)(15-2)}{(0.15)(2.5)(20\times10^{-6})(0.3)^2}\right)-3.23\right]$$
$$=-94.85(\text{psi})$$

第 3 步，计算产量从 70STB/d 增至 150STB/d 所产生的额外压降：

$$(\Delta p)_{Q_3-Q_2}=\frac{(162.6)(150-70)(1.1)(2.5)}{(40)(20)}\times\left[\log\left(\frac{(40)(15-5)}{(0.15)(2.5)(20\times10^{-6})(0.3)^2}\right)-3.23\right]$$
$$=249.18(\text{psi})$$

第 4 步，计算产量从 150STB/d 降至 85STB/d 所造成的额外压降：

$$(\Delta p)_{Q_4-Q_3}=\frac{(162.6)(85-150)(1.1)(2.5)}{(40)(20)}\times\left[\log\left(\frac{(40)(15-10)}{(0.15)(2.5)(20\times10^{-6})(0.3)^2}\right)-3.23\right]$$
$$=-190.44(\text{psi})$$

第 5 步，计算总的压降：

$$(\Delta p)_{\text{总压降}}=319.6+(-94.85)+249.18+(-190.44)=283.49(\text{psi})$$

第 6 步，计算瞬变流动 15h 后的井筒压力：

$$p_{wf}=5000-283.49=4716.51(\text{psi})$$

1.2.12.3 地层边界效应

叠加理论还可以加以拓展，用于预测封闭油藏中生产井的压力。图 1.30 显示了一口到无流动边界(即封闭断层)的距离为 L 的油井。

无流动边界可以由以下压力梯度表达式来表示：

$$(\partial p/\partial L)_{\text{边界}}=0$$

在数学上，通过在断层另外一侧到断层距离同样为 L 的位置上部署一口“镜像”井(即与对应的实际油井完全一样)，就可以满足上述边界条件。因此，边界对一口生产井压力动态的影响，与位于边界另一侧且到这口井的距离为 $2L$ 的一口镜像井所产的影响是一样的。

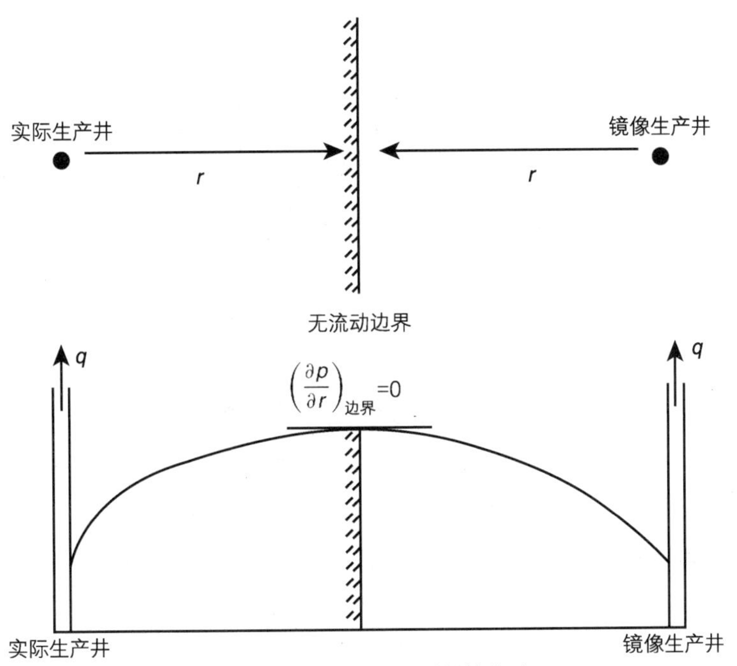

图 1.30　解决边界问题的镜像法

用于解释边界效应的叠加方法通常被称为“镜像法”。所以，对于图 1.30 给定的系统而言，问题就简化为确定镜像井对实际生产井的影响。实际生产井的总压降就是其自身生产所产生的压降与距离 $2L$ 之外一口与之相同的生产井所产生的额外压降之和，即：

$$(\Delta p)_{总}=(\Delta p)_{实际油井}=(\Delta p)_{镜像井}$$

或：

$$(\Delta p)_{总}=\frac{162.6Q_o B\mu}{kh}\left[\log\left(\frac{kt}{\phi\mu c_t r_w^2}\right)-3.23+0.87s\right]-\left(\frac{70.6Q_o B\mu}{kh}\right)\mathrm{Ei}\left(-\frac{948\phi\mu c_t(2L)^2}{kt}\right) \tag{1.168}$$

式(1.168)假设除了所给出的边界之外油藏其他部分都是无限大的。边界效应所产生的压降总是要大于无限大油藏的计算值。镜像井的概念还可以加以拓展，使之适用于计算各种边界条件下生产井的压力动态。

【示例 1.23】

图 1.31 显示了位于两个封闭断层之间的一口油井，这口井到这两个断层的距离分别为 400ft 和 600ft。这口井在瞬变流状态下以 200STB/d 的定产量生产，其已知的参数如下：$p_i=500$psi；$h=25$ft；$B_o=1.1$bbl/STB；$\phi=17\%$；$\mu_o=2.0$cP；$r_w=0.3$ft；$c_t=25\times10^{-6}\text{psi}^{-1}$；$s=0$；$k=600$mD。计算生产 10h 后的井底流压。

解答：

第 1 步，计算由实际生产井开采所产生的压降：

$$(p_i-p_{wf})=(\Delta p)_{实际}=\frac{162.6Q_{o1}B_o\mu_o}{kh}\times\left[\log\left(\frac{kt}{\phi\mu c_t r_w^2}\right)-3.23+0.87s\right]$$

$$(\Delta p)_{实际}=\frac{(162.6)(200)(1.1)(2.0)}{(60)(25)}\times\left[\log\left(\frac{(60)(10)}{(0.17)(2)(25\times10^{-6})(0.3)^2}\right)-3.23+0\right]$$
$$=270.17(\text{psi})$$

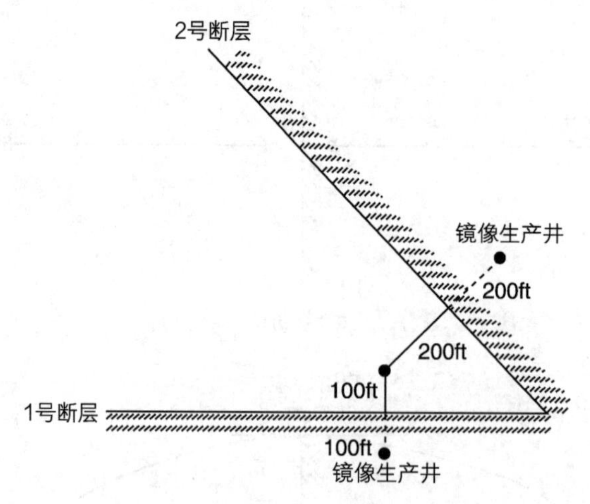

图 1.31　示例 1.23 中的井位平面图

第 2 步，计算由第一个断层(即 1 号镜像井)所产生的额外压降：

$$(\Delta p)_{1号镜像井}=p_i-p(2L_1,\ t)=-\left[\frac{70.6Q_{o2}\mu_o B_o}{kh}\right]\mathrm{Ei}\left[\frac{-948\phi\mu_o c_t(2L_1)^2}{kt}\right]$$

$$(\Delta p)_{1号镜像井}=-\frac{(70.6)(200)(1.1)(2.0)}{(60)(25)}\times\mathrm{Ei}\left[-\frac{(948)(0.17)(2)(25\times10^{-6})(2\times100)^2}{(60)(10)}\right]$$

$$=20.71[-\mathrm{Ei}(-0.537)]=10.64(\mathrm{psi})$$

第 3 步，计算由第二个断层(即 2 号镜像井)所产生的额外压降：

$$(\Delta p)_{2号镜像井}=p_i-p(2L_2,\ t)=-\left[\frac{70.6Q_{o2}\mu_o B_o}{kh}\right]\mathrm{Ei}\left[\frac{-948\phi\mu_o c_t(2L_2)^2}{kt}\right]$$

$$(\Delta p)_{2号镜像井}=20.71\left[-\mathrm{Ei}\left(\frac{-948(0.17)(2)(25\times10^{-6})(2\times200)^2}{(60)(10)}\right)\right]$$

$$=20.71[-\mathrm{Ei}(-2.15)]=1.0(\mathrm{psi})$$

第 4 步，计算总压降：

$$(\Delta p)_{总压降}=270.17+10.46+1.0=28.18(\mathrm{psi})$$

第 5 步，计算井底流压：

$$p_{wf}=5000-281.8=4718.2(\mathrm{psi})$$

1.2.12.4　压力变化效应

叠加原理还适用于定压开采的案例。在这个解中考虑压力变化的影响的方法，类似于在定产量案例中考虑产量变化的影响的方法。考虑压力变化效应的叠加方法将在第 2 章中详细描述。

1.3　不稳定试井

石油工程师要分析油藏当前的特征和未来的动态，详细的油藏信息是必不可少的。不稳定试井就是要为工程师提供有关储层动态的定量分析结果。不稳定试井实质上就是在油藏中产生一个压力扰动，然后观测井筒中的压力响应，即井底流压 p_{wf} 随时间的变化。石油工业中最常用的不稳定试井方法包括以下几种：压力降落试井、压力恢复试井、变产量测试、干扰试井、脉冲试井、中途测试(DST)、(注入井)压力降落试井、注入井注入能力测试、台阶状产量试井。

应当指出，改变一口井的流量并在同一口井中观测压力响应的测试被称为“单井”试井。压力降落试井、压力恢复试井、注入井注入能力测试、（注水井）压力降落试井和台阶状产量试井都属于单井试井。改变一口井的流量并在另一口井或多口井中观测压力响应的测试被称为“多井”试井。下面有选择地对上述试井方法进行简要介绍。

人们很久以前就已经意识到，流量发生变化后的地层压力动态直接反映这个油藏的几何形态和流动性质。从试井中可以获取的一些信息包括以下几方面。

（1）压力降落试井：压力剖面、储层动态、渗透率、表皮系数、裂缝长度。

（2）压力恢复试井：储层动态、渗透率、裂缝长度、表皮系数、地层压力、边界。

（3）中途测试：储层动态、渗透率、表皮系数、裂缝长度、地层边界、边界。

（4）（注水井）压力降落试井：各流动带中的流度、表皮系数、地层压力、裂缝长度、注水前缘的位置、边界。

（5）干扰和脉冲试井：井间地层连通性、储层类型动态、孔隙度、井间渗透率、纵向渗透率。

（6）层状油气藏测试：水平渗透率、纵向渗透率、表皮系数、平均单层压力、外边界。

（7）台阶状产量测试：地层破裂压力、渗透率、表皮系数。

有关试井和不稳定试井分析的好方法很多，全面而深入地分析这个问题的优秀参考书也很多，例如：C. S. Matthews 和 D. G. Russell，《Pressure Buildup and Flow Test in Wells（井中压力恢复和流动试验）》（1967）；能源资源保护委员会（ERBC），《Theory and Practice of the Testing of Gas Wells（气井试井理论与实践）》（1975）；Robert Earlougher，《Advances in Well Test Analysis（试井分析进展）》（1977）；John Lee，《Well Testing（试井）》（1982）；M. A. Sabet，《Well Test Analysis（试井分析）》（1991）；Roland Horm，《Modern Well Test Analysis（现代试井分析）》（1995）。

1.3.1 压力降落试井

压力降落试井就是简单地在以常产量生产的流动时期测量一系列的井底压力。在开展流动试验之前，一般要关井一段时间，而且关井时间要足够长，以使整个产层的压力达到均衡状态，即达到静水压力。图 1.32 是理想化的流量和压力曲线示意图。

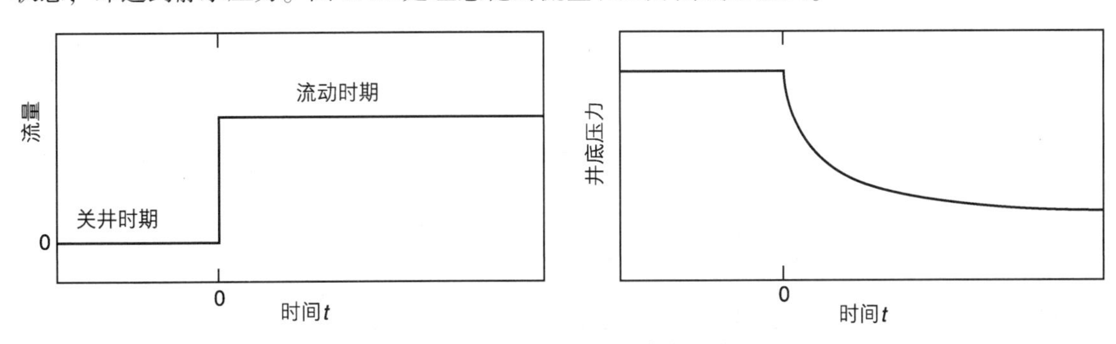

图 1.32 理想化的压力降落试井

压力降落试井的根本目的就是获取生产井泄油面积内储集岩的平均渗透率（k），以及评价钻井和完井作业在近井筒地带造成的伤害程度。其他目的还有确定孔隙体积和评价生产井泄油面积内储层的非均质性。

一口井在非稳态流动状态下以正常产量 Q_o 进行生产时，这口井所表现出的压力动态就像是它位于一个规模无限大的地层中。这个流动时期的压力动态由式（1.145）描述：

$$p_{wf}=p_i-\frac{162.6Q_oB_o\mu}{kh}\left[\log\left(\frac{kt}{\phi\mu c_t t_w^2}\right)-3.23+0.87s\right]$$

式中：k 为渗透率，mD；t 为时间，h；r_w 为井筒半径，ft；s 为表皮系数。

上述表达式可以变换为：

$$p_{wf}=p_i-\frac{162.6Q_oB_o\mu}{kh}\times\left[\log(t)+\log\left(\frac{k}{\phi\mu c_t r_w^2}\right)-3.23+0.87s\right] \tag{1.169}$$

这个关系式实质上是一个直线方程，可以表述为：

$$p_{wf}=a+m\ \log(t)$$

其中：

$$a=p_i-\frac{162.6Q_oB_o\mu}{kh}\left[\log\left(\frac{k}{\phi\mu c_t r_w^2}\right)-3.23+0.87s\right]$$

而且，斜率(m)的表达式为：

$$-m=\frac{-162.6Q_oB_o\mu_o}{kh} \tag{1.170}$$

式(1.169)表明，在半对数坐标系中 p_{wf} 与时间 t 的关系曲线是一条直线，其斜率 m 的单位是 psi/周期。根据斜率的定义，压降曲线的这个半对数直线段(见图 1.33)还可以用另外一种简便的形式来表述，其表达式如下：

$$m=\frac{p_{wf}-p_{1小时}}{\log(t)-\log(1)}=\frac{p_{wf}-p_{1小时}}{\log(t)-0}$$

或：

$$p_{wf}=m\ \log(t)+p_{1小时}$$

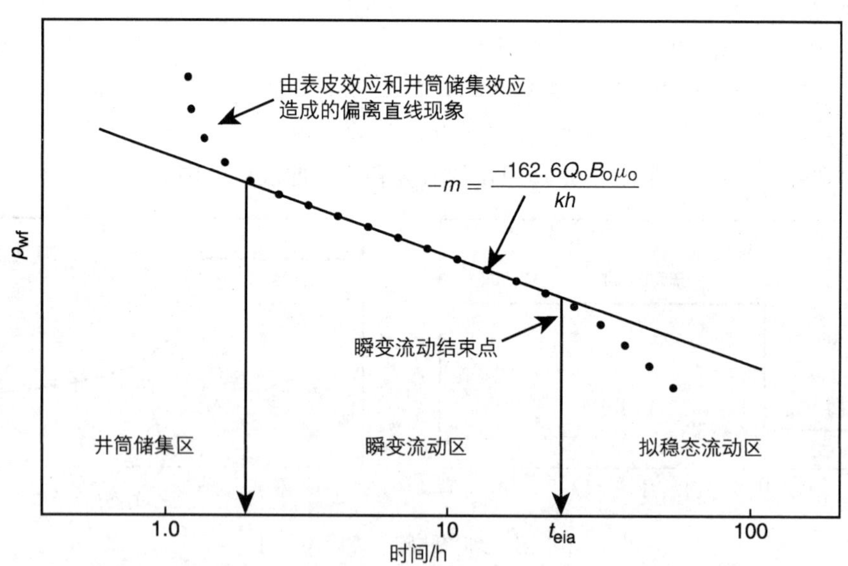

图 1.33　半对数坐标系中的压降曲线

式(1.170)经变换形式后还可用于确定生产井泄油面积的参数 kh。假设厚度已知，那么平均渗透率就可以通过下式进行计算：

$$k=\frac{162.6Q_oB_o\mu_o}{|m|h}$$

很显然，还可以估算 kh/μ 或 k/μ。

式(1.169)变形后可以计算表皮系数：

$$s=1.151\left[\frac{p_i-p_{wf}}{|m|}-\log t-\log\left(\frac{k}{\phi\mu c_t r_w^2}\right)+3.23\right]$$

更方便的方式是选取 $p_{wf}=p_{1小时}$，后者的数值可以在直线的延长线上 $t=1h$ 的地方读取，这样上述方程就可以变换为：

$$s=1.151\left[\frac{p_i-p_{1小时}}{|m|}-\log\left(\frac{k}{\phi\mu c_t r_w^2}\right)+3.23\right] \tag{1.171}$$

在式(1.14)中，$p_{1小时}$必须借助于半对数坐标系中的直线来求取。如果在 1h 时间点测量的压力数据并没有落在这条直线上，那么就必须把这条直线外插到 1h 的时间点，而且必须在式(1.171)中运用外插得到的 $p_{1小时}$数值。这种方法避免了因采用受井筒储集效应影响的压力数值而得出错误的表皮系数。图 1.33 展示了如何通过外插求取 $p_{1小时}$。

应注意的是，因表皮效应而诱发的额外压降以往是由式(1.141)来表述的，即：

$$\Delta p_{表皮}=141.2\left(\frac{Q_o B_o \mu_o}{kh}\right)s$$

通过把上述表达式与式(1.171)合并，可以利用半对数坐标系中直线斜率 m 对这种额外的压降进行等效的表述：

$$\Delta p_{表皮}=0.87|m|s$$

表皮系数的另外一种具有物理意义的描述是流动系数 E。其定义是生产井实际的或观测的采油指数 $J_{实际}$与理想采油指数 $J_{理想}$之比。理想采油指数 $J_{理想}$是井筒周围渗透率没有改变情况下的采油指数。从数学上讲，流动系数的表达式为：

$$E=\frac{J_{实际}}{J_{理想}}=\frac{\bar{p}-p_{wf}-\Delta p_{表皮}}{\bar{p}-p_{wf}}$$

式中：$\bar{p}$为生产井泄油面积内的平均压力。

如果压力降落试井的时间足够长，那么井底压力将偏离半对数直线，从而使流动状态从无限大地层下的流动状态转变为拟稳态。拟稳态流动时期的压力递减速度由式(1.127)定义，其表达式如下：

$$\frac{dp}{dt}=-\frac{0.23396q}{c_t(\pi r_e^2)h\phi}=\frac{-0.23396q}{c_t(A)h\phi}=\frac{-0.23396q}{c_t(孔隙体积)}$$

在这种状态下，地层中任意点上的压力都以一定的速度递减，包括井底流压 p_{wf}，即：

$$\frac{dp_{wf}}{dt}=m'=\frac{-0.23396q}{c_t A h\phi}$$

这个表达式说明，在拟稳态流动时期，在笛卡尔坐标系中 p_{wf}与 t 的交会曲线为一条直线，其负斜率 m'的表达式为：

$$-m'=\frac{-0.23396q}{c_t A h\phi}$$

式中：m'为拟稳态流动时期笛卡尔坐标系中直线的斜率；q 为流量，bbl/d；A 为泄油面积，ft^2。

【示例 1.24】

根据图 1.34 所示的压降数据估算石油渗透率和表皮系数。

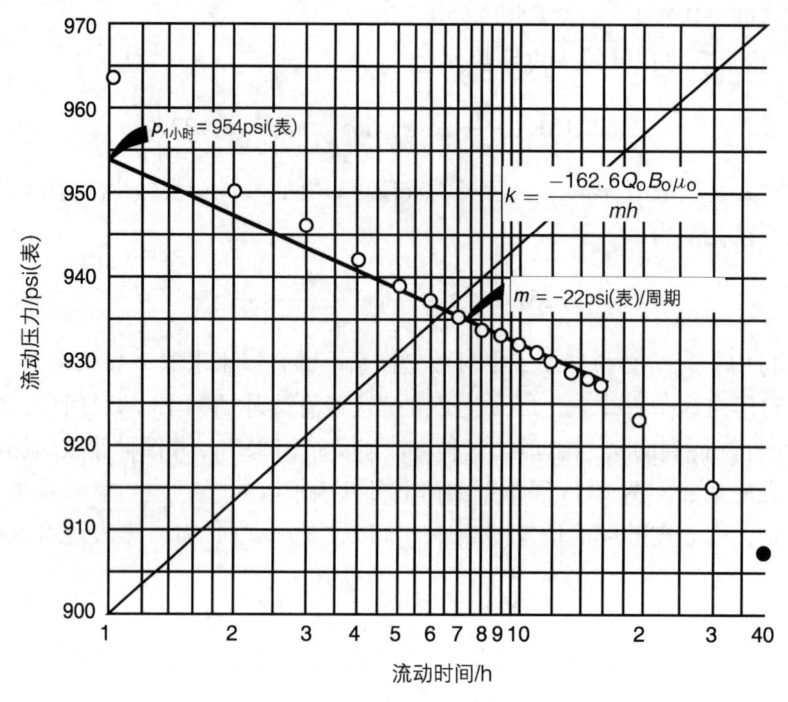

图 1.34　Earlougher 建立的压力降落试井半对数曲线(经 SPE 授权)

已知的油藏参数为：$p_i=1154\text{psi}$；$h=30\text{ft}$；$B_o=1.14\text{bbl/STB}$；$Q_o=348\text{STB/d}$；$m=-22\text{psi/}$周期；$\phi=20\%$；$\mu_o=3.93\text{cP}$；$r_w=0.25\text{ft}$；$c_t=8.74\times10^{-6}\text{psi}^{-1}$。

假设井筒储集效应不明显，计算渗透率、表皮系数和由表皮效应诱发的额外压降。

解答：

第 1 步，根据图 1.34 计算 $p_{1小时}$：

$$p_{1小时}=954\text{psi}$$

第 2 步，确定瞬变流直线的斜率：

$$m=-22\text{psi/周期}$$

第 3 步，由式(1.170)计算渗透率：

$$k=\frac{-162.6Q_oB_o\mu_o}{mh}=\frac{-(162.6)(348)(1.14)(3.93)}{(-22)(130)}=89(\text{mD})$$

第 4 步，由式(1.171)求解表皮系数：

$$\begin{aligned}s&=1.151\left[\frac{p_i-p_{1小时}}{|m|}-\log\left(\frac{k}{\phi\mu c_t r_w^2}\right)+3.23\right]\\&=1.151\left[\left(\frac{1154-954}{22}\right)-\log\left(\frac{89}{(0.2)(3.93)(8.74\times10^{-6})(0.25)^2}\right)+3.2275\right]\\&=4.6\end{aligned}$$

第 5 步，计算额外的压降：

$$\Delta p_{表皮}=0.87|m|s=0.87(22)(4.6)=88(\text{psi})$$

应当指出的是，对于“多相流动”而言，式(1.169)和式(1.171)的表达式为：

$$p_{wf}=p_i-\frac{162.6q_t}{\lambda_t h}\left[\log(t)+\log\left(\frac{\lambda_t}{\phi c_t r_w^2}\right)-3.23+0.87s\right]$$

$$s=1.151\left[\frac{p_i-p_{1小时}}{|m|}-\log\left(\frac{\lambda_t}{\phi c_t r_w^2}\right)+3.23\right]$$

其中：

$$\lambda_t=\frac{k_o}{\mu_o}+\frac{k_w}{\mu_w}+\frac{k_g}{\mu_g}$$

$$q_t=Q_oB_o+Q_wB_w+(Q_g-Q_oR_s)B_g$$

或者采用 GOR 等效地表述为：

$$q_t=Q_oB_o+Q_wB_w+(GOR-R_s)Q_oB_g$$

式中：q_t为总的流体枯竭率，bbl/d；Q_o为石油流量，STB/d；Q_w为水流量，STB/d；Q_g为总的天然气流量，ft^3/d；R_s为天然气溶解度，ft^3(标)/STB；B_g为天然气地层体积系数，bbl/ft^3(标)；λ_t为总的流度，mD/cP；k_o为石油的有效渗透率，mD；k_w为水的有效渗透率，mD；k_g为天然气的有效渗透率，mD。

上述的压降关系式表明，在半对数坐标系中p_{wf}与t的交会曲线是一条直线，利用其斜率和下式可以计算总的流度λ_t：

$$\lambda_t=162.6q_t/mh$$

Perrine(1956)证实，各相的有效渗透率(即k_o、k_w和k_g)的计算公式可以分别表述为：

$$k_o=\frac{162.6Q_oB_o\mu_o}{mh}$$

$$k_w=\frac{162.6Q_wB_w\mu_w}{mh}$$

$$k_g=\frac{162.6(Q_g-Q_oR_s)B_g\mu_g}{mh}$$

如果非稳态流动时期和拟稳态流动时期的压力降落试井资料都可以得到，那么就可以确定所测试生产井的泄油面积及其形状。瞬变流半对数曲线用于确定斜率m和$p_{1小时}$，笛卡尔坐标系中的拟稳态流直线用于确定其斜率m'和截距p_{int}。Earlougher(1977)提出了用于确定形状因子C_A的以下表达式：

$$C_A=5.456\left(\frac{m}{m'}\right)\exp\left[\frac{2.303(p_{1小时}-p_{int})}{m}\right]$$

式中：m为半对数坐标系中瞬变流直线的斜率，psi/log 次；m'为笛卡尔坐标系中拟稳态流直线的斜率；$p_{1小时}$为根据半对数坐标系中瞬变流直线确定的 1h 时点的压力，psi；p_{int}为根据笛卡尔坐标系中拟稳态流直线确定的时刻$t=0$时的压力，psi。

通过对比由上述关系式计算出的形状因子和表 1.14 所列的数值，优选出形状因子与计算值最为接近的生产井泄油面积的几何形态。在为达到所测试生产井的泄油边界而把压力降落试井的时间延长时，这种测试通常被称为"油藏探边测试"。

Earlougher 对示例 1.24 中所报告的数据进行了拓展，以便把拟稳态流动时期包括进来，同时按照示例 1.25 所示方法确定所测试生产井泄油面积的几何形态。

【示例 1.25】

运用示例 1.24 中的数据和图 1.35 所示的笛卡尔坐标系中拟稳态流动曲线来确定所测试生产井的泄油面积及其几何形态。

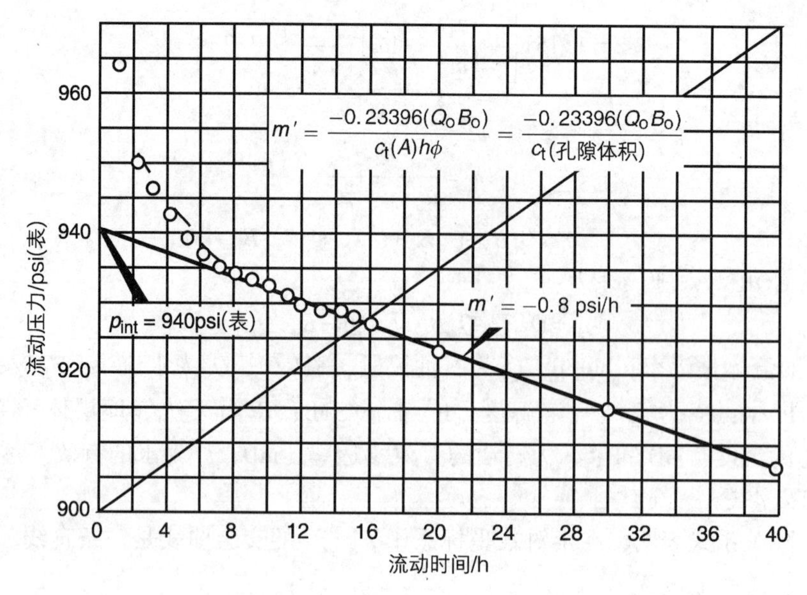

图 1.35　笛卡尔坐标系中的压力降落试井曲线(经 SPE 授权)

解答：

第 1 步，根据图 1.35 确定斜率 $m'=-0.8$psi/h 和截距 $p_{int}=940$psi。

第 2 步，由示例 1.24 得出 $m=-22$psi/周期，$p_{1小时}=954$psi。

第 3 步，由 Earlougher 方程计算形状因子 C_A：

$$C_A=5.456\left(\frac{m}{m'}\right)\exp\left[\frac{2.303(p_{1小时}-p_{int})}{m}\right]=5.456\left(\frac{-22}{-0.8}\right)\exp\left[\frac{2.303(954-940)}{-22}\right]=34.6$$

第 4 步，根据表 1.14，$C_A=34.6$ 对应于圆形、正方形或六边形中心的生产井。对于圆形，$C_A=31.62$；对于正方形，$C_A=30.88$；对于六边形，$C_A=31.60$。

第 5 步，由式(1.127)计算孔隙体积和泄油面积：

$$\frac{dp}{dt}=m'=\frac{-0.23396(Q_oB_o)}{c_t(A)h\phi}=\frac{-0.23396(Q_oB_o)}{c_t(孔隙体积)}$$

求解孔隙体积得：

$$孔隙体积=\frac{-0.23396q}{c_tm'}=\frac{-0.23396(348)(1.4)}{(8.74\times10^{-6})(-0.8)}=2.37\times10^6(\text{bbl})$$

求解泄油面积得：

$$A=\frac{2.37\times10^6(5.615)}{43460(0.2)(130)}=11.7(\text{acre})$$

上述示例表明，实测的井底流压要比没有表皮效应情况下的流压高出 88psi。然而，应当指出的是，有一种观点认为，正的表皮系数(+s)指示地层伤害，而负的表皮系数则指示地层渗透率得到改善，但这实质上是对表皮系数的一种错误认识。由任何瞬变试井分析得出的表皮系数都是包含下列表皮效应的一种综合性的“总”表皮系数：井筒污染或增产处理产生的表皮效应 s_d、由打开程度不完善和限制性流入造成的表皮效应 s_r、由射孔作业诱发的表皮效应 s_p、由紊流造成的表皮效应 s_t 和由斜井产生的表皮效应 s_{dw}。

$$s=s_d+s_r+s_p+s_t+s_{dw}$$

因此，要基于由试井分析得出的表皮系数值来确定地层是受到了污染，还是得到了改善。

必须知道上述关系式中表皮系数各个分量的数值，这样就可以得出：

$$s_d = s - s_r - s_p - s_t - s_{dw}$$

这些单个表皮系数值可以借助于相应的关系式单独估算。

1.3.1.1　井筒储集效应

大体上讲，试井分析就是要解释井筒压力对给定的流量变化的响应。在压力降落试井中是从零增至某个定常值；而在压力恢复试井中，则是从某个定常值降到零。遗憾的是，流量是在地表而不是在井底进行控制的。受井筒体积的影响，地面流量保持恒定，并不意味着这个流量完全等于流出地层的流量。这种现象是由井筒储集效应造成的。下面以压力降落试井为例加以说明。假设一口生产井在关井时期结束后首次开井生产，井筒中的压力下降。这个压降导致以下两种类型的井筒储集效应：流体膨胀产生的井筒储集效应和套管–油管环空中液面变化造成的井筒储集效应。

随着井底压力降低，井筒中的流体膨胀，因而初始地面流量并非直接来自于地层，而是基本上来自于存储在井筒中的流体。这种效应就被定义为“流体膨胀型井筒储集效应”。

第二种井筒储集效应是由环空中液面的变化产生的(在压力降落试井中液面下降，而在压力恢复试井中液面上升)。在压力降落试井中，当生产井开井生产时，压力下降导致环空中液面下降。从环空中流出的流体与从地层中流出的流体汇合，一起构成了生产井的总流量。液面下降对总流量的贡献一般要大于体积膨胀的贡献。

上述讨论说明，部分流量是由井筒而非地层贡献的，即：

$$q = q_f + q_{wb}$$

式中：q 为地面流量，bbl/d；q_f为来自地层的流量，bbl/d；q_{wb}为井筒贡献的流量，bbl/d。

在流量以井筒储集为主的阶段，实测的压降曲线不会表现出预期的瞬变流动的理想化半对数直线特性。这说明，对于在井筒储集效应起作用时期采集的压力数据，不能采用常规方法进行分析。随着生产时间的延长，井筒对流量的贡献逐渐减少，而地层贡献的流量则逐渐增多，并最终等于地面流量(即 $q = q_f$)，这也就意味着“井筒储集效应消失”。

流体膨胀和液面变化的效应可以用“井筒储集系数 C”来定量描述，其定义为：

$$C = \Delta V_{wb} / \Delta p$$

式中：C 为井筒储集系数，bbl/psi；ΔV_{wb}为井筒流体体积变化，bbl。

上述关系式可用于从数学上表示井筒流体膨胀和液面下降(或上升)各自的效应，从而得出以下关系式。

1.3.1.2　流体膨胀产生的井筒储集效应

流体膨胀所产生的井筒储集系数 C_{FE}为：

$$C_{FE} = V_{wb} c_{wb}$$

式中：C_{FE}为流体膨胀所产生的井筒储集系数，bbl/psi；V_{wb}为总的井筒流体体积，bbl；c_{wb}为井筒内流体的平均压缩系数，psi^{-1}。

1.3.1.3　液面变化产生的井筒储集效应

液面变化所产生的井筒储集系数 C_{FL}为：

$$C_{FL} = 144 A_a / 5.615 \rho$$

其中：

$$A_a = \pi (ID_C^2 - OD_T^2) / (4 \times 144)$$

式中：C_{FL}为液面变化所产生的井筒储集系数，bbl/psi；A_a为环空横截面积，ft^2；OD_T为生产油管的外径，in(1in≈25.4mm，下同)；ID_C为套管的内径，in；ρ 为井筒流体密度，lb/ft^3。

如果在产层的附近放置有封隔器，那么这种效应基本上很小。总的井筒储集效应是这两个系数之和，即：

$$C=C_{FE}+C_{FL}$$

应当注意，在油井试井过程中，流体膨胀效应一般会因液体的压缩系数比较小而不明显。而对于气井而言，气体膨胀则是井筒储集效应的主要贡献者。

要确定井筒储集效应起作用的时间长度，把井筒储集系数的表达式转换为无量纲的形式会比较方便，即：

$$C_D=5.615C/2\pi h\phi c_t r_w^2=0.8936C/h\phi c_t r_w^2 \quad (1.172)$$

式中：C_D为无量纲井筒储集系数；C 为井筒储集系数，bbl/psi；c_t为总压缩系数，psi^{-1}；r_w为井筒半径，ft；h 为厚度，ft。

Horn(1995)和 Earlougher(1977)以及其他一些研究者都认为，井筒压力与井筒储集效应占主导地位的时间的长度呈正比，其表达式为：

$$p_D=t_D/C_D \quad (1.173)$$

式中：p_D为井筒储集效应占主导地位时间段内的无量纲压力；t_D为无量纲时间。

对上述关系式两边同时取对数得：

$$\log(p_D)=\log(t_D)-\log(C_D)$$

这个表达式具有可以指示井筒储集效应的特征。在双对数坐标系中，在井筒储集效应占主导地位的时期，p_D与t_D的关系曲线是一条直线，其斜率为1，即倾角为45°。由于p_D与压降Δp 成正比，而t_D又与时间 t 成正比，因而绘制 $\log(p_i-p_{wf})$与 $\log(t)$的交会图就比较合适。根据所绘制的曲线图可以确定哪一段的斜率为1，即每一个时间周期对应一个压力周期。在试井分析中，这个斜率为1的直线具有重大的应用价值。

在有早期压力数据的情况下，双对数曲线图对于瞬变试井中(例如压力降落或压力恢复试井)井筒储集效应的识别有很大的帮助。因此，建议把这个曲线图作为瞬变试井分析的一项内容。随着井筒储集效应的强度降低，地层对井底压力的影响逐渐增强，双对数图上的数据点落在斜率为1直线的下方，预示着井筒储集效应的消失。到这个时点，井筒储集效应已不再重要，而应用标准的半对数曲线图分析方法的条件已经成熟。作为一条经验法则，可以根据双对数图来确定指示井筒储集效应结束的时间点。具体方法是：在曲线开始偏离斜率为1的直线时，把时间轴移动1~1.5周期，然后在 x 轴上读出对应的时间。这个时间可以由下式进行估算：

$$t_D>(60+3.5s)C_D$$

或：

$$t_D>(20000+12000s)C/(kh/\mu)$$

式中：t 为标志着井筒储集效应结束和半对数直线开始的总时间，h。

在实践中，确定井筒储集系数 C 的一种简便方法是：在双对数坐标系中斜率为1的直线上选取一个点，然后读取由 t 和 Δp 表示的这个点的坐标，得出以下关系式：

$$C=qt/24\Delta p=QBt/24\Delta p$$

式中：t 为时间，h；Δp 为压差(p_i-p_{wf})，psi；q 为地层流量，bbl/d；Q 为地面流量，STB/d；B 为地层体积系数，bbl/STB。

需要注意的重要一点是，存储在井筒中的流体体积会使早期的压力响应失真，进而控制井筒储集效应持续的时间，这种情况在井筒体积比较大的深井中尤为突出。如果井筒储集效应不能被降至最小，或者如果试井作业没有持续到井筒存储效应占主导地位时期结束之后，那么采用目前的常规试井分析方法就难于分析测试数据。为了尽可能减轻井筒储集效应引发的失真，并把试井作业时间控制在合理的范围内，有必要在井中下入油管、封隔器和井底关井装置。

【示例 1.26】

假设一口生产井按计划要进行压力降落试井，下列参数已知：井筒中的流体体积 = 180bbl；油管外径 = 2in；套管内径 = 7.675in；井筒中原油的平均密度 = 45lb/ft^3。其他已知的油藏参数如下：$h=50\text{ft}$；$\phi=15\%$；$\mu_o=2\text{cP}$；$r_w=0.25\text{ft}$；$k=30\text{mD}$；$s=0$；$c_t=8.74\times10^{-6}\text{psi}^{-1}$；$c_o=10\times10^{-6}\text{psi}^{-1}$。

如果这口生产井以常产量生产，计算无量纲井筒储集系数 C_D。多长时间后井筒储集效应会完全消失?

解答：

第 1 步，计算环空的横截面积 A_a：

$$A_a=\pi(\text{ID}_C{}^2-\text{OD}_T{}^2)/(4\times144)=\pi(7.675^2-2^2)/(4\times144)=0.2995(\text{ft}^2)$$

第 2 步，计算由流体膨胀产生的井筒储集系数：

$$C_{FE}=V_{wb}c_{wb}=180\times10\times10^{-6}=0.0018(\text{bbl/psi})$$

第 3 步，计算由液面下降引起的井筒储集系数：

$$C_{FL}=144A_a/5.615\rho=(144\times0.2995)/(5.615\times45)=0.1707(\text{bbl/psi})$$

第 4 步，计算总的井筒储集系数：

$$C=C_{FE}+C_{FL}=0.1725\text{bbl/psi}$$

上述计算结果表明，在原油生产系统中，由流体膨胀所引发的井筒储集效应 C_{FE} 一般可以忽略不计。

第 5 步，由式(1.172)计算无量纲井筒储集系数：

$$C_D=0.8936C/h\phi c_t r_w^2=0.8936\times0.1707/(0.15\times50\times20\times10^{-6}\times0.25^2)=16271$$

第 6 步，由下式近似计算井筒储集效应完全消失所需的时间：

$$t>(20000+12000s)C\mu/kh=(20000+0)\times0.1725\times2/(30\times50)=46(\text{h})$$

只有在生产井表现出无限大地层中的特性时，由式(1.170)所表达的直线关系才是有效的。很显然，油藏的分布范围并不是无限大的，因此无限大地层径向流动时期不可能无止境地延续。在所测试生产井中最终会感知到地层边界的效应。地层边界效应出现的时间取决于以下因素：渗透率 k、总压缩系数 c_t、孔隙度 ϕ、黏度 μ、到边界的距离和泄油面积的形状。

Earlougher(1977)提出了用于估算无限大地层生产特性持续时间的数学表达式：

$$t_{eia}=\left[\frac{\phi\mu c_t A}{0.0002637k}\right](t_{DA})_{eia}$$

式中：t_{eia} 为无限大地层生产特性消失的时间，h；A 为生产井泄油面积，ft^2；c_t 为总压缩系数，psi^{-1}；$(t_{DA})_{eia}$ 为无限大地层生产特性消失的无量纲时间。

这个表达式设计用于预测任意几何形态的泄油系统中瞬变流结束的时间，方法是从表1.14中获取 t_{DA} 的数值。这个表的最后三栏提供了 t_{DA} 的数值，供工程师用于计算以下参数：油井无限大地层生产特性持续的最长时间；拟稳态解法具备运用条件，并且所预测压降的精确度达到1%以内所需的时间；拟稳态解(方程式)具备运用条件，而且其精确度能满足要求所需的时间。

作为一个示例，假设在圆形地层的中心有一口生产井，可以按照以下方法计算这口井维持无限大地层生产特性的最长时间。从表 1.14 的最后一栏中读取$(t_{DA})_{eia}=0.1$，相应地可得出：

$$t_{eia}=\left[\frac{\phi\mu c_t A}{0.0002637k}\right](t_{DA})_{eia}=\left[\frac{\phi\mu c_t A}{0.0002637k}\right]0.1$$

或：

$$t_{eia}=\frac{380\phi\mu c_t A}{k}$$

例如，假设一口生产井位于 40acre 圆形泄油面积的中心，其已知的参数如下：$k=60\text{mD}$；$c_t=22.3\times10^{-6}\text{psi}^{-1}$；$\mu_o=1.5\text{cP}$；$\phi=12\%$。这口井维持无限大地层生产特性的最长时间为：

$$t_{eia}=\frac{380\phi\mu c_t A}{k}=\frac{380(0.12)(1.4)(6\times10^{-6})(40\times43560)}{60}=11.1(\text{h})$$

类似地，在时刻 t_{pss} 拟稳态流动开始后的任意时间，拟稳态解法都是可以利用的，其计算公式为：

$$t_{pss}=\left[\frac{\phi\mu c_t A}{0.0002637k}\right](t_{DA})_{pss}$$

其中的$(t_{DA})_{pss}$可以从表 1.14 的第 5 栏中查到。

因此，压力降落试井分析的具体步骤如下：

第 1 步，在双对数坐标系中绘制 p_i-p_{wf} 与 t 的交会图。

第 2 步，确定斜率为 1 直线结束的时间。

第 3 步，在第 2 步所确定的时间之前，确定 1.5 倍对数周期(log cycle)所对应的时间。这就是井筒储集效应消失、半对数直线开始出现的时间。

第 4 步，计算井筒储集系数：$C=qt/24\Delta p=QBt/24\Delta p$。其中的 t 和 Δp 是从双对数坐标系中斜率为 1 直线上的一个点读取的数值，而 q 是单位为 bbl/d 的流量。

第 5 步，在半对数坐标系中绘制 p_{wf} 与 t 的交会图。

第 6 步，按照第 3 步的说明确定直线部分的起点，并绘制过这个点的最佳直线。

第 7 步，计算直线的斜率，并分别由式(1.170)和式(1.171)计算渗透率 k 和表皮系数 s：

$$k=\frac{-162.6Q_oB_o\mu_o}{mh}$$

$$s=1.151\left[\frac{p_i-p_{1小时}}{|m|}-\log\left(\frac{k}{\phi\mu c_t r_w^2}\right)+3.23\right]$$

第 8 步，估算到无限大地层生产特性(瞬变流动)时期结束的时间，即 t_{eia}。这个时间标志着拟稳态流动的开始。

第 9 步，在笛卡尔坐标系中绘制时刻 t_{eia} 之后所记录的所有压力数据与时间的交会曲线，所得结果应该是一条直线。

第 10 步，计算拟稳态流直线的斜率，即 dp/dt(通常被计作 m')，并由式(1.127)求解泄油面积 A：

$$A=\frac{-0.23396QB}{c_t h\phi(dp/dt)}=\frac{-0.23396QB}{c_t h\phi m'}$$

第 11 步，利用 Earlougher(1977)建立的表达式计算形状因子 C_A：

$$C_A = 5.456\left(\frac{m}{m'}\right)\exp\left[\frac{2.303(p_{1小时}-p_{int})}{m}\right]$$

第 12 步，根据表 1.14 确定特定生产井的泄油面积的形状，即形状因子 C_A 的数值与其计算值(即步骤 11 的计算结果)最为接近的测试井。

1.3.1.4　研究半径

试井的研究半径 r_{inv} 是压力瞬态从测试井向外传播的有效距离。这个半径取决于压力波穿过储集岩传播的速度，而后者又取决于岩石和流体的特性，例如：孔隙度、渗透率、流体黏度、总压缩系数。

随着时间 t 增加，受生产井影响的地层体积增大，而驱动半径(即研究半径)也随之增长，其表达式为：

$$r_{inv} = 0.0325\sqrt{\frac{kt}{\phi\mu c_t}}$$

需要指出的是，为略微可压缩液体所建立的方程式，通过以真实气体的拟压力 $m(p)$ 替换其中的压力来加以拓展后，就可以用于描述真实气体的特性。拟压力 $m(p)$ 的定义为：

$$m(p) = \int_0^p \frac{2p}{\mu Z}\mathrm{d}p$$

而瞬变压降动态由式(1.162)描述，即：

$$m(p_{wf}) = m(p_i) - \left[\frac{1637Q_g T}{kh}\right] \times \left[\log\left(\frac{kt}{\phi\mu_i c_{ti} r_w^2}\right) - 3.23 + 0.87s'\right]$$

在气体流量为定常值的情况下，上述关系式可以由直线方程式的形式来表述，其表达式为：

$$m(p_{wf}) = \left\{m(p_i) - \left[\frac{1637Q_g T}{kh}\right] \times \left[\log\left(\frac{k}{\phi\mu_i c_{ti} r_w^2}\right) - 3.23 + 0.87s'\right]\right\} - \left[\frac{1637Q_g T}{kh}\right]\log(t)$$

或：

$$m(p_{wf}) = a + m\log(t)$$

这个关系式表明，在半对数坐标系中 $m(p_{wf})$ 与 $\log(t)$ 的关系曲线为一条斜率为负值的直线：

$$m = 1637Q_g T/kh$$

类似地，以压力平方近似的方式来表述，其表达式为：

$$p_{wf}^2 = p_i^2 - \left[\frac{1637Q_g T\,\overline{Z\mu}}{kh}\right] \times \left[\log\left(\frac{kt}{\phi\mu_i c_{ti} r_w^2}\right) - 3.23 + 0.87s'\right]$$

或：

$$p_{wf}^2 = \left\{p_i^2 - \left[\frac{1637Q_g T\,\overline{Z\mu}}{kh}\right] \times \left[\log\left(\frac{k}{\phi\mu_i c_{ti} r_w^2}\right) - 3.23 + 0.87s'\right]\right\} - \left[\frac{1637Q_g T\,\overline{Z\mu}}{kh}\right]\log(t)$$

这是一个直线方程式，可以简化为：

$$p_{wf}^2 = a + m\log(t)$$

这个关系式表明，在半对数坐标系中 p_{wf}^2 与 $\log(t)$ 的关系曲线为一条斜率为负值的直线：

$$m = \frac{1637Q_g T\,\overline{Z\mu}}{kh}$$

反映地层伤害或渗透率改善程度的真实表皮系数，通常与取决于非达西流量的表皮系数合并在一起，被称为视表皮系数或总表皮系数：

$$s'=s+DQ_g$$

其中，DQ_g项代表取决于流量的表皮系数。系数 D 被称为惯性流或紊流系数，由式(1.159)来表示：

$$D=Fkh/1422T$$

视表皮系数的表达式可以采用如下两种方法表示。

在采用拟压力法时：

$$s'=1.151\left[\frac{m(p_i)-m(p_{1小时})}{|m|}-\log\left(\frac{k}{\phi\mu_i c_{ti} r_w^2}\right)+3.23\right]$$

在采用压力平方法时：

$$s'=1.151\left[\frac{p_i^2-p_{1小时}^2}{|m|}-\log\left(\frac{k}{\phi\bar{\mu}\bar{c}_t r_w^2}\right)+3.23\right]$$

如果气井的压力降落试井时间足够长，可以波及到气藏的边界，那么就可以采用类似于式(1.136)的表达式来描述边界主导流动时期(拟稳态流动时期)的压力动态。其表达式以采用如下两种方法表示。

在采用拟压力方法时：

$$\frac{m(p_i)-m(p_{wf})}{q}=\frac{\Delta m(p)}{q}=\frac{711T}{kh}\left(\ln\frac{4A}{1.781C_A r_{wa}^2}\right)+\left[\frac{2.356T}{\phi(\mu_g c_g)_i Ah}\right]t$$

转换为线性方程式后，其表达式为：

$$\Delta m(p)/q=b_{pss}+m't$$

这个关系式表明，$\Delta m(p)/q$ 与 t 的关系曲线为一条直线。

其截距为：

$$b_{pss}=\frac{711T}{kh}\left(\ln\frac{4A}{1.781C_A r_{wa}^2}\right)$$

其斜率为：

$$m'=\frac{2.356T}{(\mu_g c_t)_i(\phi hA)}=\frac{2.356T}{(\mu_g c_t)_i(孔隙体积)}$$

在采用压力平方法时：

$$\frac{p_i^2-p_{wf}^2}{q}=\frac{\Delta(p^2)}{q}=\frac{711\bar{\mu}\bar{Z}T}{kh}\left(\ln\frac{4A}{1.781C_A r_{wa}^2}\right)+\left[\frac{2.356\bar{\mu}\bar{Z}T}{\phi(\mu_g c_g)_i Ah}\right]t$$

转换为线性方程式后，其表达式为：

$$\Delta(p^2)/q=b_{pss}+m't$$

这个关系式表明，在笛卡尔坐标系中，$\Delta m(p)/q$ 与 t 的关系曲线为一条直线。

其截距为：

$$b_{pss}=\frac{711\bar{\mu}\bar{Z}T}{kh}\left(\ln\frac{4A}{1.781C_A r_{wa}^2}\right)$$

其斜率为：

$$m'=\frac{2.356\bar{\mu}\bar{Z}T}{(\mu_g c_t)_i(\phi hA)}=\frac{2.356\bar{\mu}\bar{Z}T}{(\mu_g c_t)_i(孔隙体积)}$$

式中：q 为流量，$10^3ft^3/d$(标)；A 为泄气面积，ft^2；T 为温度，°R；t 为流动时间，h。

Meunier 等(1987)提出了表述时间 t 及其对应的压力 p 之间关系的一种方法。有了这种方法，无需进行专门的修正，就可以直接利用描述液体流动的方程式来描述气体流动。Meunier 等引入了下列的归一化拟压力 p_{pn} 和归一化拟时间 t_{pn}：

$$p_{pn} = p_i + \left(\frac{\mu_i Z_i}{p_i}\right) \int_0^p \frac{p}{\mu Z} dp$$

$$t_{pn} = \mu_i c_{ti} \left[\int_0^t \frac{1}{\mu c_t} dp\right]$$

μ、Z 和 c_t 的下标"i"是指初始地层压力条件下这三个参数的评价值。运用 Meunier 等给出的归一化拟压力和归一化拟时间的定义，就无需对液体流动方程式进行任何的修改。然而，在用气体流量替换液体流量时应当小心。需要指出的是，在应用于油相时，所有瞬变流动方程式的流量都被表述为 $Q_o B_o$ 之积，单位是 bbl/d，也就是储层条件下的 bbl/d。所以，在把这些方程应用于气相时，天然气流量与天然气地层体积系数之积 $Q_g B_g$ 的单位应当是"bbl/d"。例如，如果天然气流量的单位是 ft^3/d(标)，那么天然气地层体积系数必须是以 bbl/ft^3(标)为单位。然后，简单地分别用归一化压力和归一化时间来取代所记录的压力和时间，用于包括压力恢复在内的所有传统的图形分析技术。

1.3.2　压力恢复试井

压力恢复试井数据为油藏工程师预测储层动态提供了另外一种有用手段。压力恢复分析描述的是关井后井筒压力随时间恢复的情况。这种分析的主要目的之一就是快速预测油气层静压，而无需等待数周或者数月使整个油气藏的压力稳定下来。由于井筒压力恢复一般会沿着某些确定的趋势发展，因而可以对压力恢复分析法进行拓展，用于确定：储层有效渗透率；近井筒地带渗透率减损的范围；断层是否存在以及到断层的距离；生产井之间是否存在任何干扰；在不存在强烈水驱或含水层的规模不大于油气层的情况下储层的界限。

当然，并不是对于任何指定的分析来说，所有这些信息都是可以得到的，而且这些信息的实用性还要取决于分析人员的经验以及可用于对比的其他信息的多少。

用于分析压力恢复数据的通用公式来自于扩散方程的一个解。在压力恢复和压降分析中，一般要对油藏、流体和流动特性作出以下假设。

(1) 油藏：均质、各向同性、水平方向厚度均匀。

(2) 流体：单相、略微可压缩、定常的 μ_o 和 B_o。

(3) 流动：层流、无重力影响。

压力恢复试井要求关闭生产井并记录井筒压力随关井时间延长而升高的情况。最常用而且最简单的分析方法要求生产井在关井前以正常产量生产一段时间 t_p。这个时间要么从投产算起，要么足够长可以建立稳定的压力分布。传统上，关井时间用符号 Δt 来表示。图 1.36 示意性地展示了关井前的稳定的常产量及压力恢复过程中理想的压力升高动态。从即将关井起就要开始进行压力测量，并在关井期间随着时间记录压力测量值。分析所建立的压力恢复曲线，预测储层动态和井筒状况。

在测试前使生产井的产量稳定在某个常产量值是压力恢复试井的一项重要内容。如果压力稳定被忽视或者无法实现，那么采用标准的数据分析方法可能得出有关储层的错误信息。

下面介绍两个被广泛应用的方法，分别是：Horner 图法和 Miller-Dyes-Hutchinson 法。

1.3.3　Horner 图法

采用叠加原理从数学的角度描述了一个压力恢复试井。在关井前，这口井以常产量 Q_o

(STB/d)生产了 t_p天。在这个流动时期结束后，关闭这口生产井，相应地流量从“老”的流量 Q_o变为“新”的流量 $Q^{新}=0$，即 $Q^{新}-Q^{老}=-Q_o$。

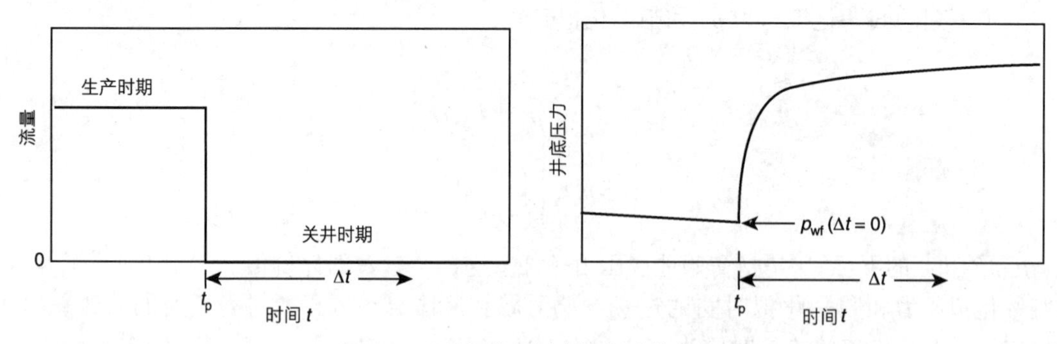

图 1.36　理想化的压力恢复试井曲线

在关井期间井底压力的总变化量实质上是下列因素所产生的压力变化之和：以稳定的流量 $Q^{老}$(即关井前的流量 Q_o)生产所产生的压力变化，它实际上是整个时间段内($t_p+\Delta t$)的压力变化；流量从 Q_o降到 0 所产生的净压力变化，它实际上是 Δt 内的压力变化。

通过把指定的流量-时间序列中单个常产量解累加，就可以得出总的压力变化量，其表达式为：

$$p_i-p_{ws}=(\Delta p)_{总}=(\Delta p)_{由于(Q_o-0)}+(\Delta p)_{由于(0-Q_o)}$$

式中：p_i为初始地层压力，psi；p_{ws}为关井期间的井筒压力，psi。

上述表达式说明，有两个单独的流量对井筒总压力变化作出了贡献。

第一个贡献来自流量从 0 增加到 Q_o，它实际上是在整个时间段 $t_p+\Delta t$ 内实现的，因此：

$$(\Delta p)_{Q_o-0}=\left[\frac{162.6(Q_o-0)B_o\mu_o}{kh}\right]\times\left[\log\left(\frac{k(t_p+\Delta t)}{\phi\mu_o c_t r_w^2}\right)-3.23+0.87s\right]$$

第二个贡献来自流量从 Q_o减至 t_p(即关井时刻)时的 0，因而：

$$(\Delta p)_{0-Q_o}=\left[\frac{162.6(0-Q_o)B_o\mu_o}{kh}\right]\times\left[\log\left(\frac{k\Delta t}{\phi\mu_o c_t r_w^2}\right)-3.23+0.87s\right]$$

关井期间井筒内的压力动态由下式表示：

$$p_i-p_{ws}=\frac{162.6Q_o\mu_o B_o}{kh}\left[\log\frac{k(t_p+\Delta t)}{\phi\mu_o c_t r_w^2}-3.23\right]-\frac{162.6(-Q_o)\mu_o B_o}{kh}\left[\log\frac{k\Delta t}{\phi\mu_o c_t r_w^2}-3.23\right]$$

把这个公式展开并消除某些项可得：

$$p_{ws}=p_i-\frac{162.6Q_o\mu_o B_o}{kh}\left[\log\left(\frac{t_p+\Delta t}{\Delta t}\right)\right] \tag{1.174}$$

式中：p_i为初始地层压力，psi；p_{ws}为压力恢复过程中的井底压力，psi；t_p为关井前的流动时间，h；Q_o为关井前的稳定井流量，STB/d；Δt 为关井的时间，h。

压力恢复方程，即式(1.174)，是由 Horner(1951)建立的，因而通常被称为 Horner 方程。

式(1.174)基本上是一个直线方程，其表达式为：

$$p_{ws}=p_i-m\left[\log\left(\frac{t_p+\Delta t}{\Delta t}\right)\right] \tag{1.175}$$

这个表达式说明，在半对数坐标系中，p_{ws}与$(t_p+\Delta t)/\Delta t$ 的交会曲线是一条直线，其截距为 p_i，斜率为 m。其中：

$$m=\frac{162.6Q_o B_o\mu_o}{kh} \tag{1.176}$$

或：

$$k=\frac{162.6Q_oB_o\mu_o}{mh}$$

这个交会图通常被称为 Horner 图，在图 1.37 中进行了说明。注意，在 Horner 图上，时间比$(t_p+\Delta t)/\Delta t$的标度自右向左增大。从式(1.174)可以看出，在时间比为 1 时 $p_{ws}=p_i$。就图形而言，这意味着通过把 Horner 直线外插到$(t_p+\Delta t)/\Delta t=1$的时点，可以确定初始地层压力 p_i。

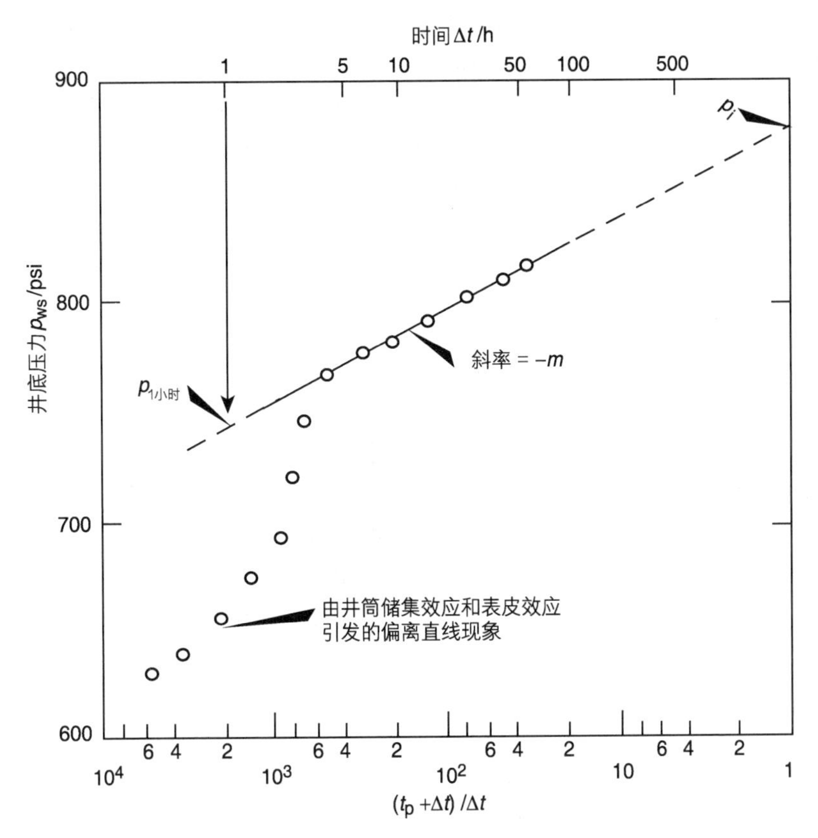

图 1.37　Horner 图(来源：Earlougher，Robert C.，Jr.，1977. Advances in Well Test Analysis，Monograph，vol. 5. Society of Petroleum Engineers of AIME，Dallas，TX；经 SPE 授权出版)

对应于关井时刻(t_p)的时间可以由下式进行估算：

$$t_p=24N_p/Q_o$$

式中：N_p为关井前的累积产油量，STB；Q_o为关井之前的稳定流量，STB/d；t_p为总的生产时间，h。

Earlougher(1977)指出，运用叠加原理的一个结果是表皮系数(s)没有出现在压力恢复的总式(1.174)中。这也就意味着，Horner 曲线的斜率并不受表皮系数的影响；但表皮系数仍会对压力恢复曲线的形状产生影响。事实上，早期数据点偏离直线就是由表皮系数以及井筒储集效应造成的，如图 1.36 所示。经过水力压裂增产处理的生产井具有比较大的负表皮系数，因而数据点偏离直线的情况会比较严重。表皮系数的确会影响关井前的流动压力，而且其数值可以根据压力恢复试井资料以及压力恢复试井即将启动时刻的流动压力进行估算，其表达式为：

$$s=1.151\left[\frac{p_{1小时}-p_{\mathrm{wf\ at\ }\Delta t=0}}{|m|}-\log\left(\frac{k}{\phi\mu c_t r_w^2}\right)+3.23\right] \tag{1.177}$$

在受其影响的地带还有一个额外的压降：

$$\Delta p_{表皮}=0.87|m|s$$

式中：$p_{\mathrm{wf\ at\ }\Delta t=0}$是指即将关井时刻的井底流压，psi；$|m|$为 Horner 曲线斜率的绝对值，psi/周期；r_w为井筒半径，ft。

$p_{1小时}$的数值必须从 Horner 直线上读取。经常出现的情况是：受井筒储集效应或较大的负表皮系数的影响，在 1h 这个时点的压力数据并未落在这条直线上。在这种情况下，就必须把半对数曲线外推到 1h，并读取相应的压力值。

应当指出的是，对于多相流动而言，式(1.174)和式(1.177)分别变形为：

$$p_{ws}=p_i-\frac{162.36q_t}{\lambda_t h}\left[\log\left(\frac{t_p+\Delta t}{\Delta t}\right)\right]$$

$$s=1.151\left[\frac{p_{1小时}-p_{\mathrm{wf\ at\ }\Delta t=0}}{|m|}-\log\left(\frac{\lambda_t}{\phi c_t r_w^2}\right)+3.23\right]$$

其中：

$$\lambda_t=\frac{k_o}{\mu_o}+\frac{k_w}{\mu_w}+\frac{k_g}{\mu_g}$$

$$q_t=Q_oB_o+Q_wB_w+(Q_g-Q_oR_s)B_g$$

或以 GOR 来表示，其等效表达式为：

$$q_t=Q_oB_o+Q_wB_w+(\mathrm{GOR}-R_s)Q_oB_g$$

式中：q_t为总产液量，bbl/d；Q_o为石油产量，STB/d；Q_w为水产量，STB/d；Q_g为天然气产量，ft^3(标)/d；R_s为天然气溶解度，ft^3(标)/STB；B_g为天然气地层体积系数，bbl/ft^3(标)；λ_t为总流度，mD/cP；k_o为石油的有效渗透率，mD；k_w为水的有效渗透率，mD；k_g为天然气的有效渗透率，mD。

规则的 Horner 图应当是一条半对数直线，其斜率 m 可用于确定总流度 λ_t，计算公式为：

$$\lambda_t=162.6q_t/mh$$

Perrine(1956)证实，各流体相的有效渗透率，即 k_o、k_w和 k_g，可以根据下式进行计算：

$$k_o=\frac{162.6Q_oB_o\mu_o}{mh}$$

$$k_w=\frac{162.6Q_wB_w\mu_w}{mh}$$

$$k_g=\frac{162.6(Q_g-Q_oR_s)B_g\mu_g}{mh}$$

对于天然气系统而言，在半对数坐标系中 $m(p_{ws})$ 或 $p_{ws}{}^2$ 与 $(t_p+\Delta t)/\Delta t$ 的关系曲线是一条直线，其斜率为 m，视表皮系数为 s，它们的表达式分别为以下两种情况。

在采用拟压力解法时：

$$m=\frac{1637Q_gT}{kh}$$

$$s'=1.151\left[\frac{m(p_{1小时})-m(p_{\mathrm{wf\ at\ }\Delta t=0})}{|m|}-\log\left(\frac{k}{\phi\mu_i c_{ti} r_w^2}\right)+3.23\right]$$

在采用压力平方法时：

$$m=\frac{1637Q_g\overline{Z\mu_g}}{kh}$$

$$s'=1.151\left[\frac{p_{1小时}^2-p_{wf\ at\ \Delta t=0}^2}{|m|}-\log\left(\frac{k}{\phi\mu_i c_{ti} r_w^2}\right)+3.23\right]$$

应当指出，当一口井关井开展压力恢复试井时，关井操作一般是在地面而不是井底进行的。虽然井被关闭了，但地层流体会继续流入井筒并在其中积聚，直到井筒中流体充满的程度足以把关井效应传递到地层为止。这种“续流”特性是由井筒储集效应造成的，而且对压力恢复试井结果有明显的影响。在井筒储集效应发挥作用的时期，压力数据点落在半对数直线的下方。这些效应持续的时间可以进行估算。具体方法是：以关井作业即将启动之前所记录的压力作为 p_{wf} 的数值，来绘制前文所述的 $\log(p_{ws}-p_{wf})$ 与 $\log(\Delta t)$ 的双对数曲线图。在井筒储集效应占主导地位时，这条曲线将是一条斜率为 1 的直线，在接近半对数直线时，这条双对数曲线变为一条斜率比较小且略为弯曲的线。

井筒储集系数 C 的计算方法是，在斜率为 1 的双对数直线上选取一个点，读取这个点的坐标 Δt 和 Δp，然后利用下列公式进行计算：

$$C=qt/24\Delta p=QBt/24\Delta p$$

无量纲储集系数由式(1.34)给出，其表达式为：

$$C_D=0.8936C/h\phi c_t r_w^2$$

在所有的压力恢复试井分析中，在半对数曲线图上选取直线之前，都应当先绘制双对数曲线图。这个双对数曲线图很重要，它有助于避免在井筒储集效应发挥主导作用阶段所录取的数据中绘出半对数直线。通过观察双对数曲线图上数据点到达缓慢变弯曲的低斜率曲线的时间，并在斜率为 1 的直线结束后在时间上增添 1～1.5 个周期，可以确定半对数直线的起点。另外一种方法是，由下式估算半对数直线的起始时间：

$$\Delta t>\frac{170000Ce^{0.14s}}{(kh/\mu)}$$

【示例 1.27】

表 1.16 列出了一口驱动半径估计为 2640ft 的生产井的压力恢复试井数据。在关井前，这口井已经以 4900STB/d 的常产量生产了 310h。已知的油藏参数如下：深度 = 10476ft；h = 482ft；r_w = 0.354ft；$c_t=22.3\times10^{-6}\mathrm{psi}^{-1}$；$Q_o$ = 4900STB/d；$p_{wf}(\Delta t=0)$ = 2761psi；μ_o = 0.2cP；B_o = 1.55bbl/STB；ϕ = 9%；t_p = 310h；r_e = 2640ft。

表 1.16 Earlougher 的压力恢复试井数据[①]

Δt/h	$t_p+\Delta t$/h	$(t_p+\Delta t)/\Delta t$	p_{ws}/psi(表)
0.0			2761
0.10	310.30	3101	3057
0.21	310.21	1477	3153
0.31	310.31	1001	3234
0.52	310.52	597	3249
0.63	310.63	493	3256
0.73	310.73	426	3260

续表

Δt/h	$t_p+\Delta t$/h	$(t_p+\Delta t)/\Delta t$	p_{ws}/psi(表)
0.84	310.84	370	3263
0.94	310.94	331	3266
1.05	311.05	296	3267
1.15	311.15	271	3268
1.36	311.36	229	3271
1.68	311.68	186	3274
1.99	311.99	157	3276
2.51	312.51	125	3280
3.04	313.04	103	3283
3.46	313.46	90.6	3286
4.08	314.08	77.0	3289
5.03	315.03	62.6	3293
5.97	315.97	52.9	3297
6.07	316.07	52.1	3297
7.01	317.01	45.2	3300
8.06	318.06	39.5	3303
9.00	319.00	35.4	3305
10.05	320.05	31.8	3306
13.09	323.09	24.7	3310
16.02	326.02	20.4	3313
20.00	330.00	16.5	3317
26.07	336.07	12.9	3320
31.03	341.03	11.0	3322
34.98	344.98	9.9	3323
37.54	347.54	9.3	3323

① 数据来源：Earlougher，R. Advance Well Test Analysis，Monograph Series，SPE，Dallas(1977)。

计算下列参数：平均渗透率、表皮系数和表皮效应造成的额外压降。

解答：

第1步，如图1.38和表1.16所示，在半对数坐标系中绘制 p_{ws} 与 $(t_p+\Delta t)/\Delta t$ 的关系曲线。

第2步，正确识别所绘制曲线上直线段，并确定其斜率 $m=40$psi/周期。

第3步，由式(1.176)计算平均渗透率：

$$k=\frac{162.6Q_oB_o\mu_o}{mh}=\frac{(162.6)(4900)(1.55)(0.22)}{(40)(482)}=12.8(\text{mD})$$

第4步，根据曲线的直线段来确定 $p_{1小时}=3266$psi。

第5步，由式(1.177)计算表皮系数：

$$\begin{aligned}s&=1.151\left[\frac{p_{1小时}-p_{\text{wf}\,\Delta t=0}}{m}-\log\left(\frac{k}{\phi\mu c_t r_w^2}\right)+3.23\right]\\&=1.151\left[\frac{3266-2761}{40}-\log\left(\frac{(12.8)}{(0.09)(0.20)(22.6\times10^{-6})(0.354)^2}\right)+3.23\right]\\&=8.6\end{aligned}$$

第6步，计算由表皮效应造成的额外压降：

$$\Delta p_{表皮}=0.87|m|s=0.87(40)(8.6)=299.3(\text{psi})$$

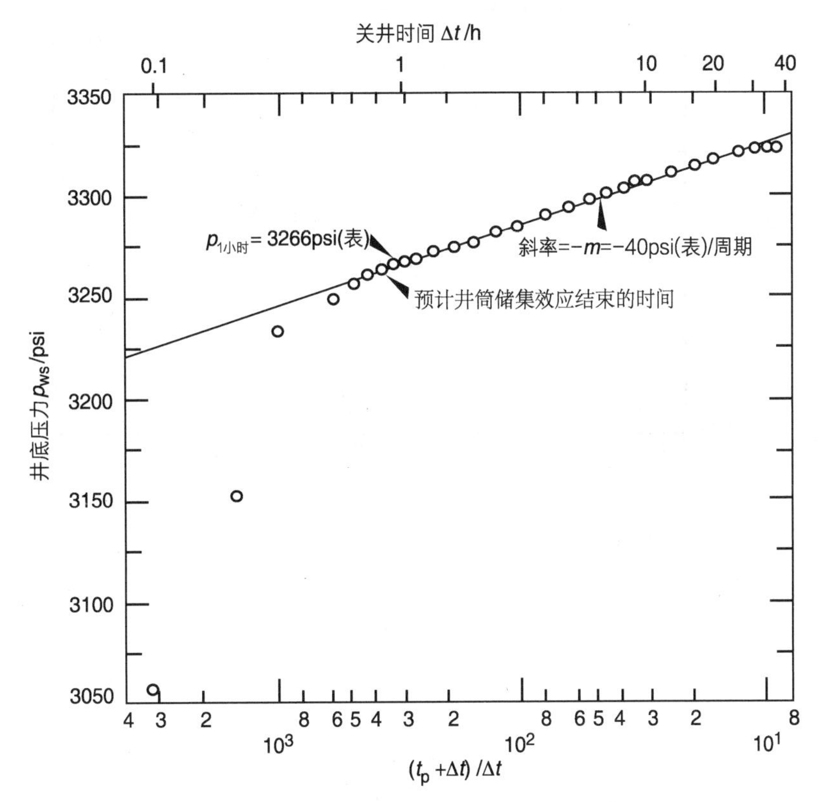

图 1.38　Earlougher 建立的压力恢复试井半对数曲线(SPE 授权)

应当指出，式(1.174)假设地层规模无限大，即 $r_e=\infty$。这个假设条件意味着在油藏的某些点上，地层压力总是等于初始地层压力 p_i，而且 Horner 直线总是可以外推到 p_i。然而，地层都是有限的，因而在生产开始后不久，流体开采就会导致整个油藏系统中每个点上都出现压降。在这样的情况下，这条直线就无法外推到初始地层压力 p_i，而通过外推得到的是视压力，其符号为 p^*。如 Matthews 和 Russell(1967)在图 1.39 中所展示的那样，视压力没有物理意义，但可用于计算平均地层压力$\bar{p}$。很显然，只有在一个新发现油田的一口新井中开展试井时，视压力 p^* 才会等于初始地层压力 p_i。有了视压力 p^* 这个概念，Horner 表达式[由式(1.174)和式(1.175)给出]就应当由 p^* 而不是 p_i来表示，其表达式为：

$$p_{ws}=p^*-\frac{162.6Q_o\mu_oB_o}{kh}\left[\log\left(\frac{t_p+\Delta t}{\Delta t}\right)\right]$$

或：

$$p_{ws}=p^*-m\left[\log\left(\frac{t_p+\Delta t}{\Delta t}\right)\right] \tag{1.178}$$

Bossie-Codreanu(1989)曾提出，生产井的泄油面积可以根据 Horner 压力恢复曲线或 MDH 曲线(下文将述及)来确定，其方法是在曲线的半对数直线段上选取任意三个点的坐标，用于计算拟稳态曲线的斜率 m_{pss}。这三个点的坐标被指定为：关井时间 Δt_1和对应的关井压力 p_{ws1}；关井时间 Δt_2和对应的关井压力 p_{ws2}；关井时间 Δt_3和对应的关井压力 p_{ws3}。

所选定的关井时间满足条件 $\Delta t_1<\Delta t_2<\Delta t_3$。拟稳态直线的斜率 m_{pss}可以由下式进行近似计算：

$$m_{pss}=\frac{(p_{ws2}-p_{ws1})\log(\Delta t_3/\Delta t_1)-(p_{ws3}-p_{ws1})\log[\Delta t_2/\Delta t_1]}{(\Delta t_3-\Delta t_1)\log(\Delta t_2\Delta t_1)-(\Delta t_2-\Delta t_1)\log(\Delta t_3/\Delta t_1)} \tag{1.179}$$

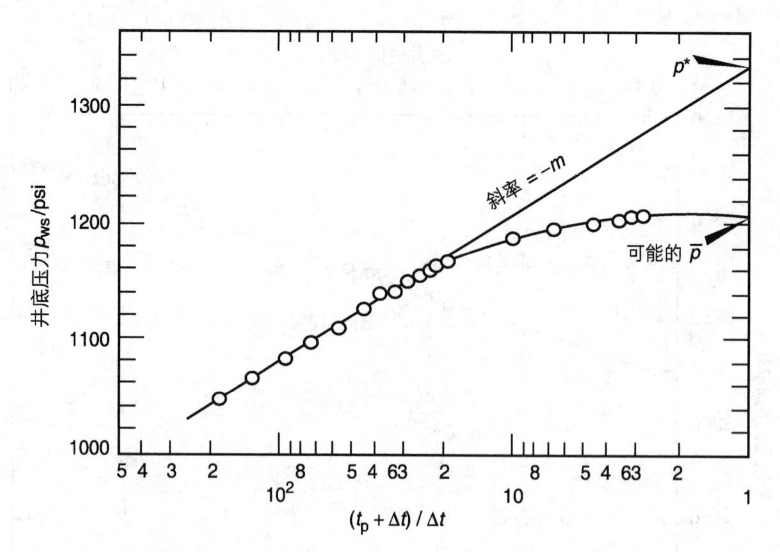

图 1.39 有限大地层中生产井的典型压力恢复试井曲线(SPE 授权)

生产井泄油面积可以由式(1.127)进行计算：

$$m'=m_{\mathrm{pss}}=\frac{0.23396Q_{\mathrm{o}}B_{\mathrm{o}}}{c_{\mathrm{t}}Ah\phi}$$

求解泄油面积得：

$$A=\frac{0.23396Q_{\mathrm{o}}B_{\mathrm{o}}}{c_{\mathrm{t}}m_{\mathrm{pss}}h\phi}$$

式中：m_{pss}或m'为拟稳态流动时期直线的斜率，psi/h；Q_{o}为流量，bbl/d；A为生产井泄油面积，ft^2。

1.3.4 Miller-Dyes-Hutchinson 法

如果生产井开采的时间足够长，已经达到拟稳态流动状态，那么就可以对 Horner 图进行简化。假定生产时间t_{p}远大于总关井时间Δt，也就是$t_{\mathrm{p}}+\Delta t\cong t_{\mathrm{p}}$，那么：

$$\log\left(\frac{t_{\mathrm{p}}+\Delta t}{\Delta t}\right)\cong\log\left(\frac{t_{\mathrm{p}}}{\Delta t}\right)=\log(t_{\mathrm{p}})-\log(\Delta t)$$

把上述假设条件应用于式(1.178)得：

$$p_{\mathrm{ws}}=p^*-m[\log(t_{\mathrm{p}})-\log(\Delta t)]$$

或：

$$p_{\mathrm{ws}}=[p^*-m\log(t_{\mathrm{p}})]+m\log(\Delta t)$$

这个表达式说明，p_{ws}与$\log(\Delta t)$的交会曲线是一条半对数直线，其正斜率为$+m$，等于由 Horner 图得出的结果。如果采用式(1.176)进行描述，这个斜率数学表达式为：

$$m=\frac{162.6Q_{\mathrm{o}}B_{\mathrm{o}}\mu_{\mathrm{o}}}{kh}$$

这个半对数直线的斜率m与 Horner 图中直线的斜率是相等的。这个曲线图通常被称为 Miller-Dyes-Hutchinson(MDH)曲线。利用下列公式可以由 MDH 曲线图计算出视压力p^*：

$$p^*=p_{1小时}+m\log(t_{\mathrm{p}}+1)\tag{1.180}$$

式中$p_{1小时}$是从半对数直线上读取的$\Delta t=1\mathrm{h}$时的压力值。利用表 1.16 中的压力恢复数据，以p_{ws}与$\log(\Delta t)$关系曲线的形式绘制 MDH 图(参见图 1.40)。

图 1.40 显示了正斜率$m=40$psi/周期，它等于示例 1.26 中$p_{1小时}=3266$psi(表)时的斜率值。

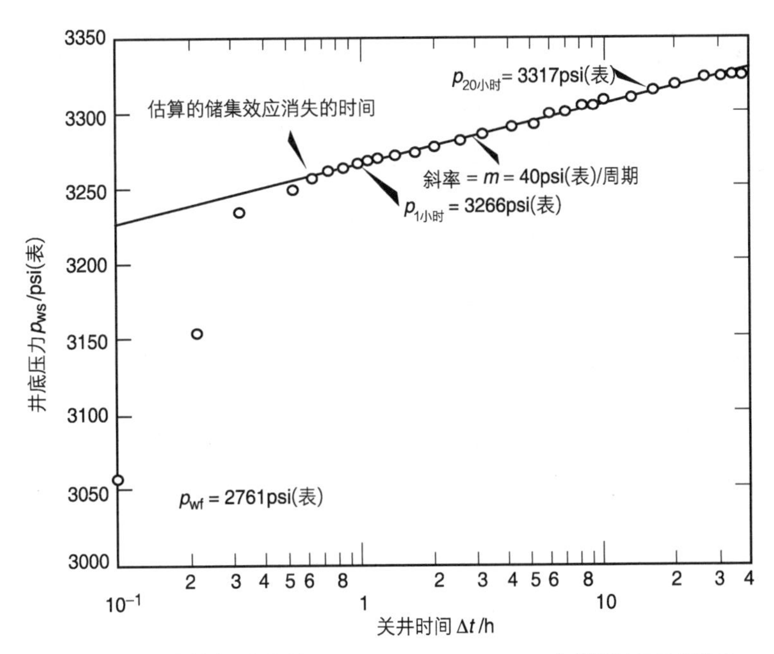

图 1.40　压力恢复试井的 Miller-Dyes-Hutchinson 曲线图(SPE 授权)

与 Horner 曲线图一样，通过绘制($p_{ws}-p_{wf}$)与 Δt 的双对数曲线图，并观察数据点偏离 45°倾角(斜率为 1)直线的时点，可以估算标志着 MDH 半对数直线起点的时间。在斜率为 1 的直线结束后，把时间坐标移动 1~1.5 个周期，就可以精确地确定这个时间。

在瞬变流动时期结束后，在所测试井中观察到的压力动态将取决于以下几方面：所测试井泄油面积的形状和几何形态；生产井相对于泄油边界的位置；关井前生产时间 t_p 的长度。

如果所测试井所在的油藏中没有其他生产井，那么关井压力最终会变成恒定值(见图 1.38)，并等于按体积平均的地层压力$\overline{p}_r$。在很多的油藏工程计算中都要用到这个压力值，例如：物质平衡研究、水侵量、压力保持项目、二次采油、地层连通性评价。

最后，在以$\overline{p}_r$函数的形式预测未来产量时，如果要把预测结果与实际的油藏动态进行对比，并对预测结果进行必要的调整，那么就必须获取整个油藏寿命期内的压力测量值。获取这些压力值的一种方法是：把这个油藏中的所有生产井都关闭一段时间，而且关井时间要足够长，以便使整个生产系统的压力达到均衡，在此基础上测量$\overline{p}_r$。很显然，这种方法不具可操作性。

对于在关井前以拟稳态方式生产的圆形或正方形油藏系统而言，采用 MDH 法估算泄油面积内的平均压力$\overline{p}_r$的步骤如下：

(1) 在半对数直线上选取任意方便的时间 Δt 并读出对应的压力 p_{ws}。

(2) 基于泄油面积 A 由下式计算无量纲关井时间：

$$\Delta t_{DA}=\frac{0.0002637k\Delta t}{\phi\mu c_t A}$$

(3) 利用图 1.41 中上部的那条曲线读取无量纲时间 Δt_{DA} 所对应的 MDH 无量纲压力 p_{DMDH}。

(4) 由下式估算封闭泄油面积内的平均地层压力：

$$\overline{p}_r=p_{ws}+\frac{mp_{DMDH}}{1.1513}$$

式中：m 是 MDH 图上半对数直线的斜率。

由压力恢复试井估算$\overline{p}_r$的方法还有几种。下面简要介绍其中的三种方法：Matthews-Brons-Hazebroek(MBH)法、Ramey-Cobb 法、Dietz 法。

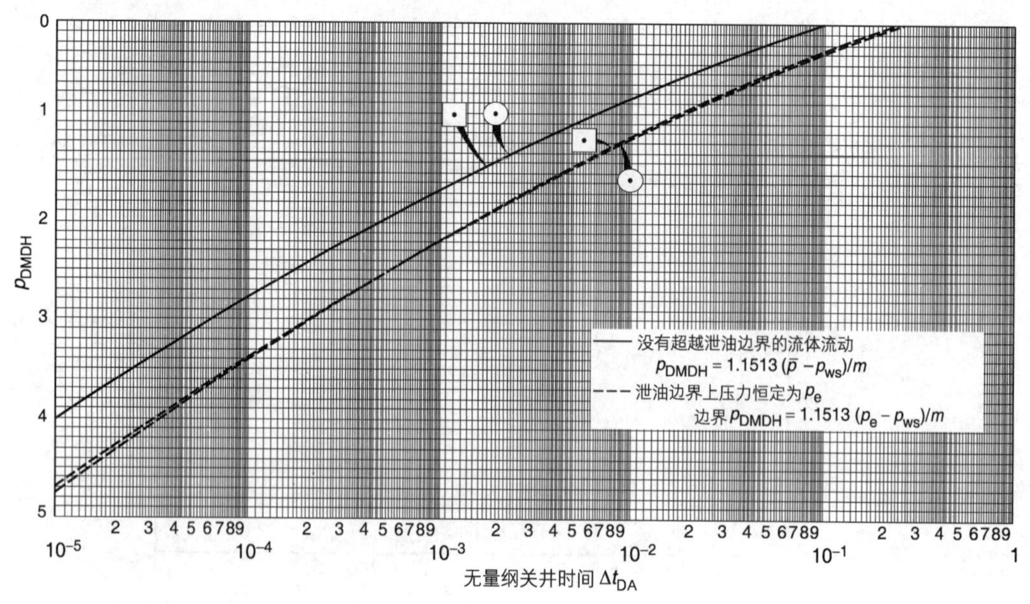

图 1.41　圆形和正方形泄油面积的 Miller-Dyes-Hutchinson 无量纲压力(SPE 授权)

1.3.5　MBH 法

如前所述，压力恢复试井曲线最初表现为半对数直线，随后因边界效应而向下弯曲并在关井的后期变平。Matthews 等(1954)提出了根据压力恢复试井结果估算有界泄油面积内地层平均压力的方法。MBH 法是基于半对数直线外推得出的拟压力 p^* 和泄油面积内当前平均压力 $\bar{p}$ 之间的理论相关关系。这些研究者们指出，如果生产井的泄油面积的几何形态、形状及其相对于泄油边界的位置已知，那么各井的泄油面积内的平均压力可以与 p^* 建立联系。他们为不同几何形态的泄油面积建立了一组校正图版(见图 1.42~图 1.45)。

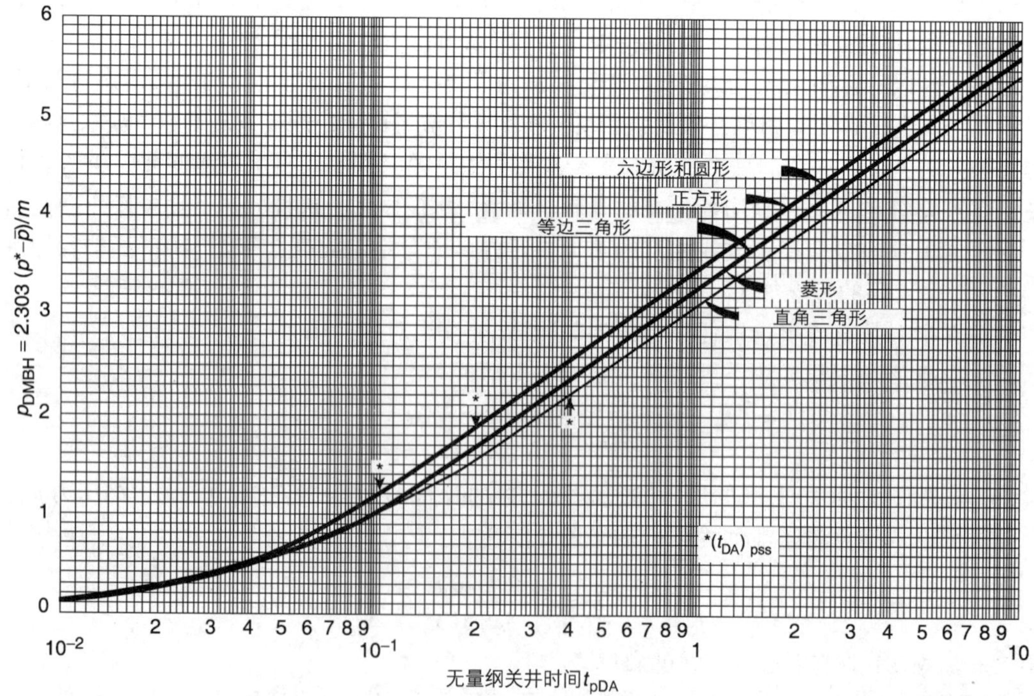

图 1.42　位于等边泄油面积中心的生产井的 Matthews-Brons-Hazebroek 无量纲压力(SPE 授权)

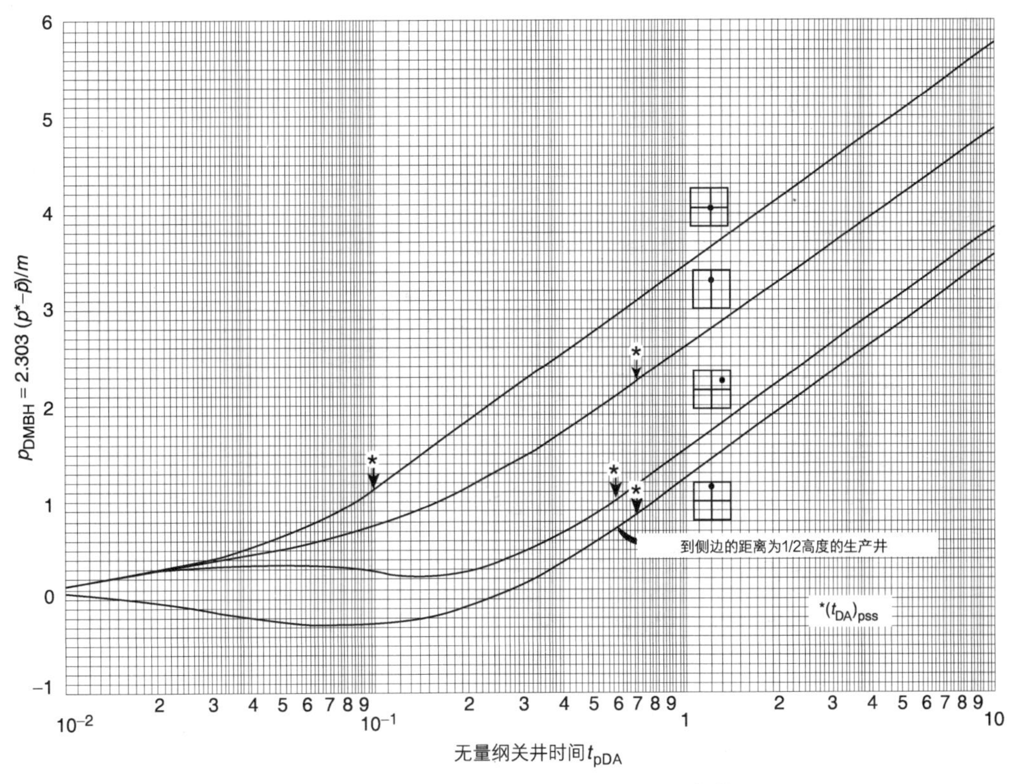

图 1.43　正方形泄油面积内不同位置上生产井的

Matthews-Brons-Hazebroek 无量纲压力（SPE 授权）

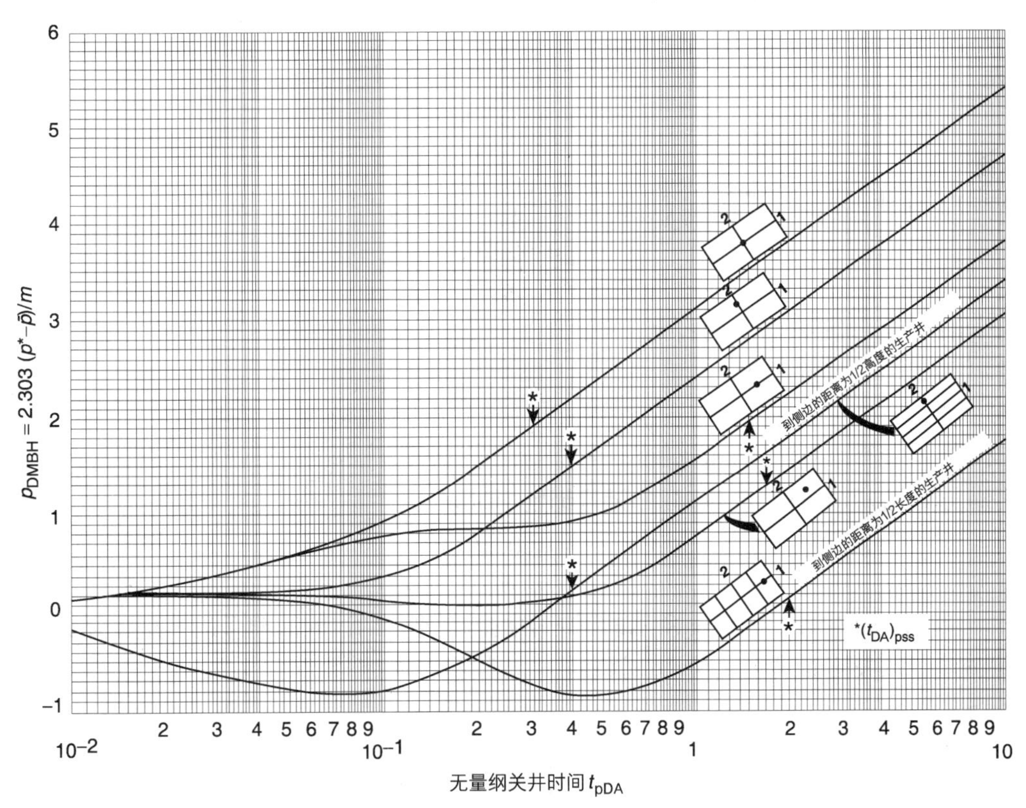

图 1.44　边长比为 2∶1 的长方形内不同位置上生产井的

Matthews-Brons-Hazebroek 无量纲压力（SPE 授权）

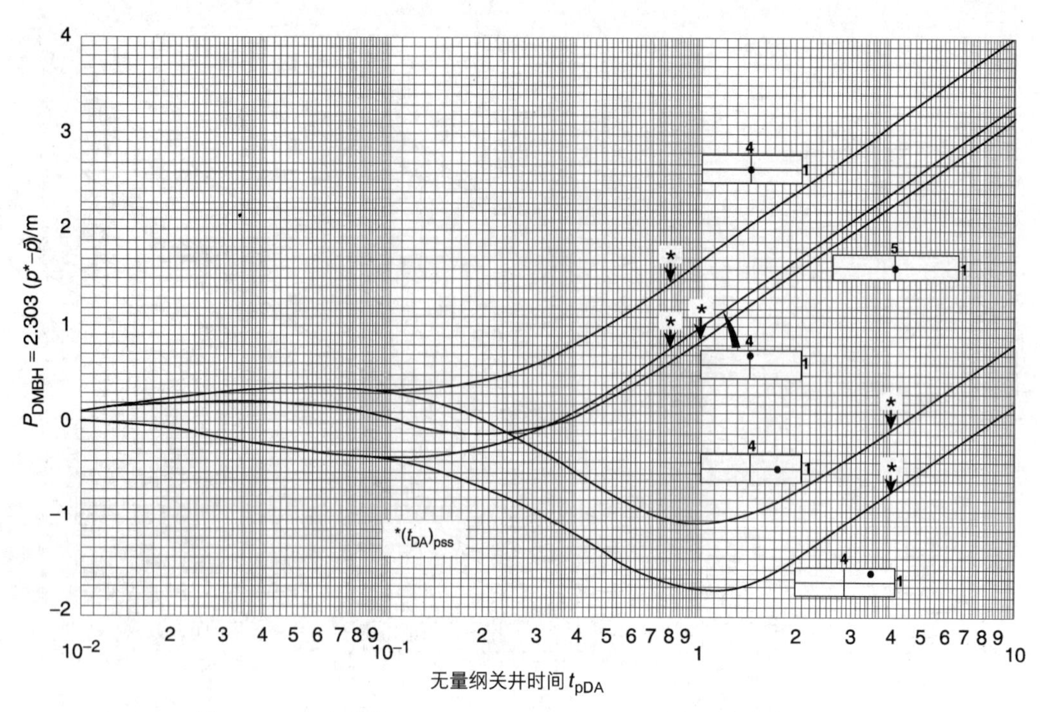

图 1.45　边长比为 4∶1 和 5∶1 的长方形内不同位置上生产井的 Matthews-Brons-Hazebroek 无量纲压力（SPE 授权）

这些图板的 y 轴表示 MBH 无量纲压力 p_{DMDH}，其表达式为：

$$p_{DMBH}=\frac{2.303(p^*-\bar{p})}{|m|}$$

或：

$$\bar{p}=p^*-\left(\frac{|m|}{2.303}\right)p_{DMBH} \tag{1.181}$$

MBH 无量纲压力是根据对应于流动时间 t_p 的无量纲生产时间 t_{pDA} 确定的：

$$t_{pDA}=\left[\frac{0.0002637k}{\phi\mu c_t A}\right]t_p \tag{1.182}$$

下面介绍运用 MBH 方法的步骤：

第 1 步，绘制 Horner 图。

第 2 步，对半对数直线进行外推，得出 $(t_p+\Delta t)/\Delta t=1.0$ 处的 p^* 数值。

第 3 步，计算半对数直线的斜率 m。

第 4 步，由式(1.182)计算 MBH 无量纲生产时间 t_{pDA}：

$$t_{pDA}=\left[\frac{0.0002673k}{\phi\mu c_t A}\right]t_p$$

第 5 步，从图 1.41～图 1.44 所示的图版中找出最接近的泄油面积形状，并找出校正曲线。

第 6 步，从校正曲线上读取 t_{pDA} 时刻的 p_{DMDH} 数值。

第 7 步，由式(1.181)计算 $\bar{p}$：

$$\bar{p}=p^*-\left(\frac{|m|}{2.303}\right)p_{DMBH}$$

与常规的 Horner 分析方法一样，生产时间 t_p 的计算公式为：

$$t_p = \frac{24N_p}{Q_o}$$

其中，N_p是在最近的一次压力恢复试井之后采出的流体总量，Q_o是即将关井前的常产量。Pinson(1972)和 Kazemi(1974)提出，t_p应当与达到拟稳态所需时间(t_{pss})进行对比：

$$t_{pss} = \left[\frac{\phi\mu c_t A}{0.0002367k}\right](t_{DA})_{pss} \tag{1.183}$$

对于对称的封闭或圆形泄油面积而言，如表 1.14 第 5 栏所列，$(t_{pDA})=0.1$。

如果 $t_p \gg t_{pss}$，那么理想情况下 t_{pss}应当可以替代 Horner 图中的 t_p，并与 MBH 无量纲压力曲线一起使用。

上述方法可以给出一口井(即井 i)的泄油面积内的$\bar{p}$数值。如果油藏内有多口井在生产，那么每口生产井都可以单独进行分析，计算出其自身泄油面积内的$\bar{p}$数值。运用由式(1.129)和式(1.130)给出的关系式之一，根据这些单井泄油面积内的平均压力可以计算出地层的平均压力$\overline{p_r}$，即：

$$\overline{p_r} = \frac{\sum_i (\bar{p}q)_i / (\partial\bar{p}/\partial t)_i}{\sum_i q_i / (\partial\bar{p}/\partial t)_i}$$

或：

$$\overline{p_r} = \frac{\sum_i [\bar{p}\Delta(F)/\Delta\bar{p}]_i}{\sum_i [\Delta(F)/\Delta\bar{p}]_i}$$

其中：

$$F_t = \int_0^t [Q_oB_o + Q_wB_w + (Q_g - Q_oR_s - Q_wR_{sw})B_g]\mathrm{d}t$$

$$F_{t+\Delta t} = \int_0^{t+\Delta t} [Q_oB_o + Q_wB_w + (Q_g - Q_oR_s - Q_wR_{sw})B_g]\mathrm{d}t$$

$$\Delta(F) = F_{t+\Delta t} - F_t$$

类似地，还应指出的是，在给出以下的 p_{DMDH}定义后，MBH 法以及图 1.41～图 1.44 所示图板还可适用于可压缩气体的分析：

对于拟压力法：

$$p_{DMBH} = \frac{2.303[m(p^*) - m(\bar{p})]}{|m|} \tag{1.184}$$

对于压力平方法：

$$p_{DMBH} = \frac{2.303[(p^*)^2 - (\bar{p})^2]}{|m|} \tag{1.185}$$

【示例 1.28】

利用示例 1.27 中所给出的信息以及表 1.16 中所列的压力恢复试井数据，由式(1.179)计算生产井泄油面积及其内的平均压力。为了方便起见，下面列出了这些数据：$r_e=2640\text{ft}$；$r_w=0.354\text{ft}$；$c_t=22.6\times10^{-6}\text{psi}^{-1}$；$Q_o=4900\text{STB/d}$；$h=482\text{ft}$；$p_{wf}(\Delta t=0)=2761\text{psi}$；$\mu_o=0.2\text{cP}$；$B_o=1.55\text{bbl/STB}$；$\phi=9\%$；$t_p=310\text{h}$；深度$=10476\text{ft}$；报告的平均压力$=3323\text{psi}$。

解答：

第 1 步，计算生产井的泄油面积：

$$A = \pi r_e^2 = \pi(2640)^2$$

第 2 步，把生产时间 t_p(即 310h)与由式(1.183)计算出的达到拟稳态所需时间 t_{pss} 进行对比。利用 $(t_{DA})_{pss}=0.1$ 估算 t_{pss} 得：

$$t_{pss}=\left[\frac{\phi\mu c_t A}{0.0002367k}\right](t_{DA})_{pss}=\left[\frac{(0.09)(0.2)(22.6\times10^{-6})(\pi)(2640)^2}{(0.0002637)(12.8)}\right]0.1=264(h)$$

由于 $t_p>t_{pss}$，因而在分析中我们可以用 264h 替换 t_p。然而，由于 t_p 仅是 t_{pss} 的大约 1.2 倍(即 $t_p=1.2t_{pss}$)，因而在计算中采用了实际的生产时间 310h。

第 3 步，由于半对数直线并没有延伸到 $(t_p+\Delta t)/\Delta t=\Delta t=1.0$，图 1.38 并未显示出 p^*。但是，通过外推一个周期，就可以根据 $(t_p+\Delta t)/\Delta t=10$ 处的 p_{ws} 计算出 p^*，即：

$$p^*=3325+1\text{ 周期}(40\text{psi/周期})=3365\text{psi(表)}$$

第 4 步，由式(1.182)计算 t_{pDA} 得：

$$t_{pDA}=\left[\frac{0.0002637k}{\phi\mu c_t A}\right]t_p=\left[\frac{0.0002637(12.8)}{(0.09)(0.2)(22.6\times10^{-6})(\pi)(2640)^2}\right]310=0.117$$

第 5 步，根据图 1.42 中圆形泄油面积的曲线来确定 $t_{pDA}=0.117$ 处 p_{DMBH} 的数值为 1.34。

第 6 步，由式(1.181)计算平均压力：

$$\bar{p}=p^*-\left(\frac{|m|}{2.303}\right)p_{DMBH}=3365-\left(\frac{40}{2.303}\right)(1.34)=3342[\text{psi(表)}]$$

这个计算结果要比所记录的最大压力值 3323psi(表)高出 19psi。

第 7 步，在 Horner 图中半对数直线上任意选取 3 个点的坐标，即：$(\Delta t_1,\ p_{ws1})=(2.52,\ 3280)$；$(\Delta t_2,\ p_{ws2})=(9.00,\ 3305)$；$(\Delta t_3,\ p_{ws3})=(20.0,\ 3317)$。

第 8 步，由式(1.179)计算 m_{pss}：

$$\begin{aligned}m_{pss}&=\frac{(p_{ws2}-p_{ws1})\log(\Delta t_3/\Delta t_1)-(p_{ws3}-p_{ws1})\log(\Delta t_2/\Delta t_1)}{(\Delta t_3-\Delta t_1)\log(\Delta t_2/\Delta t_1)-(\Delta t_2-\Delta t_1)\log(\Delta t_3/\Delta t_1)}\\&=\frac{(3305-3280)\log(20/2.51)-(3317-3280)\log(9/2.51)}{(20-2.51)\log(9/2.51)-(9-2.51)\log(20/2.51)}\\&=0.52339(\text{psi/h})\end{aligned}$$

第 9 步，然后由式(1.127)计算生产井的泄油面积：

$$\begin{aligned}A&=\frac{0.23396Q_oB_o}{c_t m_{pss}h\phi}=\frac{0.23396(4900)(1.55)}{(22.6\times10^{-6})(0.52339)(482)(0.09)}\\&=3462938\text{ft}^2=\frac{3363938}{43560}=80(\text{acre})\end{aligned}$$

对应的驱动半径为 1050ft，这个结果与给定的驱动半径 2640ft 相差明显。利用驱动半径计算值 1050ft 重复计算 MBH 得：

$$t_{pss}=\left[\frac{(0.09)(0.2)(22.6\times10^{-6})(\pi)(1050)^2}{(0.0002637)(12.8)}\right]0.1=41.7(h)$$

$$t_{pDA}=\left[\frac{0.0002637(12.8)}{(0.09)(0.2)(22.6\times10^{-6})(\pi)(1050)^2}\right]310=0.743$$

$$p_{DMBH}=3.15$$

$$\bar{p}=3365-\left(\frac{40}{2.303}\right)(3.15)=3311[\text{psi(表)}]$$

这个计算结果要比报告的平均地层压力高 12psi。

1.3.6　Ramey-Cobb 法

Ramey 和 Cobb(1971)提出，如果下列数据是已知的，那么从 Horner 半对数直线上就可以直接读取生产井泄油面积内的平均压力：生产井泄油面积的形状；生产井在泄油面积内的具体位置；泄油面积的大小。

所提出的方法是基于式(1.182)定义的无量纲生产时间 t_{pDA} 的计算：

$$t_{pDA}=\left[\frac{0.0002637k}{\phi\mu c_t A}\right]t_p$$

在确定了泄油面积的形状和生产井的位置之后，计算达到拟稳态流动状态所需的无量纲时间，如表 1.14 中第 5 栏所示。把计算出的 t_{pDA} 与 $(t_{DA})_{pss}$ 进行对比：

如果 $t_{pDA}<(t_{DA})_{pss}$，那么就可以从 Horner 半对数直线上的以下点读取平均压力 $\bar{p}$：

$$\left(\frac{t_p+\Delta t}{\Delta t}\right)=\exp(4\pi t_{pDA}) \tag{1.186}$$

或者采用下列表达式估算 $\bar{p}$：

$$\bar{p}=p^*-m\ \log[\exp(4\pi t_{pDA})] \tag{1.187}$$

如果 $t_{pDA}>(t_{DA})_{pss}$，那么就可以从 Horner 半对数直线上的以下点读取平均压力 $\bar{p}$：

$$\left(\frac{t_p+\Delta t}{\Delta t}\right)=C_A t_{pDA} \tag{1.188}$$

式中：C_A 为由表 1.14 确定的形状因子。

同样地，可以由下式估算平均压力：

$$\bar{p}=p^*-m\ \log(C_A t_{pDA}) \tag{1.189}$$

式中：m 为半对数直线斜率的绝对值，psi/周期；$\bar{p}$ 为视压力，psi(绝)；C_A 为形状因子，据表 1.14。

【示例 1.29】

借助于示例 1.27 中所给的数据，利用 Tamey 和 Cobb 法重新计算平均压力。

解答：

第 1 步，由式(1.182)计算 t_{pDA}：

$$t_{pDA}=\left[\frac{0.0002637k}{\phi\mu c_t A}\right]t_p=\left[\frac{0.0002637(12.8)}{(0.09)(0.2)(22.6\times10^{-6})(\pi)(2640)^2}\right](310)=0.1175$$

第 2 步，根据表 1.14 确定位于圆形泄油面积内中心点的生产井的 C_A 和 $(t_{DA})_{pss}$：$C_A=31.62$；$(t_{DA})_{pss}=0.1$。

第 3 步，鉴于 $t_{pDA}>(t_{DA})_{pss}$，采用式(1.189)计算 $\bar{p}$：

$$\bar{p}=p^*-m\ \log(C_A t_{pDA})=3365-40\ \log[31.62(0.1175)]=3342(\text{psi})$$

这个计算值等于采用 MBH 法所得结果。

1.3.7　Dietz 法

Dietz(1965)提出，如果测试井的生产时间足够长，在关井前已经达到了拟稳态，那么在以下关井时间就可以从 MDH 半对数直线图[即 p_w 与 $\log(\Delta t)$ 的关系图线]直接读取平均压力：

$$(\Delta t)_{\bar{p}}=\frac{\phi\mu c_t A}{0.0002637C_A k} \tag{1.190}$$

【示例 1.30】

利用 Dietz 法和示例 1.27 中所给的压力恢复试井数据计算平均压力。

解答：

第 1 步，利用表 1.16 中给出的压力恢复试井数据绘制 p_{ws} 与 $\log(\Delta t)$ 的 MDH 图，如图 1.40 所示。从所绘制的图上读取以下参数值：$m=40$psi/周期；$p_{1小时}=3266$psi(表)。

第 2 步，由式(1.180)计算视压力 p^* 得：

$$p^*=p_{1小时}+m\ \log(t_p+1)=3266+40\ \log(310+1)=3365.7(\text{psi})$$

第 3 步，由式(1.188)计算关井时间 $(\Delta t)_{\bar{p}}$：

$$(\Delta t)_{\bar{p}}=\frac{(0.09)(0.2)(22.6\times10^{-6})(\pi)(2640)^2}{(0.0002637)(12.8)(31.62)}=83.5(\text{h})$$

第 4 步，由于 MDH 图并未延伸到 83.5h，可以由下列半对数直线方程式计算平均压力：

$$p=p_{1小时}+m\ \log(\Delta t-1) \tag{1.191}$$

或：

$$\bar{p}=3266+40\ \log(83.5-1)=3343(\text{psi})$$

如前所述，表皮系数 s 用于计算井筒周围渗透率被改变区域的额外压降，并用于通过计算流动系数 E 来描述生产井。即：

$$\Delta p_{表皮}=0.87\,|m|\,s$$

或：

$$E=\frac{J_{实际}}{J_{理想}}=\frac{\bar{p}-p_{wf}-\Delta p_{表皮}}{\bar{p}-p_{wf}}$$

Lee(1982)曾提出，对于压力恢复试井的快速分析而言，可以采用外推的直线压力 p^* 来作为流动效率的近似值，得：

$$E=\frac{J_{实际}}{J_{理想}}\approx\frac{p^*-p_{wf}-\Delta p_{表皮}}{\bar{p}-p_{wf}}$$

Earlougher(1977)曾指出，出人意料多的情况是，一口生产井可以利用的压力信息只有单个压力点或“点压力”(spot pressure)。根据关井时刻的点压力读数，由下列公式可以估算泄油面积内平均压力 $\bar{p}$：

$$\bar{p}=p_{ws\ at\ \Delta t}+\frac{162.6Q_o\mu_oB_o}{kh}\left[\log\left(\frac{\phi\mu c_tA}{0.0002637kC_A\Delta t}\right)\right]$$

对于一个封闭的正方形泄油面积而言，$C_A=30.8828$，而且：

$$\bar{p}=p_{ws\ at\ \Delta t}+\frac{162.6Q_o\mu_oB_o}{kh}\left[\log\left(\frac{122.8\phi\mu c_tA}{k\Delta t}\right)\right]$$

式中：$p_{ws\ at\ \Delta t}$ 为对应于关井时间 Δt 的点压力读数；Δt 为关井时间，h。

下面简要介绍标准曲线(type curves)的概念及其在试井分析中的应用。

1.4 标准曲线

1.4.1 标准曲线分析法概述

标准曲线分析法是由 Agarwal 等(1970)引入油气工业的。如果与常规的半对数曲线图结合使用，这种分析方法就是一种非常有用的工具。标准曲线是流动方程理论解的图形表现。标准曲线分析就是要发现在产量或压力变化时与测试井和储层的实际响应“匹配”的理论标准曲线。通过把实际测试数据图形叠加到标准曲线的类似图形上，并找出匹配程度最高的标准曲线，从而通过图形的手段来发现匹配。由于标准曲线都是瞬变流动方程和拟稳态流动方程的理论解的图形显示，它们一般都是以无量纲变量(p_D、t_D、r_D和 C_D)而非实际变量(Δp、t、r 和 C)来表示的。利用定义标准曲线的这些无量纲参数，就可以计算储层和生产井的参数，例如渗透率和表皮系数。任何一个变量都可以通过乘以一组具有相反量纲的常量来实现“无量纲化”，但这组常数的选择取决于所要解决问题的类型。例如，要得出无量纲的压降 p_D，以 psi 为单位的实际压降 Δp 需要乘上以 psi^{-1}为单位的一组常量 A，即：

$$p_D = A \cdot \Delta p$$

使变量无量纲化的常量组 A 是由描述储层流体流动的方程式得出的。为了引入这个概念，回顾一下描述不可压缩流体径向稳态流动的达西方程，其表达式为：

$$Q = \left[\frac{kh}{141.2B\mu[\ln(r_e/r_{wa}) - 0.5]}\right]\Delta p \tag{1.192}$$

其中，r_{wa}代表视(有效)井筒半径，以表皮系数 s 对其进行定义的表达式为：

$$r_{wa} = r_w \cdot e^{-s}$$

通过整理达西方程可以得出常量组 A 的表达式：

$$\ln\left(\frac{r_e}{r_{wa}}\right) - \frac{1}{2} = \left[\frac{kh}{141.2QB\mu}\right]\Delta p$$

由于这个方程的左半部分是无量纲的，相应地其右半部分也必须是无量纲的。这就说明，其中的 $kh/141.2QB\mu$ 项实际上就是用于定义无量纲变量 p_D且以 psi^{-1}为单位的常量组 A，即：

$$p_D = \left[\frac{kh}{141.2QB\mu}\right]\Delta p \tag{1.193}$$

对这个方程式的两端同时求对数得：

$$\log(p_D) = \log(\Delta p) + \log\left(\frac{kh}{141.2QB\mu}\right) \tag{1.194}$$

式中：Q 为流量，STB/d；B 为地层体积系数，bbl/STB；μ 为黏度，cP。

式(1.194)说明，对于常产量而言，无量纲压降的对数值[$\log(p_D)$]并不等于实际的压降对数值[$\log(\Delta p)$]，两者相差一个常数：

$$\log\left(\frac{kh}{141.2QB\mu}\right)$$

类似地，采用式(1.86a 和 1.86b)表示无量纲时间 t_D的表达式为：

$$t_D = \left[\frac{0.0002637k}{\phi\mu c_t r_w^2}\right]t$$

对这个方程式的两端同时取对数得：

$$\log(t_D) = \log(t) + \log\left[\frac{0.0002637k}{\phi\mu c_t r_w^2}\right] \tag{1.195}$$

所以，$\log(\Delta p)$与 $\log(t)$的交会图和 $\log(p_D)$与 $\log(t_D)$交会图具有相同的形状，即两者平行，只是前者沿压力轴纵向偏移 $\log(kh/141.2QB\mu)$，同时沿时间轴横向偏移 $\log[0.0002637k/(\phi\mu c_t r_w^2)]$。图 1.46 对此进行了说明。

这两条曲线不仅仅具有相同的形状，而且如果相向移动这两条曲线直到它们重合或“拟合”为止，那么使其拟合所需的纵向位移和水平位移分别与式(1.194)和式(1.195)中的常数有关。一旦根据纵向位移和水平位移确定了这些常数，那么就可以估算诸如渗透率和孔隙度等储层参数。通过纵向和水平位移使这两条曲线拟合并确定储层或生产井特性的过程被称之为标准曲线拟合。

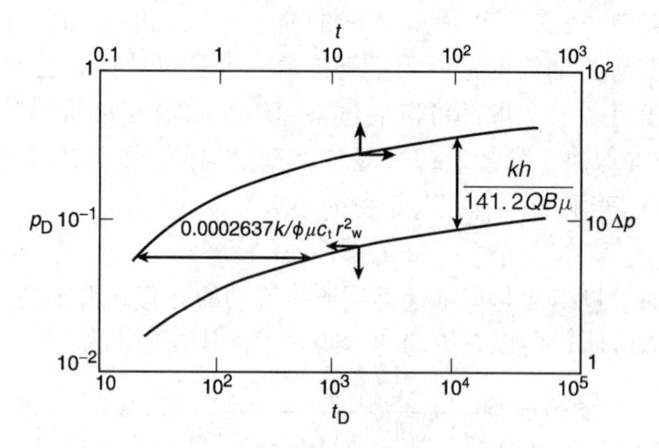

图 1.46　标准曲线的概念示意图

式(1.95)表明，扩散方程的解可以采用无量纲压降来表示，其表达式为：

$$p_{\mathrm{D}}=-\frac{1}{2}\mathrm{Ei}\left(-\frac{r_{\mathrm{D}}^{2}}{4t_{\mathrm{D}}}\right)$$

由式(1.95)可以看出，在 $t_{\mathrm{D}}/t_{\mathrm{D}}{}^{2}>25$ 时，p_{D}可以近似地表示为：

$$p_{\mathrm{D}}=\frac{1}{2}\left[\ln\left(\frac{t_{\mathrm{D}}}{r_{\mathrm{D}}^{2}}\right)+0.080907\right]$$

注意：

$$\frac{t_{\mathrm{D}}}{r_{\mathrm{D}}^{2}}=\left(\frac{0.0002637k}{\phi\mu c_{\mathrm{t}}r^{2}}\right)t$$

对这个等式的两端同时求对数得：

$$\log\left(\frac{t_{\mathrm{D}}}{r_{\mathrm{D}}^{2}}\right)=\log\left(\frac{0.0002637k}{\phi\mu c_{\mathrm{t}}r^{2}}\right)+\log(t) \tag{1.196}$$

式(1.194)和式(1.196)说明，$\log(\Delta p)$与$\log(t)$的交会图和$\log(p_{\mathrm{D}})$与$\log(t_{\mathrm{D}}/t_{\mathrm{D}}{}^{2})$的交会图具有相同的形状(即两者平行)，只是前者沿压力轴纵向偏移了$\log(kh/141.2QB\mu)$，同时沿时间轴横向偏移了$\log[0.0002637k/(\phi\mu c_{\mathrm{t}}r_{\mathrm{w}}^{2})]$。如果相向移动这两条曲线直到它们重合或“拟合”为止，那么使其拟合所需的纵向和水平位移的数学表达式分别为：

$$\left(\frac{p_{\mathrm{D}}}{\Delta p}\right)_{\mathrm{MP}}=\frac{kh}{141.2QB\mu} \tag{1.197}$$

或：

$$\left(\frac{t_{\mathrm{D}}/r_{\mathrm{D}}^{2}}{t}\right)_{\mathrm{MP}}=\frac{0.0002637k}{\phi\mu c_{\mathrm{t}}r^{2}} \tag{1.198}$$

其中，下标“MP”代表拟合点。

扩散方程的一个更加实用的解是无量纲 p_{D}与 $t_{\mathrm{D}}/t_{\mathrm{D}}{}^{2}$的交会图，如图 1.47 所示，可用于确定任一时刻生产井任一驱动半径上的压力。图 1.47 展示的基本上是一条标准曲线，在干扰试井中分析到产生产井或注入井的距离为 r 且已关闭的观测井中的压力响应数据时，常用到这条标准曲线。

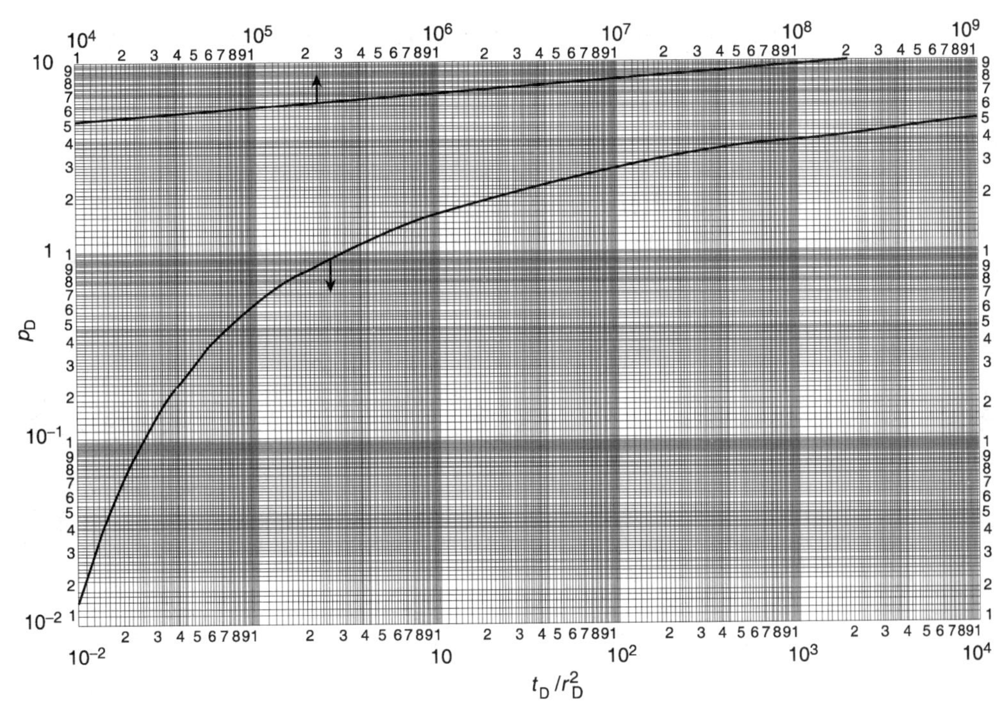

图 1.47　无限大地层内无井筒储集效应和无表皮效应的单井的无量纲压力和指数积分解(经 SPE 授权)

一般来讲，标准曲线法分以下几个步骤实施(如图 1.47 所示)：

第 1 步，选取合适的标准曲线，例如图 1.47 所示的曲线。

第 2 步，在图 1.47 上蒙上一张描图纸，绘制具有与标准曲线相同标度的双对数坐标系。具体方法是把标准曲线上的主网格线和次网格线描到描图纸上。

第 3 步，在描图纸上绘制试井数据 Δp 与 t 的交会曲线。

第 4 步，把描图纸蒙在标准曲线上，并在保持这两个曲线图的 x 轴和 y 轴平行的情况下，滑动实际数据曲线，直到实际数据曲线与标准曲线完全重合或拟合为止。

第 5 步，选取任意一个与点 MP 拟合的数据点，例如主网格线的交点，并记录实际数据曲线上的$(\Delta p)_{MP}$和$(t)_{MP}$以及标准曲线上对应的$(p_D)_{MP}$和$(t_D/t_D{}^2)_{MP}$。

第 6 步，利用这个拟合点计算储层的物性参数。

以下示例说明了标准曲线在增压时间为 48h、压降时间为 100h 的干扰试井分析中的应用。

【示例 1.31】

在一次干扰试井中，以 170bbl/d 的速度注水 48h。距离注入井 119ft 以外的一口观测井中所记录的压力响应见表 1.17：

表 1.17　观测井中所记录的压力响应

t/h	p/psi(表)	$\Delta p_{ws}=p_i-p$/psi	t/h	p/psi(表)	$\Delta p_{ws}=p_i-p$/psi
0	$p_i=0$	0	51.0	109	-109
4.3	22	222	69.0	55	-55
21.6	82	282	73.0	47	-47
28.2	95	295	93.0	32	-32
45.0	119	2119	142.0	16	-16
48.0		注入结束	148.0	15	-15

其他已知的数据如下：$p_i = 0$psi；$B_w = 1.00$bbl/STB；$c_t = 9.0 \times 10^{-6}$psi^{-1}；$h = 45$ft；$\mu_w = 1.3$cP；$q_o = -170$bbl/d。

计算储层渗透率和孔隙度。

解答：

第1步，图1.48显示了注入期间(即48h)的试井数据曲线，这是在描图纸上绘制的Δp与t的一条交会曲线，其标度与图1.47的相同。通过纵向和横向移动使之重叠的方法找出与实际数据拟合的标准曲线段。

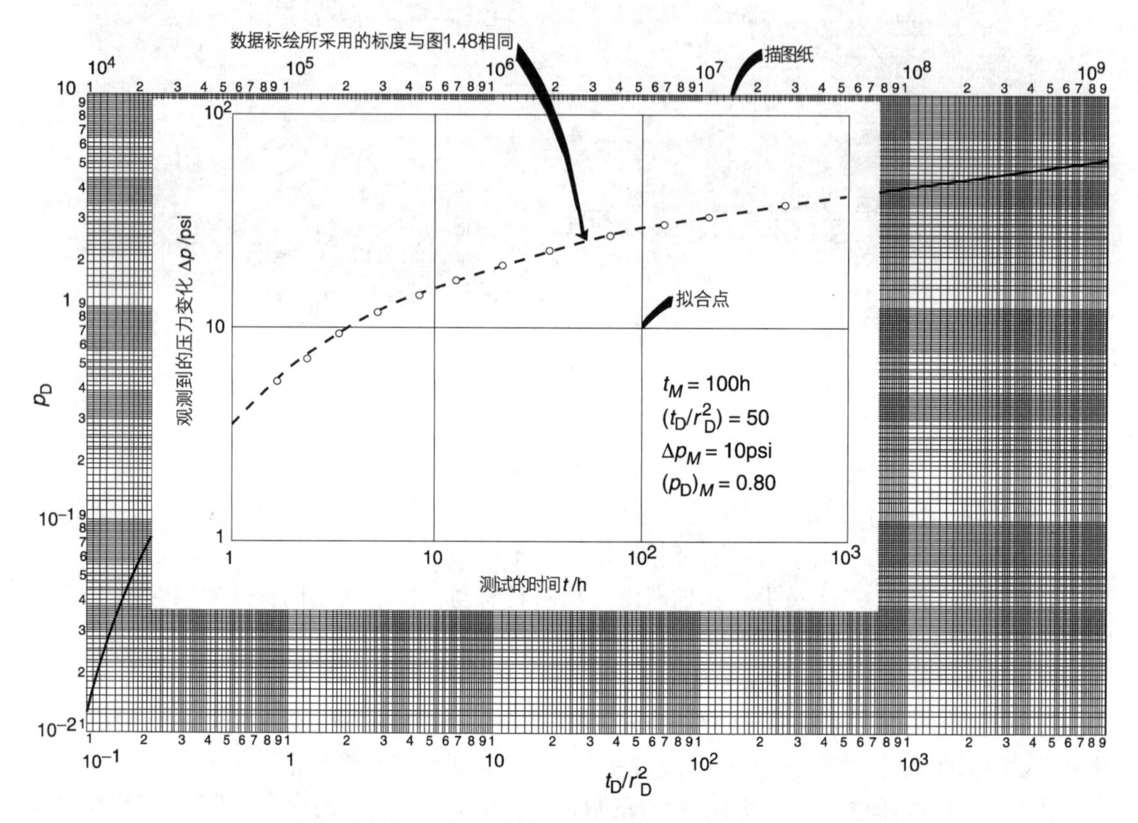

图1.48 采用标准曲线对干扰试井结果进行拟合的示意图(经SPE授权出版)

第2步，如图1.48所示，在曲线上任选一个数据点，把它定义为拟合点MP。读取实际数据曲线上的$(\Delta p)_{MP}$和$(t)_{MP}$以及标准曲线上对应的$(p_D)_{MP}$和$(t_D/r_D{}^2)_{MP}$，得：

(1) 标准曲线拟合值，$(p_D)_{MP} = 0.96$，$(t_D/r_D{}^2)_{MP} = 0.94$。

(2) 实际数据拟合值：$(\Delta p)_{MP} = -100$psi(表)，$(t)_{MP} = 10$h。

第3步，由式(1.197)和式(1.198)求解渗透率和孔隙度得：

$$k = \frac{141.2QB\mu}{h}\left(\frac{p_D}{\Delta p}\right)_{MP} = \frac{141.2(-170)(1.0)(1.0)}{45}\left(\frac{0.96}{-100}\right)_{MP} = 5.1(\text{mD})$$

$$\phi = \frac{0.0002637k}{\mu c_t r^2[(t_D/r_D^2)/t]_{MP}} = \frac{0.0002637(5.1)}{(1.0)(9.0\times10^{-6})(119)^2[0.94/10]_{MP}} = 0.11$$

式(1.94)显示出，无量纲压力与无量纲半径和时间有关系，其关系式为：

$$p_D = -\frac{1}{2}\text{Ei}\left(-\frac{r_D^2}{4t_D}\right)$$

在 $r=r_w$ 的井筒半径上，即 $r_D=1$ 且 $p(r,\ t)=p_{wf}$，上述表达式可以简化为：

$$p_D=-\frac{1}{2}\mathrm{Ei}\left(\frac{-1}{4t_D}\right)$$

把式(1.91)给出的对数近似值应用于上述解得：

$$p_D=\frac{1}{2}[\ln(t_D)+0.80901]$$

并通过下列表达式把表皮系数 s 也考虑在内：

$$p_D=\frac{1}{2}[\ln(t_D)+0.80901]+s$$

或：

$$p_D=\frac{1}{2}[\ln(t_D)+0.80901+2s]$$

注意，上述表达式假定井筒储集系数为零，即无量纲井筒储集系数 $C_D=0$。多位学者曾详细而深入地研究了井筒储集效应及其持续时间对压力降落和压力恢复试井结果的影响。这些研究结果以作为无量纲时间、半径和井筒储集系数函数的无量纲压力标准曲线的形式呈现。下面简要介绍运用标准曲线法基本原理的两种方法：Gringarten 标准曲线和压力导数法。

1.4.2　Gringarten 标准曲线

在井筒储集效应主导流体流动的早期阶段，运用式(1.173)描述井筒压力的表达式为：

$$p_D=\frac{t_D}{C_D}$$

或：

$$\log(p_D)=\log(t_D)-\log(C_D)$$

这个关系式描述了井筒储集效应对试井结果影响的典型特征，它说明了在双对数坐标图上 p_D 与 t_D 的关系曲线为一条斜率为 1 的直线。在井筒储集效应消失的时点(标志着无限大地层流动时期的开始)，压力动态表现为半对数图上的一般直线，其表达式为：

$$p_D=\frac{1}{2}[\ln(t_D)+0.80901+2s]$$

在试井分析中采用标准曲线法时，把无量纲井筒储集系数纳入上述关系式是很方便的。在上述公式的括号内同时加上和减去一个 $\ln(C_D)$ 项得：

$$p_D=\frac{1}{2}[\ln(t_D)-\ln(C_D)+0.80901+\ln(C_D)+2s]$$

整理后得：

$$p_D=\frac{1}{2}\left[\ln\left(\frac{t_D}{C_D}\right)+0.80907+\ln(C_De^{2s})\right] \tag{1.199}$$

式中：p_D 为无量纲压力；C_D 为无量纲井筒储集系数；t_D 为无量纲时间；s 为表皮系数。

式(1.199)描述了均质油藏中具有井筒储集效应和表皮效应的一口井在瞬变(无限大地层)流动时期的压力动态。Gringarten 等(1979)以图 1.49 所示的标准曲线的图形方式描述了上述表达式。在这个图中，无量纲压力 p_D 与无量纲时间组(dimensionless time group) t_D/C_D 的关系曲线是在双对数坐标系中绘制的。所得的以无量纲组(dimensionless group) C_De^{2s} 为特征的曲线反映了不同的井况，从储层伤害的井到措施井都有。

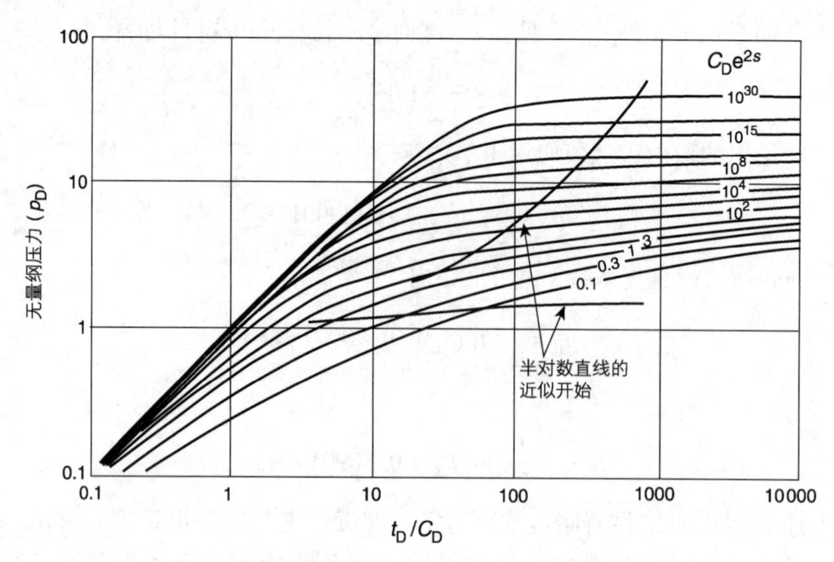

图 1.49　具有井筒储集效应和表皮效应的井的类型曲线

（来源：Bourdet, D., Whittle, T. M., Douglas, A. A., Pirard, Y. M., 1983. A new set of type curves simplifies well test analysis. World Oil, May, 95-106; Copyright by 1983 World Oil）

图 1.49 显示出，在早期阶段，所有的曲线都合并成为一条斜率为 1 的直线，对应于纯井筒储集效应下的流动。在后期阶段，井筒储集效应主导的流动时期结束，这些曲线对应于无限大地层径向流动。在图 1.49 所示的标准曲线上标注了井筒储集效应的结束时点和无限大地层径向流动的开始时点。在建立标准曲线时，Gringarten 等采用了 3 个无量纲组：无量纲压力 p_D、无量纲比值 t_D/C_D 和无量纲特征组 C_De^{2s}。

在压力降落试井和压力恢复试井中，上述 3 个无量纲参数都有数学定义，描述如下。

1.4.2.1　压力降落试井

（1）无量纲压力 p_D

$$p_D=\frac{kh(p_i-p_{wf})}{141.2QB\mu}=\frac{kh\Delta p}{141.2QB\mu} \tag{1.200}$$

式中：k 为渗透率，mD；p_{wf} 为井底流动压力；Q 为流量；B 为原油体积系数，bbl/STB。

对上述方程式的两边同时取对数得：

$$\begin{aligned}\log(p_D)&=\log(p_i-p_{wf})+\log\left(\frac{kh}{141.2QB\mu}\right)\\ \log(p_D)&=\log(\Delta p)+\log\left(\frac{kh}{141.2QB\mu}\right)\end{aligned} \tag{1.201}$$

（2）无量纲比值 t_D/C_D

$$\frac{t_D}{C_D}=\left(\frac{0.0002637kt}{\phi\mu c_t r_w^2}\right)\left(\frac{\phi h c_t r_w^2}{0.8396C}\right)$$

上述方程式经简化后得：

$$\frac{t_D}{C_D}=\left(\frac{0.0002951kh}{\mu C}\right)t \tag{1.202}$$

式中：t 为流动时间，h；C 为井筒储集系数，bbl/psi。

对方程两边同时取对数得：

$$\log\left(\frac{t_D}{C_D}\right)=\log(t)+\log\left[\frac{0.0002951kh}{\mu C}\right] \tag{1.203}$$

式(1.201)和式(1.203)表明，实际压降数据 $\log(\Delta p)$ 与 $\log(t)$ 的关系曲线是一条平行的曲线，其形状和 $\log(p_D)$ 与 $\log(t_D/C_D)$ 的关系曲线的形状相同。在通过纵向和横向移动实际曲线寻找与实际数据完全重合或非常接近的无量纲曲线时，这些位移由式(1.200)和式(1.202)的常数给出，其表达式如下：

$$\left(\frac{p_D}{\Delta p}\right)_{MP}=\frac{kh}{141.2QB\mu} \tag{1.204}$$

$$\left(\frac{t_D/C_D}{t}\right)_{MP}=\frac{0.0002951kh}{\mu C} \tag{1.205}$$

其中，MP 代表拟合点。

通过解式(1.204)和式(1.205)可以分别求取渗透率 k(或者地层系数 kh)和井筒储集系数 C：

$$k=\frac{141.2QB\mu}{h}\left(\frac{p_D}{\Delta p}\right)_{MP}$$

$$C=\frac{0.0002951kh}{\mu((t_D/C_D)/t)_{MP}}$$

(3) 无量纲特征组 $C_D e^{2s}$

下面给出的无量纲特征组 $C_D e^{2s}$ 的定义对于压力降落试井和压力恢复试井而言都是有效的：

$$C_D e^{2s}=\left[\frac{5.615C}{2\pi\phi\mu c_t r_w^2}\right]e^{2s} \tag{1.206}$$

式中：ϕ 为孔隙度；c_t 为总等热压缩系数，psi^{-1}；r_w 为井筒半径，ft。

在实现拟合后，记录下描述拟合曲线的无量纲特征组 $C_D e^{2s}$。

1.4.2.2 压力恢复试井

需要指出的是，所有的标准曲线解都是为压力降落试井得出的解。因此，如果不给出限定条件或进行修改，这些标准曲线不能用于压力恢复试井解释。唯一的限定条件是，关井前的流动时间(即 t_p)一定要长一些。然而，Agarwal(1980)凭借其经验发现，如果在双对数坐标中绘制 $p_{ws}-p_{ws\ at\ \Delta t=0}$ 与“等效时间”Δt_e，而不是与关井时间 Δt 的关系曲线，那么无需在关井前有较长的压降流动时期，就可以开展标准曲线分析。Agarwal 引入了等效时间 Δt_e 的概念，其定义为：

$$\Delta t_e=\frac{\Delta t}{1+(\Delta t/t_p)}=\left[\frac{\Delta t}{t_p}+\Delta t\right]t_p \tag{1.207}$$

式中：Δt 为关井时间，h；t_p 为关井后的总流动时间，h；Δt_e 为 Agarwal 等效时间，h。

Agarwal 的等效时间 Δt_e 简单地设计用于考虑开采时间 t_p 对压力恢复试井的影响。Δt_e 的基本理论是：在压力恢复试井过程中，时间段 Δt 内的压力变化 $\Delta p=p_{ws}-p_{wf}$ 与压力降落试井过程中时间段 Δt_e 内的压力变化 $\Delta p=p_i-p_{wf}$ 是一样的。因此，以 $p_{ws}-p_{wf}$ 与 Δt_e 的关系曲线表示的压力恢复试井曲线图，会和压力降落试井的压力变化与流动时间的关系曲线图叠合。有鉴于此，在压力恢复试井资料分析中采用标准曲线法时，实际的关井时间 Δt 可被等效时间 Δt_e 所替代。

在压力恢复试井资料分析中应用 Gringarten 标准曲线时，除了由式(1.206)所定义的特征

组 $C_D e^{2s}$ 之外，还要用到以下两个无量纲参数。

（1）无量纲压力 p_D

$$p_D = \frac{kh(p_{ws}-p_{wf})}{141.2QB\mu} = \frac{kh\Delta p}{141.2QB\mu} \tag{1.208}$$

对上述方程的两端同时求对数得：

$$\log(p_D) = \log(\Delta p) + \log\left(\frac{kh}{141.2QB\mu}\right) \tag{1.209}$$

（2）无量纲比值 t_D/C_D

$$\frac{t_D}{C_D} = \left[\frac{0.0002951kh}{\mu C}\right]\Delta t_e \tag{1.210}$$

对式(1.200)两端同时求对数得：

$$\log\left(\frac{t_D}{C_D}\right) = \log(\Delta t_e) + \log\left(\frac{0.0002951kh}{\mu C}\right) \tag{1.211}$$

类似地，实际压力恢复数据 $\log(\Delta p)$ 与 $\log(\Delta t_e)$ 的关系曲线，和 $\log(p_D)$ 与 $\log(t_D/C_D)$ 关系曲线具有相同的形状。在实际关系曲线与图 1.49 中某条曲线拟合时，存在如下关系式：

$$\left(\frac{p_D}{\Delta p}\right)_{MP} = \frac{kh}{141.2QB\mu}$$

解这个方程可以得出地层系数 kh 或者渗透率 k。其表达式分别为：

$$k = \left[\frac{141.2QB\mu}{h}\right]\left(\frac{p_D}{\Delta p}\right)_{MP} \tag{1.212}$$

$$\left(\frac{t_D/C_D}{\Delta t_e}\right)_{MP} = \frac{0.0002951kh}{\mu C} \tag{1.213}$$

求解 C 得出：

$$C = \left[\frac{0.0002951kh}{\mu}\right]\frac{(\Delta t_e)_{MP}}{(t_D/C_D)_{MP}} \tag{1.214}$$

下面分步骤说明运用 Gringarten 标准曲线的推荐做法：

第 1 步，运用试井数据开展常规试井分析并计算井筒储集系数 C 和 C_D、渗透率 k、视压力 p^*、平均压力$\bar{p}$、表皮系数 s、形状因子 C_A、泄油面积 A 等参数。

第 2 步，在具有与 Gringarten 标准曲线相同对数周期(log cycles)的双对数坐标系中，绘制压力降落试井的 p_i-p_{wf} 与流动时间 t 的关系曲线，或者绘制压力恢复试井的 $(p_{ws}-p_{wp})$ 与等效时间 Δt_e 的关系曲线。

第 3 步，检查实际数据曲线上早期的数据点，看是否存在斜率为 1(45°倾角)的直线，以确定是否存在井筒储集效应。如果有一条斜率为 1 的直线，利用这条斜率为 1 的直线上任意一点的坐标(Δp, t)或(Δp, Δt_e)，计算井筒储集系数 C 和无量纲 C_D 得：

对于压力降落试井而言：

$$C = \frac{QBt}{24(p_i-p_{wf})} = \frac{QB}{24}\left(\frac{t}{\Delta p}\right) \tag{1.215}$$

对于压力恢复试井而言：

$$C = \frac{QB\Delta t_e}{24(p_{ws}-p_{wf})} = \frac{QB}{24}\left(\frac{\Delta t_e}{\Delta p}\right) \tag{1.216}$$

由下式估算无量纲井筒储集系数：

$$C_D=\left[\frac{0.8936}{\phi hc_t r_w^2}\right]C \tag{1.217}$$

第4步，把试井数据曲线图叠合在标准曲线上，并找出几乎与绝大多数实际成图的数据都拟合的标准曲线。记录下标准曲线的无量纲组$(C_D e^{2s})_{MP}$。

第5步，选择一个拟合点MP，并从y轴上读取对应的$(p_D, \Delta p)_{MP}$数值，从x轴上读取对应的$(t_D/C_D, t)_{MP}$或$(t_D/C_D, \Delta t_e)_{MP}$数值。

第6步，由这个拟合点计算：

$$k=\left[\frac{141.2QB\mu}{h}\right]\left(\frac{p_D}{\Delta p}\right)_{MP}$$

$$C=\left[\frac{0.0002951kh}{\mu}\right]\left(\frac{t}{(t_D/C_D)}\right)_{MP} \text{（压力降落试井）}$$

或者：

$$C=\left[\frac{0.0002951kh}{\mu}\right]\left(\frac{\Delta t_e}{(t_D/C_D)}\right)_{MP} \text{（压力恢复试井）}$$

$$C_D=\left[\frac{0.8936}{\phi hc_t r_w^2}\right]C$$

$$s=\frac{1}{2}\ln\left[\frac{(C_D e^{2s})_{MP}}{C_D}\right] \tag{1.218}$$

Sabet(1991)利用Bourdet等(1983)所提供的压力恢复试井资料说明了Gringarten标准曲线的应用。这些数据在示例1.32中得到了应用。

【示例1.32】

表1.18给出了一口生产井的压力恢复试井数据，这口井在关井前以174STB/d的常产量生产。其他相关的数据如下：$\phi=25\%$；$c_t=4.2\times10^{-6}\text{psi}^{-1}$；$Q=174\text{STB/d}$；$t_p=15\text{h}$；$B_o=1.06\text{bbl/STB}$；$r_w=0.29\text{ft}$；$\mu=2.5\text{cP}$；$h=107\text{ft}$。采用Horner图法开展常规的压力恢复试井分析，并与采用Gringarten标准曲线法所得结果进行对比。

表1.18　具有续流的压力恢复试井分析①

Δt/h	p_{ws}/psi	Δp/psi	$(t_p+\Delta t)/\Delta t$	Δt_e/h
0.00000	3086.33	0.00		0.00000
0.00417	3090.57	4.24	3600.71	0.00417
0.00833	3093.81	7.48	1801.07	0.00833
0.01250	3096.55	10.22	1201.00	0.01249
0.01667	3100.03	13.70	900.82	0.01666
0.02083	3103.27	16.94	721.12	0.02080
0.02500	3106.77	20.44	601.00	0.02496
0.02917	3110.01	23.68	515.23	0.02911
0.03333	3113.25	26.92	451.05	0.03326
0.03750	3116.49	30.16	401.00	0.03741
0.04583	3119.48	33.15	328.30	0.04569
0.05000	3122.48	36.15	301.00	0.04983
0.05830	3128.96	42.63	258.29	0.05807
0.06667	3135.92	49.59	225.99	0.06637
0.07500	3141.17	54.84	201.00	0.07463
0.08333	3147.64	61.31	181.01	0.08287

续表

Δt/h	p_{ws}/psi	Δp/psi	$(t_p+\Delta t)/\Delta t$	Δt_e/h
0. 09583	3161. 95	75. 62	157. 53	0. 09522
0. 10833	3170. 68	84. 35	139. 47	0. 10755
0. 12083	3178. 39	92. 06	125. 14	0. 11986
0. 13333	3187. 12	100. 79	113. 50	0. 13216
0. 14583	3194. 24	107. 91	103. 86	0. 14443
0. 16250	3205. 96	119. 63	93. 31	0. 16076
0. 17917	3216. 68	130. 35	84. 72	0. 17706
0. 19583	3227. 89	141. 56	77. 60	0. 19331
0. 21250	3238. 37	152. 04	71. 59	0. 20953
0. 22917	3249. 07	162. 74	66. 45	0. 22572
0. 25000	3261. 79	175. 46	61. 00	0. 24590
0. 29167	3287. 21	200. 88	52. 43	0. 28611
0. 33333	3310. 15	223. 82	46. 00	0. 32608
0. 37500	3334. 34	248. 01	41. 00	0. 36585
0. 41667	3356. 27	269. 94	37. 00	0. 40541
0. 45833	3374. 98	288. 65	33. 73	0. 44474
0. 50000	3394. 44	308. 11	31. 00	0. 48387
0. 54167	3413. 90	327. 57	28. 69	0. 52279
0. 58333	3433. 83	347. 50	26. 71	0. 56149
0. 62500	3448. 05	361. 72	25. 00	0. 60000
0. 66667	3466. 26	379. 93	23. 50	0. 63830
0. 70833	3481. 97	395. 64	22. 18	0. 67639
0. 75000	3493. 69	407. 36	21. 00	0. 71429
0. 81250	3518. 63	432. 30	19. 46	0. 77075
0. 87500	3537. 34	451. 01	18. 14	0. 82677
0. 93750	3553. 55	467. 22	17. 00	0. 88235
1. 00000	3571. 75	485. 42	16. 00	0. 93750
1. 06250	3586. 23	499. 90	15. 12	0. 99222
1. 12500	3602. 95	516. 62	14. 33	1. 04651
1. 18750	3617. 41	531. 08	13. 63	1. 10039
1. 25000	3631. 15	544. 82	13. 00	1. 15385
1. 31250	3640. 86	554. 53	12. 43	1. 20690
1. 37500	3652. 85	566. 52	11. 91	1. 25954
1. 43750	3664. 32	577. 99	11. 43	1. 31179
1. 50000	3673. 81	587. 48	11. 00	1. 36364
1. 62500	3692. 27	605. 94	10. 23	1. 46617
1. 75000	3705. 52	619. 19	9. 57	1. 56716
1. 87500	3719. 26	632. 93	9. 00	1. 66667
2. 00000	3732. 23	645. 90	8. 50	1. 76471
2. 25000	3749. 71	663. 38	7. 67	1. 95652
2. 37500	3757. 19	670. 86	7. 32	2. 05036
2. 50000	3763. 44	677. 11	7. 00	2. 14286
2. 75000	3774. 65	688. 32	6. 45	2. 32394
3. 00000	3785. 11	698. 78	6. 00	2. 50000
3. 25000	3794. 06	707. 73	5. 62	2. 67123
3. 50000	3799. 80	713. 47	5. 29	2. 83784
3. 75000	3809. 50	723. 17	5. 00	3. 00000
4. 00000	3815. 97	729. 64	4. 75	3. 15789
4. 25000	3820. 20	733. 87	4. 53	3. 31169

续表

Δt/h	p_{ws}/psi	Δp/psi	$(t_p+\Delta t)/\Delta t$	Δt_e/h
4. 50000	3821. 95	735. 62	4. 33	3. 46154
4. 75000	3823. 70	737. 37	4. 16	3. 60759
5. 00000	3826. 45	740. 12	4. 00	3. 75000
5. 25000	3829. 69	743. 36	3. 86	3. 88889
5. 50000	3832. 64	746. 31	3. 73	4. 02439
5. 75000	3834. 70	748. 37	3. 61	4. 15663
6. 00000	3837. 19	750. 86	3. 50	4. 28571
6. 25000	3838. 94	752. 61	3. 40	4. 41176
6. 75000	3838. 02	751. 69	3. 22	4. 65517
7. 25000	3840. 78	754. 45	3. 07	4. 88764
7. 75000	3843. 01	756. 68	2. 94	5. 10989
8. 25000	3844. 52	758. 19	2. 82	5. 32258
8. 75000	3846. 27	759. 94	2. 71	5. 52632
9. 25000	3847. 51	761. 18	2. 62	5. 72165
9. 75000	3848. 52	762. 19	2. 54	5. 90909
10. 25000	3850. 01	763. 68	2. 46	6. 08911
10. 75000	3850. 75	764. 42	2. 40	6. 26214
11. 25000	3851. 76	765. 43	2. 33	6. 42857
11. 75000	3852. 50	766. 17	2. 28	6. 58879
12. 25000	3853. 51	767. 18	2. 22	6. 74312
12. 75000	3854. 25	767. 92	2. 18	6. 89189
13. 25000	3855. 07	768. 74	2. 13	7. 03540
13. 75000	3855. 50	769. 17	2. 09	7. 17391
14. 50000	3856. 50	770. 17	2. 03	7. 37288
15. 25000	3857. 25	770. 92	1. 98	7. 56198
16. 00000	3857. 99	771. 66	1. 94	7. 74194
16. 75000	3858. 74	772. 41	1. 90	7. 91339
17. 50000	3859. 48	773. 15	1. 86	8. 07692
18. 25000	3859. 99	773. 66	1. 82	8. 23308
19. 00000	3860. 73	774. 40	1. 79	8. 38235
19. 75000	3860. 99	774. 66	1. 76	8. 52518
20. 50000	3861. 49	775. 16	1. 73	8. 66197
21. 25000	3862. 24	775. 91	1. 71	8. 79310
22. 25000	3862. 74	776. 41	1. 67	8. 95973
23. 25000	3863. 22	776. 89	1. 65	9. 11765
24. 25000	3863. 48	777. 15	1. 62	9. 26752
25. 25000	3863. 99	777. 66	1. 59	9. 40994
26. 25000	3864. 49	778. 16	1. 57	9. 54545
27. 25000	3864. 73	778. 40	1. 55	9. 67456
28. 50000	3865. 23	778. 90	1. 53	9. 82759
30. 00000	3865. 74	779. 41	1. 50	10. 0000

① 数据来源：Bourdet，D.，Whittle，T. M.，Douglas，A. A.，Pirard，Y. M.，1983. A new set of type curves simplifies well test analysis. World Oil，May，95-106；Sabet，M.，1991. Well Test Analysis. Gulf Publishing，Dallas，TX。

解答：

第 1 步，在双对数坐标图上绘制 Δp 与 Δt_e 的关系曲线，如图 1. 50 所示。这个曲线图显示出，早期的数据构成了一条倾角为 45°的直线，这说明存在井筒储集效应。选取直线上一个点的坐标，例如 $\Delta p=50$ 和 $\Delta t_e=0.06$，然后计算 C 和 C_D：

$$C=\frac{QB\Delta t_{e}}{24\Delta p}=\frac{(174)(1.06)(0.06)}{(24)(50)}=0.0092(\mathrm{bbl/psi})$$

$$C_{D}=\frac{0.8936C}{\phi hc_{t}r_{w}^{2}}=\frac{0.8936(0.0092)}{(0.25)(107)(4.2\times10^{-6})(0.29)^{2}}=872$$

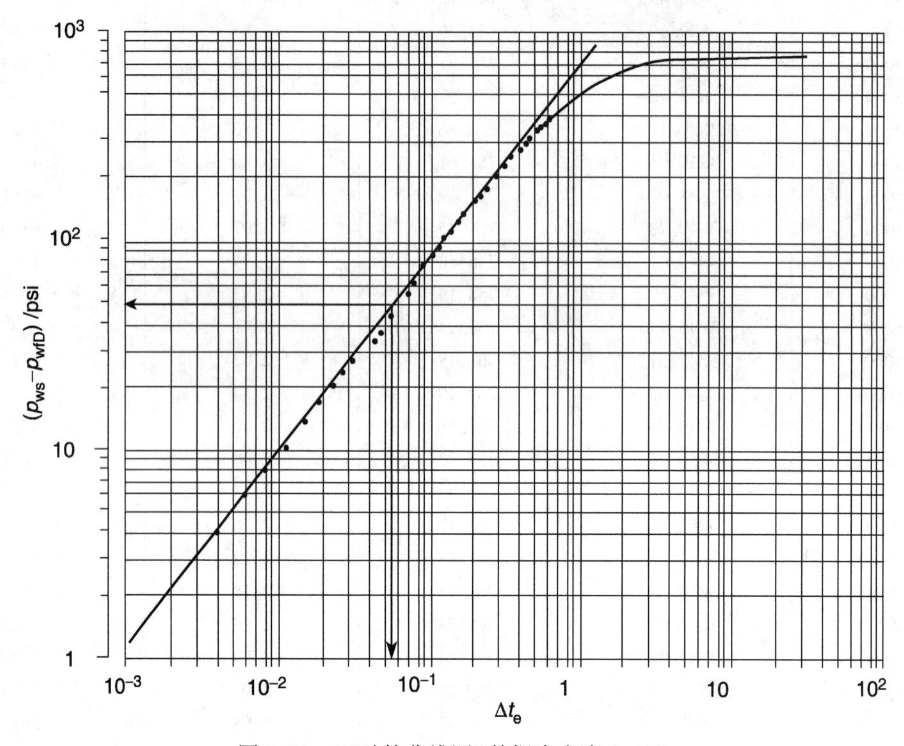

图 1.50　双对数曲线图(数据来自表 1.18)

(来源：Sabet，M. A.，1991. Well Test Analysis，Gulf Publishing Company)

第 2 步，在半对数坐标纸上绘制 p_{ws} 与 $(t_p+\Delta t)/\Delta t$ 的 Horner 曲线(见图 1.51)，并开展常规试井分析，得出：

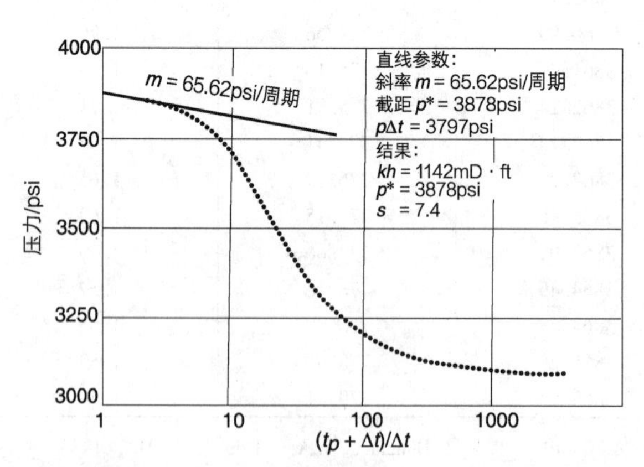

图 1.51　Horner 曲线图(数据来自表 1.18)

(来源：Bourdet，D.，Whittle，T. M.，Douglas，A. A.，Pirard，Y. M.，1983. A new set of type)

$$m=65.62\mathrm{psi}/周期$$

$$k=\frac{162.6QB\mu}{mh}\frac{(162.6)(174)(2.5)}{(65.62)(107)}=10.1(\mathrm{mD})$$

$$p_{1小时}=3797(\text{psi})$$

$$\begin{aligned}s&=1.151\left[\frac{p_{1小时}-p_{wf}}{(m)}-\log\left(\frac{k}{\phi\mu c_t r_w^2}\right)+3.23\right]\\&=1.151\left[\frac{3797-3086.33}{65.62}-\log\left(\frac{10.1}{(0.25)(2.5)(4.2\times10^{-6})(0.29)^2}\right)+3.23\right]\\&=7.37\end{aligned}$$

$$\Delta p_{表皮}=(0.87)(65.62)(7.37)=421(\text{psi})$$

$$p^*=3878(\text{psi})$$

第 3 步，采用与 Gringarten 标准曲线相同的对数周期在双对数坐标纸上绘制 Δp 与 Δt_e 的关系曲线。把实际测试数据曲线叠合在标准曲线上，找出与测试数据匹配的标准曲线。如图 1.52 所示，测试数据与具有无量纲组 $C_D e^{2s}=10^{10}$ 的标准曲线拟合，拟合点如下：$(p_D)_{MP}=1.79$；$(\Delta p)_{MP}=100$；$(t_D/C_D)_{MP}=14.8$；$(\Delta t_e)_{MP}=1.0$。

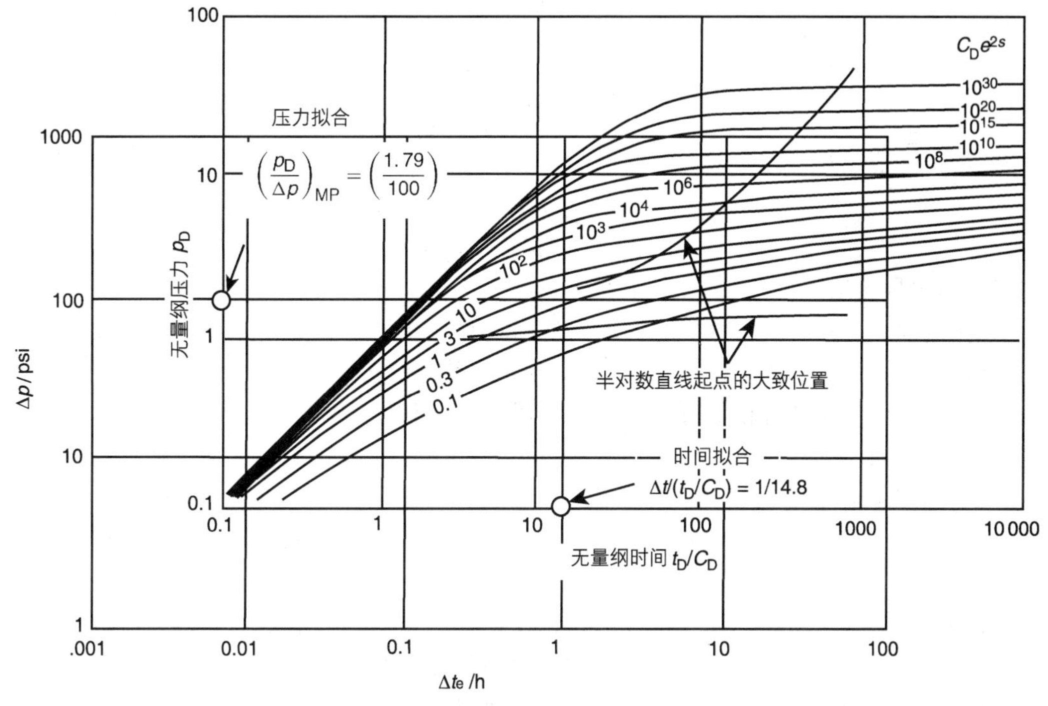

图 1.52 在双对数坐标纸上绘制的压力恢复试井曲线及其与 Gringarten 等给出的标准曲线的拟合

（来源：Bourdet，D.，Whittle，T. M.，Douglas，A. A.，Pirard，Y. M.，1983. A new set of type curves simplifies well test analysis. World Oil，May，95-106；Copyright by 1983 World Oil）

第 4 步，通过拟合计算下列参数：

$$k=\left[\frac{141.2QB\mu}{h}\right]\left(\frac{p_D}{\Delta p}\right)_{MP}=\frac{141.2(174)(1.06)(2.5)}{(107)}\left(\frac{1.79}{100}\right)=10.9(\text{mD})$$

$$C=\left[\frac{0.0002951kh}{\mu}\right]\left[\frac{\Delta t_e}{(t_D/C_D)}\right]_{MP}=\left[\frac{0.002951(10.9)(107)}{2.5}\right]\left[\frac{1.0}{14.8}\right]=0.0093$$

$$C_D=\left[\frac{0.8936}{\phi hc_t r_w^2}\right]C=\left[\frac{0.8936}{(0.25)(107)(4.2\times10^{-6})(0.29)^2}\right](0.0093)=879$$

$$s=\frac{1}{2}\ln\left[\frac{(C_D e^{2s})_{MP}}{C_D}\right]=\frac{1}{2}\ln\left[\frac{10^{10}}{879}\right]=8.12$$

这个示例的结果说明，常规试井分析结果与 Gringarten 标准曲线法的分析结果具有很好的一致性。

类似地，Gringarten 标准曲线还可以用于天然气开采系统，但要按照下述方法重新定义无量纲压降和时间。

对于天然气拟压力法：

$$p_{\mathrm{D}}=\frac{kh\Delta[m(p)]}{1422Q_{\mathrm{g}}T}$$

对于压力平方法：

$$p_{\mathrm{D}}=\frac{kh\Delta[p^{2}]}{1422Q_{\mathrm{g}}\mu_{\mathrm{i}}Z_{\mathrm{i}}T}$$

其中无，量纲时间为：

$$t_{\mathrm{D}}=\left[\frac{0.0002637k}{\phi\mu c_{\mathrm{t}}r_{\mathrm{w}}^{2}}\right]t$$

对于压力恢复试井而言：

$$\Delta[m(p)]=m(p_{\mathrm{ws}})-m(p_{\mathrm{wf\ at\ \Delta t=0}})$$
$$\Delta[p^{2}]=(p_{\mathrm{ws}})^{2}-(p_{\mathrm{wf\ at\ \Delta t=0}})^{2}$$

对于压力降落试井而言：

$$\Delta[m(p)]=m(p_{\mathrm{i}})-m(p_{\mathrm{wf}})$$
$$\Delta[p^{2}]=(p_{\mathrm{i}})^{2}-(p_{\mathrm{wf}})^{2}$$

1.5 压力导数法

利用标准曲线法开展试井分析的目的，是确定井筒储集效应占主导地位时期以及无限大地层径向流动时期的流动状态。示例 1.31 说明，这种方法可用于估算储层参数和井筒状态。然而，由于曲线的形状具有相似性，难于得出唯一解。如图 1.49 所示，对于比较高的 $C_{\mathrm{D}}\mathrm{e}^{2s}$ 值，所有的标准曲线都具有非常相似的形状，这会导致通过简单的形状对比难于找出唯一的拟合曲线，无法正确计算 k、s 和 c 的数值。

Tia 和 Kumar(1980)以及 Bourdet 等(1983)曾论述过如何正确识别流动状态和选择合适的解释模型。Bourdet 等提出，如果在双对数坐标系中标绘“压力导数”与时间，而不是压力与时间的关系曲线，那么流动状态可能就具有清晰的典型形状。自从引入压力导数标准曲线之后，试井分析的质量就有了大幅度的提高。这种压力导数标准曲线的应用具有以下优点：在常规试井曲线图上很难观察得到的非均质性，在压力导数曲线图上被放大；在压力导数标准曲线图上，流动状态具有清晰的特征形状；导数曲线图可以在单张图上显示多种特征，而以往则需要在不同的曲线图上分别显示；导数法增强了分析曲线的确定性，因而提高了解释的质量。

Bourdet 等(1983)把压力导数定义为 p_{D}对 $t_{\mathrm{D}}/C_{\mathrm{D}}$的导数，即：

$$p_{\mathrm{D}}'=\frac{\mathrm{d}(p_{\mathrm{D}})}{\mathrm{d}(t_{\mathrm{D}}/C_{\mathrm{D}})} \tag{1.219}$$

现已证实，在井筒储集效应占主导地位的流动时期，压力动态可以由下列方程描述：

$$p_{\mathrm{D}}=\frac{t_{\mathrm{D}}}{C_{\mathrm{D}}}$$

对 $t_{\mathrm{D}}/C_{\mathrm{D}}$求取 p_{D}的导数可得：

$$\frac{\mathrm{d}(p_{\mathrm{D}})}{\mathrm{d}(t_{\mathrm{D}}/C_{\mathrm{D}})}=p_{\mathrm{D}}'=1.0$$

由于 $p'_D=1$，这就意味着 p'_D乘以 t_D/C_D可以得出 t_D/C_D，即：

$$p'_D\left(\frac{t_D}{C_D}\right)=\frac{t_D}{C_D} \tag{1.220}$$

式(1.220)说明，在双对数坐标系内绘制 $p'_D(t_D/C_D)$与 t_D/C_D的关系曲线，在井筒储集效应主导的流动时期表现为一条斜率为 1 的直线。

类似地，在无限大地层径向流动时期，压力动态由式(1.219)描述，其表达式为：

$$p_D=\frac{1}{2}\left[\ln\left(\frac{t_D}{C_D}\right)+0.80907+\ln(C_D e^{2s})\right]$$

对 t_D/C_D求微分得：

$$\frac{d(p_D)}{d(t_D/C_D)}=p'_D=\frac{1}{2}\left[\frac{1}{(t_D/C_D)}\right]$$

上式经简化后得：

$$p'_D\left(\frac{t_D}{C_D}\right)=\frac{1}{2} \tag{1.221}$$

这个式子说明，在双对数坐标系中绘制 $p'_D(t_D/C_D)$与 t_D/C_D的关系曲线，在瞬变流动(无限大地层径向流动)时期表现为一条 $p'_D(t_D/C_D)=0.5$ 的水平线。如式(1.220)和式(1.221)所示，整个试井数据的 $p'_D(t_D/C_D)$与 t_D/C_D导数曲线上会有两条直线，其特征为：在井筒储集效应主导的流动时期是斜率为 1 的直线；在瞬变流动时期为 $p'_D(t_D/C_D)=0.5$ 的水平线。

压力导数法最根本的基础就是这两条直线的识别，在选择适当的试井数据解释模型时用作参考。

Bourdet 等在双对数坐标系中以 $p'_D(t_D/C_D)$与 t_D/C_D的形式重新绘制了 Gringarten 的标准曲线，如图 1.53 所示。从中可以看出，在井筒储集效应主导的流动时期的早期，曲线表现为一条斜率为 1 的直线。在进入无限大地层径向流动时期，曲线变为 $p'_D(t_D/C_D)=0.5$ 的一条水平线，如式(1.221)所示。此外还要注意，从纯井筒储集效应主导的流动时期到无限大地层径向流动时期的过渡时期，存在一个“驼峰”，其高度代表的是表皮系数 s 的数值。

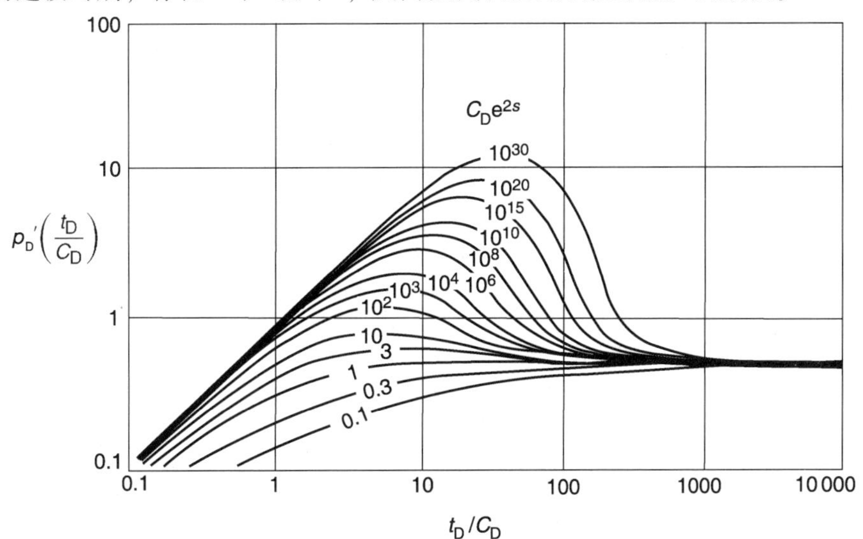

图 1.53　以 $p'_D(t_D/C_D)$表示的压力导数标准曲线

(来源：Bourdet，D.，Whittle，T.M.，Douglas，A.A.，Pirard，Y.M.，1983. A new set of type curves simplifies well test analysis. World Oil，May，95-106；Copyright by 1983 World Oil)

图 1.53 说明，表皮效应仅仅表现为井筒储集效应主导的流动时期的直线与无限大地层径向流动时期的水平线之间的一段曲线。Bourdet 等指出，这个弯曲部分的数据并不总是很明确。有鉴于此，这些研究者们发现，在相同的坐标系中把他们的导数标准曲线与 Gringarten 的标准曲线(即图 1.49 和图 1.53)叠合在一起，所得的叠合图很有用。图 1.54 显示了把这两种标准曲线在同一张图上叠合而形成的叠合图。由于压力变化数据及其导数数据是在同一个坐标系中标绘的，因而利用这种新的标准曲线可以实现这两种数据的同步拟合。压力导数数据明确地提供了压力拟合和时间拟合，而通过对比压力导数数据和压降数据各自拟合曲线的标记，就可以得出 C_De^{2s}的数值。

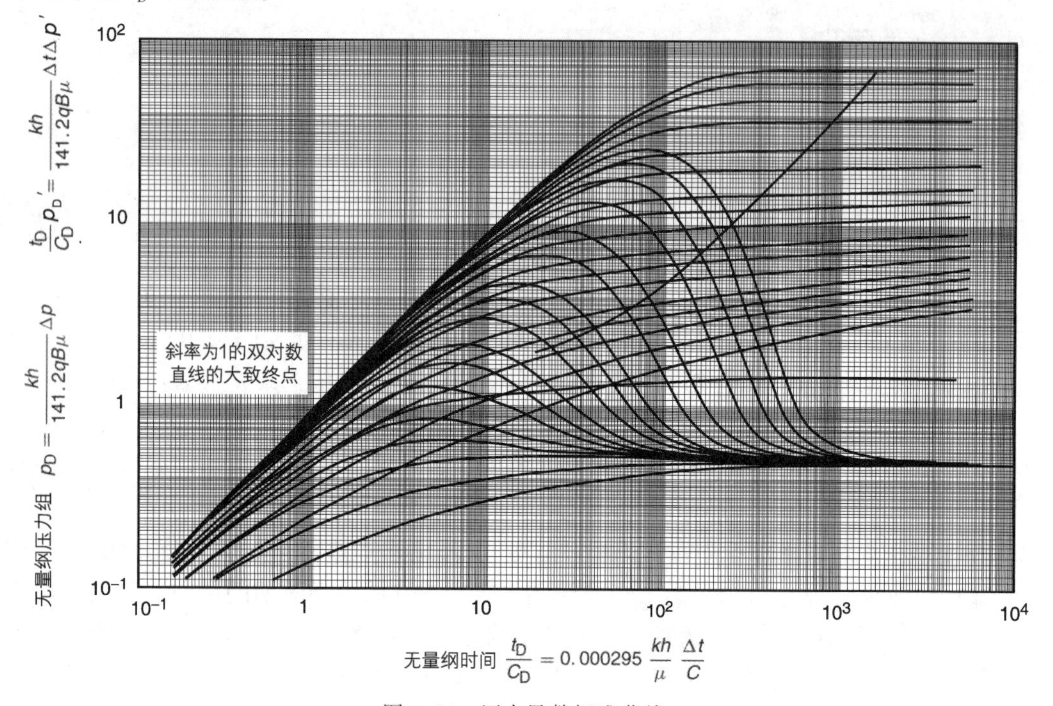

图 1.54　压力导数标准曲线

(来源：Bourdet，D.，Whittle，T. M.，Douglas，A. A.，Pirard，Y. M.，1983. A new set of type curves simplifies well test analysis. World Oil，May，95-106；Copyright by 1983 World Oil)

下面总结利用导数标准曲线分析试井数据的几个步骤：

第 1 步，利用实际的试井数据，计算压力降落试井和压力恢复试井的压差 Δp 和压力导数绘图函数(plotting functions)。

对于压力降落试井所记录的每一个压降压力数据点，即流动时间 t 及其对应的井底流动压力 p_{wf}进行计算：

$$压差\ \Delta p = p_i - p_{wf}$$

$$导数函数\ t\Delta/p' = -t[d(\Delta p)/d(t)] \tag{1.222}$$

对于压力恢复试井所记录的每一个压力恢复压力数据点，即关井时间 Δt 及其对应的关井压力 p_{ws}进行计算：

$$压差\ \Delta p = p_{ws} - p_{wf\ at\ \Delta t=0}$$

$$导数函数\ \Delta t_e\Delta p' = -\Delta t[(t_p + \Delta t)/\Delta t][d(\Delta p)/d(\Delta t)] \tag{1.223}$$

在任一数据点 i 都可以以数值的方法计算式(1.222)和式(1.223)中的导数，即 $d(p_{wf})/d(t)$和$[d(\Delta p_{ws})/d(\Delta t)]$，具体方法是采用间隔均匀时间的中心差分公式或三点加权平均近似法。图解法如图 1.55 所示，而数学方法如下列表达式所示。

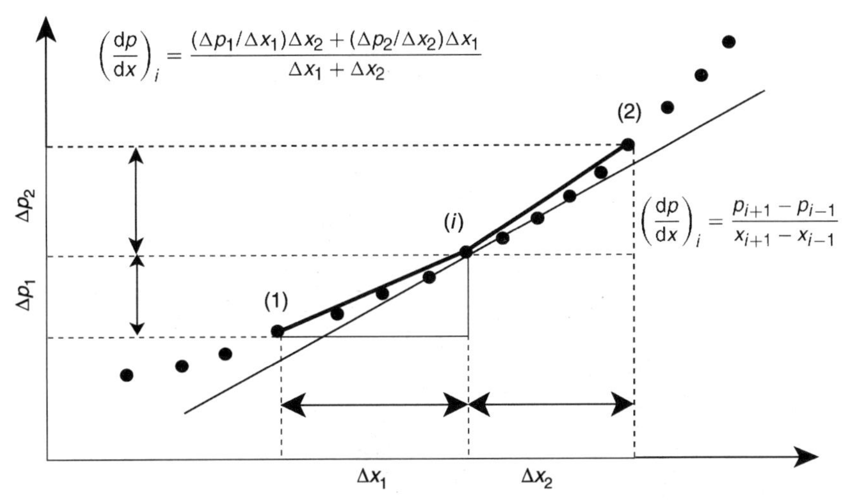

图 1.55 采用三个数据点的微分算法

中心差分法：

$$\left(\frac{\mathrm{d}p}{\mathrm{d}x}\right)_i = \frac{p_{i+1} - p_{i-1}}{x_{i+1} - x_{i-1}} \tag{1.224}$$

三点加权平均法：

$$\left(\frac{\mathrm{d}p}{\mathrm{d}x}\right)_i = \frac{(\Delta p_1/\Delta x_1)\Delta x_2 + (\Delta p_2/\Delta x_2)\Delta x_1}{\Delta x_1 + \Delta x_2} \tag{1.225}$$

应当指出的是，在采用压力导数法时，数值求导(numeircal diffentiation)方法的选择是一个必须考虑的问题。只采用两个数据点的求导方法很多，例如后向差分、正向差分和中心差分公式等，还有采用多个压力数据点的非常复杂的算法。很重要的一点是，要尝试采用多种不同的方法，以便找出一个能对数据进行最佳光滑的方法。

第 2 步，在对数周期与 Bourdet-Gringarten 标准曲线图(即图 1.54)相同的描图纸上标绘下列曲线：在分析压力降落试井数据时，绘制(Δp)和($t\Delta p'$)与流动时间 t 的关系曲线。注意，在图 1.56 所示的同一个双对数图中显示了两组数据：第一组数据是解析解，第二组数据是实际的压力降落试井数据。

绘制压差 Δp 与等效时间 Δt_e 的关系曲线以及导数函数($\Delta t_e \Delta p'$)与实际关井时间 Δt 的关系曲线。同样，在图 1.56 中所示的相同曲线图上显示了两组数据。

第 3 步，检查早期的实际压力数据点(即双对数坐标系中压差与时间的关系曲线)是否存在一条斜率为 1 的直线。如果存在，穿过这些数据点画一条直线，通过在斜率为 1 的直线上选取一个坐标为(Δp)和(t, Δp)或者(Δt_e, Δp)的点，并运用式(1.215)或式(1.216)计算井筒储集系数 C，其表达式如以下两种形式。

对于压力降落试井而言：

$$C = \frac{QB}{24}\left(\frac{t}{\Delta p}\right)$$

对于压力恢复试井而言：

$$C = \frac{QB}{24}\left(\frac{\Delta t_e}{\Delta p}\right)$$

第 4 步，利用式(1.217)以及在第 3 步计算的 C 值计算无量纲井筒储集系数 C_D。其表达式为：

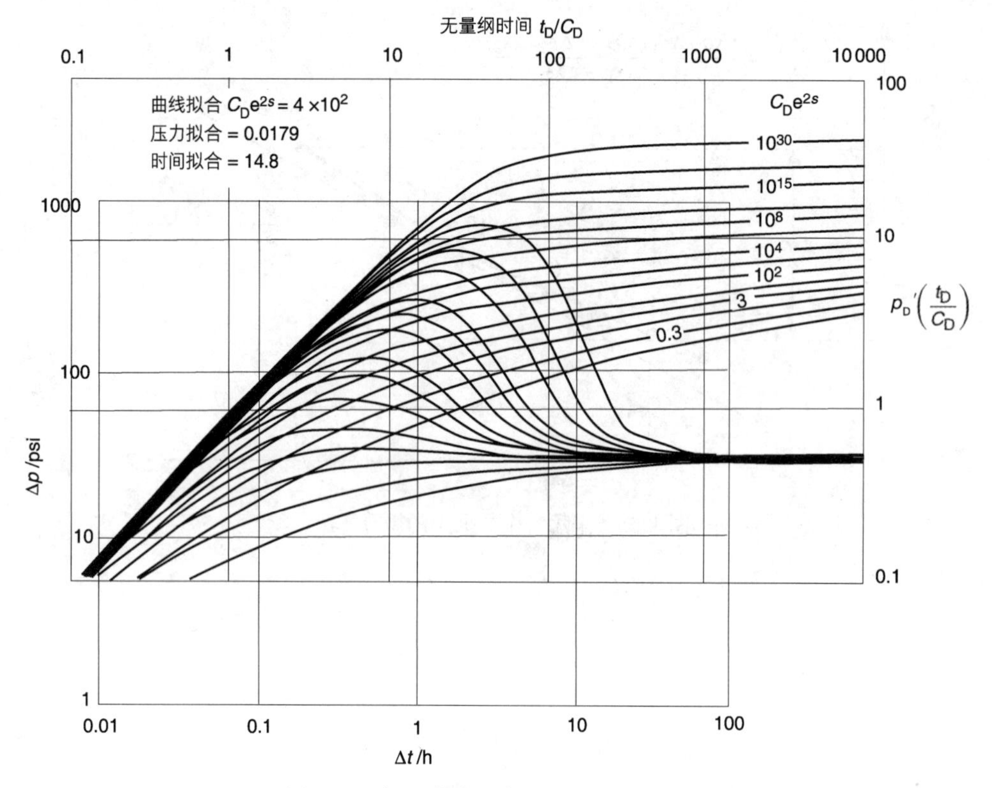

图 1.56　标准曲线拟合(数据来自表 1.18)

(来源：Bourdet，D.，Whittle，T. M.，Douglas，A. A.，Pirard，Y. M.，1983. A new set of type curves simplifies well test analysis. World Oil，May，95-106；Copyright by 1983 World Oil)

$$C_D=\left[\frac{0.8936}{\phi hc_tr_w^2}\right]C$$

第 5 步，检查实际压力导数曲线图上后期的数据点，看它们是否构成能够指示瞬变(不稳态)流动状态的一条水平线。如果这样的水平线存在，就过这些导数图的数据点画出一条水平线。

第 6 步，把这两组实际曲线(即压差曲线和导数函数曲线)叠合在图 1.54 所示的 Gringarten-Bourdet 标准曲线上，并使之同时与 Gringarten-Bourde 标准曲线拟合。斜率为 1 的直线应当与标准曲线上的斜率为 1 的直线重合，而且后期的水平线应当与对应于数值 0.5 的标准曲线上的水平线重合。注意，与压力曲线和压力导数曲线同时拟合也很方便，只是这样做是多余的。在双拟合的情况下，所得结果的置信度就会比较高。

第 7 步，从最佳拟合中选取一个拟合点 MP，并记录以下对应的数值：根据 Gringarten 标准曲线确定$(p_D,\ \Delta p)_{MP}$及其对应的$(t_D/C_D,\ t)_{MP}$或$(t_D/C_D,\ \Delta t_e)_{MP}$；由 Bourdet 标准曲线读取标准曲线无量纲组$(C_De^{2s})_{MP}$的数值。

第 8 步，由式(1.212)计算渗透率：

$$k=\left[\frac{141.2QB\mu}{h}\right]\left[\frac{p_D}{\Delta p}\right]_{MP}$$

第 9 步，运用式(1.214)和式(1.217)重新计算井筒储集系数 C 和 C_D。

对于压力降落试井而言：

$$C=\left[\frac{0.0002951kh}{\mu}\right]\frac{(t)_{MP}}{(t_D/C_D)_{MP}}$$

对于压力恢复试井而言：

$$C=\left[\frac{0.0002951kh}{\mu}\right]\frac{(\Delta t_{\mathrm{e}})_{\mathrm{MP}}}{(t_{\mathrm{D}}/C_{\mathrm{D}})_{\mathrm{MP}}}$$

其中：

$$C_{\mathrm{D}}=\left[\frac{0.8936}{\phi hc_{\mathrm{t}}r_{\mathrm{w}}^{2}}\right]C$$

把计算出的 C 和 C_{D}的数值与第 3 步和第 4 步的计算结果进行对比。

第 10 步，运用式(1.218)以及第 9 步计算的 C_{D}值和第 7 步计算的$(C_{\mathrm{D}}e^{2s})_{\mathrm{MP}}$值来计算表皮系数，其表达式为：

$$s=\frac{1}{2}\ln\left[\frac{(C_{\mathrm{D}}e^{2s})_{\mathrm{MP}}}{C_{\mathrm{D}}}\right]$$

【示例 1.33】

利用示例 1.31 中的数据，采用压力导数法分析给定的试井数据。

解答：

第 1 步，运用式(1.223)或者式(1.224)的近似法计算所记录的每一个数据点的导数函数，如表 1.19 所列的数据和图 1.57 所示的图形。

表 1.19　利用表 6.6 中数据的压力导数法[①]

Δt/h	Δp/psi	斜率/(psi/h)	$\Delta p'$/(psi/h)	$\Delta t\Delta t'(t_{\mathrm{p}}+\Delta t)t_{\mathrm{p}}$
0.00000	0.00	1017.52		
0.00417	4.24	777.72	897.62	3.74
0.00833	7.48	657.55	717.64	5.98
0.01250	10.22	834.53	746.04	9.33
0.01667	13.70	778.85	806.69	13.46
0.02083	16.94	839.33	809.09	16.88
0.02500	20.44	776.98	808.15	20.24
0.02917	23.68	778.85	777.91	22.74
0.03333	26.92	776.98	777.91	25.99
0.03750	30.16	358.94	567.96	21.35
0.04583	33.15	719.42	539.18	24.79
0.05000	36.15	780.72	750.07	37.63
0.05830	42.63	831.54	806.13	47.18
0.06667	49.59	630.25	730.90	48.95
0.07500	54.84	776.71	703.48	53.02
0.08333	61.31	1144.80	960.76	80.50
0.09583	75.62	698.40	921.60	88.88
0.10833	84.35	616.80	657.60	71.75
0.12083	92.06	698.40	657.60	80.10
0.13333	100.79	569.60	634.00	85.28
0.14583	107.91	703.06	636.33	93.70
0.16250	119.63	643.07	673.07	110.56
0.17917	130.35	672.87	657.97	119.30

续表

Δt/h	Δp/psi	斜率/(psi/h)	$\Delta p'$/(psi/h)	$\Delta t\Delta t'(t_p+\Delta t)t_p$
0. 19583	141. 56	628. 67	650. 77	129. 10
0. 21250	152. 04	641. 87	635. 27	136. 91
0. 22917	162. 74	610. 66	626. 26	145. 71
0. 25000	175. 46	610. 03	610. 34	155. 13
0. 29167	200. 88	550. 65	580. 34	172. 56
0. 33333	223. 82	580. 51	565. 58	192. 71
0. 37500	248. 01	526. 28	553. 40	212. 71
0. 41667	269. 94	449. 11	487. 69	208. 85
0. 45833	288. 65	467. 00	458. 08	216. 36
0. 50000	308. 11	467. 00	467. 00	241. 28
0. 54167	327. 57	478. 40	472. 70	265. 29
0. 58333	347. 50	341. 25	409. 82	248. 36
0. 62500	361. 72	437. 01	389. 13	253. 34
0. 66667	379. 93	377. 10	407. 05	283. 43
0. 70833	395. 64	281. 26	329. 18	244. 18
0. 75000	407. 36	399. 04	340. 15	267. 87
0. 81250	432. 30	299. 36	349. 20	299. 09
0. 87500	451. 01	259. 36	279. 36	258. 70
0. 93750	467. 22	291. 20	275. 28	274. 20
1. 00000	485. 42	231. 68	261. 44	278. 87
1. 06250	499. 90	267. 52	249. 60	283. 98
1. 12500	516. 62	231. 36	249. 44	301. 67
1. 18750	531. 08	219. 84	225. 60	289. 11
1. 25000	544. 82	155. 36	187. 60	254. 04
1. 31250	554. 53	191. 84	173. 60	247. 79
1. 37500	566. 52	183. 52	187. 68	281. 72
1. 43750	577. 99	151. 84	167. 68	264. 14
1. 50000	587. 48	147. 68	149. 76	247. 10
1. 62500	605. 94	106. 00	126. 84	228. 44
1. 75000	619. 19	109. 92	107. 96	210. 97
1. 87500	632. 93	103. 76	106. 84	225. 37
2. 00000	645. 90	69. 92	86. 84	196. 84
2. 25000	663. 38	59. 84	64. 88	167. 88
2. 37500	670. 66	50. 00	54. 92	151. 09
2. 50000	677. 11	44. 84	47. 42	138. 31
2. 75000	688. 32	41. 84	43. 34	141. 04
3. 00000	698. 78	35. 80	38. 82	139. 75
3. 25000	707. 73	22. 96	29. 38	118. 17
3. 50000	713. 47	38. 80	30. 88	133. 30
3. 75000	723. 17	25. 88	32. 34	151. 59
4. 00000	729. 64	16. 92	21. 40	108. 43
4. 25000	733. 87	7. 00	11. 96	65. 23
4. 50000	735. 62	7. 00	7. 00	40. 95

续表

Δt/h	Δp/psi	斜率/(psi/h)	$\Delta p'$/(psi/h)	$\Delta t \Delta t'(t_p+\Delta t)t_p$
4.75000	737.37	11.00	9.00	56.29
5.00000	740.12	12.96	11.98	79.87
5.25000	743.36	11.80	12.38	87.74
5.50000	746.31	8.24	10.02	75.32
5.75000	748.37	9.96	9.10	72.38
6.00000	750.86	7.00	8.48	71.23
6.25000	752.51	-1.84	2.58	22.84
6.75000	751.69	5.52	1.84	18.01
7.25000	754.45	4.46	4.99	53.66
7.75000	756.68	3.02	3.74	43.96
8.25000	758.19	3.50	3.26	41.69
8.75000	759.94	2.48	2.99	41.42
9.25000	761.18	2.02	2.25	33.65
9.75000	762.19	2.98	2.50	40.22
10.25000	763.68	1.48	2.23	38.48
10.75000	764.42	2.02	1.75	32.29
11.25000	765.43	1.48	1.75	34.45
11.75000	766.17	2.02	1.75	36.67
12.25000	767.18	1.48	1.75	38.94
12.75000	767.92	1.64	1.56	36.80
13.25000	768.74	0.86	1.25	31.19
13.75000	769.17	1.33	1.10	28.90
14.50000	770.17	1.00	1.17	33.27
15.25000	770.92	0.99	0.99	30.55
16.00000	771.66	1.00	0.99	32.85
16.75000	772.41	0.99	0.99	35.22
17.50000	773.15	0.68	0.83	31.60
18.25000	773.66	0.99	0.83	33.71
19.00000	774.40	0.35	0.67	28.71
19.75000	774.66	0.67	0.51	23.18
20.50000	775.16	1.00	0.83	40.43
21.25000	775.91	0.50	0.75	38.52
22.25000	776.41	0.48	0.49	27.07
23.25000	776.89	0.26	0.37	21.94
24.25000	777.15	0.51	0.38	24.43
25.25000	777.66	0.50	0.50	34.22
26.25000	778.16	0.24	0.37	26.71
27.25000	778.40	0.40②	0.32③	24.56④
28.50000	778.90	0.34	0.37	30.58
30.00000	779.41	25.98	13.16	1184.41

① 来源：Sabet，M.，1991. Well Test Analysis. Gulf Publishing，Dallas，TX。

② (778.9-778.4)/(28.5-27.25)=0.40。

③ (0.40+0.24)/2=0.32。

④ 27.25-0.32-(15127.25)/15=24.56。

第 2 步，绘制与早期试井数据点拟合的一条倾角为 45°的直线，如图 1.57 所示，并从这条直线上选取一个点的坐标(0.1，70)。计算 C 和 C_D：

$$C=\frac{QB\Delta t}{24\Delta p}=\frac{1740(1.06)(0.1)}{(24)(70)}=0.00976$$

$$C_D=\left[\frac{0.8936}{\phi hc_t r_w^2}\right]=\frac{0.8936(0.00976)}{(0.25)(107)(4.2\times10^{-6})(0.29)^2}=923$$

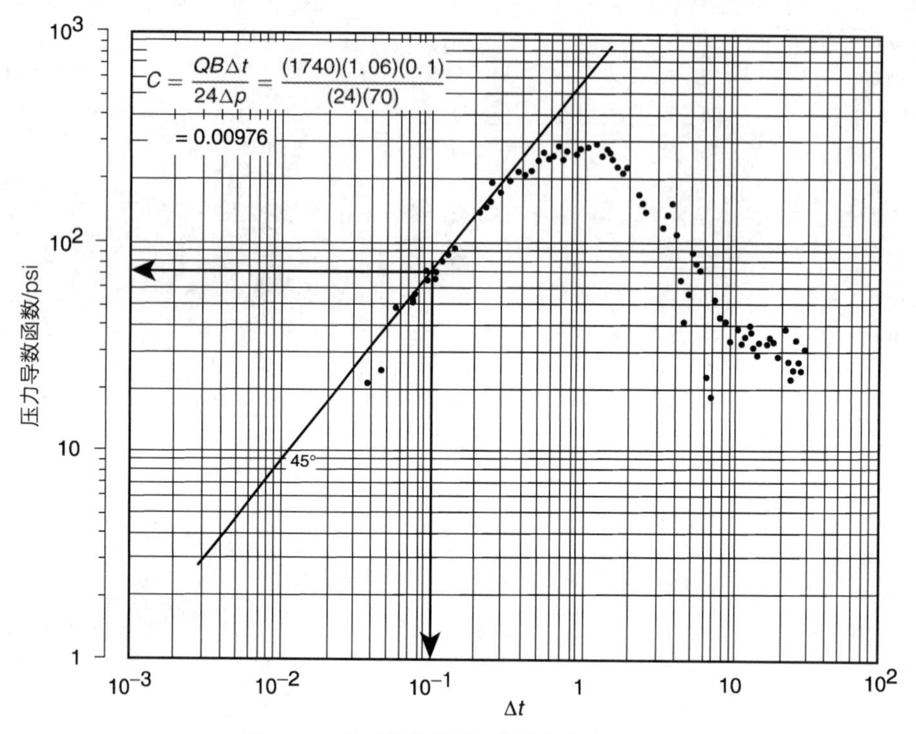

图 1.57　双对数曲线图(数据来自表 1.19)

第 3 步，把压差曲线和压力导数曲线叠合在 Gringarten-Bourdet 标准曲线上，利用下列拟合点来与标准曲线拟合，如图 1.57 所示：

$$(C_D e^{2s})_{MP}=4\times10^9$$

$$\left(\frac{p_D}{\Delta p}\right)_{MP}=0.0179$$

$$\left[\left(\frac{(t_D/C_D)}{\Delta t}\right)\right]_{MP}=14.8$$

第 4 步，计算渗透率 k：

$$k=\left[\frac{141.2QB\mu}{h}\right]\left(\frac{p_D}{\Delta p}\right)_{MP}=\left[\frac{141.2(174)(1.06)(2.5)}{107}\right](0.0179)=10.9(\text{mD})$$

第 5 步，计算 C 和 C_D：

$$C=\left[\frac{0.0002951kh}{\mu}\right]\frac{(\Delta t_e)_{MP}}{(t_D/C_D)_{MP}}=\left[\frac{0.0002951(10.9)(107)}{2.5}\right]\left(\frac{1}{14.8}\right)=0.0093(\text{bbl/psi})$$

$$C_D=\frac{0.8936C}{\phi hc_t r_w^2}=\frac{0.8936(0.093)}{(0.25)(107)(4.2\times10^{-6})(0.29)^2}=879$$

第 6 步，计算表皮系数 s：

$$s=\frac{1}{2}\ln\left[\frac{(C_{\mathrm{D}}\mathrm{e}^{2s})_{\mathrm{MP}}}{C_{\mathrm{D}}}\right]=\frac{1}{2}\ln\left[\frac{4\times10^{9}}{879}\right]=7.7$$

注意，如图 1.57 所示的导数函数展示了相当数量的分散数据点，而且指示无限大地层径向流动状态的水平线并不清晰。压力导数法存在一个现实的局限性，即需要以足够高的频率和准确性来测量压力瞬变数据，从而能够对其进行微分。一般来讲，除非在求导之前对数据进行平滑处理，否则导数函数会表现出强烈的振荡。

对任何时间序列(例如压力-时间数据)进行平滑处理都并非易事，除非运用专门技能并特别小心地进行平滑处理，否则代表储层的部分数据(信号)就会丢失。信号滤波、平滑和内插被视为科学和工程问题，除非运用适当的平滑技术对现场数据进行处理，否则所得结果就会完全失真。

除了储层非均质性之外，还有很多储层内边界和外边界条件也会对瞬变流动状态曲线图产生影响，使之偏离预期会在无限大地层流动时期出现的半对数直线特征，例如：断层及其他不渗透的流动遮挡层；打开程度不完善；相分离和封隔器故障；干扰；层状地层；天然裂缝性储层或水力压裂的储层；边界；横向流度增强。

描述非稳态流动数据的理论是基于具有均匀厚度、孔隙度和渗透率的均质储层中理想的流体径向流动。任何偏离这种理想状态的情况都会导致所预测的压力动态偏离实际观测的压力动态。此外，在试井过程的不同时间，试井响应也有可能表现出不同的特征。总体上，在图 1.58 所示的 Δp 与 Δt 的双对数曲线图上可以识别出 4 个不同的时间段：

(1) 井筒储集效应总是最先出现的流动状态。

(2) 井和储层非均质性效应的证据然后就会在压力动态响应中出现。这种特征可能是由多层油气藏、表皮、水力裂缝或者裂缝性地层造成的。

(3) 压力响应表现出径向无限大地层特征，而且代表等效的均质系统。

(4) 最后一个时间段代表可能会在后期出现的边界效应。

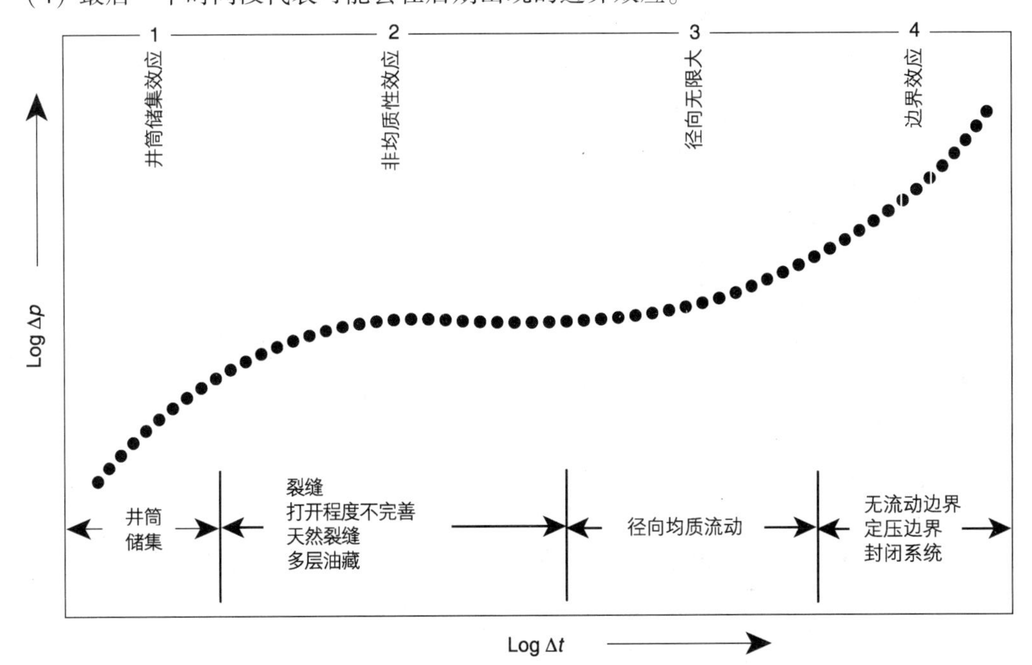

图 1.58　典型的压力降落试井双对数曲线图

因此，在实际的半对数直线形成之前和之后会出现很多种流动状态，它们表现出非常严格的压力响应时序。只有全局判断，即识别相继出现的所有流动状态，才能准确说明在何时采用常规分析方法(例如半对数曲线图法)是适当的。识别上述4个不同的响应时间段可能是试井分析中最重要的一环。导致出现困难的原因是：这些响应有一部分可能缺失、重叠，或者采用传统的图形半对数直线法无法检测。在分析试井数据和解释测试结果之前，必须先选择正确的油藏解释模型，这是很重要的一个步骤。在试井方案设计合理而且测试时间足以满足响应检测要求的情况下，大多数压力瞬变数据都能提供有关油藏类型及相关特征的明确信息。然而，很多试井作业都不能够或者没有持续太长的时间，无法消除在选取合适的测试数据分析模型方面的模糊性。在试井时间足够长的情况下，就可以利用试井过程中的油藏响应来选取一个适合的试井解释模型，用于确定生产井和储层参数，例如渗透率和表皮系数。不论是传统的图形分析法，还是计算机辅助的方法，都需要进行模型识别。

应当指出，压力与时间的半对数曲线图和双对数曲线图通常都对压力变化不敏感，因而无法单独作为特征曲线用于识别能够最佳地反映测试过程中生产井和油藏动态特征的解释模型。然而，压力导数标准曲线是识别合适解释模型的最为确定的标准曲线。作为一种诊断工具，压力导数法已经在无数的案例中成功地得到应用，这要归功于以下几方面原因：

(1) 它可以对较小的压力变化进行放大。

(2) 在压力导数曲线图上，流动状态会表现出清晰的特征形状。

(3) 它可以清晰地区分不同储层模型的响应，例如双重孔隙特征、天然裂缝性油藏或水力压裂的油藏、封闭的边界系统、定压边界、断层和不渗透边界、无限大地层系统。

(4) 它能够识别出传统试井分析法无法识别的不同油藏特征和条件。

(5) 它确定了各个流动时期的清晰可识别的样式。

(6) 它提高了试井解释的总体精确度。

(7) 它提供了相关储层参数的准确估算值。

Al-Ghamdi 和 Issaka(2001)曾指出，在识别合适的解释模型的过程中存在三大难题：现有的解释模型数量有限，而且都限定于预先指定的环境和理想化的条件；现有的非均质性储层模型绝大多数都局限于一种类型的非均质性，在同一个模型中纳入多种非均质性的能力(有限)；非唯一性问题，即具有完全不同地质结构的完全不同的储层模型会产生相同的响应。

Lee(1982)提出，识别正确解释模型的最佳方法是把以下三种成图方法结合在一起：传统的压差 Δp 与时间的双对数标准曲线图、导数标准曲线、诸如针对均质系统的 Horner 曲线图及其他曲线图的“特殊图解法”。

基于对不同流动状态曲线图形状的认识，压力及其导数的双重解释图版可用于对(流动)系统进行诊断，并选取生产井/储层模型来与试井数据进行拟合。然后，可以运用特殊图解法来证实压力-导数标准曲线拟合的结果。所以，在复查了原始试井数据之后，就可以分以下两个步骤对试井结果进行分析：识别储层模型，并确定试井过程中遇到的各种流动状态；计算各种储层和生产井参数的数值。

1.5.1 模型识别

试井解释结果的正确与否完全取决于两个重要的因素，即现场实测数据的准确性和所选择解释模型的适用性。通过采用多种格式绘制曲线图来消除模型筛选中的模糊性，就可以找到分析试井数据的正确模型。Gringarten(1984)曾指出，解释模型由以下三大部分组成，而这三部分相互独立，分别在测试过程中的不同阶段发挥主导作用，而且其先后顺序与压力响应的时序一致。它们分别是：

(1) 内边界。内边界的识别是在早期测试数据的基础上进行的。在井筒内及其周围只有5种可能的内边界和流动条件：井筒储集、表皮、相分离、打开程度不完善、裂缝。

(2) 储层特征。识别储层特征的基础是无限大地层流动时期中期的测试数据，储层特征主要有均质储层和非均质储层两种类型。

(3) 外边界。外边界的识别是基于后期测试数据，存在无流动边界和定压边界两种外边界。

上述三个组成部分都表现出明确不同的特征，这些特征不仅可以单独加以识别，而且可以通过不同的数学方式加以描述。

1.5.2 早期阶段测试数据的分析

早期阶段数据是有意义的，而且可用于获取有关井筒周围储层的独特信息。在这个早期阶段，井筒储集、裂缝及其他内边界条件都是流动状态的主要因素，并表现出明确不同的特征。下面简要论述这些内边界条件及其相关的流动状态。

1.5.2.1 井筒储集和表皮

分析和理解所记录的全部瞬变试井数据的最有效方法，是运用压差(Δp)及其导数($\Delta p'$)与时间的双对数关系曲线。内边界的识别是在早期测试数据的基础上进行的，最先识别的是井筒储集效应。在井筒储集效应占主导地位的这个时期，压差(Δp)及其导数($\Delta p'$)与所经历的时间成正比，而且在双对数图上表现为一条倾角为45°的直线，如图1.59所示。在导数曲线图上，从井筒储集时期向无限大地层径向流动时期的过渡表现为一个“驼峰”，其最大值指示存在井筒污染(正的表皮系数)。相反，如果这个最大值不存在，就说明井筒不存在污染或者增产处理措施效果良好。

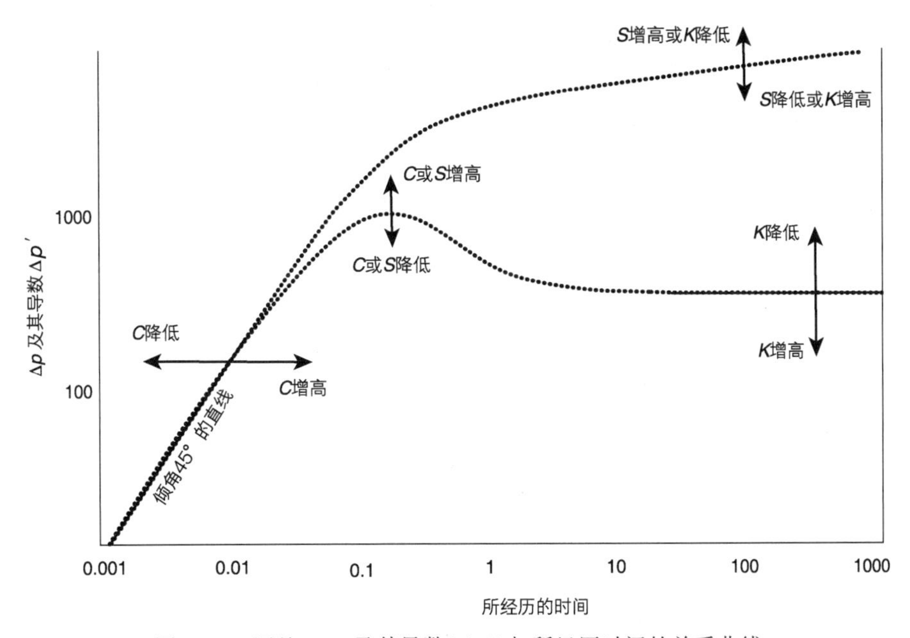

图1.59 压差(Δp)及其导数($\Delta p'$)与所经历时间的关系曲线

1.5.2.2 油管内相分离

Stegemeier 和 Matthews(1958)曾对模拟的压力恢复特征开展过研究，他们以图形的方式解释并讨论了多种储层条件对 Horner 直线图的影响，如图1.60所示。在关井期间，油管和环空内气和油分离会导致井筒压力升高。井筒内压力超过地层压力后，就会迫使流体回流进入地层，而流体回流反过来又会引起井筒内压力下降。Stegemeier 和 Matthews 研究了这种“驼峰”效

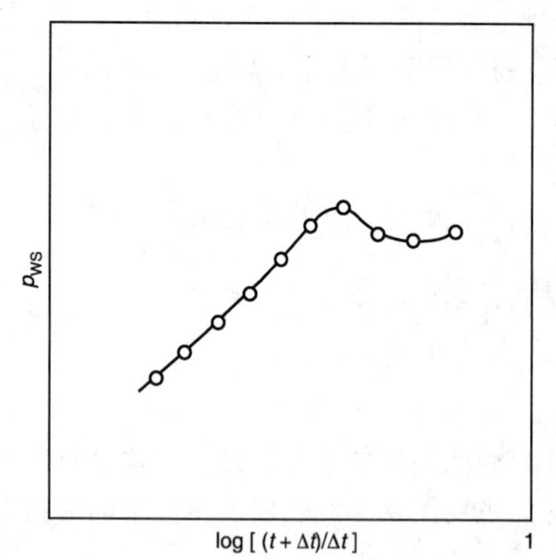

图 1.60　油管内的相分离

（来源：Stegemeier，G.，Matthews，C.，1958. A study of anomalous pressure buildup behavior. Trans. AIME 213，44-50）

应，如图 1.60 所示，“驼峰”效应意味着井底压力先上升到其最大值，然后再下降。他们把这种特征归因为井筒内气泡的上升和流体的重新分布。表现出驼峰效应的生产井具有以下特征：完井层段的渗透率中等，井筒表皮效应相当强或者近井筒地带流动限制相当大；环空被封隔。

在较致密的地层中不会出现这种现象，其原因是产量比较低，井筒内有足够大的空间供分离出的气体流入和膨胀。类似地，如果近井筒地带的流体流动没有限制，流体会很容易地回流进入地层，平衡地层压力，防止出现驼峰效应。如果环空没有被封隔，油管内的气泡上升会使液体进入套管与油管之间的环空，而不是把它们驱替回地层。

Stegemeier 和 Matthews 还证实，在不同的压力下双层完井的层间，井筒泄漏会导致实测压力出现不规则的驼峰状变化。在出现这样的泄漏时，产层段之间的压差变小，促使流体流动，并导致在其他层段观测到的压力表现出驼峰状变化。

1.5.2.3　打开程度不完善效应

取决于完井类型的不同，近井筒地带可能会出现球形或半球形流动。如果生产井所钻遇的储层位于盖层之下很近的位置，那么近井筒流动就会是半球形的。如果生产井在很厚的产层中下了套管，但只射开了一小段套管，那么紧邻井筒地带的流动就是球形的。在远离井筒地带，流体流动基本上都是径向的。然而，在瞬变试井时间很短的情况下，在测试过程中远离井筒地带的流体流动仍会是球形的。

Culham(1974)采用下列表达式来描述在局部泄油的井中开展压力恢复试井时的流体流动：

$$p_{\mathrm{i}}-p_{\mathrm{ws}}=\frac{2453QB\mu}{k^{2/3}}\left[\frac{1}{\sqrt{\Delta t}}-\frac{1}{\sqrt{t_{\mathrm{p}}+\Delta t}}\right]$$

这个关系式表明，在笛卡尔坐标系中标绘的$(p_{\mathrm{i}}-p_{\mathrm{ws}})$与$\left[\left(\frac{1}{\sqrt{\Delta t}}\right)-(1/\sqrt{t_{\mathrm{p}}+\Delta t})\right]$的关系曲线将是一条过原点的直线，其斜率 m 计算公式如下。

对于球形流动：

$$m=\frac{2453QB\mu}{k^{2/3}}$$

对于半球形流动：

$$m=\frac{1226QB\mu}{k^{2/3}}$$

其中，总表皮系数的定义为：

$$s=34.7r_{\mathrm{ew}}\sqrt{\frac{\phi\mu c_{\mathrm{t}}}{k}}\left[\frac{(p_{\mathrm{ws}})_{\Delta t}-p_{\mathrm{wf\ at\ }\Delta t=0}}{m}+\frac{1}{\sqrt{\Delta t}}\right]-1$$

无量纲参数 r_{ew} 的表达式如下。

对于球形流动：

$$r_{ew}=\frac{h_p}{2\ln(h_p/r_w)}$$

对于半球形流动：

$$r_{ew}=\frac{h_p}{\ln(2h_p/r_w)}$$

式中：$(p_{ws})_{\Delta t}$为任意关井时间 Δt(h)的关井压力；h_p为射孔段长度，ft；r_w为井筒半径，ft。

决定打开程度不完善表皮系数的一个重要因素是横向渗透率 k_h与纵向渗透率 k_v之比，即 k_h/k_v。如果纵向渗透率比较小，生产井就会表现出地层厚度 h 等于完井厚度 h_p情况下的特征。当纵向渗透率比较高时，打开程度不完善效应就会在近井筒地带产生额外的压降。这个额外的压降会导致在分析试井数据时得出比较大的正表皮系数或比较小的视井筒半径。类似地，在套管上仅射开少数几个孔眼，也会导致额外的表皮伤害。Saidikowski(1979)指出，由压力瞬变试井计算出的总表皮系数 s 与地层伤害产生的真表皮系数 s_d以及由打开程度不完善造成的表皮系数 s_p有关系，其关系式如下：

$$s=\left(\frac{h}{h_p}\right)s_d+s_p$$

Saidikowski 利用下面的关系式计算了由打开程度不完善造成的表皮系数：

$$s_p=\left(\frac{h}{h_p}-1\right)\left[\ln\left(\frac{h}{r_w}\sqrt{\frac{k_h}{k_v}}\right)-2\right]$$

式中：h_p为射孔段厚度，ft；h 为总厚度，ft；k_h为横向渗透率，mD；k_v为纵向渗透率，mD。

1.5.3 中期试井数据分析

无限大地层流动时期的储层基本特征是基于中期试井数据进行识别的。无限大地层流动发生在内边界效应(例如井筒储集和表皮效应)消失之后而外边界效应出现之前的这段时间。Gringarten 等(1979)提出，所有的储层特征都可以归类为均质储层或非均质储层。均质储层可描述为单一的多孔介质，采用由常规试井方法得出的平均岩石性质就可以对其进行表征。而非均质储层可细分为双重孔隙介质储层和多层或双重渗透介质储层两种类型。下面简要介绍这两种油藏类型。

1.5.3.1 天然裂缝性(双重孔隙介质)储层

天然裂缝性储层一般由双重孔隙介质特征来表征，其一是代表基岩的原生孔隙度 ϕ_m，其二是代表裂隙系统的次生孔隙度 ϕ_f。一般来讲，“裂缝(fractures)”是指在增产处理过程中通过水力压裂形成的裂缝，而“裂隙(fissures)”则是指天然裂缝。双重孔隙介质模型假定在地层中存在孔隙度和渗透率都明显不同的两个多孔区域。其中，只有“裂隙系统”的渗透率 k_f足够高，可以向井筒供油。基岩系统并不直接向井筒供油，而是充当裂隙系统的流体来源。双重孔隙介质的一个重要特征是这两个明确不同的多孔系统之间流体交换的性质。Gringarten (1998)曾开展过综合性的研究，并很好地回顾和总结了裂缝性储层的特征及分析试井数据的近似计算方法。

Warren 和 Root(1963)对天然裂缝性油藏的特征开展了广泛而深入的理论研究。他们假定地层流体在拟稳态状态下从基岩流入裂缝，而裂缝充当着流体流入井筒的通道。Kazemi (1969)提出了一个类似的模型，其主要假设是在瞬变流动状态下存在介质间的流动。Warren 和 Root 曾指出，除了渗透率和表皮系数之外，还有两个特征参数控制着双重孔隙介质的流动特征。无量纲参数 ω，它把储存系数比定义为裂缝储集系数与整个油藏储集系数之比。其表达式如下：

$$\omega=\frac{(\phi hc_{\mathrm{t}})_{\mathrm{f}}}{(\phi hc_{\mathrm{t}})_{\mathrm{f+m}}}=\frac{(\phi hc_{\mathrm{t}})_{\mathrm{f}}}{(\phi hc_{\mathrm{t}})_{\mathrm{f}}+(\phi hc_{\mathrm{t}})_{\mathrm{m}}} \tag{1.226}$$

式中：ω 为储存系数比（ω 典型的数值范围是 0.1～0.001）；h 为厚度；c_{t}为总压缩系数，psi^{-1}；ϕ 为孔隙度；下标“f”和“m”分别指代裂隙和基岩。

第二个参数 λ 是介质间流动因子。它描述的是流体从基岩到裂隙的流动，由下列关系式来定义：

$$\lambda=\alpha\left(\frac{k_{\mathrm{m}}}{k_{\mathrm{f}}}\right)r_{\mathrm{w}}^{2} \tag{1.227}$$

式中：λ 为介质间流动因子；k 为渗透率；r_{w}为井筒半径。

系数 α 是一个基块状的参数(block-shaped parameter)，它取决于基岩-裂隙系统的几何形态及其特征形状，其量纲是下式所定义的面积的倒数：

$$\alpha=A/Vx$$

式中：A 为基岩块体的表面积，ft^2；V 为基岩块体的体积；x 为基岩块体的特征长度，ft。

所提出的模型大都假设基岩-裂隙系统可以由下列 4 种几何形态之一来代表。

（1）被裂缝分开的立方形基岩块体(matrix block)，λ 的表达式为：

$$\lambda=\frac{60}{l_{\mathrm{m}}^{2}}\left(\frac{k_{\mathrm{m}}}{k_{\mathrm{f}}}\right)r_{\mathrm{w}}^{2}$$

式中：l_{m}为块体一侧的长度。

（2）被裂缝分开的球状基岩块体，λ 的表达式为：

$$\lambda=\frac{15}{r_{\mathrm{m}}^{2}}\left(\frac{k_{\mathrm{m}}}{k_{\mathrm{f}}}\right)r_{\mathrm{w}}^{2}$$

式中：r_{m}为球的半径。

（3）被裂缝分开的水平层状(矩形平板状)基岩块体，λ 的表达式为：

$$\lambda=\frac{12}{h_{\mathrm{f}}^{2}}\left(\frac{k_{\mathrm{m}}}{k_{\mathrm{f}}}\right)r_{\mathrm{w}}^{2}$$

式中：h_{f}为单条裂缝或高渗透率层的厚度。

（4）被裂缝分开的垂直柱形基岩块体，其 λ 的表达式为：

$$\lambda=\frac{8}{r_{\mathrm{m}}^{2}}\left(\frac{k_{\mathrm{m}}}{k_{\mathrm{f}}}\right)r_{\mathrm{w}}^{2}$$

式中：r_{m}为各柱体的半径。

一般来讲，介质间流动参数的数值介于 $1\times10^{-3}\sim1\times10^{-9}$之间。Cino 和 Samaniego(1981)识别出了以下极端介质间流动条件：受限的介质间流动，它对应于最小渗透率介质(基岩)和最高渗透率介质(裂隙)之间的高表皮，在数学上等效于拟稳态解，即 Warren 和 Root 模型；不受限的介质间流动，它对应于普通介质和最高渗透率介质之间的零表皮，可以由非稳态(瞬变)解来描述。

Warren 和 Root 提出了第一个识别双重孔隙介质的方法，如图 1.61 所示的压降半对数曲线。这条曲线以两条平行的直线为特征，这两条直线出现的原因是储层中存在两种独立的孔隙。由于次生孔隙度(裂隙)具有较高的导流能力，并且与井筒相连通，它首先作出响应，表现为第一条半对数直线。原生孔隙度(基岩)的导流能力要低得多，作出响应的时间要晚得多。

这两种孔隙共同作用，形成了第二条半对数直线。这两条直线之间存在一个过渡时期，期间压力趋于稳定。

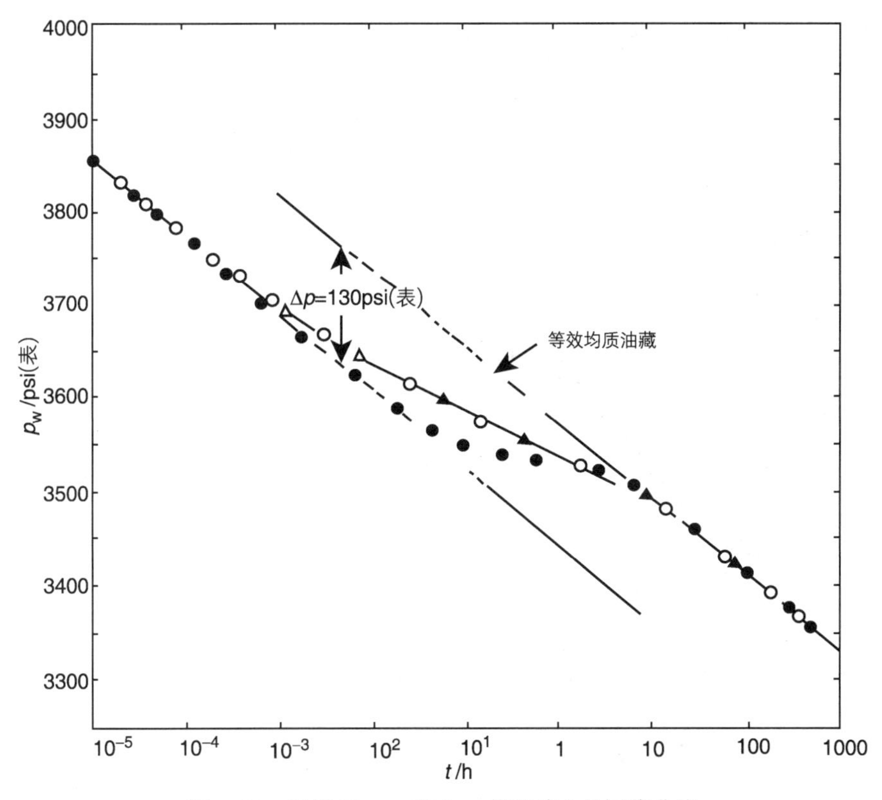

图 1.61　根据 Warren 和 Root 模型建立的压降曲线

（来源：Kazemi，H.，1969. Pressure transient analysis of naturally fractured reservoirs with uniform fracture distribution. SPE J. 9(4)，451-462；Copyright© 1969 SPE）

第一条直线反映的是过裂缝的瞬变径向流动，因而其斜率被用于确定渗透率-厚度之积。然而，由于裂缝的存储空间比较小，裂缝中的流体被快速排空，裂缝中的压力也随之快速下降。随着裂缝中压力下降，更多的流体从基岩流入裂缝，从而减缓裂缝中压力的下降速度(如图 1.61 中瞬变时期所示)。随着基岩压力逐渐接近裂缝的压力，这两个孔隙系统内的压力趋于稳定，从而产生第二条半对数直线。应当指出的是，第一条半对数直线可能被井筒储集效应所掩盖，因而可能无法识别。所以，实际上只能获得描述总系统 $k_f h$ 均质特征的参数。

图 1.62 展示了一个天然裂缝性油藏的压力恢复试井数据。对于压力降落试井而言，井筒储集效应可能会掩盖第一条半对数直线。如果这两条半对数直线都发育，那么就可以利用任何一条直线的斜率 m 和式(1.176)计算总渗透率-厚度之积，即：

$$(k_f h)=\frac{162.6QB\mu}{m}$$

利用第二条直线计算表皮系数 s 和视压力 p^*。Warren 和 Root 指出，储集系数比 ω 可以根据这两条直线之间的垂向位移(即图 1.61 和图 1.62 中的 Δp)来计算，其表达式为：

$$\omega=10^{(-\Delta p/m)} \tag{1.228}$$

Bourdet 和 Gringarten(1980)指出，经过过渡曲线的中点绘制一条与这两条半对数直线都相交的水平线，如图 1.61 和图 1.62 所示。在这两条直线中任一条的交点上读取对应的时间(例如 t_1 或 t_2)，并利用下列关系式，就可以计算介质间流动因子 λ。

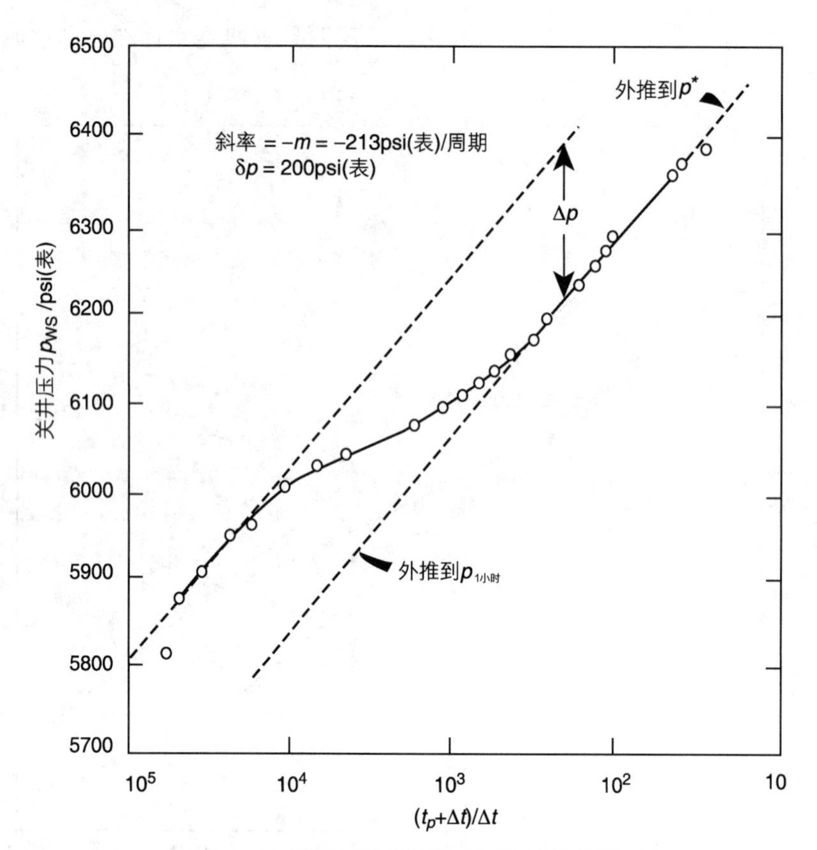

图 1.62　裂缝性油藏的压力恢复试井曲线

（来源：Warren, J. E., Root, P. J., 1963. The behavior of naturally fractured reservoirs. SPE J. 3(3), 245-255）

在压力降落试井中：

$$\lambda=\left[\frac{\omega}{1-\omega}\right]\left[\frac{(\phi hc_t)_m\mu r_w^2}{1.781k_f t_1}\right]=\left[\frac{1}{1-\omega}\right]\left[\frac{(\phi hc_t)_m\mu r_w^2}{1.781k_f t_2}\right] \tag{1.229}$$

在压力恢复试井中：

$$\lambda=\left[\frac{\omega}{1-\omega}\right]\left[\frac{(\phi hc_t)_m\mu r_w^2}{1.781k_f t_p}\right]\left(\frac{t_p+\Delta t}{\Delta t}\right)_1$$

或：

$$\lambda=\left[\frac{1}{1-\omega}\right]\left[\frac{(\phi hc_t)_m\mu r_w^2}{1.781k_f t_p}\right]\left(\frac{t_p+\Delta t}{\Delta t}\right)_2 \tag{1.230}$$

式中：k_f为裂缝的渗透率，mD；t 为关井前的开采时间，h；r_w为井筒半径，ft；μ 为黏度，cP；下标 1(例如 t_1)和 2 是指利用过压力降落试井或压力恢复试井的过渡时期的压力响应曲线中点所绘制水平线，与第一条和第二条直线交点所对应的时间。

上述关系式表明，λ 的数值取决于 ω 的数值。由于与式(1.226)所表述的基岩和裂隙的总等温压缩系数的定义一样，ω 是裂缝储集系数与基岩储集系数之比：

$$\omega=\frac{1}{1+[((\phi h)_m/(\phi h)_f)((c_t)_m/(c_t)_f)]}$$

这个表达式说明，ω 还取决于流体的 PVT 性质。很有可能出现的情况是：裂缝中所赋存石油的压力低于泡点压力，而基岩中所赋存石油的压力高于泡点压力。因此，ω 与压力有关，

λ 值大于 10，非均质性的程度还不足以使双重孔隙介质效应具有多么大的重要性，储层仍可以视为单孔隙介质。

【示例 1.34】

Najurieta(1980)和 Sabet(1991)所提供的双重孔隙介质的压力恢复试井数据见表 1.20：

表 1.20 双重孔隙介质的压力恢复试井数据

Δt/h	p_{ws}/psi	$(t_p+\Delta t)/\Delta t$	Δt/h	p_{ws}/psi	$(t_p+\Delta t)/\Delta t$
0.003	6617	31000000	1.067	6669	8074
0.017	6632	516668	2.133	6678	4038
0.033	6644	358334	4.267	6685	2019
0.067	6650	129168	8.533	6697	1010
0.133	6654	64544	17.067	6704	506
0.267	6661	32293	34.133	6712	253
0.533	6666	16147			

以下储层和流体性质也是已知的：$p_i=6789.5$psi；$p_{wf}(\Delta t=0)=6352$psi；$Q_o=2554$STB/d；$B_o=2.3$bbl/STB；$\mu_o=1$cP；$t_p=8611$h；$r_w=0.375$ft；$c_t=8.17\times10^{-6}\text{psi}^{-1}$；$\phi_m=21\%$；$k_m=0.1$mD；$h_m=482$ft。计算 ω 和 λ。

解答：

第 1 步，在半对数坐标系中标绘 p_{ws} 与 $(t_p+\Delta t)/\Delta t$ 的关系曲线，如图 1.63 所示。

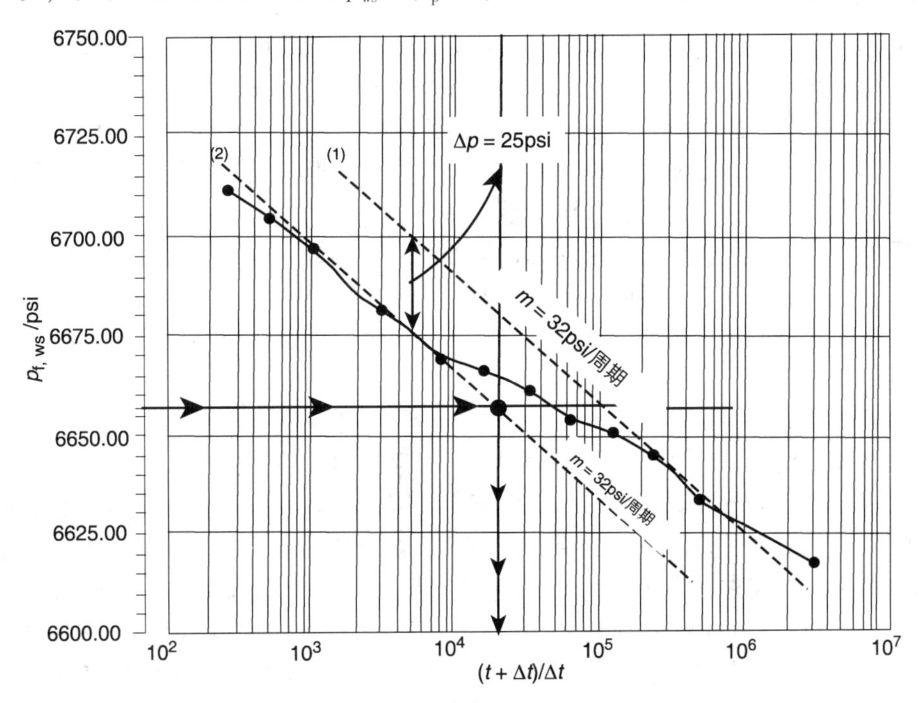

图 1.63 压力恢复试井的半对数曲线图

(来源：Sabet，M.，1991. Well Test Analysis. Gulf Publishing，Dallas，TX)

第 2 步，图 1.63 显示了两条平行的半对数直线，斜率为 $m=32$psi/周期。

第 3 步，利用斜率 m 计算$(k_f h)$：

$$(k_f h)=\frac{162.6Q_o B_o \mu_o}{m}=\frac{162.6(2556)(2.3)(1.0)}{32}=29848.3(\text{mD}\cdot\text{ft})$$

$$k_f=\frac{29848.3}{17}=1756(\text{mD})$$

第 4 步，确定两条直线之间的垂向距离 $\Delta p=25\text{psi}$。

第 5 步，由式(1.228)计算储集系数比 $\omega=10^{(-\Delta p/m)}=10^{(25/32)}=0.165$。

第 6 步，过过渡曲线段的中点画一条水平线，与这两条半对数直线相交。读取第二个交点所对应的时间得：

$$\left(\frac{t_p+\Delta t}{\Delta t}\right)_2=20000$$

第 7 步，由式(1.230)计算：

$$\begin{aligned}\lambda &=\left[\frac{1}{1-\omega}\right]\left[\frac{(\phi h c_t)_m \mu r_w^2}{1.781 k_f t_p}\right]\left(\frac{t_p+\Delta t}{\Delta t}\right)_2\\ &=\left[\frac{1}{1-0.165}\right]\times\left[\frac{(0.21)(17)(8.17\times10^{-6})(1)(0.375)^2}{1.781(1756)(8611)}\right](20000)\\ &=3.64\times10^{-9}\end{aligned}$$

应当指出，天然裂缝性油藏的压力动态类似于没有层间窜流的层状油藏。实际上，在由两种主要岩石类型构成的任何储层系统中，压力恢复特征都类似于图 1.62 所示的曲线。

Gringarten(1987)指出，在半对数图上，这两条直线可能会出现，也可能不会出现，这要取决于井况和测试时间的长短。他得出结论认为：半对数曲线图并不是识别双重孔隙介质产层动态的有效或者充分的手段。在双对数图上，例如图 1.62 所示，双重孔隙介质产层动态表现为一条“S”形曲线。这条曲线的初始部分代表了渗透率最高介质(例如裂隙)中流体开采所产生的均匀压力动态。过渡曲线紧随其后，它对应于介质间流动。曲线的最后部分代表了这两种介质的均匀压力动态，此时，来自低渗透率介质(基岩)的流体补给已完全实现，而且压力已达到平衡。在双重孔隙介质产层动态识别方面，双对数分析是在常规半对数分析方法基础之上进行的一次重大改进。然而，在地层伤害严重的井中，“S”形曲线难于识别，可能会错误地把生产井动态诊断为均匀的。此外，在边界不规则的生产井泄油体系内可能会观察到类似的“S”形动态曲线。

识别双重孔隙介质最为有效的方法可能是压力导数曲线图法。只要压力数据的品质足够好，而且更为重要的是，计算压力导数的方法具有很高的精确度，那么采用压力导数曲线图法就可以清楚地识别双重孔隙介质。如前文所述，压力导数分析涉及压力相对于时间的导数和与时间的双对数关系曲线。图 1.64 展示了双重孔隙介质的压力与时间以及压力导数与时间的复合双对数曲线。在这个导数曲线图上，受过渡时期介质间流动的影响，压力导数曲线出现了“最小值曲线段”(minimum)或者“下降曲线段”(dip)。这个“最小值曲线段”出现在两条水平线之间。第一条水平线代表受控于裂隙的径向流动，而第二条水平线代表双重孔隙介质的综合动态(combined behavior)。图 1.64 中早期的曲线展示了典型的井筒储集效应的动态，从 45°直线向最大值的偏离代表了井筒污染。Gringarten(1987)提出，最小值曲线段的形状取决于双重孔隙介质产层动态。对于受限的介质间流动而言，这个最小值曲线段呈“V”形，而不受限的介质间流动则会产生开放式的“U”形最小值曲线段。

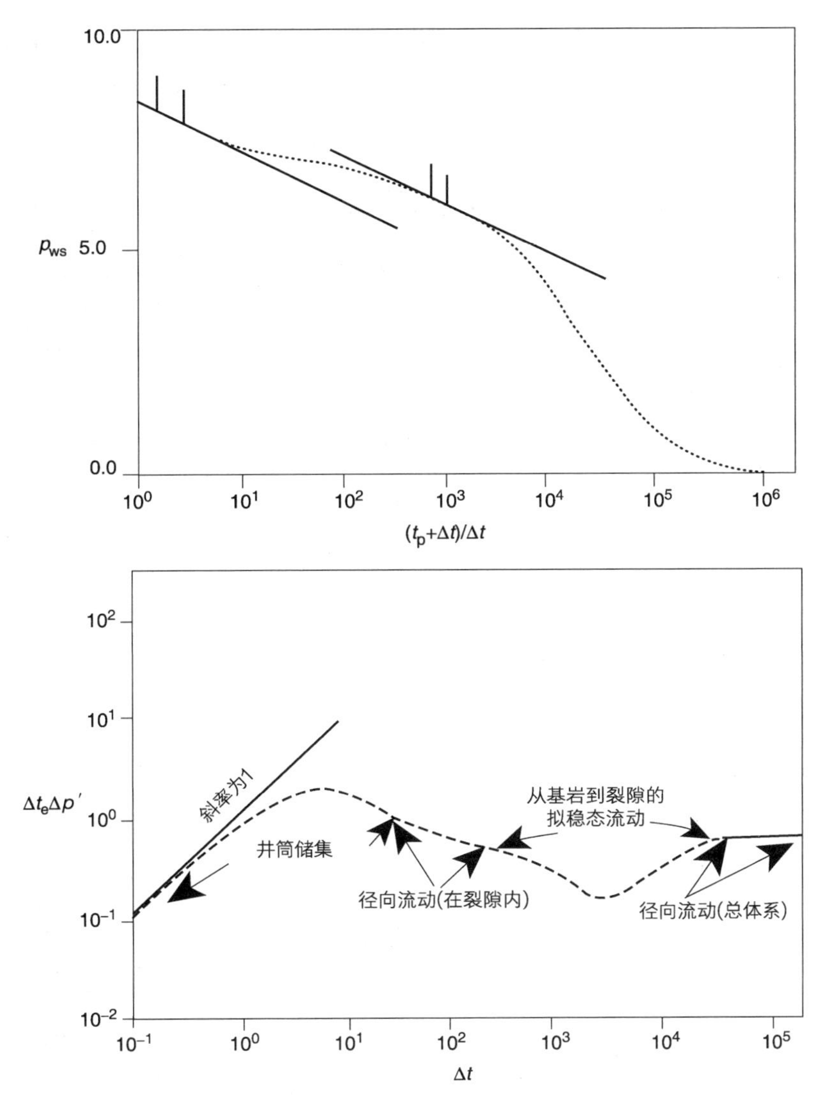

图 1.64　双重孔隙介质产层动态表现为半对数曲线图上的两条平行的半对数直线，而在导数曲线图上表现为最小值曲线段

根据 Warren 和 Root 的双重孔隙介质理论以及 Mavor 和 Cinco(1979)的研究成果，Bourdet 和 Gringarten(1980)建立了专门的标准压力曲线，用于分析双重孔隙介质的试井数据。他们证实，双重孔隙介质产层动态受控于以下独立的变量：p_D、t_D/C_D、$C_D e^{2s}$、ω、λe^{-2s}。

其中，无量纲压力 p_D和时间 t_D的定义如下：

$$p_D = \left[\frac{k_f h}{141.2QB\mu}\right]\Delta p$$

$$t_D = \frac{0.0002637k_f t}{[(\phi\mu c_t)_f + (\phi\mu c_t)_m]\mu r_w^2} = \frac{0.0002637k_f t}{(\phi\mu c_t)_{f+m}\mu r_w^2}$$

Bourdet 等(1984)通过把压力导数标准曲线引入求解过程，拓展了这些曲线的实际应用范围，并加强了它们的使用。他们建立了两套压力导数标准曲线，如图 1.65 和图 1.66 所示。第一套标准曲线(即图 1.65 所示)假设介质间流动遵守拟稳态流动条件，而第二套标准曲线(见图 1.66 所示)假设存在介质间的瞬变流动。不管采用哪一套标准曲线，都要涉及按照相同规模的对数周期(log cycle)绘制压差 Δp 与时间以及导数函数与时间的关系曲线。以这些关系曲线作为标准曲线，对于压力降落试井而言，导数函数由式(1.222)定义；而对于压力恢复试井而言，导数函数由式(1.223)给出。下面介绍这两套标准曲线各自的控制变量。

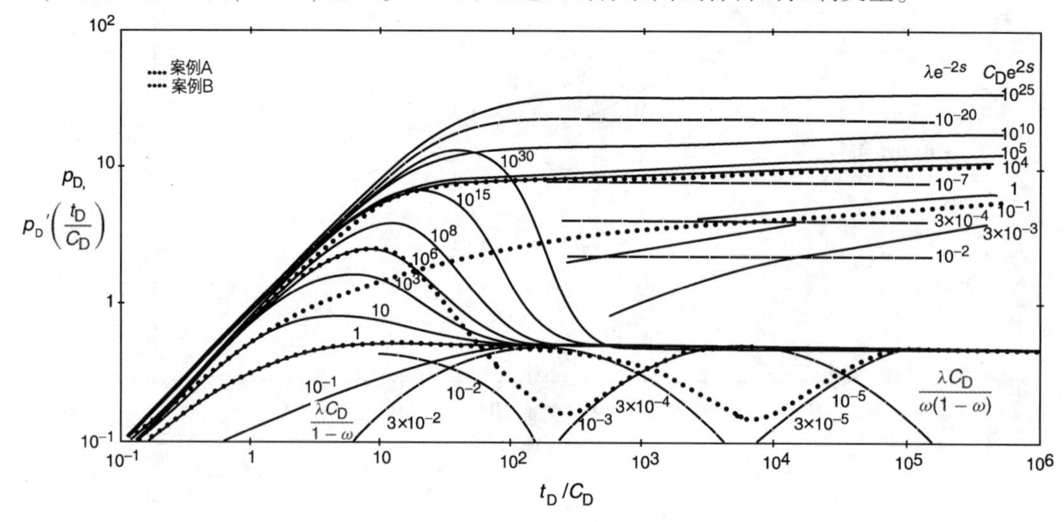

图 1.65　标准曲线拟合

(来源：Bourdet，D.，Alagoa，A.，Ayoub，J.A.，Pirard，Y.M.，1984.
New type curves aid analysis of fissured zone well tests. World Oil，April，pp.111-124；Copyright© 1984 World Oil)

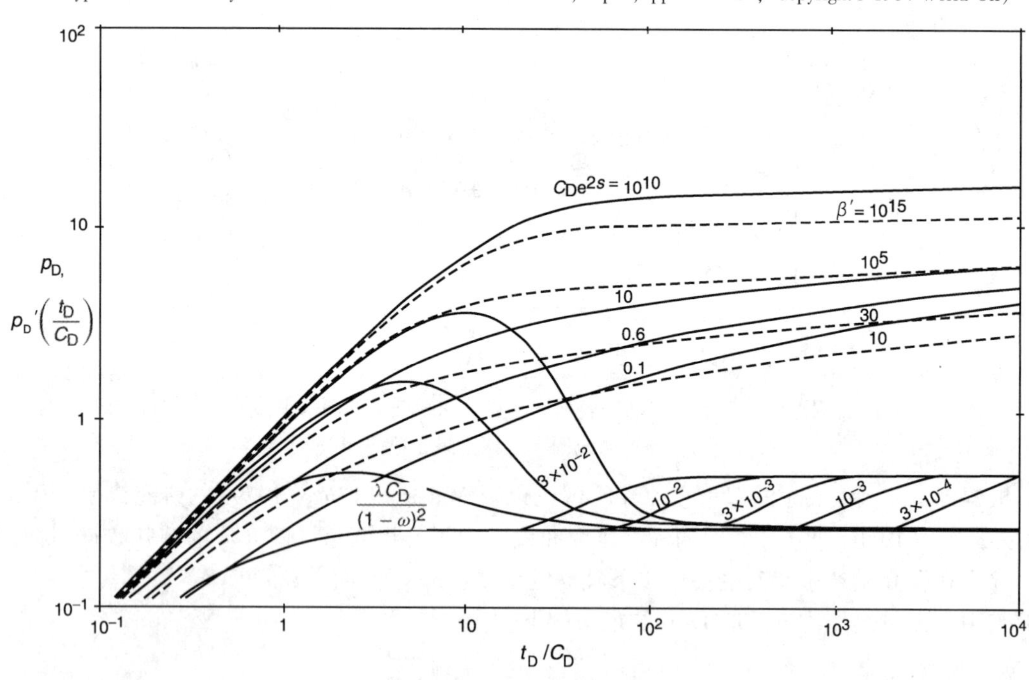

图 1.66　标准曲线拟合

(来源：Bourdet，D.，Alagoa，A.，Ayoub，J.A.，Pirard，Y.M.，1984.
New type curves aid analysis of fissured zone well tests. World Oil，April，pp.111-124；Copyright© 1984 World Oil)

1.5.3.1.1　第一套标准曲线——拟稳态介质间流动

实际的压力响应(即压差 Δp)由下列三条曲线来描述：

(1) 在早期阶段，流体来自裂隙(最具渗透性的介质)，而且实际压差曲线(即 Δp 曲线)与标注为(C_De^{2s})的均质介质曲线之一拟合，其对应的数值为$(C_De^{2s})_f$，描述的是裂隙内流体流动。这个数值被称为$[(C_De^{2s})_f]_M$。

（2）随着压差响应到达过渡区域，Δp 偏离 $C_{D}e^{2s}$ 曲线，与采用 λe^{-2s} 描述这种流动状态的过渡曲线之一拟合，这个数值被称为$[\lambda e^{-2s}]_{M}$。

（3）最后，压差响应偏离过渡曲线，并与第一条曲线之下的一条新的 $C_{D}e^{2s}$ 曲线拟合，其对应的数值为$(C_{D}e^{2s})_{f+m}$，描述的是总体系（即基岩和裂隙）的产层动态。这个数值被标注为$[(C_{D}e^{2s})_{f+m}]_{M}$。

在压力导数响应上，储集系数比 ω 定义了过渡区域压力导数曲线的形状，这个曲线段被描述为“下降曲线段(depression)”或“最小值曲线段(minimum)”。下降曲线段的长度和深度与 ω 的数值有关。ω 的数值越小，过渡时期的曲线就会越长，而且会越深。介质间流动因子 λ 是第二个参数，它确定的是过渡流动状态的时间轴的位置。λ 数值减小，下降曲线段就会偏向曲线图的右侧。

如图 1.65 所示，压力导数曲线与四个曲线段拟合：导数曲线与裂隙流动曲线$[(C_{D}e^{2s})_{f}]_{M}$拟合；导数曲线达到早期过渡时期，表现为下降曲线段，由早期过渡曲线$[(C_{D})_{f+m}/\omega(1-\omega)]_{M}$来描述；然后，压力导数曲线与标注为$[\lambda(C_{D})_{f+m}/(1-\omega)]_{M}$的后期过渡曲线拟合；在 0.5 线上进入总体系的压力动态。

1.5.3.1.2　第二套标准曲线——介质间瞬变流动

这套标准曲线由 Bourdet 和 Gringarten(1980)建立，并由 Bourdet 等(1984)进行了拓展。后者纳入了压力导数法，建立这套标准曲线所采用的方法与拟稳态介质间流动的相同。如图 1.66 所示，压力动态由三条曲线来确定，包括$(C_{D}e^{2s})_{f}$、β'和$(C_{D}e^{2s})_{f+m}$。他们把 β'定义为介质间无量纲组，其表达式如下：

$$\beta'=\delta\left[\frac{(C_{D}e^{2s})_{f+m}}{\lambda e^{-2s}}\right]$$

其中，参数 δ 是形状因子，赋值如下：对于球状块体，$\delta=1.0508$；对于板状基岩块体，$\delta=1.8914$。

由于瞬变介质间流动模型中第一阶段的裂隙流动持续的时间很短，实际上见不到$(C_{D}e^{2s})_{f}$曲线，因而没有把它纳入导数曲线。双重孔隙介质的压力导数响应始于 β'过渡曲线的导数，然后是标注为 $\lambda(C_{D})_{f+m}/(1-\omega)^{2}$的后期过渡曲线，最后在 0.5 线上进入总体系的压力动态。

Bourdet(1985)指出，在这两种双重孔隙介质模型之间，过渡时期流动状态的压力导数响应差别很大。对于介质间瞬变流动解而言，过渡时期始于早期，而且其曲线不会降低到很低的水平。而对于介质间拟稳态流动而言，过渡时期的起始时间比较晚，而且下降曲线段的形状更加明显。在从基岩到裂隙的流动符合拟稳态流动模型时，下降曲线段的深度没有下限；而对于介质间瞬变流动而言，下降曲线段的深度不会超过 0.25。

一般来讲，应用于图 1.66 所示标准曲线的拟合法和油藏参数估算法可以分为以下几个步骤：

第 1 步，利用实际的试井数据计算压差 Δp 和压力导数函数。对于压力降落试井而言，由式(1.222)来确定；而对于压力恢复试井而言，由式(1.223)来确定。

对于压力降落试井：

$$\Delta p=p_{i}-p_{wf}$$

$$t\Delta p'=-t\left(\frac{d(\Delta p)}{d(t)}\right)$$

对于压力恢复试井：

$$\Delta p = p_{ws} - p_{wf\ at\ \Delta t=0}$$

$$\Delta t_e \Delta p' = \Delta t\left(\frac{t_p + \Delta t}{\Delta t}\right)\left[\frac{d(\Delta p)}{d(\Delta t)}\right]$$

第 2 步，在对数坐标系中，在与图 1.66 相同的绘图纸上标绘第 1 步的计算结果与流动时间 t(压力降落试井)或者等效时间 Δt_e(压力恢复试井)的关系曲线。

第 3 步，把实际的两组曲线(即 Δp 和导数曲线)叠合到图 1.65 或图 1.66 上，并使这两组曲线同时与 Gringarten-Bourdet 标准曲线拟合。读取拟合的导数曲线$[\lambda(C_D)_{f+m}/(1-\omega)^2]_M$。

第 4 步，在这两个图上任意选取一个点，读取其坐标得：$(\Delta t,\ p_D)$ 和 $(t$ 或 $\Delta t_e,\ t_D/C_D)_{MP}$。

第 5 步，在依旧保持拟合的情况下，读取标注为$(C_D e^{2s})$的曲线的数值，它们与数据曲线的初始段$[(C_D e^{2s})_f]_M$及最后段$[(C_D e^{2s})_{f+m}]_M$拟合。

第 6 步，由下列关系式计算生产井参数和储层参数：

$$\omega = \frac{[(C_D e^{2s})_{f+m}]_M}{[(C_D e^{2s})_f]_M} \tag{1.231}$$

$$k_f h = 141.2QB\mu\left(\frac{p_D}{\Delta p}\right)_{MP} \tag{1.232}$$

$$C = \left[\frac{0.000295k_f h}{\mu}\right]\frac{(\Delta t)_{MP}}{(C_D/C_D)_{MP}} \tag{1.233}$$

$$(C_D)_{f+m} = \frac{0.8926C}{\phi c_t h r_w^2} \tag{1.234}$$

$$s = 0.5\ln\left[\frac{[(C_D e^{2s})_{f+m}]_M}{(C_D)_{f+m}}\right] \tag{1.235}$$

$$\lambda = \left[\frac{\lambda(C_D)_{f+m}}{(1-\omega)^2}\right]_M \frac{(1-\omega)^2}{(C_D)_{f+m}} \tag{1.236}$$

在拟稳态流动和介质间瞬变流动之间寻找最佳解一般比较直观。在拟稳态模型中，过渡时期压力导数的下降是过渡时期长度的函数。过渡流动状态持续时间比较长时，对应的 ω 值比较小，所产生的导数值(derivative level)要比实际的瞬变流动解的极限值 0.25 小得多。

下面以 Bourdet 等给出的并由 Sabet(1991)报告的压力恢复试井数据作为示例，说明压力导数标准曲线的应用。

【示例 1.35】

表 1.21 给出了一个天然裂缝性油藏的压力恢复数据和压力导数数据。下列流动和储层数据也是已知的：$Q=960$STB/d；$B_o=1.28$bbl/STB；$c_t=10\times10^{-6}\text{psi}^{-1}$；$\phi=0.7\%$；$\mu=0.2$cP；$r_w=0.29$ft；$h=36$ft。

表 1.21　天然裂缝性油藏的压力恢复试井数据①

Δt/h	Δp_{ws}/psi	$(t_p+\Delta t)/\Delta t$	斜率/(psi/h)	$\Delta p/[(t_p+\Delta t)/\Delta t]$
0.00000	0.000		3180.10	
3.48888×10^{-3}	11.095	14547.22	1727.63	8.56
9.04446×10^{-3}	20.693	5612.17	847.26	11.65
1.46000×10^{-2}	25.400	3477.03	486.90	9.74

续表

Δt/h	Δp_{ws}/psi	$(t_p+\Delta t)/\Delta t$	斜率/(psi/h)	$\Delta p/[(t_p+\Delta t)/\Delta t]$
2.01555×10^{-2}	28.105	2518.92	337.14	8.31
2.57111×10^{-2}	29.978	1974.86	257.22	7.64
3.12666×10^{-2}	31.407	1624.14	196.56	7.10
3.68222×10^{-2}	32.499	1379.24	159.66	6.56
4.23777×10^{-2}	33.386	1198.56	127.80	6.10
4.79333×10^{-2}	34.096	1059.76	107.28	5.64
5.90444×10^{-2}	35.288	860.52	83.25	5.63
7.01555×10^{-2}	36.213	724.39	69.48	5.36
8.12666×10^{-2}	36.985	625.49	65.97	5.51
9.23777×10^{-2}	37.718	550.38	55.07	5.60
0.10349	38.330	491.39	48.83	5.39
0.12571	39.415	404.71	43.65	5.83
0.14793	40.385	344.07	37.16	5.99
0.17016	41.211	299.25	34.38	6.11
0.19238	41.975	264.80	29.93	6.21
0.21460	42.640	237.49	28.85	6.33
0.23682	43.281	215.30	30.96	7.12
0.25904	43.969	196.92	25.78	7.39
0.28127	44.542	181.43	24.44	7.10
0.30349	45.085	168.22	25.79	7.67
0.32571	45.658	156.81	20.63	7.61
0.38127	46.804	134.11	18.58	7.53
0.43682	47.836	117.18	17.19	7.88
0.49238	48.791	104.07	16.36	8.34
0.54793	49.700	93.62	15.14	8.72
0.60349	50.541	85.09	12.50	8.44
0.66460	51.305	77.36	12.68	8.48
0.71460	51.939	72.02	11.70	8.83
0.77015	52.589	66.90	11.14	8.93
0.82571	53.208	62.46	10.58	9.11
0.88127	53.796	58.59	10.87	9.62
0.93682	54.400	55.17	8.53	9.26
0.99238	54.874	52.14	10.32	9.54
1.04790	55.447	49.43	7.70	9.64
1.10350	55.875	46.99	8.73	9.26
1.21460	56.845	42.78	7.57	10.14
1.32570	57.686	39.28	5.91	9.17
1.43680	58.343	36.32	6.40	9.10
1.54790	59.054	33.79	6.05	9.93
1.65900	59.726	31.59	5.57	9.95
1.77020	60.345	29.67	5.44	10.08
1.88130	60.949	27.98	4.74	9.93
1.99240	61.476	26.47	4.67	9.75
2.10350	61.995	25.13	4.34	9.87
2.21460	62.477	23.92	3.99	9.62

Δt/h	Δp_{ws}/psi	$(t_p+\Delta t)/\Delta t$	斜率/(psi/h)	$\Delta p/[(t_p+\Delta t)/\Delta t]$
2.43680	63.363	21.83	3.68	9.79
2.69240	64.303	19.85	3.06②	9.55③
2.91460	64.983	18.41	3.16	9.59
3.13680	65.686	17.18	2.44	9.34
3.35900	66.229	16.11	19.72	39.68

① 来源：Bourdet，D.，Alagoa，A.，Ayoub，J. A.，Pirard，Y. M.，1984. New type curves aid analysis of fissured zone well tests. World Oil，April，111-124；After Sabet，M.，1991. Well Test Analysis. Gulf Publishing，Dallas，TX。

② (64.983−64.303)/(2.9146−2.69240)=3.08。

③ [(3.68+3.06)/2]×19.85×(2.69240)^2/50.7=59.55。

据报告，该井以2952STB/d的产量开井生产了1.33h，后关井0.31h；再次开井，以相同的流量生产了5.05h，然后再关井0.39h；此后，再开井，以960STB/d的流量生产31.13h，然后关井开展压力恢复试井。分析压力恢复试井数据，并在假定存在瞬变介质间流动的情况下确定生产井参数和储层参数。

解答：

第1步，按照以下方法计算采出的石油总量N_p和流动时间t_p：

$$N_p=\frac{2952}{4}[1.33+5.05]+\frac{960}{24}31.13\approx 2030(\text{STB})$$

$$t_p=\frac{(24)(2030)}{960}=50.75(\text{h})$$

第2步，如图1.67所示，通过建立Horner曲线图来证实双重孔隙介质产层动态。图1.67显示出，两条平行的直线证实了双重孔隙介质的存在。

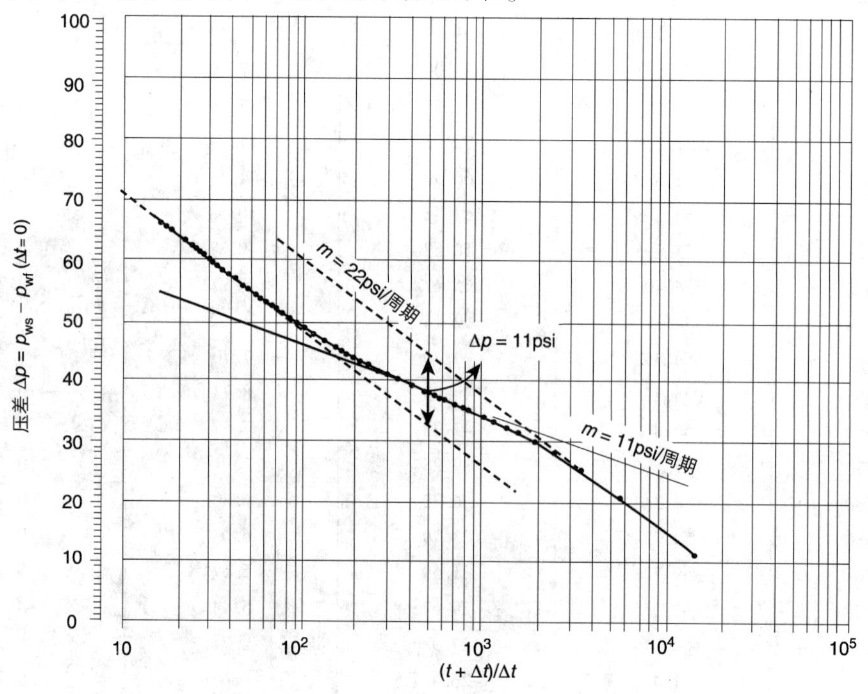

图1.67 Horner曲线图(数据来自表1.21)

(来源：Sabet，M.，1991. Well Test Analysis. Gulf Publishing，Dallas，TX)

第 3 步，采用与图 1.66 相同的网格系统，绘制实际压力导数与关井时间的关系曲线，如图 1.68(a)所示；绘制 Δp_{ws} 与时间的关系曲线，如图 1.68(b)所示。倾角为 45°的直线显示，试井存在轻微的井筒储集效应。

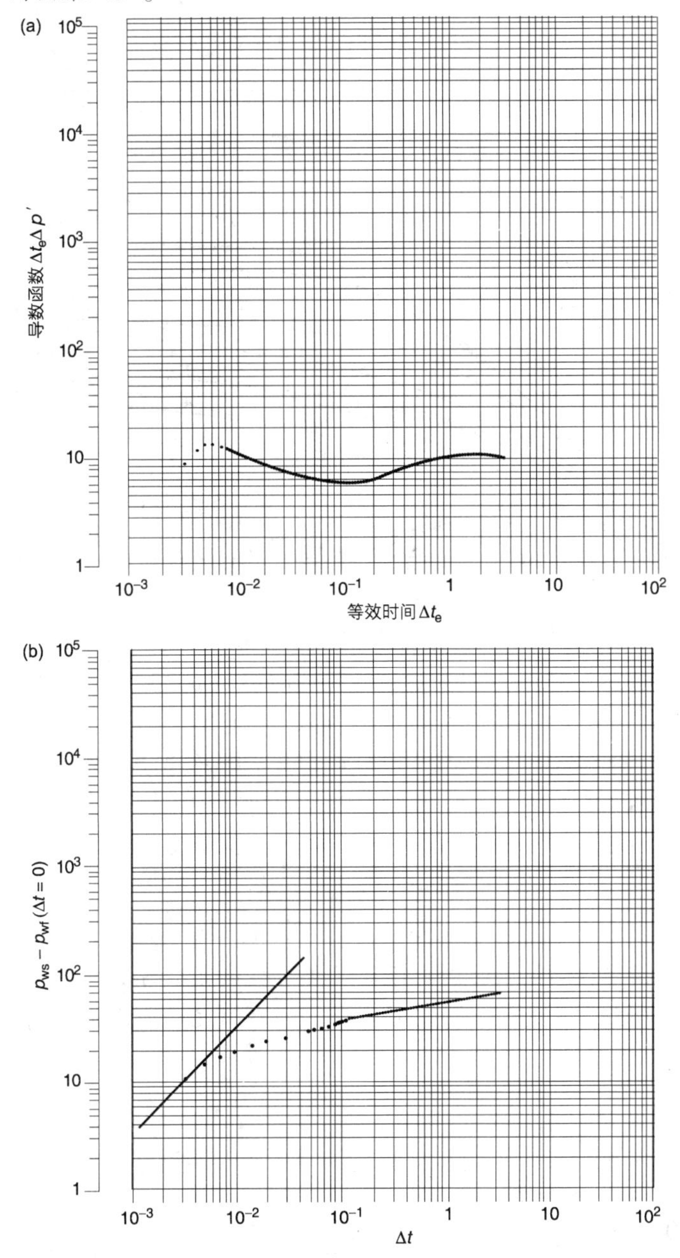

图 1.68 (a)导数函数；(b)Δp 与 Δt_e 的双对数曲线

(来源：Sabet, M., 1991. Well Test Analysis. Gulf Publishing, Dallas, TX)

第 4 步，把压差曲线和压力导数曲线叠合在双重孔隙介质瞬变流动标准曲线之上，如图 1.69 所示，得出以下拟合参数：

$$\left[\frac{p_D}{\Delta p}\right]_{MP} = 0.053$$

$$\left[\frac{t_D/C_D}{\Delta t}\right]_{MP} = 270$$

$$\left[\frac{\lambda(C_D)_{f+m}}{(1-\omega)^2}\right]_M=0.03$$

$$[(C_De^{2s})_f]_M=33.4$$

$$[(C_De^{2s})_{f+m}]_M=0.6$$

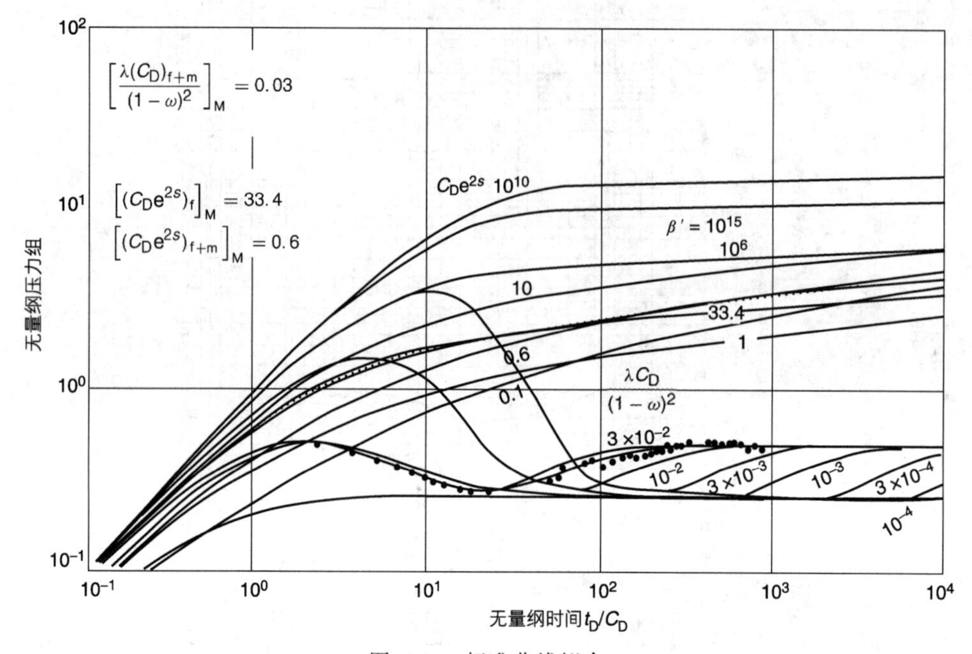

图 1.69 标准曲线拟合

(Bourdet, D., Alagoa, A., Ayoub, J. A., Pirard, Y. M., 1984. New type curves aid analysis of fissured zone well tests. World Oil, April, pp. 111–124; Copyright© 1984 World Oil)

第 5 步，由式(1.231)~式(1.236)计算生产井参数和储层参数得：

$$\omega=\frac{[(C_De^{2s})_{f+m}]_M}{[(C_De^{2s})_f]_M}=\frac{0.6}{33.4}=0.018$$

Kazemi(1969)曾指出，如果这两条平行直线之间的垂直距离 Δp 小于 100psi，那么利用式(1.228)计算 ω，所得结果将会具有明显的误差。图 1.67 显示出，Δp 大约是 11psi，式(1.228)计算得出了以下错误的数值：

$$\omega=10^{(-\Delta p/m)}=10^{(11/22)}=0.316$$

$$k_fh=141.2QB\mu\left(\frac{p_D}{\Delta p}\right)_{MP}=141.2(960)(1)(1.28)(0.053)=9196(\text{mD}\cdot\text{ft})$$

$$C=\left[\frac{0.000295k_fh}{\mu}\right]\frac{(\Delta t)_{MP}}{(C_D/C_D)_{MP}}=\frac{(0.000295)(9196)}{(1.0)(270)}=0.01(\text{bbl/psi})$$

$$(C_D)_{f+m}=\frac{0.8926C}{\phi c_thr_w^2}=\frac{(0.8936)(0.01)}{(0.07)(1\times10^{-5})(36)(90.29)^2}=4216$$

$$s=0.5\ln\left[\frac{[(C_De^{2s})_{f+m}]_M}{(C_D)_{f+m}}\right]=0.5\ln\left[\frac{0.6}{4216}\right]=-4.4$$

$$\lambda=\left[\frac{\lambda(C_D)_{f+m}}{(1-\omega)^2}\right]_M\frac{(1-\omega)^2}{(C_D)_{f+m}}=(0.03)\left[\frac{(1-0.018)^2}{4216}\right]=6.86\times10^{-6}$$

1.5.3.2　层状油藏

只有通过井筒才能沟通的无层间窜流的多层油藏，其压力动态明显不同于单层油藏。层状油藏可以划分为以下三大类：

（1）有层间窜流的层状油藏。这类油藏是指在井筒中和油藏内都能沟通的油藏。

（2）无层间窜流的层状油藏（commingled layered reservoirs）。这类油藏是指只有通过井筒才能沟通的油藏。在不同的油层之间存在完全的低渗透阻挡层。

（3）复合油藏（composite reservoir）。这类油藏是指由无层间窜流油层和一些具有层间窜流油层组成的油藏。具有层间窜流的每一个油层在试井中都似乎表现为均质且各向同性的地层；但复合油藏应当表现出与有层间窜流的层状油藏完全相同的特征。

部分层状油藏似乎表现出双重孔隙介质储层的特征，但实际上并非如此。在渗透率非常低的地层与相对薄的高渗透率地层交互出现时，这种油藏在试井中可能表现出与天然裂缝性油藏完全一样的特征，因而可能会导致人们错误地选择使用原本为双重孔隙介质设计的解释模型开展解释。不论是无层间窜流的油藏、有层间窜流的油藏，还是复合油藏中的生产井，其试井的目的都是确定表皮系数、渗透率和平均压力。

在试井过程中，有层间窜流的层状油藏的压力响应类似于均质储层，因而可以采用适当的常规半对数和双对数曲线图法进行分析。应当从渗透率-厚度之积的算术和，以及孔隙度-压缩系数-厚度之积的算术和的角度分析试井结果，其表达式如下：

$$(kh)_{\mathrm{t}}=\sum_{i=1}^{n\text{层}}(kh)_i$$

$$(\phi c_{\mathrm{t}}h)_{\mathrm{t}}=\sum_{i=1}^{n\text{层}}(\phi c_{\mathrm{t}}h)_i$$

Kazemi 和 Seth（1969）提出，如果从试井资料中已经获得了渗透率-厚度之积$(kh)_{\mathrm{t}}$的总和，运用下列关系式就可以根据单层流量 q_i 和总流量 q_{t} 近似地估算单层渗透率 k_i：

$$k_i=\frac{q_i}{q_{\mathrm{t}}}\left[\frac{(kh)_{\mathrm{t}}}{h_i}\right]$$

图 1.70 示意性地显示了无层间窜流的双层油藏系统的压力恢复试井曲线。反映早期数据的直线 AB 给出了适当的地层系数$(kh)_{\mathrm{t}}$平均值。较平缓的 BC 曲线段类似于关井压力（译者

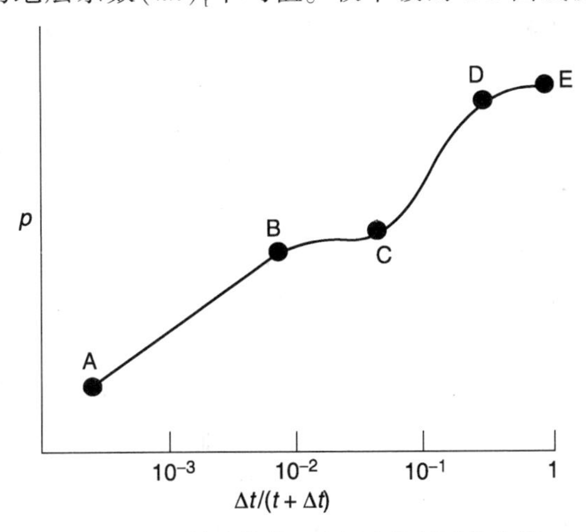

图 1.70　双层油藏的理论压力恢复试井曲线

（Lefkovits，H.，Hazebroek，P.，Allen，E.，Matthews，C.，1961.
A study of the behavior of bounded reservoirs. SPE. J. 1（1），43-58；Copyright© 1961 SPE）

注：原文为“statistic pressure”，可能是印刷错误)下的单层油藏系统的情况，它表明渗透率比较高的油层的压力已几乎达到其平均值。CD 曲线段代表开采程度因渗透率较低而比较差的油层对渗透率较高油层的增压作用，而最终扬起的 DE 曲线段代表稳定的平均压力。注意，其压力恢复曲线在一定程度上类似于天然裂缝性油藏。

Sabet(1991)指出，当无层间窜流层状油藏在拟稳态流动状态下进行生产时，利用下列关系式以及总流量和层地层系数 $\phi c_t h$ 可以近似计算任一层的流量 q_i：

$$q_i = q_t \left[\frac{(\phi c_t h)_i}{\sum_{j=1} (\phi c_t h_i) j} \right]$$

1.5.4 水力压裂的油藏

裂缝(fracture)定义为在水力压力作用下从井筒起裂的单条裂纹。应当注意，裂缝(fracture)不同于“裂隙(fissure)”，后者是指天然裂缝。通过水力压裂诱发的裂缝一般是垂直的，但如果所压裂层段的埋深小于约 3000ft，那么它也可以是水平的。垂直裂缝具有以下特征参数：裂缝半长 x_f，ft；无量纲半径 r_{eD}，其中 $r_{eD} = r_e / x_f$；裂缝高度 h_f，通常被假定为等于地层厚度，ft；裂缝渗透率 k_f，mD；裂缝宽度 w_f，ft；裂缝导流能力 F_C，$F_C = k_f w_f$。

水力压裂井的试井分析涉及那些会对未来油井动态产生影响的油井和储层变量的识别。然而，压裂油井要比普通油井复杂得多。穿过油井的裂缝的几何特征是未知的，例如 x_f、w_f 和 h_f。此外，导流能力也是未知的。

Gringarten 等(1974)、Cinco 和 Samaniego(1981)及其他一些研究者提出了三种瞬变流动模型，用于分析垂直压裂油井的不稳定压力数据。这些模型是：无限导流垂直裂缝、有限导流垂直裂缝、流量均布型裂缝。下面分别描述这三种类型裂缝。

(1) 无限导流垂直裂缝。这种裂缝是通过常规水力压裂作业产生的，其突出特点是导流能力很强，对于所有的实际分析而言，其导流能力都可以视为是无限的。在这种情况下，裂缝类似于具有无限渗透率(infinite permeability)的大直径管子，所以从裂缝的末端到井筒基本上没有压降，即在裂缝中没有压力损失。这个模型假设所有流体都是通过裂缝流入井筒的，而且表现出三个流动阶段：裂缝线性流动阶段、地层线性流动阶段、无限大地层拟径向流动阶段。有多个专门的曲线图可用于识别各流动阶段的起点和终点。例如，Δp 对 Δt 的早期双对数曲线图会表现为斜率为 0.5 的一条直线。与无限导流裂缝相关的这些流动阶段，以及专门的特征曲线图将在本节的后面进行论述。

(2) 有限导流裂缝。它们是大规模水力压裂(MHF)形成的非常长的裂缝。这种类型的裂缝需要有大量的支撑剂来把它们支撑开，其结果是这些裂缝的渗透率 k_f 要低于无限导流裂缝。这些有限导流垂直裂缝的特点是裂缝中存在可以测量的压降，因而在水力压裂后油井的试井中会表现出独特的压力响应。这种裂缝系统的不稳定压力动态可以划分为以下四个接续的流动阶段(下文将对其进行详细论述)：最初是“裂缝中的线性流动”；紧接着是双线性流动；然后是“地层中的线性流动”；最终是“无限大地层拟径向流动”。

(3) 流量均布型裂缝。流量均布型裂缝是指在整个裂缝的长度上储层流体从地层流入裂缝的速度都是均匀的裂缝。这个模型在多个方面都类似于无限导流垂直裂缝，两者的差异表现在裂缝的边界处。流量均布型裂缝的特征是压力沿着裂缝有变化，而且基本上表现出两个流动阶段：线性流动阶段和无限大地层拟径向流动阶段。

除了被高度支撑的导流裂缝，一般认为，与无限导流裂缝理论相比，流量均布裂缝理论能更好地反映现实；但这两者之间的差别相当小。

裂缝的渗透率要远大于其所穿过的地层，所以裂缝会明显影响试井的压力响应。油藏压力动态的通解是由无量纲变量来表示的。在分析水力压裂油井的不稳定压力数据时要采用以下无量纲组。

扩散系数组：

$$\eta_{\mathrm{fD}}=\frac{k_{\mathrm{f}}\phi c_{\mathrm{t}}}{k\phi_{\mathrm{f}}c_{\mathrm{ft}}} \tag{1.237}$$

时间组：

$$f_{\mathrm{Dx_f}}=\left[\frac{0.0002637k}{\phi\mu c_{\mathrm{t}}x_{\mathrm{f}}^{2}}\right]t=t_{\mathrm{D}}\left(\frac{r_{\mathrm{w}}^{2}}{x_{\mathrm{f}}^{2}}\right) \tag{1.238}$$

导流能力组：

$$F_{\mathrm{CD}}=\frac{k_{\mathrm{f}}}{k}\frac{w_{\mathrm{f}}}{x_{\mathrm{f}}}=\frac{F_{\mathrm{C}}}{kx_{\mathrm{f}}} \tag{1.239}$$

存储系数组：

$$C_{\mathrm{Df}}=\frac{0.8937C}{\phi c_{\mathrm{t}}hx_{\mathrm{f}}^{2}} \tag{1.240}$$

压力组：

$$p_{\mathrm{D}}=\frac{kh\Delta p}{141.2QB\mu}\text{（对于石油）} \tag{1.241}$$

$$p_{\mathrm{D}}=\frac{kh\Delta m(p)}{1424QT}\text{（对于天然气）} \tag{1.242}$$

裂缝组：

$$r_{\mathrm{eD}}=\frac{r_{\mathrm{e}}}{x_{\mathrm{f}}}$$

式中：x_{f}为裂缝半长，ft；w_{f}为裂缝宽度，ft；k_{f}为裂缝渗透率，mD；k 为压裂前地层渗透率，mD；t_{Dxf}为基于裂缝半长的无量纲时间；t 为压降过程中的流动时间 Δt，或者压力恢复过程中的流动时间 Δt_{e}；T 为温度，°R；F_{C}为裂缝导流能力，mD · ft；F_{CD}为无量纲裂缝导流能力；η 为水力扩散系数；c_{ft}为裂缝的总压缩系数，psi^{-1}。

注意，上述方程式都是针对压力降落试井的。在用于压力恢复试井分析时，应对其进行相应修改，具体方法是用下列数值替代压力和时间：试井为压降、压力恢复；压力为 $\Delta p=p_{\mathrm{i}}-p_{\mathrm{wf}}$或 $\Delta p=p_{\mathrm{ws}}-p_{\mathrm{wf}}(\Delta t=0)$；时间为 $t\Delta t$（或者 Δt_{e}）

一般来讲，在无量纲裂缝导流能力大于 300 时（即 $F_{\mathrm{CD}}>300$），裂缝可以归类于无限导流裂缝。

与这三种类型垂直裂缝相关的流动状态有四种，如图 1.71 的概念性示意图所示。它们是：裂缝线性流动、双线性流动、地层线性流动和无限大地层拟径向流动。

这些流动阶段可以通过把不稳定压力数据标绘在不同类型的曲线图上加以识别。部分曲线图是诊断和识别流动状态的极佳工具，其原因是试井数据可能对应于不同的流动阶段。针对各流动阶段的分析专用曲线图包括：适用于线性流动的 Δp 对$\sqrt{t}$的关系曲线；适用于双线性流动的 Δp 对$\sqrt[4]{t}$的关系曲线；适用于无限大地层拟径向流动的 Δp 对 $\log(t)$的关系曲线。下面论述这些类型的流动状态及其特征曲线图。

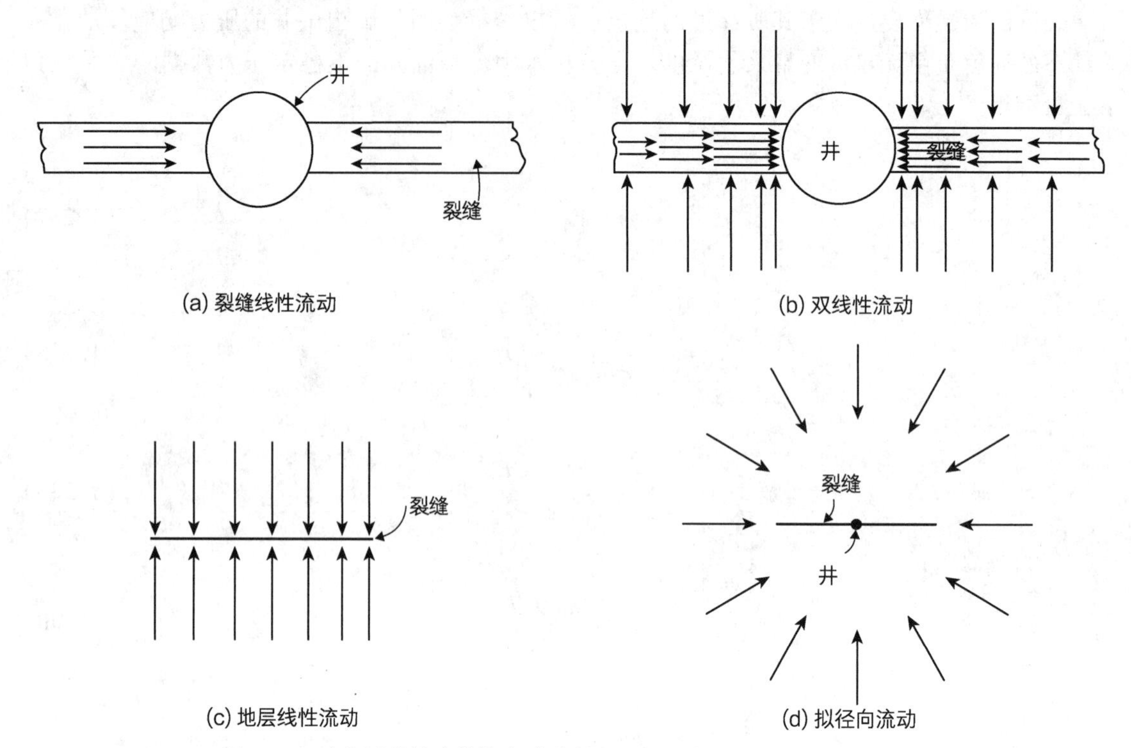

图 1.71 垂直压裂的油井的流动阶段(Cino 和 Samaniego, JPT, 1981)

1.5.4.1 裂缝线性流动

这是裂缝性系统中的第一个流体流动阶段。在这个流动阶段，在裂缝内流体膨胀的作用下，大部分流体都流入井筒，即来自地层的流体可以忽略不计。在这个流动阶段，裂缝内的流动和从裂缝到井筒的流动都呈线性，而且可以用线性形式的扩散方程进行描述。这种形式的扩散方程既适用于裂缝线性流动阶段，又适用于地层线性流动阶段。线性流动阶段不稳定试井数据可以采用 Δp 对$\sqrt{t}$的关系曲线来进行分析。遗憾的是，裂缝线性流动出现在非常早的时期，所以在试井分析中没有实际的应用价值。但是，在裂缝线性流动存在(对于 $F_{CD}>$ 300 的裂缝)的情况下，就可以利用由式(1.237)~式(1.242)给出的地层线性流动关系式，精确地分析地层线性流动阶段的压力数据。

即使裂缝线性流动存在，这个流动阶段持续的时间也很短，在有限导流裂缝($F_{CD}>300$)中通常就是如此，因此必须小心，以免错误地解释早期的压力数据。在这种情况下，表皮效应或井筒储集效应往往会使压力发生改变，其严重性往往可以达到使线性流直线不出现或者难于识别的程度。如果利用早期直线的斜率来确定裂缝的长度，斜率 m_{vf} 会错误地很高，而裂缝长度的计算值会不真实地小，而且无法得到有关裂缝产能系数的定量信息。

Cino 和 Samaniego(1981)观测发现，在下列时刻裂缝线性流动结束：

$$t_{Dx_f}\approx\frac{0.01(F_{CD})^2}{(\eta_{fD})^2}$$

1.5.4.2 双线性流动

这个流动阶段被称为双线性流动的原因，是同时存在两种类型的线性流动。正如 Cino (1981)最早指出的那样，一种流动是裂缝内的不可压缩线性流动，另一种流动是地层中的可压缩线性流动。在这个流动阶段，进入井筒的大部分流体都来自地层。裂缝尖端效应(fracture tip effects)不会影响双线性流动阶段的油井动态，因而相应地也就无法根据双线性流动阶段的油井生产数据来确定裂缝的长度。然而，在这个流动阶段，裂缝导流能力 F_C 的实际值是可以确定的。在有限导流情况下，过裂缝的压降是比较明显的，可以观测到双线性流动。但在无限导流情况下，观察不到双线性流动特征，其原因是裂缝的压降可以忽略不计。双线性流动的识别非常重要，其原因有以下两点：

（1）根据双线性流动阶段的油井数据不可能确定出独一无二的裂缝长度。如果要利用这个流动阶段的数据来计算裂缝的长度，所得计算结果会比真实的裂缝长度小很多。

（2）裂缝的实际导流能力 $k_f w_f$ 可以根据双线性流动压力数据来确定。

Cino 和 Samaniego 指出，采用下列表达式可以描述这个流动阶段的井筒压力变化。

对于水力压裂的油井而言，其无量纲压力的表达式为：

$$p_D = \left[\frac{2.451}{\sqrt{F_{CD}}}\right](t_{Dx_f})^{1/4} \tag{1.243}$$

对式(1.243)的两边同时取对数得：

$$\log(p_D) = \log\left[\frac{2.451}{\sqrt{F_{CD}}}\right] + \frac{1}{4}\log(t_{Dx_f}) \tag{1.244}$$

用压力来表示，上式可变换为：

$$\Delta p = \left[\frac{44.1QB\mu}{h\sqrt{F_C}(\phi\mu c_t k)^{1/4}}\right]t^{1/4} \tag{1.245}$$

或下列的等效表达式：

$$\Delta p = m_{bf} t^{1/4}$$

对上述表达式的两边同时取对数得：

$$\log(\Delta p) = \log(m_{bf}) + \frac{1}{4}\log(t) \tag{1.246}$$

其双线性流动直线的斜率 m_{bf} 的表达式为：

$$m_{bf} = \left[\frac{44.1QB\mu}{h\sqrt{F_C}(\phi\mu c_t k)^{1/4}}\right]$$

其中，F_C 是裂缝导流能力，其定义如下：

$$F_C = k_f w_f \tag{1.247}$$

对于压裂的天然气井而言，其无量纲表达式的形式为：

$$m_D = \left[\frac{2.451}{\sqrt{F_{CD}}}\right](t_{Dx_f})^{1/4}$$

即：

$$\log(m_D) = \log\left[\frac{2.451}{\sqrt{F_{CD}}}\right] + \frac{1}{4}\log(t_{Dx_f}) \tag{1.248}$$

用 $m(p)$ 来表示时，其表达式为：

$$\Delta m(p) = \left[\frac{444.6QT}{h\sqrt{F_C}(\phi\mu c_t k)^{1/4}}\right]t^{1/4} \tag{1.249}$$

其等效表达式为：

$$\Delta m(p) = m_{bf} t^{1/4} \tag{1.250}$$

对上述表达式的两边同时取对数得：

$$\log[\Delta m(p)] = \log(m_{bf}) + \frac{1}{4}\log(t)$$

式(1.245)和式(1.249)显示出，在直角坐标系中标绘 Δp 或 $\Delta m(p)$ 对 $t^{1/4}$ 的关系曲线，所得结果是一条过原点的直线，其斜率"$m_{\rm bf}$(双线性流动斜率)"的表达式如下。

对于石油而言：

$$m_{\rm bf}=\frac{44.1QB\mu}{h\sqrt{F_{\rm C}}(\phi\mu c_{\rm t}k)^{1/4}} \tag{1.251}$$

然后，利用这个斜率就可以求解裂缝导流能力 $F_{\rm C}$：

$$F_{\rm C}=\left[\frac{44.1QB\mu}{m_{\rm bf}h(\phi\mu c_{\rm t}k)^{1/4}}\right]^2$$

对于天然气而言：

$$m_{\rm bf}=\frac{444.6QT}{h\sqrt{F_{\rm C}}(\phi\mu c_{\rm t}k)^{1/4}} \tag{1.252}$$

其中：

$$F_{\rm C}=\left[\frac{444.6QT}{m_{\rm bf}h(\phi\mu c_{\rm t}k)^{1/4}}\right]^2$$

应当注意，如果直线图没有通过原点，那就说明近井筒地带的裂缝因存在流动限制而产生了额外的压降"$\Delta p_{\rm s}$"(被堵塞的裂缝，这里近井筒地带裂缝渗透率降低)。会导致产量损失的限制因素包括：打开程度不完善；湍流，可以通过增大支撑剂颗粒尺寸或浓度加以抑制；支撑剂替置(overdisplacement of proppant)；压井液进入裂缝。

类似地，式(1.246)和式(1.250)表明，在双对数坐标系内标绘 Δp 或 $\Delta m(p)$ 与时间的关系曲线，所得结果是一条斜率为 $m_{\rm bf}=1/4$ 的直线。这条直线可以作为双线性流的判别依据。

在双线性流动结束后，曲线会变弯曲，既会是凹面向上，也会是凹面向下，这要取决于无量纲裂缝导流能力 $F_{\rm CD}$ 的数值，如图1.72所示。在 $F_{\rm CD}$ 的数值小于1.6时，曲线凹面向下，而如果其数值大于1.6，则曲线凹面向上。向上的变化趋势表明裂缝的端部开始影响井筒的动态。如果试井的时间不够长，在 $F_{\rm CD}$ 大于1.6时，双线性流动还没有结束，就不可能计算裂缝的长度。在无量纲裂缝导流能力 $F_{\rm CD}$ 小于1.6时，就说明油藏内的流体流动已经从一维线性流主导的流动状态转变为二维流动状态。在这个特殊的情形下，即使在试井过程中双线性流的确已经结束，也不可能得出唯一的裂缝长度值。

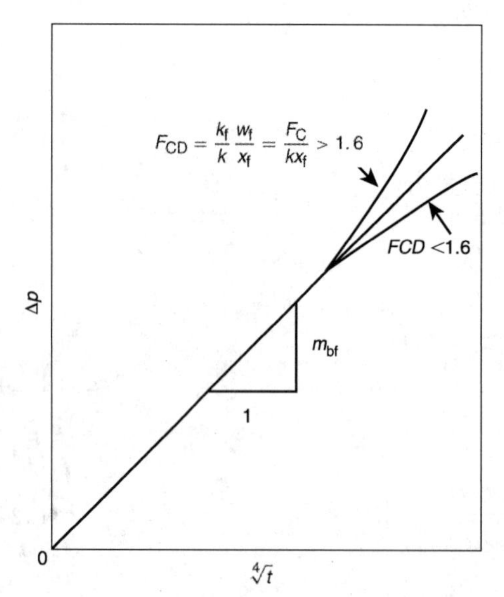

图1.72 双线性流压力数据分析曲线图

(来源：Cinco-Ley, H., Samaniego, F., 1981. Transient pressure analysis for finite conductivity fracture case versus damage fracture case. SPE Paper 10179)

Cino和Samaniego曾指出，可以根据双线性流直线来估算无量纲裂缝导流能力 $F_{\rm CD}$，方法是在这条直线的终点上读取压差 Δp 的数值($\Delta p_{\rm ebf}$)，然后运用下列表达式进行近似计算。

对于油井而言：

$$F_{\rm CD}=\frac{194.9QB\mu}{kh\Delta p_{\rm ebf}} \tag{1.253}$$

对于气井而言：

$$F_{\rm CD}=\frac{1965.1QT}{kh\Delta m(p)_{\rm ebf}} \tag{1.254}$$

双线性流("ebf")直线的终点取决于裂缝导流能力，而且可以根据下列关系式进行估算。

在 $F_{CD}>3$ 时：

$$t_{Debf} \approx \frac{0.1}{(F_{CD})^2}$$

在 $1.6 \leqslant F_{CD} \leqslant 3$ 时：

$$t_{Debf} \approx 0.0205[F_{CD}-1.5]^{-1.53}$$

在 $F_{CD} \leqslant 1.6$ 时：

$$t_{Debf} \approx \left[\frac{4.55}{\sqrt{F_{CD}}}-2.5\right]^{-4}$$

双线性流动数据的分析方法可以分为以下几个步骤：

第 1 步，在双对数坐标系内绘制 Δp 与时间的关系曲线。

第 2 步，确定是否有任何数据点落在斜率为 1/4 的直线上。

第 3 步，如果的确有数据点落在斜率为 1/4 的直线上，就在直角坐标系中重新绘制 Δp 与 $t^{1/4}$ 的关系曲线，并识别出构成双线性流直线的数据点。

第 4 步，确定在第 3 步中绘制的双线性流直线的斜率 m_{bf}。

第 5 步，由式(1.251)或式(1.252)计算裂缝导流能力 $F_C=k_f w_f$：

对于油井而言：

$$F_C=(k_f w_f)=\left[\frac{44.1QB\mu}{m_{bf}h(\phi\mu c_t k)^{1/4}}\right]^2$$

对于气井而言：

$$F_C=(k_f w_f)=\left[\frac{444.6QT}{m_{bf}h(\phi\mu c_t k)^{1/4}}\right]^2$$

第 6 步，在直线的终点读取压差的数值 Δp_{ebf} 或 $\Delta m(p)_{ebf}$。

第 7 步，由下列表达式近似计算裂缝导流能力：

对于油井而言：

$$F_{CD}=\frac{194.9QB\mu}{kh\Delta p_{ebf}}$$

对于气井而言：

$$F_{CD}=\frac{1956.1QT}{kh\Delta m(p)_{ebf}}$$

第 8 步，利用式(1.239)所表述的 F_{CD} 的数学表达式以及第 5 步得出的 F_C 数值估算裂缝长度：

$$x_f=\frac{F_C}{F_{CD}k}$$

【示例 1.36】

在致密气藏的一口压裂生产井中开展了压力恢复试井。以下气藏参数和气井参数已知：$Q=7.350\times10^6\text{ft}^3$(标)/d；$t_p=2640\text{h}$；$h=118\text{ft}$；$\phi=10\%$；$k=0.025\text{mD}$；$\mu=0.252\text{cP}$；$T=690°\text{R}$；$c_t=129\times10^{-6}\text{psi}^{-1}$；$p_{wf}(\Delta t=0)=1320\text{psi}$；$r_w=0.28\text{ft}$。

压力恢复数据的图形展示方式是 $\Delta m(p)$ 与 $(\Delta t)^{1/4}$ 的双对数关系曲线图，如图 1.73 所示。通过常规试井分析计算裂缝和储层参数。

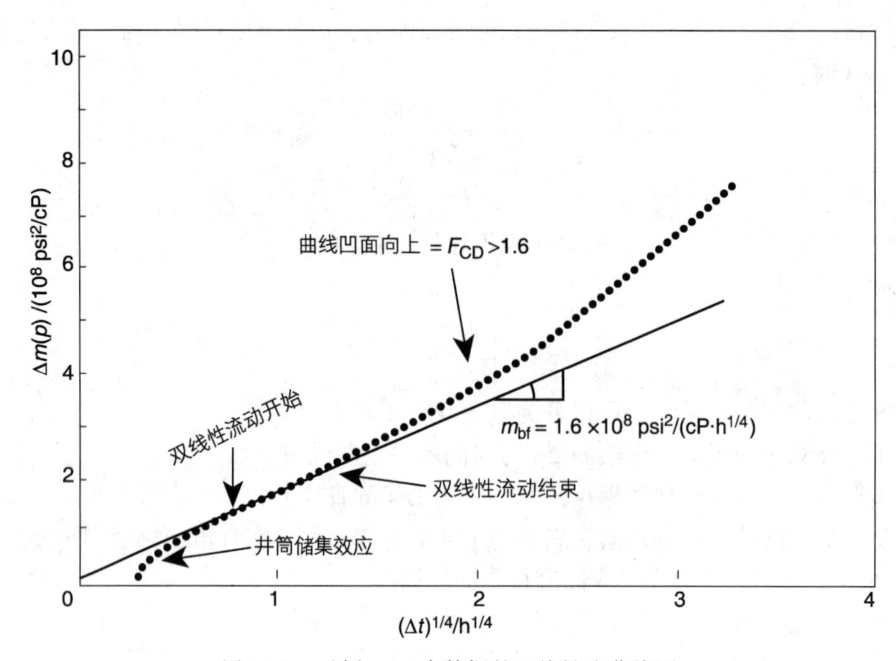

图 1.73　示例 1.36 中数据的双线性流曲线图

（来源：Sabet，M.，1991. Well Test Analysis. Gulf Publishing，Dallas，TX）

解答：

第 1 步，根据图 1.73 中所示的 $\Delta m(p)$ 与 $(\Delta t)^{1/4}$ 的关系曲线确定下列参数：$m_{bf}=1.6\times10^8$ psi/(cP·$h^{1/4}$)；$t_{sbf}\approx0.35$h（双线性流开始）；$t_{ebf}\approx2.5$h（双线性流结束）；$\Delta m(p)_{ebf}\approx2.05\times10^8$psi²/cP。

第 2 步，开展双线性流动分析。由式(1.252)计算裂缝导流能力 F_C 得：

$$F_C=\left[\frac{444.6QT}{m_{bf}h(\phi\mu c_t k)^{1/4}}\right]^2$$

$$=\left[\frac{444.6(7350)(690)}{(1.62\times10^8)(118)[(0.1)(0.0252)(0.129\times10^{-3})(0.025)]^{1/4}}\right]^2$$

$$=154(\text{mD}\cdot\text{ft})$$

由式(1.254)计算无量纲导流能力 F_{CD} 得：

$$F_{CD}=\frac{1965.1QT}{kh\Delta m(p)_{ebf}}=\frac{1965.1(7350)(690)}{(0.025)(118)(2.02\times10^8)}=16.7$$

由式(1.239)估算裂缝半长得：

$$x_f=\frac{F_C}{F_{CD}k}=\frac{154}{(16.7)(0.025)}=368(\text{ft})$$

1.5.4.3　地层线性流动

在双线性流动结束后有一个过渡阶段，而过渡阶段结束后，裂缝端部开始影响井筒压力动态，可能开始出现线性流动阶段。这个线性流动阶段通过无量纲导流能力大于 300(即 $F_{CD}>300$)的垂直裂缝来展示。与裂缝线性流动一样，在这个流动阶段采集的地层线性流动压力数据是裂缝长度 x_f 和裂缝导流能力 F_C 的函数。这个线性流动阶段的压力动态可以由线性形式的扩散系数方程来描述：

$$\frac{\partial^2 p}{\partial x^2}=\frac{\phi\mu c_t}{0.002637k}\frac{\partial p}{\partial t}$$

上述线性扩散系数方程的解，既可应用于裂缝线性流，也可以应用于地层线性流，其无量纲形式的解如下：

$$p_D=(\pi t_{Dx_f})^{1/2}$$

也可以由真实压力和时间来表示，其表达式如下。

对于压裂的油井而言：

$$\Delta p=\left[\frac{4.064QB}{hx_f}\sqrt{\frac{\mu}{k\phi c_t}}\right]t^{1/2}$$

其简化形式为：

$$\Delta p=m_{vf}\sqrt{t}$$

对于压裂的气井而言：

$$\Delta m(p)=\left[\frac{40.925QT}{hx_f}\sqrt{\frac{1}{k\phi\mu c_t}}\right]t^{1/2}$$

其简化形式为：

$$\Delta m(p)=m_{vf}\sqrt{t}$$

根据 Δp 与时间的双对数关系曲线图上斜率为 1/2 的直线所对应的压力数据，可以识别线性流动阶段，如图 1.74 所示。压力数据点的另外一种表现方式（diagnostic presentation）是直角坐标中 $\Delta(p)$ 或 $\Delta m(p)$ 与 $\sqrt{t}$ 的关系曲线（如图 1.75 所示），它们可能是与裂缝长度有关的斜率为 m_{vf} 的直线，其表达式为如下两种方式。

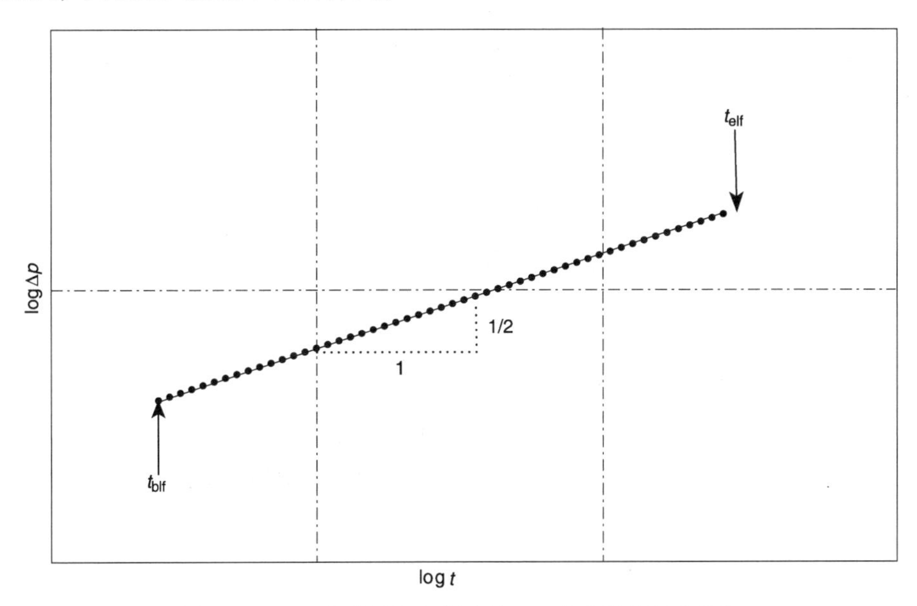

图 1.74 双对数曲线图上斜率为 1/2 的直线的压力数据

（来源：Cinco-Ley，H.，Samaniego，F.，1981.

Transient pressure analysis for finite conductivity fracture case versus damage fracture case. SPE Paper 10179）

对于压裂的油井而言：

$$x_f=\left[\frac{4.064QB}{m_{vf}h}\right]\sqrt{\frac{\mu}{k\phi c_t}} \tag{1.255}$$

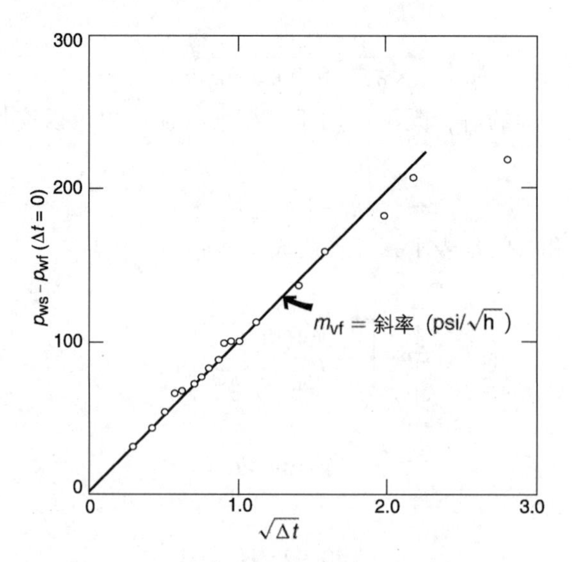

图 1.75　压力恢复试井的平方根数据曲线图

对于压裂的气井而言：

$$x_f=\left[\frac{40.925QT}{m_{vf}h}\right]\sqrt{\frac{1}{k\phi\mu c_t}} \tag{1.256}$$

图 1.74 和图 1.75 所示的直线关系提供了明确且易于识别的裂缝证据。如果应用得当，这些曲线图是检测裂缝的最佳诊断工具。实际上，除了在高导流能力的裂缝中以外，很少能够观测到 1/2 的斜率。有限导流裂缝的响应一般都要进入双线性流(1/4 斜率)之后的过渡阶段，并且在达到 1/2 斜率(线性流动)之前就已进入无限大地层拟径向流动状态。在井筒储集效应持续时间比较长的情况下，双线性流动压力动态可能会被掩盖，从而使利用当前的解释方法对数据进行分析变得很困难。

Agarwal 等(1979)曾指出，过渡阶段的压力数据先表现为一段弯曲的线，然后变成一条具有适当斜率的直线，代表裂缝线性流动。代表过渡流动阶段的弯曲线段的长度取决于裂缝的产能系数。裂缝产能系数越小，弯曲线段的长度约长。地层线性流动(“blf”)的起始时间取决于 F_{CD}，而且可以利用下列表达式进行近似估算：

$$t_{Dblf}\approx\frac{100}{(F_{CD})^2}$$

而且，这个线性流动阶段的终点(“elf”)出现的时间大致是：

$$t_{Dblf}\approx 0.016$$

以时间表示的这两个点(直线的起点和终点)的坐标可用于估算 F_{CD}，表达式如下：

$$F_{CD}\approx 0.0125\sqrt{\frac{t_{elf}}{t_{blf}}}$$

1.5.4.4　无限大地层拟径向流动

在这个流动阶段，流动特征类似于具有裂缝引起的负表皮效应的地层中的径向流动。传统的不稳定压力数据的半对数和双对数曲线图在这个阶段的分析中是可以使用的。例如，利用式(1.169)~式(1.171)分析压力降落试井的压力数据，即：

$$p_{wf}=p_i-\frac{162.6Q_oB_o\mu}{kh}\times\left[\log(t)+\log\left(\frac{k}{\phi\mu c_t r_w^2}\right)-3.23+0.87s\right]$$

或者以线性的方式表示：

$$p_i - p_{wf} = \Delta p = a + m\ \log(t)$$

其斜率 m 为：

$$m = \frac{162.6 Q_o B_o \mu_o}{kh}$$

求解产能系数得出：

$$kh = \frac{162.6 Q_o B_o \mu_o}{|m|}$$

表皮系数 s 可以由式(1.171)计算：

$$s = 1.151\left[\frac{p_i - p_{1小时}}{|m|} - \log\left(\frac{k}{\phi \mu c_t r_w^2}\right) + 3.23\right]$$

如果半对数图是以 Δp 与 t 关系曲线的形式绘制的，那么就要注意，其斜率 m 和 p_{wf} 与 t 的半对数关系曲线相同。这样就可以得出：

$$s = 1.151\left[\frac{\Delta p_{1小时}}{|m|} - \log\left(\frac{k}{\phi \mu c_t r_w^2}\right) + 3.23\right]$$

其中，$\Delta p_{1小时}$ 可以由斜率 m 的数学定义计算，方法是采用半对数直线上的两个点[为了方便起见，其中一个点可以选取 log(10) 所对应的 Δp]，计算公式如下：

$$m = \frac{\Delta p_{at\ \log(10)} - \Delta p_{1小时}}{\log(10) - \log(1)}$$

解这个式子求取 $\Delta p_{1小时}$ 得：

$$\Delta p_{1小时} = \Delta p_{at\ \log(10)} - m \tag{1.257}$$

同样，必须根据直线上 log(10) 所对应的点读取 Δp[log(10)]的数值。

Wattenbarger 和 Ramey(1968)已证实，在线性流动结束时的压力变化(即 Δp_{elf})和无限大地层拟径向流动开始时的压力变化(即 Δp_{bsf})之间存在一种近似的关系，其表达式如下：

$$\Delta p_{bsf} \geqslant 2\Delta p_{elf} \tag{1.258}$$

上述法则通常被称为“双 Δp 法则”，而且可以从斜率为 1/2 的直线结束时的双对数曲线图上获取，方法是在这个点读取 Δp 的数值(即 Δp_{elf})。对于压裂的井，Δp_{elf} 数值翻倍标志着无限大地层拟径向流动阶段的开始。这被称为“$10\Delta t$ 法则”的时间法则，也可用于标示拟径向流动阶段的开始，其表达式如下。

对于压力降落试井：

$$t_{bsf} \geqslant 10 t_{elf} \tag{1.259}$$

对于压力恢复试井：

$$\Delta t_{bsf} \geqslant 10 \Delta t_{elf} \tag{1.260}$$

这表明，无限大地层拟径向流动的正确起点出现在线性流动阶段结束后一个对数周期的位置上。图 1.76 以图形的形式说明了上述两个法则的概念。

有限导流裂缝中无限大地层径向流动阶段的起点还有另外一种近似表达方式，其表达式为：在 $F_{CD}>0.1$ 时，$t_{Dbs} \approx 5\exp[-0.5(F_{CD})^{-0.6}]$。

Sabet(1991)采用下面的压力降落试井数据说明了水力压裂井试井数据的分析过程，这些数据最初是由 Gringarten 等(1975)给出的。

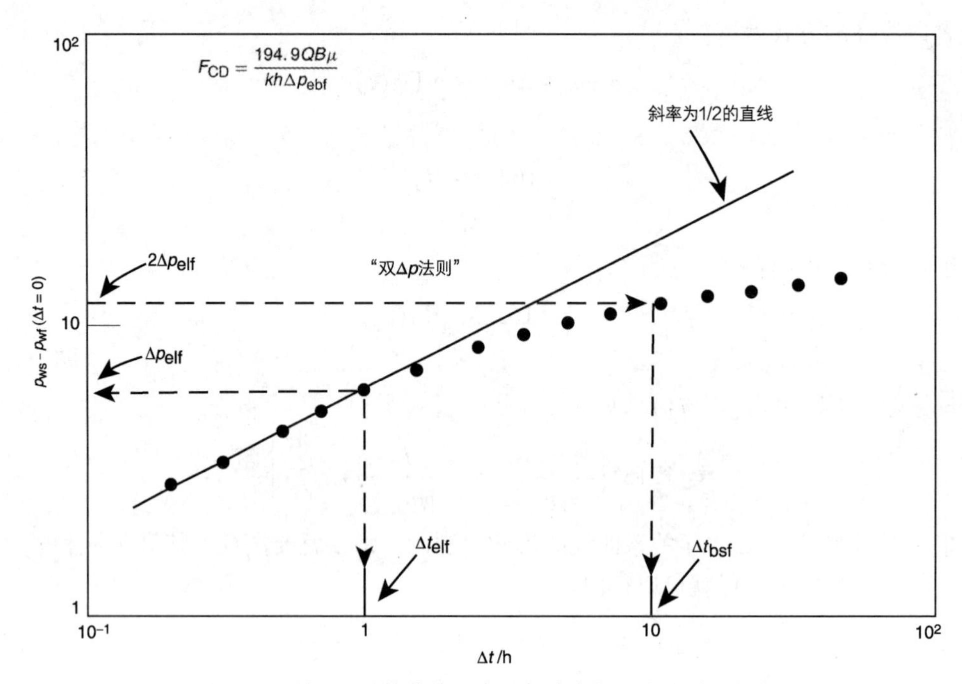

图 1.76　利用双对数曲线图来近似确定拟径向流动的起点

【示例 1.37】

一口具有无限导流能力的水力压裂井的压力降落试井数据见表 1.22：

表 1.22　水力压裂井的压力降落试井数据

t/h	p_{wf}/psi	Δp/psi	$\sqrt{t}$/$h^{1/2}$
0.0833	3759.0	11.0	0.289
0.1670	3755.0	15.0	0.409
0.2500	3752.0	18.0	0.500
0.5000	3744.5	25.5	0.707
0.7500	3741.0	29.0	0.866
1.0000	3738.0	32.0	1.000
2.0000	3727.0	43.0	1.414
3.0000	3719.0	51.0	1.732
4.0000	3713.0	57.0	2.000
5.0000	3708.0	62.0	2.236
6.0000	3704.0	66.0	2.449
7.0000	3700.0	70.0	2.646
8.0000	3695.0	75.0	2.828
9.0000	3692.0	78.0	3.000
10.0000	3690.0	80.0	3.162
12.0000	3684.0	86.0	3.464
24.0000	3662.0	108.0	4.899
48.0000	3635.0	135.0	6.928
96.0000	3608.0	162.0	9.798
240.0000	3570.0	200.0	14.142

此外，以下油藏数据也是已知的：$h=82$ft；$\phi=12\%$；$c_t=21\times10^{-6}\text{psi}^{-1}$；$\mu=0.65$cP；$B_o=1.26$bbl/STB；$r_w=0.28$ft；$Q_o=419$STB/d；$p_i=3770$psi。估算渗透率($k$)、裂缝半长($x_f$)、表

皮系数(s)。

解答:

第1步，绘制以下曲线图：在双对数坐标系内绘制 Δp 与 t 的关系曲线，如图1.77所示；在直角坐标系内绘制 Δp 与$\sqrt{t}$的关系曲线，如图1.78所示；在半对数坐标系内绘制 Δp 与 t 的关系曲线，如图1.79所示。

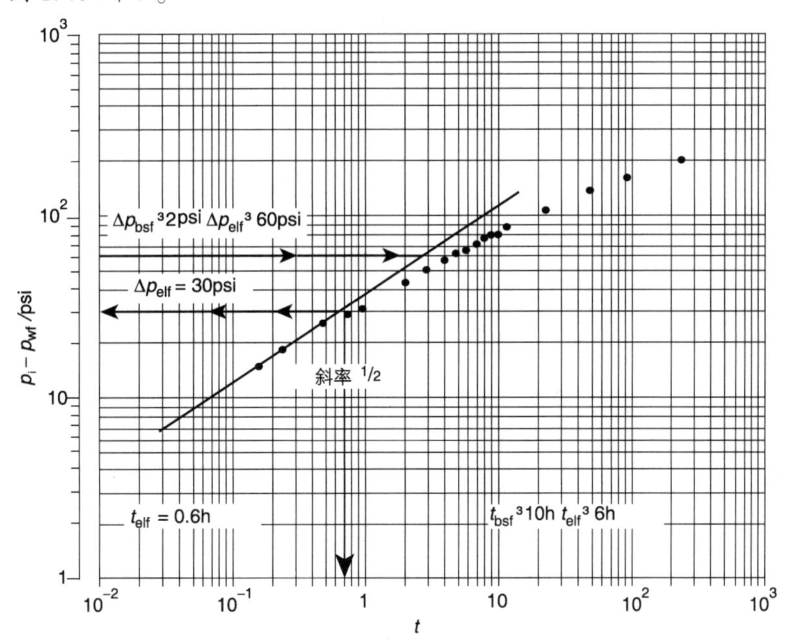

图1.77 示例1.37中压力降落试井数据的双对数曲线图

(来源：Sabet，M.，1991. Well Test Analysis. Gulf Publishing，Dallas，TX)

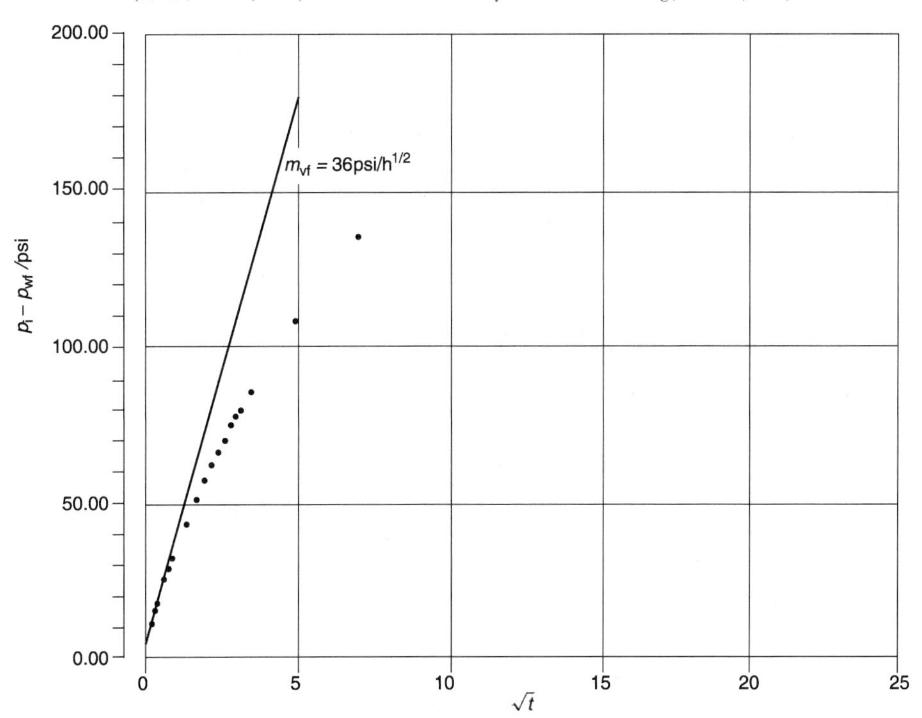

图1.78 示例1.37中压力降落试井数据的线性曲线图

(来源：Sabet，M.，1991. Well Test Analysis. Gulf Publishing，Dallas，TX)

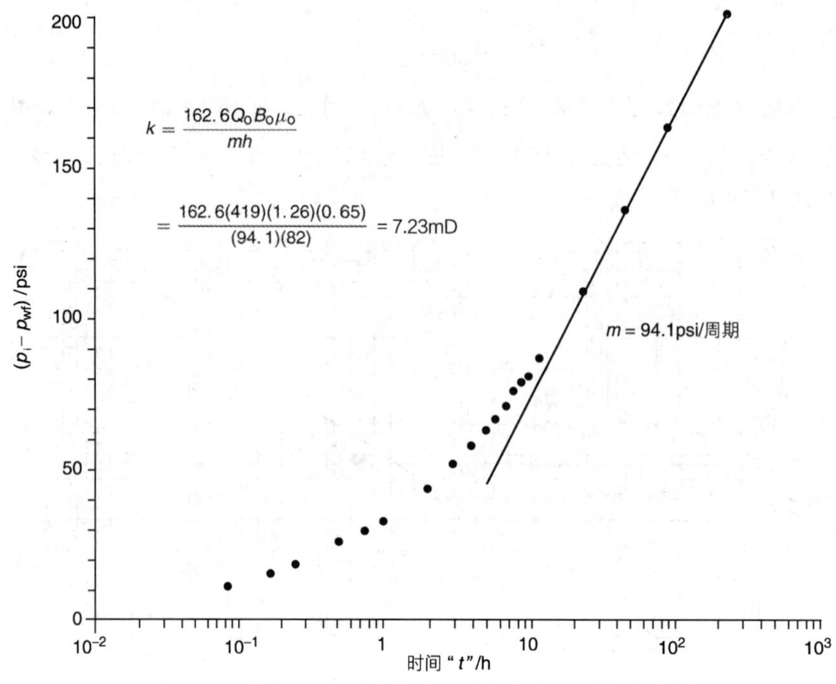

图 1.79　示例 1.37 压力降落试井数据的半对数曲线图

第 2 步，如图 1.77 所示，过早期的数据点画出一条代表 $\log(\Delta p)$ 与 $\log(t)$ 关系曲线的直线，并确定这条直线的斜率。图 1.77 展示了一条斜率为 1/2（并非 45°角）的直线，指示没有井筒储集效应的线性流。这个线性流动阶段持续了大约 0.6h，即：

$$t_{\text{elf}}=0.6\text{h}\Delta p_{\text{elf}}=30(\text{psi})$$

所以，无限大地层拟径向流可以用"双 Δp 法则"或者"一个对数周期法则"[即式(1.258)和式(1.259)]进行近似计算，得出：$t_{\text{bsf}}\geqslant 10t_{\text{elf}}\geqslant 6\text{h}$；$\Delta p_{\text{bsf}}\geqslant 2\Delta p_{\text{elf}}\geqslant 60\text{psi}$。

第 3 步，在 Δp 与$\sqrt{t}$的直角坐标系关系曲线中画出一条过早期压力数据点的直线，代表前 0.3h 的测试结果（如图 1.79 所示），并确定这条直线的斜率，得出：$m_{\text{vf}}=36\text{psi/h}^{1/2}$。

第 4 步，确定图 1.79 中代表非稳态径向流动的半对数直线的斜率，得出：$m=94.1$psi/周期。

第 5 步，利用这个斜率计算渗透率 k：

$$k=\frac{162.6Q_oB_o\mu_o}{mh}=\frac{162.6(419)(1.26)(0.65)}{(94.1)(82)}=7.23(\text{mD})$$

第 6 步，由式(1.255)估算裂缝半长，得出：

$$x_{\text{f}}=\left[\frac{4.064QB}{m_{\text{vf}}h}\right]\sqrt{\frac{\mu}{k\phi c_{\text{t}}}}=\left[\frac{4.064(419)(1.26)}{(36)(82)}\right]\sqrt{\frac{0.65}{(7.23)(0.12)(21\times10^{-6})}}=137.3(\text{ft})$$

第 7 步，由图 1.78 所示的半对数直线确定 $t=10\text{h}$ 时的 Δp，得出：$\Delta p_{\text{at }\Delta t=10}=71.7\text{psi}$。

第 8 步，利用式(1.257)计算 $\Delta p_{1\text{小时}}$：

$$\Delta p_{1\text{小时}}=\Delta p_{\text{at }\Delta t=10}-m=71.7-94.1=22.4(\text{psi})$$

第 9 步，求解"总"表皮系数 s，得出：

$$s=1.151\left[\frac{\Delta p_{1\text{小时}}}{|m|}-\log\left(\frac{k}{\phi\mu c_{\text{t}}r_{\text{w}}^2}\right)+3.23\right]$$

$$=1.151\left[\frac{-22.4}{94.1}-\log\left(\frac{7.23}{0.12(0.65)(21\times10^{-6})(0.28)^2}+3.23\right)\right]=-5.5$$

其中，视井筒比(apparent wellbore ratio)为：

$$r'_w = r_w e^{-s} = 0.28e^{5.5} = 68.5\text{ft}$$

注意，“总”表皮系数是多种因素的综合效应，包括：

$$s = s_d + s_f + s_t + s_p + s_{sw} + s_r$$

式中：s_d为因地层和裂缝污染而造成的表皮；s_f为因裂缝而造成的表皮，$s_f \ll 0$；s_t为因湍流而造成的表皮；s_p为因射孔而造成的表皮；s_{sw}为因斜井而造成的表皮；s_r为因流动受限而造成的表皮。

对于压裂油井的流动体系而言，有多个表皮分量可以忽略不计或者不适用，主要是s_t、s_p、s_{sw}和s_r。因此：

$$s = s_d + s_f$$

或：

$$s_d = s - s_f$$

Smith 和 Cobb(1979)曾提出，要评价压裂井受污染的程度，最佳方法是利用平方根曲线图。在没有污染的理想井中，平方根直线可以外推到$\Delta t = 0$时的p_{wf}，即$p_{wf\ at\ \Delta t=0}$。然而，在井被污染后，根据截距得出的压力值p_{int}会大于$p_{wf\ at\ \Delta t=0}$，如图 1.80 所示。注意，关井压力由式(1.253)描述为：

$$p_{ws} = p_{wf\ at\ \Delta t=0} + m_{vf}\sqrt{t}$$

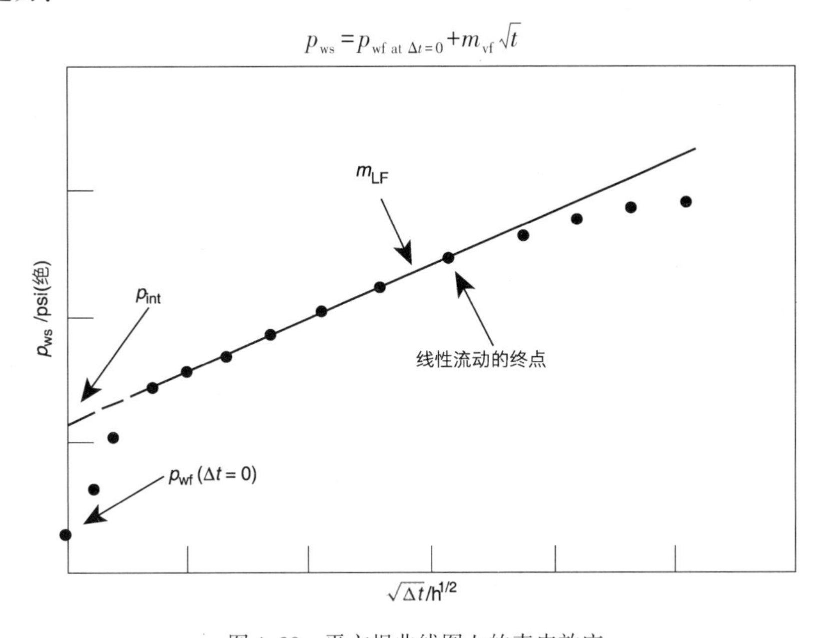

图 1.80　平方根曲线图上的表皮效应

Smith 和 Cobb 曾指出，不包括s_f的总表皮系数(即$s - s_f$)可以根据平方根曲线图来确定，方法是把直线外推到$\Delta t = 0$，根据截距确定的压力p_{int}就是因表皮污染而导致的压力损失，其表达式如下：

$$(\Delta p_s)_d = p_{int} - p_{wf\ at\ \Delta t=0} = \left[\frac{141.2QB\mu}{kh}\right]s_d$$

式(1.253)表明，如果$p_{int} = p_{wf\ at\ \Delta t} = 0$，那么因裂缝而产生的表皮$s_f$等于总表皮。

应当指出，如果裂缝的半长大于泄油半径的三分之一，那么外边界就会使半对数直线变形。无限大地层流动阶段的压力动态取决于裂缝的长度。对于比较短的裂缝而言，流动是径向的，但是随着裂缝的长度增加到与泄油半径一样长，流动就会转变为线性的。正如 Truitt (1964)所发现的那样，通过压裂井的传统试井分析得出的斜率不正确，数值太小，而且随着裂缝长度的增加，斜率的计算值会逐渐减小。Russell 和 Truitt 所建立的压力恢复试井的理论 Horner 曲线说明了压力响应特征对裂缝长度的这种依赖关系，如图 1.81 所示。如果裂缝针入度比(penetration ratio)(x_f/x_e)定义为裂缝半长 x_f 与封闭的方形泄油面积的半长 x_e 之比，那么图 1.81 所示的就是裂缝穿透深度对压力恢复曲线斜率的影响。对于穿透深度比较小的裂缝，压力恢复曲线的斜率仅略小于没有压裂井"径向流动"曲线的斜率。但随着裂缝穿透深度增大，压力恢复曲线斜率逐渐变小。这会导致产能系数(kh)计算值太大，平均压力计算结果错误，而且表皮系数太小。很显然，必须对数据分析和解释方法进行改进，以便把无限大地层流动阶段裂缝长度对压力响应的影响考虑进来。大多数公开的改进方法都要求使用迭代技术。标准曲线拟合法及其他专门的绘图方法已经为石油界所接受，它们具有准确且方便的优点，可用于分析压裂井的压力数据，下面对其进行简要论述。

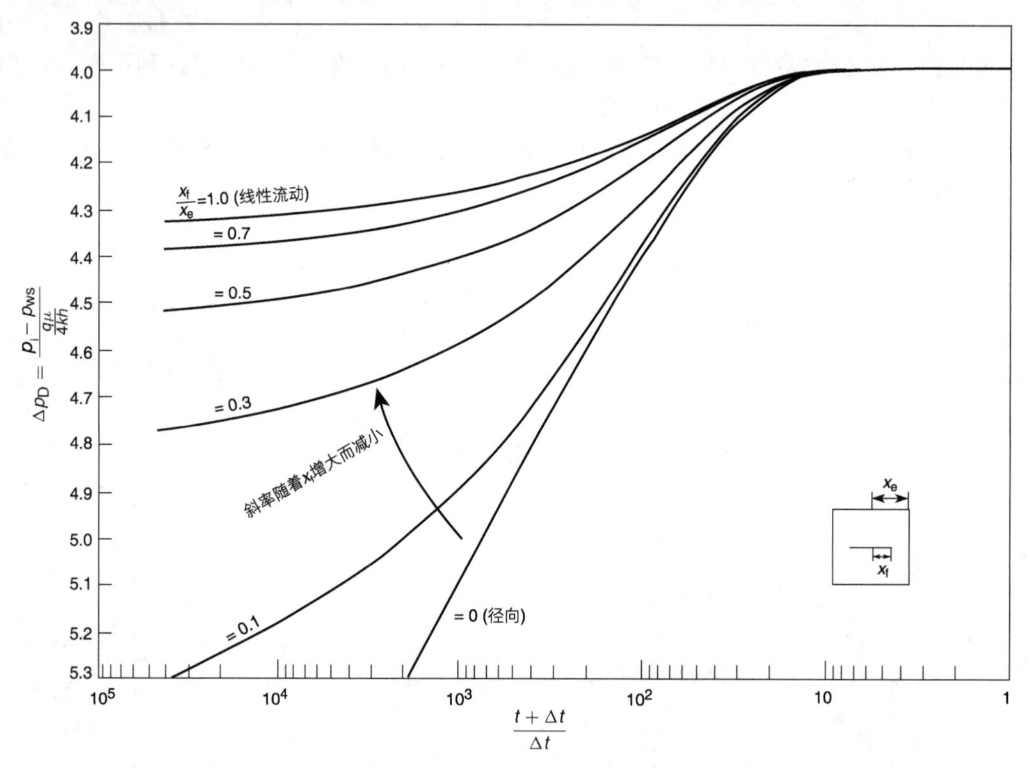

图 1.81 计算得出的垂直压裂油藏的压力恢复曲线

(来源：Russell，D.，Truitt，N.，1964. Transient pressure behaviour in vertically fractured reservoirs. J. Pet. Technol. 16(10)，1159-1170)

标准曲线拟合是分析压裂井不稳定试井压力数据的一种简便的替代方法。标准曲线拟合法就是按照与所选择标准曲线相同的坐标系绘制压差 Δp 与时间的关系曲线，然后与标准曲线之一进行拟合。Gringarten 等(1974)建立了方形泄油面积内无限导流垂直裂缝和流量均布型裂缝的标准曲线，分别显示在图 1.82 和图 1.83 中。这两张图显示的都是无量纲压降(p_d)(被等义地称为无量纲井筒压力 p_{wd})与无量纲时间 t_{Dxf} 的双对数关系曲线。裂缝解显示，初始流动阶段受控于线性流动，这个阶段的压力是时间平方根的函数。如前所述，在双对数坐标系中，这个流动阶段以斜率为 1/2 的直线为特征。无限大地层拟径向流动出现在无量纲时间 t_{Dxf}，其数值介于 1~3 之间。最后，所有的解都达到拟稳定状态。

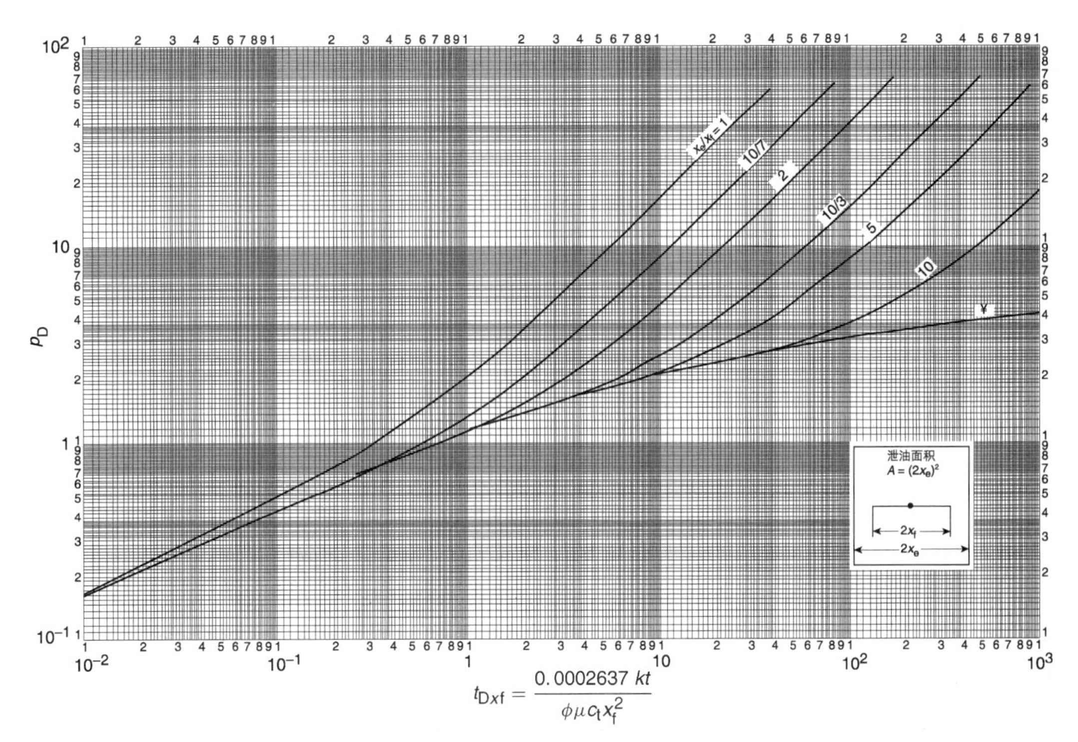

图 1.82　封闭的方形泄油面积中心垂直压裂井的无量纲压力，没有井筒储集效应，无限导流裂缝
（来源：Gringarten，A. C.，Ramey，H. J.，Jr.，Raghavan，R.，1974. Unsteady-state pressure distributions created by a well with a single infinite-conductivity vertical fracture. SPE J. 14(4)，347-360）

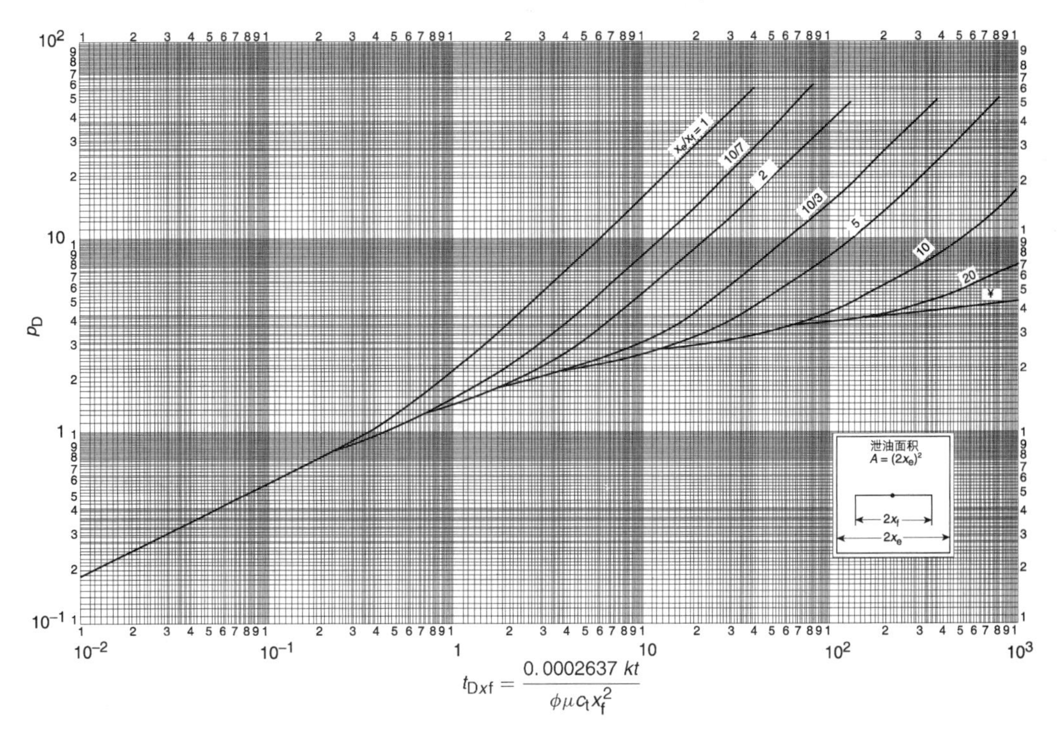

图 1.83　封闭的方形泄油面积中心垂直压裂井的无量纲压力，没有井筒储集效应，流量均布型裂缝
（来源：Gringarten，A. C.，Ramey，H. J.，Jr.，Raghavan，R.，1974. Unsteady-state pressure distributions created by a well with a single infinite-conductivity vertical fracture. SPE J. 14(4)，347-360）

在拟合过程中选取一个拟合点，标准曲线坐标轴上的无量纲参数用于估算地层渗透率和裂缝长度，计算公式如下：

$$k=\frac{141.2QB\mu}{h}\left[\frac{p_D}{\Delta p}\right]_{MP} \tag{1.261}$$

$$x_f=\sqrt{\frac{0.0002637k}{\phi\mu C_t}\left(\frac{\Delta t}{t_{Dx_f}}\right)_{MP}} \tag{1.262}$$

对于数值比较大的 x_e/x_f，Gringarten 等建议利用下式近似计算视井筒半径 r'_w：

$$r'_w\approx\frac{x_f}{2}=r_w e^{-s}$$

因此，可以根据下式近似计算表皮系数：

$$s=\ln\left(\frac{2r_w}{x_f}\right) \tag{1.263}$$

Earlougher(1977)曾指出，如果所有的试井数据点都落在 $\log(\Delta p)$ 与 $\log(t)$ 关系曲线图上斜率为 1/2 的直线上，即试井时间不够长，没有达到无限大地层拟径向流动阶段，那么不论是标准曲线拟合法，还是半对数曲线图法，都不能估算出地层渗透率 k。在致密气井中经常会出现这种情况。然而，斜率为 1/2 直线[即 $(\Delta p)_{last}$ 与 $(t)_{last}$ 的关系曲线]上的最后一个数据点，可用于估算渗透率的上限和最小裂缝长度，其表达式如下：

$$k\leqslant\frac{30.358QB\mu}{h(\Delta p)_{last}} \tag{1.264}$$

$$x_f\geqslant\sqrt{\frac{0.01648k(t)_{last}}{\phi\mu c_t}} \tag{1.265}$$

上述两个近似值仅对 $x_e/x_f\gg1$ 和无限导流裂缝才是有效的。对于流量均布型裂缝而言，常数 30.358 和 0.01648 分别变为 107.312 和 0.001648。为了说明 Gringarten 标准曲线在试井数据分析中的应用，我们给出了示例 1.38。

【示例 1.38】

一口无限导流压裂井的压力恢复试井数据见表 1.23：

表 1.23　一口无限导流压裂井的压力恢复试井数据

t/h	p_{wf}/psi	$p_{ws}-p_{wf\ at\ \Delta t=0}$/psi	$(t_p+\Delta t)\Delta t$
0.000	3420.0	0.0	0.0
0.083	3431.0	11.0	93600.0
0.167	3435.0	15.0	46700.0
0.250	3438.0	18.0	31200.0
0.500	3444.5	24.5	15600.0
0.750	3449.0	29.0	10400.0
1.000	3542.0	32.0	7800.0
2.000	3463.0	43.0	3900.0
3.000	3471.0	51.0	2600.0
4.000	3477.0	57.0	1950.0
5.000	3482.0	62.0	1560.0
6.000	3486.0	66.0	1300.0

续表

t/h	p_{wf}/psi	$p_{ws}-p_{wf\ at\ \Delta t=0}$/psi	$(t_p+\Delta t)\Delta t$
7.000	3490.0	70.0	1120.0
8.000	3495.0	75.0	976.0
9.000	3498.0	78.0	868.0
10.000	3500.0	80.0	781.0
12.000	3506.0	86.0	651.0
24.000	3528.0	108.0	326.0
36.000	3544.0	124.0	218.0
48.000	3555.0	135.0	164.0
60.000	3563.0	143.0	131.0
72.000	3570.0	150.0	109.0
96.000	3582.0	162.0	82.3
120.000	3590.0	170.0	66.0
144.000	3600.0	180.0	55.2
192.000	3610.0	190.0	41.6
240.000	3620.0	200.0	33.5

其他已知的数据还有：$p_i=2761$psi；$r_w=0.28$ft；$\phi=12\%$；$h=82$ft；$c_t=21\times10^{-6}\text{psi}^{-1}$；$\mu=0.65$cP；$B=1.26$bbl/STB；$Q=419$STB/d；$t_p=7800$h；泄油面积=1600acre(未全面投入开发)。计算渗透率、裂缝半长(x_f)、表皮系数。

解答：

第1步，在坐标系与图1.82中Gringarten标准曲线相同的描图纸上标绘Δp与Δt的关系曲线。如图1.84所示，把描图纸叠合在标准曲线上，得出以下拟合点：$(\Delta p)_{MP}=100$psi；$(\Delta t)_{MP}=10$h；$(p_D)_{MP}=1.22$；$(t_D)_{MP}=0.68$。

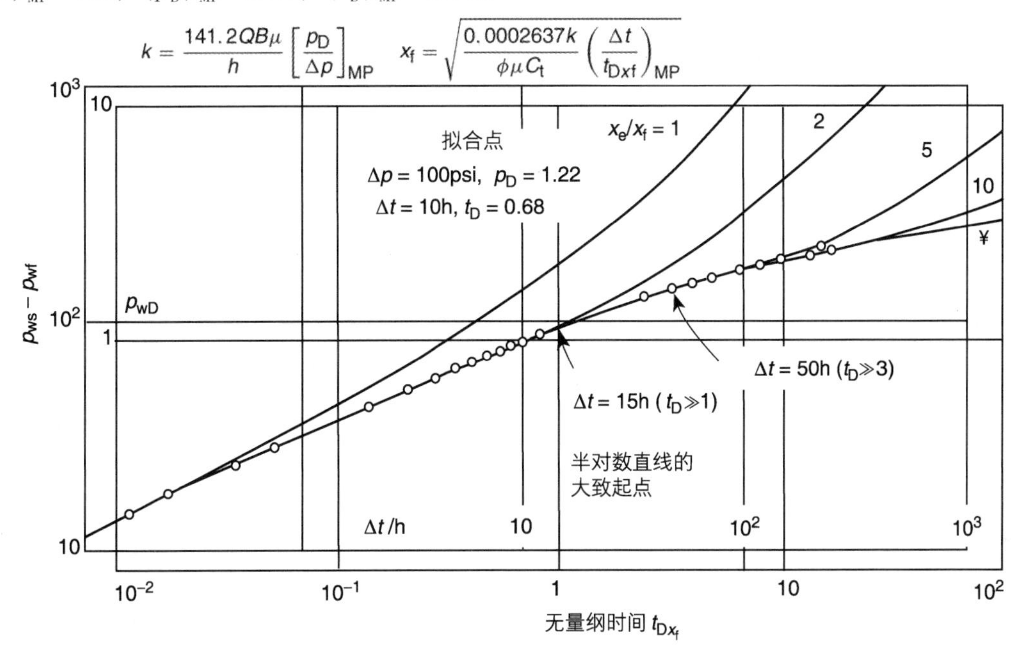

图1.84 标准曲线拟合(数据来自示例1.38)

(来源：Gringarten，A.C.，Ramey，H.J.，Jr.，Raghavan，R.，1974. Unsteady-state pressure distributions created by a well with a single infinite-conductivity vertical fracture. SPE J. 14(4)，347-360；Copyright© 1974)

第 2 步，分别利用式(1.261)和式(1.262)计算 k 和 x_f 得：

$$k=\frac{141.2QB\mu}{h}\left[\frac{p_D}{\Delta p}\right]_{MP}=\frac{(141.2)(419)(1.26)(0.65)}{(82)}\left[\frac{1.22}{100}\right]=7.21(\mathrm{mD})$$

$$x_f=\sqrt{\frac{0.0002637k}{\phi\mu C_t}\left(\frac{\Delta t}{t_{Dx_f}}\right)_{MP}}=\sqrt{\frac{0.0002637(7.21)}{(0.12)(0.65)(21\times10^{-6})}\left(\frac{10}{0.68}\right)}=131(\mathrm{ft})$$

第 3 步，由式(1.263)计算表皮系数得：

$$s=\ln\left(\frac{2r_w}{x_f}\right)\approx\ln\left[\frac{(2)(0.28)}{131}\right]=5.46$$

第 4 步，根据 Gringarten 等提出的标准，对标示半对数直线起点的时间进行逼近，即：

$$t_{Dx_f}=\left[\frac{0.0002637k}{\phi\mu c_t x_f^2}\right]t\geqslant3$$

即：

$$t\geqslant\frac{(3)(0.12)(0.68)(21\times10^{-6})(131)^2}{(0.0002637)(7.21)}\geqslant50(\mathrm{h})$$

在 50h 以后的所有数据都可用于由常规 Horner 曲线图法估算渗透率和表皮系数。图 1.85 显示了一个 Horner 曲线图，其相关参数如下：$m=95$psi/周期；$p^*=3746$psi；$p_{1小时}=3395$psi；$k=7.16$mD；$s=-5.5$；$x_f=137$ft。

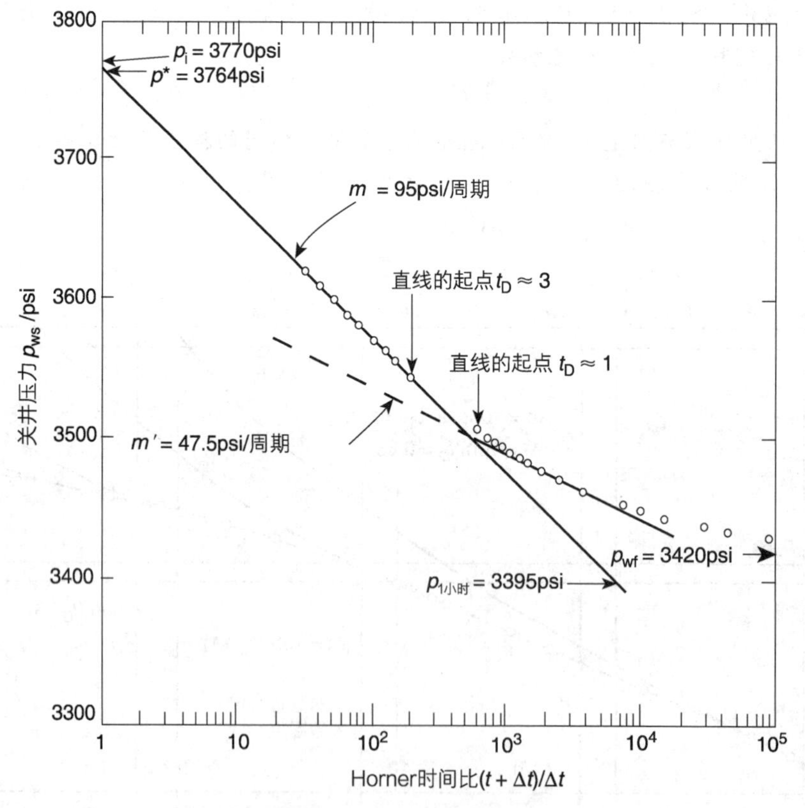

图 1.85　垂直裂缝(无限导流)的 Horner 曲线图

Cinco 和 Samaniego(1981)为有限导流垂直裂缝建立了如图 1.86 所示的标准曲线。所提出的标准曲线是基于双线性流动理论，而且对于介于 0.1π~1000π 之间的不同 F_{CD}数值。标准曲线都是以双对数坐标系内($p_D F_{CD}$)对($t_{Dx_f} F_{CD}{}^2$)关系曲线的形式表现的。这个曲线图的主要特征是：对于所有的 F_{CD}数值，双线性流(1/4 斜率)和地层线性流(1/2 斜率)的动态都是由单条曲线给出的。注意，在双线性流和线性流之间存在一个过渡阶段。这个图中的虚线指示无限大地层拟径向流的大致起点。

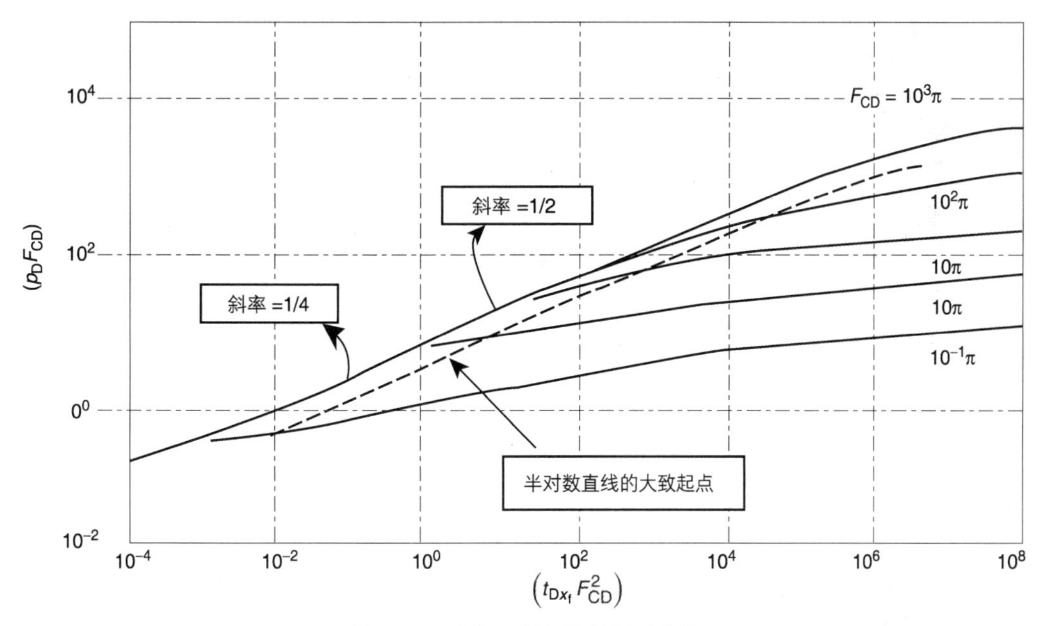

图 1.86　垂直压裂气井的标准曲线

(据 Cinco-Ley，H.，Samaniego，F.，1981. Transient pressure analysis for finite conductivity fracture case versus damage fracture case. SPE Paper 10179)

压力数据是以 log(Δp)与 log(t)关系曲线的形式成图的，而且所绘制的曲线图与具有无量纲有限导流特征的标准曲线(F_{CD})$_M$拟合，拟合点为：(Δp)$_{MP}$，($p_D F_{CD}$)$_{MP}$；(t)$_{MP}$，($t_{Dx_f} F_{CD}{}^2$)$_{MP}$；双线性流的终点(t_{ebf})$_{MP}$；地层线性流的起点(t_{blf})$_{MP}$；半对数直线的起点(t_{bssl})$_{MP}$。根据上述的拟合点可以计算 F_{CD}和 x_f。

对于油井而言：

$$F_{CD}=\left[\frac{141.2QB\mu}{hk}\right]\frac{(p_D F_{CD})_{MP}}{(\Delta p)_{MP}} \tag{1.266}$$

对于气井而言：

$$F_{CD}=\left[\frac{1424QT}{hk}\right]\frac{(p_D F_{CD})_{MP}}{(\Delta m(p))_{MP}} \tag{1.267}$$

裂缝半长的计算公式如下：

$$x_f=\left[\frac{0.0002637k}{\phi\mu c_t}\right]\frac{(t)_{MP}(F_{CD})_M^2}{(t_{Dx_f}F_{CD}^2)_{MP}}$$

Cinco 和 Samaniego 把无量纲有效井筒半径 r'_{wD}定义为视井筒半径 r'_w(译者注：原文中为 r'_{wD}，疑似印刷错误)与裂缝半长 x_f之比，即 $r'_{wD}=r'_w/x_f$。在此基础上，他们把 r'_{wD}与无量纲裂缝导流能力 F_{CD}进行了关联，并以图形的方式展示了关联的结果，如图 1.87 所示。

图 1.87 表明，在无量纲裂缝导流能力大于 100 时，无量纲有效井筒半径 r'_{wD}与裂缝导流能力没有关系，其数值固定为 0.5，即在 $F_{CD}>100$ 时，$r'_{wD}=0.5$。视井筒半径以裂缝表皮系数 s_f的形式表示：

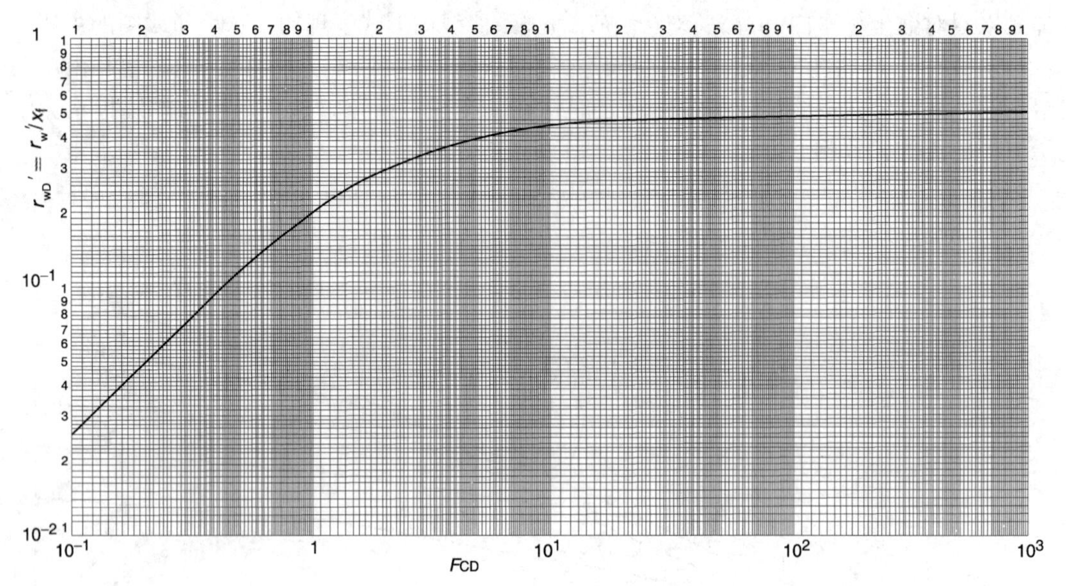

图 1.87　有效井筒半径与垂直裂缝的无量纲导流能力的关系曲线

（来源：Cinco-Ley，H.，Samaniego，F.，1981. Transient pressure analysis for finite conductivity fracture case versus damage fracture case. SPE Paper 10179）

$$r_w' = r_w e^{-s_f}$$

把 r_{wD}' 引入上述表达式，并求解 x_f，得出：

$$s_f = \ln\left[\left(\frac{x_f}{r_w}\right) r_{wD}'\right]$$

在 $F_{CD}>100$ 时，这个表达式可以简化为：

$$s_f = -\ln\left(\frac{x_f}{2r_w}\right)$$

应当记住一点，要得到较高质量的裂缝参数和油藏参数，对于不同的流动状态必须采用特定的分析图形。Cinco 和 Samaniego 曾利用示例 1.39 中的压力恢复试井数据，说明了如何利用其标准曲线来确定裂缝参数和油藏参数。

【示例 1.39】

为了方便起见，下面列出了示例 1.36 中所给出的压力恢复试井数据：$Q=7.350\times10^6 ft^3$（标）/d；$t_p=2640h$；$h=118ft$；$\phi=10\%$；$k=0.025mD$；$T=690°R$；$\mu=0.0252cP$；$c_t=129\times10^{-6}psi^{-1}$；$p_{wf}(\Delta t=0)=1320psi$（绝）；$r_w=0.28ft$。

以如下两种方式给出了压力恢复试井数据的图形显示：

（1）$\Delta m(p)$ 对 $\Delta(t)^{1/4}$ 的双对数曲线，如前文图 1.73 所示。

（2）在图 1.86 的标准曲线图上叠合 $\Delta m(p)$ 对 $\Delta(t)$ 的双对数曲线，其拟合情况如图 1.88 所示。

分别采用常规分析方法和标准曲线分析方法计算裂缝参数和油藏参数。对比这两方法的计算结果。

解答：

第 1 步，根据图 1.3 所示的 $\Delta m(p)$ 对 $\Delta(t)^{1/4}$ 的关系曲线确定如下参数：$m_{bf}=1.6\times10^8 psi^2/(cP\cdot h^{1/4})$；$t_{sbf}\approx0.35h$（双线性流动阶段的起点）；$t_{ebf}\approx2.5h$（双线性流动阶段的终点）；$\Delta m(p)_{ebf}\approx2.05\times10^8 psi^2/cP$。

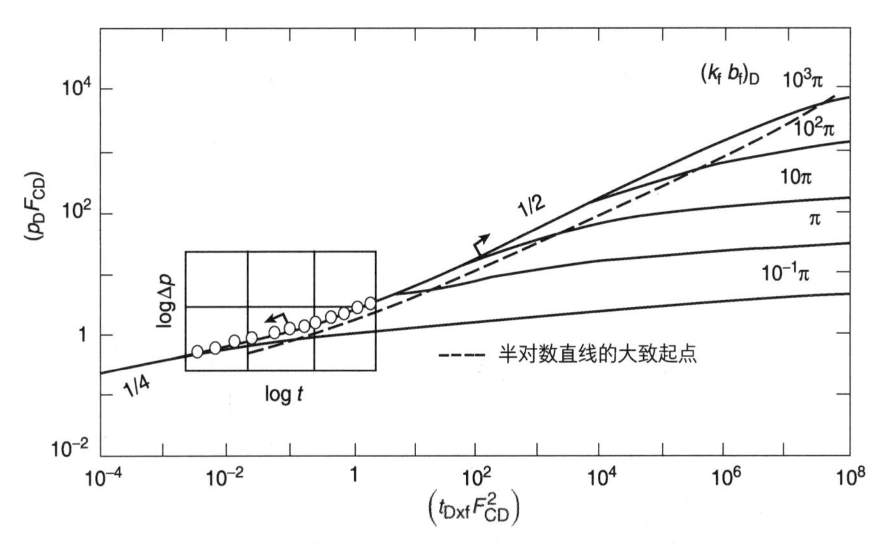

图 1.88　双线性流动曲线及过渡阶段流动曲线与标准曲线的拟合

（来源：Cinco-Ley，H.，Samaniego，F.，1981. Transient pressure analysis for finite conductivity fracture case versus damage fracture case. SPE Paper 10179）

第 2 步，按照如下步骤开展双线性流动分析：

（1）利用式(1.252)计算裂缝导流能力 F_C 得：

$$F_C=\left[\frac{444.6QT}{m_{bf}h(\phi\mu c_t k)^{1/4}}\right]^2$$

$$=\left[\frac{444.6(7350)(690)}{(1.62\times10^8)(118)[(0.1)(0.0252)(0.129\times10^{-3})(0.025)]^{1/4}}\right]^2$$

$$=154(\mathrm{mD\cdot ft})$$

（2）利用式(1.254)计算无量纲导流能力 F_{CD} 得：

$$F_{CD}=\frac{1965.1QT}{kh\Delta m(p)_{ebf}}=\frac{1965.1(7350)(690)}{(0.025)(118)(2.02\times10^8)}=16.7$$

（3）利用式(1.239)估算裂缝半长得：

$$x_f=\frac{F_C}{F_{CD}k}=\frac{154}{(16.7)(0.025)}=368(\mathrm{ft})$$

（4）根据图 1.86 估算无量纲比 r_w'/x_f 得：

$$\frac{r_w'}{x_f}\approx0.46$$

（5）计算视井筒半径 r_w' 得：

$$r_w'=(0.46)(368)=169(\mathrm{ft})$$

（6）计算视表皮系数得：

$$s=\ln\left(\frac{r_w}{r_w'}\right)=\ln\left(\frac{0.28}{169}\right)=-6.4$$

第 3 步，按照下列步骤开展标准曲线分析：

(1)根据图 1.88 确定拟合点得：

$$\Delta m(p)_{MP}=10^9\mathrm{psi^2/cP}$$

$$(p_D F_{CD})_{MP}=6.5$$

$$(\Delta t)_{mp}=1\text{h}$$

$$[t_{Dx_f}(F_{CD})^2]_{MP}=3.69\times10^{-2}$$

$$t_{sbf}\simeq0.35\text{h}$$

$$t_{ebf}=2.5\text{h}$$

（2）由式（1.267）计算 F_{CD} 得：

$$F_{CD}=\left[\frac{1424(7350)(690)}{(118)(0.025)}\right]\frac{6.5}{(10^9)}=15.9$$

（3）由式（1.267）计算裂缝半长得：

$$x_f=\left[\frac{0.0002637(0.025)}{(0.1)(0.02525)(0.129\times10^{-3})}\frac{(1)(15.9)^2}{3.69\times10^{-2}}\right]^{1/2}=373(\text{ft})$$

（4）由式（1.239）计算 F_C 得：

$$F_C=F_{CDx_fk}=(15.9)(373)(0.025)=148(\text{mD}\cdot\text{ft})$$

（5）由图 1.86 得出如下参数（见表 1.24）：

$$\frac{r'_w}{x_f}=0.46$$

$$r'_w=(373)(0.46)=172(\text{ft})$$

表 1.24　测试结果

测试结果	标准曲线分析	双线性流动分析	测试结果	标准曲线分析	双线性流动分析
F_C	148.0	154.0	F_{CD}	15.9	16.7
x_f	373.0	368.0	r'_w	172.0	169.0

压力导数的概念可以有效地用于识别水力压裂井的不同流动状态和阶段。如图 1.89 所示，有限导流裂缝的压差 Δp 及其导数都表现为斜率为 1/4 的直线，但这两条平行线之间相差一个因子 4。类似地，对于无限导流裂缝而言，分别代表压差 Δp 及其导数的两条平行直线的斜率都是 1/4，但这两条平行线之间相差一个因子 2（见图 1.90）。

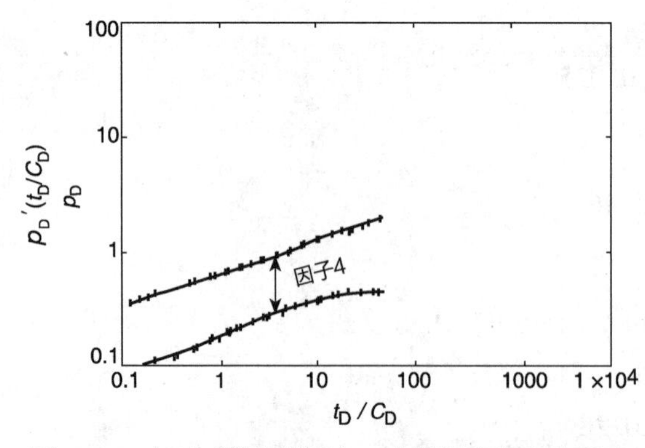

图 1.89　在双对数曲线图上，有限导流裂缝表现为一条斜率为 1/4 的直线，而在导数图上同样如此（压差与其导数之间相差一个因子 4）

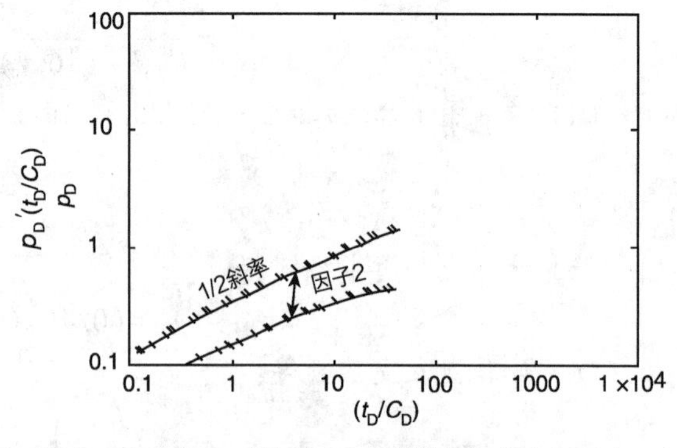

图 1.90　在双对数图上，无限导流裂缝表现为一条斜率为 1/2 的直线，而在导数图上同样如此（压差与其导数之间相差一个因子 2）

在致密油气藏中，需要通过大规模的水力压裂（MHF）提高井的产能。水力压裂形成的裂缝以具有有限导流能力的长垂直裂缝为特征。这些井的生产一般都是在恒定而且比较低的井底流压下而不是在常产量下进行。在对恒定流压下的试井数据进行分析时，可以采用双线性流动数据的特征曲线图(diagnostic plot)和常规分析方法。式(1.245)~式(1.249)可加以整理，变为以下表达式。

对于压裂的油井而言：

$$\frac{1}{Q}=\left[\frac{44.1B\mu}{h\sqrt{F_C}(\phi\mu c_t k)^{1/4}\Delta p}\right]t^{1/4}$$

或用以下等效表达式来表示：

$$\frac{1}{Q}=m_{bf}t^{1/4}$$

$$\log\left(\frac{1}{Q}\right)=\log(m_{bf})+\frac{1}{4}\log(t)$$

其中：

$$m_{bf}=\frac{44.1B\mu}{h\sqrt{F_C}(\phi\mu c_t k)^{1/4}\Delta p}$$

$$F_C=k_f w_f=\left[\frac{44.1B\mu}{hm_{bf}(\phi\mu c_t k)^{1/2}\Delta p}\right]^2 \tag{1.268}$$

对于压裂的气井而言：

$$\frac{1}{Q}=m_{bf}t^{1/4}$$

或：

$$\log\left(\frac{1}{Q}\right)=\log(m)$$

其中：

$$m_{bf}=\frac{444.6T}{h\sqrt{F_C}(\phi\mu c_t k)^{1/4}\Delta m(p)}$$

解这个方程式求取 F_C：

$$F_C=\left[\frac{444.6T}{hm_{bf}(\phi\mu c_t k)^{1/4}\Delta m(p)}\right]^2 \tag{1.269}$$

以下方法可用于分析恒定流压下的双线性流动数据：

第1步，在双对数坐标系上绘制 $1/Q$ 与 t 的关系曲线，看是否有数据点落在斜率为1/4的直线上。

第2步，如果在第1步中发现有数据点形成了斜率为1/4的直线，那么就在直角坐标中绘制 $1/Q$ 与 $t^{1/4}$ 的关系曲线，确定出斜率 m_{bf}。

第3步，由式(1.268)或式(1.269)计算裂缝导流能力 F_C。

对于油井而言：

$$F_C=\left[\frac{44.1B\mu}{hm_{bf}(\phi\mu c_t k)^{1/4}(p_i-p_{wf})}\right]^2$$

对于气井而言：

$$F_C=\left[\frac{444.6T}{hm_{bf}(\phi\mu c_t k)^{1/4}[m(p_i)-m(p_{wf})]}\right]^2$$

第4步，确定双线性直线结束时的 Q 值，并把它指定为 Q_{ebf}。

第 5 步，由式(1.253)或式(1.254)计算 F_{CD}。

对于油井而言：

$$F_{CD}=\frac{194.9Q_{ebf}B\mu}{kh(p_i-p_{wf})}$$

对于气井而言：

$$F_{CD}=\frac{1965.1Q_{ebf}T}{kh[m(p_i)-m(p_{wf})]}$$

第 6 步，采用下列关系式估算裂缝的半长：

$$x_f=\frac{F_C}{F_{CD}k}$$

Agarwal 等(1979)针对有限导流裂缝提出了定压标准曲线，如图 1.91 所示。在双对数图上，无量纲流量的倒数($1/Q_D$)表现为无量纲时间 t_{Dx_f}的函数，而无量纲裂缝导流能力 F_{CD}是两者之间的相关参数。无量纲流量倒数($1/Q_D$)的表达式如下。

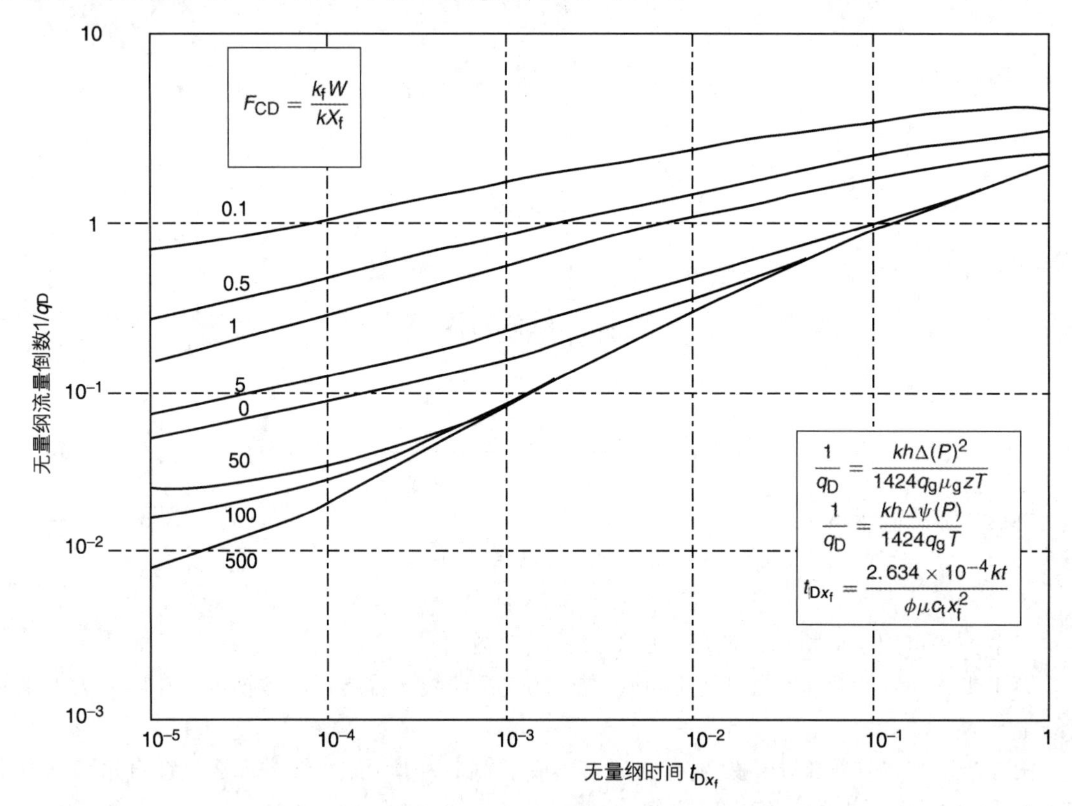

图 1.91　有限导流垂直裂缝的双对数标准曲线(井筒压力恒定)

(来源：Agarwal，R. G.，Carter，R. D.，Pollock，C. B.，1979. Evaluation and performance prediction of low-permeability gas wells stimulated by massive hydraulic fracturing. J. Pet. Technol. 31(3)，362-372；SPE Reprint Series No. 9)

对于油井而言：

$$\frac{1}{Q_D}=\frac{kh(p_i-p_{wf})}{141.2Q\mu B} \tag{1.270}$$

对于气井而言：

$$\frac{1}{Q_D}=\frac{kh[m(p_i)-m(p_{wf})]}{1424QT} \tag{1.271}$$

其中：

$$t_{\mathrm{Dx_f}}=\frac{0.0002637kt}{\phi(\mu c_t)_i x_f^2} \tag{1.272}$$

下面利用来自于 Agarwal 等(1979)的示例 1.40 来说明这些标准曲线的应用。

【示例 1.40】

对致密气藏中一口在产的井开展了压裂前压力恢复试井，得出地层渗透率为 0.0081mD。在开展大规模水力压裂作业后，这口井被投入定压生产，所记录的产量-时间数据见表 1.25：

表 1.25 生产井的产量-时间数据

t/d	Q/[10^3ft^3(标)/d]	$1/Q$/[d/10^3ft^3(标)]	t/d	Q/[10^3ft^3(标)/d]	$1/Q$/[d/10^3ft^3(标)]
20	625	0.00160	150	250	0.00400
35	476	0.00210	250	208	0.00481
50	408	0.00245	300	192	0.00521
100	308	0.00325			

下列数据也是已知的：$p_i=2394$psi；$\Delta m(p)=396\times10^6$psi^2/cP；$h=32$ft；$\phi=10.7\%$；$T=720$°R；$c_t=234\times10^{-6}$psi^{-1}；$k=0.0081$mD；$\mu_i=0.0176$cP。

计算：裂缝半长(x_f)和裂缝导流能力(F_C)。

解答：

第 1 步，采用与标准曲线相同的双对数坐标系，在描图纸上标绘 $1/Q$ 与 t 的关系曲线，如图 1.92 所示。

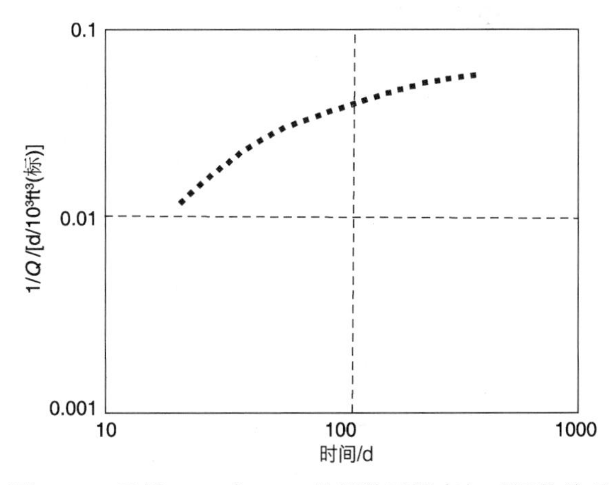

图 1.92 示例 1.42 中 MHF 的倒数平滑率与时间的关系

第 2 步，必须人为地选取一个方便的流量数值，并计算相应的 $1/Q_D$，以此来利用现有的 k、h 和 $\Delta m(p)$ 数值。选取 $Q=1\times10^6$ft^3/d(标)，利用式(1.271)计算对应的 $1/Q_D$ 得：

$$\frac{1}{Q_D}=\frac{kh\Delta m(p)}{1424QT}=\frac{(0.0081)(32)(396\times10^6)}{1424(1000)(720)}=0.1$$

第 3 步，相对于 $1/Q_D=0.1$ 在标准曲线图 y 轴上的位置，$1/Q=10^{-3}$ 在描图纸 y 轴上的位置是固定的，如图 1.93 所示。

第 4 步，沿着 x 轴水平移动描图纸直到曲线拟合为止，得出：

$$t=100\mathrm{d}=2400\mathrm{h}$$

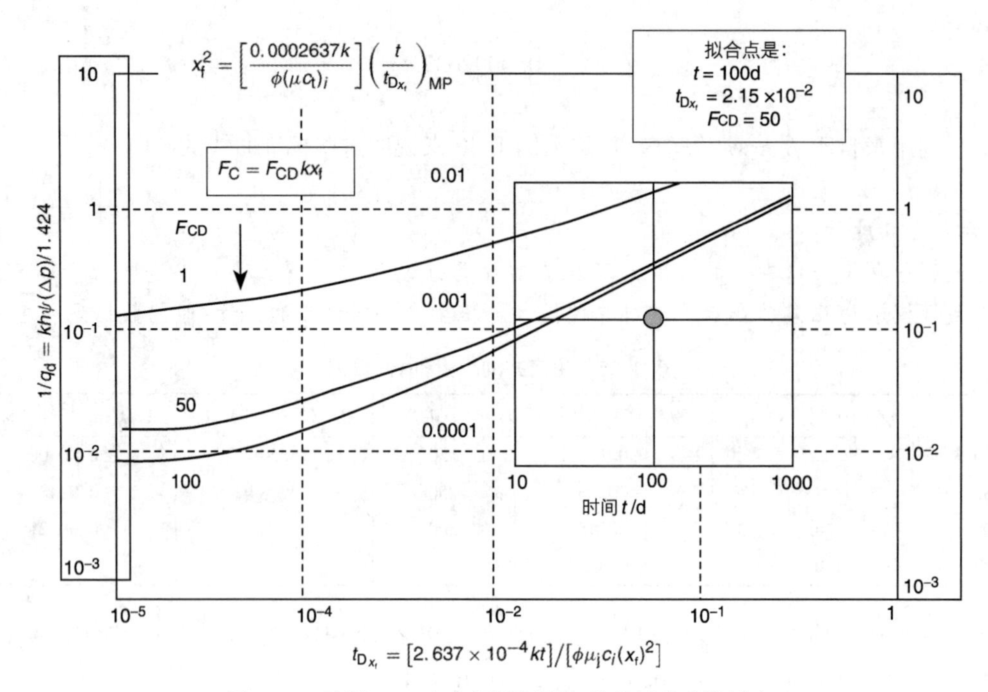

图 1.93　示例 1.42 中大规模压裂气井的标准曲线拟合

$$t_{Dx_f}=2.2\times10^{-2}$$

$$F_{CD}=50$$

第 5 步，由式(1.272)计算裂缝半长得：

$$x_f^2=\left[\frac{0.0002637k}{\phi(\mu c_t)_i}\right]\left(\frac{t}{t_{Dx_f}}\right)_{MP}$$

$$=\left[\frac{0.0002637(0.0081)}{(0.107)(0.0176)(2.34\times10^{-4})}\right]\left(\frac{2400}{2.2\times10^{-2}}\right)$$

$$=528174(\mathrm{ft})$$

$$x_f\approx727\mathrm{ft}$$

所以，裂缝总长度 $2x_f=1454\mathrm{ft}$。

第 6 步，由式(1.220)计算裂缝导流能力 F_C 得：

$$F_C=F_{CD}kx_f=(50)(0.0081)(727)=294(\mathrm{mD\cdot ft})$$

应当指出，如果没有压裂前压力恢复试井资料，要正确地进行拟合，就需要同时沿着 x 轴和 y 轴移动描图纸。这就突出了根据压裂前试井数据确定 kh 的需求。

1.5.4.5　断层或不渗透遮挡层

压力恢复试井资料的一个重要应用，是通过分析试井资料来确定或证实断层或者其他流动遮挡层存在与否。在开展试井作业的井筒附近发育封闭性断层时，它会对压力恢复试井过程中所记录的压力动态产生影响。采用镜像法则中的叠加原理，就能够以数学的方式描述这种压力动态。图 1.94 展示了一口到封闭断层的距离为 L 的测试井。运用由式(1.168)所给出的镜像法，可以用下列表达式来计算作为时间 t 函数的总压降：

$$(\Delta p)_{总}=\frac{162.6Q_oB\mu}{kh}\left[\log\left(\frac{kt}{\phi\mu c_t r_w^2}\right)-3.23+0.87s\right]-\left(\frac{70.60Q_oB\mu}{kh}\right)\mathrm{Ei}\left(-\frac{948\phi\mu c_t(2L)^2}{kt}\right)$$

在测试井和镜像井都关井来开展压力恢复试井时，可以把叠加原理应用于式(1.68)，来预测 Δt 时的恢复压力：

$$p_{ws}=p_i-\frac{162.6Q_oB_o\mu_o}{kh}\left[\log\left(\frac{t_p+\Delta t}{\Delta t}\right)\right]-\left(\frac{70.6Q_oB_o\mu_o}{kh}\right)\mathrm{Ei}\left[\frac{-948\phi\mu c_t(2L)^2}{k(t_p+\Delta t)}\right]-\left(\frac{70.6(-Q_o)B_o\mu_o}{kh}\right)\mathrm{Ei}\left[\frac{-948\phi\mu c_t(2L)^2}{k\Delta t}\right] \tag{1.273}$$

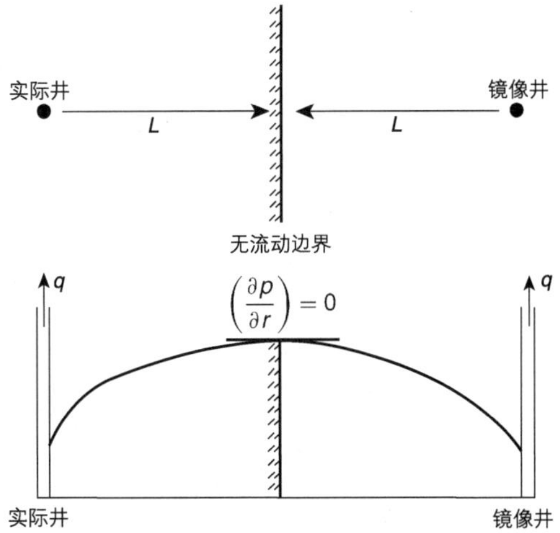

图 1.94　解决边界问题的镜像法

回想一下，在 x 小于 0.01 时，指数积分 Ei$(-x)$ 可以由式(1.79)来近似计算：

$$\mathrm{Ei}(-x)=\ln(1.781x)$$

在 x 大于 10.9 时，可以设定 Ei$(-x)$ 的数值为零，即：$x>10.9$ 时，Ei$(-x)=0$。注意，$(2L)^2$ 的数值比较大，而且对于压力恢复的早期阶段而言，在 Δt 比较小时，后两项可以设定为零，即：

$$p_{ws}=p_i-\frac{162.6Q_oB_o\mu_o}{kh}\left[\log\left(\frac{t_p+\Delta t}{\Delta t}\right)\right] \tag{1.274}$$

它实质上是正规的 Horner 方程式，其半对数直线的斜率为：

$$m=\frac{162.6Q_oB_o\mu_o}{kh}$$

如果关井时间足够长，对于 Ei 函数来说对数近似表达式是准确的，那么式(1.273)可变形为：

$$p_{ws}=p_i-\frac{162.6Q_oB_o\mu_o}{kh}\left[\log\left(\frac{t_p+\Delta t}{\Delta t}\right)\right]-\frac{162.6Q_oB_o\mu_o}{kh}\left[\log\left(\frac{t_p+\Delta t}{\Delta t}\right)\right]$$

通过合并同类项对这个方程式进行整理，可得出如下表达式：

$$p_{ws}=p_i-2\left(\frac{162.6Q_oB_o\mu_o}{kh}\right)\left[\log\left(\frac{t_p+\Delta t}{\Delta t}\right)\right]$$

简化后可得出如下表达式：

$$p_{ws}=p_i-2m\left[\log\left(\frac{t_p+\Delta t}{\Delta t}\right)\right] \tag{1.275}$$

分析式(1.274)和式(1.275)可以得出三点认识：

(1) 对于早期关井时期的压力恢复试井数据而言，式(1.274)表明，在 Horner 图上，早期关井时期的数据将表现为一条直线，其斜率等于没有发育封闭断层的油藏。

(2) 在关井时间比较长时，这些数据会在 Horner 图上形成第二条直线，其斜率是第一条直线的两倍，即第二条直线的斜率 $=2m$。拥有两倍于第一条直线斜率的第二条直线，其存在提供了根据压力恢复数据来识别断层的一种途径。

(3) 利用下述表达式可以近似计算斜率翻倍所需的关井时间：

$$\frac{948\phi\mu c_t(2L)^2}{k\Delta t}<0.01$$

解这个不等式求取 Δt，得出：

$$\Delta t > \frac{380000\phi\mu c_t L^2}{k}$$

式中：Δt 为最短关井时间，h；k 为渗透率，mD；L 为井筒到封闭断层的距离，ft。

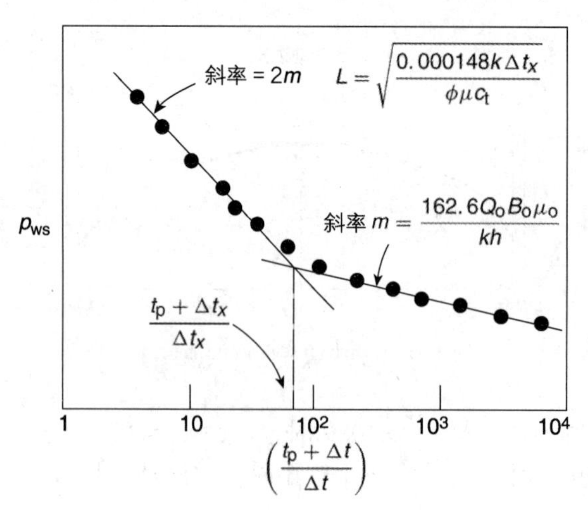

图 1.95　断层系统的理论 Horner 曲线图

注意，计算泄油区平均压力$\bar{p}$所采用的 p^* 数值是通过把第二条直线外推到时间比(unit-time ratio)为 1(即$(t_p+\Delta t)/\Delta t=1.0$)来确定的。渗透率和表皮系数是采用前文所讲的正常方法计算的，即采用第一条直线的斜率进行计算。

Gray(1965)曾提出，对于压力恢复试井曲线的斜率有时间翻倍的案例，如图 1.95 所示，找出两条半对数直线交点所对应的时间 Δt_x，就可以计算井到断层的距离 L，即：

$$L=\sqrt{\frac{0.000148k\Delta t_x}{\phi\mu c_t}} \qquad (1.276)$$

Lee(1982)通过示例 1.41 说明了 Gray 的方法。

【示例 1.41】

在一口新钻的井中开展了压力恢复试井，以便证实这口井附近是否发育一条封闭断层。试井数据见表 1.26：

表 1.26　一口新钻的试井数据

Δt/h	p_{wf}/psi	$(t_p+\Delta t)/\Delta t$
6	3996	47.5
8	4085	35.9
10	4172	28.9
12	4240	24.3
14	4298	20.9
16	4353	18.5
20	4435	15.0
24	4520	12.6
30	4614	10.3
36	4700	8.76
42	4770	7.65
48	4827	6.82
54	4882	6.17
60	4931	5.65
66	4975	5.23

其他已知的数据包括：$\phi = 15\%$；$\mu_o = 0.6\text{cP}$；$c_t = 17\times10^{-6}\text{psi}^{-1}$；$r_w = 0.5\text{ft}$；$Q_o = 1221\text{STB/d}$；$h = 8\text{ft}$；$B_o = 1.55\text{bbl/STB}$。在关井前，这口井总共已经开采了14206STB石油。确定这口井附近是否发育封闭断层。如果发育，计算这口井到断层的距离。

解答：

第1步，计算总的开采时间 t_p：

$$t_p = \frac{24N_p}{Q_o} = \frac{(24)(14,206)}{1221} = 279.2(\text{h})$$

第2步，绘制如图1.96所示的 p_{ws} 与 $(t_p+\Delta t)/\Delta t$ 的关系曲线。这个曲线图清楚地显示了两条直线，第一条直线的斜率为650psi/周期，第二条直线的斜率为1300psi/周期。注意，第二条直线的斜率是第一条直线的2倍，说明发育封闭断层。

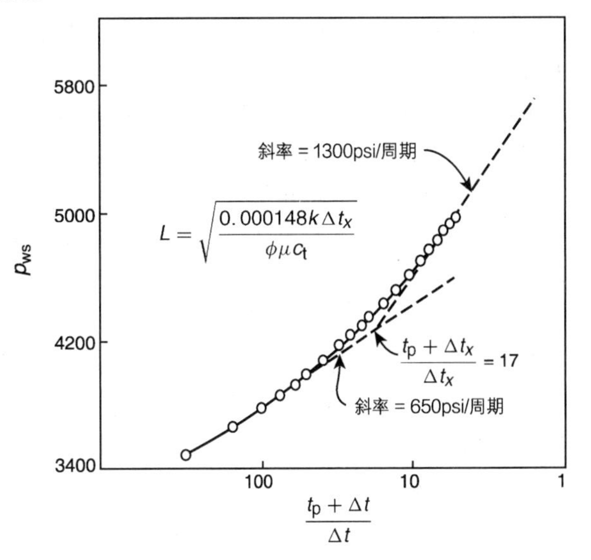

图1.96　估算井到无流动边界的距离

第3步，利用第一条直线的斜率计算渗透率 k 得：

$$k = \frac{162.6Q_oB_o\mu_o}{mh} = \frac{162.6(1221)(1.31)(0.6)}{(650)(8)}$$

第4步，确定图1.96所示的两天半对数直线交点的Horner时间比的数值，得出：

$$\frac{t_p+\Delta t_x}{\Delta t_x} = 17$$

即：

$$\frac{279.2+\Delta t_x}{\Delta t_x} = 17$$

由此可以得出：$\Delta t_x = 17.45\text{h}$。

第5步，利用式(1.276)计算井到断层的距离 L 得：

$$L = \sqrt{\frac{0.000148k\Delta t_x}{\phi\mu c_t}} = \sqrt{\frac{0.000148(30)(17.45)}{(0.15)(0.6)(17\times10^{-6})}} = 225(\text{ft})$$

1.5.4.6　压力恢复曲线的定性解释

自1951年被引入石油业界以来，Horner曲线图已经成为应用最为广泛的压力恢复数据分析方法。在压力瞬变分析中得到广泛应用的另外一种辅助方法是双对数坐标中压差 Δp 与时间的关系曲线。

Economides(1988)曾指出，这个双对数曲线图有以下两个用途：其数据可以与标准曲线进行拟合；标准曲线可以展示各种类型井和油藏系统的不稳定压力数据的预期变化趋势。

在引入了反映压力恢复曲线斜率随时间变化的压力导数后，双对数曲线图所提供的视觉印象得到极大的加强。在半对数曲线图上的数据点呈一条直线时，压力导数曲线将是恒定的。

这就意味着，对于可作为 Horner 曲线图上的一条直线正确地进行分析的那部分数据而言，压力导数曲线将是平的(flat)。

很多油藏工程师都依靠 Δp 及其导数与时间的双对数关系曲线，为给定的不稳定压力数据优选合适的解释模型。如图 1.97 所示，Economides 以图形的方式展示了在 5 种常见油藏系统的双对数诊断曲线图和 Horner 曲线图上可以观察到的样式。在以双对数的格式绘制 Δp 及 ($\Delta t\Delta p'$) 与时间的关系曲线时，右侧的曲线代表 5 种不同样式(图 1.97a~e)的压力恢复响应，而左侧曲线代表对应的响应。

Economides(1988)曾给出了图 1.97 所展示的 5 种不同的压力恢复实例，对其简要讨论如下：

实例 a 说明了最常见的响应，即具有井筒储集效应和表皮效应的均质油藏的响应。在早期阶段，井筒储集效应导数瞬变值(wellbore storage derivative transients)表现为“驼峰”。而后期阶段的平坦导数部分则可以作为 Horner 半对数直线很容易地进行分析。

实例 b 展示了无限导流特征，这是钻遇天然裂缝的油井的典型特征。压差曲线及其导数曲线的斜率都是 1/2，在这个流动状态下形成了两条平行的直线，它们代表了进入裂缝的线性流动。

实例 c 展示了具有单个垂直板状流动阻挡层或断层的均质油藏。第二条导数曲线平直部分的斜率是第一条导数曲线平直部分斜率的两倍，而 Horner 曲线图也显示了大家熟悉的斜率翻倍效应。

示例 d 说明了封闭泄油体积效应。与压降过程中的不稳定压力不同，其在后期表现为一条斜率为 1 的直线，指示了拟稳态流的存在；压力恢复过程中的压力导数降至零。在这种情况下，无法根据 Horner 曲线图确定渗透率和表皮，其原因是这个示例中没有哪一部分数据表现出平的导数曲线(flat derivative)。在不稳定压力数据类似于示例 d 的情况下，确定油藏参数的唯一方法是标准曲线拟合。

示例 e 显示了压力导数曲线存在一个凹部，它指示油藏具有非均质性。在这个案例中，这种现象源自从基质进入裂缝的拟稳态流的双重孔隙介质特征。

图 1.97 清楚地显示了压力/压力导数曲线的价值。双对数曲线图的一个重要优点是：只要采用方形的对数周期(square log cycle)绘制曲线图，瞬变样式(transient patterns)都具有标准的外观。通过调整纵轴的范围，把半对数图上的视觉外观进行了放大。如果不进行这样的调整，很多甚至所有的数据点似乎都分布在一条线上，因而细微的变化可能会被忽略。

所示的部分压力导数曲线样式类似于其他模型的特征。例如，与断层有关的压力导数翻倍的情况(示例 c)，也可能指示双重孔隙介质流动系统中的介质间瞬变流动。压力恢复数据中压力导数的突然降低，可能指示由气顶、含水层或面积注入井造成的封闭外边界或恒压外边界。压力导数曲线(示例 e)上的凹陷可能指示层状流动系统而非双重孔隙介质系统。对于这些以及其他一些案例而言，分析人员应当查阅地质、地震或岩心分析数据，以便决定在解释中选用哪种模型。随着数据的增多，就可以对给定的瞬变数据集作出更加确定性的解释。

运用压力/压力导数诊断方法的一个重要地点是井场。如果测试的目的是确定渗透率和表皮，那么一旦找到导数曲线的平直部分，测试就可以结束了。如果在不稳定试井中检测到了非均质性或边界效应，那么就可以延长测试的时间，以便记录整个压力/压力导数的响应样式，用于分析。

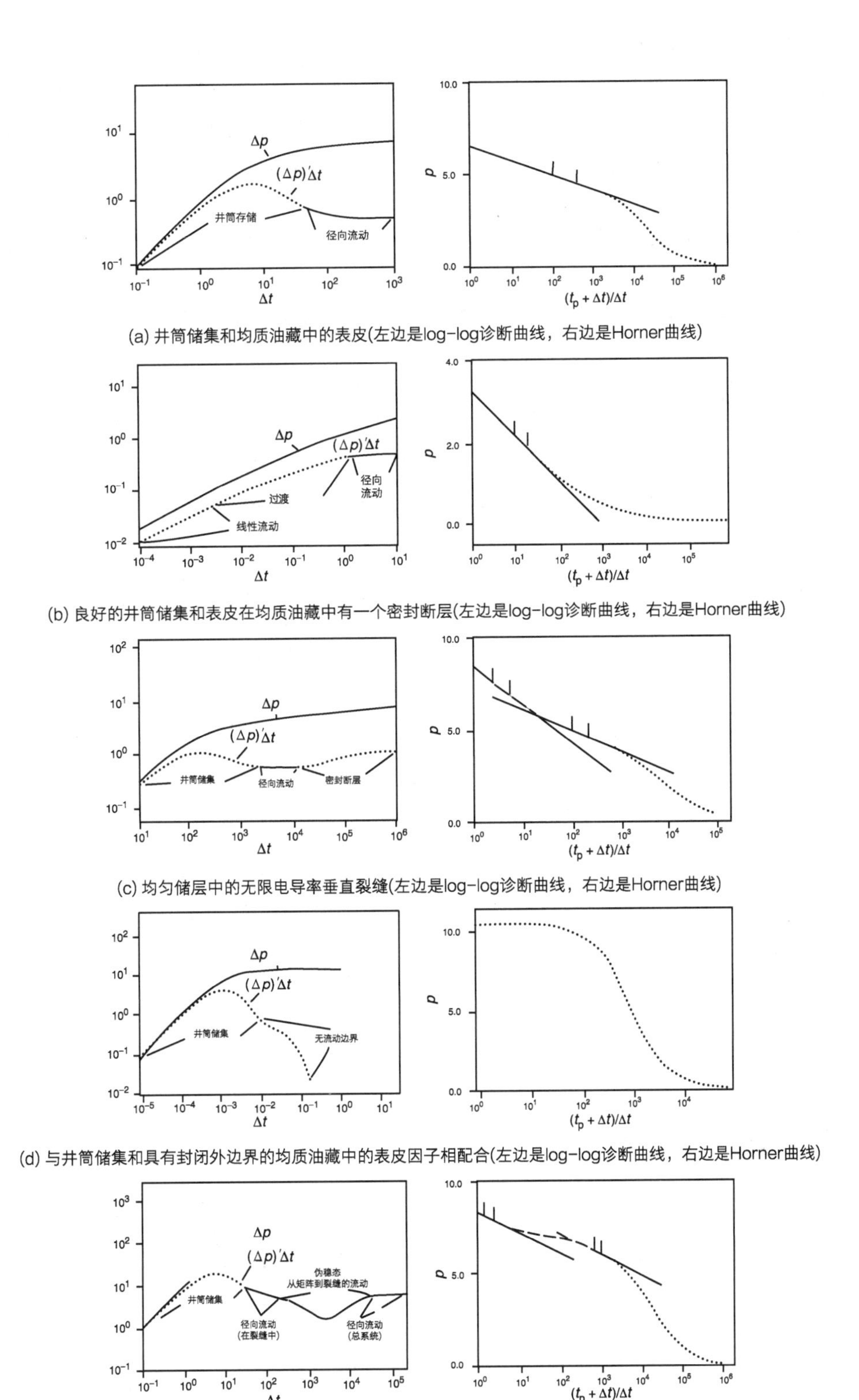

(a) 井筒储集和均质油藏中的表皮(左边是log-log诊断曲线，右边是Horner曲线)

(b) 良好的井筒储集和表皮在均质油藏中有一个密封断层(左边是log-log诊断曲线，右边是Horner曲线)

(c) 均匀储层中的无限电导率垂直裂缝(左边是log-log诊断曲线，右边是Horner曲线)

(d) 与井筒储集和具有封闭外边界的均质油藏中的表皮因子相配合(左边是log-log诊断曲线，右边是Horner曲线)

(e) 井筒储集和表皮处于双孔隙系统中，具有从基质到裂缝的伪稳态流动(左边是log-log诊断曲线，右边是Horner曲线)

图 1.97　构建曲线的定性解释

（来源：Economides，C.，1988. Use of the pressure derivative for diagnosing pressure-transient behavior. J. Pet. Technol. 40(10)，1280-1282.）

1.6 干扰试井和脉冲试井

通过改变一口井的流量来测量其压力响应的测试被称为“单井”试井。压力降落试井、压力恢复试井、注入能力测试、注入井压力降落试井和台阶状产量试井等都属于单井测试。通过改变一口井的流量来测量邻井压力响应的测试被称为“多井”试井。干扰试井和脉冲试井都属于多井试井。

单井测试可以提供有关储层特征和井特征的很多有价值信息，例如产能系数 kh、井筒状态和裂缝长度等。然而，这样的测试并不能提供有关储层参数方向性的信息(例如 x、y 和 z 方向上的渗透率)，而且无法反映测试井和相邻井连通的程度。通过多井测试可以获取以下信息：测试井和其相邻井是否连通；流度-厚度之积 kh/μ；孔隙度-压缩系数-厚度之积 $\phi c_t h$；与测试井相交的裂缝的方位；长轴和短轴方向上的渗透率。

多井测试至少要有一口激动井(生产井或注入井)和一口压力观测井，如图 1.98 所示。在干扰试井中，所有的测试井都要关井，直到其井筒压力稳定为止。然后，激动井以稳定的流量开井生产或者注入，记录观测井中的压力响应。图 1.98 显示了通过一口激动井和一口观测井开展的多井测试。如该图所示，在激动井开始生产后，处于关闭状态的观测井中的压力在经过一个“滞后时间”后开始出现响应，这个滞后时间的长短取决于储集岩和流体的性质。

脉冲试井是一种形式的干扰试井。生产井或注入井被称为“脉冲发生井(pulser)”或激动井，观测井被称为“响应井(responder)”。开展测试的方法是从激动井(生产井或注入井)向关闭的观测井发出一系列短时间生产脉冲。这些脉冲一般是交替的生产(或注入)和关井阶段，在各生产(注入)阶段，流量都是一样的，图 1.99 显示了由两口井组成的测试系统。

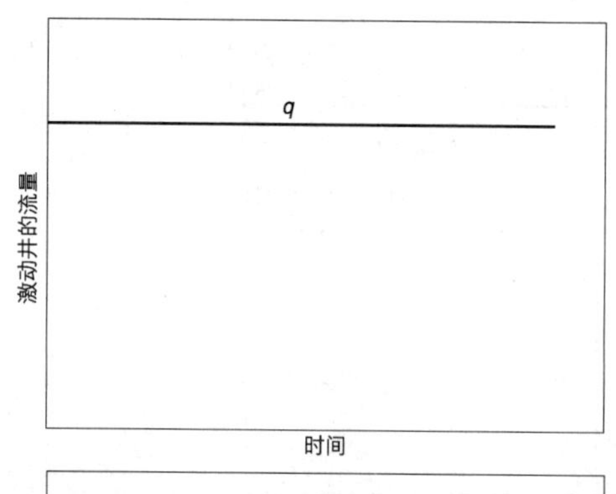

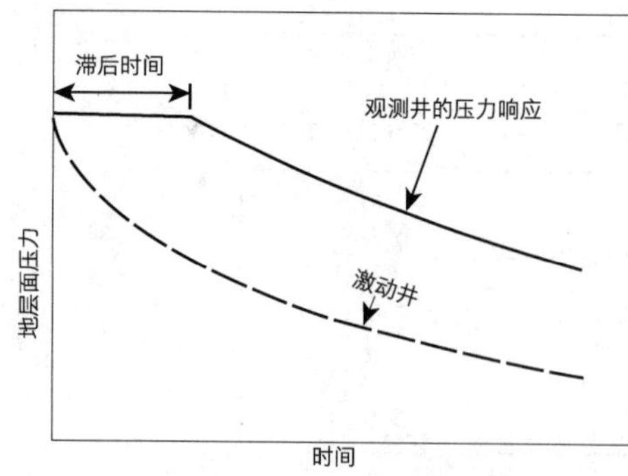

图 1.98 通过把激动井以定产量投产而开展的两口井干扰试井的产量历史和压力响应

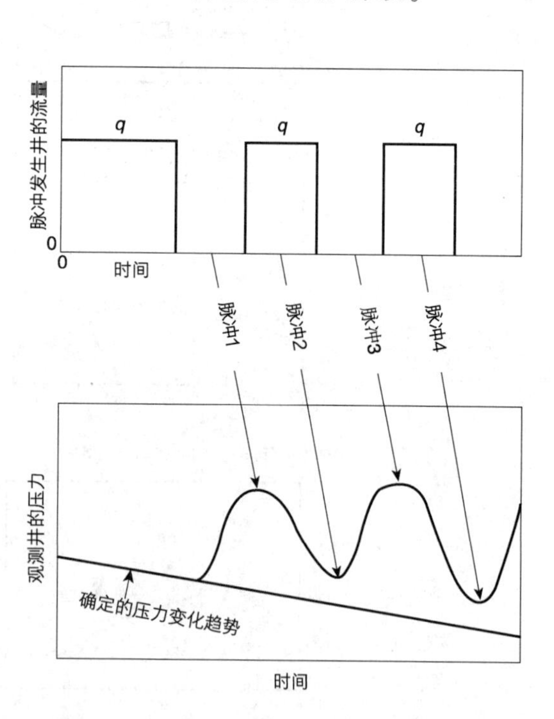

图 1.99 脉冲试井的产量历史和压力响应
(来源：Earlougher, Robert C., Jr., 1977. Advances in Well Test Analysis, Monograph, vol. 5. Society of Petroleum Engineers of AIME, Dallas, TX; Permission to publish by the SPE, copyright SPE, 1977)

1.6.1 均质各向同性油藏中的干扰试井

孔隙度和渗透率不随位置而发生明显变化的油藏被称为“均质”油藏。整个油藏系统中各处的渗透率都相同的油藏被称为“各向同性”油藏。在这些类型的油藏中，标准曲线拟合法可能是分析均质油藏系统干扰试井资料最为便利的方法。如上文式(1.77)所示，在到激动井的距离为 r(即激动井和关闭的观测井之间的距离)的任意点上，其压降的表达式都是：

$$p_i - p(r, t) = \Delta p = \left[\frac{-70.6QB\mu}{kh}\right]\mathrm{Ei}\left[\frac{-948\phi c_t r^2}{kt}\right]$$

Earlougher(1977)曾给出了上述表达式的无量纲形式：

$$\frac{(p_i - p(r, t))/141.2QB\mu}{kh}$$

$$= -\frac{1}{2}\mathrm{Ei}\left[\left(\frac{-1}{4}\right)\left(\frac{\phi\mu c_t r_w^2}{0.0002637kt}\right)\left(\frac{r}{r_w}\right)^2\right]$$

根据无量纲参数 p_D、t_D和 r_D的定义，以上方程式可以由以下无量纲表达式来表示：

$$p_D = -\frac{1}{2}\mathrm{Ei}\left[\frac{-r_D^2}{4t_D}\right] \tag{1.277}$$

其中无量纲参数的表达式如下：

$$p_D = \frac{[p_i - p(r, t)]kh}{141.2QB\mu}$$

$$r_D = \frac{r}{r_w}$$

$$t_D = \frac{0.0002637kt}{\phi\mu c_t r_w^2}$$

式中：$p(r, t)$为在时间 t 时距离 r 处的压力，psi；r 为激动井和关闭的观测井之间的距离；t 为时间，h；p_i为油藏压力；k 为渗透率，mD。

Earlougher 在式(1.277)中采用了上文图 1.47 所示的标准曲线，为了方便起见，这里通过图 1.100 重新进行了显示。

为了通过标准曲线拟合分析干扰试井资料，在描图纸上绘制观测井压力变化 Δp 与时间的关系曲线，并采用上文描述的拟合方法把它叠合在图 1.100 之上。在数据与曲线拟合后，任意选取一个方便的拟合点，并从描图纸上及其下的标准曲线网格上读取拟合点的数值。然后运用以下表达式估算储层物性参数的平均值：

$$k = \left[\frac{141.2QB\mu}{h}\right]\left[\frac{p_D}{\Delta p}\right]_{MP} \tag{1.278}$$

$$\phi = \frac{0.0002637}{c_t r^2}\left[\frac{k}{\mu}\right]\left[\frac{t}{t_D/r_D^2}\right]_{MP} \tag{1.279}$$

Sabet(1991)利用 Strobel 等(1976)给出的测试数据，很好地说明了标准曲线法在干扰试井资料分析中的应用。Sabet 给出的数据在示例 1.42 中得到了应用，用于说明标准曲线拟合法。

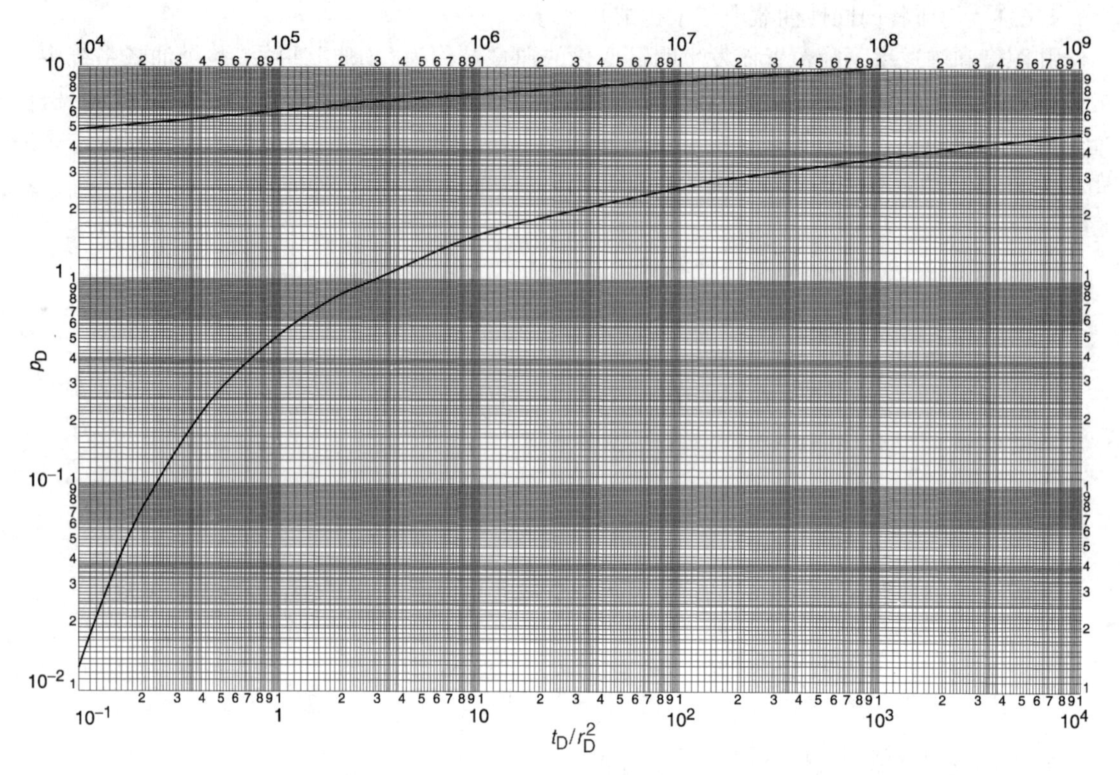

图 1.100　没有井筒储集效应和表皮效应的无限大地层系统中单井的无量纲压力及指数-积分解

（来源：Earlougher, Robert C., Jr., 1977. Advances in Well Test Analysis, Monograph, vol. 5. Society of Petroleum Engineers of AIME, Dallas, TX; Permission to publish by the SPE, copyright SPE, 1977）

【示例 1.42】

利用两口观测井（1 号井和 3 号井）和一口激动井（2 号井）在一个干气藏中开展了干扰试井。干扰试井资料如下：2 号井是一口生产井，$Q_g = 12.4 \times 10^6 ft^3$（标）/d；1 号井位于 2 号井以东 8mile（1mile≈1.6093km，下同）处，即 $r_{12} = 8$ mile；3 号井位于 2 号井以西 2 mile 处，即 $r_{23} = 2$ mile。两口观测井的参数见表 1.27。

表 1.27　两口观测井的参数

Q_g/[$10^6 ft^3$(标)/d]	t/h	1 号井观测压力/psi		3 号井观测压力/psi	
		p_1	Δp_1	p_3	Δp_3
0.0	24	2912.045	0.000	2908.51	0.00
12.4	0	2912.045	0.000	2908.51	0.00
12.4	24	2912.035	0.010	2907.66	0.85
12.4	48	2912.032	0.013	2905.80	2.71
12.4	72	2912.015	0.030	2903.79	4.72
12.4	96	2911.997	0.048	2901.85	6.66
12.4	120	2911.969	0.076	2899.98	8.53
12.4	144	2911.918	0.127	2898.25	10.26

续表

Q_g/[10^6ft^3(标)/d]	t/h	1号井观测压力/psi		3号井观测压力/psi	
		p_1	Δp_1	p_3	Δp_3
12.4	169	2911.864	0.181	2896.58	11.93
12.4	216	2911.755	0.290	2893.71	14.80
12.4	240	2911.685	0.360	2892.36	16.15
12.4	264	2911.612	0.433	2891.06	17.45
12.4	288	2911.533	0.512	2889.79	18.72
12.4	312	2911.456	0.589	2888.54	19.97
12.4	336	2911.362	0.683	2887.33	21.18
12.4	360	2911.282	0.763	2886.16	22.35
12.4	384	2911.176	0.869	2885.01	23.50
12.4	408	2911.108	0.937	2883.85	24.66
12.4	432	2911.030	1.015	2882.69	25.82
12.4	444	2910.999	1.046	2882.11	26.40
0.0	450	2号井关井			
0.0	480	2910.833	1.212	2881.45	27.06
0.0	504	2910.714	1.331	2882.39	26.12
0.0	528	2910.616	1.429	2883.52	24.99
0.0	552	2910.520	1.525	2884.64	23.87
0.0	576	2910.418	1.627	2885.67	22.84
0.0	600	2910.316	1.729	2886.61	21.90
0.0	624	2910.229	1.816	2887.46	21.05
0.0	648	2910.146	1.899	2888.24	20.27
0.0	672	2910.076	1.969	2888.96	19.55
0.0	696	2910.012	2.033	2889.60	18.91

已知的油藏数据还是：$T=671.6°\mathrm{R}$；$h=75\mathrm{ft}$；$c_{ti}=274\times10^{-6}\mathrm{psi}^{-1}$；$B_{gi}=1.55\mathrm{bbl}/10^6\mathrm{ft}^3$(标)；$r_w=0.25\mathrm{ft}$；$Z_i=0.868$；$S_w=0.21$；$\gamma_g=0.62$；$\mu_{gi}=0.2\mathrm{cP}$。采用标准曲线法计算储层的渗透率和孔隙度。

解答：

第1步，采用与图1.100相同的坐标系在双对数描图纸上绘制Δp与t的关系曲线，1号井和3号井的关系曲线分别显示在图1.101和图1.102中。

第2步，图1.103显示了3号井的干扰试井曲线的拟合情况，拟合点如下：$(p_D)_{MP}=0.1$；$(\Delta p)_{MP}=2\mathrm{psi}$；$(t_D/r_D{}^2)_{MP}=1$；$(t)_{MP}=159\mathrm{h}$。

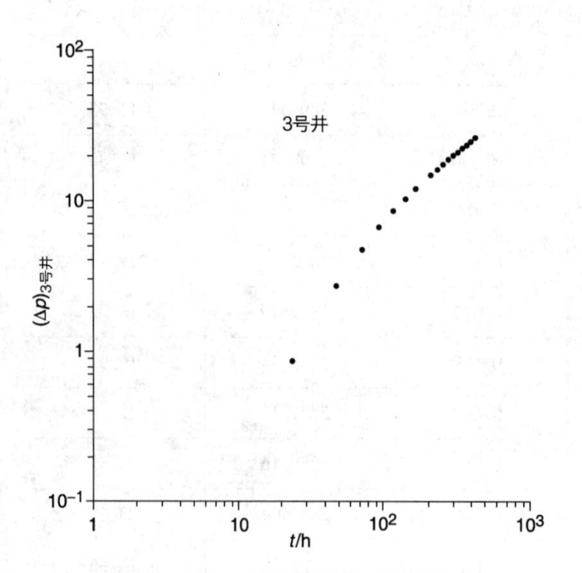

图 1.101　3 号井的干扰试井曲线

（来源：Sabet，M.，1991. Well Test Analysis. Gulf Publishing，Dallas，TX）

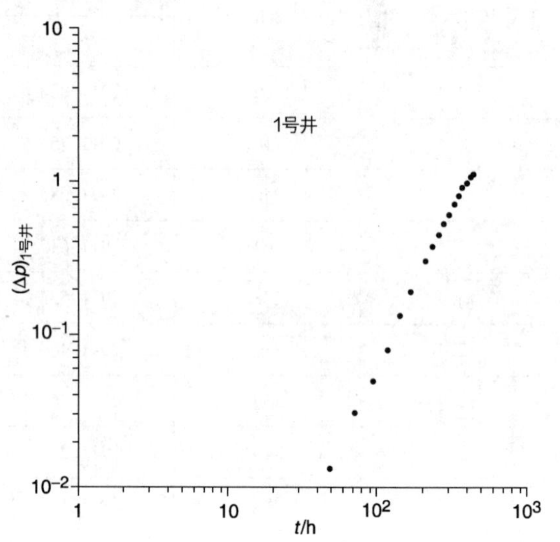

图 1.102　1 号井的干扰试井曲线

（来源：Sabet，M.，1991. Well Test Analysis. Gulf Publishing，Dallas，TX）

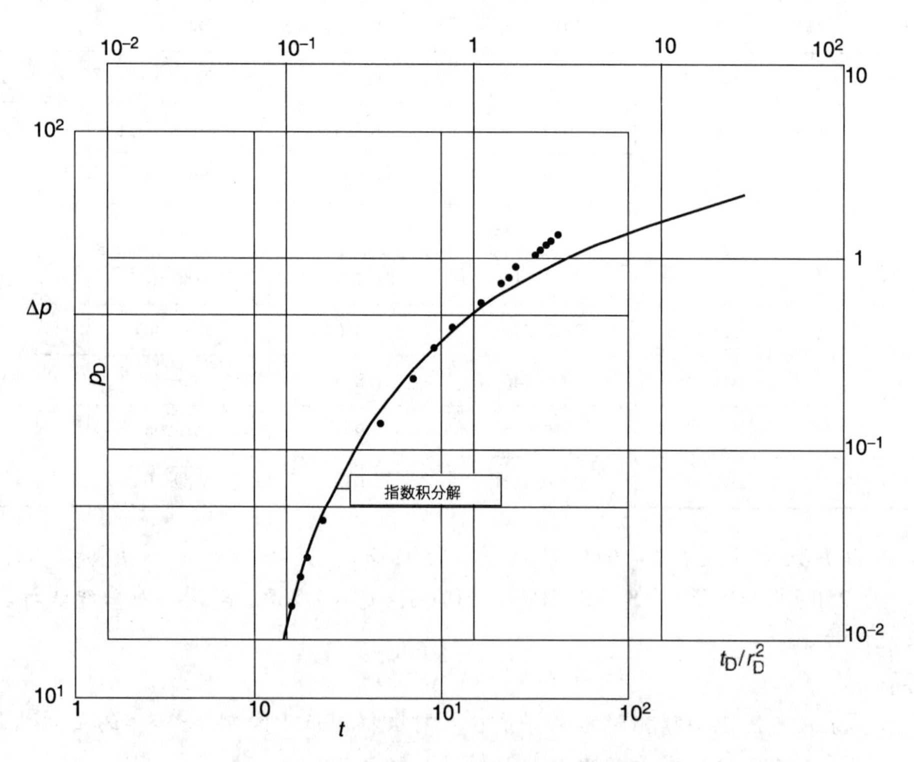

图 1.103　3 号井的干扰试井曲线的拟合情况

（来源：Sabet，M.，1991. Well Test Analysis. Gulf Publishing，Dallas，TX）

第 3 步，由式(1.278)和式(1.279)求取 2 号井和 3 号井之间储层的 k 和 ϕ：

$$k = \left[\frac{141.2QB\mu}{h}\right]\left[\frac{p_D}{\Delta p}\right]_{MP}$$

$$= \left[\frac{141.2(12.4)(920.9)(0.0186)}{75}\right]\left(\frac{0.1}{2}\right) = 19.7(\text{mD})$$

$$\phi = \frac{0.002637}{c_t r^2}\left[\frac{k}{\mu}\right]\left[\frac{t}{t_D/r_D^2}\right]_{MP}$$

$$= \frac{0.0002637}{(2.74\times10^{-4})(2\times5280)^2}\left(\frac{19.7}{0.0186}\right)\left(\frac{159}{1}\right)$$

$$= 0.00144$$

第 4 步，图 1.104 显示了 1 号井测试曲线的拟合情况，拟合点如下：$(p_D)_{MP} = 0.1$；$(\Delta p)_{MP} = 5.6\text{psi}$；$(t_D/r_D{}^2)_{MP} = 0.1$；$(t)_{MP} = 125\text{h}$。

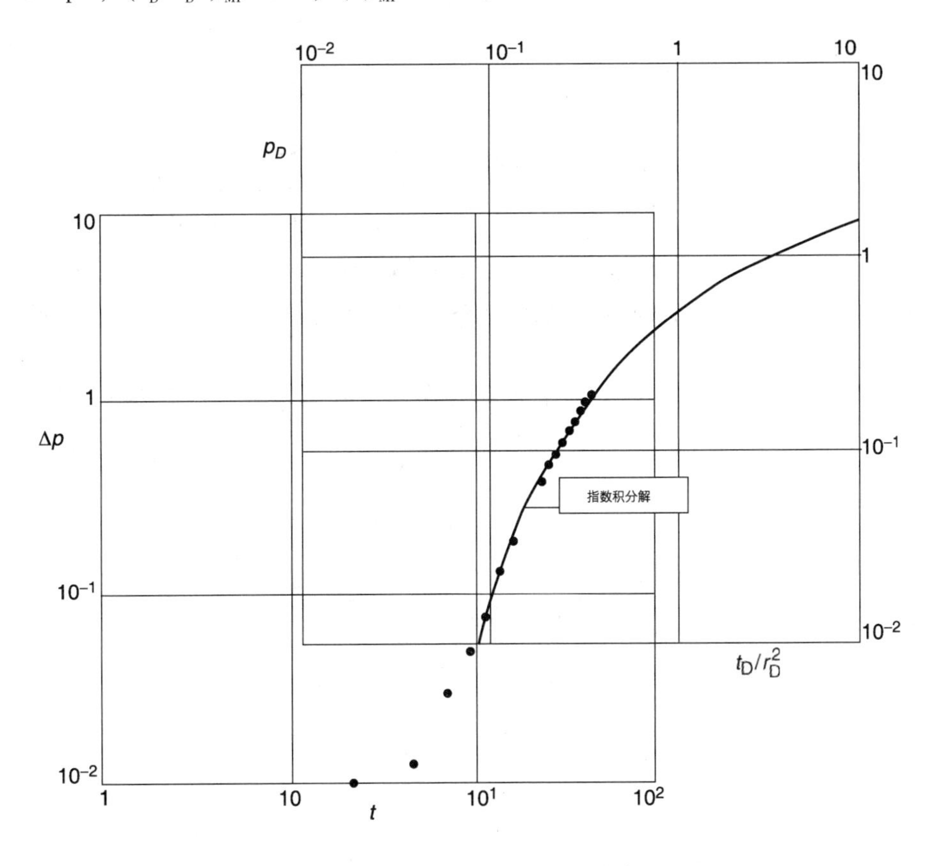

图 1.104　1 号井的干扰试井曲线

第 5 步，计算 k 和 ϕ：

$$k = \left[\frac{141.2(12.4)(920.9)(0.0186)}{75}\right]\left(\frac{1}{5.6}\right) = 71.8(\text{mD})$$

$$\phi = \frac{0.0002637}{(2.74\times10^{-4})(8\times5280)^2}\left(\frac{71.8}{0.0180}\right)\left(\frac{125}{0.1}\right) = 0.0026$$

在均质各向同性油藏中(即油藏内各点的渗透率都相同)，利用间距为 r 的两口井开展干扰试井时，以各井为中心点画两个半径为 r 的圆，就可以计算所研究区域的最小面积。

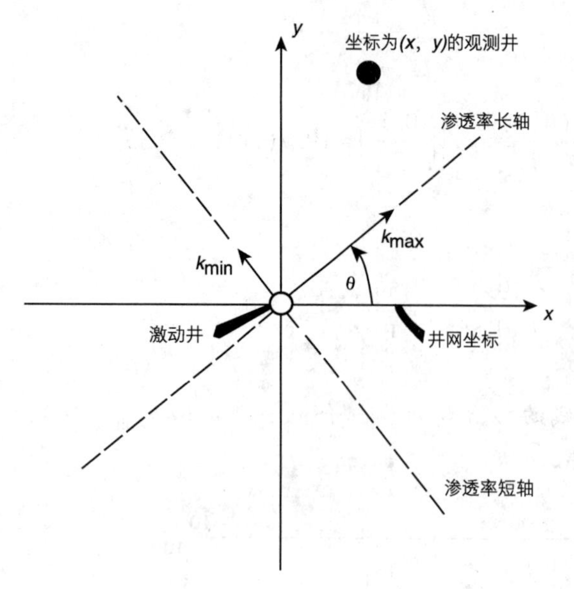

图 1.105　各向异性渗透率系统的术语

（Ramey Jr.，H. J.，1975. Interference analysis for anisotropic formations. J. Pet. Technol.，27(10)1290-1298）

1.6.2　均质各向异性油藏中的干扰试井

均质各向异性油藏的特征是，在整个油藏系统中孔隙度和厚度都相同，但渗透率随方向而变。在均质各向异性油藏中，通过多口观测井开展干扰试井，有可能确定最大和最小渗透率(即 k_{max} 和 k_{min})及其相对于井位的方向。在 Papadopulos(1965)研究成果的基础上，Ramey(1975)采用了 Papadopulos 的解法，根据干扰试井资料估算各向异性储层的物性参数，这样做至少需要三口观测井。图 1.105 给出了开展均质各向异性油藏干扰试井分析需用到的术语。

图 1.105 显示了坐标为原点的一口激动井和坐标为(x，y)的多口观测井。假设测试区域内的所有井都已经历了足够长的关井时间，压力稳定为 p_1，把激动井投入开采(或注入)，会引起所有观测井的压力出现变化 Δp，即 $\Delta p=p_i-p(x, y, t)$。这个压力变化会在一个滞后时间之后出现，这滞后时间的长度取决于多个参数，其中包括：激动井到观测井的距离、渗透率、激动井的井筒储集系数和滞后时间之后的表皮系数。

Ramey(1975)证实，坐标为(x，y)的观测井在任意时刻 t 的压力变化都可以由 Ei 函数给出：

$$p_D=-\frac{1}{2}\mathrm{Ei}\left[\frac{-r_D^2}{4t_D}\right]$$

这个无量纲变量的表达式为：

$$p_D=\frac{\bar{k}h[p_i-p(x, y, t)]}{141.2QB\mu} \tag{1.280}$$

$$\frac{t_D}{r_D^2}=\left[\frac{(\bar{k})^2}{y^2k_x+x^2k_y-2xyk_{xy}}\right]\left(\frac{0.0002637t}{\phi\mu c_t}\right) \tag{1.281}$$

其中：

$$\bar{k}=\sqrt{k_{max}k_{min}}=\sqrt{k_xk_y-k_{xy}^2} \tag{1.282}$$

Ramey 还建立了如下关系式：

$$k_{max}=\frac{1}{2}\left[(k_x+k_y)+\sqrt{(k_xk_y)^2+4k_{xy}^2}\right] \tag{1.283}$$

$$k_{min}=\frac{1}{2}\left[(k_x+k_y)^2-\sqrt{(k_xk_y)^2+4k_{xy}^2}\right] \tag{1.284}$$

$$\theta_{max}=\arctan\left(\frac{k_{max}-k_x}{k_{xy}}\right) \tag{1.285}$$

$$\theta_{min}=\arctan\left(\frac{k_{min}-k_y}{k_{xy}}\right) \tag{1.286}$$

式中：k_x 为 x 方向上的渗透率，mD；k_y 为 y 方向上的渗透率，mD；k_{xy} 为 xy 方向上的渗透率，mD；$k_{\min}$ 为最小渗透率，mD；$k_{\max}$ 为最大渗透率，mD；$\bar{k}$ 为平均渗透率，mD；$\theta_{\max}$ 为在 x 轴上观测的 $k_{\max}$ 的方向(角度)；$\theta_{\min}$ 为在 y 轴上观测的 $k_{\min}$ 的方向(角度)；x，y 为坐标，ft；t 为时间，h。

Ramey 曾指出，如果 $\phi\mu c_t$ 未知，那么要解上述方程，在试井中至少需要有 3 口观测井，否则只需要 2 口观测井即可得到所需的信息。标准曲线拟合是分析过程的第 1 步。把所观测到的每口井的压力变化[即 $\Delta p=p_i-p(x, y, t)$]都标绘在双对数坐标纸上，并与图 1.100 所示的指数积分标准曲线进行拟合。运用标准曲线确定均质各向异性储层物性参数的具体步骤总结如下：

第 1 步，采用与图 1.100 所示的标准曲线相同的坐标系，绘制由至少 3 口观测井观测出的每口井的压力变化 Δp 与时间 t 的关系曲线。

第 2 步，把各观测井的关系曲线与图 1.100 所示的标准曲线进行拟合。为各井的数据集选取方便的拟合点，从而使所有的观测井的响应都具有相同的压力拟合点 $(\Delta p, p_D)_{MP}$，而时间拟合点 $(t, t_D/r_D{}^2)_{MP}$ 则各不相同。

第 3 步，利用压力拟合点 $(\Delta p, p_D)_{MP}$ 由下列公式计算地层的平均渗透率：

$$\bar{k}=\sqrt{k_{\min}k_{\max}}=\left[\frac{141.2QB\mu}{h}\right]\left(\frac{p_D}{\Delta p}\right)_{MP} \tag{1.287}$$

由式(1.282)可以看出：

$$(\bar{k})^2=k_{\min}k_{\max}=k_xk_y-k_{xy}^2 \tag{1.288}$$

第 4 步，假设采用了 3 口观测井，利用各口观测井的时间拟合数据建立如下表达式。

1 号井：

$$\left[\frac{(t_D/r_D^2)}{t}\right]_{MP}=\left(\frac{0.0002637}{\phi\mu c_t}\right)\times\left(\frac{(\bar{k})^2}{y_1^2k_x+x_1^2k_y-2x_1y_1k_{xy}}\right)$$

整理得：

$$y_1^2k_x+x_1^2k_y-2x_1y_1k_{xy}=\left(\frac{0.0002637}{\phi\mu c_t}\right)\times\left(\frac{(\bar{k})^2}{[(t_D/r_D^2)/t]_{MP}}\right) \tag{1.289}$$

2 号井：

$$\left[\frac{(t_D/r_D^2)}{t}\right]_{MP}=\left(\frac{0.0002637}{\phi\mu c_t}\right)\times\left(\frac{(\bar{k})^2}{y_2^2k_x+x_2^2k_y-2x_2y_2k_{xy}}\right)$$

$$y_2^2k_x+x_2^2k_y-2x_2y_2k_{xy}=\left(\frac{0.0002637}{\phi\mu c_t}\right)\times\left(\frac{(\bar{k})^2}{[(t_D/r_D^2)/t]_{MP}}\right) \tag{1.290}$$

3 号井：

$$\left[\frac{(t_D/r_D^2)}{t}\right]_{MP}=\left(\frac{0.0002637}{\phi\mu c_t}\right)\times\left(\frac{(\bar{k})^2}{y_3^2k_x+x_3^2k_y-2x_3y_3k_{xy}}\right)$$

$$y_3^2k_x+x_3^2k_y-2x_3y_3k_{xy}=\left(\frac{0.0002637}{\phi\mu c_t}\right)\times\left(\frac{(\bar{k})^2}{[(t_D/r_D^2)/t]_{MP}}\right) \tag{1.291}$$

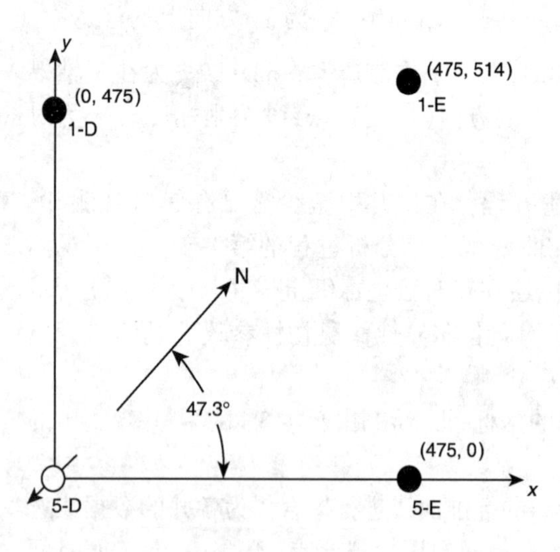

图 1.106 示例 1.43 中的井位

(来源：Earlougher，Robert C.，Jr.，1977. Advances in Well Test Analysis，Monograph，vol. 5. Society of Petroleum Engineers of AIME，Dallas，TX；Permission to publish by the SPE，copyright SPE，1977)

式(1.288)~式(1.291)包含如下 4 个未知数：k_x 为 x 方向上的渗透率，mD；k_y 为 y 方向上的渗透率，mD；k_{xy} 为 xy 方向上的渗透率，mD；$\phi\mu c_t$ =孔隙度组。

联立解这四个方程可以得出以上 4 个未知数。利用最初由 Ramey(1975)给出，后来由 Earlougher (1977)给出的示例 1.43，来说明所讲方法在确定各向异性储层物性参数方面的应用。

【示例 1.43】

在九点井网中以 1 口井为激动井、其余 8 口井为观测井开展了干扰试井，其测试结果如下。在试井之前，所有的井都关井。开展测试的方法是：以 −115STB/d 的流量在 1 口井中注入流体，在其余 8 口井中观测液面的变化。图 1.106 显示了这些井的位置。为了简单起见，只利用 3 口观测井所记录的压力数据(见表 1.28)来说明这种方法。所选择的这三口井被命名为井 5−E、井 1−D 和井 1−E。

表 1.28　3 口观测井所记录的压力数据

井−1D		井 5−E		井 1−E	
t/h	Δp/psi	t/h	Δp/psi	t/h	Δp/psi
23.5	−6.7	21.0	−4.0	27.5	−3.0
28.5	−7.2	47.0	−11.0	47.0	−5.0
51.0	−15.0	72.0	−16.3	72.0	−11.0
77.0	−20.0	94.0	−21.2	95.0	−13.0
95.0	−25.0	115.0	−22.0	115.0	−16.0
			−25.0		

井位坐标(x，y)见表 1.29：

表 1.29　3 口观测井的井位坐标

井	x/ft	y/ft
1−D	0	475
5−E	475	0
1−E	475	514

其他参数为：i_w = 115STB/d；B_w = 1.0bbl/STB；μ_w = 1.0cP；ϕ = 20%；T = 75℉；h = 25ft；c_o = 7.5×10^{-6}psi^{-1}；c_w = 3.3×10^{-6}psi^{-1}；c_f = 3.7×10^{-6}psi^{-1}；r_w = 0.563ft；p_i = 240psi。计算 k_{max}、k_{min} 及其相对于 x 轴的方向。

解答：

第 1 步，在具有与图 1.100 相同比例尺的双对数坐标纸上绘制 Δp 与 t 的关系曲线。图

1.107 显示了所绘制的关系曲线及其与标准曲线的拟合情况。

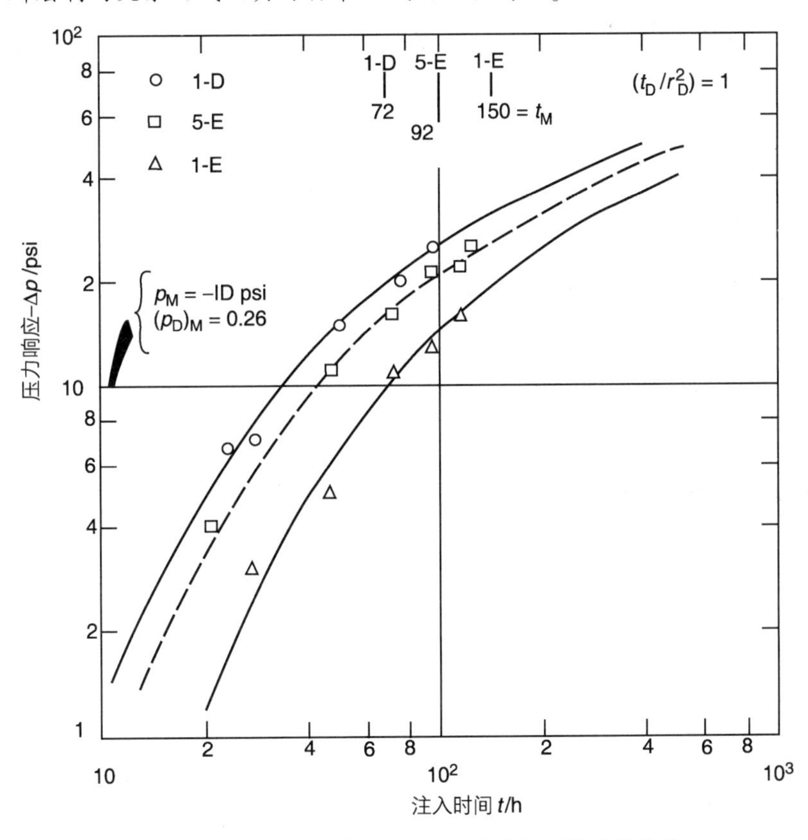

图 1.107 示例 1.6 中与图 1.100 拟合的干扰试井曲线

(所有曲线的压力拟合点都是一样的)

(来源：Earlougher, Robert C., Jr., 1977. Advances in Well Test Analysis, Monograph, vol. 5. Society of Petroleum Engineers of AIME, Dallas, TX; Permission to publish by the SPE, copyright SPE, 1977)

第 2 步，按照压力坐标为所有的观测井选取的压力拟合点都相同，但按照时间坐标为所有的观测井选取的时间拟合点则各不相同(见表 1.30)。

表 1.30 3 口观测井的时间拟合点

拟合点	井 1-D	井 5-E	井 1-E
$(p_D)_{MP}$	0.26	0.26	0.26
$(t_D/r_D^2)_{MP}$	1.00	1.00	1.00
$(\Delta p)_{MP}$	−10.00	−10.00	−10.00
$(t)_{MP}$	72.00	92.00	150.00

第 3 步，根据这些压力拟合点由式(1.287)求解$\bar{k}$：

$$\bar{k}=\sqrt{k_{min}k_{max}}=\left[\frac{141.2QB\mu}{h}\right]\left(\frac{p_D}{\Delta p}\right)_{MP}$$

$$=\sqrt{k_{min}k_{max}}=\left[\frac{141.2(-115)(1.0)(1.0)}{25}\right]\left(\frac{0.26}{-10}\right)$$

$$=16.89(\mathrm{mD})$$

或：

$$k_{\min}k_{\max}=(16.89)^2=285.3$$

第4步，利用各口观测井的时间拟合点坐标$(t, t_D/r_D^{\ 2})_{MP}$由式(1.289)～式(1.291)进行以下计算。

井1-D的拟合点坐标为$(x_1, y_1)=(0, 475)$：

$$y_1^2k_x+x_1^2k_y-2x_1y_1k_{xy}=\left(\frac{0.0002637}{\phi\mu c_t}\right)\times\left(\frac{(\bar{k})^2}{[(t_D/r_D^2)/t]_{MP}}\right)(475)^2k_x+(0)^2k_y-2(0)(475)$$

$$=\frac{0.0002637(285.3)}{\phi\mu c_t}\left(\frac{72}{1.0}\right)$$

简化后得出：

$$k_x=\frac{2.401\times10^{-5}}{\phi\mu c_t} \tag{A}$$

井5-E的拟合点坐标为$(x_2, y_2)=(475, 0)$：

$$(0)^2k_x+(475)^2k_y-2(475)(0)k_{xy}=\frac{0.0002637(285.3)}{\phi\mu c_t}\left(\frac{92}{1.0}\right)$$

即：

$$k_y=\frac{3.068\times10^{-5}}{\phi\mu c_t} \tag{B}$$

井1-E的拟合点坐标为$(x_3, y_3)=(475, 514)$：

$$(514)^2k_x+(475)^2k_y-2(475)(514)k_{xy}=\frac{0.0002637(285.3)}{\phi\mu c_t}\left(\frac{150}{1.0}\right)$$

即：

$$0.5411k_x+0.4621k_y-k_{xy}=\frac{2.311\times10^{-5}}{\phi\mu c_t} \tag{C}$$

第5步，把方程式(A)～(C)合并得：

$$k_{xy}=\frac{4.059\times10^{-6}}{\phi\mu c_t} \tag{D}$$

第6步，把方程式(A)、(B)和(D)代入式(1.288)得：

$$[k_xy_y]-k_{xy}^2=(\bar{k})^2$$

$$\left[\frac{(2.401\times10^{-5})}{(\phi\mu c_t)}\ \frac{(3.068\times10^{-5})}{(\phi\mu c_t)}\right]-\frac{[(4.059)\times10^{-6}]^2}{(\phi\mu c_t)}=(16.89)^2=285.3$$

或：

$$\phi\mu c_t=\sqrt{\frac{(2.401\times10^{-5})(3.068\times10^{-5})-(4.059\times10^{-6})^2}{285.3}}=1.589\times10^{-6}(\text{cP/psi})$$

第7步，求解c_t：

$$c_t=\frac{1.598\times10^{-6}}{(0.20)(1.0)}=7.95\times10^{-6}(\text{psi}^{-1})$$

第8步，把在第6步得出的$\phi\mu c_t$计算值(即$\phi\mu c_t=1.589\times10^{-6}$)代入方程式(A)、(B)和(D)，求解$k_x$、$k_y$和$k_{xy}$：

$$k_x=\frac{2.401\times10^{-5}}{1.589\times10^{-6}}=15.11(\text{mD})$$

$$k_y=\frac{3.068\times10^{-5}}{1.589\times10^{-6}}=19.31(\mathrm{mD})$$

$$k_{xy}=\frac{4.059\times10^{-6}}{1.589\times10^{-6}}=2.55(\mathrm{mD})$$

第 9 步，利用式(1.283)估算最大渗透率得：

$$\begin{aligned}k_{\max}&=\frac{1}{2}\left[(k_x+k_y)+\sqrt{(k_xk_y)^2+4k_{xy}^2}\right]\\&=\frac{1}{2}\left[(15.11+19.31)+\sqrt{(15.11-19.31)^2+4(2.55)^2}\right]\\&=20.5(\mathrm{mD})\end{aligned}$$

第 10 步，利用式(1.284)估算最小渗透率得：

$$\begin{aligned}k_{\min}&=\frac{1}{2}\left[(k_x+k_y)^2-\sqrt{(k_xk_y)^2+4k_{xy}^2}\right]\\&=\frac{1}{2}\left[(15.11+19.31)-\sqrt{(15.11-19.31)^2+4(2.55)^2}\right]\\&=13.9(\mathrm{mD})\end{aligned}$$

第 11 步，由式(1.285)估算 $k_{\max}$ 的方位角得：

$$\theta_{\max}=\arctan\left(\frac{k_{\max}-k_x}{k_{xy}}\right)=\arctan\left(\frac{20.5-15.11}{2.55}\right)=64.7°(\text{相对于 } x \text{ 轴的角度})$$

1.6.3 均质各向同性油藏中的脉冲试井

脉冲试井的目的与常规干扰试井相同，包括估算渗透率 k；估算孔隙度-压缩系数之积 ϕc_{t}；确定井间是否存在压力连通性。

开展测试的方法是：从激动井向油藏发送一系列的流动扰动(“脉冲”)，然后在关闭的观测井中检测压力对这些扰动信号的响应。产生脉冲的方法是：激动井先开井生产(或注入)一段时间，然后关井一段时间，有规律地重复这个过程，如图 1.108 所示。这个图所示的是以一口生产井为激动井的情况，通过重复进行开井-关井这个过程来产生脉冲。

在每一个周期内产量(或注入量)应当保持一致。所有开井生产时间段的长度都应该是一样的，所有关井时间段的长度也都应该是一样的，但生产时间段的长度并不一定要等于关井时间段。这些脉冲会在观测井中产生非常明确的压力响应，而且这些压力响应很容易和原有的油藏压力变化趋势或随机压力扰动(“噪声”)区分开来，否则这些噪声就会被错误地解释。

应当注意的是，脉冲试井具有多个优于常规干扰试井之处：由于在脉冲试井中所采用的脉冲长度比较小，一般介于几小时到几天之间，因而边界很少会对试井结果产生影响；由于压力响应很明确，因而由随机“噪声”和观测井中地层压力变化趋势所造成的解释问题很少；由于测试时间比较短，脉冲试井对油田正常的生产经营所产生的影响要小于干扰试井。

对于每一个脉冲，在观测井中都要采用非常灵敏的压力计记录下压力响应(如图 1.109 所示)。在脉冲试井中，第 1 个和第 2 个脉冲的特征不同于后续的脉冲。在这两个脉冲之后，所有的奇数脉冲都具有相似的特征，而所有的偶数脉冲也都具有类似的特征。每一个脉冲都可以分析 k 和 ϕc_{t}。一般要分析多个脉冲并进行对比。

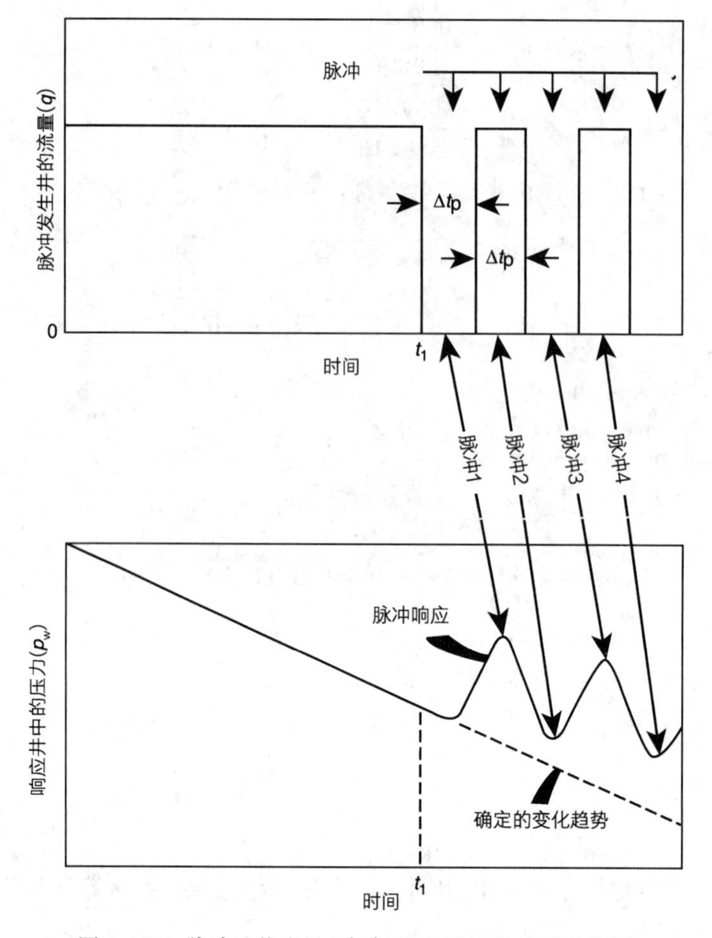

图 1.108 脉冲试井流量(脉冲)历史和压力响应示意图

(来源：Earlougher, Robert C., Jr., 1977. Advances in Well Test Analysis, Monograph, vol. 5. Society of Petroleum Engineers of AIME, Dallas, TX; Permission to publish by the SPE, copyright SPE, 1977)

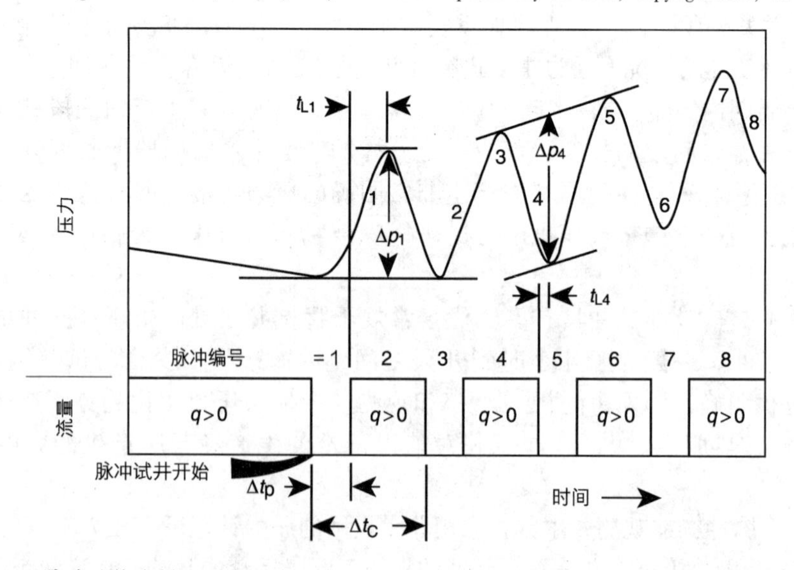

图 1.109 脉冲试井流量和压力历史示意图，图中显示了时滞(t_L)和脉冲响应振幅(Δp)曲线

(来源：Earlougher, Robert C., Jr., 1977. Advances in Well Test Analysis, Monograph, vol. 5. Society of Petroleum Engineers of AIME, Dallas, TX; Permission to publish by the SPE, copyright SPE, 1977)

图 1.109 显示了激动井的产量历史和观测井的压力响应曲线，图中展示了脉冲试井分析所需的 5 个参数：

(1)“脉冲周期”Δt_p代表关井时间的长度。

(2)“循环周期”Δt_C代表一个循环的总时间长度，即关井周期与开采或注入周期之和。

(3)“开采或注入周期”Δt_f代表开采或注入的时间长度。

(4)“时滞”Δt_L代表一个脉冲结束到这个脉冲所产生的压力峰值出现的时间。时滞 Δt_L与每个脉冲都有关，而且描述的基本上是通过改变流量而产生的脉冲从激动井到达观测井所需的时间。应当指出，开采周期(或者注入周期)是一个“脉冲”，而关井周期是另外一个脉冲；这两个脉冲一起构成了一个“循环”。

(5)“压力响应振幅”Δp 是指过两个相邻波峰(或波谷)的直线与过其所对应波谷(或波峰)且与之平行的直线间的垂直距离，如图 1.109 所示。模拟脉冲试井资料分析结果表明，第 1 个脉冲(即“第一个奇数脉冲”)和第 2 个脉冲(即“第一个偶数脉冲”)的特征与后续的所有脉冲都不同。在这两个初始脉冲之后，所有的奇数脉冲都具有相似的特征，而所有的偶数脉冲也都具有相似的特征。

Kamal 和 Bigham(1975)提出了运用脉冲比、无量纲时滞、激动井与观测井之间的无量纲距离、无量纲压力响应振幅 4 个无量纲组开展脉冲试井分析的方法。

脉冲比 F'的定义如下：

$$F' = \text{脉冲周期}/\text{循环周期} = \Delta t_p/(\Delta t_p + \Delta t_f) = \Delta t_p/\Delta t_C \tag{1.292}$$

无量纲时滞$(t_L)_D$的定义如下：

$$(t_L)_D = t_L/\Delta t_C \tag{1.293}$$

激动井与观测井之间的无量纲距离(r_D)的表达式如下：

$$r_D = r/r_w \tag{1.294}$$

式中：r 为激动井和观测井之间的距离，ft。

无量纲压力响应振幅 Δp_D的定义如下：

$$\Delta p_D = \left[\frac{\bar{k}h}{141.2B\mu}\ \frac{\Delta p}{Q}\right] \tag{1.295}$$

式中：Q 为激动井在开井生产或注入时的流量，其符号约定是 $\Delta p/Q$ 且总为正值，即绝对值 $|\Delta p/Q|$。

Kamal 和 Bigham 建立了一组曲线，如图 1.110~图 1.117 所示，这组曲线把脉冲比 F'及无量纲时滞$(t_L)_D$与无量纲压力 Δp_D关联在了一起。这些曲线专门用于分析在以下条件下所开展的脉冲试井的资料：第一个奇数脉冲见图 1.110 和图 1.114；第一个偶数脉冲见图 1.111 和图 1.115；除了第一个奇数脉冲之外剩余的所有奇数脉冲见图 1.112 和图 1.116；除了第一个偶数脉冲之外剩余的所有偶数脉冲见图 1.113 和图 1.117。

利用一个或多个脉冲响应的时滞 t_L 和压力响应振幅 Δp 来估算储层平均渗透率，计算公式为：

$$\bar{k} = \left[\frac{141.2QB\mu}{h\Delta p[(t_L)_D]^2}\right]\left[\Delta p_D\left(\frac{t_L}{\Delta t_C}\right)^2\right]_{\text{Fig}} \tag{1.296}$$

根据图 1.110、图 1.111、图 1.112 或图 1.113 确定$[\Delta p(t_L/\Delta t_C)^2]_{\text{Fig}}$项的数值，用于计算 $t_L/\Delta t_C$和 F'的近似值。式(1.296)中其他参数的定义如下：Δp 为所分析脉冲的观测井压力响应振幅，psi；Δt_C为循环周期长度，h；Q 为激动井生产(或注入)时的产量(或注入量)，STB/d；$\bar{k}$为平均渗透率，mD。

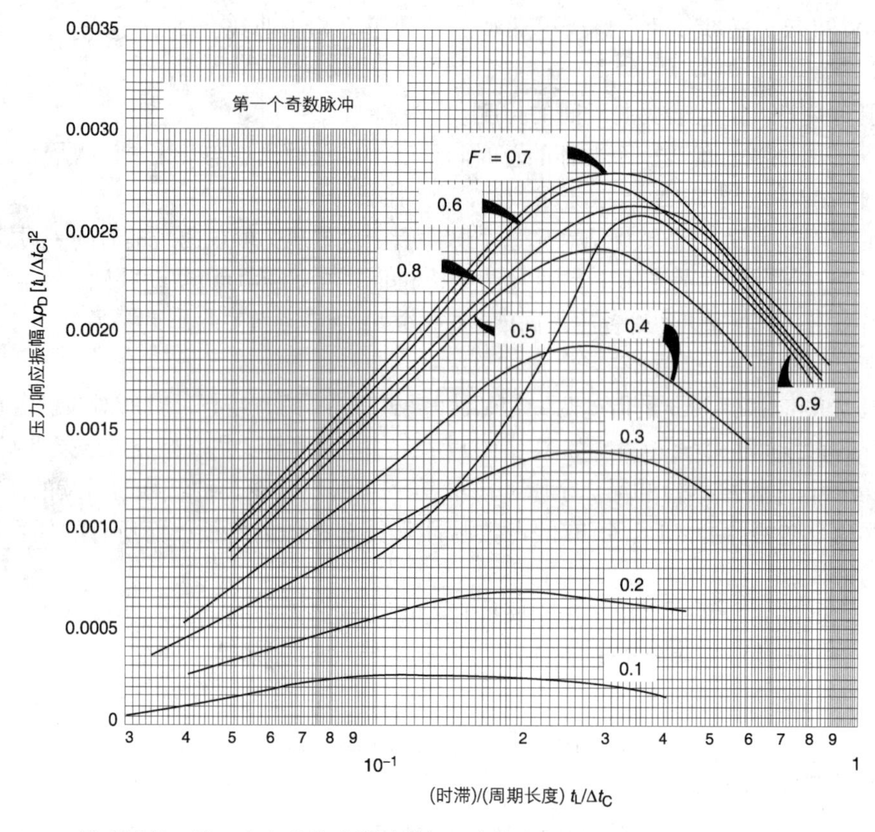

图 1.110　脉冲试井：第一个奇数脉冲的时滞与压力响应振幅的关系(Kamal 和 Bigham，1975)

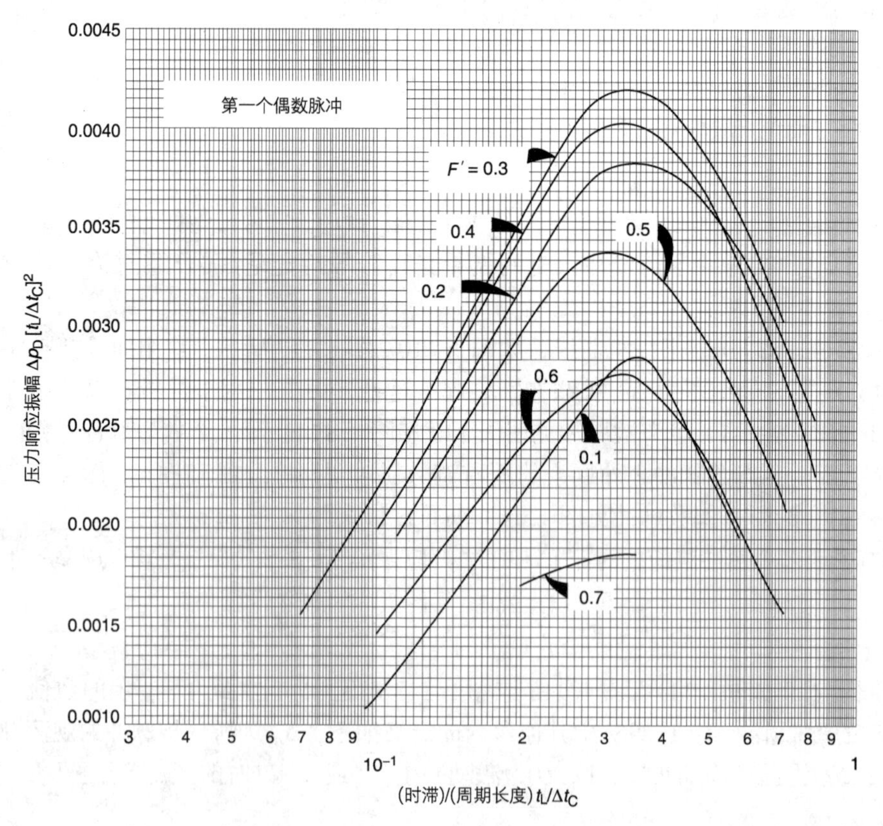

图 1.111　脉冲试井：第一个偶数脉冲的时滞与压力响应振幅之间的关系(Kamal 和 Bigham，1975)

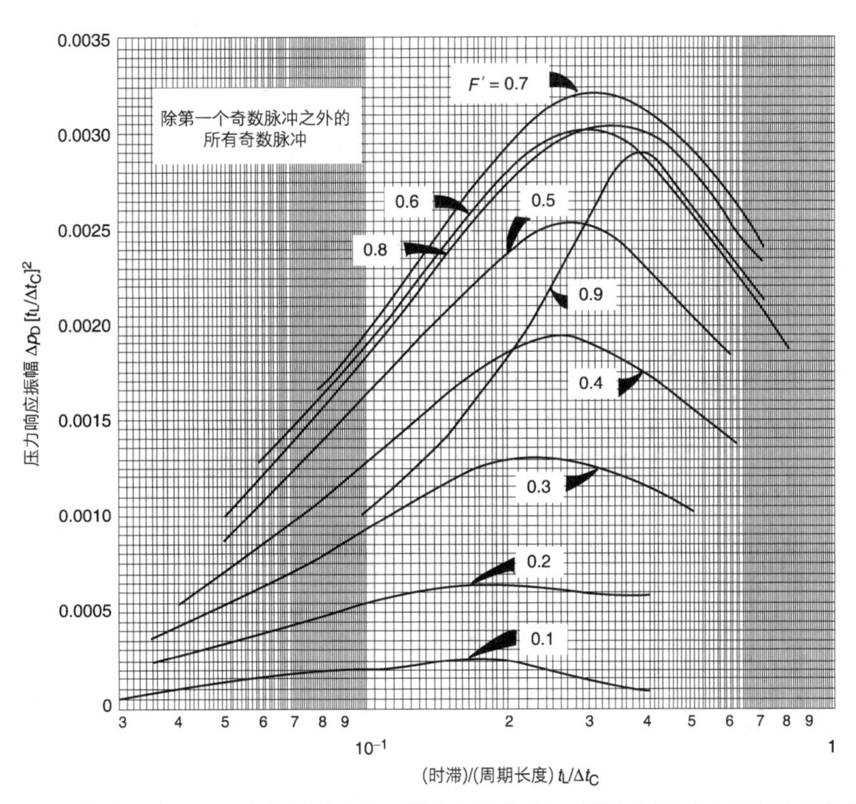

图 1.112　脉冲试井：第一个奇数脉冲之后所有奇数脉冲的时滞与压力响应振幅之间的关系（Kamal 和 Bigham，1975）

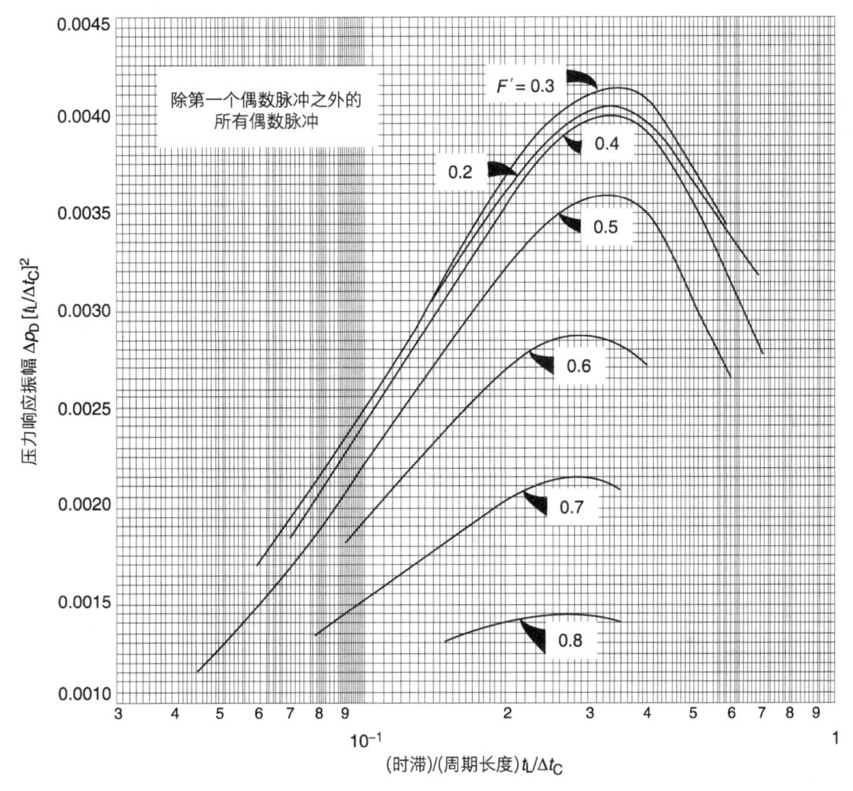

图 1.113　脉冲试井：第一个偶数脉冲之后所有偶数脉冲的时滞与压力响应振幅之间的关系（Kamal 和 Bigham，1975）

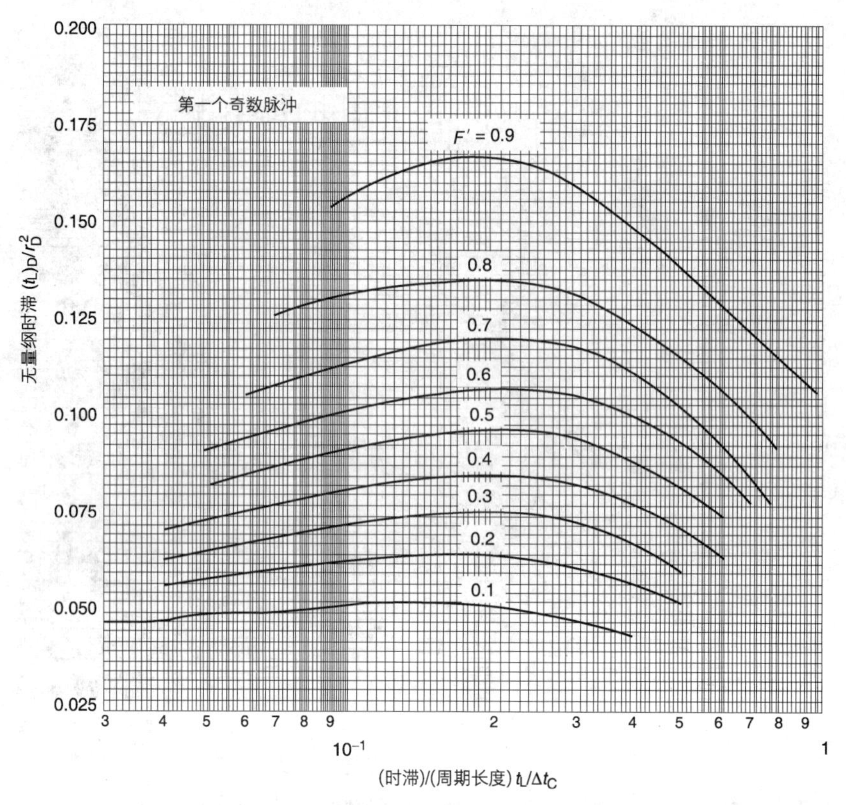

图 1.114　脉冲试井：第一个奇数脉冲的时滞与循环周期长度之间的关系（Kamal 和 Bigham，1975）

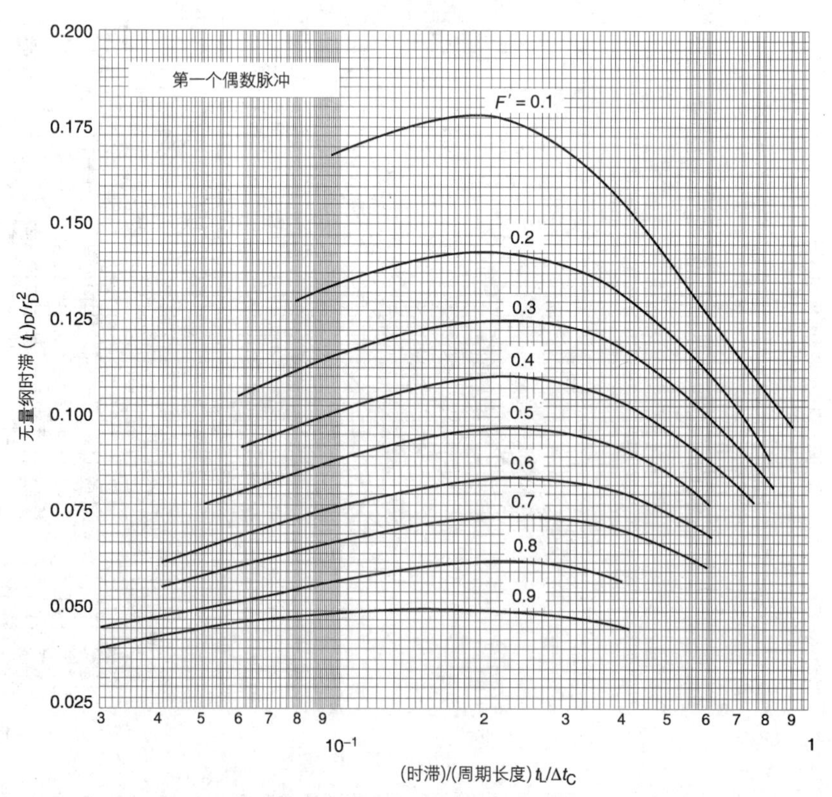

图 1.115　第一个偶数脉冲的时滞与循环周期长度之间的关系（Kamal 和 Bigham，1975）

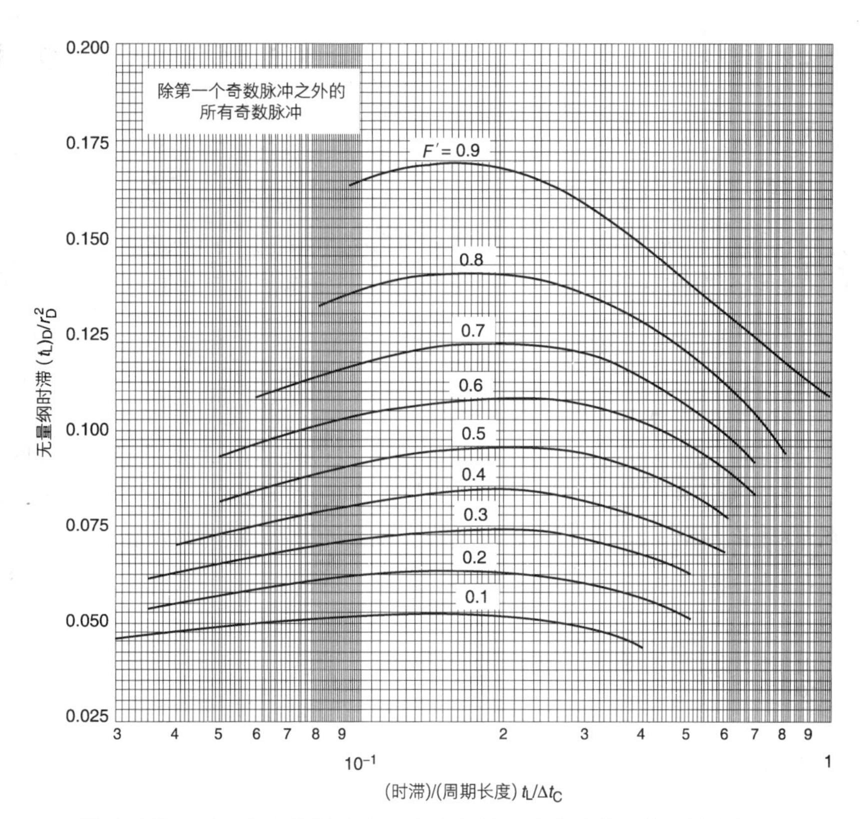

图 1.116　脉冲试井：第一个奇数脉冲之后所有奇数脉冲的时滞与循环周期长度之间的关系（Kamal 和 Bigham，1975）

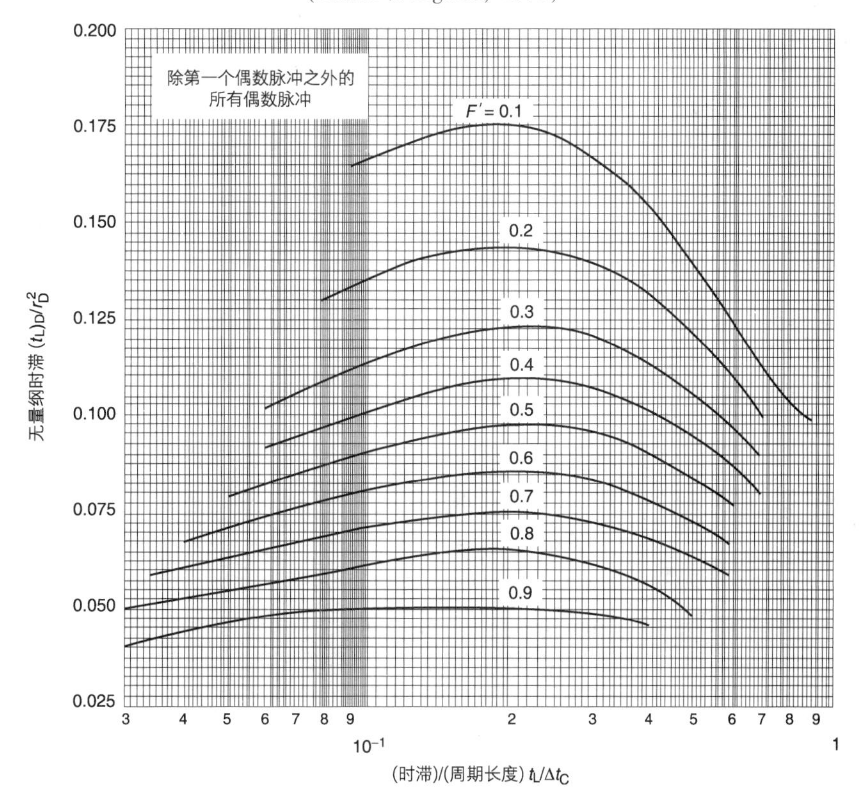

图 1.117　脉冲试井：第一个偶数脉冲之后所有偶数脉冲的时滞与周期长度之间的关系（Kamal 和 Bigham，1975）

在由式(1.296)计算出了渗透率之后，就可以根据下式计算孔隙度-压缩系数之积：

$$\phi c_{\mathrm{t}}=\left[\frac{0.002637\,\bar{k}(t_{\mathrm{L}})}{\mu r^{2}}\right]\frac{1}{[(t_{\mathrm{L}})_{\mathrm{D}}/r_{\mathrm{D}}^{2}]_{\mathrm{Fig}}} \tag{1.297}$$

式中：t_{L}为时滞，h；r 为激动井到观测井的距离，ft；

式中的$[(t_{\mathrm{L}})_{\mathrm{D}}/r_{\mathrm{D}}{}^{2}]_{\mathrm{Fig}}$项需要依据图 1.114、图 1.115、图 1.116 或图 1.117 来确定。同样，分析压力响应数据时究竟选取哪一个图件比较合适，要根据所分析的是第一个奇数脉冲、第一个偶数脉冲或其余的某一个脉冲来确定。

【示例 1.44】

在产量稳定之后开展的一次脉冲试井中，激动井先关井 2h，然后开井生产 2h，这个过程重复进行多次。距离激动井 933ft 的一口观测井在第 4 个脉冲过程中记录了 0.639psi 的压力响应振幅和 0.4h 的时滞。其他已知的数据如下：$Q=425$STB/d；$B=1.26$bbl/STB；$r=933$ft；$h=26$ft；$\mu=0.8$cP；$\phi=8\%$。试估算$\bar{k}$和 ϕc_{t}。

解答：

第 1 步，由式(1.292)计算脉冲比 F'得：

$$F'=\Delta t_{\mathrm{p}}/(\Delta t_{\mathrm{p}}+\Delta t_{\mathrm{f}})=2/(2+2)=0.5$$

第 2 步，运用式(1.293)计算无量纲时滞$(t_{\mathrm{L}})_{\mathrm{D}}$得：

$$(t_{\mathrm{L}})_{\mathrm{D}}=\frac{t_{\mathrm{L}}}{\Delta t_{\mathrm{C}}}=\frac{0.4}{4}=0.1$$

第 3 步，利用$(t_{\mathrm{L}})_{\mathrm{D}}=0.1$ 和 $F'=0.5$ 以及图 1.113 可得：

$$\left[\Delta p_{\mathrm{D}}\left(\frac{t_{\mathrm{L}}}{\Delta t_{\mathrm{C}}}\right)^{2}\right]_{\mathrm{Fig}}=0.00221$$

第 4 步，由式(1.296)估算平均渗透率得：

$$\begin{aligned}\bar{k}&=\left[\frac{141.2QB\mu}{h\Delta p[(t_{\mathrm{L}})_{\mathrm{D}}]^{2}}\right]\left[\Delta p_{\mathrm{D}}\left(\frac{t_{\mathrm{L}}}{\Delta t_{\mathrm{C}}}\right)^{2}\right]_{\mathrm{Fig}}\\&=\left[\frac{(141.2)(425)(1.26)(0.8)}{(26)(0.269)[0.1]^{2}}\right](0.00221)=817(\mathrm{mD})\end{aligned}$$

第 5 步，利用$(t_{\mathrm{L}})_{\mathrm{D}}=0.1$ 和 $F'=0.5$ 以及图 1.117 可得：

$$\left[\frac{(t_{\mathrm{L}})_{\mathrm{D}}}{r_{\mathrm{D}}^{2}}\right]_{\mathrm{Fig}}=0.091$$

第 6 步，由式(1.297)估算 ϕc_{t}得：

$$\begin{aligned}\phi c_{\mathrm{t}}&=\left[\frac{0.00026387\,\bar{k}(t_{\mathrm{L}})}{\mu r^{2}}\right]\frac{1}{[(t_{\mathrm{L}})_{\mathrm{D}}/r_{\mathrm{D}}^{2}]_{\mathrm{Fig}}}\\&=\left[\frac{0.0002637(817)(0.4)}{(0.8)(933)^{2}}\right]\frac{1}{(0.091)}=1.36\times10^{-6}\end{aligned}$$

第 7 步，估算 c_{t}得：

$$c_{\mathrm{t}}=\frac{1.36\times10^{-6}}{0.08}=17\times10^{-6}(\mathrm{psi}^{-1})$$

【示例 1.45】

以五点井网中的注入井作为激动井，以其余 4 口相邻井作为观测井，开展了脉冲试井。在油藏处于静水压力状态下，在早上 9：40 以 700bbl/d 的注入速度开始发出第一个注入脉冲。这个注入速度维持了 3h，随后关井 3h。这个注入和关井过程重复进行了多次，图 1.118 列出了压力观测结果。其他已知数据如下：$c_t=9.6\times10^{-6}\text{psi}^{-1}$；$r=330\text{ft}$；$\mu=0.87\text{cP}$；$\phi=16\%$。

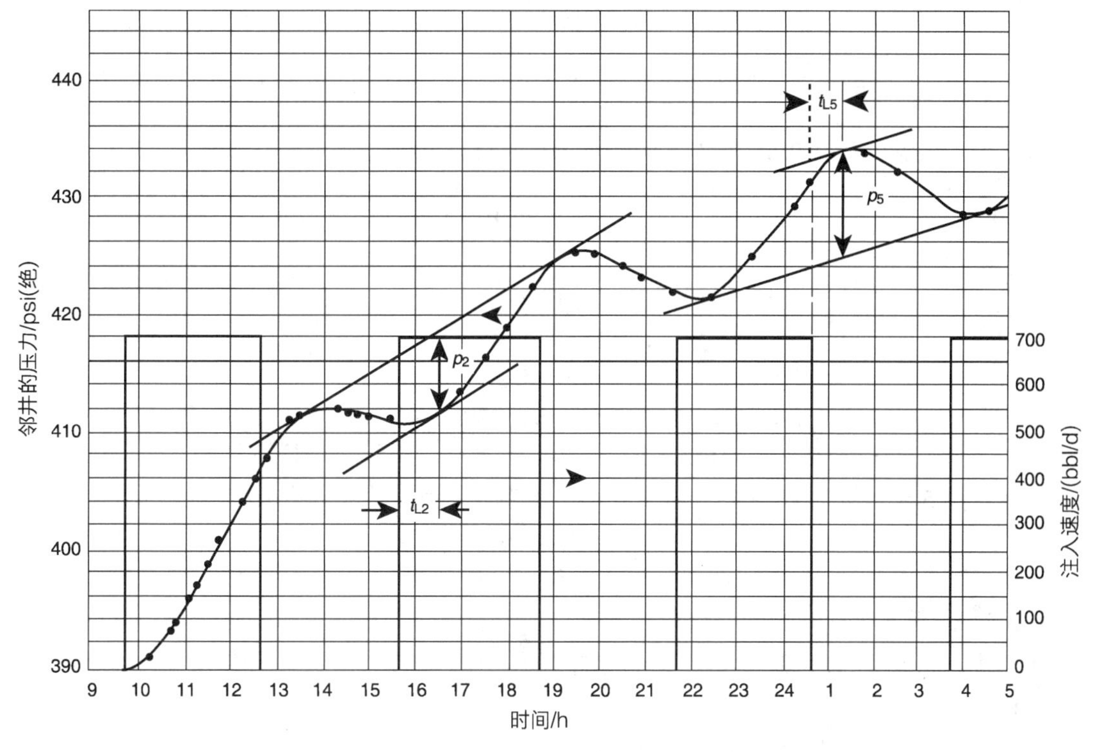

图 1.118　示例 1.45 的脉冲压力响应

试计算渗透率和平均厚度(数据来自 H. C. Slider, Worldwide Practical Petroleum Reservoir Engineering Methods, Penn Well Books, 1976)。

解答：

第 1 步，以时间函数的形式标绘某一口观测井的压力响应曲线，如图 1.119 所示。

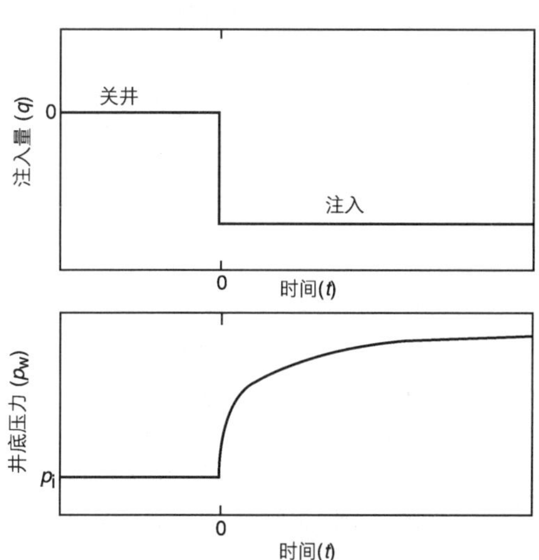

图 1.119　注入井注入能量测试中的理想化注入时间表和压力响应

1.6.3.1　第一个奇数脉冲的压力数据分析

第 1 步，根据图 1.118 确定第一个脉冲过程中的压力响应振幅和时滞，得出 $\Delta p=6.8\text{psi}$，$t_L=0.9\text{h}$。

第 2 步，由式(1.292)计算脉冲比 F' 得：

$$F'=\frac{\Delta t_p}{\Delta t_C}=\frac{3}{3+3}=0.5$$

第 3 步，由式(1.293)计算无量纲时滞 $(t_L)_D$ 得：

$$(t_L)_D=\frac{t_L}{\Delta t_C}=\frac{0.9}{6}=0.15$$

第4步，根据$(t_L)_D=0.15$和$F'=0.5$以及图1.110可得：

$$\left[\Delta p_D\left(\frac{t_L}{\Delta t_C}\right)^2\right]_{Fig}=0.0025$$

第5步，由式(1.296)估算平均kh得：

$$h\bar{k}=\left[\frac{141.2QB\mu}{\Delta p[(t_L)_D]^2}\right]\left[\Delta p_D\left(\frac{t_L}{\Delta t_C}\right)^2\right]_{Fig}$$

$$=\left[\frac{(141.2)(700)(1.0)(0.86)}{(6.8)[0.15]^2}\right](0.0025)=1387.9(mD\cdot ft)$$

第6步，根据$(t_L)_D=0.15$和$F'=0.5$以及图1.114可得：

$$\left[\frac{(t_L)_D}{r_D^2}\right]_{Fig}=0.095$$

第7步，通过整理式(1.297)估算平均渗透率得：

$$\bar{k}=\left[\frac{\phi c_t\mu r^2}{0.0002637(t_L)}\right]\left[\frac{(t_L)_D}{r_D^2}\right]_{Fig}$$

$$=\left[\frac{(0.16)(9.6\times10^{-6})(0.86)(330)^2}{0.0002637(0.9)}\right](0.095)=57.6(mD)$$

根据在第5步计算的kh之积和以上平均渗透率计算值，估算厚度h得：

$$h=[h\bar{k}/\bar{k}]=\left[\frac{1387.9}{57.6}\right]=24.1(ft)$$

1.6.3.2 第5个脉冲的压力数据分析

第1步，根据图1.110确定第5个脉冲过程中的压力响应振幅和时滞得$\Delta p=9.2$psi，$t_L=0.7$h。

第2步，由式(1.292)计算脉冲比F'得：

$$F'=\frac{\Delta t_p}{\Delta t_C}=\frac{\Delta t_p}{\Delta t_p+\Delta t_f}=\frac{3}{3+3}=0.5$$

第3步，由式(1.293)计算无量纲时滞$(t_L)_D$得：

$$(t_L)_D=\frac{t_L}{\Delta t_C}=\frac{0.7}{6}=0.117$$

第4步，根据$(t_L)_D=0.117$和$F'=0.5$以及图1.111可得：

$$\left[\Delta p_D\left(\frac{t_L}{\Delta t_C}\right)^2\right]_{Fig}=0.0018$$

第5步，由式(1.296)估算平均kh得：

$$h\bar{k}=\left[\frac{141.2QB\mu}{\Delta p[(t_L)_D]^2}\right]\left[\Delta p_D\left(\frac{t_L}{\Delta t_C}\right)^2\right]_{Fig}$$

$$=\left[\frac{(141.2)(700)(1.0)(0.86)}{(9.2)[0.117]^2}\right](0.0018)=1213(mD\cdot ft)$$

第6步，根据$(t_L)_D=0.117$和$F'=0.5$以及图1.114可得：

$$\left[\frac{(t_L)_D}{r_D^2}\right]_{Fig}=0.093$$

第7步，通过整理式(1.297)估算平均渗透率得：

$$\bar{k}=\left[\frac{\phi c_t\mu r^2}{0.0002637(t_L)}\right]\left[\frac{(t_L)_D}{r_D^2}\right]_{Fig}$$

$$=\left[\frac{(0.16)(9.6\times10^{-6})(0.86)(330)^2}{0.0002637(0.7)}\right](0.095)=72.5(\text{mD})$$

根据在第 5 步计算的 kh 之积和以上平均渗透率计算值，估算厚度 h 得：

$$h=[h\bar{k}/\bar{k}]=\left[\frac{1213}{72.5}\right]=16.7(\text{ft})$$

对其他所有的脉冲都重复进行以上计算，并把计算结果与岩心测试及常规试井分析结果进行对比，以确定这些参数的最佳数值。

1.6.4　均质各向异性油藏的脉冲试井

均质各向异性油藏的脉冲试井分析类似于均质各向同性油藏，不同之处是由式(1.282)定义的平均渗透率被代入了式(1.296)和式(1.297)，由此得出：

$$\bar{k}=\sqrt{k_xk_y-k_{xy}^2}=\left[\frac{141.2QB\mu}{h\Delta p[(t_L)_D]^2}\right]\left[\Delta p_D\left(\frac{t_L}{\Delta t_C}\right)^2\right]_{Fig} \tag{1.298}$$

$$\phi c_t=\left[\frac{0.0002637(t_L)}{\mu r^2}\right]\left[\frac{(\bar{k})^2}{y^2k_x+x^2k_y-2xyk_{xy}}\right]\times\frac{1}{[(t_L)_D/r_D^2]_{Fig}} \tag{1.299}$$

在均质各向异性油藏干扰试井分析一小节中所讲的解法，都可以用于估算脉冲试井的各种渗透率参数。

1.6.5　脉冲试井设计方法

在预期的压力响应方面的先验知识很重要，有了这样的先验知识就可以预先确定脉冲试井所需的压力表的数值范围及其敏感性以及时间长度。Kamal 和 Bigham(1975)曾推荐了以下脉冲试井设计方法：

第 1 步，设计脉冲试井的第 1 步是选择由式(1.292)所定义的适当的脉冲比 F'，即脉冲比=脉冲周期/循环周期。在分析奇数脉冲时，建议采用接近 0.7 的脉冲比；而在分析偶数脉冲时，建议采用接近 0.3 的脉冲比。需要注意的是，脉冲比 F'不应超过 0.8，也不应低于 0.2。

第 2 步，利用以下近似计算方法之一来计算无量纲时滞。

对于奇数脉冲：

$$(t_L)_D=0.09+0.3F' \tag{1.300}$$

对于偶数脉冲：

$$(t_L)_D=0.027-0.027F' \tag{1.301}$$

第 3 步，采用分别由第 1 步和第 2 步计算出的 F'数值和$(t_L)_D$数值，并结合图 1.114 或图 1.115 来确定无量纲参数$[(t_L)_D/r_D^2]$。

第 4 步，采用 F'的数值和$(t_L)_D$的数值，并结合图 1.110 或图 1.111 中的合适曲线，来确定无量纲压力响应振幅$[\Delta p(t_L/\Delta t_C)^2]_{Fig}$。

第 5 步，利用以下参数：k、h、ϕ、μ 和 c_t的估算值；第 3 步和第 4 步所得的$[(t_L)_D/r_D^2]$和$[\Delta p(t_L/\Delta t_C)^2]_{Fig}$的数值；式(1.277)和式(1.278)。由下列公式计算循环周期(Δt_C)和压力响应振幅(Δp)：

$$t_L=\left[\frac{\phi\mu c_t r^2}{0.0002637\bar{k}}\right]\left[\frac{(t_L)_D}{r_D^2}\right]_{Fig} \tag{1.302}$$

$$\Delta t_C = \frac{t_L}{(t_L)_D} \tag{1.303}$$

$$\Delta p = \left[\frac{141.2QB\mu}{h\bar{k}[(t_L)_D]^2}\right]\left[\Delta p_D\left(\frac{t_L}{\Delta t_C}\right)\right]^2_{Fig} \tag{1.304}$$

第6步，利用脉冲比 F' 和循环周期 Δt_C，由下列公式计算脉冲(关井)周期和流动周期。脉冲(关井)周期：$\Delta t_p = F'\Delta t_C$。流动周期：$\Delta t_f = \Delta t_C - \Delta t_p$。

【示例 1.46】

采用下列适当的参数设计一个脉冲试井方案：$\mu = 3cP$；$\phi = 18\%$；$k = 200mD$；$h = 25ft$；$r = 600ft$；$c_t = 10\times10^{-6} psi^{-1}$；$B = 1bbl/STB$；$Q = 100STB/d$；$F' = 0.6$。

解答：

第 1 步，由式(1.300)或式(1.301)计算 $(t_L)_D$。由于 F' 的数值是 0.6，应当采用奇数脉冲，因而由式(1.300)得：

$$(t_L)_D = 0.09 + 0.3(0.6) = 0.27$$

第 2 步，选择第一个奇数脉冲，由图 1.114 确定无量纲循环周期得：

$$\left[\frac{(t_L)_D}{r_D^2}\right]_{Fig} = 0.106$$

第 3 步，根据图 1.110 确定无量纲压力响应振幅得：

$$\left[\Delta p_D\left(\frac{t_L}{\Delta t_C}\right)\right]^2_{Fig} = 0.00275$$

第 4 步，利用式(1.302)～式(1.304)求解 t_L、Δt_C 和 Δp 可得：

时滞：

$$t_L = \left[\frac{\phi\mu c_t r^2}{0.0002637\bar{k}}\right]\left[\frac{(t_L)_D}{r_D^2}\right]_{Fig}$$
$$= \left[\frac{(0.18)(3)(10\times10^{-6})(660)^2}{(0.0002637)(200)}\right](0.106) = 4.7(h)$$

循环周期：

$$\Delta t_C = \frac{t_L}{(t_L)_D} = \frac{4.7}{0.27} = 17.5(h)$$

脉冲长度(关井)：

$$\Delta t_p = \Delta t_C F' = (17.5)(0.27) \approx 5(h)$$

流动周期：

$$\Delta t_f = \Delta t_C - \Delta t_p = 17.5 - 4.7 \approx 13(h)$$

第 5 步，由式(1.304)估算压力响应得：

$$\Delta p = \left[\frac{141.2QB\mu}{h\bar{k}[(t_L)_D]^2}\right]\left[\Delta p_D\left(\frac{t_L}{\Delta t_C}\right)^2\right]_{Fig}$$
$$= \left[\frac{(141.2)(100)(1)(3)}{(25)(200)(0.27)^2}\right](0.00275) = 0.32(psi)$$

这就是奇数脉冲分析预期的压力响应振幅。我们先关井 5h，然后开井生产 13h，并以 18h

为一个周期重复进行这个过程。

如果我们希望分析第一个偶数脉冲响应，可以重复上述计算过程。

1.7 地层测试

钻井和完井中的储层评价涉及很多工具，包括气测录井、随钻测井(LWD)、裸眼测井、取心等工具。储层渗透率和产能以及孔隙流体含量等参数的估算一般都需要开展某些类型的流动试验，这样才能达到所期望的精度要求。截至目前，所讨论的大多数压力瞬变分析方法都是应用于已经完成的井，或者应用于常规的中途测试(DST)。

适用于新钻井的功能最为强大的试井工具是地层测试器(FT)，它能够在钻井过程中为作业者提供极大的灵活性(见图1.120)。它既可以通过电缆传送，也可以借助于先进的LWD技术通过钻杆传送。在通过电缆无法把试井工具传送到所希望的深度时，例如在大角度定向井、水平井或者井筒条件比较复杂的井中，后者就比较重要。有了FT装置，操作者就可以在井中很多位置上准确而高效地测量压力。这种装置能够重复进行测量，因而能够验证测量结果的正确性，而且它还可以在很宽的流度范围内有效地得到应用。有了先进的不稳定试井技术，就可以定量测量定向渗透率，提高油藏描述的质量，并在岩石物性和渗透率及产能之间建立对比关系。

图1.120 地层测试器样品(RCI，贝克休斯提供)

有了地层测试器装置，操作者就可以在饱和压力之上采集有代表性的流体样品，并以最小的污染程度保持诸如H_2S和CO_2等非烃稀释剂的浓度(为了保持H_2S的浓度，需要有由诸如钛等非反应性金属制成的FT装置)。井下测量技术的进步使人们能够快速估算原地PVT性质(包括密度、黏度、GOR、FVF、泡点压力、硫含量和压缩系数等)，识别流体类型，诊断钻井液污染程度。其他先进的应用还包括微型DST以及确定对运用Micro-Frac技术开展水力压裂至关重要的参数。

FT装置有一个或多个取样器(snorkels)，在安装在工具另外一侧的推靠臂的推动下，冲洗并进入地层面内一定的深度。它们的附近可能安装有跨式双封隔器来进行封隔，也有可能不安装这类封隔器。取样器可以允许少量的流体进入工具，用于测量压力，也可以允许较多的流体进入工具，从而能够对干净的储层流体样品进行分析和/或采集干净储层流体样品送往地面。不管在哪种情况下，都要采用高分辨率的石英晶体压力计来准确地开展不稳定试井和压力测量。图1.121显示了这类工具的概念设计以及随时间测量的压力值。

1.7.1 增压

截至目前，所讨论的压力瞬变分析大都适用于已完井并“洗井”的生产井或注入井。DSTs和FTs都要求油藏工程师能够识别合适的地层条件。在钻进过程中，泥浆滤液侵入可能会在近井筒地带形成过高的压力，这被称作“增压作用”。在泥饼没有把井筒压力与地层完全隔离的情况下，就会出现增压现象。在LWD过程中，主动的泥浆循环会限制滤饼的形成，因而超

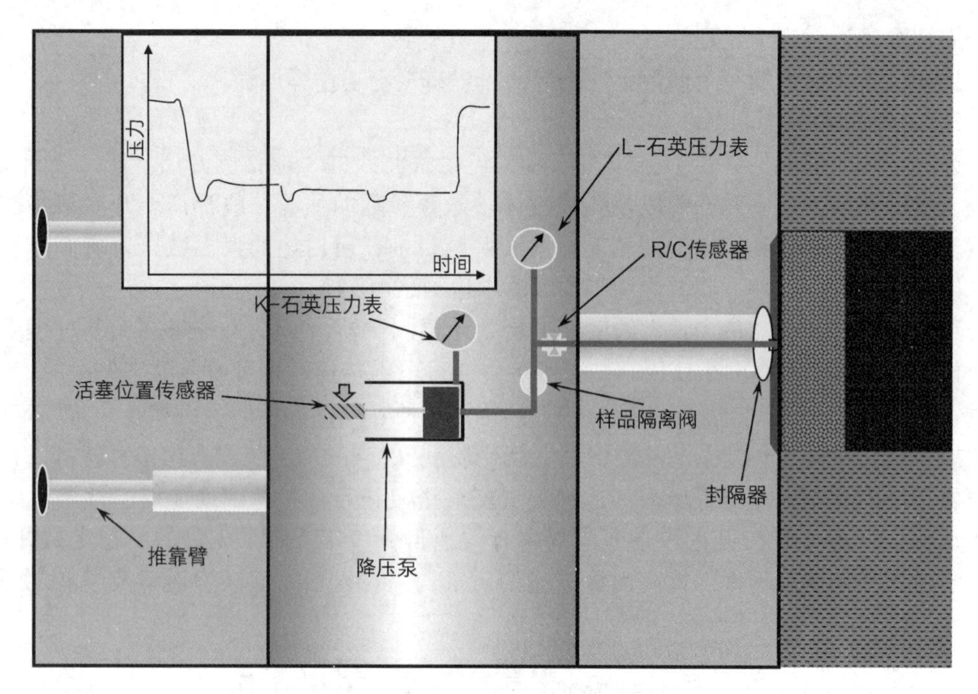

图 1.121　压力测量示意图(贝克休斯公司提供)

压问题会比较严重。结果，在 LWD 过程中的动态泥浆条件下，其漏失率要大于静态泥浆条件下电缆测井的漏失率。如果泥饼的渗透率 k_m 比较高，而地层的渗透率 k_f 比较低，那么增压问题就会更加严重。如果地层的渗透率小于 1mD，那么不论是电缆测井还是 LWD，通常都会出现增压问题。

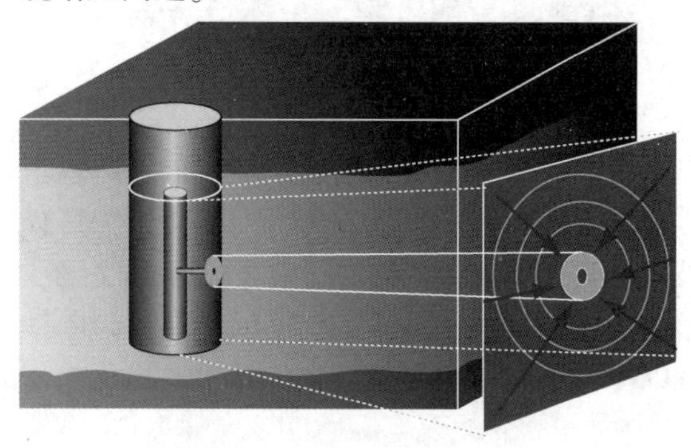
图 1.122　受井筒上探测器的限制而形成的半球状流

1.7.2　流动分析

朝向油藏中单个点的流体流动一般会产生球状流。在层状油藏中，这种球状流会随时间转变为柱状流。在 FT 中，流体流动会因探测器而受到限制，从而产生半球状流(见图 1.122)。

多种分析方法都来自常规试井分析，用于分析由地层测试器测量的数据。“压降流度”计算结合了对应于达西方程式中活塞下降速度(piston drawdown rate)的压降，来计算近井筒地带的流度。

$$\frac{k_{dd}}{\mu}=\frac{q_{dd}}{4\pi\Delta p}\left(\frac{1+S_{geom}\left(\frac{r_p}{r_w}\right)}{r_p}\right)$$

式中：S_{geom} 为因半球状流而出现的流动几何形态效应；k_{dd} 为压降渗透率；q_{dd} 为活塞下降速度；r_p 为探测器半径；μ 为黏度。

这种分析存在一个缺点，尤其是在地层渗透率比较低的情况下，对应于活塞下降速度的压力过渡特征会因工具的储集效应而更加明显。在低渗透率地层中，来自地层的流量可能不同于来自活塞下降的流量。

通过地层流量分析(FRA)而进行的流度计算考虑了工具的储集效应，具体方法是计算固定的工具体积内压力降落过程中流动系统的压缩系数。在地层流量分析中，利用达西方程和工具内的物质平衡状态，根据活塞下降速度计算地层流量。

$$q_{\mathrm{f}}=\frac{kG_{\mathrm{o}}r_{\mathrm{p}}}{\mu}(p^{*}-p(t))$$

式中：G_{o} 为几何因子(4.67)；r_{p} 为探测器半径，cm；k 为渗透率，mD；μ 为黏度，cP。

增添相对于时间和液体积聚速度的物质平衡：

$$c_{\mathrm{t}}=\frac{1}{V_{\mathrm{sys}}}\ \frac{\partial V_{\mathrm{t}}}{\partial p(t)}$$

$$c_{\mathrm{t}}V_{\mathrm{sys}}=\frac{\partial V_{\mathrm{t}}/\partial t}{\partial p_{\mathrm{t}}/\partial t}$$

$$q_{\mathrm{ac}}=c_{\mathrm{t}}V_{\mathrm{sys}}\frac{\partial p_{\mathrm{t}}}{\partial t}$$

然后，以时间函数的方式求解压力，其表达式如下：

$$q_{\mathrm{sc}}=q_{\mathrm{f}}-q_{\mathrm{dd}}$$

$$c_{\mathrm{t}}V_{\mathrm{sys}}\frac{\partial p_{\mathrm{t}}}{\partial t}=(p^{*}-p(t))\left(\frac{kG_{\mathrm{o}}r_{\mathrm{i}}}{\mu}\right)-q_{\mathrm{dd}}$$

$$p(t)=p^{*}-\left(\frac{\mu}{kG_{\mathrm{o}}r_{\mathrm{i}}}\right)\left(c_{\mathrm{t}}V_{\mathrm{sys}}\frac{\partial p_{\mathrm{t}}}{\partial t}+q_{\mathrm{dd}}\right)$$

上述方程式经简化后得：

$$p(t)=p^{*}-\left(\frac{\mu}{kG_{\mathrm{o}}r_{\mathrm{i}}}\right)(q_{\mathrm{f}})$$

$p(t)$ 与地层流量的交会曲线应当接近于一条直线，其斜率为负值，在 $p(t)$ 轴上的截距为 p^{*}，根据其斜率计算流度(见图 1.123)。不论是压力恢复试井还是压力降落试井，如果压缩系数恒定，那么 FRA 曲线图的斜率都应是相同的。采用多线性回归方法可以解决压缩系数效应问题。

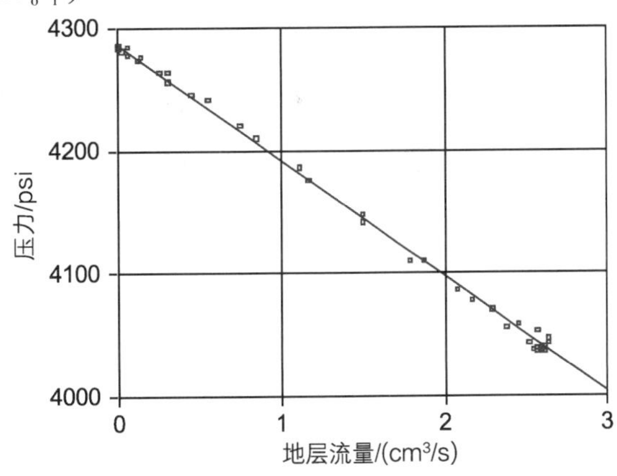

图 1.123　流量分析解释示例

1.7.3　运用梯度的实例

在处于静水压力状态下的油气藏中，连续相的压力随深度而变，它取决于连续相中流体的密度。在油藏中，石油的密度主要取决于石油的相对密度、溶解气量和压力。虽然在比较大的面积内或厚度非常大的储层中，石油密度和溶解气量随组分不同而变的现象并非不常见，但在具有水力连续性的所有油井中，压力梯度在油层厚度上近似恒定的现象却是很常见的。除了非常重的石油外(其密度接近于水)，通过在油藏中不同深度处获取多个地层压力数值，一般就有可能把含油层和含水层区分开(见图 1.124)。如果在井筒中没有清晰的油水界面，利用这些梯度值通常可以确定油水界面的深度(见图 1.125)。气体梯度一般要远低于液体梯度，但可以用于达到相似的目的。在厚储层中，石油的密度一般会随着深度而变。这种现象比较常见，而且根据由 FT 测量数据绘制的深度与压力的关系曲线图可以确定密度的变化(组分递变)。

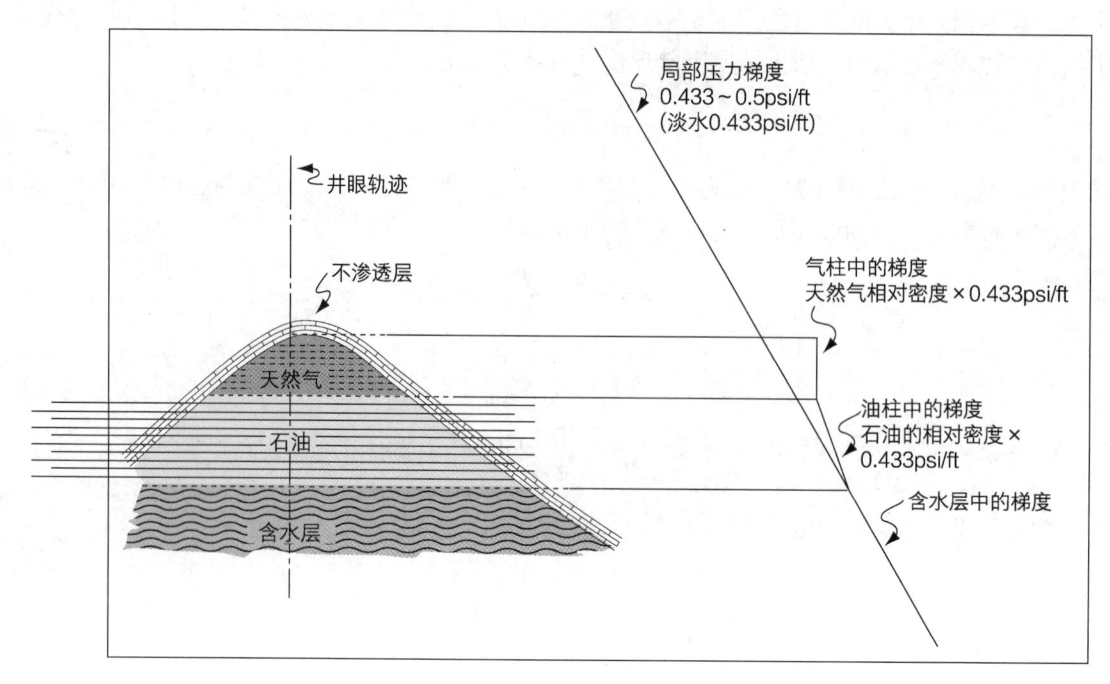

图 1.124　反映储层流体含量的压力梯度

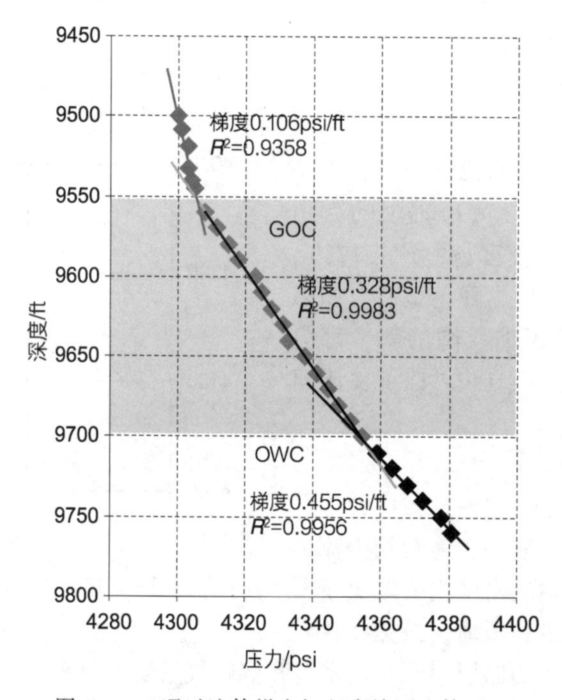

图 1.125　通过流体梯度解释来检测流体界面

在梯度分析中，储层的地质特征非常重要。有关储层地质构造的先验知识有助于确定压力梯度的变化趋势，而且可以根据在同一个油气田，但并不一定是同一个油气藏中开采多个油气层，或者开采相互沟通的多套油气层的单井相关图件进行验证(见图 1.126)。根据由地层测试获取的压力数据的不连续性，可以识别因分层、断层发育或其他地质非均质性而在储层之间形成的水力隔离现象。

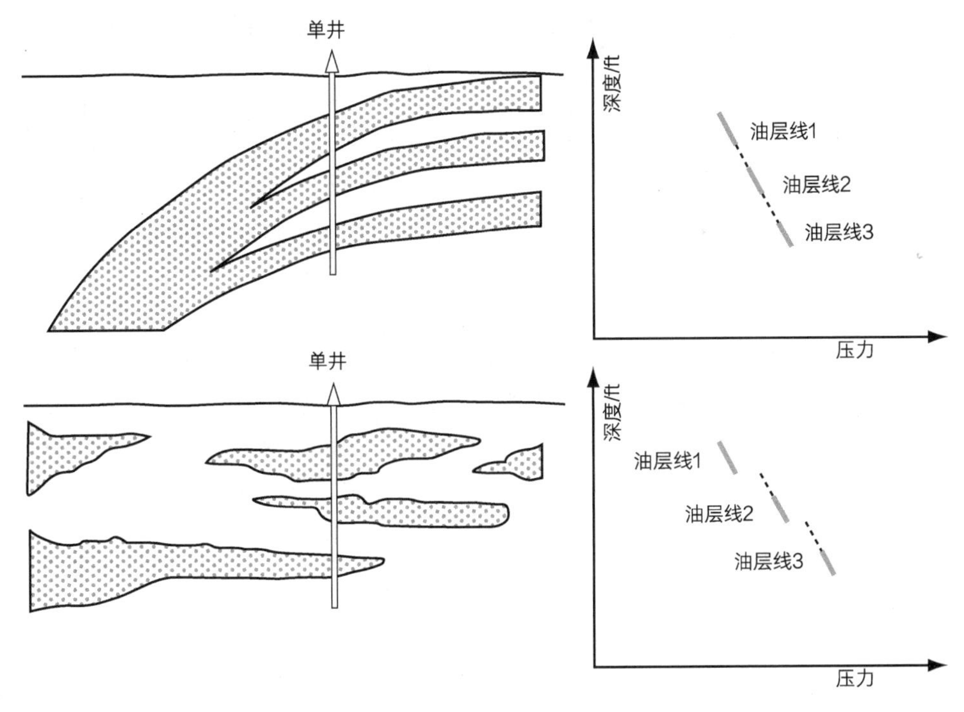

图 1.126　通过压力梯度解释检测储层分隔间

类似地，自由水水位(FWL)的变化也会导致人们对压力梯度作出不同的解释。在图 1.127 中，第一个图显示了 A 井钻遇了一个含油砂岩层和一个含水砂岩层。由于顶层没有油水界面，油藏工程师们可能会认为，如果油层与水层具有水力联系，那么顶层中自由水水位的埋深可能和在下部含水层中所钻遇的水位相同。但梯度斜率在大于已知油面埋深的地方相交，这说明油层和水层并没有水力联系，因而上述认识是错误的。

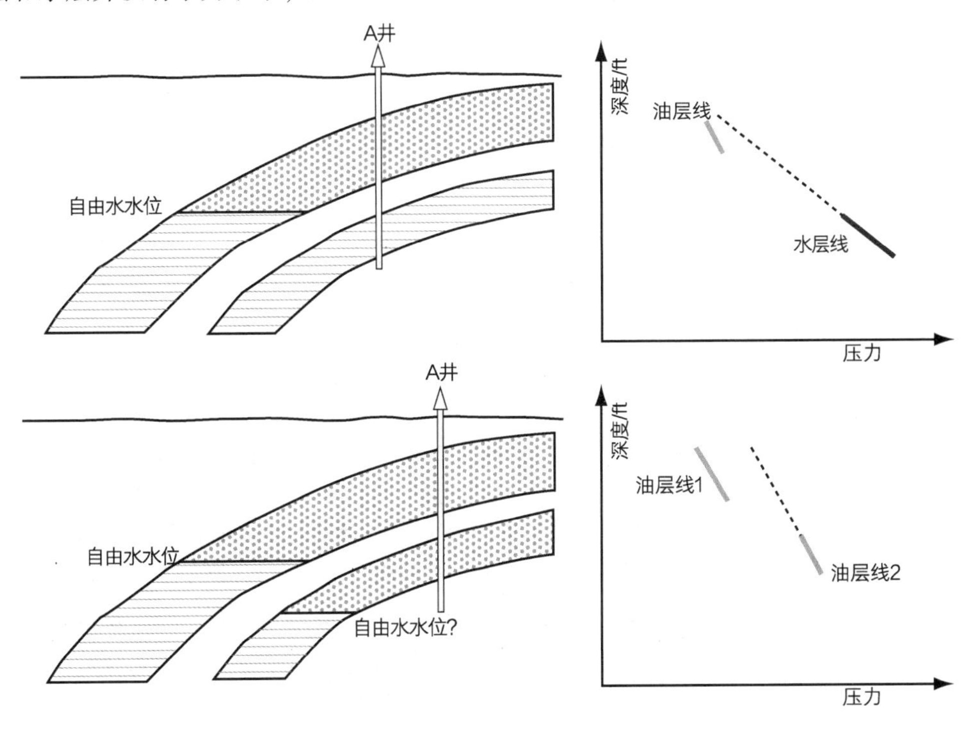

图 1.127　通过压力梯度解释检测水力隔离

在第二个图中，A井所钻遇的两个油层没有水力联系，因而在开采过程中它们的开采动态相互独立。

类似地，在开采过程中、在过渡区内以及在注入过程中，压力梯度及其大小都会发生变化。在成熟的水驱油藏中，未波及的含油区的最为明显的标志之一是加密井中的低压层。虽然在渗透性油层中压力的下降会随时间而传递，但压力要随流体注入而升高，则需要有很好的水力联通性和足够高的体积波及效率。根据低压层的存在可以识别波及效果比较差的层，如果这些层能够被驱替的话，产量和采收率都会有明显的提高。采用FT还可以识别压力遮挡层。

在以下的示例中(见表1.31)，在三口相邻井的砂岩储层中开展了一系列的地层测试，根据裸眼测井结果，1号井中的这个砂岩层含油，而在2号和3号井中的含水。根据地质填图结果判断，这三口井位于一个连续的油藏中，而且在1号井的井底深度以下，2号井和3号井中应当存在油水界面。遗憾的是，任何地层测试都没有采集到流体样本。

表1.31　三口相邻井深度和压力数据

水下深度/ft	RCI压力/psi		
	1号井	2号井	3号井
-6123.0	3431.6		
-6125.0	3431.7		
-6130.9	3433.9		
-6137.0	3436.2		
-6142.0	3438.1		
-6158.0	3444.1		
-6182.0		3453.7	
-6190.0		3457.3	
-6201.0		3462.3	
-6256.0			3505.1
-6275.0			3513.7
-6278.0			3515.1

根据下面给出的数据回答(如果可能的话)下列问题：哪些井具有水力联通性？在各井中都存在什么样的流体界面？石油和水的原地密度是多少？

1.7.4　解答

绘制压力与深度的关系曲线，如图1.128所示。

在-6123ft深度处1号井顶部数据点之间的压力梯度，要远小于-6125ft及其以下深度处数据点间的压力梯度。这说明该顶部数据点可能位于气顶中。由于只有一个数据点，不能利用图形法来确定天然气压力梯度。然而，如果天然气密度已估算出(可能根据相邻井的数据进行估算)，那么在压力和温度已知的情况下，就可以推断出气油界面的大致位置是-6124ft。含水砂岩层的压力梯度大致为0.4546psi/ft，淡水的密度为0.433psi/ft，所以矿化水的原地密度为0.4546/0.433，也就是1.05。根据油层的压力梯度判断，其原地密度为0.87g/cm^3。相对密度和API重度一般都是取标准条件下的数值，因此这两个密度值都需要通过温度、压力和含气饱和度校正而转变为地表条件下的数值。

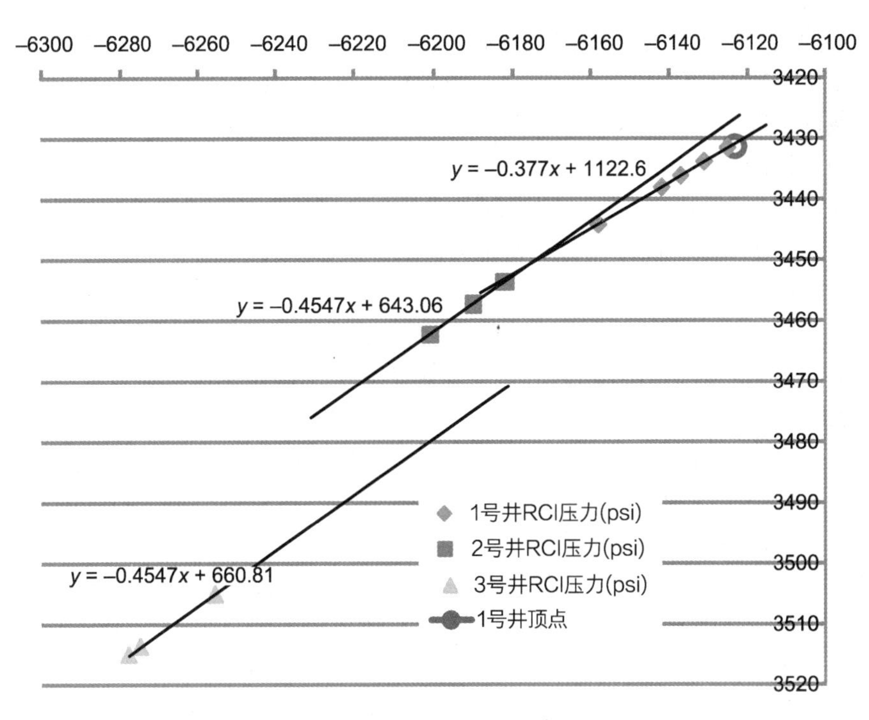

图 1.128　梯度解释示例

研究压力梯度数据发现，3 号井在水力上是与 1 号井和 2 号井隔离的。这一点具有较大的确定性。1 号和 2 号井之间似乎存在水力连通性，联立求解油层和水层的压力梯度方程式，得出油水界面的位置是-6179ft。水层和油层的压力梯度越接近，准确计算油水界面埋深的难度就越大。此外，数据点相距越远(纵向或横向)，油水界面埋深计算结果出现其他误差的几率就越大。虽然通过地层测试数据内插确定油水界面深度的最佳技术估算值时需要特别小心，但这仍是常规的做法。由于在压力测量中毛细管压力效应可能很重要，可能需要根据地层润湿性状态上调或下调油水界面埋深的估算值。因此，仅根据压力数据确定油水界面的深度，可能会得出错误的结果。需要把压力数据与其他测井数据结合在一起，才能得出可靠的油水界面深度。

1.7.5　流体识别

利用最先进的 FT 技术可以原地分析在地层测试过程中所采集的流体，还可以把流体样品传送到地表做更深入的分析。Reservoir Characterization Instrument™(RCI)上所配备的 In-Situ Fluids eXplorer™先进地层测试器，就装备有多种测试仪器，例如多道可视且近红外分光计、甲烷探测仪、荧光分光计、折光率测定仪以及计算原地密度、黏度、声速、GOR 和压缩系数的仪器。图 1.129 展示了天然气、石油和水在近红外光谱测定中的典型响应。该图 x 轴上的 17 个波长波道指示了特定波长下流动中流体的色彩暗度。

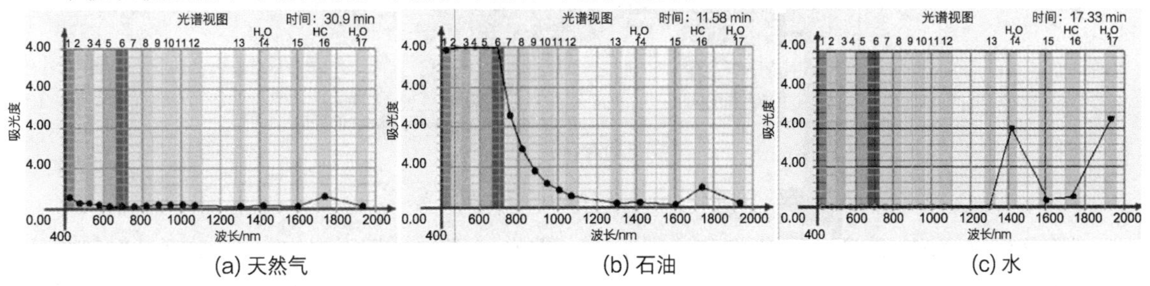

图 1.129　石油、天然气和水在近红外光谱测定中的响应

在把泥浆滤液污染程度降到最低后，流体被导入取样桶，进行流体采样。能够采集到地表的流体样品量一般在大约500~20000mL，额定压力可达25000psi。对于早期储层描述而言，在接近储层条件下采集的流体样品可能是无价之宝，对于在完井或增产处理过程中可能合并处理的多层油气藏而言尤其如此。本书的研究者们曾经历过以下的情况，在原本被认为是一个普通分隔间(common compartment)的油藏中钻了一口水平井，沿着这口井的水平井段不同部位采集流体样品，所采集样品的组分相差很大。

1.7.6　先进的应用

利用最先进的FTs，作业者可以开展微型中途测试(mini-DST)和试井，来优化水力压裂工艺。在标准的中途测试中，司钻要先把一段井筒隔离，诱导地层流体流到地面，先测量流体的体积，然后把它们燃放或者输送到处理罐中。RCI工具(尤其是双封隔器模块)具有与DST类似的功能，其不同之处是通过电缆传送，而且规模更小。

虽然微型DST的成本要低于常规的DST，但其安全性能依然很好，因为它无需把流体采出到地表。其成本优势主要得益于井下设备成本较低、作业时间比较短而且无需从地表控制设备。此外，它还不存在流体处置问题、无安全问题，而且没有环境污染问题。微型DST只需对较短的井段进行封隔，因而所测量的地层体积比较小，而且采集流体的数量比较少，采样时的流速也比较低。微型DST还可以应用于单个水力流动单元，来描述其流动特征，而这些流动特征是认识和定量评价储层非均质性所需的重要信息。这一点与常规试井不同，后者只能提供所有流动单元流动特征的平均值，因而对储层非均质性不敏感。

对在压力降落试井和压力恢复试井过程中所测量的不稳定压力数据进行分析，可以获取储层参数。不稳定压力数据遵循与常规DST或试井所测量数据相同的物理规律。因此，可以采用相同的方法对它们进行分析和解释。所以，通过诸如RCI这类电缆工具开展的微型DST可以提供储层渗透率数据、评价地层伤害(见表皮系数)、提供地层系数以及开展原地条件下的单相流体采样。在均质地层中，通过微型DST可以观察到3种流动状态：封隔井段周围的早期径向流动、在压力脉冲到达边界之前的近球形流动和上、下无流动边界之间的总径向流动(见图1.130)。同时观察到这3种流动状态的情况很少见，其原因是工具的储集效应会掩盖早期的径向流动，而到最近的遮挡层的距离决定着在测试过程中是否会出现其他流动状态。在压力恢复试井中观察到拟球形流动状态的情况比较常见，而偶尔也能观察得到总体径向流动(见图1.130)。

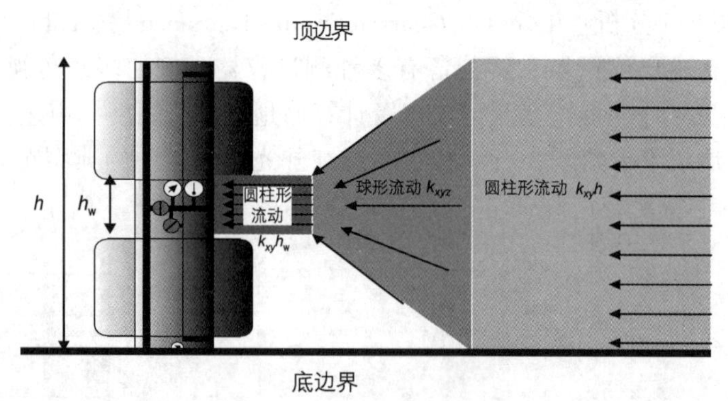

图1.130　微型DST的流动状态

要分析压力测试过程中的压力和流量响应，有必要了解地层及其流体的性质。为了确定封隔器构型(packer configuration)，采用了一个为存在储集效应和表皮效应的打开不完善井

(partially completed well)而建立的解析模型。具有均质储层特征的局部射开模型假设储层厚度(h)和孔隙度(ϕ)都是均匀的，生产井仅在有限的地层段(h_w)进行了完井。被封隔地层段的中心点到储层底部的距离被指定为Z_w。

在压力导数与特定时间函数的双对数曲线图上(见图1.131)，球形流动的识别标志是斜率为-0.5；而径向流动的识别标志是稳定的水平线。工具的储集效应包括了封隔器之间流体的压缩系数。常见的模型是通过常数C建立井底流量(q_{sf})与实测流量(q)及压力变化速度的联系。在压力恢复试井的最初期，井筒储集效应(又被称为续流)占主导地位。根据这个阶段的压力变化速度可以估算常数C。同时，利用压力数据和压力导数数据可以分别计算由于打开不完善和地层伤害而造成的表皮效应。

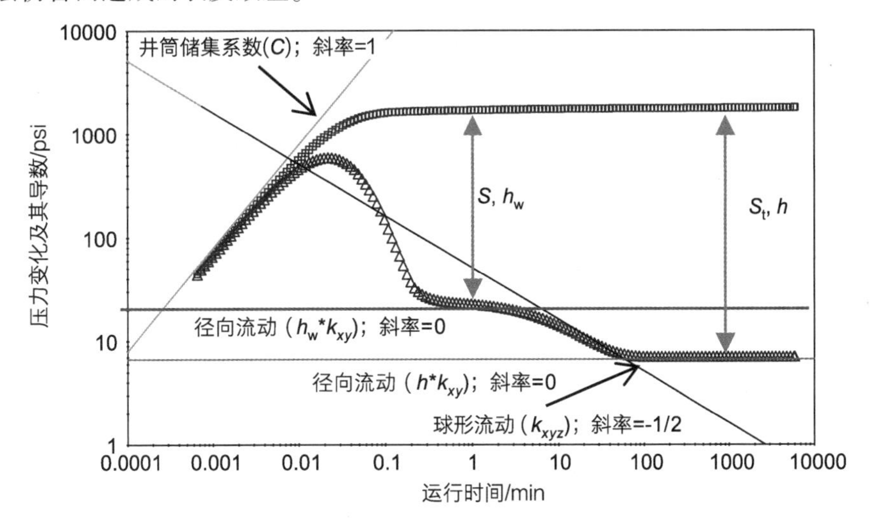

图1.131 微型DST数据的解释方法

在早期流体流动过程中的极短时间内，在被封隔地层段($k_{xyz} \times h_w$)厚度的影响下，可望出现径向流动。在大多数测试中不可能观察到这种流动状态，其原因是早期的工具储集效应会掩盖这种流动状态。球形流动状态代表三向(three-directional)渗透率(k_{xyz})的几何平均值，在采用跨式双封隔器构型时，它是早期的主导流动状态。在流体流动受到顶部和底部无流动边界的限制后，开始出现径向流动状态。径向流动反映的是水平渗透率与地层厚度之积($k_{xyz} \times h$)。微型DST中球形和径向流动状态的观测，为计算球形流动渗透率(k_{xyz})和水平流动渗透率(k_x)以及通过对这两者进行积分计算纵向流动渗透率(k_y)创造了条件。

渗透率各向异性(k_z/k_x)是研究垂直井中流体锥进和制定完井/射孔方案的一个重要参数。它还是影响水平井生产动态的关键参数之一。在常规试井中，通常无法确定纵向渗透率。通过RCI开展的垂向干扰试井(VIT)，能够提供有关所测试地层的水平渗透率和纵向渗透率的独特信息。在垂向干扰试井中，跨式双封隔器与常规探测器结合用于测试。在跨式双封隔器之上或之下直接运行单个探测器或多探测器组合，来收集跨式双封隔器所封隔层段内流体流动所产生的压力响应(见图1.132)。

压力瞬变信号从源探测器向观测探测器传播所需的时间，是存储系数和垂向渗透率的函数。对于给定的储层流体和地层岩石条件而言，存储系数是可以计算的，而且可以把它视为常量。对来自源和观测点的压力瞬变信号同时进行分析，可以得到这两个封隔器之间地层段k_z的独特计算值。在垂向干扰试井中还可以计算水平渗透率(k_x)、表皮系数和生产指数(见图1.133)。

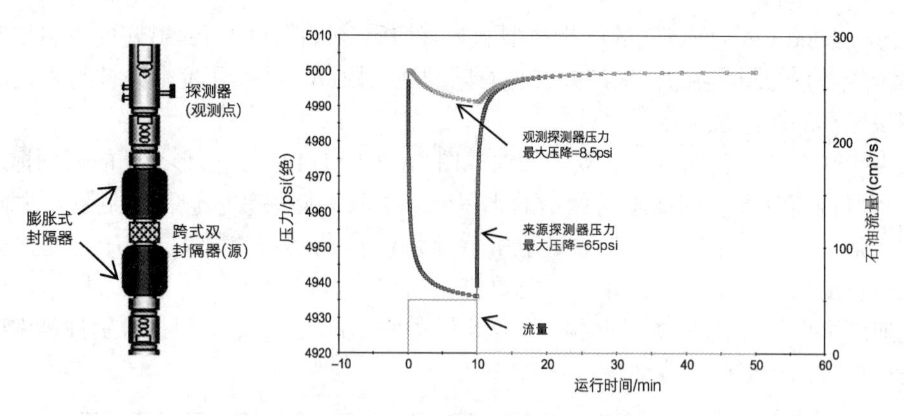

图 1.132 垂向干扰试井解释方法

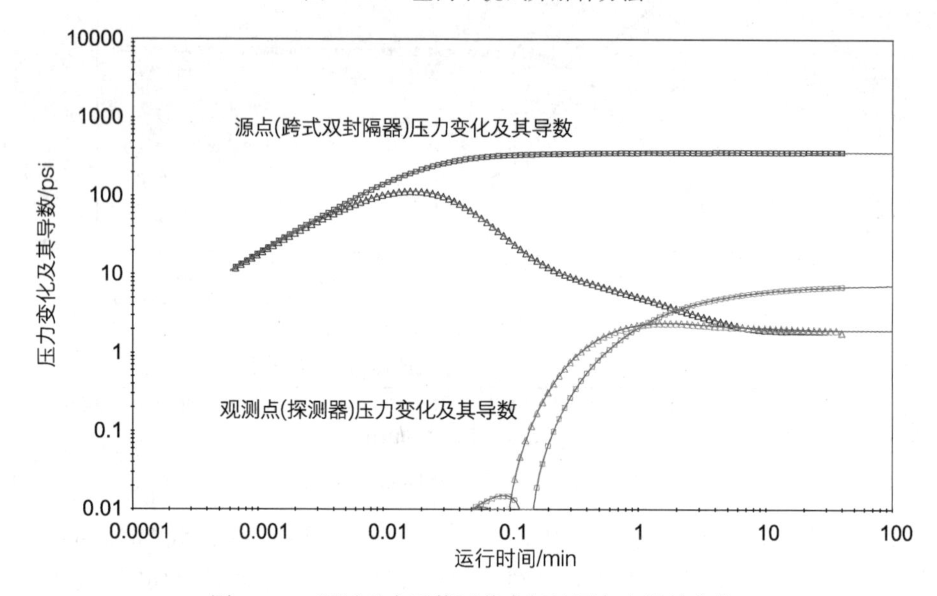

图 1.133 通过垂向干扰试井求解地层各向异性参数

在直井中可以采用 RCI 跨式双封隔器模块开展微压裂试井(MFT)，用于确定储层和/或盖层的应力和破裂梯度，为注入方案的编制、天然气储存或解决地质力学相关问题提供资料，或者为确定原地应力提供裂缝闭合压力方面的资料。与开采储层流体相反，微压裂试井要向跨式双封隔器之间注入流体，以便在地层中形成小规模的水力裂缝。在短暂泵入流体使压开的裂缝延伸之后，停止注入流体，观测水力裂缝闭合过程中的压力变化。通过进一步泵入流体然后关井，可以描述某些岩石性质和最小压应力。这些参数用于后续的增产处理方案设计和分析或者地质力学解释。石油地质力学模型用于优化井筒稳定性和孔隙压力预测、地面沉降管理等。

1.8 注入井试井

注入井注入能量测试是在流体注入过程中开展的不稳定试井，只要注入的流体和储层中流体的流度比是 1(unity)，其相关的分析就与常规不稳定试井类似。Earlougher(1977)曾指出，流度比取值为 1，是对很多注水开发油藏的合理近似。注入试验的目的与生产测试的类似，主要是确定以下参数：渗透率、表皮系数、平均压力、储层非均质性、(注水)前缘跟踪。

注入井试井涉及以下一种或多种方法的应用：注入井注入能量测试、压力降落试井、台阶状流量注入试井。下面简要说明上述三种注入井试井分析方法。

1.8.1 注入井注入能量测试

在注入井注入能量测试中，注入井先关井，直到压力稳定在初始地层压力 p_i。然后按照常产量 q_{inj} 注入流体(如图 1.119 所示)，同时观测井底压力 p_{wf}。对于流度比为 1 的流动体系，注入井注入能力测试等同于压力降落试井，只是前者的常产量为负数，其数值为 q_{inj}。然而，在所有的关系式中，注入量都被视为一个正值，即 $q_{inj}>0$。

在常注入量的条件下，井底压力由式(1.169)的线性形式给出如下：

$$p_{wf}=p_{1小时}+m\log(t) \tag{1.305}$$

上述关系式表明，井底注入压力与注入时间对数值的关系曲线是一条直线，如图 1.134 所示，其截距为 $p_{1小时}$，斜率为 m，其定义如下：

$$m=162.6q_{inj}B\mu/kh$$

式中：q_{inj} 为注入量的绝对值，STB/d；m 为斜率，psi/周期；k 为渗透率，mD；h 为厚度，ft。

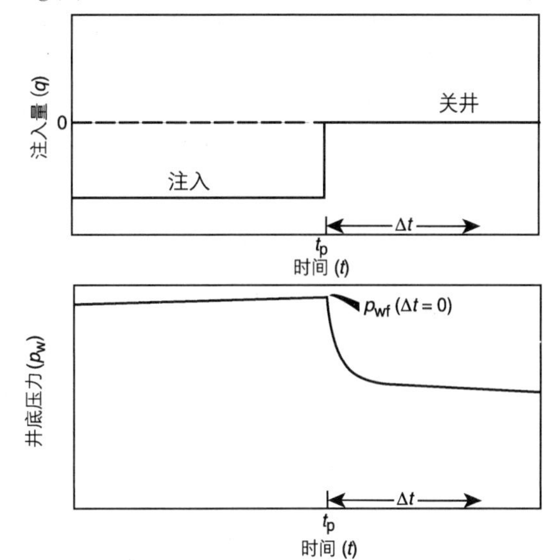

图 1.134　压力降落试井中理想化的注入量时间安排和压力响应

Sabet(1991)曾指出，在注入流体的密度大于储层流体密度的情况下，注入流体会优先于(override)储层流体流动；反之，则落后于(underride)储层流体流动。因此，在注入能力测试解释中，所采用的净厚度 h 会不同于在压力降落试井解释中所用的净厚度。

Earlougher(1977)曾指出，与压力降落试井一样，井筒储集效应也会对所记录的注入能力测试数据产生重大影响，其原因是井筒储集系数预计会很大。Earlougher 建议，所有的注入能力测试都必须绘制($p_{wf}-p_i$)与注入时间的双对数曲线，其目的是确定井筒储集效应持续的时间。如上文给出的定义，半对数直线的起点(即井筒储集效应结束)可以由下列表达式进行估算：

$$t>\frac{(200000+12000s)C}{kh/\mu} \tag{1.306}$$

式中：t 为标志着井筒储集效应结束的时间，h；k 为渗透率，mD；s 为表皮系数；C 为井筒储集系数，bbl/psi；μ 为黏度，cP。

在识别出了半对数直线之后，就可以按照上文所述方法计算渗透率和表皮系数，计算公式如下：

$$k=\frac{162.6q_{inj}B\mu}{mh} \tag{1.307}$$

$$s=1.1513\left[\frac{p_{1小时}-p_i}{m}-\log\left(\frac{k}{\phi\mu c_t r_w^2}\right)+3.2275\right] \tag{1.308}$$

只要流度比大致等于 1，上述关系式就是有效的。如果一个油藏正在进行注水开发，而且正在注水井中开展注入能力测试，那么在假设流度比为 1 的情况下，就可以按照下列步骤对测试数据进行分析：

第 1 步，在双对数坐标系中绘制($p_{wf}-p_i$)与注入时间的双对数曲线。

第 2 步，确定斜率为 1 的直线(即倾角 45°的直线)终点对应的时间。

第3步，把曲线从在第2步中所确定的观测时间向前移动1.5个对数周期，读取对应的时间，这个时间就是半对数直线的起点。

第4步，在斜率为1的直线上任意选取一个点，并读取其坐标(即 Δp 和 t)，由下列表达式计算井筒储集系数 C：

$$C=\frac{q_{\mathrm{inj}}Bt}{24\Delta p} \tag{1.309}$$

第5步，在半对数坐标系中绘制 p_{wf} 与 t 的关系曲线，并确定代表瞬变流动状态的直线的斜率 m。

第6步，分别由式(1.307)和式(1.308)计算渗透率 k 和表皮系数。

第7步，计算注入结束时的研究半径 r_{inv}，其表达式为：

$$r_{\mathrm{inv}}=0.0359\sqrt{\frac{kt}{\phi\mu c_{\mathrm{t}}}} \tag{1.310}$$

第8步，计算到注入能力测试开始之前水带前缘的半径 r_{wb}，公式如下：

$$r_{\mathrm{wb}}=\sqrt{\frac{5.615W_{\mathrm{inj}}}{\pi h\phi(\bar{S}_{\mathrm{w}}-S_{\mathrm{wi}})}}=\sqrt{\frac{5.615W_{\mathrm{inj}}}{\pi h\phi(\Delta S_{\mathrm{w}})}} \tag{1.311}$$

式中：r_{wb} 为到水带的半径，ft；W_{inj} 为在测试开始时的累积注水量，bbl；$\overline{S_w}$ 为在测试开始时的平均含水饱和度；S_{wi} 为初始含水饱和度。

第9步，对比 r_{wb} 和 r_{inv}：如果 $r_{\mathrm{inv}}<r_{\mathrm{wb}}$，流度比为1的假设就是合理的。

【示例1.47】

图1.134和图1.135分别显示了在一个注水开发油藏中所开展的7h注入能力测试的 $\log(p_{\mathrm{wf}}-p_{\mathrm{i}})$ 与 $\log(t)$ 及 $\log(p_{\mathrm{wf}})$ 与 $\log(t)$ 的关系曲线。在开展测试前，该油藏已经以100STB/d的常注入量开展了2年的注水开发。在所有的井都关井数周使压力稳定在 p_{i} 后，开始进行注入能力测试。已知的数据(数据来源：Robert Earlougher, Advances in Well Test Analysis, 1977)如下：深度=1002ft；总测试时间=7h；$c_{\mathrm{t}}=6.67\times10^{-6}\mathrm{psi}^{-1}$；$B=1.0\mathrm{bbl/STB}$；$\mu=1.0\mathrm{cP}$；$S_{\mathrm{w}}=62.4\mathrm{lb/ft}^3$；$\phi=15\%$；$q_{\mathrm{inj}}=100\mathrm{STB/d}$；$h=16\mathrm{ft}$；$r_{\mathrm{w}}=0.25\mathrm{ft}$；$p_{\mathrm{i}}=194\mathrm{psi}$(表)；$\Delta S_{\mathrm{w}}=0.4$。该井采用坐封在封隔器上的2in油管完井。估算储层的渗透率和表皮系数。

解答：

第1步，从图1.135的双对数曲线可以看出，在大约0.55h数据点开始偏离斜率为1的直线。根据经验法则，在数据开始偏离斜率为1直线后把时间轴移动1~1.5个周期，发现半对数直线出现的时间应该是在测试5~10h后。然而，图1.135和图1.136明确表明，井筒储集效应在2~3h后已经结束。

第2步，从图1.135中斜率为1的直线上选取一个点的坐标(即 Δp 和 t)，并由式(1.309)计算井筒储集系数 C 得：$\Delta p=408\mathrm{psi}$(表)；$t=1\mathrm{h}$；$C=q_{\mathrm{inj}}Bt/24\Delta p=0.0102\mathrm{bbl/psi}$。

第3步，根据图1.136中的半对数曲线图确定直线的斜率 m 得：$m=770\mathrm{psi}$(表)/周期。

第4步，由式(1.307)和式(1.308)计算渗透率和表皮系数得：

$$k=\frac{162.6q_{\mathrm{inj}}B\mu}{mh}=\frac{(162.6)(100)(1.0)(1.0)}{(80)(16)}-12.7(\mathrm{mD})$$

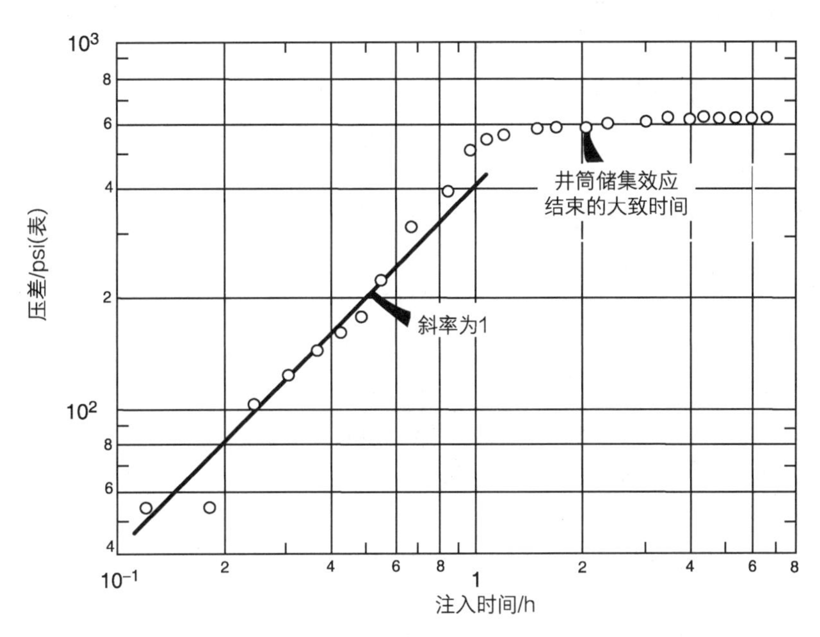

图 1.135　示例 1.47 中注入能力测试的双对数曲线图。
在处于静水压力条件下的储层中开展注水作业

（来源：Earlougher，Robert C.，Jr.，1977. Advances in Well Test Analysis，Monograph，vol. 5. Society of Petroleum Engineers of AIME，Dallas，TX；Permission to publish by the SPE，copyright SPE，1977）

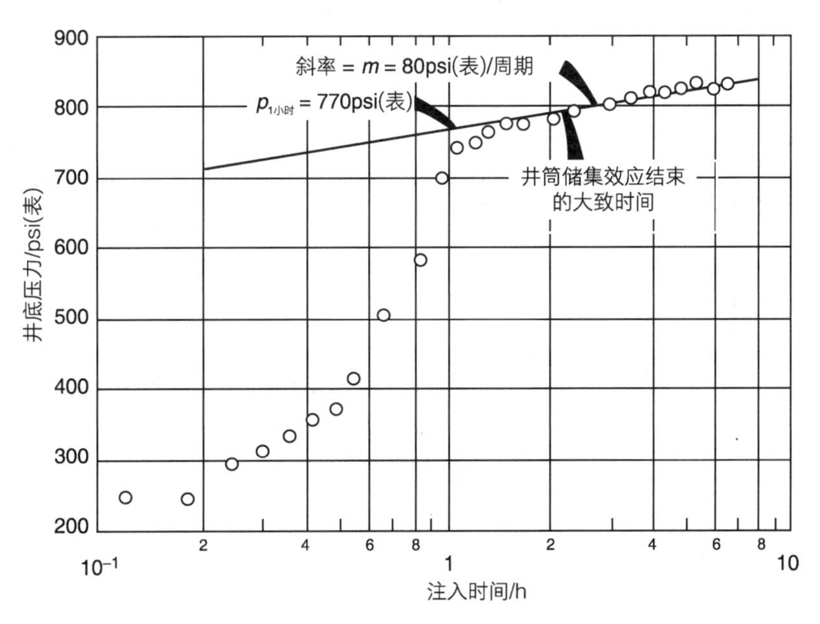

图 1.136　示例 1.47 中注入能力测试的半对数曲线图
（在处于静水压力条件下的储层中开展注水作业）

（来源：Earlougher，Robert C.，Jr.，1977. Advances in Well Test Analysis，Monograph，vol. 5. Society of Petroleum Engineers of AIME，Dallas，TX；Permission to publish by the SPE，copyright SPE，1977）

$$s = 1.1513\left[\frac{p_{1小时} - p_i}{m} - \log\left(\frac{k}{\phi\mu c_t r_w^2}\right) + 3.2275\right]$$

$$= 1.1513\left[\frac{770-194}{80} - \log\left(\frac{12.7}{(0.15)(1.0)(6.67\times10^{-6})(0.25)^2}\right) + 3.2275\right]$$

$$= 2.4$$

第 5 步，由式(1.310)计算测试 7h 后的研究半径得：

$$r_{inv} = 0.0359\sqrt{\frac{kt}{\phi\mu c_t}} = 0.0359\sqrt{\frac{(12.7)(7)}{(0.15)(1.0)(6.67\times10^{-6})}} \simeq 338(\text{ft})$$

第 6 步，由式(1.311)估算测试开始前水带前缘的距离得：

$$W_{inj} \cong (2)(365)(100)(1.0) = 73000(\text{bbl})$$

$$r_{wb} = \sqrt{\frac{5.615W_{inj}}{\pi h\phi(\Delta S_w)}} = \sqrt{\frac{(5.165)(73000)}{\pi(16)(0.15)(0.4)}} \cong 369(\text{ft})$$

鉴于 $r_{inv} < r_{wb}$，基于流度比为 1 的分析是合理的。

1.8.2　压力降落试井

注入井压力降落试井一般在长时间的注入能力测试之后进行。如示意图 1.134 所示，注入井压力降落试井类似于生产井中的压力恢复试井。在以常注入量 q_{inj} 开展了总注入时间为 t_p 的注入能力测试之后，把注入井关闭。记录即将关井前以及关井过程中的压力，并采用 Horner 图法对其进行分析。

所记录的压力降落数据可以由式(1.179)来表述，其表达式为：

$$p_{ws} = p^* + m\left[\log\left(\frac{t_p + \Delta t}{\Delta t}\right)\right]$$

$$m = \left|\frac{162.6q_{inj}B\mu}{kh}\right|$$

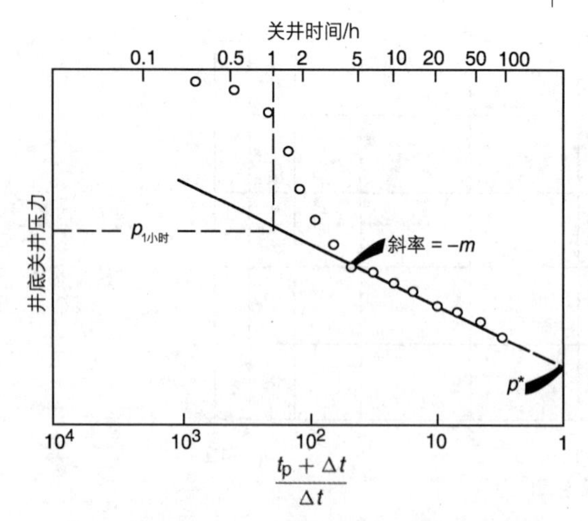

图 1.137　典型压力降落试井的 Horner 曲线图

其中，p^* 是视压力，只有在新开发的油气田中视压力才等于初始(原始)地层压力。如图 1.137 所示，p_{ws} 与 $\log[(t_{p+}\Delta t)/\Delta t]$ 的关系曲线是一条直线，其在 $(t_{p+}\Delta t)/\Delta t = 1$ 时的截距为 p^*，负斜率为 m。

应当指出，应当绘制双对数曲线图，用于识别井筒储集效应结束、半对数直线开始的时点。如前所述，由下列关系式可以估算渗透率和表皮系数：

$$k = \frac{162.6q_{inj}B\mu}{|m|h}$$

$$s = 1.513\left[\frac{p_{wf\ at\ \Delta t=0} - p_{1小时}}{|m|} - \log\left(\frac{k}{\phi\mu c_t r_w^2}\right) + 3.2275\right]$$

Earlougher(1977)指出，如果在开展压力降落试井之前注入量有变化，那么可以由下式估算等效注入时间：

$$t_p = 24W_{inj}/q_{inj}$$

式中：W_{inj}为自最后一次压力均衡后（即最后一次关井）的累计注入量；q_{inj}为即将关井前的注入量。

在注入能力测试结束、压力降落试井开始后，井筒储集系数发生改变的现象并非不常见。在试井过程中，井筒出现真空状态的任何井中都会发生这种情况。在井底压力下降到不足以把水柱支撑到地面时，注入井就会逐渐形成真空。在出现真空之前，注入井会因水膨胀而出现井筒储集；在进入真空状态后，井筒储集则会因液面下降而出现。井筒储集的这种变化一般会表现为压力下降速度的降低。

还可以按照 MDH（Miller-Dyes-Hutchinson）提出的方法，以 p_{ws}与 $\log(\Delta t)$关系曲线图的形式来展示压力降落试井资料。通过 MDH 分析估算视 p^*的数学表达式由式（1.312）给出，其形式如下：

$$p^* = p_{1小时} - |m| \log(t_p + 1) \tag{1.312}$$

Earlougher 曾指出，除非 t_p大致小于关井时间的两倍，否则 MDH 曲线图更实用。

以下的示例来自 McLeod 和 Coulter（1969）以及 Earlougher（1977）的研究成果，用于说明压力降落试井资料的分析方法。

【示例 1.48】

在一次增产处理过程中，向井中注入盐水，并记录了压降数据［如 McLeod 和 Coulter（1969）所报告的］，所得结果显示在图 1.138～图 1.140 中。其他已知的数据（数据来源：Robert Earlougher，Advances in Well Test Analysis，1977）包括：总注入时间 $t_p = 6.82h$；总压降时间 $= 0.6h$；$q_{inj} = 807STB/d$；$B_w = 1.0bbl/STB$；$c_w = 3.0 \times 10^{-6} psi^{-1}$；$\phi = 25\%$；$h = 28ft$；$\mu_w = 1.0cP$；$c_t = 10 \times 10^{-6} psi^{-1}$；$r_w = 0.4ft$；$S_w = 67.46b/ft^3$；深度 $= 4819ft$；静水流体压力梯度 $= 0.4685psi/ft$。所记录的关井压力以井口压力 p_{ts}的形式来表示，$p_{tf\ at\ \Delta t=0} = 1310psi$（表）。计算下列参数：井筒储集系数、渗透率、表皮系数、平均压力。

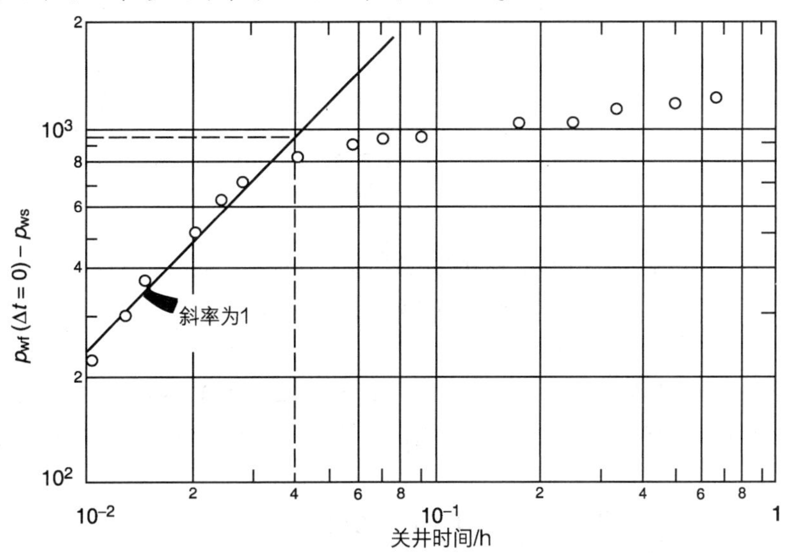

图 1.138　示例 1.48 中注入盐水后开展的压力降落试井的双对数曲线图

（来源：Earlougher，Robert C.，Jr.，1977. Advances in Well Test Analysis，Monograph，vol. 5. Society of Petroleum Engineers of AIME，Dallas，TX；Permission to publish by the SPE，copyright SPE，1977）

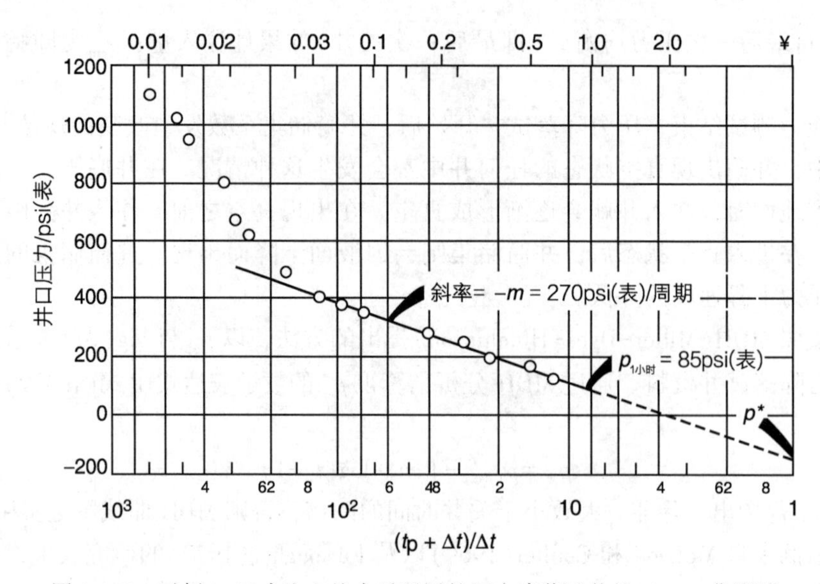

图 1.139　示例 1.48 中注入盐水后开展的压力降落试井的 Horner 曲线图

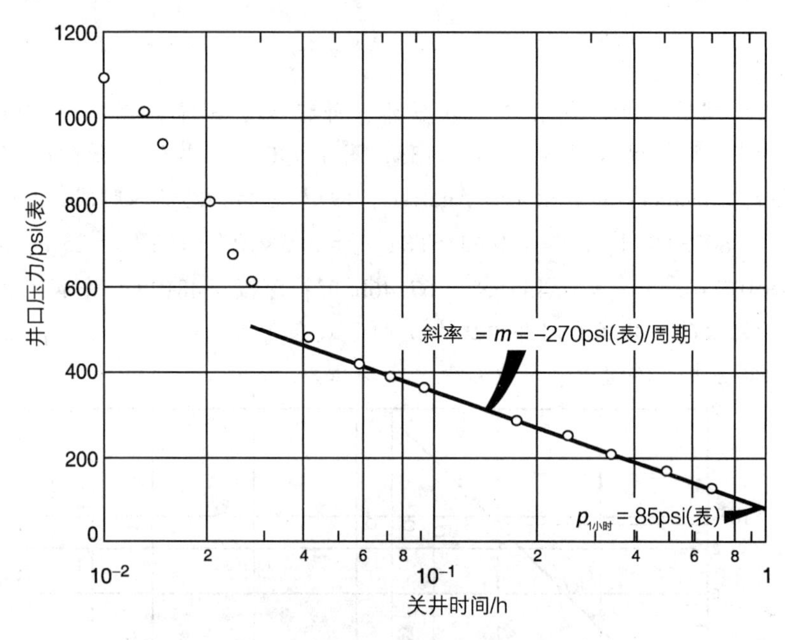

图 1.140　示例 1.48 中注入盐水后开展的压力降落试井的 Miller-Dyes-Hutchinson 曲线图

解答：

从图 1.138 中的双对数曲线可以看出，半对数直线在关井 0.1~0.2h 后开始出现。以 $\Delta t=0.01\text{h}$ 的 $\Delta p=238\text{psi}$ 作为斜率为 1 直线上所选的一个点的坐标，由式(1.309)计算井筒储集系数得：

$$C=\frac{q_{\text{inj}}Bt}{24\Delta p}=\frac{(807)(1.0)(0.01)}{(24)(238)}=0.0014(\text{bbl/psi})$$

第 2 步，图 1.139 和图 1.140 分别显示了 Horner 曲线图(即井口压力与 $\log[(t_p+\Delta t)/\Delta t]$ 的交会曲线)和 MDH 曲线图[即井口压力与 $\log(\Delta t)$ 的交会曲线]，由这两个图可得：$m=270\text{psi}$(表)/周期；$p_{1小时}=85\text{psi}$(表)。采用这两个数值计算 k 和 s 得：

$$k=\frac{162.6q_{\text{inj}}B\mu}{|m|h}=\frac{(162.6)(807)(1.0)(1.0)}{(270)(28)}=17.4(\text{mD})$$

$$s=1.513\left[\frac{p_{\text{wf at }\Delta t=0}-p_{1小时}}{|m|}-\log\left(\frac{k}{\phi\mu c_t r_w^2}\right)+3.2275\right]$$

$$=1.513\left[\frac{1310-85}{270}-\log\left(\frac{17.4}{(0.25)(1.0)(1.0\times10^{-5})(0.4)^2}\right)\right]+3.3375$$

$$=0.15$$

第 3 步，通过把图 1.139 中的 Horner 曲线外推到 $(t_p+\Delta t)/\Delta t=1$ 确定 p^* 得：$p_{ts}{}^*=-151$psi(表)。

式(1.312)可用于近似计算 p^*：

$$p^*=p_{1小时}-|m|\log(t_p+1)$$

$$p_{ts}^*=85-(270)\log(6.82+1)=-156\text{psi(表)}$$

这是井口(即地面)的视压力。采用静水压力梯度 0.4685psi/ft 和深度 4819ft 进行计算，得出的地层视压力为：$p^*=4819\times0.4685-151=2107$[psi(表)]。

由于相对于关井时间来说注入时间 t_p很短，我们可以假设：$\bar{p}=p^*=2107$psi(表)。

1.8.2.1　流度比不为 1 体系的压力降落试井分析

图 1.141 显示了一口注入井周边饱和度分布的平面图。该图上有两个明显的带。

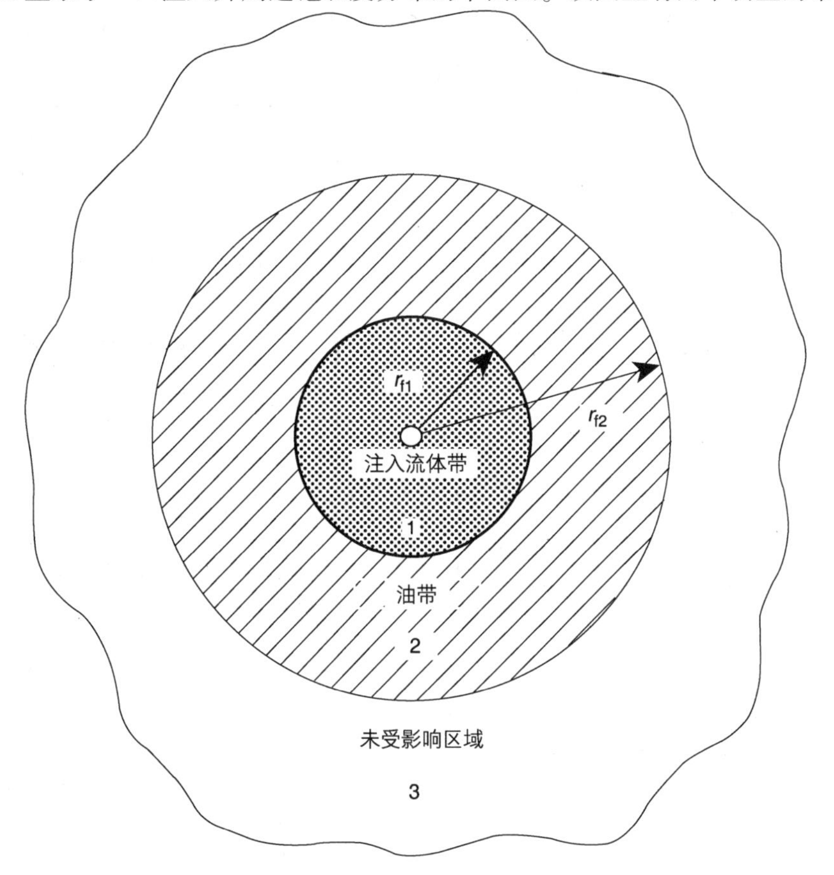

图 1.141　注入井周围流体分布示意图(复合油藏)

1 号带，它代表前缘到注入井的距离为 r_{f1} 的水带。该带中注入流体的流度 λ 被定义为其平均饱和度下注入流体的有效渗透率与黏度之比，其表达式如下：

$$\lambda_1 = \left(\frac{k}{\mu}\right)_1$$

2 号带，它代表前缘到注入井的距离为 r_{f2} 的油带。该带中油的流度 λ 被定义为在初始或原生水饱和度下评价的油的有效渗透率与黏度之比，其表达式如下：

$$\lambda_2 = \left(\frac{k}{\mu}\right)_2$$

如果储层充满了流体，或者压力降落试井的最大关井时间能够满足试井的研究半径不超过油带外半径的要求，那么这个双带体系的假设就是有效的。图 1.142 显示了以 Horner 曲线图的形式表示的双带体系中压力降落试井的理想动态。

图 1.142 显示了两条明显的直线，这两条直线的斜率分别为 m_1 和 m_2，它们在 Δt_{fx} 处相交。第一条直线的斜率 m_1 用于估算被驱替带的水相有效渗透率 k_w 和表皮系数 s。通常认为，根据第二条直线的斜率 m_2 可以确定油带的流度 λ_o。然而，Merrill 等(1974)曾指出，只有在 $r_{f2}>10r_{f1}$ 且 $(\phi c_t)_1=(\phi c_t)_2$ 的条件下，斜率 m_2 才能用于确定油带的流度，并且还提出了可用于确定距离 r_{f1} 和各带流度的方法。该方法要求知道第一个和第二个带的 (ϕc_t) 值，即 $(\phi c_t)_1$ 和 $(\phi c_t)_2$。他们给出了以下表达式：

$$\lambda = \frac{k}{\mu} = \frac{162.6QB}{m_2 h}$$

他们还给出了以图形显示的两个参数关系，如图 1.143 和图 1.144 所示，它们可以和 Horner 图相结合，用于分析压力降落试井数据。

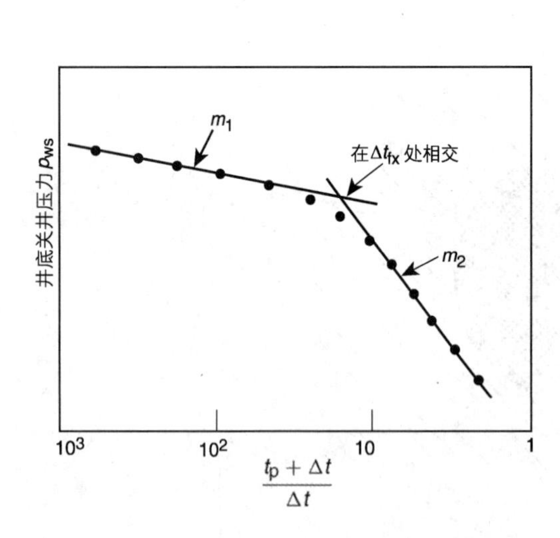

图 1.142　双带体系中的压力降落试井动态

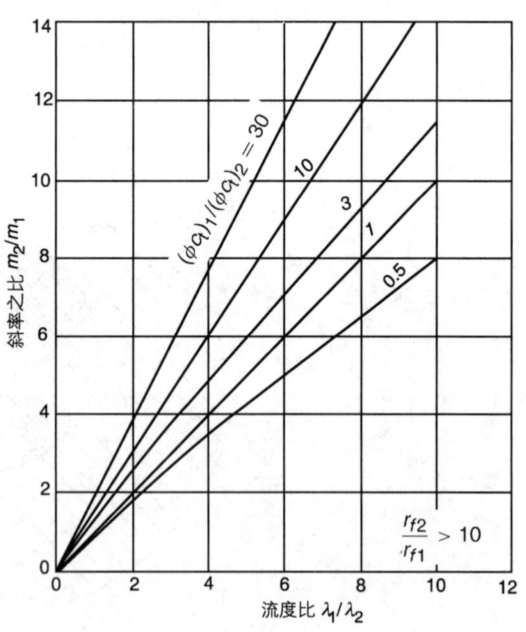

图 1.143　流度比、斜率比和储集比(storage ratio)之间的关系曲线

[来源：Merrill，L. S.，Kazemi，H.，Cogarty，W. B.，1974. Pressure falloff analysis in reservoirs with fluid banks. J. Pet. Technol. 26(7)，809-818]

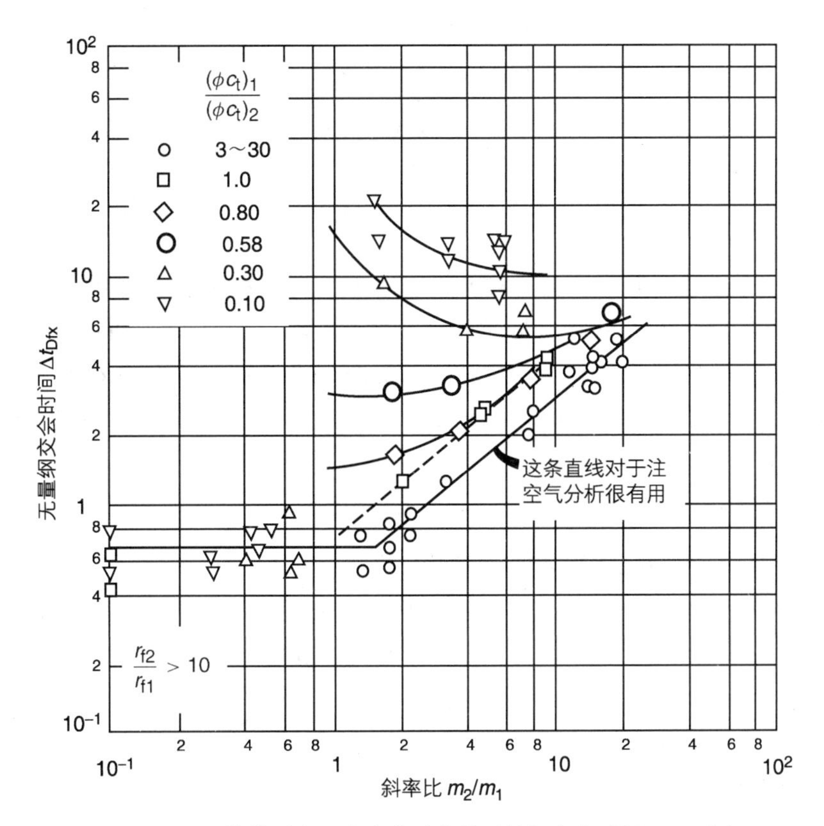

图 1.144　双带体系中压力降落试井的无量纲交会时间 Δt_{Dfx} 对比

［来源：Merrill, L. S., Kazemi, H., Cogarty, W. B., 1974. Pressure falloff analysis in reservoirs with fluid banks. J. Pet. Technol. 26(7), 809-818］

以下步骤对所提出的方法进行了总结：

第 1 步，在双对数坐标系中标绘 Δp 与 Δt 的关系曲线，并确定井筒储集效应的终点。

第 2 步，绘制 Horner 曲线图或者 MDH 曲线图，并确定 m_1、m_2 和 Δt_{fx}。

第 3 步，由下列表达式估算 1 号带(即注入流体侵入带)的有效渗透率和表皮系数得：

$$k_1 = \frac{162.6 q_{\mathrm{inj}} B\mu}{|m_1| h}$$

$$s = 1.513\left[\frac{p_{\mathrm{wf\ at\ }\Delta t=0} - p_{1\text{小时}}}{|m_1|} - \log\left(\frac{k_1}{\phi\mu_1 (c_t)_1 r_w^2}\right) + 3.2275\right] \tag{1.313}$$

式中：下标“1”代表 1 号带，即注入流体带。

第 4 步，计算以下无量纲比值：

$$\frac{m_2}{m_1} \text{和} \frac{(\phi c_t)_1}{(\phi c_t)_2}$$

式中：下标“1”和“2”分别代表 1 号带和 2 号带。

第 5 步，利用第 4 步中计算出的两个无量纲比值，由图 1.143 读取流度比 λ_1/λ_2。

第 6 步，由下列表达式计算 2 号带的有效渗透率：

$$k_2 = \left(\frac{\mu_2}{\mu_1}\right)\frac{k_1}{\lambda_1/\lambda_2} \tag{1.314}$$

第 7 步，由图 1.144 读取无量纲时间 Δt_{Dfx}。

第 8 步，由下列表达式计算到注入流体带前缘的距离：

$$r_{f1}=\sqrt{\frac{0.0002637(k/\mu)_1}{(\phi c_t)_1}\left(\frac{\Delta t_{fx}}{\Delta t_{Dfx}}\right)} \tag{1.315}$$

为了说明这个方法，Merrill 等(1974)给出了示例 1.49。

【示例 1.49】

图 1.145 显示了在没有视井筒储集效应情况下开展的双带水驱的模拟压力降落试井数据的 MDH 半对数曲线图。模拟中所采用的数据如下：$r_w=0.25\text{ft}$；$h=20\text{ft}$；$r_{f1}=30\text{ft}$；$r_{f1}=r_e=3600\text{ft}$；$(k/\mu)_1=\eta_1=100\text{mD/cP}$；$(k/\mu)_2=\eta_2=50\text{mD/cP}$；$(\phi c_t)_1=89.5\times10^{-6}\text{psi}^{-1}$；$(\phi c_t)_2=1.54\times10^{-6}\text{psi}^{-1}$；$q_{inj}=400\text{STB/d}$；$B_w=1.0\text{bbl/STB}$。计算 λ_1、λ_2 和 r_{f1}，并与模拟数据进行对比。

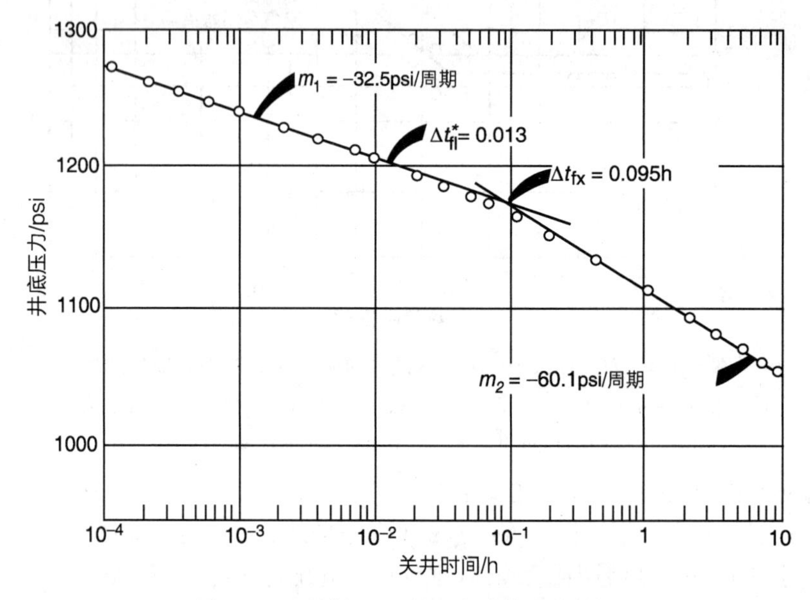

图 1.145　示例 1.49 的压力降落试井数据

解答：

第 1 步，由图 1.145 确定 m_1、m_2 和 Δt_{fx} 得：$m_1=32.5\text{psi/周期}$；$m_2=60.1\text{psi/周期}$；$\Delta t_{fx}=0.095\text{h}$。

第 2 步，由式(1.313)估算水带的流度 $(k/\mu)_1$ 得：

$$\left(\frac{k}{\mu}\right)_1=\frac{162.6q_{inj}B}{|m_1|h}=\frac{162.6(400)(1.0)}{(32.5)(20)}=100(\text{mD/cP})$$

计算所得结果与模拟中所采用的数值一致。

第 3 步，计算下列无量纲比值：

$$\frac{m_2}{m_1}=\frac{-60.1}{-32.5}=1.85$$

$$\frac{(\phi c_t)_1}{(\phi c_t)_2}=\frac{8.95\times10^{-7}}{1.54\times10^{-6}}=0.581$$

第 4 步，利用第 3 步中计算出的两个无量纲比值由图 1.143 确定 $\lambda_1/\lambda_2=2.0$。

第 5 步，由式(1.314)计算 2 号带(即油带)的流度 $\lambda_2=(k/\mu)_2$ 得：

$$(k/\mu)_2=(k/\mu)_1/(\lambda_1/\lambda_2)=50\text{mD/cP}$$

所得结果与模拟输入数据完全一致。

第 6 步，由图 1.130 确定 Δt_{fx} 得：$\Delta t_{fx}=3.05\text{h}$。

第 7 步，由式(1.315)计算 r_{f1} 得：

$$r_{f1}=\sqrt{\frac{(0.0002637)(100)(0.095)}{(8.95\times10^{-7})(3.05)}}=30(\text{ft})$$

Yeh 和 Agarwal(1989)给出了注入井注入能力测试和压力降落试井数据的一种不同的分析方法。这种方法在分析中采用了压力导数 Δp 和 Agarwal 等效时间 Δt_e[参见式(1.207)]。他们给出了以下术语的定义。

在注入能力测试阶段：

$$\Delta p_{wf}=p_{wf}-p_i$$

$$\Delta p_{wf}{}'=\frac{d(\Delta p_{wf})}{d(\ln t)}$$

在压力降落试井阶段：

$$\Delta p_{ws}=p_{wf\ at\ \Delta t=0}-p_{ws}$$

$$\Delta p_{ws}{}'=\frac{\mathrm{d}(\Delta p_{ws})}{\mathrm{d}(\ln\Delta t_e)}$$

其中：

$$\Delta t_e=\frac{t_p\Delta t}{t_p+\Delta t}$$

Yeh 和 Agarwal 利用数值模拟器，模拟了很多注入能力测试和压力降落试井数据，并得出了如下的观测结果。

1.8.2.2 注入能量测试过程中的压力动态

注入压力差 Δp_{wf} 及其导数 $\Delta p_{wf}{}'$ 与注入时间的双对数关系曲线表现为一条定斜率的直线(如图 1.146 所示)，被指定为 $(\Delta p_{wf}{}')_{const}$。水淹带(即水带)的水流度 λ_1 可由下列关系式进行估算：

$$\lambda_1=\left(\frac{k}{\mu}\right)_1=\frac{70.62q_{inj}B}{h(\Delta p_{wf}{}')_{const}}$$

注意，采用的常数是 70.62 而非 162.6，其原因是压力导数是根据时间的自然对数来计算的。

采用半对数分析法计算的表皮系数一般会大于其真实值，其原因是注入流体和储层流体之间存在性质差异。

1.8.2.3 压力降落试井过程中的压力动态

图 1.147 显示了以 Δp 表示的压力降落响应及其导数与压力降落等效时间 Δt_c 的关系曲线。导数曲线显示出了两个定斜率流动阶段，即 $(\Delta p_{ws}{}')_1$ 和 $(\Delta p_{ws}{}')_2$。它们分别反映了水淹区(即水带)的径向流动和未被驱替区(即油带)的径向流动。

有了这两个导数常数，就可以利用下列关系式估算水带的流度 λ_1 和油带的流度 λ_2：

$$\lambda_1=\frac{70.62q_{inj}B}{h(\Delta p_{ws}{}')_1}$$

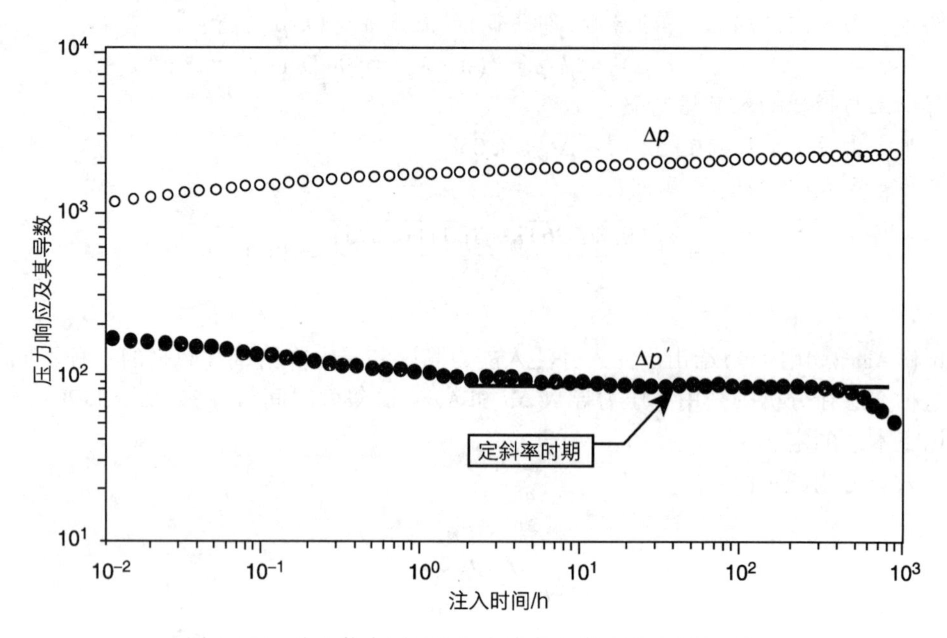

图 1.146　注入能力测试的压力响应及其导数(基准案例)

$$\lambda_2 = \frac{70.62 q_{\mathrm{inj}} B}{h(\Delta p_{\mathrm{ws}}')_2}$$

表皮系数可以由第一条半对数直线进行估算，而且计算值非常接近井筒实际的机械表皮系数。

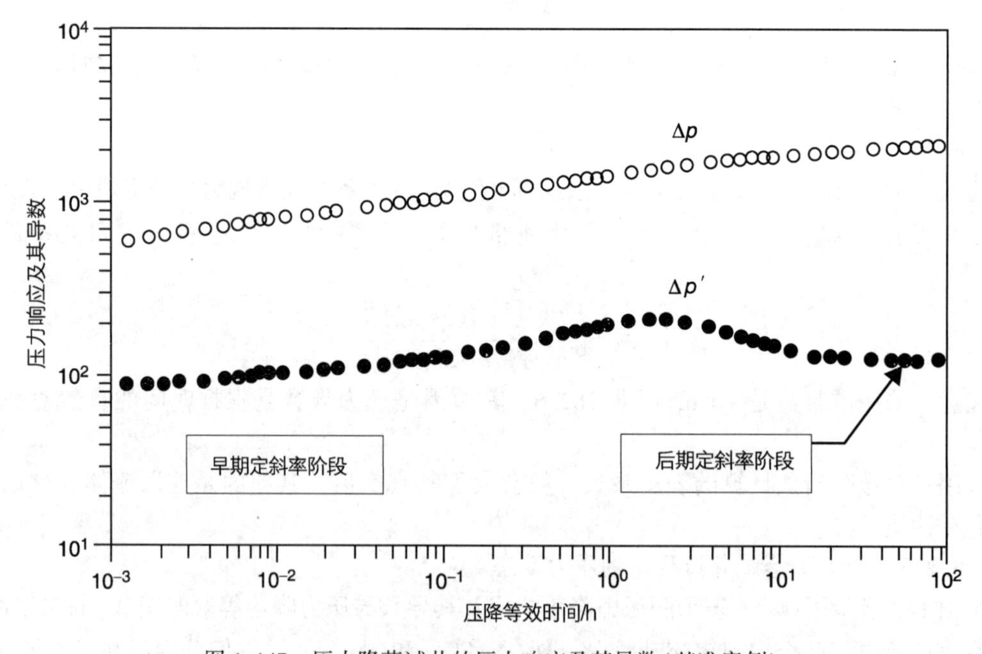

图 1.147　压力降落试井的压力响应及其导数(基准案例)

1.8.3　台阶状流量注入试井

台阶状流量注入试井专门用于确定储集岩在水力作用下的破裂压力。在这样的试井中，以常流量向井中注水大约 30min，然后增大流量并以增大后的流量为常流量，再向井中注水

30min，依次类推进行多次注入。绘制在每一个常流量下注入结束时所观测到的压力与流量的关系曲线图。这个曲线图一般会展示两条直线，这两条直线在地层的破裂压力下相交，如图 1.148 的示意图所示。对所讲的方法总结如下：

第 1 步，关井使井底压力稳定(如果不具备关井条件，就在低流量条件下使井底压力稳定)。测量稳定压力。

第 2 步，开井以低注入量注水，并把这个流量维持到预先设定的时间。在这个流动阶段结束时记录井底压力。

第 3 步，增大流量，并把增大后的流量维持与第 2 步相同的时间。同样，在这个流动阶段结束时记录井底压力。

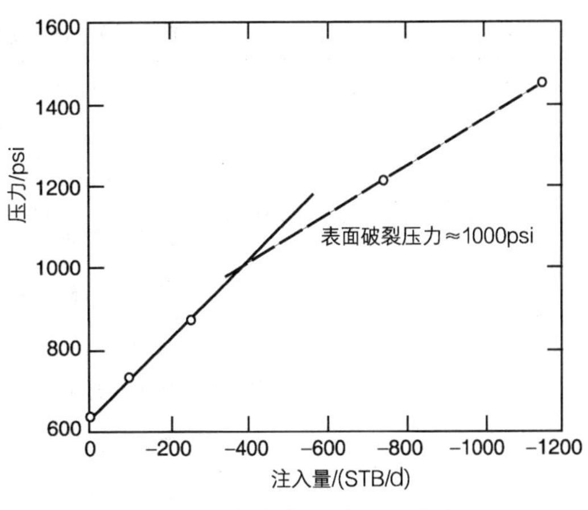

图 1.148 台阶状流量注入能力测试数据曲线图

第 4 步，不断重复进行第 3 步，每重复一次都把流量适当提高，直到在图 1.148 所示的台阶状流量注入试井曲线观察到破裂压力为止。

如 Horn(1995)所指出的那样，理解以图形方式显示的数据要比理解单张表列数据容易得多。Horn 给出了下列绘图功能的“工具箱”，它被视为计算机辅助试井解释系统的重要组成部分(见表 1.32)：

表 1.32 绘图功能的“工具箱”

流动阶段	特征	所采用的曲线图
无限大地层径向流动(压力降落)	半对数直线	p 对 $\log(\Delta t)$(半对数直线，有时被称为 MDH 曲线图)
无限大地层径向流动(压力恢复)	Horner 直线	p 对 $\log(t_p+\Delta t)/\Delta t$(Horner 曲线图)
井筒储集	p 对 t 的直线，或者斜率为 1 的 $\log(\Delta p)$ 对 $\log(\Delta t)$ 直线	$\log(\Delta p)$ 对 $\log(\Delta t)$(双对数曲线图，标准曲线)
有限导流裂缝	直线斜率 1/4，$\log(\Delta p)\Delta p$ 对 $\log(\Delta t)$ 曲线图	$\log(\Delta p)$ 对 $\log(\Delta t)$，或者 Δp 对 $\Delta t^{1/4}$
无限导流裂缝	直线斜率 1/2，$\log(\Delta p)$ 对 $\log(\Delta t)$ 曲线图	$\log(\Delta p)$ 对 $\log(\Delta t)$，或者 Δp 对 $\Delta t^{1/2}$
双重孔隙介质动态	平行的半对数直线间的“S”形过渡曲线	p 对 $\log(\Delta t)$(半对数曲线)
封闭的边界	拟稳态，压力与时间呈线性关系	p 对 $\log(\Delta t)$(笛卡尔坐标系中的曲线)
不渗透断层	半对数直线的斜率翻倍	p 对 $\log(\Delta t)$(半对数曲线)
定压边界	恒定的压力，在所有的 p、t 曲线图上都是平缓的曲线	任何形式

Chaudhry(2003)给出了另外一个有用的“工具箱”，它总结了本章所讲的常见流动状态的压力导数变化趋势，如表 1.33 所示。

表 1.33 常见流动状态的压力导数趋势

井筒储集双重孔隙介质基岩到裂缝的流动	斜率为 1.151 的半对数直线
	平行直线响应是天然裂缝性储层的特征
双重孔隙介质的拟稳态介质间流动	压力变化曲线斜率→增大、稳定、增大
	压力导数曲线斜率=0，凹部(valley)=0
	其他突出特征是时间长于 1 个对数周期的中期谷状趋势(valley trend)
双重孔隙介质的不稳定介质间流动	压力变化曲线斜率→变陡
	压力导数曲线斜率=0，向上的趋势=0
	其他突出特征→中期斜率翻倍
拟稳定流	对于压降而言，压力变化曲线斜率→0(对于压力恢复)
	对于压降而言，压力变化曲线斜率→陡降(而对于压力恢复)
	其他突出的特征→后期生产压差变化曲线和导数曲线叠合；斜率为 1 的直线在导数曲线上出现的时间早得多
常压边界(稳态)	压力变化曲线斜率→0
	压力导数曲线斜率→陡降
	其他突出特征→无法与压力恢复试井中的拟稳定态区分开来
单条封闭断层(拟径向流动)	压力变化曲线斜率→变陡
	压力导数曲线斜率→0；向上的趋势→0
	其他突出特征→后期斜率翻倍
延长的储层线性流动	压力变化曲线斜率→0.5
	压力导数曲线斜率→0.5
	其他突出特征→后期压力变化和导数被一个系数 2 抵消；0.5 的斜率在导数曲线中出现的时间要早的多
具有井筒储集效应的无限大地层径向流动	压力变化曲线斜率=1，压力导数曲线斜率=1
	其他突出的特征：早期压力变化曲线和导数曲线叠合
井筒储集，打开不完善，无限大地层径向流动	压力变化增大而且压力导数曲线斜率=0
	其他突出特征：中期平缓的导数曲线
无限导流纵向裂缝中的线性流	$k(x_f)^2$→根据特殊曲线图计算
	压力曲线斜率=0.5 而且压力导数曲线斜率=0.5
	其他突出特征：早期压力变化和导数被一个系数 2 抵消
进入无限导流纵向裂缝的双线性流	$k_f w$→根据特殊曲线图计算
	压力曲线斜率=0.25，压力导数曲线斜率=0.25
	其他突出特征：早期压力变化和导数被一个系数 4 抵消
具有井筒储集效应的无限大地层径向流动	封闭断层
井筒储集	无流动边界
具有井筒储集效应的线性流	Kb^2→根据特殊曲线图计算

Kamal 等(1995)很方便地以表列的形式总结了在不稳定试井中最常采用的各种曲线图和流动状态以及每一次试井所获得的信息，参见表 1.34 和表 1.35。

表 1.34　由各种不稳定试井获取的储层参数[1]

钻井元件测试(drill item test)	储层动态	台阶状流量注入试井	地层破裂压力
重复/多地层测试	渗透率	注水井压力降落试井	渗透率
	表皮		表皮
	裂缝长度		各带内的流度
	地层压力		表皮
	油藏范围		地层压力
	边界		裂缝长度
	压力剖面		前缘边界的位置
压力降落试井	油藏动态	干扰试井和脉冲试井	井间连通性
	渗透率		
	表皮		油藏典型特征
	裂缝长度		孔隙度
	油藏范围		井间渗透率
	边界		纵向渗透率
压力恢复试井	油藏动态	多层状油藏试井	单层特性
	渗透率		水平渗透率
	表皮		纵向渗透率
	裂缝长度		表皮
	油藏范围		单层平均压力
	边界		外边界

① 来源：Kamal，M.，Freyder，D.，Murray，M.，1995. Use of transient testing in reservoir management. J. Pet. Technol. 47(11)，992-999。

表 1.35　不稳定试井的曲线图和流动状态[1]

流动状态	曲线图				
	笛卡尔坐标	$\sqrt{\Delta t}$	$\sqrt{4\Delta t}$	双对数	半对数
井筒储集	直线斜率→C			Δp 和 p'的斜率为 1	正的 s
	截距→$\Delta t_c \Delta p_c$			Δp 和 p'重合	负的 s
线性流		直线斜率=m_f→I_f		如果 $s=0$，Δp 和 p'上的斜率为 1/2	
		截距=裂缝储层伤害		如果 $s\neq0$，Δp 上斜率<1/2	
双线性流			直线斜率=m_{bf}→C_{fd}	p'为 Δp 的 1/2，斜率=1/4	直线斜率=m→kh；$\Delta p_{1小时}$→s
第一个 IARF[2]（高 k 层，裂缝）	斜率减小			p'为 Δp 的 1/4，在 $p_D{}'=0.5$ 时 p'水平	

续表

流动状态	曲线图				
	笛卡尔坐标	$\sqrt{\Delta t}$	$\sqrt{4\Delta t}$	双对数	半对数
过渡	斜率更大幅度减小			$\Delta p=\lambda e^{-2s}$或B' $p_D{}'=0.25$(过渡)=<0.25(拟稳态)	直线斜率=$m/2$(过渡)=0(拟稳态)
第二个IARF(总系统)	与第一个IARF的斜率类似			在$p_D{}'=0.5p'=0.5$时，$p_D{}'$水平	直线斜率=$m\to kh$，p^*；$\Delta p_{1小时}\to s$
单个无流动边界				$p_D{}'=1.0$时，p'水平	直线斜率=$2m$；与IARF相交→到边界的距离
无流动外边界(仅适用于压力降落试井)	直线斜率=$m^*\to\phi Ah$			Δp和p'上的斜率为1；Δp和p'重合	斜率增大

① 来源：Kamal, M., Freyder, D., Murray, M., 1995. Use of transient testing in reservoir management. J. Pet. Technol. 47(11), 992-999。

② IARF=无限大地层径向流动。

1.9 习题

(1) 习题1

具有如下特征的不可压缩流体在线性孔隙介质中流动：$L=2500$ft；$h=30$ft；宽度=2500ft；$k=50$mD；$\phi=17\%$；$\mu=2$cP；内部压力=2100psi；$Q=4$bbl/d；$\rho=45$lb/ft^3。试计算并绘制整个线性系统的压力剖面。

(2) 习题2

假设习题1中所描述的线性储层系统倾斜7°角。计算这个线性系统的流体势。

(3) 习题3

相对密度为0.7的天然气在温度为150℉的线性储层系统中流动。上游压力和下游压力分别为2000psi和1800psi。该系统具有如下的特性：$L=2000$ft；$W=300$ft；$h=15$ft；$k=40$mD；$\phi=15\%$。试计算天然气流量。

(4) 习题4

一口油井以1000STB/d的产量和2000psi的井底流压开采一个原油系统。产层和生产井具有以下特征：$h=35$ft；$r_w=0.25$ft；泄油面积=40acre；API度=45；$\gamma_g=0.72$；$R_s=700$ft^3(标)/STB；$k=80$mD。假设稳定流动状态，试计算并绘制井筒周围的压力剖面。

(5) 习题5

假设稳定流动状态和不可压缩流体，计算以下条件下的石油产量：$p_e=2500$psi；$p_{wf}=2000$psi；$r_e=745$ft；$r_w=0.3$ft；$\mu_o=2$cP；$B_o=1.4$bbl/STB；$h=30$ft；$k=60$mD。

(6) 习题6

一口气井以900psi的井底流压生产。当前地层压力为1300psi。以下数据已知：$T=140$℉；$\gamma_g=0.65$；$k=60$mD；$h=40$ft；$r_e=1000$ft。运用下列方法计算天然气产量：真实气体拟压力法；压力平方法。

(7) 习题7

在一口油井关井一段时间之后，地层压力稳定在3200psi。然后在瞬变流动状态下以

500STB/d 的常产量开井生产。以下参数已知：$B_o = 1.1$bbl/STB；$\mu_o = 2$cP；$c_t = 15\times10^{-6}$psi^{-1}；$k = 50$mD；$h = 20$ft；$\phi = 20\%$；$r_w = 0.3$ft；$p_i = 3200$psi。试计算并绘制生产 1h、5h、10h、15h 和 20h 后的压力剖面。

（8）习题 8

一口油井在瞬变流动状态下以 800STB/d 的常产量生产。以下数据已知：$B_o = 1.2$bbl/STB；$\mu_o = 3$cP；$k = 100$mD；$h = 25$ft；$\phi = 15\%$；$r_w = 0.5$ft；$p_i = 4000$psi。采用 Ei 函数法和 p_D 法计算生产 1h、2h、3h、5h 和 10h 后的井底流压。分别在半对数坐标系和笛卡尔坐标系中绘制所得结果的曲线图。

（9）习题 9

一口井在 350psi 的生产压差下以 300STB/d 的常产量生产。产层净厚度为 25ft。下列数据已知：$r_e = 660$ft；$r_w = 0.25$ft；$\mu_o = 1.2$cP；$B_o = 1.25$bbl/STB。试计算平均渗透率、地层系数。

（10）习题 10

一口油井位于井距为 40acre 的方形井网的中心。下列数据已知：$\phi = 20\%$；$h = 15$ft；$k = 60$mD；$\mu_o = 1.5$cP；$B_o = 1.4$bbl/STB；$r_w = 0.25$ft；$p_i = 2000$psi；$p_{wf} = 1500$psi。试计算石油产量。

（11）习题 11

一口处于关井状态的井到另外两口井的距离分别为 700ft 和 1100ft。第一口相邻井以 180STB/d 的产量生产 5 天，而与此同时第二口相邻井开始以 280STB/d 的产量生产。试计算第二口相邻井生产 7 天后处于关井状态油井中的压降。以下数据已知：$p_i = 3000$psi；$B_o = 1.3$bbl/STB；$\mu_o = 1.2$cP；$h = 60$ft；$c_t = 15\times10^{-6}$psi^{-1}；$\phi = 15\%$；$k = 45$mD。

（12）习题 12

一口井以 150STB/d 的产量开井生产 24h。然后把产量提升到 360STB/d，并以这个产量持续生产 24h。然后把井产量降低到 310STB/d 并持续生产 16h。计算 700ft 以外一口关闭井中的压降。假设以下数据已知：$\phi = 15\%$；$h = 20$ft；$k = 100$mD；$\mu_o = 2$cP；$B_o = 1.2$bbl/STB；$r_w = 0.25$ft；$p_i = 3000$psi；$c_t = 12\times10^{-6}$psi^{-1}。

（13）习题 13

一口井在瞬变流动状态下以 300STB/d 的产量生产 5 天。这口井到两条封闭断层的距离分别为 350ft 和 420ft。假设以下数据已知：$\phi = 17\%$；$c_t = 16\times10^{-6}$psi^{-1}；$k = 80$mD；$p_i = 3000$psi；$B_o = 1.3$bbl/STB；$\mu_o = 1.1$cP；$r_w = 0.25$ft；$h = 25$ft。试计算 5 天后这口井中的压力。

（14）习题 14

在一口新井中开展压力降落试井，以下数据已知（见表 1.36）：

表 1.36　一口新井的参数

t/h	p_{ws}/psi(表)	t/h	p_{ws}/psi(表)
1.50	2978	56.25	2863
3.75	2949	75.00	2848
7.50	2927	112.50	2810
15.00	2904	150.00	2790
37.50	2876	225.00	2763

下列数据也是已知的：$p_i = 3400$psi；$h = 25$ft；$Q = 300$STB/d；$c_t = 18\times10^{-6}$psi^{-1}；$\mu_o =$

1.8cP；B_o=1.1bbl/STB；r_w=0.25ft；ϕ=12%。假定不存在井筒储集效应，试计算平均渗透率、表皮系数。

(15) 习题 15

在一口发现井中开展压力降落试井。这口井以 170STB/d 的常产量生产。以下流体和储层参数已知：S_{wi} = 25%；ϕ = 15%；h = 30ft；$c_t = 18\times10^{-6}\ psi^{-1}$；$r_w$ = 0.25ft；p_i = 4680psi；μ_o = 1.5cP；B_o=1.25bbl/STB。压力降落试井数据见表 1.37：

表 1.37 压力降落试井数据

t/h	p_{ws}/psi(表)	t/h	p_{ws}/psi(表)
0.6	4388	48.0	4258
1.2	4367	60.0	4253
1.8	4355	72.0	4249
2.4	4344	84.0	4244
3.6	4334	96.0	4240
6.0	4318	108.0	4235
8.4	4309	120.0	4230
12.0	4300	144.0	4222
24.0	4278	180.0	4206
36.0	4261		

试计算：泄油面积；表皮系数；在半稳定流动状态下以 4300psi 井底流压生产时的石油产量。

(16) 习题 16

在已经以 146STB/d 的产量生产了 53h 的井中开展压力恢复试井。以下储层和流体数据已知：B_o = 1.29bbl/STB；μ_o = 0.85cP；$c_t = 12\times10^{-6}\ psi^{-1}$；$\phi$ = 10%；$c_t = 12\times10^{-6}\ psi^{-1}$；$p_{wf}$ = 1426.9psi；A=20acre。压力恢复试井数据见表 1.38：

表 1.38 压力恢复试井数据

t/h	p_{ws}/psi(表)	t/h	p_{ws}/psi(表)
0.167	1451.5	4.000	1783.5
0.333	1476.0	4.500	1800.7
0.500	1498.6	5.000	1812.8
0.667	1520.1	5.500	1822.4
0.833	1541.5	6.000	1830.7
1.000	1561.3	6.500	1837.2
1.167	1581.9	7.000	1841.1
1.333	1599.7	7.500	1844.5
1.500	1617.9	8.000	1846.7
1.667	1635.3	8.500	1849.6
2.000	1665.7	9.000	1850.4

续表

t/h	p_{ws}/psi(表)	t/h	p_{ws}/psi(表)
C	1691.8	10.000	1852.7
2.667	1715.3	11.000	1853.5
3.000	1736.3	12.000	1854.0
3.333	1754.7	12.667	1854.0
3.667	1770.1	14.620	1855.0

试计算：储层平均压力、表皮系数、地层系数、泄油面积估算值及其与给定数值的比较。

第2章　水　　侵

几乎所有油气藏的周围都有叫做含水层的含水岩石。这些含水层可以比毗连的油藏或气藏大得多，以至于其规模看起来有无穷大。同时，它们的规模也可以很小，以至于对油气藏动态的影响可以忽略不计。

随着油气藏流体的开采和油气藏压力的下降，就会从周围的含水层到油气藏内部形成一个压差。根据孔隙性介质中流体流动的基本定律，这种含水层是通过穿越原始烃类-水界面的水侵而起作用的。在某些情况下，水侵是因为有水动力条件和露头处有地表水补给地层而发生的。在很多情况下，含水层的孔隙体积并非明显大于有关油气藏本身的孔隙体积。因此，含水层中水的膨胀相对于总体能量系统可以忽略不计，因而油气藏具有体积方面的作用。这时，可以忽略不计水侵的影响。在另外一些情况下，含水层的渗透率可以很低，因此在有明显数量的水侵入油气藏之前需要有一个非常大的压差。这时水侵的影响也可以忽略不计。

然而这一章所关注的，是含水层规模足够大而有关岩石的渗透率足够高，因而当油气藏压力下降，就会发生水侵的那些油气藏-含水层系统。按照安排，这一章提供了水侵的各种计算模型，并详细介绍了应用这些模型时所涉及的计算步骤。

2.1　含水层的分类

有很多油藏和气藏都是通过一种称之为“水驱”的机理开采的。通常这是指天然水驱，以便区别向地层中注水的人工水驱。油气藏的油气开采以及随之而来的压力下降，会使相关的含水层发生对压力下降进行补偿的反应。这种反应的形式就是水的进入，通常叫做水侵。其原因可归结为：含水层中水的膨胀；含水层岩石的压缩系数；在含水地层露头的构造位置高于相关油层的地区存在自流水。油气藏-含水层系统通常是基于下面描述的依据进行分类的。

2.1.1　压力保持程度

根据含水层所提供的油气藏压力保持程度，天然水驱常常被定性描述为活跃水驱、局部水区和有限水驱。

术语“活跃水驱”是指水侵速率等于油气藏总开采速率的水侵机理。活跃水驱的油气藏一般都有逐渐而缓慢的压力下降的特点。如果在任一长时期内开采速率和油气藏压力都合理地保持稳定，那么此油气藏的采出速率肯定等于水侵速率：

[水侵速率]=[油流动速率]+[游离气流动速率]+[产水速率]

或：

$$e_w = Q_o B_o + Q_g B_g + Q_w B_w \tag{2.1}$$

式中：e_w为水侵速率，bbl/d；Q_o为油流动速率，STB/d；B_o为地层油体积系数，bbl/STB；Q_g为游离气流动速率，ft^3(标)/d；B_g为气体的地层体积系数，bbl/ft^3(标)；Q_w为水流动速率，STB/d；B_w为地层水体积系数，bbl/STB。

通过引入下列导数项，式(2.1)可以等值地表述为累计开采量形式：

$$e_w = \frac{dW_e}{dt} = B_o \frac{dN_p}{dt} + (\mathrm{GOR} - R_s)\frac{dN_p}{dt}B_g + \frac{dW_p}{dt}B_w \tag{2.2}$$

式中：W_e为累计水侵量，bbl；t 为时间，d；N_p为累计产油量，STB；GOR 为目前气-油比，

ft^3(标)/STB；R_s为目前气溶解度，ft^3(标)/STB；B_g为气体的地层体积系数，bbl/ft^3(标)；W_p为累计产水量，STB；dN_p/dt为日油流速率Q_o，STB/d；dW_p/dt为日水流速率Q_w，STB/d；dW_e/dt为日水侵速率e_w，bbl/d；$(GOR-R_s)dN_p/dt$为日游离气流速率，ft^3(标)/d。

【示例 2.1】

为一个压力稳定在 3000psi 的油气藏计算水侵速率e_w，给定条件为：初始油气藏压力 = 3500psi；$dN_p/dt = 32000$STB/d；$B_o = 1.4$bbl/STB；GOR = 900ft^3(标)/STB；$R_s = 700$ft^3(标)/STB；$B_g = 0.00082$bbl/ft^3(标)；$dW_p/dt = 0$；$B_w = 1.0$bbl/STB。

解答：

应用式(2.1)或式(2.2)可得出：

$$e_w = \frac{dW_e}{dt} = B_o\frac{dN_p}{dt} + (GOR - R_s)\frac{dN_p}{dt}B_g + \frac{dW_p}{dt}B_w = (1.4)(32000) + (900-700)(32000)(0.00082) + 0 = 50048(\text{bbl/d})$$

2.1.2 外边界条件

含水层可分类为无限的和有限(有边界)的。从地质上看，所有地层都是有限的，但如果在含水层的边界无法“感觉到”油-水界面上的压力变化，那么这些地层就可以具有无限含水层的作用。有些含水层是出露地表的，同时因为有地表水补给而具有无限边界作用。总之，外边界控制着含水层的特性，因而可以有以下分类：

(1) 无限系统表明油-水层边界压力变化的影响从来都不能在外边界感觉到。在等同于初始油气藏压力的稳定压力下，这一边界适合于所有的含义和需要。

(2) 有限系统表明含水层的外边界会受到进入油层水侵的影响，而且这一外边界上的压力是随时间变化的。

2.1.3 流动状态

对油气藏的水侵速率有影响的基本上有三种流动状态。正如前面第 1 章所描述的，这三种流动状态是：稳态、半(拟)稳态和非稳态。

2.1.4 流动几何形态

油气藏-含水层系统可以根据流动几何形态分类为边水驱、底水驱和线性水驱。

如图 2.1 所示，在边水驱中，由于油气的采出和油气藏-含水层边界的压力下降，水会进入油气藏的侧面。这时的流动基本上是径向的，而垂直方向的流动可以忽略不计。

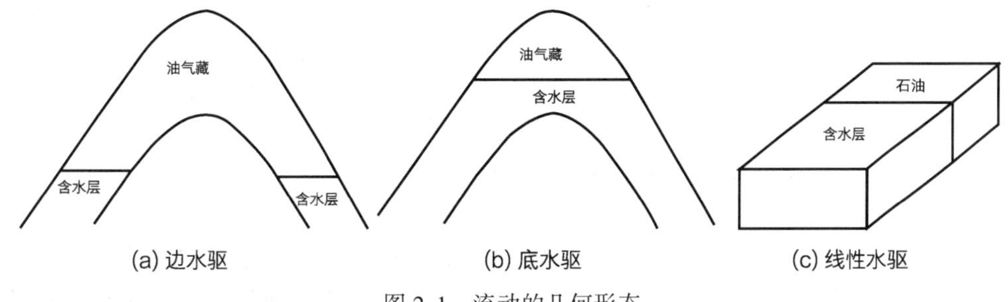

图 2.1 流动的几何形态

当油气藏-水的界面完全处在油气藏以下，并且油气藏具有很大面积和平缓倾角时，就会发生底水驱。这时的流动也基本上是径向的，但与边水驱不同，底水驱也有明显的垂直方向流动。

在线性水驱中，水侵是从油气藏的一侧进入的。这时的流动严格地属于具有恒定截面积的直线流。

2.2 天然水侵的识别

对于在压力下降期可能成为水侵源头的含水层，在油气藏勘探和开发期间一般不会获得多少有关其存在或特征的信息。可以通过与邻近正在开采油气藏的类比来设想天然水驱，但早期的油气藏动态趋势也能提供线索。比较低且递减的油气藏压力下降速率，再加上递增的累计采出量，就是流体侵入的标志。连续计算油气藏压力每一磅力每平方英寸(psi)的变化所采出的桶数可以增补动态曲线。但如果油气藏的边界尚未由开发的干井圈定，那么有关水侵可以来自还没有考虑平均压力的油气藏某一未开发区。如果油气藏的压力低于含油饱和度压力，那么采出的 GOR(气-油比)很低的升高速率也是流体侵入的标志。

边缘井的早期出水表明发生了水侵。这种现象肯定会因下述可能性而缓解：因地层裂缝、高渗透率薄层或与一个有限含水层发生锥状连接而导致了早期出水。出水也可能是套管渗漏引起的。

在使用物质平衡定律和假定没有水侵时，如果根据连续的油藏压力测量而计算的初始地下石油储量有增加，那也表明发生了流体侵入。

2.3 水侵模型

应该意识到这一部分油气藏工程所具有的不确定性，要比任何其他部分都多。这只是因为几乎不会为了获取必要的孔隙度、渗透率、厚度和流体性质的信息而有一口井钻入含水层。相反，这些信息常常只能根据在油气藏中观测到的结果来推断。但更为不确定的是含水层本身的几何形态和平面连续性。

已为估算水侵提出了好几种基于描述含水层特征的假设的模型。由于含水层特征所固有的不确定性，所有这些模型都需要有油气藏的历史动态数据来评价代表含水层性质参数的常数。然而具有充分精度直接可应用于各种含水层模型的这些参数，很少是根据勘探和开发钻井获得的。假如初始地下石油储量是根据孔隙体积估算得出的，物质平衡方程就可以用于确定历史水侵。这样就能评价水侵方程的常数，以便能预测将来的水侵。通常应用于石油工业的水侵数学模型有：

(1) 罐式含水层模型；

(2) 斯奇尔瑟斯(Schilthuis)稳态模型；

(3) 赫斯特(Hurst)修正稳态模型；

(4) 范埃弗丁琴(van Everdingen)和赫斯特(Hurst)非稳态模型(边水驱模型、底水驱模型)；

(5) 卡特-特雷西(Carter-Tracy)非稳态模型；

(6) 费特科维奇(Fetkovich)方法模型(径向含水层、线性含水层)。

下面要介绍这些模型以及它们在水侵计算中的实际应用。

2.3.1 罐式含水层模型

可以用于估算气藏或油藏中水侵的最简单模型是以压缩系数的基本定义为基础的。油气藏压力因流体采出而发生的下降，使含水层的水发生膨胀并流入油气藏。压缩系数在数学上可定义为：

$$c=\frac{1}{V}\frac{\partial V}{\partial p}=\frac{1}{V}\frac{\Delta V}{\Delta p}$$

即：

$$V=cV\Delta p$$

将这一压缩系数的基本定义应用于含水层可得出：

水侵量=(含水层压缩系数)×(水的初始体积)(压力降)

或：

$$W_e=c_tW_i(p_i-p)，\ c_t=c_w+c_f \tag{2.3}$$

式中：W_e为累计水侵量，bbl；c_t为含水层的总压缩系数，psi^{-1}；c_w为含水层的水压缩系数，psi^{-1}；c_f为含水层的岩石压缩系数，psi^{-1}；W_i为含水层中水的初始体积，bbl；p_i为油气藏初始压力，psi；p为油气藏当前压力(油-水界面上的压力)，psi。

计算含水层中水的初始体积需要了解含水层的规模和性质。然而，对于这些却很少有测量数据，这是因为所钻的井并不是为获取这种信息而有意钻入含水层的。举例说，如果含水层具有环绕的径向形状，那么：

$$W_i=\left[\frac{\pi(r_a^2-r_e^2)h\phi}{5.615}\right] \tag{2.4}$$

式中：r_a为含水层的半径，ft；r_e为油气藏的半径，ft；h为含水层的厚度，ft；ϕ为含水层的孔隙度。

式(2.4)表明，水是从所有方向以一种径向的方式侵入的。比较常见的是，油气藏的所有侧面并不是都有水侵入，或者说自然界的油气藏并不是圆形的。要解释这些情形，必须修改式(2.4)，以便正确地描述流动机理。如图2.2所示，一种最简单的修改是在公式中加入分数形式的水侵角度f，从而得出：

$$W_e=(c_w+c_f)W_if(p_i-p) \tag{2.5}$$

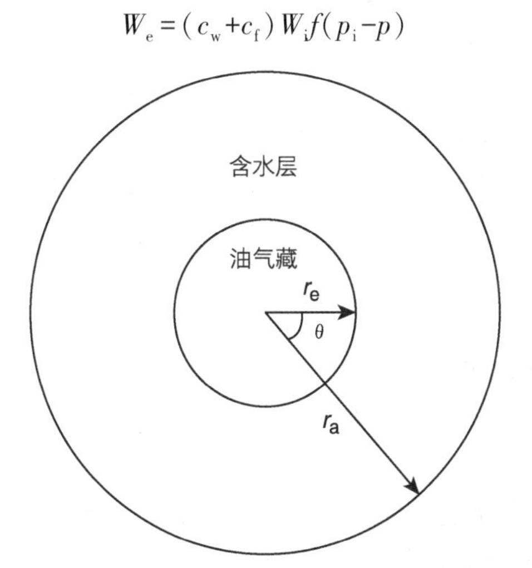

图2.2　径向含水层的几何形态

这里的分数水侵角度f可以定义为：

$$F=\frac{(水侵角度)^\circ}{360^\circ}=\frac{\theta}{360^\circ} \tag{2.6}$$

上述模型只适用于小型含水层，也就是规模与油气藏本身属于同一个数量级的罐式含水层(pot aquifer)。Dake(1978)曾指出，由于考虑到含水层相对较小，所以油气藏的压降是瞬间传递到整个油气藏-含水层系统的。Dake认为对于大型含水层而言，为了考虑含水层要花一定时间对油气藏中的压力变化作出反应的事实，需要有一个包括时间依存性的数学模型。

【示例 2.2】

如果水侵角度是 80°，油-水界面的压降是 200psi，计算由此产生的累计水侵量。这一油气藏-含水层系统具有以下特征(见表 2.1)：

表 2.1 油气藏-含水层系统参数

项　目	油气藏	含水层
半径/ft	2600	10000
孔隙度	0.18	0.12
c_f/psi^{-1}	4×10^{-6}	3×10^{-6}
c_w/psi^{-1}	5×10^{-6}	4×10^{-6}
h/ft	20	25

解答：

第 1 步，用式(2.4)计算含水层的初始水体积：

$$W_i = \left[\frac{\pi(r_a^2-r_e^2)h\phi}{5.615}\right]$$

$$= \left[\frac{\pi(10000^2-2600^2)(25)(0.12)}{5.615}\right]$$

$$=156.5(10^6 \text{bbl})$$

第 2 步，用式(2.5)确定累计水侵量：$W_e=(c_w+c_f)W_i f(p_i-p)=(4.0+3.0)10^{-5}(156.5\times 10^6)(80/360)(200)=48689(\text{bbl})$。

2.3.2　斯奇尔瑟斯(Schilthuis)稳态模型

斯奇尔瑟斯(Schilthuis)(1936)曾提出，对于稳定状态流动的含水层来说，其流动特征可以用达西方程来描述。然后可以用达西方程来确定水侵速率 e_w：

$$\frac{dW_e}{dt}=e_w=\left[\frac{0.00708kh}{\mu_w \ln(r_a/r_e)}\right](p_i-p) \tag{2.7}$$

这一关系式可以更简便地表述为：

$$\frac{dW_e}{dt}=e_w=C(p_i-p) \tag{2.8}$$

式中：e_w 为水侵速率，bbl/d；k 为含水层的渗透率，mD；h 为含水层厚度，ft；r_a 为含水层半径，ft；r_e 为油气藏半径，ft；t 为时间，d。

这里的参数 C 称为“水侵常数”，单位为 bbl/(d · psi)。假如已由一个不同的公式确定了水侵速率 e_w，那么水侵常数 C 就可以根据若干选定时段的历史产量数据来计算。例如，可以通过式(2.1)和式(2.8)的结合来估算参数 C。

虽然这一水侵常数只能在油气藏压力稳定时以这种方式获得，但一旦找到这个常数，就可以同时应用于稳定的和变化的油气藏压力。

【示例 2.3】

本示例使用示例 2.1 给出的数据：p_i = 3500psi；p = 3000psi；Q_o = 32000STB/d；B_o =

1.4bbl/STB；GOR＝900ft^3（标）/STB；R_s = 700ft^3（标）/STB；B_g = 0.00082bbl/ft^3（标）；$dW_p/dt=0$；B_w＝1.0bbl/STB。

计算斯奇尔瑟斯水侵常数。

解答：

第1步，用式(2.1)求解水侵速率 e_w：$e_w = Q_oB_o+Q_gB_g+Q_wB_w$ = (1.4)(32000)+(900−700)(32000)(0.0082)+0=50048(bbl/d)

第2步，由式(2.8)求解水侵常数：

$$\frac{dW_e}{dt}=e_w=C(p_i-p)$$

即：

$$C=e_w/(p_i-p)=50048/(3500-3000)=100[\text{bbl}/(\text{d}\cdot\text{psi})]$$

如果可以认为这一稳态近似公式适用于描述含水层的流动状态，那么计算得出的水侵常数 C 值将会在有关的历史时期保持不变。请注意，引起水侵的压降是从初始压力开始的累计压降。

在累计水侵量 W_e 方面，对式(2.8)求取积分以得出常用的斯奇尔瑟斯水侵公式：

$$\int_0^{W_e}dW_e=\int_0^t C(p_i-p)dt$$

即：

$$W_e=C\int_0^t(p_i-p)dt \tag{2.9}$$

式中：W_e 为累计水侵量，bbl；C 为水侵常数，bbl/(d·psi)；t 为时间，d；p_i 为初始油气藏压力，psi；p 为时间 t 的油−水界面压力，psi。

如图2.3所示，当压降(p_i-p)与时间 t 标绘在一起时，有关曲线下面的面积就是积分 $\int_0^t(p_i-p)dt$。时间 t 的这一面积可以通过使用梯形法则（或任何其他数值积分方法）在数值上予以确定，即：

$$\begin{aligned}\int_0^t(p_i-p)dt &= \text{面积}_{\text{I}}+\text{面积}_{\text{II}}+\text{面积}_{\text{III}}+\cdots\\ &=\left(\frac{p_i-p_1}{2}\right)(t_1-0)\\ &\quad+\frac{(p_i-p_1)+(p_i-p_2)}{2}(t_2-t_1)\\ &\quad+\frac{(p_i-p_2)+(p_i-p_3)}{2}(t_3-t_2)+\cdots\end{aligned}$$

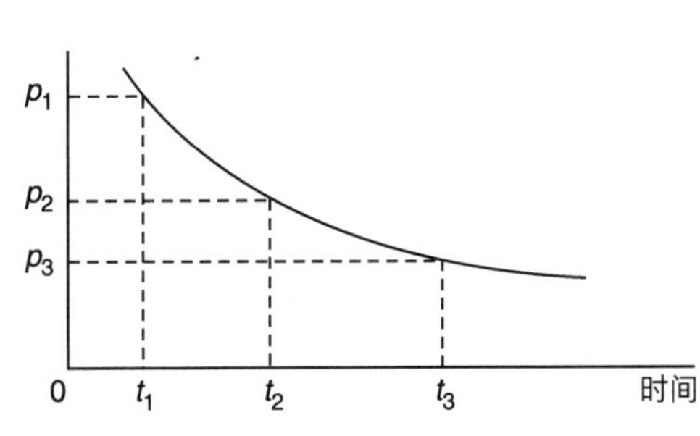

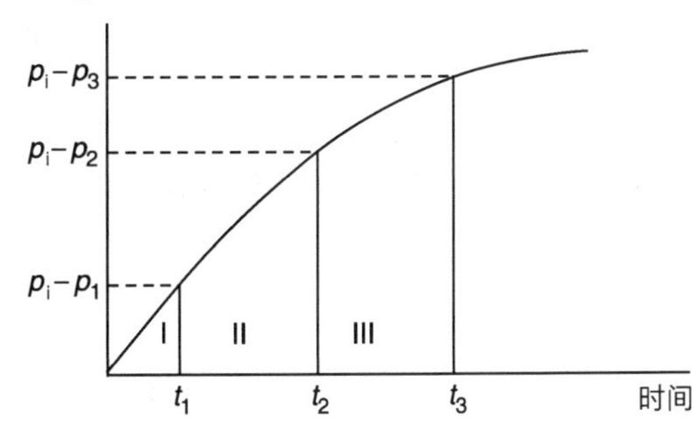

图2.3 计算曲线下面的面积

这样，式(2.9)就可以改写为：

$$W_e = C\sum_{0}^{t}(\Delta p)\Delta t \tag{2.10}$$

【示例 2.4】

下面是一个水驱油藏的压力变化史(见表 2.2)：

表 2.2 一个水驱油藏的压力变化史

t/d	p/psi
0	
100	3450
200	3410
300	3380
400	3340

这里的含水层具有稳态流动条件，其估算的水侵常数是 130bbl/(d · psi)。假定初始油藏压力为 3500psi，运用稳态模型计算 100d、200d、300d 和 400d 后的累计水侵量。

解答：

第 1 步，计算每一时间 t 的总压降(见表 2.3)。

表 2.3 每一时间 t 的总压降

t/d	p/psi	$p_i - p$
0	3500	0
100	3450	50
200	3410	90
300	3380	120
400	3340	160

第 2 步，计算 100d 后的累计水侵量：

$$\begin{aligned} W_e &= C\left[\left(\frac{p_i - p_1}{2}\right)(t_1 - 0)\right] \\ &= 130\left(\frac{50}{2}\right)(100-0) \\ &= 32500(\text{bbl}) \end{aligned}$$

第 3 步，计算 200d 后的累计水侵量：

$$\begin{aligned} W_e &= C\left\{\left(\frac{p_i - p_1}{2}\right)(t_1 - 0) + \left[\frac{(p_i - p_1)+(p_i - p_2)}{2}\right](t_2 - t_1)\right\} \\ &= 130\left[\left(\frac{50}{2}\right)(100-0) + \left(\frac{50+90}{2}\right)(200-100)\right] \\ &= 123500(\text{bbl}) \end{aligned}$$

第 4 步，计算 300d 后的累计水侵量：

$$W_e = C\left\{\left(\frac{p_i-p_1}{2}\right)(t_1-0)+\left[\frac{(p_i-p_1)+(p_i-p_2)}{2}\right](t_2-t_1)\right\}+\frac{(p_i-p_2)+(p_i-p_3)}{2}(t_3-t_2)\Bigg\}$$

$$= 130\left[\left(\frac{50}{2}\right)(100)+\left(\frac{50+90}{2}\right)(200-100)+\left(\frac{120+90}{2}\right)(300-200)\right]$$

$$= 2600000(\text{bbl})$$

第 5 步，以同样方式计算 400d 后的 W_e：

$$W_e = 130\left[2500+7000+10500+\left(\frac{160+120}{2}\right)(400-300)\right]$$

$$=4420000(\text{bbl})$$

2.3.3 赫斯特(Hurst)修正稳态模型

有一个与斯奇尔瑟斯稳态模型有关问题是：随着含水层不断排水，其排替半径 r_a 将随时间延长而增大。赫斯特(Hurst)(1943)提出，含水层的“视”半径可能随时间增大，所以无量纲半径 r_a/r_e 比可以用一个与时间相关的函数来代替，即：

$$r_a/r_e = at \tag{2.11}$$

将式(2.11)代入式(2.7)，可得出：

$$e_w = \frac{dW_e}{dt} = \frac{0.00708kh(p_i-p)}{\mu_w \ln(at)} \tag{2.12}$$

这一赫斯特修正稳态公式可以改写成比较简单的形式：

$$e_w = \frac{dW_e}{dt} = \frac{C(p_i-p)}{\ln(at)} \tag{2.13}$$

而其累计水侵量为：

$$W_e = C\int_0^t \left[\frac{p_i - p}{\ln(at)}\right] dt \tag{2.14}$$

用求和来逼近其积分，可以得出：

$$W_e = C\sum_0^t \left(\frac{\Delta p}{\ln(at)}\right)\Delta t \tag{2.15}$$

这一赫斯特修正稳态公式含有必须根据油气藏-含水层压力和水侵的历史数据来确定的两个未知常数 a 和 C。确定常数 a 和 C 的步骤是建立在把式(2.13)表述为一种线性关系的基础上的：

$$\left(\frac{p_i-p}{e_w}\right) = \frac{1}{C}\ln(at)$$

或：

$$\frac{p_i-p}{e_w} = \left(\frac{1}{C}\right)\ln(a)+\left(\frac{1}{C}\right)\ln(t) \tag{2.16}$$

式(2.16)表明，如图 2.4 所示，$(p_i-p)/e_w$ 项与 $\ln(t)$ 项的标绘图可以得出一条斜率为 $1/C$、截距为 $(1/C)\ln(a)$ 的直线。

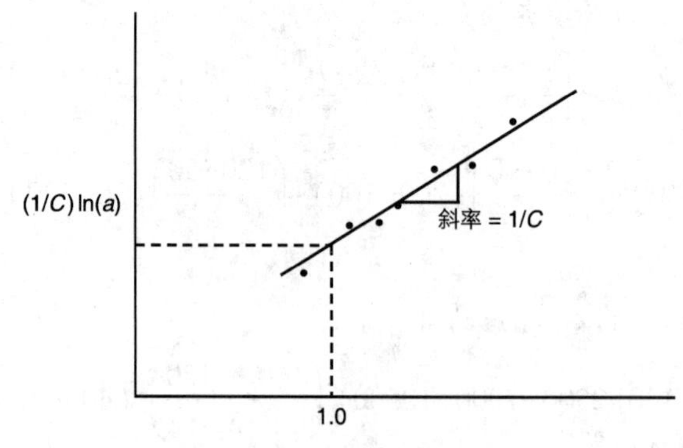

图 2.4　C 和 a 的图解确定

【示例 2.5】

下面的数据是由 Craft 和 Hawkins(1959)提供的，它们证实了水驱油气藏的压力是时间的函数。Craft 和 Hawkins 应用物质平衡方程计算了水侵(参见第 4 章)。对每个时间段也计算了水侵速率的数值(见表 2.4)：

表 2.4　水侵速率的数值

t/d	p/psi	$W_e/10^3$bbl	e_w/(bbl/d)	p_i-p/psi
0	3793	0	0	0
182.5	3774	24.8	389	19
365.0	3709	172.0	1279	84
547.5	3643	480.0	2158	150
730.0	3547	978.0	3187	245
912.5	3485	1616.0	3844	308
1095.0	3416	2388.0	4458	377

据预测，在开采 1186.25d 后边界压力可能下降至 3379psi，请计算当时的累计水侵量。

解答：

第 1 步，编制下表(见表 2.5)：

表 2.5　编制水侵速率的数值

t/d	$\ln(t)$/psi	p_i-p/psi	e_w/(bbl/d)	$(p_i-p)/e_w$
0		0	0	
182.5	5.207	19	389	0.049
365.0	5.900	84	1279	0.066
547.5	6.305	150	2158	0.070
730.0	6.593	246	3187	0.077
912.5	6.816	308	3844	0.081
1095.0	6.999	377	4458	0.085

第 2 步，如图 2.5 所示，把$(p_i-p)/e_w$项与$\ln(t)$项进行标绘并画出通过数据点的最佳直线，同时确定此直线的斜率：斜率$=1/C=0.020$。

第 3 步，根据这一斜率确定有关的赫斯特公式的系数 C：$C=1/$斜率$=1/0.02=50$。

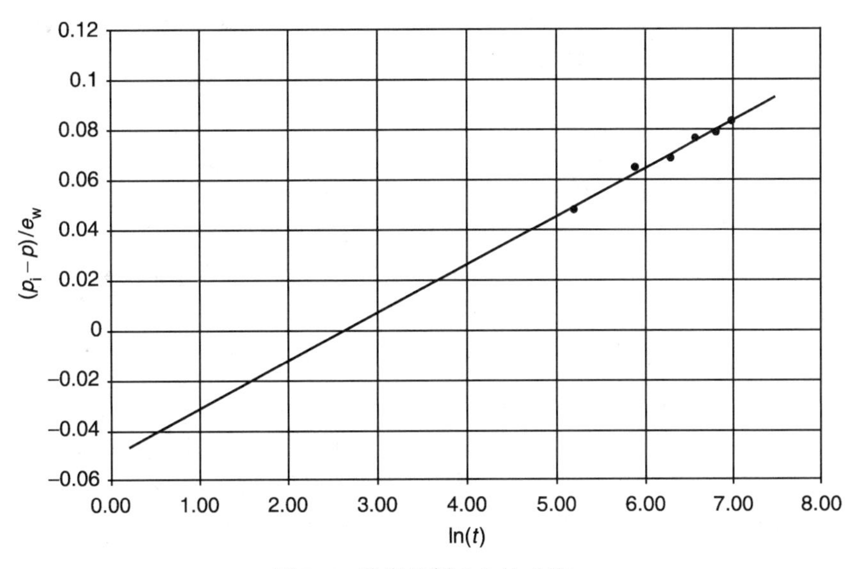

图 2.5　确定示例 2.5 的 C 和 n

第 4 步，使用该直线上的任一点并应用式(2.13)求解参数 a：$a=0.064$。

第 5 步，有关的赫斯特公式可以表述为：

$$W_e = 50\int_0^t \left(\frac{p_i - p}{\ln(0.064t)}\right) dt$$

第 6 步，按照下式计算 1186.25d 后的累计水侵量：

$$W_e = 2388\times10^3 + \int_{1095}^{1186.25} 50\left[\frac{p_i - p}{ln(0.064t)}\right] dt = 2388\times10^3 + 50[(3793-3379)/\ln(0.064\times1186.25) + (3793-3416)/\ln(0.064\times1095)/2](1186.25-1095) = 2388\times10^3 + 420.508\times10^3 = 2809000(\text{bbl})$$

2.3.4　范埃弗丁琴(vanEverdingen)和赫斯特(Hurst)非稳态模型

如图 2.6 所示，用于描述原油从油藏流入井眼的数学公式，与用于描述水从含水层流入圆柱形油藏的数学公式是一样的。一口油井在关井期之后以稳定流量投产时，其压力状态基本上受控于瞬变(非稳态)流动条件。这种流动条件被定义为边界对压力状态没有影响的时间段。

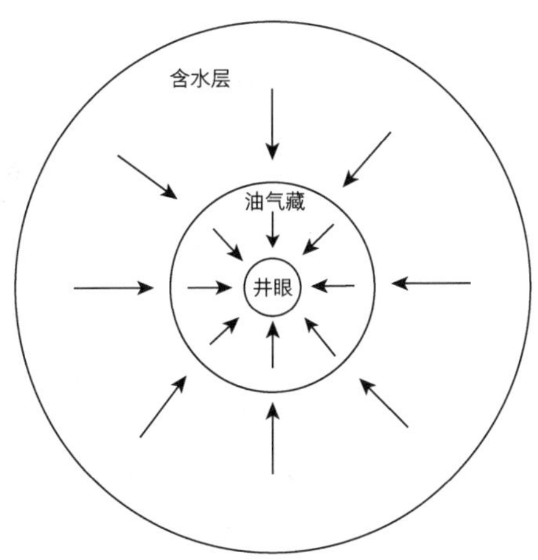

图 2.6　对一个圆柱状油气藏的水侵

第1章的式(1.89)提供的无量纲形式的扩散方程，基本上是用于模拟油气藏或含水层的瞬变流动状态的通用公式。无量纲形式的扩散方程是：

$$\frac{\partial^2 p_D}{\partial r_D^2}+\frac{1}{r_D}\frac{\partial p_D}{\partial r_D}=\frac{\partial p_D}{\partial t_D}$$

范埃弗丁琴(van Everdingen)和赫斯特(Hurst)(1949)为以下两种油气藏–含水层的边界条件提供了这一扩散方程的解：稳定的末端流量和稳定的末端压力。

对于稳定的末端流量边界条件，假定特定时段的水侵速率是稳定的，然后计算了油气藏–含水层边界的压降。

对于稳定的末端压力边界条件，在某一有限的时段假定边界压降是稳定的，然后确定了水侵速率。

在描述从含水层向油气藏的水侵时，更大的关注是计算水侵速率而不是压力。这就导致了是由油气藏–含水层系统的内边界特定压降的函数来确定水侵量的。

通过将拉普拉斯(Laplace)变换应用于扩散方程，范埃弗丁琴和赫斯特(1949)求解了含水层–油气藏系统的扩散方程。他们的解可以用于确定下列系统的水侵：边水驱系统(径向系统)、底水驱系统、线性水驱系统。

2.3.4.1 边水驱

图2.7显示了一个代表边水驱油气藏的理想径向流动系统。其内边界被规定为有关油气藏和有关含水层之间的界面。可以认为穿过这一内边界的流动是水平的，而水侵是穿越围绕该油气藏的圆柱面而发生的。由于把这一界面当作内边界，所以可以在这一内边界加上一个稳定的末端压力并确定穿越这一界面的水侵速率。

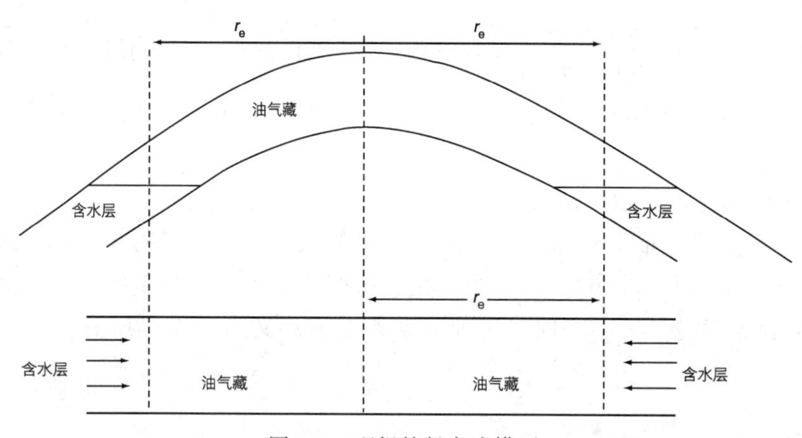

图2.7 理想的径向流模型

对于无量纲的扩散方程，范埃弗丁琴和赫斯特提出了利用稳定末端压力条件以及以下初始和外边界条件的解。

初始条件：对于半径 r 的所有值，$p=p_i$。

外边界条件：对于无限的含水层，在 $r=\infty$ 时，$p=p_i$；对于有边界的含水层，在 $r=r_a$ 时，$\frac{\partial p}{\partial r}=0$。

范埃弗丁琴和赫斯特假定了含水层具有以下特征：均匀的厚度、稳定的渗透率、均匀的孔隙度、稳定的岩石压缩系数和稳定的水压缩系数。

为了计算无量纲参数形式的水侵，即无量纲水侵 W_{eD}，这两位研究者提出了他们的数学关系式。他们还将无量纲水侵表述为无量纲时间 t_D 和无量纲半径 r_D 的一个函数，由此他们使扩散方程的解通用化，因而它可应用于水流入油气藏基本上是径向的任何含水层。对于有边界的含水层和范围无限的含水层得出了有关的解。这两位研究者以表格和图件的形式提供了他们得出的解，也就是这里给出的图 2.8~图 2.11 以及表 2.1 和表 2.2。两个无量纲参数 t_D 和 r_D 由以下公式得出：

$$t_D = 6.328\times10^{-3}kt/\phi\mu_w c_t r_e^2 \tag{2.17}$$

$$r_D = r_a/r_e \tag{2.18}$$

$$c_t = c_w + c_f \tag{2.19}$$

式中：t 为时间，d；k 为含水层渗透率，mD；ϕ 为含水层孔隙度；μ_w 为含水层的水黏度，cP；r_a 为含水层的半径，ft；r_e 为油气藏的半径，ft；c_w 为水的压缩系数，psi^{-1}；c_f 为含水岩层的压缩系数，psi^{-1}；c_t 为总的压缩系数，psi^{-1}。

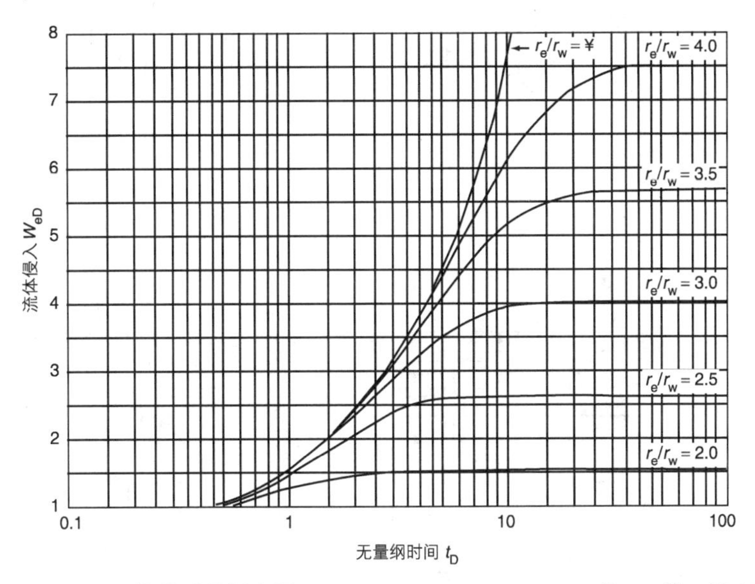

图 2.8 多个 r_e/r_w 即 r_a/r_e 值的无量纲水侵 W_{eD}（van Everdingen and Hurst 的 W_{eD} 值，经 SPE 同意发表）

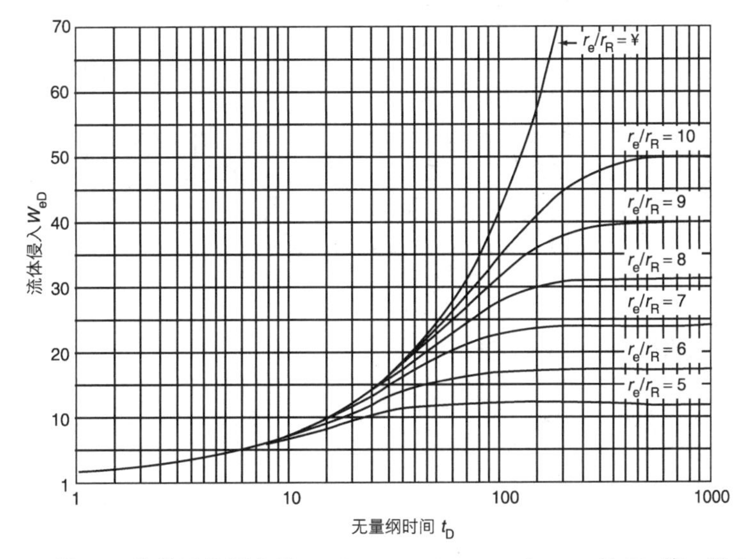

图 2.9 多个 r_e/r_R 即 r_a/r_e 值的无量纲水侵 W_{eD}（van Everdingen and Hurst 的 W_{eD} 值，经 SPE 同意发表）

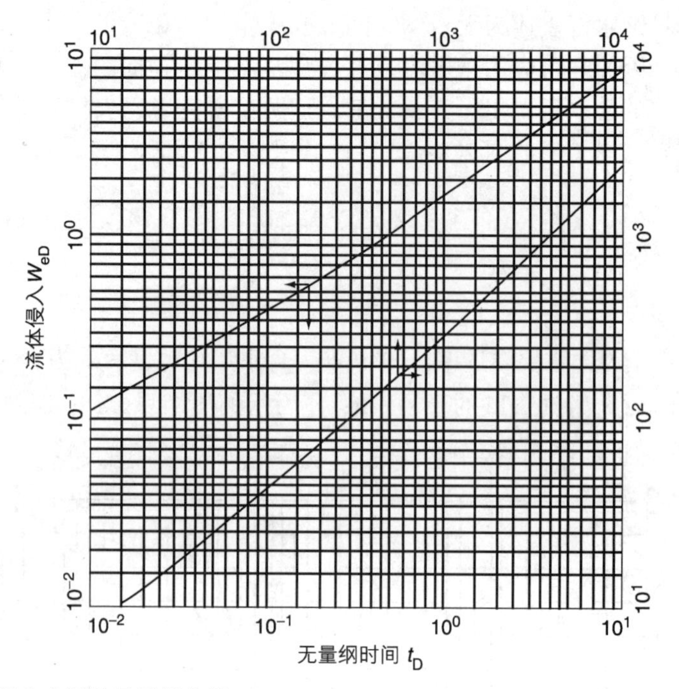

图 2.10　有边界含水层的无量纲水侵 W_{eD}(van Everdingen and Hurst 的 W_{eD} 值，经 SPE 同意发表)

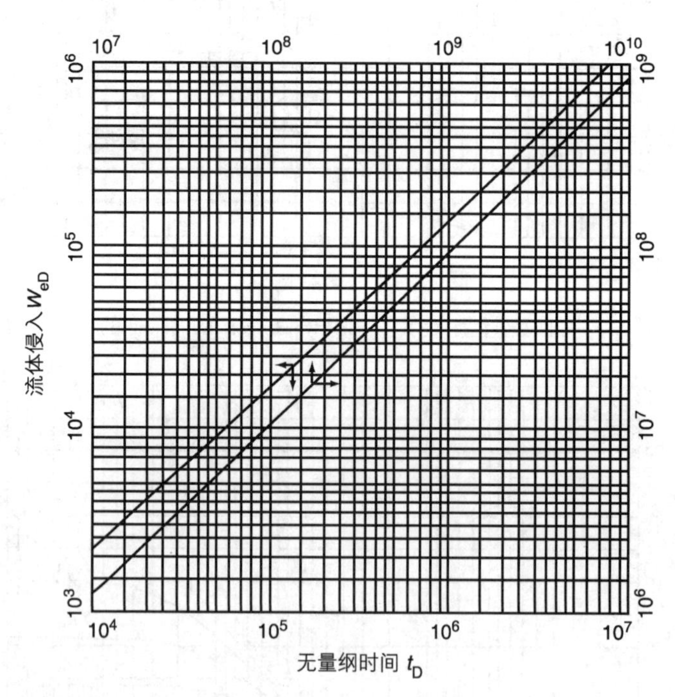

图 2.11　无限含水层的无量纲水侵 W_{eD}(van Everdingen and Hurst 的 W_{eD} 值，经 SPE 同意发表)

然后，由以下公式得出水侵量：

$$W_e = B\Delta p W_{eD} \tag{2.20}$$

其中：

$$B = 1.119\phi c_t r_e^2 h \tag{2.21}$$

式中：W_e为累计水侵量，bbl；B 为水侵常数，bbl/psi；Δp 为边界上的压降，psi；W_{eD}为无量

纲水侵量。

式(2.21)假定了水是以径向方式侵入的。在很多时候水都不是从油气藏的各个侧面侵入的，或者说油气藏并不具有圆的性质。在这些情况下，为了恰当地描述流动机理，必须对式(2.21)进行某些修改。一种最简单的修改就是在水侵常数 B 中引入作为一种无量纲参数 f 的水侵角度：

$$f=\frac{\theta}{360} \tag{2.22}$$

$$B=1.119\phi c_t r_e^2 hf \tag{2.23}$$

θ 是油气藏周边所对应的角度，也就是对于一个完整的圆形油气藏，$\theta=360°$，而如图 2.12所示，对于一个背靠断层的半圆形油气藏，$\theta=180°$。

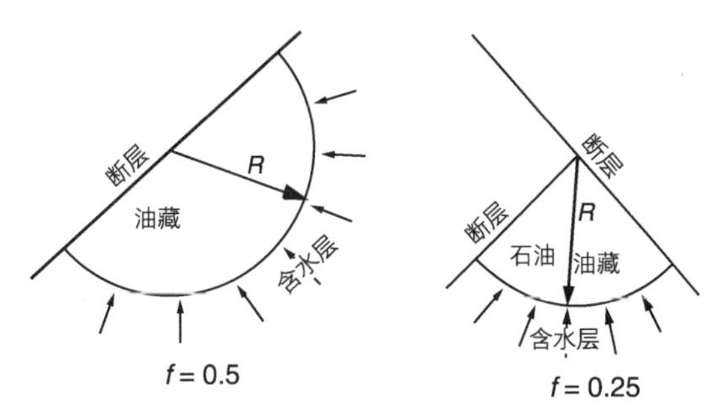

图 2.12　气顶驱油藏

(来源：Cole，F. W.，1969. Reservoir Engineering Manual. Gulf Publishing Company，Houston，TX)

【示例 2.6】

计算一个圆形油气藏在 1 年、2 年和 3 年结束时的水侵量。该油气藏具有一个范围无限的含水层，即 $r_{eD}=\infty$。该油气藏的初始和当前压力分别为 2500psi 和 2490psi。这一油气藏-含水层系统具有以下性质(数据来源：Cole，F. W.，1969. Reservoir Engineering Manual，Gulf Publishing，Houston，TX.)(见表 2.6)：

表 2.6　油气藏-含水层系统的性质参数

项目	油气藏	含水层
半径/ft	2000	∞
h_i/ft	20	22.7
k_i/mD	50	100
ϕ,%	15	20
μ_{wi}/cP	0.5	0.8
c_{wi}/psi^{-1}	1×10^{-6}	0.7×10^{-6}
c_{fi}/psi^{-1}	2×10^{-6}	0.3×10^{-6}

解答：

第 1 步，用式(2.19)计算含水层的总压缩系数 c_t：$c_t=c_w+c_f=0.7(10^{-6})+0.3(10^{-6})=1\times10^{-6}(psi^{-1})$。

第 2 步，用式(2.23)确定水侵常数：$B=1.119\phi c_t r_e^2 hf=1.119(0.2)(1\times10^{-6})(2000)^2$

(22.7)(360/360)=20.4。

第3步，计算1、2和5年后对应的无量纲时间：$t_D=6.328\times10^{-3}kt/\phi\mu_W c_t r_e^2=6.328\times10^{-3}\times100t/(0.8)(0.2)(1\times10^{-6})(2000)^2=0.998t$。

由此列表可得(见表2.7)：

表2.7　无量纲时间计算结果

t/d	$t_D=0.998t$
365	361
730	722
1825	1805

第4步，利用表2.8、表2.9确定无量纲水侵W_{eD}，见表2.10。

表2.8　无限含水层的无量纲水侵 W_{eD}①

无量纲时间t_D	流体侵入量W_{eD}	无量纲时间t_D	流体侵入量W_{eD}	无量纲时间t_D	流体侵入量W_{eD}	无量纲时间t_D	流体侵入量W_{eD}	无量纲时间t_D	流体侵入量W_{eD}	无量纲时间t_D	流体侵入量W_{eD}
0.00	0.000	79	35.697	455	150.249	1190	340.843	3250	816.090	35.000	6780.247
0.01	0.112	80	36.058	460	151.640	1200	343.308	3300	827.088	40.000	7650.096
0.05	0.278	81	36.418	465	153.029	1210	345.770	3350	838.067	50.000	9363.099
0.10	0.404	82	36.777	470	154.416	1220	348.230	3400	849.028	60.000	11047.299
0.15	0.520	83	37.136	475	155.801	1225	349.460	3450	859.974	70.000	12708.358
0.20	0.606	84	37.494	480	157.184	1230	350.688	3500	870.903	75.000	13531.457
0.25	0.689	85	37.851	485	158.565	1240	353.144	3550	881.816	80.000	14350.121
0.30	0.758	86	38.207	490	159.945	1250	355.597	3600	892.712	90.000	15975.389
0.40	0.898	87	38.563	495	161.322	1260	358.048	3650	903.594	100.000	17586.284
0.50	1.020	88	38.919	500	162.698	1270	360.496	3700	914.459	125.000	21560.732
0.60	1.140	89	39.272	510	165.444	1275	361.720	3750	925.309	$1.5(10)^5$	2.538(10)4
0.70	1.251	90	39.626	520	168.183	1280	362.942	3800	936.144	2.0″	3.308″
0.80	1.359	91	39.979	525	169.549	1290	365.386	3850	946.966	2.5″	4.066″
0.90	1.469	92	40.331	530	170.914	1300	367.828	3900	957.773	3.0″	4.817″
1	1.569	93	40.684	540	173.639	1310	370.267	3950	968.566	4.0″	6.267″
2	2.447	94	41.034	550	176.357	1320	372.704	4000	979.344	5.0″	7.699″
3	3.202	95	41.385	560	179.069	1325	373.922	4050	990.108	6.0″	9.113″
4	3.893	96	41.735	570	181.774	1330	375.139	4100	1000.858	7.0″	$1.051(10)^5$
5	4.539	97	42.084	575	183.124	1340	377.572	4150	1011.595	8.0″	1.189″
6	5.153	98	42.433	580	184.473	1350	380.003	4200	1022.318	9.0″	1.326″
7	5.743	99	42.781	590	187.166	1360	382.432	4250	1033.028	1.0(10)6′	1.462″
8	6.314	100	43.129	600	189.852	1370	384.859	4300	1043.724	1.5″	2.126″
9	6.869	105	44.858	610	192.533	1375	386.070	4350	1054.409	2.0″	2.781″
10	7.411	110	46.574	620	195.208	1380	387.283	4400	1065.082	2.5″	3.427″

续表

无量纲时间 t_D	流体侵入量 W_{eD}	无量纲时间 t_D	流体侵入量 W_{eD}	无量纲时间 t_D	流体侵入量 W_{eD}	无量纲时间 t_D	流体侵入量 W_{eD}	无量纲时间 t_D	流体侵入量 W_{eD}	无量纲时间 t_D	流体侵入量 W_{eD}
11	7.940	115	48.277	625	196.544	1390	389.705	4450	1075.743	3.0″	4.064″
12	8.457	120	49.968	630	197.878	1400	392.125	4500	1086.390	4.0″	5.313″
13	8.964	125	51.648	640	200.542	1410	394.543	4550	1097.024	5.0″	6.544″
14	9.461	130	53.317	650	203.201	1420	396.959	4600	1107.646	6.0″	7.761″
15	9.949	135	54.976	660	205.854	1425	398.167	4650	1118.257	7.0″	8.965″
16	10.434	140	56.625	670	208.502	1430	399.373	4700	1128.854	8.0″	1.016(10)^{6}
17	10.913	145	58.265	675	209.825	1440	401.786	4750	1139.439	9.0″	1.134″
18	11.386	150	59.895	680	211.145	1450	404.197	4800	1150.012	1.0(10)^{7}	1.252″
19	11.855	155	61.517	690	213.784	1460	406.606	4850	1160.574	1.5″	1.828″
20	12.319	160	63.131	700	216.417	1470	409.013	4900	1171.125	2.0″	2.398″
21	12.778	165	64.737	710	219.046	1475	410.214	4950	1181.666	2.5″	2.961″
22	13.233	170	66.336	720	221.670	1480	411.418	5000	1192.198	3.0″	3.517″
23	13.684	175	67.928	725	222.980	1490	413.820	5100	1213.222	4.0″	4.610″
24	14.131	180	69.512	730	224.289	1500	416.220	5200	1234.203	5.0″	5.689″
25	14.573	185	71.090	740	226.904	1525	422.214	5300	1255.141	6.0″	6.758″
26	15.013	190	72.661	750	229.514	1550	428.196	5400	1276.037	7.0″	7.816″
27	15.450	195	74.226	760	232.120	1575	434.168	5500	1296.893	8.0″	8.866″
28	15.883	200	75.785	770	234.721	1600	440.128	5600	1317.709	9.0″	9.911″
29	16.313	205	77.338	775	236.020	1625	446.077	5700	1338.486	1.0(10)^{8}	1.095(10)^{7}
30	16.742	210	78.886	780	237.318	1650	452.016	5800	1359.225	1.5″	1.604″
31	17.167	215	80.428	790	239.912	1675	457.945	5900	1379.927	2.0″	2.108″
32	17.590	220	81.965	800	242.501	1700	463.863	6000	1400.593	2.5″	2.607″
33	18.011	225	83.497	810	245.086	1725	469.771	6100	1421.224	3.0″	3.100″
34	18.429	230	85.023	820	247.668	1750	475.669	6200	1441.820	4.0″	4.071″
35	18.845	235	86.545	825	248.957	1775	481.558	6300	1462.383	5.0″	5.032″
36	19.259	240	88.062	830	250.245	1800	487.437	6400	1482.912	6.0″	5.984″
37	19.671	245	89.575	840	252.819	1825	493.307	6500	1503.408	7.0″	6.928″
38	20.080	250	91.084	850	255.388	1850	499.167	6600	1523.872	8.0″	7.865″
39	20.488	255	92.589	860	257.953	1875	505.019	6700	1544.305	9.0″	8.797″
40	20.894	260	94.090	870	260.515	1900	510.861	6800	1564.706	1.0(10)^{9}	9.725″
41	21.298	265	95.588	875	261.795	1925	516.695	6900	1585.077	1.5″	1.429(10)^{8}
42	21.701	270	97.081	880	263.073	1950	522.520	7000	1605.418	2.0″	1.880″
43	22.101	275	98.571	890	265.629	1975	528.337	7100	1625.729	2.5″	2.328″
44	22.500	280	100.057	900	268.181	2000	534.145	7200	1646.011	3.0″	2.771″

续表

无量纲时间 t_D	流体侵入量 W_{eD}	无量纲时间 t_D	流体侵入量 W_{eD}	无量纲时间 t_D	流体侵入量 W_{eD}	无量纲时间 t_D	流体侵入量 W_{eD}	无量纲时间 t_D	流体侵入量 W_{eD}	无量纲时间 t_D	流体侵入量 W_{eD}
45	22.897	285	101.540	910	270.729	2025	539.945	7300	1666.265	4.0″	3.645″
46	23.291	290	103.019	920	273.274	2050	545.737	7400	1686.490	5.0″	4.510″
47	23.684	295	104.495	925	274.545	2075	551.522	7500	1706.688	6.0″	5.368″
48	24.076	300	105.968	930	275.815	2100	557.299	7600	1726.859	7.0″	6.220″
49	24.466	305	107.437	940	278.353	2125	563.068	7700	1747.002	8.0″	7.066″
50	24.855	310	108.904	950	280.888	2150	568.830	7800	1767.120	9.0″	7.909″
51	25.244	315	110.367	960	283.420	2175	574.585	7900	1787.212	$1.0(10)^{10}$	8.747″
52	25.633	320	111.827	970	285.948	2200	580.332	8000	1807.278	1.5″	$1.288''(10)^{9}$
53	26.020	325	113.284	975	287.211	2225	586.072	8100	1827.319	2.0″	1.697″
54	26.406	330	114.738	980	288.473	2250	591.806	8200	1847.336	2.5″	2.103″
55	26.791	335	116.189	990	290.995	2275	597.532	8300	1867.329	3.0″	2.505″
56	27.174	340	117.638	1000	293.514	2300	603.252	8400	1887.298	4.0″	3.299″
57	27.555	345	119.083	1010	296.030	2325	608.965	8500	1907.243	5.0″	4.087″
58	27.935	350	120.526	1020	298.543	2350	614.672	8600	1927.166	6.0″	4.868″
59	28.314	355	121.966	1025	299.799	2375	620.372	8700	1947.065	7.0″	5.643″
60	28.691	360	123.403	1030	301.053	2400	626.066	8800	1966.942	8.0″	6.414″
61	29.068	365	124.838	1040	303.560	2425	631.755	8900	1986.796	9.0″	7.183″
62	29.443	370	126.720	1050	306.065	2450	637.437	9000	2006.628	$1.0(10)^{11}$	7.948″
63	29.818	375	127.699	1060	308.567	2475	643.113	9100	2026.438	1.5″	$1.17(10)^{10}$
64	30.192	380	129.126	1070	311.066	2500	648.781	9200	2046.227	2.0″	1.55″
65	30.565	385	130.550	1075	312.314	2550	660.093	9300	2065.996	2.5″	1.92″
66	30.937	390	131.972	1080	313.562	2600	671.379	9400	2085.744	3.0″	2.29″
67	31.308	395	133.391	1090	316.055	2650	682.640	9500	2105.473	4.0″	3.02″
68	31.679	400	134.808	1100	318.545	2700	693.877	9600	2125.184	5.0″	3.75″
69	32.048	405	136.223	1110	321.032	2750	705.090	9700	2144.878	6.0″	4.47″
70	32.417	410	137.635	1120	323.517	2800	716.280	9800	2164.555	7.0″	5.19″
71	32.785	415	139.045	1125	324.760	2850	727.449	9900	2184.216	8.0″	5.89″
72	33.151	420	140.453	1130	326.000	2900	738.598	10000	2203.861	9.0″	6.58″
73	33.517	425	141.859	1140	328.480	2950	749.725	12500	2688.967	$1.0(10)^{12}$	7.28″
74	33.883	430	143.262	1150	330.958	3000	760.833	15000	3164.780	1.5″	$1.08(10)^{11}$
75	34.247	435	144.664	1160	333.433	3050	771.922	17500	3633.368	2.0″	1.42″
76	34.611	440	146.064	1170	335.906	3100	782.992	20000	4095.800		
77	34.974	445	147.461	1175	337.142	3150	794.042	25000	5005.726		
78	35.336	450	148.856	1180	338.376	3200	805.075	30000	5899.508		

① 数据来源：Van Everdingen and Hurst W_{eD}；经 SPE 同意发表。

表 2.9　r_e/r_R(即 r_a/r_e)多个数值的无量纲水侵 W_{eD}[1]

$r_e/r_R=1.5$		$r_e/r_R=2.0$		$r_e/r_R=2.5$		$r_e/r_R=3.0$		$r_e/r_R=3.5$		$r_e/r_R=4.0$		$r_e/r_R=4.5$	
无量纲时间 t_D	流体侵入量 W_{eD}	无量纲时间 t_D	流体侵入量 W_{eD}	无量纲时间 t_D	流体侵入量 W_{eD}	无量纲时间 t_D	流体侵入量 W_{eD}	无量纲时间 t_D	流体侵入量 W_{eD}	无量纲时间 t_D	流体侵入量 W_{eD}	无量纲时间 t_D	流体侵入量 W_{eD}
$5.0(10)^{-2}$	0.276	$5.0(10)^{-2}$	0.278	$1.0(10)^{-1}$	0.408	$3.0(10)^{-1}$	0.755	1.00	1.571	2.00	2.442	2.5	2.835
6.0″	0.304	7.5″	0.345	1.5″	0.509	4.0″	0.895	1.20	1.761	2.20	2.598	3.0	3.196
7.0″	0.330	$1.0(10)^{-1}$	0.404	2.0″	0.599	5.0″	1.023	1.40	1.940	2.40	2.748	3.5	3.537
8.0″	0.354	1.25″	0.458	2.5″	0.681	6.0″	1.143	1.60	2.111	2.60	2.893	4.0	3.859
9.0″	0.375	1.50″	0.507	3.0″	0.758	7.0″	1.256	1.80	2.273	2.80	3.034	4.5	4.165
$1.0(10)^{-1}$	0.395	1.75″	0.553	3.5″	0.829	8.0″	1.363	2.00	2.427	3.00	3.170	5.0	4.454
1.1″	0.414	2.00″	0.597	4.0″	0.897	9.0″	1.465	2.20	2.574	3.25	3.334	5.5	4.727
1.2″	0.431	2.25″	0.638	4.5″	0.962	1.00	1.563	2.40	2.715	3.50	3.493	6.0	4.986
1.3″	0.446	2.50″	0.678	5.0″	1.024	1.25	1.791	2.60	2.849	3.75	3.645	6.5	5.231
1.4″	0.461	2.75″	0.715	5.5″	1.083	1.50	1.997	2.80	2.976	4.00	3.792	7.0	5.464
1.5″	0.474	3.00″	0.751	6.0″	1.140	1.75	2.184	3.00	3.098	4.25	3.932	7.5	5.684
1.6″	0.486	3.25″	0.785	6.5″	1.195	2.00	2.353	3.25	3.242	4.50	4.068	8.0	5.892
1.7″	0.497	3.50″	0.817	7.0″	1.248	2.25	2.507	3.50	3.379	4.75	4.198	8.5	6.089
1.8″	0.507	3.75″	0.848	7.5″	1.299	2.50	2.646	3.75	3.507	5.00	4.323	9.0	6.276
1.9″	0.517	4.00″	0.877	8.0″	1.348	2.75	2.772	4.00	3.628	5.50	4.560	9.5	6.453
2.0″	0.525	4.25″	0.905	8.5″	1.395	3.00	2.886	4.25	3.742	6.00	4.779	10	6.621
2.1″	0.533	4.50″	0.932	9.0″	2.440	3.25	2.990	4.50	3.850	6.50	4.982	11	6.930
2.2″	0.541	4.75″	0.958	9.5″	1.484	3.50	3.084	4.75	3.951	7.00	5.169	12	7.208
2.3″	0.548	5.00″	0.993	1.0	1.526	3.75	3.170	5.00	4.047	7.50	5.343	13	7.457
2.4″	0.554	5.50″	1.028	1.1	1.605	4.00	3.247	5.50	4.222	8.00	5.504	14	7.680
2.5″	0.559	6.00″	1.070	1.2	1.679	4.25	3.317	6.00	4.378	8.50	5.653	15	7.880

续表

$r_e/r_R=1.5$		$r_e/r_R=2.0$		$r_e/r_R=2.5$		$r_e/r_R=3.0$		$r_e/r_R=3.5$		$r_e/r_R=4.0$		$r_e/r_R=4.5$	
无量纲时间 t_D	流体侵入量 W_{eD}	无量纲时间 t_D	流体侵入量 W_{eD}	无量纲时间 t_D	流体侵入量 W_{eD}	无量纲时间 t_D	流体侵入量 W_{eD}	无量纲时间 t_D	流体侵入量 W_{eD}	无量纲时间 t_D	流体侵入量 W_{eD}	无量纲时间 t_D	流体侵入量 W_{eD}
2.6″	0.565	6.50″	1.108	1.3	1.747	4.50	3.381	6.50	4.516	9.00	5.790	16	8.060
2.8″	0.574	7.00″	1.143	1.4	1.811	4.75	3.439	7.00	4.639	9.50	5.917	18	8.365
3.0″	0.582	7.50″	1.174	1.5	1.870	5.00	3.491	7.50	4.749	10	6.035	20	8.611
3.2″	0.588	8.00″	1.203	1.6	1.924	5.50	3.581	8.00	4.846	11	6.246	22	8.809
3.4″	0.594	9.00″	1.253	1.7	1.975	6.00	3.656	8.50	4.932	12	6.425	24	8.968
3.6″	0.599	1.00″	1.295	1.8	2.022	6.50	3.717	9.00	5.009	13	6.580	26	9.097
3.8″	0.603	1.1	1.330	2.0	2.106	7.00	3.767	9.50	5.078	14	6.712	28	9.200
4.0″	0.606	1.2	1.358	2.2	2.178	7.50	3.809	10.00	5.138	15	6.825	30	9.283
4.5″	0.613	1.3	1.382	2.4	2.241	8.00	3.843	11	5.241	16	6.922	34	9.404
5.0″	0.617	1.4	1.402	2.6	2.294	9.00	3.894	12	5.321	17	7.004	38	9.481
6.0″	0.621	1.6	1.432	2.8	2.340	10.00	3.928	13	5.385	18	7.076	42	9.532
7.0″	0.623	1.7	1.444	3.0	2.380	11.00	3.951	14	5.435	20	7.189	46	9.565
8.0″	0.624	1.8	1.453	3.4	2.444	12.00	3.967	15	5.476	22	7.272	50	9.586
		2.0	1.468	3.8	2.491	14.00	3.985	16	5.506	24	7.332	60	9.612
		2.5	1.487	4.2	2.525	16.00	3.993	17	5.531	26	7.377	70	9.621
		3.0	1.495	4.6	2.551	18.00	3.997	18	5.551	30	7.434	80	9.623
		4.0	1.499	5.0	2.570	20.00	3.999	20	5.579	34	7.464	90	9.624
		5.0	1.500	6.0	2.599	22.00	3.999	25	5.611	38	7.481	100	9.625
		7.0	2.613	24.00	4.000	30	5.621	42	7.490				
		8.0	2.619	35	5.624	46	7.494						
		9.0	2.622	40	5.625	50	7.499						
		10.0	2.624										

续表

$r_e/r_R=5.0$		$r_e/r_R=6.0$		$r_e/r_R=7.0$		$r_e/r_R=8.0$		$r_e/r_R=9.0$		$r_e/r_R=10.0$	
无量纲时间 t_D	流体侵入量 W_{eD}	无量纲时间 t_D	流体侵入量 W_{eD}	无量纲时间 t_D	流体侵入量 W_{eD}	无量纲时间 t_D	流体侵入量 W_{eD}	无量纲时间 t_D	流体侵入量 W_{eD}	无量纲时间 t_D	流体侵入量 W_{eD}
3.0	3.195	6.0	5.148	9.0	6.861	9	6.861	10	7.417	15	9.96
3.5	3.542	6.5	5.440	9.50	7.127	10	7.398	15	9.945	20	12.32
4.0	3.875	7.0	5.724	10	7.389	11	7.920	20	12.26	22	13.22
4.5	4.193	7.5	6.002	11	7.902	12	8.431	22	13.13	24	14.95
5.0	4.499	8.0	6.273	12	8.397	13	8.930	24	13.98	26	14.95
5.5	4.792	8.5	6.537	13	8.876	14	9.418	26	14.79	28	15.78
6.0	5.074	9.0	6.795	14	9.341	15	9.895	26	15.59	30	16.59
6.5	5.345	9.5	7.047	15	9.791	16	10.361	30	16.35	32	17.38
7.0	5.605	10.0	7.293	16	10.23	17	10.82	32	17.10	34	18.16
7.5	5.854	10.5	7.533	17	10.65	18	11.26	34	17.82	36	18.91
8.0	6.094	11	7.767	18	11.06	19	11.70	36	18.52	38	19.65
8.5	6.325	12	8.220	19	11.46	20	12.13	38	19.19	40	20.37
9.0	6.547	13	8.651	20	11.85	22	12.95	40	19.85	42	21.07
9.5	6.760	14	9.063	22	12.58	24	13.74	42	20.48	44	21.76
10	6.965	15	9.456	24	13.27	26	14.50	44	21.09	46	22.42
11	7.350	16	9.829	26	13.92	28	15.23	46	21.69	48	23.07
12	7.706	17	10.19	28	14.53	30	15.92	48	22.26	50	23.71
13	8.035	18	10.53	30	15.11	34	17.22	50	22.82	52	24.33
14	8.339	19	10.85	35	16.39	38	18.41	52	23.36	54	24.94
15	8.620	20	11.16	40	17.49	40	18.97	54	23.89	56	25.53
16	8.879	22	11.74	45	18.43	45	20.26	56	24.39	58	26.11
18	9.338	24	12.26	50	19.24	50	21.42	58	24.88	60	26.67

续表

$r_e/r_R=5.0$		$r_e/r_R=6.0$		$r_e/r_R=7.0$		$r_e/r_R=8.0$		$r_e/r_R=9.0$		$r_e/r_R=10.0$	
无量纲时间 t_D	流体侵入量 W_{eD}	无量纲时间 t_D	流体侵入量 W_{eD}	无量纲时间 t_D	流体侵入量 W_{eD}	无量纲时间 t_D	流体侵入量 W_{eD}	无量纲时间 t_D	流体侵入量 W_{eD}	无量纲时间 t_D	流体侵入量 W_{eD}
20	9. 731	25	12. 50	60	20. 51	55	22. 46	60	25. 36	65	28. 02
22	10. 07	31	13. 74	70	21. 45	60	23. 40	65	26. 48	70	29. 29
24	10. 35	35	14. 40	80	22. 13	70	24. 98	70	27. 52	75	30. 49
26	10. 59	39	14. 93	90	22. 63	80	26. 26	75	28. 48	80	31. 61
28	10. 80	51	16. 05	100	23. 00	90	27. 28	80	29. 36	85	32. 67
30	10. 98	60	16. 56	120	23. 47	100	28. 11	85	30. 18	90	33. 66
34	11. 26	70	16. 91	140	23. 71	120	29. 31	90	30. 93	95	34. 60
38	11. 46	80	17. 14	160	23. 85	140	30. 08	95	31. 63	100	35. 48
42	11. 61	90	17. 27	180	23. 92	160	30. 58	100	32. 27	120	38. 51
46	11. 71	100	17. 36	200	23. 96	180	30. 91	120	34. 39	140	40. 89
50	11. 79	110	17. 41	500	24. 00	200	31. 12	140	35. 92	160	42. 75
60	11. 91	120	17. 45	240	31. 34	160	37. 04	180	44. 21		
70	11. 96	130	17. 46	280	31. 43	180	37. 85	200	45. 36		
80	11. 98	140	17. 48	320	31. 47	200	38. 44	240	46. 95		
90	11. 99	150	17. 49	360	31. 49	240	39. 17	280	47. 94		
100	12. 00	160	17. 49	400	31. 50	280	39. 56	320	48. 54		
120	12. 00	180	17. 50	500	31. 50	320	39. 77	360	48. 91		
200	17. 50	360	39. 88	400	49. 14						
220	17. 50	400	39. 94	440	49. 28						
440	39. 97	480	49. 36								
480	39. 98										

① 数据来源：Van Everdingen and Hurst W_{eD}；经 SPE 同意发表。

表 2.10　无量纲水侵 W_{eD} 计算结果

t/d	t_D	W_{eD}
365	361	123.5
730	722	221.8
1825	1805	484.6

第 5 步，用式(2.20)计算累计水侵量(见表 2.11)：

$$W_e = B\Delta p W_{eD}$$

表 2.11　累计水侵量计算结果

t/d	W_{eD}	$W_e=(20.4)(2500\times2490)W_{eD}$
365	123.5	25194bbl
730	221.8	45247bbl
1825	484.6	98858bbl

从示例 2.6 可以看出，对于特定的压降来说，时间段的加倍不会使水侵加倍。这一示例也显示了如何计算因单一压降产生的水侵。由于在整个预测阶段通常都会有很多次这样的压降，因此有必要分析存在多次压降时所采用的步骤。让我们来考虑图 2.13，它显示的是一个径向油气藏-含水层系统的作为时间函数的边界压力下降。如果该油气藏的边界压力在时间 t 从 p_i 突然降至 p_1，就会有一个压降 (p_i-p_1) 作用于有关的含水层上。水将持续膨胀，而新下降的压力将持续外传到含水层内。考虑到有充分的时间长度，含水层外边缘的压力将最后降至 p_1。如果在边界压力降至 p_1 后的某一时间，有第二个压力 p_2 突然作用于同一边界上，那么就会有一个新的压力波开始外传到含水层内。这一新的压力波也会引起水的膨胀并因此侵入到油气藏中。但这个新的压降不会是 p_i-p_2，而是 p_1-p_2。第一压降结束时的压力 p_1 就处于第二压力波之前。

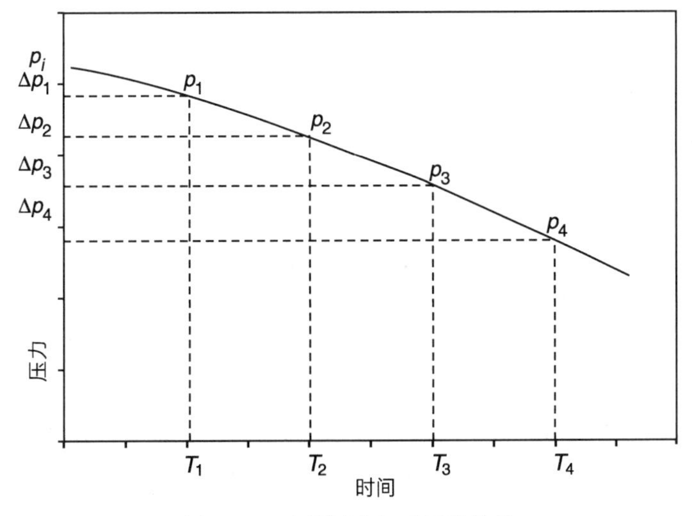

图 2.13　边界压力与时间的关系

由于假定这些压力波是在不同时间出现的，所以它们相互之间是完全独立的。因此，即使已因后续的一个或多个压降而发生了另外的水侵，第一压降所导致的水膨胀仍将继续发生。

这在本质上适用叠加原理。要确定某一特定时间进入油气藏的总水侵量，就必须确定作用于有关油气藏和含水层的每一连续压降所导致的水侵量。

在计算连续时间段进入油气藏的累计水侵量时，必须计算从开始水侵以来的总水侵量。需要这样做的原因是因为存在有不同压降起作用的不同时间。

下面的步骤和图 2.14 概括了作为时间和压力的函数来确定水侵量的范埃弗丁琴和赫斯特的计算过程。

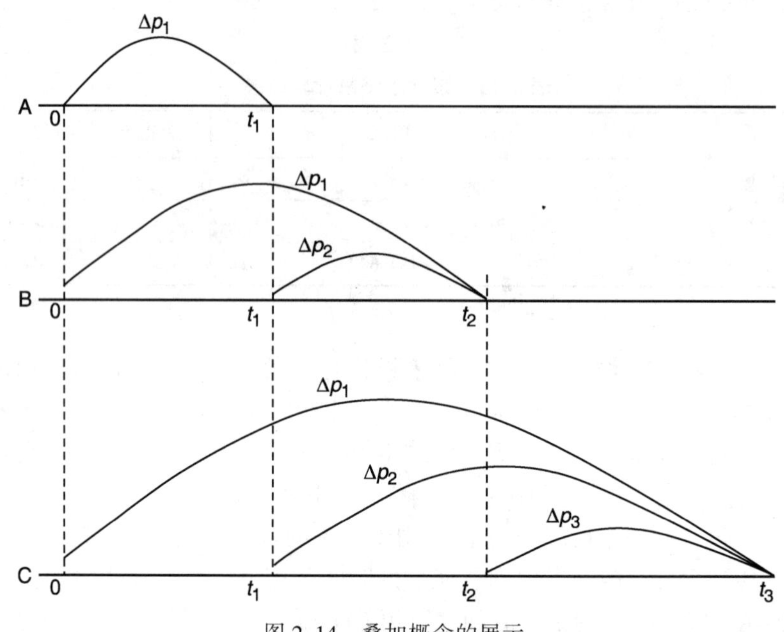

图 2.14　叠加概念的展示

第 1 步，假定在 t_1 日后边界压力已从初始压力 p_i 下降至 p_1。因第一个压降 $\Delta p_1=p_i-p_1$ 而导致的累计水侵量可以简单地用式(2.20)来计算，即：

$$W_e=B\Delta p_1(W_{eD})_{t1}$$

这里的 W_e 是第一个压降 Δp_1 的累计水侵量。无量纲水侵 $(W_{eD})_{t1}$ 是通过计算 t_1 日的无量纲时间来评估的。这一步简单的计算在图 2.14 表示为 A。

第 2 步，用另外一个压降 $\Delta p_2=p_1-p_2$ 再次使边界压力在 t_2 日后下降至 p_2。t_2 日后的总累计水侵量将由第一个压降 Δp_1 和第二个压降 Δp_2 共同产生，即：

$$W_e=\Delta p_1\text{的水侵量}+\Delta p_2\text{的水侵量}$$

$$W_e=(W_e)_{\Delta p1}+(W_e)_{\Delta p2}$$

其中，$(W_e)_{\Delta p1}=B\Delta p_1(W_{eD})_{t2}$；$(W_e)_{\Delta p2}=B\Delta p_2(W_{eD})_{t2-t1}$。

如图 2.14 中的 B 所示，这两个关系式表明第一个压降将继续对到 t_2 日的全部时间起作用，而第二个压降将只对 (t_2-t_1) 日数起作用。

第 3 步，如图 2.14 中的 B 所示，第三个压降可以产生另外一个水侵量。这时的总累计水侵量可以作以下的计算：

$$W_e=(W_e)_{\Delta p1}+(W_e)_{\Delta p2}+(W_e)_{\Delta p3}$$

其中，$(W_e)_{\Delta p1}=B\Delta p_1(W_{eD})_{t3}$；$(W_e)_{\Delta p2}=B\Delta p_2(W_{eD})_{t3-t1}$；$(W_e)_{\Delta p3}=B\Delta p_2(W_{eD})_{t3-t2}$。

然后，可以将范埃弗丁琴和赫斯特的水侵关系式表述为一种更通用的形式：

$$W_e=B\sum\Delta pW_{eD} \tag{2.24}$$

这两位研究者还指出，对于第一阶段更好的逼近不是使用全部压降，而是认为一半压降，即 $1/2(p_i-p_1)$ 在整个第一阶段都是有效的。然后对于第二阶段，有效压降是第一阶段压降的一半(与第二阶段压降的一半之和——译者注：原文缺失)，即 $1/2(p_i-p_2)$，它是下式的简化：

$$1/2(p_i-p_1)+1/2(p_1-p_2)=1/2(p_i-p_2)$$

同样，用于第三阶段计算的有效压降，就是第二阶段压降一半与第三阶段压降一半之和，即 $1/2(p_1-p_2)+1/2(p_2-p_3)$，可以简化为 $1/2(p_1-p_3)$。为了保证这些计算的准确性，这里的时间段必须完全相等。

【示例 2.7】

利用示例 2.6 提供的数据来计算 6 个月、12 个月、18 个月和 24 个月结束时的累计水侵量。下面给出每个时间段结束时的预测边界压力(见表 2.12)：

表 2.12　每个时间段结束时的预测边界压力

时间/d	时间/月	边界压力/psi
0	0	2500
182.5	6	2490
365.0	12	2472
547.5	18	2444
730.0	24	2408

下面是示例 2.6 提供的数据：$B=20.4$；$t_D=0.9888t$。

解答：

(1) 6 个月后水侵

第 1 步，确定水侵常数 B。示例 2.6 给出的此常数值为：$B=20.4$bbl/psi。

第 2 步，计算 $t=182.5$d 时的无量纲时间 t_D：$t_D=0.9888t=0.9888\times182.5=180.5$。

第 3 步，计算第一压降 Δp_1。这一压降取实际压降的一半，即：$\Delta p_1=(p_i-p_1)/2=(2500-2490)/2=5$(psi)。

第 4 步，从表 2.1 中确定 $t_D=180.5$ 时的无量纲水侵 W_{eD}：$(W_{eD})t_1=69.46$。

第 5 步，用范埃弗丁琴和赫斯特公式计算 182.5 日结束时由 5psi 的第一压降产生的累计水侵量，即：$(W_e)_{\Delta p1}=5\text{psi}=B\Delta p_1(W_{eD})t_1=20.4\times5\times69.46=7085$(bbl)。

(2) 12 个月后累计水侵

第 1 步，又经过 6 个月后，压力已从 2490psi 下降到 2472psi。这第二个压降取为第一阶段实际压降的一半加上第二阶段实际压降的一半，即：$\Delta p_2=(p_i-p_2)/2=(2500-2472)/2=14$(psi)。

第 2 步，12 个月结束时总的累计水侵是由第一个压降 Δp_1 和第二个压降 Δp_2 共同产生的。如图 2.15 所示，第一个压降 Δp_1 发生作用已有一年，而第二个压降 Δp_2 发生作用只有 6 个月。由于有这种时间差异，所以必须对两个压降分别进行计算，同时为了确定总的水侵量要将计算结果加在一起，也就是 $W_e=(W_e)_{\Delta p1}+(W_e)_{\Delta p2}$。

第 3 步，计算 365d 时的无量纲时间，即：$t_D=0.9888t=0.9888\times365=361$。

第 4 步，从表 2.1 确定 $t_D=361$ 时的无量纲水侵，可以得出 $W_{eD}=123.5$。

第 5 步，计算第一和第二压降导致的水侵，即 $(W_e)_{\Delta p1}$ 和 $(W_e)_{\Delta p2}$ · $(W_e)_{\Delta p1=5}=20.4\times5\times123.5=12597$(bbl)；$(W_e)_{\Delta p2=14}=20.4\times14\times69.46=19838$(bbl)。

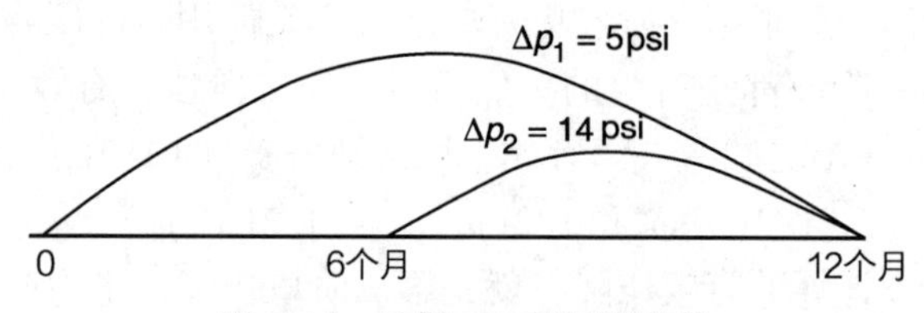

图 2.15 示例 2.7 的压降阶段

第 6 步，计算 12 个月后总的累计水侵量：$W_e=(W_e)_{\Delta p1}+(W_e)_{\Delta p2}=12597+19838=32435$ (bbl)。

(3) 18 个月后的水侵

第 1 步，计算第三个压降 Δp_1，它是第二阶段实际压降的一半加上第三阶段实际压降的一半，即：$\Delta p_1=(p_1-p_3)/2=(2490-2444)/2=23$(psi)。

第 2 步，计算 6 个月后的无量纲时间：$t_D=0.9888t=0.9888\times547.5=541.5$。

第 3 步，从表 2.1 中确定 $t_D=541.5$ 时的无量纲水侵：$W_{eD}=173.7$。

第 4 步，如图 2.16 所示，第一个压降对整个 18 个月都有效，第二个压降对 12 个月有效，而最后一个压降只对 6 个月有效。因此，累计水侵量 $W_e=85277$bbl。

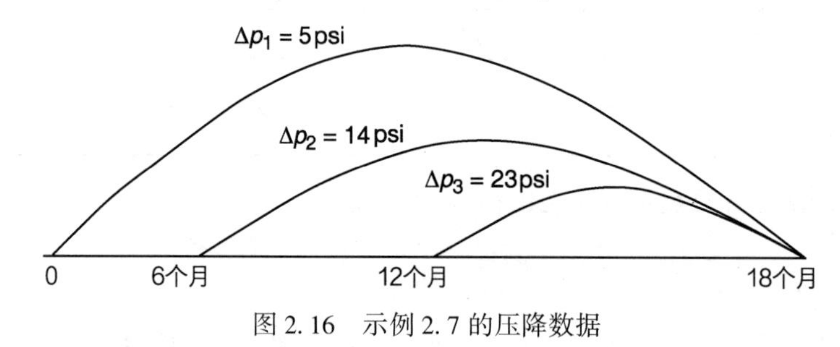

图 2.16 示例 2.7 的压降数据

(4) 24 个月后的水侵量

到这时，第一个压降对整个 24 个月都有效，第二个压降对 18 个月有效，第三个压降对 12 个月有效，而第四个压降只对 6 个月有效。因此，累计水侵量 $W_e=175522$bbl。

对于无限边界作用的含水层，Edwardson 等(1962)为计算无量纲水侵 W_{eD} 开发了三个简单的多项式。这三个多项式基本上接近于三个无量纲时间区域的 W_{eD}。

(1) 对于 $t_D<0.01$：

$$W_{eD}=\sqrt{\frac{t_D}{\pi}} \tag{2.25}$$

(2) 对于 $0.01<t_D<200$：

$$W_{eD}=\frac{1.2838\sqrt{t_D}+1.19328t_D+0.269872(t_D)^{3/2}+0.00855294(t_D)^2}{1+0.616599\sqrt{t_D}+0.413008t_D} \tag{2.26}$$

(3) 对于 $t_D>200$：

$$W_{eD}=\frac{-4.29881+2.02566t_D}{\ln(t_D)} \tag{2.27}$$

2.3.4.2 底水驱

可以认为径向扩散方程的范埃弗丁琴和赫斯特解是到目前为止最精确的水侵模型。但所提出的求解方法并不适合于描述底水区系统中的垂向水侵。Coats(1962)提出了一个考虑底部含水层垂向流动效应的数学模型。他正确地指出，有很多情形油气藏都位于一个含水层的顶部，具有油气藏流体与含水层水之间的连续水平界面和很大的含水层厚度。他认为在这种情况下就可能发生明显的底水驱。为了考虑垂向流动，他通过引入一个添加项修改了扩散方程，即：

$$\frac{\partial^2 p}{\partial r^2}+\frac{1\partial p}{r\partial r}+F_k\frac{\partial^2 p}{\partial z^2}=\frac{\mu\phi c}{k}\frac{\partial p}{\partial t} \tag{2.28}$$

这里的 F_k 是垂向和水平方向的渗透率之比，即：

$$F_k=\frac{K_v}{K_h} \tag{2.29}$$

式中：k_v 为垂向渗透率；k_h 为水平方向渗透率。

Allard 和 Chen(1988)曾指出，式(2.28)有无数个解，代表所有可能的油气藏-含水层配置状况。他们认为通过使用无量纲时间 t_D、无量纲半径 r_D 和新引入的无量纲变量 z_D 求解式(2.28)，就可能得出一个适用于不同系统的通用解。其中：

$$z_D=\frac{h}{r_e\sqrt{F_k}} \tag{2.30}$$

式中：z_D 为无量纲垂向距离；h 为含水层厚度，ft。

Allard 和 Chen 使用一个数值模型求解了式(2.28)。他们开发出一种形式上与范埃弗丁琴和赫斯特的解相似的底水水侵的解：

$$W_e=B\sum\Delta pW_{eD} \tag{2.31}$$

他们定义的水侵常数 B 与式(2.21)的相同，即：

$$B=1.119\phi c_t r_e^{\ 2}h \tag{2.32}$$

要指出的是，底水驱油气藏的水侵常数 B 不包含水侵角度 θ。

这里的实际 W_{eD} 值不同于范埃弗丁琴和赫斯特模型的该值，因为底水驱的 W_{eD} 也与垂向渗透率有关。作为 t_D、r_D 和 z_D 的函数，Allard 和 Chen 为 W_{eD} 编制了数值表。这些数值可在表 2.13~表 2.17 中查找。

表 2.13　无限含水层的无量纲水侵 W_{eD}(经 SPE 授权)

t_D	Z'_D						
	0.05	0.1	0.3	0.5	0.7	0.9	1.0
0.1	0.700	0.677	0.508	0.349	0.251	0.195	0.176
0.2	0.793	0.786	0.696	0.547	0.416	0.328	0.295
0.3	0.936	0.926	0.834	0.692	0.548	0.440	0.396
0.4	1.051	1.041	0.952	0.812	0.662	0.540	0.486
0.5	1.158	1.155	1.059	0.918	0.764	0.631	0.569
0.6	1.270	1.268	1.167	1.021	0.862	0.721	0.651
0.7	1.384	1.380	1.270	1.116	0.953	0.806	0.729
0.8	1.503	1.499	1.373	1.205	1.039	0.886	0.803
0.9	1.621	1.612	1.477	1.286	1.117	0.959	0.872
1	1.743	1.726	1.581	1.347	1.181	1.020	0.932

续表

t_D	Z'_D						
	0.05	0.1	0.3	0.5	0.7	0.9	1.0
2	2.402	2.393	2.288	2.034	1.827	1.622	1.509
3	3.031	3.018	2.895	2.650	2.408	2.164	2.026
4	3.629	3.615	3.477	3.223	2.949	2.669	2.510
5	4.217	4.201	4.048	3.766	3.462	3.150	2.971
6	4.784	4.766	4.601	4.288	3.956	3.614	3.416
7	5.323	5.303	5.128	4.792	4.434	4.063	3.847
8	5.829	5.808	5.625	5.283	4.900	4.501	4.268
9	6.306	6.283	6.094	5.762	5.355	4.929	4.680
10	6.837	6.816	6.583	6.214	5.792	5.344	5.080
11	7.263	7.242	7.040	6.664	6.217	5.745	5.468
12	7.742	7.718	7.495	7.104	6.638	6.143	5.852
13	8.196	8.172	7.943	7.539	7.052	6.536	6.231
14	8.648	8.623	8.385	7.967	7.461	6.923	6.604
15	9.094	9.068	8.821	8.389	7.864	7.305	6.973
16	9.534	9.507	9.253	8.806	8.262	7.682	7.338
17	9.969	9.942	9.679	9.218	8.656	8.056	7.699
18	10.399	10.371	10.100	9.626	9.046	8.426	8.057
19	10.823	10.794	10.516	10.029	9.432	8.793	8.411
20	11.241	11.211	10.929	10.430	9.815	9.156	8.763
21	11.664	11.633	11.339	10.826	10.194	9.516	9.111
22	12.075	12.045	11.744	11.219	10.571	9.874	9.457
23	12.486	12.454	12.147	11.609	10.944	10.229	9.801
24	12.893	12.861	12.546	11.996	11.315	10.581	10.142
25	13.297	13.264	12.942	12.380	11.683	10.931	10.481
26	13.698	13.665	13.336	12.761	12.048	11.279	10.817
27	14.097	14.062	13.726	13.140	12.411	11.625	11.152
28	14.493	14.458	14.115	13.517	12.772	11.968	11.485
29	14.886	14.850	14.501	13.891	13.131	12.310	11.816
30	15.277	15.241	14.884	14.263	13.488	12.650	12.145
31	15.666	15.628	15.266	14.634	13.843	12.990	12.473
32	16.053	16.015	15.645	15.002	14.196	13.324	12.799
33	16.437	16.398	16.023	15.368	14.548	13.659	13.123
34	16.819	16.780	16.398	15.732	14.897	13.992	13.446
35	17.200	17.160	16.772	16.095	15.245	14.324	13.767
36	17.579	17.538	17.143	16.456	15.592	14.654	14.088
37	17.956	17.915	17.513	16.815	15.937	14.983	14.406
38	18.331	18.289	17.882	17.173	16.280	15.311	14.724

续表

t_D	Z'_D						
	0.05	0.1	0.3	0.5	0.7	0.9	1.0
39	18.704	18.662	18.249	17.529	16.622	15.637	15.040
40	19.088	19.045	18.620	17.886	16.964	15.963	15.356
41	19.450	19.407	18.982	18.240	17.305	16.288	15.671
42	19.821	19.777	19.344	18.592	17.644	16.611	15.985
43	20.188	20.144	19.706	18.943	17.981	16.933	16.297
44	20.555	20.510	20.065	19.293	18.317	17.253	16.608
45	20.920	20.874	20.424	19.641	18.651	17.573	16.918
46	21.283	21.237	20.781	19.988	18.985	17.891	17.227
47	21.645	21.598	21.137	20.333	19.317	18.208	17.535
48	22.006	21.958	21.491	20.678	19.648	18.524	17.841
49	22.365	22.317	21.844	21.021	19.978	18.840	18.147
50	22.722	22.674	22.196	21.363	20.307	19.154	18.452
51	23.081	23.032	22.547	21.704	20.635	19.467	18.757
52	23.436	23.387	22.897	22.044	20.962	19.779	19.060
53	23.791	23.741	23.245	22.383	21.288	20.091	19.362
54	24.145	24.094	23.593	22.721	21.613	20.401	19.664
55	24.498	24.446	23.939	23.058	21.937	20.711	19.965
56	24.849	24.797	24.285	23.393	22.260	21.020	20.265
57	25.200	25.147	24.629	23.728	22.583	21.328	20.564
58	25.549	25.496	24.973	24.062	22.904	21.636	20.862
59	25.898	25.844	25.315	24.395	23.225	21.942	21.160
60	26.246	26.191	25.657	24.728	23.545	22.248	21.457
61	26.592	26.537	25.998	25.059	23.864	22.553	21.754
62	26.938	26.883	26.337	25.390	24.182	22.857	22.049
63	27.283	27.227	26.676	25.719	24.499	23.161	22.344
64	27.627	27.570	27.015	26.048	24.616	23.464	22.639
65	27.970	27.913	27.352	26.376	25.132	23.766	22.932
66	28.312	28.255	27.688	26.704	25.447	24.088	23.225
67	28.653	28.596	28.024	27.030	25.762	24.369	23.518
68	28.994	28.936	28.359	27.356	26.075	24.669	23.810
69	29.334	29.275	28.693	27.681	26.389	24.969	24.101
70	29.673	29.614	29.026	28.008	26.701	25.268	24.391
71	30.011	29.951	29.359	28.329	27.013	25.566	24.881
72	30.349	30.288	29.691	28.652	27.324	25.864	24.971
73	30.686	30.625	30.022	28.974	27.634	26.161	25.260
74	31.022	30.960	30.353	29.296	27.944	26.458	25.548
75	31.357	31.295	30.682	29.617	28.254	26.754	25.836

续表

t_D	Z'_D						
	0.05	0.1	0.3	0.5	0.7	0.9	1.0
76	31.692	31.629	31.012	29.937	28.562	27.049	26.124
77	32.026	31.963	31.340	30.257	28.870	27.344	26.410
78	32.359	32.296	31.668	30.576	29.178	27.639	26.697
79	32.692	32.628	31.995	30.895	29.485	27.933	25.983
80	33.024	32.959	32.322	31.212	29.791	28.226	27.268
81	33.355	33.290	32.647	31.530	30.097	28.519	27.553
82	33.686	33.621	32.973	31.846	30.402	28.812	27.837
83	34.016	33.950	33.297	32.163	30.707	29.104	28.121
84	34.345	34.279	33.622	32.478	31.011	29.395	28.404
85	34.674	34.608	33.945	32.793	31.315	29.686	28.687
86	35.003	34.935	34.268	33.107	31.618	29.976	28.970
87	35.330	35.263	34.590	33.421	31.921	30.266	29.252
88	35.657	35.589	34.912	33.735	32.223	30.556	29.534
89	35.984	35.915	35.233	34.048	32.525	30.845	29.815
90	36.310	36.241	35.554	34.360	32.826	31.134	30.096
91	36.636	36.566	35.874	34.672	33.127	31.422	30.376
92	36.960	36.890	36.194	34.983	33.427	31.710	30.656
93	37.285	37.214	36.513	35.294	33.727	31.997	30.935
94	37.609	37.538	36.832	35.604	34.026	32.284	31.215
95	37.932	37.861	37.150	35.914	34.325	32.570	31.493
96	38.255	38.183	37.467	36.223	34.623	32.857	31.772
97	38.577	38.505	37.785	36.532	34.921	33.142	32.050
98	38.899	38.826	38.101	36.841	35.219	33.427	32.327
99	39.220	39.147	38.417	37.149	35.516	33.712	32.605
100	39.541	39.467	38.733	37.456	35.813	33.997	32.881
105	41.138	41.062	40.305	38.987	37.290	35.414	34.260
110	42.724	42.645	41.865	40.508	38.758	36.821	35.630
115	44.299	44.218	43.415	42.018	40.216	38.221	36.993
120	45.864	45.781	44.956	43.520	41.666	39.612	38.347
125	47.420	47.334	46.487	45.012	43.107	40.995	39.694
130	48.966	48.879	48.009	46.497	44.541	42.372	41.035
135	50.504	50.414	49.523	47.973	45.967	43.741	42.368
140	52.033	51.942	51.029	49.441	47.386	45.104	43.696
145	53.555	53.462	52.528	50.903	48.798	46.460	45.017
150	55.070	54.974	54.019	52.357	50.204	47.810	46.333
155	56.577	56.479	55.503	53.805	51.603	49.155	47.643
160	58.077	57.977	56.981	55.246	52.996	50.494	48.947

t_D	Z'_D						
	0.05	0.1	0.3	0.5	0.7	0.9	1.0
165	59.570	59.469	58.452	56.681	54.384	51.827	50.247
170	61.058	60.954	59.916	58.110	55.766	53.156	51.542
175	62.539	62.433	61.375	59.534	57.143	54.479	52.832
180	64.014	63.906	62.829	60.952	58.514	55.798	54.118
185	65.484	65.374	64.276	62.365	59.881	57.112	55.399
190	66.948	66.836	65.718	63.773	61.243	58.422	56.676
195	68.406	68.293	67.156	65.175	62.600	59.727	57.949
200	69.860	69.744	68.588	66.573	63.952	61.028	59.217
205	71.309	71.191	70.015	67.967	65.301	62.326	60.482
210	72.752	72.633	71.437	69.355	66.645	63.619	61.744
215	74.191	74.070	72.855	70.740	67.985	64.908	63.001
220	75.626	75.503	74.269	72.120	69.321	66.194	64.255
225	77.056	76.931	75.678	73.496	70.653	67.476	65.506
230	78.482	78.355	77.083	74.868	71.981	68.755	66.753
235	79.903	79.774	78.484	76.236	73.306	70.030	67.997
240	81.321	81.190	79.881	77.601	74.627	71.302	69.238
245	82.734	82.602	81.275	78.962	75.945	72.570	70.476
250	84.144	84.010	82.664	80.319	77.259	73.736	71.711
255	85.550	85.414	84.050	81.672	78.570	75.098	72.943
260	86.952	86.814	85.432	83.023	79.878	76.358	74.172
265	88.351	88.211	86.811	84.369	81.182	77.614	75.398
270	89.746	89.604	88.186	85.713	82.484	78.868	76.621
275	91.138	90.994	89.558	87.053	83.782	80.119	77.842
280	92.526	92.381	90.926	88.391	85.078	81.367	79.060
285	93.911	93.764	92.292	89.725	86.371	82.612	80.276
290	95.293	95.144	93.654	91.056	87.660	83.855	81.489
295	96.672	96.521	95.014	92.385	88.948	85.095	82.700
300	98.048	97.895	96.370	93.710	90.232	86.333	83.908
305	99.420	99.266	97.724	95.033	91.514	87.568	85.114
310	100.79	100.64	99.07	96.35	92.79	88.80	86.32
315	102.16	102.00	100.42	97.67	94.07	90.03	87.52
320	103.52	103.36	101.77	98.99	95.34	91.26	88.72
325	104.88	104.72	103.11	100.30	96.62	92.49	89.92
330	106.24	106.08	104.45	101.61	97.89	93.71	91.11
335	107.60	107.43	105.79	102.91	99.15	94.93	92.30
340	108.95	108.79	107.12	104.22	100.42	96.15	93.49
345	110.30	110.13	108.45	105.52	101.68	97.37	94.68

续表

t_D	Z'_D						
	0.05	0.1	0.3	0.5	0.7	0.9	1.0
350	111.65	111.48	109.78	106.82	102.94	98.58	95.87
355	113.00	112.82	111.11	108.12	104.20	99.80	97.06
360	114.34	114.17	112.43	109.41	105.45	101.01	98.24
365	115.68	115.51	113.76	110.71	106.71	102.22	99.42
370	117.02	116.84	115.08	112.00	107.96	103.42	100.60
375	118.36	118.18	116.40	113.29	109.21	104.63	101.78
380	119.69	119.51	117.71	114.57	110.46	105.83	102.95
385	121.02	120.84	119.02	115.86	111.70	107.04	104.13
390	122.35	122.17	120.34	117.14	112.95	108.24	105.30
395	123.68	123.49	121.65	118.42	114.19	109.43	106.47
400	125.00	124.82	122.94	119.70	115.43	110.63	107.64
405	126.33	126.14	124.26	120.97	116.67	111.82	108.80
410	127.65	127.46	125.56	122.25	117.90	113.02	109.97
415	128.97	128.78	126.86	123.52	119.14	114.21	111.13
420	130.28	130.09	128.16	124.79	120.37	115.40	112.30
425	131.60	131.40	129.46	126.06	121.60	116.59	113.46
430	132.91	132.72	130.75	127.33	122.83	117.77	114.62
435	134.22	134.03	132.05	128.59	124.06	118.96	115.77
440	135.53	135.33	133.34	129.86	125.29	120.14	116.93
445	136.84	136.64	134.63	131.12	126.51	121.32	118.08
450	138.15	137.94	135.92	132.38	127.73	122.50	119.24
455	139.45	139.25	137.20	133.64	128.96	123.68	120.39
460	140.75	140.55	138.49	134.90	130.18	124.86	121.54
465	142.05	141.85	139.77	136.15	131.39	126.04	122.69
470	143.35	143.14	141.05	137.40	132.61	127.21	123.84
475	144.65	144.44	142.33	138.66	133.82	128.38	124.98
480	145.94	145.73	143.61	139.91	135.04	129.55	126.13
485	147.24	147.02	144.89	141.15	136.25	130.72	127.27
490	148.53	148.31	146.16	142.40	137.46	131.89	128.41
495	149.82	149.60	147.43	143.65	138.67	133.06	129.56
500	151.11	150.89	148.71	144.89	139.88	134.23	130.70
510	153.68	153.46	151.24	147.38	142.29	136.56	132.97
520	156.25	156.02	153.78	149.85	144.70	138.88	135.24
530	158.81	158.58	156.30	152.33	147.10	141.20	137.51
540	161.36	161.13	158.82	154.79	149.49	143.51	139.77
550	163.91	163.68	161.34	157.25	151.88	145.82	142.03
560	166.45	166.22	163.85	159.71	154.27	148.12	144.28

t_D	Z'_D						
	0.05	0.1	0.3	0.5	0.7	0.9	1.0
570	168.99	168.75	166.35	162.16	156.65	150.42	146.53
580	171.52	171.28	168.85	164.61	159.02	152.72	148.77
590	174.05	173.80	171.34	167.05	161.39	155.01	151.01
600	176.57	176.32	173.83	169.48	163.76	157.29	153.25
610	179.09	178.83	176.32	171.92	166.12	159.58	155.48
620	181.60	181.34	178.80	174.34	168.48	161.85	157.71
630	184.10	183.85	181.27	176.76	170.83	164.13	159.93
640	186.60	186.35	183.74	179.18	173.18	166.40	162.15
650	189.10	188.84	186.20	181.60	175.52	168.66	164.37
660	191.59	191.33	188.66	184.00	177.86	170.92	166.58
670	194.08	193.81	191.12	186.41	180.20	173.18	168.79
680	196.57	196.29	193.57	188.81	182.53	175.44	170.99
690	199.04	198.77	196.02	191.21	184.86	177.69	173.20
700	201.52	201.24	198.46	193.60	187.19	179.94	175.39
710	203.99	203.71	200.90	195.99	189.51	182.18	177.59
720	206.46	206.17	203.34	198.37	191.83	184.42	179.78
730	208.92	208.63	205.77	200.75	194.14	186.66	181.97
740	211.38	211.09	208.19	203.13	196.45	188.89	184.15
750	213.83	213.54	210.62	205.50	198.76	191.12	186.34
760	216.28	215.99	213.04	207.87	201.06	193.35	188.52
770	218.73	218.43	215.45	210.24	203.36	195.57	190.69
780	221.17	220.87	217.86	212.60	205.66	197.80	192.87
790	223.61	223.31	220.27	214.96	207.95	200.01	195.04
800	226.05	225.74	222.68	217.32	210.24	202.23	197.20
810	228.48	228.17	225.08	219.67	212.53	204.44	199.37
820	230.91	230.60	227.48	222.02	214.81	206.65	201.53
830	233.33	233.02	229.87	224.36	217.09	208.86	203.69
840	235.76	235.44	232.26	226.71	219.37	211.06	205.85
850	238.18	237.86	234.65	229.05	221.64	213.26	208.00
860	240.59	240.27	237.04	231.38	223.92	215.46	210.15
870	243.00	242.68	239.42	233.72	226.19	217.65	212.30
880	245.41	245.08	241.80	236.05	228.45	219.85	214.44
890	247.82	247.49	244.17	238.37	230.72	222.04	216.59
900	250.22	249.89	246.55	240.70	232.98	224.22	218.73
910	252.62	252.28	248.92	243.02	235.23	226.41	220.87
920	255.01	254.68	251.28	245.34	237.49	228.59	223.00
930	257.41	257.07	253.65	247.66	239.74	230.77	225.14

续表

t_D	Z'_D						
	0.05	0.1	0.3	0.5	0.7	0.9	1.0
940	259.80	259.46	256.01	249.97	241.99	232.95	227.27
950	262.19	261.84	258.36	252.28	244.24	235.12	229.39
960	264.57	264.22	260.72	254.59	246.48	237.29	231.52
970	266.95	266.60	263.07	256.89	248.72	239.46	233.65
980	269.33	268.98	265.42	259.19	250.96	241.63	235.77
990	271.71	271.35	267.77	261.49	253.20	243.80	237.89
1000	274.08	273.72	270.11	263.79	255.44	245.96	240.00
1010	276.35	275.99	272.35	265.99	257.58	248.04	242.04
1020	278.72	278.35	274.69	268.29	259.81	250.19	244.15
1030	281.08	280.72	277.03	270.57	262.04	252.35	246.26
1040	283.44	283.08	279.36	272.86	264.26	254.50	248.37
1050	285.81	285.43	281.69	275.15	266.49	256.66	250.48
1060	288.16	287.79	284.02	277.43	268.71	258.81	252.58
1070	290.52	290.14	286.35	279.71	270.92	260.95	254.69
1080	292.87	292.49	288.67	281.99	273.14	263.10	256.79
1090	295.22	294.84	290.99	284.26	275.35	265.24	258.89
1100	297.57	297.18	293.31	286.54	277.57	267.38	260.98
1110	299.91	299.53	295.63	288.81	279.78	269.52	263.08
1120	302.28	301.87	297.94	291.07	281.98	271.66	265.17
1130	304.60	304.20	300.25	293.34	284.19	273.80	267.26
1140	306.93	308.54	302.56	295.61	286.39	275.93	269.35
1150	309.27	308.87	304.87	297.87	288.59	278.06	271.44
1160	311.60	311.20	307.18	300.13	290.79	280.19	273.52
1170	313.94	313.53	309.48	302.38	292.99	282.32	275.61
1180	316.26	315.86	311.78	304.64	295.19	284.44	277.69
1190	318.59	318.18	314.08	306.89	297.38	286.57	279.77
1200	320.92	320.51	316.38	309.15	299.57	288.69	281.85
1210	323.24	322.83	318.67	311.39	301.76	290.81	283.92
1220	325.56	325.14	320.96	313.64	303.95	292.93	286.00
1230	327.88	327.46	323.25	315.89	306.13	295.05	288.07
1240	330.19	329.77	325.54	318.13	308.32	297.16	290.14
1250	332.51	332.08	327.83	320.37	310.50	299.27	292.21
1260	334.82	334.39	330.11	322.61	312.68	301.38	294.28
1270	337.13	336.70	332.39	324.85	314.85	303.49	296.35
1280	339.44	339.01	334.67	327.08	317.03	305.60	298.41
1290	341.74	341.31	336.95	329.32	319.21	307.71	300.47
1300	344.05	343.61	339.23	331.55	321.38	309.81	302.54

续表

t_D	Z'_D						
	0.05	0.1	0.3	0.5	0.7	0.9	1.0
1310	346.35	345.91	341.50	333.78	323.55	311.92	304.60
1320	348.65	348.21	343.77	336.01	325.72	314.02	306.65
1330	350.95	350.50	346.04	338.23	327.89	316.12	308.71
1340	353.24	352.80	348.31	340.46	330.05	318.22	310.77
1350	355.54	355.09	350.58	342.68	332.21	320.31	312.82
1360	357.83	357.38	352.84	344.90	334.38	322.41	314.87
1370	360.12	359.67	355.11	347.12	336.54	324.50	316.92
1380	362.41	361.95	357.37	349.34	338.70	326.59	318.97
1390	364.69	364.24	359.63	351.56	340.85	328.68	321.02
1400	366.98	366.52	361.88	353.77	343.01	330.77	323.06
1410	369.26	368.80	364.14	355.98	345.16	332.86	325.11
1420	371.54	371.08	366.40	358.19	347.32	334.94	327.15
1430	373.82	373.35	368.65	360.40	349.47	337.03	329.19
1440	376.10	375.63	370.90	362.61	351.62	339.11	331.23
1450	378.38	377.90	373.15	364.81	353.76	341.19	333.27
1460	380.65	380.17	375.39	367.02	355.91	343.27	335.31
1470	382.92	382.44	377.64	369.22	358.06	345.35	337.35
1480	385.19	384.71	379.88	371.42	360.20	347.43	339.38
1490	387.46	386.98	382.13	373.62	362.34	349.50	341.42
1500	389.73	389.25	384.37	375.82	364.48	351.58	343.45
1525	395.39	394.90	389.96	381.31	369.82	356.76	348.52
1550	401.04	400.55	395.55	386.78	375.16	361.93	353.59
1575	406.68	406.18	401.12	392.25	380.49	367.09	358.65
1600	412.32	411.81	406.69	397.71	385.80	372.24	363.70
1625	417.94	417.42	412.24	403.16	391.11	377.39	368.74
1650	423.55	423.03	417.79	408.60	396.41	382.53	373.77
1675	429.15	428.63	423.33	414.04	401.70	387.66	378.80
1700	434.75	434.22	428.85	419.46	406.99	392.78	383.82
1725	440.33	439.79	434.37	424.87	412.26	397.89	388.83
1750	445.91	445.37	439.89	430.28	417.53	403.00	393.84
1775	451.48	450.93	445.39	435.68	422.79	408.10	398.84
1880	457.04	456.48	450.88	441.07	428.04	413.20	403.83
1825	462.59	462.03	456.37	446.46	433.29	418.28	408.82
1850	468.13	467.56	461.85	451.83	438.53	423.36	413.80
1875	473.67	473.09	467.32	457.20	443.76	428.43	418.77
1900	479.19	478.61	472.78	462.56	448.98	433.50	423.73
1925	484.71	484.13	478.24	467.92	454.20	438.56	428.69

续表

t_D	Z'_D						
	0.05	0.1	0.3	0.5	0.7	0.9	1.0
1950	490.22	489.63	483.69	473.26	459.41	443.61	433.64
1975	495.73	495.13	489.13	478.60	464.61	448.66	438.59
2000	501.22	500.62	494.56	483.93	469.81	453.70	443.53
2025	506.71	506.11	499.99	489.26	475.00	458.73	448.47
2050	512.20	511.58	505.41	494.58	480.18	463.76	453.40
2075	517.67	517.05	510.82	499.89	485.36	468.78	458.32
2100	523.14	522.52	516.22	505.19	490.53	473.80	463.24
2125	528.60	527.97	521.62	510.49	495.69	478.81	468.15
2150	534.05	533.42	527.02	515.78	500.85	483.81	473.06
2175	539.50	538.86	532.40	521.07	506.01	488.81	477.96
2200	544.94	544.30	537.78	526.35	511.15	493.81	482.85
2225	550.38	549.73	543.15	531.62	516.29	498.79	487.74
2250	555.81	555.15	548.52	536.89	521.43	503.78	492.63
2275	561.23	560.56	553.88	542.15	526.56	508.75	497.51
2300	566.64	565.97	559.23	547.41	531.68	513.72	502.38
2325	572.05	571.38	564.58	552.66	536.80	518.69	507.25
2350	577.46	576.78	569.92	557.90	541.91	523.65	512.12
2375	582.85	582.17	575.26	563.14	547.02	528.61	516.98
2400	588.24	587.55	580.59	568.37	552.12	533.56	521.83
2425	593.63	592.93	585.91	573.60	557.22	538.50	526.68
2450	599.01	598.31	591.23	578.82	562.31	543.45	531.53
2475	604.38	603.68	596.55	584.04	567.39	548.38	536.37
2500	609.75	609.04	601.85	589.25	572.47	553.31	541.20
2550	620.47	619.75	612.45	599.65	582.62	563.16	550.86
2600	631.17	630.43	623.03	610.04	592.75	572.99	560.50
2650	641.84	641.10	633.59	620.40	602.86	582.80	570.13
2700	652.50	651.74	644.12	630.75	612.95	592.60	579.73
2750	663.13	662.37	654.64	641.07	623.02	602.37	589.32
2800	673.75	672.97	665.14	651.38	633.07	612.13	598.90
2850	684.34	683.56	675.61	661.67	643.11	621.88	608.45
2900	694.92	694.12	686.07	671.94	653.12	631.60	617.99
2950	705.48	704.67	696.51	682.19	663.13	641.32	627.52
3000	716.02	715.20	706.94	692.43	673.11	651.01	637.03
3050	726.54	725.71	717.34	702.65	683.08	660.69	646.53
3100	737.04	736.20	727.73	712.85	693.03	670.36	656.01
3150	747.53	746.68	738.10	723.04	702.97	680.01	665.48
3200	758.00	757.14	748.45	733.21	712.89	689.64	674.93

t_D	Z'_D						
	0.05	0.1	0.3	0.5	0.7	0.9	1.0
3250	768.45	767.58	758.79	743.36	722.80	699.27	684.37
3300	778.89	778.01	769.11	753.50	732.69	708.87	693.80
3350	789.31	788.42	779.42	763.62	742.57	718.47	703.21
3400	799.71	798.81	789.71	773.73	752.43	728.05	712.62
3450	810.10	809.19	799.99	783.82	762.28	737.62	722.00
3500	820.48	819.55	810.25	793.90	772.12	747.17	731.38
3550	830.83	829.90	820.49	803.97	781.94	756.72	740.74
3600	841.18	840.24	830.73	814.02	791.75	766.24	750.09
3650	851.51	850.56	840.94	824.06	801.55	775.76	759.43
3700	861.83	860.86	851.15	834.08	811.33	785.27	768.76
3750	872.13	871.15	861.34	844.09	821.10	794.76	778.08
3800	882.41	881.43	871.51	854.09	830.86	804.24	787.38
3850	892.69	891.70	881.68	864.08	840.61	813.71	796.68
3900	902.95	901.95	891.83	874.05	850.34	823.17	805.96
3950	913.20	912.19	901.96	884.01	860.06	832.62	815.23
4000	923.43	922.41	912.09	893.96	869.77	842.06	824.49
4050	933.65	932.62	922.20	903.89	879.47	851.48	833.74
4100	943.86	942.82	932.30	913.82	889.16	860.90	842.99
4150	954.06	953.01	942.39	923.73	898.84	870.30	852.22
4200	964.25	963.19	952.47	933.63	908.50	879.69	861.44
4250	974.42	973.35	962.53	943.52	918.16	889.08	870.65
4300	984.58	983.50	972.58	953.40	927.60	898.45	879.85
4350	994.73	993.64	982.62	963.27	937.43	907.81	889.04
4400	1004.9	1003.8	992.7	973.1	947.1	917.2	898.2
4450	1015.0	1013.9	1002.7	983.0	956.7	926.5	907.4
4500	1025.1	1024.0	1012.7	992.8	966.3	935.9	916.6
4550	1035.2	1034.1	1022.7	1002.6	975.9	945.2	925.7
4600	1045.3	1044.2	1032.7	1012.4	985.5	954.5	934.9
4650	1055.4	1054.2	1042.6	1022.2	995.0	963.8	944.0
4700	1065.5	1064.3	1052.6	1032.0	1004.6	973.1	953.1
4750	1075.5	1074.4	1062.6	1041.8	1014.1	982.4	962.2
4800	1085.6	1084.4	1072.5	1051.6	1023.7	991.7	971.4
4850	1095.6	1094.4	1082.4	1061.4	1033.2	1000.9	980.5
4900	1105.6	1104.5	1092.4	1071.1	1042.8	1010.2	989.5
4950	1115.7	1114.5	1102.3	1080.9	1052.3	1019.4	998.6
5000	1125.7	1124.5	1112.2	1090.6	1061.8	1028.7	1007.7
5100	1145.7	1144.4	1132.0	1110.0	1080.8	1047.2	1025.8

t_D	Z'_D						
	0.05	0.1	0.3	0.5	0.7	0.9	1.0
5200	1165.6	1164.4	1151.7	1129.4	1099.7	1065.6	1043.9
5300	1185.5	1184.3	1171.4	1148.8	1118.6	1084.0	1062.0
5400	1205.4	1204.1	1191.1	1168.2	1137.5	1102.4	1080.0
5500	1225.3	1224.0	1210.7	1187.5	1156.4	1120.7	1098.0
5600	1245.1	1243.7	1230.3	1206.7	1175.2	1139.0	1116.0
5700	1264.9	1263.5	1249.9	1226.0	1194.0	1157.3	1134.0
5800	1284.6	1283.2	1269.4	1245.2	1212.8	1175.5	1151.9
5900	1304.3	1302.9	1288.9	1264.4	1231.5	1193.8	1169.8
6000	1324.0	1322.6	1308.4	1283.5	1250.2	1211.9	1187.7
6100	1343.6	1342.2	1327.9	1302.6	1268.9	1230.1	1205.5
6200	1363.2	1361.8	1347.3	1321.7	1287.5	1248.3	1223.3
6300	1382.8	1381.4	1366.7	1340.8	1306.2	1266.4	1241.1
6400	1402.4	1400.9	1386.0	1359.8	1324.7	1284.5	1258.9
6500	1421.9	1420.4	1405.3	1378.8	1343.3	1302.5	1276.6
6600	1441.4	1439.9	1424.6	1397.8	1361.9	1320.6	1294.3
6700	1460.9	1459.4	1443.9	1416.7	1380.4	1338.6	1312.0
6800	1480.3	1478.8	1463.1	1435.6	1398.9	1356.6	1329.7
6900	1499.7	1498.2	1482.4	1454.5	1417.3	1374.5	1347.4
7000	1519.1	1517.5	1501.5	1473.4	1435.8	1392.5	1365.0
7100	1538.5	1536.9	1520.7	1492.3	1454.2	1410.4	1382.6
7200	1557.8	1556.2	1539.8	1511.1	1472.6	1428.3	1400.2
7300	1577.1	1575.5	1559.0	1529.9	1491.0	1446.2	1417.8
7400	1596.4	1594.8	1578.1	1548.6	1509.3	1464.1	1435.3
7500	1615.7	1614.0	1597.1	1567.4	1527.6	1481.9	1452.8
7600	1634.9	1633.2	1616.2	1586.1	1545.9	1499.7	1470.3
7700	1654.1	1652.4	1635.2	1604.8	1564.2	1517.5	1487.8
7800	1673.3	1671.6	1654.2	1623.5	1582.5	1535.3	1505.3
7900	1692.5	1690.7	1673.1	1642.2	1600.7	1553.0	1522.7
8000	1711.6	1709.9	1692.1	1660.8	1619.0	1570.8	1540.1
8100	1730.8	1729.0	1711.0	1679.4	1637.2	1588.5	1557.6
8200	1749.9	1748.1	1729.9	1698.0	1655.3	1606.2	1574.9
8300	1768.9	1767.1	1748.8	1716.6	1673.5	1623.9	1592.3
8400	1788.0	1786.2	1767.7	1735.2	1691.6	1641.5	1609.7
8500	1807.0	1805.2	1786.5	1753.7	1709.8	1659.2	1627.0
8600	1826.0	1824.2	1805.4	1772.2	1727.9	1676.8	1644.3
8700	1845.0	1843.2	1824.2	1790.7	1746.0	1694.4	1661.6
8800	1864.0	1862.1	1842.9	1809.2	1764.0	1712.0	1678.9

续表

t_D	Z'_D						
	0.05	0.1	0.3	0.5	0.7	0.9	1.0
8900	1883.0	1881.1	1861.7	1827.7	1782.1	1729.6	1696.2
9000	1901.9	1900.0	1880.5	1846.1	1800.1	1747.1	1713.4
9100	1920.8	1918.9	1899.2	1864.5	1818.1	1764.7	1730.7
9200	1939.7	1937.4	1917.9	1882.9	1836.1	1782.2	1747.9
9300	1958.6	1956.6	1936.6	1901.3	1854.1	1799.7	1765.1
9400	1977.4	1975.4	1955.2	1919.7	1872.0	1817.2	1782.3
9500	1996.3	1994.3	1973.9	1938.0	1890.0	1834.7	1799.4
9600	2015.1	2013.1	1992.5	1956.4	1907.9	1852.1	1816.6
9700	2033.9	2031.9	2011.1	1974.7	1925.8	1869.6	1833.7
9800	2052.7	2050.6	2029.7	1993.0	1943.7	1887.0	1850.9
9900	2071.5	2069.4	2048.3	2011.3	1961.6	1904.4	1868.0
1.00×10^{4}	2.090×10^{3}	2.088×10^{3}	2.067×10^{3}	2.029×10^{3}	1.979×10^{3}	1.922×10^{3}	1.885×103
1.25×10^{4}	2.553×10^{3}	2.551×10^{3}	2.526×10^{3}	2.481×10^{3}	2.421×10^{3}	2.352×10^{3}	2.308×103
1.50×10^{4}	3.009×10^{3}	3.006×10^{3}	2.977×10^{3}	2.925×10^{3}	2.855×10^{3}	2.775×10^{3}	2.724×10^{3}
1.75×10^{4}	3.457×10^{3}	3.454×10^{3}	3.421×10^{3}	3.362×10^{3}	3.284×10^{3}	3.193×10^{3}	3.135×10^{3}
2.00×10^{4}	3.900×10^{3}	3.897×10^{3}	3.860×10^{3}	3.794×10^{3}	3.707×10^{3}	3.605×10^{3}	3.541×10^{3}
2.50×10^{4}	4.773×10^{3}	4.768×10^{3}	4.724×10^{3}	4.646×10^{3}	4.541×10^{3}	4.419×10^{3}	4.341×10^{3}
3.00×10^{4}	5.630×10^{3}	5.625×10^{3}	5.574×10^{3}	5.483×10^{3}	5.361×10^{3}	5.219×10^{3}	5.129×10^{3}
3.50×10^{4}	6.476×10^{3}	6.470×10^{3}	6.412×10^{3}	6.309×10^{3}	6.170×10^{3}	6.009×10^{3}	5.906×10^{3}
4.00×10^{4}	7.312×10^{3}	7.305×10^{3}	7.240×10^{3}	7.125×10^{3}	6.970×10^{3}	6.790×10^{3}	6.675×10^{3}
4.50×10^{4}	8.139×10^{3}	8.132×10^{3}	8.060×10^{3}	7.933×10^{3}	7.762×10^{3}	7.564×10^{3}	7.437×10^{3}
5.00×10^{4}	8.959×10^{3}	8.951×10^{3}	8.872×10^{3}	8.734×10^{3}	8.548×10^{3}	8.331×10^{3}	8.193×10^{3}
6.00×10^{4}	1.057×10^{4}	1.057×10^{4}	1.047×10^{4}	1.031×10^{4}	1.010×10^{4}	9.846×10^{3}	9.684×10^{3}
7.00×10^{4}	1.217×10^{4}	1.217×10^{4}	1.206×10^{4}	1.188×10^{4}	1.163×10^{4}	1.134×10^{4}	1.116×10^{4}
8.00×10^{4}	1.375×10^{4}	1.375×10^{4}	1.363×10^{4}	1.342×10^{4}	1.315×10^{4}	1.283×10^{4}	1.262×10^{4}
9.00×10^{4}	1.532×10^{4}	1.531×10^{4}	1.518×10^{4}	1.496×10^{4}	1.465×10^{4}	1.430×10^{4}	1.407×10^{4}
1.00×10^{5}	1.687×10^{4}	1.686×10^{4}	1.672×10^{4}	1.647×10^{4}	1.614×10^{4}	1.576×10^{4}	1.551×10^{4}
1.25×10^{5}	2.071×10^{4}	2.069×10^{4}	2.052×10^{4}	2.023×10^{4}	1.982×10^{4}	1.936×10^{4}	1.906×10^{4}
1.50×10^{5}	2.448×10^{4}	2.446×10^{4}	2.427×10^{4}	2.392×10^{4}	2.345×10^{4}	2.291×10^{4}	2.256×10^{4}
2.00×10^{5}	3.190×10^{4}	3.188×10^{4}	3.163×10^{4}	3.119×10^{4}	3.059×10^{4}	2.989×10^{4}	2.945×10^{4}
2.50×10^{5}	3.918×10^{4}	3.916×10^{4}	3.885×10^{4}	3.832×10^{4}	3.760×10^{4}	3.676×10^{4}	3.622×10^{4}
3.00×10^{5}	4.636×10^{4}	4.633×10^{4}	4.598×10^{4}	4.536×10^{4}	4.452×10^{4}	4.353×10^{4}	4.290×10^{4}
4.00×10^{5}	6.048×10^{4}	6.044×10^{4}	5.999×10^{4}	5.920×10^{4}	5.812×10^{4}	5.687×10^{4}	5.606×10^{4}
5.00×10^{5}	7.438×10^{4}	7.431×10^{4}	7.376×10^{4}	7.280×10^{4}	7.150×10^{4}	6.998×10^{4}	6.900×10^{4}
6.00×10^{5}	8.805×10^{4}	8.798×10^{4}	8.735×10^{4}	8.623×10^{4}	8.471×10^{4}	8.293×10^{4}	8.178×10^{4}

续表

t_D	Z'_D						
	0.05	0.1	0.3	0.5	0.7	0.9	1.0
7.00×10^{5}	1.016×10^{5}	1.015×10^{5}	1.008×10^{5}	9.951×10^{4}	9.777×10^{4}	9.573×10^{4}	9.442×10^{4}
8.00×10^{5}	1.150×10^{5}	1.149×10^{5}	1.141×10^{5}	1.127×10^{5}	1.107×10^{5}	1.084×10^{5}	1.070×10^{5}
9.00×10^{5}	1.283×10^{5}	1.282×10^{5}	1.273×10^{5}	1.257×10^{5}	1.235×10^{5}	1.210×10^{5}	1.194×10^{5}
1.00×10^{6}	1.415×10^{5}	1.412×10^{5}	1.404×10^{5}	1.387×10^{5}	1.363×10^{5}	1.335×10^{5}	1.317×10^{5}
1.50×10^{6}	2.059×10^{5}	2.060×10^{5}	2.041×10^{5}	2.016×10^{5}	1.982×10^{5}	1.943×10^{5}	1.918×10^{5}
2.00×10^{6}	2.695×10^{5}	2.695×10^{5}	2.676×10^{5}	2.644×10^{5}	2.601×10^{5}	2.551×10^{5}	2.518×10^{5}
2.50×10^{6}	3.320×10^{5}	3.319×10^{5}	3.296×10^{5}	3.254×10^{5}	3.202×10^{5}	3.141×10^{5}	3.101×10^{5}
3.00×10^{6}	3.937×10^{5}	3.936×10^{5}	3.909×10^{5}	3.864×10^{5}	3.803×10^{5}	3.731×10^{5}	3.684×10^{5}
4.00×10^{6}	5.154×10^{5}	5.152×10^{5}	5.118×10^{5}	5.060×10^{5}	4.981×10^{5}	4.888×10^{5}	4.828×10^{5}
5.00×10^{6}	6.352×10^{5}	6.349×10^{5}	6.308×10^{5}	6.238×10^{5}	6.142×10^{5}	6.029×10^{5}	5.956×10^{5}
6.00×10^{6}	7.536×10^{5}	7.533×10^{5}	7.485×10^{5}	7.402×10^{5}	7.290×10^{5}	7.157×10^{5}	7.072×10^{5}
7.00×10^{6}	8.709×10^{5}	8.705×10^{5}	8.650×10^{5}	8.556×10^{5}	8.427×10^{5}	8.275×10^{5}	8.177×10^{5}
8.00×10^{6}	9.972×10^{5}	9.867×10^{5}	9.806×10^{5}	9.699×10^{5}	9.555×10^{5}	9.384×10^{5}	9.273×10^{5}
9.00×10^{6}	1.103×10^{6}	1.102×10^{6}	1.095×10^{6}	1.084×10^{6}	1.067×10^{6}	1.049×10^{6}	1.036×106
1.00×10^{7}	1.217×10^{6}	1.217×10^{6}	1.209×10^{6}	1.196×10^{6}	1.179×10^{6}	1.158×10^{6}	1.144×10^{6}
1.50×10^{7}	1.782×10^{6}	1.781×10^{6}	1.771×10^{6}	1.752×10^{6}	1.727×10^{6}	1.697×10^{6}	1.678×10^{6}
2.00×10^{7}	2.337×10^{6}	2.336×10^{6}	2.322×10^{6}	2.298×10^{6}	2.266×10^{6}	2.227×10^{6}	2.202×10^{6}
2.50×10^{7}	2.884×10^{6}	2.882×10^{6}	2.866×10^{6}	2.837×10^{6}	2.797×10^{6}	2.750×10^{6}	2.720×10^{6}
3.00×10^{7}	3.425×10^{6}	3.423×10^{6}	3.404×10^{6}	3.369×10^{6}	3.323×10^{6}	3.268×10^{6}	3.232×10^{6}
4.00×10^{7}	4.493×10^{6}	4.491×10^{6}	4.466×10^{6}	4.422×10^{6}	4.361×10^{6}	4.290×10^{6}	4.244×10^{6}
5.00×10^{7}	5.547×10^{6}	5.544×10^{6}	5.514×10^{6}	5.460×10^{6}	5.386×10^{6}	5.299×10^{6}	5.243×10^{6}
6.00×10^{7}	6.590×10^{6}	6.587×10^{6}	6.551×10^{6}	6.488×10^{6}	6.401×10^{6}	6.299×10^{6}	6.232×10^{6}
7.00×10^{7}	7.624×10^{6}	7.620×10^{6}	7.579×10^{6}	7.507×10^{6}	7.407×10^{6}	7.290×10^{6}	7.213×10^{6}
8.00×10^{7}	8.651×10^{6}	8.647×10^{6}	8.600×10^{6}	8.519×10^{6}	8.407×10^{6}	8.274×10^{6}	8.188×10^{6}
9.00×10^{7}	9.671×10^{6}	9.666×10^{6}	9.615×10^{6}	9.524×10^{6}	9.400×10^{6}	9.252×10^{6}	9.156×10^{6}
1.00×10^{8}	1.069×10^{7}	1.067×10^{7}	1.062×10^{7}	1.052×10^{7}	1.039×10^{7}	1.023×10^{7}	1.012×10^{7}
1.50×10^{8}	1.567×10^{7}	1.567×10^{7}	1.555×10^{7}	1.541×10^{7}	1.522×10^{7}	1.499×10^{7}	1.483×10^{7}
2.00×10^{8}	2.059×10^{7}	2.059×10^{7}	2.048×10^{7}	2.029×10^{7}	2.004×10^{7}	1.974×10^{7}	1.954×10^{7}
2.50×10^{8}	2.546×10^{7}	2.545×10^{7}	2.531×10^{7}	2.507×10^{7}	2.476×10^{7}	2.439×10^{7}	2.415×10^{7}
3.00×10^{8}	3.027×10^{7}	3.026×10^{7}	3.010×10^{7}	2.984×10^{7}	2.947×10^{7}	2.904×10^{7}	2.875×10^{7}
4.00×10^{8}	3.979×10^{7}	3.978×10^{7}	3.958×10^{7}	3.923×10^{7}	3.875×10^{7}	3.819×10^{7}	3.782×10^{7}
5.00×10^{8}	4.920×10^{7}	4.918×10^{7}	4.894×10^{7}	4.851×10^{7}	4.793×10^{7}	4.724×10^{7}	4.679×10^{7}
6.00×10^{8}	5.852×10^{7}	5.850×10^{7}	5.821×10^{7}	5.771×10^{7}	5.702×10^{7}	5.621×10^{7}	5.568×10^{7}
7.00×10^{8}	6.777×10^{7}	6.774×10^{7}	6.741×10^{7}	6.684×10^{7}	6.605×10^{7}	6.511×10^{7}	6.450×10^{7}
8.00×10^{8}	7.700×10^{7}	7.693×10^{7}	7.655×10^{7}	7.590×10^{7}	7.501×10^{7}	7.396×10^{7}	7.327×10^{7}

续表

t_D	Z'_D						
	0.05	0.1	0.3	0.5	0.7	0.9	1.0
9.00×10^{8}	8.609×10^{7}	8.606×10^{7}	8.564×10^{7}	8.492×10^{7}	8.393×10^{7}	8.275×10^{7}	8.199×10^{7}
1.00×10^{9}	9.518×10^{7}	9.515×10^{7}	9.469×10^{7}	9.390×10^{7}	9.281×10^{7}	9.151×10^{7}	9.066×10^{7}
1.50×10^{9}	1.401×10^{8}	1.400×10^{8}	1.394×10^{8}	1.382×10^{8}	1.367×10^{8}	1.348×10^{8}	1.336×10^{8}
2.00×10^{9}	1.843×10^{8}	1.843×10^{8}	1.834×10^{8}	1.819×10^{8}	1.799×10^{8}	1.774×10^{8}	1.758×10^{8}
2.50×10^{9}	2.281×10^{8}	2.280×10^{8}	2.269×10^{8}	2.251×10^{8}	2.226×10^{8}	2.196×10^{8}	2.177×10^{8}
3.00×10^{9}	2.714×10^{8}	2.713×10^{8}	2.701×10^{8}	2.680×10^{8}	2.650×10^{8}	2.615×10^{8}	2.592×10^{8}
4.00×10^{9}	3.573×10^{8}	3.572×10^{8}	3.558×10^{8}	3.528×10^{8}	3.489×10^{8}	3.443×10^{8}	3.413×10^{8}
5.00×10^{9}	4.422×10^{8}	4.421×10^{8}	4.401×10^{8}	4.367×10^{8}	4.320×10^{8}	4.263×10^{8}	4.227×10^{8}
6.00×10^{9}	5.265×10^{8}	5.262×10^{8}	5.240×10^{8}	5.199×10^{8}	5.143×10^{8}	5.077×10^{8}	5.033×10^{8}
7.00×10^{9}	6.101×10^{8}	6.098×10^{8}	6.072×10^{8}	6.025×10^{8}	5.961×10^{8}	5.885×10^{8}	5.835×10^{8}
8.00×10^{9}	6.932×10^{8}	6.930×10^{8}	6.900×10^{8}	6.847×10^{8}	6.775×10^{8}	6.688×10^{8}	6.632×10^{8}
9.00×10^{9}	7.760×10^{8}	7.756×10^{8}	7.723×10^{8}	7.664×10^{8}	7.584×10^{8}	7.487×10^{8}	7.424×10^{8}
1.00×10^{10}	8.583×10^{8}	8.574×10^{8}	8.543×10^{8}	8.478×10^{8}	8.389×10^{8}	8.283×10^{8}	8.214×10^{8}
1.50×10^{10}	1.263×10^{9}	1.264×10^{9}	1.257×10^{9}	1.247×10^{9}	1.235×10^{9}	1.219×10^{9}	1.209×10^{9}
2.00×10^{10}	1.666×10^{9}	1.666×10^{9}	1.659×10^{9}	1.646×10^{9}	1.630×10^{9}	1.610×10^{9}	1.596×10^{9}
2.50×10^{10}	2.065×10^{9}	2.063×10^{9}	2.055×10^{9}	2.038×10^{9}	2.018×10^{9}	1.993×10^{9}	1.977×10^{9}
3.00×10^{10}	2.458×10^{9}	2.458×10^{9}	2.447×10^{9}	2.430×10^{9}	2.405×10^{9}	2.376×10^{9}	2.357×10^{9}
4.00×10^{10}	3.240×10^{9}	3.239×10^{9}	3.226×10^{9}	3.203×10^{9}	3.171×10^{9}	3.133×10^{9}	3.108×10^{9}
5.00×10^{10}	4.014×10^{9}	4.013×10^{9}	3.997×10^{9}	3.968×10^{9}	3.929×10^{9}	3.883×10^{9}	3.852×10^{9}
6.00×10^{10}	4.782×10^{9}	4.781×10^{9}	4.762×10^{9}	4.728×10^{9}	4.682×10^{9}	4.627×10^{9}	4.591×10^{9}
7.00×10^{10}	5.546×10^{9}	5.544×10^{9}	5.522×10^{9}	5.483×10^{9}	5.430×10^{9}	5.366×10^{9}	5.325×10^{9}
8.00×10^{10}	6.305×10^{9}	6.303×10^{9}	6.278×10^{9}	6.234×10^{9}	6.174×10^{9}	6.102×10^{9}	6.055×10^{9}
9.00×10^{10}	7.060×10^{9}	7.058×10^{9}	7.030×10^{9}	6.982×10^{9}	6.914×10^{9}	6.834×10^{9}	6.782×10^{9}
1.00×10^{11}	7.813×10^{9}	7.810×10^{9}	7.780×10^{9}	7.726×10^{9}	7.652×10^{9}	7.564×10^{9}	7.506×10^{9}
1.50×10^{11}	1.154×10^{10}	1.153×10^{10}	1.149×10^{10}	1.141×10^{10}	1.130×10^{10}	1.118×10^{10}	1.109×10^{10}
2.00×10^{11}	1.522×10^{10}	1.521×10^{10}	1.515×10^{10}	1.505×10^{10}	1.491×10^{10}	1.474×10^{10}	1.463×10^{10}
2.50×10^{11}	1.886×10^{10}	1.885×10^{10}	1.878×10^{10}	1.866×10^{10}	1.849×10^{10}	1.828×10^{10}	1.814×10^{10}
3.00×10^{11}	2.248×10^{10}	2.247×10^{10}	2.239×10^{10}	2.224×10^{10}	2.204×10^{10}	2.179×10^{10}	2.163×10^{10}
4.00×10^{11}	2.965×10^{10}	2.964×10^{10}	2.953×10^{10}	2.934×10^{10}	2.907×10^{10}	2.876×10^{10}	2.855×10^{10}
5.00×10^{11}	3.677×10^{10}	3.675×10^{10}	3.662×10^{10}	3.638×10^{10}	3.605×10^{10}	3.566×10^{10}	3.540×10^{10}
6.00×10^{11}	4.383×10^{10}	4.381×10^{10}	4.365×10^{10}	4.337×10^{10}	4.298×10^{10}	4.252×10^{10}	4.221×10^{10}
7.00×10^{11}	5.085×10^{10}	5.082×10^{10}	5.064×10^{10}	5.032×10^{10}	4.987×10^{10}	4.933×10^{10}	4.898×10^{10}
8.00×10^{11}	5.783×10^{10}	5.781×10^{10}	5.706×10^{10}	5.723×10^{10}	5.673×10^{10}	5.612×10^{10}	5.572×10^{10}
9.00×10^{11}	6.478×10^{10}	6.746×10^{10}	6.453×10^{10}	6.412×10^{10}	6.355×10^{10}	6.288×10^{10}	6.243×10^{10}
1.003×10^{12}	7.171×10^{10}	7.168×10^{10}	7.143×10^{10}	7.098×10^{10}	7.035×10^{10}	6.961×10^{10}	6.912×10^{10}

续表

t_D	Z'_D						
	0.05	0.1	0.3	0.5	0.7	0.9	1.0
1.503×10^{12}	1.060×10^{11}	1.060×10^{11}	1.056×10^{11}	1.050×10^{11}	1.041×10^{11}	1.030×10^{11}	1.022×10^{11}
2.003×10^{12}	1.400×10^{11}	1.399×10^{11}	1.394×10^{11}	1.386×10^{11}	1.374×10^{11}	1.359×10^{11}	1.350×10^{11}

表 2.14 $r'_D=4$ 时的无量纲水侵 W_{eD}(经 SPE 授权)

t_D	Z'_D						
	0.05	0.1	0.3	0.5	0.7	0.9	1.0
2	2.398	2.389	2.284	2.031	1.824	1.620	1.507
3	3.006	2.993	2.874	2.629	2.390	2.149	2.012
4	3.552	3.528	3.404	3.158	2.893	2.620	2.466
5	4.053	4.017	3.893	3.627	3.341	3.045	2.876
6	4.490	4.452	4.332	4.047	3.744	3.430	3.249
7	4.867	4.829	4.715	4.420	4.107	3.778	3.587
8	5.191	5.157	5.043	4.757	4.437	4.096	3.898
9	5.464	5.434	5.322	5.060	4.735	4.385	4.184
10	5.767	5.739	5.598	5.319	5.000	4.647	4.443
11	5.964	5.935	5.829	5.561	5.240	4.884	4.681
12	6.188	6.158	6.044	5.780	5.463	5.107	4.903
13	6.380	6.350	6.240	5.983	5.670	5.316	5.113
14	6.559	6.529	6.421	6.171	5.863	5.511	5.309
15	6.725	6.694	6.589	6.345	6.044	5.695	5.495
16	6.876	6.844	6.743	6.506	6.213	5.867	5.671
17	7.014	6.983	6.885	6.656	6.371	6.030	5.838
18	7.140	7.113	7.019	6.792	6.523	6.187	5.999
19	7.261	7.240	7.140	6.913	6.663	6.334	6.153
20	7.376	7.344	7.261	7.028	6.785	6.479	6.302
22	7.518	7.507	7.451	7.227	6.982	6.691	6.524
24	7.618	7.607	7.518	7.361	7.149	6.870	6.714
26	7.697	7.685	7.607	7.473	7.283	7.026	6.881
28	7.752	7.752	7.674	7.563	7.395	7.160	7.026
30	7.808	7.797	7.741	7.641	7.484	7.283	7.160
34	7.864	7.864	7.819	7.741	7.618	7.451	7.350
38	7.909	7.909	7.875	7.808	7.719	7.585	7.496
42	7.931	7.931	7.909	7.864	7.797	7.685	7.618
46	7.942	7.942	7.920	7.898	7.842	7.752	7.697
50	7.954	7.954	7.942	7.920	7.875	7.808	7.764
60	7.968	7.968	7.965	7.954	7.931	7.898	7.864
70	7.976	7.976	7.976	7.968	7.965	7.942	7.920

续表

t_D	Z'_D						
	0.05	0.1	0.3	0.5	0.7	0.9	1.0
80	7.982	7.982	7.987	7.976	7.976	7.965	7.954
90	7.987	7.987	7.987	7.984	7.983	7.976	7.965
100	7.987	7.987	7.987	7.987	7.987	7.983	7.976
120	7.987	7.987	7.987	7.987	7.987	7.987	7.987

表 2.15　$r'_D=6$ 时的无量纲水侵 W_{eD}(经 SPE 授权)

t_D	Z'_D						
	0.05	0.1	0.3	0.5	0.7	0.9	1.0
6	4.780	4.762	4.597	4.285	3.953	3.611	3.414
7	5.309	5.289	5.114	4.779	4.422	4.053	3.837
8	5.799	5.778	5.595	5.256	4.875	4.478	4.247
9	6.252	6.229	6.041	5.712	5.310	4.888	4.642
10	6.750	6.729	6.498	6.135	5.719	5.278	5.019
11	7.137	7.116	6.916	6.548	6.110	5.648	5.378
12	7.569	7.545	7.325	6.945	6.491	6.009	5.728
13	7.967	7.916	7.719	7.329	6.858	6.359	6.067
14	8.357	8.334	8.099	7.699	7.214	6.697	6.395
15	8.734	8.709	8.467	8.057	7.557	7.024	6.713
16	9.093	9.067	8.819	8.398	7.884	7.336	7.017
17	9.442	9.416	9.160	8.730	8.204	7.641	7.315
18	9.775	9.749	9.485	9.047	8.510	7.934	7.601
19	10.09	10.06	9.794	9.443	8.802	8.214	7.874
20	10.40	10.37	10.10	9.646	9.087	8.487	8.142
22	10.99	10.96	10.67	10.21	9.631	9.009	8.653
24	11.53	11.50	11.20	10.73	10.13	9.493	9.130
26	12.06	12.03	11.72	11.23	10.62	9.964	9.594
28	12.52	12.49	12.17	11.68	11.06	10.39	10.01
30	12.95	12.92	12.59	12.09	11.46	10.78	10.40
35	13.96	13.93	13.57	13.06	12.41	11.70	11.32
40	14.69	14.66	14.33	13.84	13.23	12.53	12.15
45	15.27	15.24	14.94	14.48	13.90	13.23	12.87
50	15.74	15.71	15.44	15.01	14.47	13.84	13.49
60	16.40	16.38	16.15	15.81	15.34	14.78	14.47
70	16.87	16.85	16.67	16.38	15.99	15.50	15.24
80	17.20	17.18	17.04	16.80	16.48	16.06	15.83
90	17.43	17.42	17.30	17.10	16.85	16.50	16.29
100	17.58	17.58	17.49	17.34	17.12	16.83	16.66

续表

t_D	Z'_D						
	0.05	0.1	0.3	0.5	0.7	0.9	1.0
110	17.71	17.69	17.63	17.50	17.34	17.09	16.93
120	17.78	17.78	17.73	17.63	17.49	17.29	17.17
130	17.84	17.84	17.79	17.73	17.62	17.45	17.34
140	17.88	17.88	17.85	17.79	17.71	17.57	17.48
150	17.92	17.91	17.88	17.84	17.77	17.66	17.58
175	17.95	17.95	17.94	17.92	17.87	17.81	17.76
200	17.97	17.97	17.96	17.95	17.93	17.88	17.86
225	17.97	17.97	17.97	17.96	17.95	17.93	17.91
250	17.98	17.98	17.98	17.97	17.96	17.95	17.95
300	17.98	17.98	17.98	17.98	17.98	17.97	17.97
350	17.98	17.98	17.98	17.98	17.98	17.98	17.98
400	17.98	17.98	17.98	17.98	17.98	17.98	17.98
450	17.98	17.98	17.98	17.98	17.98	17.98	17.98
500	17.98	17.98	17.98	17.98	17.98	17.98	17.98

表 2.16 $r'_D=8$ 时的无量纲水侵 W_{eD}(经 SPE 授权)

t_D	Z'_D						
	0.05	0.1	0.3	0.5	0.7	0.9	1.0
9	6.301	6.278	6.088	5.756	5.350	4.924	4.675
10	6.828	6.807	6.574	6.205	5.783	5.336	5.072
11	7.250	7.229	7.026	6.650	6.204	5.732	5.456
12	7.725	7.700	7.477	7.086	6.621	6.126	5.836
13	8.173	8.149	7.919	7.515	7.029	6.514	6.210
14	8.619	8.594	8.355	7.937	7.432	6.895	6.578
15	9.058	9.032	8.783	8.351	7.828	7.270	6.940
16	9.485	9.458	9.202	8.755	8.213	7.634	7.293
17	9.907	9.879	9.613	9.153	8.594	7.997	7.642
18	10.32	10.29	10.01	9.537	8.961	8.343	7.979
19	10.72	10.69	10.41	9.920	9.328	8.691	8.315
20	11.12	11.08	10.80	10.30	9.687	9.031	8.645
22	11.89	11.86	11.55	11.02	10.38	9.686	9.280
24	12.63	12.60	12.27	11.72	11.05	10.32	9.896
26	13.36	13.32	12.97	12.40	11.70	10.94	10.49
28	14.06	14.02	13.65	13.06	12.33	11.53	11.07
30	14.73	14.69	14.30	13.68	12.93	12.10	11.62
34	16.01	15.97	15.54	14.88	14.07	13.18	12.67
38	17.21	17.17	16.70	15.99	15.13	14.18	13.65

续表

t_D	Z'_D						
	0.05	0.1	0.3	0.5	0.7	0.9	1.0
40	17.80	17.75	17.26	16.52	15.64	14.66	14.12
45	19.15	19.10	18.56	17.76	16.83	15.77	15.21
50	20.42	20.36	19.76	18.91	17.93	16.80	16.24
55	21.46	21.39	20.80	19.96	18.97	17.83	17.24
60	22.40	22.34	21.75	20.91	19.93	18.78	18.19
70	23.97	23.92	23.36	22.55	21.58	20.44	19.86
80	25.29	25.23	24.71	23.94	23.01	21.91	21.32
90	26.39	26.33	25.85	25.12	24.24	23.18	22.61
100	27.30	27.25	26.81	26.13	25.29	24.29	23.74
120	28.61	28.57	28.19	27.63	26.90	26.01	25.51
140	29.55	29.51	29.21	28.74	28.12	27.33	26.90
160	30.23	30.21	29.96	29.57	29.04	28.37	27.99
180	30.73	30.71	30.51	30.18	29.75	29.18	28.84
200	31.07	31.04	30.90	30.63	30.26	29.79	29.51
240	31.50	31.49	31.39	31.22	30.98	30.65	30.45
280	31.72	31.71	31.66	31.56	31.39	31.17	31.03
320	31.85	31.84	31.80	31.74	31.64	31.49	31.39
360	31.90	31.90	31.88	31.85	31.78	31.68	31.61
400	31.94	31.94	31.93	31.90	31.86	31.79	31.75
450	31.96	31.96	31.95	31.94	31.91	31.88	31.85
500	31.97	31.97	31.96	31.96	31.95	31.93	31.90
550	31.97	31.97	31.97	31.96	31.96	31.95	31.94
600	31.97	31.97	31.97	31.97	31.97	31.96	31.95
700	31.97	31.97	31.97	31.97	31.97	31.97	31.97
800	31.97	31.97	31.97	31.97	31.97	31.97	31.97

表 2.17　$r'_D=10$ 时的无量纲水侵 W_{eD}

（Cole，Frank Reservoir Engineering Manual，Gulf Publishing Company，1969；经 SPE 授权）

t_D	Z'_D						
	0.05	0.1	0.3	0.5	0.7	0.9	1.0
22	12.07	12.04	11.74	11.21	10.56	9.865	9.449
24	12.86	12.83	12.52	11.97	11.29	10.55	10.12
26	13.65	13.62	13.29	12.72	12.01	11.24	10.78
28	14.42	14.39	14.04	13.44	12.70	11.90	11.42
30	15.17	15.13	14.77	14.15	13.38	12.55	12.05
32	15.91	15.87	15.49	14.85	14.05	13.18	12.67
34	16.63	16.59	16.20	15.54	14.71	13.81	13.28

续表

t_D	Z'_D						
	0. 05	0. 1	0. 3	0. 5	0. 7	0. 9	1. 0
36	17. 33	17. 29	16. 89	16. 21	15. 35	14. 42	13. 87
38	18. 03	17. 99	17. 57	16. 86	15. 98	15. 02	14. 45
40	18. 72	18. 68	18. 24	17. 51	16. 60	15. 61	15. 02
42	19. 38	19. 33	18. 89	18. 14	17. 21	16. 19	15. 58
44	20. 03	19. 99	19. 53	18. 76	17. 80	16. 75	16. 14
46	20. 67	20. 62	20. 15	19. 36	18. 38	17. 30	16. 67
48	21. 30	21. 25	20. 76	19. 95	18. 95	17. 84	17. 20
50	21. 92	21. 87	21. 36	20. 53	19. 51	18. 38	17. 72
52	22. 52	22. 47	21. 95	21. 10	20. 05	18. 89	18. 22
54	23. 11	23. 06	22. 53	21. 66	20. 59	19. 40	18. 72
56	23. 70	23. 64	23. 09	22. 20	21. 11	19. 89	19. 21
58	24. 26	24. 21	23. 65	22. 74	21. 63	20. 39	19. 68
60	24. 82	24. 77	24. 19	23. 26	22. 13	20. 87	20. 15
65	26. 18	26. 12	25. 50	24. 53	23. 34	22. 02	21. 28
70	27. 47	27. 41	26. 75	25. 73	24. 50	23. 12	22. 36
75	28. 71	28. 55	27. 94	26. 88	25. 60	24. 17	23. 39
80	29. 89	29. 82	29. 08	27. 97	26. 65	25. 16	24. 36
85	31. 02	30. 95	30. 17	29. 01	27. 65	26. 10	25. 31
90	32. 10	32. 03	31. 20	30. 00	28. 60	27. 03	26. 25
95	33. 04	32. 96	32. 14	30. 95	29. 54	27. 93	27. 10
100	33. 94	33. 85	33. 03	31. 85	30. 44	28. 82	27. 98
110	35. 55	35. 46	34. 65	33. 49	32. 08	30. 47	29. 62
120	36. 97	36. 90	36. 11	34. 98	33. 58	31. 98	31. 14
130	38. 28	38. 19	37. 44	36. 33	34. 96	33. 38	32. 55
140	39. 44	39. 37	38. 64	37. 56	36. 23	34. 67	33. 85
150	40. 49	40. 42	39. 71	38. 67	37. 38	35. 86	35. 04
170	42. 21	42. 15	41. 51	40. 54	39. 33	37. 89	37. 11
190	43. 62	43. 55	42. 98	42. 10	40. 97	39. 62	38. 90
210	44. 77	44. 72	44. 19	43. 40	42. 36	41. 11	40. 42
230	45. 71	45. 67	45. 20	44. 48	43. 54	42. 38	41. 74
250	46. 48	46. 44	46. 01	45. 38	44. 53	43. 47	42. 87
270	47. 11	47. 06	46. 70	46. 13	45. 36	44. 40	43. 84
290	47. 61	47. 58	47. 25	46. 75	46. 07	45. 19	44. 68
310	48. 03	48. 00	47. 72	47. 26	46. 66	45. 87	45. 41
330	48. 38	48. 35	48. 10	47. 71	47. 16	46. 45	46. 03
350	48. 66	48. 64	48. 42	48. 08	47. 59	46. 95	46. 57
400	49. 15	49. 14	48. 99	48. 74	48. 38	47. 89	47. 60

续表

t_D	Z'_D						
	0.05	0.1	0.3	0.5	0.7	0.9	1.0
450	49.46	49.45	49.35	49.17	48.91	48.55	48.31
500	49.65	49.64	49.58	49.45	49.26	48.98	48.82
600	49.84	49.84	49.81	49.74	49.65	49.50	49.41
700	49.91	49.91	49.90	49.87	49.82	49.74	49.69
800	49.94	49.94	49.93	49.92	49.90	49.85	49.83
900	49.96	49.96	49.94	49.94	49.93	49.91	49.90
1000	49.96	49.96	49.96	49.96	49.94	49.93	49.93
1200	49.96	49.96	49.96	49.96	49.96	49.96	49.96

底水驱问题的求解过程与示例2.7所介绍的边水驱问题的相同。Allard和Chen以下面的示例显示了他们的方法所得出的结果。

【示例2.8】

一个无限边界作用的底水含水层具有以下特征：$r_a=\infty$；$k_h=50\text{mD}$；$F_k=0.04$；$\phi=0.1$；$\mu_w=0.395\text{cP}$；$c_t=8\times10^{-6}\text{psi}^{-1}$；$h=200\text{ft}$；$r_e=2000\text{ft}$；$\theta=360°$下面列出的是其边界压力史(见表2.18)：

表2.18 含水层边界压力史

时间/d	p/psi
0	3000
30	2956
60	2917
90	2877
120	2844
150	2811
180	2791
210	2773
240	2755

使用上述底水驱的求解公式，以时间的函数来计算累计水侵量，同时与边水驱的求解方法进行对比。

解答：

第1步，为一个无限边界作用的含水层计算无量纲半径：$r_D=\infty$。

第2步，由式(2.30)计算z_D：

$$z_D=\frac{h}{r_e\sqrt{F_k}}=\frac{200}{2000\sqrt{0.04}}=0.5$$

第3步，计算水侵常数B：

$$\begin{aligned}B&=1.119\phi c_t r_e^2 h\\&=1.119(0.1)(8\times10^{-6})(2000)^2(200)\\&=716(\text{bbl/psi})\end{aligned}$$

第 4 步，计算无量纲时间 t_D：

$$t_D = 6.328\times10^{-3}\frac{kt}{\phi\mu_w c_t r_e^2}$$

$$= 6.328\times10^{-3}\left[\frac{50}{(0.1)(0.395)(8\times10^{-6})(2000)^2}\right]t$$

$$= 0.2503t$$

第 5 步，使用底水驱模型和边水驱模型分别计算水侵量。请注意这两种模型之间的差别存在于无量纲水侵 W_{eD} 的计算方法中(见表 2.19)：

$$W_e = B\sum\Delta pW_{eD}$$

表 2.19　无量纲水侵 W_{eD} 的计算结果

t/d	t_D	Δp/psi	底水驱模型		边水驱模型	
			W_{eD}	W_e/bbl	W_{eD}	W_e/bbl
0	0	0				
30	7.5	22	5.038	79	6.029	95
60	15.0	41.5	8.389	282	9.949	336
90	22.5	39.5	11.414	572	13.459	678
120	30.0	36.5	14.994	933	16.472	1103
150	37.5	33.0	16.994	1353	19.876	1594
180	45.0	26.5	19.641	1810	22.897	2126
210	52.5	19.0	22.214	2284	25.827	2676
240	60.0	18.0	24.728	2782	28.691	3250

2.3.4.3　线性水驱

正如范埃弗丁琴和赫斯特所指出的，线性含水层的水侵量与时间的平方根成比例。用时间的平方根取代范埃弗丁琴和赫斯特的无量纲水侵，可以得出：

$$W_e = B_L\sum\left[\Delta p_n\sqrt{t-t_n}\right]$$

式中：B_L 为线性含水层的水侵常数，bbl/(psi · $\sqrt{时间}$)；t 为时间(任何方便使用的时间单位，如月、年等)；Δp 为如同前面为径向边水驱定义的压降

正如第 4 章要介绍的，线性含水层的水侵常数 B_L 是为物质平衡方程确定的。

2.3.5　卡特和特雷西的水侵模型

范埃弗丁琴和赫斯特的成套方法为径向扩散方程提供了准确的解，因此可以认为是计算水侵量的正确技术。但由于需要有解的叠加，他们的方法涉及了繁琐的计算。为了降低水侵计算的复杂性，卡特(Carter)和特雷西(Tracy)(1960)提出了一种无需叠加并能直接计算水侵的计算技术。

卡特-特雷西技术与范埃弗丁琴和赫斯特方法的差别，在于前者假定每一有限时间段都有稳定的水侵速率。采用卡特-特雷西技术，任一时间 t_n 的水侵量都可以根据在 t_{n-1} 获得的前一个数值直接计算，即：

$$(W_e)_n=(W_e)_{n-1}+[(t_D)_n-(t_D)_{n-1}]$$
$$\times\left[\frac{B\Delta p_n-(W_e)_{n-1}(p'_D)_n}{(p_D)_n-(t_D)_{n-1}(p'_D)_n}\right] \tag{2.33}$$

式中：B 为式(2.23)所定义的范埃弗丁琴和赫斯特水侵常数；t_D为式(2.23)所定义的无量纲时间；n 为当前时步；$n-1$ 为前一个时步；Δp_n为总压降(p_i-p_n)，psi；p_D为无量纲压力 p'_D为无量纲压力导数。

作为 t_D和 r_D函数的无量纲压力 p_D的数值已在第 1 章的表 1.2 列出。除了第 1 章给出的曲线拟合公式[式(1.90)~式(1.95)]外，Edwardson 等(1962)为无限边界作用含水层的 p_D研究提出了以下的近似公式：

$$p_D=\frac{370.529\sqrt{t_D}+137.582t_D+5.69549(t_D)^{1.5}}{328.834+265.488\sqrt{t_D}+45.2157t_D+(t_D)^{1.5}} \tag{2.34}$$

然后可以将无量纲压力导数近似表示为：

$$p'_D=\frac{E}{F} \tag{2.35}$$

式中：$E=761.441+46.7987(t_D)^{0.5}+270.038t_D+71.0098(t_D)^{1.5}$；$F=1296.86(t_D)^{0.5}+1204.73t_D+618.618(t_D)^{1.5}+538.072(t_D)^2+142.41(t_D)^{2.5}$。

当无量纲时间 t_D>100 时，关于 p_D可以使用以下近似式：

$$p_D=\frac{1}{2}[\ln(t_D)+0.80907]$$

其导数为：

$$p'_D=1/2t_D$$

通过使用一个回归模型，Fanchi(1985)拟合了表 1.2 中作为 t_D和 r_D函数的无量纲压力的范埃弗丁琴和赫斯特数值，同时提出了以下表达式：

$$p_D=\partial_0+\partial_1 t_D+\partial_2\ln(t_D)+\partial_2[\ln(t_D)]^2$$

下面是其中的回归系数(见表 2.20)：

表 2.20 回归系数

r_{eD}	a_0	a_1	a_2	a_3
1.5	0.10371	1.6665700	20.04579	20.01023
2.0	0.30210	0.6817800	20.01599	20.01356
3.0	0.51243	0.2931700	0.015340	20.06732
4.0	0.63656	0.1610100	0.158120	20.09104
5.0	0.65106	0.1041400	0.309530	20.11258
6.0	0.63367	0.0694000	0.41750	20.11137
8.0	0.40132	0.0410400	0.695920	20.14350
10.0	0.14386	0.0264900	0.896460	20.15502
∞	0.82092	20.000368	0.289080	0.028820

【示例 2.9】

利用卡特-特雷西方法重新计算示例 2.7。

解答：

示例 2.7 得出了以下的初步结果：水侵常数 $B=20.4\text{bbl/psi}$；$t_D=0.9888t$。

第 1 步，对于每一时步 n，计算总压降 $\Delta p_n=p_i-p_n$ 以及相应的 t_D（见表 2.21）：

表 2.21　总压降和相应的 t_D

n	t_1/d	p_n	Δp_n	t_D
0	0	2500	0	0
1	182.5	2490	10	180.5
2	365.0	2472	28	361.0
3	547.5	2444	56	541.5
4	730.0	2408	92	722.0

第 2 步，因为 t_D 值大于 100，所以用式（1.91）来计算 p_D 及其导数 p'_D，即：$p_D=1/2[\ln(t_D)+0.80907]$；$p'_D=1/2t_D$（见表 2.22）。

表 2.22　p_D 及其导数 p'_D

n	t	t_D	p_D	p'_D
0	0	0		
1	182.5	180.5	3.002	2.77031023
2	365.0	361.0	3.349	1.38531023
3	547.5	541.5	3.552	0.92331023
4	730.0	722.0	3.696	0.69331023

第 3 步，应用式（2.33）计算累计水侵量。

（1）182.5d 后的 W_e：

$$(W_e)_n=(W_e)_{n-1}+[(t_D)_n-(t_D)_{n-1}]\times\left[\frac{B\Delta p_n-(W_e)_{n-1}(p'_D)_n}{(p_D)_n-(t_D)_{n-1}(p'_D)_n}\right]$$

$$=0+[180.5-0]\times\left[\frac{(20.4)(10)-(0)(2.77\times10^{-3})}{3.002-(0)(2.77\times10^{-3})}\right]$$

$$=12266(\text{bbl})$$

（2）365d 后的 W_e：

$$W_e=12266+[361-180.5]\times\left[\frac{(20.4)(28)-(12266)(1.385\times10^{-3})}{3.349-(180.5)(1.385\times10^{-3})}\right]$$

$$=42545(\text{bbl})$$

（3）547.5d 后的 W_e：

$$W_e=42546+[541.5-361]\times\left[\frac{(20.4)(56)-(42546)(0.923\times10^{-3})}{3.552-(361)(0.923\times10^{-3})}\right]$$

$$=104406(\text{bbl})$$

（4）365d 后的 W_e：

$$W_e=104406+[722-541.5]\times\left[\frac{(20.4)(92)-(104406)(0.693\times10^{-3})}{3.696-(541.5)(0.693\times10^{-3})}\right]$$

$$=202477(\text{bbl})$$

下面列表对比了卡特-特雷西方法与范埃弗丁琴和赫斯特方法的水侵量计算结果(见表2.23):

表2.23 卡特-特雷西方法与范埃弗丁琴和赫斯特方法的水侵量计算结果对比

时间/月	卡特-特雷西方法 W_e/bbl	范埃弗丁琴和赫斯特方法 W_e/bbl
0	0	0
6	12266	7085
12	42546	32435
18	104400	85277
24	202477	175522

这一对比表明卡特-特雷西方法对水侵量有相当的高估。但其原因在于卡特-特雷西方法在确定水侵量时使用了6个月的大时步。把时步限制到1个月就能明显提高这种方法的准确性。从表2.24可以看出,按1个月时步重新计算的水侵量就与范埃弗丁琴和赫斯特方法的结果十分接近了。

表2.24 按1个月时步重新计算的水侵量就与范埃弗丁琴和赫斯特方法的结果

时间/月	时间/d	p/psi	Δp/psi	t_D	p_D	p'_D	卡特-特雷西方法 W_e/bbl	范埃弗丁琴和赫斯特方法 W_e/bbl
0	0	2500.0	0.00	0	0.00	0	0.0	0.0
1	30	2498.9	1.06	30.0892	2.11	0.01661	308.8	
2	61	2497.7	2.31	60.1784	2.45	0.00831	918.3	
3	91	2496.2	3.81	90.2676	2.66	0.00554	1860.3	
4	122	2494.4	5.56	120.357	2.80	0.00415	3171.7	
5	152	2492.4	7.55	150.446	2.91	0.00332	4891.2	
6	183	2490.2	9.79	180.535	3.00	0.00277	7057.3	7088.9
7	213	2487.7	12.27	210.624	3.08	0.00237	9709.0	
8	243	2485.0	15.00	240.713	3.15	0.00208	12884.7	
9	274	2482.0	17.98	270.802	3.21	0.00185	16622.8	
10	304	2478.8	21.20	300.891	3.26	0.00166	20961.5	
11	335	2475.3	24.67	330.981	3.31	0.00151	25938.5	
12	365	2471.6	28.38	361.070	3.35	0.00139	31591.5	32435.0
13	396	2467.7	32.34	391.159	3.39	0.00128	37957.8	
14	426	2463.5	36.55	421.248	3.43	0.00119	45074.5	
15	456	2459.0	41.00	451.337	3.46	0.00111	52978.6	
16	487	2454.3	45.70	481.426	3.49	0.00104	61706.7	
17	517	2449.4	50.64	511.516	3.52	0.00098	71295.3	
18	547	2444.3	55.74	541.071	3.55	0.00092	81578.8	85277.0
19	578	2438.8	61.16	571.130	3.58	0.00088	92968.2	
20	608	2433.2	66.84	601.190	3.60	0.00083	105323.0	
21	638	2427.2	72.75	631.249	3.63	0.00079	118681.0	

续表

时间/月	时间/d	p/psi	Δp/psi	t_D	p_D	p'_D	卡特-特雷西方法 W_e/bbl	范埃弗丁琴和赫斯特方法 W_e/bbl
22	669	2421.1	78.92	661.309	3.65	0.00076	133076.0	
23	699	2414.7	85.32	691.369	3.67	0.00072	148544.0	
24	730	2408.0	91.98	721.428	3.70	0.00069	165119.0	175522.0

2.3.6 费特科维奇(Fetkovich)方法

费特科维奇(Fetkovich)(1971)为一个有限含水层的径向和线性形态开发了一种描述近似水侵状态的方法。在很多情况下，这种模型得出的结果十分接近于使用范埃弗丁琴和赫斯特方法所确定的结果。有关的费特科维奇理论要简单得多，同时与卡特-特雷西方法一样，这种方法也不需要使用叠加。因此，它的应用要容易得多，而且这种方法也经常在数值模拟模型中应用。

费特科维奇模型基于这样一种假设：生产指数的概念足以描述一个有限含水层对一个油气藏的水侵。这就是说，水侵速率与含水层平均压力与油气藏-含水层边界压力之间的压降成正比。这种方法忽略了任何非稳定期的作用。因此，如果含水层-油气藏界面的压力变化很快，那么所预测的结果可能在一定程度上不同于比较可靠的范埃弗丁琴和赫斯特方法以及卡特-特雷西方法。然而在很多情况下，水前缘的压力是逐步变化的，因而这种方法能提供十分接近上述两种方法的结果。

这种方法是从两个简单的公式开始的。第一个是含水层的生产指数公式，类似于描述油气井的生产指数公式：

$$e_w=\frac{dW_e}{dt}=J(\bar{p}_a-p_r) \tag{2.36}$$

式中：e_w为含水层的水侵速率，bbl/d；J为含水层的生产指数，bbl/(d · psi)；$\bar{p}_a$为含水层平均压力，psi；p_r为含水层内边界压力，psi。

第二个公式是含水层对于稳定压缩系数的物质平衡方程，它所表述的是含水层的压力下降数量与含水层的水侵数量成正比，即：

$$W_e=c_tW_i(p_i-\bar{p}_a)f \tag{2.37}$$

式中：W_i为含水层中水的初始体积，bbl；c_t为含水层的总压缩系数(c_w+c_f)，psi^{-1}；p_i为含水层的初始压力，psi；f为$\theta/360$。

式(2.37)表明，如果$\bar{p}_a=0$就会出现最大水侵量，即：

$$W_{ei}=c_tW_ip_if \tag{2.38}$$

式中：W_{ei}为最大水侵量，bbl。

把式(2.38)与式(2.37)结合在一起可得出：

$$\bar{p}_a=p_i\left(1-\frac{W_e}{c_tW_ip_i}\right)=p_i\left(1-\frac{W_e}{W_{ei}}\right) \tag{2.39}$$

式(2.37)是一个简单的表达式，可用于确定从含水层向油气藏排出W_e桶水(即累计水侵量)后的含水层平均压力。

对于式(2.39)求取关于时间的微分可得：

$$\frac{dW_e}{dt}=-\frac{W_{ei}}{p_i}\frac{d\bar{p}_a}{dt} \tag{2.40}$$

费特科维奇把式(2.40)与式(2.36)结合起来并通过求积分得出了以下公式：

$$W_e = \frac{W_{ei}}{p_i}(p_i - p_r)\exp\left(\frac{-Jp_i t}{W_{ei}}\right) \tag{2.41}$$

式中：W_e为累计水侵量，bbl；p_r为油气藏压力，即油或气-水界面压力；t 为时间，d。

由于式(2.41)是为恒定的内边界压力推导的，所以不存在实际应用。如果要在边界压力不断随时间变化的情况下应用这种求解方法，就必须采用叠加技术。但费特科维奇没有采用叠加，而是指出如果把油气藏-含水层边界压力史分成有限数量的时间段，那么第 n 个时间段的增量水侵量就是：

$$(\Delta W_e)_n = \frac{W_{ei}}{p_i}[(\bar{p}_a)_{n-1} - (\bar{p}_r)_n]\left[1 - \exp\left(-\frac{Jp_i \Delta t_n}{W_{ei}}\right)\right] \tag{2.42}$$

这里的$(\bar{p}_a)_{n-1}$是上一个时步结束时的含水层平均压力。这一平均压力根据式(2.39)可以计算为：

$$(\bar{p}_a)_{n-1} = p_i\left(1 - \frac{(W_e)_{n-1}}{W_{ei}}\right) \tag{2.43}$$

油气藏边界平均压力$(\bar{p}_r)_n$是由下式估算的：

$$(\bar{p}_r)_n = \frac{(p_r)_n + (p_r)_{n-1}}{2} \tag{2.44}$$

有关计算中使用的生产指数 J 与含水层的形态有关。费特科维奇根据达西公式计算了有边界含水层的生产指数。Lee 和 Wattenbarger(1996)指出，只要油气藏在整个开采期有大体稳定的水侵速率与压降之比，费特科维奇方法就可以扩大应用于无限边界作用的含水层。下面的公式给出了不同含水层的生产指数 J：

(1) 含水层外边界类型为有限和无流动，径向流的 J 和线性流的 J 为：

$$J = \frac{0.00708khf}{\mu_w[\ln(r_D) - 0.75]} \qquad J = \frac{0.003381kwh}{\mu_w L} \tag{2.45}$$

(2) 水层外边界类型为有限和稳定压力，径向流的 J 和线性流的 J 为：

$$J = \frac{0.00708khf}{\mu_w[\ln(r_D)]} \qquad J = \frac{0.001127kwh}{\mu_w L} \tag{2.46}$$

(3) 水层外边界类型为无限，径向流的 J 和线性流的 J 为：

$$J = \frac{0.00708khf}{\mu_w[\ln(a/r_e)]} \qquad a = \sqrt{0.0142kt/(\phi\mu_w c_t)} \qquad J = \frac{0.001kwh}{\mu_w\sqrt{0.0633kt/(\phi\mu_w c_t)}} \tag{2.47}$$

式中：w 为线性含水层的宽度，ft；L 为线性含水层的长度，ft；r_D为无量纲半径，r_a/r_e；k 为含水层的渗透率，mD；t 为时间，d；θ 为水侵入角度；h 为含水层的厚度；f 为 $\theta/360$。

下面的步骤介绍了利用费特科维奇模型预测累计水侵量的具体做法：

第 1 步，由以下公式计算含水层的初始水体积：

$$W_i = \frac{\pi}{5.615}(r_a^2 - r_e^2)h\Phi$$

第 2 步，应用式(2.38)计算可能的最大水侵量，即：

$$W_{ei} = c_t W_i p_i f$$

第 3 步，根据边界条件和含水层形态计算生产指数第 4 步，应用式(2.42)计算含水层在第 n 个时段的增量水侵量$(\Delta W_e)_n$。例如在第一个时段 Δt_1：

$$(\Delta W_e)_1=\frac{W_{ei}}{p_i}[p_i-(\bar{p}_r)_1]\left[1-\exp\left(\frac{-Jp_i\Delta t_1}{W_{ei}}\right)\right]$$

其中：

$$(\bar{p}_r)_1=\frac{p_i+(p_r)_1}{2}$$

对于第二个时段 Δt_2:

$$(\Delta W_e)_2=\frac{W_{ei}}{p_i}[(\bar{p}_a)-(\bar{p}_r)_2]\left[1-\exp\left(\frac{-Jp_i\Delta t_2}{W_{ei}}\right)\right]$$

这里的$(\bar{p}_a)_1$是第一时段结束并把$(\Delta W_e)_1$桶水从含水层流到油气藏时的含水层平均压力。根据式(2.43)：

$$(\bar{p}_a)_1=p_i\left(1-\frac{(\Delta W_e)_1}{W_{ei}}\right)$$

第 5 步，计算任何时段结束时的累计(总)水侵量：

$$W_e=\sum_{i=1}^{n}(\Delta W_e)_i$$

【示例 2.10】

对于以下的油气藏-含水层和边界压力数据(数据来源：Dake，L. P.，1978. Fundamentals of Reservoir Engineering，Elsevier，Amsterdam)(见表 2.25)，用费特科维奇方法计算作为时间函数的水侵量：$p_i=2740$psi；$h=100$ft；$c_t=7\times10^{-6}\text{psi}^{-1}$；$\mu_w=0.55$cP；$k=200$mD；$\theta=140°$；油气藏面积=40363acre；含水层面积=1000000acre。

表 2.25　油气藏-含水层和边界压力数据

时间/d	p_r/psi
0	2740
365	2500
730	2290
1095	2109
1460	1949

图 2.17 显示的是水侵角度为 140°的楔形油气藏-含水层系统。

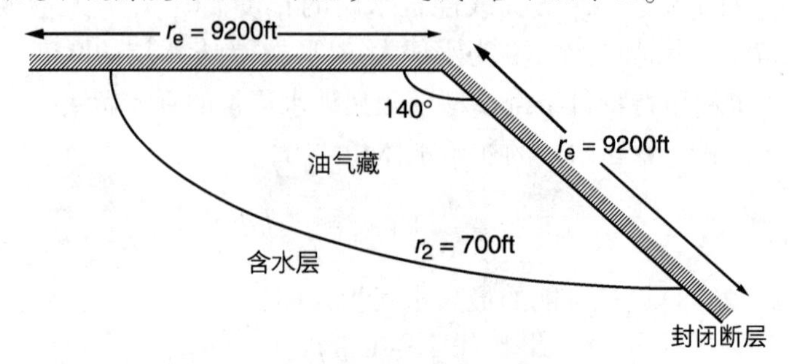

图 2.17　示例 2.10 的含水层-油气藏形态

解答：

第 1 步，计算油气藏半径 r_e：

$$r_e=\left(\frac{\theta}{360}\right)\sqrt{\frac{43.560A}{\pi}}=\left(\frac{140}{360}\right)\sqrt{\frac{(43.560)(2374)}{\pi}}=9200(\mathrm{ft})$$

第 2 步，计算对应含水层的半径 r_a：

$$r_a=\left(\frac{140}{360}\right)\sqrt{\frac{(43.560)(1000000)}{\pi}}=46000(\mathrm{ft})$$

第 3 步，计算无量纲半径 r_D：

$$r_D=\frac{r_a}{r_p}=\frac{46000}{9200}=5$$

第 4 步，计算含水层的初始水体积 W_i：

$$W_i=\frac{\pi(r_a^2-r_e^2)h\theta}{5.615}$$

$$=\frac{\pi(46000^2-9200^2)(100)(0.25)}{5.615}$$

$$=28.41\times10^9(\mathrm{bbl})$$

第 5 步，由式(2.38)计算 W_{ie}：

$$W_{ei}=c_tW_ip_if$$

$$=7\times10^{-6}(28.41\times10^9)(2740)\left(\frac{140}{360}\right)$$

$$=211.9\times10^9(\mathrm{bbl})$$

第 6 步，由式(2.45)计算径向含水层的生产指数 J：

$$J=\frac{0.00708(200)(100)(140/360)}{0.55\ln(5)}=116[\mathrm{bbl/(d\cdot psi)}]$$

因此：

$$\frac{Jp_i}{W_{ei}}=\frac{(116.5)(2740)}{211.9\times10^6}=1.506\times10^{-3}$$

由于时段固定为 365d，所以：

$$1-e^{(-Jp_i\Delta t/W_{ei})}=1-e^{(-1.506\times103\times365)}=0.4229$$

代入式(2.43)可得：

$$(\Delta W_e)_n=\frac{W_{ei}}{p_i}[(\bar{p}_a)_{n-1}-(\bar{p}_r)_n]\times\left[1-\exp\left(-\frac{Jp_i\Delta t_n}{W_{ei}}\right)\right]$$

$$=\frac{2119\times10^6}{2740}[(\bar{p}_a)_{n-1}-(\bar{p}_r)_n](0.4229)$$

$$=32705[(\bar{p}_a)_{n-1}-(\bar{p}_r)_n]$$

第 7 步，如表 2.26 所示，计算累计水侵量：

表 2.26 累计水侵量计算结果

n	t/d	p_r	$(\bar{p}_r)_n$	$(\bar{p}_a)_{n-1}$	$(\bar{p}_a)_{n-1}-(\bar{p}_r)_n$	$(\Delta W_e)_n/10^6$bbl	$W_e/10^6$bbl
0	0	2740	2740				

续表

n	t/d	p_r	$(\bar{p}_r)_n$	$(\bar{p}_a)_{n-1}$	$(\bar{p}_a)_{n-1}-(\bar{p}_r)_n$	$(\Delta W_e)_n/10^6$bbl	$W_e/10^6$bbl
1	365	2500	2620	2740	120	3. 925	3. 925
2	730	2290	2395	2689	294	9. 615	13. 540
3	1095	2109	2199	2565	366	11. 970	25. 510
4	1460	1949	2029	2409	381	12. 461	37. 971

2.4 习题

(1) 习题1

水侵角度为50°，计算油-水接触面上200psi压降所产生的累计水侵量。这一油气藏-含水层系统具有以下性质(见表2. 27)：

表2. 27 油气藏-含水层系统的性质参数

指标	油气藏	含水层
半径/ft	6000	20000
孔隙度	0. 18	0. 15
c_{fi}/psi^{-1}	4×10^{-6}	3×10^{-6}
c_{wi}/psi^{-1}	5×10^{-6}	4×10^{-6}
h/ft	25	20

(2) 习题2

有一个活跃水驱油藏正在稳态流动条件下开采。下面是有关数据：p_i = 4000psi；p = 3000psi；Q_o = 40000STB/d；B_o = 1. 3bbl/STB；气-油比 = 700ft^3(标)/STB；R_s = 500ft^3(标)/STB；Z=0. 82；T=140°F；Q_w=0；B_w = 1. 0bbl/STB。要求计算有关的斯奇尔瑟斯(Schilthuis)水侵常数。

(3) 习题3

下面是一个水驱油藏的压力史(见表2. 28)：

表2. 28 一个水驱油藏的压力史

t/d	p/psi
0	4000
120	3950
220	3910
320	3880
420	3840

有关的含水层处于稳态流动条件，其估算的水侵常数是80bbl/(d · psi)。利用斯奇尔瑟斯稳态模型，计算和标绘作为时间函数的累计水侵量。

(4) 习题4

一个水驱油气藏具有以下边界压力史(见表2. 29)：

表 2.29　一个水驱油气藏的边界压力史

时间/月	边界压力/psi
0	2610
6	2600
12	2580
18	2552
24	2515

这一含水层–油气藏系统有以下特征数据(见表 2.30)：

表 2.30　含水层–油气藏系统的特征数据

指标	油气藏	含水层
半径/ft	2000	∞
h/ft	25	20
k/mD	60	80
ϕ,%	17	18
μ_{wi}/cP	0.55	0.85
c_{wi}/psi^{-1}	0.7×10^{-6}	0.8×10^{-6}
c_{fi}/psi^{-1}	0.2×10^{-6}	0.3×10^{-6}

如果水侵角度是 360°，请用以下方法计算作为时间函数是水侵量：范埃弗丁琴和赫斯特方法、卡特–特雷西方法。

(5) 习题 5

下面列表归纳了西得克萨斯油藏现有的原始数据(见表 2.31)：

表 2.31　西得克萨斯油藏现有的原始数据

指标	油层	含水层
形态	圆形	半圆形
面积/acre	640	无限
初始储层压力/psi(绝)	4000	4000
初始含油饱和度	0.80	0
孔隙度,%	22	
B_{oi}/(bbl/STB)	1.36	
B_{wi}/(bbl/STB)	1.00	1.05
c_{oi}/psi	6×10^{-6}	
c_{wi}/psi^{-1}	3×10^{-6}	7×10^{-6}

从这些含水层数据估算，水侵常数为 551bbl/psi。开采 1120d 后，该油藏的平均压力已降至 3800psi，而采出的油有 860000STB。

下面是开采 1120d 后该油藏的状况：$p=3800\text{psi}$；$N_p=860000\text{STB}$；$B_o=1.34\text{bbl/STB}$；$B_w=1.05\text{bbl/STB}$；$W_e=991000\text{bbl}$；$t_D=32.99$(1120d 后的无量纲时间)；$W_p=0\text{bbl}$。

预期到 1520d(从开始开采算起)后，平均油藏压力将降至 3400psi。要求计算 1520d 后的累计水侵量。

（6）习题 6

一个水侵角度为 60°的楔形油气藏-含水层系统具有以下边界压力史(见表 2.32)：

表 2.32　一个水侵角度为 60°的楔形油气藏-含水层系统的边界压力史

时间/d	边界压力/psi
0	2850
365	2610
730	2400
1095	2220
1460	2060

下面是含水层的数据：$h=120\text{ft}$；$c_f=5\times10^{-6}\text{psi}^{-1}$；$c_w=4\times10^{-6}\text{psi}^{-1}$；$\mu_w=0.7\text{cP}$；$k=60\text{mD}$；$\phi=12\%$；油气藏面积=40000acre；含水层面积=980000acre；$T=140^{\circ}\text{F}$。

使用以下方法计算作为时间函数的累计水侵量：范埃弗丁琴和赫斯特方法、卡特-特雷西方法、费特科维奇方法。

第3章 非常规气藏

天然气藏的有效开发与开采取决于对储集层特性及生产井动态的认识。预测气藏和生产井的未来开采量是气田经济分析中最重要的内容，它是制定下一步开发方案和投资计划的基础。为了预测气田及其现有生产井的生产动态，必须先识别天然气开采的能量来源，并评价其对气藏开采动态的贡献。

本章的目的是介绍可用于评估和预测以下内容的方法：垂直井和水平井的生产动态；常规和非常规气田的生产动态。

3.1 垂直气井动态

要确定一口气井的产能系数，需要知道流入气量与井底流压的关系。这一流入动态关系式(IPR)可根据达西方程的适当解来建立。达西方程的解取决于储层中的流体流动状态或称流态。

当一口气井在关井一段时间后开井生产时，储层中的气体流动会表现出不稳定的特征，直到气井泄气边界上的压力开始降低为止。接着，流动特性要经过一个短暂的过渡时期，然后进入并保持稳定或半稳定(拟稳定)状态。本章的目的是描述经验表达式和解析表达式，用于在拟稳定流状态下建立流入动态关系式。

3.1.1 层流(黏滞流)状态下的气体流动

前文中的式(1.149)给出了拟稳定流状态下可压缩流体的微分形式达西方程的准确解，其表达式如下：

$$Q_g=\frac{kh[\bar{\psi}_r-\psi_{wf}]}{1422T[\ln(r_e/r_w)-0.75+s]} \tag{3.1}$$

$$\bar{\psi}_r=m(\bar{p}_r)=2\int_0^{\bar{p}_r}\frac{p}{\mu Z}dp$$

$$\psi_{wf}=m(p_{wf})=2\int_0^{p_{wf}}\frac{p}{\mu Z}dp$$

式中：Q_g为天然气流量，$10^3ft^3/d$(标)；k 为渗透率，mD；$m(\bar{p}_r)=(\bar{\psi}_r)$= 储层平均真实气体拟压力，$psi^2/cP$；$T$ 为温度，°R；s 为表皮系数；h 为厚度；r_e为泄气半径；r_w为井筒半径。

注意，形状因子 C_A用于考虑泄气面积偏离理想圆形的影响，已在第1章中介绍过，而且其数值已在表1.14中列出，把它引入达西方程可得：

$$Q_g=\frac{kh[\bar{\psi}_r-\psi_{wf}]}{1422T[\frac{1}{2}\ln(4A/1.781C_Ar_w^2)+s]}$$

$$A=\pi r_e^2$$

式中：A 为泄气面积，ft^2；C_A为表1.14中所列的形状因子的数值。

例如，一个圆形泄气面积的形状因子为31.62，即 C_A=31.62，如在表1.14中所示，利用这个参数可以把上述方程式简化为(3.1)。

气井的生产指数 J 可以用类似于油井的方式来表达，其定义为单位压降的产量：

$$J=\frac{Q_g}{[\bar{\psi}_r-\psi_{wf}]}=\frac{kh}{1422T[\frac{1}{2}\ln(4A/1.781C_A r_w^2)+s]}$$

对于最常用的流动几何形态，即圆形泄气气面积，上述方程被简化为：

$$J=\frac{Q_g}{\bar{\psi}_r-\psi_{wf}}=\frac{kh}{1422T[\ln(r_e/r_w)-0.75+s]} \tag{3.2}$$

或者：

$$Q_g=J(\bar{\psi}_r-\psi_{wf}) \tag{3.3}$$

通过设定 $\psi_{wf}=0$ 计算绝对无阻流量(AOF)，即最大天然气产量$(Q_g)_{max}$，可得：

$$AOF=(Q_g)_{max}=J(\bar{\psi}_r-0)$$

或者：

$$AOF=(Q_g)_{max}=J\bar{\psi}_r \tag{3.4}$$

式中：J 为生产指数，$10^3ft^3/[d(标)\cdot(d\cdot psi^2\cdot cP)]$；$(Q_g)_{max}$为最大天然气产量，$10^3ft^3/d$(标)；AOF 为绝对无阻流量，$10^3ft^3/d$(标)。

式(3.3)可以用一个线性关系式来表达：

$$\psi_{wf}=\bar{\psi}_r-\left(\frac{1}{J}\right)Q_g \tag{3.5}$$

式(3.5)说明，绘制 ψ_{wf}与 Q_g的关系曲线图所得为一条斜率为 $1/J$ 和截距为 $\bar{\psi}_r$ 的直线，如图 3.1 所示。如果有两个不同的稳定流量可供利用，那么这条直线可进行外推，并确定其斜率，以估算 AOF、J 和 $\bar{\psi}_r$ 。

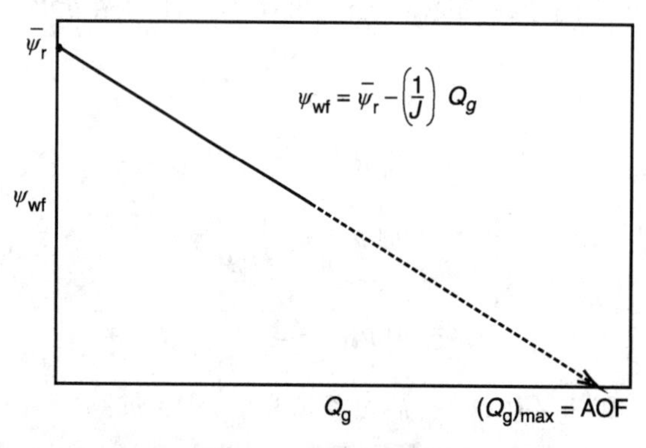

图 3.1　气井稳态流

式(3.1)也可以用积分的形式来表达：

$$Q_g=\frac{kh}{1422T[\ln(r_e/r_w)-0.75+s]}\int_{p_{wf}}^{\bar{p}_r}\left(\frac{2p}{\mu_g Z}\right)dp \tag{3.6}$$

注意，$(p/\mu_g Z)$直接与$(1/\mu_g B_g)$成比例，式中 B_g为天然气地层体积系数，其定义如下：

$$B_g=0.00504\frac{ZT}{p} \tag{3.7}$$

式中：B_g为天然气地层体积系数，bbl/ft³(标)；Z 为天然气压缩系数；T 为温度，°R。

采用式(3.7)中 B_g来表达，式(3.6)可写成：

$$\frac{p}{ZT}=\frac{0.00504}{B_g}$$

按照下列形式整理式(3.7)得:

$$Q_g=\frac{kh}{1422T[\ln(r_e/r_w)-0.75+s]}\int_{p_{wf}}^{\bar{p}_r}\left(\frac{2p}{\mu_g}\frac{p}{TZ}\right)\mathrm{d}p$$

把以上两式合并得:

$$Q_g=\left[\frac{7.08(10^{-6})kh}{\ln(r_e/r_w)-0.75+s}\right]\int_{p_{wf}}^{\bar{p}_r}\left(\frac{1}{\mu_g B_g}\right)\mathrm{d}p \tag{3.8}$$

式中:Q_g为天然气产量,$10^3ft^3/d$(标);μ_g为天然气的黏度,cP;k为渗透率,mD。

图3.2显示了天然气压力函数($2p/\mu Z$)和($1/\mu_g B_g$)与压力的标准曲线图。式(3.6)和式(3.8)中的积分项代表$\bar{p}_r$与p_{wf}关系曲线之下的面积。如图3.2所示,这个压力函数显示了以下三个明显的压力应用区域。

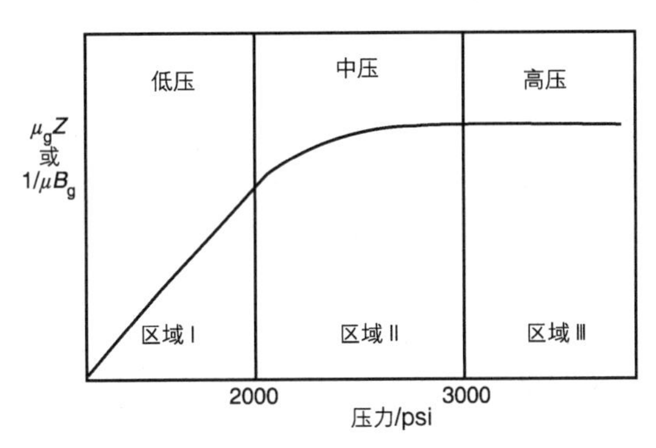

图3.2 天然气PVT数据

3.1.1.1 高压区

当井底流压p_{wf}和平均地层压力$\bar{p}_r$均高于3000psi,压力函数($2p/\mu Z$)和($1/\mu_g B_g$)接近恒定的,如图3.2中的区域Ⅲ所示。这一观察结果说明,式(3.8)中的压力项($1/\mu_g B_g$)可作为一常数移出积分项,得出:

$$Q_g=\left[\frac{7.08(10^{-6})kh}{\ln(r_e/r_w)-0.75+s}\right]\left(\frac{1}{\mu_g B_g}\right)\int_{p_{wf}}^{\bar{p}_r}\mathrm{d}p$$

或者:

$$Q_g=\frac{7.08(10^{-6})kh(\bar{p}_r-p_{wf})}{(\mu_g B_g)_{avg}[\ln(r_e/r_w)-0.75+s]} \tag{3.9}$$

气体黏度μ_g和地层体积系数B_g应该在平均压力p_{avg}下进行评价,其表达式如下:

$$p_{avg}=\frac{\bar{p}_r+p_{wf}}{2} \tag{3.10}$$

由式(3.9)确定天然气产量的方法通常称之为“压力近似法”。需指出的是,生产指数J不能引入式(3.9),因为该方程式只有在p_{wf}和$\bar{p}_r$大于3000psi时才能成立。注意,通过把形状因子C_A引入式(3.9),可以把偏离圆形泄气面积的情况作为一个附加表皮因子来处理,其表达式如下:

$$Q_g=\frac{7.08(10^{-6})kh(\bar{p}_r-p_{wf})}{(\mu_g B_g)_{avg}[\frac{1}{2}\ln(4A/1.781C_A r_w^2)+s]}$$

3.1.1.2　中压区

在2000~3000psi的压力区间内，压力函数曲线显示清晰的曲率。当井底流压和平均地层压力均在2000~3000psi之间时，在天然气产量计算中应采用拟压力法(即式(3.1)：

$$Q_g=\frac{kh[\bar{\psi}_r-\psi_{wf}]}{1422T[\ln(r_e/r_w)-0.75+s]}$$

在泄气面积不是圆形的情况下，应当对上述流量计算方程式进行修改，把形状因子 C_A 和泄气面积纳入进来，得出：

$$Q_g=\frac{kh[\bar{\psi}_r-\psi_{wf}]}{1422T[\frac{1}{2}\ln(4A/1.781C_A r_w^2)+s]}$$

3.1.1.3　低压区

在低压(通常低于2000psi)情况下，压力函数($2p/\mu Z$)和($1/\mu_g B_g$)与压力呈现出一种线性关系，如图3.2所示，被标注为区域Ⅰ中。Golan和Whitson(1986)指出，在对低于2000psi的任何压力进行评价时，积($\mu_g Z$)基本上是恒定的。把这一观察结果纳入式(3.6)，并对其进行积分可得：

$$Q_g=\frac{kh}{1422T[\ln(r_e/r_w)-0.75+s]}\left(\frac{2}{\mu_g Z}\right)\int_{p_{wf}}^{\bar{p}_r}p\,dp$$

或者：

$$Q_g=\frac{kh(\bar{p}_r^2-p_{wf}^2)}{1422T(\mu_g Z)_{avg}[\ln(r_e/r_w)-0.75+s]} \tag{3.11}$$

而对于非圆形泄气面积，则：

$$Q_g=\frac{kh(\bar{p}_r^2-p_{wf}^2)}{1422T(\mu_g Z)_{avg}[\frac{1}{2}\ln(4A/1.781C_A r_w^2)+s]}$$

式中：Q_g为天然气产量，10^3ft^3(标)/d；k为渗透率，mD；T为温度，°R；Z为压缩因子；μ_g为气体黏度，cP。

建议在平均压力下评价Z因子和天然气黏度，这个平均压力p_{avg}的定义为：

$$p_{avg}=\sqrt{\frac{\bar{p}_r^2+p_{wf}^2}{2}}$$

应当指出，在本章剩下的部分里，设定生产井的泄气面积是圆形的，其形状因子为31.16。由式(3.11)计算天然气产量的方法被称为“压力平方近似法”。如果$\bar{p}_r$和p_{wf}都低于2000psi，式(3.11)可以用生产指数J来表示：

$$Q_g=J(\bar{p}_r^2-p_{wf}^2) \tag{3.12}$$

其中：

$$(Q_g)_{max}=AOF=J\bar{p}_r^2 \tag{3.13}$$

$$J=\frac{kh}{1422T(\mu_g Z)_{avg}[\ln(r_e/r_w)-0.75+s]} \tag{3.14}$$

【示例 3.1】

从一个干气藏中所采集天然气样品的 PVT 特性见表 3.1：

表 3.1 干气藏中所采集天然气样品的 PVT 特性

p/psi	μ_g/cP	Z	ψ/(psi^2/cP)	B_g/[bbl/ft^3(标)]
0	0.01270	1.000	0	
400	0.01286	0.937	13.2×10^6	0.007080
1200	0.01530	0.832	113.1×10^6	0.002100
1600	0.01680	0.794	198.0×10^6	0.001500
2000	0.01840	0.770	304.0×10^6	0.001160
3200	0.02340	0.797	678.0×10^6	0.000750
3600	0.02500	0.827	816.0×10^6	0.000695
4000	0.02660	0.860	950.0×10^6	0.000650

气藏在拟稳定状态下产气，已知的数据还有：$k=0.025$mD；$h=15$ft；$T=600°$R；$r_e=1000$ft；$r_w=0.25$ft；$s=-0.4$。

计算下列条件下的天然气产量：(1) $\bar{p}_r=4000$psi，$p_{wf}=3200$psi；(2) $\bar{p}_r=2000$psi，$p_{wf}=1200$psi。采用合适的近似方法，并把计算结果与精确解进行对比。

解答：

(1) 计算 $\bar{p}_r=4000$psi 和 $p_{wf}=3200$psi 时的 Q_g 值：

第 1 步，选择近似计算方法。由于 $\bar{p}_r$ 和 p_{wf} 均大于 3000psi，因而选用压力近似法，即式(3.9)。

第 2 步，计算平均压力，确定相应的气体特性。

$$\bar{p}=\frac{4000+3200}{2}=3600(\text{psi})$$

$$\mu_g=0.025(\text{cP}),\quad B_g=0.000695[\text{bbl/ft}^3(\text{标})]$$

第 3 步，由式(3.9)计算天然气产量：

$$Q_g=\frac{7.08(10^{-6})kh(\bar{p}_r-p_{wf})}{(\mu_g B_g)_{avg}[\ln(r_e/r_w)-0.75+s]}$$

$$=\frac{7.08(10^{-6})(65)(15)(4000-3200)}{(0.025)(0.000695)[\ln(1000/0.25)-0.75-0.4]}$$

$$=44490\times10^3[\text{ft}^3(\text{标})/\text{d}]$$

第 4 步，利用拟压力方程式即式(3.1)重新计算 Q_g 得：

$$Q_g=\frac{kh(\bar{\psi}_r-\psi_{wf})}{1422T[\ln(r_e/r_w)-0.75+s]}$$

$$=\frac{(65)(15)(950.0-678.0)10^{-6}}{(1422)(600)[\ln(1000/0.25)-0.75-0.4]}$$

$$=43509\times10^3[\text{ft}^3(\text{标})/\text{d}]$$

对比压力近似法与拟压力法的计算结果，可以看出，采用“压力法”可以近似计算天然气产量，所得结果的绝对误差只有 2.25%。

(2) 计算 $\bar{p}_r=2000$psi 和 $p_{wf}=1200$psi 时的 Q_g 值：

第 1 步，选择合适的近似计算方法。由于 $\bar{p}_r$ 和 $p_{wf} \leqslant 2000$psi，因而选择压力平方近似法。

第 2 步，计算平均压力及其对应的 μ_g 和 Z：

$$Q_g = \frac{kh(\bar{p}_r^2 - p_{wf}^2)}{1422T(\mu_g Z)_{avg}[\ln(r_e/r_w) - 0.75 + s]}$$

$$= \frac{(65)(15)(2000^2 - 1200^2)}{1422(600)(0.017)(0.791)[\ln(1000/0.25) - 0.75 - 0.4]}$$

$$= 30453 \times 10^3 [\text{ft}^3(\text{标})/\text{d}]$$

$$\bar{p} = \sqrt{\frac{2000^2 + 1200^2}{2}} = 1649(\text{psi})$$

$$\mu_g = 0.17(\text{cP}),\ Z = 0.791$$

第 3 步，利用压力平方法即式(3.11)计算 Q_g 得：

$$Q_g = \frac{kh(\bar{p}_r^2 - p_{wf}^2)}{1422T(\mu_g Z)_{avg}[\ln(r_e/r_w) - 0.75 + s]}$$

$$= \frac{(65)(15)(2000^2 - 1200^2)}{1422(600)(0.017)(0.791)[\ln(1000/0.25) - 0.75 - 0.4]}$$

$$= 30453 \times 10^3 [\text{ft}^3(\text{标})/\text{d}]$$

第 4 步，利用真实气体拟压力的列表值，利用式(3.1)计算准确的 Q_g 得：

$$Q_g = \frac{kh[\bar{\psi}_r - \psi_{wf}]}{1422T[\ln(r_e/r_w) - 0.75 + s]}$$

$$= \frac{(65)(15)(304.0 - 113.1)10^6}{(1422)(600)[\ln(1000/0.25) - 0.75 - 0.4]}$$

$$= 30536 \times 10^3 [\text{ft}^3(\text{标})/\text{d}]$$

对比这两种方法的结算结果，可以看出，由压力平方近似法所计算天然气产量的平均绝对误差只有 0.27%。

3.1.2 湍流状态下的气体流动

本章截至目前所呈现的所有数学方程式均基于一个假设，即在天然气流动过程中观察到的是层流(黏滞流动)状态。在径向流动过程中，越接近井筒，流速越大。天然气流速增加会在近井筒地带形成湍流。假如湍流的确存在，那么与机械表皮效应相似，它也会造成额外的压降。

正如第 1 章中式(1.163)~式(1.165)所示，可压缩流体的半稳定状态流动方程可加以修正，以便考虑因湍流而额外产生的压降，方法是在方程中纳入取决于流量的表皮因子 DQ_g。其中的 D 被称之为湍流因子。由此得出的拟稳定流方程有以下三种形式：

(1) 压力平方近似方程式：

$$Q_g = \frac{kh(\bar{p}_r^2 - p_{wf}^2)}{1422T(\mu_g Z)_{avg}[\ln(r_e/r_w) - 0.75 + s + DQ_g]} \tag{3.15}$$

其中，D 为惯性或湍流因子，由式(1.159)来表述的表达式为：

$$D = \frac{Fkh}{1422T} \tag{3.16}$$

并且，非-达西流动系数 F 被式(1.155)定义为：

$$F=3.161(10^{-12})\left[\frac{\beta T\gamma_g}{\mu_g h^2 r_w}\right] \tag{3.17}$$

式中：F 为非达西流动系数；k 为渗透率，mD；T 为温度，°R；γ_g 为气体相对密度；r_w 为井筒半径；h 为厚度，ft；β 为式(1.156)给出的湍流参数，$\beta=1.88(10^{-10})k^{-1.47}\phi^{-0.53}$；$\phi$ 为孔隙度。

(2) 压力近似方程式：

$$Q_g=\frac{7.08(10^{-6})kh(\bar{p}_r-p_{wf})}{(\mu_g B_g)_{avg}T[\ln(r_e/r_w)-0.75+s+DQ_g]} \tag{3.18}$$

(3) 真实气体拟压力方程式：

$$Q_g=\frac{kh(\bar{\psi}_r-\psi_{wf})}{1422T[\ln(r_e/r_w)-0.75+s+DQ_g]} \tag{3.19}$$

式(3.15)、式(3.18)和式(3.19)实质上是以 Q_g 表示的二次表达式，因此它们并不是计算天然气产量的显式表达式。有两种独立的经验方法可用于解决气井中的湍流计算问题。这两种处理方法各自都有不同程度的近似，都是直接从上述的三种拟稳态方程式推导而成，即式(3.15)~式(3.17)。这两种处理方法被称为：简化的处理方法和层状-惯性-湍流(LIT)处理方法。下面介绍气流方程的这两种经验处理方法。

3.1.2.1　简化处理方法

根据对大量气井的流量数据分析，Rawlins 和 Schellhardt(1936)认为，天然气产量和压力可以压力平方的方式[即式(3.11)]来表达，方法是通过引入一个指数 n 来考虑由湍流产生的额外压降，其表达式如下：

$$Q_g=\frac{kh}{1422T(\mu_g Z)_{avg}[\ln(r_e/r_w)-0.75+s]}[\bar{p}_r^2-p_{wf}^2]^n$$

在上式中引入一个定义如下的动态系数 C：

$$C=\frac{kh}{1422T(\mu_g Z)_{avg}[\ln(r_e/r_w)-0.75+s]}$$

得出：

$$Q_g=C[\bar{p}_r^2-p_{wf}^2]^n \tag{3.20}$$

式中：n 为指数；C 为动态系数，10^3ft^3(标)/(d · psi^2)。

指数 n 用于反映由于高速气流(即湍流)造成的额外压力下降。根据流动状态，指数 n 的数值可以在完全层流的 1.0 到完全湍流的 0.5 之间变化，即 $0.5 \leqslant n \leqslant 1.0$。

在式(3.20)中引入动态系数 C 是为了考虑以下因素：储集岩特性、流体特性、储层流动几何形态。

应该指出的是，式(3.20)基于以下假设，即气流符合达西方程所要求的拟稳定或稳定流动状态。该流动状态意味着气井已经形成了恒定的泄气半径 r_e，从而动态系数 C 应该保持恒定。另外，在不稳定(不稳定)流动状态下，气井的泄气半径一直在发生变化。

式(3.20)通常被称为产能方程或回压方程。如果该方程式的系数(即 n 和 C)可以确定，那么在任何井底流压 p_{wf} 下，天然气产量 Q_g 都是可以计算的，而且 IPR 曲线也是可以建立的。现对式(3.20)两边同时取对数得：

$$\log(Q_g)=\log(C)+n\log(\bar{p}_r^2-p_{wf}^2) \tag{3.21}$$

式(3.21)说明，在双对数坐标系上 Q_g 与($\bar{p}_r{}^2-p_{wf}{}^2$)的关系曲线应该是一条斜率为 n 的直线。在天然气工业中，传统上是在对数坐标系中绘制（$\bar{p}_r^{\ 2}-p_{wf}^{\ 2}$）与 Q_g 的关系曲线，所得曲线是斜率为 $1/n$ 的直线。如图 3.3 示意性显示的曲线被作为产能曲线图或回压曲线图。

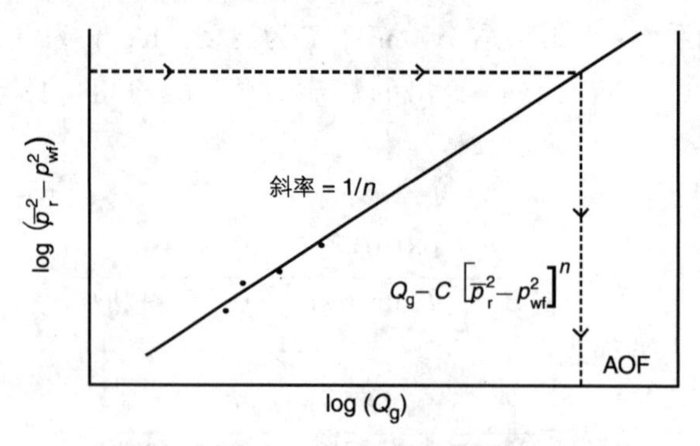

图 3.3　气井产能曲线图

在该直线上任意选取两个点［即（Q_{g1}，$\Delta p_1^{\ 2}$）和（Q_{g2}，$\Delta p_2^{\ 2}$）］，就可以由以下方程式计算产能指数 n：

$$n=\frac{\log(Q_{g1})-\log(Q_{g2})}{\log(\Delta p_1^2)-\log(\Delta p_2^2)} \tag{3.22}$$

在给定 n 的情况下，根据该直线上的任何一个点的坐标，都可用由下式来计算动态系数 C：

$$C=\frac{Q_g}{(\bar{p}_r^2-p_{wf}^2)^n} \tag{3.23}$$

传统上，回压方程或其他经验方程的系数都是通过分析气井试井数据确定的。六十多年来，石油工业界一直在采用产能试井结果来描述和确定气井的最大产量（flow potential）。产能试井一般有三种类型：常规产能（回压）试井、等时试井、改进的等时试井。

这些产能试井基本上都是让气井以不同的流量生产，并随时间测定井底流压。在对所记录的数据进行正确的分析后，就有可能确定气井的最大产量并建立气井的流入动态关系式（IPRs）。本章后面将讨论产能试井，以便介绍在试井数据分析中所用的基本方法。

3.1.2.2　层流-惯性-湍流（LIT）处理方法

本质上，这种方法是基于由达西流动（层流）所产生的压降和湍流所产生的额外压降来表示总压降。其表达式如下：

$$(\Delta p)_{总}=(\Delta p)_{层流}+(\Delta p)_{湍流}$$

由式（3.15）、式（3.18）和式（3.19）表示的三种半稳定状态方程，即拟压力、压力平方以及压力方法，可以按照二次型的方式进行整理，其目的是把“层流”和“惯性-湍流”项分离，并按照以下的方式来表述这些方程式。

（1）压力平方二次型

式（3.15）可以简化为：

$$Q_g=\frac{kh(\bar{p}_r^2-p_{wf}^2)}{1422T(\mu_g Z)_{avg}[\ln(r_e/r_w)-0.75+s+DQ_g]}$$

整理该方程式可得：

$$\bar{p}_r^2-p_{wf}^2=aQ_g+bQ_g^2 \tag{3.24}$$

其中：

$$a=\left(\frac{1422T\mu_{g}Z}{kh}\right)\left[\ln\left(\frac{r_{e}}{r_{w}}\right)-0.75+s\right] \tag{3.25}$$

$$b=\left(\frac{1422T\mu_{g}Z}{kh}\right)D \tag{3.26}$$

式中：a 为层流系数；b 为惯性-湍流系数；Q_g为天然气产量，10^3ft^3/d(标)；Z 为气体的偏差系数；k 为渗透率，mD；μ_g为气体黏度，cP。

式(3.24)说明，方程式右侧的第一项(即 aQ_g)，即代表由于层流(达西流)而产生的压降，而右侧的第二项 bQ_g^2(译者注：原文中为 aQ_g，可能是印刷错误)代表因湍流而产生的压降。

式(3.26)中的 aQ_g项表示因层流产生的压力平方下降，而 bQ_g^2项则表示因惯性-湍流效应而产生的压力平方下降。

式(3.24)两侧同时除以 Q_g可变形为：

$$\frac{\bar{p}_{r}^{2}-p_{wf}^{2}}{Q_{g}}=a+bQ_{g} \tag{3.27}$$

在笛卡尔坐标系上绘出($\bar{p}_r^{\ 2}-p_{wf}^{\ 2}$)/2 与 Q_g的关系曲线，就可以确定系数 a 和 b。所绘制的关系曲线应当是一条直线，其斜率就是 b，而其截距就是 a。如在本章后面所述，产能试井数据可用于建立图 3.4 所示的线性关系曲线。

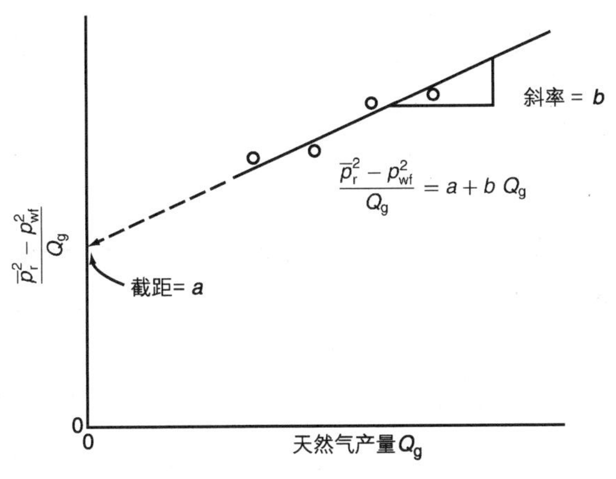

图 3.4　压力平方数据图

如果已知 a 和 b，通过解二次流方程[即式(3.24)]，就可以由下式得出任一 p_{wf}下的 Q_g值：

$$Q_{g}=\frac{-a+\sqrt{a^{2}+4b(\bar{p}_{r}^{2}-p_{wf}^{2})}}{2b} \tag{3.28}$$

另外，假定多个 p_{wf}值，并由式(3.28)计算出相应的 Q_g，就可以建立当前地层压力 $\bar{p}_r$ 下气井当前的 IPR。应该指出的是，在建立式(3.24)时作出了以下假设：流动是单相的；地层是均质和各向同性的；渗透率与压力无关；气体黏度与压缩系数之积[即($\mu_g Z$)]是恒定的。建议在压力低于 2000psi 的情况下使用该方法。

(2) 压力二次型

压力近似方程，即式(3.18)可以经整理以下面的二次型来达：

$$Q_{g}=\frac{7.08(10^{-6})kh(\bar{p}_{r}-p_{wf})}{(\mu_{g}B_{g})_{avg}T[\ln(r_{e}/r_{w})-0.75+s+DQ_{g}]}$$

整理得：

$$\overline{p}_{r}-p_{wf}=a_1Q_g+b_1Q_g^2 \tag{3.29}$$

其中：

$$a_1=\frac{141.2(10^{-3})(\mu_gB_g)}{kh}\left[\ln\left(\frac{r_e}{r_w}\right)-0.75+s\right] \tag{3.30}$$

$$b_1=\left[\frac{141.2(10^{-3})(\mu_gB_g)}{kh}\right]D \tag{3.31}$$

a_1Q_g项代表由层流产生的压降，而 $b_1Q_g{}^2$则代表由湍流而产生的额外压降。若以线性形式表示，式(3.17)可变形为：

$$\frac{\overline{p}_{r}-p_{wf}}{Q_g}=a_1+b_1Q_g \tag{3.32}$$

线性流系数 a_1和惯性–湍流系数 b_1可根据图 3.5 中所示的上述方程的线性图来确定。

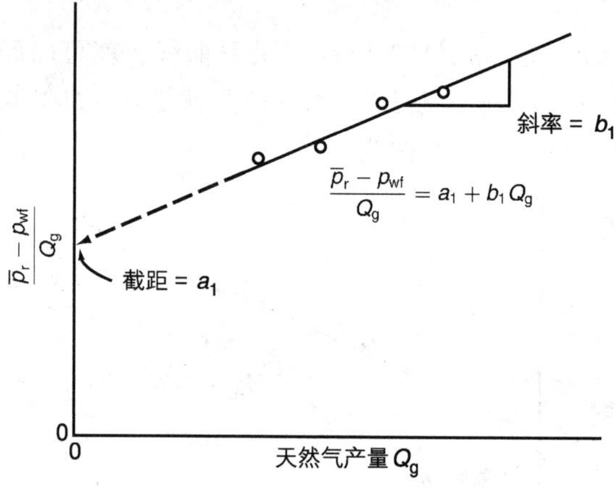

图 3.5　压力方法数据图

一旦系数 a_1和 b_1确定之后，根据下式可以计算任何压力下的天然气产量：

$$Q_g=\frac{-a_1+\sqrt{a_1^2+4b_1(\overline{p}_{r}-p_{wf})}}{2b_1} \tag{3.33}$$

式(3.29)的运用同样也需要满足压力平方法所列的假设条件。不过，压力法在压力大于3000psi 时是可用的。

(3) 拟压力二次方法

拟压力方程的表达式如下：

$$Q_g=\frac{kh(\overline{\psi}_{r}-\psi_{wf})}{1422T[\ln(r_e/r_w)-0.75+s+DQ_g]}$$

该式可以简化为下式：

$$\overline{\psi}_{r}-\psi_{wf}=a_2Q_g+b_2Q_g^2 \tag{3.34}$$

其中：

$$a_2=\left(\frac{1422}{kh}\right)\left[\ln\left(\frac{r_e}{r_w}\right)-0.75+s\right] \tag{3.35}$$

$$b_2=\left(\frac{1422}{kh}\right)D \tag{3.36}$$

式(3.34)中的 a_2Q_g 项代表因层流而产生的拟压降，而 $a_2Q_g^2$ 项则代表因惯性-湍流效应而产生的拟压降。式(3.34)两边同时除以 Q_g 得：

$$\frac{\overline{\psi}_r-\psi_{wf}}{Q_g}=a_2+b_2Q_g \tag{3.37}$$

上述表达式说明，在笛卡尔坐标系中绘制($\overline{\psi}_r-\psi_{wf}/Q_g$)与 Q_g 的关系曲线，得到的应是一条斜率为 b_2 和截距为 a_2 的直线，如图3.6所示。

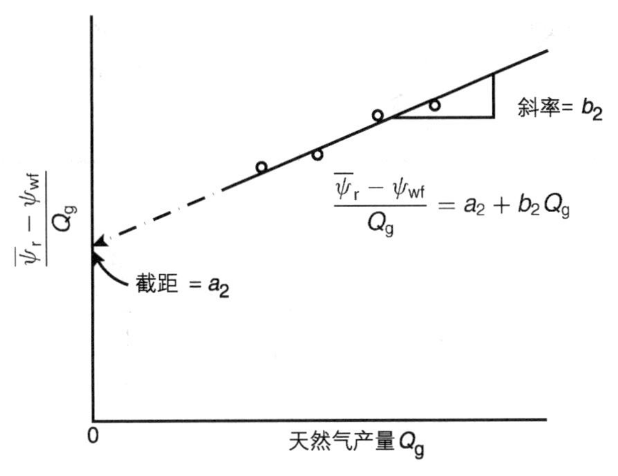

图3.6　真实气体拟压力图

给定 a_2 和 b_2 的值，在任何 p_{wf} 下的天然气产量都可以由下式计算：

$$Q_g=\frac{-a_2+\sqrt{a_2^2+4b_2(\overline{\psi}_r-\psi_{wf})}}{2b_2} \tag{3.38}$$

必须指出的是，与压力平方法或压力法相比，拟压力法都更加强大，它适用于所有的压力范围。在下一节中，将介绍回压试井。不过，所提供的资料仅是一个引子。以下作者和机构都曾撰写过详细描述不稳定流与试井的很好的著作：Earlougher(1977)；Matthews 和 Russell(1967)；Lee(1982)；加拿大能源资源管理局。

3.1.3　回压试井

Rawlins 和 Schellhardt(1936)提出一个气井的试井方法，即在管线回压大于大气压力的情况下记录气井的流动能力。这种流动测试通常被称为“常规产能试井”。这种回压试井方法分为以下步骤：

第1步，长时间关井，使地层压力在体积平均压力 $\bar{p}_r$ 下达到平衡。

第2步，以常产量 Q_{g1} 开井生产足够长的一段时间，以便让井底流压稳定在 p_{wf1}，即达到拟稳定状态。

第3步，以多个不同的流量重复进行第2步，并记录各流量下的稳定井底流压。如果采用了三或四个流量，则该测试就被称为三点流动测试或四点流动测试(flow test)。

图3.7显示了一个典型的四点流动测试的流量和压力数据。图3.7显示出，在测试中流量按照正常的顺序变化，即流量逐渐增大。不过，采用逆向顺序进行测试也是可行的。

经验证明，在多数井中，按照正常的流量变化顺序进行测试，能产生更好的数据。在开展常规产能试井时，需要考虑一个最重要的因素是自喷期的长度。在按照每一个流量进行测试时，测试时间都要足够长，以便让井底流压稳定下来，即达到拟稳定状态。拟稳态时间被

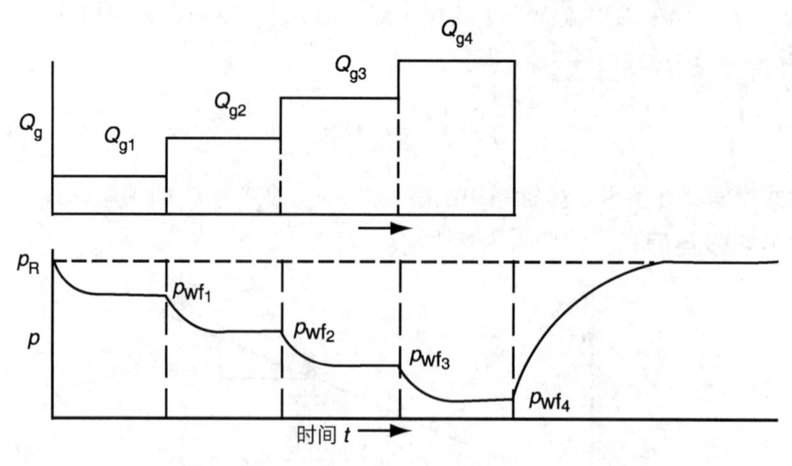

图 3.7 常规回压试井

定义为常产量下压力随时间变化的速度(即 dp/dt)在整个地层中都恒定的时间。位于一个圆形或正方形泄气面积中心的生产井的稳定时间可由下式估算：

$$t_{pss}=\frac{15.8\phi\mu_{gi}c_{ti}A}{k} \tag{3.39}$$

其中：

$$c_{ti}=S_w c_{wi}+(1-S_w)c_{gi}+c_f$$

式中：t_{pss}为稳定(拟稳态)时间，d；c_{ti}为初始压力下的综合压缩系数，psi^{-1}；c_{wi}为初始压力下的水的压缩系数，psi^{-1}；c_f为地层压缩系数，psi^{-1}；c_{gi}为初始压力下的天然气压缩系数，psi^{-1}；ϕ 为孔隙度，小数；μ 为天然气黏度，cP；k 为天然气有效渗透率，mD；A 为泄气面积，ft^2。

要正确地运用式(3.39)；须在平均地层压力下确定流体性质及其压缩系数。不过，在初始地层压力下计算这些参数，能提供达到拟稳定状态和确定恒定泄气面积所需时间的最佳一次逼近。所记录的井底流压 p_{wf}与流量 Q_g的关系曲线可以按照多种图形显示方式来分析，以确定所选定的气体流动方程的系数。

回压方程：

$$\log(Q_g)=\log(C)+n\log(\bar{p}_r^2-p_{wf}^2)$$

压力平方方程：

$$\bar{p}_r^2-p_{wf}^2=aQ_g+bQ_g^2$$

压力方程：

$$\frac{\bar{p}_r-p_{wf}}{Q_g}=a_1+b_1Q_g$$

拟压力方程：

$$\bar{\psi}_r-\psi_{wf}=a_2Q_g+b_2Q_g^2$$

下面通过示例说明如何利用回压试井数据确定经验流动方程的系数。

【示例 3.2】

在初始平均地层压力 1952psi 下，采用三点式常规产能试井方法对一口气井进行测试。测试过程中所记录的数据见表 3.2：

表 3.2　测试过程中所记录的数据

p_{wf}/psi(绝)	$m(p_{wf})=\psi_{wf}$/(psi^2/cP)	Q_g/[10^3ft^3(标)/d]
1952	316×10^6	0
1700	245×10^6	2624.6
1500	191×10^6	4154.7
1300	141×10^6	5425.1

图 3.8 显示了作为压力函数的天然气拟压力 ψ。运用下述方法建立当前的 IPR：简化的回压方程、LIT 法[压力平方法，式(3.29)；压力法，式(3.33)；拟压力法，式(3.26)]和试比较计算结果。

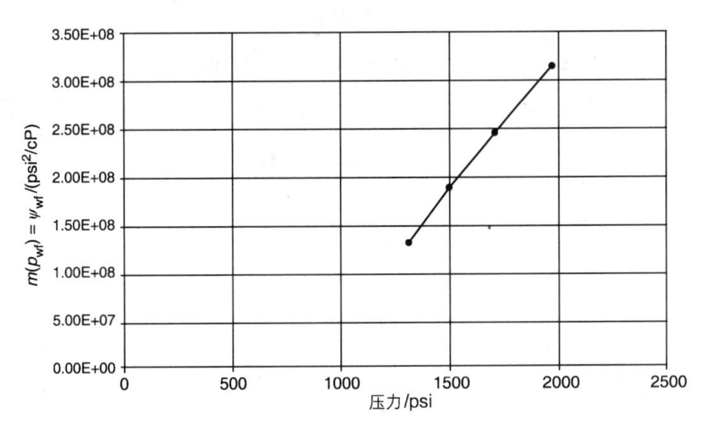

图 3.8　真实气体势与压力的关系曲线

解答：

(1) 回压方程

第 1 步，列下表(见表 3.3)：

表 3.3　压力参数

p_{wf}/psi(绝)	p_{wf}^2/(10^3psi^2)	$\bar{p}_r^2-p_{wf}^2$/(10^3psi^2)	Q_g/[10^3ft^3(标)/d]
$\bar{p}_r=1952$	3810	0	0
1700	2890	920	2624.6
1500	2250	1560	4154.7
1300	1690	2120	5425.1

第 2 步，按图 3.9 所示，在对对数坐标系中绘制 $\bar{p}_r^2-p_{wf}^2$ 与 Q_g 的关系曲线图。画出过这些数据点的最佳直线。

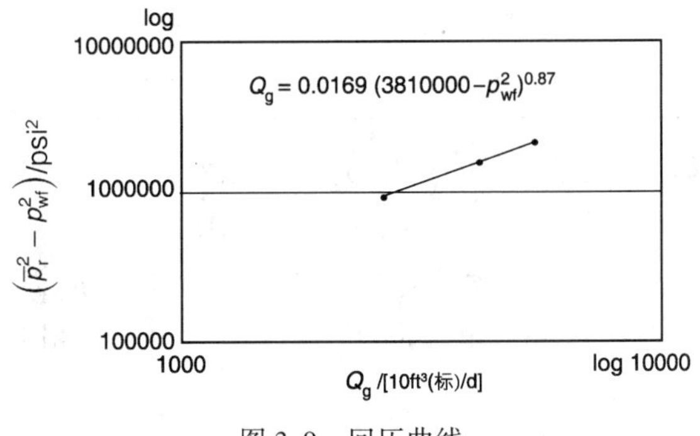

图 3.9　回压曲线

第 3 步，在该直线上任意选取两个点，由式(3.22)计算指数 n 得：

$$n=\frac{\log(Q_{g1})-\log(Q_{g2})}{\log(\Delta p_2^2)-\log(\Delta p_2^2)}$$

$$=\frac{\log(4000)-\log(1800)}{\log(1500)-\log(600)}=0.87$$

第 4 步，利用直线上任一点的坐标，由式(3.23)计算动态系数 C 得：

$$C=\frac{Q_g}{(\bar{p}_r^2-p_{wf}^2)^n}$$

$$=\frac{1800}{(600000)^{0.87}}=0.0169\times10^3[\text{ft}^3(\text{标})/\text{psi}^2]$$

第 5 步，回压方程的表达式为：$Q_g=0.0169(3810000-p_{wf}{}^2)^{0.87}$。

第 6 步，设定多个 p_{wf} 数值并算出相应的 Q_g，利用这些数据绘制 IPR 曲线图(见表 3.4)：

表 3.4　p_{wf}和 Q_g的数值

p_{wf}/psi(绝)	Q_g/[10^3ft^3(标)/d]
1952	0
1800	1720
1600	3406
1000	6891
500	8465
0	8980

这里，AOF$=(Q_g)_{max}=10^3$ft^3(标)/d。

(2) LIT 法

1) 压力平方法

第 1 步，列出下表(见表 3.5)：

表 3.5　压力参数

p_{wf}/psi(绝)	$p_{wf}{}^2$/(10^3psi^2)	$\bar{p}_r{}^2-p_{wf}{}^2$/(10^3psi^2)	Q_g/[10^3ft^3(标)/d]
$\bar{p}_r=1952$	0	0	0
1700	920	2624.6	351
1500	1560	4154.7	375
1300	2120	5425.1	391

第 2 步，在直角坐标系中绘制 $\bar{p}_r{}^2-p_{wf}{}^2$与 Q_g的曲线图，并按图 3.10 所示画出最佳直线。

第 3 步，确定直线的截距和斜率得：$a=318$；$b=0.01333$。

第 4 步，由式(3.24)给出压力平方式的二次型得：$3810000-p_{wf}{}^2=318Q_g+0.01333Q_g{}^2$。

第 5 步，设定多个 p_{wf}数值并算出相应的 Q_g，利用这些数据绘制 IPR 曲线图(见表 3.6)：

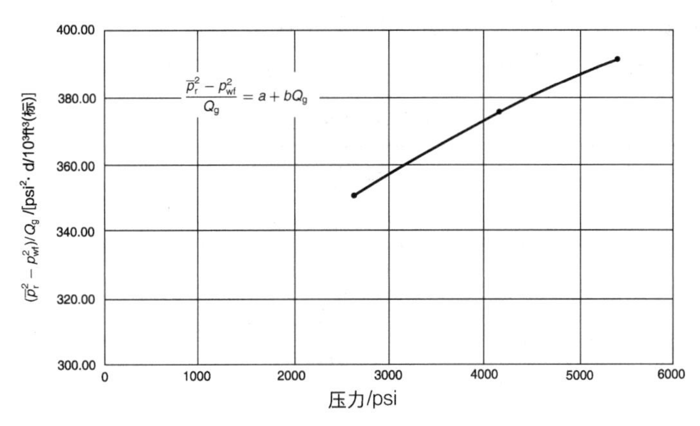

图 3.10　压力平方法

表 3.6　IPR 数据

p_{wf}/psi(绝)	$\bar{p}_r^{\ 2}-p_{wf}^{\ 2}/(10^3psi^2)$	Q_g/[10^3ft^3(标)/d]
1952	0	0
1800	570	1675
1600	1250	3436
1000	2810	6862
500	3560	8304
0	3810	8763 = AOF = $(Q_g)_{max}$

2) 压力法

第 1 步，列出下表(见表 3.7)：

表 3.7　压力参数

p_{wf}/psi(绝)	$p_{wf}^{\ 2}/(10^3psi^2)$	$\bar{p}_r^{\ 2}-p_{wf}^{\ 2}/(10^3psi^2)$	Q_g/[10^3ft^3(标)/d]
$\bar{p}_r$ = 1952	0	0	0
1700	252	262.6	0.090
1500	452	4154.7	0.109
1300	652	5425.1	0.120

第 2 步，如图 3.11 所示，在直角坐标系中绘制 $\bar{p}_r^{\ 2}-p_{wf}^{\ 2}$与 Q_g的关系曲线图。画出最佳直线，并确定其截距和斜率得：$a_1=0.06$；$b_1=1.11\times10^{-5}$。

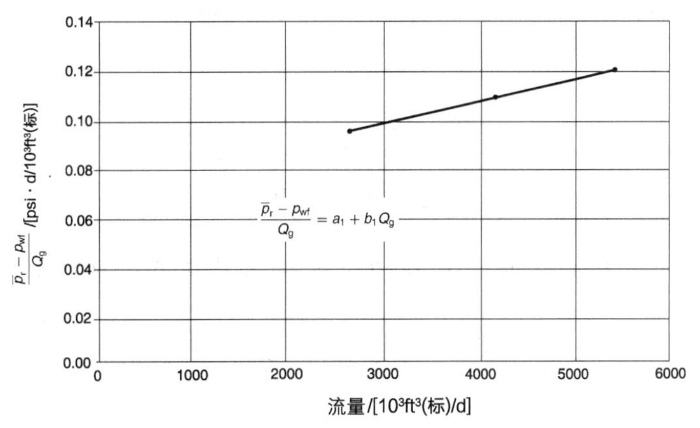

图 3.11　压力近似法

第 3 步，压力法的二次型由下式给出：$1952-p_{wf}=0.06Q_g+1.11\times10^{-5}Q_g^2$。

第 4 步，运用式(3.33)得出 IPR 数据(见表 3.8)：

表 3.8 IPR 数据

p_{wf}/psi(绝)	$\bar{p}_r-p_{wf}$/(10^3psi)	Q_g/[10^3ft^3(标)/d]
1952	0	0
1800	152	1879
1600	352	3543
1000	952	6942
500	1452	9046
0	1952	10827

3) 拟压力法

第 1 步，建立下表(见表 3.9)：

表 3.9 压力参数

p_{wf}/psi(绝)	ψ/(psi^2/cP)	$\bar{\psi}_r-\psi_{wf}$	Q_g/[10^3ft^3(标)/d]	$(\bar{\psi}_r{}^2-\psi_{wf}{}^2)/Q_g$
$\bar{p}_r=1952$	316×10^6	0	0	
1700	245×10^6	71×10^6	262.6	27.05×10^3
1500	191×10^6	125×10^6	4154.7	30.09×10^3
1300	141×10^6	175×10^6	5425.1	32.26×10^3

第 2 步，如图 3.12 所示，在直角坐标系中绘制$(\bar{\psi}_r{}^2-\psi_{wf}{}^2)/Q_g$的曲线图，并确定截距和斜率得：$a_2=22.28\times10^3$；$b_2=1.727$。

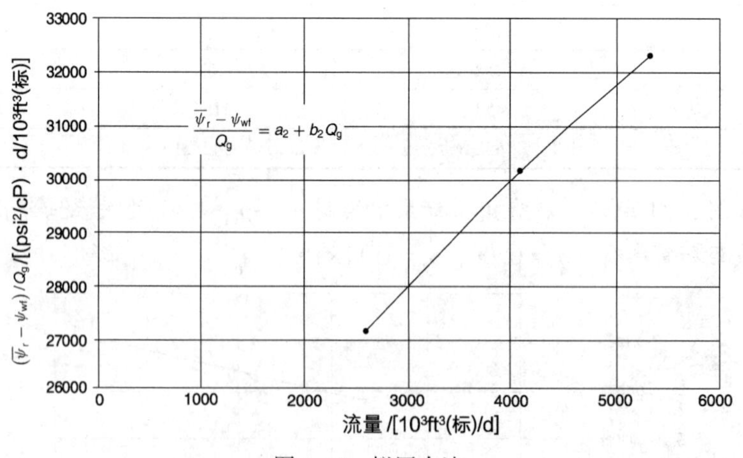

图 3.12 拟压力法

第 3 步，式(3.34)给出天然气拟压力法的二次表达式：$316\times10^6-\psi_{wf}=22.28\times10^3Q_g+1.727Q_g^2$。

第 4 步，设定各种p'_{wf}(即ψ'_{wf})的值，并由式(3.38)计算出相应的Q_g值，由此得出 IPR 数据(见表 3.10)：

表 3.10　IPR 数据

p_{wf}/psi(绝)	$m(p)$或ψ/(psi^2/cP)	$\overline{\psi}_r-\psi_{wf}$	Q_g/[10^3ft^3(标)/d]
1952	316×10^6	0	0
1800	270×10^6	46×10^6	1794
1600	215×10^6	101×10^6	3503
1000	100×10^6	216×10^6	6331
500	40×10^6	276×10^6	7574
0	0	316×10^6	$8342=AOF=(Q_g)_{max}$

(3) 比较由这四种方法计算得出的天然气产量

下表列出了 IPR 计算结果(见表 3.11):

表 3.11　四种方法的 IPR 数据对比

压力/psi(绝)	Q_g/[10^3ft^3(标)/d]			
	回压法	p 法	p^2法	ψ 法
1952	0	0	0	0
1800	1720	1675	1879	1811
1600	3406	3436	3543	3554
1000	6891	6862	6942	6460
500	8465	8304	9046	7742
0	8980	8763	10827	8536
	6.0%	5.4%	11%	

既然拟压力分析法被认为要比其他三个方法更准确且更强大，由其他方法预测的 IPR 数据的准确性都是通过与采用 ψ 方法的结果进行对比来确定的。图 3.13 通过图形的方式把其他三种方法的性能与 ψ 法作了对比。结果显示，由压力平方法所计算的 IPR 数据的平均绝对误差是 5.4%，而回压法和压力近似法的分别为 6%和 11%。

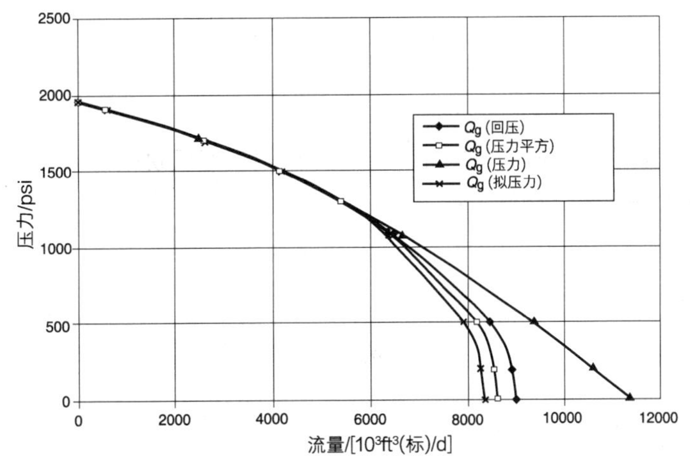

图 3.13　各种方法的 IPR

注意，压力近似法仅限于在压力大于 3000psi 时应用。

3.1.4　流入动态关系式

在一口井已完成了试井并已建立了合适的产能或流入动态方程后，关键的人物就是预测作为平均地层压力函数的 IPR 数据。天然气的黏度 μ_g 和天然气压缩系数 Z 被视为随地层压力 $\bar{p}_r$ 变化而发生很大变化的参数。

假设在目前的平均地层压力为 $\bar{p}_{r1}$ 下天然气黏度为 μ_{g1}，天然气压缩系数为 Z_1。在选定的未来平均地层压力 $\bar{p}_{r2}$ 下，μ_{g2} 和 Z_2 就代表相应的天然气特性。在近似计算地层压力变化(即从 $\bar{p}_{r1}$ 到 $\bar{p}_{r2}$)对产能方程系数的影响时，推荐采用以下方法。

3.1.4.1　回压方程

回顾上文所讲的回压方程式：

$$Q_g = C[\bar{p}_r^2 - p_{wf}^2]^n$$

其中的系数 C 通过下式描述天然气和地层的特性：

$$C = \frac{kh}{1422T(\mu_g Z)_{avg}[\ln(r_e/r_w) - 0.75 + s]}$$

动态系数 C 被认为是与压力相关的参数，须在每次地层压力变化时作调整。假设地层压力从 p_{r1} 降至 p_{r2}，那么运用以下简单的近似计算公式，就可以对 p_1 压力下的动态系数进行修正，使之能够反映这一压降的影响：

$$C_2 = C_1\left[\frac{\mu_{g1}Z_1}{\mu_{g2}Z_2}\right] \tag{3.40}$$

其中，n 的数值被视为基本恒定；下标 1 和 2 指代 p_{r1} 和 p_{r2} 下的特性。

3.1.4.2　LIT 法

根据下列简单的关系式，对前述 LIT 法[即式(3.24)、式(3.29)和式(3.34)]中的层流系数 a 和惯性-湍流系数 b 进行修正：

(1) 压力平方法

压力平方法的方程式如下：

$$\bar{p}_r^2 - p_{wf}^2 = aQ_g + bQ_g^2$$

上式中系数的表达式为：

$$a = \left(\frac{1422T\mu_g Z}{kh}\right)\left[\ln\left(\frac{r_e}{r_w}\right) - 0.75 + s\right]$$

$$b = \left(\frac{1422T\mu_g Z}{kh}\right)D$$

显然，系数 a 和 b 取决于压力，因而应当进行修正以便反映压力从 $\bar{p}_{r1}$ 到 $\bar{p}_{r2}$ 的变化。建议采用以下表达式对这些系数进行调整：

$$a_2 = a_1\left[\frac{\mu_{g2}Z_2}{\mu_{g1}Z_1}\right] \tag{3.41}$$

$$b_2 = b_1\left[\frac{\mu_{g2}Z_2}{\mu_{g1}Z_1}\right] \tag{3.42}$$

(2) 压力近似方法

计算天然气产量的压力近似法的方程式为：

$$\bar{p}_r - p_{wf} = a_1 Q_g + b_1 Q_g^2$$

其中：

$$a_1=\frac{141.2(10^{-3})(\mu_g B_g)}{kh}\left[\ln\left(\frac{r_e}{r_w}\right)-0.75+s\right]$$

$$b_1=\left[\frac{141.2(10^{-3})(\mu_g B_g)}{kh}\right]D$$

在此建议采用以下两个简单的表达式修正系数 a 和 b：

$$a_2=a_1\left[\frac{\mu_{g2}B_{g2}}{\mu_{g1}B_{g1}}\right] \tag{3.43}$$

$$b_2=b_1\left[\frac{\mu_{g2}B_{g2}}{\mu_{g1}B_{g1}}\right] \tag{3.44}$$

式中：B_g代表天然气地层体积系数，bbl/ft^3(标)。

(3) 拟压力方法

回顾拟压力方程式：

$$\overline{\psi}_r-\psi_{wf}=a_2Q_g+b_2Q_g^2$$

式中系数的表达式如下：

$$a_2=\left(\frac{1422}{kh}\right)\left[\ln\left(\frac{r_e}{r_w}\right)-0.75+s\right]$$

$$b_2=\left(\frac{1422}{kh}\right)D$$

注意拟压力法的系数 a 和 b 基本与地层压力无关，可视为常数。

【示例 3.3】

除了示例 3.2 中给出的数据外，以下数据也是已知的：1952psi 时$(\mu_g Z)=0.01206$；在 1700psi 时$(\mu_g Z)=0.1180$。采用以下方法：回压法、压力平方法、拟压力法。计算当这口井的地层压力从 1952psi 降到 1700psi 时的 IPR 数据。

解答：

第 1 步，修正每一个方程式中的系数 a 和 b。

(1) 回压法。利用式(3.40)修正 C：

$$C_2=C_1\left[\frac{\mu_{g1}Z_1}{\mu_{g2}Z_2}\right]$$

$$C=0.0169\left(\frac{0.01206}{0.01180}\right)=0.01727$$

如此就可以采用下式计算未来天然气产量：

$$Q_g=0.01727(1700^2-p_{wf}^2)^{0.87}$$

(2) 压力平方法。运用式(3.41)和式(3.42)修正 a 和 b：

$$a_2=a_1\left[\frac{\mu_{g2}B_{g2}}{\mu_{g1}B_{g1}}\right]$$

$$a=318\left(\frac{0.01180}{0.01206}\right)=311.14$$

$$b_2=b_1\left[\frac{\mu_{g2}B_{g2}}{\mu_{g1}B_{g1}}\right]$$

$$b=0.01333\left(\frac{0.01180}{0.01206}\right)=0.01304$$

$$(1700^2-p_{wf}^2)=311.14Q_g+0.01304Q_g^2$$

(3) 拟压力法。无需对系数进行修正，因为这些系数与压力无关：

$$(245\times10^6-\psi_{wf})=22.28\times10^3Q_g+1.727Q_g^2$$

第2步，计算IPR数据(见表3.12)。

表3.12 IPR数据计算结果

压力/psi(绝)	Q_g/[10^3ft^3(标)/d]		
	回压法	p^2法	ψ法
1700	0	0	0
1600	1092	1017	1229
1000	4987	5019	4755
500	6669	6638	6211
0	7216	7147	7095

图3.14以图形的方式对比了上述三种方法预测的IPR数据。

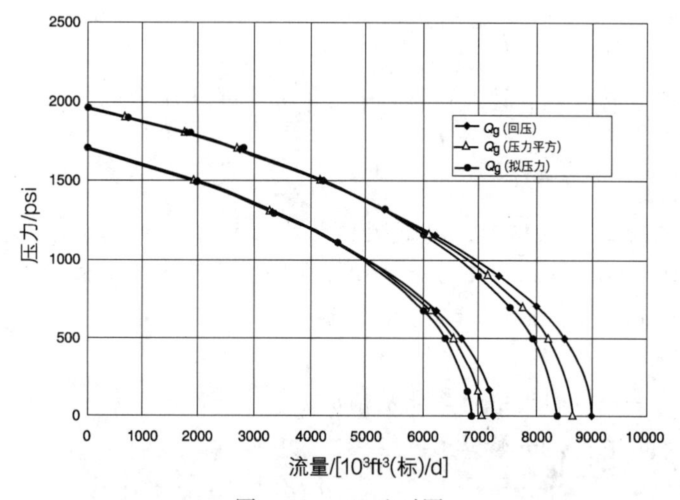

图3.14 IPR比对图

应当指出，以上所述的所有试井分析方法和IPRs曲线，其目的都是要评价在于特定的平均地层压力 $\bar{p}_r$ 和井底流压 p_{wf} 条件下地层向井筒供气的产能系数。能够实际开采到地面的天然气量还取决于另外两个因素，其一是油管井口压力 p_t，其二是在天然气从井底流出地表的过程中因气柱的重量及油管内的摩擦而造成的压降。Cullender和Smith(1956)用下面的表达式描述了这个压力损失：

$$p_{wf}^2=e^S p_t^2+\frac{L}{H}(F_t Q_g \overline{TZ})^2(e^S-1)$$

其中：

$$S=\frac{0.375\gamma_g H}{\overline{TZ}}$$

$$F_r=\frac{0.004362}{d^{0.224}},\ D\leqslant 4.277\text{in}$$

$$F_r=\frac{0.004007}{d^{0.164}},\ D\leqslant 4.277\text{in}$$

式中：p_{wf}为井底流压，psi；p_t为油管头（井口）压力，psi；Q_g为天然气产量，10^3ft^3（标）/d；L为实际油管流动长度，ft；H为到射孔段中点的井垂深，ft；T为温度的算术平均值，°R；T_t为油管头温度，°R；T_b为井筒温度，°R；Z为在算术平均压力下的气体偏差系数；F_r为油管内经（ID）的摩擦系数；d为油管内径，in（1in≈25.4mm，下同）；γ_g为天然气的相对密度。

借助于天然气产量Q_g可以把Cullender和Smith的方程与回压方程合并得：

$$\frac{p_{wf}^2-e^S p_t^2}{(L/H)(F_r\overline{TZ})^2(e^S-1)}=C(p_r^2-p_{wf}^2)^{2n}$$

应当指出，借助于任何数值迭代算法都可以通过解这个非线性方程而求出p_{wf}。然后就可以利用正确的p_{wf}值来计算井的产能。

3.2 水平气井动态

由于产量低，以往许多低渗天然气藏都曾被认为不具备商业价值。在致密气藏中所钻的垂直井多数都要通过水力压裂和/或酸化处理进行增产处理，以便获得经济产量。此外，为了有效地开采致密气藏，必须以比较小的井距部署垂直生产井。这需要钻大量的垂直生产井。在这类气藏中，以水平井替代直井是有效地进行开发和提高产量的一个很吸引人的选项。Joshi（1991）曾指出，水平井在低渗透油气藏和高渗透油气藏中都可以应用。Joshi（1991）撰写了一本极好的教科书，其中提供了研究油气藏中水平井动态的综合方法。

为了计算水平井的天然气产量，Joshi（1991）往气流方程中引入了有效井筒半径r_w'的概念。有效井筒半径的表达式如下：

$$r_w'=\frac{r_{eh}(L/2)}{a\left[1+\sqrt{1-(L/2a)^2}\right][h/(2r_w)]^{h/L}} \tag{3.45}$$

其中：

$$a=\left(\frac{L}{2}\right)\left[0.5+\sqrt{0.25+(2r_{eh}/L)^4}\right]^{0.5} \tag{3.46}$$

$$r_{eh}=\sqrt{\frac{43560A}{\pi}} \tag{3.47}$$

式中：L为水平井段的长度，ft；h为厚度，ft；r_w为井筒半径，ft；r_{eh}为水平井的驱动半径，ft；a为椭圆形泄气面积的半长轴，ft；A为水平井的泄气面积，acre。

就拟稳定流而言，Joshi（1991）采用大家熟悉的以下两种形式来表达层流的达西方程：

（1）压力平方法：

$$Q_g=\frac{kh(\bar{p}_r^2-p_{wf}^2)}{1422T(\mu_g Z)_{avg}[\ln(r_e/r_w)-0.75+s]} \tag{3.48}$$

（2）拟压力法：

$$Q_g=\frac{kh(\bar{\psi}_r-\psi_{wf})}{1422T[\ln(r_{eh}/r_w')-0.75+s]} \tag{3.49}$$

【示例3.4】

一口2000ft长的水平气井，泄气面积近120acre，以下数据已知：$\bar{p}_r$ =2000psi；$\bar{\psi}_r$ =340×

$10^6 psi^2/cP$；$p_{wf}=1200psi$；$\psi_{wf}=128\times10^6 psi^2/cP$；$(\mu_g Z)_{avg}=0.011826$；$r_w=0.3ft$；$s=0.5$；$h=20ft$；$T=180°F$；$k=1.5mD$。假设该井处于拟稳定流动状态，利用压力平方法和拟压力法计算天然气产量。

解答：

第 1 步，计算该水平井的驱动半径得：

$$r_{eh}=\sqrt{\frac{(43560)(120)}{\pi}}=1290(ft)$$

第 2 步，利用式(3.46)计算椭圆形泄气面积的半长轴得：

$$a=\left[\frac{2000}{2}\right]\left[0.5+\sqrt{0.25+\left[\frac{(2)(1290)}{2000}\right]^4}\right]^{0.5}=1495.8$$

第 3 步，由式(3.45)计算有效井筒半径 r'_w：

$$\left(\frac{h}{2r_w}\right)^{h/L}=\left[\frac{20}{(2)(0.3)}\right]^{20/2000}=1.0357$$

$$1+\sqrt{1-\left(\frac{L}{2a}\right)^2}=1+\sqrt{1-\left(\frac{2000}{2(1495.8)}\right)^2}=1.7437$$

运用式(3.45)进行计算得：

$$r'_w=\frac{1290(2000/2)}{1495.8(1.7437)(1.0357)}=477.54(ft)$$

第 4 步，利用压力平方近似法由方程式(3.48)计算井天然气产量得：

$$Q_g=\frac{(1.5)(20)(2000^2-1200^2)}{(1422)(640)(0.011826)[\ln(1290/477.54)-0.75+0.5]}$$
$$=9594\times10^3[ft^3(标)/d]$$

第 5 步，利用 ψ 法由式(3.49)计算天然气产量得：

$$Q_g=\frac{(1.5)(20)(340-128)(10^6)}{(1422)(640)[\ln(1290/477.54)-0.75+0.5]}$$
$$=9396\times10^3[ft^3(标)/d]$$

对于湍流而言，达西方程必须加以改进，以便考虑由非达西流所引起的额外压降，具体方法是引入与流量相关的表皮因子 DQ_g。在实践中，一般运用回压法和 LIT 法来计算水平井的流量并建立 IPR 曲线。水平井必须要开展多流量测试(即产能试井)，以确定所选择的流动方程的系数。

3.3 常规和非常规气藏的物质平衡方程

最初所含烃类系统全部是游离气的储层被称为天然气藏。这类储层所含的烃类组分混合物都以气态形式存在。这类混合物可能是“干气”、“湿气”或“凝析气”，这要取决于天然气的组分以及气藏的压力与温度。

天然气藏可能有来自该地层相邻的含水层段的水流入，也可能是定容气藏(即没有水流入)。

大多数气藏工程计算都涉及天然气地层体积系数 B_g 和天然气膨胀系数 E_g。为了方便起见，下面简要介绍这两个参数的方程。

(1) 天然气地层体积系数 B_g 定义为 n 摩尔气体在某温度 T 和压力 p 条件下占据的体积，与其在标准条件下占据体积之比。针对这两种条件应用真实气体状态方程得：

$$B_g = \frac{p_{sc}}{T_{sc}} \frac{ZT}{p} = 0.02827 \frac{ZT}{p} \tag{3.50}$$

以 bbl/ft³(标)为单位来表示 B_g 得：

$$B_g = \frac{p_{sc}}{5.616T_{sc}} \frac{ZT}{p} = 0.00504 \frac{ZT}{p}$$

（2）天然气膨胀系数简单地讲就是 B_g 的倒数，其表达式为：

$$E_g = \frac{1}{B_g} = \frac{T_{sc}}{p_{sc}} \frac{p}{ZT} = 35.37 \frac{p}{ZT} \tag{3.51}$$

以 ft³(标)/bbl 为单位来表示 E_g 得：

$$E_g = \frac{5.615T_{sc}}{p_{sc}} \frac{p}{ZT} = 198.6 \frac{p}{ZT}$$

在气田开展储层研究时，所关注的重要问题之一就是原始天然气地质储量 G 的确定。在天然气工程中得到广泛应用的方法通常有两种：体积方法和物质平衡法。

3.3.1　体积法

用来估算含气储层孔隙体积(PV)的数据包括但不仅限于以下几种：测井、岩心分析、井底压力(BHP)和流体样品信息以及试井数据等。这些数据通常被用于绘制有关地下地层的各种图件。当然，构造与地层横剖面图有助于确定储层的平面分布范围，以及识别储层的非连续性，如地层尖灭、断层或气-水界面等。地下等值线图通常是相对一个已知的或标志性地层绘制的，通过把具有相同高程点的连成线而成，从而它们能够反映地质构造的情况。地下等厚图是通过把净含气地层厚度相同的层连接成线而绘成的。有了这类图件，就能估算出储层的 PV 图。具体方法是：先求取等厚线之间的面积，然后采用诸如棱锥法或梯形法等近似体积计算方法进行计算。

体积方程在任何开采阶段估算天然气地质储量时都是有用的。在气藏边界被准确落实之前的开发阶段，一种很简便的计算方法就是计算单位体积(acre・ft)储层总容积中的天然气地质储量。然后，把手头现有的有关储层总容积的最佳估算结果与这个单位数字相乘，所得的积就是所研究的租借区、区块或储层的天然气地质储量。在气藏开发寿命的后期，当储层体积已经落实而且生产动态数据已经具备，就可以采用体积法进行计算，所得结果能很好地检验前期采用物质平衡法所得的天然气地质储量的正确性。

计算天然气地质储量的公式如下：

$$G = \frac{43506Ah\phi(1-S_{wi})}{B_{gi}} \tag{3.52}$$

其中：

$$B_{gi} = 0.02827 \frac{Z_i T}{p_i}$$

式中：G 为天然气地质储量，ft³(标)；A 为储层的面积，acre；h 为平均储层厚度，ft；ϕ 为孔隙度；S_{wi} 为含水饱和度；B_{gi} 为初始压力 p_i 下的天然气地层体积系数，ft³/ft³(标)。

这个方程式既可以在初始地层压力 p_i 下也可以在枯竭压力 p 下用于计算累积产气量 G_p：

天然气产量=原始天然气地质储量-剩余天然气量

$$G_p = \frac{43560Ah\phi(1-S_{wi})}{B_{gi}} - \frac{43560Ah\phi(1-S_{wi})}{B_g}$$

或者：

$$G_p = 43560Ah\phi(1-S_{wi})\left(\frac{1}{B_{gi}}-\frac{1}{B_g}\right)$$

重新整理得：

$$\frac{1}{B_g}=\frac{1}{B_{gi}}-\left[\frac{1}{43560Ah\phi(1-S_{wi})}\right]G_p$$

根据天然气膨胀系数的定义 E_g，即 $E_g=1/B_g$，以上物质平衡方程可由以下方程式来表达：

$$E_g=E_{gi}-\left[\frac{1}{43560Ah\phi(1-S_{wi})}\right]G_p$$

或者：

$$E_g=E_{gi}-\left[\frac{1}{(PV)(1-S_{wi})}\right]G_p$$

这一关系式说明，E_g 与 G_p 的关系曲线将是一条直线，其在 x 轴上的截距为 E_{gi}，而在 y 轴上的截距就代表原始天然气地质储量。注意，当 $p=0$ 时，天然气膨胀系数也是零，即 $E_g=0$，这时上述方程式就可以简化为：

$$G_p=(PV)(1-S_{wi})E_{gi}=G$$

利用相同的方法还可以计算初始条件下和废弃条件下的地质储量，这样就可以计算出可采天然气储量。

把式(3.52)引入上述方程式得：

$$G_p=\frac{43560Ah\phi(1-S_{wi})}{B_{gi}}-\frac{43560Ah\phi(1-S_{wi})}{B_{ga}}$$

或者：

$$G_p = 43560Ah\phi(1-S_{wi})\left(\frac{1}{B_{gi}}-\frac{1}{B_{ga}}\right) \tag{3.53}$$

其中，B_{ga} 是在废弃压力下进行计算的结果。体积法假设天然气所占据的孔隙体积是恒定的。如果出现水侵，A、h 和 S_w 都将发生变化。

【示例 3.5】

一个天然气藏具有以下特征：$A=3000$acre；$h=30$ft；$\phi=15\%$；$S_{wi}=20\%$；$T=150$°F；$p_i=2600$psi；$Z_i=0.82$。p 和 Z 数据见表 3.13。

表 3.13　p 和 Z 数据

p/psi	Z
2600	0.82
1000	0.88
400	0.92

试计算累积天然气产量和 1000psi 和 400psi 时的开采系数。

解答：

第 1 步，计算储层的 PV：

$$PV = 43560Ah\phi = 43560(3000)(30)(0.15)$$
$$= 588.06\times10^6(ft^3)$$

第 2 步，利用式(3.50)计算每个给定压力下的 B_g(见表 3.14)：

$$B_g = 0.02827\frac{ZT}{P}$$

表 3.14　每个给定压力下的 B_g

p/psi	Z	B_g/(ft³/ft³)
2600	0.82	0.0054
1000	0.88	0.0152
400	0.92	0.0397

第 3 步，计算 2600psi 下的原始天然气地质储量：

$$G = \frac{43560Ah\phi(1-S_{wi})}{B_{gi}} = \frac{(PV)(1-S_{wi})}{B_{gi}}$$

$$= 588.06(10^6)(1-0.2)/0.0054 = 87.12\times10^9[\text{ft}^3(\text{标})]$$

第 4 步，鉴于油藏被假定为定容的，计算 1000psi 和 400psi 下的剩余天然气量。

在 1000psi 下的剩余天然气量为：

$$G_{1000psi} = \frac{(PV)(1-S_{wi})}{(B_g)_{1000psi}}$$

$$= 588.06(10^6)^n(1-0.2)/0.0152$$

$$= 30.95\times10^9[\text{ft}^3(\text{标})]$$

在 400psi 下的剩余天然气量为：

$$G_{400psi} = \frac{(PV)(1-S_{wi})}{(B_g)_{400psi}}$$

$$= 588.06(10^6)^n(1-0.2)/0.0397$$

$$= 11.95\times10^9[\text{ft}^3(\text{标})]$$

第 5 步，计算在 1000psi 和 400psi 下的累积天然气产量 G_p 和采收率 RF。

在 1000psi 的压力条件下：

$$G_p = (G - G_{1000psi}) = (87.12-30.95)\times10^9$$

$$= 56.17\times10^9[\text{ft}^3(\text{标})]$$

$$\text{RF} = \frac{56.17\times10^9}{87.12\times10^9} = 64.5\%$$

在 400psi 的压力条件下：

$$G_p = (G - G_{400psi}) = (87.12-11.95)\times10^9$$

$$= 75.17\times10^9[\text{ft}^3(\text{标})]$$

$$\text{RF} = \frac{75.17\times10^9}{87.12\times10^9} = 86.3\%$$

定容气藏的采收率在 80%~90%之间。如果存在很强的水驱，在较高压力下发生的残余气捕集会使采收率降至 50%~80%。

3.3.2　物质平衡法

物质平衡是油藏工程中基本的理论工具之一。Pletcher(2000)曾详细介绍过不同形式的物质平衡方程式，并讨论了改善它们在预测天然气储量方面应用效果的方法。如果一个气藏具有以下列形式表示的足够多的天然气产量-压力历史数据：作为压力函数的累积天然气产量 G_p；在储层温度下作为压力函数的天然气特性；原始储压力 p_i。

那么无需知道储层的平面分布范围或生产井的泄气面积 A、产层厚度 h、孔隙度 ϕ 或含水饱和度 S_w，就可以计算天然气储量。通过建立有关天然气的质量或摩尔平衡就可以做到这一点，其表达式如下：

$$n_p = n_i - n_f \tag{3.54}$$

式中：n_p为所产天然气的摩尔分数；n_i为储层中原始天然气的摩尔分数；n_f为储层中所剩余天然气的摩尔分数。

用理想化的天然气储罐来代表气藏，如图 3.15 所示，就可以利用真实气体定律，以等效的参数替换式(3.54)中天然气摩尔数，得出：

$$n_p = \frac{p_{sc} G_p}{Z_{sc} R T_{sc}}$$

$$n_i = \frac{p_i V}{ZRT}$$

$$n_f = \frac{p[V-(W_e - B_w W_p)]}{ZRT}$$

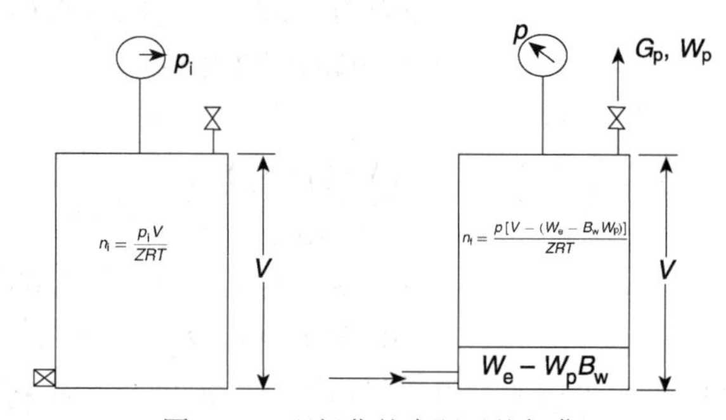

图 3.15　理想化的水驱天然气藏

将上述三个方程式代入式(3.54)，并且已知 $Z_{sc}=1$，由此得出：

$$\frac{p_{sc} G_p}{RT_{sc}} = \frac{p_i V}{ZRT} - \frac{p[V-(W_e - B_w W_p)]}{ZRT} \tag{3.55}$$

式中：p_i为原始地层压力；n_p为累积天然气产量，ft³(标)；p 为当前的地层压力；V 为原始天然气积，ft³；Z_i为 p_i下的天然气压缩系数；Z 为 p 下的天然气压缩系数；T 为温度,°R；W_e为累积水侵量，ft³；W_p为累积产水量，ft³。

式(3.55)实质上是通用的物质平衡方程。根据应用得目的以及驱替机理，它可以用数字化的方式来表达。一般而言，干气藏可被分成两类：定容气藏和水驱天然气藏。下文将对这两类天然气藏进行介绍。

3.3.3　体积化天然气藏

对于一个定容的油气藏而言，在假设无水产出的情况下，式(3.55)可简化为：

$$\frac{p_{sc} G_p}{T_{sc}} = \left(\frac{p_i}{Z_i T}\right) V - \left(\frac{p}{ZT}\right) V \tag{3.56}$$

式(3.56)常以下列两种形式来表达：p/Z 的形式和 B_g 的形式。以上两种形式的定容气藏 MBE 讨论如下。

3.3.3.1　形式 1：以 p/Z 表达的 MBE

重新整理式(3.7)，并求解 p/Z 得：

$$\frac{p}{Z}=\frac{p_i}{Z_i}-\left(\frac{p_{sc}T}{T_{sc}V}\right)G_p \tag{3.57}$$

或以下等效解：

$$\frac{p}{Z}=\frac{p_i}{Z_i}-(m)G_p$$

如图 3.16 所示，如果以 p/Z 与累积天然气产量 G_p 的关系曲线来表示，式(3.57)就是一条具有负斜率 m 的直线。这个直线关系式可能是在天然气储量计算中运用最为广泛的方程式。式(3.57)揭示了这种直线关系，并向工程师提供了以下四个参数：

(1) 直线的斜率可以表示为：

$$-m=-\frac{p_{sc}T}{T_{sc}V}$$

或者：

$$V=\frac{p_{sc}T}{T_{sc}m} \tag{3.58}$$

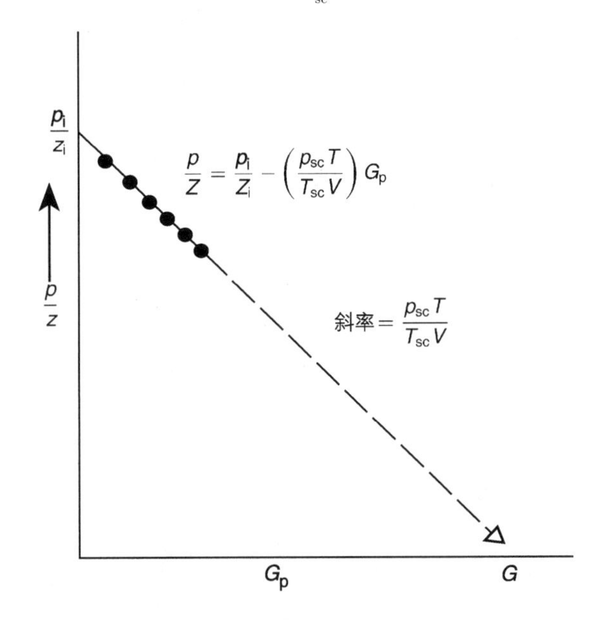

图 3.16　天然气物质平衡方程

计算出的天然气藏体积 V 可用于根据下式确定气藏的面积：

$$V=43560Ah\phi(1-S_{wi})$$

也就是：

$$A=\frac{V}{43560h\phi(1-S_{wi})}$$

如果储量是逐井进行计算的，那么就可以由下式计算生产井的驱动半径：

$$r_e = \sqrt{\frac{43560A}{\pi}}$$

(2) $G_{p=0}$ 时的截距即为 p_i/Z_i。

(3) $p/Z=0$ 时的截距就是原始天然气地质储量 G。注意，当 $p/Z=0$ 时，式(3.57)可简化为：

$$0=\frac{p_i}{Z_i}-\left(\frac{p_{sc}T}{T_{sc}V}\right)G_p$$

上式经整理后得出：

$$\frac{T_{sc}}{p_{sc}}\frac{p_i}{TZ_i}V=G_p$$

该方程式实质上为 $E_{gi}V$，因而有：

$$E_{gi}V=G$$

(4) 累积天然气产量或在任何压力下的天然气开采量。

【示例 3.6】

一个定容气藏具有下列历史生产数据(数据来源：Ikoku, C., 1984. Natural Gas Reservoir Engineering. John Wiley & Sons, New York, NY.)(见表 3.15)：

表 3.15 一个定容气藏具有下列历史生产数据

时间 t/年	地层压力 p/psi(绝)	Z	累计产量 $G_p/10^9\text{ft}^3$(标)
0.0	1798	0.869	0.00
0.5	1680	0.870	0.96
1.0	1540	0.880	2.12
1.5	1428	0.890	3.21
2.0	1335	0.900	3.92

以下数据也是已知的：$\phi=13\%$；$S_{wi}=0.52$；$A=1060\text{acre}$；$h=54\text{ft}$；$T=164°\text{F}$。试根据 MBE 计算原始天然气地质储量。

解答：

第 1 步，根据式(3.50)计算 B_{gi} 得：

$$B_{gi}=0.02827\frac{(0.869)(164+160)}{1798}=0.00853[\text{ft}^3/\text{ft}^3(\text{标})]$$

第 2 步，运用式(3.52)计算天然气地层储量：

$$\begin{aligned}G&=\frac{43560Ah\phi(1-S_{wi})}{B_{gi}}\\&=43560(1060)(54)(0.13)(1-0.52)/0.00853\\&=18.2\times10^9[\text{ft}^3(\text{标})]\end{aligned}$$

第 3 步，如图 3.17 所示绘制 p/Z 与 G_p 的关系曲线，并根据所绘曲线得出 $G=14.2\times10^9\text{ft}^3$(标)。

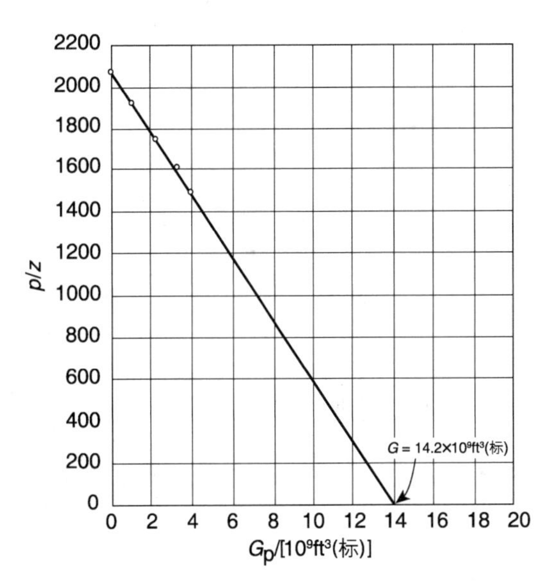

图 3.17　示例 3.6 中 p/Z 与 G_p 的关系曲线

由 MBE 计算的原始天然气地质储量与采用体积法计算所得结果具有相当好的一致性。储层天然气积 V 可以用标准条件下的天然气体积来表达：

$$V=B_{gi}G=\left(\frac{p_{sc}}{T_{sc}}\frac{Z_iT}{p_i}\right)G$$

把上述关系式与式(3.57)合并得：

$$\frac{p}{Z}=\frac{p_i}{Z_i}=\left(\frac{p_{sc}T}{T_{sc}V}\right)G_p$$

由此得出：

$$\frac{p}{Z}=\frac{p_i}{Z_i}=\left[\left(\frac{p_i}{Z_i}\frac{1}{G}\right)\right]G_p \tag{3.59}$$

或者：

$$\frac{p}{Z}=\frac{p_i}{Z_i}-[m]G_p$$

以上方程式表明，p/Z 与 G_p 的关系曲线是一条斜率为 m 且截距为 p_i/Z_i，的直线，其斜率 m 的定义如下：

$$m=\left(\frac{p_i}{Z_i}\right)\frac{1}{G}$$

式(3.59)经整理后可得：

$$\frac{p}{Z}=\frac{p_i}{Z_i}\left[1-\frac{G_p}{G}\right] \tag{3.60}$$

同样，式(5.59)表明，对于一个定容气藏而言，p/Z 和 G_p 的关系曲线基本上是线性的。这个普通方程式表明，将这条直线外查到横坐标上，即 $p/Z=0$，就可以给出原始天然气地质储量 $G=G_P$。注意，当 $p/Z=0$ 时，根据式(3.59)和式(3.60)可以得出：$G=G_P$。

式(3.59)的图形可用于确定是否有水侵，如图 3.18 所示。当 p/Z 与 G_p 的关系曲线偏离线性关系时，就表明有水侵存在。

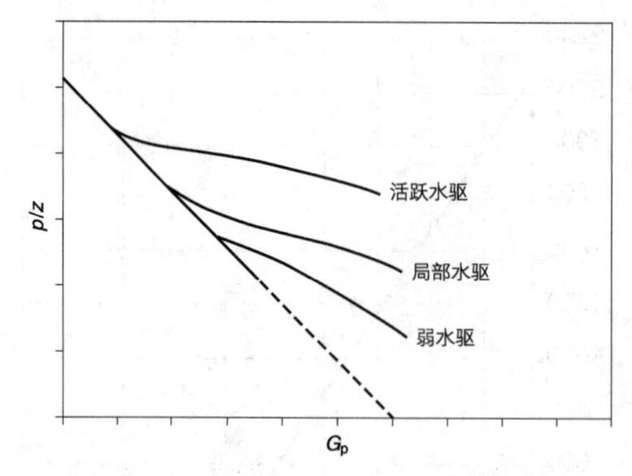

图 3.18　水驱对 p/Z 与 G_p 关系曲线的影响

根据由 p/Z 与 G_p 关系曲线来表达的单井生产动态，就可以运用下列表达式来估算整个气田的开采动态：

$$\left(\frac{p}{N}\right)_{气田}=\frac{p_i}{Z_i}-\frac{\sum_{j=1}^{n}(G_p)_j}{\sum_{j=1}^{n}\left[G_p\left(\frac{p_i}{Z_i}\right)-\frac{p}{Z}\right]_j}$$

对整个气田内所有的生产井进行求和。通过建立气田 p/Z 估算值和气田实际总产量的关系曲线，即 $(p/Z)_{气田}$ 与 ΣG_p 的关系曲线，可以得到由 $(p/Z)_{气田}$ 与 $(G_p)_{气田}$ 关系曲线表达的气田总体生产动态。只要所有的井都在确定的静态边界（即拟稳态状态）下产气，那么以上方程式就是可用的。

在利用 MBE 对整个地层内压力明显不平衡的气藏的整体储量进行分析时，可以采用以下的平均压力递减 $(p/Z)_{气田}$：

$$\left(\frac{p}{Z}\right)_{气田}=\frac{\sum_{j=1}^{n}\left(\frac{p\Delta G_p}{\Delta p}\right)_j}{\sum_{j=1}^{n}\left(\frac{\Delta G_p}{\Delta p/Z}\right)_j}$$

其中，Δp 和 ΔG_p 分别为增量压差和累积产量。

3.3.3.2　形式 2：以 B_g 表达的 MBE

根据初始天然气地层体积系数的定义，它可以由以下表达式来表示：

$$B_g=V/G$$

由式(3.50)来替换 B_g 得：

$$\frac{p_{sc}}{T_{sc}}\frac{Z_iT}{p_i}=\frac{V}{G} \tag{3.61}$$

式中：V 为原始天然气地质储量，ft^3；G 为原始天然气地质储量，ft^3(标)；p_i 为原始地层压力；Z_i 为 p_i 下的天然气压缩系数。

回顾式(3.57)：

$$\frac{p}{Z}=\frac{p_i}{Z_i}-\left(\frac{p_{sc}T}{T_{sc}V}\right)G_p$$

把式(3.61)与式(3.57)合并得：

$$G=\frac{G_pB_g}{B_g-B_{gi}} \tag{3.62}$$

式(3.62)说明，要计算原始天然气体积，需要有以下信息，包括生产数据、压力数据、用于计算系数 Z 的天然气相对密度以及地层温度等。然而，在气藏开发的早期，MBE 右侧的分母通常很小，而其分子则相对很大。很小的分母变化就会使原始天然气地质计算储量计算结果产生很大的偏差。因此在气藏开采寿命的早期计算储量时不能依赖 MBE。

定容气藏的物质平衡比较简单。原始天然气地质储量可以通过式(3.62)来计算，具体方法是替换这个开采历史时期的累积开采的天然气量及所对应地层压力下的天然气地层体积系数。如果在不同的开采历史时期连续计算所得的原始天然气地质储量都一致而且恒定，那么这个气藏就具有定容的特征，因而计算所得的 G 是可靠的，如图 3.19 所示。一旦 G 已被确定，且已按此方法证明水侵是不存在的，那么就可以采用相同的方程式来预测作为地层压力函数的累积天然气产量。

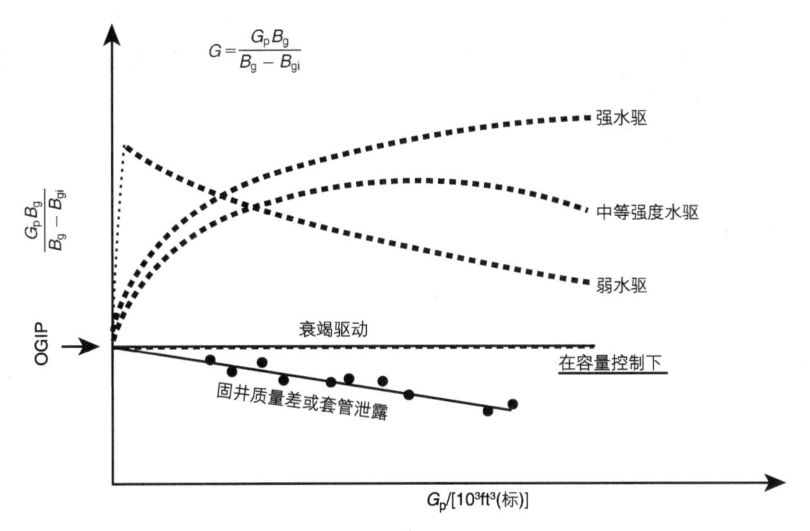

图 3.19　衰竭气驱动气藏的天然气地质储量

必须指出的是，连续运用式(3.62)进行计算，会得出逐渐增大或减小的原始天然气地质储量 G。因此存在两种不同的情形：

(1) 如果原始天然气地质储量 G 的计算值随时间而增大，那么这个气藏可能存在某种形式的驱动。在给定的产气量下，如果存在水侵，气藏的压降幅度就会见小，从而使该气藏似乎随着时间推移而变大。在此情形下，气藏应被归类为水驱气藏。另一种可能性是，如果在研究区内没有已知的含水层，那么其他气藏或含气层的天然气可能沿裂缝或非封闭性断层运移而来。

(2) 如果 G 的计算值随时间而降低，那么压降会比定容气藏的快得多。其原因可能包括：天然气向其他地层泄漏、固井效果比较差、套管破裂或其他一些可能性。

【示例 3.7】

一个定容气藏产气 360×10^6ft³(标)之后，压力由 3200psi 降至 3000psi。

(1) 试计算原始天然气地质储量，给定的条件如下：在 $p_i=3200$psi 时，$B_{gi}=0.005278$ft³/ft³；在 $p_i=3000$psi 时，$B_{gi}=0.005390$ft³/ft³。

(2) 假定压力测量值是不正确的，真正的平均压力为 2900psi 而非 2900psi，重新计算原始天然气地质储量。在这一压力下天然气地层体积系数为 0.00558ft³/ft³。

解答：

(1) 利用式(3.14)计算 G 得：

$$G=\frac{G_pB_g}{B_g-B_{gi}}$$

$$=\frac{360\times10^6(0.00539)}{0.00539-0.005278}=17.325\times10^9[\text{ft}^3(\text{标})]$$

(2) 利用正确的 B_g 值重新计算 G 得：

$$G=\frac{360\times10^6(0.00558)}{0.00558-0.005278}=6.652\times10^9[\text{ft}^3(\text{标})]$$

如此，一个 100psi(绝)的误差(仅是地层总压力的 3.5%)就会使天然气地质储量的计算值增加近 160%。注意，同样大小的地层压力误差，在气藏开发的晚期所造成的天然气地质储量计算误差就不会像开发的早期那么大。

3.3.3.3　天然气采收率

在任一衰竭压力下的天然气采收率(RF)都被定义为在该压力下开采出的累积天然气量 G_p 与原始天然气地质储量 G 之比：

$$\text{RF}=\frac{G_p}{G}$$

将天然气 RF 引入式(3.60)得：

$$\frac{p}{Z}=\frac{p_i}{Z_i}\left[1-\frac{G_p}{G}\right]$$

或者：

$$\frac{p}{Z}=\frac{p_i}{Z_i}[1-\text{RF}]$$

求解在任意衰竭压力下的 RF 得：

$$\text{RF}=1-\left[\frac{p}{Z}\frac{Z_i}{p_i}\right]$$

3.3.4　水驱天然气藏

p/Z 与累积产气量 G_p 的关系曲线图广泛应用于在衰竭驱动条件下求解物质平衡。将该曲线图外推到大气压力，就可得出原始天然气地质储量的可靠估算值。如果存在水驱，该曲线图通常表现出线性，但这时外推会错误地高估天然气地质储量。在气藏存在水驱时，MBE 中将有两个未知数，即便在产量数据、压力、温度以及天然气相对密度均已知的情况也不例外。这两个未知数是原始天然气地质储量和累积水侵量。要采用 MBE 计算原始天然气地质储量，必需有估算 W_e(累积水侵量)的独立方法。

式(3.13)经修正可以把累积水侵量和水产量纳入进来，其表达式如下：

$$G=\frac{G_pB_g-(W_e-W_pB_w)}{B_g-B_{gi}} \tag{3.63}$$

上式经整理后得：

$$G+\frac{W_e}{B_g-B_{gi}}=\frac{G_pB_g+W_pB_w}{B_g-B_{gi}} \tag{3.64}$$

式(3.64)表明，对于一个定容气藏，即 $W_e=0$，方程式右侧是恒定的，无论采出的天然气

量 G_p是多少，它都等于原始天然气地质储量"G"。即：

$$G+0=\frac{G_p B_g + W_p B_w}{B_g - B_{gi}}$$

对于一个水驱气藏来说，式(3.64)右侧的值会因 $W_e/(B_g-B_{gi})$项的存在而持续增大。图3.20显出示了在相继时段所记录的多个数值的曲线图。把由这些数据点所构成的曲线外推至 $G_p=0$ 的数据点，就可以显示出 G 的真值，因为当 $G_p=0$ 时，$W_e/(B_g-B_{gi})$也等于零。

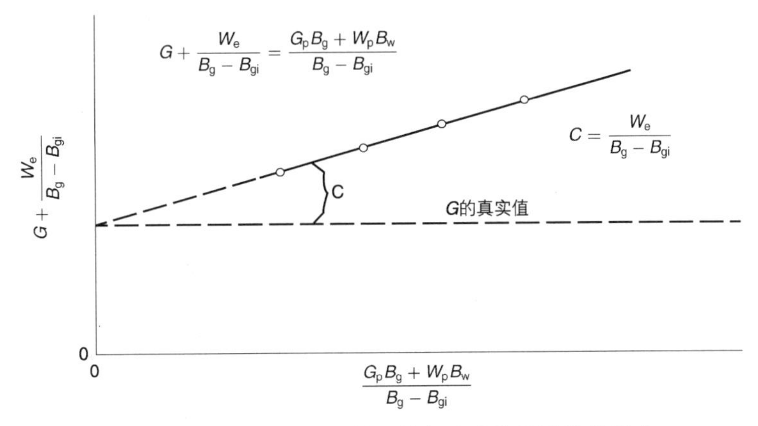

图3.20　水侵量对于原始天然气地质储量计算的影响

这一绘图法可用于估算 W_e的数值，因为不论在任何时间，水平线(即 G 的真值)和直线 $G+[W_e/(B_g-B_{gi})]$都会给出 $W_e/(B_g-B_{gi})$的值。

由于在有水驱的气藏中，天然气往往会被侵入的水绕流和捕集，因而其采收率可能要远低于仅仅在气体膨胀作用下开采的定容气藏。此外，储层非均质性(例如低渗透薄层或分层)的存在会进一步降低采收率。如前所述，定容气藏的最终采收率通常为80%~90%，而水驱气藏的采收率则一般在50%~70%之间。水驱后区域内捕集的天然气量可以通过确定以下特征储层参数来估算：(PV)为储层孔隙体积，ft^3；$(PV)_水$为水侵入带的孔隙体积，ft^3；S_{grw}为水驱后的残余气饱和度；S_{wi}为原始含水饱和度；G 为原始天然气地质储量，ft^3(标)；G_p为衰竭压力 p 下的累积产气量，ft^3(标)；B_{gi}为原始天然气地层体积系数，ft^3/ft^3(标)；B_g为衰竭压力 p 下的天然气地层体积系数，ft^3/ft^3(标)；Z 为衰竭压力 p 下的气体偏差系数。步骤如下。

第1步，按以下方式用原始天然气地质储量 G 来表示储层孔隙体积(PV)：

$$GB_{gi}=(PV)(1-S_{wi})$$

求解储层孔隙体积得：

$$PV=\frac{GB_{gi}}{1-S_{wi}}$$

第2步，计算水侵入带的孔隙体积：

$$W_e-W_pB_w=(PV)_{水}(1-S_{wi}-S_{grw})$$

求解水侵入带的孔隙体积$(PV)_水$得：

$$(PV)_{水}=\frac{W_e-W_pB_w}{1-S_{wi}-S_{qrw}}$$

第3步，计算水侵带所捕集的天然气量，即：

$$捕集气量=(PV)_{水}S_{grw}=\left(\frac{W_e-W_pB_w}{1-S_{wi}-S_{qrw}}\right)S_{grw}$$

第 4 步，利用状态方程计算水侵带所捕集天然气的 n 摩尔数。即：

$$p(\text{捕集气量})=ZnRT$$

求解 n 得：

$$n=\frac{p[(W_e-W_pB_w)/(1-S_{wi}-S_{qrw})]S_{grw}}{ZRT}$$

该式表明，压力越高，捕集的天然气量越大。Dake(1994)指出，如果压力因天然气快速采出而降低，那么单个孔隙空间所捕集的天然气体积(即 S_{grw})将保持不变，但其总摩尔数 n 会下降。

第 5 步，任何压力下的含气饱和度都可以经修正后把捕集的天然气考虑进来，其表达式如下：

$$S_{grw}=(\text{残余气量}-\text{捕集气量})/(\text{储层孔隙体积}-\text{水孔隙体积}-\text{侵入带})$$

$$S_g=\frac{(G-G_p)B_g-[(W_e-W_pB_w)/(1-S_{wi}-S_{qrw})]S_{grw}}{[GB_{gi}/(1-S_{wi})]-[(W_e-W_pB_w)/(1-S_{wi}-S_{qrw})]}$$

MBE 的简洁图形显示方法有多种，它们可用于表述定容气藏或水驱气藏的开采动态，包括以下几种：能量图；直线型 MBE；柯尔图；经修正的柯尔图；Roach 图；修正后的 Roach 图；Fetkovich et al 图；Paston et al 图；Hammerlindl 法。

下面对这些方法进行介绍。

3.3.4.1　能量图

人们提出了很多图解法来求解天然气 MBE，这些方法在检测是否存在水侵方面很有用。能量图法就是其中的一种，它是基于式(3.60)整理而得的：

$$\frac{p}{Z}=\frac{p_i}{Z_i}\left[1-\frac{G_p}{G}\right]$$

上式经整理后得：

$$1-\left[\frac{p}{Z}\frac{Z_i}{p_i}\right]=\frac{G_p}{G}$$

对上述方程两边同时取对数得：

$$\log\left[1-\frac{Z_ip}{p_iZ}\right]=\log G_p-\log G \tag{3.65}$$

图 3.21 示意性地显示了能量图。

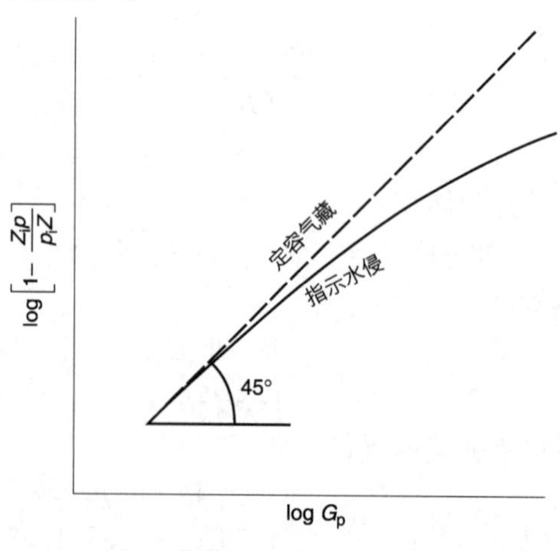

图 3.21　能量图

从式(3.65)可以明显看出，在双对数坐标系中，$[1-(Z_i p/p_i Z)]$与G_p的关系曲线是一条直线，其斜率为1(45°角)。把这条直线外推到纵轴上的1处($p=0$)，可以得出原始天然气地质储量G的数值。通过这种分析所得的图形被称为能量图。这类图件在检测气藏开发早期水侵方面很有用。如果W_e不等于0，曲线图的斜率就会小于1，而且还会随着时间而减小，其原因是W_e随时间而增大。只有在气藏有天然气泄漏或者数据质量很差的情况下才会出现斜率增大的现象。因为斜率增大就意味着天然气所占据的PV随着时间而增大。

3.3.4.2 直线型通用MBE

Havlena和Odeh(1963，1964)采用天然气产量、流体膨胀和水侵来表示物质平衡方程，其表达式如下：

[地下开采量]=[天然气膨胀量]+[水膨胀量和孔隙压实量]+[水侵量]+[流体注入量]

而以数学的方式来表达，其表达式如下：

$$G_p B_g + W_p B_w = G(B_g - B_{gi}) + G B_{gi} \frac{c_w S_{wi} + c_f}{1 - S_{wi}} \Delta p + W_e + (W_{inj} B_w + G_{inj} B_{ginj})$$

假设没有注入水或气体，即W_{inj}和G_{inj}都等于零，上述通用MBE可简化为：

$$G_p B_g + W_p B_w = G(B_g - B_{gi}) + G B_{gi} \frac{c_w S_{wi} + c_f}{1 - S_{wi}} \Delta p + W_e \tag{3.66}$$

采用由Havlena和Odeh给出的术语，式(3.66)可以由以下形式来表示：

$$F = G(E_G + E_{f.w}) + W_e \tag{3.67}$$

其中，F、E_G和$E_{f,w}$项的定义如下。

地下流体开采项F：

$$F = G_p B_g + W_p B_w \tag{3.68}$$

天然气膨胀项E_G：

$$E_G = B_g - B_{gi} \tag{3.69}$$

水和岩石膨胀项$E_{f,w}$：

$$E_{f.w} = B_{gi} \frac{c_w S_{wi} + c_f}{1 - S_{wi}} \Delta p \tag{3.70}$$

式(3.67)可以进一步简化，方法是引入总系统膨胀项E_t，它把压缩系数E_G和$E_{f,w}$合并在一起，其表达式如下：

$$E_t = E_G + E_{f,w}$$

式(3.67)简化后得：

$$F = G E_t + W_e$$

注意，对于没有水侵或水产出的定容气藏而言，式(3.66)经扩展后变为：

$$G_p B_g = G(B_g - B_{gi}) + G B_{gi} \frac{c_w S_{wi} + c_f}{1 - S_{wi}} \Delta p$$

把上述方程式的两边同时除以G并进行整理后得：

$$\frac{G_p}{G} = 1 - \left[1 - \frac{(c_w S_{wi} + c_f)\Delta p}{1 - S_{wi}}\right] \frac{B_{gi}}{B_g}$$

把典型参数值$c_w = 3\times10^{-6}\text{psi}^{-1}$、$c_f = 10\times10^{-6}\text{psi}^{-1}$和$S_{wi}=0.25$代入上述关系式，并设定一个比较大的压降($\Delta p = 1000\text{psi}$)，那么方括号内的项就变为：

$$\left[1 - \frac{(c_w S_{wi} + c_f)\Delta p}{1 - S_{wi}}\right] = 1 - \frac{[3\times0.25+10]10^{-6}(1000)}{1-0.25} = 1 - 0.014$$

上述的数值0.014表明，把反映烃类PV因原生水膨胀和岩石PV收缩而减小的项纳入方程，只能使物质平衡改变1.4%，因而通常把这个项忽略不计。忽略该项的主要原因是，与天然气压缩系数相比，水和地层的压缩系数一般(尽管并非总是)是微不足道的。

假设与天然气膨胀项 E_G 相比，岩石和水膨胀项 $E_{f,w}$ 可以忽略不计，式(3.57)可以简化为：

$$F=GE_G+W_e \tag{3.71}$$

在应用MBE时，如何寻找能够用于确定累计水侵量 W_e 的适当模型，可能是最大的不确定因素。水侵量一般用含水层解析模型来替代，而这个解析模型必须是已知的，而且是根据MBE来确定的。把上述方程式的两边同时除以天然气膨胀项 E_G，就可以把它变换为直线方程，表达式如下：

$$\frac{F}{E_G}=G+\frac{W_e}{E_G} \tag{3.72}$$

图3.22以图形的方式展示了式(3.72)。假设采用van Everdinger和Hurst(1994)的非稳态模型来准确地描述水侵，那么所选择的水侵模型就可以纳入式(3.72)得：

$$F/E_G=G+B\sum\Delta p\ W_{eD}/E_G$$

这个表达式说明，只要不稳定水侵量求和项 $\sum\Delta p\ W_{eD}$ 的数值是准确的，那么 F/E_G 与 $\sum\Delta p\ W_{eD}/E_G$ 的关系曲线是一条直线。这条直线在 y 轴上的截距就是原始天然气地质储量 G，而且斜率就等于水侵常数 B，如图3.23所示。

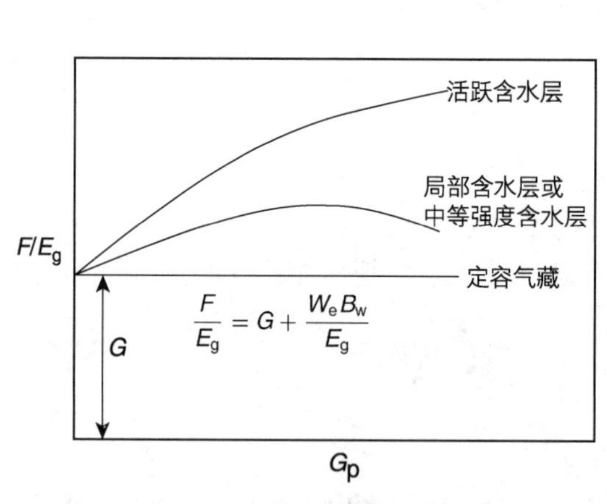

图3.22　确定气藏驱动机理

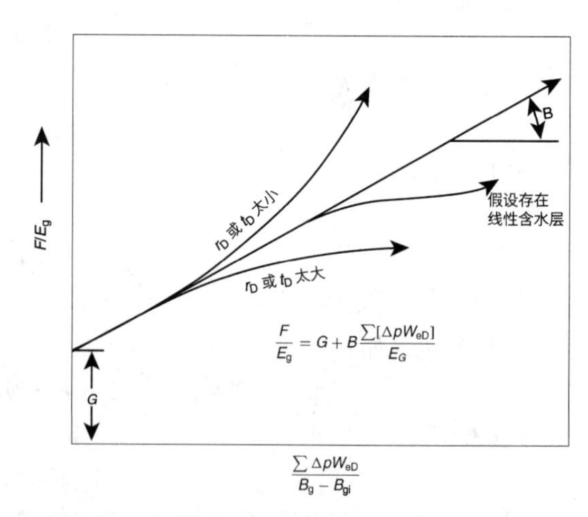

图3.23　气藏的Havlena-Odeh物质平衡曲线图

如果对含水层的描述不准确，那么就会出现非线性曲线图。如果曲线存在系统性的向上弯曲，就说明求和项太小，而如果曲线存在系统性的向下弯曲，就说明求和项太大。如果曲线呈“S”形，就应当假设存在线性(而非径向)含水层。数据点标绘的顺序应当是从左向右。如果出现相反的标绘顺序，就说明(流体流动)已达到了事先没有考虑到的含水层边界，因而在计算水侵量项时，应假设一个较小规模的含水层。

对于一些特殊气藏，例如盐穹中的断块气藏，用线性系统而非径向流体系统对其进行描述，效果也许会更好一些。Van Everdingen和Hurst无量纲水侵量 W_{eD} 被时间平方根所取代，其表达式如下：

$$W_e = C\sum \Delta p_n \sqrt{t - t_n} \tag{3.73}$$

式中：C 为水侵量常数，ft^3/psi；t 为时间(可以采用任何方便的单位，例如天、年等)。

一定要利用以往的产量和压力数据并结合 Havlena 和 Odeh 法来计算水侵常数 C。对于线性系统而言，要在直角坐标系中绘制地下开采量 F 与$[\sum \Delta p_n \sqrt{t - t_n}/(B_g - B_{gi})]$的关系曲线。所得结果应当是一条直线，其截距是 G，而斜率为水侵常数 C。

为了说明线性含水层模型在以直线方程表示的天然气 MBE 中的运用，Havlena 和 Odeh 给出了以下习题。

【示例 3.8】

采用容积法估算的一个干气藏的原始天然气地质储量介于 $1.3\times10^{12} \sim 1.65\times10^{12} ft^3$(标)之间。产量、压力和相关的天然气膨胀项(即 $E_g = B_g - B_{gi}$)列在表 3.16 中。试计算原始天然气地质储量 G。

表 3.16　示例 3.8 中 Havlena-Odeh 干气藏的数据列表

时间/月	平均地层压力/psi	$E_g=(B_g-B_{gi})\times10^{-6}$/[$ft^3/ft^3$(标)]	$E_g=(G_g-B_g)\times10^6/ft^3$	$\sum \Delta p_n \sqrt{t-t_n}/(B_g-B_{gi})\times10^6$	$[F/E_g=G_pB_g/(B_g-B_{gi})]\times10^{12}$
0	2883	0.0			
2	2881	4.0	5.5340	0.3536	1.3835
4	2874	18.0	24.5967	0.4647	1.3665
6	2866	34.0	51.1776	0.6487	1.5052
8	2857	52.0	76.9246	0.7860	1.4793
10	2849	68.0	103.3184	0.9306	1.5194
12	2841	85.0	131.5371	1.0358	1.5475
14	2826	116.5	180.0178	1.0315	1.5452
16	2808	154.5	240.7764	1.0594	1.5584
18	2794	185.5	291.3014	1.1485	1.5703
20	2782	212.0	336.6281	1.2426	1.5879
22	2767	246.0	392.8592	1.2905	1.5970
24	2755	273.5	441.3134	1.3702	1.6136
26	2741	305.5	497.2907	1.4219	1.6278
28	2726	340.0	556.1110	1.4672	1.6356
30	2712	373.5	613.6513	1.5714	1.6430
32	2699	405.0	672.5969	1.5714	1.6607
34	2688	432.5	723.0868	1.6332	1.6719
36	2667	455.5	771.4902	1.7016	1.6937

解答：

第 1 步，假设这个气藏为定容气藏。

第 2 步，绘制 p/Z 与 G_p 或 $G_pB_g/(B_g-B_{gi})$与 G_p 的关系图。

第 3 步，如图 3.24 所示，$G_pB_g/(B_g-B_{gi})$与 G_p 的关系图表现为向上弯曲的曲线，说明有水侵。

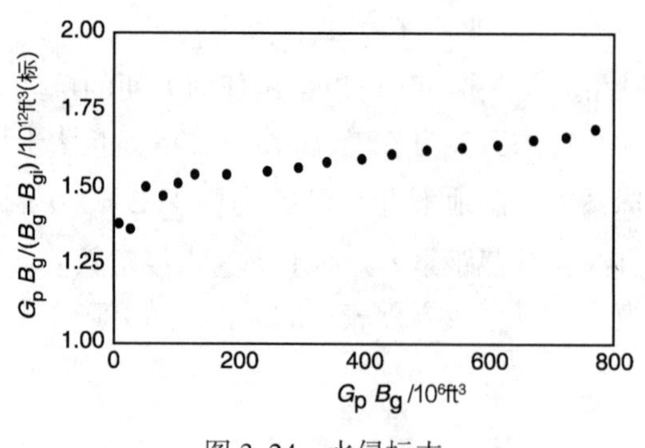

图 3.24　水侵标志

第 4 步，假设存在线性水侵，绘制 $G_pB_g/(B_g-B_{gi})$ 与[$\sum\Delta p_n\sqrt{t-t_n}/(B_g-B_{gi})$]的关系曲线图，如图 3.25 所示。

第 5 步，从图 3.25 可以明显看出，必要的直线关系被视为线性含水层存在的有力证据。

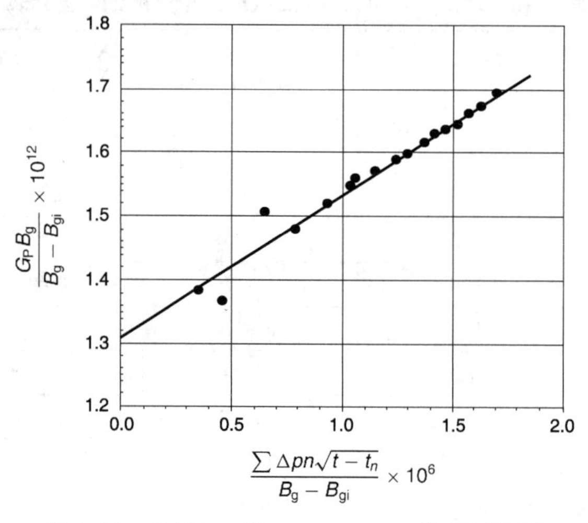

图 3.25　示例 3.8 的 Havlena-Odeh 物质平衡图

第 6 步，由图 3.25 确定原始天然气地质储量 G 和线性水侵常数 C 得：$G=1.325\times10^{12}\text{ft}^3$（标）；$C=212.7\times10^3\text{ft}^3/\text{psi}$。

定义气藏的驱动指数(参阅第 4 章)的目的是指示各种能量对气藏驱动机理贡献的相对大小。类似地，通过把式(3.66)除以 $G_pB_g+W_pB_w$ 也可以定义气藏的驱动指数，其表达式如下：

$$\frac{G}{G_p}\left(1-\frac{B_{gi}}{B_g}\right)+\frac{G}{G_p}\frac{E_{f,w}}{B_g}+\frac{W_e-W_pB_w}{G_pB_g}=1$$

定义以下三个驱动指数。

（1）气驱动指数(GDI)：

$$\text{GDI}=\frac{G}{G_p}\left(1-\frac{B_{gi}}{B_g}\right)$$

（2）压缩系数驱动指数(CDI)：

$$\text{CDI}=\frac{G}{G_p}\frac{E_{f.w}}{B_g}$$

（3）水驱动指数（WDI）：

$$\mathrm{WDI}=\frac{W_e-W_pB_w}{G_pB_g}$$

把以上三个驱动指数代入 MBE 得：

$$\mathrm{GDI}+\mathrm{CDI}+\mathrm{WDI}=1$$

Pletcher（2000）指出，如果驱动指数之和不等于 1，就说明没有求出 MBE 的解，或者所求的解根本不正确。然而在生产实际中，由实际气田数据计算出的驱动指数之和很少有精确地等于 1.0 的，除非在生产过程中精确地记录了产量数据。驱动指数之和一般在 1 的上下浮动，这要取决于随时间所采集的产量数据的质量。

3.3.4.3　柯尔图

柯尔图是区分水驱气藏和衰竭式驱动气藏的一个有用的手段。这个图是由通用 MBE 得出的，在式（3.64）的扩展形式中，其表达式如下：

$$\frac{G_pB_g+W_pB_w}{B_g-B_{gi}}=G+\frac{W_e}{B_g-B_{gi}}$$

而在式（3.72）的紧凑形式中，其表达式如下：

$$\frac{F}{E_G}=G+\frac{W_e}{E_G}$$

Cole（1969）提出建议，忽略水侵项 W_e/E_G，并且仅以累计天然气产量 G_p 函数的形式绘制上述表达式中的左侧项。这只是为了便于显示，以便检查其在开采过程中的变化。绘制 F/E_G 与开采时间或者压降 Δp 的关系曲线图同样可以达到目的。

Dake（1994）曾对直线形式的 MBE 的优缺点进行了很好的论述。他指出，这个图的形状将是上文图 3.19 所示的三种形状之一。如果气藏是衰竭式驱动的定容气藏，即 $W_e=0$，那么按照比如说 6 个月的间隔而评价的 F/E_G 数值，其曲线图应当是平行于横坐标的一条直线，其纵坐标的数值就是原始天然气地质储量。另外一种情况是，如果气藏受天然水侵的影响，那么 F/E_G 的曲线图一般会表现为一条向下弯曲的弧线，其确切的形状取决于含水层的规模和强度以及天然气开采速度。把 F/E_G 曲线的趋势向后外推到纵坐标，就可以得出原始天然气地质储量的估算值（$W_e \sim 0$）；然而，这个曲线图也可能在这个区域表现出强烈的非线性，那么所得结果就具有很大的不确定性。F/E_G 与 G_p 曲线图的主要优点是，在确定气藏是否受天然水侵的影响时，它要比其他方法灵敏得多。

然而，在存在弱水驱的情况下，上述表达式中右侧最远端的项（即 $[W_e/(B_g-B_{gi})]$）会随着时间而减小，其原因是分母增大的速度要快于分子。所以，由数据点绘出的图形会表现出负向形态，如图 3.19 所示。在弱水驱气藏中，随着气藏开采的进行，数据点垂直向下移动，同时还向右朝着时间数值 G 移动。因此，在弱水驱气藏中，视原始天然气地质储量随时间而减少，这种趋势与强水驱或中等强度水驱气藏的刚好相反。Pletcher（2000）曾指出，在弱水驱气藏开发的最早期阶段，其曲线表现出正向形态（如图 3.19 所示），然后转变为明显的负向形态。利用最早期的数据点难于确定 G，因为它们经常很分散。在气藏开发的早期，即使是很小的压力测量误差，也会导致出现这种数据点分散的现象。所以，这个曲线呈“驼峰状”，类似于中等强度水驱的气藏，其不同之处是这个驼峰的正向形态部分非常短，如果没有获得早期数据的话，它实际上不会出现。

3.3.4.4 修正后的柯尔图

在浅层未固结储层中孔隙的压缩系数可能会很大，其值可以超过 $100\times10^{-6}psi^{-1}$。在委内瑞拉的 Bolivar Coast 油气田中就曾测出如此大的孔隙压缩系数，因而不允许省略天然气 MBE 中的 c_f项。在这种情况下建立柯尔图时，应把 $E_{f,w}$项纳入方程，并用以下表达式来表示这个方程：

$$\frac{F}{E_t}=G+\frac{W_e}{E_t}$$

正如 Pletcher 所指出的那样，等式左侧的项 F/E_t现在考虑了来自地层(和水)压缩系数以及天然气膨胀的能量贡献。修正后的柯尔图在 y 轴上显示 F/E_t，而在其 x 轴上显示 G_p。与原来的柯尔图相比，纵向上，数据点更接近 G 的真实数值。在储层能量的贡献者以地层压缩系数为主的气藏中，例如异常压力气藏，原始的柯尔图会表现出负的斜率，即使在没有水驱的情况下亦是如此。然而，假定在计算 F/E_t项时所采用的 c_f值是正确的，修正后的柯尔图应是一条水平线。因此，同时绘制原始柯尔图和修正后的柯尔图，可以区分以下两种可能性：

(1) 存在弱水驱且 c_f比较大的气藏。在这种情况下，这两个图(即原始柯尔图和修正后的柯尔图)都具有负斜率。

(2) c_f比较大但没有含水层的气藏。在这种特定情况下，原始柯尔曲线图具有正斜率，而修正的柯尔曲线图是水平的。

应当指出，在原始的柯尔图或修正后的柯尔图中出现负斜率的可能原因是，气藏中存在没有考虑到的能量来源，而且相对于天然气膨胀其强度随时间而降低。例如，与其他衰竭气藏的连通性就属于这种情况。

“异常压力”气藏(有时被称为“超压”或“高压”气藏)是指压力梯度大于正常值(即大于0.5psi/ft)的气藏。异常压力气藏的典型 p/Z 与 G_p的关系曲线图是两条直线，如图 3.26 所示。

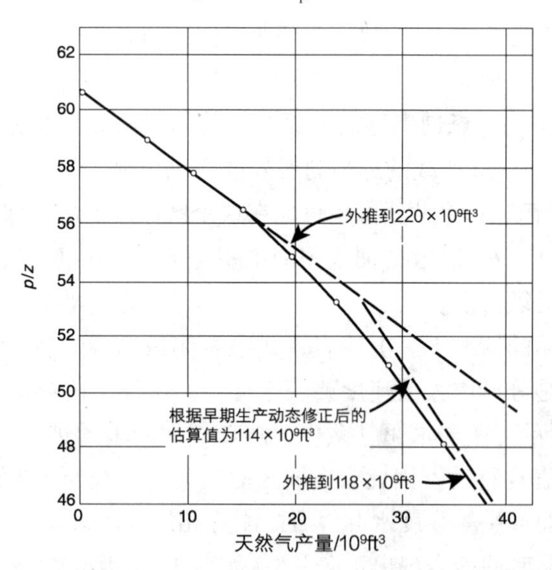

图 3.26 路易斯安那州拉菲特堂区 North Ossum 气田 NS2B 气藏 p/Z 与累积产量的关系曲线

(来源：Hammerlindl, D.J., 1971. Predicting gas reserves in abnormally pressure reservoirs. Paper SPE 3479, presented at the 46th Annual Fall Meeting of SPE-AIME. New Orleans, LA, October, 1971)

第一条直线对应于“视”气藏特征，经外推后可得出“视原始天然气地质储量 G_{app}”。第二条直线对应于“正常压力特征”，经外推后可得出“实际原始天然气地质储量”。

Hammerlindl(1971)曾指出，在异常高压定容气藏中，在利用 p/Z 与 G_p 的关系曲线图预测储量时，受地层和流体压缩性的影响，存在两个明确的斜率，如图 3.26 所示。p/Z 曲线的最终斜率要比最初的斜率陡一些，因此根据早期的曲线段估算的储量错误地偏高。最初的斜率是由天然气膨胀和明显的压力保持效应造成的，而后者是地层压实、晶体膨胀和水膨胀共同作用的结果。在大致正常的压力梯度下，地层压实作用已基本上结束，因而储层表现出正常的天然气膨胀储层的特征。这解释了第二个斜率。大多数的早期决策都是基于 p/Z 曲线早期线段外推的结果，因此必须了解烃类 PV 变化对储量估算、产能以及废弃压力的影响。

所有气藏动态都与有效压缩系数而非天然气压缩系数有关。在压力异常高的情况下，有效压缩系数可能是天然气压缩系数的两倍甚至更多倍。如果有效压缩系数是天然气压缩系数的两倍，那么在所采出的第一立方英尺(ft^3)的天然气中，天然气膨胀的贡献是 50%，地层压缩系数和水膨胀的贡献是 50%。随着地层压力降低，天然气压缩系数逐步接近有效压缩系数，因而天然气膨胀对产量的贡献增大。基于地层压缩系数、天然气产量和关井井底压力，提出了两种方法，用于对根据开发早期数据估算的储量进行修正(假设没有水侵)。

Gunawan Gan 和 Blasingame(2001)曾对解释 p/Z 与 G_p 关系曲线非线性特征的方法和理论方面的文献进行了全面的回顾。解释这种特征的理论基本上有两种：岩石坍塌理论和页岩水侵理论。下面对这两种理论进行简要介绍。

(1) 岩石坍塌理论。Harville 和 Hawkins(1969)指出，以两条直线为特征的非线性动态可以归因于“孔隙坍塌”和地层压实作用。他们基于对 North Ossum 气田(路易斯安那州)的研究认为，初始斜率是净上覆地层压力随着孔隙压力在开采过程中不断降低而持续增大的结果。净上覆地层压力的增大导致岩石破裂，即岩石坍塌，而后者进而会引起岩石压缩系数 c_f 不断变小。这个过程会一直持续进行，直到最终达到一个“正常”值为止，而这个正常值标志着第二条直线斜率的开始。在这个时点，气藏的动态就变得类似于常压的定容气藏。

(2) 页岩水侵理论。有多位研究者都把 p/Z 与 G_p 关系曲线的非线性特征归因于页岩水侵或来自受限含水层的周缘水侵以及把 PV 压缩系数视为常数。Bourgoyne(1990)证实，页岩的渗透率和压缩系数(被视为压力的函数)的合理数值，可以用于拟合异常压力气藏的动态特征，由此来建立第一条直线。第二条直线是来自周围页岩的压力支持随着气藏开发而减弱的结果。

Fetkovich 等(1998)区分了两种不同的 PV 压缩系数：“综合压缩系数”和“瞬时压缩系数”。总 PV 压缩系数的数学表达式如下(上式方括号内的项是从初始条件[p_i，$(PV)_i$]到任一较低压力[p，$(PV)_p$]的弦的斜率)：

$$\bar{c}_f = \frac{1}{(PV)_i}\left[\frac{(PV)_i-(PV)_p}{p_i-p}\right]$$

式中：$\bar{c}_f$ 为累积孔隙体积(地层或岩石)压缩系数，psi^{-1}；p_i 为初始压力，psi；p 为压力，psi；$(PV)_i$ 为初始地层压力条件下的孔隙体积；$(PV)_p$ 为压力 p 条件下的孔隙体积。

瞬时孔隙体积(岩石或地层)压缩系数的定义如下：

$$c_f = \frac{1}{(PV)_p}\frac{\partial(PV)}{\partial p}$$

瞬时压缩系数 c_f 可用于储层模拟，而累积压缩系数 $\bar{c}_f$ 必须以适合于累积压降(p_i-p)物质平衡的方式加以运用。

这两种压缩系数都取决于压力，而且通过专门的岩心分析就可以很好地加以确定。Fetkovich 等以墨西哥湾的一种砂岩为例对这种分析方法说明如下(见表 3.17)：

表 3.17　砂岩性质参数

p/psi(绝)	p_i-p/psi	$(PV)_i-(PV)_p$/cm^3	$\bar{c}_f$/10^{-6}psi^{-1}	c_f/10^{-6}psi^{-1}
p_i=9800	0	0.000	16.50	16.50
9000	800	0.041	14.99	13.70
8000	1800	0.083	13.48	11.40
7000	2800	0.117	12.22	9.10
6000	3800	0.144	11.08	6.90
5000	4800	0.163	9.93	5.00
4000	5800	0.177	8.92	3.80
3000	6800	0.190	8.17	4.10
2000	7800	0.207	7.76	7.30
1000	8800	0.243	8.07	16.80
500	9300	0.276	8.68	25.80

图 3.27 显示了墨西哥湾一个超压砂岩气藏的 c_f 和 $\bar{c}_f$ 如何以压力函数的方式变化。图 3.27 给出了“孔隙坍塌”的合适定义，它是瞬时 PV 压缩系数随着地层压力下降而开始增大时的状态。

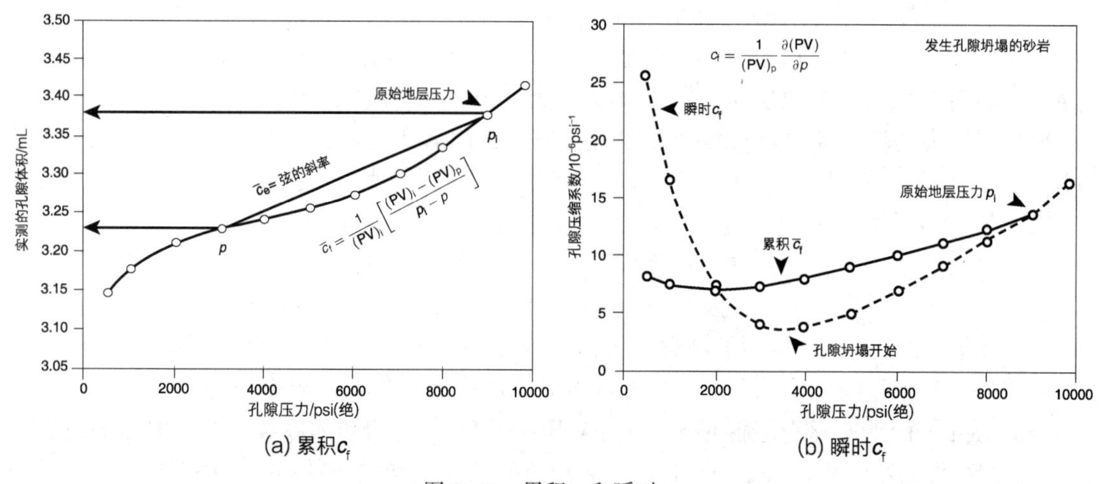

图 3.27　累积 c_f 和瞬时 c_f

3.3.4.5　异常高压气藏的 Roach 图

Roach(1981)提出了分析异常高压气藏的图形方法。由式(3.66)所表示的 MBE 可以变换为适用于定容气藏的以下形式：

$$\left(\frac{p}{Z}\right)c_t=\left(\frac{p_i}{Z_i}\right)\left[1-\frac{G_p}{G}\right] \tag{3.74}$$

$$c_t=1-\frac{(c_f+c_w S_{wi})(p_i-p)}{1-S_{wi}} \tag{3.75}$$

岩石膨胀项的定义如下：

$$E_R=\frac{c_f+c_w S_{wi}}{1-S_{wi}} \tag{3.76}$$

式(3.75)可以用下式来表示：

$$c_t = 1 - E_R(p_i - p) \tag{3.77}$$

式(3.74)表明，直角坐标系中$(p/Z)c_t$与累积天然气产量G_p的关系曲线是一条直线，其在x轴上的截距为原始天然气地质储量，而在y轴上的截距为原始$(p/Z)_i$。由于c_t是未知数，因而需要通过选取能够使直线拟合效果最佳的压缩系数来确定其数值，这种方法是一种试算法。

利用 Duggan(1972)提供的 Mobile-David Anderson 气田的数据，Roach 说明了如何运用式(3.74)和式(3.77)来借助于图形确定原始天然气地质储量。据 Duggan 的报告，这个气藏在11300ft 深处的原始地层压力为9507psi(表)。采用容积法估算的原始天然气地质储量是$69.5\times10^9ft^3$(标)。根据由历史数据绘制的p/Z与G_p关系曲线图确定的原始天然气地质储量为$87\times10^9ft^3$(标)，如图3.28所示。

Roach 利用试算法证实，在岩石膨胀项E_R的数值为1805×10^{-6}时，关系曲线表现为直线，根据这条直线确定的原始天然气地质储量为$75\times10^9ft^3$(标)，如图3.28所示。

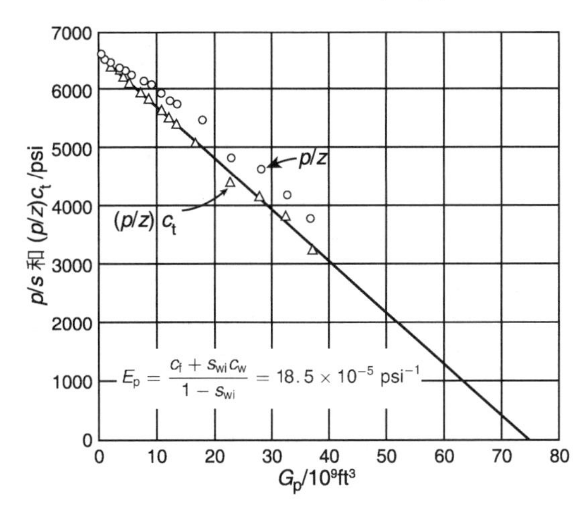

图3.28　Mobile-David Anderson 气田"L" p/Z与G_p的关系曲线图

(来源：Roach，R. H.，1981. Analyzing geopressured reservoirs—a material balance technique. SPE Paper 9968，Society of Petroleum Engineers of AIME，Dallas，TX，December，1981)

为了避免使用试算法，Roach 提出把式(3.74)与(3.77)合并，用以下线性形式表示：

$$\frac{(p/Z)_i(p/Z)-1}{p_i-p} = \frac{1}{G}\left[\frac{(p/Z)_i(p/Z)}{p_i-p}\right]G_p - \frac{S_{wi}c_w+c_f}{1-S_{wi}} \tag{3.78}$$

或者用以下等效公式表示：

$$\alpha = \left(\frac{1}{G}\right)\beta - E_R \tag{3.79}$$

其中：

$$\alpha = \frac{[(p_i/Z_i)/(p/Z)]-1}{p_i-p} \tag{3.80}$$

$$\beta = \left[\frac{(p_i/Z_i)/(p/Z)}{p_i-p}\right]G_p \tag{3.81}$$

$$E_R = \frac{S_{wi}c_w+c_f}{1-S_{wi}}$$

式中：G为原始天然气地质储量，ft^3(标)；E_R为岩石和水膨胀项，psi^{-1}；S_{wi}为原始含水饱和度。

式(3.79)表明，α 与 β 的关系曲线是一条直线，其斜率为 $1/G$，截距为 $-E_R$。

为了对所讲的方法加以说明，Roach 把式(3.79)运用到了 Mobil-David 气田的计算中，所得结果显示在图 3.29 中。根据这条直线的斜率得出 $G=75.2\times10^9\text{ft}^3$(标)，根据其截距得出 $E_R=1805\times10^{-6}$。

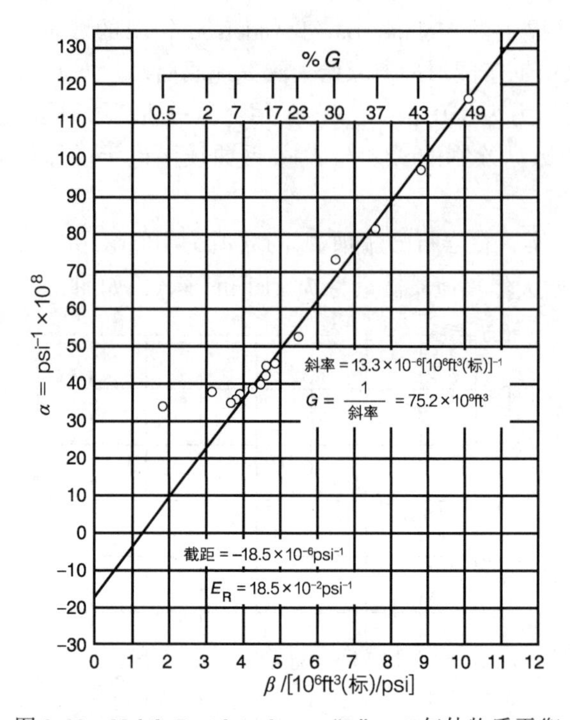

图 3.29　Mobil-David Anderson "L" p/Z 气体物质平衡

(来源：After Roach，R. H.，1981. Analyzing geopressured reservoirs—a material balance technique. SPE Paper 9968，Society of Petroleum Engineers of AIME，Dallas，TX，December，1981)

Begland 和 Whitehead(1989)提出了一种方法，在只有原始储层数据可以利用的情况下，预测一个高压定容气藏在地层压力从初始压力降到废弃压力过程中可以实现的采收率。所提出的这个方法允许 PV 和水压缩系数随着压力而变。这两位研究者得出了如下形式的定容气藏 MBE：

$$r=\frac{G_p}{G}=\frac{B_g-B_{gi}}{B_g}+\frac{(B_{gi}S_{wi}/(1-S_{wi}))[((B_{tw}/B_{twi})-1)+(c_f(p_i-p))/S_{wi}]}{B_g} \tag{3.82}$$

式中：r 为采收率；B_g 为天然气地层体积系数，bbl/ft³(标)；c_f 为地层压缩系数，psi^{-1}；B_{tw} 为两相水地层体积系数，bbl/STB；B_{twi} 为原始两相水地层体积系数，bbl/STB。

两相水地层体积系数(FVF)由下式来计算：

$$B_{tw}=B_w+B_g(R_{swi}-R_{sw})$$

式中：R_{sw} 为水相中天然气的溶解度，ft³(标)/STB；B_w 为水地层体积系数，bbl/STB；B_g 为天然气地层体积系数，bbl/ft³(标)。

以下三条假设是式(3.82)所固有的：定容单相气藏；没有水产出；在压降(p_i-p)条件下地层压缩系数 c_f 保持恒定。

这些研究者指出，水压缩系数 c_w 的变化隐含在上文所确定的 B_{tw} 随压力的变化之中。

Begland 和 Whitehead 认为，由于 c_f 是依赖于压力的，因而在地层压力从初始地层压力下降了数百 psi 的情况下，式(3.82)就不再是正确的了。c_f 对压力的依赖性在式(3.82)中得到了考虑，并且可以按照递增的方式进行求解。

3.3.4.6 罐式含水层气藏的修正 Roach 图

假设气藏的含水层可以由水总体积为 W_{aq} 的罐式含水层模型(pot aquifer model)进行很好的描述，MBE 经整理可以变形为：

$$\frac{(p/Z)_{i}(p/Z)-1}{p_{i}-p}=\frac{1}{G}\left[\frac{(p/Z)_{i}/(p/Z)G_{p}+(W_{p}B_{w}/B_{gi})}{p_{i}-p}\right]-\left[\frac{S_{wi}c_{w}+c_{f}}{1-S_{wi}}+\frac{(c_{w}+c_{f})W_{aq}}{GB_{gi}}\right]$$

或者等效地用以下直线方程来表示：

$$\alpha=\left(\frac{1}{G}\right)\beta-E_{R}$$

其中：

$$\alpha=\frac{[(p_{i}/Z_{i})/(p/Z)]-1}{p_{i}-p}$$

$$\beta=\left[\frac{(p_{i}/Z_{i})/(p/Z)G_{p}+(W_{p}B_{w}/B_{gi})}{p_{i}-p}\right]$$

$$E_{R}=\frac{S_{wi}c_{w}+c_{f}}{1-S_{wi}}+\frac{(c_{w}+c_{f})W_{aq}}{GB_{gi}}$$

α 与 β 的关系曲线是一条直线，其正确的斜率为 $1/G$，恒定的截距为 E_{R}。

3.3.4.7 异常高压气藏的 Fetkovich et al 图

Fetkovich 等(1998)接受了页岩水侵理论，并建立了一个通用的天然气 MBE，它考虑到了各种储层压缩系数以及与储层伴生的总水量的综合累积效应。这里的“伴生”水包括：原生水；页岩夹层和非产层储集岩中的水；相连含水层(attached aquifer)中的水。这些研究者采用伴生水的总体积与储层孔隙体积之比来表示伴生水：

M=伴生水总体积/储层孔隙体积

在建立这个通用 MBE 时，这些研究者们还引入了累积压缩系数项 $\bar{c}_{e}$，其定义如下：

$$\bar{c}_{e}=\frac{S_{wi}\bar{c}_{w}+M(\bar{c}_{f}+\bar{c}_{w})+\bar{c}_{f}}{1-S_{wi}} \tag{3.83}$$

式中：$\bar{c}_{e}$ 为累积有效压缩系数，psi^{-1}；$\bar{c}_{f}$ 为总 PV(地层)压缩系数，psi^{-1}；$\bar{c}_{w}$ 为总的累积水压缩系数，psi^{-1}；S_{wi} 为原始含水饱和度。

这样，天然气 MBE 就可以由以下表达式来表示：

$$\frac{p}{Z}[1-\bar{c}_{e}(p_{i}-p)]=\frac{p_{i}}{Z_{i}}-\left[\frac{p_{i}/Z_{i}}{G}\right]G_{p} \tag{3.84}$$

$\bar{c}_{e}$ 函数代表由压缩系数效应、来自页岩夹层和非产层储集岩的水侵以及来自小规模有限含水层的水侵所造成的烃类 PV 的累积变化。压缩系数函数 $\bar{c}_{e}$ 对 MBE 的影响很大程度上取决于 $\bar{c}_{w}$、$\bar{c}_{f}$ 和无量纲参数 M 的大小。p/Z 与 G_{p} 关系曲线的非线性特征基本上归因于 $\bar{c}_{e}$ 随地层压力下降的变化，描述如下：“早期”趋势中的第一条直线是在异常高压阶段形成的，在这个阶段 $\bar{c}_{w}$ 和 $\bar{c}_{f}$ 的影响(如 $\bar{c}_{e}$ 函数所描述的)很明显。“后期”趋势中的第二条直线是大幅度增大天然气压缩系数以便使之主导气藏驱动机理的结果。

下列几个步骤总结了由式(3.84)估算原始天然气地质储量 G 的方法：

第 1 步，利用式(3.83)中的岩石和水的压缩系数(作为压力函数的 $\bar{c}_{f}$ 和 $\bar{c}_{w}$)，针对假设的

多个无量纲体积比 M 建立一组 $\bar{c}_e$ 曲线：

$$\bar{c}_e=\frac{S_{wi}\bar{c}_w+M(\bar{c}_f+\bar{c}_w)+\bar{c}_f}{1-S_{wi}}$$

第 2 步，设定一个 G 数值范围，其最大值是通过早期开采数据外推来确定的，而其最小值略高于当前的 G_p。对于每一个假定的 G 值，都要由式(3.84)计算各实测的 p/Z 和 G_p数据点的 $\bar{c}_e$，其公式如下：

$$\bar{c}_e=\left[1-\frac{(p/Z)_i}{(p/Z)}\left(1-\frac{G_p}{G}\right)\right]\frac{1}{p_i-p}$$

第 3 步，对于给定的假设数值 G，绘制第 2 步计算出的 $\bar{c}_e$ 值与压力的关系曲线。对每一个 G 值都要重复进行这个步骤。这个 $\bar{c}_e$ 曲线族基本上与 MBE 无关，用于和第 1 步所计算的 $\bar{c}_e$ 值进行拟合。

第 4 步，通过拟合得出 G 值、M 值和 $\bar{c}_e$ 函数。整理式(3.84)并设定几个 p/Z 数值来计算对应的 G_p，就可以利用它们预测 p/Z 与 G_p的关系曲线，其表达式如下：

$$G_p=G\left\{1-\left(\frac{Z_i}{p_i}\frac{p}{Z}\right)\left[1-\bar{c}_e(p_i-p)\right]\right\}$$

3.3.4.8 异常高压气藏的 Paston et al 图

Harville 和 Hawkins(1969)把超压气藏 p/Z 与 G_p关系曲线出现向下弯曲的形状归因于孔隙坍塌和地层压实作用。Hammerlindl(1971)计算了 PV 的变化，结果表明储层系统的等温压缩系数从初始条件下的 $28\times10^{-6}psi^{-1}$减至最终状态下的 $6\times10^{-6}psi^{-1}$。Plston 和 Berg(1997)提出，天然气 MBE 经变形后可用于同时求解原始天然气地质储量、地层压缩系数和水侵量。由式(3.66)所表达的 MBE 经整理后可以得出如下方程式：

$$\frac{1}{\Delta p}\left[\left(\frac{p_iZ}{pZ_i}\right)-1\right]=\left(\frac{1}{G}\right)\left[\left(\frac{Zp_i}{Z_ip}\right)\left(\frac{G_p}{\Delta p}\right)\right]-(c_e+W_{en})$$

其中，净水侵量的能量项 W_{en}和有效压缩系数 c_e的表达式如下：

$$W_{en}=\frac{(W_e-W_p)B_w}{\Delta pGB_{gi}}$$

$$c_e=\frac{c_wS_{wi}+c_f}{1-S_{wi}}$$

式中：G 为原始天然气地质储量，ft^3(标)；B_{gi}为原始天然气地层体积系数，bbl/ft^3(标)；c_w为水压缩系数；$\Delta p=p_i-p$。

上述形式的 MBE 表明，对于有效压缩系数恒定的定容气藏而言(即 $W_e=0$)，方程左侧与 $(Zp_i/Z_ip)/(G_p/\Delta p)$的关系曲线是一条直线，其斜率为 $1/G$，负截距为$-c_e$，利用这两个参数解上述方程，求取地层压缩系数 c_f得：

$$c_f=-c_e(1-S_{wi})-c_wS_{wi}$$

经验表明，c_f的数值范围应当是 $6\times10^{-6}psi^{-1}<c_f<25\times10^{-6}psi^{-1}$，而采用上述表达式计算所得结果为 $25\times10^{-6}psi^{-1}$。也就是说，c_e可能指示存在水侵。

3.3.4.9 异常高压气藏的 Hammerlindl 法

Hammerlindl(1971)曾提出两种方法，用于修正通过 p/Z 与 G_p关系曲线早期直线外推获取的视天然气地质储量 G_{app}。这两种方法都采用原始地层压力 p_i和在气藏仍处于异常高压状态的某个时点的平均地层压力 p_1。下面给出这两种方法的数学表达式：

（1）方法Ⅰ

Hammerlindl 认为，实际的天然气地质储量 G 可以通过修正视天然气地质储量 G_{app} 来估算，具体方法是引入总系统的有效压缩系数与天然气压缩系数之比 R，其表达式如下：

$$G=\frac{G_{app}}{R}$$

$$R=\frac{1}{2}\left(\frac{c_{eff,i}}{c_{gi}}+\frac{c_{eff,1}}{c_{g1}}\right)$$

其中，初始地层压力下总系统有效压缩系数 $C_{eff,i}$ 和地层压力下系统有效压缩系数 $C_{eff,1}$ 的表达式分别为：

$$c_{eff,i}=\frac{S_{gi}c_{gi}+S_{wi}c_{wi}+c_f}{S_{gi}}$$

$$c_{eff,1}=\frac{S_{gi}c_{g1}+S_{wi}c_{w1}+c_f}{S_{gi}}$$

式中：p_i 为原始地层压力，psi；p_1 为气藏表现出异常高压特征过程中的平均地层压力，psi；c_{gi} 为 p_i 下的天然气压缩系数，psi^{-1}；c_{g1} 为 p_1 下的天然气压缩系数，psi^{-1}；c_{wi} 为 p_i 下的水压缩系数，psi^{-1}；c_{w1} 为 p_1 下的水压缩系数，psi^{-1}；S_{wi} 为原始含水饱和度。

（2）方法Ⅱ

Hammerlindl 的第二种方法依旧是采用这两个压力 p_i 和 p_1，由下列关系式计算实际天然气地质储量：

$$G=\mathrm{Corr}G_{app}$$

式中校正系数“Corr”的表达式为：

$$\mathrm{Corr}=\frac{(B_{g1}-B_{gi})S_{gi}}{(B_{g1}-B_{gi})S_{gi}+B_{gi}(p_i-p_1)(c_f+c_wS_{wi})}$$

而且 B_g 代表压力 p_i 和 p_1 下天然气地层体积系数，其单位是 ft^3/ft^3（标），表达式如下：

$$B_g=0.02827\frac{ZT}{p}$$

3.3.4.10　天然气开采速度对最终采收率的影响

定容气藏基本上是借助于天然气膨胀而进行内能衰竭式开采，因此最终天然气采收率与气田的开采速度无关。这种类型气藏的含气饱和度从不降低，而降低的只是占据孔隙空间的天然气质量磅（lb）数。所以，很重要的一点是尽可能降低气藏的废弃压力。在封闭的气藏中，高达 90%的采收率并非不常见。

Cole（1969）曾指出，对于水驱气藏而言，采收率可能与开采速度有关。开采速度可能对最终采收率有两方面的影响。第一，在活跃水驱气藏中，废弃压力可能相当高，有时仅比原始地层压力低几个磅力每平方英寸（psi）。在这种情况下，在气藏废弃时孔隙空间残留的天然气量会相对较大。然而，水侵会使原始含气饱和度降低。因此，高废弃压力的影响在一定程度上被原始含气饱和度的降低而抵消。如果能够在不发生水锥进的情况下，以高于水侵速度的开采速度进行开发，那么提高开采速度，就可以充分发挥废弃压力降低和原始含气饱和度降低的协同效应，从而最大限度地提高采收率。第二，气藏中水锥进问题也可能会很严重，在这种情况下，就有必要限制开采速度，减小这个问题的影响。

Cole 认为，水驱气藏的采收率远低于封闭气藏。作为一条经验法则，水驱气藏的采收率大约在原始天然气地质储量的 0~50%之间。生产井所处的构造位置以及水锥进问题的严重程度等，都是决定最终采收率的重要因素。水驱采收率高于内能衰竭驱动采收率的情况也有可能出现，例如生产井位于构造的最高部位，水锥进的趋势几乎不存在。废弃压力是决定开采效率的一个重要因素，而渗透率一般是决定废弃压力高低的最重要因素。低渗透率气藏的废弃压力要高于渗透率较高的气藏。在渗透率较低时，必须保持某个最低流量，而在渗透率较高时，可以在较低的压力下保持这个最低流量。

3.4 煤层气

“煤”是指成分以碳、氢、氧及结构水为主，有机物质质量百分含量在50%以上且体积百分含量在70%以上的沉积岩。煤可以生成一系列的烃类和非烃类物质。虽然业界经常采用“甲烷”这个词，但实际上采出的气体一般是由 C_1、C_2、痕量 C_3，以及比较重的 N_2和 CO_2组成的混合物。作为煤的一种烃类组成，甲烷受到人们重视的原因有以下两点：甲烷在煤中含量一般很高，这要取决于组分、温度、压力及其他因素；在煤中所捕集的很多分子成分中，甲烷最容易释放，简单地降低煤层的压力即可。其他烃类成分都很牢固，一般只有通过不同的提取方法才能把它们释放出来。

Levine(1991)提出，构成煤层的物质大体上可以划分为以下两类：“挥发性”低相对分子质量物质(组分)，通过降低压力、适度加热或溶剂抽提就可以把它们从煤中释放出来；在发挥发性组分分离后仍保持固态的物质。

估算煤层气地质储量和开展其他动态计算所需的大多数关键数据，都是主要通过解吸罐解吸测试和近似测试(proximate tests)获取的。解吸罐解吸测试是在煤样品上进行的，目的是测定煤样品的总吸附气含量 G_c[ft^3(标)/t]和解吸的时间(其定义为使63%的总吸附气解吸所需的时间)。近似测试的目的是确定煤的组分，包括灰分含量、固定碳、含水量、挥发性物质含量。

Remner等(1986)曾针对煤层性质对煤层气排采过程(drainage process)的影响开展了综合性研究。他们指出，煤层的储层特征非常复杂，属于天然裂缝性储层，具有两个明确的孔隙系统，即双重孔隙介质系统。这两个孔隙系统分别是：

(1) 原生孔隙系统。这类储层中的基质原生孔隙系统由非常细小的孔隙(“微孔隙”)组成，渗透率非常低。这些微孔隙的内表面积很大，其上可以吸附相当多的气体。在渗透率如此低的情况下，这些原生孔隙对气体来说是不渗透的，而对水来说也是无法渗入的。然而，在扩散作用下，解吸的气体可以通过这些原生孔隙流动(输送)，下文将对此进行论述。这些微孔隙基本上是煤层孔隙度的主体。

(2) 次生孔隙系统。煤层的次生孔隙系统(大孔隙)由天然裂缝网络构成，而这些裂缝网络是由煤岩中所固有的裂纹和裂隙组成的。这些大孔隙(又称割理)充当原始孔隙系统的汇点(sink)，并提供流体流动所需的渗透率。它们是流体进入生产井的流动通道，如图3.30所示。

割理主要由面割理和端割理两部分构成。如图3.30中Remner等绘制的概念示意图所示，面割理在储层中是连续的，而且能够大面积泄气；端割理所接触的储层面积要小得多，因而其泄气能力有限。

除了割理系统之外，煤层中还发育因大地构造运动而产生的裂缝系统。水和气体可以通过割理和裂缝系统流入煤层气井。在煤层气井中通过试井而测量的按体积平均的渗透率，就是由这些割理和裂缝共同提供的。

大多数甲烷(即煤层气地质储量的主要成分)都是以吸附态赋存在煤层孔隙内表面上，被视为近液体状而非游离气相。研究认为，煤割理内最初饱含水，因而必须从天然裂缝(即割理)中除掉(开采出)水，以降低地层压力。在地层压力降低后，气体就会从煤基质中释放出来进入裂缝。然后煤层气的开采就受控于由以下 4 步组成的一个过程：

第 1 步，把水从煤割理中排出并把地层压力降至气体临界解吸压力，这个过程被称为排水。

第 2 步，使气体从煤内表面上解吸。

第 3 步，吸附气通过扩散作用进入煤割理系统。

第 4 步，气体通过裂缝流入井筒。

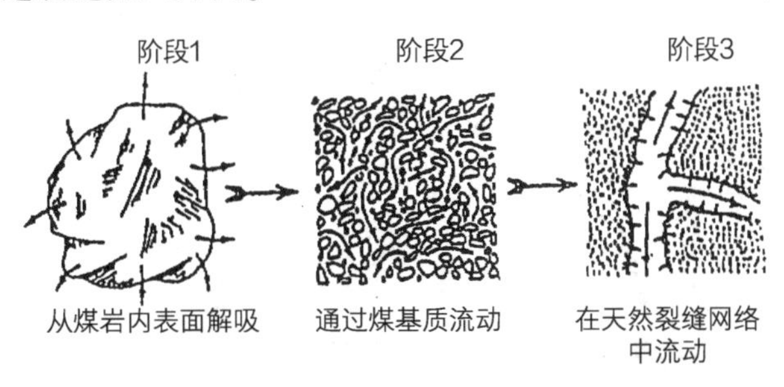

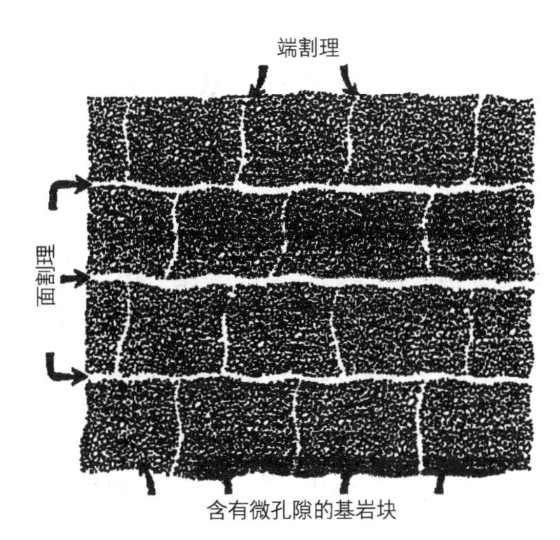

图 3.30　煤层系统中甲烷流动动态示意图

（来源：King，G.，Ertekin，T.，Schwerer，F.，1986. Numerical simulation of the transient behavior of coal seam wells. SPE Form. Eval. 1(2)，165-183）

煤层气藏(CBM)的经济开发取决于煤层的以下 4 个因素：含气量 G_c、煤的密度 ρ_B、产能和排采效率，以及渗透率和孔隙度。

Hughes 和 Logan(1990)曾指出，一个经济的煤层气藏首先必须含有数量足够多的吸附气(含气量)，必须具有足够高的渗透率来开采这些气体，必须具有足够高的压力来形成充足的储气能力，最后还必须具有合理的解吸时间以确保实现经济开采。下面论述经济开采煤层气所需的这 4 种典型的煤层参数。

3.4.1　含气量

煤中的气体以分子的形式吸附在煤层巨大的内表面上。含气量估算方法涉及把新鲜切割的煤储集层样品放入密封的气体解吸罐中，并测量在环境温度和压力条件下解吸的气体量。这种分析方法有一个缺点，即实测的解吸气量与总的含气量不相等，在岩心样品回收过程中通常会有大量的气体因解吸而损失。在岩心样品回收过程中损失的气量被称为“损失气”。损失气量可以采用美国矿务局的直接法(USBM Direct Method)进行估算，如图 3.31 所示。这种方法比较简单，就是在直角坐标系中绘制解吸气量与时间平方根 $\sqrt{t}$ 的关系曲线，并把早期的解吸数据外推至零时刻。经验表明，对于损失气量在解吸气总量中占比为5%～10%、埋藏比较浅、低压且低温的煤层，这种方法比较有效。然而，对于高压煤层而言，损失气量可能会超过解吸气总量的50%。

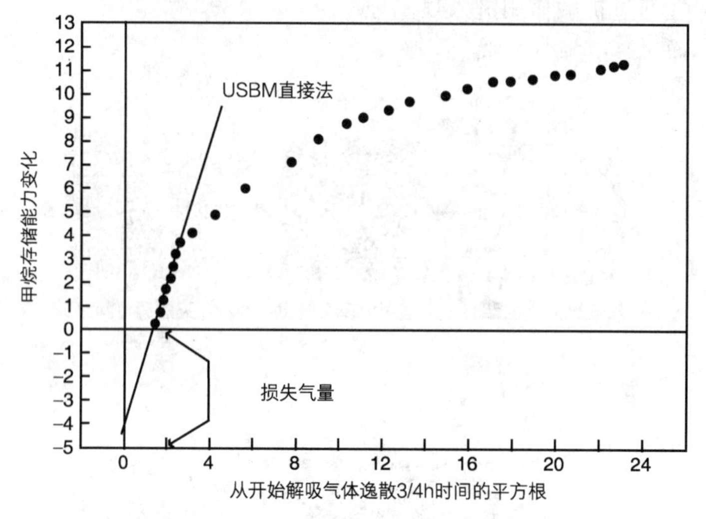

图 3.31　用于确定损失气量的测试数据曲线图

应当指出，在解吸测量结束时，煤样中还会含有部分未解吸的气体。“残余气”这个术语通常是指在解吸测试结束时仍保留在样品中的气体。McLennan 和 Schafer(1995)以及 Nelson(1999)指出，气体从煤中解吸的速度非常低，要使这些气体全部解吸所需的时间可能非常长，要达到这个时间不现实。在解吸测量结束时样品中保留的残余气含量的测量方法，是把样品粉碎并测量释放出的气体量。这种直接法的主要缺点，在于它所给出的含气量会随着煤样的类型、气体解吸测试条件和损失气量估算方法的不同而不同。Nelson(1999)曾指出，如果未考虑气体解吸测量结束时保留在煤样中的残余气量，那么煤层气地质储量就会明显被低估。残余气量在吸附气总量中可能占较大的比例，其范围在5%～50%之间。

另外一种重要的实验室测量方法是“等温吸附线法”，它可用于建立煤样气体存储能力与压力的关系。要预测随着地层压力降低而从煤中释放出的气量，需要用到这样的信息。注意，含气量 G_c 是煤储层中所含的实际(总)气量的测定值，而等温吸附线定义的是压力与常温下煤层储存气体能力之间的关系。要估算可采储量和产量剖面，就需要准确地确定含气量和等温吸附线。图 3.32 显示了 Mavor 等(1990)给出的典型等温吸附关系曲线。测定这个等温吸附曲线采用的煤样来自西墨西哥州圣胡安盆地 Fruitland 组煤层中的一口井。这几位研究者指出，在井场通过全岩心样品解吸罐测试确定的煤总含气量为 355ft^3(标)/t。这个数值要小于在原始地层压力 1620psi(绝)条件下由等温吸附确定的气体储存能力 440ft^3(标)/t。这就意味着，压力必须降低到 648psi(绝)，而这个压力对应于等温吸附曲线上 355ft^3(标)/t 的气体储存能力。这个压力就是临界压力或解吸压力 p_d。这个数值将决定着煤层是处于饱和状态还是欠饱和状态。处于饱和状态的煤层能够保存的气量，可以达到其在给定地层温度和压力条件下所能保存的吸附气量上限。这种情况类似于泡点压力等于初始地层压力的油藏。如果初始地层压力大于临界解吸压力，煤层就被视为处于欠饱和状态，Fruitland 组煤层就是这种情况。处于欠饱和状态的煤层并不是人们所希望的，其原因是在气体开始流动之前需要采出更多的水(排水过程)。

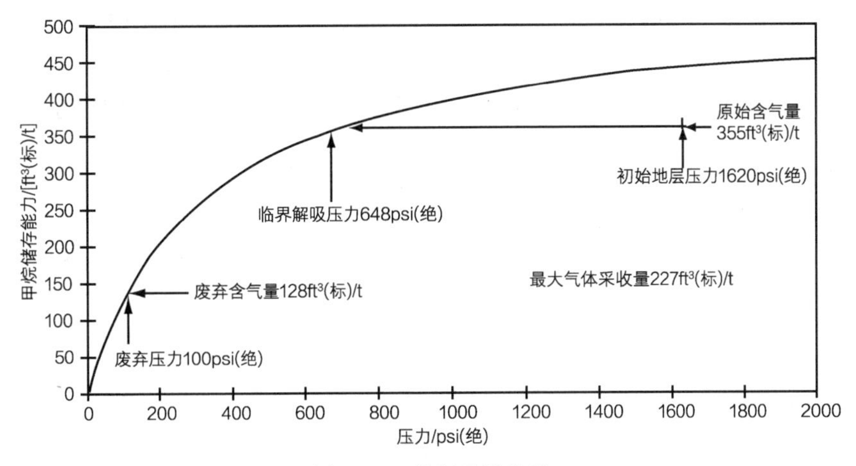

图 3.32　等温吸附曲线

（来源：Mavor，M.，Close，J.，Mcbane，R.，1990.

Formation evaluation of coalbed methane wells. Pet. Soc. CIM，CIM/SPE Paper 90-101）

对于欠饱和储层而言，即 $p_i > p_d$，要把初始地层压力 p_i降至解吸压力 p_d而必须从储层中排出的总水量，可以利用总的等温压缩系数来估算，其表达式如下：

$$c_t = \frac{1}{W_i} \frac{W_p}{p_i - p_d} \tag{3.85}$$

式中：W_p为排出水的总体积，bbl；W_i为储层(区域)中水的总体积，bbl；p_i为原始地层压力，psi；p_d为解吸压力，psi；c_t为储层系统综合压缩系数($c_t = c_w + c_f$)，psi^{-1}。

解式(3.85)求排出水量得：

$$W_p = c_t W_i (p_i - p_d) \tag{3.86}$$

【示例 3.9】

一个欠饱和煤层系统的储层参数如下：泄气面积=160acre；厚度=15ft；孔隙度=3%；原始地层压力=650psi；解吸压力=450psi；综合压缩系数=$16 \times 10^{-5} psi^{-1}$。试计算要把地层压力从原始地层压力降至解吸压力必须排出的总水量。

解答：

第 1 步，计算泄气面积内的原始总水量：$W_i = 7758Ah\phi S_{wi} = 7758 \times 160 \times 15 \times 0.03 \times 1.0 = 558576$(bbl)。

第 2 步，由式(3.86)计算要把地层压力降至解吸压力需要排出的总水量：$W_i = 16 \times 10^{-5} \times 558576 \times (650-450) = 17874$(bbl)。

第 3 步，假设在泄气面积内仅有一口井，排水速度为 300bbl/d，那么达到解吸压力所需的总时间为：$t = 17874/300 = 60$(d)。

对于大多数煤层而言，其含气量主要取决于煤阶、灰分含量和原始地层压力。煤层解吸的能力随着压力呈非线性变化。运用等温吸附数据的一个常见方法是假设气体储存能力与压力的关系可以由 Langmuir(1918)最初提出的关系式进行描述。符合这个关系式的等温吸附数据被称为“兰格缪尔(Langmuir)吸附等温式”，其表达式如下：

$$V = V_L \frac{p}{p + p_L} \tag{3.87}$$

式中：V 为压力 p 下煤中当前的吸附气量，ft^3(标)/ft^3；V_L 为兰格缪尔体积，ft^3(标)/ft^3；p_L 为兰格缪尔压力，psi；p 为地层压力，psi。

由于吸附气量取决于煤的质量而非体积，以 ft^3(标)/t 为单位表示吸附气量的兰格缪尔吸附公式更实用，其表达式如下：

$$V = V_m \frac{bp}{1+bp} \tag{3.88}$$

式中：V_m 为兰格缪尔等温常数，ft^3(标)/t；b 为兰格缪尔压力常数，psi^{-1}；

这两组兰格缪尔常数之间的关系如下：

$$V_L = 0.031214 V_m \rho_B$$

$$p_L = \frac{1}{b}$$

式中：ρ_B 代表煤层的体积密度，g/cm^3。

兰格缪尔常数 b 和体积 V_m 可以通过等温吸附数据与式(3.88)的拟合来估算。这个方程可以线性化为如下的形式：

$$V = V_m - \left(\frac{1}{b}\right)\frac{V}{p} \tag{3.89}$$

上述关系式表明，在直角坐标系中解吸气量 V 与 V/p 的关系曲线是一条直线，其斜率为 $-1/b$，截距为 V_m。

类似地，当以 ft^3(标)/ft^3 为单位来表示解吸气量时，式(3.87)可以下列直线方程的形式来表示：

$$V = V_L - p_L\left(\frac{V}{p}\right)$$

单位为 ft^3(标)/ft^3 的 V 与的 V/p 关系曲线是一条直线，其斜率为 V_L，截距为 $-p_L$。

【示例 3.10】

表 3.18 的等温吸附数据是由 Mavor 等(1990)给出的，来自圣胡安盆地煤样：

表 3.18 来自圣胡安盆地煤样的温吸附数据

p/psi	76.0	122.0	205.0	221.0	305.0	504.0	507.0	756.0	1001.0	1008.0
V/[ft^3(标)/t]	77.0	113.2	159.8	175.0	206.4	265.3	267.2	311.9	339.5	340.5

试计算圣胡安盆地这个煤样的兰格缪尔等温常数 V_m 和兰格缪尔压力常数 b。

解答：

第 1 步，计算各实测数据点的 V/p 并列出下表(表 3.19)：

表 3.19 各实测数据点的 V/p

p	V	V/p
76.0	77.0	1.013158
122.0	113.2	0.927869
205.0	159.8	0.779512
221.0	175.0	0.791855
305.0	206.4	0.676721

续表

p	V	V/p
504.0	265.3	0.526389
507.0	267.2	0.527022
756.0	311.9	0.412566
1001.0	339.5	0.339161
1108.0	340.5	0.307310

第 2 步，在直角坐标系中绘制 V 与 V/p 的关系图，如图 3.33 所示，并绘出过这些数据点的最佳拟合直线。

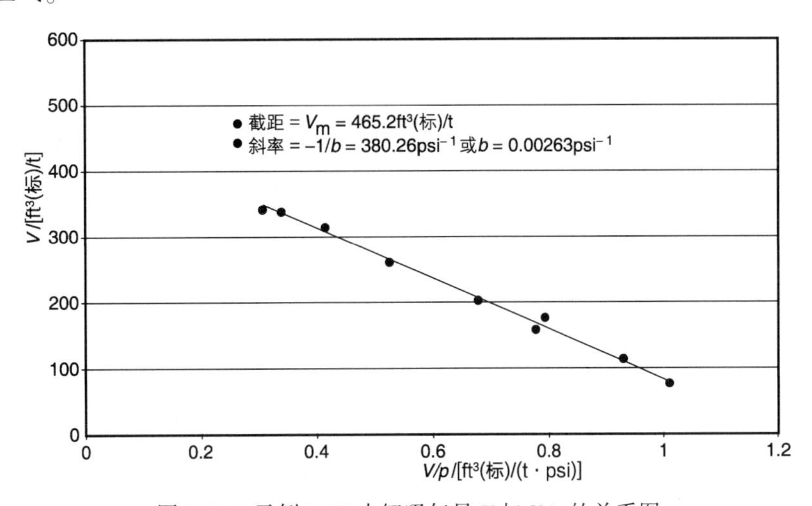

图 3.33　示例 3.10 中解吸气量 V 与 V/p 的关系图

第 3 步，确定这条直线的系数(即斜率和截距)得：截距 $=V_m=465.5\text{ft}^3$(标)/t；斜率 $=-1/b=-380.26\text{psi}^{-1}$，或 $b=0.00263\text{psi}^{-1}$。

第 4 步，写出如下兰格缪尔方程，即式(3.88)：$V=465.2[0.00263p(1+0.00263p)]$。

Seidle 和 Arrl(1990)提出，在生产井达到拟稳态流动状态时，解吸气就会通过割理流动。对于位于圆形或方形泄气面积中心的生产井，当有量纲时间 t_{DA} 为 0.1 时拟稳态流动开始出现，即：

$$t_{DA}=0.1=\frac{2.637(10^{-4})k_g t}{\phi(\mu_g c_t)_i A}$$

求取时间 t 得：

$$t=\frac{379.2\phi(\mu_g c_t)_i A}{k_g}$$

式中：t 为时间，h；A 为泄气面积，ft^2；k_g 为气体有效渗透率，mD(译者注：原文中为 compressibility，应为印刷错误)；ϕ 为割理孔隙度，小数；μ_g 为气体黏度，cP；c_t 为系统综合压缩系数，psi^{-1}。

气体黏度和系统压缩系数都是在解吸压力下进行计算的。系统综合压缩系数的计算公式如下：

$$c_t=c_p+S_w c_w+S_g c_g+c_s$$

式中：c_p为割理体积压缩系数，psi^{-1}；S_w为含水饱和度；S_g为含气饱和度；c_w为水压缩系数，psi^{-1}；c_g为气体压缩系数，psi^{-1}；c_s为视吸附压缩系数，psi^{-1}。

这两位研究者指出，煤表面上气体解吸使系统综合压缩系数增加了 c_s，即视吸附压缩系数，其表达式如下：

$$c_s=\frac{0.17525B_gV_m\rho_Bb}{\phi(1+bp)^2} \tag{3.90}$$

式中：B_g为气体地层体积系数，bbl/ft³(标)；ρ_B为煤层体积密度，g/cm³；V_m和 b 为兰格缪尔常数。

【示例 3.11】

除了示例 3.10 中所给出的圣胡安盆地煤样的数据之外，以下数据也是已知的：$\rho_B=1.3$g/cm³；$\phi=2\%$；$T=575°R$；$p_d=600$psi；$S_w=0.9$；$S_g=0.1$；$c_t=15\times10^{-6}psi^{-1}$；$c_w=10\times10^{-6}psi^{-1}$；$c_g=2.3\times10^{-3}psi^{-1}$；$A=40$acre；$k_g=5$mD；$\mu_g=0.012$cP；$Z(600psi)=0.86$。试计算达到拟稳态所需的时间。

解答：

第 1 步，由示例 3.10 得：$V_m=465.2$ft³(标)/t；$b=0.00263psi^{-1}$。

第 2 步，由式(3.7)计算单位为 bbl/ft³(标)的 B_g得：

$$B_g=0.00504\frac{ZT}{p}$$
$$=0.00504\frac{(0.86)(575)}{600}=0.00415[\text{bbl/ft}^3(\text{标})]$$

第 3 步，由式(3.90)计算 c_s得：

$$c_s=\frac{0.17525(0.00415)(465.2)(1.3)(0.00263)}{0.02[1+(0.00263)(600)]^2}$$
$$=8.71\times10^{-3}(psi^{-1})$$

第 4 步，计算 c_t得：

$$c_t=15(10^{-6})+0.9(10)(10^{-6})+0.1(2.3)(10^{-3})+8.71(10^{-3})=0.011(psi^{-1})$$

第 5 步，计算达到拟稳态所需时间得：

$$t=\frac{(379.2)(0.03)(0.012)(0.011)(40)(43,560)}{5}$$
$$=523(h)$$

Seidle 和 Arrl(1990)提出，采用常规的黑油模拟器来模拟煤层气的开采动态。这两位研究者指出，在给定压力下煤中的含气量类似于在给定压力下原油体系中的溶解气量。煤层的兰格缪尔吸附等温(系数)与常规油藏的溶解气油比 R_s具有可比性。通过把煤表面所吸附的气体视为不可动油中的溶解气，就可以利用常规油藏模拟器描述煤层气。

Seidle 和 Arrl 认为，油相的引入需要提高孔隙度并修改原始饱和度。气水相对渗透率曲线必须加以修正，而且不可动油的流体性质也需调整。要利用常规黑油模拟器进行模拟，需要作出如下调整：

第 1 步，为模型任意选取一个初始含油饱和度 S_{om}，其中的下标“om”代表模型数值。这个原始数值可以设定为残余油饱和度，而且在整个模拟过程中必须保持不变。

第 2 步，根据下列表达式调整实际的煤层割理孔隙度 ϕ_m：

$$\phi_m = \frac{\phi}{1-S_{om}} \tag{3.91}$$

第 3 步，调整实际含水饱和度和含气饱和度，即 S_w 和 S_g，使之成为等效模型饱和度 S_{wm} 和 S_{gm}，公式如下：

$$S_{wm} = (1-S_{om})S_w \tag{3.92}$$

$$S_{gm} = (1-S_{om})S_g \tag{3.93}$$

这两个方程用于调整用作模拟器输入数据的气–水相对渗透率。对应于实际的 S_w 和 S_g 的相对渗透率被分配给了等效的模型饱和度 S_{wm} 和 S_{gm}。

第 4 步，为了确保油相保持不可动状态，对所有的饱和度值都赋予一个数值为零的石油相对渗透率，即 $k_{ro}=0$；或者指定一个非常大的原油黏度，例如 $\mu_o=10^6$cP。

第 5 步，为了与不可动油中的溶解气(即不可动油中的 R_s)建立联系，运用下列表达式把等温吸附数据转换为气体溶解度数据：

$$R_s = \left(\frac{0.17525\rho_B}{\phi_m S_{om}}\right)V \tag{3.94}$$

式中：R_s 为等效气体溶解度，ft^3(标)/STB；V 为含气量，ft^3(标)/STB；ρ_B 为煤层体积密度，g/cm^3。

通过利用式(3.88)替代含气量 V，可以由兰格缪尔常数来等效地表示式(3.94)：

$$R_s = \left(\frac{0.17525\rho_B}{\phi_m S_{om}}\right)(V_m)\left(\frac{bp}{1+bp}\right) \tag{3.95}$$

第 6 步，为了在模拟过程中保持质量平衡，石油地层体积系数必须恒定为 1.0bbl/STB。

利用由 Ancell 等(1980)以及 Seidle 和 Arrl(1990)给出的相对渗透率和煤层性质，通过下面的示例来说明上述方法的应用。

【示例 3.12】

下列煤层性质和相对渗透率数据已知：$S_{gi}=0.0$；$V_m=660ft^3$(标)/t；$b=0.00200psi^{-1}$；$\rho_B=1.3g/cm^3$；$\phi=3\%$。其他参数见表 3.20。

表 3.20　煤层其他参数

S_g	$S_w=1-S_g$	k_{rg}	k_{rw}
0.000	1.000	0.000	1.000
0.100	0.900	0.000	0.570
0.200	0.800	0.000	0.300
0.225	0.775	0.024	0.256
0.250	0.750	0.080	0.210
0.300	0.700	0.230	0.140
0.350	0.650	0.470	0.090
0.400	0.600	0.750	0.050
0.450	0.550	0.940	0.020
0.475	0.525	0.980	0.014

续表

S_g	$S_w=1-S_g$	k_{rg}	k_{rw}
0.500	0.500	1.000	0.010
0.600	0.400	1.000	0.000
1.000	0.000	1.000	0.000

调整上述相对渗透率数据并把等温吸附数据转换为用于黑油模型的气体溶解度。

解答：

第1步，任意选取一个原始含油饱和度数值：$S_{om}=0.1$。

第2步，采用式(3.91)调整实际的割理孔隙度：$\phi_{om}=0.03/(1-0.1)=0.0333$。

第3步，通过采用式(3.92)和式(3.93)只调整饱和度，对相对渗透率数据重新进行列表(见表3.21)：

表3.21　相对渗透率数据重新整理

S_g	S_w	$S_{gm}=0.9S_g$	$S_{wm}=0.9S_w$	k_{rg}	k_{rw}
0.0000	1.0000	0.0000	0.9000	0.0000	1.0000
0.1000	0.9000	0.9000	0.8100	0.0000	0.5700
0.2000	0.8000	0.1800	0.7200	0.0000	0.3000
0.2250	0.7750	0.2025	0.6975	0.0240	0.2560
0.2500	0.7500	0.2250	0.6750	0.0800	0.2100
0.3000	0.7000	0.2700	0.6300	0.2300	0.1400
0.3500	0.6500	0.3150	0.5850	0.4700	0.0900
0.4000	0.6000	0.3600	0.5400	0.7500	0.0500
0.4500	0.5500	0.4045	0.4950	0.9400	0.0200
0.4750	0.5250	0.4275	0.4275	0.9800	0.0140
0.5000	0.5000	0.4500	0.4500	1.0000	0.0100
0.6000	0.4000	0.5400	0.3600	1.0000	0.0000
1.0000	0.0000	0.9000	0.0000	1.0000	0.0000

第4步，在假定的不同压力下由式(3.92)或式(3.93)计算R_s：

$$R_s\left[\frac{(0.17525)(1.30)}{(0.0333)(0.1)}\right]V=68.426V$$

其中：

$$V=(660)\frac{0.0002p}{1+0.002p}$$

得出计算结果见表3.22：

表3.22　计算结果

p/psi(绝)	V/[ft^3(标)/t]	R_s/[ft^3(标)/STB]
0.0	0.0	0.0
50.0	60.0	4101.0

续表

p/psi(绝)	V/[ft^3(标)/t]	R_s/[ft^3(标)/STB]
100.0	110.0	7518.0
150.0	152.3	10520.0
200.0	188.6	12890.0
250.0	220.0	15040.0
300.0	247.5	16920.0
350.0	271.8	18570.0
400.0	293.3	20050.0
450.0	312.6	21370.0
500.0	330.0	22550.0

在地层压力低于临界解吸压力的情况下，采用下列公式可以大致估算以小数表示的煤层气采收率：

$$RF=1-\left[\left(\frac{V_m}{G_c}\right)\left(\frac{bp}{1+bp}\right)\right]^a \tag{3.96}$$

式中：V_m和 b 为兰格缪尔常数；V 为压力 p 下的含气量，ft^3(标)/t；G_c为临界解吸压力下的含气量，ft^3(标)/t；p 为地层压力，psi；a 为采气指数(recovery exponent)。

引入采气指数(recovery exponent)a 是为了考虑产能、非均质性、井距及其他因素对煤层气开采的影响。采气指数 a 一般小于 0.5，而且可以由下列公式进行大致估算，这个公式是通过评价多个 CBM 案例研究结果而建立的：

$$a=-2371.9\left(\frac{bp}{V}\right)^2-16.336\left(\frac{bp}{V}\right)+0.5352$$

有关 MBE 计算和煤层气开采动态的预测将在本章的后面进行论述。

【示例 3.13】

采用示例 3.10 中的数据并假定在 500psi(绝)下 $G_c=330$ft^3(标)/t，试计算压力降到 100psi(绝)废弃压力时，作为压力函数的煤层气采收率。

解答：

第 1 步，把兰格缪尔常数(即 V_m和 b)以及采气指数代入式(3.96)得：

$$RF=1-\left[\left(\frac{660}{330}\right)\left(\frac{0.002p}{1+0.002p}\right)\right]^a$$

$$RF=1-\left[\frac{0.004p}{1+0.002p}\right]^a$$

$$a=-2371.9\left(\frac{bp}{V}\right)^2-16.336\left(\frac{bp}{V}\right)+0.5352$$

第 2 步，设定多个地层压力并计算采收率，按照下列方式列表(见表 3.23)：

表 3.23　采收率计算结果

p/psi	V	bp/V	$(bp/V)^2$	a	RF
450	312.6	0.002879	8.28909E-06	0.468506	0.025013
400	293.3	0.002728	7.43971E-06	0.472996	0.054187
350	271.8	0.002575	6.6328E-06	0.477396	0.088523
300	247.5	0.002424	5.87695E-06	0.481658	0.129393
250	220	0.002273	5.16529E-06	0.485821	0.178796
200	188.6	0.002121	4.49818E-06	0.489884	0.239780
150	152.3	0.00197	3.8801E-06	0.493818	0.317379
100	110	0.001818	3.30579E-06	0.497657	0.421162

有很多因素会影响实测的含气量 G_c 和等温吸附数据，进而影响原始煤层气地质储量的计算。在这些因素中就包括以下几种：煤的含水量、温度、煤阶。下面对这些参数进行简要介绍。

（1）含水量。在测试含气量和等温吸附试验中，主要的难点之一就是如何在储层条件下确定煤炭含量(reproduction of coal content)。煤的含水量是指煤基质中所含水的重量，而不是以自由水形式存在于裂缝系统中的水。煤的气体储存能力明显受含水量的影响，如图 3.34 和图 3.35 所示。图 3.34 展示了在甲烷储存能力明显降低而含水量从 0.37%升至 7.41%时的兰格缪尔曲线。图 3.35 说明，煤中所吸附的甲烷数量与煤固有的含水量成反比。正如这两张图所证实的，含水量增加会使煤储存气体的能力降低。

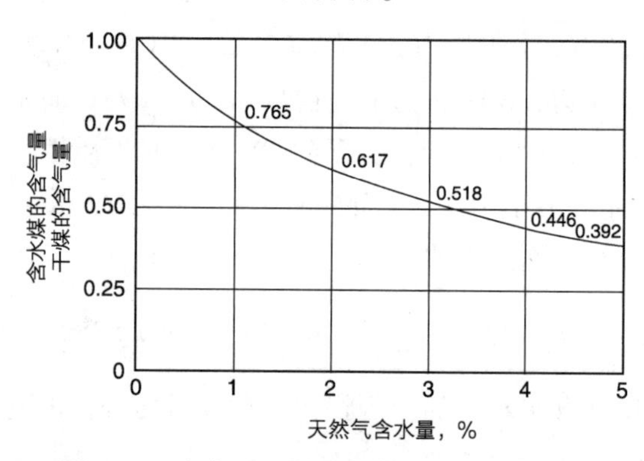

图 3.34　含水量对煤的气体储存能力的影响

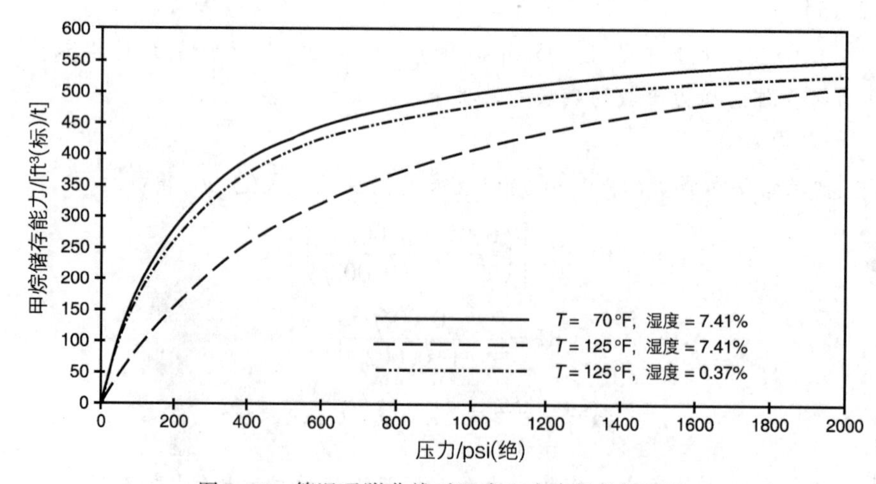

图 3.35　等温吸附曲线对温度和含水量的敏感性

（2）温度。温度既影响煤中所保留的气体量又影响气体解吸的速度。大量的室内研究证实了以下两个观测结果：气体从煤中解吸的速度与温度呈指数关系(即温度越高，解吸速度越快)；煤吸附气的能力与温度成反比(即煤的储存能力随着温度的升高而降低，如图3.34所示)。

（3）煤阶。根据美国测试和材料协会(ASTM)的定义，煤阶是指通过测量煤的化学和物理性质而划分的煤成熟度级别。煤阶分类最常用的参数包括固定碳含量、挥发物质含量、热值及其他一些比较老的性质。确定煤阶很重要，因为煤生气的能力与煤阶有关。图3.36展示了煤的含气量和储存能力随着煤阶的升高而增大。煤阶较高的煤，其储气和生气的能力都更强。

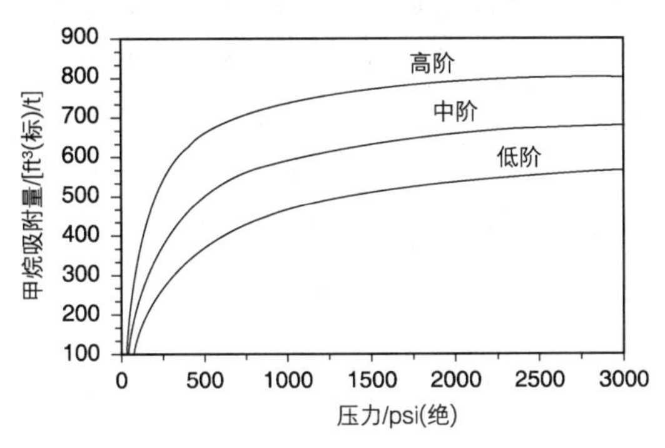

图3.36　煤阶与吸附能力的关系

3.4.2　煤的密度

煤层气地质储量 G 是指在特定储集岩体中所储存的煤层气总量。用于计算 G 的基本方程如下：

$$G = 1359Ah\rho_B G_c \tag{3.97}$$

式中：G 为原始煤层气地质储量，ft^3(标)；A 为泄气面积，acre；h 为厚度，ft；ρ_B 为煤岩平均体积密度，g/cm^3；G_c 为平均含气量，ft^3(标)/t。

Mavor 和 Nelson(1997)曾指出，要运用式(3.97)，就需要准确确定方程式中的四个参数，即 A、h、ρ_B 和 G_c。G 估算值的准确性取决于这四个参数的不确定性或者误差。Nelson(1999)指出，煤的密度与其组分有着密切的关系。由于煤的矿物质成分的密度明显高于有机质，煤的密度与矿物质含量有着直接的关系。在同一套煤层中，煤的密度及其组分特征并不均匀，而是随着煤阶、含水量、矿物质含量及其他沉积环境地质变量不同而表现出明显的纵向和横向变化。为了说明煤密度的这种明显的纵横向变化，Mavor 和 Nelson(1997)以圣胡安盆地三口井中 Fruitland 组煤储层的下段为例开展了研究。如下所述，这三个实例列出了灰分含量、含气量和平均密度的变化(见表3.24)。

表3.24　三个实例的灰分含量、含气量和平均密度

井	层段	平均灰分含量，%	平均密度/(g/cm^3)	平均含气量/[ft^3(标)/t]
1	中段	27.2	1.49	370
	下段	20.4	1.44	402
2	中段	36.4	1.56	425
	下段	31.7	1.52	460
3	中段	61.3	1.83	343
	下段	43.3	1.63	512

通常假设夹层的岩石密度大于1.75g/cm^3，而且其储气能力可以忽略不计。

由于其有机质丰度很高，煤的体积密度要比页岩和砂岩的低得多，而且采用地球物理测井数据可以很容易地定量计算出含煤层段的总厚度。Nelson(1999)指出，在煤层气储层厚度分析中，常见的做法是以1.75g/cm^{3}作为含气煤层的最大测井密度值。他还说明，圣胡安盆地煤层中灰分的密度一般为2.4~2.5g/cm^3。在密度介于1.75~2.5g/cm^{3}之间的煤储集岩中，所蕴藏的煤层气量可能非常可观。这说明，如果储层厚度的分析是基于最大测井密度值1.75g/cm^3，那么采用式(3.97)进行计算就会严重低估煤层气地质储量。应当指出，含水量(与煤阶呈反向变化)对煤的密度有很大的影响。如式(3.97)所示，煤层气地质储量G是煤密度ρ_c的函数。Neavel等(1999)、Unsworth等(1989)、Pratt等(1999)和Nelson(1989)观察发现，高阶煤(烟煤)的含水量比较低，不到10%，而低阶煤(亚烟煤)的含水量很高(>25%)。这些研究者们指出，在灰分含量为5%的情况下，保德河盆地(Powder River)亚烟煤的折干计算密度为1.4g/cm^3；然而在含水量为27%而且灰分含量为5%的情况下，其密度只有1.33g/cm^3。这个密度差说明，含水量的准确性对于煤层气地质储量的可靠估算是多么的关键。

3.4.3 产能和抽采效率

近年来煤层气资源开发越来越受到重视。如前文所述，甲烷气是在储层压力作用下以吸附态存在于煤孔隙的表面上；要使甲烷从煤孔隙表面解吸进而开采出来，必须降低储层的压力。煤储层压力是地下水静水压力作用的结果。因此，与常规气藏不同，煤层气的开采首先要通过排水降低煤层的压力。煤层一般都是天然的裂缝性储层，而且发育封闭的垂直裂缝(即割理)，这些裂缝呈间隔排列，且横向分布广泛。由于煤基质的固有渗透率一般很低，因此只有在割理发育程度非常高时，才能达到煤层气经济开发所要求的最低渗透率(一般大于1mD)。Holditch等(1988)曾提出，要以经济的产量从煤层中开采煤层气，必须满足以下三个条件：割理系统必须高度发育，以便提供煤层气开发所需的渗透率；含气量必须足够高，以确保煤层气资源具有经济开发价值；割理系统必须与井筒连通。

因此，大规模的煤层气开发项目在见产前都需要大量的初期投资。大多数煤层气藏都需要以下几方面措施：开展水力压裂增产处理，提高煤层割理系统的渗透率，并使割理系统与井筒连通；地层水的人工举升；水处理设施；完整的开发井网。

一般来讲，合适的井距和增产措施决定着煤层气开发项目的经济吸引力。

要建立一套有关煤层气井产能的完整理论很困难，其原因是需要考虑煤层中天然气和水的两相流动。然而，煤层气井需要先开采出大量的水，才能使煤储层的压力降低到解吸压力。一旦煤层气井泄气面积内排水结束，天然气产量就会达到峰值，而水产量则下降到可以忽略不计的程度。煤层气峰值产量基本上取决于以下因素：原生孔隙(即煤基质孔隙)向次生孔隙系统(割理系统)供气的能力；割理系统的水导流能力。

与井间干扰越小越好的常规油气藏不同，高效排水和降压系统的设计要求井间干扰要尽可能强，以便最大限度地降压。煤层气藏中生产井的开采动态高度依赖井间压力干扰的强弱，井间干扰有助于地层压力快速降低，从而使煤层气能够从煤层基质中释放出来。通过优化以下两个决策变量就可以达到这个目的：最佳井距和最佳井网形状。

Wick等(1986)采用数值模拟法研究了井距对单井产量的影响。这次研究的对象是储量为1676×10^{6}ft^3(标)、面积160acre的煤层气藏，研究内容是模拟15年开采期内采收率随井距的变化。下面给出井距为20acre、40acre、80acre和160acre情况下的模拟结果(见表3.25)：

表 3.25　井距为 20acre、40acre、80acre 和 160acre 情况下的模拟结果

井距/acres	160acre 面积内的井数	单井煤层气地质储量/10^6ft^3(标)	单井累积煤层气产量/10^6ft^3(标)		采收率,%	160acre 面积内的煤层气总产量/10^6ft^3(标)
			5 年	15 年		
160	1	1676	190	417	25	417
80	2	838	208	388	46	776
40	4	419	197	292	70	1170
20	8	209.5	150	178	85	1429

这些结果表明，在 15 年的开采期内，井距越大，单井煤层气产量越高。而在前 5 年开采期内，对于 4acre、80acre 和 160acre 的井距而言，单井煤层气产量都非常接近。造成这种现象的主要原因，是在煤层气井实现高效开发之前，需要在泄气区域内进行排水。煤层气采收率介于 160acre 井距下的 25%到 20acre 井距下的 85%之间。在按照 20acre 的井距布井时，在 15 年的开采期内，面积 160acre 区块内的煤层气储量大部分都被开采出。到这个时间，85%的煤层气地质储量已经被开采；但如果以 160acre 井距布井，一口井的采收率只有 25%。在确定最佳井距时，作业者必须在考虑当前和未来气价的情况下开展经济评价，以便实现煤层气产量和开发利润均最大化。

最佳井网的选择高度依赖以下几个变量：煤层特征，即各向同性或各向异性渗透率特征；气藏结构；现有井的位置和总的井数；初始水压力及解吸压力；需要排出的水量及所需的压降。

3.4.4　渗透率和孔隙度

煤层的渗透率基本上受控于储层中净应力的大小。煤层内净应力的变化会导致局部渗透率发生变化。已有多位研究者证实，煤层的渗透率会随着煤层气从煤基质中解吸而增大。大量的室内观测结果证实，渗透率和孔隙度对煤层应力状态具有依赖性，而且对于不同煤层而言，孔隙度和渗透率与应力的关系也各不相同。随着开采的进行，在以下两种明确但相反的机理作用下，割理的性质会发生变化：割理的孔隙度和渗透率因压实作用和净应力 $\Delta\sigma$ 下降而减小。割理的孔隙度和渗透率因煤基质随气体解吸收缩而增大。

Walsh(1981)曾提出，净应力 $\Delta\sigma$ 的变化可以由地层压力来表示，其表达式如下：

$$\sigma=\sigma-\sigma_o=s(p_o-p)=s\Delta p \tag{3.98}$$

式中：Δp 为从 p_o到 p 的压降，psi；p_o为原始压力，psi(绝)；p 为当前压力，psi(绝)；σ_o为原始有效应力，psi(绝)；σ 为有效应力，psi(绝)；s 为把压力变化[单位 psi(绝)]与有效应力变化联系在一起的常数。

有效应力定义为总应力与煤层流体压力之差。有效应力往往会使割理闭合，从而降低煤层的渗透率。如果有效应力 σ 未知，在任一给定的深度 D 下都可以按照下式进行近似计算：

$$\sigma=0.572D$$

通过设定常数 s 等于 0.572，可以把式(3.98)简化为：

$$\Delta\sigma=0.572\Delta p$$

由下列表达式来定义孔隙的平均压缩系数：

$$\bar{c}=\frac{1}{p_o-p}\int_p^{p_o}c_p\,\mathrm{d}p$$

表述孔隙度和渗透率随地层压力变化的理想关系式如下：

$$\phi=\frac{A}{1+A} \tag{3.99}$$

其中：

$$A=\frac{\phi_o}{1+\phi_o}e^{-s\bar{c}_p(\Delta p)} \tag{3.100}$$

$$k=k_o\left(\frac{\phi}{\phi_o}\right)^3$$

Somerton 等(1975)曾提出了一种相关关系，允许地层渗透率随着净应力的变化而变化，表达式如下：

$$k=k_o\left[\exp\left(\frac{-0.003\Delta\sigma}{(k_o)^{0.1}}\right)+0.0002(\Delta\sigma)^{1/3}(k_o)^{1/3}\right]$$

式中：k_o为在应力为零时的原始渗透率，mD；k 为净应力 $\Delta\sigma$ 条件下的渗透率，mD；$\Delta\sigma$ 为净应力，psi(绝)。

3.4.5　煤层气的物质平衡方程

MBE 是估算常规气藏原始天然气地质储量 G 和预测开采动态的基本工具。由式(3.57)来表示的 MBE 的表达式为：

$$\frac{p}{Z}=\frac{p_i}{Z_i}-\left(\frac{p_{sc}T}{T_{sc}V}\right)G_p$$

对于常规气藏而言，p/Z 曲线图的用途很大，而且绘制这个曲线图也很容易。很多研究者，尤其是 King(1992)和 Seidle(1999)都试图把这种方法推广到诸如煤层气这类非常规气藏。

煤层气藏的 MBE 可以由下列通用的形式来表示：

采出的煤层气量 G_p=原始吸附气量 G+原始游离气量 G_F−当前压力下的吸附气量 G_A−剩余游离气量 G_R

即：

$$G_p=G+G_F-G_A-G_R \tag{3.101}$$

对于没有水侵的饱和气藏(即初始地层压力 p_i=解吸压力 p_d)，上述等式右侧的 4 个主要分量都可以按照下述方法逐个计算。

(1) 如上文由式(3.97)所定义的那样，煤层气地质储量 G 的表达式为：

$$G=1359.7Ah\rho_BG_c$$

式中：G 为原始煤层气地质储量，ft^3(标)；ρ_B为煤的体密度，g/cm^3；G_c为含气量，ft^3(标)/t；A 为泄气面积，acre；h 为平均厚度，ft。

(2) 原始游离气量 G_F表达式如下：

$$G_F=7758Ah\phi(1-S_{wi})E_{gi} \tag{3.102}$$

式中：G_F为原始游离气地质储量，ft^3(标)；S_{wi}为原始含水饱和度；ϕ 为孔隙度；E_{gi}为 p_i下的气体膨胀系数，单位 ft^3(标)/bbl。

E_{gi}的表达式如下：

$$E_{gi}=\frac{5.615Z_{sc}T_{sc}}{p_{sc_i}}\frac{p_i}{TZ_i}=198.6\frac{p_i}{TZ_i}$$

(3) 当前压力 p 下的吸附气量 G_A。在任意压力下以吸附形式赋存的煤层气一般由等温吸附或兰格缪尔方程[即式(3.88)]来表示，其表达式如下：

$$V=V_m\frac{bp}{1+bp}$$

式中：V为在当前压力p下吸附的煤层气量，ft^3(标)/t；V_m为兰格缪尔等温吸附常数，ft^3(标)/t；b为兰格缪尔压力常数，psi^{-1}。

利用下列关系式，可以把地层压力p下吸附气量V的单位从ft^3(标)/t转换为ft^3(标)：

$$G_A=1359.7AhP_BV \tag{3.103}$$

式中：G_A为压力p下的吸附气量，ft^3(标)；P_B为煤层的平均体积密度，g/cm^3；V为压力p下的吸附气量，ft^3(标)/t。

(4) 剩余游离气量G_R。在储层排水阶段，地层压实(基质收缩)和水膨胀会明显影响水产量。部分解吸的气体保留在煤-割理系统内，并占据因水产出而可以利用的PV。King(1992)推导了以下关系式，用于计算排水期间煤割理中的平均剩余含水饱和度：

$$S_w=\frac{S_{wi}[1+c_w(p_i-p)]-(B_wW_p/7758Ah\phi)}{1-(p_i-p)c_f} \tag{3.104}$$

式中：p_i为初始压力，psi；p为当前地层压力，psi；W_p为累计产水量，bbl；B_w为水地层体积系数，bbl/STB；A为泄气面积，acre；c_w为水等温压缩系数，psi^{-1}；c_f为地层等温压缩系数，psi^{-1}；S_{wi}为原始含水饱和度。

采用上述平均含水饱和度估算值，可以建立割理中剩余煤层气的表达式如下：

$$G_R=7758Ah\phi\times\left[\frac{(B_wW_p/7758Ah\phi)+(1-S_{wi})-(p_i-p)(c_f+c_wS_{wi})}{1-(p_i-p)c_f}\right]E_g \tag{3.105}$$

式中：G_R为压力p下的剩余煤层气量，ft^3(标)；W_p为累积产水量，bbl；A为泄气面积，acre。

而且气体膨胀系数的表达式为：

$$E_g=198.6\frac{p}{TZ}$$

把上面推导出的四个项代入式(3.101)并经整理后得：

$$G_p=G+G_F-G_A-G_R$$

或：

$$G_p+\frac{B_wW_pE_g}{1-(c_f\Delta p)}=Ah\left[1359.7p_B\left(G_c-\frac{V_mbp}{1+bp}\right)+\frac{7758\phi[\Delta p(c_f+S_{wi}c_{wi})-(1-S_{wi})]E_g}{1-(c_f\Delta p)}\right] \tag{3.106}$$
$$+7758Ah\phi(1-S_{wi})E_{gi}$$

如果用吸附气量V来表示，这个方程可以用如下表达式来表示：

$$G_p+\frac{B_wW_pE_g}{1-(c_f\Delta p)}=Ah\left[1359.7p_B(G_c-V)+\frac{7758\phi[\Delta p(c_f+S_{wi}c_{wi})-(1-S_{wi})]E_g}{1-(c_f\Delta p)}\right] \tag{3.107}$$
$$+7758Ah\phi(1-S_{wi})E_{gi}$$

上述两种形式的简化MBE都是直线方程，而且可以写为：

$$y=mx+a$$

其中：

$$y=G_p+\frac{B_wW_pE_g}{1-(c_f\Delta p)}$$

$$x=1359.7P_B\left(G_c-\frac{V_mbp}{1+bp}\right)+\frac{7758\phi[\Delta p(c_f+S_{wi}c_{wi})-(1-S_{wi})]E_g}{1-(c_f\Delta p)}$$

或等效地表示为：

$$x=1359.7p_B(G_c-V)+\frac{7758\phi[\Delta p(c_f+S_{wi}c_{wi})-(1-S_{wi})]E_g}{1-(c_f\Delta p)}$$

其斜率为：

$$m=Ah$$

其截距为：

$$a=77587758Ah\phi(1-S_{wi})E_{gi}$$

上述由产量和压降数据定义的 y 与 x 的关系曲线是一条直线，其斜率 m 为 Ab，截距为 a。由斜率 m 计算的泄气面积和由截距 a 计算的结果一定相等，即：

$$A=\frac{m}{h}=\frac{a}{7758h\phi(1-S_{wi})E_{gi}}$$

对于分散的数据点，正确的直线一定能满足上述等式。

如果忽略岩石和流体的压缩系数，那么式(3.107)可以简化为：

$$G_p+B_wW_pE_g=Ah\left[1359.7p_B\left(G_c-V_m\frac{bp}{1+bp}\right)-7758\phi(1-S_{wi})E_g\right]+7758Ah\phi(1-S_{wi})E_{gi} \tag{3.108}$$

这个表达式也是一个直线方程，即 $y=mx+a$，其中：

$$y=G_p+B_wW_pE_g$$

$$x=1359.7P_B\left(G_c-V_m\frac{bp}{1+bp}\right)-7758\phi(1-S_{wi})E_g$$

$$\text{斜率 } m=Ah$$

$$\text{截距 } a=7758Ah\phi(1-S_{wi})E_{gi}$$

如果用吸附气量 V 来表示，式(3.108)可以表示为：

$$G_p+B_wW_pE_g=Ah[1359.7p_B(G_c-V)-7758\phi(1-S_{wi})E_g]+7758Ah\phi(1-S_{wi})E_{gi} \tag{3.109}$$

在计算出总体积 Ah 之后，就可以由下式计算原始煤层气地质储量 G：

$$G=1359.7(Ah)P_BG_c$$

【示例 3.14】

在面积为 320acre 的均质煤层气藏中有一口在产的煤层气井。实际的井产量和相关的煤层数据如下(见表 3.26)：

表 3.26 实际的井产量和相关的煤层数据

时间/d	$G_p/10^6ft^3$(标)	$W_p/10^3$STB	p/psi(绝)	p/Z/psi(绝)
0	0	0	1500	1704.5
730	265.086	157，490	1315	1498.7
1460	968.41	290，238	1021	1135.1
2190	1704.033	368，292	814.4	887.8
2920	2423.4	425，473	664.9	714.1
3650	2992.901	464，361	571.1	607.4

$b_t=0.00276psi^{-1}$；$V_m=428ft^3$(标)/t；$\rho_B=1.7g/cm^3$；$h=50ft$；$S_{wi}=0.95$；$A=320acre$；

$p_i=1500$psi(绝)；$p_d=1500$psi(绝)；$T=105$°F；$G_c=345.1ft^3$(标)/t；$B_w=1.0$bbl/STB；$\phi=1\%$；$c_2=3\times10^{-6}psi^{-1}$；$c_f=6\times10^{-6}psi^{-1}$。

在忽略地层和水压缩系数的情况下，计算井的泄气面积和原始煤层气地质储量。在考虑地层和水压缩系数的情况下，重新计算井的泄气面积和原始煤层气地质储量。

解答：

第1步，由下列公式计算作为压力函数的 E_g 和 V(见表3.27)：

$$E_g=198.6\frac{p}{Tz}=0.3515\frac{p}{z}$$

$$V=V_m\frac{bp}{1+bp}=0.18266\frac{p}{1+0.00276p}$$

表3.27　E_g 和 V 计算结果

p/psi	p/Z/psi	E_g/[ft³(标)/bbl]	V/[ft³(标)/t]
1500	1704.5	599.21728	345.0968
1315	1498.7	526.86825	335.903
1021	1135.1	399.04461	316.233
814.4	887.8	312.10625	296.5301
664.9	714.1	251.04198	277.3301
571.1	607.5	213.56673	262.1436

第2步，在忽略 c_w 和 c_f 的情况下，MBE由式(3.109)来表示，即：

$$G_p+B_wW_pE_g=Ah[1359.7p_B(G_c-V)-7758\phi(1-S_{wi})E_g]+7758Ah\phi(1-S_{wi})E_{gi}$$

或：

$$G_p+B_wW_pE_g=Ah[2322.66(345.1-V)-3.879E_g]+2324.64(Ah)$$

利用MBE中给定的数据建立表3.28：

表3.28　数据列表

p/psi	V/[ft³(标)/t]	G_p/10⁶ft³(标)	W_p/10⁶STB	E_g/[ft³(标)/bbl]	$y=G_p+W_pE_g$/10⁶ft³(标)	$x=2322.66(345.1-V)-3.879E_g$/[ft³(标)/(acre·ft)]
1500	345.097	0	0	599.21	0	0
1315	335.90	265.086	0.15749	526.87	348.06	19310
1021	316.23	968.41	0.290238	399.04	1084.23	65494
814.4	296.53	1704.033	0.368292	312.11	1818.98	111593
664.9	277.33	2423.4	0.425473	251.04	2530.21	156425
571.1	262.14	2992.901	0.464361	213.57	3092.07	191844

第3步，如图3.37所示，在直角坐标系中绘制 $G_p+W_pE_g$ 与 $2322.66(345.1-V)-3.879E_g$ 的关系图。

第4步，过数据点画出一条最佳的直线，并确定其斜率得：

$$斜率=Ah=15900\text{acre}\cdot\text{ft}$$

$$面积\ A=15900/50=318(\text{acre})$$

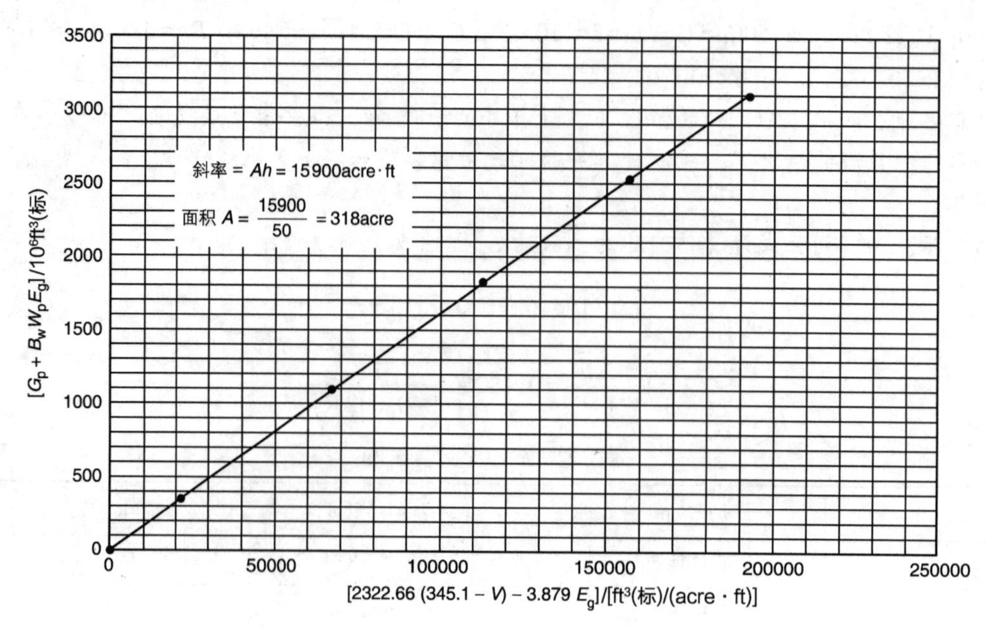

图 3.37　图形法确定泄气面积

第 5 步，计算原始煤层气地质储量：

$$G = 1359.7Ah\rho_B G_c$$
$$= 1359.7(318)(50)(1.7)(345.1)$$
$$= 12.68\times10^9[\mathrm{ft^3}(标)]$$
$$G_F = 77.58Ah\phi(1-S_{wi})E_{gi}$$
$$= 7758(318)(50)(0.01)(0.05)(599.2)$$
$$= 0.0369\times10^9[\mathrm{ft^3}(标)]$$

总的原始煤层气地质储量$=G+G_F=12.68+0.0369=12.72\times10^9[\mathrm{ft^3}(标)]$。

第 1 步，利用式(3.107)中给定的 c_w 和 c_f 数值，计算 x 和 y 项，并以压力函数的形式把计算结果列表(表 3.29)：

$$y = G_p + \frac{W_p E_g}{1-[6(10^{-6})(1500-p)]}$$

$$x = 1359.7(1.7)(345.1-V) + \frac{7758(0.01)(1500-p)[6(10^{-6})+0.95c_{wi})-(1-0.95)]E_g}{1-[6(10^{-6})(1500-p)]}$$

表 3.29　以压力函数的形式把计算结果

p/psi	V/[ft³(标)/t]	x	y
1315	335.903	1.90×10^4	3.48×10^8
1021	316.233	6.48×10^4	1.08×10^9
814.4	296.5301	1.11×10^5	1.82×10^9
664.9	277.3301	1.50×10^5	2.53×10^9
571.1	262.1436	1.91×10^5	3.09×10^9

第 2 步，如图 3.38 所示，在直角坐标系中绘制 x 与 y 的交会图，并绘出过这些数据点的最佳直线。

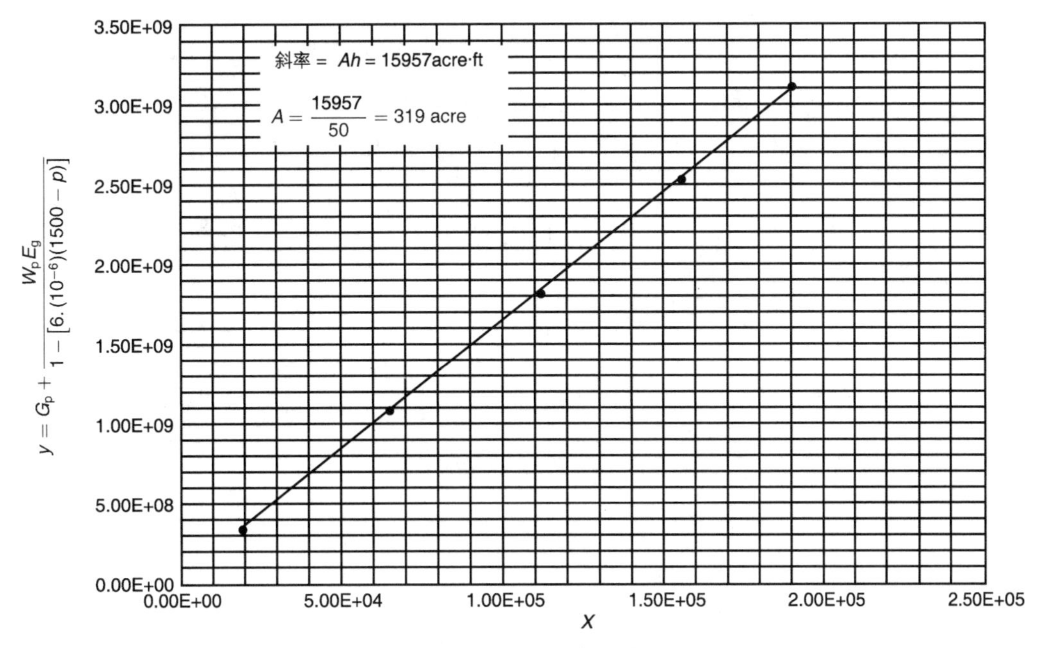

图 3.38 y 与 x 的直线关系

第 3 步，计算这条直线的斜率和截距得：

$$斜率 = Ah = 15957\text{acre}\cdot\text{ft}$$

$$A = 15957/50 = 319(\text{acre})$$

为了证实上面的井泄气面积计算结果的正确性，再利用这条直线的截距来进行一次计算：

$$截距 = 3.77\times10^7 = 7758Ah\phi(1-S_{wi})E_{gi}$$

$$A = 3.708\times10^7/(7758\times50\times0.01\times0.05\times599.2) = 324(\text{acre})$$

第 4 步，计算原始煤层气地质储量得：

$$总地质储量 = G+G_F = 12.72+0.037 = 12.76\times10^9\text{ft}^3(标)$$

在式(3.108)的条件下，如果假设初始含水饱和度为100%，就可以拓展这个方程的应用范围，用于根据历史产量数据(即 G_p 和 W_p)来估算平均地层压力 p。式(3.108)的表达式如下：

$$G_p+W_pE_g = (1359.7p_BAh)\left[\left(G_c-V_m\frac{bp}{1+bp}\right)\right]$$

或者由 G 来表示：

$$G_p+W_pE_g = G-(1359.7p_BAh)V_m\frac{bp}{1+bp} \tag{3.110}$$

在初始地层压力 p_i 下，原始煤层气地质储量的计算公式如下：

$$G = [1359.7p_BAh]G_c = [1359.7p_BAh]\left(V_m\frac{bp_i}{1+bp_i}\right) \tag{3.111}$$

把式(3.111)与式(3.110)合并并经整理后得：

$$\left[\left(\frac{p}{p_i}\right)\left(\frac{1+bp_i}{1+bp}\right)\right] = 1-\left[\frac{1}{G}(G_p+B_wW_pE_g)\right]$$

或：

$$\left[\left(\frac{p}{p_{\mathrm{i}}}\right)\left(\frac{1+bp_{\mathrm{i}}}{1+bp}\right)\right]=1-\frac{1}{G}\left(G_{\mathrm{p}}+198.6\frac{p}{ZT}B_{\mathrm{w}}W_{\mathrm{p}}\right) \tag{3.112}$$

式中：G 为原始煤层气地质储量，ft^3(标)；G_p为累计煤层气产量，ft^3(标)；W_p为累积水产量，STB；E_g为煤层气地层体积系数，ft^3(标)/bbl；p_i为初始压力；T 为温度，°R；Z 为压力 p 下的 z 系数。

式(3.112)是一个直线方程，其斜率为$-1/G$，截距为 1.0。如果以更方便的形式表示，式(3.112)可以写为：

$$y=1+mx$$

$$y=\left[\left(\frac{p}{p_{\mathrm{i}}}\right)\left(\frac{1+bp_{\mathrm{i}}}{1+bp}\right)\right] \tag{3.113}$$

$$x=G_{\mathrm{p}}+198.6\frac{p}{ZT}B_{\mathrm{w}}W_{\mathrm{p}} \tag{3.114}$$

$$m=\frac{1}{G}$$

图 3.39 以图形地方式显示了式(3.112)的线性关系。要通过解这个线性关系式求取平均地层压力 p，需要一种迭代方法，这种迭代方法可以总结为以下几个步骤：

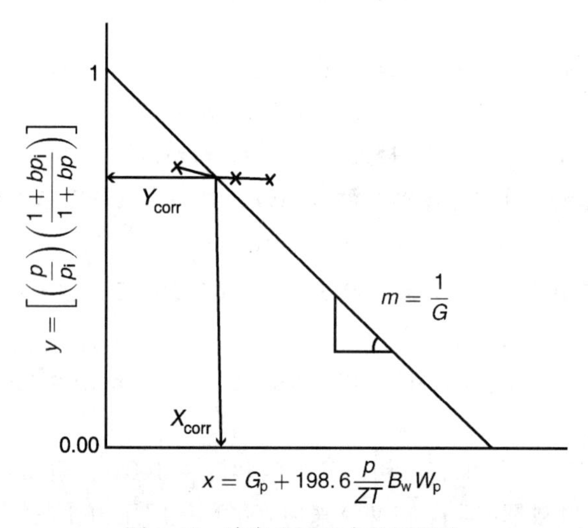

图 3.39　确定地层压力的图形法

第 1 步，如图 3.39 所示，在直角坐标系中绘制一条起点是 y 轴上的 1、负斜率为 $1/G$ 的直线。

第 2 步，在给定的 G_p和 W_p下，猜测一个地层压力 p，然后分别由式(3.113)和式(3.114)计算 y 和 x 项。

第 3 步，在图 3.39 中标出所计算数据点的坐标[即(x, y)]。如果这个点的坐标落在这条直线上，就表明所假设的地层压力 p 是正确的，否则就再假设一个新的地层压力，重复这个过程。如果设定 3 个不同的地层压力值，根据计算结果标绘出 3 个点，并用一条平滑的曲线把这 3 个点连接起来，然后确定这条曲线与直线的交点(x_{corr}, y_{corr})，这样就可以使这个计算过程快速收敛。由下式计算给定 W_p和 G_p下的地层压力：

$$p=\frac{p_{\mathrm{i}}y_{\mathrm{corr}}}{1+bp_{\mathrm{i}}(1-y_{\mathrm{corr}})}$$

3.4.6 CBM 储层动态预测

由不同数学表达式表示的 MBE[即式(3.106)～式(3.109)]均可用于预测煤层气藏未来生产动态随地层压力的变化情况。为了简单起见，假设水和地层的压缩系数可以忽略不计，式(3.106)可以由下列表达式来表示：

$$G_p+B_wW_pE_g=G-(1359.7Ahp_BV_mb)\frac{p}{1+bp}-7758\phi Ah(1-S_{wi})E_g+7758Ah\phi(1-S_{wi})E_{gi}$$

式中：G 为原始煤层气地质储量，ft^3(标)；A 为泄气面积，acre；h 为平均厚度，ft；S_{wi} 为初始含水饱和度；E_g 为煤层气地层体积系数；b 为兰格缪尔压力常数，psi^{-1}；V_m 为兰格缪尔体积常数，psi^{-1}。

如果以更为方便的形式表示，上述表达式可以写为：

$$G_p+B_wW_pE_g=G-\frac{a_1p}{1+bp}+a_2(E_{gi}-E_g) \tag{3.115}$$

其中的系数 a_1 和 a_2 的表达式如下：

$$a_1=1359.7AhbV_m$$

$$a_2=7758Ah\phi(1-S_{wi})$$

对压力求导得：

$$\frac{\partial(G_p+B_wW_pE_g)}{\partial p}=-\frac{a_1}{(1+bp)^2}-a_2\frac{\partial E_g}{\partial p}$$

以有限差分的形式表示上述导数得：

$$G_p^{n+1}+B_w^{n+1}W_p^{n+1}E_g^{n+1}=G_p^n+B_w^nW_p^nE_g^n+\frac{a_1(p^n-p^{n+1})}{(1+bp^{n+1})}a_2(E_g^n-E_g^{n+1}) \tag{3.116}$$

式中：上标 n 和 $n+1$ 分别表示当前和未来的时间；p^n、p^{n+1}分别代表当前和未来的地层压力，psi(绝)；$G_p{}^n$、$G_p{}^{n+1}$分别代表当前和未来的累积煤层气产量，ft^3(标)；$W_p{}^n$、$W_p{}^{n+1}$分别代表当前和未来的累积水产量，STB；$E_g{}^n$、$E_g{}^{n+1}$ 分别表示当前和未来的煤层气膨胀系数，ft^3(标)/bbl。

式(3.116)包含有两个未知数，它们分别是 $G_p{}^{n+1}$ 和 $W_p{}^{n+1}$，而且需要有额外两个关系式：采出气-水比(GWR)方程和气体饱和度方程。

气-水比方程的表达式如下：

$$\frac{Q_g}{Q_w}=\mathrm{GWR}=\frac{k_{rg}\mu_wB_w}{k_{rw}\mu_gB_g} \tag{3.117}$$

式中：GWR 为气-水比，ft^3(标)/STB；k_{rg} 为煤层气相对渗透率；k_{rw} 为水相对渗透率；μ_w 为水黏度，cP；μ_g 为煤层气黏度，cP；B_w 为水地层体积系数，bbl/STB；B_g 为煤层气地层体积系数。

累积煤层气产量 G_p 与 GWR 的关系式如下：

$$G_p=\int_0^{W_p}(\mathrm{GWR})\mathrm{d}W_p \tag{3.118}$$

这个表达式说明，任何时间的累积煤层气产量基本上都等于 GWR 与 W_p 关系曲线之下的面积，如图 3.40 所示。

而 $W_p{}^n$ 和 $W_p{}^{n+1}$ 之间的新增累积煤层气产量 ΔG_p 的表达式为：

$$G_p^{n+1}-G_p^n=\Delta G_p=\int_{W_p^n}^{W_p^{n+1}}(\mathrm{GWR})\mathrm{d}W_p \tag{3.119}$$

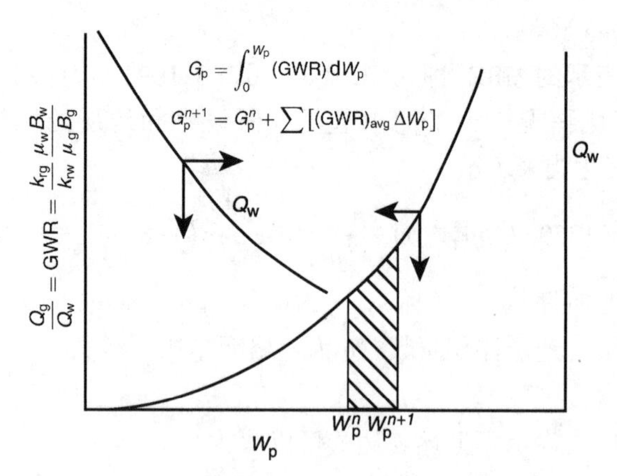

图 3.40　GWR、Q_w和 W_p之间的关系

运用梯形法则可以对上述关系式进行近似处理：

$$G_p^{n+1}-G_p^n=\Delta G_p=\left[\frac{(\text{GWR})^{n+1}+(\text{GWR})^n}{2}\right](W_p^{n+1}-W_p^n) \tag{3.120}$$

或：

$$G_p^{n+1}=G_p^n+\sum\left[(\text{GWR})_{avg}\Delta W_p\right] \tag{3.121}$$

煤层气藏开采动态的预测还需以含气饱和度方程作为辅助的数学表达式。在水和地层的压缩系数忽略不计的情况下，含气饱和度的表达式为：

$$S_g^{n+1}=\frac{(1-S_{wi})-(p_i-p^{n+1})(c_f+c_wS_{wi})+\dfrac{B_w^{n+1}W_p^{n+1}}{7758Ah\phi}}{1-[(p_i-p^{n+1})c_f]} \tag{3.122}$$

在从已知的地层压力 p^n到一个较低的新压力 p^{n+1}的一系列压降过程中，开展了所需的各种计算。相应地假设累积煤层气产量和水产量分别从 $G_p{}^n$和 $W_p{}^n$增加到 $G_p{}^{n+1}$和 $W_p{}^{n+1}$，而流量则从分别从 $Q_g{}^n$和 $Q_w{}^n$变为 $Q_g{}^{n+1}$和 $Q_w{}^{n+1}$。所提出的煤层气藏开采动态的预测方法可以分为以下几个步骤：

第 1 步，采用气-水相对渗透率数据，在半对数坐标系中绘制相对渗透率比 k_{rg}/k_{rw}与含气饱和度 S_g的关系图。

第 2 步，利用已知的地层温度 T 和煤层气相对密度 γ_g，计算 E_g、B_g和煤层气黏度 μ_g，并绘制它们与压力的关系图，其中：

$$E_g=198.6\,\frac{p}{ZT}$$

$$B_g=\frac{1}{E_g}=0.00504\,\frac{ZT}{p}$$

第 3 步，选择一个低于当前地层压力 p^n的未来地层压力 p^{n+1}。如果当前地层压力 p^n为初始地层压力，则设定 $W_p{}^n$和 $G_p{}^n$都等于零。

第 4 步，计算所选择压力 p^{n+1}下的 $B_w{}^{n+1}$、$E_g{}^{n+1}$和 $B_g{}^{n+1}$。

第 5 步，估算或者猜测累积水产量 $W_p{}^{n+1}$，并通过解式(3.116)求取 $G_p{}^{n+1}$：

$$G_p^{n+1}=G_p^n+(B_w^nW_p^nE_g^n-B_w^{n+1}W_p^{n+1}E_g^{n+1})+\frac{a_1(p^n-p^{n+1})}{1+bp^{n+1}}+a_2(E_g^n-E_g^{n+1})$$

第 6 步，由式(3.122)计算 p^{n+1} 和 W_p^{n+1} 下的含气饱和度：

$$S_g^{n+1}=\frac{(1-S_{wi})-(p_i-p^{n+1})(c_f+c_wS_{wi})+\dfrac{B_w^{n+1}W_p^{n+1}}{7758Ah\phi}}{1-[(p_i-p^{n+1})c_f]}$$

第 7 步，确定 S_g^{n+1} 下的相对渗透率比 k_{rg}/k_{rw}，并由式(3.117)估算 GWR，即：

$$(\mathrm{GWR})^{n+1}=\frac{k_{rg}}{k_{rw}}\left(\frac{\mu_wB_w}{\mu_gB_g}\right)^{n+1}$$

第 8 步，由式(3.120)重新计算累积煤层气产量 G_p^{n+1}，其表达式如下：

$$G_p^{n+1}=G_p^n+\frac{(\mathrm{GWR})^{n+1}+(\mathrm{GWR})^n}{2}(W_p^{n+1}-W_p^n)$$

第 9 步，有两种独立的方法可用于计算总煤层气开采量 G_p^{n+1}，第一种是第 5 步中由基于 MBE 的计算方法，而第二种是第 8 步中基于 GWR 的计算方法。如果由这两种方法所得计算结果一致，那么所假设的 W_p^{n+1} 值以及所计算的 G_p^{n+1} 值都是正确的。否则，就要假设一个新的 W_p^{n+1} 值，并重复第 5~9 步的计算。为了简化这个迭代过程，可以设定 3 个 W_p^{n+1} 值，并由这两个式(即 MBE 方程和 GWR 方程)分别计算出 3 个不同的 G_p^{n+1} 值。绘制计算出的 G_p^{n+1} 值与所设定的 W_p^{n+1} 值的交会图，所得的两条曲线(其中一条代表第 5 步的结果，另一条代表第 8 步的结果)会相交。根据交点的坐标就可以确定出正确的 G_p^{n+1} 和 W_p^{n+1} 值。

第 10 步，由下式计算新增累积煤层气产量 ΔG_p：

$$\Delta G_p=G_p^{n+1}-G_p^n$$

第 11 步，由式(3.11)和式(3.117)计算煤层气和水的产量，其表达式如下：

$$Q_g^{n+1}=\frac{0.703hk(k_{rg})^{n+1}(p^{n+1}-p_{wf})}{T(\mu_gZ)_{avg}[\ln(r_e/r_w)-0.75+s]}$$

$$Q_w^{n+1}=\left(\frac{k_{rw}}{k_{rg}}\right)^{n+1}\left(\frac{\mu_gB_g}{\mu_wB_w}\right)^{n+1}Q_g^{n+1}$$

式中：Q_g 为煤层气产量，ft^3/d(标)；Q_w 为水产量，STB/d；k 为绝对渗透率，mD；T 为温度，°R；r_e 为泄气半径，ft；r_w 为井筒半径，ft；s 为表皮系数。

第 12 步，计算地层压力从 p^n 下降到 p^{n+1} 过程中的平均煤层气产量，其表达式如下：

$$(Q_g)_{avg}=\frac{Q_g^n+Q_g^{n+1}}{2}$$

第 13 步，计算在地层压力从 p^n 下降到 p^{n+1} 过程中实现新增煤层气产量 ΔG_p 所需的增量时间 Δt，其表达式如下：

$$\Delta t=\frac{\Delta G_p}{(Q_g)_{avg}}=\frac{G_p^{n+1}-G_p^n}{(Q_g)_{avg}}$$

式中：Δt 为增量时间，d。

第 14 步，计算总时间 t：

$$t=\sum\Delta t$$

第 15 步，得出：

$$W_p^n=W_p^{n+1}$$
$$G_p^n=G_p^{n+1}$$
$$Q_g^n=Q_g^{n+1}$$

$$Q_w^n = Q_w^{n+1}$$

重复第3~15步。

3.4.7 割理和裂缝中吸附气的流动

常规气藏中流体流动对压力梯度的响应符合(取决于流动状态)达西方程。在煤层的割理中，天然气以物理的方式吸附在煤基质内表面之上。如前文所述，煤层气藏的典型特征是具有双重孔隙系统：原生(基质)孔隙和次生(割理)孔隙。煤层的次生孔隙系统 ϕ_2 由这类储层中固有的天然裂缝(割理)系统组成。这些割理充当原生孔隙(煤基质孔隙)的汇点，并且是沟通生产井的通道。这个系统中的孔隙度 ϕ_2 介于2%~4%之间。因此，煤层气的开采过程分为三个步骤：煤层中的气体通过扩散作用由煤层基质进入割理，并遵守Fick定律；基质-割理界面上的气体解吸；气体从割理系统流入井筒，并遵守达西定律。

煤层中的原生孔隙系统由非常细小的孔隙组成，这些细小孔隙的内表面积很大，其上吸附了大量的气体。煤层基质系统的渗透率非常低，事实上，对于气体和水来说，原生孔隙系统(煤基质)都是非渗透性的。在基质中没有气体流动的情况下，气体是在浓度梯度作用(即扩散作用)下传输的。扩散是气体借助于分子的随机运动而从高浓度区向较低浓度区流动的过程，在这个流动过程中气体流量遵守Fick定律，其表达式如下：

$$Q_g = -379.4DA\frac{dC_m}{ds} \tag{3.123}$$

式中：Q_g为煤层气流量，ft^3/d(标)；s为表皮系数；D为扩散系数，ft^2/d；C_m为摩尔浓度，$(lb \cdot mol)/ft^3$；A为煤基质的表面积，ft^2。

吸附气量可以由下列表达式转换为摩尔浓度 C_m：

$$C_m = 0.5547(10^{-6})\gamma_g\rho_B V \tag{3.124}$$

式中：ρ_B为煤体积密度，g/cm^3；V为吸附气量，ft^3(标)/t；γ_g为煤层气相对密度。

Zuber等(1987)曾指出，扩散系数D可以间接地通过解吸罐解吸试验来确定。他们把扩散系数与煤割理的间距s及解吸时间t联系在了一起。平均割理间距可以通过煤岩心的肉眼观测来确定。所提出的表达式如下：

$$D = \frac{s^2}{8\pi t} \tag{3.125}$$

式中：D为扩散系数，ft^2/d；t为由解吸罐解吸试验确定的解吸时间，d；s为煤割理间距，ft。

解吸时间t通过煤岩心样品解吸罐解吸试验来确定，定义为总吸附气量中63%实现解吸所需的时间。

3.5 致密气藏

渗透率低于0.1mD的气藏称之为“致密气藏”。利用MBE预测这类气藏的天然气地质储量和开发动态难度较大。

常规物质平衡方程一般常用地层压力系数p/Z曲线评价气藏开采动态。对于定容气驱气藏，地层压力系数p/Z和累积产气量G_p呈直线关系，一般可以通过式(3.59)和式(3.60)表示：

$$\frac{p}{Z} = \frac{p}{Z_i} - \left[\left(\frac{p_i}{Z_i}\right)\frac{1}{G}\right]G_p$$

$$\frac{p}{Z} = \frac{p_i}{Z_i}\left(1 - \frac{G_p}{G}\right)$$

由上述任何一个表达式所表示的定容气驱气藏物质平衡式(MBE)的应用都比较简单，主要是因为它与流量、气藏构造、岩石性质和气井详细信息无关。但在应用时必须满足一些基本的假设条件，主要包括：在任意时刻整个气藏的饱和度都是均匀的；气藏内压力变化很小或基本不变；在任意时刻，气藏都可以由单个加权平均的压力值来代表；气藏具有恒定的泄气面积，且属于均质储层。

Payne(1996)曾指出，该方法之所以需要作出压力分布均匀这个假设，是为了确保在不同井位所测量的压力能够代表真实的平均地层压力。这个假设意味着，将应用于 MBE 的平均地层压力可以由一个压力数值来描述。在高渗地层中，在远离井筒的地方会存在较小的压力梯度，通过短时间关井压力恢复或关井压力测量，可以轻易估算出平均地层压力。

然而，在分析致密气藏时，如果储层的泄气面积未达到恒定状态，常规 MBE 所描述的 p/Z 与 G_p 曲线将不符合直线关系。Payer(1996)指出利用 $p/Z-G_p$ 曲线进行分析之所以存在误差的原因是地层中存在相当大的压力梯度，无法满足定容气驱气藏物质平衡方程的使用条件。较大的压力梯度会导致 p/Z 图的数据点分散、曲线弯曲，并且曲线形态与产量的大小有关，表现出非线性特征(如图 3.41 所示)。此时，如果采用常规的直线法外推求取原始天然气地质储量(GIIP)，估算值将比实际值低。图 3.41(a)显示，由于近井地带天然气补给的速度低于气井的开采速度，地层压力下降速度很快，这种早期的快速压力递减现象在致密气藏中很普遍，这可能就是 p/Z 图分析法不适合于致密气藏的原因。很显然，如果采用早期的数据点估算原始地质储量，结果将偏低。如图 3.41(a)所示，Waterton 气田的视原始地质储量为 $75\times10^8m^3$，但通过后期的产量数据和压力数据分析发现该气田的 GIIP 几乎翻倍，达到了 $165\times10^8m^3$，如图 3.41(b)所示。

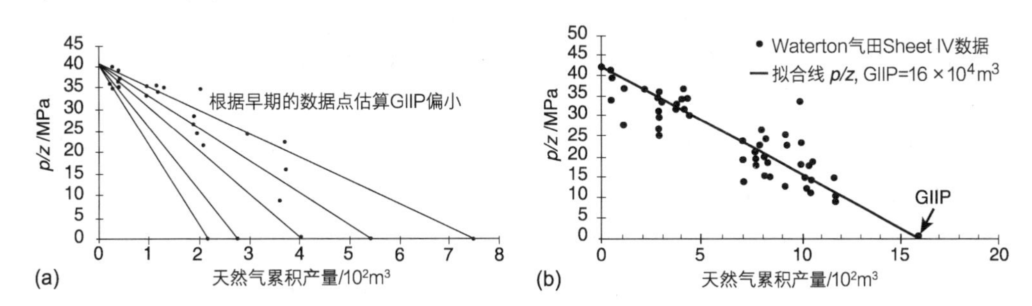

图 3.41 (a)Waterton 气田 Sheet IVc 的 p/Z 图分析实例；(b)Waterton 气田 Sheet IV 的 p/Z 图分析实例

该方法在致密气藏中的应用面临的主要问题是如何准确估算平均地层压力，而地层压力又是建立 p/Z 与 G_p 或时间关系所必须的。如果在关井过程中测量的压力并不能反映平均地层压力，那么所得的分析结果将会不准确。致密气藏中，要获得准确的平均地层压力，可能需要关井长达数月甚至数年。而获得一个能够代表平均地层压力的压力值所需的最短关井时间，至少应该等于气藏达到拟稳态所需的时间 t_{pss}。对于一口位于圆形或方形泄气面积中心的气井而言，这个时间由式(3.39)给出：

$$t_{pss}=\frac{15.8\phi\mu_{gi}c_{ti}A}{k}$$

其中：

$$c_{ti}=S_{wi}c_{wi}+S_g c_{gi}+c_f$$

式中：t_{pss} 为达到拟稳态的时间，d；c_{ti} 为初始压力下的综合压缩系数，psi^{-1}；c_{wi} 为初始压力下的水压缩系数，psi^{-1}；c_f 为地层压缩系数；c_{gi} 为初始压力下的天然气压缩系数，psi^{-1}；ϕ 为孔隙度，小数。

鉴于大多数致密气藏都进行过水力压裂，Earlougher(1977)提出了以下表达式，用于估算达到拟稳态所需的最短关井时间：

$$t_{pss}=\frac{474\phi\mu_g c_t x_f^2}{k} \tag{3.126}$$

式中：x_f为裂缝半长，ft。

【示例 3.15】

假设一口井位于方形泄气面积的中心，估算一口关闭的气井在其 40acre 泄气面积内达到拟稳态所需的时间，计算参数已知：$\phi=14\%$；$\mu_{gi}=0.016\mathrm{cP}$；$c_{ti}=0.0008\mathrm{psi}^{-1}$；$A=40\mathrm{acre}$；$k=0.1\mathrm{mD}$。

解答：

由式(3.39)计算稳定时间得：

$$t_{pss}=15.8\times0.14\times0.016\times0.0008\times40\times43560/0.1=493(\mathrm{d})$$

上述示例说明，要得到可靠的平均地层压力，大约需要关井 16 个月时间。

p/Z 图表现出弯曲形态，可能由以下因素造成：含水层、油柱、地层压缩系数、流体凝析。

与此不同，p/Z 图的分散性是地层存在明显压力梯度的判断标志。所以，如果 p/Z 图表现出明显的分散性，就说明气藏假设条件没有得到满足，不能利用这个曲线图来计算 GIIP。解决致密气藏物质平衡问题的一个简单方法是利用数值模拟器。在没有油藏模拟软件的情况下，还有以下两个比较新的方法可用于解决这个问题：分隔储层法(compartmental reservoir approach)和递减曲线与标准曲线结合法。

3.5.1 分隔储层法

分隔储层是指由相互间存在水力联系的两个或更多个明确的区域构成的储层。每一个分隔间或“小层”都由其自身的物质平衡来描述，而相邻分隔间的物质平衡通过越过边界的气体流入或流出量进行耦合。Payne(1996)以及 Hagoort 和 Hoogstra(1999)提出了两个求取分隔气藏 MBE 数值解的实用方法。两种方法的主要差别在于 Payne 的方法是直接求取各分隔间的压力，而 Hagoort 和 Hoogstra 的方法则是间接求解。两者的共同做法是：

把气藏划分为多个分隔间，每个分隔间拥有一口或多口生产井，这些生产井相邻，地层压力测量值基本相同。最初划分的分隔间数量应当尽可能少，每个分隔间具有不同的长(L)、宽(W)和高(h)尺寸。

必须采用作为时间函数的历史产量数据和压力递减数据来描述各分隔间。如果最初的分隔间划分结果不能与观测到的压力递减趋势匹配，可以适当增加分隔间的数量，方法是把前面所确定的分隔间细分，或者增添不含泄气点(即生产井)的分隔间。下面通过两种方法来说明分隔储层法的实际应用：Payne 法；Hagoort 和 Hoogstra 法。

3.5.1.1 Payne 法

与以往采用常规的气藏 MBE 描述致密气藏生产动态的做法不同，Payne(1996)提出了一种新方法，其基础是把储层细分为多个具有水力联系的小层(即分隔间)。这些分隔间既可以通过生产井直接进行开采，也可以通过其他小层间接开采。小层之间的流量被设定为要么与小层压力平方差成比例，要么与拟压力差[即 $m(p)$]成比例。为了说明这个概念，假设由两个分隔间(1 号和 2 号分隔间)组成的气藏，如图 3.42 中的示意图所示。

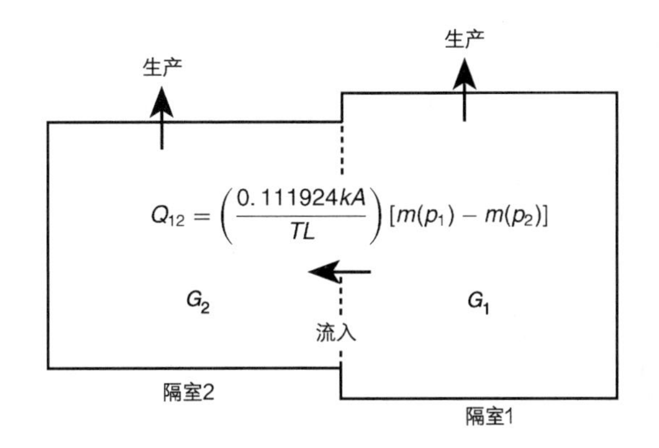

图 3.42　分隔式储层的示意图，该储层由两个由可渗透边界隔开的储层隔室组成

生产开始之前，这两个分隔间具有相同的原始地层压力且处于平衡状态。既可以从其中的一个分隔间采气，也可以从这两个分隔间同时采气。随着天然气开采的进行，各分隔间中的压力将以不同的速度降低，降低程度取决于各分隔间的开采速度以及分隔间之间的越流速度。假设从 1 号分隔间流入 2 号分隔间的天然气量是正值，那么以天然气拟压力表示的分隔间之间的线性流量可以由第 1 章中的式(1.22)进行计算：

$$Q_{12}=\left(\frac{0.111924kA}{TL}\right)[m(p_1)-m(p_2)]$$

式中：Q_{12}为两个分隔间之间的流量，ft³/d(标)；$m(p_1)$为 1 号分隔间(小层)内的天然气拟压力，psi²/cP；$m(p_2)$为 2 号分隔间(小层)内的天然气拟压力，psi²/cP；k 为渗透率，mD；L 为两个分隔间中心点的距离，ft；A 为横截面积，即宽度与高度之积，ft²；T 为温度，°R。

在上述方程式中引入分隔间之间的“联通系数”C_{12}，就可用以下形式来表述这个方程式：

$$Q_{12}=C_{12}[m(p_1)-m(p_2)] \tag{3.127}$$

结合各分隔间自己的联通系数采用一种平均值计算方法计算这两个分隔间之间的“联通系数”C_{12}。各分隔间联通系数的计算公式如下。

1 号分隔间：

$$C_1=\frac{0.111924k_1A_1}{TL_1}$$

2 号分隔间：

$$C_2=\frac{0.111924k_2A_2}{TL_2}$$

则这两个分隔间之间的“联通系数”C_{12}由下式计算：

$$C_{12}=\frac{2C_1C_2}{C_1+C_2}$$

式中：C_{12}为两个分隔间之间的联通系数，ft³(标)/(d · psi² · cP)；C_1为 1 号分隔间的联通系数，ft³(标)/(d · psi² · cP)；C_2为 2 号分隔间的联通系数，ft³(标)/(d · psi² · cP)；L_1为 1 号分隔间的长度，ft；L_2为 2 号分隔间的长度，ft；A_1为 1 号分隔间的横截面积，ft²；A_2为 2 号分隔间的横截面积，ft²。

通过流量在时间 t 上的积分计算从 1 号分隔间到 2 号分隔间的累积天然气流入量，公式如下：

$$G_{p12}=\int_0^t Q_{12}\mathrm{d}t=\sum_0^t(\Delta Q_{12})\Delta t \tag{3.128}$$

Payne 提出计算单个分隔间压力的方法是，假定 p/Z 与 G_{pt}呈线性关系，而且单个分隔间的天然气总产量由下列表达式计算：

$$G_{pt}=G_p+G_{p12}$$

其中，G_p是这个分隔气藏中生产井的累积天然气产量，G_{p12}是相连的分隔间之间的累积天然气流入/流出量。由式(3.59)求解各分隔间的压力并假设从 1 号到 2 号分隔间的流量为正值，则可得：

$$p_1=\left(\frac{p_i}{Z_i}\right)Z_1\left(1-\frac{G_{p1}+G_{p12}}{G_1}\right) \tag{3.129}$$

$$p_2=\left(\frac{p_i}{Z_i}\right)Z_2\left(1-\frac{G_{p2}+G_{p12}}{G_2}\right) \tag{3.130}$$

其中：

$$G_1=\frac{43560A_1h_1\phi_1(1S_{wi})}{B_{gi}} \tag{3.131}$$

$$G_2=\frac{43560A_2h_2\phi_2(1S_{wi})}{B_{gi}} \tag{3.132}$$

式中：G_1为 1 号分隔间的原始天然气地质储量，ft^3(标)；G_2为 2 号分隔间的原始天然气地质储量，ft^3(标)；G_{p1}为 1 号分隔间的实际累积天然气产量，ft^3(标)；G_{p2}为 2 号分隔间的实际累积天然气产量，ft^3(标)；A 为 1 号分隔间的实际分布面积，acre；A 为 2 号分隔间的实际分布面积，acre；h_1为 1 号分隔间的平均厚度，ft；h_2为 2 号分隔间的平均厚度，ft；B_{gi}为原始天然气地层体积系数，ft^3/ft^3(标)；ϕ_1为 1 号分隔间的平均孔隙度；ϕ_2为 2 号分隔间的平均孔隙度；下标 1 和 2 代表这两个分隔间的编号，而下标 i 代表原始状态。

Payne 方法所需的输入数据包括以下几种：各封闭储层中所含的天然气量，即小层尺寸、孔隙度和饱和度；分隔间之间的联通系数 C_{12}；各分隔间的原始压力；各小层的产量数据剖面。

Payne 方法的应用在时间上是完全显式的。在每一个时间步，都要计算各小层的压力，从而得出能够与实际压力递减情况匹配的压力剖面。这个迭代方法的具体步骤总结如下：

第 1 步，以图表的形式准备现有的天然气性质数据，包括：Z 与 p；μ_g与 p；$2p/\mu_g Z$ 与 p；$m(p)$与 p。

第 2 步，把储层划分为分隔间，并确定各分隔间的尺寸，包括：长度 L、高度 h、宽度 W、横截面积 A。

第 3 步，计算各分隔间的原始天然气地质储量 G。假设有两个分隔间，由式(3.131)和式(3.132)分别计算 G_1和 G_2：

$$G_1=\frac{43560A_1h_1\phi_1(1S_{wi})}{B_{gi}}$$

$$G_2=\frac{43560A_2h_2\phi_2(1S_{wi})}{B_{gi}}$$

第 4 步，绘制各分隔间的 p/Z 与 G_p的关系曲线图，方法是简单地在 p_i/Z_i和这两个分隔间的原始天然气地质储量(即 G_1和 G_2)之间画一条直线。

第 5 步，计算各分隔间内的联通系数以及两个分隔间之间的联通系数。在只有两个分隔间的情况下：

$$C_1=\frac{0.111924k_1A_1}{TL_1}$$

$$C_2=\frac{0.111924k_2A_2}{TL_2}$$

$$C_{12}=\frac{2C_1C_2}{C_1+C_2}$$

第 6 步，选择一个小的时间步 Δt，并确定各分隔间对应的实际累积天然气产量 G_{p}。如果某个分隔间内没有生产井，则假定其 $G_{\mathrm{p}}=0$。

第 7 步，假设所选择的分隔间系统内压力分布均匀，并确定各个压力下的气体偏差系数 Z。对于由两个分隔间组成的系统而言，规定初始压力由 $p_1{}^k$ 和 $p_2{}^k$ 代表。

第 8 步，采用所假定的压力 $p_1{}^k$ 和 $p_2{}^k$，运用第 1 步中给出的数据计算对应的 $m(p_1)$ 和 $m(p_2)$。

第 9 步，分别由式(3.127)和式(3.128)计算天然气流入量 Q_{12} 和累积天然气流入量 G_{p12}：

$$Q_{12}=C_{12}[m(p_1)-m(p_2)]$$

$$G_{\mathrm{p12}}=\int_0^t Q_{12}\mathrm{d}t=\sum_0^t(\Delta Q_{12})\Delta t$$

第 10 步，把 G_{p12}、气体偏差系数 Z 以及 G_{p1} 和 G_{p2} 的实际数值代入式(3.129)和式(3.130)，计算各分隔间的压力 $p_1{}^{k+1}$ 和 $p_2{}^{k+1}$：

$$p_1^{k+1}=\left(\frac{p_{\mathrm{i}}}{Z_{\mathrm{i}}}\right)Z_1\left(1-\frac{G_{\mathrm{p1}}+G_{\mathrm{p12}}}{G_1}\right)$$

$$p_2^{k+1}=\left(\frac{p_{\mathrm{i}}}{Z_{\mathrm{i}}}\right)Z_2\left(1-\frac{G_{\mathrm{p2}}+G_{\mathrm{p12}}}{G_2}\right)$$

第 11 步，分析假设值和实际计算值的误差，即 $|p_1{}^k-p_1{}^{k+1}|$ 和 $|p_2{}^k-p_2{}^{k+1}|$。如果所有的压力数值的匹配情况都令人满意，即在容许误差 5~10psi 范围之内，那么就在新的时间步上利用对应的历史天然气产量数据重复第 3~7 步的计算。如果匹配结果达不到要求，就重复第 4~7 步的迭代过程，并设定 $p_1{}^k=p_1{}^{k+1}$ 和 $p_2{}^k$ 和 $p_2{}^{k+1}$。

第 12 步，重复第 6~11 步，得出与各分隔间实际压力剖面或第 4 步计算结果具有可比性的压力递减剖面。

物质平衡的历史拟合涉及分隔间数量、分隔间尺寸和联通系数的调整，直到到压力递减拟合结果令人满意为止。之所以能够通过确定最佳的分隔间数量和尺寸来提高原始天然气地质储量估算结果的精确度，是因为所讲的方法能够把压力梯度纳入计算，而在常规的单储罐 p/Z 曲线图法中，这个因素被完全忽略了。

3.5.1.2 Hagoort 和 Hoogstra 法

在 Payne 方法的基础上，Hagoort 和 Hoogstra(1999)提出了求解分隔气藏 MBE 的数值方法，这种方法采用了一种隐式迭代技术，并考虑了天然气性质与压力的依赖关系。这种迭代技术通过调整分隔间的尺寸和传导系数(transmissibility)来与作为时间函数的各分隔间的历史压力数据进行拟合。参考图 3.42，这两位研究者假设在这两个分隔间之间存在一个传导系数为 Γ_{12} 的薄渗透层。Hagoort 和 Hoogstra 运用达西方程来表述穿过这个薄渗透层的天然气流入量，其表达式如下：

$$Q_{12}=\frac{\Gamma_{12}(p_1^2-p_2^2)}{2p_1(\mu_g B_g)_{avg}}$$

这里，我们提出了一个略微不同的方法来计算分隔间之间的气体流入量，对第1章中的式(1.22)进行修改得出：

$$Q_{12}=\frac{0.111924\Gamma_{12}(p_1^2-p_2^2)}{TL} \tag{3.133}$$

其中：

$$\Gamma_2=\frac{\Gamma_1\Gamma_2(L_1+L_2)}{L_1\Gamma_2+L_2\Gamma_1} \tag{3.134}$$

$$\Gamma_1=\left[\frac{kA}{Z\mu_g}\right]_1 \tag{3.135}$$

$$\Gamma_2=\left[\frac{kA}{Z\mu_g}\right]_2 \tag{3.136}$$

式中：Q_{12}为天然气流入量，ft^3/d(标)；L为1号和2号分隔间中心点间的距离，ft；A为横截面积，ft^2；μ_g为天然气黏度，cP；Z为气体偏差系数；k为渗透率，mD；p为压力，psi(绝)；T为温度，°R；L_1为1号分隔间的长度，ft；L_2为2号分隔间的长度，ft；下标1和2分别指代1号和2号分隔间。

利用式(3.59)可以对这两个分隔间的物质平衡方程进行修正，把1号到2号分隔间的天然气流入量纳入计算：

$$\frac{p_1}{Z_1}=\frac{p_1}{Z_1}\left(1-\frac{G_{p1}+G_{p12}}{G_1}\right) \tag{3.137}$$

$$\frac{p_2}{Z_1}=\frac{p_1}{Z_1}\left(1-\frac{G_{p2}-G_{p12}}{G_2}\right) \tag{3.138}$$

式中：p_1为初始地层压力，psi；Z_1为原始气体偏差系数；G_p为实际累积天然气产量，ft^3(标)；G_1、G_2为1号和2号分隔间的原始天然气地质储量，ft^3(标)；G_{p12}为从1号到2号分隔间的累积天然气流入量，和式(3.138)中的一样；同样，下标1和2分别指代1号和2号分隔间。

为了通过解式(3.132)和式(3.135)所代表的MBEs来求取两个未知数p_1和p_2，对这两个表达式进行整理并使之等于零，得出：

$$F_1(p_1,\ p_2)=p_1-\left(\frac{p_i}{Z_i}\right)Z_1\left(1-\frac{G_{p1}+G_{p12}}{G_1}\right)=0 \tag{3.139}$$

$$F_2(p_1,\ p_2)=p_2-\left(\frac{p_i}{Z_i}\right)Z_2\left(1-\frac{G_{p2}+G_{p12}}{G_2}\right)=0 \tag{3.140}$$

运用这个方法的一般方式与Payne方法的非常相似，也涉及以下具体的步骤：

第1步，以图表的形式准备现有的天然气性质数据，包括Z与p和μ_g与p。

第2步，把储层划分为分隔间，并确定各分隔间的尺寸，包括：长度L、高度h、宽度W、横截面积A。

第3步，计算各分隔间的原始天然气地质储量G。为了便于说明，假设有两个分隔间，由式(3.131)和式(3.132)分别计算G_1和G_2：

$$G_1=\frac{43.560A_1h_1\phi_1(1S_{wi})}{B_{gi}}$$

$$G_2=\frac{43.560A_2h_2\phi_2(1S_{wi})}{B_{gi}}$$

第4步，绘制各分隔间的p/Z与G_p的关系曲线图，方法是简单地在p_i/Z_i和这两个分隔间的原始天然气地质储量(即G_1和G_2)之间画一条直线。

第5步，由式(3.134)计算传导系数。

第6步，选择一个时间步Δt，并确定各分隔间对应的实际累积天然气产量G_{p1}和G_{p2}。

第7步，分别由式(3.133)和式(3.128)计算天然气流入量Q_{12}和累积天然气流入量G_{p12}：

$$Q_{12}=\frac{0.11194T_{12}(p_1^2-p_2^2)}{TL}$$

$$G_{p12}=\int_0^t Q_{12}\mathrm{d}t=\sum_0^t(\Delta Q_{12})\Delta t$$

第8步，设定1号和2号分隔间的初始压力估算值(即$p_1{}^k$和$p_2{}^k$)，开始迭代求解过程。运用Newton-Rapphson迭代法，通过求解以矩阵形式表示的线性方程来计算修正的新压力值$p_1{}^{k+1}$和$p_2{}^{k+1}$：

$$\begin{bmatrix}p_1^{k+1}\\p_2^{k+1}\end{bmatrix}=\begin{bmatrix}p_1^k\\p_2^k\end{bmatrix}-\begin{bmatrix}\dfrac{\partial F_1(p_1^k,\ p_2^k)}{\partial p_1} & \dfrac{\partial F_1(p_1^k,\ p_2^k)}{\partial p_2}\\ \dfrac{\partial F_2(p_1^k,\ p_2^k)}{\partial p_1} & \dfrac{\partial F_2(p_1^k,\ p_2^k)}{\partial p_2}\end{bmatrix}^{-1}\times\begin{bmatrix}-F_1(p_1^k,\ p_2^k)\\-F_2(p_1^k,\ p_2^k)\end{bmatrix}$$

上述方程组中的偏导数可以用解析形式来表示，方法是相对于p_1和p_2求式(3.139)和(3.140)的微分。在一个迭代周期中，在更新后的新压力(即$p_1{}^{k+1}$和$p_2{}^{k+1}$)下对导数进行评价。在$|p_1{}^{k+1}-p_1{}^k|$和$|p_2{}^{k+1}-p_2{}^k|$小于某个压力容许范围(即510psi)时，迭代停止。

第9步，通过重复第2步和第3步得出作为时间函数的各分隔间的压力剖面。

第10步，重复第6~10步，得出与各分隔间实际压力剖面或第4步计算结果具有可比性的压力递减剖面。

把计算得出的压力剖面与实测压力剖面进行对比。如果两者未拟合上，就调整分隔间的数量及其尺寸(即原始天然气地质储量)，并重复第2~10步。

3.5.2 递减曲线与标准曲线结合法

产量递减分析就是分析气井或气藏历史产量动态递减趋势，即分析产量与时间以及产量与累积产量之间的关系。在过去的30年间，人们已经提出了估算致密气藏储量的多种方法。这些方法包括基本的MBE以及递减曲线和标准曲线分析技术。目前，主要有两种递减曲线分析技术，分别是历史产量数据的传统曲线拟合法和标准曲线拟合法。

图形解法就是把各自都具有一定局限性的递减曲线与标准曲线结合在一起。下面简要论述把这两种曲线法结合在一起计算天然气储量的基本原理。

3.5.2.1 递减曲线分析

递减曲线是在评价天然气储量和预测未来产量中应用最为广泛的数据分析方法之一。递减分析方法假设以往的产量变化趋势及其控制因素会在未来的生产中继续存在，因而可以对其进行外推和通过数学表达式加以描述。

通过外推“趋势”来估算未来生产动态必须满足一个条件，即导致历史生产动态变化(即流量递减)的因素在未来会按照同样的方式发挥作用。这些递减曲线由以下3种因素进行描述：初始产量，或某一特定时间的产量；递减曲线的曲率；递减率。

这些因素是气藏、井筒和地面处理设施等诸多参数的复杂函数。Ikoku(1984)对产量递减分析进行了全面而深入的分析。他指出，在开展产量递减曲线分析时必须考虑以下三个条件：

(1) 在能够以任何可靠程度开展产量递减曲线分析之前，某些条件必须普遍存在。在所分析的时间段内，产量必须保持稳定；也就是说，自喷井必须是采用恒定的油嘴尺寸或在恒定的井口压力下进行生产，而抽油井则必须是在恒定液面条件下泵送或开采。这些都说明，生产井必须是按照一组给定条件下的产能进行开采。所观测到的产量递减应当真实地反映地层的生产能力，而不是外部因素所造成的结果，例如生产条件的改变、井遭到破坏、产量调整或者设备故障等。

(2) 要以某种可靠程度对递减曲线进行外推，稳定的气藏条件也必须普遍存在。一般情况下，只要开采机理没有改变，这个条件就能够得到满足。然而，在通过措施提高天然气采收率时，例如加密钻井、注入流体、压裂或酸化作业等在没有变化的情况下，可以利用递减曲线分析法估算气井或气藏的开采动态。而在有变化的情况下，用于把估算结果与变化后的实际开采动态进行对比。这种对比使我们能够确定措施是否取得了技术上或者经济上的成功。

(3) 产量递减曲线分析用于评价新的投资机会和审计以往的支出。与此相关的是设备以及诸如管线、处理厂和处理设施的筛选。还与经济分析相关的是一口井、一个区块或一个气田的储量计算。这是一种独立的储量估算方法，其结果可以和容积法或物质平衡法的计算结果进行对比。

Arps(1945)曾提出，产量与时间关系曲线的“曲率”可以由双曲线方程族中的某一个方程来表示。Arps 识别出了以下三种产量递减特征：指数递减、调和递减和双曲线递减。

每一种递减曲线都具有不同的递减率，如图 3.43 所示。该图展示了在直角坐标系、半对数坐标系和双对数坐标系中绘制流量与时间或者流量与累积产量的关系曲线时，各种类型递减曲线的典型形状。

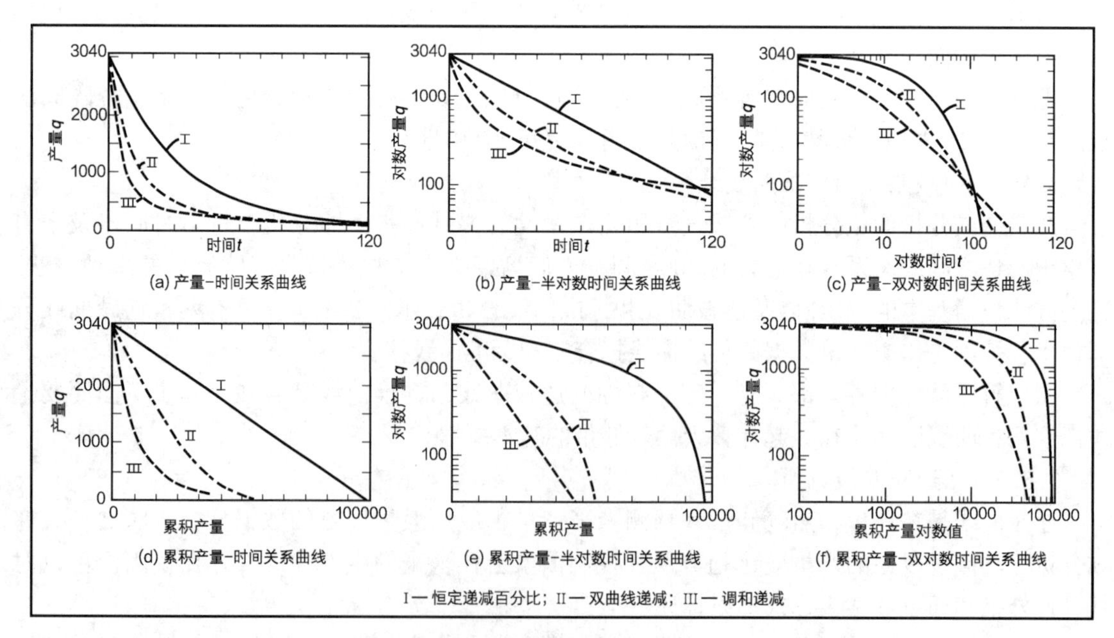

图 3.43　产量递减曲线分类

(After Arps, J. J. Estimation of Primary Oil Reserves, Courtesy of Trans. AIME, vol. 207, 1956)

下面讨论这些递减曲线的主要特征，这些特征可用于筛选适合于描述油气系统产量-时间关系的流量递减模型：

对于指数递减而言，在半对数坐标系中绘制流量与时间的关系曲线时所得到的是一条直线，而在直角坐标系中绘制流量与累积产量的关系曲线时所得的同样是一条直线。

对于调和递减而言，在半对数坐标系中流量与累积产量的关系曲线是一条直线，而所有其他类型的递减曲线则都具有一定的曲率。在双对数坐标系中绘制流量与时间的关系曲线时，有多种偏移方法可用于把曲线调直。

对于双曲线递减而言，在上述的任何坐标系中(即直角坐标系、半对数坐标系或双对数坐标系)都无法得到一条直线。然而，如果在双对数坐标纸上绘制流量与时间的关系曲线，采用偏移技术就可以把所得曲线调直。

几乎所有的常规递减曲线分析都是基于 Arps(1945)提出的产量与时间的经验关系式，其表达式如下：

$$q_t = \frac{q_i}{(1+bD_i t)^{1/b}} \tag{3.141}$$

式中：q_t为时间 t 的天然气流量，$10^6 ft^3/d$(标)；q_i为初始天然气流量，$10^6 ft^3/d$(标)；t 为时间，d；D_i为初始递减率，d^{-1}；b 为 Arps 递减曲线指数。

如果将这些产量递减曲线用瞬时递减率 D 进行数学描述将会得到极大地简化。这个递减率定义为产量的自然对数[即 $\ln(q)$]相对于时间 t 的变化速度，其表达式如下：

$$D = \frac{d(\ln q)}{dt} = \frac{1}{q}\frac{dq}{dt} \tag{3.142}$$

表达式中的负号是添加的，其原因是 dq 和 dt 具有相反的符号，而且规定 D 始终为负值比较方便。注意，递减率[即式(3.142)]表述的是 $dq/dt-q$ 曲线斜率的瞬时变化，它是流量随时间而变的结果。

根据历史数据拟合所确定的参数(递减率 D 和递减指数 b)可用于预测未来的产量。这种类型的递减曲线分析，既可以用于单井产量预测，也可以用于整个气藏的产量预测。整个气藏产量预测结果的准确性有时要好于单井产量预测结果，其原因是前者的产量数据光滑。根据油气系统产量递减特征的类型，递减指数的数值可以在 0~1 之间变化，相应地，Arps 方程可以方便地由下列三种形式来表达(见表 3.30)：

表 3.30　三种形式的 Arps 方程

递减类型	b	产量-时间关系式
指数递减	$b=0$	$q_t = q_i \exp(-D_i t)$　(3.143)
双曲递减	$0<b<1$	$q_t = \frac{q_i}{(1+bD_i t)^{1/b}}$　(3.144)
调和递减	$b=1$	$q_t = \frac{q_i}{1+D_i t}$　(3.145)

图 3.44 显示了这三种曲线在不同递减指数 b 下的一般形状。

应当指出，只有在井/气藏处于拟稳定(半稳定)流动状态(即边界主导的流动状态)，上述形式的递减曲线方程才适用。Arps 方程经常被错误地用于模拟处于不稳定流动状态的油气井的开采动态。如第 1 章所讲，在生产井首次开井生产时，它处于不稳定(非稳态)流动状态。在生产井的泄油气半径达到其泄油气边界并影响到整个油藏系统之前，它会一直处于这种不稳定流动状态，而在其后就会进入拟稳态或边界主导的流动状态。下面列出在开展产量-时间递减曲线分析必须满足的假设条件：生产井的泄气面积恒定，即生产井处于边界主导的流动状态；生产井的产量接近或者等于其产能；生产井在恒定的井底流压下生产。

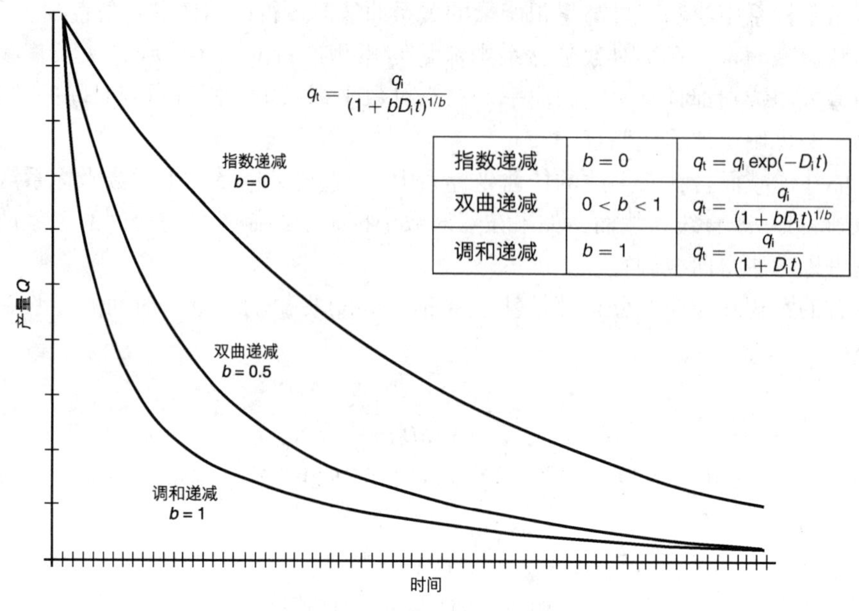

图 3.44　递减曲线——产量/时间

（指数递减、调和递减、双曲递减）

同样，在采用任何递减曲线分析方法来描述气藏开采动态之前，也必须满足上述条件。在大多数情况下，如果在恒定的输送管线压力下生产，致密气井的产量都等于其产能，而且井底流压恒定。然而，致密气井何时能够建立一个稳定的泄气面积以及拟稳定流动状态何时开始，这些问题都极其难以回答。

在 q 与时间的关系曲线中，时间 t_1 到 t_2 之间的面积是衡量这个时间段内累积产气量 G_p 的尺度，其数学表达式如下：

$$G_p=\int_{t_1}^{t_2}q_t\mathrm{d}t \tag{3.146}$$

用描述递减曲线类型的三个单独的表达式[即式(3.134)~式(3.135)]替换上述方程式中的流量 q_t，并进行积分得如下公式。

指数递减($b=0$)：

$$G_{p(t)}=\frac{1}{D_i}(q_i-q_t) \tag{3.147}$$

双曲递减($0<b<1$)：

$$G_{p(t)}=\left[\frac{(q_i)}{D_i(1-b)}\right]\left[1-\left(\frac{q_t}{q_i}\right)^{1-b}\right] \tag{3.148}$$

调和递减($b=1$)：

$$G_{p(t)}=\left(\frac{q_i}{D_i}\right)\ln\left(\frac{q_i}{q_t}\right) \tag{3.149}$$

式中：$G_{p(t)}$ 为生产 t 时刻的累积天然气产量，10^6ft^3(标)；q_i 为时间 $t=0$ 的初始天然气产量，10^6ft^3(标)/单位时间；t 为生产时间，单位时间；q_t 为生产 t 时刻的天然气产量，10^6ft^3(标)/

单位时间；D_i为初始递减率，1/单位时间。

上述由式(3.134)~式(3.149)所给出的所有表达式都要求采用一致的单位。任何常用的单位时间都可以用，但要确保产量(即 q_i和 q_t)的时间单位与递减率 Di 的时间单位匹配，例如产量 q 的单位是 ft^3(标)/月，则 D_i 的单位应是月$^{-1}$。

注意，传统的 Arps 递减曲线[式(3.147)~式(3.149)]可以得出一个合理的储量估算值，但它也有自身的缺陷，其中最重要的一点缺陷是它完全忽视了流动压力数据。结果，它会低估或高估储量。下面分别介绍这三个常用的递减曲线的实际应用。

3.5.2.1.1　指数递减($b=0$)

这种类型递减曲线的图形显示表明，在半对数坐标系中 q_t与 t 的关系曲线或者在直角坐标系中 q_t与 $G_{p(t)}$ 的关系曲线都是一条直线，其数学表达式如下：

$$q_t=q_i\exp(-D_it)$$

或用线性表达式表示为：

$$\ln(q_t)=\ln(q_i)-D_it$$

类似表达式表示为：

$$G_{p(t)}=\frac{q_i-q_t}{D_i}$$

或用线性表达式表示为：

$$q_t=q_i-D_iG_{p(t)}$$

这种类型的递减曲线可能是最简单的，但也可能是最保守的。它在业界得到了广泛的运用，原因如下：在开采生命周期内的大部分时间，很多生产井的产量都是按照恒定的速度递减，而在其生命周期快要结束时则明显偏离这种趋势；所涉及的数学式(如上述线性表达式所描述的)要比其他类型递减曲线的更易于应用。

假设一口气井或一个气田的产量指数递减特征反映了其历史产量数据变化情况，下列步骤总结了预测生产井或气田开采动态随时间变化的方法：

第 1 步，在直角坐标系中绘制 q_t与 G_p的关系图，并在半对数坐标纸上绘制 q_t与 t 的关系图。

第 2 步，在这两个图上都绘出过数据点的最佳拟合直线。

第 3 步，把 q_t与 G_p的关系曲线图上的直线外推至 $G_p=0$，其在 y 轴上的截距就是初始递减产量 q_i。

第 4 步，通过在直角坐标系内的直线上选取一个坐标为(q_t，G_{pt})的点，或者通过在半对数直线上选取一个坐标为(q_t，t)的点，计算初始递减率 D_i，然后由式(3.145)或式(3.147)求取 D_i得：

$$D_i=\frac{\ln(q_i/q_t)}{t} \tag{3.150}$$

或等效地变换为：

$$D_i=\frac{q_i-q_t}{G_{p(t)}} \tag{3.151}$$

如果在分析整个产量数据集的基础上利用最小平方法来确定递减率，那么：

$$D_i=\frac{\sum_t[t\ln(q_i/q_t)]}{\sum_t t^2} \tag{3.152}$$

或等效地变换为：

$$D_{\rm i}=\frac{q_{\rm i}\sum_{t}G_{\rm p(t)}-\sum_{t}q_{\rm t}G_{\rm p(t)}}{\sum_{t}[G_{\rm p(t)}]^{2}}$$

(3.153)

第5步，由式(3.143)和式(3.147)计算达到经济产量 $q_{\rm a}$(或任意一个产量)的时间及其对应的累积天然气产量：

$$t_{\rm a}=\frac{\ln(q_{\rm i}/q_{\rm a})}{D_{\rm i}}$$

$$G_{\rm pa}=\frac{q_{\rm i}-q_{\rm a}}{t_{\rm a}}$$

式中：$G_{\rm pa}$ 为在达到经济产量或废弃时的累积天然气产量，$10^6{\rm ft}^3$(标)；$q_{\rm i}$ 为时间 t 为0时的初始产气量，$10^6{\rm ft}^3$(标)/单位时间；t 为废弃时间，单位时间；$q_{\rm a}$ 为经济极限产量或者废弃产量，$10^6{\rm ft}^3$(标)/单位时间；$D_{\rm i}$ 为初始递减率，1/单位时间。

【示例3.16】

一个干气田已知的产量数据如下(见表3.31)：

表3.31　干气田已知的产量数据

$q_{\rm t}$/[$10^6{\rm ft}^3$/d(标)]	$G_{\rm p}$/[$10^6{\rm ft}^3$(标)]
320	16000
336	32000
304	48000
309	96000
272	160000
248	240000
208	304000
197	352000
184	368000
176	384000
184	400000

试计算：在未来天然气产量达到 $80\times10^6{\rm ft}^3$/d(标)时的累积天然气产量；达到 $80\times10^6{\rm ft}^3$/d(标)所需的额外时间。

解答：

(1) 通过以下步骤求解：

第1步，如图3.45所示，在直角坐标系中绘制 $G_{\rm p}$ 与 $q_{\rm t}$ 的关系曲线图，两者符合直线关系，说明其递减类型为指数递减。

第2步，从图中可知，在 $q_{\rm t}=80\times10^6{\rm ft}^3$/d(标)时，累积天然气产量为 $633600\times10^6{\rm ft}^3$(标)，说明新增产量为 $633.6-400.0=233.6\times10^9$[${\rm ft}^3$(标)]。

第3步，根据这条直线在 y 轴上的截距得出 $q_{\rm i}=344\times10^6{\rm ft}^3$/d(标)。

第4步，通过在直线上选取一个点来计算初始递减率 $D_{\rm i}$，并由式(3.150)求取 $D_{\rm i}$。在

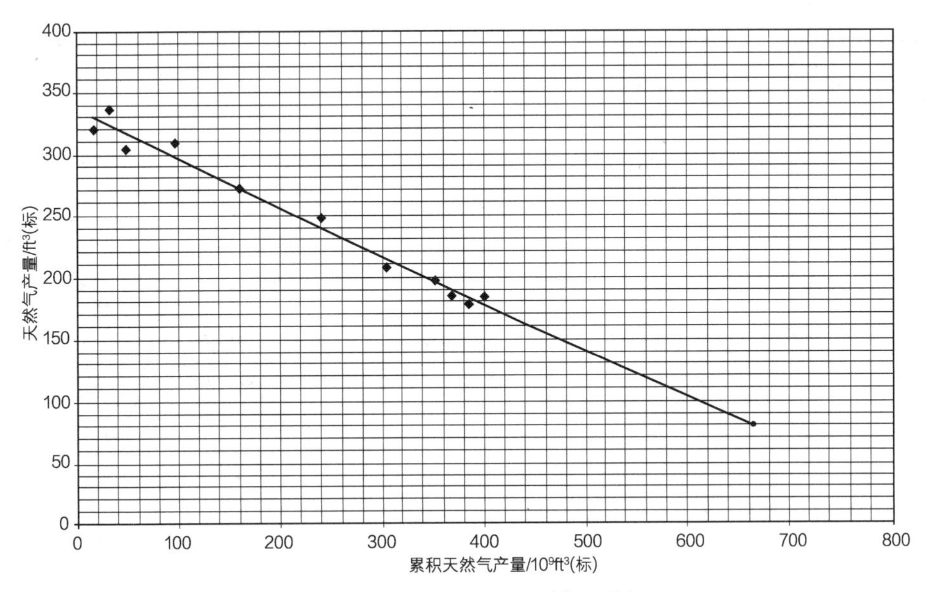

图 3.45 示例 3.16 的递减曲线数据

$G_{p(t)}$ 为 $352\times10^6ft^3$(标)时，q_t 为 $197\times10^6ft^3/d$(标)，即：

$$D_i=(q_i-q_t)/G_{p(t)}=0.000418d^{-1}$$

应当指出，月度和年度初始递减率可以按照以下方法进行计算：$D_{im}=0.0126$ 月$^{-1}$；$D_{iy}=0.152$ 年$^{-1}$。

运用最小平方法[即式(3.153)]可得：$D_i=0.000425d^{-1}$。

(2) 要计算产量达到 $80\times10^6ft^3/d$(标)所需的额外时间，可以按照下列步骤进行：

第 1 步，由式(3.150)计算达到最后一个产量记录值 $184\times10^6ft^3/d$(标)所需的时间：

$$t=\ln[(344/184)/0.000425]=1472(d)=4.03(年)$$

第 2 步，计算产量达到 $80\times10^6ft^3/d$(标)所需的总时间：

$$t=\ln[(344/80)/0.000425]=3432(d)=9.4(年)$$

第 3 步，额外的时间 = 9.4−4.03 = 5.37(年)。

【示例 3.17】

一口气井的历史产量数据如下(见表 3.32)：

表 3.32 气井的历史产量数据

日期	时间/月	q_t/[10^6ft^3(标)/月]
2002-1-1	0	1240
2002-2-1	1	1193
2002-3-1	2	1148
2002-4-1	3	1104
2002-5-1	4	1066
2002-6-1	5	1023
2002-7-1	6	986
2002-8-1	7	949

续表

日期	时间/月	q_t/[$10^6 ft^3$(标)/月]
2002-9-1	8	911
2002-10-1	9	880
2002-11-1	10	843
2002-12-1	11	813
2003-1-1	12	782

根据前6个月的产量历史数据来确定递减曲线方程的系数。预测2002年8月1日~2003年1月1日这段时间的产量和累积产量。假设经济极限产量为$30\times10^6 ft^3$(标)/月，估算达到经济极限产量的时间及其对应的累积天然气产量。

解答：

(1) 通过以下步骤计算：

第1步，如图3.46所示，在半对数坐标系中绘制q_t与t的关系曲线图，从中可以看出其递减类型为指数递减。

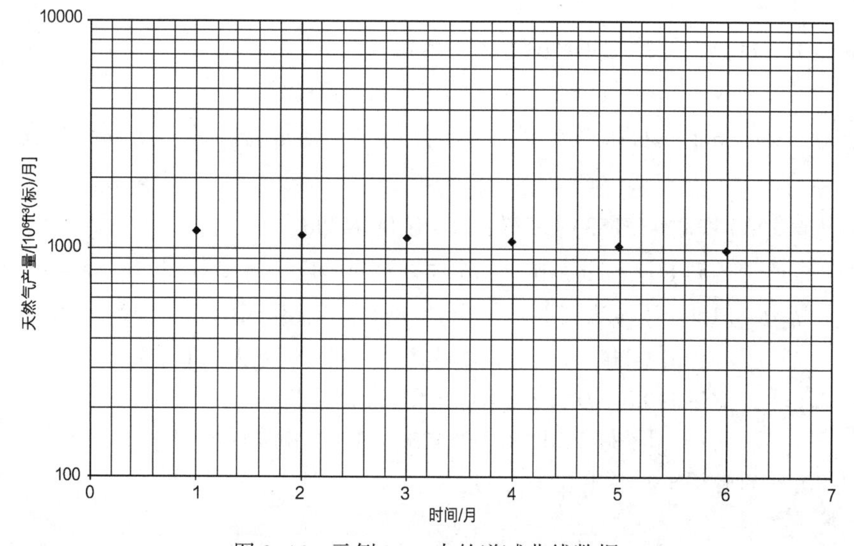

图3.46 示例3.17中的递减曲线数据

第2步，通过在这条直线上选取一个点并把其坐标代入式(3.150)来确定初始递减率D_i，或者采用最小平方法由式(3.150)计算初始递减率D_i：

$$D_i = \frac{\ln(q_i/q_t)}{t}$$

$$= \frac{\ln(1240/986)}{6} = 0.0382(月^{-1})$$

类似地，由式(3.152)可得：

$$D_i = \frac{\sum_t [t \ln(q_i/q_t)]}{\sum_t t^2}$$

$$= \frac{3.48325}{91} = 0.0383(月^{-1})$$

(2) 采用式(3.143)和式(3.147)计算下面表列的 q_t 和 $G_{p(t)}$(见表3.33)：

$$q_t=1240\exp(-0.0383t)$$

$$G_{pt}=\frac{q_i-q_t}{0.0383}$$

表3.33　q_t 和 $G_{p(t)}$ 的计算结果

日期	时间/月	实际 q_t/[10^6ft^3(标)/月]	计算 q_t/[10^6ft^3(标)/月]	$G_{p(t)}$/[10^6ft^3(标)/月]
2002-2-1	1	1193	1193	1217
2002-3-1	2	1148	1149	2387
2002-4-1	3	1104	1105	3514
2002-5-1	4	1066	1064	4599
2002-6-1	5	1023	1026	4643
2002-7-1	6	986	986	6647
2002-8-1	7	949	949	7614
2002-9-1	8	911	913	8545
2002-10-1	9	880	879	9441
2002-11-1	10	843	846	10303
2002-12-1	11	813	814	11132
2003-1-1	12	782	783	11931

(3) 由式(3.150)和式(3.151)计算达到经济极限流量 $30\times10^6ft^3$(标)/月所需的时间及其对应的储量：$t=97$ 月 $=8$ 年；$G_{p(t)}=31.6\times10^6ft^3$(标)/月。

3.5.2.1.2　调和递减($b=1$)

表现出调和递减[即式(3.141)中的 $b=1$]的油气系统的生产动态可以由式(3.145)和式(3.149)进行描述：

$$q_t=\frac{q_i}{1+D_it}$$

$$G_{p(t)}=\left(\frac{q_i}{D_i}\right)\ln\left(\frac{q_i}{q_t}\right)$$

上述两个表达式分别经整理后可以变换为：

$$\frac{1}{q_t}=\frac{1}{q_i}+\left(\frac{D_i}{q_i}\right)t \tag{3.154}$$

$$\ln(q_t)=\ln(q_i)-\left(\frac{D_i}{q_i}\right)G_{p(t)} \tag{3.155}$$

调和递减的两个基本曲线图就是基于上述两个关系式建立的。式(3.154)表明，在直角坐标系中 $1/q_t$ 与 t 的关系曲线是一条直线，其斜率为(D_i/q_t)，截距为 $1/q_i$。式(3.155)说明，在半对数坐标系中 q_t 与 $G_{p(t)}$ 的关系曲线也是一条直线，其负斜率为(D_i/q_i)，截距为 q_i。还可以采用最小平方法计算递减率 D_i，其表达式为：

$$D_i=\frac{\sum_t(tq_i/q_t)-\sum_t t}{\sum_t t^2}$$

由式(3.154)和式(3.155)可以推导出的其他关系式，如达到经济产量 q_a(或任一产量)的时间，以及对应的累积天然气产量 $G_{p(a)}$：

$$t_a = \frac{q_i - q_a}{q_a D_i}$$

$$G_{p(a)} = \left(\frac{q_i}{D_i}\right)\ln\left(\frac{q_a}{q_t}\right) \tag{3.156}$$

3.5.2.1.3　双曲递减(0<b<1)

在产量表现出双曲递减特征时，可以采用式(3.144)和式(3.148)来描述气藏或气井的生产动态：

$$q_t = \frac{q_i}{(1+bD_i t)^{1/b}}$$

$$G_{p(t)} = \left[\frac{q_i}{D_i(1-b)}\right]\left[1-\left(\frac{q_t}{q_i}\right)^{1-b}\right]$$

下面将要阐述如何根据产量历史数据用简化迭代方法确定 D_i 和 b：

第 1 步，在半对数坐标系中绘制 q_t 与 t 的关系图，并过数据点绘出一条光滑的曲线。

第 2 步，把这条曲线延伸到 $t=0$ 的 y 轴，并读取 q_i。

第 3 步，在这条光滑曲线上选取其他的端点，并记录其坐标，记作(t_2，q_2)。

第 4 步，确定这条光滑曲线上中点的坐标，它对应于(t_1，q_1)，其中 q_1 由下列公式计算：

$$q_1 = \sqrt{q_i q_2} \tag{3.157}$$

从光滑曲线上读取对应于 q_1 的 t_1 数值。

第 5 步，迭代解下列方程，求取 b：

$$f(b) = t_2\left(\frac{q_i}{q_1}\right)^b - t_1\left(\frac{q_i}{q_2}\right)^b - (t_2 - t_1) = 0 \tag{3.158}$$

利用牛顿-拉夫森(Newton-Raphson)迭代方法，借助于下列递推公式可以求解上述非线性函数：

$$b^{k+1} = b^k - \frac{f(b^k)}{f'(b^k)} \tag{3.159}$$

导数 $f'(b^k)$ 由下式给出：

$$f'(b^k) = t_2\left(\frac{q_i}{q_1}\right)^{b^k}\ln\left(\frac{q_i}{q_1}\right) - t_1\left(\frac{q_i}{q_2}\right)^{b^k}\ln\left(\frac{q_i}{q_2}\right) \tag{3.160}$$

如果把收敛标准设置为 $b^{k+1}-b^k \leqslant 10^{-6}$，那么从初始数值 $b=0.5$(即 $b^k=0.5$)开始进行迭代，一般在迭代 4~5 次后就会收敛。

第 6 步，利用由第 5 步计算出的数值 b 和光滑曲线上一个点的坐标[即(t_2，q_2)]，通过解式(3.144)求取 D_i 得：

$$D_i = \frac{(q_i/q_2)^b - 1}{bt_2} \tag{3.161}$$

下面将用示例说明如何利用这种方法来计算 b 和 D_i。

【示例 3.18】

表 3.34 中的产量数据是由 Ikoku 所报告的一口气井的生产数据(来源：Ikoku，C.，1984.

Natural Gas Reservoir Engineering. John Wiley & Sons，New York，NY.)。

表 3.34　气井的生产数据

日期	时间/年	q_t/[10^6ft^3(标)/d]	$G_{p(t)}$/[10^6ft^3(标)]
1979-1-1	0.0	10.00	0.00
1979-7-1	0.5	8.40	1.67
1980-1-1	1.0	7.12	3.08
1980-7-1	1.5	6.16	4.30
1981-1-1	2.0	5.36	5.35
1981-7-1	2.5	4.72	6.27
1982-1-1	3.0	4.18	7.08
1982-7-1	3.5	3.72	7.78
1983-1-1	4.0	3.36	8.44

试估算未来 16 年的生产动态。

解答：

第 1 步，确定能够充分代表产量历史数据的递减曲线的类型。这一点可以通过绘制以下两个曲线图来实现：

(1) 半对数坐标系中 q_t 与 t 的关系曲线图，如图 3.47 所示。这个曲线图并不是一条直线，因而它不属于指数递减。

(2) 在半对数坐标纸上绘制 q_t 与 $G_{p(t)}$ 的关系曲线图，如图 3.48 所示。同样，这个曲线图也不是一条直线，因此它也不是调和递减。

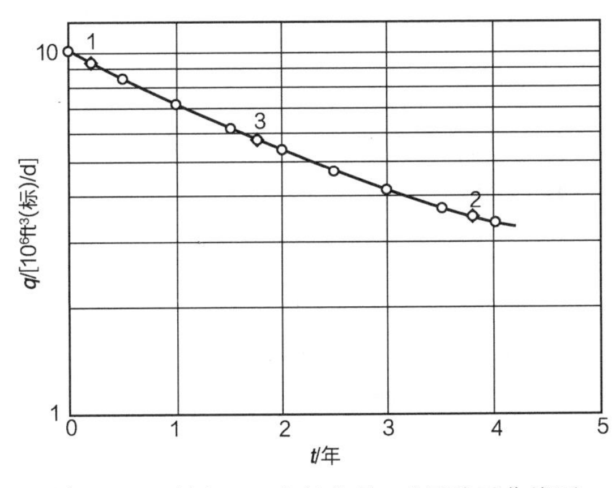

图 3.47　示例 3.18 中的产量-时间关系曲线图

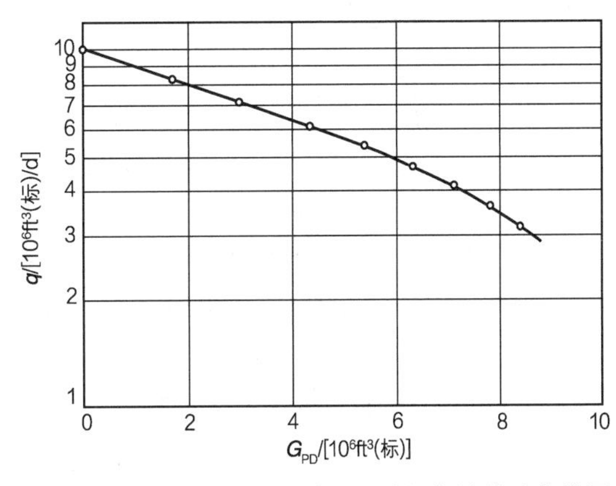

图 3.48　示例 3.18 中的产量-累积产量关系曲线图

根据所绘制的这两个曲线图判断，它一定属于双曲递减。

第 2 步，把图 3.47 上的光滑曲线延伸，使之与 y 轴相交（即 $t=0$），通过读取截距来确定初始产量 q_i 得：

$$q_i = 10\times10^6\text{ft}^3/\text{d}(\text{标})$$

第 3 步，设定光滑曲线另一个端点的坐标为 (t_2, q_2) 得：$t_2 = 4$ 年；$q_2 = 3.36\times10^6$ ft^3(标)/d。

第 4 步，由式(3.157)计算 q_1，并确定其对应的时间：

$$q_1=\sqrt{q_i q_2}=\sqrt{(10)(3.36)}=5.8\times10^6[\mathrm{ft}^3(标)/\mathrm{d}]$$

对应的时间 $t_1=1.719$ 年。

第 5 步，设定 $b=0.5$，并通过迭代解式(3.158)求取 b 得：

$$f(b)=t_2\left(\frac{q_i}{q_1}\right)^b-t_1\left(\frac{q_i}{q_2}\right)^b-(t_2-t_1)$$

$$f(b)=4(1.725)^b-1.719(2.976)^b-2.26$$

$$f'(b^k)=t_2\left(\frac{q_i}{q_1}\right)^{b^k}\ln\left(\frac{q_i}{q_1}\right)-t_1\left(\frac{q_i}{q_2}\right)^{b^k}\ln\left(\frac{q_i}{q_2}\right)$$

$$f'(b)=2.18(1.725)^b-1.875(2.976)^b$$

其中：

$$b^{k+1}=b^k-\frac{f(b^k)}{f'(b^k)}$$

通过列出下表可以很方便地完成这种迭代计算(见表 3.35)：

表 3.35　迭代计算结果

k	b^k	$f(b)$	$f'(b)$	b^{k+1}
0	0.500000	7.57×10^{-3}	−0.36850	0.520540
1	0.520540	-4.19×10^{-4}	−0.40950	0.519517
2	0.519517	-1.05×10^{-6}	−0.40746	0.519514
3	0.519514	-6.87×10^{-9}	−0.40745	0.519514

在 $b=0.5195$ 的情况下，采用这种方法进行迭代计算，迭代 3 次之后就会收敛。

第 6 步，由式(3.161)求取 D_i 得：

$$D_i=\frac{(q_i/q_2)^b-1}{bt_2}$$

$$=\frac{(10/3.36)^{0.5195}-1}{(0.5195)(4)}=0.3668(年^{-1})$$

如果采用“月”作为时间单位，则 $D_i=0.3668/12=0.0306$ 月$^{-1}$；而如果采用“天”作为时间单位，则 $D_i=0.3668/365=0.001\mathrm{d}^{-1}$。

第 7 步，根据式(3.144)和式(3.148)预测这口气井未来的生产动态。注意，在式(3.144)中，分母中包含 $D_i t$，因而所得结果一定是无量纲的，即：

$$q_t=\frac{10(10^6)}{[1+0.5195D_i t]^{(1/0.5195)}}$$

$$=\frac{10(10^6)}{[1+0.5195(0.3668)(t)]^{(1/0.5195)}}$$

在式(3.148)中，q_i 的时间单位是 d，因而 D_i 的单位一定是 d^{-1}，即：

$$G_{p(t)}=\left[\frac{q_i}{D_i(1-b)}\right]\left[1-\left(\frac{q_t}{q_i}\right)^{1-b}\right]$$

$$=\left[\frac{(10)(10^6)}{(0.001)(1-0.5195)}\right]\times\left[1-\left(\frac{q_t}{(10)(10^6)}\right)^{1-0.5195}\right]$$

第 7 步的计算结果见表 3.36，绘制曲线如图 3.49 所示。

表 3.36 计算结果

时间/年	实际 q/[10^6ft³(标)/d]	计算 q/[10^6ft³(标)/d]	累积天然气产量的实际值/[10^9ft³(标)]	累积天然气产量的计算值/[10^9ft³(标)]
0	10	10	0	0
0.5	8.4	8.392971	1.67	1.671857
1	7.12	7.147962	3.08	3.08535
1.5	6.16	6.163401	4.3	4.296641
2	5.36	5.37108	5.35	5.346644
2.5	4.72	4.723797	6.27	6.265881
3	4.18	4.188031	7.08	7.077596
3.5	3.72	3.739441	7.78	7.799804
4	3.36	3.36	8.44	8.44669
5		2.757413		9.557617
6		2.304959		10.477755
7		1.956406		11.252814
8		1.68208		11.914924
9		1.462215		12.487334
10		1.283229		12.987298
11		1.135536		13.427888
12		1.012209		13.819197
13		0.908144		14.169139
14		0.819508		14.484015
15		0.743381		14.768899
16		0.677503		15.027928
17		0.620105		15.264506
18		0.569783		15.481464
19		0.525414		15.681171
20		0.486091		15.86563

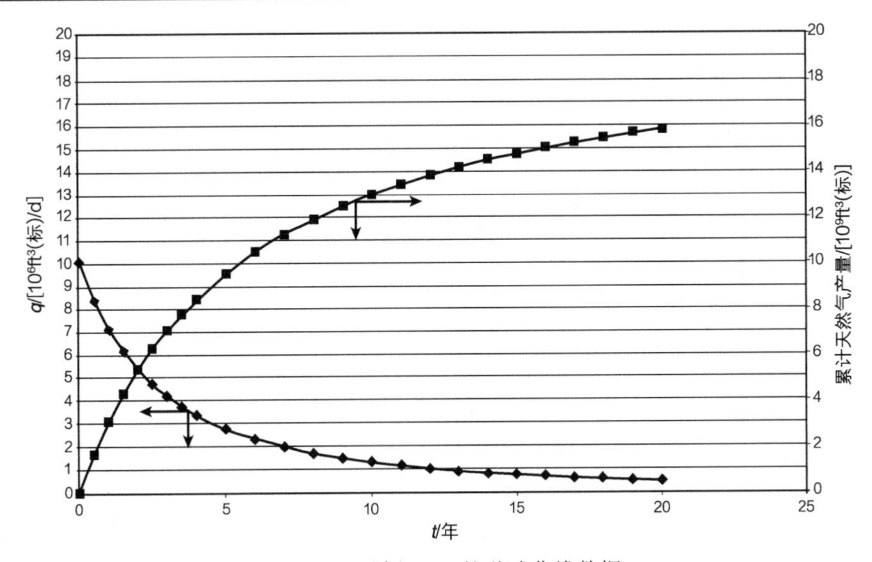

图 3.49 示例 3.18 的递减曲线数据

Gentry(1972)建立了计算系数 b 和 D_i 的图形方法，如图 3.50 和图 3.51 所示。在图 3.50 中，Arps 递减曲线指数表示为 q_i/q 与 $G_p/(tq_i)$ 之比，q_i/q 的上限值为 100。确定指数 b 的方法是，先在图上标出对应于递减曲线上最后一个数据点 $G_p/(tq_i)$ 值的横坐标，并标出数值为递减曲线上初始产量与最后产量之比(q_i/q)的纵坐标。然后由这两个数值的交点读取指数 b。初始递减率 D_i 可以由图 3.51 来确定，具体方法是：在图上标出数值为 q_i/q 的纵坐标，然后向右移动到对应于 b 值的曲线；读取横坐标，再把读数除以从 q_i 到 q 的时间，就可以得到初始递减率 D_i。

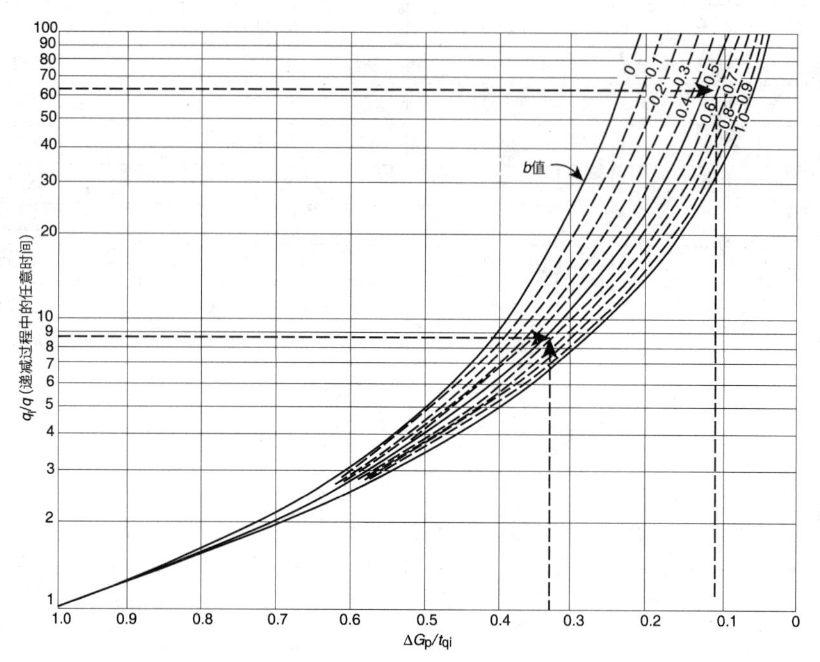

图 3.50　产量与累积产量的关系(Gentry, R. W., 1972. Decline curve analysis. J. Pet. Technol. 24 (1), 38-41)

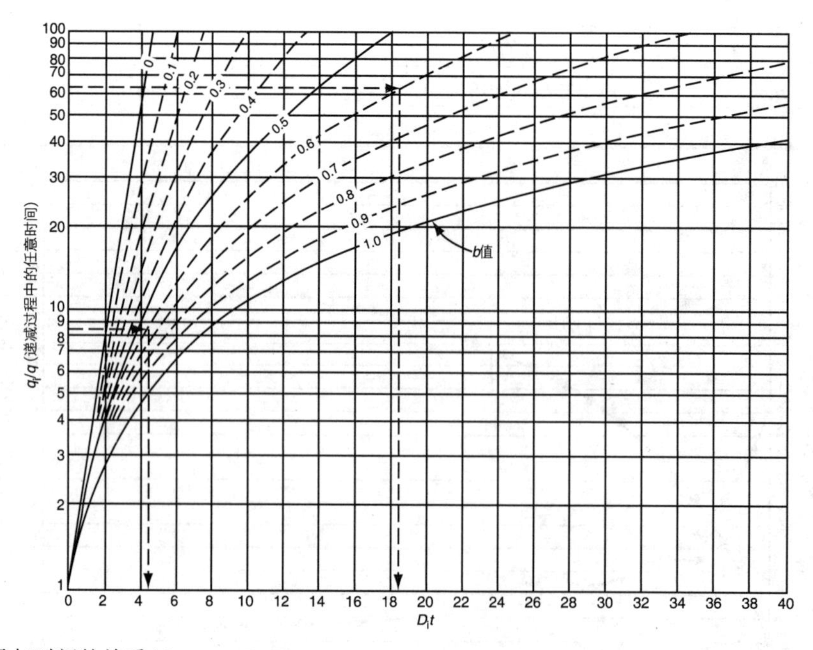

图 3.51　产量与时间的关系(Gentry, R. W., 1972. Decline curve analysis. J. Pet. Technol. 24 (1), 38-41)

【示例 3.19】

利用示例 3.18 所给的数据，采用 Gentry 的图形方法重新计算系数 b 和 D_i。

解答

第 1 步，计算 q_i/q 之比和 $G_{p(tqi)}$：$q_i/q=10/3.36=2.95$；$G_p/tq_i=8440/(4\times365\times10)=0.58$。

第 2 步，在图 3.50 的 y 轴上 2.98 处绘制一条水平线，在 x 轴上 0.58 处绘制一条垂直线，在这两条直线的交点上读取 b 的数值，得：$b=0.5$。

第 3 步，在图 3.51 上标出数值 2.98 和 0.5，得 $D_it=1.5$。因此，$D_i=0.38$ 年$^{-1}$。

在很多情况下，出于不同的原因，气井在投产的初期阶段并不会满负荷生产，例如输气管线能力、运输能力、市场需求不足或其他限制条件。图 3.52 显示了在定产生产时产量随时间的变化。

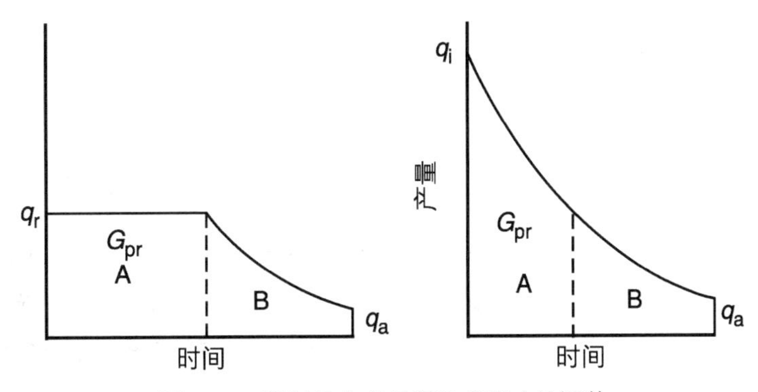

图 3.52　限制最大产量所造成影响的评估

图 3.52 显示，在总的稳产时间 t_r内，气井在稳定产量 q_r下累积生产天然气 G_{pr}。估算定产生产时间 t_r的前提是，假设气井产量从初始产量 q_i 正常递减至 q_r的过程中累积天然气产量 $G_{p(tr)}$等于 G_{pr}，气井的递减动态会在时间 t_r开始类似于同一区域内其他气井的递减动态。必须已知以下的参数才可以估算 t_r：通过与其他气井类比得出的阿普斯方程系数，即 D_i和 b；废弃时的天然气产量 q_a；最终可采储量 G_{pa}；稳定产量 q_r。

这个方法可以总结为以下几个步骤。

第 1 步，计算在不控制产量情况下气井的初始产量。

对于指数递减而言：

$$q_i=G_{pa}D_i+q_a \tag{3.162}$$

对于调和递减而言：

$$q_i=q_r\left[1+\frac{D_iG_{pa}}{q_r}-\ln\left(\frac{q_r}{q_a}\right)\right] \tag{3.163}$$

对于双曲递减而言：

$$q_i=q_r\left\{\begin{matrix}(q_r)^b+\dfrac{D_ibG_{pa}}{(q_r)^{1-b}}-\dfrac{b(q_r)^b}{1-b}\\ \times\left[1-\left(\dfrac{q_a}{q_r}\right)^{1/b}\right]\end{matrix}\right\}^{1/b} \tag{3.164}$$

第 2 步，计算稳定生产阶段天然气累积产量。

对于指数递减而言：

$$G_{pr}=\frac{q_i-q_r}{D_i} \tag{3.165}$$

对于调和递减而言：

$$G_{pr}=\left(\frac{q_i}{D_i}\right)\ln\left(\frac{q_i}{q_r}\right) \tag{3.166}$$

对于双曲递减而言：

$$G_{pr}\left[\frac{q_i}{D_i(1-b)}\right]\left[1-\left(\frac{q_r}{q_i}\right)^{1-b}\right] \tag{3.167}$$

第 3 步，不管是哪一种递减曲线类型，都采用下列公式计算以稳产生产时间：

$$t_r=\frac{G_{pr}}{q_r} \tag{3.168}$$

第 4 步，利用由式(3.143)~式(3.154)给出的适当递减关系，生成作为时间函数的气井开采动态曲线。

【示例 3.20】

针对气井开展的体积法计算结果表明，最终可采天然气储量 G_{pa} 是 $25\times10^9 ft^3$(标)。通过与同一区域其他气井的对比，为该气井赋予了以下数值：指数递减情况下允许的稳定产量 = $425\times10^6 ft^3$(标)/月；经济极限产量 = $30\times10^6 ft^3$(标)/月；额定递减率 = 0.044 月$^{-1}$。试计算该气井的年度产量动态。

解答：

第 1 步，由式(3.162)估算初始产量 q_i：

$$\begin{aligned} q_i &= G_{pa}D_i+q_a \\ &= (0.044)(25000)+30=1130\times10^6[ft^3(标)/月] \end{aligned}$$

第 2 步，由式(3.165)计算稳定生产期间的累积天然气产量：

$$\begin{aligned} G_{pr} &= \frac{q_i-q_r}{D_i} \\ &= \frac{1130-425}{0.044}=16023\times10^6[ft^3(标)] \end{aligned}$$

第 3 步，由式(3.168)计算稳定生产时间：

$$\begin{aligned} t_r &= \frac{G_{pr}}{q_r} \\ &= \frac{16023}{425}=37.7(月)=3.14(年) \end{aligned}$$

第 4 步，前 3 年的年度产量是：

$$q=44\times10.32207=5100\times10^6 ft^3(标)/年$$

第 4 年被分为定产 1.68 个月(即 0.14 年)和产量递减 10.32 个月。对于前 1.68 个月，产量为：$1.68 \times 425 = 714 \times 10^6$[$ft^3$(标)]。

在第 4 年末：$q = 425\exp(-0.044 \times 10.32) = 207 \times 10^6 ft^3$(标)/月。

最后 10.32 个月的累积天然气产量是：$(425-270)/0.044 = 3523 \times 10^6 ft^3$(标)。

$$\frac{425-270}{0.044} = 3523 \times 10^6 ft^3(标)$$

第 4 年的天然气总产量是：$714+3523 = 4237 \times 10^6 ft^3$(标)(见表 3.37)。

表 3.37　各年份天然气总产量

年份	产量/[$10^6 ft^3$(标)/年]
1	5100
2	5100
3	5100
4	4237

第 4 年末的产量[即 $270 \times 10^6 ft^3$(标)/月]被设定等于第 5 年初的初始流量。由式(3.165)计算第 5 年末的流量(q_{end})：

$$q_{end} = q_i \exp[-D_i(12)]$$
$$= 270\exp[-0.44(12)] = 159 \times 10^6 [ft^3(标)/月]$$

累积天然气产量为：

$$G_p = \frac{q_i - q_{end}}{D_i} = \frac{270-159}{0.044} = 2523 \times 10^6 [ft^3(标)]$$

对于第 6 年而言：

$$q_{end} = 159\exp[-0.044(12)] = 94 \times 10^6 [ft^3(标)/月]$$

累积天然气产量为：

$$G_p = \frac{159-94}{0.044} = 1482 \times 10^6 [ft^3(标)]$$

上述重复计算的结果见表 3.38：

表 3.38　上述重复计算的结果

t/年	q_i/[$10^6 ft^3$(标)/月]	q_{end}/[$10^6 ft^3$(标)/月]	年产量/[$10^6 ft^3$(标)/年]	累积产量/[$10^9 ft^3$(标)]
1	425	425	5100	5.100
2	425	425	5100	10.200
3	425	425	5100	15.300
4	425	270	4237	19.537
5	270	159	2523	22.060
6	159	94	1482	23.542
7	94	55	886	24.428
8	55	33	500	24.928

3.5.2.1.4　数据重新置初值

Fetkovich(1980)曾指出了几种比较明显的情况，在这些情况下必须对产量-时间数据重新置初值，其原因有很多，其中包括以下3点：驱动机理或开采机理发生了改变；一个区块或气田内的井数因加密钻井而突然发生了变化；油管的尺寸发生了变化，导致 q_i 和递减指数 b 都发生改变。

假设一口气井的生产不受油管尺寸或设备能力的限制，增产措施会导致产能 q_i 改变，甚至可能会导致剩余可采天然气储量的变化。然而，一般可以假设递减指数是恒定不变的。Fetkovich 等(1996)提出了一个经验方程来近似描述增产措施前后产量的关系：

$$(q_i)_{new}=\left[\frac{7-S_{old}}{7+S_{new}}\right](q_t)_{old}$$

式中：$(q_t)_{old}$ 为增产措施前的产量；s 为表皮系数。

Arps 方程[即式(3.141)]可以表示为：

$$q_t=\frac{(q_i)_{new}}{(1+bt(D_i)_{nwe})^{1/b}}$$

其中：

$$(D_i)_{new}=\frac{(q_i)_{new}}{(1-b)G}$$

3.5.2.2　标准曲线分析

如在第1章中所讲，产量标准曲线分析是把实际产量和开采时间与理论模型进行历史拟合的一种手段。产量数据和理论模型通常以无量纲的形式由图形来表示。任何变量都可以通过与具有相反量纲的一组常数相乘而实现“无量纲化”，但是这组常数的选择取决于所要解决的问题的类型。例如，要得到无量纲的压降 p_D，可以把以 psi 为单位的实际压力与单位为 psi^{-1} 的常数组 A 相乘，即：

$$p_D=A\Delta p$$

使一个变量无量纲化的这个常数组 A 是通过流体渗流方程得到的。为了说明这个概念，回顾一下描述不可压缩流体径向稳定流动的达西方程，其表达式如下：

$$Q=\left[\frac{0.00708kh}{B\mu[\ln(r_e/r_{wa})-0.5]}\right]\Delta p$$

其中，r_{wa} 是视井筒半径，通过式(1.151)与表皮系数建立了如下关系式：

$$r_{wa}=r_w\cdot e^{-s}$$

通过整理达西方程可以把常数组 A 定义为：

$$\ln\left(\frac{r_e}{r_{wa}}\right)-\frac{1}{2}=\left[\frac{0.00708kh}{QB\mu}\right]\Delta p$$

上述方程式左侧是无量纲的，因此其右侧也一定是无量纲的。换言之，方程中 $0.00708kh/QB\mu$ 实质上就是定义无量纲压力降的系数 A，即：

$$p_D=\left[\frac{0.00708kh}{QB\mu}\right]\Delta p$$

或者以 p_D 与 Δp 之比表示为：

$$\frac{p_D}{\Delta p}=\left[\frac{kh}{141.2QB\mu}\right]$$

对这个方程的两边同时取对数得：

$$\log(p_D)=\log(\Delta p)+\log\left(\frac{0.00708kh}{QB\mu}\right) \tag{3.169}$$

式(3.169)表明，产量恒定时，无量纲压降的对数值[$\log(p_D)$]有可能不等于实际压降的对数值[$\log(\Delta p)$]，两者之间相差一个常量：

$$\log\left(\frac{0.00708kh}{QB\mu}\right)$$

类似于在第1章中式(1.86a)和式(1.86b)，给出了无量纲时间 t_D，这里时间 t 的单位是日，其表达式如下：

$$t_D=\left[\frac{0.006328k}{\phi\mu c_t r_w^2}\right]t$$

对这个方程式的两边同时取对数得：

$$\log(t_D)=\log(t)+\log\left[\frac{0.006328k}{\phi\mu c_t r_w^2}\right] \tag{3.170}$$

因此，$\log(\Delta p)$ 与 $\log(t)$ 和 $\log(p_D)$ 与 $\log(t_D)$ 这两个关系曲线具有相同的形状，即两者平行，但纵向上两者的压力相差 $\log(0.00708kh/QB\mu)$，而在水平方向上其时间相差 $\log(0.000264k/\phi\mu c_t r_w{}^2)$。这个概念在第1章的图1.46中进行了说明。

这两条曲线不仅具有相同的形状，而且如果把它们相向移动直到其重合或“拟合”为止，那么为使其拟合而需要在纵向和横向上移动的距离与式(3.156)和式(3.157)中的这些常数有关。一旦根据纵向和横向的位移确定出了这些常数之后，就可以估算储层物性参数，例如渗透率和孔隙度。通过纵向和水平位移而使两条曲线拟合并由此确定储层参数或单井参数的过程被称作标准曲线拟合。

为了充分认识无量纲概念法在求解工程问题中的作用和便利性，下面通过示例来说明这个概念。

【示例 3.21】

一口气井在不稳定流动状态下生产。以下参数已知：$p_i=3500$psi；$B_o=1.44$bbl/STB；$c_t=17.6\times10^{-6}$psi^{-1}；$\phi=15\%$；$\mu=1.3$cP；$h=20$ft；$Q_o=360$STB/d；$k=22.9$mD；$s=0$。

试计算在生产0.1h、0.5h、1.0h、2.0h、5.0h、10h、20h、50h和100h后在10ft和100ft半径处的压力。在双对数坐标系中绘制 $p_i-p(r, t)$ 与 t 的关系曲线图。以双对数坐标系中 $p_i-p(r, t)$ 与 (t/r^2) 关系曲线的形式展示上一步的计算结果。

解答

(1) 在不稳定流动过程中，可以利用式(1.7)描述任意时间和任意半径上的压力，其表达式如下：

$$p(r, t)=p_i+\left[\frac{70.6QB\mu}{kh}\right]\mathrm{Ei}\left[\frac{-948\phi\mu c_t r^2}{kt}\right]$$

或：

$$p_i-p(r, t)=\left[\frac{-70.6(360)(1.444)(1.3)}{(22.9)(20)}\right]\times\mathrm{Ei}\left[\frac{-948(0.15)(1.3)(17.6\times10^{-6}r^2)}{(22.9)t}\right]$$

$$p_i - p(r, t) = -104\text{Ei}\left[-0.0001418\frac{r^2}{t}\right]$$

在表3.39和图3.53中以时间和半径的函数形式(即 $r=10\text{ft}$ 和 $r=100\text{ft}$)展示了 $p_i-p(r, t)$ 的数值:

表3.39　$p_i-p(r, t)$ 的数值

假设的 t	t/r^2		$\text{Ei}[-0.0001418t/r^2]$		$p_i-p(r, t)$	
	$r=10\text{ft}$	$r=100\text{ft}$	$r=10\text{ft}$	$r=100\text{ft}$	$r=10\text{ft}$	$r=100\text{ft}$
0.1	0.001	0.00001	-1.51	0.00	157	0
0.5	0.005	0.00005	-3.02	-0.19	314	2
1.0	0.010	0.00010	-3.69	-0.12	384	12
2.0	0.020	0.00020	-24.38	-0.37	455	38
5.0	0.050	0.00050	-5.29	-0.95	550	99
10.0	0.100	0.00100	-5.98	-1.51	622	157
20.0	0.200	0.00200	-6.67	-2.14	694	223
50.0	0.500	0.00500	-7.60	-3.02	790	314
100.0	1.000	0.00100	-8.29	-3.69	862	386

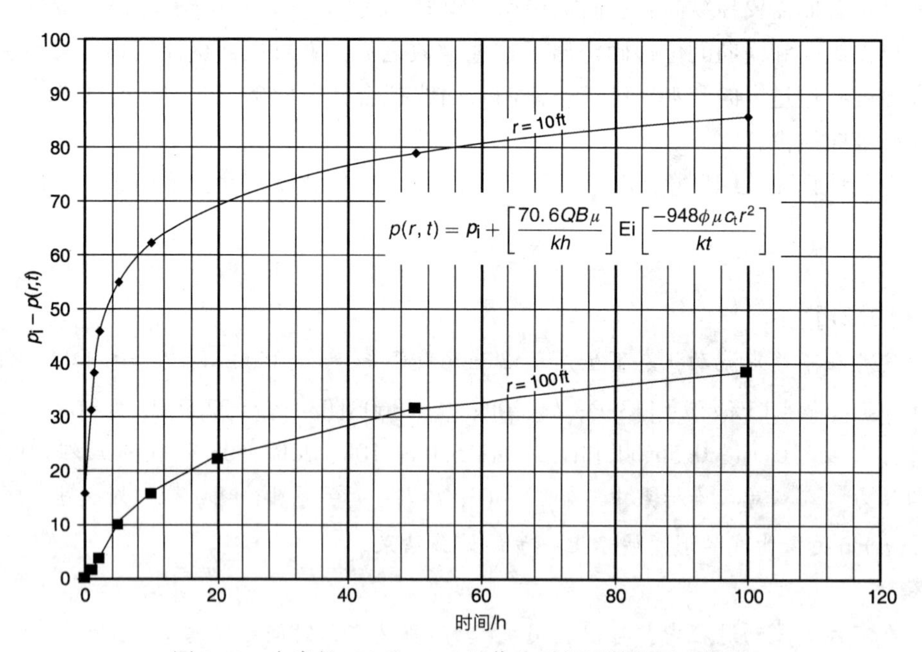

图3.53　在半径10ft和100ft处作为时间函数的压力剖面

(2) 图3.53显示了在半径10ft和100ft处的两条不同的曲线。很显然,在任何半径处都可以重复进行这样的计算,所以可以绘制出条数与半径个数相同的曲线。然而,仔细研究图3.54发现,这个解答过程可以极大地进行简化。图3.54显示出,如果绘制这两个半径处的压差 $p_i-p(r, t)$ 与 (t/r^2) 的关系曲线图,所得结果是同一条曲线。事实上,任意气藏半径处的压差都会出现在这一条曲线上。

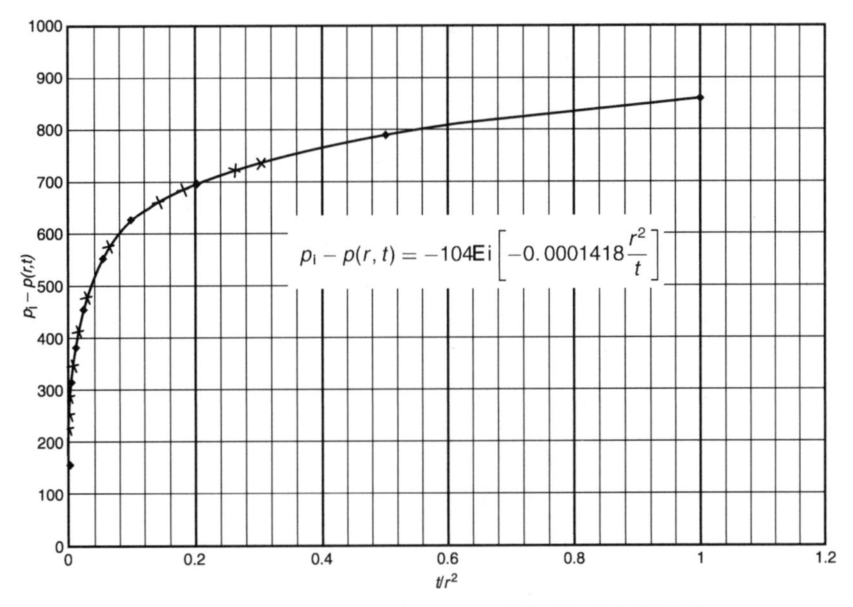

图 3.54 半径 10ft 和 100f 处压差随着时间的变化情况

例如，在同一个气藏中，如果我们必须计算在不稳定流动状态下开采 200h 后半径 150ft 处的压力 p，那么：$t/r^2=200/150^2=0.0089$。由图 3.54 可以得出 $p_i-p(r, t)=370$psi，因而 $p(r, t)=4630$psi。

已有多位研究者采用无量纲变量法来计算储量和描述油气系统开采动态，其中比较著名的有：Fetkovich；Carter；Palacio 和 Blasingame；流动物质平衡；Anash 等；压裂井递减曲线分析法。

所有这些方法都是基于定义一组“递减曲线无量纲变量”，包括：递减曲线无量纲产量 q_{Dd}；递减曲线无量纲累积产量 Q_{Dd}；递减曲线无量纲时间 t_{Dd}。

开发这些方法的目的是为工程师提供更多便捷的工具，以便利用现有的动态数据估算油气井的储量和其他储层参数。下面简要介绍这些方法及其实际应用。

3.5.2.2.1 Fetkovich 标准曲线

标准曲线拟合是由 Fetkovich(1980) 提出的一种先进的递减分析方法。他认为，可以对无量纲变量法的概念进行延伸，把它引入递减曲线分析，从而简化计算。他引入了在所有递减曲线和标准曲线分析方法中都要采用的递减曲线无量纲产量变量 q_{Dd} 和递减曲线无量纲时间 t_{Dd}。Arps 关系式可以用以下无量纲的形式来表示。

对于双曲递减而言：

$$\frac{q_t}{q_i}=\frac{1}{(1+bD_it)^{1/b}}$$

以无量纲的形式表示为：

$$q_{Dd}=\frac{1}{(1+bt_{Dd})^{1/b}} \tag{3.171}$$

其中的递减曲线无量纲变量 q_{Dd} 和 t_{Dd} 的定义分别为：

$$q_{Dd}=\frac{q_t}{q_i} \tag{3.172}$$

$$t_{Dd}=D_i t \tag{3.173}$$

对于指数递减而言：

$$\frac{q_t}{q_i}=\frac{1}{\exp[D_i t]}$$

类似地：

$$q_{Dd}=\frac{1}{\exp[t_{Dd}]} \tag{3.174}$$

对于调和递减而言：

$$\frac{q_t}{q_i}=\frac{1}{1+D_i t}$$

即：

$$q_{Dd}=\frac{1}{1+t_{Dd}} \tag{3.175}$$

其中的 q_{Dd} 和 t_{Dd} 分别是由式(3.172)和式(3.173)定义的递减曲线无量纲变量。在边界控制流阶段，即稳定或半稳定流动状态下，达西方程可以用于描述初始流量 q_i，其表达式如下：

$$q_i=\frac{0.00708kh\Delta p}{B\mu\left[\ln(r_e/r_{wa})-\frac{1}{2}\right]}=\frac{kh(p_i-p_{wf})}{142.2B\mu\left[\ln(r_e/r_{wa})-\frac{1}{2}\right]}$$

式中：q 为流量，STB/d；B 为地层体积系数，bbl/STB；μ 为黏度，cP；k 为渗透率，mD；h 为厚度，ft；r_e 为泄气半径；r_{wa} 为视(有效)井筒半径，ft。

r_e/r_{wa} 之比通常被称为无量纲泄气半径 r_D。其表达式如下：

$$r_D=\frac{r_e}{r_{wa}} \tag{3.176}$$

其中：

$$r_{wa}=r_w e^{-s}$$

达西方程中的 r_e/r_{wa} 可以由 r_D 来替代，得：

$$q_i=\frac{kh(p_i-p_{wf})}{141.2B\mu\left[\ln(r_D)-\frac{1}{2}\right]}$$

达西方程经重新整理后得：

$$\left(\frac{141.2B\mu}{kh\Delta p}\right)q_i=\frac{1}{\ln(r_D)-\frac{1}{2}}$$

很显然，这个方程的右侧是无量纲的，也就意味着其左侧也是无量纲的。上述关系式定义的无量纲流量 q_D 为：

$$q_D=\left(\frac{141.2B\mu}{kh\Delta p}q_i\right)=\frac{1}{\ln(r_D)-\frac{1}{2}} \tag{3.177}$$

扩散方程[即式(1.89)]的无量纲形式为：

$$\frac{\partial^2 p_D}{\partial r_D^2}+\frac{1}{r_D}\frac{\partial p_D}{\partial r_D}=\frac{\partial p_D}{\partial r_D}$$

Fetkovich 证实，上述不稳定流扩散方程和拟稳态递减曲线方程的解析解都可以合并在一起，并以“双对数”无量纲曲线组的形式展示。为了建立这两种流动状态之间的联系，Fetkovich 以不稳定无量纲流量 q_D和时间 t_D的形式来表示递减曲线无量纲变量 q_{Dd}和 t_{Dd}。合并式(3.172)与式(3.177)得：

$$q_{Dd}=\frac{q_t}{q_i}=\frac{q_t/[kh(p_i-p)]}{141.2B\mu\left[\ln(r_D)-\frac{1}{2}\right]}$$

或：

$$q_{Dd}=q_D\left[\ln(r_D)-\frac{1}{2}\right] \tag{3.178}$$

Fetkovich 用不稳定无量纲时间 t_D来表示递减曲线无量纲时间 t_{Dd}，其表达式如下：

$$t_{Dd}=\frac{t_D}{\frac{1}{2}(r_D^2-1)\left[\ln(r_D)-\frac{1}{2}\right]} \tag{3.179}$$

用式(1.86a)和式(1.86b)替代无量纲时间 t_D得：

$$t_{Dd}=\frac{1}{\frac{1}{2}(r_D^2-1)\left[\ln(r_D)-\frac{1}{2}\right]}\left[\frac{0.006328t}{\phi(\mu c_t)r_{wa}^2}\right] \tag{3.180}$$

虽然 Arps 指数方程和双曲方程都是在产量数据的基础上依据经验建立的，但 Fetkovich 能够为 Arps 系数提供一个物理基础。式(3.173)和式(3.180)表明，初始递减率 D_i可以由下列数学表达式来表示：

$$D_i=\frac{1}{\frac{1}{2}(r_D^2-1)\left[\ln(r_D)-\frac{1}{2}\right]}\left[\frac{0.006328}{\phi(\mu c_t)r_{wa}^2}\right] \tag{3.181}$$

Fetkovich 针对多个假设的 r_D和 t_{Dd}数值，采用恒定-终端解法(constant-terminal solution)求解了无量纲形式的扩散方程，并针对多个介于 0～1 之间的 b 值求解了作为 t_{Dd}函数的式(3.171)，由此得出了统一的标准曲线，如图 3.55 所示。

注意，在图 3.55 中所有的曲线都在 $t_{Dt}\approx 0.3$ 的附近重合并变得无法区分。在 t_{Dt}的数值达到 0.3 之前，不管 b 的数值是多少，所有的数据都呈指数递减，因而在半对数坐标纸上它们都表现为一条直线。

就初始产量 q_i而言，它不简单地是早期的一个产量数值，而是拟稳定流动状态下非常准确的地表产量。它会明显低于负表皮系数很大的低渗透率气井在早期不稳定流动阶段应该能够实现的实际流量。

Fetkovich 递减率-时间数据的标准曲线拟合的基本步骤如下：

第 1 步，在具有与 Fetkovich 标准曲线相同的对数周期的双对数坐标纸或描图纸上，以任意方便的单位标绘历史产量 q_t与时间 t 的关系曲线图。

第 2 步，把绘有数据曲线的描图纸蒙在标准曲线之上，在保持坐标轴平行的情况下滑动描图纸，直到实际的数据点与具有某一具体数值 b 的标准曲线匹配为止。

由于递减标准曲线分析是基于边界主导的流动状态，因而如果只有不稳定数据可利用的话，为未来边界控制流动状态下的产量选取适当的 b 值就不存在基础。此外，由于曲线的形状具有相似性，在只有不稳定流动产量数据的情况下难于实现与独一无二的标准曲线拟合。

如果边界主导(即拟稳态)流动数据显然存在，而且能够与具有特定数值 b 的曲线拟合，那么就可以简单地沿着标准曲线的趋势对实际曲线进行外推。

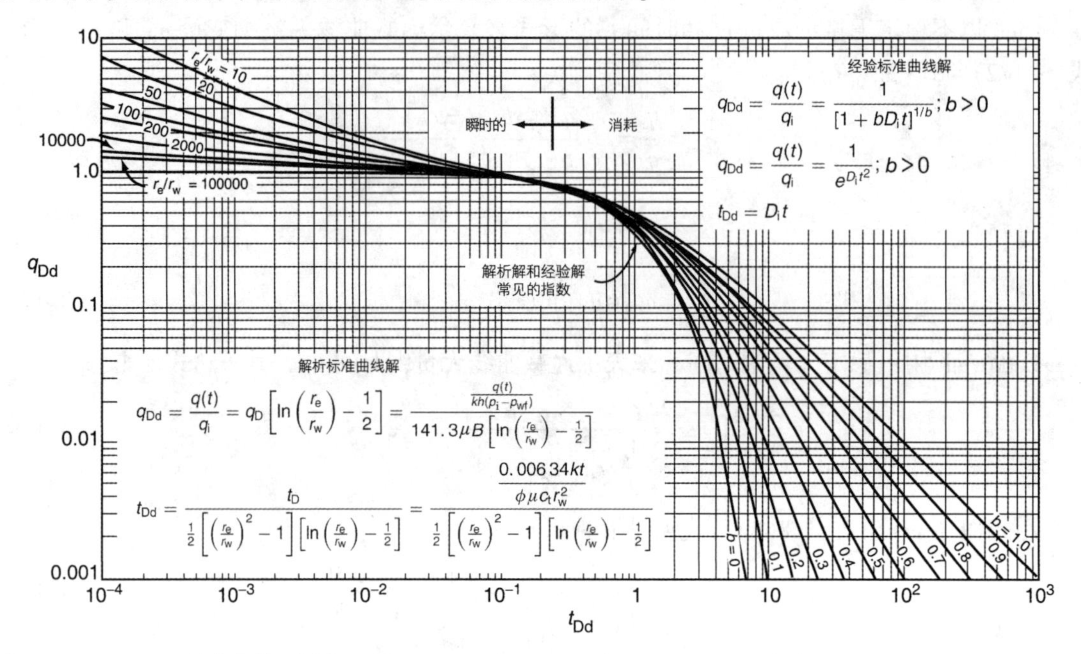

图 3.55　Fetkovich 标准曲线(来源：Fetkovich，M. J，. 1980. Decline curve analysis using type curves. SPE 4629，SPE J.，June，copyright SPE 1980)

第 3 步，在第 2 步中实现与特定标准曲线拟合后，读取储层无量纲半径 r_e/r_{wa} 和参数 b。

第 4 步，在实际数据曲线上选取任一方便的拟合点“MP”$(q_t,\ t)_{MP}$ 并从标准曲线网格上找出这个点之下的对应数值$(q_{Dd},\ t_{Dd})_{MP}$。

第 5 步，根据拟合点的产量计算 $t=0$ 时的初始地表天然气流量 q_i：

$$q_i=\left[\frac{q_t}{q_{D_i}}\right]_{MP} \tag{3.182}$$

第 6 步，根据时间拟合点计算初始递减率 D_i：

$$D_i=\left[\frac{t_{Dd}}{t}\right]_{MP} \tag{3.183}$$

第 7 步，利用由第 3 步得出的 r_e/r_{wa} 比值和 q_i 的计算值，由下列三种形式的达西方程之一计算地层渗透率 k。

拟压力形式：

$$k=\frac{1422\left[\ln(r_e/r_{wa})-0.5\right]q_i}{h\left[m(p_i)-m(p_{wf})\right]} \tag{3.184}$$

压力平方形式：

$$k=\frac{1422T(\mu_g Z)_{avg}\left[\ln(r_e/r_{wa})-0.5\right]q_i}{h(p_i^2-p_{wf}^2)} \tag{3.185}$$

压力近似形式：

$$k=\frac{141.2(10^3)T(\mu_g B_g)\left[\ln(r_e/r_{wa})-0.5\right]q_i}{h(p_i-p_{wf})} \tag{3.186}$$

式中：k 为渗透率，mD；p_i 为初始压力，psi(绝)；p_{wf} 为井底流压，psi(绝)；$m(p)$ 为拟压力，

psi^2/cP；q_i为初始天然气流量，10^3ft^3/d(标)；T为温度，°R；h为厚度，ft；μ_g为天然气黏度，cP；Z为气体偏差系数；B_g为天然气地层体积系数，bbl/ft^3(标)。

第8步，由下列表达式计算边界控制流动阶段开始时井泄气面积内的储层孔隙体积(PV)：

$$\mathrm{PV}=\frac{56.54T}{(\mu_g c_t)_i[m(p_i)-m(p_{wf})]}\left(\frac{q_i}{D_i}\right) \tag{3.187}$$

或者以压力平方的形式表示为：

$$\mathrm{PV}=\frac{28.27T(\mu_g Z)_{avg}}{(\mu_g c_t)_i(p_i^2-p_{wf}^2)}\left(\frac{q_i}{D_i}\right) \tag{3.188}$$

其中：

$$r_e=\sqrt{\frac{\mathrm{PV}}{\pi h\phi}} \tag{3.189}$$

$$A=\frac{\pi re^2}{43560} \tag{3.190}$$

第9步，利用r_e/r_{wa}拟合参数以及第8步得出的A和r_e的计算值，由下列表达式计算表皮系数s：

$$s=\ln\left[\left(\frac{r_e}{r_{wa}}\right)_{MP}\left(\frac{r_w}{r_e}\right)\right] \tag{3.191}$$

第10步，由下式计算初始天然气地质储量G：

$$G=\frac{(\mathrm{PV})(1-S_w)}{5.615B_{gi}} \tag{3.192}$$

还可以利用下式估算原始天然气地质储量：

$$G=\frac{q_i}{D_i(1-b)} \tag{3.193}$$

在利用递减曲线分析法时存在的一个固有问题是，必须有足够多的产量-时间数据来确定一个独一无二的b值，如Fetkovich标准曲线中所示。实际情况表明，在生产时间比较短时，b值曲线非常接近，因而难于实现独一无二的拟合。对于一些气藏而言，如果只有3年的历史生产数据，是不足以利用标准曲线法进行分析的。遗憾的是，由于时间是在对数坐标轴上标绘的，生产历史的长度被压缩，所以即使增加更多的历史生产数据，可能仍难以区分和清楚地识别合适的递减指数b。

下面的示例说明了如何利用标准曲线法来确定储量及其他储层参数。

【示例3.22】

A井是西弗吉尼亚州的一口低渗气井。其产层是Onondaga白垩，曾采用50000gal(1gal≈3.785L，下同)浓度为3%的稠化酸和30000lb的砂子开展了水力压裂增产措施。对这口井的压力恢复数据开展了常规霍纳分析，得出了以下数据：p_i=3268psi(绝)；$m(p_i)=794.8\times10^6$ psi^2/cP；k=0.082mD；s=−5.4。

Fetkovich等(1987)提供了这口气井的下列数据：p_{wf}=500psi(绝)；$m(p_{wf})=20.8\times10^6$psi^2/cP；μ_{gi}=0.0172cP；$c_{ti}=177\times10^{-6}$psi^{-1}；T=620°R；h=70ft；ϕ=6%；B_{gi}=0.000853bbl/ft^3(标)；S_w=0.35；r_w=0.35ft。

绘制了8年开采历史的产量-时间曲线，并与r_e/r_{wa}比值为20且$b=0.5$的标准曲线进行了拟合，如图3.56所示，拟合点的数据如下：$q_t=1\times10^6\text{ft}^3$(标)/d；$t=100$d；$q_{Dd}=0.58$；$t_{Dd}=0.126$。

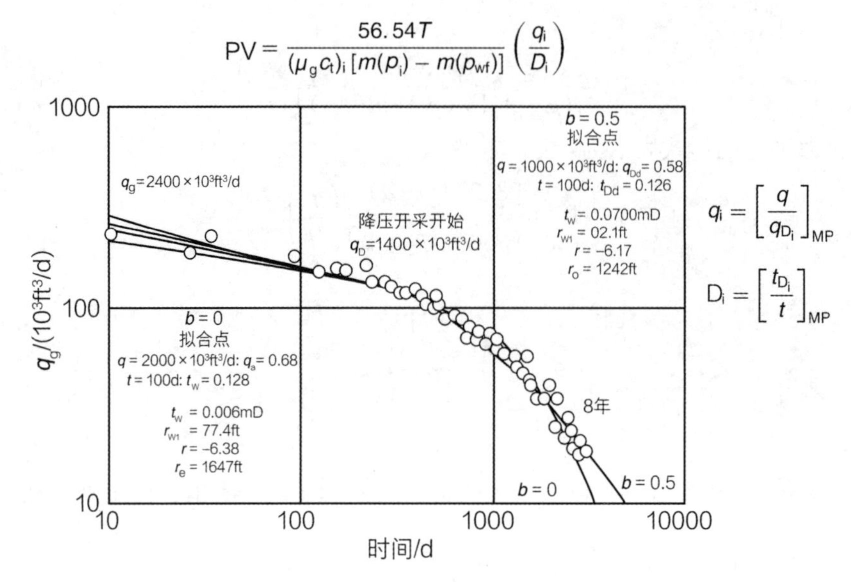

图3.56　西弗吉尼亚州气井A的标准曲线拟合

利用上述数据计算：渗透率k、泄气面积A、表皮系数s、天然气地质储量G。

解答：

第1步，利用拟合点的数据，分别由式(3.182)和式(3.183)计算q_i和D_i：

$$q_i=\left[\frac{q_t}{q_{D_t}}\right]_{MP}$$

$$=\frac{1000}{0.58}=1724\times10^3[\text{ft}^3(\text{标})/\text{d}]$$

$$D_i=\left[\frac{t_{Dd}}{t}\right]_{MP}$$

$$=\frac{0.126}{100}=0.00126(\text{d}^{-1})$$

第2步，由式(3.184)计算渗透率k：

$$k=\frac{1422T[\ln(r_e/r_{wa})-0.5]q_i}{h[m(p_i)-m(p_{wf})]}$$

$$=\frac{1422(620)[\ln(20)-0.5](1724.1)}{(70)[794.8-20.8](10^6)}=0.07(\text{mD})$$

第3步，由式(3.187)计算该井泄气面积内的储层PV：

$$\text{PV}=\frac{56.54T}{(\mu_g c_t)_i[m(p_i)-m(p_{wf})]}\left(\frac{q_i}{D_i}\right)$$

$$=\frac{56.54(620)}{(0.0172)(177)(10^{-5})[794.8-20.8](10^6)}$$

$$\times\frac{1724.1}{0.00126}=20.36\times10^6(\text{ft}^3)$$

第 4 步，由式(3.189)和式(3.190)计算泄气半径和泄气面积：

$$r_e=\sqrt{\frac{PV}{\pi h\phi}}$$

$$=\sqrt{\frac{(20.36)10^6}{\pi(70)(0.06)}}=1242\ (ft)$$

$$A=\frac{\pi re^2}{43560}$$

$$=\frac{\pi(1242)^2}{43560}=111\ (acre)$$

第 5 步，由式(3.191)计算表皮系数：

$$s=\ln\left[\left(\frac{r_e}{r_{wa}}\right)_{MP}\left(\frac{r_w}{r_e}\right)\right]$$

$$=\ln\left[(20)\left(\frac{0.35}{1242}\right)\right]=-5.18$$

第 6 步，由式(3.192)计算原始天然气地质储量：

$$G=\frac{(PV)[1-S_w]}{5.615B_{gi}}$$

$$=\frac{(20.36)(10^6)[1-0.35]}{(5.615)(0.000853)}=2.763\times10^9[ft^3(标)]$$

还可以由式(3.193)估算原始天然气地质储量 G：

$$G=\frac{q_i}{D_i(1-b)}$$

$$=\frac{1.7241(10^6)}{0.00126(1-0.5)}=2.737\times10^9[ft^3(标)]$$

3.5.2.2.2　无层间窜流多层气藏指数 b 和递减分析法的局限性

大多数油气藏都是由储层物性各不相同的多套产层构成。由于没有层间窜流的气藏可能是最为常见而且最为重要的气藏类型，因而储层非均质性对长期产量预测和储量估算有着相当大的影响。在具有层间窜流的多层气藏中，可以简单地把相邻的产层合并，作为单个均质产层进行描述，其储层物性取这些相邻产层物性的平均值。如在本节后面将要讲述的那样，对于单个均质产层而言，其递减指数 b 的数值介于 0 和最大值 0.5 之间。对于无层间窜流的多层流动系统而言，递减指数 b 介于 0.5~1 之间，因而根据指数 b 的数值就可以识别分层情况。这些独立的地层具有极大地增加当前产量和可采储量的潜力。回顾回压方程，即式(3.20)：

$$q_g=C(p_r^2-p_{wf}^2)^n$$

式中：n 为回压曲线指数；c 为动态系数；p_r 为地层压力。

Fetkovich 等(1996)曾提出，Arps 递减指数 b 和递减率可以用指数 n 的形式来表示：

$$b=\frac{1}{2n}\left[(2n-1)-\left(\frac{p_{wf}}{p_i}\right)^2\right] \tag{3.194}$$

$$D_i=2n\left(\frac{q_i}{G}\right) \tag{3.195}$$

式(3.194)表明，随着地层压力 p_i 因气藏衰竭而接近 p_{wf}，所有的非指数递减($b\neq0$)都会随着开采的进行而朝着指数递减的方向转变($b=0$)。式(3.194)还说明，如果气井是在非常低的井底流压下($p_{wf}=0$)生产，即$p_{wf}<<p_i$，那么该方程式就可以简化为以下形式：

$$b=1-1/2n \tag{3.196}$$

因而可以利用气井回压动态曲线的指数n来计算或估算b和D_i。式(3.195)提供了在可以接受的n的理论值范围内(对于单层均质生产系统而言，介于0.5~1.0之间)指数b的物理界限(介于0~0.5之间)，具体数值见表3.40：

表3.40　n的理论值和指数b的物理界限

n	b
(高k)0.50	0.0
0.56	0.1
0.62	0.2
0.71	0.3
0.83	0.4
(低k)1.00	0.5

然而，调和递减指数($b=1$)无法根据回压指数来计算。在没有实际生产数据清楚地界定递减指数的情况下，可以用0.4做为气井递减指数b的界限值。

表3.41列出了单层均质或具有层间窜流的多层生产系统预期的递减指数b的数值。

表3.41　递减指数b的数值与生产系统描述

b值	生产系统描述和识别
0.0	有积液的气井；高回压气井；高压气藏；回压曲线指数$n\approx0.5$的低压气藏；水驱生产动态比较差(油井)；没有溶解气的重力驱(油井)；k_g/k_o比较小的溶解气驱(油井)
0.3	溶解气驱油藏的典型数值
0.4~0.5	气井的典型数值，$p_{wf}\approx0$时，$b=0$；$p_{wf}\approx0.1p_i$，时$b=0$
0.5	溶解气重力驱，水驱油藏
无法确定	定产量或产量上升阶段；流量全部是不稳定渗流阶段的数值或无限大油气藏开采阶段的数值
$0.5<b<0.9$	多层气藏或复合气藏

对于单层气藏而言，递减指数b的值会介于0~0.5之间。然而，对于没有层间窜流的多层气藏而言，b的值可能介于0.5~1.0之间。如Fetkovich等(1996)指出b的数值越接近1.0，致密低渗地层中未开发的剩余储量就越多，因而通过对低渗储层实施增产措施提高产量和增加可采储量的潜力就越大。这说明，仅仅利用历史产量数据就可以识别无层间窜流的多层气藏的生产动态，也可以识别那些动用程度比其他产层差的产层，就是这种分析方法的价值所在。对采出程度比较低的地层实施增产措施，既可以提高产量，也可以增加储量。图3.57展示了标准的Arps递减曲线，这是Fetkovich等(1996)论文中的一张图。该图中显示了11条曲线，每一条曲线都由一个介于0~1之间、增幅为0.1的b值进行描述。所有这些数值都具有一定的意义，要正确地开展递减曲线分析，就应当深入理解其意义。当递减曲线分析得出的b值大于0.5时(没有层间窜流的多层气藏)，简单地根据拟合点的数值进行预测，所得结果是不准确的。其原因是：拟合点代表的是地面产量数据(包括了所有产层的产量)的最佳拟合。多个产层的产量合并在一起，会得出相同的复合曲线，因而在后期的预测中会得出不符合实际的结果。

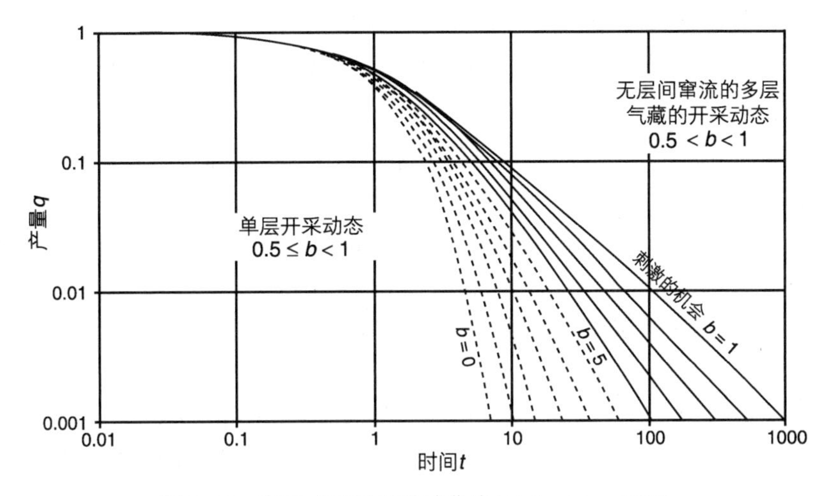

图 3.57 衰竭式开采的递减曲线(Fetkovich, 1997)

为了说明多层无层间窜流气藏生产系统对指数 b 的影响，Fetkovich 等(1996)评价了具有隔夹层的双层气藏的生产动态。这个气田有 10 口生产井，在 428psi(绝)的初始地层压力下估算的天然气地质储量为 $15\times10^8\mathrm{ft}^3$。储层的总厚度为 350ft，储层中发育一个页岩隔层，其平均厚度为 50ft，在整个气田中都有明显的分布，这个页岩层把两个产层分隔开来。岩心分析数据显示了双峰分布，渗透率之比介于(10∶1)~(20∶1)之间。

整个气田复合曲线 $\log(q_i)$ 与 $\log(t)$ 的标准曲线分析和回归拟合得出 $b=0.89$，这个数值与由单井分析得出的所有数值都相等。为了进行定量分析并尽早识别无层间窜流多层气藏，Fetkovich(1980)以 p_{wf} 恒定为 0 的回压指数 n 的形式表示了一口气井的产量-时间方程。这个方程是把 Arps 双曲线方程与 MBE(即 p/Z 对 G_p)及回压方程结合在一起而建立的，其表达式如下。

对于 $0.5<n<1$，$0<b<0.5$：

$$q_t=\frac{q_i}{\left[1+(2n-1)(q_i/G)t\right]^{[2n/(2n-1)]}} \tag{3.197}$$

$$G_{p(t)}=G\left\{1-\left[1+(2n-1)\left(\frac{q_i}{G}\right)t\right]^{[1/(2n-1)]}\right\} \tag{3.198}$$

对于 $n=0.5$，$b=0$：

$$q_t=q_i\exp\left[-\left(\frac{q_i}{G}\right)t\right] \tag{3.199}$$

$$G_{p(t)}=G\left\{1-\exp\left[-\left(\frac{q_i}{G}\right)t\right]\right\} \tag{3.200}$$

对于 $n=1$，$b=0.5$：

$$q_t=\frac{q_i}{\left[1+(q_i/G)t\right]^2} \tag{3.201}$$

$$G_{p(t)}=G-\frac{G}{1+(q_it/G)} \tag{3.202}$$

上述关系式是基于 $p_{wf}=0$，它意味着 $q_i=q_{max}$，其表达式如下：

$$q_i=q_{i\max}=\frac{khp_i^2}{1422T(\mu_gZ)_{avg}\left[\ln(r_e/r_w)-0.75+s\right]} \tag{3.203}$$

式中：$q_{i\max}$为稳定的绝对无阻流量(即$p_{wf}=0$时的流量)，$10^3ft^3/d$(标)；G为原始天然气地质储量，10^3ft^3(标)；q_t为时间t的天然气产量，$10^3ft^3/d$(标)；t为时间；$G_{p(t)}$为时间t的天然气累积产量，10^3ft^3(标)。

对于在恒定的p_{wf}条件下对两个产层进行合采的气井而言，总产量$(q_i)_{总}$基本上就是各产层产量之和，即：

$$(q_i)_{总}=(q_t)_1+(q_t)_2$$

式中：下标1和2分别代表渗透率比较高和渗透率比较低的产层。

对于$b=0.5$的双曲线指数而言，可以把式(3.201)代入上述表达式得：

$$\frac{(q_{max})_{总}}{[1+t(q_{max}/G)_{总}]^2}=\frac{(q_{max})_1}{[1+t(q_{max}/G)_1]^2}+\frac{(q_{max})_2}{[1+t(q_{max}/G)_2]^2} \tag{3.204}$$

式(3.204)表明，只有在$(q_{max}/G)_1=(q_{max}/G)_2$，且各层的递减曲线指数都是$b=0.5$时，才能得出$b=0.5$的产量-时间复合递减曲线指数。

Mattar和Anderson(2003)对利用标准曲线分析产量数据的传统方法和现代方法进行了非常全面的回顾。基本上讲，现代标准曲线分析法都把流压数据和产量数据结合在了一起，而且它们都采用解析解来计算油气地质储量。在传统方法基础之上改进而形成的现代递减分析法有两个重要的特征：

(1) 采用流压压降对产量进行归一化处理。绘制归一化产量曲线($q/\Delta p$)，这为把回压变化的影响纳入气藏分析创造了条件。

(2) 处理气体压缩系数随压力变化的问题。采用作为时间函数的拟时间而不是真实的时间，使人们能够在地层压力随时间递减的情况下严格地处理天然气物质平衡问题。

3.5.2.2.3 Carter标准曲线

Fetkovich最初为在恒定压力下生产的气井和油井绘制了标准曲线。Carter(1985)提出了一套新的标准曲线，专门用于分析天然气产量数据。Carter指出流体性质随压力的变化显著地影响气藏动态的预测。最为重要的是天然气黏度-压缩系数之积$\mu_g c_g$的变化，而Fetkovich则忽视了这一点。Carter为边界控制流动阶段开发了另外一套递减曲线，他采用一个新的相关参数λ来代表开采过程中$\mu_g c_g$的变化。这个被称为“无量纲压降相关参数”的λ参数主要用于反映压降对$\mu_g c_g$影响的程度，其定义如下：

$$\lambda=\frac{(\mu_g c_g)_i}{(\mu_g c_g)_{avg}} \tag{3.205}$$

或等效地由下列表达式定义：

$$\lambda=\frac{(\mu_g c_g)_i}{2}\left[\frac{m(p_i)-m(p_{wf})}{(p_i/Z_i)-(p_{wf}/Z_{wf})}\right] \tag{3.206}$$

式中：c_g为天然气压缩系数，psi^{-1}；$m(p)$为真实气体拟压力，psi^2/cP。

在$\lambda=1$时，压降的影响可以忽略不计，它对应于Fetkovich指数递减曲线上的$b=0$。λ的数值介于0.55~1.0之间。Carter所提出的标准曲线是基于专门定义的无量纲参数：无量纲时间t_D；无量纲流量q_D；无量纲几何形态参数(η)，它描述的是无量纲半径r_{eD}和流动几何特征；无量纲压降相关参数λ。

Carter采用了有限差分径向天然气模型来生成数据，用于建立图3.58所示的标准曲线。

以下步骤总结了这种标准曲线拟合法：

第1步，利用式(3.205)或式(3.206)计算参数λ：

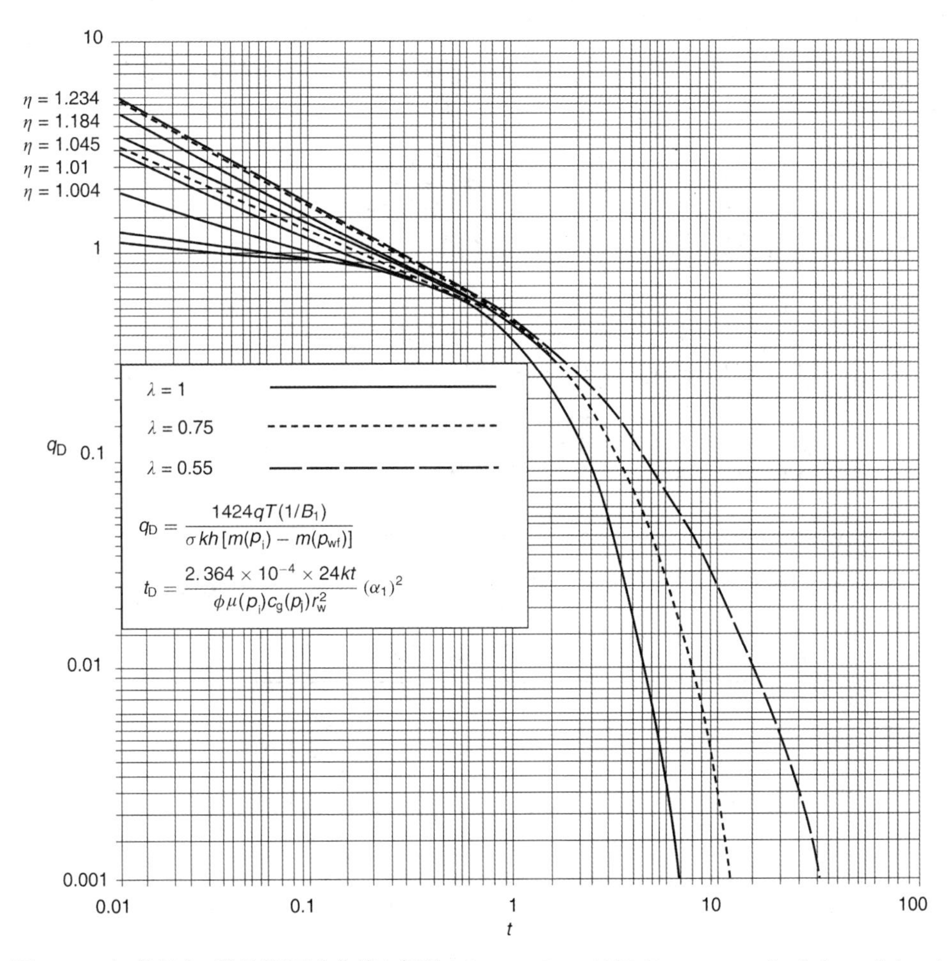

图 3.58 气藏径向-线性流标准曲线(来源：Carter，R.，1985. Type curves for finite radial and linear gas-flow systems. SPE J. 25(5)，719 728，copyright SPE 1985)

$$\lambda=\frac{(\mu_g c_g)_i}{(\mu_g c_g)_{avg}}$$

或：

$$\lambda=\frac{(\mu_g c_g)_i}{2}\left[\frac{m(p_i)-m(p_{wf})}{(p_i/Z_i)-(p_{wf}/Z_{wf})}\right]$$

第 2 步，采用与标准曲线相同的双对数坐标，绘制以 $10^3\mathrm{ft}^3/\mathrm{d}$(标)或 $10^6\mathrm{ft}^3/\mathrm{d}$(标)为单位的天然气流量与单位为 d 的时间的关系图。如果实际的流量数值不稳定或起伏不定，那么最好是计算出流量的平均值，具体方法是在累积产量 G_p 与时间的关系图上过间距规则的相邻数据点绘出一条直线，然后利用这条直线的斜率进行计算，即斜率 $=\mathrm{d}G_p/\mathrm{d}t=q_g$。应当在描图纸上或者透明纸上绘制所得的 q_g 与 t 的关系图，这样就可以把它们覆盖在标准曲线上并与之拟合。

第 3 步，把流量数据与对应于第 1 步所计算 λ 数值的标准曲线进行拟合。如果 λ 计算值与标准曲线上所显示的任何数值都不匹配，那么可以通过内插和绘图来确定所需的曲线。

第 4 步，通过匹配可以记录下对应于特定 $(q)_{MP}$ 和 $(t)_{MP}$ 数值的 $(q_D)_{MP}$ 和 $(t_D)_{MP}$ 的数值。此外，从匹配中还可以得到无量纲几何形态参数 η 的数值。特别强调指出的是，后期数据点(边界控制的拟稳定流动状态)的拟合要优先于早期数据点(不稳定流动状态)的拟合，其原因是部分早期数据点的拟合常常无法进行。

第 5 步，估算在地层平均压力从初始压力值降至 p_{wf} 得过程中可以开采的天然气量，其表达式如下：

$$\Delta G = G_i - G_{pwf} = \frac{(qt)_{MP}\eta}{(q_D t_D)_{MP}\lambda} \tag{3.207}$$

第 6 步，由下式计算原始天然气地质储量 G_i 得：

$$G_i = \left[\frac{p_i/Z_i}{(p_i/Z_i)-(p_{wf}/Z_{wf})}\right]\Delta G \tag{3.208}$$

第 7 步，由下式估算气井的泄气面积：

$$A = \frac{B_{gi}G_i}{43560\phi h(1-S_{wi})} \tag{3.209}$$

【示例 3.23】

Carter 利用下列产量数据和储层数据对所提出的计算方法进行了说明(见表 3.42)。

表 3.42 储层参数

p/psi(绝)	μ_g/cP	Z
1	0.0143	1.0000
601	0.0149	0.9641
1201	0.0157	0.9378
1801	0.0170	0.9231
2401	0.0188	0.9207
3001	0.0208	0.9298
3601	0.0230	0.9486
4201	0.0252	0.9747
4801	0.0275	1.0063
5401	0.0298	1.0418

$p_i = 5400$psi(绝)；$p_{wf} = 500$psi；$T = 726°$R；$h = 50$ft；$\phi = 7\%$；$S_{wi} = 0.50$；$\lambda = 0.52$。q_t 数据见表 3.43。

表 3.43 q_t 数据

时间/d	q_t/[10^6ft^3(标)/d]
1.27	8.300
10.20	3.400
20.50	2.630
40.90	2.090
81.90	1.700
163.80	1.410
400.00	1.070
800.00	0.791

时间/d	q_t/[10^6ft^3(标)/d]
1600.00	0.493
2000.00	0.402
3000.00	0.258
5000.00	0.127
10000.00	0.036

计算原始天然气地质储量和泄气面积。

解答：

第 1 步，给定 λ 的计算值为 0.55，因而可以直接从图 3.58 中选用 λ 数值为 0.55 的标准曲线。

第 2 步，如图 3.59 所示，在与图 3.55 相同的双对数坐标系中标绘产量数据，并确定以下拟合点：$(q)_{MP}=1.0\times10^6$ft^3/d(标)；$(t)_{MP}=100$d；$(q_D)_{MP}=0.605$；$(t_D)_{MP}=1.1$；$\eta=1.045$。

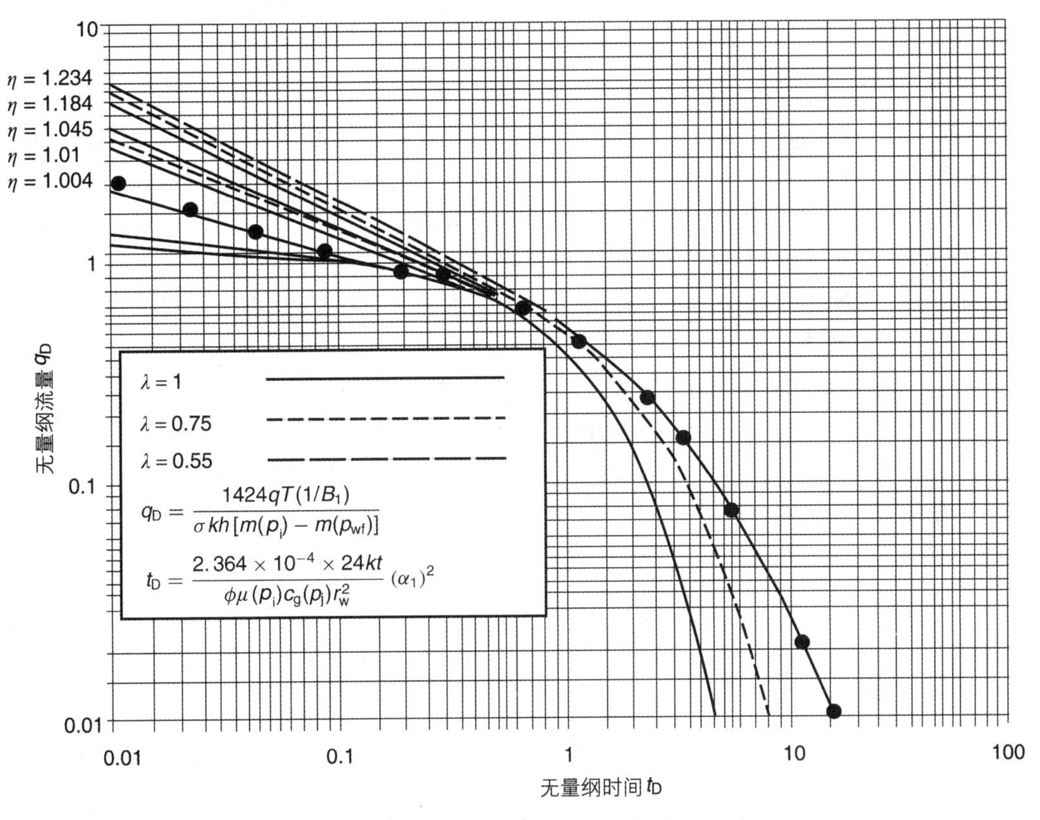

图 3.59　示例 3.23 中的 Carter 标准曲线

第 3 步，由式(3.207)计算 ΔG 得：

$$\Delta G=G_i-G_{pwf}=\frac{(qt)_{MP}}{(q_Dt_D)_{MP}}\frac{\eta}{\lambda}$$

$$=\frac{(1)(1000)}{(0.605)(1.1)}\frac{1.045}{0.55}=2860\times10^6[\text{ft}^3(\text{标})]$$

第 4 步，由式(3.208)估算原始天然气地质储量得：

$$G_i = \left[\frac{p_i/Z_i}{(p_i/Z_i)-(p_{wf}/Z_{wf})}\right]\Delta G$$

$$= \left[\frac{5400/1.0418}{(5400/1.0418)-(500/0.970)}\right]2860$$

$$= 3176\times10^6[\mathrm{ft^3}(标)]$$

第 5 步，计算压力 p_i 下的天然气地层体积系数得：

$$B_{gi} = 0.0287\frac{Z_i T}{p_i} = 0.02827\frac{(1.0418)(726)}{5400}$$

$$= 0.00396[\mathrm{ft^3/ft^3}(标)]$$

第 6 步，由式(3.209)计算泄气面积得：

$$A = \frac{B_{gi}G_i}{43560\phi h(1-S_{wi})}$$

$$= \frac{0.00396(3176)(10^6)}{43560(0.070)(50)(1-0.50)} = 105(\mathrm{acre})$$

3.5.2.3 Palacio-Blasingame 标准曲线

Palacio 和 Blasingame(1993)创新性地提出了一种把具有可变流量和井底流压的气井的产量数据转换为“等效定产量的液体产量数据”，从而可以把液体开采问题的解应用于天然气开采的模拟方法。这种方法的论据是：在传统的试井分析方法中，已经很好地建立了液体开采问题的定产量标准曲线求解方法。天然气开采问题的这种新解法是基于类似于物质平衡的时间函数和算法，这种算法允许：利用专门为液体开采而建立的递减曲线；模拟实际的可变流量-可变压力生产状态；显式计算天然气地质储量。在拟稳定流动状态下，第 1 章中的式(1.134)描述了微可压缩液体的径向流动，表达式如下：

$$p_{wf} = \left[p_i - \frac{0.23396QBt}{Ah\phi c_t}\right] - \frac{162.6QB\mu}{kh}\log\left[\frac{4A}{1.781C_A r_w^2}\right]$$

式中：C_A 为形状因子。

以“d”作为时间 t 的单位，并从“log”转变为自然对数“ln”，上述关系式可以变换为：

$$\frac{p_i - p_{wf}}{q} = \frac{\Delta p}{q} = 70.6\frac{B\mu}{kh}\ln\left[\frac{4A}{1.781C_A r_{wa}^2}\right] + \left[\frac{5.615B}{Ah\phi c_t}\right]t \tag{3.210}$$

或更简洁的形式：

$$\frac{\Delta p}{q} = b_{pss} + mt \tag{3.211}$$

这个表达式说明，在拟稳定流动状态下，直角坐标系中 $\Delta p/q$ 与 t 的关系曲线图是一条直线，其截距为 b_{pss}，斜率为 m。它们的表达式分别为：

$$b_{pss} = 70.6\frac{B\mu}{kh}\ln\left[\frac{4A}{1.781C_A r_{wa}^2}\right] \tag{3.212}$$

$$m = \frac{5.615B}{Ah\phi c_t} \tag{3.213}$$

式中：b_{pss} 为拟稳态“pss”方程中的常数；r_{wa} 为视(有效)井筒半径，ft。

对于在拟稳定状态下开采的气藏而言，类似于式(3.210)的方程可以表示为：

$$\frac{m(p_i)-m(p_{wf})}{q}=\frac{\Delta m(p)}{q}=\frac{711T}{kh}\left(\ln\frac{4A}{1.781C_A r_{wa}^2}\right)+\left[\frac{56.54T}{\phi(\mu_g c_g)_i Ah}\right]t \tag{3.214}$$

而且其线性形式的表达式为：

$$\Delta m(p)/q=b_{pss}+mt \tag{3.215}$$

与石油开采系统类似，式(3.215)表明 $\Delta m(p)/q$ 与 t 的关系曲线是一条直线，其截距为 b_{pss}，斜率为 m。它们的表达式分别为：

$$b_{pss}=\frac{711T}{kh}\left(\ln\frac{4A}{1.781C_A r_{wa}^2}\right)$$

$$m=\frac{56.54T}{(\mu_g c_t)_i(\phi Ah)}=\frac{56.54T}{(\mu_g c_t)_i(\mathrm{PV})}$$

把天然气产量数据转换为等效定流量液体产量数据的关系式是基于一个新的时间函数，这个时间函数被称为“拟等效时间或归一化物质平衡拟时间”，其定义如下：

$$t_a=\frac{(\mu_g c_g)_i}{q_t}\int_0^t\left[\frac{q_t}{\bar{\mu}_g\bar{c}_g}\right]\mathrm{d}t=\frac{(\mu_g c_g)_i}{q_t}\frac{Z_i G}{2p_i}[m(\bar{p}_i)-\bar{m}(p)] \tag{3.216}$$

式中：t_a 为拟等效(归一化物质平衡)时间，d；G 为原始天然气地质储量，$10^3\mathrm{ft}^3$(标)；q_t 为时间 t 的天然气流量，$10^3\mathrm{ft}^3$/d(标)；$\bar{p}$ 为平均压力，psi；$\bar{\mu}_g$ 为 $\bar{p}$ 下的天然气黏度，cP；$\bar{c}_g$ 为 $\bar{p}$ 下的天然气压缩系数，psi^{-1}；$\bar{m}(p)$ 为归一化的天然气拟压力，psi^2/cP。

为了在可变流量和压力条件下开展递减曲线分析，这些研究者推导出了一个递减曲线分析的理论表达式，把以下几方面结合在了一起：物质平衡关系式；拟稳态方程；归一化物质平衡时间函数 t_a。然后，建立以下关系式：

$$\left[\frac{q_g}{\bar{m}(p_i)-\bar{m}(p_{wf})}\right]b_{pss}=\frac{1}{1+(m/b_{pss})t_a} \tag{3.217}$$

$\bar{m}(p)$ 是归一化的拟压力，其定义如下：

$$\bar{m}(p_i)=\frac{\mu_{gi}Z_i}{p_i}\int_0^{p_i}\left[\frac{p}{\mu_g Z}\right]\mathrm{d}p \tag{3.218}$$

$$\bar{m}(p)=\frac{\mu_{gi}Z_i}{p_i}\int_0^{p}\left[\frac{p}{\mu_g Z}\right]\mathrm{d}p \tag{3.219}$$

$$m=\frac{1}{Gc_{ti}} \tag{3.220}$$

$$b_{pss}=\frac{70.6\mu_{gi}B_{gi}}{k_g h}\left[\ln\left(\frac{4A}{1.781C_A r_{wa}^2}\right)\right] \tag{3.221}$$

式中：G 为原始天然气地质储量，$10^3\mathrm{ft}^3$(标)；c_{gi} 为压力 p_i 下的天然气压缩系数，psi^{-1}；c_{ti} 为压力 p_i 下系统的综合压缩系数，psi^{-1}；q_g 为天然气流量，$10^3\mathrm{ft}^3$/d(标)；k_g 为天然气有效渗透率，mD；$\bar{m}(p)$ 为归一化的拟压力，psi(绝)；p_i 为初始压力；r_{wa} 为有效(视)井筒半径，ft；B_{gi} 为压力 p_i 下天然气地层体积系数，bbl/$10^3\mathrm{ft}^3$(标)。

注意，式(3.217)实质上是采用与 Fetkovich 方程[即式(3.171)]相同的无量纲形式表示的，即：

$$q_{\rm Dd}=\frac{1}{1+(t_{\rm a})_{\rm Dd}} \tag{3.222}$$

$$q_{\rm Dd}=\left[\frac{q_{\rm g}}{\overline{m}(p_{\rm i})-\overline{m}(p_{\rm wf})}\right]b_{\rm pss} \tag{3.223}$$

$$(t_{\rm a})_{\rm Dd}=\left(\frac{m}{b_{\rm pss}}\right)t_{\rm a} \tag{3.224}$$

必须注意的一点是，现在 $q_{\rm Dd}$的定义是以归一化拟压力的形式表示的，而且修改后的无量纲递减时间函数$(t_{\rm a})_{\rm Dt}$并不是以真实时间而是以物质平衡拟时间的形式表示的。还要注意，式(3.223)的图形与 Fetkovich 标准曲线图上的调和递减曲线一致，其双曲线指数 $b=1$。

然而，在应用式(3.216)时存在一个计算问题，因为它需要知道 G 的数值或平均压力$\overline{p}$，而后者本身又是 G 的函数。这种方法本质上还是一种迭代方法，需要按照大家熟悉的线性关系式的形式重新整理式(3.217)：

$$\frac{\overline{m}(p_{\rm i})-\overline{m}(p)}{q_{\rm g}}=b_{\rm pss}+mt_{\rm a} \tag{3.225}$$

以下步骤描述了计算 G 和$\overline{p}$的迭代方法：

第 1 步，利用现有的天然气性质数据，建立含气系统的 Z、μ、p/Z 和$(p/Z\mu)$对 p 的数据表(见表 3.44)：

表 3.44　含气系统的 Z、μ、p/Z 和(p/Zμ)对 p 的数据表

时间	p	Z	μ	p/Z	$p/(Z\mu)$
0	$p_{\rm i}$	$Z_{\rm i}$	$\mu_{\rm i}$	$p_{\rm i}/Z_{\rm i}$	$p_{\rm i}/(Z\mu)_{\rm i}$
·	·	·	·	·	·
·	·	·	·	·	·
·	·	·	·	·	·

第 2 步，在直角坐标系中绘制$(p/Z\mu)$与 p 的关系曲线图，并利用数值手段确定对应于几个 p 值的曲线下的面积。把每一个面积计算值都乘以$(Z_{\rm i}\mu/p_{\rm i})$，得出归一化的拟压力：

$$\overline{m}(p)=\frac{\mu_{\rm gi}Z_{\rm i}}{p_{\rm i}}\int_0^p\left[\frac{p}{\mu_{\rm g}Z}\right]{\rm d}p$$

这个步骤所要求的计算可以按照下面列表的方式进行(见表 3.45)：

表 3.45　曲线面积计算

p	面积$=\int_0^p[p/Z\mu_{\rm g}]{\rm d}p$	$\overline{m}(p)=$(面积)$(\mu_{\rm gi}Z_{\rm i}/p_{\rm i})$
0	0	0
·	·	·
$p_{\rm i}$	·	·

第 3 步，在直角坐标系中绘制$\overline{m}(p)$和 p/Z 与 p 的关系图。

第 4 步，设定一个原始天然气地质储量 G。

第 5 步，对于根据时间 t 和 $G_{\rm p}$确定的每一个产量数据点，都要由 MBE[即式(3.60)]计算 $\overline{p}/\overline{Z}$：

$$\frac{\bar{p}}{\bar{Z}}=\frac{p_i}{Z_i}\left(1-\frac{G_p}{G}\right)$$

第 6 步，由第 3 步所绘制的关系图中选取 p 与 p/Z 的关系曲线并应用于$\bar{p}/\bar{Z}$比的每一个数值，来确定对应的平均地层压力$\bar{p}$。确定每一个平均地层压力$\bar{p}$下的$\overline{m}/(\bar{p})$数值。

第 7 步，利用式(3.216)计算每一个产量数据点的 t_a：

$$t_a=\frac{(\mu_g c_g)_i Z_i G}{q_t \quad 2p_i}[\overline{m}(p_i)-\overline{m}(\bar{p})]$$

可以很方便地按照下面列表的方式计算 t_a(见表 3.46)：

表 3.46　t_a计算方法

t	q_t	G_p	$\bar{p}$	$\overline{m}/(\bar{p})$	$t_a=[(\mu_g c_g)_i/q_i][Z_i G/2p_i]/[\overline{m}/(p_i)-\overline{m}/(\bar{p})]$
·	·	·	·	·	·
·	·	·	·	·	·
·	·	·	·	·	·

第 8 步，根据由式(3.225)给出的线性关系，在直角坐标系中绘制$[\overline{m}/(p_i)-\overline{m}/(\bar{p})]/q_g$与$t_a$的关系曲线，并确定其斜率。

第 9 步，采用由第 8 步得出的斜率 m 值并利用式(3.220)重新计算原始天然气地质储量 G：

$$G=1/c_{ti}m$$

第 10 步，利用由第 9 步计算出的新 G 值进行下一次迭代，即第 4 步，这个过程一直进行下去，直到达到一定的 G 值收敛容许限度为止。

Palacio 和 Blasingame 开发出了一种修正后的 Fetkovich-Carter 标准曲线，如图 3.60 所示，用于求取定产量和定压力的天然气开采动态解，这就是传统阿普斯曲线“分支”(Arps curve stems)。为了使其与标准递减曲线的拟合效果好于仅采用流动数据情况下的拟合效果，他们引入了下面两个辅助的绘图函数。

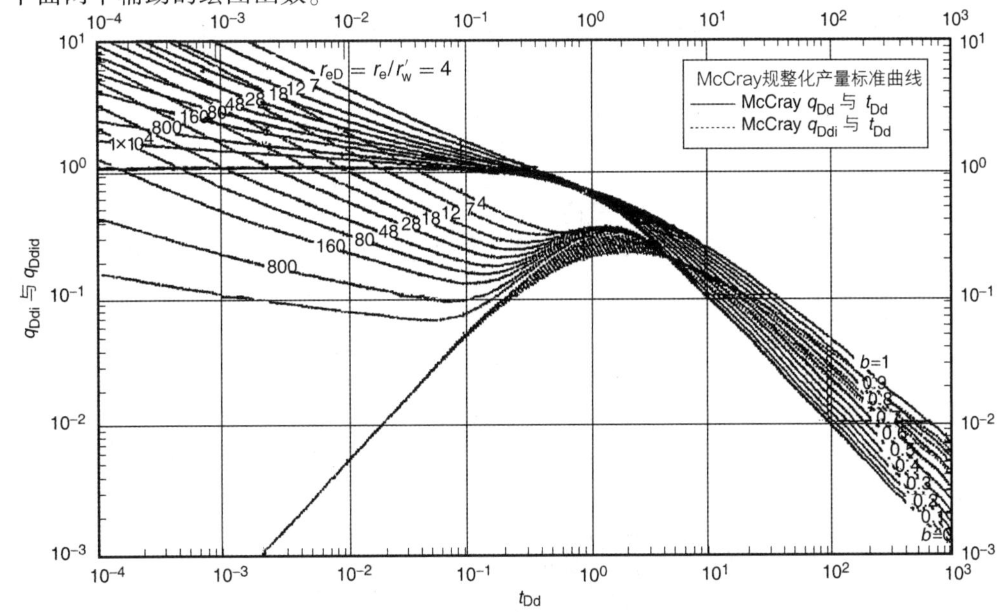

图 3.60　Palacio-Blasingame 标准曲线

规整化产量$(q_{\mathrm{Dd}})_{\mathrm{i}}$：

$$(q_{\mathrm{Dd}})_{\mathrm{i}}=\frac{1}{t_{\mathrm{a}}}\int_{0}^{t_{\mathrm{a}}}\left(\frac{q_{\mathrm{g}}}{\overline{m}(p_{i})-\overline{m}(p_{\mathrm{wf}})}\right)\mathrm{d}t_{\mathrm{a}} \tag{3.226}$$

规整化产量$(q_{\mathrm{Dd}})_{\mathrm{i}}$的导数：

$$(q_{\mathrm{Dd}})_{\mathrm{id}}=\left(\frac{-1}{t_{\mathrm{a}}}\right)\frac{\mathrm{d}}{\mathrm{d}t_{\mathrm{a}}}\left[\frac{1}{t_{\mathrm{a}}}\int_{0}^{t_{\mathrm{a}}}\left(\frac{q_{\mathrm{g}}}{\overline{m}(p_{i})-\overline{m}(p_{\mathrm{wf}})}\right)\mathrm{d}t_{\mathrm{a}}\right] \tag{3.227}$$

采用简单的数值积分和求导方法就可以很容易地建立这两个函数。要分析天然气产量数据，所提出的方法涉及以下几个基本步骤。

第1步，如前文所述计算原始天然气地质储量G。

第2步，建立下表(见表3.47)：

表3.47　q_{g}计算方法

t	q_{g}	t_{a}	p_{wf}	$\overline{m}/(p_{\mathrm{wf}})$	$q_{\mathrm{g}}/[\overline{m}/(p_{\mathrm{i}})-\overline{m}/(p_{\mathrm{wf}})]$
·	·	·	·	·	·
·	·	·	·	·	·
·	·	·	·	·	·

在直角坐标系中绘制$q_{\mathrm{g}}/[\overline{m}/(p_{i})-\overline{m}/(p_{\mathrm{wf}})]$与$t_{\mathrm{a}}$的关系曲线。

第3步，利用第2步中列表并绘图的井产量数据，以时间t_{a}函数的形式计算由式(3.226)和式(3.227)给出的两个辅助绘图函数：

$$(q_{\mathrm{Dd}})_{\mathrm{i}}=\frac{1}{t_{\mathrm{a}}}\int_{0}^{t_{\mathrm{a}}}\left(\frac{q_{\mathrm{g}}}{\overline{m}(p_{i})-\overline{m}(p_{\mathrm{wf}})}\right)\mathrm{d}t_{\mathrm{a}}$$

$$(q_{\mathrm{Dd}})_{\mathrm{id}}=\left(\frac{-1}{t_{\mathrm{a}}}\right)\frac{\mathrm{d}}{\mathrm{d}t_{\mathrm{a}}}\left[\frac{1}{t_{\mathrm{a}}}\int_{0}^{t_{\mathrm{a}}}\left(\frac{q_{\mathrm{g}}}{\overline{m}(p_{i})-\overline{m}(p_{\mathrm{wf}})}\right)\mathrm{d}t_{\mathrm{a}}\right]$$

第4步，在描图纸上标绘这两个函数，即$(q_{\mathrm{Dd}})_{\mathrm{i}}$和$(q_{\mathrm{Dd}})_{\mathrm{id}}$，并把它们上覆在图3.60所示的标准曲线上进行拟合。

第5步，确定一个拟合点MP及其对应的无量纲半径r_{eD}的数值，来证实最终的G值，并确定其他参数：

$$G=\frac{1}{c_{\mathrm{ti}}}\left[\frac{t_{\mathrm{a}}}{t_{\mathrm{Dd}}}\right]_{\mathrm{MP}}\left[\frac{(q_{\mathrm{Dd}})_{\mathrm{i}}}{q_{\mathrm{Dd}}}\right]_{\mathrm{MP}} \tag{3.228}$$

$$A=\frac{5.615GB_{\mathrm{gi}}}{h\phi(1-S_{\mathrm{wi}})}$$

$$r_{\mathrm{e}}=\sqrt{\frac{A}{\pi}}$$

$$r_{\mathrm{wa}}=\frac{r_{\mathrm{e}}}{r_{\mathrm{eD}}} \tag{3.229}$$

$$s=-\ln\left(\frac{r_{\mathrm{wa}}}{r_{\mathrm{w}}}\right)$$

$$k=\frac{141.2B_{\mathrm{gi}}\mu_{\mathrm{gi}}}{h}\left[\ln\left(\frac{r_{\mathrm{e}}}{r_{\mathrm{w}}}\right)-\frac{1}{2}\right]\left[\frac{(q_{\mathrm{Dd}})_{\mathrm{i}}}{q_{\mathrm{Dd}}}\right]_{\mathrm{MP}}$$

式中：G为天然气地质储量，$10^3\mathrm{ft}^3$(标)；B_{gi}为p_{i}下的天然气地层体积系数，bbl/$10^3\mathrm{ft}^3$(标)；

A 为泄气面积，ft^2；s 为表皮系数；r_{eD} 为无量纲泄气半径；S_{wi} 为原生水饱和度。

他们采用了西弗吉尼亚州一口气井“A”(和 Fetkovich 在示例 3.22 中给出的一样)来说明其标准曲线的应用。图 3.61 显示了示例 3.22 中所给出的数据与 Placio 和 Blasingame 标准曲线拟合的结果。

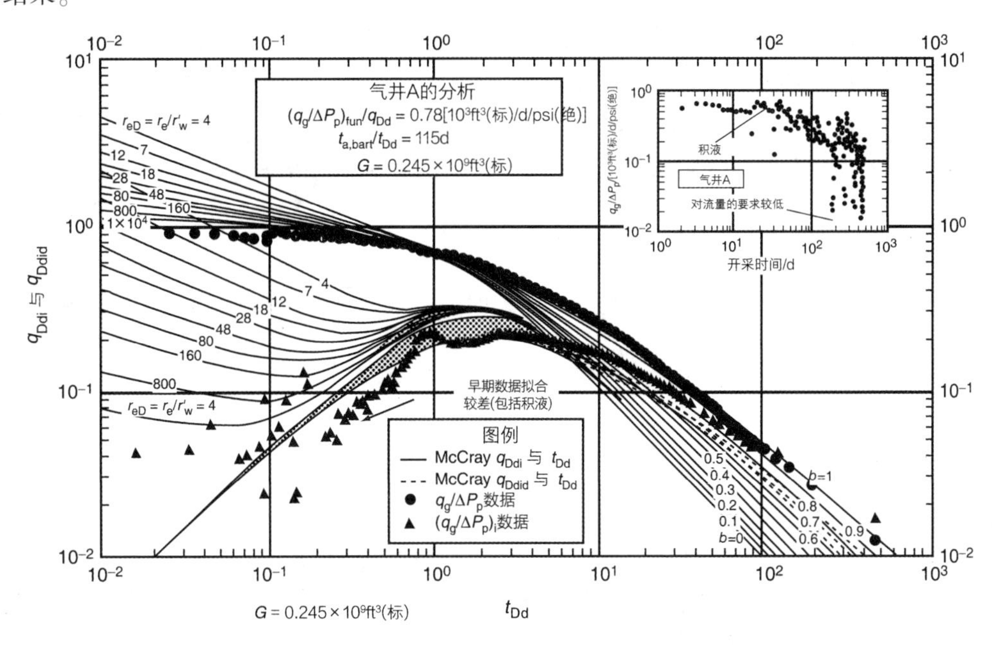

图 3.61 Placio 和 Blasingame 给出的西弗吉尼亚州气井示例

3.5.2.3.1 流动物质平衡

流动物质平衡法是估算原始天然气地质储量(OGIP)的一种新方法。由 Mattar 和 Anderson (2003)引入的这个方法采用了归一化流量和物质平衡拟压力的概念来建立一个简单的线性图，通过外推来确定原始天然气地质储量。这种方法利用现有产量数据的方式类似于 Palacio 和 Blasingame 的方法。他们证实，对于在拟稳定状态下流动的衰竭式开采的气藏而言，其流动系统可以由下式进行描述：

$$\frac{q}{m(p_i)-m(p_{wf})}=\frac{q}{\Delta m(p)}=\left(\frac{-1}{Gb'_{pss}}\right)Q_N+\frac{1}{b'_{pss}}$$

其中，Q_N是归一化的累积天然气产量，其表达式如下：

$$Q_N=\frac{2q_ip_it_a}{(c_t\mu_iZ_i)\Delta m(p)}$$

而 t_a是 Palacio 和 Blasingame 的归一化物质平衡拟压力，其表达式如下：

$$t_a=\frac{(\mu_gc_g)_i}{q_t}\frac{Z_iG}{2p_i}[\overline{m}(p_i)-\overline{m}(p)]$$

他们把 b'_{pss}定义为反采气指数(inverse productivity index)，其表达式为：

$$b'_{pss}=\frac{1.417\times10^6T}{kh}\left[\ln\left(\frac{r_e}{r_{wa}}\right)-\frac{3}{4}\right]$$

因此，上述表达式说明，在直角坐标系中 $q/\Delta m(p)$与 $2qp_it_a/[c_{ti}\mu_iZ_i\Delta m(p)]$的关系曲线是一条直线，其特征如下：$x$ 轴上的截距是天然气地质储量 G；y 轴上的截距是 b'_{pss}；斜率是$(-1/Gb'_{pss})$。

估算 G 的具体步骤说明如下：

第 1 步，利用现有的天然气性质数据，建立含气系统的 Z、μ、p/Z 和$(p/Z\mu)$对 p 的数据表。

第 2 步，在直角坐标系中绘制$(p/Z\mu)$与 p 的关系曲线图，并利用数值手段确定对应于几个 p 值的曲线下的面积，从而给出各个压力下的 $m(p)$。

第 3 步，设定一个原始天然气地质储量 G。

第 4 步，对于由时间 t 和 G_p确定的每一个产量数据点，都要利用所设定的 G 值由天然气 MBE[即式(3.60)]计算$\overline{p}/\overline{Z}$(译者注：原文为 p/Z，可能是印刷错误)：

$$\frac{\overline{p}}{\overline{Z}}=\frac{p_i}{Z_i}\left(1-\frac{G_p}{G}\right)$$

第 5 步，对于由 q_t和 t 确定的每一个产量数据点，都要计算 t_a和归一化的累积产量 Q_N：

$$t_a=\frac{(\mu_g c_g)_i Z_i G}{q_t \quad 2p_i}[\overline{m}(p_i)-\overline{m}(\overline{p})]$$

$$Q_N=\frac{2q_t p_i t_a}{(c_t \mu_i Z_i)\Delta m(p)}$$

第 6 步，在直角坐标系中绘制 $q/\Delta p$ 与 Q_N的交会图，并通过所标绘的数据点画出一条最佳的直线。把这条直线外推到 x 轴，并读取原始天然气地质储量 G。

第 7 步，利用由第 5 步得出的新 G 值进行下一步的迭代，即第 3 步，这个过程一直进行下去，直到达到一定的 G 值收敛容许误差为止。

3.5.2.3.2　Anash 等的标准曲线

在气藏开采过程中，天然气性质的变化会明显影响开采动态。其中，最为重要的是天然气黏度−压缩系数之积$\mu_g c_g$的变化，而 Fetkovich 在建立其标准曲线时忽视了这一点。Anash 等(2000)提出了描述作为压力函数的$\mu_g c_g$之积的三种函数形式。他们方便地以气体 MBE 所生成的无量纲的形式来表示压力，表达式如下：

$$\frac{p}{Z}=\frac{p_i}{Z_i}\left(1-\frac{G_p}{G}\right)$$

如果以无量纲的形式表示，上述 MBE 的表达式为：

$$p_D=(1-G_{pD})$$

其中：

$$p_D=\frac{p/Z}{p_i/Z_i},\quad G_{pD}=\frac{G_p}{G} \tag{3.230}$$

Anash 及其合作者指出，利用下述 3 种形式之一，可以把积$\mu_g c_g$表示为作为无量纲压力 p_D 函数的“无量纲比”$(\mu_g c_{ti}/\mu_g c_t)$。

(1) 一级多项式。第一种形式是一级多项式，它足以在压力低于 5000psi 的低压气藏中(即 p_i<5000psi)描述作为压力函数的积$\mu_g c_t$。以无量纲形式表示这个多项式时，其表达式如下：

$$\mu_i c_{ti}/\mu c_t=p_D \tag{3.231}$$

式中：c_{ti}为在压力 p_i下系统的综合压缩系数，psi^{-1}；μ_i为在压力 p_i下的气体黏度，cP。

(2) 指数模型。第二种形式是足以描述高压气藏(即 p_i>8000psi)的积$\mu_g c_t$：

$$\frac{\mu_i c_{ti}}{\mu c_t}=\beta_0\exp(\beta_1 p_D) \tag{3.232}$$

(3) 通用多项式模型。这些研究者考虑以三级或四级多项式作为通用模型，可适用于任何压力范围内的所有气藏系统，其表达式如下：

$$\frac{\mu_i c_{ti}}{\mu c_t}=a_0+a_1p_D+a_2p_D^2+a_3p_D^3+a_4p_D^4 \tag{3.233}$$

确定式(3.232)和式(3.233)中系数(即β_0、β_1、a_0、a_1等)的方法是：先在直角坐标系中绘制无量纲比$\mu_i c_{ti}/\mu c_t$与p_D的关系图(见图3.62)，然后利用最小平方回归模型来确定这些系数。

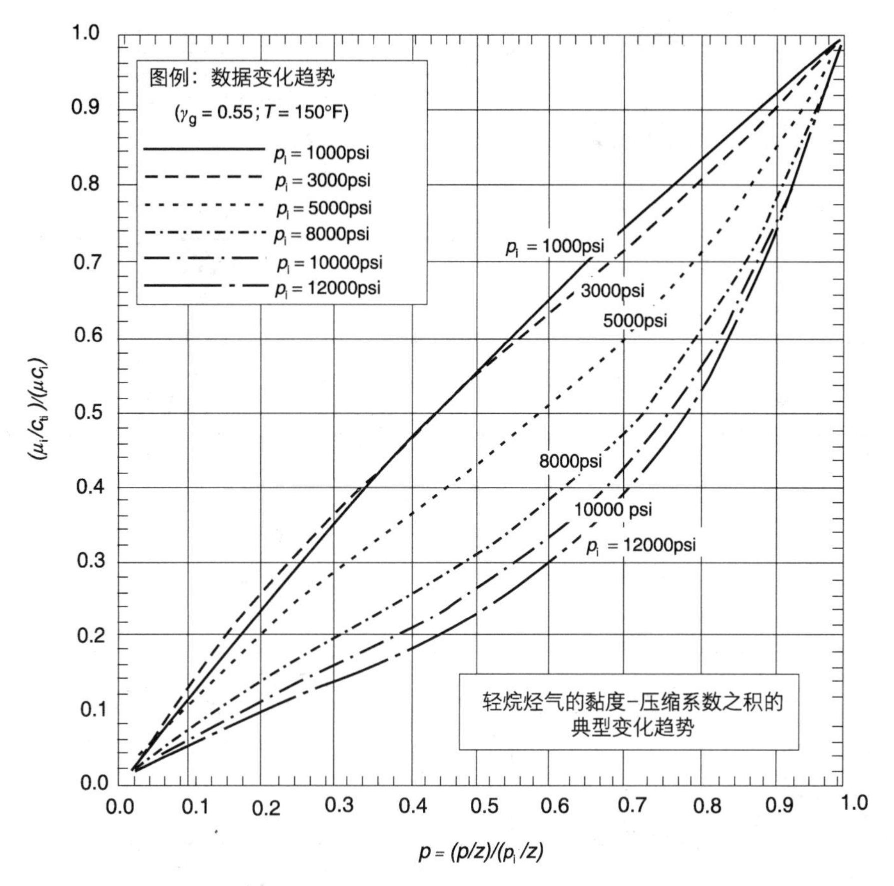

图3.62 黏度-压缩系数函数的典型分布(来源：Anash，J.，Blasingame，T.A.，Knowles，R.S.，2000. A semianalytic(p/Z) rate-time relation for the analysis and prediction of gas well performance. SPE Reservoir Eval. Eng. 3，525-533)

他们还建立了以下基本形式的稳定天然气流动方程：

$$\frac{dG_p}{dt}=q_g=\frac{J_g}{G_{ti}}\int_{p_{wD}}^{p_D}\left[\frac{\mu_i c_{ti}}{\mu c_t}\right]dp_D$$

其中，无量纲井底流压的表达式为：

$$p_{wD}=\frac{p_{wf}/Z_{wf}}{p_i/Z_i}$$

式中：q_g为天然气流量，ft^3/d(标)；p_{wf}为流压，psi(绝)；Z_{wf}为p_{wf}下的气体偏差系数；J_g为采气指数，ft^3(标)[d·psi(绝)]。

Anash等以“标准曲线”的格式展示了他们的解，包括一组大家熟悉的无量纲变量q_{Dd}、

t_{Dd}、r_{eD}，以及新引入的作为无量纲压力函数的关系参数 β。他们提供了三组标准曲线，如图 3.63～图 3.65所示，为每一种函数形式选择一个标准曲线组，用于描述 μc_t 积(即一级多项式、指数模型或通用多项式)。

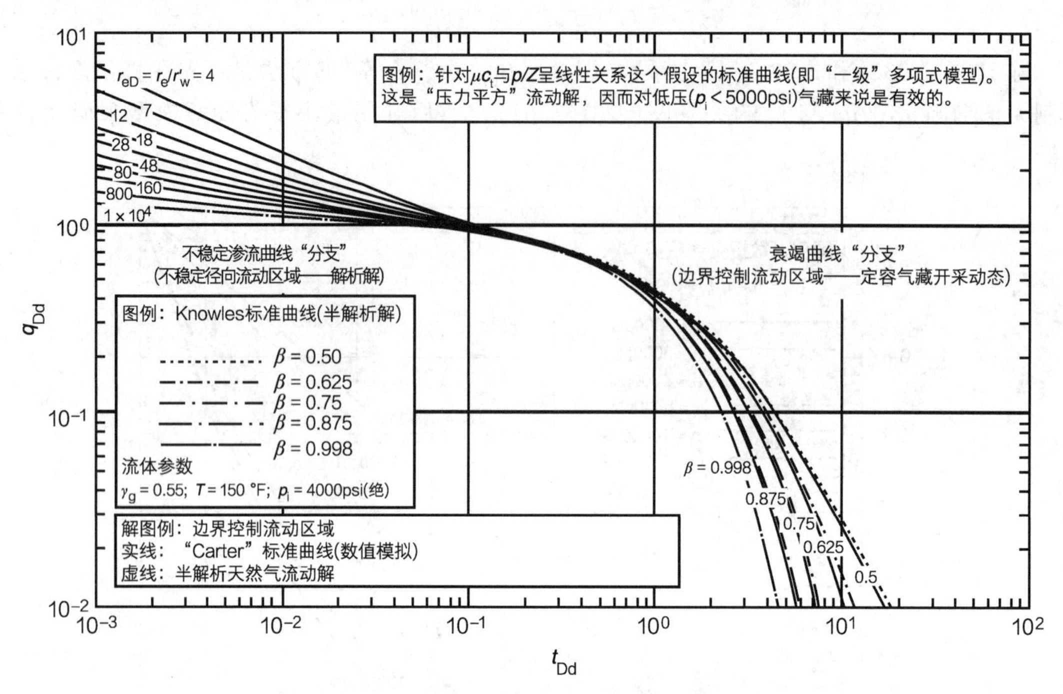

图 3.63 边界控制流动状态下真实气体流动的“一级”多项式解，这个解法假设了与 p_D 呈线性关系的 μc_t 积的剖面(经授权 SPE 复制)

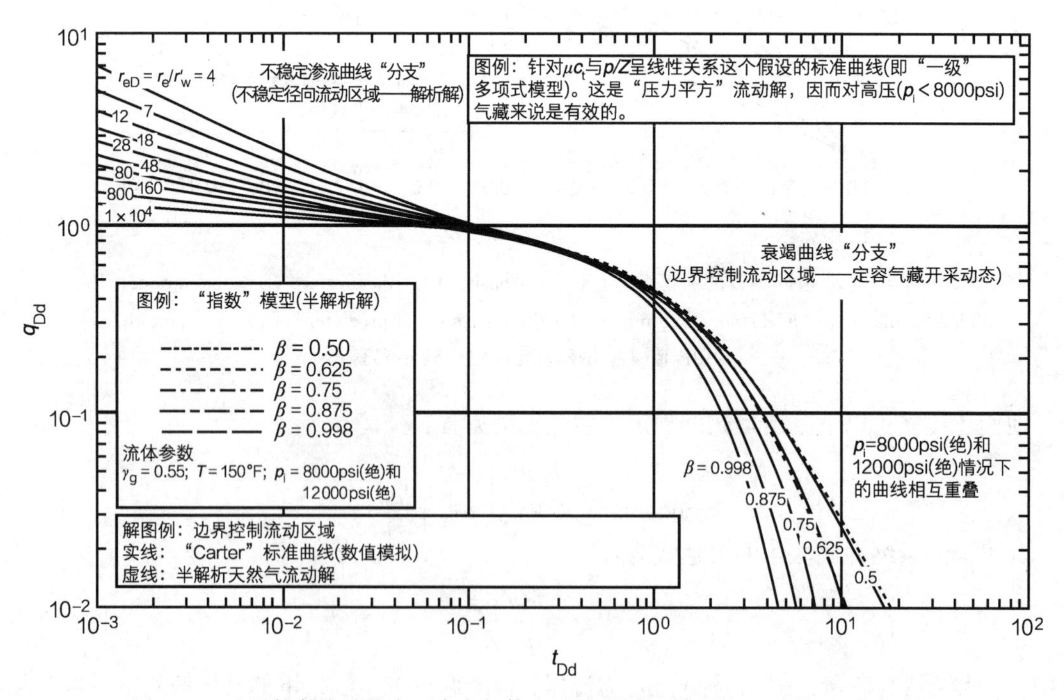

图 3.64 边界控制流动状态下真实气体流动的“指数”模型解(经授权 SPE 复制)

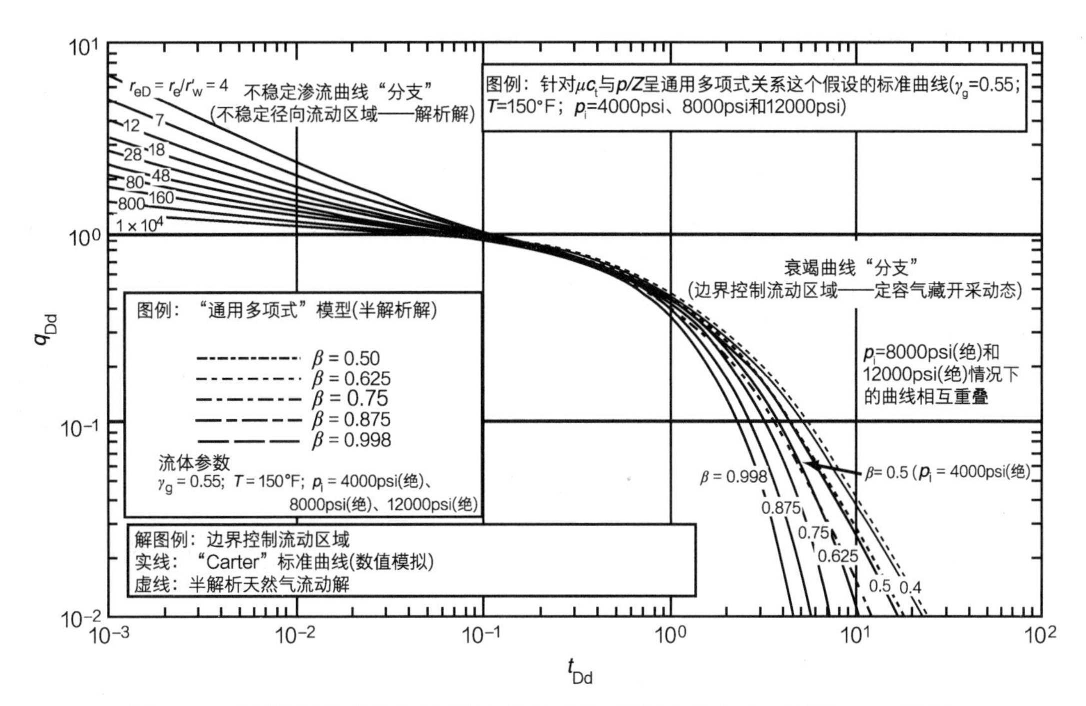

图 3.65 边界控制流动状态下真实气体流动的“通用多项式”解(经授权 SPE 复制)

利用 Anash 等标准曲线的方法总结为以下几个步骤：

第 1 步，利用现有的天然气性质数据，绘制$(\mu_i c_{ti}/\mu c_t)$与p_D的关系曲线图，这里：

$$p_D=\frac{p/Z}{p_i/Z_i}$$

第 2 步，从所绘制的图上选取描述所得曲线的合适的函数形式。

一级多项式：

$$\mu_i c_{ti}/\mu c_t=p_D$$

指数模型：

$$\frac{\mu_i c_{ti}}{\mu c_t}=\beta_0\exp(\beta_1 p_D)$$

通用多项式模型：

$$\frac{\mu_i c_{ti}}{\mu c_t}=a_0+a_1 p_D+a_2 p_D^2+a_3 p_D^3+a_4 p_D^4$$

运用回归模型(即最小平方)来确定所选取的足以描述$(\mu_i c_{ti}/\mu c_t)$与p_D关系曲线的函数形式的系数。

第 3 步，在具有与所选择的标准曲线(即图 3.63～图 3.65)给出的相同对数周期的双对数坐标系中绘制历史流量q_g与时间t的关系曲线图。

第 4 步，采用上述的标准曲线拟合技术，选择一个拟合点并记录以下内容：$(q_g)_{MP}$和$(q_{Dd})_{MP}$；$(t)_{MP}$和$(t_{Dd})_{MP}$；$(r_{eD})_{MP}$。

第 5 步，利用井底流压来计算无量纲压力p_{wD}：

$$p_{wD}=\frac{p_{wf}/Z_{wf}}{p_i/Z_i}$$

第 6 步，根据在第 2 步选择的函数形式，为所选择的函数模型计算常数α：

对于一级多项式而言：

$$\alpha=\frac{1}{2}(1-p_{\mathrm{wD}}^{2}) \tag{3.234}$$

对于指数模型而言：

$$\alpha=\frac{\beta_0}{\beta_1}[\exp(\beta_1)-\exp(\beta_1 p_{\mathrm{wD}})] \tag{3.235}$$

式中：β_0和β_1是指数模型的系数。

对于多项式函数而言(假设一个四级多项式)：

$$\alpha=A_0+A_1+A_2+A_3+A_4 \tag{3.236}$$

$$A_0=-(A_1 p_{\mathrm{wD}}+A_2 p_{\mathrm{wD}}^2+A_3 p_{\mathrm{wD}}^3+A_4 p_{\mathrm{wD}}^4) \tag{3.237}$$

$$A_1=a_0,\ A_2=\frac{a_1}{2},\ A_3=\frac{a_2}{3},\ A_4=\frac{a_3}{4}$$

第 7 步，把流量拟合点和第 6 步中的常数 α 代入下列关系式，计算井采气指数 J_{g}：

$$J_{\mathrm{g}}=\frac{c_{\mathrm{ti}}}{\alpha}\left(\frac{q_{\mathrm{g}}}{q_{\mathrm{Dd}}}\right)_{\mathrm{MP}} \tag{3.238}$$

第 8 步，根据时间拟合点估算原始天然气地质储量 G：

$$G=\frac{J_{\mathrm{g}}}{c_{\mathrm{ti}}}\left(\frac{t}{t_{\mathrm{Dd}}}\right)_{\mathrm{MP}} \tag{3.239}$$

第 9 步，由下列表达式计算气藏泄气面积 A：

$$A=\frac{5.615 B_{\mathrm{gi}} G}{\phi h(1-S_{\mathrm{wi}})} \tag{3.240}$$

式中：A 为泄气面积，ft^2；B_{gi}为压力 p_{i}下的天然气地层体积系数，$\mathrm{bbl/ft^3}$(标)；S_{wi}为初始水饱和度。

第 10 步，由无量纲泄气半径 r_{eD}的拟合曲线计算渗透率 k：

$$k=\frac{141.2\mu_{\mathrm{i}} B_{\mathrm{gi}} J_{\mathrm{g}}}{h}\left(\ln[r_{\mathrm{eD}}]_{\mathrm{MP}}-\frac{1}{2}\right) \tag{3.241}$$

第 11 步，由下列公式计算表皮系数：

$$r_{\mathrm{e}}=\sqrt{\frac{A}{\pi}} \tag{3.242}$$

$$r_{\mathrm{wa}}=\frac{r_{\mathrm{e}}}{(r_{\mathrm{eD}})_{\mathrm{MP}}} \tag{3.243}$$

$$s=-\ln\left(\frac{r_{\mathrm{wa}}}{r_{\mathrm{w}}}\right) \tag{3.244}$$

【示例 3.24】

西弗吉尼亚州气井“A”是一口垂直生产井，曾开展过水力压裂增产措施，正在进行降压开采。该井的产量数据由 Fetkovich 提供，并在示例 3.22 中得到了应用。下面列出了储层和流体性质：$r_{\mathrm{w}}=0.354\mathrm{ft}$；$h=70\mathrm{ft}$；$\phi=6\%$；$T=160°\mathrm{F}$；$s=5.17$；$k=0.07\mathrm{mD}$；$\gamma_{\mathrm{g}}=0.57$；$B_{\mathrm{gi}}=0.00071\mathrm{bbl/ft^3}$(标)；$\mu_{\mathrm{gi}}=0.0225\mathrm{cP}$；$c_{\mathrm{ti}}=0.000184\mathrm{psi^{-1}}$；$p_{\mathrm{i}}=4175\mathrm{psi}$(绝)；$p_{\mathrm{wf}}=710\mathrm{psi}$(绝)；$\alpha=0.4855$(一级多项式)；$S_{\mathrm{wi}}=0.35$。

解答：

第 1 步，图 3.66 显示了其产量数据与图 3.63 中数据的标准曲线拟合，从中可以得出：$(q_g)_{MP}=1.0$；$(q_{Dd})_{MP}=1.98\times10^6\text{ft}^3$(标)d；$(t)_{MP}=695\text{d}$；$(t_{Dd})_{MP}=1$；$(r_{eD})_{MP}=28$。

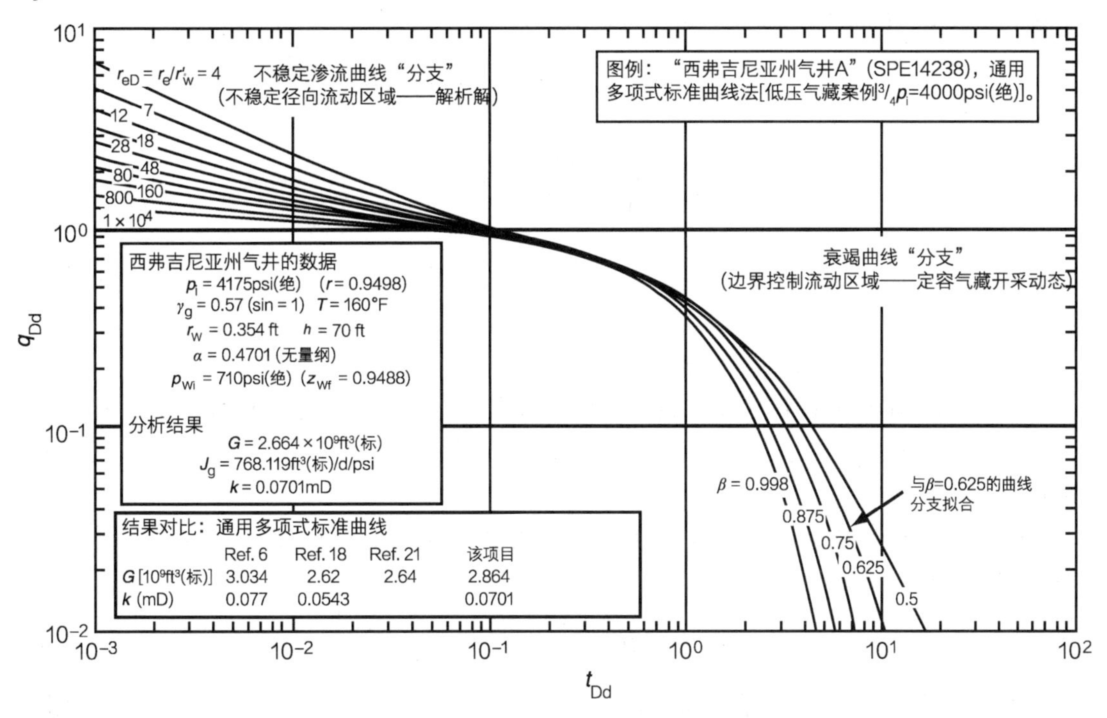

结果对比：通用多项式标准曲线	Ref. 6	Ref. 18	Ref. 21	该项目
G [10⁹ft³(标)]	3.034	2.62	2.64	2.864
k (mD)	0.077	0.0543		0.0701

图 3.66 西弗吉尼亚州气井“A”的标准曲线分析(SPE14238)，“通用多项式”标准曲线分析法
(经 SPE 授权复制，2000)

第 2 步，由式(3.238)计算采气指数：

$$
\begin{aligned}
J_g &= \frac{C_{ti}}{\alpha}\left(\frac{q_g}{q_{Dd}}\right)_{MP} \\
&= \frac{0.000184}{0.4855}\left(\frac{1.98\times10^6}{1.0}\right) \\
&= 743.758[\text{ft}^3(\text{标})/(\text{d}\cdot\text{psi})]
\end{aligned}
$$

第 3 步，由式(3.239)计算 G：

$$
\begin{aligned}
G &= \frac{J_g}{C_{ti}}\left(\frac{t}{t_{Dd}}\right)_{MP} \\
&= \frac{743.758}{0.0001824}\left(\frac{695}{1.0}\right) = 2.834\times10^9[\text{ft}^3(\text{标})]
\end{aligned}
$$

第 4 步，由式(3.240)计算泄气面积：

$$
\begin{aligned}
A &= \frac{5.615B_{gi}G}{\phi h(1-S_{wi})} \\
&= \frac{5.615(0.00071)(2.834\times10^9)}{(0.06)(70)(1-0.35)} \\
&= 4.1398\times10^6\ \text{ft}^2 = 95(\text{acre})
\end{aligned}
$$

第 5 步，根据 $r_{eD}=28$ 的不稳定曲线分支上的拟合情况，采用下列公式计算渗透率：

$$k=\frac{(141.2)(0.0225)(0.00071)(743.76)}{70}\left(\ln(28)-\frac{1}{2}\right)$$
$$=0.0679(\text{mD})$$

第 6 步，由式(3.242)和式(3.243)计算表皮系数：

$$r_e=\sqrt{\frac{A}{\pi}}=\sqrt{\frac{4.1398\times10^6}{\pi}}=1147.9(\text{ft})$$

$$r_{wa}=\frac{r_e}{(r_{eD})_{MP}}=\frac{1147.9}{28}=40.997(\text{ft})$$

$$s=-\ln\left(\frac{r_{wa}}{r_w}\right)=-\ln\left(\frac{40.997}{0.354}\right)=-4.752$$

3.5.2.3.3　压裂气井的递减曲线分析

Pratikno 等(2003)专门针对位于封闭的圆形气藏中心、具有有限导流能力的垂直压裂气井，开发了一套新的标准曲线。他们采用解析解开发了这些标准曲线，并建立了递减变量的关系式。

回顾上文所讲内容，封闭油气藏在拟稳定流动过程中的通用无量纲压力方程是由式(1.136)给出的：

$$p_D=2\pi t_{DA}+\frac{1}{2}\left[\ln\left(\frac{A}{r_w^2}\right)\right]+\frac{1}{2}\left[\ln\left(\frac{2.2458}{G_A}\right)\right]+s$$

其中，基于井筒半径 t_D 或泄油面积 t_{DA} 的无量纲时间分别由式(1.86a)和式(1.86b)给出：

$$t_D=\frac{0.0002637kt}{\phi\mu c_t r_w^2}$$

$$t_{DA}=\frac{0.0002637kt}{\phi\mu c_t A}=t_A\left(\frac{r_w^2}{A}\right)$$

这些研究者接受了上述形式，并提出，对于圆形油气藏中在拟稳态下(pss)通过一条有限导流能力裂缝以定流量开采的生产井而言，其无量纲压降的表达式如下：

$$p_D=2\pi t_{DA}+b_{Dpss}$$
$$b_{Dpss}=p_D-2\pi t_{DA}$$

其中，b_{Dpss} 项是无量纲拟稳态常数，它与时间无关，但它是无量纲半径 r_{eD} 和无量纲裂缝导流能力 F_{CD} 的函数。

在第 1 章中，上述两个无量纲参数由下列表达式来定义：

$$F_{CD}=\frac{k_f}{k}\frac{W_f}{X_f}=\frac{F_C}{kX_f}r_{eD}=\frac{r_e}{X_f}$$

这几位作者注意到，在拟稳定流动过程中，对于给定的 r_{eD} 和 F_{CD} 数值，描述流体流动的方程都会给出一个恒定的值，这个值由下列关系式进行计算：

$$b_{Dpss}=\ln(r_{eD})-0.049298+\frac{0.43464}{r_{eD}^2}$$
$$+\frac{a_1+a_2u+a_3u^2+a_4u^3+a_5u^4}{1+b_1u+b_2u^2+b_3u^3+b_4u^4}$$

其中：

$$u=\ln(F_{CD})$$

$a_1=0.93626800$;　　$b_1=-0.38553900$;

$a_2=-1.0048900$;　　$b_2=-0.06988650$;

$a_3=0.31973300$;　　$b_3=-0.04846530$;

$a_4=-0.0423532$;　　$b_4=-0.00813558$;

$a_5=0.00221799$

在上述方程的基础上，Pratikno 等采用 Palacio 和 Blasingame 以前定义的函数[即 t_a、$(q_{Dd})_i$和$(q_{Dd})_{id}$]以及参数 r_{eD}和 F_{CD}为由 13 个数值构成的 F_{CD}序列生成了一组递减曲线，参数 r_{eD}的采样值为 2、3、4、5、10、20、30、40、50、100、200、300、400、500 和 1000。F_{CD}数值 0.1、1、10、100 和 1000 的标准曲线显示在图 3.67～图 3.71 中。

他们提出了下面的标准曲线拟合方法，它类似于在 Palacio 和 Blasingame 的标准曲线拟合中所采用的方法：

第 1 步，如第 1 章所述，运用 Gringartne 或 Cino-Samaniego 法分析现有的试井数据，计算无量纲裂缝导流能力和裂缝半长 x_f。

第 2 步，以作为时间函数的井底流压和流量 q_t[石油流量的单位 STB/d，天然气流量的单位 10^3ft^3(标)]的形式对现有的井数据进行集中。利用下列公式计算给定的各数据点的物质平衡拟时间 t_a。

对于石油而言：

$$t_a=\frac{N_p}{q_t}$$

对于天然气而言：

$$t_a=\frac{(\mu_g c_g)_i}{q_t}\frac{Z_i G}{2p_i}[\overline{m}(p_i)-\overline{m}(\overline{p})]$$

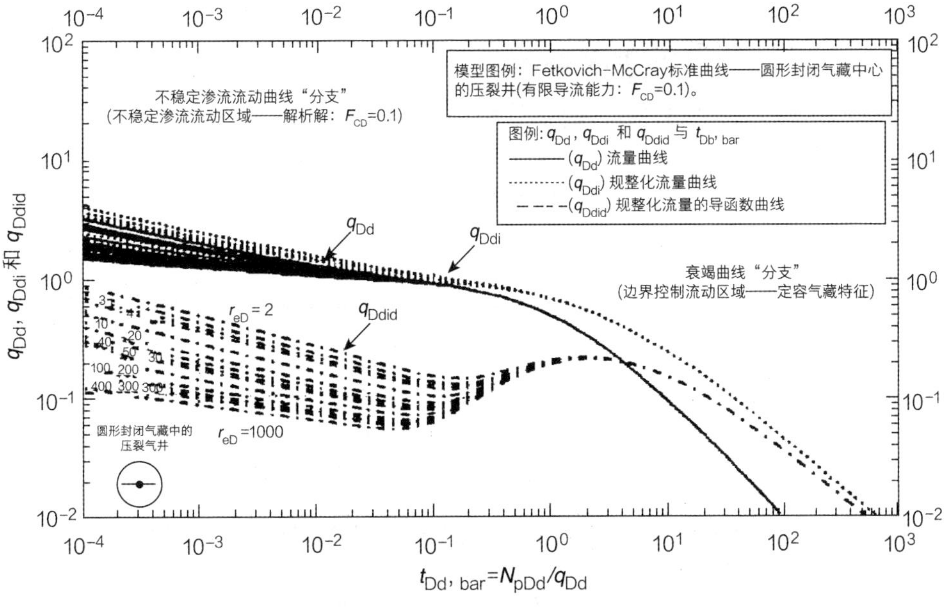

图 3.67　具有有限导流能力裂缝($F_{CD}=0.1$)的气井的 Fetkovich-McCray 递减标准曲线——流量与物质平衡时间的关系曲线(经 SPE 授权复制，2003)

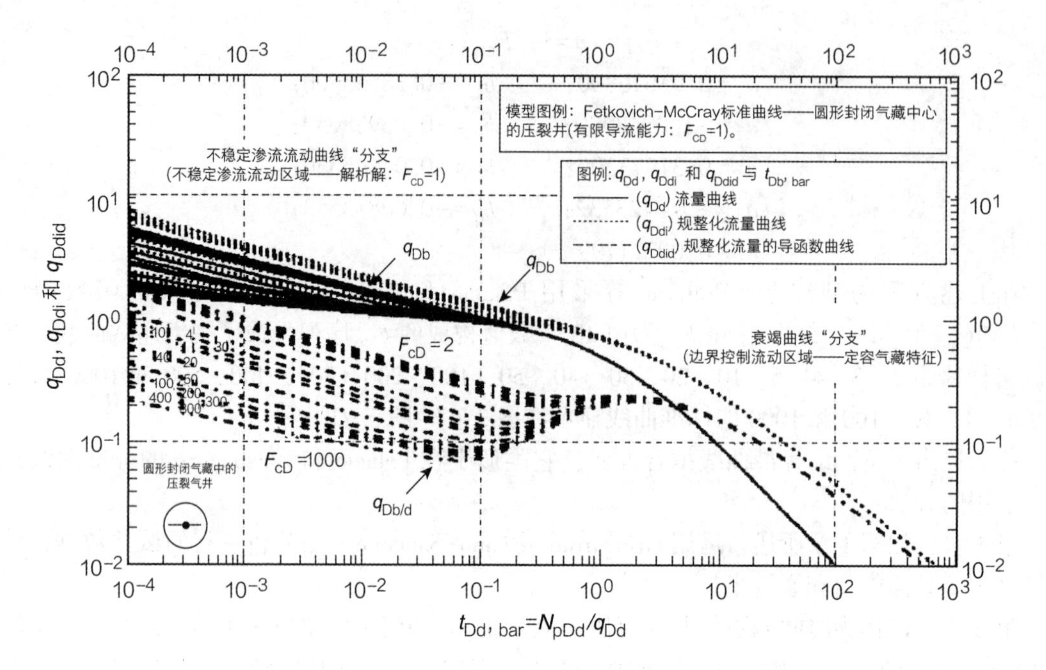

图 3.68 具有有限导流能力裂缝($F_{CD}=1.0$)的气井的 Fetkovich-McCray 递减标准曲线——流量与物质平衡时间的关系曲线(经 SPE 授权复制，2003)

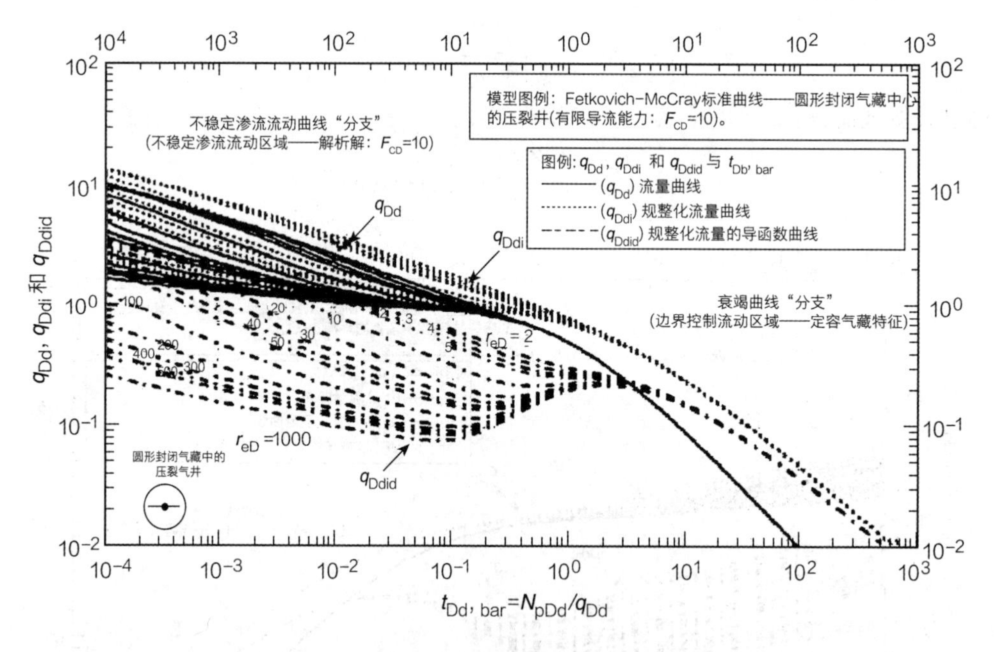

图 3.69 具有有限导流能力裂缝($F_{CD}=10$)的气井的 Fetkovich-McCray 递减标准曲线——流量与物质平衡时间的关系曲线(经 SPE 授权复制，2003)

其中，$\overline{m}(p_i)$ 和 $\overline{m}(p)$ 是由式(3.218)和式(3.219)定义的归一化拟压力：

$$\overline{m}(p_i) = \frac{\mu_{gi}Z_i}{p_i}\int_0^{p_i}\left[\frac{p}{\mu_g Z}\right]dp$$

$$\overline{m}(p) = \frac{\mu_{gi}Z_i}{p_i}\int_0^{p}\left[\frac{p}{\mu_g Z}\right]dp$$

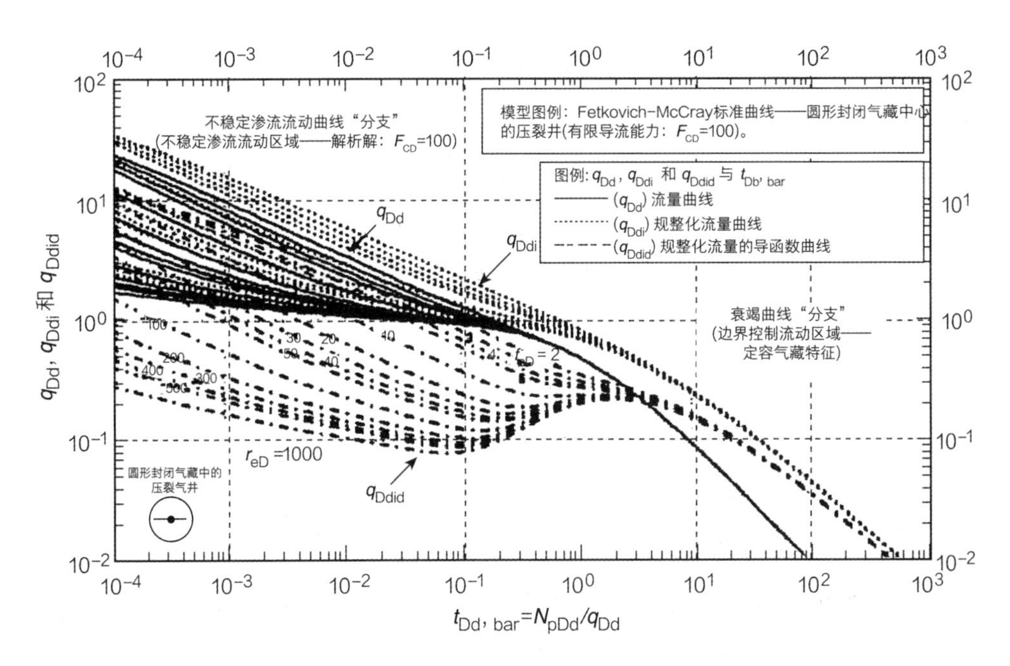

图 3.70 具有有限导流能力裂缝($F_{CD}=100$)的气井的 Fetkovich-McCray 递减标准曲线——流量与物质平衡时间的关系曲线(经 SPE 授权复制，2003)

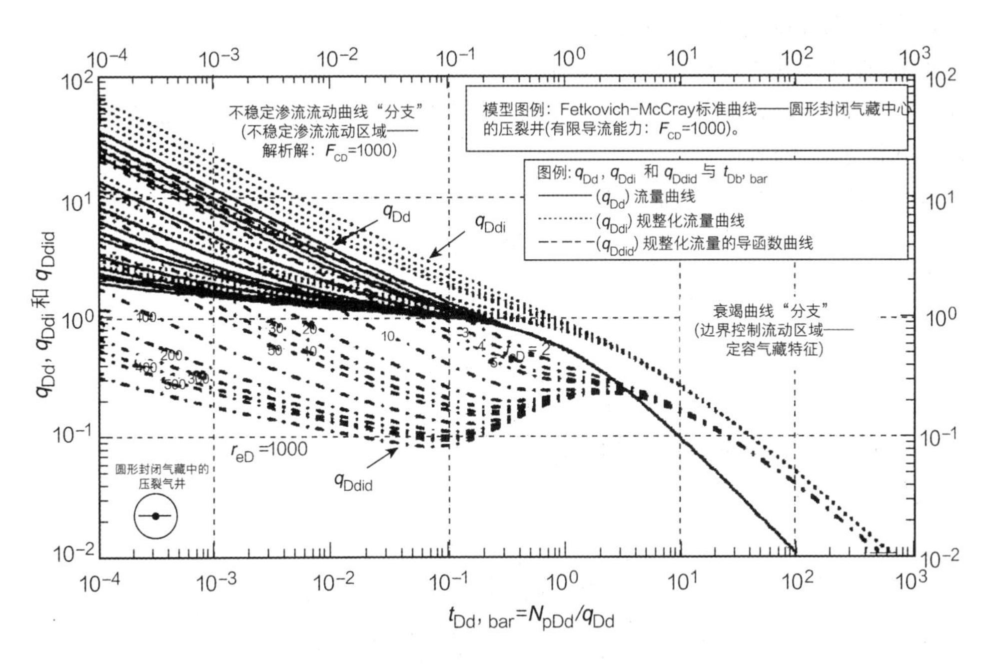

图 3.71 具有有限导流能力裂缝($F_{CD}=1000$)的气井的 Fetkovich-McCray 递减标准曲线——流量与物质平衡时间的关系曲线(经 SPE 授权复制，2003)

注意，原始天然气地质储量必须通过迭代的方式进行计算，这一点和上文 Palacio 和 Blasingame 说明的一样。

第 3 步，利用在第 2 步列表并绘图的井产量数据，计算以下 3 个辅助的绘图函数：压降归一化流量 q_{Dd}；压降归一化的规整化产量$(q_{Dd})_i$；压降归一化的规整化产量的导函数$(q_{Dd})_{id}$。

对于天然气而言：

$$q_{Dd}=\frac{q_g}{\overline{m}(p_i)-\overline{m}(p_{wf})}$$

$$(q_{Dd})_i=\frac{1}{t_a}\int_0^{t_a}\left(\frac{q_g}{\overline{m}(p_i)-\overline{m}(p_{wf})}\right)dt_a$$

$$(q_{Dd})_{id}=\left(\frac{-1}{t_a}\right)\frac{d}{dt_a}\left[\frac{1}{t_a}\int_0^{t_a}\left(\frac{q_g}{\overline{m}(p_i)-\overline{m}(p_{wf})}\right)dt_a\right]$$

对于石油而言：

$$q_{Dd}=\frac{q_o}{p_i-p_{wf}}$$

$$(q_{Dd})_i=\frac{1}{t_a}\int_0^{t_a}\left(\frac{q_o}{p_i-p_{wf}}\right)dt_a$$

$$(q_{Dd})_{id}=\left(\frac{-1}{t_a}\right)\frac{d}{dt_a}\left[\frac{1}{t_a}\int_0^{t_a}\left(\frac{q_o}{p_i-p_{wf}}\right)dt_a\right]$$

第4步，在描图纸上绘制这3个天然气或石油函数曲线，即q_{Dd}、$(q_{Dd})_i$和$(q_{Dd})_{id}$与t_a的关系曲线图，然后把它们覆盖在具有合适F_{CD}数值的标准曲线上。

第5步，为这3个函数[q_{Dd}、$(q_{Dd})_i$和$(q_{Dd})_{id}$]中的每一个都确立一个拟合点“MP”。一旦实现“拟合”后，记录下“时间”和“流量”拟合点以及无量纲半径r_{eD}的数值。

(1)流量轴“拟合点”：任意的$(q/\Delta p)_{MP}-(q_{Dd})_{MP}$对。

(2) 时间轴“拟合点”：任意的$(\bar{t})_{MP}-(t_{Dd})_{MP}$对。

(3)不稳定流动曲线分支：选择与不稳定流动曲线拟合最佳的函数$(q/\Delta p)$、$(q/\Delta p)_i$和$(q/\Delta p)_{id}$，并记录r_{eD}的数值。

第6步，利用F_{CD}和r_{eD}的数值求取b_{Dpss}：

$$\mu=\ln(F_{CD})$$

$$b_{Dpss}=\ln(r_{eD})-0.049298+\frac{0.43464}{r_{eD}^2}+\frac{a_1+a_2u+a_3u^2+a_4u^3+a_5u^4}{1+b_1u+b_2u^2+b_3u^3+b_4u^4}$$

第7步，利用拟合点的结果估算下列储层参数。

对于天然气而言：

$$G=\frac{1}{c_{ti}}\left[\frac{t_a}{t_{Dd}}\right]_{MP}\left[\frac{(q_g/\Delta m(\bar{p}))}{q_{Dd}}\right]_{MP}$$

$$k_g=\frac{141.2B_{gi}\mu_{gi}}{h}\left[\frac{(q_g/\Delta m(\bar{p})_{MP})}{(q_{Dd})_{MP}}\right]b_{Dpss}$$

$$A=\frac{5.615GB_{gi}}{h\phi(1-S_{wi})}$$

$$r_e=\sqrt{\frac{A}{\pi}}$$

对于石油而言：

$$N=\frac{1}{c_t}\left[\frac{t_a}{t_{Dd}}\right]_{MP}\left[\frac{(q_o/\Delta p)_i}{q_{Dd}}\right]_{MP}$$

$$k_{\mathrm{o}}=\frac{141.2B_{\mathrm{oi}}\mu_{\mathrm{goi}}}{h}\left[\frac{(q_{\mathrm{o}}/\Delta p)_{\mathrm{MP}}}{(q_{\mathrm{Dd}})_{\mathrm{MP}}}\right]b_{\mathrm{Dpss}}$$

$$A=\frac{5.615NB_{\mathrm{oi}}}{h\phi(1-S_{\mathrm{wi}})}$$

$$r_{\mathrm{e}}=\sqrt{\frac{A}{\pi}}$$

式中：G 为天然气地质储量，$10^3\mathrm{ft}^3$(标)；N 为石油地质储量，STB；B_{gi} 为压力 p_{i} 下的天然气地层体积系数，$\mathrm{bbl}/10^3\mathrm{ft}^3$(标)；$A$ 为泄气面积，ft^2；r_{e} 为泄气半径，ft；S_{wi} 为初始含水饱和度。

第 8 步，计算裂缝半长 x_{f} 并与第 1 步的结果进行对比：

$$x_{\mathrm{f}}=r_{\mathrm{e}}/r_{\mathrm{eD}}$$

【示例 3.25】

得克萨斯气田的一口气井进行过水力压裂增产措施，而且正在进行衰竭开采。储层和流体性质列表如下：$r_{\mathrm{w}}=0.333\mathrm{ft}$；$h=170\mathrm{ft}$；$\phi=8.8\%$；$T=300°\mathrm{F}$；$\gamma_{\mathrm{g}}=0.70$；$B_{\mathrm{gi}}=0.5498\mathrm{bbl}/\mathrm{ft}^3$(标)；$\mu_{\mathrm{gi}}=0.0361\mathrm{cP}$；$c_{\mathrm{ti}}=51.032\times10^{-6}\mathrm{psi}^{-1}$；$p_{\mathrm{i}}=9330\mathrm{psi}$(绝)；$p_{\mathrm{wf}}=710\mathrm{psi}$(绝)；$S_{\mathrm{wi}}=0.131$；$F_{\mathrm{CD}}=0.131$。图 3.72 显示了与 $F_{\mathrm{CD}}=5$ 的标准曲线的拟合情况，拟合点的数据如下：$(q_{\mathrm{Dd}})_{\mathrm{MP}}=1.0$；$[(q_{\mathrm{g}}/\Delta m(\bar{p})]_{\mathrm{MP}}=0.89\times10^3\mathrm{ft}^3$(标)/d；$(t_{\mathrm{a}})_{\mathrm{MP}}=58\mathrm{d}$；$(t_{\mathrm{Dd}})_{\mathrm{MP}}=1$；$(r_{\mathrm{eD}})_{\mathrm{MP}}=2$。试对这口气井开展标准曲线分析。

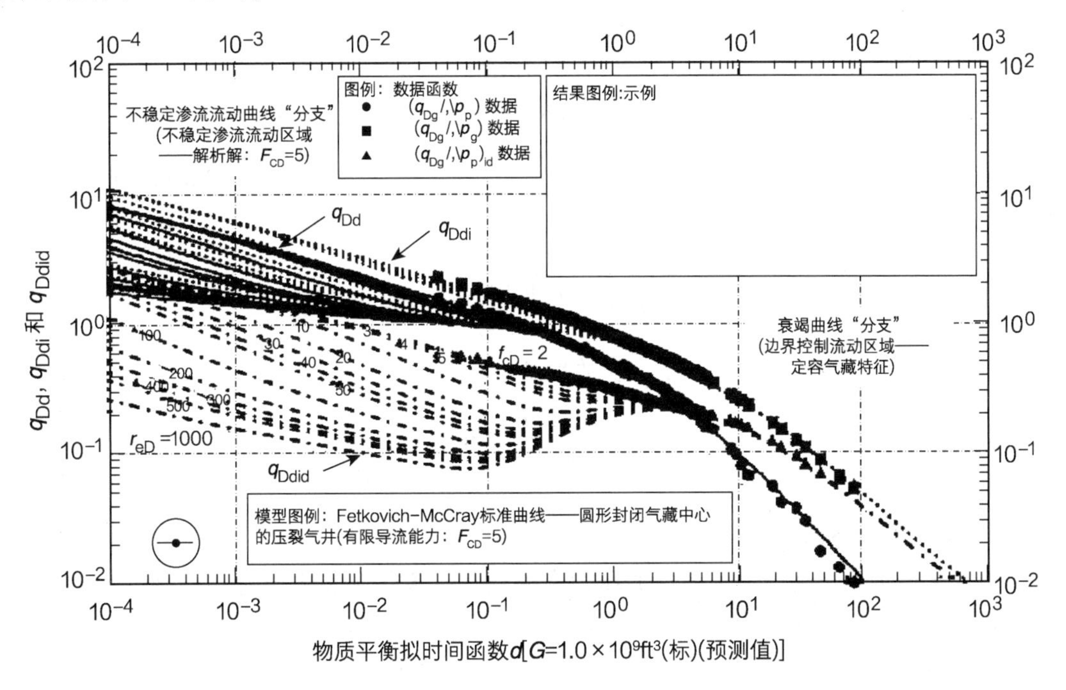

图 3.72　示例 1 中具有有限导流能力垂直裂缝($F_{\mathrm{CD}}=5$)气井的产量数据与 Fetovich-McCray 递减标准曲线(拟压降归一化的流量与物质平衡时间的关系曲线)的拟合(经 SPE 授权复制，2003)

解答：

第 1 步，利用 F_{CD} 和 r_{eD} 的数值求取 b_{Dpss} 的数值：

$$\mu=\ln(F_{\mathrm{CD}})=\ln(5)=1.60944$$

$$b_{\mathrm{Dpss}}=\ln(r_{\mathrm{eD}})-0.049298+\frac{0.43464}{r_{\mathrm{eD}}^2}$$

$$+\frac{a_1+a_2u+a_3u^2+a_4u^3+a_5u^4}{1+b_1u+b_2u^2+b_3u^3+b_4u^4}$$

$$=\ln(2)-0.049298+\frac{0.43464}{2^2}$$

$$+\frac{a_1+a_2u+a_3u^2+a_4u^3+a_5u^4}{1+b_1u+b_2u^2+b_3u^3+b_4u^4}=1.00222$$

第 2 步，利用拟合点的结果估算下列储层参数：

$$G=\frac{1}{c_{\mathrm{ti}}}\left[\frac{t_{\mathrm{a}}}{t_{\mathrm{Dd}}}\right]_{\mathrm{MP}}\left[\frac{(q_{\mathrm{g}}/\Delta m(\bar{p}))}{q_{\mathrm{Dd}}}\right]_{\mathrm{MP}}$$

$$=\frac{1}{5.1032\times10^{-5}}\left[\frac{58}{1.0}\right]_{\mathrm{MP}}\left[\frac{0.89}{1.0}\right]$$

$$=1.012\times10^6\times10^6[\mathrm{ft}^3(\text{标})]$$

$$k_{\mathrm{g}}=\frac{141.2B_{\mathrm{gi}}\mu_{\mathrm{gi}}}{h}\left[\frac{(q_{\mathrm{g}}/\Delta m(\bar{p})_{\mathrm{MP}})}{(q_{\mathrm{Dd}})_{\mathrm{MP}}}\right]b_{\mathrm{Dpss}}$$

$$=\frac{141.2(0.5498)(0.0361)}{170}\left[\frac{0.89}{1.0}\right]1.00222$$

$$=0.015(\mathrm{mD})$$

$$A=\frac{5.615GB_{\mathrm{gi}}}{h\phi(1-S_{\mathrm{wi}})}$$

$$=\frac{5.615(1.012\times10^6)(0.5498)}{(170)(0.088)(1-0.131)}=240195(\mathrm{ft}^2)$$

$$=5.51(\mathrm{acre})$$

$$r_{\mathrm{e}}=\sqrt{\frac{A}{\pi}}=\sqrt{\frac{240195}{\pi}}=277(\mathrm{ft})$$

第 3 步，计算裂缝半长 x_{f} 并与第 1 步的结果进行对比：

$$x_{\mathrm{f}}=\frac{r_{\mathrm{e}}}{r_{\mathrm{eD}}}=\frac{277}{2}=138(\mathrm{ft})$$

3.6 天然气水合物

天然气水合物是在远高于水冰点的压力和温度下，天然气和水通过物理结合而形成的固态晶状物质。在存在游离水的情况下，当温度下降到某一点时就会形成水合物，这个温度被称为“水合温度 T_{h}”。天然气水合物晶体的外表类似于冰或湿雪，但它不具备冰的固体结构。水合物晶体的主要骨架是由水分子构成的。气体分子占据水分子晶格中的空隙空间(笼)；然而笼内必须充填足够多的烃类分子，才能使晶格稳定。在把水合物“雪”取到地面后，会发出比较响的破裂声音，这是气体分子在破坏了水合物分子的晶格后从中逸出所发出的声音。

水合物晶格的类型已知有两种，它们各自具有两种不同的空隙空间：

I型晶格结构的空隙空间比较小，可以容纳诸如甲烷和乙烷这类小分子。这些“外来”气体分子被称为“水合物形成气”。一般来讲，诸如 C_1、C_2 和 CO_2 这些轻组分会形成I型结构水合物。

Ⅱ型晶格结构的空隙空间(笼或空腔)比较大，除了甲烷和乙烷之外，它们还可以捕集分子规模中等的较重烷烃(例如 C_3、$i-C_4$和 $n-C_4$)，形成Ⅱ型结构水合物。多项研究已经证实，Ⅱ型结构是比较稳定的水合物结构。但这类气体非常贫乏，因此Ⅰ型结构被视为水合物稳定结构。

所有比 C_4重的烃类组分(即 C_{5+})都不会对水合物的形成有贡献，被视为“非水合物形成气组分”。

天然气水合物对海底管线和天然气处理设备带来了相当大的操作和安全风险。石油工业目前防止天然气水合物形成的措施是在将温压条件设定在水合物稳定区之外。在天然气流动过程中，必需识别出促使水合物形成的条件进而加以避免。这一点很重要，因为水合物会带来相当多的问题，例如：阻塞生产管柱、地面管线及其他设备；使输气管线和地面设备完全堵塞；生产管柱水合物的形成会导致井口实测压力偏低。

Sloan(2000)列出了可能促进天然气水合物形成的几个条件，包括：存在游离水和甲烷-丁烷分子大小范围的气体；存在 H_2S 或 CO_2，这些酸性气体要比烃类更易于溶解于水，因而是导致天然气水合物形成的一个重要因素；温度低于所研究压力和气体组分条件下的“水合物形成温度”；操作压力较高，它会提高“水合物形成温度”；输送管线或设备中气体高速流动或存在扰动现象；存在微小水合物“晶核”；在存在液态水情况下天然气处于或低于其水露点的状态。

根据上述形成水合物所需的条件，人们提出了下列 4 种经典的阻止水合物形成的热动力学方法：除水是最佳的保护措施；使整个流动系统保持较高的温度，例如保温、管线集束或电加热；防止水合物形成的最常用方法是注入抑制剂，例如甲醇或单乙二醇，它们充当防冻剂；动力学抑制剂是低相对分子质量聚合物，通过溶于载体溶剂而注入管线内水相中。这些抑制剂会与水合物表面结合，在管道中存在滞留水的时间段内阻止水合物晶体的生长。

3.6.1 水合物相图

在地面天然气处理设施中形成水合物的温度和压力条件一般要远低于在生产和油藏工程中所考虑的温度和压力条件。水合物形成的初始条件通常采用水-烃类系统的简单 $p-T$ 相图来说明。图 3.73 为典型的水与轻烃混合物的相图示意图。该图中标出了下四相点“Q_1”和上四相点“Q_2”。四相点反映的是四种相态处于平衡状态时的条件。

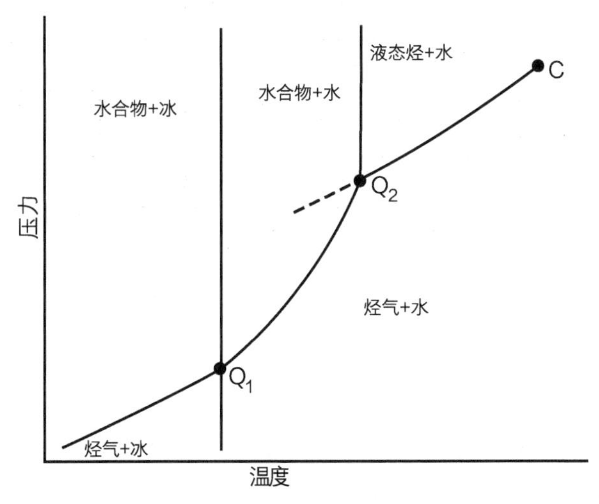

图 3.73 典型的水和轻烃混合物的相图

每一个四相点都是4条三相线的交点。下四相点 Q_1 代表冰、水合物、水和烃气处于平衡状态的条件。在低于 Q_1 所对应的温度下，水合物由蒸气和冰形成。上四相点 Q_2 代表水、液态烃、烃气和水合物处于平衡状态的条件，它反映的是这个特定的气-水系统的水合物形成温度上限。部分较轻的天然气组分，例如甲烷和氮气，并没有上四相点，所以并不存在水合物形成的温度上限。这就是为什么在高压气井地面设施的高温条件下(高达120℉)仍能形成水合物的原因。

Q_1-Q_2 线把水和天然气结合形成水合物的区域一分为二。过 Q_2 点的垂直线把水+液态烃的区域与水合物+水的区域分开。

可以很方便地把水合物的形成分为以下两类：Ⅰ类，在没有出现压力突降的情况下因温度降低而形成的水合物，例如在生产管柱或地面管线中；Ⅱ类，在天然气突然膨胀的情况下形成的水合物，例如气流通过喷嘴、背压式调节阀或节流器时。

图3.74展示了一种图形方法，用于近似描述水合物的形成条件，并估算在不形成水合物的前提下天然气膨胀的允许条件。该图绘制了不同相对密度天然气体的“水合物形成线”族谱，来展现水合物的形成条件。只要代表压力和温度的坐标点落入所研究气体水合物形成线的左侧，该气体就会形成水合物。这种相关图可用于近似确定随着生产管柱和流动管线中温度降低而形成水合物的温度，即上述第Ⅰ类水合物形成情况。

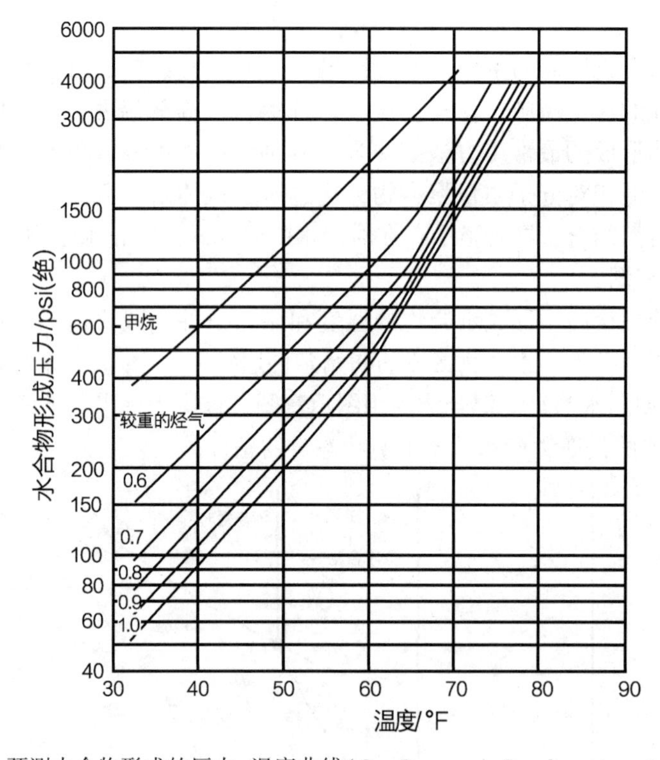

图3.74 预测水合物形成的压力-温度曲线(Gas Processors Suppliers Association 提供)

【示例3.26】

如果一种相对密度为0.8的天然气体处于1000psi(绝)的压力条件下，试问在游离水存在的情况下，温度可以降低到什么程度而不会形成水合物?

解答：

从图 3.74 可以看出，在相对密度为 0.8 而且压力为 1000psi(绝)的条件下，形成水合物的温度是 66℉。所以，在等于或低于 66℉的温度下可能形成水合物。

【示例 3.27】

假设一种天然气的相对密度为 0.7，处于温度为 60℉的条件下，试问在什么样的压力以上可望形成水合物?

解答:

从图 3.74 可以看出，在压力达到 680psi(绝)以上时将形成水合物。

应当指出的是，图 3.74 所示的相关关系是针对纯水-气系统而开发的；而在水中存在溶解固体物质时，天然气形成水合物的温度会降低。

当水-湿气通过阀门、喷嘴或其他限流装置快速膨胀时，会因 Joule-Thomson 膨胀引起的天然气快速冷却效应而可能形成水合物。其表达式为：

$$\frac{\partial T}{\partial p}=\frac{RT^2}{pC_p}\left(\frac{\partial Z}{\partial T}\right)_p$$

式中：T 为温度；p 为压力；Z 为天然气压缩系数；C_p 为常压下的比热容。

这种因压力突降而形成的温度下降(即∂ T/∂ t)可能导致水蒸气从天然气中凝析，从而使混合物满足水合物形成所需的条件。图 3.75~图 3.79 可用于估算不会导致水合物形成的最大压降。

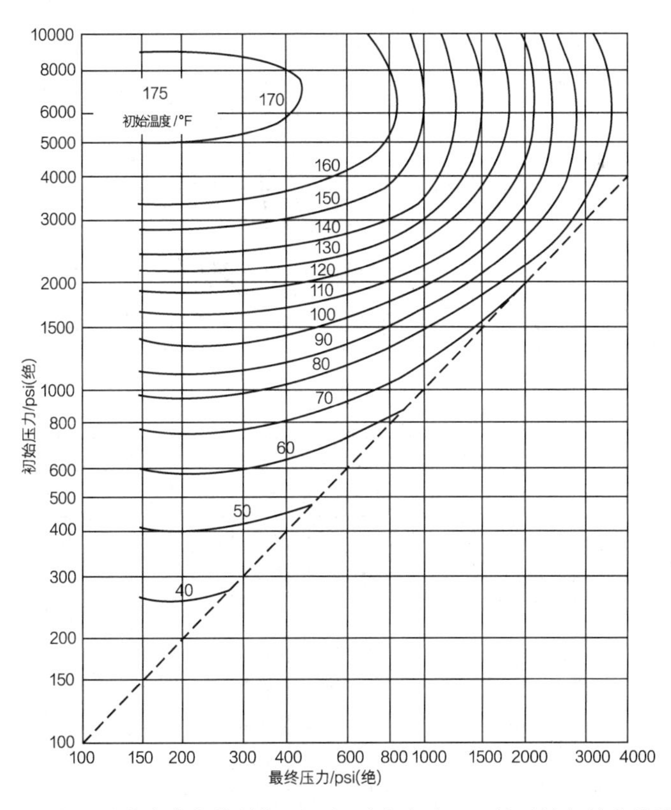

图 3.75　在不形成水合物的前提下，相对密度为 0.6 的天然气的允许膨胀量

(Gas Processors Suppliers Association 提供)

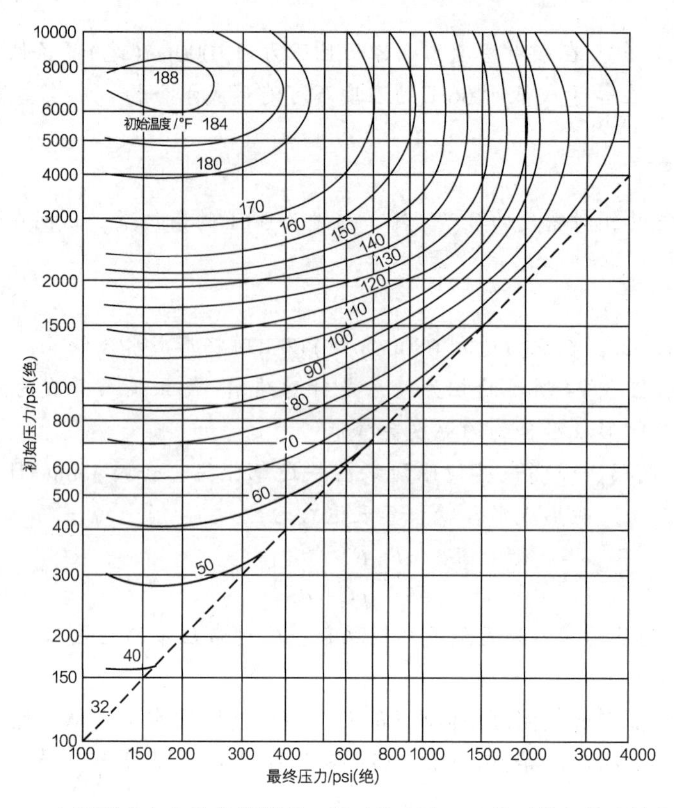

图 3.76　在不形成水合物的前提下，相对密度为 0.7 的天然气的允许膨胀量

（Gas Processors Suppliers Association 提供）

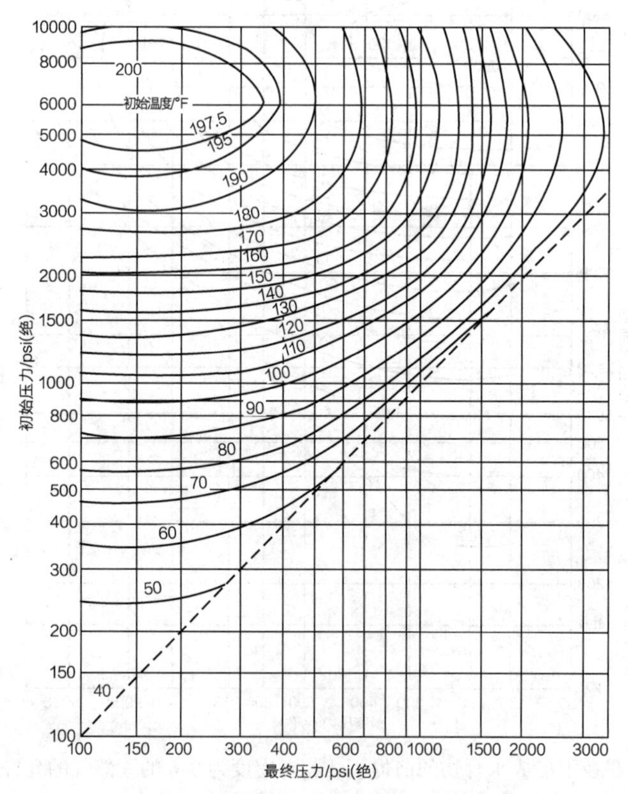

图 3.77　在不形成水合物的前提下，相对密度为 0.8 的天然气的允许膨胀量

（Gas Processors Suppliers Association 提供）

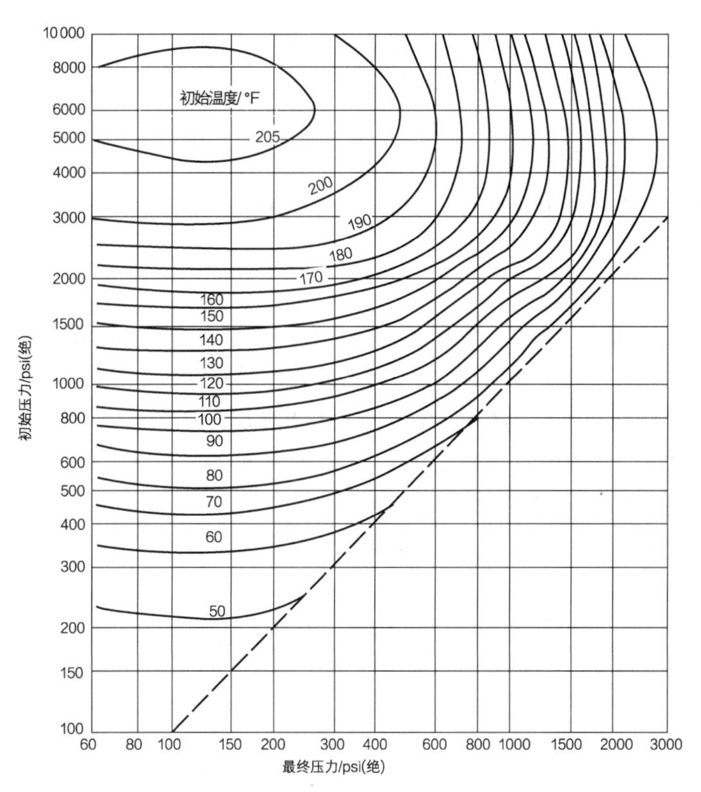

图 3.78　在不形成水合物的前提下，相对密度为 0.9 的天然气的允许膨胀量
（Gas Processors Suppliers Association 提供）

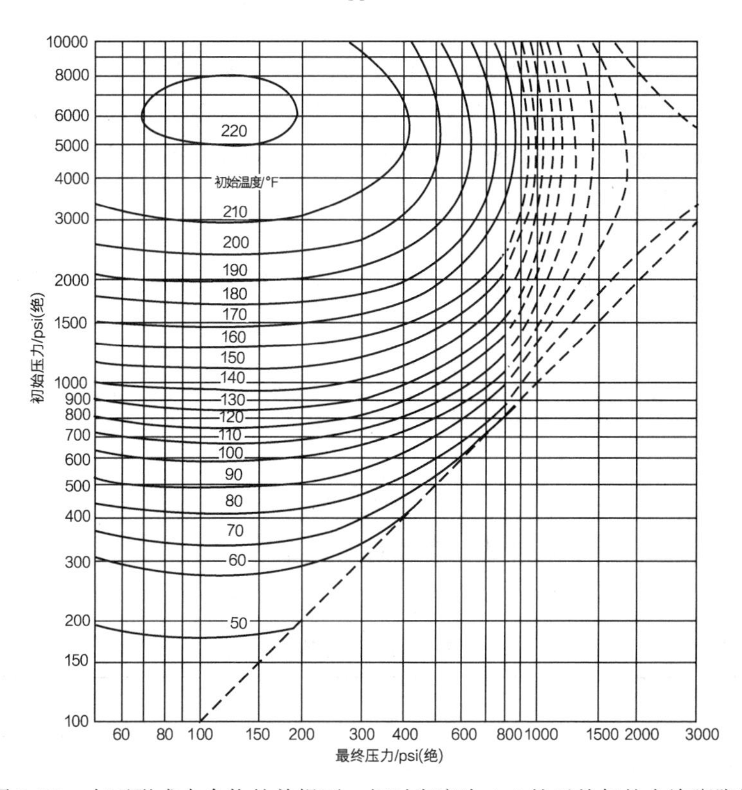

图 3.79　在不形成水合物的前提下，相对密度为 1.0 的天然气的允许膨胀量
（Gas Processors Suppliers Association 提供）

这个图从初始压力与初始温度等值线的交点开始；从这个交点之下的 x 轴上可以直接读取天然气能够膨胀而不形成水合物的最低压力。

【示例 3.28】

在 1500psi(绝)的压力和 120℉的温度条件下，相对密度为 0.7 的天然气可以膨胀到什么程度而不形成水合物？

解答：

从图 3.76 的 y 轴上选取初始压力为 1500psi(绝)的曲线，并使之沿水平方向向右移动，直到与 120℉的等温线相交。从 x 轴上读取“最终”压力，得出 300psi(绝)的数值。所以，这种天然气可一直膨胀到最终压力 300psi(绝)而不会形成水合物。

Ostergaard 等(2000)提出了一个新的关系式，用于预测从黑油系统到贫气系统的储层流体的无水合物带。他们把烃类系统的组成划分为以下两组：可以形成水合物的烃类“h”，包括甲烷、乙烷、丙烷和丁烷；不会形成水合物的烃类“nh”，包括戊烷及更重的烃类组分。

定义下列的相关参数：

$$f_{\mathrm{h}}=y_{\mathrm{C_1}}+y_{\mathrm{C_2}}+y_{\mathrm{C_3}}+y_{i-\mathrm{C_4}}+y_{n-\mathrm{C_4}} \tag{3.245}$$

$$f_{\mathrm{nh}}=y_{\mathrm{C_{5+}}} \tag{3.246}$$

$$F_{\mathrm{m}}=\frac{f_{\mathrm{nh}}}{f_{\mathrm{h}}} \tag{3.247}$$

$$\gamma_{\mathrm{h}}=\frac{M_{\mathrm{h}}}{28.96}=\frac{\sum_{i-\mathrm{C_1}}^{n-\mathrm{C_4}} y_i M_i}{28.96\sum_{i-\mathrm{C_1}}^{n-\mathrm{C_4}} y_i} \tag{3.248}$$

式中：h 为可以形成水合物的烃类组分 $C_1 \sim C_4$；M_{h} 为水合物相对分子质量；M_i 为可以形成水合物的烃类组分($C_1 \sim C_4$)的相对分子质量；nh为不会形成水合物的烃类组分，C_5及更重的烃类；F_{m} 为可以形成水合物的烃类组分与不会形成水合物的烃类组分的摩尔比；γ_{h} 为可以形成水合物的烃类组分的相对密度。

这些研究者通过以下表达式建立了仅含有烃类流体的水合物离解压力 p_{h} 与上面所定义参数的关系：

$$p_{\mathrm{h}}=0.1450377\exp\left\{\left[\frac{a_1}{(\gamma_{\mathrm{h}}+a_2)^3}+a_3F_{\mathrm{m}}+a_4F_{\mathrm{m}}^2+a_5\right]T+\frac{a_6}{(\gamma_{\mathrm{h}}+a_7)^3}+a_8F_{\mathrm{m}}+a_9F_{\mathrm{m}}^2+a_{10}\right\} \tag{3.249}$$

式中：p_{h}为水合物离解压力，psi；T 为温度，°R；a_i为常数。

a_i数值在表 3.48 给出：

表 3.48 a_i数值

a_i	值
a_1	2.5074400×10^{-3}
a_2	0.4685200
a_3	1.2146440×10^{-2}

续表

a_i	值
a_4	-4.6761110×10^{-4}
a_5	0.0720122
a_6	3.6625000×10^{-4}
a_7	−0.4850540
a_8	−5.4437600
a_9	3.8900000×10^{-3}
a_{10}	−29.9351000

式(3.249)是根据32~68℉温度范围内黑油、挥发油、凝析油和天然气系统的相关数据建立的，它涵盖了储层流体输送过程中形成水合物的实际温度范围。式(3.249)还可以经整理后用于求解温度，其表达式如下：

$$T=\frac{\ln(6.89476p_{\mathrm{h}})-(a_6/(\gamma_{\mathrm{h}}+a_7)^3)+a_8F_{\mathrm{m}}+a_9F_{\mathrm{m}}^2+a_{10}}{[(a_1/(\gamma_{\mathrm{h}}+a_2)^3)+a_3F_{\mathrm{m}}+a_4F_{\mathrm{m}}^2+a_5]}$$

这几位作者指出，N_2和CO_2并不遵守由式(3.249)所给出的烃类的一般趋势。因此，为了考虑烃类系统中N_2和CO_2的压力，他们对这两种非烃类组分分别进行处理，并开发了以下修正因子：

$$E_{\mathrm{CO_2}}=1.0+\left[(b_1F_{\mathrm{m}}+b_2)\frac{y_{\mathrm{CO_2}}}{1-y_{\mathrm{N_2}}}\right] \tag{3.250}$$

$$E_{\mathrm{N_2}}=1.0+\left[(b_3F_{\mathrm{m}}+b_4)\frac{y_{\mathrm{N_2}}}{1-\gamma_{\mathrm{CO_2}}}\right] \tag{3.251}$$

其中：

$$\begin{aligned} b_1 =&-2.0943\times10^{-4}\left(\frac{T}{1.8}-273.15\right)^3+ \\ &3.809\times10^{-3}\times\left(\frac{T}{1.8}-273.15\right)^2- \\ &2.42\times10^{-2}\left(\frac{T}{1.8}-273.15\right)+0.423 \end{aligned} \tag{3.252}$$

$$\begin{aligned} b_2 =&2.3498\times10^{-4}\left(\frac{T}{1.8}-273.15\right)^2- \\ &2.086\times10^{-3}\left(\frac{T}{1.8}-273.15\right)^2+ \\ &1.63\times10^{-2}\left(\frac{T}{1.8}-273.15\right)+0.650 \end{aligned} \tag{3.253}$$

$$\begin{aligned} b_3 =&1.1374\times10^{-4}\left(\frac{T}{1.8}-273.15\right)^3+ \\ &2.61\times10^{-4}\left(\frac{T}{1.8}-273.15\right)^2+ \\ &1.26\times10^{-2}\left(\frac{T}{1.8}-273.15\right)+1.123 \end{aligned} \tag{3.254}$$

$$b_4=4.335\times10^{-5}\left(\frac{T}{1.8}-273.15\right)^3-$$
$$7.7\times10^{-5}\left(\frac{T}{1.8}-273.15\right)^2+ \tag{3.255}$$
$$4.0\times10^{-3}\left(\frac{T}{1.8}-273.15\right)+1.048$$

式中：y_{N_2}为 N_2的摩尔分数；y_{CO_2}为 CO_2的摩尔分数；T 为温度,°R；F_m为由式(3.247)定义的摩尔比。

总的(即修正后的)水合物离解压力 p_{corr}由下式给出：

$$p_{corr}=p_h E_{N_2} E_{CO_2} \tag{3.256}$$

为了说明这些关系式，Ostergaard 等给出了以下示例：

【示例 3.29】

一个凝析气系统的组成如下(见表 3.49)：

表 3.49 凝析气系统的组成

组分	y_{i1},%	M_i
CO_2	2.38	44.01
N_2	0.58	28.01
C_1	73.95	16.04
C_2	7.51	30.07
C_3	4.08	44.10
i-C_4	0.61	58.12
n-C_4	1.58	58.12
i-C_5	0.50	72.15
n-C_5	0.74	72.15
C_6	0.89	84.00
C_{7+}	7.18	

试计算 45℉下(即 505°R)的水合物离解压力。

解答:

第 1 步，由式(3.245)和式(3.246)计算f_h和f_{nh}得：

$$f_h=y_{C_1}+y_{C_2}+y_{C_3}+y_{i-C_4}+y_{n-C_4}$$
$$=73.95+7.51+4.08+0.61+1.58=87.73\%$$

$$f_{nh}=y_{C_{5+}}=y_{i-C_5}+y_{n-C_5}+y_{C_6}+y_{C_{7-}}$$
$$=0.5+0.74+0.89+7.18=9.31\%$$

第 2 步，由式(3.247)计算 F_m得：

$$F_m=f_{nh}/f_h=9.31/87.73=0.1061$$

第 3 步，按照下述方法对水合物形成组分的摩尔分数进行归一化，以此来确定其相对密度(见表 3.50)：

表 3.50　对水合物形成组分的摩尔分数进行归一化处理

组分	y_i	归一化的 y_i	M_i	$M_i y_i$
C_1	0.7395	0.8429	16.04	13.520
C_2	0.0751	0.0856	30.07	2.574
C_3	0.0408	0.0465	44.10	2.051
i-C_4	0.0061	0.0070	58.12	0.407
n-C_4	0.0158	0.0180	58.12	1.046
合计	0.8773	1		19.5980

$$\gamma_h = 19.598/28.96 = 0.6766$$

第 4 步，利用温度 T 以及式(3.249)中 F_m 和 γ_h 的计算值得出：$p_h = 236.4$psi(绝)。

第 5 步，由式(3.252)和式(3.253)计算 CO_2 的常数 b_1 和 b_2 得：

$$b_1 = -2.0943\times10^{-4}\left(\frac{505}{1.8}-273.15\right)^3 + 3.809\times10^{-3}\left(\frac{505}{1.8}-273.15\right)^2 - 2.42\times10^{-2}\times\left(\frac{505}{1.8}-273.15\right) + 0.423 = 0.368$$

$$b_2 = 2.3498\times10^{-4}\left(\frac{505}{1.8}-273.15\right)^2 - 2.086\times10^{-3}\left(\frac{505}{1.8}-273.15\right)^2 + 1.63\times10^{-2}\times\left(\frac{505}{1.8}-273.15\right) + 0.650 = 0.752$$

第 6 步，由式(3.250)计算 CO_2 修正因子得：

$$E_{CO_2} = 1.0 + \left[(b_1 F_m + b_2)\frac{y_{CO_2}}{1-y_{N_2}}\right] = 1.0 + \left[(0.368\times0.1061+0.752)\frac{0.0238}{1-0.0058}\right] = 1.019$$

第 7 步，对 N_2 存在的情况进行修正得：

$$b_3 = 1.1374\times10^{-4}\left(\frac{505}{1.8}-273.15\right)^3 + 2.61\times10^{-4}\left(\frac{505}{1.8}-273.15\right)^2 + 1.26\times10^{-2}\times\left(\frac{505}{1.8}-273.15\right) + 1.123 = 1.277$$

$$b_4 = 4.335\times10^{-5}\left(\frac{505}{1.8}-273.15\right)^3 - 7.7\times10^{-5}\left(\frac{505}{1.8}-273.15\right)^2 + 4.0\times10^{-3}\times$$

$$\left(\frac{505}{1.8}-273.15\right)+1.048=1.091$$

$$E_{N_2}=1.0+\left[(b_3F_m+b_4)\frac{y_{N_2}}{1-\gamma_{CO_2}}\right]$$

$$=1.0+\left[(1.277\times0.1061+1.091)\frac{0.0058}{1-0.00238}\right]$$

$$=1.007$$

第 8 步，由式(3.256)估算总的(修正后的)水合物离解压力得：

$$p_{corr}=p_hE_{N_2}E_{CO_2}$$

$$=(236.4)(1.019)(1.007)=243[\text{psi(绝)}]$$

Makogon(1981)建立了水合物与其形成条件之间的解析关系，这里的形成条件是指作为天然气相对密度函数的温度和压力。其表达式如下：

$$\log(p)=b+0.0497(T+kT^2) \tag{3.257}$$

系数 b 和 k 以图形的方式表示为气体相对密度的函数，如图 3.80 所示。

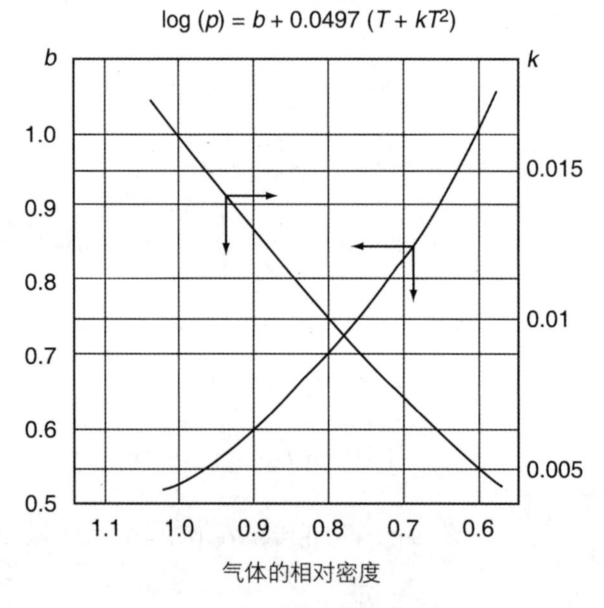

图 3.80　式(3.258)的系数 b 和 k

【示例 3.30】

假设有相对密度为 0.631 的天然气，利用式(3.257)计算在温度 $T=40$℉时在什么样的压力条件下会形成水合物。

解答：

第 1 步，把给定的温度单位从℉转换为℃：

$$T=\frac{40-32}{1.8}=4.4(℃)$$

第 2 步，由图 3.80 确定系数 b 和 k 的数值得：$b=0.91$；$k=0.006$。

第 3 步，由式(3.257)求取 p 得：

$$\log(p)=b+0.0497(T+kT^2)$$
$$=0.91+0.0497[4.4+0.006(4.4)^2]$$
$$=1.1368$$
$$p=10^{1.1368}=13.70(\text{atm})=201[\text{psi(绝)}]$$

图 3.76 给出的 p 值为 224psi(绝)，而上面计算出的 p 值为 201psi(绝)。

Carson 和 Katz(1942)接受了平衡比的概念(即 K 值)，用于估算水合物形成条件。他们认为，水合物相当于固体溶液而非混合晶体，因而通过凭经验确定蒸气-固体平衡比，可以估算水合物形成条件，蒸气-固体平衡比的定义为：

$$K_{i(\text{v-s})}=\frac{Y_i}{X_{i(\text{s})}} \tag{3.258}$$

式中：$K_{i(\text{v-s})}$ 为蒸气和固体之间组分 i 的平衡比；y_i 为蒸气相中组分 i 的摩尔分数；$x_{i(\text{s})}$ 为基于无水的固相中组分 i 的摩尔分数；

以压力或温度表示的水合物形成条件的计算类似于气体混合物露点的计算。一般来讲，在游离水相存在的情况下，在满足下列条件时会形成水合物：

$$\sum_{i=1}^{n}\frac{y_i}{K_{i(\text{v-s})}}=1 \tag{3.259}$$

Whitson 和 Brule(2000)曾指出，蒸气-固体平衡比不能用于闪蒸计算，也不能用于确定水合物相的构成或平衡相组分，其原因是 $K_{i(\text{s})}$ 是不存在游离水的条件下固相水合物中"外来"组分的摩尔分数。

Carson 和 Katz 建立了水合物形成气分子的 K 值图，包括从甲烷到丁烷的烃类、CO_2 和 H_2S，如图 3.81～图 3.87 所示。应当指出，非烃类成分的 $K_{i(\text{s})}$ 被假定为无穷大，即 $K_{i(\text{s})}=\infty$。

由式(3.259)求解水合物形成压力或温度是一个迭代过程。这个过程涉及多个 p 或 T 值的设定，并计算所设定的每一个值对应的平衡比，直到由式(3.259)所给出的约束条件得到满足，即其和等于 1。

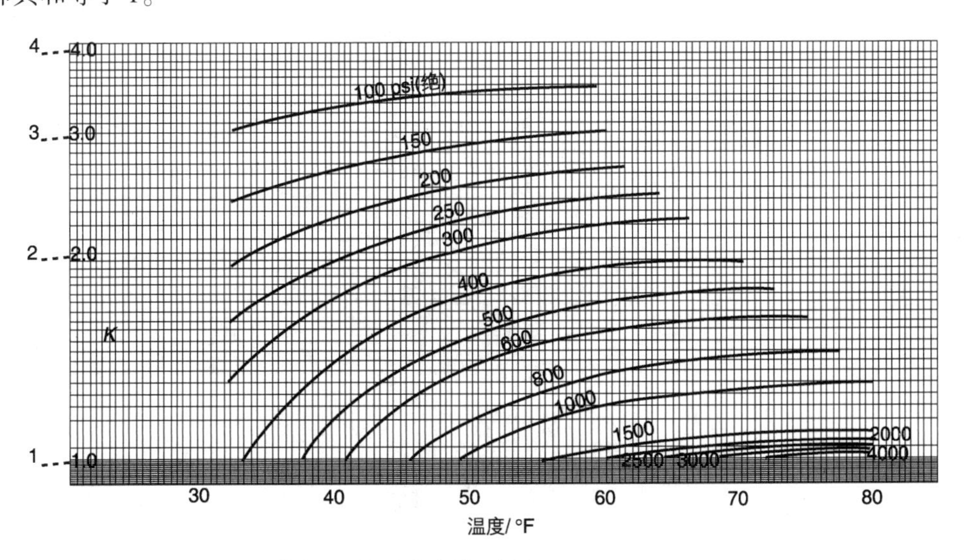

图 3.81 甲烷的蒸气-固相平衡常数(来源：Carson，D.，Katz，D.，1942. Natural gas hydrates. Trans. AIME 146，150-159；SPE-AIME 提供)

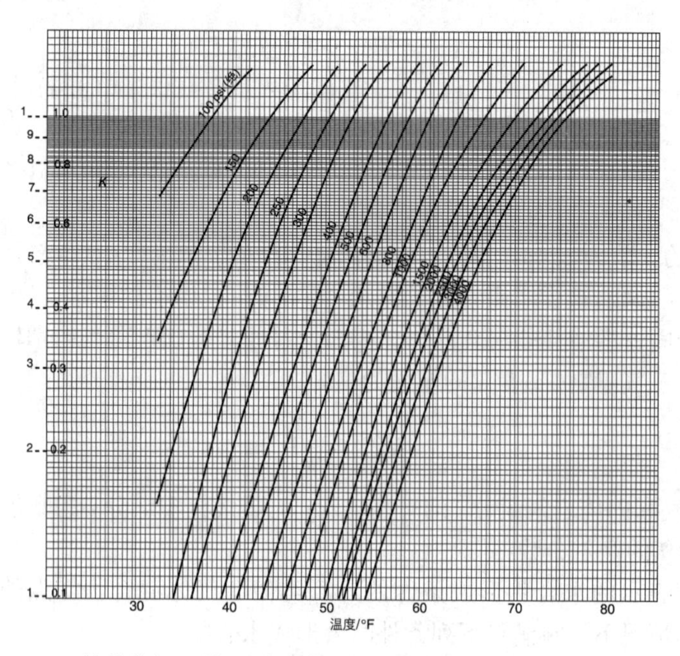

图 3.82　乙烷的蒸气-固相平衡常数(来源：Carson，D.，Katz，D.，1942. Natural gas hydrates. Trans. AIME 146，150-159；SPE-AIME 提供)

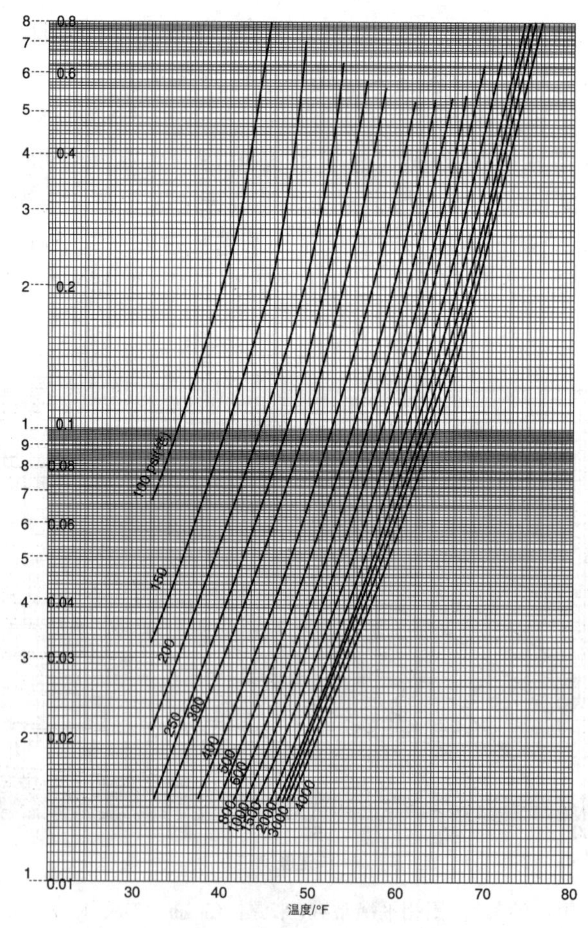

图 3.83　丙烷的蒸气-固相平衡常数(来源：Carson，D.，Katz，D.，1942. Natural gas hydrates. Trans. AIME 146，150-159；SPE-AIME 提供)

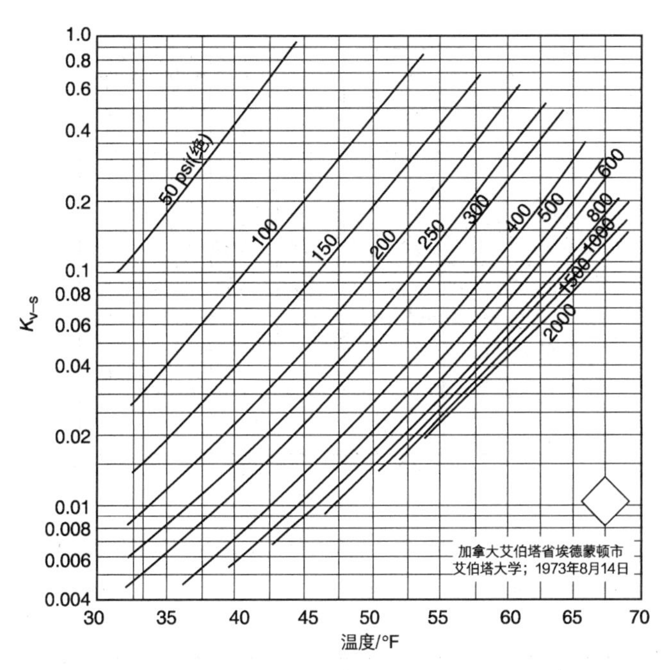

图 3.84　i-丁烷的蒸气-固相平衡常数(来源：Carson，D.，Katz，D.，1942. Natural gas hydrates. Trans. AIME 146，150-159；SPE-AIME 提供)

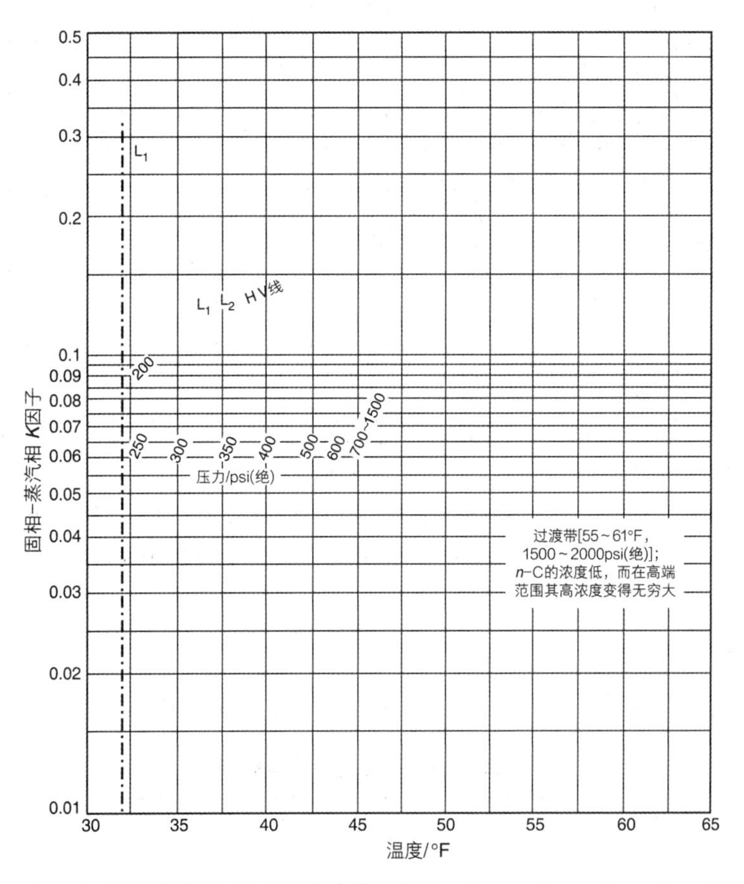

图 3.85　n-丁烷的蒸气-固相平衡常数(来源：Carson，D.，Katz，D.，1942. Natural gas hydrates. Trans. AIME 146，150-159；SPE-AIME 提供)

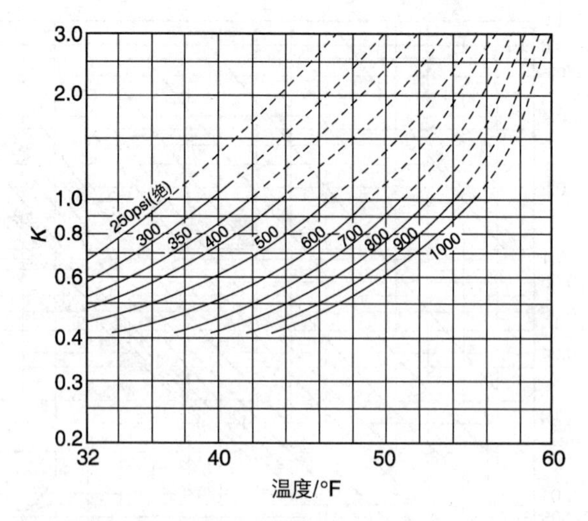

图 3.86　CO_2的蒸气-固相平衡常数(来源：Carson，D.，Katz，D.，1942. Natural gas hydrates. Trans. AIME 146，150-159；SPE-AIME 提供)

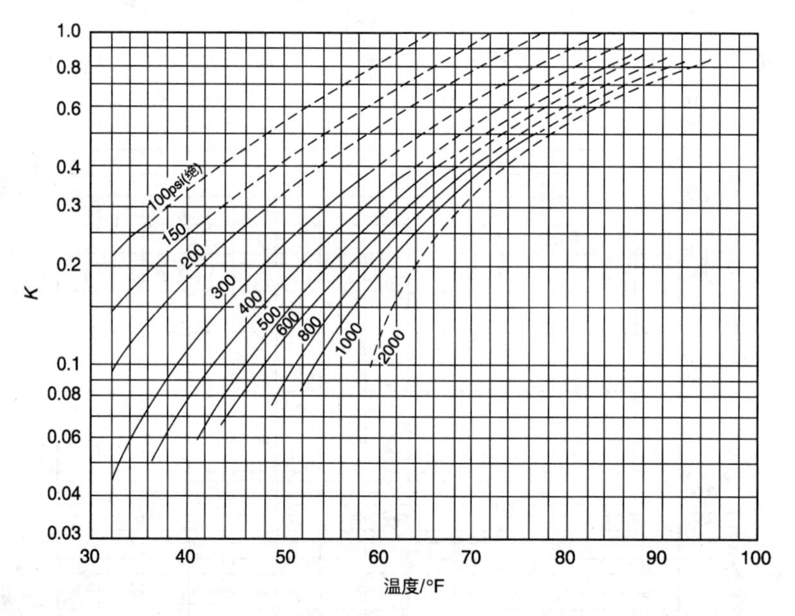

图 3.87　H_2S 的蒸气-固相平衡常数(来源：Carson，D.，Katz，D.，1942. Natural gas hydrates. Trans. AIME 146，150-159；SPE-AIME 提供)

【示例 3.31】

采用平衡比法计算以下气体混合物在 50℉温度下的水合物形成压力 p_h(见表 3.51)：

表 3.51　气体混合物组成

组分	y_i
CO_2	0.002
N_2	0.094
C_1	0.784

续表

组分	y_i
C_2	0.060
C_3	0.036
$i-C_4$	0.005
$n-C_4$	0.019

凭经验观察得出在50℉温度下水合物形成压力为325psi(绝)。

解答:

第1步，为了简单起见，假设两个不同的压力[300psi(绝)和350psi(绝)]，并计算这两个压力下的平衡比得(见表3.52):

表3.52 两个压力下的平衡比

组分	y_i	300psi(绝)压力下		350psi(绝)压力下	
		$K_{i(v-s)}$	$y_i/K_{i(v-s)}$	$K_{i(v-s)}$	$y_i/K_{i(v-s)}$
CO_2	0.002	3.0	0.0007	2.300	0.0008
N_2	0.094	∞	0	∞	0
C_1	0.784	2.04	0.3841	1.900	0.4126
C_2	0.060	0.79	0.0759	0.630	0.0952
C_3	0.036	0.113	0.3185	0.086	0.4186
$i-C_4$	0.005	0.0725	0.0689	0.058	0.0862
$n-C_4$	0.019	0.21	0.0900	0.210	0.0900
合计	1.000		0.9381		1.1034

第2步，在 $\sum y/K_{i(v-s)}=1$ 的条件下进行线性内插得:

$$\frac{350-300}{1.1035-0.9381}=\frac{p_h-300}{1.0-0.9381}$$

水合物形成压力计算值 $p_h=319$psi(绝)，这个值与通过观察所得结果325psi(绝)非常接近。

【示例3.32】

计算由以下组分构成、相对密度为0.728的混合气体在435psi(绝)压力下形成水合物的温度(见表3.53):

表3.53 混合气体的组成

组分	y_i
CO_2	0.04
N_2	0.06
C_1	0.78

续表

组分	y_i
C_2	0.06
C_3	0.03
i-C_4	0.01
C_{5+}	0.02

解答：

下面以列表的方式给出了估算水合物形成温度的迭代方法(见表3.54)：

表3.54 估算水合物形成温度的迭代方法

组分	y_i	T=59℉		T=50℉		T=54℉	
		$K_{i(v-s)}$	$y_i/K_{i(v-s)}$	$K_{i(v-s)}$	$y_i/K_{i(v-s)}$	$K_{i(v-s)}$	$y_i/K_{i(v-s)}$
CO_2	0.04	5.00	0.0008	1.700	0.0200	3.000	0.011
N_2	0.06	∞	0	∞	0	∞	0
C_1	0.78	1.80	0.4330	1.650	0.4730	1.740	0.448
C_2	0.06	1.30	0.0460	0.475	0.1260	0.740	0.081
C_3	0.03	0.27	0.1100	0.066	0.4540	0.120	0.250
i-C_4	0.01	0.08	0.1250	0.026	0.3840	0.047	0.213
C_{5+}	0.02	∞	0	∞	0	∞	0
合计	1.00				1.457		1.003

形成水合物的温度大约是54℉。Sloan(1984)采用下列表达式对Katz-Carson图进行了曲线拟合：

$$\ln(K_{i(v-s)})=A_0+A_1T+A_2p+\frac{A_3}{T}+\frac{A_4}{p}+A_5pT+ A_6T^2+A_7p^2+A_8\left(\frac{p}{T}\right)+A_9\ln\left(\frac{p}{T}\right)+ \frac{A_{10}}{p^2}+A_{11}+\left(\frac{T}{p}\right)+A_{12}\left(\frac{T^2}{p}\right)+A_{13}\left(\frac{p}{T^2}\right)+ A_{14}\left(\frac{T}{p^3}\right)+A_{15}T^3+A_{16}\left(\frac{p^3}{T^2}\right)+A_{17}T^4$$

表3.55列出了系数$A_0 \sim A_{17}$的数值。

表3.55 Sloans方程中的系数$A_0 \sim A_{17}$的数值

组分	A_0	A_1	A_2	A_3	A_4	A_5
CH_4	1.63636	0.0	0.0	31.6621	-49.3534	5.31×10^{-6}
C_2H_6	6.41934	0.0	0.0	-290.283	2629.10	0.0
C_3H_8	-7.8499	0.0	0.0	47.056	0.0	-1.17×10^{-6}
i-C_4H_{10}	-2.17137	0.0	0.0	0.0	0.0	0.0

续表

组分	A_0	A_1	A_2	A_3	A_4	A_5
n-C_4H_{10}	-37.211	0.86564	0.0	732.20	0.0	0.0
N_2	1.78857	0.0	-0.001356	-6.187	0.0	0.0
CO_2	9.0242	0.0	0.0	-207.033	0.0	4.66×10^{-5}
H_2S	-4.7071	0.06192	0.0	82.627	0.0	-7.39×10^{-6}

组分	A_6	A_7	A_8	A_9	A_{10}	A_{11}
CH_4	0.0	0.0	0.128525	-0.78338	0.0	0.0
C_2H_6	0.0	9.0×10^{-8}	0.129759	-1.19703	-8.46×10^{4}	-71.0352
C_3H_8	7.145×10^{-4}	0.0	0.0	0.12348	1.669×10^{4}	0.0
i-C_4H_{10}	1.251×10^{-b}	1.0×10^{-8}	0.166097	-2.75945	0.0	0.0
n-C_4H_{10}	0.0	9.37×10^{-6}	-1.07657	0.0	0.0	-66.221
N_2	0.0	2.5×10^{-7}	0.0	0.0	0.0	0.0
CO_2	-6.992×10^{-b}	2.89×10^{-6}	-6.223×10^{-8}	0.0	0.0	0.0
H_2S	0.0	0.0	0.240869	-0.64405	0.0	0.0

组分	A_{12}	A_{13}	A_{14}	A_{15}	A_{16}	A_{17}
CH_4	0.0	-5.3569	0.0	-2.3×10^{-7}	-2.0×10^{-8}	0.0
C_2H_6	0.596404	-4.7437	7.82×10^{4}	0.0	0.0	0.0
C_3H_8	0.23319	0.0	-4.48×10^{4}	5.5×10^{-6}	0.0	0.0
i-C_4H_{10}	0.0	0.0	-8.84×10^{2}	0.0	-5.7×10^{-7}	-1.0×10^{-8}
n-C_4H_{10}	0.0	0.0	9.17×10^{5}	0.0	4.98×10^{-6}	-1.26×10^{-6}
N_2	0.0	0.0	5.87×10^{5}	0.0	1.0×10^{-8}	1.1×10^{-7}
CO_2	0.27098	0.0	0.0	8.82×10^{-5}	2.55×10^{-6}	0.0
H_2S	0.0	-12.704	0.0	-1.3×10^{-6}	0.0	0.0

【示例 3.33】

由式(3.257)重新求解示例 3.32。

解答：

第 1 步，把压力的单位由 psi(绝)转换为 atm：

$$p=\frac{435}{14.7}=29.6(\text{atm})$$

第 2 步，在气体相对密度下(即 0.728)由图 3.82 确定系数 b 和 k 的数值得：$b=0.8$；$k=0.0077$。

第 3 步，由式(3.257)得：

$$\log(p)=b+0.0497(T+kT^2)$$
$$\log(29.6)=0.8+0.0497(T+0.0077T^2)$$
$$0.000383T^2+0.0497T-0.6713=0$$

由四相公式计算得：

$$T=\frac{-0.497+\sqrt{(0.0497)^2-(4)(0.000383)(-0.6713)}}{(2)(0.000383)}$$

$$=12.33°C$$

$$T=(1.8)(12.33)+32=54.2(°F)$$

3.6.2　地下水合物

对水合物形成的一种解释是：气体分子进入液体水结构的晶格空隙，导致水在其冰点以上的温度下固化。一般来讲，乙烷、丙烷和丁烷的存在会提高甲烷水合物的形成温度。例如，1%的丙烷会使甲烷水合物在600psi(绝)下的形成温度从41℉提高到49℉。硫化氢和二氧化碳对水合物形成的影响也比较大，但N_2和C_{5+}对水合物的形成没有明显的作用。这些天然气与水的冰状固态混合物在美洲大陆边缘一带的深水地层中以及极地盆地的永冻层(即永久冻土)之下的地层中都已有发现。永冻层分布在平均气温低于32℉的地区。

Muller(1947)曾指出，在更新世初期(“可能”是100万年以前)地球曾出现过降温。如果地层中的天然气在有游离水存在并受压的情况下降温，那么在这个降温过程中，在温度降至冰点之前就会形成水合物。如果温度进一步降低使地层进入永冻状态，那么这些水合物就会以这个状态保存下来。在气候比较寒冷的地区(例如阿拉斯加、加拿大北部和西伯利亚)以及在大洋之下，温度和压力条件都比较适合于天然气水合物的形成。

在一定的深度下，天然气水合物保持稳定所需的基本条件是：在这个深度下地球的实际温度要低于该深度对应压力和天然气组分条件的水合物形成温度。在穿过水合物层进行钻探作业时需要采取特殊的预防措施，而潜在水合物层的厚度可能是需要考虑的一个重要的变量。在评价水合物分布层的厚度是否能够满足天然气开发要求时，层厚可能也很重要。然而，一个地区具备天然气水合物稳定存在的条件，并不意味着在这个地区一定有水合物分布，而只是可能有分布。但如果在水合物稳定带内天然气和水同时存在，那么它们一定是以天然气水合物的形式存在。

我们来看看阿拉斯加辛普森角(Cape Simpson)地区的地球温度曲线，如图3.88所示。由中途测试(DST)和反复的地层测试(RFT)所得的压力数据表明，这个地区的压力梯度是0.435psi/ft。假设在水合物形成压力和温度条件下天然气相对密度为0.6，如图3.74所示，通过把压力除以0.435，可以把水合物的p-T曲线转换为深度-温度曲线，如Katz(1971)在其图3.88中所示。这两条曲线在2100ft的深度处相交。Katz指出，在辛普森角地区，在900ft以浅的地层中可望发现以冰的形式存在的水，而在900~2100ft深度段内可望发现相对密度为0.6的天然气所形成的水合物。

利用如图3.89所示的普拉德霍湾油气田以深度为函数的温度剖面，Katz(1971)估计普拉德霍湾地区相对密度为0.6的天然气所形成的水合物层可能出现在2000~4000ft深度段内。Godbole等(1988)指出，阿拉斯加地区天然气水合物存在的第一个确凿证据是在1972年3月15日发现的。当时，Arco和Exxon公司在普拉德霍湾油气田西北部Eileen-2井中1893~2546ft井段的多个深度点上，在密封岩心桶中采集到了水合物岩心样品。

Holder等(1987)以及Godbole等(1988)曾对北极阿拉斯加北坡和洋底原地天然气水合物的产状进行过研究，他们的研究结果表明，控制这些地区天然气水合物层深度和厚度以及影响其稳定性的因素包括以下几点：地热梯度、压力梯度、天然气组分、永冻层厚度、洋底温度、年平均地表温度、水含盐度。

人们已经提出了很多方法来开采以水合物形式存在的天然气，它们基本上都需要通过加

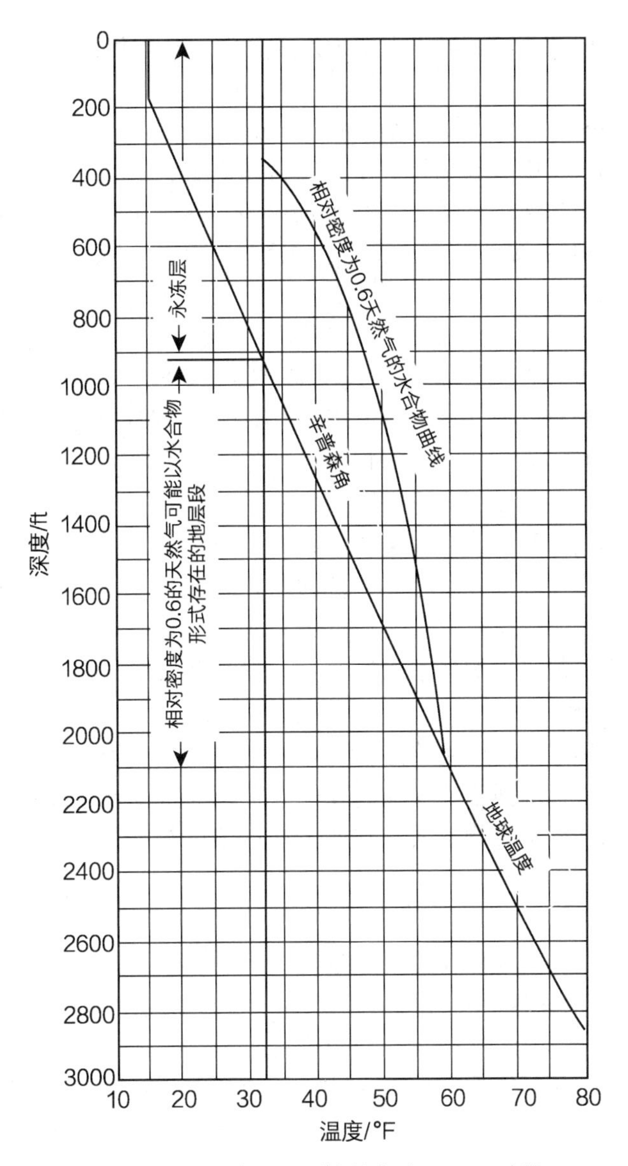

图 3.88 确定水合物层厚度的方法(经 SPE 授权)

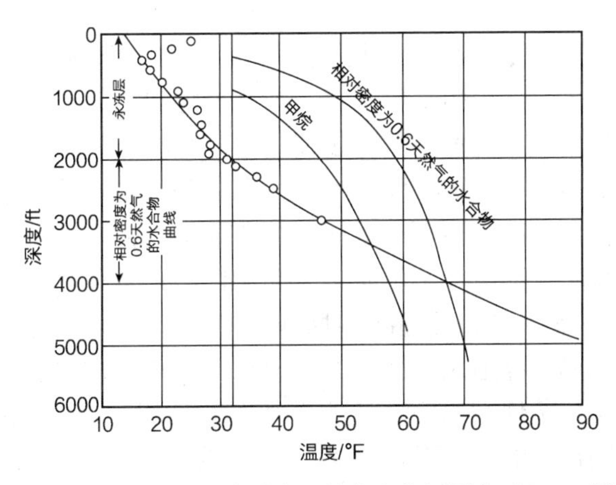

图 3.89 普拉德霍湾地区温度梯度下的水合物层厚度(经 SPE 授权复制)

热使水合物溶化或通过降低水合物的压力使天然气释放。具体包括：注入蒸气、注入热卤水、火驱、注入化学剂、降压。

Holder 和 Anger(1982)提出，在采用降压开采法时，压力降低会导致水合物失稳。随着水合物离解，它们从周围地层中吸收热量。水合物持续离解，直到它们产生足够多的天然气使储层的压力升高到一个新的温度下的水合物平衡压力，这个压力要低于原始压力。这样就会在水合物(汇点)和周围介质(源)之间形成一个温度梯度和流向水合物的热流。然而水合物离解的速度受控于来自周围介质的热流入的速度或者周围岩石基质的热传导率。

要从水合物中开采天然气，需要回答很多问题。例如：

(1) 水合物在储层中存在的形式是什么。水合物有不同的类型(所有的水合物、过量的水、过量的冰，以及与游离气或石油共存)，而且有不同的存在形式(例如块状、层状、分散状或结核状)。不同的类型和不同的存在形式，都会对开采方法及开采的经济性产生不同的影响。

(2) 储层中水合物的饱和度。

(3) 与天然气生产有关的问题也很多，例如冰堵塞孔隙，天然气在生产井流动过程中重新形成水合物并堵塞井筒。

(4) 项目的经济性可能是影响地下水合物藏天然气开采是否能够取得成功的最为重要的因素。

尽管存在上述的诸多问题，但尤其是与其他非常规天然气资源相比，天然气水合物具有很多特有的性质，这些特性增强了其作为潜在能源资源的重要性，而且使其未来的开采具有可能性。这些特性包括：以水合物形式存在的天然气浓度较高，水合物藏的规模巨大，以及水合物全球分布非常广泛。

3.7 浅层气藏

致密浅层气藏储量的准确计算存在诸多独特的挑战。诸如递减曲线分析和物质平衡等传统方法在计算这类气藏储量时都不再准确，其原因是这类储层的渗透率很低而且压力数据的质量一般都很差。低渗透率导致不稳定流动阶段比较长，在常规产量递减分析中无法较早地与产量递减阶段区分开，从而使选择合适递减特征的可信度降低，严重影响采收率和剩余储量的计算。在一篇优秀的论文中，West 和 Cochrane(1994)以加拿大西部 Medicine Hat 气田为例开展了研究，并开发了一种被称为拓展物质平衡法的技术，用于评价天然气储量和潜在的加密钻井机会。

Medicine Hat 气田是一个浅层致密气藏，产层为多套互层的粉砂质砂岩，渗透率小于 0.1mD。低渗是影响常规递减分析的主要因素。由于产层渗透率很低，加之是多层合采，在进入代表其开采生命周期内递减阶段的拟稳定流动状态之前，气井要经历很长的不稳定流动阶段。在开展递减分析时经常忽视的重要假设中，有一条就是气井一定要进入拟稳定流动状态。一口气井或一组气井的初始不稳定产量变化趋势并不能代表其长期的递减开采阶段的变化趋势。区分气井的不稳定流动阶段和拟稳定流动阶段的产量往往很困难，而这会导致在确定气井的递减特征(指数、调和或双曲递减)时出现错误。图 3.90 显示了一口致密浅层气井的生产历史，它说明了在正确选择递减特征方面的困难。影响致密浅层气藏常规递减分析的另外一个因素是：恒定的储层条件(常规递减分析所需的一个假设条件)在这类气藏中并不存在，因为这类气藏的开发往往会经历压降幅度增大、经营策略调整、无规律开发和管制撤销(deregulation)等。

由于致密浅层气藏的压力数据往往数量有限、质量比较差而且不能代表绝大多数气井的情况，所以物质平衡法的应用会受到影响。由于在这类气藏的开发中钻干井的风险很低，而且开展 DST 不具成本效益，所以 DST 数据的数量也往往很有限。只有政府指定的“控制井”才会记录地层压力，而这类气井只占气井总数的 5%。浅层气藏往往有多个产层，而这些产层一般都要进行合采，因而会表现出一定程度的压力均衡现象。遗憾的是，控制井都是通过油管/封隔器进行分层开采，因而其压力数据并不能代表大多数合采气井的压力状况。此外，压力监测也往往是不一致的。测量点的变化(井下或井口)、关井时间的不一致性，以及分析类型的不同(例如压力恢复和静态梯度)，使定量的压力追踪难以进行。如图 3.91 所示，这些因素都会导致数据点分散，给物质平衡法的应用带来极大的困难。

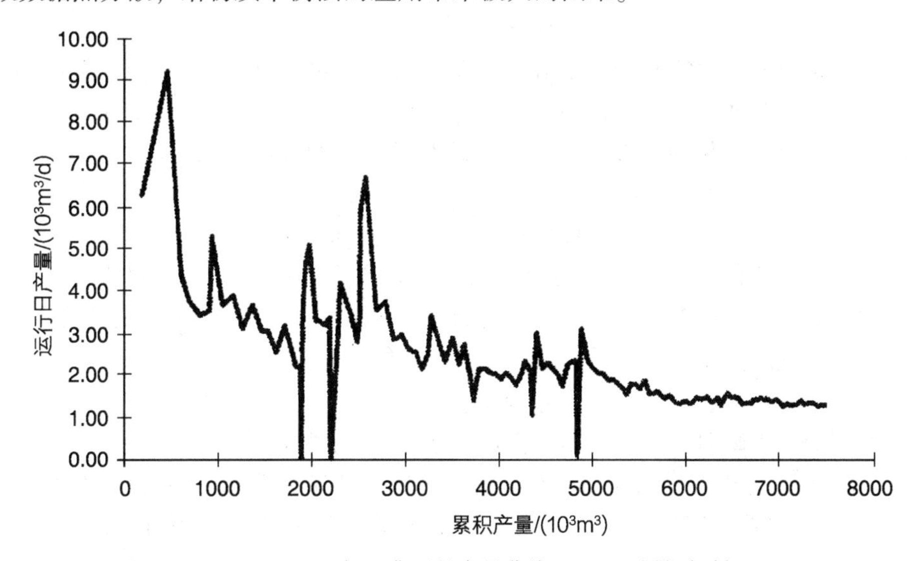

图 3.90　Medicine Hat 气田典型的产量曲线(经 SPE 授权复制，1995)

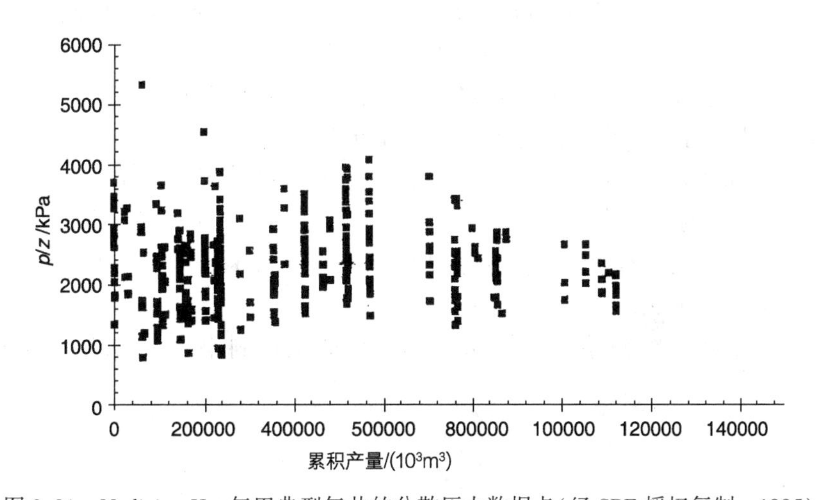

图 3.91　Medicine Hat 气田典型气井的分散压力数据点(经 SPE 授权复制，1995)

由于 Medicine Hat 浅层气藏资产的所有权不仅在平面上有变化，而且在纵向上不同产层之间也有变化，因而气井一般都要在一个、两个，甚至所有的产层中下套管、射孔和压裂作业。Milk River 组和 Medicine Hat 组一般都要合采。历史上，Decond White Specks 组曾与其他两套产层分开开采，而最近管理部门已经允许对这三套产层进行合采。浅层气藏的井距一般是 4~22 口生产井/mile(1mile≈1.6093km，下同)。

由于储层物性比较差，而且压力低，气井的产能很低，初始产量很少有超过 $700\times10^3\mathrm{ft}^3/\mathrm{d}$(标)的。目前三层合采的单井平均产量大约是 $50\times10^3\mathrm{ft}^3/\mathrm{d}$(标)。在加拿大艾伯塔南部和萨斯喀切温省，开采 Milk River 组的井数大约是 24000 口，估算的天然气总储量是 $5.3\times10^{12}\mathrm{ft}^3$(标)。West 和 Cochrane(1994)建立了一种迭代方法(被称为拓展物质平衡法“EMB”)，用于计算 Medicine Hat 气田 2300 口气井的天然气储量。

这种 EMB 方法实质上是为压力数据不足的气藏建立合适的 p/Z 与 G_p 关系曲线的迭代过程。它把定容气藏衰竭开采原理与气井产能方程结合在了一起。天然气径向流动的产能方程描述的是井筒压差与井内天然气流量之间的关系：

$$Q_g=C[p_r^2-p_{wf}^2]^n \tag{3.260}$$

由于 Medicine Hat 气藏的井产量很低，存在可以用指数 $n=1$ 进行描述的层流状态。构成式(3.260)中系数 C 的项，要么是不随时间变化的固定储层参数(kh、r_e、r_w 和 T)，要么是随压力、温度和气体组分变化的项(即 μ_g 和 Z)。动态系数 C 的表达式如下：

$$C=\frac{kh}{1422T\mu_g Z[\ln(r_e/r_w)-0.5]} \tag{3.261}$$

由于这些浅层气藏的原始地层压力比较低，原始压力和废弃压力之间的差别并不明显，取决于压力的项的变化可以忽略不计。在给定的 Medicine Hat 浅层气藏的开采周期内，C 可以被视为常数。经过这些简化措施之后，浅层气藏的产能方程变为：

$$Q_g=C[p_r^2-p_{wf}^2] \tag{3.262}$$

通过对时间而变得瞬时产量进行累加就可以建立 G_p 与地层压力之间的关系，这一点类似于 MBE。利用未知数为地层压力 p 和动态系数 C 的这个常见关系式，EMB 法将通过迭代确定正确的 p/Z 与 G_p 的关系，以便使 C 为常数。所提出的迭代方法的应用可以总结为以下几个步骤：

第 1 步，为了避免逐个计算这 2300 口井的储量，West 和 Cochrane(1995)按照产层和投产时间对这些井进行了归类。这两位研究者对其中的一组井进行了测试，由这一组井作为整体计算的储量，与通过单井储量累加得出的结果相等，从而证实了这种简化处理方法是有效的。对 10 个区块的井都进行了分组，把各个井组的结果累加就可以得出一个区块的产量预测结果。此外，为了更加准确地估算气藏的递减特征，对产量进行了归一化处理，从而能更好地反映井底流压(BHFP)的变化。

第 2 步，利用天然气相对密度和储层温度计算作为压力函数的气体偏差系数，并在直角坐标系中绘制 p/Z 与 p 的关系曲线图。

第 3 步，通过猜测一个初始压力 p_i 和式(3.59)的线性斜率 m 来初步估算 p/Z 随 G_p 的变化：

$$\frac{p}{Z}=\frac{p_i}{Z_i}-[m]G_p$$

其中的斜率 m 的定义为：

$$m=\left(\frac{P_i}{Z_i}\right)\frac{1}{G}$$

第 4 步，由于实际累积产量 G_p 与时间的关系是已知的，简单地把实际累积产量 G_p 代入斜率 m 和 p_i 已经估算出的 MBE，就可以建立这个区块从最初投产日期开始的 p/Z 与时间的关系式。然后，根据 p/Z 与 p 的关系曲线图(即第 2 步)建立地层压力 p 与时间的关系式。

第 5 步，已知每个月的实际产量(Q_g)和 BHFP(p_{wf})，而且已由第 3 步估算了地层压力 p，由式(3.262)计算各时间段的 C：

$$C=\frac{Q_g}{p^2-p_{wf}^2}$$

第6步，绘制 C 与时间的关系曲线图。如果 C 不是常数(即曲线图是一条直线)，就设定一个新的 p/Z 与 G_p 的关系曲线，重复进行第3~5步的计算。

第7步，一旦得到了恒定的 C 解，就获得了可用于储量计算的代表性的 p/Z 关系曲线。

在 Medicine Hat 浅层气藏中运用 EMB 法有两个基本的假设条件：气藏按定容方式进行开采(即没有水侵)；所有的气井都表现出平均井的特征，即具有相同的产能常数、紊流常数和 BHFP，根据这个气藏中生产井的数量、岩石的均质性以及观测到的井产量变化趋势来看，这个假设是合理的。

West 和 Cochrane 指出，在 EMB 评价中，各区块的气井都根据产层段进行了归类，从而使这些井的实际产量可以与特定的地层压力变化趋势建立联系。在按照上述方法计算系数 C 时，计算了基于归类产量的总系数 C，然后把它除以给定时间段内的在产井数，得出 C 的平均值。这个 C 平均值被用于计算平均渗透率/厚度(kh)，并与通过压力恢复试井分析由下式得出的 kh 进行对比：

$$kh=1422T\mu_g Z\left[\ln\left(\frac{r_e}{r_w}\right)-0.5\right]C$$

出于这个原因，这种方法绘制的是 kh 与时间而不是 C 与时间的关系曲线。图3.92显示了一条比较平缓的 kh 与时间的关系曲线，这说明 p/Z 与 G_p 的关系曲线是有效的。

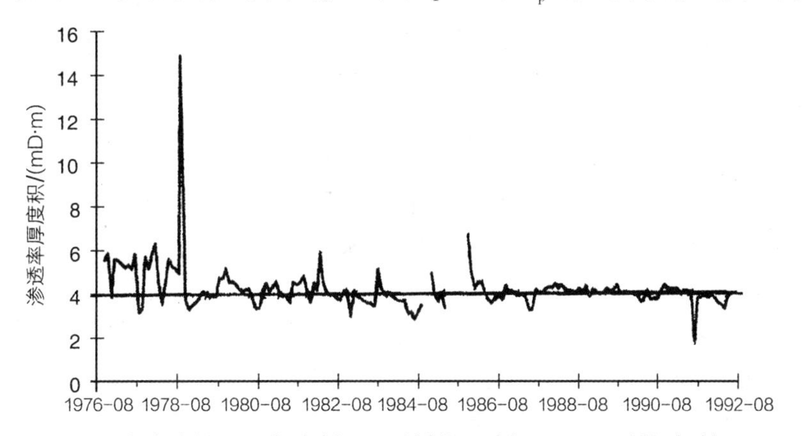

图3.92　一个成功的 EMB 解实例——平缓的 kh 剖面(经 SPE 授权复制，1995)

3.8　习题

(1) 习题1

一个定容气藏的以下信息已知：原始地层温度 $T_i=155$°F；原始地层压力 $p_i=3500$psi(绝)；天然气相对密度 $\gamma_g=0.65$(空气的=1)；储层厚度 $h=20$ft；储层孔隙度 $\phi=10\%$；原始含水饱和度 $S_{wi}=25\%$。

在开采量达到 300×10^6ft^3(标)之后，地层压力下降到了2500psi(绝)。试估算这个气藏的面积。

(2) 习题2

一个气藏的压力和累积产量数据(来源：Ikoku，C.，1984. Natural Gas Reservoir Engineering. John Wiley & Sons，New York，NY)已知(见表3.56)：

表 3.56 气藏的压力和累积产量数据

p/psi(绝)	Z	G_p/[$10^9 ft^3$(标)]
2080	0.759	0
1885	0.767	6.873
1620	0.787	14.002
1205	0.828	23.687
888	0.866	31.009
645	0.900	36.207

试估算原始天然气地质储量。估算在废弃压力为 500psi(绝)时的可采储量。假设 z_a = 1.00。在废弃压力为 500psi(绝)时的采收率为多少。

(3) 习题 3

具有活跃水驱的气田在 10 个月的开采期内压力从 3000psi(绝)降至 2000psi(绝)。根据下列产量数据开展产量历史拟合并计算原始天然气地质储量。假设在储层压力和温度 T=140℉的范围内 z=0.8(见表 3.57)。

表 3.57 具有活跃水驱的气田的产量数据

t/月	0	2.5	5.0	7.5	10.0
p/psi(绝)	3000	2750	2500	2250	2000
G_p/[$10^6 ft^3$(标)]	0	97.6	218.9	355.4	500.0

(4) 习题 4

一个定容气藏在压力从 3600psi(绝)降至 2600psi(绝)时开采出了相对密度为 0.62 的天然气 $600\times10^6 ft^3$(标)。地层温度为 140℉。试计算:原始天然气地质储量;在达到废弃压力 500psi(绝)时的剩余储量;废弃时的最终天然气开采量。

(5) 习题 5

一个水驱气藏的以下信息已知:总体积=100000acre · ft;天然气相对密度为 0.6;孔隙度为 15%;p_i=3500psi;S_{wi}=0.25;T=140℉。地层压力递减到了 3000psi(绝),天然气产量为 $30\times10^6 ft^3$(标),没有水产出。试计算累积水侵量。

(6) 习题 6

Mobile 公司 David 气田的以下数据已知:$G=70\times10^9 ft^3$(标);p_i=9507psi;S_{wi}=0.35;c_w = $401\times10^{-6} psi^{-1}$;$c_f=3.4\times10^{-6} psi^{-1}$;$\gamma_g$=0.74;$T$=266℉。对于这个压力正常的定容气藏,计算并绘制累积天然气产量与压力的关系曲线。

(7) 习题 7

一口气井在恒定的井底流压 1000psi(绝)下生产。采出天然气的相对密度为 0.65。以下数据已知:p_i=1500psi;r_w=0.33ft;r_e=1000ft;k=20mD;h=29ft;T=140℉;s=0.40。利用以下方法计算天然气流量:真实气体拟压力法;压力平方近似法。

(8) 习题 8

从一口气井的回压测试中得到了以下数据(来源:Ikoku, C., 1984. Natural Gas Reservoir Engineering. John Wiley & Sons, New York, NY)(见表 3.58):

表 3.58　气井的回压测试数据

Q_g/[10^3ft^3(标)/d]	p_{wf}/psi
0	481
4928	456
6479	444
8062	430
9640	415

计算 C 和 n 的数值；确定 AOF；生成地层压力为 481psi(绝)和 300psi(绝)时的 IPR 曲线。

(9) 习题 9

下列回压测试数据已知(见表 3.59)：

表 3.59　回压测试数据

Q_g/[10^3ft^3(标)/d]	p_{wf}/psi
0	5240
1000	4500
1350	4191
2000	3530
2500	2821

给定：天然气相对密度为 0.78；孔隙度为 12%；$S_{wi}=0.15$；$T=281$°F。

采用简化回压方程和层流-惯性-湍流(LIT)法(压力平方法、压力法、拟压力法)建立当前的 IPR 曲线。在未来地层压力 4000psi(绝)下重复上述计算。

(10) 习题 10

在开采面积大约为 180acre 的气藏中有一口水平段长度为 3000ft 的气井，给定了以下数据：$p_i=2500$psi；$p_{wf}=1500$psi；$r_w=0.25$ft；$k=25$mD；$h=20$ft；$T=120$°F；$\gamma_g=0.65$。试计算天然气流量。

(11) 习题 11

煤层气藏煤样品的吸附等温数据如下(见表 3.60)，试计算兰格缪尔等温常数 V_m 和兰格缪尔压力常数 b：

表 3.60　煤层气藏煤样品的吸附等温数据

p/psi	V/[ft^3(标)/t]
87.4	92.4
140.3	135.84
235.75	191.76
254.15	210
350.75	247.68
579.6	318.36
583.05	320.64
869.4	374.28
1151.15	407.4
1159.2	408.6

(12) 习题 12

一个干气藏的以下生产数据已知(见表 3.61):

表 3.61　干气藏的生产数据

q_t/[10^6ft^3(标)/d]	G_p/[10^6ft^3(标)]
384	19200
403.2	38400
364.8	57600
370.8	115200
326.4	192000
297.6	288000
249.6	364800
236.4	422400
220.8	441600
211.2	460800
220.8	480000

试估算:在未来天然气流量达到 $100\times10^6ft^3$/d(标)时的累积天然气产量;流量达到 $100\times10^6ft^3$/d(标)额外所需的时间。

(13) 习题 13

一口气井的如下历史产量数据已知(见表 3.62):

表 3.62　气井的历史产量数据

日期	时间/月	q_t/[10^6ft^3(标)/月]
2000-1-1	0	1017
2000-2-1	1	978
2000-3-1	2	941
2000-4-1	3	905
2000-5-1	4	874
2000-6-1	5	839
2000-7-1	6	809
2000-8-1	7	778
2000-9-1	8	747
2000-10-1	9	722
2000-11-1	10	691
2000-12-1	11	667
2001-1-1	12	641

利用前 6 个月的历史产量数据计算递减曲线方程的系数。预测 2000 年 8 月 1 日~2011 年 1 月 1 日期间的流量和累积天然气产量。假设经济极限产量为 $20\times10^6ft^3$(标),估算达到经济极限产量所需的时间以及对应的累积天然气产量。

(14) 习题 14

一口气井由容积法计算得出的最终可采储量 G_{pa} 为 18×10^9ft^3(标)。通过与同一地区其他气井的类比，给该井赋予了以下数据：指数递减；允许(受限)产量 = 425×10^6ft^3(标)/月；经济极限产量 = 20×10^6ft^3(标)/月；标称递减率 = 0.034 月$^{-1}$；试计算这口井的年产量动态。

(15) 习题 15

一口气井的以下生产数据已知：p_i = 4100psi(绝)；p_{wf} = 400psi；T = 600°R；h = 40ft；ϕ = 10%；S_{wi} = 0.30；γ_g = 0.65(见表 3.63)。

表 3.63 生产数据

时间/d	q_t/[10^6ft^3(标)/d]
0.7874	5.146
6.324	2.108
12.71	1.6306
25.358	1.2958
50.778	1.054
101.556	0.8742
248	0.6634
496	0.49042
992	0.30566
1240	0.24924
1860	0.15996
3100	0.07874
6200	0.02232

试计算原始天然气地质储量和泄气面积。

(16) 习题 16

天然气相对密度为 0.7，压力为 800psi(绝)。在存在游离水的情况下，温度能够降低到什么程度而不会形成水合物?

(17) 习题 17

天然气相对密度为 0.75，温度为 70℉。在压力达到哪个数值以上时可望形成水合物?

(18) 习题 18

天然气相对密度为 0.76，压力为 1400psi(绝)，温度为 70℉。这种天然气可以膨胀到什么程度而不会形成水合物?

第4章 油藏动态

每个油藏都有其独特的几何形态、储层岩石性质、流体特征和主要驱动机理。完全相同的两个油藏并不存在，但可以根据主要的开采机理对油藏进行分类。人们已经观察到，就以下几个方面而言，每种驱动机理都有某些典型的动态特征：最终采收率、压力递减速度、气油比、产水量。

依靠任何天然驱动机理的石油开采都被称为“一次采油”。该术语是指无需使用任何方法(例如流体注入)来补充地层天然能量而从油藏中开采油气的生产过程。

本章有两个主要目的：介绍并详细讨论各种一次采油机理及其对油藏整体动态的影响；介绍可用于预测油藏开采动态的物质平衡方程和其他主控关系式的基本原理。

4.1 一次采油机理

要正确认识油藏动态和预测未来的开采动态，就有必要了解控制储层中流体动态的驱动机理。

油藏的整个动态在很大程度上取决于驱动石油流动到井筒的能量的性质，即驱动机理。为采油提供必要天然能量的驱动机理大体上有6种：岩石和流体膨胀式驱动、溶解气驱、气顶驱、水驱、重力驱、混合驱。下面对这6种驱动机理逐一进行介绍。

4.1.1 岩石和流体膨胀

当一个油藏的初始压力高于其泡点压力时，它就被称为“未饱和油藏”。在地层压力高于泡点压力的情况下，原油、原生水和岩石是油藏中仅存的物质。随着地层压力下降，岩石和流体因其各自的可压缩性而膨胀。储集岩的可压缩性是由两个因素造成的：单个岩石颗粒的膨胀和地层压实。这两个因素都是孔隙空间内流体压力下降的结果，并且都倾向于通过孔隙度的降低来减小孔隙体积。

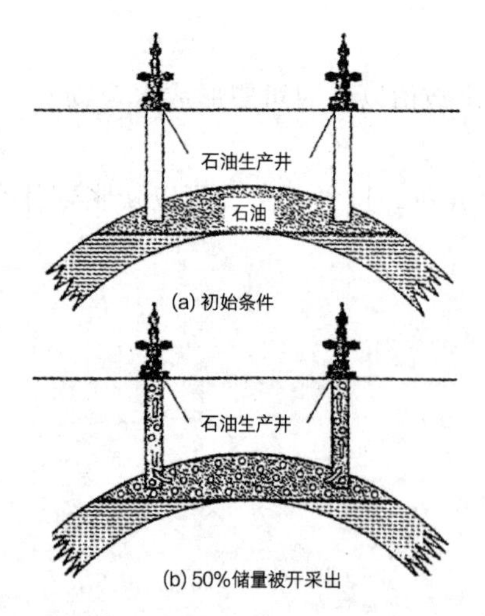

图4.1 溶解气驱油藏(来源：Clark，N.，1969. Elements of Petroleum Reservoirs. Society of Petroleum Engineers，Dallas，TX)

随着油藏压力降低，流体膨胀，孔隙体积减小，而原油和水将被迫从孔隙空间流出并进入井筒。由于流体和岩石仅具有很弱的可压缩性，油藏将经历快速的压力下降。这种驱动机理作用下的油藏，其典型特征是气油比恒定，其气油比等于泡点压力下的天然气溶解度。这种驱动机理被认为是效率最低的一种驱动力，在其作用下通常只能采出总石油地质储量的很小一部分。

4.1.2 衰竭驱动机理

这种驱动机理也可以用术语——溶解气驱(solution gas drive/dissolved gas drive/internal gas drive)来描述。在这种油藏类型中，能量的主要来源是随地层压力降低原油中气体的释放和随后溶解气的膨胀。当油藏压力下降至饱和压力以下时，气泡从微孔隙空间内释放出来。这些气泡膨胀并迫使原油流出孔隙空间，其示意图参见图4.1。

Cole(1969)认为，衰竭驱动油藏可以根据以下特征来识别：

(1) 压力动态。油藏压力迅速而且持续下降。这种油藏压力动态归因于一个事实，即没有外来的流体或气顶来替代被开采出的油气。

(2) 产水量。水驱机理的缺失就意味着在油藏整个开采期内将很少或没有水随同石油一起被开采出。衰竭驱动油藏的特征是：所有的油井，无论其构造位置如何，其气油比都会表现出迅速增加的特点。在地层压力下降至饱和压力之下后，整个油藏内都将出现天然气从溶液中析出的现象。一旦含气饱和度超过临界含气饱和度，游离气开始流向井筒，而气油比增大。这些游离气还会在重力作用下开始纵向运动，这可能导致次生气顶的形成。纵向渗透率是控制次生气顶形成的一个重要因素。

(3) 独特的采油方式。通过溶解气驱开采石油的效率通常是最低的。这是整个油藏内形成含气饱和度的直接结果。溶解气驱油藏的最终石油采收率低的还不到5%，而最高的也只能达到约30%。这种油藏的低采收率表明，大量的油滞留在了储层中，因此，溶解气驱油藏被认为是进行二次采油的最佳候选油藏。

图 4. 2 显示了溶解气驱油藏开采寿命期内上述特征的变化趋势，这里概述如下(见表 4. 1)：

表 4.1　溶解气驱油藏开采寿命期内上述特征的变化趋势

特征	趋势
地层压力	迅速且持续下降
气油比	先增至最大值，然后下降
产水量	无
油井动态	早期阶段需要泵抽油
石油采收率	5%～30%

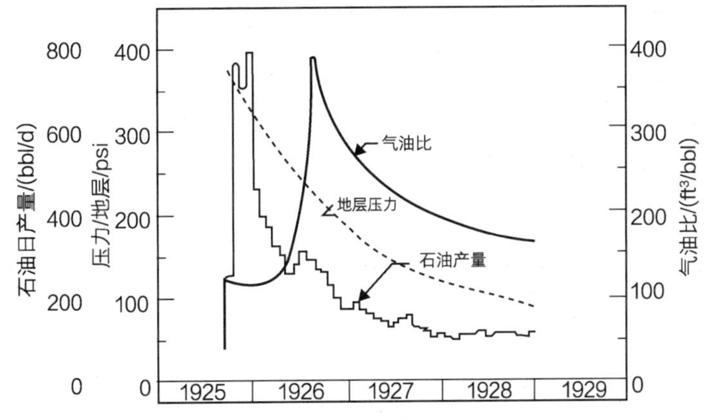

图 4. 2　溶解气驱油藏的生产数据(来源：Clark，N.，1969. Elements of Petroleum Reservoirs. Society of Petroleum Engineers，Dallas，TX)

4. 1. 3　气顶驱

气顶驱油藏的判别依据是存在气顶且很少有或没有水驱，如图 4. 3 所示。由于气顶具有膨胀能力，这些油藏的特征是地层压力下降缓慢。原油开采的天然能量有以下两个来源：气顶气的膨胀和释放出的溶解气的膨胀。

Cole(1969)和 Clark(1969)综合评价了与气顶驱油藏有关的典型变化趋势，概述如下：

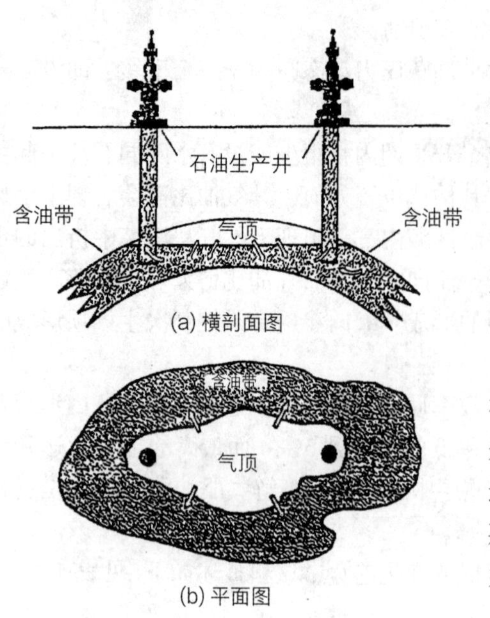

图 4.3　气顶驱油藏(来源：Clark，N.，1969. Elements of Petroleum Reservoirs. Society of Petroleum Engineers，Dallas，TX)

地层压力缓慢但持续下降。与溶解气驱油藏相比，气顶驱油藏压力往往保持在较高水平。压力保持程度取决于气顶中天然气体积与原油体积的对比情况。

产水量没有或少到可以忽略不计。

构造高部位井中的气油比持续上升。随着气顶膨胀到达构造高部位井的生产层段，受到影响的井的气油比将增加到较高的值。

气顶膨胀采油实际上属于一种前缘驱动型驱替机理，因此，其采收率远高于溶解气驱油藏。导致采收率较高的另外一个原因，是在同一时期油藏内还未形成含气饱和度。图 4.4 显示了油藏开采寿命期内不同时间的气-油界面的相对位置，预计采收率为 20%~40%。

气顶驱油藏的最终采收率很大程度上取决于以下 6 个重要参数：

(1) 原始气顶的体积。正如图 4.5 所示，最终采收率随气顶体积的增加而提高。

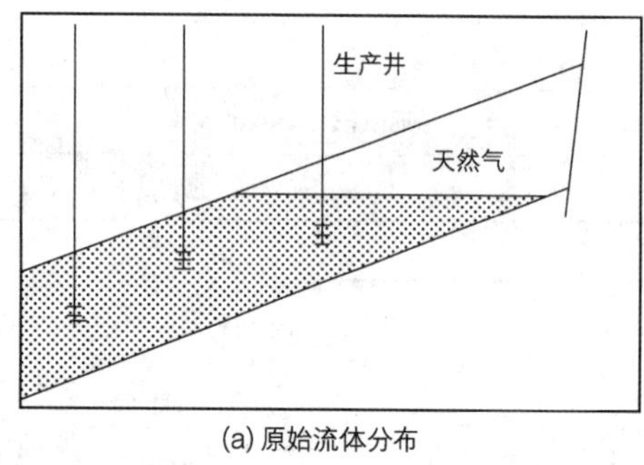

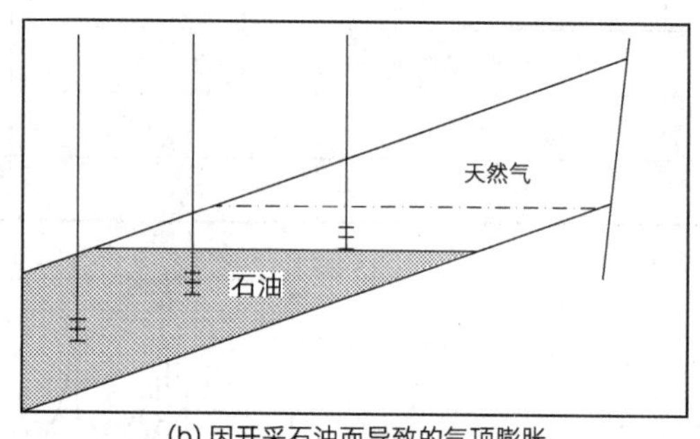

图 4.4　气顶驱油藏(来源：Clark，N.，1969. Elements of Petroleum Reservoirs. Society of Petroleum Engineers，Dallas，TX)

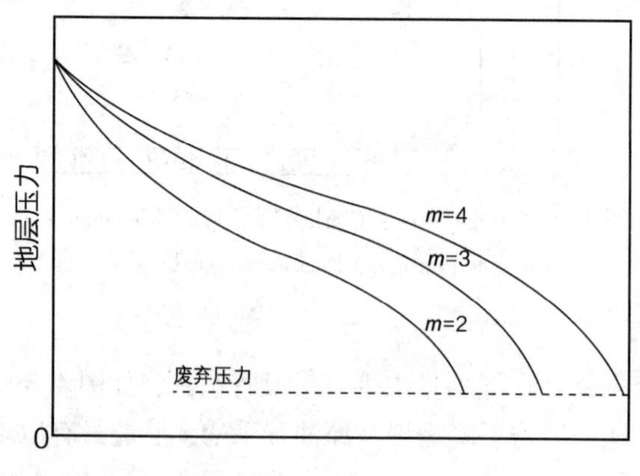

图 4.5　气顶体积对最终石油采收率的影响(来源：Clark，N.，1969. Elements of Petroleum Reservoirs. Society of Petroleum Engineers，Dallas，TX)

(2) 纵向渗透率。较高的纵向渗透率有利于石油向下流动，而且天然气绕流的现象比较少。

(3) 原油黏度。随着原油黏度增加，绕流的天然气数量也将增加，从而导致采收率降低。

(4) 天然气保存度。为了保存天然气进而提高最终石油采收率，必需把产气过多的油井关闭。

(5) 采油速度。随着地层压力因石油开采而下降，溶解气从原油中逸析出，含气饱和度持续增加。含气饱和度超过临界含气饱和度时，析出的天然气开始在含油带内流动。由于在含油带内形成了可动气相，将出现以下两种现象：油的有效渗透率会因含气饱和度的增加而降低；天然气的有效渗透率将会增加，从而增强天然气的流动。如果不采取压力保持措施，就不能阻止含油带中游离气饱和度的形成。因此，为了充分发挥气顶驱开采机理的作用，必须把含油带的含气饱和度保持在绝对最小的水平。这可以借助于流体重力分异的优点来实现。事实上，一个气顶驱油藏要实现有效运行，还必须有有效的重力分异驱动。在含油带中形成含气饱和度后，必须允许天然气向构造高部位运移并进入气顶。因此，气顶驱油藏实际上是一个混合驱油藏，只是人们一般不这样认为罢了。在采油速度较低的情况下，含油带中的绝大部分游离气都会运移进入气顶。因此，气顶驱油藏对采油速度很敏感，降低采油速度通常会提高石油采收率。

(6) 倾角。气顶的大小决定着油田的总体采收率。当气顶被认为是主要的驱动机理时，其大小就是衡量可用于开采原油的油层能量高低的一个标准。在正常情况下，这种开采方式可以实现的采收率将是原始石油地质储量的 20%~40%。但是，如果存在其他一些有利因素，例如较陡的地层倾角，有利于把石油排驱至构造底部，就可获得高得多的采收率(高达 60%或更高)。相反，如果油柱的高度非常小(向前推进的气顶会在生产井中过早突破)，那么无论气顶的大小如何，石油采收率都会比较低。图 4.6 显示了气顶驱油藏的典型产量和压力数据。

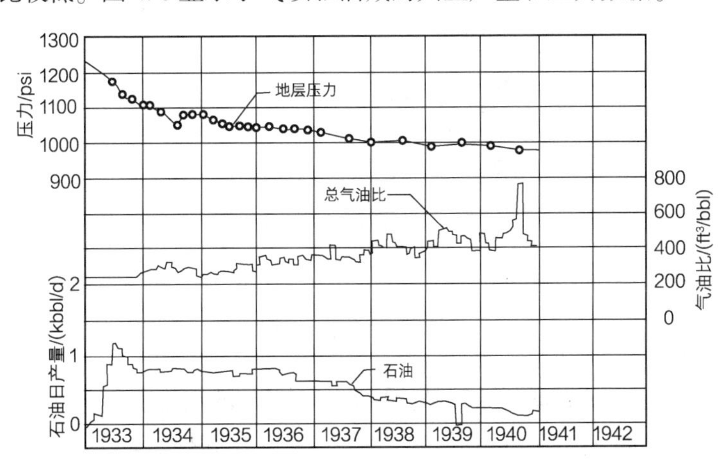

图 4.6 气顶驱油藏的生产数据(来源：Clark，N.，1969. Elements of Petroleum Reservoirs. Society of Petroleum Engineers，Dallas，TX)

由于气顶膨胀在保持地层压力方面的作用和液柱高度因石油开采而减小的影响，气顶驱油藏的开采时间往往比溶解气驱油藏的更长。

4.1.4 水驱机理

许多油藏的周围都部分或全部被称作含水层的含水岩石所包围。与油藏相比，其周围含水层的规模可能是如此之大，以至于它们连在一起时变得似乎是无限大的；含水层的规模也有可能是如此之小，以至于其对油藏动态的影响可以忽略不计。含水层本身也可能被不渗透岩石完全包围，使得油层和含水层一起形成一个封闭的(定体积的)单元。另外，储层可以在一个或多个地方出露地表，而在这些露头区，含水层中的水可以由地表水补给(见图 4.7)。

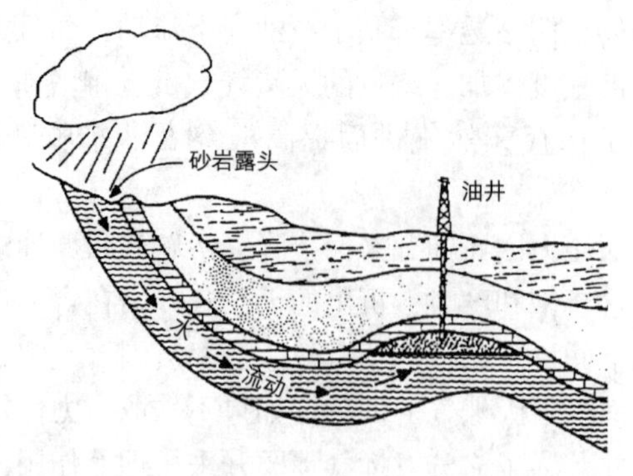

图 4.7　自流水驱油藏(来源：Clark，N.，1969. Elements of Petroleum Reservoirs. Society of Petroleum Engineers，Dallas，TX)

在讨论油藏水侵时，通常会说到边水或底水。底水位于油层的正下方；边水位于油层边缘的构造侧翼上，如图 4.8 所示。不管水的来源是什么，水驱都是水侵入最初被油所占据的孔隙空间，替代石油并把它们驱替到生产井中。

Cole(1969)曾讨论过可用于识别水驱机理的特征参数。

4.1.4.1　地层压力

地层压力的下降通常是非常缓慢的。图 4.9 显示了一个典型水驱油藏的压力-开采量曲线。

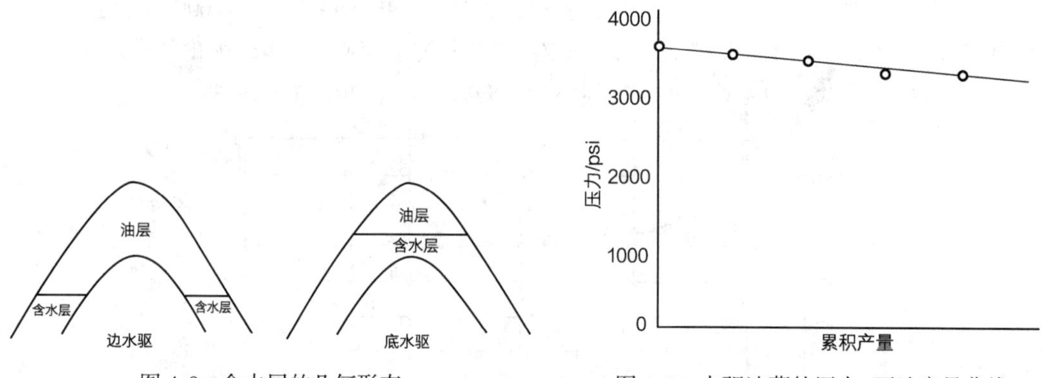

图 4.8　含水层的几何形态

图 4.9　水驱油藏的压力-石油产量曲线

地层压力每下降一个磅力每平方英寸(psi)，就可开采出数千桶石油，这并非不寻常。地层压力小幅下降就可以采出大量石油的原因是：从油层中采出的油几乎完全被侵入含油带的相同体积的水所代替。美国墨西哥湾沿岸地区几个大型油藏就存在这种活跃水驱，每采出 1×10^6bbl 石油其地层压力仅下降约 1psi。虽然压力变化曲线的表现形式通常都是与累积产油量的交会图，但应该明白的一点是，油藏流体开采总量才是对保持地层压力真正重要的标准。在水驱油藏中，油藏内单位压降只能使一定桶数的水流入储层。鉴于利益增长点主要来自石油，如果能尽可能降低水和气的开采量，那么就能以最小的压降实现石油产量的最大化。因此，把产水量和产气量减至绝对最少是非常重要的。这一般可以通过以下途径来实现，即关闭那些采出大量水和天然气的井，并且在可能的情况下把这些井的允许产量转移到其他低水油比或低气油比的油井。

4.1.4.2　产水量

早期产水量比较高的油井都位于构造低部位。这是水驱油藏的特点，如果水是以均匀的方式侵入油藏，那么就没有什么措施能够或应该被采取来限制这种水侵，因为水会提供可能最有效的驱油机理。如果油藏具有一个或多个渗透率很高的透镜体，则水就可能通过这个高渗透率带流动。在这种情况下，通过修井作业来封堵这个产水的渗透层可能就是经济可行的。应该意识到，在大多数情况下，构造低部位油井所开采的石油是可以由构造较高部位的油井来开采的。因此，为减少构造低部位油井的水油比而开展的任何修井作业，其相关的任何费用可能都是不必要的支出。

4.1.4.3 气油比

在油藏开采寿命期内，生产气油比一般都会出现一点点变化。如果油藏没有原始游离气顶，情况尤其如此。压力将会因水侵而得以保持，因此从溶液中释放出的天然气会非常少。

4.1.4.4 最终采收率

水驱油藏的最终采收率通常远高于其他任何开采机理的最终采收率。最终采收率取决于水在替代石油时的冲洗作用的效率。一般情况下，随着储层非均质性的增加，最终采收率将因驱替水的不均匀推进而减少。在高渗透率油层中，水的推进速度通常比较快。这将导致过早出现高水油比，进而过早达到经济极限。在油藏或多或少具有一定均质性的情况下，水前缘推进将会更加均匀，而且在主要因水油比过高而达到经济极限时，被水驱替的油藏体积所占比例就会更大。

最终石油采收率也会受到水驱活跃程度的影响。在一个压力保持良好的活跃水驱油藏中，溶解气在开采过程中的作用几乎降低为零，而水作为一种驱替动力的作用则被发挥到了极致。这将使油藏的最终采收率达到最大值。最终采收率的范围一般是原始石油地质储量的35%~75%。图4.10显示了水驱油藏的典型变化趋势，这些趋势概括如下(见表4.2)：

表4.2 水驱油藏的典型变化趋势

特征	趋势
地层压力	保持较高压力
地面气油比	保持较低值
产水量	开始较早并有明显的增加
油井动态	开采一直持续进行，直到产水量过高为止
预计的石油采收率	35%~75%

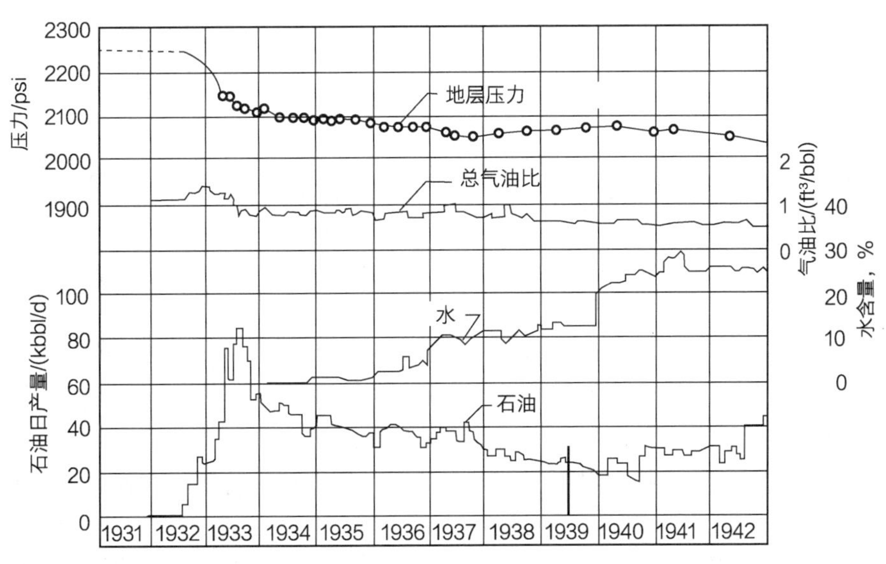

图4.10 一个水驱油藏的生产数据(来源：Clark，N.，1969. Elements of Petroleum Reservoirs. Society of Petroleum Engineers，Dallas，TX)

4.1.5 重力驱

重力驱是指基于储层流体间密度差异的一种驱油机理。重力的作用可以通过一个简单的试验加以说明。将一定数量的原油和水放在一个瓶子中并进行搅拌。搅拌后，将瓶子静置，一段时间后密度较大的流体(一般是水)将沉降到瓶子的底部，而密度较小的流体(一般是油)将出现在密度较大流体之上。这两种流体在重力作用下分开。

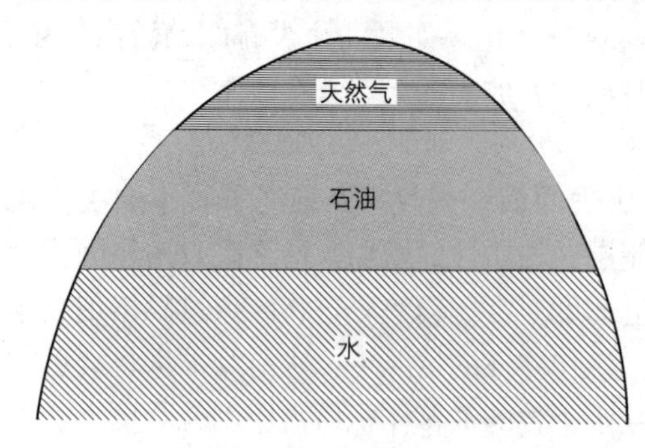

图 4.11 油藏中原始流体的分布

油藏中的流体都受到重力的作用，流体在油藏中的相对位置就证实了这一点，即天然气在顶部，油位于天然气之下，而水则出现在油的下面。图 4.11显示了油藏中各种流体的相对位置。由于油气聚集和运移过程的时间很长，通常假设储层流体处于平衡状态。如果储层流体处于平衡状态，那么气-油界面和油-水界面应当是大致水平的。虽然很难准确地确定储层流体界面，但现有的最好数据表明，在大多数油藏中，流体界面实际上是基本水平的。

所有油藏一定程度上可能都存在流体的重力分异作用，但在某些油藏中，这种流体的重力分异作用可能会对石油开采作出重大贡献。

Cole(1969)指出，主要依靠重力驱开采机理采油的油藏，具有以下几方面的特征。

地层压力：压力下降的快慢主要取决于地下天然气保存的数量。严格地说，在天然气得到保存且油藏压力保持不变的情况下，油藏的驱动机理可能是混合气顶驱和重力驱。因此，对于仅受重力驱动的油藏而言，其压降速度可能会很快。这就要求析出的天然气向构造高部位运移，然后被位于构造高部位的油井采出地面，从而导致压力迅速降低。

气油比：这种类型的油藏，其构造低部位的油井通常显示较低的气油比。这是析出的天然气在流体重力分异作用下向构造高部位运移的结果。另外，由于从原油中析出的天然气向构造高部位运移，导致位于构造高部位油井的气油比增加。

次生气顶：在最初未饱和的油藏中会形成次生气顶。很明显，在地层压力下降到饱和压力以下之前，重力驱机理不会起作用，因为在饱和压力以上油藏中没有游离气存在。

产水量：重力驱油藏很少或不产水。产水基本上是水驱油藏的标志。

最终采收率：重力驱油藏的最终采收率相差很大，这主要是由于单靠重力驱能够实现的衰竭程度变化较大所致。在重力驱效果较好的情况下，或采油速度受制于能否最大限度地利用重力的情况下，最终采收率将会很高。据示例报道，个别重力驱油藏的最终采收率已经超过原始石油地质储量的 80%。在采油过程中溶解气驱机理同时发挥重要作用的另一些油藏中，其最终采收率会比较低。

在重力驱油藏的开采中，至关重要的是，必须尽可能高地保持井筒附近地层的含油饱和度。提出这一技术要求有两个明显的原因：含油饱和度越高意味着石油产量越高；含油饱和度越高意味着天然气流速越低。

如果析出的溶解气流向构造高部位，而不是流向井筒，那么就可以在井筒附近地层中保持较高的含油饱和度。

为了充分利用重力驱开采机理，油井应该尽可能部署在构造低部位。这样就可以最大限度地保持油藏中的天然气。图 4.12 显示了一个典型的重力驱油藏。

正如 Cole(1969)所讨论的那样，有五个因素影响重力驱油藏的最终采收率：

(1) 沿倾向的渗透率。良好的渗透率，尤其是在垂直方向和石油运移方向上的良好渗透率，是有效重力驱的先决条件。例如，构造起伏幅度比较小而且还有可能含有或多或少连续的页岩“条带”的油藏，可能无法通过重力泄油进行开采，因为石油不能流动到构造底部。

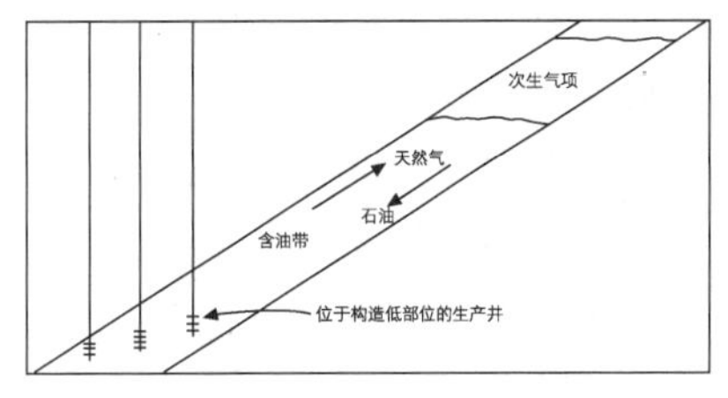

图 4.12　重力驱油藏(来源：Clark，N.，1969. Elements of Petroleum Reservoirs. Society of Petroleum Engineers，Dallas，TX)

(2) 地层倾角。在大多数油藏中，沿倾向的渗透率明显大于与倾向垂直方向上的渗透率。因此，随着地层倾角的增大，石油和天然气可沿倾向流动(这也是最大渗透率方向)，而且还能到达预定的构造位置。

(3) 油藏采油速度。由于重力泄油的速度是有限的，油藏开采速度被限制到重力泄油速度，从而获得最大采收率。如果油藏开采速度超过了重力泄油的速度，那么溶解气驱开采机理将变得更重要，随之最终采收率将溶解气减少。

(4) 石油的黏度。石油的黏度很重要，因为重力驱的速度取决于石油的黏度。在流体流动方程中，流动速率随黏度减小而增加。因此，重力驱油的速度将随着地层原油黏度的减小而增加。

(5) 相对渗透率特征。要使重力驱油机理有效地发挥作用，天然气必须流向构造顶部，而石油流向构造底部。虽然这种情况涉及石油和天然气的对流，但由于这两种流体都在流动，地层的相对渗透率特征是非常重要的。

4.1.6　混合驱

最常遇到的驱动机理是水和游离气都在一定程度上发挥作用，驱替石油流向生产井。因此，所遇到的最常见的驱动类型是混合驱动机理，如图 4.13 所示。

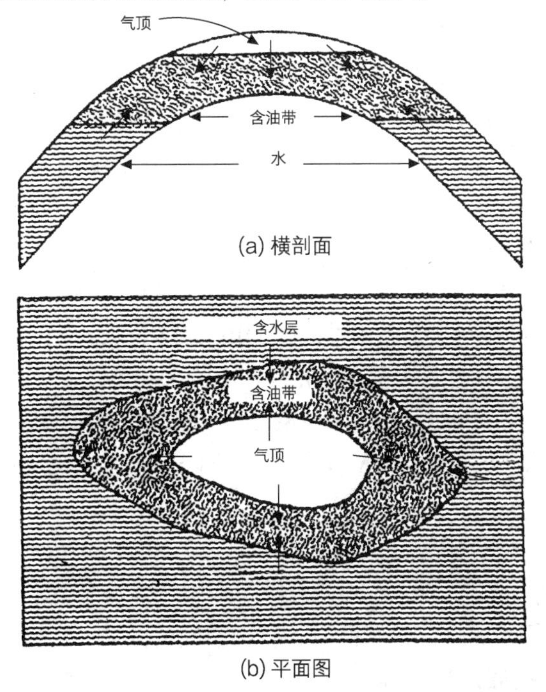

图 4.13　混合驱油藏(来源：Clark，N.，1969. Elements of Petroleum Reservoirs. Society of Petroleum Engineers，Dallas，TX)

在混合驱油藏中一般存在两种驱动力的组合：溶解气驱和弱水驱；带小规模气顶的溶解气驱和弱水驱。

此外，重力分异也可以在这两种驱动机理中发挥重要的作用。在一般情况下，混合驱油藏可以根据下列一些因素的组合进行识别：

地层压力：这些类型的油藏一般会出现相对快速的压力下降。水侵和/或外部气顶膨胀不足以保持地层压力。

产水量：构造位置接近原始油水界面的生产井，其产水量会因来自相关含水层的水侵增强而缓慢增加。

气油比：如果存在一个小规模的气顶，而且这个气顶发生了膨胀，那么构造高部位油井的气油比将持续增加。如果采出了过量的游离气，该气顶也有可能会收缩。在这种情况下，构造高部位油井的油气比将降低。应该尽量避免出现这种情况，因为大量的石油可能会因为气顶收缩而无法采出。

最终采收率：总采收率的相当大一部分可能要归功于溶解气驱机理，由于随着地层压力减小，溶解气从原油中析出，构造低部位油井的气油比也会持续增加。混合驱油藏的最终采收率通常要高于溶解气驱油藏的最终采收率，但低于水驱或气顶驱油藏的最终采收率。实际的最终采收率将取决于能在何种程度上降低溶解气驱的采收率。在大多数混合驱油藏中，组织实施某些类型的油藏压力保持措施在经济上是可行的，例如注气、注水或既注气又注水。具体采取哪种措施，要取决于可获取的流体类型。

4.2 物质平衡方程

长期以来，物质平衡式(MBE)一直被认为是油藏工程师解释和预测油藏动态的基本工具之一。如果运用得当的话，MBE 可用于以下几方面：估算地层条件下原始油气体积；预测地层压力；计算水侵量；预测未来的油藏动态；预测不同类型一次采油驱动机理下的最终采收率。

尽管在某些情况下，MBE 可以同时求解原始油气体积(即油和气的体积)和水侵量。但通常情况下，必须利用不依赖于物质平衡计算结果的其他数据或方法获取原始油气体积或水侵量。这些计算值的准确度取决于现有数据的可靠性和油藏特征是否能满足建立 MBE 时所作假设。建立物质平衡方程的基础其实就是简单地维持进入油藏、离开油藏及在油藏中聚集的所有物质的平衡。

MBE 的概念是由 Schilthuis 于 1936 年提出的，其理论基础仅仅是体积平衡原理。根据物质平衡原理，从油藏中累积采出的流体量等于流体膨胀、孔隙体积压实和水侵的综合作用结果。在物质平衡方程最简单的形式中。基于体积平衡的 MBE 表达式为：

初始体积=剩余的体积+去掉的体积

由于油藏中分布有石油、天然气和水，MBE 既可以表示为总的流体量，又可以表示为其中所存在的任何一种流体。下面详细介绍 MBE 的三种不同形式：广义 MBE、作为直线方程的 MBE 和 Tracy 形式的 MBE。

4.3 广义 MBE

MBE 把油藏视为“单个储罐”或一个可以用平均压力(即在任何特定时间或生产阶段整个油藏的压力都没有变化)进行描述且储集岩性质具有均质性的区域。因此，MBE 通常被称为储罐模型或零维(0-D)模型。这些假设当然是不现实的，因为油藏通常被认为是非均质的，具有相当大的地层压力变化。然而，在大多数情况下，如果能获得准确的油藏平均压力和生产数据，那么储罐模型就能准确地预测油藏动态。

4.3.1 MBE 的基本假设

MBE 记录在开采历史上不连续时期内进入、离开或聚集在一个区域的所有物质的数量。在开采的早期阶段，流体的运动受到限制而且压力变化较小，在这个时期物质平衡计算最容易受到其多个假设条件的影响。不均衡的衰竭和部分油藏开发会使精度问题变得更加严重。下面讨论有关 MBE 的基本假设。

4.3.1.1 恒温

油藏的压力-体积变化都是在温度没有任何变化的条件下发生的。即使油藏温度有变化，一般也非常小，把其变化忽略不计也不会造成明显的误差。

4.3.1.2 储层特征

储层具有均匀的孔隙度、渗透率和厚度特征。此外，整个油藏的油气界面或油水界面的移动是均匀的。

4.3.1.3 流体采收率

流体采收率被视为与井产量、井数量或井位置无关。在用于预测未来的油藏动态时，物质平衡方程中并未明确地考虑时间这个要素。

4.3.1.4 压力平衡

油藏的任何部分都具有相同的压力，因此整个油藏内流体性质都是不变的。井筒附近的细微变化通常可以忽略不计。油藏内较大的地层压力变化可能导致计算误差过大。

假定 PVT 样品或数据集代表了实际的流体组分，而且室内测量采用的是可靠且具有代表性的方法。值得注意的是，绝大多数的物质平衡方程都假定差异衰竭(differential depletion)数据代表储层流动，同时还假定分离器闪蒸(separator flash)数据可用来校正从井筒条件到表面条件的过渡。这种“黑油”的 PVT 处理数据仅把体积变化与温度和压力联系在一起。对于组分也发挥着重要作用的挥发油藏或凝析气藏而言，PVT 数据便失去了其有效性。可以采用特殊的实验室测试方法来改善含有挥发性流体油藏的 PVT 数据的质量。

4.3.1.5 恒定的地层体积

在物质平衡方程中，油藏体积被假定为恒定的，但存在岩石和水膨胀或水侵的情况除外，这些因素都要在物质平衡方程中专门加以考虑。储集岩被视为具有足够高的强度，即使随着油藏内部压力降低，上覆地层压力使储集岩发生运动或被改造，其体积也不会出现明显的变化。这个恒定体积的假设还与适用于物质平衡方程的目标区的面积有关。

4.3.1.6 可靠的生产数据

相对于同一时间段的所有生产数据都应该记录下来。如果可能的话，应分开保存气顶和溶解气的生产记录。

天然气和石油的重力测量结果应该与流体体积数据一起记录下来。一些油藏需要进行更详细的分析，而且需要通过解物质平衡方程求取体积段(volumetric segments)。所采出流体的重力有助于选取体积段，还有助于求取流体性质的平均值。要利用 MBE 进行可靠的油藏计算，基本上有三种类型的生产数据是必须记录的，它们是：

(1) 石油产量数据。即使对于不具吸引力的油气藏而言，一般也可以通过不同的渠道获取石油产量数据，而且所获取的数据通常是相当可靠的。

(2) 天然气产量数据。随着天然气市场价值的增加，天然气产量数据的获取更加容易并且更加可靠。遗憾的是，在存在天然气燃放现象的油气田，这种数据的可靠性往往较低。

(3) 水产量数据。这种数据仅代表了水的净采出量。因此，如果采出水被回注到其原来所在的地层，那么因数据质量差而造成的误差大都可以消除。

4.3.1.7 建立 MBE

为了简单起见，在推导物质平衡方程之前，用符号代表某些项是很方便的。所使用的符号应该一致，尽可能采用石油工程师学会所通过的标准术语(见表 4.3)。

表 4.3 石油工程师学会所通过的标准术语

物理量	含义	单位
p_i	初始地层压力	psi
p	按体积平均的地层压力	
Δp	地层压力变化(p_i-p)	psi
p_b	饱和压力	psi
N	原始石油地质储量 STB	
N_p	累积石油产量	STB
G_p	累积天然气产量	ft^3(标)
W_p	累积产水量	
R_p	累积气油比	ft^3(标)/STB
GOR	瞬时气油比	ft^3(标)/STB
R_{si}	原始天然气溶解度	ft^3(标)/STB
R_s	天然气溶解度	ft^3(标)/STB
B_{oi}	原始石油体积系数	bbl/STB
B_o	地层石油体积系数	bbl/STB
B_{gi}	原始天然气体积系数	bbl/ft^3(标)
B_g	天然气体积系数	bbl/ft^3(标)
W_{inj}	累积注水量	STB
G_{inj}	累积注气量	ft^3(标)
W_e	累积水侵量	bbl
m	原始气顶气藏体积与原始油藏体积之比	bbl/bbl
G	原始气顶气	ft^3(标)
PV	孔隙体积	
c_w	水的压缩系数	psi^{-1}
c_f	地层(岩石)的压缩系数	psi^{-1}

有几个物质平衡方程要求有总的孔隙体积(PV)，用原始石油地质储量 N 和气顶的体积来表示。总 PV 可以很方便地通过引入参数 m 推导出来：

m=单位为桶的原始气顶气体积/单位为桶的原始石油地质储量=GB_{gi}/NB_{oi}

因此，原始气顶的体积 GB_{gi}(bbl)=mNB_{oi}。含油气系统的总原始体积：

原始石油体积+原始气顶体积=(PV)$(1-S_{wi})NB_{oi}+mNB_{oi}$=(PV)$(1-S_{wi})$

求解 PV：

$$PV=\frac{NB_{oi}(1+m)}{1-S_{wi}} \tag{4.1}$$

式中：S_{wi}为原始含水饱和度；N 为原始石油地质储量，STB；PV 为总孔隙体积，bbl；m 为原始气顶的天然气体积与原始油藏的石油体积之比，bbl/bbl。

把油藏 PV 作为一个理想化的容器处理，如图 4.14 所示，通过建立体积平衡表达式，把油藏天然能量开采寿命期间所有的体积变化都考虑在内。MBE 可以采用如下的简化方式进行表示：

$$\mathrm{PV}_{p_\mathrm{i}\text{时原始石油体积}}+\mathrm{PV}_{p_\mathrm{i}\text{时气顶气体积}}=\mathrm{PV}_{p\text{时剩余油体积}}+\mathrm{PV}_{p\text{时气顶气体积}}+\mathrm{PV}_{p\text{时析出的溶解气体积}}+$$
$$\mathrm{PV}_{p\text{时净水侵量体积+原生水膨胀时变化的体积+岩石膨胀时减少的孔隙体积}}+\mathrm{PV}_{p\text{时注入气体积}}+\mathrm{PV}_{p\text{时注入水体积}} \tag{4.2}$$

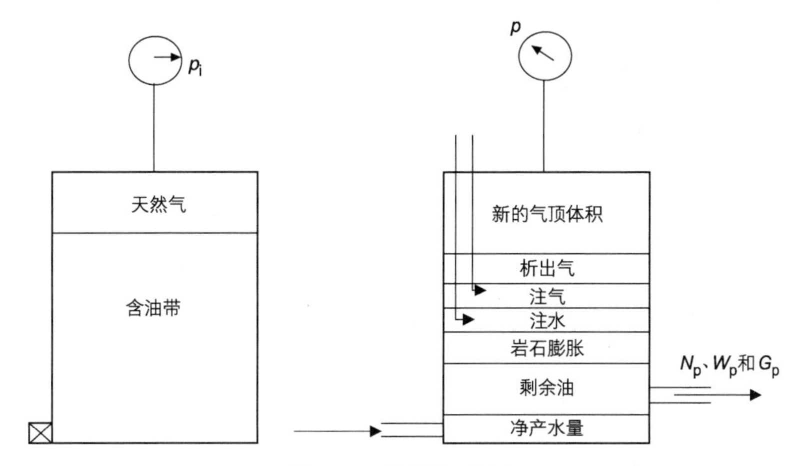

图 4.14 储罐模型概念

构成 MBE 的上述八个项可以根据油气 PVT 数据和岩石性质分别进行计算。

（1）原始石油地质储量占据的 PV：

$$\text{原始石油地质储量占据的体积}=NB_\mathrm{oi} \tag{4.3}$$

式中：N 为原始石油地质储量，STB；B_oi为初始地层压力 p_i条件下的原油体积系数，bbl/STB。

（2）气顶气中气体占据的 PV：

$$\text{气顶体积}=m\ NB_\mathrm{oi} \tag{4.4}$$

式中：m 是一个无量纲参数，其定义为气顶体积与含油带体积之比。

（3）剩余油占据的 PV：

$$\text{剩余油体积}=(N-N_\mathrm{p})B_\mathrm{o} \tag{4.5}$$

式中：N_p为累积石油产量，STB；B_o为地层压力 p 条件下的原油体积系数，bbl/STB。

（4）地层压力 p 条件下气顶占据的 PV。随着地层压力下降到一个新的压力 p，气顶中的气体膨胀并占据较大的体积。假定压力下降期间没有从气顶中采出天然气，则新的气顶体积可定义为：

$$\text{压力}\ p\ \text{下的气顶体积}=[\ m\ NB_\mathrm{oi}/B_\mathrm{gi}]B_\mathrm{g} \tag{4.6}$$

式中：B_gi为原始地层压力条件下的天然气体积系数，bbl/ft^3(标)；B_g为当前的天然气体积系数，bbl/ft^3(标)。

（5）析出的溶解气占据的 PV。从石油中析出的部分溶解气将保留在孔隙空间中并占据一定的体积，可以采用以下物质平衡方程确定溶解气的体积：

$$[\text{保留在 PV 中的析出气的体积}]=[\text{初始溶解气体积}]-[\text{采出气的体积}]-[\text{保留的溶解气体积}] \tag{4.7}$$

式中：N_p为累积石油产量，STB；R_p为净累积采出的气油比，ft^3(标)/STB；R_s为当前的天然气溶解度，ft^3(标)/STB；B_g为当前的天然气体积系数，bbl/ft^3(标)；R_si为初始地层压力条件下的天然气溶解度，ft^3(标)/STB。

(6) 净水侵量占据的 PV：

$$净水侵量 = W_e - W_p B_w \tag{4.8}$$

式中：W_e为累积水侵量，bbl；W_p为累积产水量，STB；B_w为水的体积系数，bbl/STB。

(7) 初始水和岩石膨胀引发的 PV 变化。对未饱和油藏而言，不能忽视描述 PV 因初始(原生)水和储集岩的膨胀而减少的项。水的压缩系数 c_w 和岩石压缩系数 c_f通常与油的压缩系数属于同一个数量级。然而，对气顶驱油藏或地层压力下降到饱和压力以下的油藏而言，这两个分量的影响一般都可以忽略不计。描述流体或物质的体积随压力变化而变化(膨胀)的压缩系数 c，其表达式如下：

$$c = \frac{-1 \partial V}{V \partial p}$$

即：

$$\Delta V = Vc\Delta p$$

式中：ΔV 为因压力变化而产生的物质净变化量或膨胀量。

因此，因含油带和气顶中原生水膨胀而减少的 PV 可由下式给出：

$$原生水膨胀 = [(\mathrm{PV}) S_{wi}] c_w \Delta p$$

用式(4.1)代替 PV 可得：

$$原生水膨胀 = \left[\frac{NB_{oi}(1+m)}{1-S_{wi}} S_{wi}\right] c_w \Delta p \tag{4.9}$$

式中：Δp 为地层压力变化，$p_i - p$；c_w为水的压缩系数，psi^{-1}；m 为原始气顶的天然气体积与原始油藏的石油体积之比，bbl/bbl。

类似地，随着流体被采出和压力下降，整个油藏的 PV 降低(压缩)，因这种 PV 的负变化而排出的流体量等于产量。由于储集岩膨胀而减少的 PV 可由下式给出：

$$\mathrm{PV}\ 变量 = \frac{NB_{oi}(1+m)}{1-S_{wi}} c_f \Delta p \tag{4.10}$$

把分别由式(4.9)和式(4.10)代表的原生水膨胀和地层膨胀合并在一起可以得出：

$$\mathrm{PV}\ 的总变化量 = NB_{oi}(1+m)\left(\frac{S_{wi}c_w + c_f}{1-S_{wi}}\right)\Delta p \tag{4.11}$$

与油和气的压缩系数相比，原生水和地层的压缩系数一般都比较小。然而，对于未饱和油藏而言，c_w和 c_f的值是比较大的，它们对于在泡点压力以上所实现的产量具有相当大的贡献。压缩系数的范围如下：未饱和油，$5\times10^{-6} \sim 50\times10^{-6}\mathrm{psi}^{-1}$；水，$2\times10^{-6} \sim 4\times10^{-6}\mathrm{psi}^{-1}$；地层，$3\times10^{-6} \sim 10\times10^{-6}\mathrm{psi}^{-1}$；1000psi 压力下的天然气，$500\times10^{-6} \sim 1000\times10^{-6}\mathrm{psi}^{-1}$；5000psi 压力下的天然气，$50\times10^{-6} \sim 200\times10^{-6}\mathrm{psi}^{-1}$。

(8) 注入气和注入水所占据的 PV。假定 G_{inj}(天然气的体积)和 W_{inj}(水的体积)已注入地下用于保持地层压力，则这两种注入流体所占据的总 PV 可由下式给出：

$$总体积 = G_{inj} B_{ginj} + W_{inj} B_w \tag{4.12}$$

式中：G_{inj}为累积注入气，ft^3(标)；B_{ginj}为注入气体积系数，bbl/ft^3(标)；W_{inj}为累积注入水，STB；B_w为水的体积系数，bbl/STB。

把式(4.3)~式(4.12)和式(4.2)合并在一起，并进行整理可得：

$$N = \frac{N_p B_o + (G_p - N_p R_s) B_g - (W_e - W_p B_w) - G_{inj} B_{ginj} - W_{inj} B_w}{(B_o - B_{oi}) + (R_{si} - R_s) B_g + mB_{oi}[(B_g/B_{gi}) - 1] + B_{oi}(1+m)[(S_{wi}c_w + c_f)/(1-S_{wi})]\Delta p} \tag{4.13}$$

式中：N 为原始石油地质储量，STB；G_p 为累积天然气产量，ft^3(标)；$N_{p为}$ 累积石油产量，STB；R_{si} 为初始压力下天然气溶解度，ft^3(标)/STB；m 为气顶气体积与石油体积之比，bbl/bbl；B_{gi} 为 p_i 压力下的天然气体积系数，bbl/ft^3(标)；B_{ginj} 为注入气的气体体积系数，bbl/ft^3(标)。

累积天然产量 G_p 可用累积气油比 R_p 和累积石油产量表示，其表达式为：

$$G_p = R_p N_p \tag{4.14}$$

把式(4.14)和式(4.13)合并可得：

$$N = \frac{N_p[B_o + (R_p - R_s)B_g] - (W_e - W_p B_w) - G_{inj}B_{ginj} - W_{inj}B_{wi}}{(B_o - B_{oi}) + (R_{si} - R_s)B_g + mB_{oi}[(B_g/B_{gi}) - 1] + B_{oi}(1+m)[(S_{wi}c_w + c_f)/(1-S_{wi})]\Delta p} \tag{4.15}$$

这个关系式被称为广义 MBE。通过把总(两相)体积系数 B_t 的概念引入这个方程，可以得到 MBE 更简洁的表达式。这种石油的 PVT 属性定义为：

$$B_t = B_o + (R_{si} - R_s)B_g \tag{4.16}$$

把 B_t 引入式(4.15)，并为简单起见，假定没有水或气注入，则可得(注意：$B_{ti} = B_{oi}$)：

$$N = \frac{N_p[B_t + (R_p - R_{si})B_g] - (W_e - W_p B_w)}{(B_t - B_{ti}) + mB_{ti}[(B_g/B_{gi}) - 1] + B_{ti}(1+m)[(S_{wi}c_w + c_f)/(1-S_{wi})]\Delta p} \tag{4.17}$$

式中：S_{wi} 为原始含水饱和度；R_p 为累积采出的气油比，ft^3(标)/STB；Δp 为平均地层压力变化，psi；B_g 为天然气体积系数，bbl/ft^3(标)。

【示例 4.1】

阿纳达科(Anadarko)油田是一个混合驱油藏。目前的地层压力估计为 2500psi。油藏生产数据和 PVT 数据如下(见表 4.4)：

表 4.4　油藏生产数据和 PVT 数据

项目	原始地层条件	目前地层条件
p_i/psi	3000	2500
B_{or}/(bbl/STB)	1.35	1.33
R_{si}/[ft^3(标)/STB]	600	500
N_{pi}/10^6STB	0	5
G_{pi}/[$10^9 ft^3$(标)]	0	5.5
B_{wi}/(bbl/STB)	1.00	1.00
W_{ei}/10^6bbl	0	3
W_{pi}/10^6bbl	0	0.2
B_{gi}/[bbl/ft^3(标)]	0.0011	0.0015
c_{fi}，c_w	0	0

以下数据也是已知的：含油带体积 = 100000acre · ft；含气带体积 = 20000acre · ft。计算原始石油地质储量。

解答：

第 1 步，假定含油带和含气带具有相同的孔隙度和原生水，计算 m：

$$m=\frac{7758\phi(1-S_{wi})(Ah)_{气顶}}{7758\phi(1-S_{wi})(Ah)_{含油带}}$$

$$=\frac{7758\phi(1-S_{wi})20000}{7758\phi(1-S_{wi})100000}$$

$$=\frac{20000}{100000}=0.2$$

第 2 步，计算累积气油比 R_p：

$$R_p=\frac{G_p}{N_p}=\frac{5.5\times10^9}{5\times10^6}=1100[\text{ft}^3(\text{标})/\text{STB}]$$

第 3 步，应用式(4.15)求解原始石油地质储量：

$$N=\frac{N_p[B_o+(R_p-R_s)B_g]-(W_e-W_pB_w)}{(B_o-B_{oi})+(R_{si}-R_s)B_g+mB_{oi}[(B_g/B_{gi})-1]+B_{oi}(1+m)[(S_{wi}c_w+c_f)/(1-S_{wi})]\Delta p}$$

$$=\frac{5\times10^6[1.33+(1100-500)0.0015]-(3\times10^6-0.2\times10^6)}{(1.35-1.33)+(600-500)0.0015+(0.2)(1.35)\times[(0.0015/0.0011)-1]}$$

$$=31.14\times10^6(\text{STB})$$

4.3.2　提高一次采油采收率

很明显，可以采取许多措施来提高油藏一次采油的最终采收率。其中的一些措施，可以从前面的讨论中推测而知；而其他一些措施，也已在不同问题的讨论中专门进行了说明。当我们试图定义一次采油采收率时，就涉及到了学科语义的问题。严格地说，我们可以把利用人工能量从油藏中获得的任何产量都定义为二次采油的采收率。这自然就把通过注气或注水保持地层压力开展的石油开采纳入了二次采油的范畴。传统上，大多数石油工程师都认为压力保持是一次采油的一种辅助手段。由此看来，我们可以对一次采油期间提高原油采收率的措施进行逻辑上的分类：井控方法；油藏控制方法，例如压力保持。

4.3.2.1　井控

应当指出，为提高油藏或气藏产量所采取的任何措施，一般都会提高最终采收率，手段是随累积产量规模进一步调整油藏或气藏的经济极限。人们认识到，在产量达到一个特定的数值时，生产成本会等于操作费用。如果一口油井或气井以低于这个特定数值的产量进行生产，就会出现净亏损。如果井的产能可以提高，很显然，在达到经济极限产量之前，将采出更多的石油。因此，酸化、防蜡、防砂和洗井等多种增产措施实际上是增加了井的最终开采量。

很显然，天然气和水的采出将降低天然储层能量。如果一个油藏所产的天然气和水可以实现最小化，那么就可获得较高的最终开采量。类似地，可以采用相同的概念来尽可能减少气藏的产水量。

在控制天然气和水的锥进或指进时，适当控制单井产量是一个重要因素。这个普通的问题并不限于水驱油藏和气顶驱油藏。在溶解气驱油藏中，从提高最终采收率的角度看，有些井的产量可能过高，因为生产井压力的过度下降会导致气油比过大，从而相应地造成溶解气的浪费。油藏工程师应意识到这种可能性，并对溶解气驱油藏中的井进行测试，以确定其气油比是否具有敏感性。

应当指出，在溶解气驱油藏因产量过高引起压力过度下降的情况下，往往会导致在油管中甚至偶尔还会在油藏本身中形成过多的石蜡沉淀。通过尽可能高地保持生产井的压力来保持原油中的溶解气，就可以最大限度地减少石蜡沉淀。当然，与油藏中的石蜡沉淀相比，油管中石蜡沉淀的危害性要弱一些。如果有足够的时间和资金，可以从油管和出油管线中清除石蜡。但是，沉淀在井筒周围地层孔隙中的石蜡能否被清除尚存疑问。因此，经营者应非常小心，以避免形成这种石蜡沉淀。

井产量过高引起的另一个不良效应可能是产砂。当井产量过大时，许多疏松地层往往会出砂，这些砂粒通过射孔孔眼流入井筒进而流入生产系统。用筛管、砾石充填或固结材料来改善这种情况是可能的。

在油藏中合理地布井也能在控制天然气和水的产量方面发挥重要的作用。很明显，生产井应该部署在尽可能远离初始油气界面、油水界面或气水界面的地方，以便尽可能降低不希望看到的天然气产量和水产量。当然，生产井的部署必须与油藏泄油、油藏总产能和开发成本等方面的需求相一致。

在确定一个特定油藏的合理井距时，工程师应该确定自己已经充分考虑了达到经济产量极限时生产井供油面积内的压力分布。在一个连续的油藏中，一口井所能影响的油藏体积并没有限制。然而，工程师应该关注的一点是，通过增加生产井的供油体积或半径可以增加的产油量。而在非常致密的油藏中，我们也许只能做到在增加的供油体积内实现小幅的地层压力下降。这种压力下降效应几乎可以被因供油半径增加造成的井产量减少而抵消。因此，应当谨慎行事，以便在尽可能加大井距的同时能够保证获得最高的经济效益。

4.3.2.2 总的地层控制

由式(4.15)求解石油开采量可以显示出水和天然气的产量对油藏采收率的影响：

$$N_p = \frac{N[(B_o - B_{oi}) + (R_{si} - R_s)B_g + (c_f + c_w S_{wc})\Delta p B_{oi}/(1 - S_{wc})]}{B_o - R_s B_g} - \frac{B_g G_p - mNB_{oi}((B_g/B_{gi}) - 1) - (W_e + W_p B_w)}{B_o - R_s B_g}$$

应当指出的是，在指定的地层压力下能够获得的石油产量会因天然气和水的采出而减少，减少的量几乎直接等于采出气($G_p B_g$)和采出水($W_p B_w$)所占居的油藏体积。此外，MBE 的推导表明，累积天然气产量 G_p是净采出气量，它是所采出的天然气量与所注入气量之差。类似地，如果水侵 W_e定义为天然水侵，则所采出的水量 W_p一定代表所采出的净水产量，即所采出的水量与所注入的水量之差。因此，如果可以在不对产水量和产气量产生不利影响的情况下把采出水或采出气回注，那么在特定的地层压力下能够采出的石油量就会增加。

众所周知，最有效的天然能力驱动机理是水侵，其次是气顶膨胀，效率最低的是溶解气驱动。因此，对于油藏工程师而言，控制油藏的产量是很重要的一项任务，从而尽可能减少溶解气驱的石油开采量，而尽可能增加水驱的石油开采量。然而，当一个油藏中存在两种或更多种驱动机理时，每种驱动机理所能贡献的产量并不总是很清楚。要估算每种驱动机理对产量的贡献，一种简便的方法是使用物质平衡驱动指数。

4.3.3 油藏驱动指数

在一个多种驱动机理同时存在的混合驱油藏中，确定每种驱动机理的相对强度及其对产量的相对贡献具有实际意义。这一目标可以通过对式(4.15)进行整理来实现，整理后的广义表达式如下：

$$\frac{N(B_t-B_{ti})}{A}+\frac{NmB_{ti}(B_g-B_{gi})/B_{gi}}{A}+\frac{W_e-W_pB_w}{A}+$$

$$\frac{NB_{oi}(1+m)[(c_wS_{wi}+c_f)/(1-S_{wi})](p_i-p)}{A}+ \tag{4.18}$$

$$\frac{W_{inj}B_{winj}}{A}+\frac{G_{inj}B_{ginj}}{A}=1$$

其中，参数 A 定义为：

$$A=N_p[B_t+(R_p-R_{si})B_g] \tag{4.19}$$

式(4.18)可以采用符号简化为：

$$\mathrm{DDI+SDI+WDI+EDI+WII+GII}=1.0 \tag{4.20}$$

式中：DDI 为溶解气驱指数；SDI 为分异(气顶)驱动指数；WDI 为水驱指数；EDI 为膨胀(岩石和流体)衰竭指数；WII 为注入水指数；GII 为注入气指数。

式(4.18)中六个项的分子代表因气顶和流体膨胀、净水侵和流体注入而造成的总体积的净变量，而分母代表因石油和天然气开采而形成的累积油层亏空。由于总体积增量必须等于总亏空，因此这四个指数的总和应等于 1。此外，每个指数的值一定小于或等于 1，但不能是负值。式(4.20)左边的六个项分别代表一种从油藏中开采石油的一次采油驱动机理。这些驱动机理在本章的前面已经提到过，这里再次分别介绍如下：

(1) 溶解气驱。溶解气驱是通过含有全部原始溶解气的原始石油体积膨胀来驱替储层中石油的一种采油机理。式(4.18)中的第一项以数学的方式表示了这种驱动机理，即：

$$\mathrm{DDI}=\frac{N(B_t-B_{ti})}{A} \tag{4.21}$$

(2) 气顶驱。气顶驱是通过原始游离气顶膨胀来驱替储层中石油的一种采油机理。这种驱动力可用式(4.18)中的第二项来描述，即：

$$\mathrm{SDI}=\frac{NmB_{ti}(B_g-B_{gi})/B_{gi}}{A} \tag{4.22}$$

应当指出，要完全避免气顶气的开采通常是不可能的，而气顶会因气顶气的开采而收缩。这种气顶收缩进而引起 SDI 减小的明确可能性，可能是生产井部署不合理造成的结果。避免气顶收缩是非常必要的，其方法要么是关闭从气顶中采出气的井，要么是向气顶中回注流体来替补采出的天然气。常见的做法是把采出的部分气体回注到地层中以保持气顶的规模。在某些情况下，把水而不是天然气回注气顶会更加经济。在缺乏气体压缩设备的情况下，选择注水是可行的。Cole(1969)指出，尽管这种特殊的技术已成功地应用于几个案例中，但重力分离的可能性也必须加以考虑。

(3) 水驱。水驱是由侵入含油带的净水侵量来驱替石油的一种采油机理。这种驱动机理可用式(4.18)中的第三项表示，即：

$$\mathrm{WDI}=\frac{W_e-W_pB_w}{A} \tag{4.23}$$

(4) 膨胀驱动指数。对于没有水侵的未饱和油藏而言，能量的主要来源是岩石和流体的膨胀，可用式(4.18)中的第四项来表示：

$$\mathrm{EDI}=\frac{NB_{oi}(1+m)[(c_wS_{wi}+c_f)/(1-S_{wi})](p_i-p)}{A}$$

在所有的其他三种驱动机理都对油藏中的油气开采有贡献时，相对而言，岩石和流体膨胀对石油开采的贡献通常就太小了，基本上可以忽略不计。

(5) 注入水驱动指数。注水保持压力措施的相对效率可表示为：

$$\mathrm{WII}=\frac{W_{\mathrm{inj}}B_{\mathrm{winj}}}{A}$$

WII 的大小表示注入水作为提高采收率注入剂的重要性。

(6) 注入气驱动指数。类似于注入水驱动指数，这个指数的大小表示其相对于其他驱动指数的重要性：

$$\mathrm{GII}=\frac{G_{\mathrm{inj}}B_{\mathrm{ginj}}}{A}$$

应该注意，对于通过注气来保持地层压力的溶解气驱油藏而言，式(4.20)可简化为：

$$\mathrm{DDI}+\mathrm{EDI}+\mathrm{GII}=1.0$$

由于溶解气驱及流体和岩石膨胀所能够实现的采收率通常很小，因而保持较高的注入气驱动指数是必需的。如果地层压力能够保持稳定或以缓慢的速度下降，DDI 和 EDI 的值将被最小化，因为这两项中分子的变化基本上接近零。从理论上讲，在地层压力保持稳定的情况下采收率将是最高的，然而从经济因素和作业可行性的角度考虑，可能会要求有一定的压力减小。

Cole(1969)指出，在没有注气或注水的情况下，剩余 4 种驱动指数的总和等于 1，如果其中一个指数的值减小，则其余的一个或所有指数必须相应地增加。有效水驱所能实现的采收率通常是最大的。因此，如果可能的话，应尽可能使油藏的水驱指数最大化，而使溶解气驱指数和气顶驱指数最小化。应当尽可能充分地发挥可利用的最有效驱动机理的优势，在水驱太弱而不能提供有效的驱动力的情况下，有可能利用气顶的驱动能量。不论在任何情况下，溶解气驱指数都应保持尽可能低，因为溶解气驱通常是可利用的最无效的驱动力。

在任何时间都可以通过解式(4.20)来确定各种驱动指数的大小。从油藏中驱替石油和天然气的驱动力会不时发生变化，基于这个原因，式(4.20)应定期求解，以便确定驱动指数是否发生了变化。流体采出速度的变化主要会导致驱动指数的变化。例如，在弱水驱油藏中，降低石油开采速度可能会导致水驱指数增大，而溶解气驱指数相应地减小。此外，关闭产水量较大的油井，可能会引起水驱指数增大，因为净水侵量(总水侵量与产水量之差)是一个重要的因素。

当油藏存在非常弱的水驱，但有相当大的气顶时，最有效的油藏开采机理可能是气顶驱，在这种情况下，气顶驱动指数大是有利的。从理论上讲，气顶驱的采收率与开采速度无关，因为气体是很容易膨胀的。比较低的纵向渗透率可能会限制气顶的膨胀速度，在这种情况下，气顶驱指数对采油速度很敏感。此外，天然气锥进会降低气顶因游离气开采而膨胀的效率。天然气锥进通常对开采速度很敏感：开采速度越高，锥进的天然气量就越大。

确定气顶驱有效性的一个重要因素是气顶气的保持程度。作为一个实际问题，受矿区所有人或租约的制约，要彻底消除气顶气开采是不可能的。在有游离气采出的区域，通过关闭高气油比的油井，并在可能的情况下把被关闭油井的允许产量转给其他低气油比的油井，一般可以显著地增大气顶驱动指数。

图 4.15 显示了代表混合驱油藏的不同驱动指数的一组曲线。在 A 点处，对位于构造低部位的一些油井进行了修井作业(reworked)，以减少产水量。这将导致水驱指数明显增大。在 B 点处，修井作业结束，水、气和油的产量相对稳定；驱动指数没有变化。在 C 点处，产水量较大且很稳定的部分油井被关闭，导致水驱指数增大。同时，位于构造高部位的部分高气油比油井也被关闭，而这些油井的允许产量被转移给了位于构造低部位的气油比正常的油井。在 D 点处，采出的天然气被回注到油藏中，因而气顶驱动指数明显增加。水驱指数虽有一定幅度的减小，但

是保持相对稳定；而溶解气驱指数则明显下降。这表明油藏开采更加有效，而且如果溶解气驱指数可以减小到零，那么预期该油藏会实现比较高的采收率。当然，要使溶解气驱指数达到零，需要完全保持油藏压力，这往往是很难实现的。从图 4.15 可以看出，各种驱动指数的总和始终等于 1。

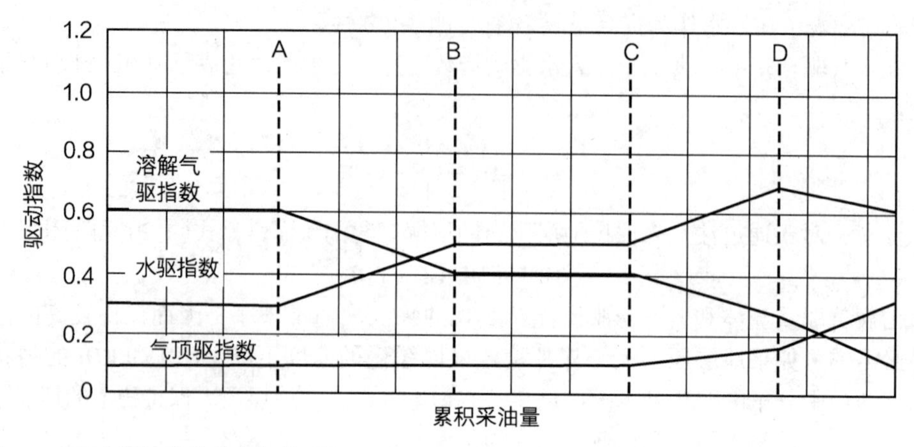

图 4.15　混合驱油藏的驱动指数(来源：Clark N. J.，1969. Elements of Petroleum Reservoirs，SPE)

【示例 4.2】

假设一个混合驱油藏的原始石油地质储量为 10×10^6STB。原始气顶体积与原始石油体积的比值(即 m)估计为 0.25。在 150℉条件下初始地层压力是 3000psi(绝)。地层压力降低到 2800psi 时，该油藏已采出石油 1×10^6STB、相对密度为 0.8 的天然气 $1100\times10^6\mathrm{ft}^3$(标)和水 50000STB。现有的 PVT 数据如下(见表 4.5)：

表 4.5　混合驱油藏的 PVT 数据

项目	300psi	2800psi
B_o/(bbl/STB)	1.58	1.18
R_s/[ft^3(标)/STB]	1040	850
B_g/[bbl/ft^3(标)]	0.00080	0.00092
B_t/(bbl/STB)	1.58	1.655
B_w/(bbl/STB)	1.000	1.000

以下数据也是已知的：$S_{wi}=0.2$；$c_w=1.5\times10^{-6}\mathrm{psi}^{-1}$；$c_f=1\times10^{-6}\mathrm{psi}^{-1}$。

计算：累积水侵量；净水侵量；2800psi 压力下的一次采油驱动指数。

解答：

由于油藏中存在一个气顶，岩石和流体膨胀可以忽略不计，即假设 c_f和 $c_w=0$。然而，为了便于说明，岩石和流体膨胀仍将被纳入计算。

(1) 累积水侵量

第 1 步，计算累积气油比 R_p：

$$R_p=G_p/N_p=1100[\mathrm{ft}^3(\text{标})/\mathrm{STB}]$$

第 2 步，整理式(4.17)，求解 W_e：

$$
\begin{aligned}
W_e &= N_p[B_t+(R_p-R_{si})B_g]- \\
&\quad N\left[(B_t-B_{ti})+mB_{ti}\left(\frac{B_g}{B_{gi}}-1\right)+\right. \\
&\quad \left. B_{ti}(1+m)\left(\frac{S_{wi}c_w+c_f}{1-S_{wi}}\right)\Delta p\right]+W_pB_{wp} \\
&= 10^6[1.655+(1100-1040)0.00092]-10^7\times \\
&\quad \left[(1.655-1.58)+0.25(1.58)\left(\frac{0.00092}{0.00080}-1\right)+\right. \\
&\quad 1.58(1+0.25)\left(\frac{0.2(1.5\times10^{-6})}{1-0.2}\right)\times \\
&\quad \left.(3000-2800)\right]+50000=411281(\mathrm{bbl})
\end{aligned}
$$

岩石和流体膨胀项忽略不计，累积水侵量是 417700bbl。

(2) 净水侵量

$$净水侵量=W_e-W_pB_w=411281-50000=361281(\mathrm{bbl})$$

(3) 一次采油驱动指数

第 1 步，利用式(4.19)计算参数 A：

$$
\begin{aligned}
A &= N_p[B_t+(R_p-R_{si})B_g] \\
&= (1.0\times10^6)[1.655+(1100-1040)0.00092] \\
&= 1710000
\end{aligned}
$$

第 2 步，利用式(4.21)～式(4.23)分别计算 DDI、SDI 和 WDI：

$$\mathrm{DDI}=\frac{N(B_t-B_{ti})}{A}=\frac{10\times10^6(1.655-1.58)}{1710000}=0.4385$$

$$
\begin{aligned}
\mathrm{SDI} &= \frac{NmB_{ti}(B_g-B_{gi})/B_{gi}}{A} \\
&= \frac{10\times10^6(0.25)(1.58)(0.00092-0.0008)/0.0008}{1710000} \\
&= 0.3465
\end{aligned}
$$

$$
\begin{aligned}
\mathrm{WDI} &= \frac{W_e-W_pB_w}{A} \\
&= \frac{411281-50000}{1710000}=0.2112
\end{aligned}
$$

$$\mathrm{EDI}=1-0.4385-0.3465-0.2112=0.0038$$

上述计算结果表明，溶解气驱对石油开采的贡献为 43.85%，气顶驱为 34.65%，水驱为 21.12%，原生水和岩石膨胀仅为 0.38%。这说明，在气顶存在或地层压力下降至低于饱和压力时，膨胀驱动指数项可以忽略不计。但是，在高 PV 压缩系数的油藏中，例如白垩和疏松砂岩油藏，即使在含气饱和度很高的情况下，岩石和水膨胀的能量贡献也是不能被忽略的。

在确定平均地层压力及对相关的单井压力进行加权或平均时，往往会在 MBE 计算中引入误差来源。例如，当产层由两个或以上不同渗透率的小层组成时就会出现这样的问题。在这种情况下，低渗透率地层的压力通常比较高，而由于实测压力值比较接近那些高渗透率地层的压力，实测的静压力往往会偏低，因而油藏会表现出似乎含有较少的石油。Schilthuis 对这种现象进行了解释，他把较高渗透率地层中的石油称为可动油，而可动油量的计算值一般会随着时间增多，其原因是低渗透率地层中的油和气会慢慢膨胀，从而抵消压力下降的作用。这一点也适用于那些没有完全投入开发的油田，因为平均压力计算值只是已开发油田部分的压力，而未开发油田部分的压力会更高。Craft 和 Hawkins(1991)指出，压力误差对初始石油产量和水侵量计算值的影响取决于和地层压力下降有关误差的大小。注意，只有在确定由以下形式表示的 PVT 参数差值时才把压力引入 MBE：(B_o-B_{oi})、(B_g-B_{gi})、$(R_{si}-R_s)$。

因为水侵和气顶膨胀往往会抵消压力下降，因此其压力误差要比未饱和油藏的更严重。在存在非常活跃的水驱或气顶体积大于含油带体积的情况下，如果利用 MBE 计算原始石油地质储量，往往会因压降非常小而产生相当大的误差。

Dake(1994)指出，把 MBE 成功地应用于油藏必须满足两个"必要"条件：以比较高的频次收集足够多的高品质数据，包括生产压力和 PVT 数据，以便正确使用 MBE；必须能够以时间或油田产量函数的形式定义平均地层压力变化趋势。

即使正常条件下油田存在大的压差，确定平均压力下降趋势也是可能的。单井压降平均法可用于确定整个油藏的均匀压力变化趋势。在第 1 章中我们已经介绍过油井平均压力的概念及其在确定油藏体积平均压力中的应用，并通过图 1.24 中进行了说明。该图表明，如果$(\bar{p})_j$和 V_j分别表示第 j 口井的压力和泄油体积，整个油藏的体积平均压力可以由下式进行估算：

$$\bar{p}_r=\frac{\sum_j(\bar{p}V)_i}{\sum_j V_j}$$

在实际应用中，V_j是很难确定的，因此在根据单井平均排泄压力确定油藏平均压力时，通常使用单井产量 q_i。根据等温压缩系数的定义：

$$c=\frac{1}{V}\frac{\partial V}{\partial P}$$

利用时间对方程求微分可得出：

$$\frac{\partial p}{\partial t}=\frac{1}{cV}\frac{\partial V}{\partial t}$$

即：

$$\frac{\partial p}{\partial t}=\frac{1}{cV}(q)$$

这个方程表明，对于测量时相当稳定的参数 c 有下式：

$$V\propto\frac{q}{\partial p/\partial t}$$

由于在油田的整个寿命期内都要定期测量井产量，因此可以用单井平均排泄压力递减率和流体产量来表示油藏平均压力：

$$\bar{p}_r=\frac{\sum_j[(\bar{p}q)_j/(\partial\bar{p}/\partial t)_j]}{\sum_j[q_j/(\partial\bar{p}/\partial t)_j]}$$

然而，由于在油田整个寿命期内 MBE 通常都是以固定的 3~6 个月的时间间隔来使用的，即 Δt=3~6 个月，油田的平均压力可以用采液量的净增量 $\Delta(F)$来表示，其表达式为：

$$\bar{p}_r=\frac{\sum_j\bar{p}_j\Delta(F)_j/\Delta\bar{p}_j}{\sum_j\Delta(F)_j/\Delta\bar{p}_j}$$

在 t 和 $t+\Delta t$ 时刻的总采液量分别为：

$$F_t = \int_0^t [Q_o B_o + Q_w B_w + (Q_g - Q_o R_s - Q_w R_{sw}) B_g] dt$$

$$F_{t+\Delta t} = \int_0^{t+\Delta t} [Q_o B_o + Q_w B_w + (Q_g - Q_o R_s - Q_w R_{sw}) B_g] dt$$

其中：

$$\Delta(F) = F_{t+\Delta t} - F_t$$

式中：R_s 为天然气溶解度，ft^3(标)/STB；R_{sw} 为天然气在水中的溶解度，ft^3(标)/STB；B_g 为天然气体积系数，bbl/ft^3(标)；Q_o 为石油产量，STB/d；Q_w 为水产量，STB/d；Q_g 为天然气产量，ft^3/d(标)。

对于一个只有总产液量和初始地层压力数据的定体积油藏而言，平均压力大致可用下式来近似表示：

$$\bar{p}_r = p_i = \left[\frac{5.371 \times 10^{-6} F_t}{c_t (Ah\phi)}\right]$$

如上所述，总产液量 F_t 定义为：

$$F_t = \int_0^t [Q_o B_o + Q_w B_w + (Q_g - Q_o R_s - Q_w R_{sw}) B_g] dt$$

式中：A 为井或油藏泄油面积，acre；b 为厚度，ft；c_t 为总压缩系数，psi^{-1}；ϕ 为孔隙度；p_i 为初始地层压力，psi。

上述公式可以按递增方式加以使用，即从 t 到 $t+\Delta t$：

$$(\bar{p}_r)_{t+\Delta t} = (\bar{p}_r)_t - \left[\frac{5.371 \times 10^{-6} \Delta F}{c_t (Ah\phi)}\right]$$

其中：

$$\Delta(F) = F_{t+\Delta t} - F_t$$

4.4 作为直线方程的 MBE

对构成广义 MBE[即式(4.15)]的下列几个项的物理意义进行研究，可以加深对这个方程的认识：$N_p[B_o+(R_p-R_s)B_g]$ 代表已采出的累积油气所占据的油藏体积；$[W_e-W_pB_w]$ 是指保留在油藏中的净水侵量；$[G_{inj}B_{ginj}+W_{inj}B_w]$ 是压力保持项，代表油藏中的累积流体注入量；$[mB_{oi}(B_g/B_{gi}-)]$ 代表随着 N_p 储罐桶石油被采出气顶的净膨胀量(用 bbl/STB 原始石油地质储量的单位来表示)。

式(4.15)中基本上有三个未知数：原始石油地质储量 N、累积水侵量 W_e、原始气顶体积与含油带体积的比值 m。

在寻找上述三个未知数的计算方法的过程中，Havlena 和 Odeh(1963，1964)以下列方式来表述式(4.15)：

$$\begin{aligned} & N_p[B_o+(R_p-R_s)B_g]+W_pB_W \\ & = N[(B_o-B_{oi})+(R_{si}-R_s)B_g]+mNB_{oi}\left(\frac{B_g}{B_{gi}}-1\right)+ \\ & N(1+m)B_{oi}\times\left(\frac{c_wS_{wi}+c_f}{1-S_{wi}}\right)\Delta p+ \\ & W_e+W_{inj}B_w+G_{inj}B_{ginj} \end{aligned} \tag{4.24}$$

Havlena 和 Odeh 还对式(4.24)进一步做了修改，给出了一个更简明的形式：

$$F=N(E_o+mE_g+E_{f,w})+(W_e+W_{inj}B_w+G_{inj}B_{ginj})$$

为了简单起见，假设不考虑采取注气或注水保持压力的措施，上述关系式可以进一步简化为：

$$F=N(E_o+mE_g+E_{f,w})+W_e \tag{4.25}$$

其中，的 F、E_o、E_g 和 $E_{f,w}$ 项由下列关系式来定义：

F 代表采液量，其表达式为：

$$F=N_p[B_o+(R_P-R_s)B_g]+W_pB_W \tag{4.26}$$

如果以两相体积系数 B_t 来表示，采液量 F 的表达式可以写为：

$$F=N_p[B_t+(R_P-R_{si})B_g]+W_pB_W \tag{4.27}$$

E_o 描述石油及其中原始溶解气的膨胀，若以原油体积系数来表示，其表达式为：

$$E_o=(B_o-B_{oi})+(R_{si}-R_s)B_g \tag{4.28}$$

或以 B_t 来表示，其等效表达式为：

$$E_o=B_t-B_{ti} \tag{4.29}$$

E_g 是描述气顶气膨胀的项，其表达式如下：

$$E_g=B_{oi}\left(\frac{B_g}{B_{gi}}-1\right) \tag{4.30}$$

以两相地层体积系数 B_t 来表示，基本上 $B_{ti}=B_{oi}$：

$$E_g=B_{ti}\left(\frac{B_g}{B_{gi}}-1\right)$$

$E_{f,w}$ 代表原始水的膨胀和 PV 的减小，其表达式如下：

$$E_{f,w}=(1+m)B_{oi}\left(\frac{c_wS_{wi}+c_f}{1+S_{wi}}\right)\Delta p \tag{4.31}$$

Havlena 和 Odeh 用式(4.25)对不同油藏类型的几个示例进行了研究，并指出该关系式可以一条直线的形式进行重新组合。例如，在一个没有原始气顶(即，$m=0$)或水侵(即，$W_e=0$)且地层和水的压缩系数(即 c_f 和 $c_w=0$)可以忽略不计的油藏中，式(4.25)可简化为：

$$F=NE_o$$

这个表达式表明，石油膨胀参数 E_o 与参数 F 的关系曲线是一条斜率为 N、截距等于 0 的直线。

这种直线方法要求绘制一个变量组与另一个变量组的关系曲线，变量组的选择取决于油藏的开采机理。这种求解方法最重要的一个方面是，它注重交绘点的次序、交会的方向和最终的曲线形状。

这种直线方法的意义在于：绘制交会点的次序很重要，如果绘制的数据点偏离该直线，那么它应该是有原因的。这种重要的观察结果将为工程师提供有价值的信息，可用于确定以下未知数：原始石油地质储量 N、气顶的大小 m、水侵量 W_e、驱动机理、油藏平均压力。

下面介绍几个直线形式的 MBE 在解决油藏工程问题中应用的案例，来说明这种特殊形式 MBE 的使用价值。介绍的案例有 6 个，分别为：案例 1，计算定体积未饱和油藏的 N；案例 2，计算定体积饱和油藏的 N；案例 3，计算气顶驱油藏的 N 和 m；案例 4，计算水驱油藏的 N 和 W_e；案例 5，计算混合驱油藏的 N、m 和 W_e；案例 6，确定油藏平均压力 $\bar{p}$。

4.4.1 案例 1：定体积未饱和油藏

由式(4.25)所表示的 MBE 的线性形式可以写为：

$$F=N[E_o+mE_g+E_{f,w}]+W_e \tag{4.32}$$

假设既没有注水也没有注气，在施加了与所假设的油藏驱动机理有关的条件后，上述关系式中的几个项可能会消失。对一个定体积的未饱和油藏而言，与驱动机理有关的条件是：$W_e=0$，因为油藏是定体积的；$m=0$，因为油藏是未饱和的；$R_s=R_{si}=R_p$，因为所有采出的气都是溶解在石油中。

把上述条件代入式(4.25)得：

$$F=N(E_o+E_{f,w}) \tag{4.33}$$

即：

$$N=\frac{F}{E_o+E_{f,w}} \tag{4.34}$$

其中：

$$F=N_pB_o+W_pB_w \tag{4.35}$$

$$E_o=B_o-B_{oi} \tag{4.36}$$

$$E_{f,w}=B_{oi}\left(\frac{c_wS_w+c_f}{1-S_{wi}}\right)\Delta p \tag{4.37}$$

$$\Delta p=p_i-\bar{p}_r$$

式中：N 为原始石油地质储量，STB；p_i为初始地层压力；$\bar{p}_r$为体积平均地层压力。

在发现一个新的油田后，油藏工程师的首要任务之一是确定新发现的油藏是否属于定体积油藏，即 $W_e=0$。解决这一问题的传统方法是收集所有必需的数据(即产量、压力和 PVT 数据)来评估式(4.34)右边的参数。对于每一个压力和观测时间，都要绘制 $F/(E_o+E_{f,w})$项与累积产量N_p或时间的交会曲线，如图 4.16 所示。Dake(1994)认为，这种曲线可以有两种不同的形状：

(1) 如果所计算的 $F/(E_o+E_{f,w})$的所有数据点都位于一条水平直线上(见图 4.16 的 A 线)，那么该油藏就可以归类为定体积油藏。这是一个纯粹的溶解气驱油藏，其能量完全来自于岩石、原生水和油的膨胀。此外，曲线平直部分的纵坐标值为原始石油地质储量 N。

(2) 另一方面，如果 $F/(E_o+E_{f,w})$的计算值呈增长趋势，如图中所示的 B 和 C 曲线，就表明该油藏是由水侵、异常孔隙压实或这两者联合提供能量的。图 4.16 中的 B 曲线可能代表一个强水驱油田，其中含水层显示出无限边界特征，而 C 曲线代表一个有外边界的含水层，并且含水层随同油层一起衰竭。随着时间的推移，C 曲线上点表现出下降的趋势，表明含水层所提供的能量在递减。Dake(1994)指出，在水驱油藏中，曲线[即 $F/(E_o+E_{f,w})$与时间的交会曲线]的形状与开采速度具有高度的依赖关系。例如，如果油藏的开采速度高于水侵速度，$F/(E_o+E_{f,w})$的计算值将呈下降趋势，说明含水层供能不足；而如果油藏的开采速度降低，就会出现相反的情况，$F/(E_o+E_{f,w})$值的对应点会逐渐升高。

同样地，式(4.33)可用于验证油藏驱动机理的特征，并确定原始石油地质储量。采液量 F 与膨胀项$(E_o+E_{f,w})$的关系曲线是一条过原点的直线，其斜率为 N。应该指出，原点是一个“必须”有的点，这样就有一个固定的点来引导这个直线图(见图 4.17)。

这个解释方法是有用的，其作用表现如下：如果预期油藏具有线性关系，而最终得出的实际曲线是非线性的，那么这种偏差本身对于确定油藏的实际驱动机理是有指导作用的。

如果采液量 F 与$(E_o+E_{f,w})$的交会图呈线性，则表明该油田不是在定体积动态下进行开采的(即没有水侵)，而是在严格的压力衰竭和流体膨胀驱动机理下进行开采的。另一方面，如果呈非线性，则说明该油藏应按水驱油藏进行表征。

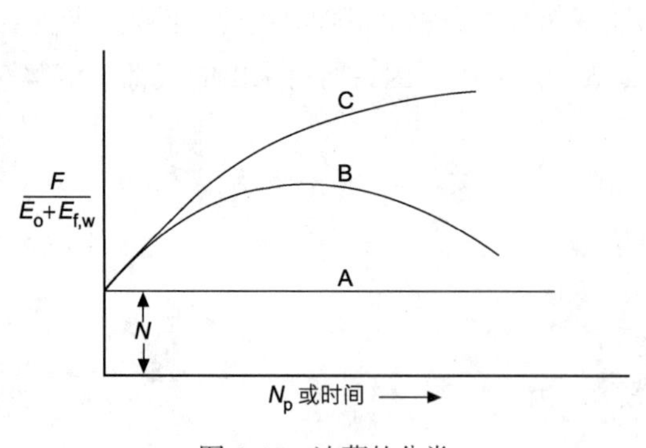

图 4.16 油藏的分类

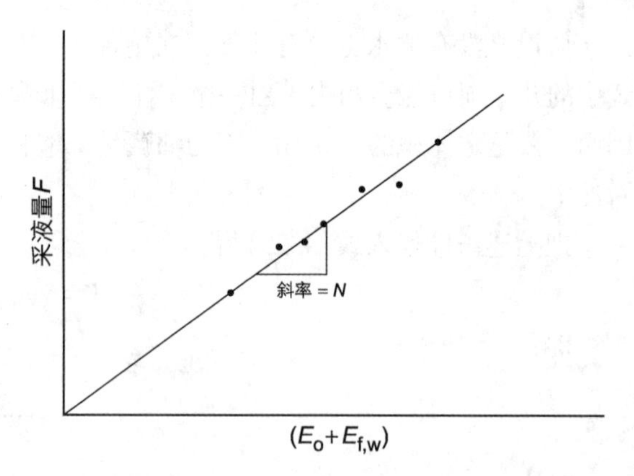

图 4.17 采液量随 $E_o+E_{f,w}$ 的变化

【示例 4.3】

弗吉尼亚山脉比弗希尔湖油田(Virginia Hills Lake Field)是一个定体积的未饱和油藏。储量计算结果表明,该油藏原始石油地质储量为 270.6×10^6STB。初始地层压力为 3685psi。以下数据也是已知的:$S_{wi}=0.24$;$B_o=1.0$bbl/STB;$c_w=3.62\times10^{-6}\text{psi}^{-1}$;$p_d=1500$psi;$c_t=4.95\times10^{-6}\text{psi}^{-1}$。油田产量和 PVT 数据概括如下(见表 4.6):

表 4.6 油田产量和 PVT 数据

体积平均压力	生产井数量	B_o/(bbl/STB)	N_p/10^3STB	W_p/10^3STB
3685	1	1.3102	0	0
3680	2	1.3104	20.481	0
3676	2	1.3104	34.750	0
3667	3	1.3105	78.557	0
3664	4	1.3105	101.846	0
3640	19	1.3109	215.846	0
3605	25	1.3116	364.613	0
3567	36	1.3122	542.985	0.159
3515	48	1.3128	841.591	0.805
3448	59	1.3130	1273.53	2.579
3360	59	1.3150	1691.887	5.008
3275	61	1.3160	2127.077	6.500
3188	61	1.3170	2575.330	8.000

利用 MBE 计算原始石油地质储量,并与由容积法得到的储量估算值 N 进行比较。

解答:

第 1 步,根据式(4.37)计算原始水和岩石膨胀项 $E_{f,w}$:

$$E_{f,w}=B_{oi}\left(\frac{c_w S_w+c_f}{1-S_{wi}}\right)\Delta p$$

$$=1.3102\left(\frac{3.62\times10^{-6}(0.24)+4.95\times10^{-6}}{1-0.24}\right)\Delta p$$

$$=10.0\times10^{-6}(3685-\bar{p}_r)$$

第 2 步，利用式(4.35)和式(4.37)的计算结果建立下表(见表 4.7)：

$$F=N_pB_o+W_pB_wE_o=B_o-B_{oi}$$

$$E_{f,w}=10.0\times10^{-6}(3685-\overline{p}_r)$$

表 4.7 利用式(4.35)和式(4.37)的计算结果

$\overline{p}_r$/psi	$F/10^3$bbl	E_o/(bbl/STB)	Δp	$E_{f,w}$	$E_o+E_{f,w}$
3685			0	0	
3680	26.84	0.0002	5	50×10^{-6}	0.00025
3676	45.54	0.0002	9	50×10^{-6}	0.00029
3667	102.95	0.0003	18	180×10^{-6}	0.00048
3664	133.47	0.0003	21	210×10^{-6}	0.00051
3640	282.74	0.0007	45	450×10^{-6}	0.00115
3605	478.23	0.0014	80	800×10^{-6}	0.0022
3567	712.66	0.0020	118	1180×10^{-6}	0.00318
3515	1105.65	0.0026	170	1700×10^{-6}	0.0043
3448	1674.72	0.0028	237	2370×10^{-6}	0.11517
3360	2229.84	0.0048	325	3250×10^{-6}	0.00805
3275	2805.73	0.0058	410	4100×10^{-6}	0.0099
3188	3399.71	0.0068	497	4970×10^{-6}	0.0117

第 3 步，在笛卡尔坐标系上绘制采液量 F 与膨胀项($E_o+E_{f,w}$)的关系曲线，如图 4.18 所示。

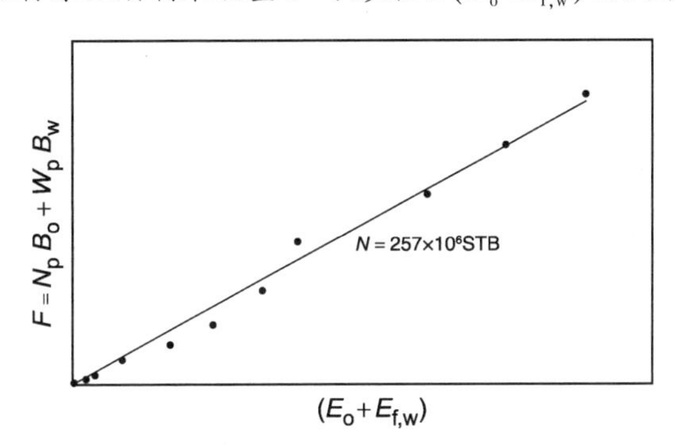

图 4.18 示例 4.3 中 F 与 $E_o+E_{f,w}$ 的关系曲线

第 4 步，绘制过这些数据点的最佳直线，并确定这条直线的斜率和原始石油地质储量：$N=257\times10^6$STB。

应当指出的是，根据 MBE 确定的原始石油地质储量是指“有效的”或“可动的”原始石油地质储量。这个计算值通常要小于容积法的估算值，其原因是在未驱替的断层分隔间内或油藏的低渗透率区域都赋存有石油。

4.4.2 案例 2：定体积饱和油藏

最初处于饱和压力状态的油藏称之为“饱和油藏”。这种类型油藏的主要驱动机理是因油藏压力下降到饱和压力之下时溶解气的释放和膨胀。定体积饱和油藏中唯一的未知量是原始石油地质储量 N。正常情况下，与溶解气的膨胀相比，水和岩石的膨胀项 $E_{f,w}$ 是可以忽略不计的；但建议把这两个参数纳入计算之中。式(4.32)可以简化成与式(4.33)相同的形式，即：

$$F=N(E_o+E_{f,w}) \tag{4.38}$$

但是，构成上面表达式的参数 F 和 E_o 是以扩展的形式给出的，以反映油藏压力下降到泡点压力之下时的油藏条件。采液量 F 和膨胀量 $(E_o+E_{f,w})$ 这两个方程项[见式(4.38)]的定义如下：

用 B_o 来表示 F：

$$F=N_p[B_o+(R_p-R_s)B_g]+W_pB_w$$

或等效地用 B_t 来表示 F：

$$F=N_p[B_t+(R_p-R_{si})B_g]+W_pB_w$$

用 B_o 来表示 E_o：

$$E_o=(B_o-B_{oi})+(R_{si}-R_s)B_g$$

或等效地用 B_t 来表示 E_o：

$$E_o=B_t-B_{ti}$$

而且：

$$E_{f,w}=B_{oi}\left[\frac{c_wS_w+c_f}{1-S_{wi}}\right]\Delta p$$

式(4.38)说明，由实际油藏产量数据得出的采液量 F 与流体膨胀项 $(E_o+E_{f,w})$ 的关系曲线应当是一条过原点的直线，其斜率为 N。

上述解释方法是实用的，其作用表现如下：如果预期油藏具有如式(4.38)所表示的简单线性关系，而最终实际得出的曲线是非线性的，那么这种偏差本身对于确定油藏的实际驱动机理是有指导作用的。例如，式(4.38)可能会因出现了未预期到的水侵而呈非线性，水侵有助于保持地层压力。

【示例 4.4】

一个定体积未饱和油藏的泡点压力为4500psi。初始油藏压力为7150psi。容积法计算结果表明，油藏的原始石油地质储量为650×10^{6}STB。油田的储层是致密的天然裂缝性白垩地层，在没有通过注水维持压力的情况下把这个油田投入了开发。初始地层压力为3685psi。下列数据(来源：Dake，L. P.，1994. The Practice of Reservoir Engineering. Elsevier，Amsterdam.)也是已知的：$S_{wi}=0.43$；$c_f=3.3\times10^{-6}\text{psi}^{-1}$；$B_w=1\text{bbl/STB}$；$c_f=3.0\times10^{-6}\text{psi}^{-1}$；$p_b=1500\text{psi}$。现场产量数据和 PVT 数据如下(见表 4.8)：

表 4.8　现场产量数据和 PVT 数据

p/psi(绝)	Q_o/(STB/d)	Q_g/[10^{3}ft^3(标)/d]	B_o/(bbl/STB)	R_s/[10^{3}ft^3(标)/STB]	B_g/[bbl/ft^3(标)]	N_p/(10^{6}STB)	R_p/[10^{3}ft^3(标)/STB]
7150			1.743	1450		0	1450
6600	44230	64.110	1.760	1450		8.072	1450
5800	79326	115.616	1.796	1450		22.549	1455
4950	75726	110.192	1.830	1450		36.369	1455
4500			1.850	1450		43.473	1447
4350	70208	134.685	1.775	1323	0.000797	49.182	1576
4060	50416	147.414	1.670	1143	0.000840	58.383	1788
3840	35227	135.282	1.611	1037	0.000881	64.812	1992

续表

p/psi(绝)	Q_o/(STB/d)	Q_g/[10^3ft^3(标)/d]	B_o/(bbl/STB)	R_s/[10^3ft^3(标)/STB]	B_g/[bbl/ft^3(标)]	N_p/(10^6STB)	R_p/[10^3ft^3(标)/STB]
3600	26027	115.277	1.566	958	0.000916	69.562	2158
3480	27452	151.167	1.523	882	0.000959	74.572	2383
3260	20975	141.326	1.474	791	0.001015	78.400	2596
3100	15753	125.107	1.440	734	0.001065	81.275	2785
2940	14268	116.970	1.409	682	0.001121	83.879	2953
2800	13819	111.792	1.382	637	0.001170	86.401	3103

利用 MBE 计算原始石油地质储量，并与容积法估算的原始石油地质储量 N 进行对比。

解答:

第 1 步，在未饱和条件下，利用式(4.41)计算原始石油地质储量:

$$N=\frac{F}{E_o+E_{f,w}}$$

其中:

$$F=N_pB_o$$

$$E_o=B_o-B_{oi}$$

$$E_{f,w}=B_{oi}\left[\frac{c_wS_w+c_f}{1-S_{wi}}\right]\Delta p$$

$$=1.743\left[\frac{3.00\times10^{-6}(0.43)+3.30\times10^{-6}}{1-0.43}\right]\Delta p$$

$$=8.05\times10^{-6}(7150-\bar{p}_r)$$

第 2 步，利用未饱和油藏数据计算 N(见表 4.9):

$$F=N_pB_o$$

$$E_o=B_o-B_{oi}=B_o-1.743$$

$$E_{f,w}=8.05\times10^{-6}(7150-\bar{p}_r)$$

表 4.9 利用未饱和油藏数据计算 N

$\bar{p}_r$/psi	F/10^3bbl	E_o/(bbl/STB)	Δp/psi	$E_{f,w}$/(bbl/STB)	$N=F/(E_o+E_{f,w})$/(10^6STB)
7150			0	0	
6600	14.20672	0.0170	550	0.00772	574.7102
5800	40.49800	0.0530	1350	0.018949	562.8741
4950	66.55527	0.0870	2200	0.030879	564.6057
4500	80.42505	0.1070	2650	0.037195	557.752

以上计算结果表明，由未饱和油藏动态数据计算的原始石油地质储量约为 558×10^6STB，比容积法的估算值 650×10^6STB 低约 14%。

第 3 步，利用全油藏数据计算 N(见表 4.10):

$$F=N_p[B_o+(R_p-R_s)B_g]$$

$$E_o=(B_o-B_{oi})+(R_{si}-R_s)B_g$$

表 4.10　利用全油藏数据计算 N

$\overline{p_r}$/psi	F/10^3bbl	E_o/(bbl/STB)	Δp/psi	$E_{f,w}$/(bbl/STB)	$N=F/(E_o+E_{f,w})$/(10^6STB)
7150			0	0	
6600	14.20672	0.0170	550	0.00772	574.7102
5800	40.49800	0.0530	1350	0.018949	562.8741
4950	66.55527	0.0870	2200	0.030879	564.6057
4500	80.42505	0.1070	2650	0.037195	557.752
4350	97.21516	0.133219	2800	0.09301	563.5015
4060	129.1315	0.184880	3093	0.043371	565.7429
3840	158.9420	0.231853	3310	0.046459	571.0827
3600	185.3966	0.273672	3550	0.048986	574.5924
3480	220.9165	0.324712	3670	0.051512	587.1939
3260	259.1963	0.399885	3890	0.054600	570.3076
3100	294.5662	0.459540	4050	0.056846	570.4382
2940	331.7239	0.526928	4210	0.059092	566.0629
2800	368.6921	0.590210	4350	0.061057	566.1154
平均					570.0000

应当指出的是，随着地层压力持续下降至泡点压力之下和所释放天然气体积的增加，在某个时间点所释放天然气的饱和度将超过临界含气饱和度，天然气将开始被采出，采出的天然气数量与石油不相称。在这个开采阶段，几乎没有什么措施可以防止在一次采油过程中出现这种情况。正如前文所指出的那样，这种类型油藏的一次采收率很少超过30%。然而，在非常有利的条件下，油气可能分开，天然气向构造上倾方向运移，这可能使油藏的天然能量得以保持，从而使整体的采收率得以提高。石油工业一般通过注水把油藏压力保持在泡点压力以上，或者通过对储层加压使其压力达到泡点压力。在这种类型的油藏中，随着地层压力下降至泡点压力之下，所释放的天然气将有一部分以游离气的形式继续保留在油藏中。这部分游离气的体积[用 bbl/ft³(标)表示]由式(4.30)给出：

$$\text{游离气体积}=NR_{si}-(N-N_p)R_s-N_pR_p$$

而在任一开采压力下释放的天然总体积由下式给出：

$$\text{所释放天然气的总体积}=NR_{si}-(N-N_p)R_s$$

因此，在任一开采阶段，以游离气的形式保留在储层中的天然气在溶解气总量中所占比例 a_g 由下式给出：

$$\alpha_{gi}=\frac{NR_{si}-(N-N_p)R_s-N_pR_p}{NR_{si}-(N-N_p)R_s}=1-\left[\frac{N_pR_p}{NR_{si}-(N-N_p)R_s}\right]$$

或者用其在原始溶解气总量中所占比例来表示，表达式如下：

$$\alpha_{gi}=\frac{NR_{si}-(N-N_p)R_s-N_pR_p}{NR_{si}}$$

$$=1-\left[\frac{(N-N_p)R_s+N_pR_p}{NR_{si}}\right]$$

计算流体饱和度随地层压力下降的变化是 MBE 应用的一个有机组成部分。通过计算不同流体相的饱和度，可以计算各流体相的剩余量，回想一下：

$$含油饱和度\ S_o=\frac{原油体积}{孔隙体积}$$

$$含水饱和度\ S_w=\frac{水体积}{孔隙体积}$$

$$含气饱和度\ S_g=\frac{气体体积}{孔隙体积}$$

$$S_o+S_w+S_g=1.0$$

假设在初始油藏压力 p_i 下含有 N 储罐桶石油的定体积饱和油藏，那么泡点压力下（即 p_b）的原始含油饱和度的计算公式为：

$$S_{oi}=1-S_{wi}$$

根据含油饱和度的定义：

$$\frac{原油体积}{孔隙体积}=\frac{NB_{oi}}{孔隙体积}=1-S_{wi}$$

即：

$$孔隙体积=\frac{NB_{oi}}{1-S_{wi}}$$

如果该油藏已经开采了 N_p 储罐桶石油，则剩余油量由下式给出：

$$剩余油体积=(N-N_p)B_o$$

这说明对定体积油藏来说，在油藏压力低于泡点压力的任何开采阶段，含油饱和度都可用下式表示：

$$S_o=\frac{原油体积}{孔隙体积}=\frac{(N-N_p)B_o}{[NB_{oi}/(1-S_{wi})]}$$

重新整理得出：

$$S_o=(1-S_{wi})\left(1-\frac{N_p}{N}\right)\frac{B_o}{B_{oi}}$$

由于随着地层压力下降天然气从原油中析出，所以含气饱和度（假设含水饱和度 S_{wi} 恒定）可以简单地由下式进行计算：

$$S_g=1-S_{wi}-S_o$$

即：

$$S_g=1-S_{wi}-\left[(1-S_{wi})\left(1-\frac{N_p}{N}\right)\frac{B_o}{B_{oi}}\right]$$

简化后得出：

$$S_g=(1-S_{wi})\left[1-\left(1-\frac{N_p}{N}\right)\frac{B_o}{B_{oi}}\right]$$

MBE 另外一个重要的作用是对单井的产量-压力数据进行历史拟合。一旦地层压力下降至泡点压力之下，就有必要开展下列工作：计算整个油藏或单井泄油面积内的拟相对渗透率比 k_{rg}/k_{ro}；评价溶解气驱效率；调查现场气油比，与实验室溶解气的溶解度 R_s 进行对比，以便确定泡点压力和临界含气饱和度。

正如在第 5 章详细讨论的那样，瞬时气油比（GOR）由下式给出：

$$GOR=\frac{Q_g}{Q_O}=R_s+\left(\frac{k_{rg}}{k_{ro}}\right)\left(\frac{\mu_o B_o}{\mu_g B_g}\right)$$

将上式进行整理求解出相对渗透率比 k_{rg}/k_{ro}：

$$\left(\frac{k_{rg}}{k_{ro}}\right)=(GOR-R_s)\left(\frac{\mu_g B_g}{\mu_o B_o}\right)$$

MBE 最实际的一项应用是计算油田的相对渗透率比值随含气饱和度的变化，用于修正实验室岩心相对渗透率测量数据。由油田或井资料得出的相对渗透率比值，其主要优势是包含了有关储层非均质性的复杂性以及石油与所析出天然气分异程度的部分信息。

应当指出的是，实验室相对渗透率数据适用于未分异的油藏，即流体饱和度不随高度而变化。实验室相对渗透率最适合应用于零维储罐模型。对于完全重力分异的油藏来说，计算拟相对渗透率比 k_{rg}/k_{ro}是可能实现的。完全分异意味着油藏上部含有天然气和不可动油，即残余油 S_{or}，而油藏下部含有石油和在临界饱和度 S_{gc} 下存在的不可动天然气。垂向连通意味着，随着油藏下部的天然气体析出，饱和度在 S_{gc} 以上的任何天然气都将迅速向上运移并且离开油藏下部区域；而在油藏上部区域，在 S_{or} 以上的任何原油都将向下排泄并且运移到油藏下部区域。在这些假设条件的基础上，Poston(1987)建立了下面两个关系式：

$$\frac{k_{rg}}{k_{ro}}=\frac{(S_g-S_{gc})(k_{rg})_{or}}{(S_o-S_{or})(k_{ro})_{gc}}k_{ro}=\left[\frac{S_o-S_{or}(k_{rg})_{or}}{1-S_w-S_{gc}-S_{or}}\right](k_{ro})_{gc}$$

式中：$(k_{ro})_{gc}$为临界含气饱和度条件下的石油相对渗透率；$(k_{rg})_{or}$为残余油饱和度条件下的天然气相对渗透率。

如果油藏起初是未饱和的，即 $p_i>p_b$，那么地层压力将随着石油开采的进行而持续下降，直到它逐渐达到泡点压力。建议在两个阶段开展物质平衡计算：第一个阶段是从 p_i 到 p_b，第二个阶段是从 p_b 到不同衰竭压力 p。随着压力从 p_i 下降到 p_b，将会出现下列变化：根据水的压缩系数 C_w，原生水将膨胀，导致原生水饱和度增加(条件是无水产出)；根据地层压缩系数 C_f，整个油藏的孔隙体积都将出现减少(压缩)的情况。

因此，必须采用容积法开展多项计算，以反映泡点压力下的油藏状况。这些计算是基于对下列参数作出的定义：

原始地层压力 p_i 条件下的原始石油地质储量 N_i。

原始地层压力 p_i 条件下的含油和含水饱和度(S'_{oi} 和 S'_{wi})。

泡点压力条件下的累积采油量 N_{Pb}。

泡点压力条件下的剩余油量，即泡点压力下的原始石油量：

$$N_b=N_i-N_{pb}$$

泡点压力条件下的总孔隙体积$(PV)_b$：

$$(PV)_b=\text{剩余油体积}+\text{原生水体积}+\text{原生水膨胀体积}-\text{因压缩减少的 PV}$$

$$(PV)_b=(N_i-N_{pb})B_{ob}+\left[\frac{N_i B_{oi}}{1-S'_{wi}}\right]S'_{wi}+$$

$$\left[\frac{N_i B_{oi}}{1-S_{wi}}\right](p_i-p_b)(-c_f+c_w S'_{wi})$$

经简化变为：

$$(PV)_b=(N_i-N_{pb})B_{ob}+\left[\frac{N_i B_{oi}}{1-S'_{wi}}\right]\times$$

$$[S'_{wi}+(p_i-p_b)(-c_f+c_w S'_{wi})]$$

泡点压力条件下的原始含油和含水饱和度(即 S_{oi} 和 S_{wi})为：

$$S_{oi}=\frac{(N_i-N_{pb})B_{ob}}{(PV)_b}$$
$$=\frac{(N_i-N_{pb})B_{ob}}{(N_i-N_{pb})B_{ob}+[(N_iB_{oi})/(1-S'_{wi})]}\times$$
$$[S'_{wi}+(p_i-p_b)(-c_f+c_w S'_{wi})]$$

$$S_{wi}=\frac{[(N_iB_{oi})/(1-S'_{wi})][S'_{wi}+(p_i-p_b)(-c_f+c_w S'_{wi})}{(N_i-N_{pb})B_{ob}+[(N_iB_{oi})/(1-S'_{wi})]}\times$$
$$[S'_{wi}+(p_i-p_b)(-c_f+c_w S'_{wi})]$$
$$=1-S_{oi}$$

p_b 以下任何压力条件下的含油饱和度 S_o 都由下式给出：

$$S_o=\frac{(N_i-N_p)B_o}{(PV)_b}$$
$$=\frac{(N_i-N_p)B_o}{(N_i-N_{pb})B_{ob}+[(N_iB_{oi})/(1-S'_{wi})]}\times$$
$$[S'_{wi}+(p_i-p_b)(-c_f+c_w S'_{wi})]$$

假设没有水产出，在低于 p_b 的任何压力条件下，含气饱和度 S_g 都由下式给出：

$$S_g=1-S_o-S_{wi}$$

式中：N_i 为压力 p_i 下(即 $p_i>p_b$)的原始石油地质储量，STB；N_b 为泡点压力下的原始石油地质储量，STB；N_{pb} 为泡点压力下的累计石油产量，STB；S'_{oi} 为压力 p_i 下的含油饱和度，$p_i>p_b$；S_{oi} 为压力 p_b 下的原始含油饱和度；S'_{wi} 为压力 p_i 下的含水饱和度，$p_i>p_b$；S_{wi} 为压力 p_b 下的原始含水饱和度。

利用泡点图的概念，以图解方式定性描述流体产量也是非常方便的。泡点图主要说明生产井泄油面积的增长情况。生产井的泄油面积用油泡半径为 r_{ob} 的圆圈表示：

$$r_{ob}=\sqrt{\frac{5.615N_p}{\pi\phi h\{[(1-S_{wi})/B_{oi}]-(S_o/B_o)\}}}$$

这个表达式是基于饱和度在整个均质泄油区均匀分布这一假设，在这个均质泄油区内：R_{ob} 为油泡半径，ft；$N_{p为}$ 生产井目前的累积产油量，bbl；S_o 为目前的含油饱和度。

类似地，储层游离气不断增长的气泡也可以通过计算气泡半径 R_{ob} 描述为：

$$r_{gb}=\sqrt{\frac{5.615[NR_{si}-(N-N_p)R_s-N_pR_p]B_g}{\pi\phi h(1-S_o-S_{wi})}}$$

式中：r_{gb} 为气泡半径，ft；N_p 为生产井目前的累积产油量，bbl；B_g 为目前的天然气体积系数，bbl/ft^3(标)；S_o 为目前的含油饱和度。

【示例 4.5】

除了示例 4.4 给出的白垩油藏的数据之外，还给出了作为压力函数的油-气黏度比，下表列出了其 PVT 数据(见表 4.11)：

表 4.11　白垩油藏的 PVT 数据

p/psi(绝)	Q_o/(STB/d)	Q_g/[10^6ft^3(标)/d]	B_o/(bbl/STB)	R_s/[ft^3(标)/STB]	B_g/[bbl/ft^3(标)]	μ_o/μ_g	N_p/(10^6STB)	R_p/[ft^3(标)/STB]
7150			1.743	1450			0	1450
6600	44230	64.110	1.760	1450			8.072	1450
5800	79326	115.616	1.796	1450			22.549	1455
4950	75726	110.192	1.830	1450			36.369	1455
4500			1.850	1450		5.60	43.473	1447
4350	70208	134.685	1.775	1323	0.000797	6.02	49.182	1576
4060	50416	147.414	1.670	1143	0.000840	7.24	58.383	1788
3840	35227	135.282	1.611	1037	0.000881	8.17	64.812	1992
3600	26027	115.277	1.566	958	0.000916	9.35	69.562	2158
3480	27452	151.167	1.523	882	0.000959	9.95	74.572	2383
3260	20975	141.326	1.474	791	0.001015	11.1	78.400	2596
3100	15753	125.107	1.440	734	0.001065	11.9	81.275	2785
2940	14268	116.970	1.409	682	0.001121	12.8	83.879	2953
2800	13819	111.792	1.382	637	0.001170	13.5	86.401	3103

利用油田已知的压力−产量历史数据，估算以下参数：

(1) 随着地层压力下降至泡点压力以下，在油藏中保留的析出溶解气的百分比。分别以所析出天然气总量 a_g 的百分比和原始溶解气总量 a_{gi} 的百分比来表示保留的天然气量。

(2) 含油和含气饱和度。

(3) 相对渗透率比 k_{rg}/k_{ro}。

解答：

第 1 步，对由下列公式计算的 a_g 和 a_{gi} 值进行列表(见表 4.12)：

$$\alpha_g = 1-\left[\frac{N_p R_p}{NR_{si}-(N-N_p)R_s}\right]$$

$$= 1-\left[\frac{N_p R_p}{570(1450)-(570-N_p)R_s}\right]$$

$$\alpha_{gi} = 1-\left[\frac{(N-N_p)R_s+N_p R_p}{NR_{si}}\right]$$

$$= 1-\left[\frac{(570-N_p)R_s+N_p R_p}{570(1450)}\right]$$

表 4.12　a_g 和 a_{gi} 计算值

p/psi(绝)	R_s/[ft^3(标)/STB]	N_p/(10^6STB)	R_p/[ft^3(标)/STB]	a_g/[bbl/ft^3(标)]	a_{gi}/(10^6STB)
7150	1450	0	1450	0.00	0.00
6600	1450	8.072	1450	0.00	0.00
5800	1450	22.549	1455	0.00	0.00
4950	1450	36.369	1455	0.00	0.00
4500	1450	43.473	1447	0.00	0.00

续表

p/psi(绝)	R_s/[ft³(标)/STB]	N_p/(10^6STB)	R_p/[ft³(标)/STB]	a_g/[bbl/ft³(标)]	a_{gi}/(10^6STB)
4350	1323	49.182	1576	43.6	7.25
4060	1143	58.383	1788	56.8	16.6
3840	1037	64.812	1992	57.3	21.0
3600	958	69.562	2158	56.7	23.8
3480	882	74.572	2383	54.4	25.6
3260	791	78.400	2596	53.5	28.3
3100	734	81.275	2785	51.6	29.2
2940	682	83.879	2953	50.0	29.9
2800	637	86.401	3103	48.3	30.3

第 2 步，由下式计算泡点压力下的 PV：

$$(\mathrm{PV})_b=(N_i-N_{pb})B_{ob}+\left(\frac{N_iB_{oi}}{1-S'_{wi}}\right)\times [S'_{wi}+(p_i-p_b)(-c_f+c_wS'_{wi})]$$

$$=(570-43.473)1.85+\left(\frac{570(1.743)}{1-0.43}\right)\times [0.43+(7150-4500)\times (-3.3\times10^{-6}+3.0\times10^{-6}(0.43))]$$

$$=1.71\times10^9(\mathrm{bbl})$$

第 3 步，计算泡点压力下的原始含油和含水饱和度：

$$S_{oi}=\frac{(N_i-N_{pb})B_{ob}}{(\mathrm{PV})_b}=\frac{(570-43.473)10^6(1.85)}{1.71\times10^9}=0.568$$

$$S_{wi}=1-S_{oi}=0.432$$

第 4 步，计算作为 p_b 以下压力函数的含油和含气饱和度：

$$S_o=\frac{(N_i-N_p)B_o}{(\mathrm{PV})_b}=\frac{(570-N_p)10^6B_0}{1.71\times10^9}$$

低于 p_b 的任何压力下的含气饱和度都由下式给出(见表 4.13)：

$$S_g=1-S_o-0.432$$

表 4.13　含气饱和度计算结果

p/psi(绝)	N_p/(10^6STB)	S_o,%	S_g,%
4500	43.473	56.8	0.00
4350	49.182	53.9	2.89
4060	58.383	49.8	6.98
3840	64.812	47.5	9.35
3600	69.562	45.7	11.1
3480	74.572	44.0	12.8
3260	78.400	42.3	14.6

续表

p/psi(绝)	N_p/(10^6STB)	S_o,%	S_g,%
3100	81.275	41.1	15.8
2940	83.879	40.0	16.9
2800	86.401	39.0	17.8

第5步，计算作为$p<p_b$压力函数的气油比(见表4.14)：

$$GOR=Q_o/Q_g$$

表4.14　气油比计算结果

p/psi(绝)	Q_o/(STB/d)	Q_g/[10^6ft^3(标)/d]	(GOR=Q_o/Q_g)/[ft^3(标)/STB]
4500			1450
4350	70208	134.685	1918
4060	50416	147.414	2923
3840	35227	135.282	3840
3600	26027	115.277	4429
3480	27452	151.167	5506
3260	20975	141.326	6737
3100	15753	125.107	7942
2940	14268	116.970	8198
2800	13819	111.792	8090

第6步，计算相对渗透率比k_{rg}/k_{ro}(见表4.15)：

$$\left(\frac{k_{rg}}{k_{ro}}\right)=(\mathrm{GOR}-R_s)\left(\frac{\mu_g B_g}{\mu_o B_o}\right)$$

表4.15　相对渗透率比k_{rg}/k_{ro}计算结果

p/psi(绝)	N_p/(10^6STB)	S_o,%	S_g,%	R_s/[ft^3(标)/STB]	μ_o/μ_g	B_o/(bbl/STB)	B_g/[bbl/ft^3(标)]	(GOR=Q_o/Q_g)/[ft^3(标)/STB]	k_{rg}/k_{ro}
4500	43.473	56.8	0.00	1450	5.60	1.850		1450	
4350	49.182	53.9	2.89	1323	6.02	1.775	0.000797	1918	0.0444
4060	58.383	49.8	6.98	1143	7.24	1.670	0.000840	2923	0.1237
3840	64.812	47.5	9.35	1037	8.17	1.611	0.000881	3840	0.1877
3600	69.562	45.7	11.1	958	9.35	1.566	0.000916	4429	0.21715
3480	74.572	44.0	12.8	882	9.95	1.523	0.000959	5506	0.29266
3260	78.400	42.3	14.6	791	11.1	1.474	0.001015	6737	0.36982
3100	81.275	41.1	15.8	734	11.9	1.440	0.001065	7942	0.44744
2940	83.879	40.0	16.9	682	12.8	1.409	0.001121	8198	0.46807
2800	86.401	39.0	17.8	637	13.5	1.382	0.001170	8090	0.46585

如果有实验室测量的相对渗透率数据，推荐采用以下方法计算油田相对渗透率：

(1) 尽可能多地使用以往的油藏产量和压力历史数据来确定相对渗透率比k_{rg}/k_{ro}与S_o的关系，如示例4.5所示。

（2）在半对数坐标纸上绘制渗透率比 k_{rg}/k_{ro} 与流体饱和度 S_L（即 $S_L=S_o+S_{wc}$）的关系曲线。

（3）在第 2 步准备的同一张纸上标绘实验室测量的相对渗透率数据。将计算的油田渗透率数据扩展至与实验室数据平行。

（4）由第 3 步外推的油田数据被视为反映了油藏的相对渗透率特征，在预测将来油藏动态时应加以采用。

应当指出的是，大多数溶解气驱油藏都有一个特征，即仅一部分原始石油地质储量可以通过一次采油采出。然而，析出的溶解气要比石油更自由地在油藏中流动。通过析出的天然气膨胀来驱替石油是这类油藏的主要驱动机理。一般来说，估算一次采油期间采出的天然气量是有可能实现的，它可以给我们提供端点的估算值，即采油动态曲线上的最大值。累积气（y 轴上）对累积油（x 轴上）的双对数曲线可以反映油气开采的采收率变化趋势。可以把生成的曲线外推至可以利用的总天然气量[例如（NR_{si}）]，并读取油田废弃时的石油采收率上限。

【示例 4.6】

利用示例 4.5 给出的数据，估算 50%的溶解气被采出后的石油采收率和累积原油产量。

解答：

第 1 步，利用来自示例 4.5 的原始石油地质储量值，同时根据采收率的定义列出下表：原始石油地质储量 $N=570\times10^6$STB；溶解气 $G=NR_{si}=570\times1450=826.5\times10^9\text{ft}^3$（标）；累积气产量 $G_p=N_pR_p$；石油采收率 RF$=N_p/N$；天然气采收率 RF$=G_p/G$。油藏其他参数见表 4.16。

表 4.16 油藏其他参数

月数	p/psi（绝）	N_p/（10^6STB）	R_p/[ft^3（标）/STB]	$G_p=N_pR_p$/[10^9ft^3（标）]	石油 RF，%	天然气 RF，%
0	7150	0	1450	0	0	0
6	6600	8.072	1450	11.70	1.416	1.411
12	5800	22.549	1455	32.80	4.956	3.956
18	4950	36.369	1455	52.92	6.385	6.380
21	4500	43.473	1447	62.91	7.627	7.585
24	4350	49.182	1576	77.51	8.528	9.346
30	4060	58.383	1788	104.39	10.242	12.587
36	3840	64.812	1992	129.11	11.371	15.567
42	3600	69.562	2158	150.11	12.204	18.100
48	3480	74.572	2383	177.71	13.083	21.427
54	3260	78.400	2596	203.53	13.754	24.540
60	3100	81.275	2785	226.35	14.259	27.292
66	2940	83.879	2953	247.69	14.716	29.866
72	2800	86.401	3103	268.10	15.158	32.327

第 2 步，如图 4.19 和图 4.20 所示，由 N_p 对 G_p 的双对数曲线图以及石油采收率对天然气采收率的笛卡尔坐标曲线图读取下列数值：石油采收率=17%；累积原油产量 $N_p=0.17\times570=96.9\times10^6$STB；累积天然气产量 $G_p=0.50\times826.5=413.25\times10^9\text{ft}^3$（标）。

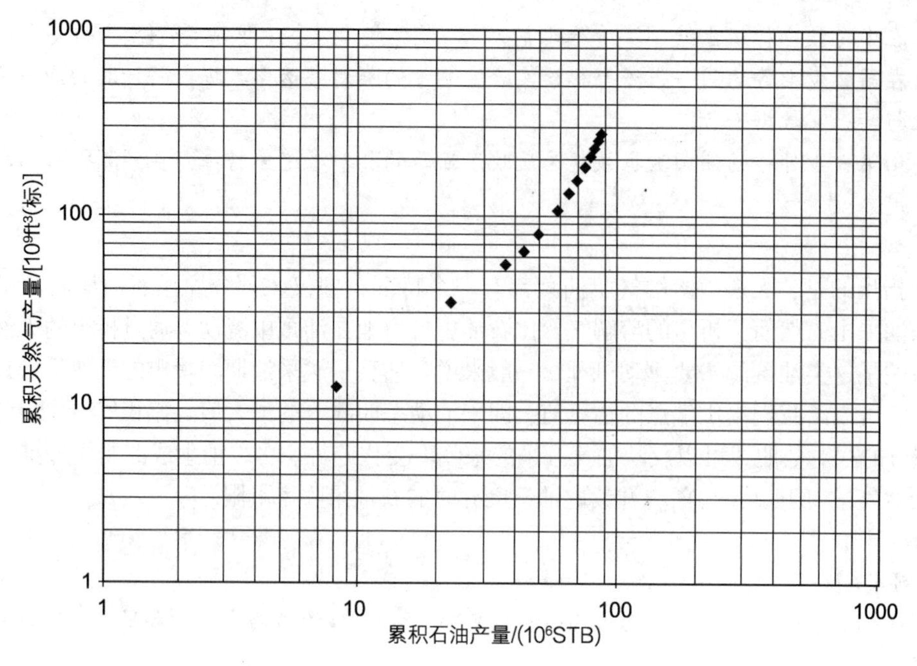

图 4.19　示例 4.6 中 G_p 与 N_p 关系曲线

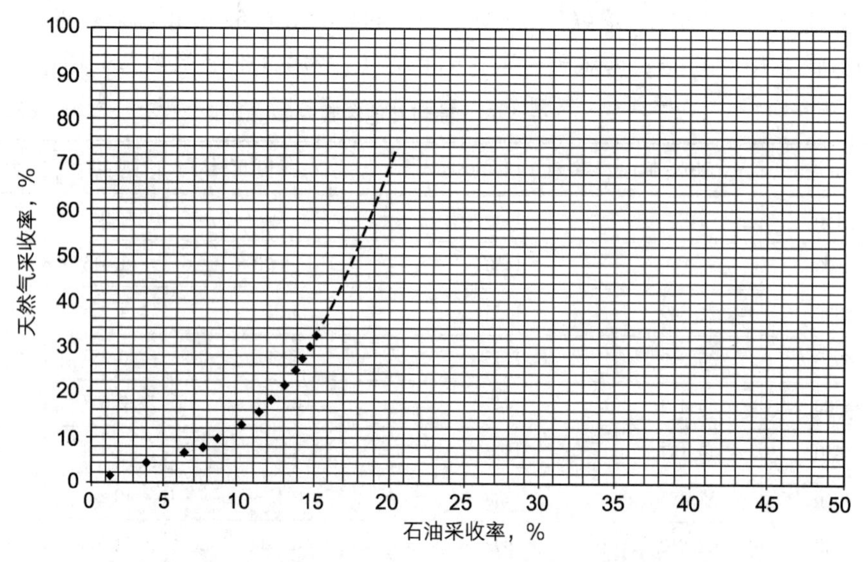

图 4.20　天然气采收率与石油采收率的关系曲线

4.4.3　案例 3：气顶驱油藏

对于以气顶气膨胀作为主要驱动机理的油藏来说，与高压缩系数的天然气相比，作为一种驱动机理，水和孔隙的压缩系数的作用是可以忽略不计的。然而，Havlena 和 Odeh(1963，1964)承认，每当气顶存在的时候，要确定其大小，都要求压力数据具有很高的精确度。有关地层压力的具体问题是，气顶驱油藏中下伏油层最初的压力接近其泡点压力。因此，流动压力明显低于泡点压力，这就加大了通过常规压力恢复数据解释来确定平均地层压力的难度。

假设天然水侵不存在或可以忽略不计(即 $W_e=0$)，Havlena 和 Odeh 的物质平衡方程可以由下式来表达：

$$F=N(E_o+mE_g) \tag{4.39}$$

其中，变量 F、E_o和 E_g由下列方程式给出：

$$F=N_p[B_o+(R_p-R_s)B_g]+W_pB_w$$
$$=N_p[B_t+(R_p-R_{si})B_g]+W_pB_w$$
$$E_o=(B_o-B_{oi})+(R_{si}-R_s)B_g$$
$$=B_t-B_{ti}$$
$$E_g=B_{oi}\left(\frac{B_g}{B_{gi}}-1\right)$$

式(4.39)的使用方法取决于方程中未知数的个数。式(4.39)中有3个可能的未知数，它们分别是：N是未知数，m是已知数；m是未知数，N是已知数；N和m都是未知数。

下面介绍式(4.39)在确定这3个可能未知数中的实际应用。

4.4.3.1　未知数 N，已知数 m

式(4.39)表明，笛卡尔坐标图上 F 与(E_o+mE_g)的关系曲线可能是一条通过原点且斜率为 N 的直线，如图4.21所示。在绘图时，作为生产期限 N_p和 R_p的函数，可以在不同的时间计算采液量。结论：N=斜率。

4.4.3.2　未知数 m，已知数 N

式(4.39)可以重新整理为一个直线方程，即：

$$\left(\frac{F}{N}-E_o\right)=mE_g \tag{4.40}$$

该关系式表明，$(F/N-E_o)$与 E_g的关系曲线可能是一条斜率为 m 的直线。整理后的方程有一个优点，即这条直线一定通过原点，因此该原点可以充当控制点。图4.22显示了对这种曲线图的解释。结论：m=斜率。

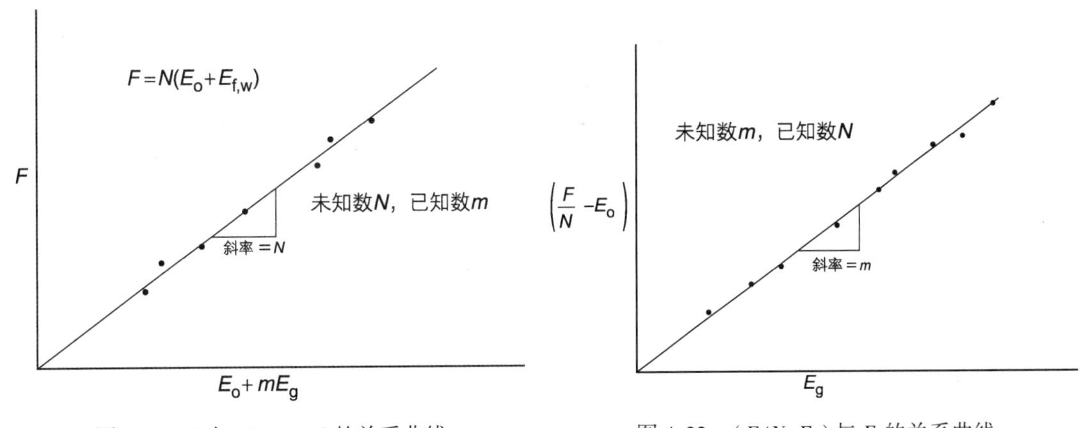

图4.21　F 与(E_o+mE_g)的关系曲线　　图4.22　$(F/N-E_o)$与 E_g的关系曲线

同样，式(4.39)可重新整理，以便求解出 m，即：

$$m=\frac{F-NE_o}{NE_g}$$

该关系式表明，$(F/N-E_o)$与 E_g的关系曲线可能是一条斜率为 m 的直线。整理后的方程有一个优点，即这条直线一定通过原点。

4.4.3.3　N 和 m 都是未知数

如果 N 和 m 的数值都不确定，式(4.39)可重新整理为：

$$\frac{F}{E_o}=N+mN\left(\frac{E_g}{E_o}\right) \tag{4.41}$$

那么，F/E_o与E_g/E_o的关系曲线应该是线性的，截距为N，斜率为mN。这种关系曲线在图4.23中进行了说明。结论：N=截距；mN=斜率；m=斜率/截距=斜率/N。

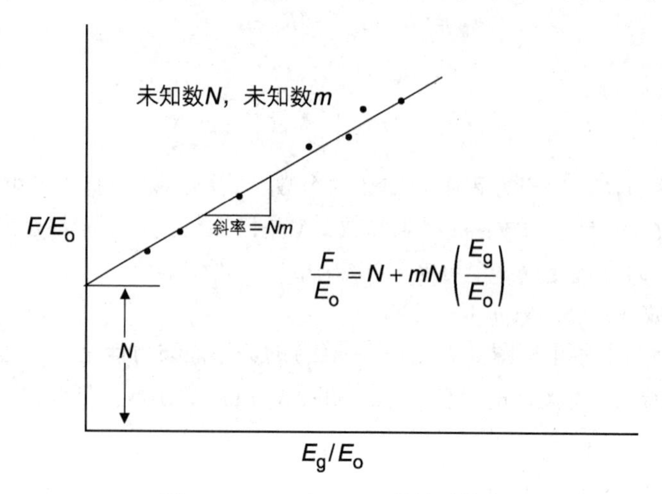

图4.23　F/E_o与E_g/E_o的关系曲线

【示例4.7】

采用容积法比较可靠地计算了一个开发程度较高的气顶驱油藏的储量，得出以下结果：$N=736\times10^6$STB；$G=320\times10^9$ft^3（标）；$p_i=2808$psi（绝）；$B_{oi}=1.39$bbl/STB；$B_{gi}=0.000919$bbl/STB；$R_s=755$ft^3（标）/STB。

由参数F和PVT数据计算的产量变化情况如下（见表4.17）：

表4.17　由参数F和PVT数据计算的产量变化情况

$\bar{p}$/psi（绝）	F/10^6bbl	B_t/（bbl/STB）	B_g/[bbl/ft^3（标）]
2803	7.8928	1.3904	0.0009209
2802	7.8911	1.3905	0.0009213
2801	7.8894	1.3906	0.0009217
2800	7.8877	1.3907	0.0009220
2799	7.8860	1.3907	0.0009224
2798	7.8843	1.3908	0.0009228

估算气油体积比m并与计算值进行对比。

解答：

第1步，根据容积法计算结果来计算实际的m值：

$$m=\frac{GB_{gi}}{NB_{oi}}=\frac{(3200\times10^9)(0.000919)}{(736\times10^6)(1.390)}\approx2.9$$

第2步，利用生产数据计算E_o、E_g和m（见表4.18）：

$$E_o=B_t-B_{ti}$$

$$E_g=B_{ti}\left(\frac{B_g}{B_{gi}}-1\right)$$

$$m=\frac{F-NE_o}{NE_g}$$

表 4.18 E_o、E_g和 m 的计算结果

$\bar{p}$/psi(绝)	$F/10^6$bbl	E_o/(bbl/STB)	E_g/[bbl/ft^3(标)]	$m=(F-NE_o)/NE_g$
2803	7.8928	0.000442	0.002874	3.58
2802	7.8911	0.000511	0.003479	2.93
2801	7.8894	0.000581	0.004084	2.48
2800	7.8877	0.000650	0.004538	2.22
2799	7.8860	0.000721	0.005143	1.94
2798	7.8843	0.000791	0.005748	1.73

上表列出的结果似乎证实了由容积法计算的 m 值 2.9；然而，这些结果还表明，m 值对报告的平均地层压力很敏感。

【示例 4.8】

气顶驱油藏的生产史和 PVT 数据见表 4.19：

表 4.19 气顶驱油藏的生产史和 PVT 数据

日　期	$\bar{p}$/psi(绝)	$N_p/10^3$STB	G_p/[10^3ft^3(标)]	B_t/(bbl/STB)	B_g/[bbl/ft^3(标)]
1989-5-1	4415			1.6291	0.00077
1991-1-1	3875	492.5	751.3	1.6839	0.00079
1992-1-1	3315	1015.7	2409.6	1.7835	0.00087
1993-1-1	2845	1322.5	3901.6	1.9110	0.00099

原始天然气溶解度 R_{si}是 975ft^3(标)/STB。估算原始石油和天然气地质储量。

解答：

第 1 步，计算累积采出的气油比 R_p(见表 4.20)：

表 4.20 气油比 R_p的计算结果

$\bar{p}$/psi(绝)	G_p/[10^3ft^3(标)]	$N_p/10^3$STB	($R_p=G_p/N_p$)/[ft^3(标)/STB]
4415			
3875	751.3	492.5	1525
3315	2409.6	1015.7	2372
2845	3901.6	1322.5	2950

第 2 步，根据下列方程式计算 F、E_{or}和 E_g(见表 4.21)。

$$F=N_p[B_t+(R_p-R_{si})B_g]+W_pB_w$$

$$E_o=B_t-B_{ti}$$

$$E_g=B_{ti}\left(\frac{B_g}{B_{gi}}-1\right)$$

表 4.21　F、E_{or}和 E_g的计算结果

$\bar{p}$/psi(绝)	$F/10^6$bbl	E_o/(bbl/STB)	E_g/[bbl/ft³(标)]
3875	2.04×10^6	0.0548	0.0529
3315	8.77×10^6	0.1540	0.2220
2845	17.05×10^6	0.2820	0.4720

第 3 步，根据下列方程式计算 F/E_o和 E_g/E_o(见表 4.22)。

表 4.22　F/E_o和 E_g/E_o的计算结果

$\bar{p}$/psi(绝)	F/E_o	E_g/E_o
3875	3.72×10^6	0.96
3315	5.69×10^6	0.44
2845	6.00×10^6	0.67

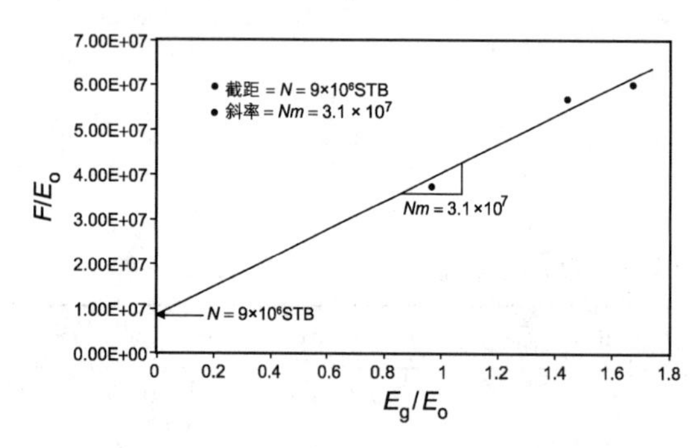

图 4.24　示例 4.8 中 m 和 N 值的计算

第 4 步，如图 4.24 所示，绘制 F/E_o与 E_g/E_o的关系曲线，得到：截距$=N=9\times10^6$STB；斜率$=N_m=3.1\times10^7$。

第 5 步，计算 m：

$$m=\frac{3.1\times10^7}{9\times10^6}=3.44$$

第 6 步，根据 m 的定义，计算原始气顶气体积 G：

$$m=\frac{GB_{gi}}{NB_{oi}}$$

即：

$$G=\frac{mNB_{oi}}{B_{gi}}=\frac{(3.44)(9\times10^6)(1.6291)}{0.00077}$$

$$=66\times10^9[\text{ft}^3(\text{标})]$$

4.4.4　案例 4：水驱油藏

在水驱油藏中，识别含水层的类型并描述其性质可能是油藏工程研究中最具挑战性的任务。但是，如果没有对含水层的准确描述，就不能正确地评价将来的油藏动态和管理效果。

完整的 MBE 表达式为：

$$F=N(E_o+mE_g+E_{f,w})+W_e$$

Dake(1978)指出，在水驱油藏中 $E_{f,w}$项经常被忽略不计。这不仅是因为水和孔隙的压缩系数较小这个常见的原因，而且还因为水侵有助于保持地层压力，因此，出现在 $E_{f,w}$项中的 Δp 可以被简化掉，即：

$$F=N(E_o+mE_g)+W_e \tag{4.42}$$

此外，如果油藏有原始气顶，那么式(4.41)可进一步简化为：

$$F=NE_o+W_e \tag{4.43}$$

在尝试利用上述两个方程来拟合油藏的开采量变化曲线和压力变化曲线时，最大的不确定性总是水侵量 W_e 的确定。事实上，为了计算水侵量，工程师要面对一个问题，即整个油藏工程学科固有的最大不确定性究竟是什么。原因是 W_e 的计算需要有一个数学模型，而这个模型本身又依赖于对含水层性质的认识。但是，由于油井并没有通过专门钻探含水层来获得这些信息，所以有关含水层性质的信息很少。

对没有气顶的水驱油藏来说，式(4.43)可重新整理成以下表达式：

$$\frac{F}{E_o}=N+\frac{W_e}{E_o} \tag{4.44}$$

在第2章中已经描述了几个水侵模型，包括：罐式含水层模型；Schilthuis 稳态模型；Van Everdingen 和 Hurst 模型。

利用这些模型并结合式(4.44)可同时确定 N 和 W_e，下面描述它们的用法。

4.4.4.1 MBE 中的罐式含水层模型

正如式(2.5)所述，假设用简单的罐式含水层模型可正确地描述水侵：

$$\begin{gathered} W_e=(c_w+c_f)W_i f(p_i-p) \\ f=\frac{(\text{侵入角})^\circ}{360^\circ}=\frac{\theta}{360^\circ} \\ W_i=\left[\frac{\pi(r_a^2-r_e^2)h\phi}{5.615}\right] \end{gathered} \tag{4.45}$$

式中：r_a 为含水层半径，ft；r_e 为油藏半径，ft；h 为含水层厚度，ft；ϕ 为含水层孔隙度；θ 为侵入角；c_w 为含水层水压缩系数，psi^{-1}；c_f 为含水层岩石压缩系数，psi^{-1}；W_i 为含水层中水的原始体积，bbl。

因为使用式(4.45)的能力取决于对含水层性质的了解，即 c_w、c_f、h、r_a 和 θ，这些性质可以综合在一起并作为式(4.45)中的一个未知项 K 来进行处理，即：

$$W_e=K\Delta p \tag{4.46}$$

式中：水侵常数 K 代表罐式含水层的综合性质。

K 的表达式为：

$$K=(c_w+c_f)W_i f$$

将式(4.46)和式(4.44)综合在一起，得到：

$$\frac{F}{E_o}=N+K\left(\frac{\Delta p}{E_o}\right) \tag{4.47}$$

式(4.47)表明，$\Delta p/E_o$ 与 F/E_o 的关系曲线可能是一条截距为 N、斜率为 K 的直线，如图4.25所示。

假设有一个 m 值已知的气顶，式(4.42)可用下面的线性形式来表示：

$$\frac{F}{E_o+mE_g}=N+K\left(\frac{\Delta p}{E_o+mE_g}\right)$$

这种形式表明，$\Delta p/(E_o+mE_g)$ 与 $F(E_o+mE_g)$ 的关系曲线可能是一条截距为 N、斜率为 K 的直线。

4.4.4.2 MBE 中的稳态模型

Schilthuis(1936)提出的稳态含水层模型的表达式如下：

$$W_e=C\int_0^t (p_i-p)\,\mathrm{d}t \tag{4.48}$$

式中：W_e为累积水侵量，bbl；C为水侵常数，bbl/(d·psi)；t为时间，d；p_i为原始地层压力，psi；p为时间t时油水界面上的压力，psi。

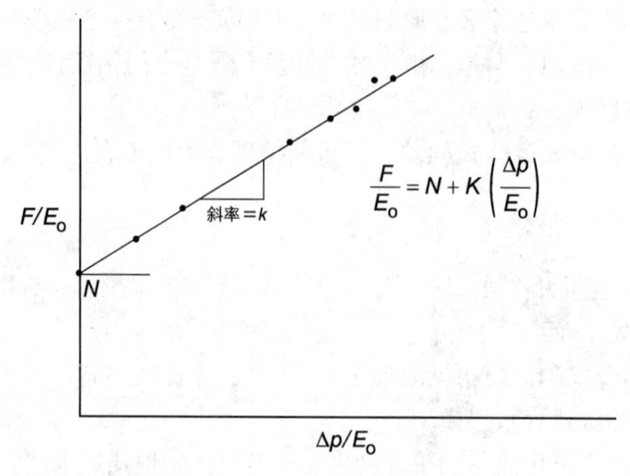

图4.25　F/E_o与$\Delta p/E_o$的关系曲线

把式(4.48)与式(4.44)合并得到：

$$\frac{F}{E_o}=N+C\left(\frac{\int_0^t(p_i-p)\mathrm{d}t}{E_o}\right) \tag{4.49}$$

F/E_o与$\int_0^t(p_i-p)\mathrm{d}t/E_o$的关系曲线是一条截距为$N$(代表原始石油地质储量)、斜率为$C$(代表水侵常数)的直线，如图4.26所示。

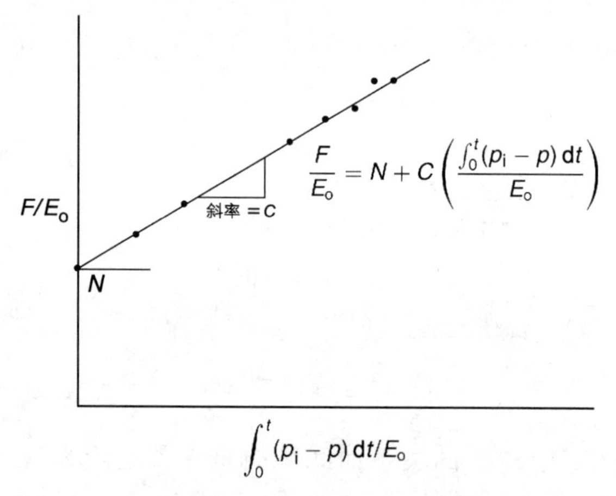

图4.26　通过图解确定N和C

对于一个已知的气顶，式(4.49)可以用下面的线性形式来表示：

$$\frac{F}{E_o+mE_g}=N+C\left(\frac{\int_0^t(p_i-p)\mathrm{d}t}{E_o+mE_g}\right)$$

$F(E_o+mE_g)$与$\int_0^t(p_i-p)\mathrm{d}t/(E_o+mE_g)$的关系曲线是一条截距为$N$(代表原始石油地质储量)和斜率为$C$(代表水侵常数)的直线。

4.4.4.3　MBE中的非稳态模型

Van Everdingen和Hrust建立的非稳态模型由下式给出：

$$W_e = B\sum \Delta p W_{eD} \tag{4.50}$$

其中：

$$B = 1.119\phi c_t r_e^2 hf$$

Van Everdingen 和 Hrust 提出，无量纲水侵量 W_{ed} 是无量纲时间 t_D 和无量纲半径 r_D 的函数，其关系式如下：

$$t_D = 6.328\times 10^{-3}\frac{kt}{\phi\mu_w c_t r_e^2}$$

$$r_D = \frac{r_a}{r_e}$$

$$c_t = c_w + c_f$$

式中：t 为时间，d；k 为含水层渗透率，mD；ϕ 为含水层孔隙度；μ_w 为含水层中水的黏度，cP；r_a 为含水层半径，ft；r_e 为油藏半径，ft；c_w 为水压缩系数，psi^{-1}。

把式(4.50)与式(4.44)合并得到：

$$\frac{F}{E_o} = N + B\left(\frac{\sum \Delta p W_{eD}}{E_0}\right) \tag{4.51}$$

下列步骤概述了解以上线性方程的正确方法：

第 1 步，根据油田的历史产量和压力变化情况，计算采液量 F 和原油膨胀量 E_o。

第 2 步，假设一种含水层构型(acquifer configuration)，即线性的或径向的。

第 3 步，假设含水层半径为 r_a 并计算无量纲半径 r_D。

第 4 步，在笛卡尔坐标图上绘制 F/E_o 与 $\sum \Delta p W_{eD}/E_o$ 的关系曲线。如果所假定的含水层参数是正确的，则其关系曲线将是一条截距为 N、斜率为水侵常数 B 的直线。需要注意的是，还有可能产生另外 4 种不同的曲线图，它们是：单个点完全随机散布，说明计算值和/或基础数据都是错误的；一条系统性地向上弯曲的线，这表明所假设的含水层半径(或无量纲半径)太小；一条系统性地向下弯曲的线，这表明所选择的含水层半径(或无量纲半径)太大；一条“S”形曲线，这表明如果假设水侵是线性的，就会获得更好的拟合结果。

图 4.27 示意性地说明了 Havlana 和 Odeh 法在确定含水层拟合参数中的应用。

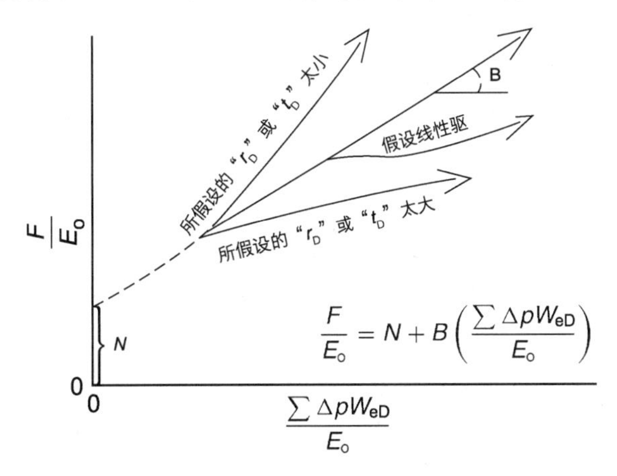

图 4.27　Havlana 和 Odeh 直线图(Havlena，D.，Odeh，A.S.，1963. The material balance as an equation of a straight line：part 1. Trans. AIME 228，1-896)

需要注意的是，在许多大油田中，无限线性水驱能够令人满意地描述生产−压力动态。对单位压降而言，无限线性水驱情况下的累积注水量简单地与$\sqrt{t}$成正比，且不需要估算无量纲时间t_D。因此，式(4.50)中的 Van Everdingen 和 Hrust 无量纲注水量W_{eD}可用时间平方根来取代，得到如下表达式：

$$W_w = B\sum\left[\Delta p_n\sqrt{(t-t_n)}\right]$$

因此，MBE 的线性形式可以表示为：

$$\frac{F}{E_o} = N + B\left(\frac{\sum \Delta p_n\sqrt{(t-t_n)}}{E_o}\right)$$

【示例 4.9】

一个饱和油藏(即$m=0$)的物质平衡参数、采液量F和原油膨胀系数E_o如下(见表 4.23)：

表 4.23　采液量 F 和原油膨胀系数 E_o 的计算结果

$\bar{p}$	F	E_o
3500		
3488	2.04×10^6	0.0548
3162	8.77×10^6	0.1540
2783	17.05×10^6	0.2820

假设岩石和水的压缩系数可以忽略不计，计算原始石油地质储量。

解答：

第 1 步，应用 MBE 时最重要的步骤是证实不存在水侵。假设这个油藏是定体积油藏，利用式(4.38)中每一个单独的产量数据点都可以计算原始石油地质储量N，即：$N=F/E_o$(见表 4.24)。

表 4.24　原始石油地质储量 N 的计算结果

F	E_o	$N=F/E_o$
2.04×10^6	0.0548	37×10^6STB
8.77×10^6	0.1540	57×10^6STB
17.05×10^6	0.2820	60×10^6STB

第 2 步，以上计算结果表明，原始石油地质储量的计算值在增加，如图 4.28 所示，这表明有水侵，即水驱油藏。

第 3 步，为了简化计算，选择罐式含水层模型来代表由式(4.47)给出的 MBE 中的水侵量计算，即：

$$\frac{F}{E_o}=N+K\left(\frac{\Delta p}{E_o}\right)$$

第 4 步，计算式(4.47)中的F/E_o与$\Delta p/E_o$项(见表 4.25)。

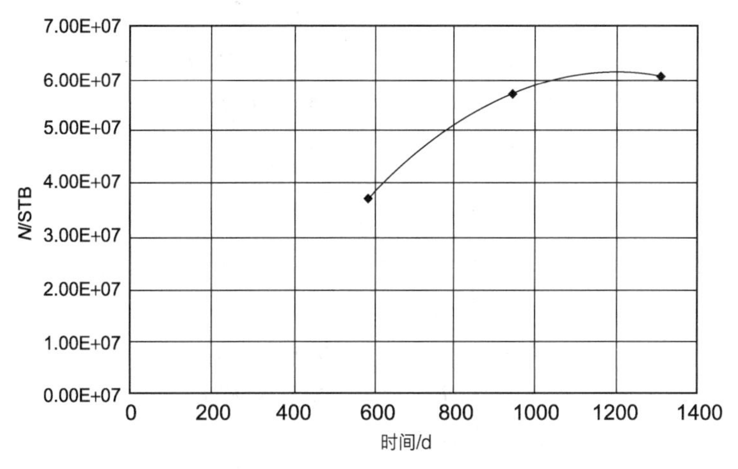

图 4.28　水侵指示

表 4.25　F/E_o 与 $\Delta p/E_o$ 的计算结果

$\bar{p}$	Δp	F	E_o	F/E_o	$\Delta p/E_o$
3500	0				
3488	12	2.04×10^6	0.0548	37.23×10^6	219.0
3162	338	8.77×10^6	0.1540	56.95×10^6	2194.8
2782	718	17.05×10^6	0.2820	60.46×10^6	2546

第 5 步，绘制 F/E_o 与 $\Delta p/E_o$ 的关系曲线(见图 4.29)，确定截距和斜率：截距 $=N=35\times10^6$ STB；斜率 $=K=9983\times10^6$STB。

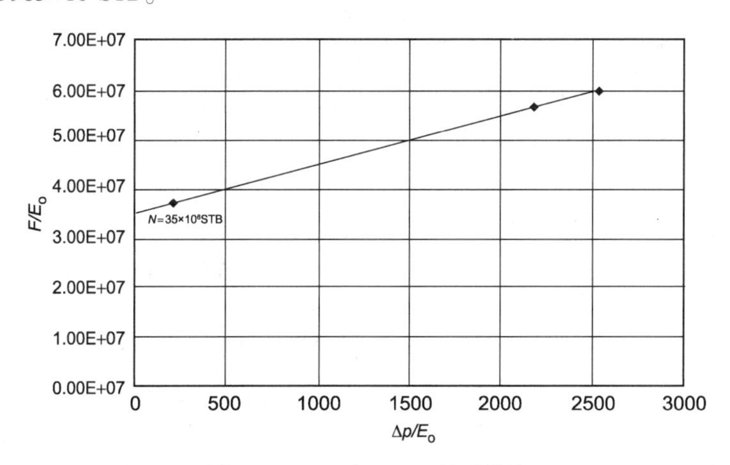

图 4.29　F/E_o 与 $\Delta p/E_o$ 关系曲线

4.4.5　案例 5：混合驱油藏

这个相对复杂的案例涉及下列 3 个未知数的确定：原始石油地质储量 N；气顶的大小 m；侵水量 W_e。式(4.32)给出了包括上面 3 个未知数的广义 MBE：

$$F = N(E_o + mE_g) + W_e$$

构成上述表达式的变量由下列方程定义：

$$F = N_p[B_o + (R_p - R_s)B_g] + W_pB_w$$
$$= N_p[B_t + (R_p - R_{si})B_g] + W_pB_w$$
$$E_o = (B_o - B_{oi}) + (R_{si} - R_s)B_g$$
$$= B_t - B_{ti}$$
$$E_g = B_{oi}\left(\frac{B_g}{B_{gi}} - 1\right)$$

Havlena 和 Odeh 相对于压力对式(4. 32)进行了求导，对得到的方程进行重新整理，消去 m，得到：

$$\frac{FE'_g - F'E_g}{E_oE'_g - E'_oE_g} = N + \frac{W_eE'_g - W'_eE_g}{E_oE'_g - E'_oE_g} \tag{4.52}$$

其中，反素数表示压力的导数，即：

$$E'_g = \frac{\partial E_g}{\partial p} = \left(\frac{B_{oi}}{B_{gi}}\right)\frac{\partial B_g}{\partial p} \approx \left(\frac{B_{oi}}{B_{gi}}\right)\frac{\Delta B_g}{\Delta p}$$

$$E'_o = \frac{\partial E_o}{\partial p} = \frac{\partial B_t}{\partial p} \approx \frac{\Delta B_t}{\Delta p}$$

$$F' = \frac{\partial F}{\partial p} \approx \frac{\Delta F}{\Delta p}$$

$$W'_e = \frac{\partial W_e}{\partial p} \approx \frac{\Delta W_e}{\Delta p}$$

对所选择的含水层模型来说(如果选择是正确的)，式(4. 52)的左侧与右侧第二项的关系曲线应该是一条斜率为 1 的直线，其在纵坐标上的截距代表原始石油地质储量 N。在准确地确定了 N 和 W_e 之后，就可以直接解式(4. 32)来求出 m，得到：

$$m = \frac{F - NE_o - W_e}{NE_g}$$

注意：以上所有导数都可用有限差分技术进行数值评价，例如正演、反演或中心差分公式。

4. 4. 6　案例 6：平均地层压力

要认识一个含有游离气油藏的生产动态，例如溶解气驱或气顶驱油藏，最重要的是要尽一切可能精确地确定地层压力。在缺乏可靠的压力数据的情况下，如果通过容积法计算能够得到精确的 m 和 N 值，就可利用 MBE 来估算平均地层压力。广义 MBE 由式(4. 39)给出：

$$F = N[E_o + mE_g]$$

要根据油田产量变化情况解式(4. 39)求取平均压力，涉及以下图解法：

第 1 步，选择确定平均地层压力的时间，并获取相应的产量数据，即 N_p、G_p 和 R_p。

第 2 步，设定几个平均地层压力值(即 $p = p_i - \Delta p$)，确定各个压力下的 PVT 特征。

第 3 步，在每个假设的压力条件下，计算式(4. 39)左侧的 F 值，即：

$$F = N_p[B_o + (R_p - R_s)B_g] + W_pB_w$$

第 4 步，利用与第 2 步相同的假定平均地层压力值计算式(4. 39)右侧的(RHS)值。

$$\text{RHS} = N[E_o + mE_g]$$
$$E_o = (B_o - B_{oi}) + (R_{si} - R_s)B_g$$
$$E_g = B_{oi}\left(\frac{B_g}{B_{gi}} - 1\right)$$

第 5 步，在笛卡尔坐标纸上绘制 MBE 左侧计算结果和右侧计算结果(步骤 3 和步骤 4 的计算结果)与所假定平均地层压力的关系曲线。这两条曲线的交点就是与步骤 1 中所选择时间相对应的平均地层压力，如图 4.30 所示。

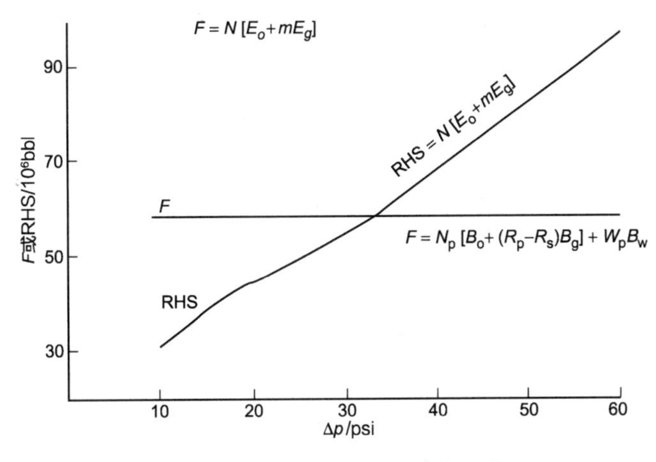

图 4.30　由物质平衡方程求解压力

第 6 步，重复步骤 1~5，估算所选择的每一个开采时间的地层压力。

4.5　Tracy 的 MBE 表达式

如果忽略地层和水的压缩系数，由式(4.13)所表示的广义 MBE 可简化为：

$$N=\frac{N_pB_o+(G_p-N_pR_s)B_g-(W_e-W_pB_w)}{(B_o-B_{oi})+(R_{si}-R_s)B_g+mB_{oi}((B_g/B_{gi})-1)} \tag{4.53}$$

Tracy(1955)提出，以上关系式可重新整理为更适用的形式：

$$N=N_p\Phi_o+G_p\Phi_g+(W_pB_w-W_e)\Phi_w \tag{4.54}$$

其中，Φ_o、Φ_g 和 Φ_w 被认为是与 PVT 有关的性质。它们是压力的函数，由下列方程确定：

$$\Phi_o=\frac{B_o-R_sB_g}{\text{Den}} \tag{4.55}$$

$$\Phi_g=\frac{B_g}{\text{Den}} \tag{4.56}$$

$$\Phi_w=\frac{1}{\text{Den}} \tag{4.57}$$

其中：

$$\text{Den}=(B_o-B_{oi})+(R_{si}-R_s)B_g+mB_{oi}\left(\frac{B_g}{B_{gi}}-1\right) \tag{4.58}$$

式中：Φ_o 为原油 PVT 函数；Φ_g 为天然气 PVT 函数；Φ_w 为水 PVT 函数。

图 4.31 显示了 Tracy PVT 函数特征随着压力的变化。

注意，Φ_o 在低压时是可以忽略不计的，所有 Φ 函数在泡点压力下都是无穷的，因为式(4.55)~式(4.57)中分母“Den”的值趋近于零。Tracy 的 MBE 表达式仅在初始压力等于泡点压力的情况下才有效，不能在初始压力高于泡点压力的情况下使用。此外，Φ 函数曲线的形状说明，压力和/或产量的微小误差就能够引起在初始压力接近泡点压力条件下，所计算原始石油地质储量的数值产生很大的误差。但是，Steffensen(1987)指出，Tracy 方程采用泡点压力 B_{ob} 条件下的原油体积系数来计算原始 B_{oi}，这会导致所有的 PVT 函数 Φ 在泡点压力下变为无穷大。Steffensen 建议，通过简单地采用初始地层压力下的 B_o 值，就可以对 Tracy 方程加以扩展，使其适合于泡点压力以上的应用，即可适用于未饱和油藏。Steffensen 认为，Tracy 方法能够预测从初始油藏压力到废弃压力的整个压力范围内的油藏动态。

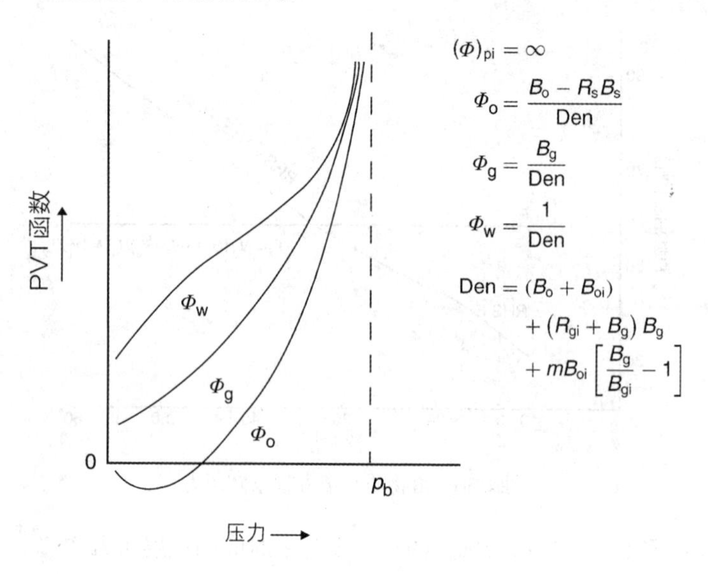

图 4.31　Tracy 的 PVT 函数

应当指出的是，因为在泡点压力以下岩石和水的压缩系数相对不重要，它们并未被纳入 Tracy 物质平衡方程。但是，通过采用低于原始地层压力条件下原油体积系数的伪值，它们可被间接地包括在内。这些伪值 B_o^* 由下式给出：

$$B_o^* = B_o + B_{oi}\left(\frac{S_w c_w + c_f}{1 - S_w}\right)(p_i - p)$$

这些伪值包括物质平衡计算中水和岩石压缩系数所提供的额外压力支持。

其中：

$$g_{气} < dp/dz < g_{油}，\ g_{气} = \rho_g/144，\ g_{油} = \rho_o/144$$

式中：$g_{油}$ 为油柱压力梯度，psi/ft；ρ_o 为原油密度，lb/ft^3；$g_{气}$ 为气柱压力梯度，psi/ft；ρ_g 为天然气密度，lb/ft^3；dp/dz 为地层压力梯度，psi/ft。

Tracy(1955)通过下面的示例对他提出的方法进行了解释。

【示例 4.10】

某个饱和油藏的历史生产数据如下(见表 4.26)：

表 4.26　某个饱和油藏的历史生产数据

$\bar{p}$/psi(绝)	$N_p/10^3$STB	G_p/[10^3ft^3(标)]
1690	0	0
1600	398	38.6
1500	1570	155.8
1100	4470	803

PVT 函数的计算值如下(见表 4.27)：

表 4.27　某个饱和油藏的 PVT 函数的计算值

p	Φ_o	Φ_g
1600	36.60	0.4000
1500	14.30	0.1790
1100	2.10	0.0508

计算原始石油地质储量 N。

解答：

用下面的公式可以很方便地完成下列表格中的计算(见表 4.28)：

$$N=N_p\Phi_o+G_p\Phi_g+0$$

表 4.28　原始石油地质储量 N 的计算值

$\bar{p}$/psi(绝)	$N_p/10^3$STB	G_p/[10^3ft^3(标)]	$N_p\Phi_o$	$G_p\Phi_g$	N/STB
1600	398	38.6	14.52×10^6	15.42×10^6	29.74×10^6
1500	1570	155.8	22.45×10^6	27.85×10^6	50.30×10^6
1100	4470	803	9.39×10^6	40.79×10^6	50.18×10^6

以上计算结果表明，该油藏中的原始石油地质储量大致为 50×10^6STB。在 1600psi(绝)压力下开展的计算是一个极好的示例，可以说明在泡点压力附近进行此类计算的敏感性。鉴于原始石油地质储量的最后两个计算值非常一致，第一个计算值可能是错误的。

4.6　习题

(1) 习题 1

假设某油藏的下列数据已知(见表 4.29)：

表 4.29　某油藏的参数数据

项目	油	含水层
几何形态	环形	半环形
侵入角/(°)		180
半径/ft	4000	80000
流动状态	半稳态	非稳态
孔隙度		0.20
厚度/ft		30
渗透率/mD	200	50
黏度/cP	1.2	0.36
初始压力/psi	3800	3800
目前压力/psi	3600	
原始体积系数	1.300	10.4
目前体积系数	1.303	10.4
泡点压力/psi	3000	

该油田已投产1120天，已采出800×10^3STB油和60×10^3STB水。水和地层的压缩系数估计分别为$3\times10^{-6}psi^{-1}$和$3\times10^{-6}psi^{-1}$。计算原始石油地质储量。

（2）习题2

某油田的下列岩石和流体性质数据已知：油藏面积=1000acre；孔隙度=10%；厚度=20ft；T=140℉；S_{wi}=20%；p_i=4000psi；p_b=4000psi。

天然气压缩系数和相对渗透率比值分别由下列表达式给出：

$$Z=0.8-0.00002(p-4000)$$

$$\frac{k_{rg}}{k_{ro}}=0.00127\exp(17.269S_g)$$

该油田的历史生产数据如下（见表4.30）：

表4.30　油田的历史生产数据

项目	4000psi	3500psi	3000psi
μ_o/cP	1.3	1.25	1.2
μ_p/cP		0.0125	0.0120
B_o/(bbl/STB)	1.4	1.35	1.30
R_s/[ft^3(标)/STB]			450
GOR/[ft^3(标)/STB]	600		1573

地下资料说明没有发育含水层，而且一直没有水产出。

计算：3000psi压力下的剩余原始石油地质储量；3000psi压力下的累积天然气产量。

（3）习题3

得克萨斯州西部某油藏的以下PVT和历史生产数据已知：原始石油地质储量=10×10^6STB；原始含水饱和度=22%；原始地层压力=2496psi(绝)；泡点压力=2496psi（见表4.31）。

表4.31　得克萨斯州西部某油藏的参数

压力/psi	B_o/(bbl/STB)	R_s/[ft^3(标)/STB]	B_g/[bbl/ft^3(标)]	μ_o/cP	μ_p/cP	GOR/[ft^3(标)/STB]
2496	1.325	650	0.000796	0.906	0.016	650
1498	1.250	486	0.001335	1.373	0.015	1360
1302	1.233	450	0.001616	1.437	0.014	2080

根据记录，1302psi压力下的累积气油比为953ft^3(标)/STB。计算：1302psi压力下的原油饱和度；1302psi压力下油藏中游离气的体积；1302psi压力下的相对渗透率比值(k_g/k_o)。

（4）习题4

某油田是未饱和油藏。原油系统和岩石类型表明该油藏具有高度可压缩性。已知的油藏和生产数据如下：S_{wi}=0.25；ϕ=20%；面积=1000acre；h=70ft；T=150℉；泡点压力=3500psi（见表4.32）。

表4.32　油藏参数和生产数据

	原始条件	目前条件
压力/psi	5000	4500
B_o/(bbl/STB)	1.905	1.920

续表

	原始条件	目前条件
R_s/[ft^3(标)/STB]	700	700
N_p/10^3STB	0	610.9

计算压力为3900psi时的累积原油产量。PVT数据表明，在3900psi(绝)压力下原油体积系数等于1.938bbl/STB。

(5) 习题5

某气顶驱油藏的下列数据已知(见表4.33)：

表4.33 某气顶驱油藏的生产数据

压力/psi	N_p/10^6STB	R_p/[ft^3(标)/STB]	B_o/(bbl/STB)	R_s/[ft^3(标)/STB]	B_g/[bbl/ft^3(标)]
3330			1.2511	510	0.00087
3150	3.295	1050	1.2353	477	0.00092
3000	5.903	1060	1.2222	450	0.00096
2850	8.852	1160	1.2122	425	0.00101
2700	11.503	1235	1.2022	401	0.00107
2550	14.513	1265	1.1922	375	0.00113
2400	17.730	1300	1.1822	352	0.00120

计算原始石油体积和游离气体积。

(6) 习题6

在累积采出气油比为2700ft^3(标)/STB的条件下，如果从卡尔加里(Calgary)油藏中已经开采出1×10^6STB的石油，石油开采导致地层压力从400psi(绝)的原始地层压力下降到2400psi(绝)，那么原始石油地质储量是多少?

(7) 习题7

下列数据来自一个既没有原始气顶又没有水驱的油田：油藏原油孔隙体积=75×10^6ft^3；原油中的天然气溶解度=0.42ft^3(标)/(STB·psi)；原始井底压力=3500psi；井底温度=140℉；油藏泡点压力=3000psi；3500psi压力下的原油体积系数=1.333bbl/STB；压力为1000psi、温度为140℉时，天然气的压缩系数=0.95；压力为2000psi时的原油产量=1.0×10^6STB；净累积采出气油比=2800ft^3(标)/STB

计算：油藏的原始石油地质储量(STB)；油藏的原始天然气地质储量[ft^3(标)]；油藏的原始溶解气油比；2000psi(绝)压力下油藏中剩余的天然气地质储量[ft^3(标)]；2000psi(绝)压力时油藏中的游离气地质储量[ft^3(标)]；14.7psi(绝)和60℉标准条件下，计算2000psi(绝)压力时逸出天然气的体积系数；2000psi(绝)压力下油藏中游离气的体积；2000psi(绝)压力下的油藏总气油比；2000psi(绝)压力下的溶解气油比；2000psi(绝)压力下的原油体积系数；2000psi(绝)压力下原油的总体积系数或两相体积系数、原油体积系数以及溶解气的原始补充量。

(8) 习题8

一个未饱和油藏的生产数据以及储层和流体数据如下(见表4.34)。没有可测量的采出水，假设油藏中没有游离气流动。计算以下数据：地层压力为2258psi(绝)时的油、气和水的饱和度。天然气相对密度=0.78；油层温度=160℉；原始含水饱和度=25%；原始石油地质储量=180×10^6STB；泡点压力=2819psi(绝)。如果有水侵发生，水侵量是多少？根据实验室数据确定了作为压

力函数的 B_o 和 R_{so} 的表达式：$B_o = 1.00 + 0.00015p$；$R_{so} = 50 + 0.42p$。

表 4.34　一个未饱和油藏的生产数据以及储层和流体数据

压力/psi	累积采出油/10^6STB	累积采出气/[$10^6 ft^3$(标)]	瞬时气油比/[ft^3(标)/STB]
2819	0	0	1000
2742	4.38	4.380	1280
2639	10.16	10.360	1480
2506	20.09	21.295	2000
2403	27.02	30.260	2500
2258	34.29	41.150	3300

（9）习题 9

Wildcat 油藏发现于 1970 年。该油藏的原始压力为 3000psi(绝)，实验室测量数据表明泡点压力为 2500psi(绝)，原生水饱和度为 22%(见表 4.35)。计算油藏压力从原始压力下降至 2300psi(绝)时的采收率 N_p/N。请说明你所作出的与计算有关的任何假设。孔隙度=0.165；地层压缩系数=2.5×10^{-6}psi(绝)$^{-1}$；油藏温度=150°F。

表 4.35　Wildcat 油藏的生产数据

压力/psi(绝)	B_o/(bbl/STB)	R_s/[ft^3(标)/STB]	Z	B_g/[bbl/ft^3(标)]	黏度比(μ_o/μ_g)
3000	1.315	650	0.745	0.000726	53.91
2500	1.325	650	0.680	0.000796	56.60
2300	1.311	618	0.663	0.000843	61.46

第5章　油藏动态预测

油藏工程计算大都要涉及到物质平衡式(MBE)。而在使用物质平衡方程时，一些情况下会要求同时使用流体流量方程，如达西方程。这两者的综合运用可以预测作为时间函数的油藏未来生产动态。如果没有流量的概念，那么物质平衡方程就只能简单地提供作为油藏平均压力函数的动态。油藏未来生产动态的预测一般都分以下3个阶段进行。

第一阶段：涉及预测模式下物质平衡方程的应用，用于估算随着油藏压力递减和气油比(GOR)递增而改变的累积产油量和采收率(以小数表示)。然而，这些结果并不完整，因为它们并未显示出在任一开发阶段开采所需的时间。另外，这个阶段的计算未考虑到以下几种因素：实际的井数、井位、单井产量、开采时间。

第二阶段：要确定作为时间函数的产量剖面，必须得到各井随油藏压力递减的开采动态剖面。该阶段涉及了用于模拟直井和水平井生产动态的各种技术。

第三阶段：建立时间-产量的关系曲线。在这些计算中，建立了油藏和井的生产动态数据与时间的联系。在这一阶段还有必要考虑井数和各井的产量。

5.1　第一阶段：油藏动态预测方法

第4章给出的物质平衡方程的各种数学表达式，用于估算原始石油地质储量 N、气顶规模 m、水侵量 W_e。要应用物质平衡方程预测未来的油藏生产动态，还需要如下两个公式：生产气油比(瞬时GOR)方程和饱和度与累积产油量的关系式。

下面介绍这些辅助性的数学表达式。

5.1.1　瞬时GOR

任一特定时间的生产气油比是该时间段内天然气总产量与石油产量之比，因此被称为瞬时气油比(GOR)。式(1.53)以数学的方式描述了气油比，其表达式如下：

$$\mathrm{GOR}=R_s+\left(\frac{k_{rg}}{k_{ro}}\right)\left(\frac{\mu_o B_o}{\mu_g B_g}\right) \tag{5.1}$$

式中：GOR为瞬时气-油比，ft^3(标)/STB；R_s为气溶解度，ft^3(标)/STB；k_{rg}为天然气相对渗透率；k_{ro}为石油相对渗透率；B_o为原油地层体积系数，bbl/STB；B_g为天然气体地层体积系数，bbl/ft^3(标)；μ_o为石油黏度，cP；μ_g为天然气黏度，cP。

瞬时气油比方程在油藏分析中至关重要。式(5.1)的重要性可以结合图5.1和图5.2进行讨论。

这两张图显示了假设的溶解气驱油藏的气油比的变化历史，通常可以从以下几个时点进行描述：

第1个时点。当油藏压力 p 大于泡点压力 p_b 时，油藏中没有游离气，即 $k_{rg}=0$，因此有下式：

$$\mathrm{GOR}=R_{si}=R_{sb} \tag{5.2}$$

在第2个时点油藏压力达到泡点压力以前，GOR保持恒定为 R_{si}。

第2个时点。当油藏压力降到泡点压力之下时，溶解的天然气开始析出，天然气饱和度开始增加。然而，在第3个时点含气饱和度 S_g 达到临界含气饱和度 S_{gc} 之前，这些游离气是不能流动的。从第 2 个时点到第 3 个时点，瞬时 GOR 可以用天然气溶解度降低来描述，其表达式为：

$$\text{GOR}=R_{\text{s}} \tag{5.3}$$

第 3 个时点。在这一时点，游离气开始随石油一起流动，而且 GOR 值随油藏压力向第 4 个时点减小而逐渐增大。在该压力递减阶段，GOR 由式(5.1)来描述，其表达式如下：

$$\text{GOR}=R_{\text{s}}+\left(\frac{k_{\text{rg}}}{k_{\text{ro}}}\right)\left(\frac{\mu_{\text{o}}B_{\text{o}}}{\mu_{\text{g}}B_{\text{g}}}\right)$$

第 4 个时点。在这一时点，由于供气量达到最大，GOR 达到其最大值，它标志着向第 5 个时点下滑阶段的开始。

第 5 个时点。这个时点指示所有可采的游离气都已经被采出，GOR 基本上等于天然气溶解度，而且继续沿着 R_{s} 曲线下降。

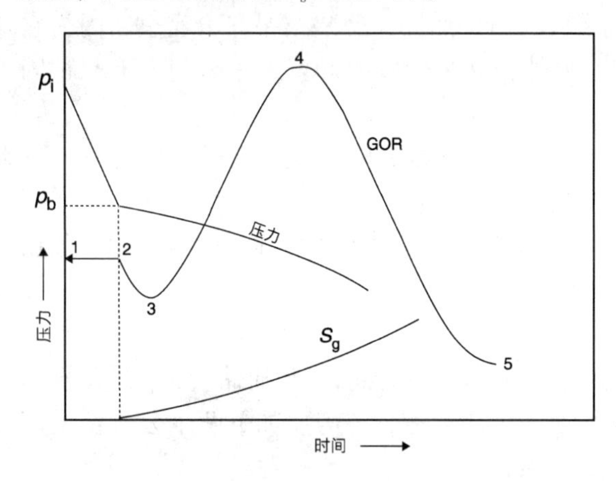

图 5.1　溶解气驱油藏特征

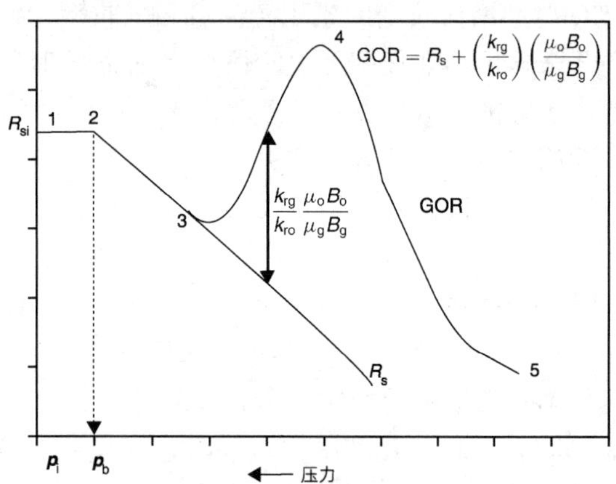

图 5.2　溶解气驱油藏 GOR 和 R_{s} 的变化历程

有 3 种形式的 GOR，它们都是以 ft^3(标)/STB 为单位，应当对它们进行清晰的区分。它们分别是：瞬时 GOR；溶解 GOR，即天然气溶解度 R_{s}；累积 GORR_{p}。

溶解 GOR 是原油系统的一个 PVT 特征，通常被称作“天然气溶解度”，用 R_{s} 表示。它用于量度天然气随压力增大而溶解于石油或随着压力下降而从石油中析出的趋势。需要指出的是，只要析出的气不能流动，也就是含气饱和度 S_{g} 小于临界含气饱和度，那么瞬时 GOR 就等于天然气溶解度，也就是：$\text{GOR}=R_{\text{s}}$。

前面物质平衡方程中已给出了累积 GORR_{p} 的定义，需要明确地把它与生产(瞬时)GOR 区分开来。累积 GOR 定义为：

$$R_{\text{p}}=G_{\text{p}}/N_{\text{p}} \tag{5.4}$$

式中：R_{p} 为累积 GOR，ft^3(标)/STB；G_{p} 为累积产气量，ft^3(标)；N_{p} 为累积产油量，STB。

累积产气量 G_{p} 与瞬时 GOR 及累积产油量的关系式如下：

$$G_{\text{p}}=\int_0^{N_{\text{p}}}(\text{GOR})\,\text{d}N_{\text{p}} \tag{5.5}$$

式(5.5)简明地显示出，任一时间的累积产气量都基本上等于 GOR 与 N_{p} 关系曲线之下的面积，如图 5.3 所示。N_{p1} 和 N_{p2} 之间的累积产气量的增量(ΔG_{p})的表达式如下：

$$\Delta G_{\text{p}}=\int_{N_{\text{p1}}}^{N_{\text{p2}}}(\text{GOR})\,\text{d}N_{\text{p}} \tag{5.6}$$

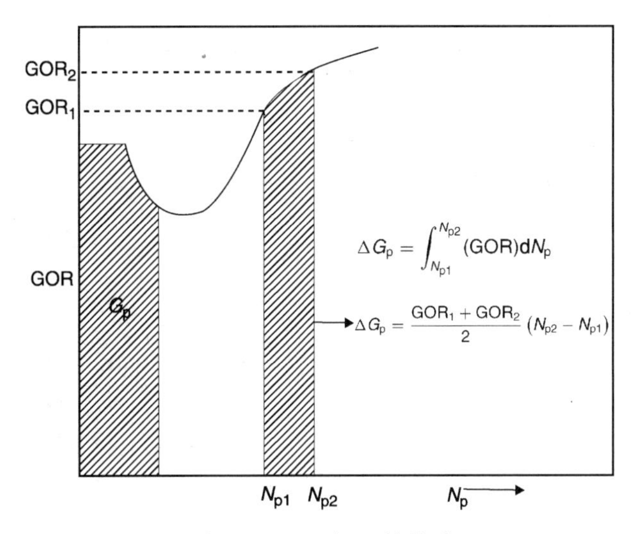

图 5.3　GOR 与 G_p的关系

该积分可用梯形规则来近似表示，其表达式如下：

$$\Delta G_p = \left[\frac{(GOR)_1 + (GOR)_2}{2}\right](N_{p2} - N_{p1})$$

或：

$$\Delta G_p = (GOR)_{avg}\Delta N_p$$

式(5.5)还可以用下列表达式近似表示：

$$G_p = \sum_0 (GOR)_{avg}\Delta N_p \tag{5.7}$$

【示例 5.1】

一个溶解气驱油藏的以下生产数据已知(见表 5.1)：

表 5.1　一个溶解气驱油藏的生产数据

p/psi	GOR/[ft^3(标)/STB]	N_p/10^{6}STB
	1340	0
2600	1340	1.380
2400	1340	2.260
	1340	3.445
1800	1936	7.240
1500	3584	12.029
1200	6230	15.321

初始地层压力为 2925psi(绝)，泡点压力为 2100psi(绝)。计算各压力下的累积产气量 G_p 和累积 GOR。

解答：

第 1 步，由式(5.4)和式(5.7)建立下列表格(见表 5.2)：

$$R_p = \frac{G_p}{N_p}$$

$$\Delta G_p=\left[\frac{(\mathrm{GOR})_1+(\mathrm{GOR})_2}{2}\right](N_{p2}-N_{p1})=(\mathrm{GOR})_{avg}\Delta N_p$$

$$G_p=\sum_0(\mathrm{GOR})_{avg}\Delta N_p$$

表 5.2　由式(5.4)和式(5.7)建立的计算表格

p/psi	GOR/[ft^3(标)/STB]	$(\mathrm{GOR})_{avg}$/[ft^3(标)/STB]	N_p/10^6STB	ΔN_p/10^6STB	ΔG_p/[10^6ft^3(标)]	G_p/[10^6ft^3(标)]	R_p/[ft^3(标)/STB]
2925	1340	1340	0	0	0	0	
2600	1340	1340	1.380	1.380	1849	1849	1340
2400	1340	1340	2.260	0.880	1179	3028	1340
2100	1340	1340	3.445	1.185	1588	4616	1340
1800	1936	1638	7.240	3.795	6216	10832	1496
1500	3584	2760	12.029	4.789	13618	24450	2033
1200	6230	4907	15.321	3.292	16154	40604	2650

需要指出的是，物质平衡方程中所用的原油 PVT 特征适用于中–低挥发性的“黑油”系统，当开采到地表后，它会分离成石油和溶解气。正如下面数学表达式所定义的，这些特征设计用于建立地面石油体积与地下油藏中石油体积之间的关系，反之亦然。

R_s=油藏条件下石油中溶解气的体积/地面标准状态下石油的体积

B_o=油藏条件下的石油体积/地面标准状态下石油的体积

B_g=油藏条件下游离气的体积/地面标准状态下游离气的体积

Whitson 和 Brule(2000)指出，上述 3 个特征构成了物质平衡方程各种应用所要求的典型(黑油)PVT 数据。但在建立物质平衡方程时，如果使用黑油 PVT 数据，就需要作出以下假设：

(1) 在把油藏中的天然气采到地面后不会析出液态烃。

(2) 油藏中的原油由地面标准状态原油和地表分离器分离出的总气量这两种地表“组分”构成。

(3) 以 API 重度表示的地面标准状态下的原油特征和地面天然气的特征不随压力衰竭而变化。

(4) 油藏石油在地表释放出的天然气与油藏中的天然气具有相同的特征。

在处理挥发油时情况会更加复杂。这类原油系统的特征是从其产出的油层气中可以回收大量的烃液。当油藏压力降到泡点压力之下时，油藏中释放出的溶解气含有相当多的重烃组分，它们会在分离器中析出形成一定量的凝析液，而这些凝析液与储罐油混合在一起。这一点与黑油相差很大，对于黑油而言，假设从采出气中回收的液态烃数量可以忽略不计，这样做基本不会产生误差。而且，当油藏压力降到泡点之下时，挥发油在油藏中释放出天然气的速度以及使游离气的含气饱和度增大的速度都要比标准黑油的快。这会使井口的 GOR 较高。因此，其生产动态预测与黑油的不同，主要原因是需要考虑从采出气回收的液态烃。利用标准实验室 PVT(黑油)数据的常规物质平衡方程往往会低估原油采收率。这种误差随石油挥发性的增强而增大。

因此在压力降到泡点压力之下后，挥发油油藏的开采动态强烈地受石油的快速收缩和大量天然气析出的影响。这会导致相对较高的含气饱和度，较高的生产 GOR，以及中低石油产量。采出气会在处理设备中产生相当数量的烃液。在地面回收的烃液量可能会等于甚至超过储层产液阶段生产的储罐石油量。溶解气驱的采收率通常在原始石油地质储量的 15%～30%之间。

对于挥发油油藏的一次采油生产动态预测方法而言，关键的要求是处理好油藏中原油的收缩、天然气的析出、天然气和油的流动，以及地面液态烃的回收。假设具备以下条件：Q_o为黑油产量，STB/d；Q'_o为总产量(包括凝析液)，STB/d；R_s为天然气溶解度，ft^3(标)/STB；GOR 为测量的总气油比，ft^3(标)/STB；r_s为凝析液产率，STB/ft^3(标)。那么就可以建立以下方程：

$$Q_o = Q'_o - (Q'_o \mathrm{GOR} - Q_o R_s) r_s$$

求解上述方程得到 Q_o：

$$Q_o = Q'_o \left[\frac{1-(r_s \mathrm{GOR})}{1-(r_s R_s)} \right]$$

上式可用于调整累积“黑油”产量(N_p)，以便把凝析液产量考虑在内。然后用下式计算黑油累积产量：

$$N_p = \int_0^t Q_o \mathrm{d}t \approx \sum_0^t (\Delta Q_o \Delta t)$$

把累积天然气产量“G_p”和调整后的累积黑油产量“N_p”代入式(5.4)，来计算累积气-油比，即：$R_p = G_p / N_p$。参阅 Whitson 和 Brule(2000)的相关文章。

5.1.2　储层饱和度方程及其校正

储层中的流体饱和度(气、油或水)定义为流体体积与孔隙体积之比，即：

$$S_o = 原油体积/孔隙体积 \tag{5.8}$$

$$S_w = 水体积/孔隙体积 \tag{5.9}$$

$$S_g = 气体积/孔隙体积 \tag{5.10}$$

$$S_o + S_w + S_g = 1.0 \tag{5.11}$$

设定一个没有气顶的定体积油藏，在初始油藏压力 p_i下所含的石油为 N 标准桶。假设没有水侵，则有下式：

$$S_{oi} = 1 - S_{wi}$$

式中：下标“i”表示初始油藏状态。

根据原油饱和度的定义可以得出如下表达式：

$$1 - S_{wi} = NB_{oi}/孔隙体积$$

即：

$$孔隙体积 = NB_{oi}/(1 - S_{wi}) \tag{5.12}$$

如果这个油藏已经生产了 N_p标准桶原油，则剩余原油体积可用下式计算：

$$剩余油体积 = (N - N_p) B_o \tag{5.13}$$

将式(5.13)和式(5.12)代入式(5.8)可以得出下列表达式：

$$S_o = 剩余油体积/孔隙体积 = (N - N_p) B_o / [NB_{oi}/(1 - S_{wi})] \tag{5.14}$$

即：

$$S_o = (1 - S_{wi})(1 - N_p/N) B_o / B_{oi} \tag{5.15}$$

因此得到下式：

$$S_g = 1 - S_o - S_{wi} \tag{5.16}$$

【示例 5.2】

一个定体积溶解气驱油藏的初始含水饱和度为20%。报告的初始原油体积系数为1.5bbl/STB。当10%的原始石油地质储量被采出时，B_o值降到1.38。计算含油饱和度和含气饱和度。

解答：

由式(5.15)和式(5.16)可以得出：

$$S_o=(1-S_{wi})(1-N_p/N)B_o/B_{oi}=0.662$$

$$S_g=1-S_o-S_{wi}=0.138$$

需要指出的是，随含油饱和度而变的相对渗透率比值k_{rg}/k_{ro}可利用实际生产数据进行计算，例如N_p、GOR和PVT数据。推荐的方法包括下面几个步骤：

第1步，假设实际的油田累积石油产量N_p和PVT数据随压力而变，由式(5.15)和式(5.16)计算含油饱和度和含气饱和度：

$$S_o=(1-S_{wi})(1-N_p/N)B_o/B_{oi}$$

$$S_g=1-S_o-S_{wi}$$

第2步，应用实际的油田瞬时GOR，解式(5.1)得到相对渗透率比值：

$$k_{rg}/k_{ro}=(\mathrm{GOR}-R_s)\mu_g B_g/\mu_o B_o$$

第3步，相对渗透率比值的传统图形表达方式是在半对数坐标纸上绘制k_{rg}/k_{ro}与S_o的关系图。重力驱油藏的情况显然并非如此，而且会导致计算出的含油饱和度结果异常偏低。

式(5.14)显示，在任何溶解气驱阶段，整个油藏内的剩余油饱和度分布都是均匀的。对于重力驱油藏、水驱油藏或气顶驱油藏，由式(5.14)计算出的含油饱和度必须进行校正，以便把以下因素考虑进来：析出气沿构造向上的运移；水侵区捕集的石油；气顶膨胀带捕集的油；气顶收缩带含油饱和度的损失。

5.1.2.1　重力驱油藏含油饱和度校正

在这些类型油藏中，重力效应导致其生产GOR要远低于不存在重力驱机理的油藏。出现这种现象的原因是：天然气沿构造向上运移，导致生产井完井段附近的含油饱和度较高，而在计算相对渗透率k_{ro}时，需要用到这个含油饱和度值。下面几个步骤总结了所建议的方法，用于校正式(5.14)，以便使其能够反映出天然气向构造顶部的运移：

第1步，利用下式计算运移到地层顶部形成次生气顶的析出天然气体积：

$$(\text{气})_{\text{运移}}=[NR_{si}-(N-N_p)R_s-N_pR_p]B_g-\left[\frac{NB_{oi}}{1-S_{wi}}-(\mathrm{PV})_{\mathrm{SGC}}\right]S_{gc}$$

式中：$(\mathrm{PV})_{\mathrm{SGC}}$为次生气顶的孔隙体积，bbl；$S_{gc}$为临界含气饱和度；$B_g$为当前天然气体积系数，bbl/ft³(标)。

第2步，利用下式重新计算会形成次生气顶析出气的体积：

$$(\text{气})_{\text{运移}}=[1-S_{wi}-S_{org}](\mathrm{PV})_{\mathrm{SGC}}$$

式中：$(\mathrm{PV})_{\mathrm{SGC}}$为次生气顶孔隙体积，bbl；$S_{org}$为气驱的残余油饱和度；$S_{wi}$为原生水饱和度或初始含水饱和度。

第3步，联立所推导的两个关系式并求解次生气顶孔隙体积，得出以下表达式：

$$(\mathrm{PV})_{\mathrm{SGC}}=\frac{[NR_{si}-(N-N_p)R_s-N_pR_p]B_g-\left[\frac{(NB_{oi})}{(1-S_{wi})}\right]S_{gc}}{(1-S_{wi}-S_{org}-S_{gc})}$$

第 4 步，校正式(5.14)以便把析出气向次生气顶的运移考虑在内，得出以下表达式：

$$S_{o}=\frac{(N-N_{p})B_{o}-(\mathrm{PV})_{\mathrm{SGC}}S_{\mathrm{org}}}{\left(\frac{(NB_{oi})}{(1-S_{wi})}\right)-(\mathrm{PV})_{\mathrm{SGC}}} \tag{5.17}$$

需要注意的是，重力驱原油采收率的计算涉及两个基本的原理：次生气顶的形成，如式(5.17)所示；重力驱速度。

对于有效的重力驱机理而言，天然气必须向构造上方流动，而石油向构造下方流动，即这两种流体反方向流动。这种现象被称为油和气的“对流”。由于这两种流体都是流动的，因而储层的气-油相对渗透率特征非常重要。由于含气饱和度在整个油柱内并不均一，因此必须采用基于物质平衡方程而现场计算的 k_{rg}/k_{ro}。要使对流能够发生，实际的地层压力梯度必须介于油和气的静压力梯度之间，即：

$$\rho_{气}<\mathrm{d}p/\mathrm{d}z<\rho_{油}$$

式中：$\rho_{油}$ 为油柱压力梯度，psi/ft；$\rho_{气}$ 为气柱压力梯度，psi/ft；$\mathrm{d}p/\mathrm{d}z$ 为地层压力梯度，psi/ft。

Terwilliger 等(1951)指出，重力分异机理的原油采收率是一个对产量敏感的参数，在石油产量超过了重力驱的最大产量时，采收率会出现一个相当陡的下降，因此，石油产量不应超过这一特定的产量最大值。重力驱的最大产量定义为“完全对流出现时的石油产量”，其数学表达式如下：

$$q_{o}=\frac{7.83\times10^{-6}kk_{ro}A(\rho_{o}-\rho_{g})\sin(\alpha)}{\mu_{o}}$$

式中：q_o为石油产量，bbl/d；ρ_o为原油密度，lb/ft^3；ρ_g为天然气密度，lb/ft^3；A 为流体流过的横截面积，ft^2；k 为绝对渗透率，mD；α 为倾角；q_o的计算值代表为避免导致天然气向下流动而不应超过的石油产量的最大值。

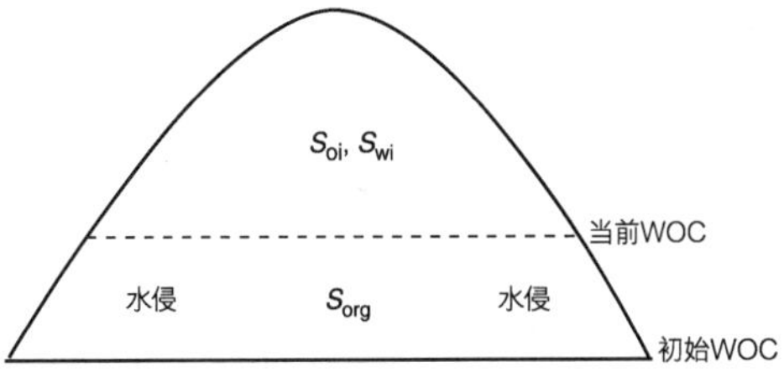

5.1.2.2　针对水侵的含油饱和度校正

所提出的校正含油饱和度的方法参见图 5.4，并分以下步骤进行描述：

S_{oi}, S_{wi}
当前WOC
水侵　S_{org}　水侵
初始WOC

图 5.4　针对水侵而对含油饱和度进行的校正

第 1 步，计算水侵区的 PV：

$$W_{e}-W_{p}B_{w}=(\mathrm{PV})_{水}(1-S_{wi}-S_{orw})$$

求解水侵区的$(\mathrm{PV})_{水侵}$得出：

$$(\mathrm{PV})_{水侵}=\frac{W_{e}-W_{p}B_{w}}{1-S_{wi}-S_{orw}} \tag{5.18}$$

式中：$(\mathrm{PV})_{水侵}$为水侵区的孔隙体积，bbl；S_{orw}为自吸水-油系统的残余油饱和度。

第 2 步，计算水侵区的原油体积，即：

$$原油体积=(\mathrm{PV})_{水}S_{orw} \tag{5.19}$$

第 3 步，利用式(5.18)和(5.19)来校正式(5.14)，以便把捕集的石油考虑在内：

$$S_{o}=\frac{(N-N_{p})B_{o}-\left[\frac{W_{e}-W_{p}B_{w}}{1-S_{wi}-S_{orw}}\right]S_{orw}}{\left(\frac{NB_{oi}}{1-S_{wi}}\right)-\left[\frac{W_{e}-W_{p}B_{w}}{1-S_{wi}-S_{orw}}\right]} \tag{5.20}$$

5.1.2.3　针对气顶膨胀的含油饱和度校正

含油饱和度校正过程参见图5.5，并归纳如下：

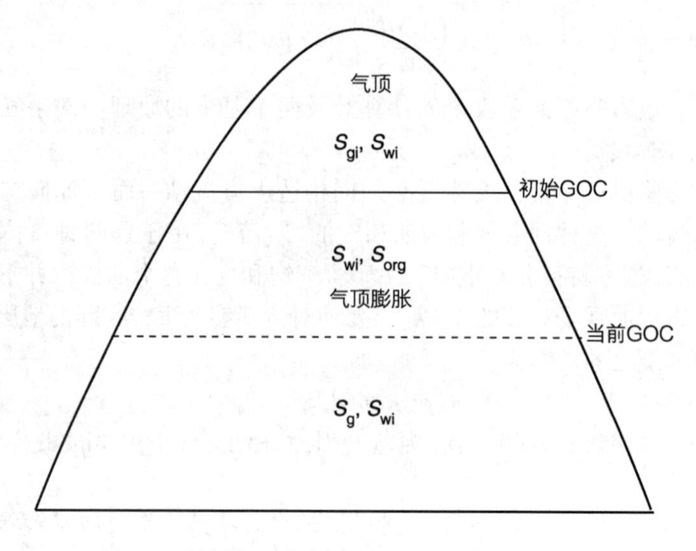

图5.5　针对气顶膨胀而对含油饱和度进行的校正

第1步，假设没有从气顶开采出天然气，根据下式来计算气顶的净膨胀量：

$$\text{气顶膨胀量}=mNB_{oi}\left(\frac{B_g}{B_{gi}}-1\right) \tag{5.21}$$

第2步，通过求解下面简单的物质平衡方程来计算气侵带的PV值$(PV)_{气}$：

$$mNB_{oi}\left(\frac{B_g}{B_{gi}}-1\right)=(PV)_{气}(1-S_{wi}-S_{org})$$

即：

$$(PV)_{气侵}=\frac{mNB_{oi}\left(\frac{B_g}{B_{gi}}-1\right)}{1-S_{wi}-S_{org}} \tag{5.22}$$

式中：$(PV)_{气侵}$为气侵带的孔隙体积，bbl；S_{orw}为气-油系统的残余油饱和度。

第3步，计算气侵带的原油体积：

$$\text{原油体积}=(PV)_{气侵}S_{org} \tag{5.23}$$

第4步，利用式(5.22)和式(5.23)对式(5.14)进行校正，以便考虑气顶膨胀带内捕集的石油，得到下列表达式：

$$S_o=\frac{(N-N_p)B_o-\left[\frac{mNB_{oi}\left(\frac{B_g}{B_{gi}}-1\right)}{1-S_{wi}-S_{org}}\right]S_{org}}{\left(\frac{NB_{oi}}{1-S_{wi}}\right)-\left[\frac{mNB_{oi}}{1-S_{wi}-S_{org}}\right]\left(\frac{B_g}{B_{gi}}-1\right)} \tag{5.24}$$

5.1.2.4　混合驱的含油饱和度校正

对混合驱油藏，即水侵和气顶共同驱动，由式(5.14)给出的含油饱和度方程可进行校正，以便把这2种驱油机理都考虑在内，方程如下：

$$S_o=(N-N_p)B_o-\frac{\left[\left(\frac{mNB_{oi}\left(\frac{B_g}{B_{gi}}-1\right)S_{org}}{1-S_{wi}-S_{org}}\right)+\left(\frac{(W_e-B_wW_p)S_{orw}}{1-S_{wi}-S_{orw}}\right)\right]}{\left(\frac{NB_{oi}}{1-S_{wi}}\right)-\left[\left(\frac{mNB_{oi}\left(\frac{B_g}{B_{gi}}-1\right)}{1-S_{wi}-S_{org}}\right)+\left(\frac{W_e-W_pB_w}{1-S_{wi}-S_{orw}}\right)\right]} \tag{5.25}$$

5.1.2.5　针对气顶收缩的含油饱和度校正

控制气顶规模通常是提高油藏开采效率的一个非常可靠的指导原则。气顶收缩会导致大量的石油产量损失，而这些损失的原油原本都是可采出的。通常，气顶中的含油饱和度很小甚至跟本不存在，如果原油运移进入初始含气带，那么在油藏废弃时气顶中就会有一定的残余油饱和度。正如 Cole(1969)所指出的那样，由此而损失的石油产量很可能相当大，而且取决于下列因素：气-油界面的面积、气顶收缩速率、相对渗透率特征和纵向渗透率。

控制气顶收缩的手段有两个，要么关闭那些产出大量气顶气的油井，要么将一部分采出气回注到油藏的气顶中。在很多情况下，关井并不能完全阻止气顶的收缩，因为可以关闭的油井的数量往往有限。因气顶收缩而损失的石油产量的多少，是工程人员判断是否值得安装天然气回注设施的最重要经济指标。

气顶的初始体积与随后任一时点气顶所占据的体积之差，就是量度运移进入气顶的原油体积大小的标准。假设初始气顶的规模为 mNB_{oi}，而初始游离气因压力从 p_i降到 p 而出现的膨胀量为：

$$\text{初始气顶膨胀量}=mNB_{oi}\left[\left(\frac{B_g}{B_{gi}}\right)-1\right]$$

式中：mNB_{oi}为初始气顶体积，bbl；B_g为天然气体积系数，bbl/ft^3(标)。

如果气顶收缩，那么采出气的体积一定大于气顶膨胀量。运移进入气顶的所有石油都不会损失，因为这部分石油同样遵循各种驱油机理。假设含气带的初始含油饱和度为零，那么损失的原油基本上都是在油藏废弃时的残余油饱和度。假设从气顶的累积产气量为 G_{pc}[ft^3(标)]，那么以 bbl 为单位的气顶收缩量的表达式为：

$$\text{气顶收缩量}=G_{pc}B_g-mNB_{oi}\left[\left(\frac{B_g}{B_{gi}}\right)-1\right]$$

根据体积方程可以得出：

$$G_{pc}B_g-mNB_{oi}\left[\left(\frac{B_g}{B_{gi}}\right)-1\right]=7758Ah\phi(1-S_{wi}-S_{gr})$$

式中：A 为气-油界面的横截面平均值，acre；h 为气-油界面的平均深度变化，ft；S_{gr}为收缩带的残余含气饱和度。

因运移进入气顶而损失的原油体积也可根据体积方程来计算：

$$\text{损失的原油量}=\frac{7758Ah\phi S_{org}}{B_{oa}}$$

式中：S_{org}为气顶收缩带的残余油饱和度；B_{oa}为油藏废弃时的原油体积系数。

把上述关系式合并，并消去 $7758Ah\phi$ 项，可以得到下面的表达式，用于估算在气顶中损失的石油量(单位 bbl)：

$$\text{损失原油量}=\frac{\left[G_{pc}B_g-mNB_{oi}\left(\left(\frac{B_g}{B_{gi}}\right)-1\right)\right]S_{org}}{(1-S_{wi}-S_{gr})B_{oa}}$$

式中：G_{pc}为气顶的累积产气量，ft^3(标)；B_g为天然气体积系数，bbl/ft^3(标)。

现有用于预测未来油藏动态的所有方法基本上都是基于上述关系式，包括：物质平衡方程；饱和度方程；瞬时 GOR；累积 GOR 与瞬时 GOR 的关联方程。

利用上述信息，可以预测油田一次采油生产动态随油藏压力递减的变化情况。石油业界广泛用于油藏研究的方法有 3 种：Tracy 法、Muskat 法、Tarner 法。

在压力或时间间隔较小时，这 3 种方法得出的结果基本相同。这些方法可用于预测任何驱动机理下的油藏生产动态，包括：溶解气驱、气顶气驱、水驱、混合驱。

以一个定体积溶解气驱油藏的一次采油生产动态预测为例，说明了所有这些技术的实际应用。有了水驱油藏适当的饱和度式[例如式(5.20)]，就可以把现有的任何油藏动态预测方法应用于不同驱动机理下的其他油藏。下面列出了溶解气驱油藏的两个实例：未饱和油藏和饱和油藏。

5.1.3 未饱和油藏

当地层压力在原油系统的泡点压力之上时，这个油藏就被视为未饱和油藏。第 4 章所讲的常规物质平衡方程表达为：

$$N=\frac{N_p[B_o+(R_p-R_s)B_g]-(W_e-W_pB_w)-G_{inj}B_{ginj}-W_{inj}B_{wi}}{(B_o-B_{oi})+(R_{si}-R_s)B_g+mB_{oi}\left[\left(\frac{B_g}{B_{gi}}\right)-1\right]+B_{oi}(1+m)\left[\frac{(S_{wi}c_w+c_f)}{(1-S_{wi})}\right]\Delta p}$$

对于没有流体注入的定体积未饱和油藏而言，观察到了如下条件：$m=0$；$W_e=0$；$R_s=R_{si}=R_p$。

将上述条件应用于物质平衡方程，可将该方程简化为如下形式：

$$N=\frac{N_pB_o}{(B_o-B_{oi})+B_{oi}\left[\frac{(S_{wi}c_w+c_f)}{(1-S_{wi})}\right]\Delta p} \tag{5.26}$$

$$\Delta p=p_i-p$$

Hawkins(1955)将原油压缩系数 c_o引入了物质平衡方程，使之进一步简化。原油压缩系数定义为：

$$c_o=\frac{1}{B_{oi}}\frac{\partial B_o}{\partial p}\approx\frac{1}{B_{oi}}\frac{B_o-B_{oi}}{\Delta p}$$

重新整理后得到下式：

$$B_o-B_{oi}=c_oB_{oi}\Delta p$$

将上述表达式与式(5.26)合并后得到：

$$N=\frac{N_pB_o}{c_oB_{oi}\Delta p+B_{oi}\left[\frac{S_{wi}c_w+c_f}{1-S_{wi}}\right]\Delta p} \tag{5.27}$$

对方程分母进行整理后得到：

$$N=\frac{N_pB_o}{B_{oi}\left[c_o+\left(\frac{S_{wi}c_w}{1-S_{wi}}\right)+\left(\frac{c_f}{1-S_{wi}}\right)\right]\Delta p} \tag{5.28}$$

由于油藏中只有两种流体，即原油和水，所以：

$$S_{oi}=1-S_{wi}$$

通过整理式(5.28)得到包含初始含油饱和度的表达式：

$$N=\frac{N_pB_o}{B_{oi}\left[\frac{(S_{oi}c_o+S_{wi}c_w+c_f)}{(1-S_{wi})}\right]\Delta p}$$

方括号中的项被称为有效压缩系数，Hawkins(1955)给出了如下表达式：

$$c_e=\frac{S_{oi}c_o+S_{wi}c_w+c_f}{1-S_{wi}} \tag{5.29}$$

因此，泡点压力之上的物质平衡方程就变为：

$$N=\frac{N_pB_o}{B_{oi}c_e\Delta p} \tag{5.30}$$

式(5.30)可以表述为如下的线性方程：

$$p=p_i-\left[\frac{1}{NB_{oi}c_e}\right]N_pB_o \tag{5.31}$$

图5.6显示出，地层压力将随油层累积亏空量 N_pB_o 呈线性递减。

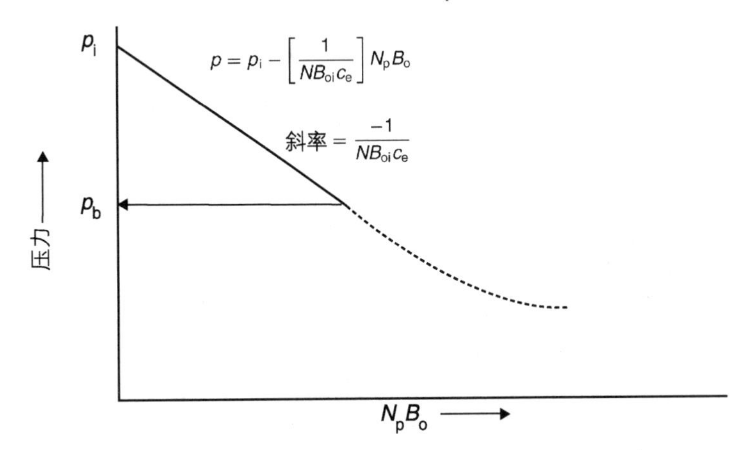

图5.6 亏空量与压力的关系

整理式(5.31)，并求解累积石油产量 N_p 得到：

$$N_p=Nc_e\left(\frac{B_o}{B_{oi}}\right)\Delta p \tag{5.32}$$

因此，未来油藏产量的计算不需要试错法，而是可直接利用上述表达式进行计算。

【示例5.3】

定体积未饱和油藏的下列数据已知：$p=4000$psi；$c_o=15\times10^{-6}$psi^{-1}；$p_b=3000$psi；$c_w=3\times10^{-6}$psi^{-1}；$N=85\times10^6$STB；$S_{wi}=30\%$；$c_f=5\times10^{-6}$psi^{-1}；$B_{oi}=1.40$bbl/STB。

估算油藏压力降至3500psi时的累积石油产量。在3500psi压力条件下的原油体积系数为1.414bbl/STB。

解答：

第1步，由式(5.29)计算有效压缩系数：

$$c_e=\frac{S_{oi}c_o+S_{wi}c_w+c_f}{1-S_{wi}}$$

$$=\frac{(0.7)(15\times10^{-6})+(0.3)(3\times10^{-6})+5\times10^{-6}}{1-0.3}$$

$$=23.43\times10^{-6}(\text{psi}^{-1})$$

第 2 步，由式(5.32)估算 N_p：

$$N_p=Nc_e\left(\frac{B_o}{B_{oi}}\right)\Delta p$$

$$=(85\times10^6)(23.43\times10^{-6})\left(\frac{1.411}{1.400}\right)(4000-3500)$$

$$=985.18\times10^3(\text{STB})$$

5.1.4　饱和油藏

如果油藏的初始压力等于泡点压力，那么这个油藏就被称为饱和油藏。这类油藏被视为第二类溶解气驱油藏。随着地层压力降到泡点压力之下，天然气开始从溶液中析出。假设天然气的膨胀远远大于岩石和原始水的膨胀，因而可以忽略不计，那么常规的物质平衡方程就可以进行简化。

对于一个没有流体注入的定体积饱和油藏而言，物质平衡方程可以用下式来表达：

$$N=\frac{N_pB_o+(G_p-N_pR_s)B_g}{(B_o-B_{oi})+(R_{si}-R_s)B_g} \tag{5.33}$$

该物质平衡方程包含两个未知项：累积石油产量 N_p、累积天然气产量 G_p。

要预测以 N_p 和 G_p 来表示的溶解气驱油藏的一次采油生产动态，需要有以下油藏参数和PVT 数据：

(1) 原始石油地质储量 N。石油地质储量的体积估算值一般用于生产动态计算。但在有足够长的溶解气驱开采历史的情况下，就可以通过计算一个物质平衡值来检验这个储量估算值。

(2) 烃类 PVT 数据。既然通过假设天然气微分分离(differential gas liberation)可最佳地反映油藏状态，在油藏物质平衡方程中就应该采用实验室微分 PVT 数据。然后利用闪蒸 PVT 数据把油藏状态转换成地面标准状态。如果不能获取实验数据，那么有时可以利用公开出版的关系式得出合理的估算值。然而，如果微分数据无法得到，那么可以用闪蒸数据来替代；但这样的话，较高溶解度原油的计算结果可能有较大的误差。

(3) 原始流体饱和度。最好是通过室内岩心数据分析得到原始流体饱和度，但如果不能获取这些数据，在一些情况下可以通过测井分析获取，或者由同样地层或类似地层中的其他类比油藏获得。

(4) 相对渗透率数据。通常，可以通过计算实验室测定的 k_g/k_o 和 k_{ro} 的平均值得到油藏的单组有代表性的数据。如果不能获取实验室数据，那么在有些情况下，可以由同样地层或类似地层中的其他类比油藏获得。在油藏有足够长的溶解气驱历史的情况下，根据下式来计算 k_{rg}/k_{ro} 和饱和度：

$$S_o=(1-S_{wi})\left(1-\frac{N_p}{N}\right)\frac{B_o}{B_{oi}}$$

$$\frac{k_{rg}}{k_{ro}}=(\text{GOR}-R_s)\left(\frac{\mu_gB_g}{\mu_oB_o}\right)$$

利用这些公式计算出的结果必须与实验室测得的相对渗透率的平均值进行对比。这样可以看出是否需要对早期数据进行必要的校正，甚至对整体数据作出必要的校正。

用于预测未来油藏生产动态的所有方法都是基于用合适的饱和度方程将适当的物质平衡方程与瞬时 GOR 结合在一起。在假设的一系列油藏压力下降的情况下重复这个计算过程。这些计算通常以泡点压力下 1STB 石油地质储量为基准，即 $N=1$。这样在计算过程中就不再需要处理很大的数字了，从而可以在原始石油地质储量被部分开采的基础上来进行计算。

如上所述，有多种得到广泛使用的方法专门用于预测溶解气驱油藏生产动态，包括：Tracy 法、Muskat 法、Tarner 法。下面介绍上述这 3 种方法。

5.1.4.1 Tracy 法

Tracy(1955)提出，可以对广义物质平衡方程进行整理，并以 PVT 变量的三个函数来表示。在第 4 章中曾介绍过 Tracy 整理后的式(4.54)，为便于读者理解，这里再次列出：

$$N=N_p\Phi_o+G_p\Phi_g+(W_pB_w-W_e)\Phi_w \tag{5.34}$$

Φ_o、Φ_g和 Φ_w被视为与 PVT 相关的参数，它们是压力的函数，定义如下：

$$\Phi_o=\frac{B_o-R_sB_g}{\text{Den}}$$

$$\Phi_g=\frac{B_g}{\text{Den}}$$

$$\Phi_w=\frac{1}{\text{Den}}$$

其中：

$$\text{Den}=(B_o-B_{oi})+(R_{si}-R_s)B_g+mB_{oi}\left[\frac{B_g}{B_{gi}}-1\right] \tag{5.35}$$

对于溶解气驱油藏，式(5.34)和式(5.35)分别简化为如下形式：

$$N=N_p\Phi_o+G_p\Phi_g \tag{5.36}$$

$$\text{Den}=(B_o-B_{oi})+(R_{si}-R_s)B_g \tag{5.37}$$

在一系列的压力降条件下开展了 Tracy 计算，从先前的地层压力 p^* 下降到假定的较低的新压力值 p。在新的地层压力条件下计算的结果就成为下一个假定的较低压力下的已知条件。

在地层压力从任意原有的压力 p^* 降到较低的压力 p 的过程中，新增石油产量和天然气产量为 ΔN_p和 ΔG_p，即：

$$N_p=N_p^*+\Delta N_p \tag{5.38}$$

$$G_p=G_p^*+\Delta G_p \tag{5.39}$$

式中：N_p^*，G_p^* 为前一压力水平 p^* 条件下的“已知”累积石油和天然气产量；N_p，G_p为新压力水平 p 条件下的“未知”累积石油和天然气产量。

利用式(5.38)和式(5.39)中的 N_p和 G_p来替换式(5.36)中的 N_p和 G_p，得到下式：

$$N=(N_p^*+\Delta N_p)\Phi_o+(G_p^*+\Delta G_p)\Phi_g \tag{5.40}$$

根据下式确定压力 p^* 和 p 之间的平均瞬时 GOR：

$$(\text{GOR})_{avg}=\frac{\text{GOR}^*+\text{GOR}}{2} \tag{5.41}$$

新增累积天然气产量可用式(5.6)近似地表示为：

$$\Delta G_p=(\text{GOR})_{avg}\Delta N_p \tag{5.42}$$

利用式(5.41)中的 ΔG_p 替换式(5.40)中的 ΔG_p 得到下式：

$$N=[N_p^*+\Delta N_p]\Phi_o+[G_p^*+\Delta N_p(GOR)_{avg}]\Phi_g \tag{5.43}$$

如果式(5.43)被表述为 N 为 1，那么累积石油产量 N_p 和累积天然气产量 G_p 就变成原始石油地质储量的一部分(fractions)。整理式(5.43)得到：

$$\Delta N_p=\frac{1-(N_p^*\Phi_o+G_p^*\Phi_g)}{\Phi_o+(GOR)_{avg}\Phi_g} \tag{5.44}$$

式(5.44)显示，有两个关键的未知量：新增累积石油产量 ΔN_p；平均气-油比 $(GOR)_{avg}$。

解式(5.44)的方法基本上是一种迭代技术，其目标是收敛至未来 GOR。在以下描述的计算中，在假设的任意溶解气驱地层压力下都包括了 3 个 GOR。

这 3 个 GOR 是：当前(已知)地层压力 p^* 下的当前(已知)气-油比 GOR^*；选定的新地层压力 p 下估算的气-油比 $(GOR)_{est}$；在同样选定的新地层压力 p 下计算的气-油比 $(GOR)_{cal}$。

解式(5.44)的具体步骤如下：

第 1 步，选取一个低于以前压力 p^* 的新平均地层压力 p。

第 2 步，计算在选定的新地层压力 p 下 PVT 函数 Φ_o 和 Φ_g 的数值。

第 3 步，估算在选定的新地层压力 p 下指定为 $(GOR)_{est}$ 的 GOR。

第 4 步，计算平均瞬时 GOR：

$$(GOR)_{est}=[GOR^*+(GOR)_{est}]/2$$

式中：GOR^* 是在以前的压力 p^* 条件下“已知”的 GOR。

第 5 步，由式(5.44)计算新增的累积石油产量 ΔN_p：

$$\Delta N_p=\frac{1-(N_p^*\Phi_o+G_p^*\Phi_g)}{\Phi_o+(GOR)_{avg}\Phi_g}$$

第 6 步，计算累积石油产量 N_p：

$$N_p=N_p^*+\Delta N_p$$

第 7 步，由式(5.15)和式(5.16)计算选定的平均地层压力条件下的原油和天然气饱和度：

$$S_o=(1-S_{wi})\left(1-\frac{N_p}{N}\right)\frac{B_o}{B_{oi}}$$

既然这些计算是基于 N 为 1 的，那么就有下式：

$$S_o=(1-S_{wi})(1-N_p)\frac{B_o}{B_{oi}}$$

其中，含气饱和度为：

$$S_g=1-S_o-S_{wi}$$

第 8 步，根据现有的实验室数据或现场相对渗透率数据，计算 S_L[即 (S_o+S_{wi})]条件下的 k_{rg}/k_{ro}。

第 9 步，利用相对渗透率比 k_{rg}/k_{ro}，由式(5.1)计算瞬时 GOR，并把它指定为 $(GOR)_{cal}$：

$$(GOR)_{cal}=R_s+\frac{k_{rg}}{k_{ro}}\left(\frac{\mu_o B_o}{\mu_g B_g}\right)$$

第 10 步，把第 3 步估算的 $(GOR)_{est}$ 与第 9 步计算的 $(GOR)_{cal}$ 进行对比。如果这些数据在可接受的误差范围内：

$$0.999\leqslant\frac{(GOR)_{cal}}{(GOR)_{est}}\leqslant1.001$$

那么就可以进入下一步。如果超出可接受的误差范围，则设估算的$(GOR)_{est}$等于计算的$(GOR)_{cal}$，并从第4步重新进行计算。重复从第4~10步的计算过程，直到计算值收敛到满意为止。

第11步，计算累积天然气产量：

$$G_p = G_p^* + \Delta N_p (GOR)_{avg}$$

第12步，由于这些计算是基于原始石油地质储量为1STB的假设，因此应当在物质平衡方程上对预测精度进行最终检验，即：

$$0.999 \leqslant (N_p \Phi_o + G_p \Phi_g) \leqslant 1.001$$

第13步，选取一个新的压力值从第1步开始重复整个计算过程，并设定：$p^* = p$；$GOR^* = GOR$；$G_p{}^* = G_p$；$N_p{}^* = N_p$。

【示例5.4】

下面是一个溶解气驱油藏的PVT数据(见表5.3)。相对渗透率数据见图5.7。

表5.3　一个溶解气驱油藏的PVT数据

p/psi	B_o/(bbl/STB)	B_g/[bbl/ft³(标)]	R_s/[ft³(标)/STB]
4350	1.43	6.9×10	840
4150	1.420	7.1×10	820
3950	1.395	7.4×10^{-4}	770
3750	1.380	7.8×10^{-4}	730
3550	1.360	8.1×10^{-4}	680
3350	1.345	8.5×10^{-4}	640

其他的已知数据还有：N为15×10^6STB；p^*为4350psi(绝)；p_i为4350psi(绝)；GOR^*为840ft³(标)/STB；p_b为4350psi(绝)；G_p^*为0；S_{wi}为30%；N_p^*为0；N为15×10^6STB。

预测压力降至3350psi时的累积石油和天然气产量。

解答：

在4150psi压力下采用Tracy方法进行了计算。

第1步，计算4150psi压力条件下的Tracy PVT函数。首先由式(5.37)计算“Den”项：

$$\begin{aligned} Den &= (B_o - B_{oi}) + (R_{si} - R_s) B_g \\ &= (1.42 - 1.43) + (840 - 820)(7.1\times10^4) \\ &= 0.0042 \end{aligned}$$

然后，计算4150psi压力条件下的Φ_o和Φ_g：

$$\Phi_o = \frac{B_o - R_s B_g}{Den}$$

$$= \frac{1.42 - (820)(7.1\times10^{-4})}{0.0042} = 199$$

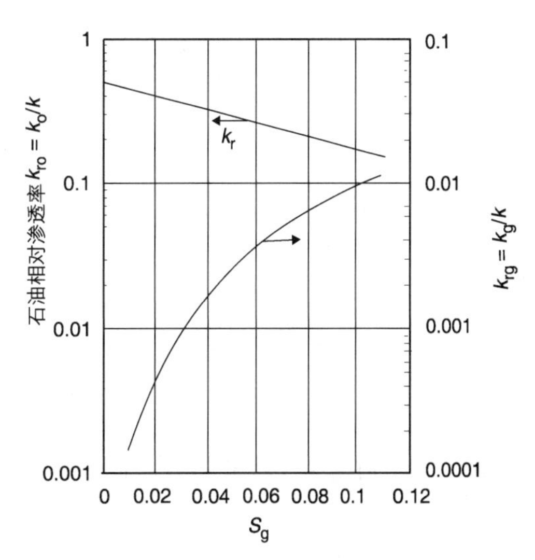

图5.7　示例5.4的相对渗透率数据
(来源：Economides，M.，Hill，A.，Economides，C.，1994. Petroleum Production Systems. Prentice Hall，Englewood Cliffs，NJ)

$$\Phi_g = \frac{B_g}{\text{Den}}$$

$$= \frac{7.1 \times 10^{-4}}{0.0042} = 0.17$$

计算所有其他压力条件下的 PVT 变量(见表 5.4):

表 5.4 所有其他压力条件下的 PVT 变量

p/psi	Φ_o	Φ_g
4350		
4150	199	0.17
3950	490	0.044
3750	22.6	0.022
3550	13.6	0.014
3350	90.42	0.010

第 2 步,估算(假设)4150psi 压力条件下的 GOR:

$$(\text{GOR})_{est} = 850\text{ft}^3(\text{标})/\text{STB}$$

第 3 步,计算平均 GOR:

$$(\text{GOR})_{avg} = (840+850)/2 = 845[\text{ft}^3(\text{标})/\text{STB}]$$

第 4 步,计算新增累积石油产量 ΔN_p:

$$\Delta N_p = \frac{1-(N_p^* \Phi_o + G_p^* \Phi_g)}{\Phi_o + (\text{GOR})_{avg} \Phi_g}$$

$$= \frac{1-0}{199+(845)(0.17)} = 0.00292(\text{STB})$$

第 5 步,计算 4150psi 压力条件下的累积石油增量:

$$N_p = N_p^* + \Delta N_p$$

$$= 0+0.00292 = 0.00292(\text{STB})$$

第 6 步,计算含油气饱和度:

$$S_o = (1-S_{wi})\left(1-\frac{N_p}{N}\right)\frac{B_o}{B_{oi}}$$

$$= (1-0.3)(1-0.00292)\left(\frac{1.42}{1.43}\right) = 0.0693$$

$$S_q = 1-S_{wi}-S_o = 1-0.3-0.693 = 0.007$$

第 7 步,由图 5.7 计算相对渗透率比值 k_{rg}/k_{ro},得出:

$$k_{rg}/k_{ro} = 8 \times 10^{-5}$$

第 8 步,采用 μ_o 为 1.7cP 和 μ_g 为 0.023cP 计算瞬时 GOR:

$$(\text{GOR})_{cal} = R_s + \frac{k_{rg}}{k_{ro}}\left(\frac{\mu_o B_o}{\mu_g B_g}\right)$$

$$= 820+(1.7\times 10^4)\frac{(1.7)(1.42)}{(0.023)(7.1\times 10^{-4})}$$

$$= 845[\text{ft}^3(\text{标})/\text{STB}]$$

计算结果与假设的数值 850 一致。

第 9 步，计算累积天然气产量：

$$G_p = 0+0.00292\times850 = 2.48[\text{ft}^3(\text{标})/\text{STB}]$$

采用该方法计算出的全部结果如下(见表 5.5)：

表 5.5　全部计算结果

$\bar{p}$/psi	$\Delta N_p/10^6$STB	$N_p/10^6$STB	$(\text{GOR})_{\text{avg}}$/[$\text{ft}^3$(标)/STB]	ΔG_p/[ft^3(标)/STB]	G_p/[ft^3(标)/STB]	$N_p=15\times10^6 N$/STB	$G_p=15\times10^6 N$/[ft^3(标)]
4350							
4150	0.00292	0.00292	845	2.48	2.48	0.0438×10^6	
3950	0.00841	0.0110	880	7.23	9.71	0.165×10^6	37.2×10^6
3750	0.0120	0.0230	1000	12	21.71	0.180×10^6	145.65×10^6
3550	0.0126	0.0356	1280	16.1	37.81	0.543×10^6	325.65×10^6
3350	0.011	0.0460	1650	18.2	56.01	0.699×10^6	567.15×10^6

5.1.4.2　Muskat 法

Muskat(1945)将一个溶解气驱油藏的物质平衡方程表述为下列微分形式：

$$\frac{dS_o}{dp} = \frac{\dfrac{(S_oB_g/B_o)(dR_s/dp)+(S_o/B_o)(k_{rg}/k_{ro})(\mu_o/\mu_g)}{(dB_o/dp)-((1-S_o-S_{wi})/B_g)(dB_g/dp)}}{1+(\mu_o/\mu_g)(k_{rg}/k_{ro})} \tag{5.45}$$

其中：

$$\Delta S_o = S_o^* - S_o$$

$$\Delta p = p^* - p$$

式中：$S_o{}^*$，p^* 为在这个压力步起始时点的含油饱和度和平均地层压力(已知的数值)；S_o，p 为在这个时间步结束时的含油饱和度与平均地层压力；R_s 为压力 p 条件下的天然气溶解度，ft^3(标)/STB；B_g 为天然气体积系数，bbl/ft^3(标)；S_{wi} 为初始含水饱和度。

Craft 和 Hawkins(1991)指出，预先以图解的方式计算和准备下列取决于压力的公式组将极大简化计算：

$$X(p) = \frac{B_g}{B_o}\frac{dR_s}{dp} \tag{5.46}$$

$$Y(p) = \frac{1}{B_o}\frac{\mu_o}{\mu_g}\frac{dB_o}{dp} \tag{5.47}$$

$$Z(p) = \frac{1}{B_g}\frac{dB_g}{dp} \tag{5.48}$$

将上述取决于压力的项代入式(5.45)得到：

$$\left(\frac{\Delta S_o}{\Delta p}\right) = \frac{S_oX(p)+S_o(k_{rg}/k_{ro})Y(p)-(1-S_o-S_{wi})Z(p)}{1+(\mu_o/\mu_g)(k_{rg}/k_{ro})} \tag{5.49}$$

给定：原始石油地质储量 N；当前(已知)压力 p^*；当前累积石油产量 $N_p{}^*$；当前累积天然气产量 $G_p{}^*$；当前 GOR*；当前含油饱和度 S_o^*；初始含水饱和度 S_{wi}。

按照下列步骤求解式(5.49)，可以预测出在给定的压降 Δp[即(p^*-p)]条件下的累积产量和流体饱和度：

第1步，准备 k_{rg}/k_{ro} 与含气饱和度的交会图。

第2步：绘制 R_s、B_o 和 B_g 与压力的交会图，并以数值的形式确定多个压力条件下 PVT 特征曲线的斜率[即 dB_o/dp、dR_s/dp 和 $d(B_g)/dp$]。以压力函数表的形式列出所得到的数值。

第3步，计算在第2步选取的各个压力条件下取决于压力的项 $X(p)$、$Y(p)$ 和 $Z(p)$ 的值，即：

$$X(p)=\frac{B_g}{B_o}\frac{dR_s}{dp}$$

$$Y(p)=\frac{1}{B_o}\frac{\mu_o}{\mu_g}\frac{dB_o}{dp}$$

$$Z(p)=\frac{1}{B_g}\frac{dB_g}{dp}$$

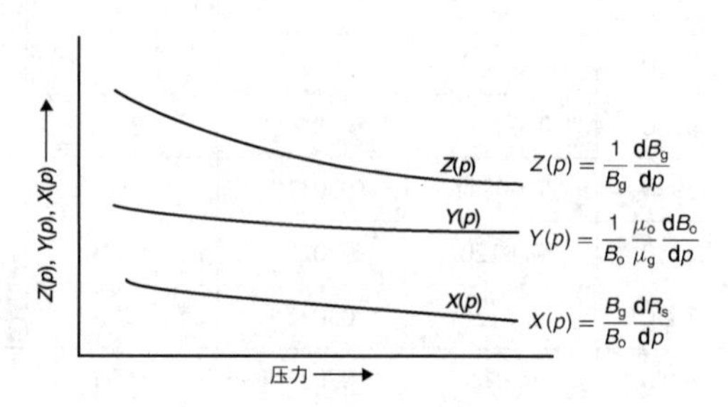

图 5.8　取决于压力的项与 p 的关系曲线

第4步，绘制压力与 $X(p)$、$Y(p)$ 和 $Z(p)$ 的关系曲线图，如图 5.8 所示。

第5步，假设地层压力已经从初始(已知)平均地层压力 p^* 降到所选取的地层压力 p。以图解的方式确定对应于压力的 $X(p)$、$Y(p)$ 和 $Z(p)$ 值。

第6步，采用压力下降区间起点 p^* 下的当前含油饱和度 S_o^* 解式(5.49)，求取 $(\Delta S_o/\Delta p)$：

$$\left(\frac{\Delta S_o}{\Delta p}\right)=\frac{S_o^* X(p^*)+S_o^*(k_{rg}/k_{ro})Y(p^*)-(1-S_o^*-S_{wi})Z(p^*)}{1+(\mu_o/\mu_g)(k_{rg}/k_{ro})}$$

第7步，采用下式计算所假定的(选取的)油藏平均压力 p 条件下的含油饱和度：

$$S_o=S_o^*-(p^*-p)\left(\frac{\Delta S_o}{\Delta p}\right) \tag{5.50}$$

第8步，采用第7步计算的含油饱和度 S_o、更新后的 S_o 条件下的相对渗透率比 k_{rg}/k_{ro} 和所假设的压力 p 条件下的 PVT 项，由式(5.49)重新计算 $(\Delta S_o/\Delta p)$：

$$\left(\frac{\Delta S_o}{\Delta p}\right)=\frac{S_o X(p)+S_o(k_{rg}/k_{ro})Y(p)-(1-S_o-S_{wi})Z(p)}{1+(\mu_o/\mu_g)(k_{rg}/k_{ro})}$$

第9步，采用在第6步和第8步得出的两个数值计算 $(\Delta S_o/\Delta p)$ 的平均值，即：

$$\left(\frac{\Delta S_o}{\Delta p}\right)_{avg}=\frac{1}{2}\left[\left(\frac{\Delta S_o}{\Delta p}\right)_{step6}+\left(\frac{\Delta S_o}{\Delta p}\right)_{step8}\right]$$

第10步，采用 $(\Delta S_o/\Delta p)_{avg}$，由下列方程求解含油饱和度 S_o：

$$S_o=S_o^*-(p^*-p)\left(\frac{\Delta S_o}{\Delta p}\right)_{avg} \tag{5.51}$$

第11步，由下式计算含气饱和度 S_g 和 GOR：

$$S_g=1-S_{wi}-S_o$$

$$GOR=R_s+\frac{k_{rg}}{k_{ro}}\left(\frac{\mu_o B_o}{\mu_g B_g}\right)$$

第12步，采用饱和度式[即式(5.15)]求解累积石油产量：

$$N_p=N\left[1-\left(\frac{B_{oi}}{B_o}\right)\left(\frac{S_o}{1-S_{wi}}\right)\right] \tag{5.52}$$

再计算新增累积石油产量：

$$\Delta N_p = N_p - N_p^*$$

第 13 步，由式(5.40)和式(5.41)计算新增累积天然气产量：

$$(\mathrm{GOR})_{avg} = \frac{\mathrm{GOR}^* + \mathrm{GOR}}{2}$$

$$\Delta G_p = (\mathrm{GOR})_{avg} \Delta N_p$$

总的累积产气量为：

$$G_p = \sum \Delta G_p$$

第 14 步：重复第 5~13 步，计算所有压降条件下的相关数据，并设定：$p^* = p$；$\mathrm{GOR}^* = \mathrm{GOR}$；$G_p^* = G_p$；$N_o^* = N_p$；$S_o^* = N_o$。

【示例 5.5】

假设一个处于 2500psi 泡点压力下的定体积溶解气驱油藏。Craft 及其合著者详细列出了流体性质方面的数据(见表 5.6)，下面仅给出两组压力数据(来源：Craft，B. C.，Hawkins，M.，Terry，R.，1991. Applied Petroleum Reservoir Engineering，third ed. Prentice Hall)：

表 5.6　溶解气驱油藏的流体性质

流体性质	p^* 为 2500psi	p 为 2300psi
B_o/(bbl/STB)	1.498	1.463
R_s[ft^3(标)/STB]	721	669
B_g[bbl/ft^3(标)]	0.001048	0.001155
μ_o/cP	0.488	0.539
μ_g/cP	0.0170	0.0166
$X(p)$	0.00018	0.00021
$Y(p)$	0.00328	0.00380
$Z(p)$	0.00045	0.00050

下面的信息也是已知的：$N = 56 \times 10^6$STB；$S_{wi} = 20\%$；$S_{oi} = 80\%$。S_g和相对渗透率见表 5.7。

表 5.7　S_g和相对渗透率

S_g	k_{rg}/k_{ro}
0.10	0.010
0.20	0.065
0.30	0.200
0.50	2.000
0.55	3.000
0.57	5.000

计算压降为 200psi 条件下(即 2300psi 压力条件下)的累积石油产量。

解答：

第 1 步，采用压力区间起点的含油饱和度，即 S_o^* 为 0.8，计算 k_{rg}/k_{ro}：

$$k_{rg}/k_{ro}=0.0$$(说明最初地层中没有游离气)

第 2 步：由式(5.49)估算$(\Delta S_o/\Delta p)$：

$$\left(\frac{\Delta S_o}{\Delta p}\right)=S_o^* \times(p^*)+S_o^*(k_{rg}/k_{ro})$$

$$\frac{Y(p^*)-(1-S_o^*-S_{wi})Z(p^*)}{1+(\mu_o/\mu_g)(k_{rg}/k_{ro})}$$

$$=\frac{(0.8)(0.00018)+0-(1-0.8-0.2)(0.00045)}{1+0}$$

$$=0.000146$$

第 3 步，由式(5.51)估算 p 为 2300psi 下的含油饱和度：

$$S_o=S_o^*-(p^*-p)\left(\frac{\Delta S_o}{\Delta p}\right)_{avg}$$

$$=0.8-200(0.000146)=0.7709$$

第 4 步，用 S_o 为 0.7709、S_o 下的相对渗透率比 k_{rg}/k_{ro} 和 2300psi 压力下的取决于压力的 PVT 项重新计算$(\Delta S_o/\Delta p)$：

$$\left(\frac{\Delta S_o}{\Delta p}\right)=S_o\times(p)+S_o(k_{rg}/k_{ro})$$

$$\frac{Y(p)-(1-S_o-S_{wi})Z(p)}{1+(\mu_o/\mu_g)(k_{rg}/k_{ro})}$$

$$=0.7709(0.00021)+0.7709(0.00001)0.0038$$

$$-\frac{(1-0.2-0.7709)0.0005}{1+(0.539/0.0166)(0.00001)}$$

$$=0.000173$$

第 5 步，计算平均$(\Delta S_o/\Delta p)$：

$$\left(\frac{\Delta S_o}{\Delta p}\right)_{avg}=\frac{0.000146+0.000173}{2}=0.000159$$

第 6 步，由式(5.51)计算在 2300psi 压力下的含油饱和度：

$$S_o=S_o^*-(p^*-p)\left(\frac{\Delta S_o}{\Delta p}\right)_{avg}$$

$$=0.8-(2500-2300)(0.000159)=0.7682$$

第 7 步，计算含气饱和度：

$$S_g=1-0.2-0.7682=0.0318$$

第 8 步，由式(5.52)计算 2300psi 压力下的累积石油产量：

$$N_p=N\left[1-\left(\frac{B_{oi}}{B_o}\right)\left(\frac{S_o}{1-S_{wi}}\right)\right]$$

$$=56\times10^6\left[1-\left(\frac{1.498}{1.463}\right)\left(\frac{0.7682}{1-0.2}\right)\right]$$

$$=939500(\text{STB})$$

第 9 步，计算 2300psi 压力下的 k_{rg}/k_{ro}，得到 k_{rg}/k_{ro} 为 0.00001。

第 10 步，计算 2300psi 压力下的瞬时 GOR：

$$\text{GOR} = R_s + \frac{k_{rg}}{k_{ro}}\left(\frac{\mu_o B_o}{\mu_g B_g}\right)$$

$$= 669 + 0.00001\ \frac{(0.539)(1.463)}{(0.0166)(0.001155)}$$

$$= 670[\text{ft}^3(\text{标})/\text{STB}]$$

第 11 步，计算新增累积天然气产量：

$$(\text{GOR})_{\text{avg}} = \frac{\text{GOR}^* + \text{GOR}}{2} = \frac{669+670}{2}$$

$$= 669.5[\text{ft}^3(\text{标})/\text{STB}]$$

$$\Delta G_p = (\text{GOR})_{\text{avg}} \Delta N_p$$

$$= 669.5(939500-0) = 629 \times 10^6 [\text{ft}^3(\text{标})]$$

需要强调的是，该方法是基于以下假设，即整个油藏中的含油饱和度都是均一的，因而当地层中有相当多的天然气析出时，那么溶液就会分解(break down)。因此，这种方法只有在渗透率相对较低时才能使用。

5.1.4.3　Tarner 法

Tarner(1944)提出了用于预测作为地层压力函数的累积石油产量 N_p 和累积天然气产量 G_p 的迭代方法。该方法是基于针对给定的从已知压力 p^* 到设定的(新)压力 p 的压力区间联立求解物质平衡方程和瞬时 GOR 方程。相应地进行假设：累积石油和天然气产量从地层压力 p^* 下已知的 $N_p{}^*$ 和 $N_p{}^*$ 增加到所设定地层压力 p 下未来的 N_p 和 N_p。为了简化所提出的迭代方法，下面说明定体积饱和油藏的逐步计算方法。不管怎样，该方法可用于预测不同驱动机理下油藏的体积特征(volumetric behavior)。

第 1 步，选定(设定)一个低于初始(当前)油藏压力 p^* 的未来地层压力 p 并获取必要的 PVT 数据。假设累积石油产量已从 $N_p{}^*$ 增加到 N_p。注意，在初始油藏压力下，$N_p{}^*$ 和 $G_p{}^*$ 被设定为等于 0。

第 2 步，估算或推测在第 1 步中所选取(设定)的油藏压力 p 下的累积石油产量 N_p。

第 3 步，重新整理物质平衡方程，即式(5.53)，计算累积天然气产量 G_p，得到下式：

$$G_p = N\left[(R_{si} - R_s) - \frac{B_{oi} - B_o}{B_g}\right] - N_p\left[\frac{B_o}{B_g} - R_s\right] \tag{5.53}$$

采用两相(总的)体积系数 B_t 可以把上述关系式等效地变换为下式：

$$G_p = \frac{N(B_t - B_{ti}) - N_p(B_t - B_{si}B_g)}{B_g} \tag{5.54}$$

式中：B_{oi} 为初始原油体积系数，bbl/STB；R_{si} 为初始天然气溶解度，ft^3(标)/STB；B_o 为假设的油藏压力 p 下的原油体积系数，bbl/STB；B_g 为假设的油藏压力 p 下的天然气体积系数，bbl/ft^3(标)；B_{ti} 为初始两相体积系数，bbl/STB；B_t 为假设的油藏压力 p 下的两相体积系数，bbl/STB；N 为原始石油地质储量，STB。

第 4 步，分别采用式(5.15)和式(5.16)计算在假定的累积石油产量 N_p 和选取的油藏压力 p 条件下的含油和含气饱和度：

$$S_o = (1 - S_{wi})\left[1 - \frac{N_p}{N}\right]\left(\frac{B_o}{B_{oi}}\right)$$

$$S_g = 1-S_o-S_{wi}$$
$$S_L = S_o+S_{wi}$$
式中：S_L为总液体饱和度；B_{oi}为在压力p_i下的初始原油体积系数，bbl/STB；B_o为在压力p下的原油体积系数，bbl/STB；S_g为在假设的油藏压力p下的含气饱和度；S_o为在假设的油藏压力p下的含油饱和度。

第5步，采用现有的相对渗透率数据，确定对应于第4步计算的总液体饱和度S_L的相对渗透率比k_{rg}/k_{ro}，并由式(5.1)计算压力p下的瞬时GOR：

$$\mathrm{GOR} = R_s + \left(\frac{k_{rg}}{k_{ro}}\right)\left[\frac{\mu_o B_o}{\mu_g B_g}\right] \tag{5.55}$$

需要指出的是，式中所有的PVT数据都必须在设定的压力p下进行估算。

第6步，由式(5.7)再次计算压力p下的累积天然气产量G_p：

$$G_p = G_p^* + \left[\frac{\mathrm{GOR}^* + \mathrm{GOR}}{2}\right][N_p - N_p^*] \tag{5.56}$$

其中，GOR^*代表压力p^*下的瞬时GOR。注意，如果p^*代表初始油藏压力，那么就设GOR^*为R_{si}。

第7步，在第3步和第6步开展的计算给出了设定的(将来)压力p下的累积天然气产量G_p的两个估算值：根据物质平衡方程计算的G_p；根据GOR方程计算的G_p。

这两个G_p值是采用两种不同的方法计算的，因此，如果第3步计算的累积天然气产量G_p与第6步计算的结果一致，那么设定的N_p就是正确的，因而可以选取一个新的压力值，并重复第1~6步；否则，就需假设另一个N_p值，重复第2~6步，

第8步，为简化这个迭代过程，可假设三个N_p值，相应地这两个式(即MBE和GOR方程)都会得到三个不同的累积天然气产量。如果绘制G_p计算值与N_p设定值的关系曲线，那么所得到的两条曲线(一个代表第3步的结果，另一个代表第5步的结果)将相交。曲线相交指示将满足这两个方程的累积石油和天然气产量。

需要指出的是，假定N_p为原始石油地质储量N的小数(fraction)，可能会更简便。例如，可以假设N_p为$0.01N$，而不是10000STB。应用该方法是不需要真实的N值。因此，计算结果所表示的是从单位STB原始石油地质储量中生产出的原油量，以及从单位STB的原始石油地质储量中生产出的天然气量。

为了说明Tarner方法的应用，Cole(1969)给出了下面的实例。

【示例5.6】

一个饱和油藏的温度是175℉，泡点压力为2100psi。初始地层压力为2400psi。该油田的岩石性质和流体性质数据如下：原始石油地质储量为10×10^6STB；原生水饱和度为15%；孔隙度为12%；$c_w=3.2\times10^{-6}\mathrm{psi}^{-1}$；$c_f=3.1\times10^{-6}\mathrm{psi}^{-1}$。

基础PVT数据如下(见表5.8)：

表5.8　基础PVT数据

p/psi	B_o/(bbl/STB)	B_t/(bbl/STB)	R_s/[bbl/ft³(标)]	B_g/[bbl/ft³(标)]	μ_o/μ_g
2400	1.464	1.464	1340		
2100	1.480	1.480	1340	0.001283	34.1
1800	1.468	1.559	1280	0.001518	38.3
1500	1.440	1.792	1150	0.001853	42.4

相对渗透率比见表 5.9：

表 5.9　相对渗透率比

S_L,%	k_{rg}/k_{ro}
96	0.018
91	0.063
75	0.850
65	3.350
55	10.200

预测 2100psi、1800psi 和 1500psi 压力条件下的累积石油和天然气产量。

解答：

在以下两种驱动机理下开展所要求的计算：

(1) 当油藏压力从初始油藏压力 2500psi 降至泡点压力 2100psi 时，该油藏被视为处于未饱和状态，因此，可直接应用物质平衡方程计算累积产量，而不需要重新使用迭代方法。

(2) 对于油藏压力低于泡点压力的油藏，可视为饱和油藏，因而可以采用 Tarner 方法进行计算。

5.1.4.4　油藏压力从初始压力降至泡点压力过程中的石油产量预测

第 1 步，未饱和油藏的物质平衡方程由式(4.33)给出，其表达式如下：

$$F=N(E_o+E_{f,w})$$

其中：

$$F=N_pB_o+W_pB_w$$

$$E_o=B_o-B_{oi}$$

$$E_{f,w}=B_{oi}\left[\frac{c_wS_w+c_f}{1-S_{wi}}\right]\Delta p$$

$$\Delta p=p_i-\bar{p}_r$$

由于没有水产出，解式(4.33)可得出累积石油产量：

$$N_p=\frac{N[E_o+E_{f,w}]}{B_o} \tag{5.57}$$

第 2 步，计算当油藏压力从初始压力 2400psi 降到泡点压力 2100psi 时的两个膨胀因子 E_o 和 $E_{f,w}$：

$$E_o=B_o-B_{oi}$$
$$=1.480-1.464=0.016$$

$$E_{f,w}=B_{oi}\left[\frac{c_wS_w+c_f}{1-S_{wi}}\right]\Delta p$$
$$=1.464\left[\frac{(3.2\times10^{-6})(0.15)+(3.1\times10^{-6})}{1-0.15}\right]$$
$$\times(2400-2100)=0.0018$$

第 3 步，当压力从初始压力 2400psi 降到泡点压力 2100psi 时，由式(5.57)计算累积石油和天然气产量：

$$N_p = \frac{N(E_o+E_{f,w})}{B_o}$$

$$= \frac{10\times10^6(0.016+0.0018)}{1.480} = 120270(STB)$$

当油藏压力等于或高于泡点压力时，生产 GOR 等于在泡点压力下的天然气溶解度，因此，累积天然气产量可以计算如下：

$$G_p = N_p R_{si}$$

$$= (120270)(1340) = 161\times10^6[ft^3(标)]$$

第 4 步，计算 2100psi 压力下的剩余石油地质储量：

$$剩余石油地质储量 = 10000000-120270 = 9.880\times10^6(STB)$$

在油藏压力处于饱和压力之下阶段，剩余石油地质储量被视为原始石油地质储量。即：$N=9.880\times10^6$STB；$N_p = N_p^* = 0.0$STB；$G_p = G_p^* = 0.0ft^3$(标)；$R_{si} = 1340ft^3$(标)/STB；$B_{oi} = 1.489$bbl/STB；$B_{ti} = 1.489$bbl/STB；$B_{gi} = 0.001283bbl/ft^3$(标)。

5.1.4.5　泡点压力之下的石油开采量预测

油藏压力为 1800psi 条件下的石油产量预测采用了下列 PVT 数据：B_o为 1.468bbl/STB；B_t为 1.559bbl/STB；B_g为 0.001518bbl/ft^3(标)；R_s为 1280ft^3(标)/STB。

第 1 步，假设当油藏压力降到 1800psi 时，饱和石油(bubble point oil)的 1%将被开采出，即 N_p为 $0.01N$。由式(5.54)计算相应的累积天然气产量 G_p：

$$G_p = \frac{N(B_t-B_{ti})-N_p(B_t-R_{si}B_g)}{B_g}$$

$$= \frac{N(1.559-1.480)-(0.01N)[1.559-(1340)(0.001518)]}{0.001518}$$

$$= 55.17N$$

第 2 步，计算含油饱和度：

$$S_o = (1-S_{wi})\left(1-\frac{N_p}{N}\right)\frac{B_o}{B_{oi}}$$

$$= (1-0.15)\left(1-\frac{0.01N}{N}\right)\frac{1.468}{1.480} = 0.835$$

第 3 步，由列表数据计算总液体饱和度 S_L条件下的相对渗透率比 k_{rg}/k_{ro}：

$$S_L = S_o+S_{wi} = 0.835+0.15 = 0.985$$

$$\frac{k_{rg}}{k_{ro}} = 0.0100$$

第 4 步，由式(5.55)计算 1800psi 压力下的瞬时 GOR：

$$GOR = R_s+\left(\frac{k_{rg}}{k_{ro}}\right)\left[\frac{\mu_o B_o}{\mu_g B_g}\right]$$

$$= 1280+0.0100(38.3)\left(\frac{1.468}{0.001518}\right)$$

$$= 1650[ft^3(标)/STB]$$

第 5 步，采用平均 GOR 和式(5.56)重新求取累积天然气产量：

$$G_p = G_p^* + \left[\frac{\mathrm{GOR}^* + \mathrm{GOR}}{2}\right][N_p - N_p^*]$$

$$= 0 + \frac{1340+1650}{2}(0.01N - 0) = 14.95N$$

第 6 步，由于采用这两种独立的方法（第 1 步和第 5 步）计算的累积天然气产量不一致，因此必须通过假定一个不同的 N_p 值并绘制计算结果来重复进行计算。重复计算的结果收敛至如下数据：

$$N_p = 0.0393N\text{（STB/STB 饱和石油）}$$

$$G_p = 64.34N\text{［ft}^3\text{（标）/STB 饱和石油］}$$

或：

$$N_p = 0.0393 \times 9.88 \times 10^6 = 388284\text{（STB）}$$

$$G_p = 64.34 \times 9.88 \times 10^6 = 635.679 \times 10^6\text{［ft}^3\text{（标）］}$$

应当指出的是，在报告总的累积石油和天然气产量时，必须把泡点压力之上的累积产量计算在内。在油藏压力从初始压力降至泡点压力的过程中实现的累积石油和天然气产量分别是：

$$N_p = 120270\text{STB}$$

$$G_p = 161 \times 10^6\text{ft}^3\text{（标）}$$

因此，在 1800psi 压力下的实际累积产量为：

$$N_p = 120270 + 388284 = 508554\text{（STB）}$$

$$G_p = 161 + 635.679 = 799.679 \times 10^6\text{［ft}^3\text{（标）］}$$

下面总结的最终结果展示了油藏压力从泡点压力向下降的过程中实现的天然气和石油产量（见表 5.10）：

表 5.10　油藏压力从泡点压力向下降的过程中实现的天然气和石油产量

压力	N_p	实际 N_p/STB	G_p	实际 G_p/［10^6ft^3（标）］
1800	$0.0393N$	508554	$64.34N$	799.679
1500	$0.0889N$	998602	$136.6N$	1510.608

从这三种预测石油产量的方法（即 Tracy、Muskat 和 Tarner 法）可以明显看出，相对渗透率比 k_{rg}/k_{ro} 是控制石油开采量的最重要的因素。在 k_{rg}/k_{ro} 关系方面的详细储集岩物理特征数据无法得到的情况下，Wahl 等（1958）提出了一个经验表达式，用于预测砂岩相对渗透率比：

$$\frac{k_{rg}}{k_{ro}} = \zeta(0.0435 + 0.4556\zeta)$$

其中：

$$\zeta = \frac{1 - S_{gc} - S_{wi} - S_o}{S_o - 0.25}$$

式中：S_{gc} 为临界含气饱和度；S_{wi} 为初始含水饱和度；S_o 为原油饱和度。

Torcaso 和 Wyllie（1958）提出了适用于砂岩油藏的一个类似的关系式，其形式如下：

$$\frac{k_{rg}}{k_{ro}} = \frac{(1-S^*)^2[1-(S^*)^2]}{(S^*)^4}$$

其中：

$$S^*=\frac{S_o}{1-S_{wi}}$$

5.2 第二阶段：油井动态

所有的油藏动态预测方法显示的都是累积石油产量 N_p、累积天然气产量 G_p 和瞬时 GOR 与递减的平均油藏压力的函数关系，而不是产量与时间的关系。然而，利用预测油藏内单井产量动态的关系式可以建立油藏动态与时间的关系。这类流量关系式通常包含如下项：井采油指数和井流入动态关系(IPR)。下面介绍适用于直井和水平井的这类关系式。

5.2.1 垂直油井动态

5.2.1.1 采油指数和 IPR

通常用于量度油井产油能力的参数是采油指数。由符号 J 表示的采油指数是总的产液量与生产压差的比值。对于不产水的油井而言，其采油指数用下式表示：

$$J=\frac{Q_o}{\bar{p}_r-p_{wf}}=\frac{Q_o}{\Delta p} \tag{5.58}$$

式中：Q_o为油产量，STB/d；J 为采油指数，STB/(d・psi)；$\bar{p}_r$ 为体积平均排泄油区的压力(静压)；p_{wf}为井底流压，psi；Δp 为生产压差，psi。

采油指数通常是在试油期间测量的。关井直到达到油层静压。然后以恒定的流量 Q 和稳定的井底流压 p_{wf}开井生产。由于地面稳定的压力并不意味着 p_{wf}也是稳定的，因而应从开井生产的那一刻起连续记录井底流压。然后由式(5.1)计算采油指数。

需要注意的重要一点是，只有井在拟稳态生产时下，采油指数才是量度井产能的一个有效指标。因此，为了精确测量井的采油指数，如图 5.9 所示，至关重要的是应以恒定的流量生产足够长的时间，以便达到拟稳态。图中显示，在瞬时流阶段，采油指数计算值将随测量 p_{wf}的时间而变化。

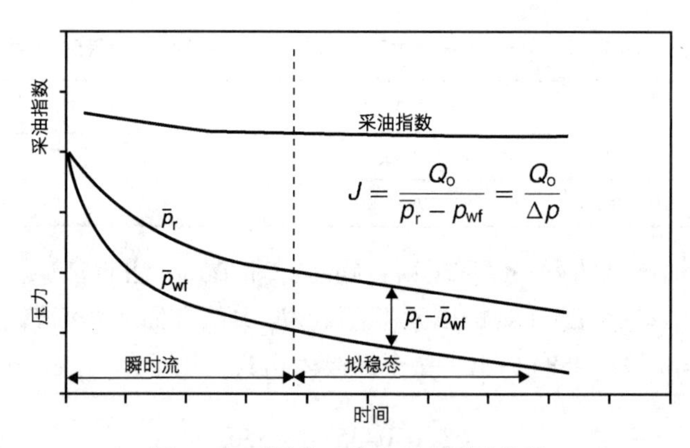

图 5.9　不同流动状态下的采油指数

采油指数 J 必须从半稳态流动状态方面来进行定义。认识到这一点后，就可以采用数值方法来计算采油指数。调用式(1.148)：

$$Q_o=\frac{0.00708k_oh(\bar{p}_r-p_{wf})}{\mu_oB_o[\ln(r_e/r_w)-0.75+s]} \tag{5.59}$$

将上式与式(5.58)合并得出下式：

$$J=\frac{0.00708k_oh}{\mu_oB_o[\ln(r_e/r_w)-0.75+s]} \tag{5.60}$$

原油相对渗透率概念可以很方便地引入式(5.60)，得到下式：

$$J=\frac{0.00708hk}{[\ln(r_e/r_w)-0.75+s]}\left(\frac{k_{ro}}{\mu_o B_o}\right) \tag{5.61}$$

由于在井生命周期的大部分时间，流动状态都接近于拟稳态，因而采油指数是预测未来井动态的很有价值的一种方法。

另外，通过在一口井的生命周期内监测的采油指数，还可以确定这口井是否已因完井、修井、生产、注入措施或机械故障而造成伤害。如果 J 测量值出现异常的下降，那么就应该查明上述问题是否存在。对比同一油藏内不同井的采油指数，也会指示某些井可能在完井作业过程中曾遭遇过不一般的困难或经历过伤害。由于油藏内井与井的采油指数可能因油层厚度的变化而各不相同，把各井的采油指数除以井中油层的厚度，有助于使这个参数标准化。相除所得商被定义为比采油指数 J_s，其表达式为：

$$J_s=\frac{J}{h}=\frac{Q_o}{h(\bar{p}_r-p_{wf})} \tag{5.62}$$

假设井的采油指数为恒定的，那么式(5.58)还可以改写成：

$$Q_o=J(\bar{p}_r-p_{wf})=J\Delta p \tag{5.63}$$

式(5.63)显示，Q_o和 Δp 间的关系曲线为过原点的一条直线，其斜率为 J，如图 5.10 所示。

另外，式(5.58)还可以写成：

$$p_{wf}=\bar{p}_r-\left(\frac{1}{J}\right)Q_o \tag{5.64}$$

该式显示了 p_{wf}与 Q_o的关系为一条斜率为$-1/J$ 的直线，如图 5.11 所示。井产量与井底流压之间关系的这种图示被称为“流入动态关系曲线”，也称为 IPR。

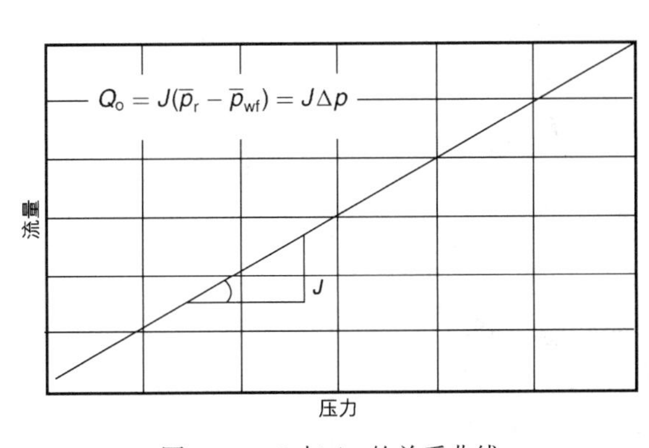

图 5.10　Q_o与 Δp 的关系曲线

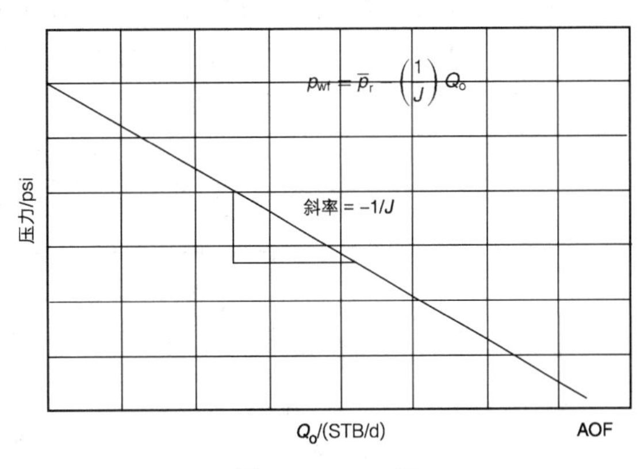

图 5.11　IPR 图

由图 5.11 可以看出，线性 IPR 曲线有几个重要的特征：当 p_{wf}等于平均油藏压力时，由于没有压差，井流量为零；当 p_{wf} 等于零时，井流量达到最大。最大流量被称为“绝对无阻流量”，也称为 AOF。尽管实际上油井不可能达到这样的生产状态，但它是一个在石油行业有着广泛应用的有用的定义(例如，对比油田内不同井的流动能力)。AOF 可以用下式进行计算：

$$\mathrm{AOF}=\sqrt{p_r}$$

这条直线的斜率等于采油指数的倒数。

【示例 5.7】

对某口井进行了测试。结果显示该井能够以 110STB/d 的稳定产量生产，井底流压为 900psi。关井 24h 后，井底压力达到 1300psi 的静压值。计算：(1)采油指数；(2)AOF；(3)井底流压 600psi 时的石油产量；(4)要达到 250STB/d 的流量所需的井底流压。

解答：

(1) 由式(5.58)计算 J：

$$J=\frac{Q_{\mathrm{o}}}{\bar{p}_{\mathrm{r}}-p_{\mathrm{wf}}}=\frac{Q_{\mathrm{o}}}{\Delta p}$$

$$=\frac{110}{1300-900}=0.275(\mathrm{STB/psi})$$

(2) 计算 AOF：

$$\mathrm{AOF}=J(\bar{p}_{\mathrm{r}}-0)$$

$$=0.275(1300-0)=375.5(\mathrm{STB/d})$$

(3) 解式(5.58)求取井石油产量：

$$Q_{\mathrm{o}}=J(\bar{p}_{\mathrm{r}}-p_{\mathrm{wf}})$$

$$=0.275(1300-600)=192.5(\mathrm{STB/d})$$

(4) 解式(5.64)求取 p_{wf}：

$$p_{\mathrm{wf}}=\bar{p}_{\mathrm{r}}-\left(\frac{1}{J}\right)Q_{\mathrm{o}}$$

$$=1300-\left(\frac{1}{0.275}\right)250=390.9(\mathrm{psi})$$

如上述实例所示，流入井内的流量与压差成正比，而且比例常量为采油指数。Muskat 和 Evinger(1942)以及 Vogel(1968)观察发现，当压力降到泡点压力之下时，IPR 偏离如图 5.12 所示的直线。回顾式(5.61)：

$$J=\frac{0.00708hk}{\ln(r_{\mathrm{e}}/r_{\mathrm{w}})-0.75+s}\left(\frac{k_{\mathrm{ro}}}{\mu_{\mathrm{o}}B_{\mathrm{o}}}\right)$$

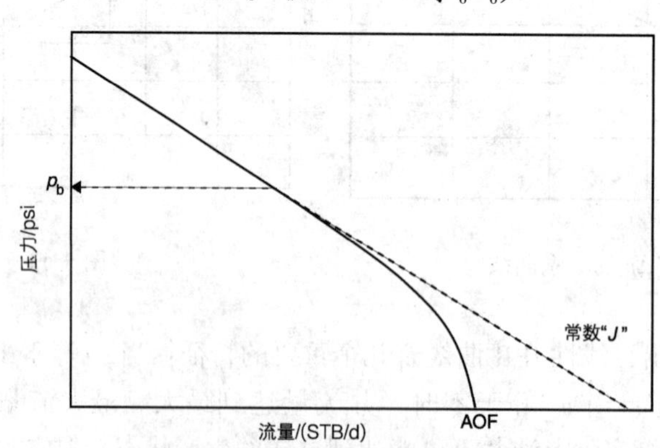

图 5.12　泡点压力之下的 IPR

将括号中的项视为常量 c，上述方程可以改写成如下形式：

$$J=c\left(\frac{k_{\mathrm{ro}}}{\mu_{\mathrm{o}}B_{\mathrm{o}}}\right) \tag{5.65}$$

其中，系数 c 定义如下：

$$c=\frac{0.00708kh}{\ln(r_e/r_w)-0.75+s}$$

式(5.65)显示出，影响采油指数的变量基本上都是与压力有依赖关系的变量，包括：原油黏度 μ_o、原油体积系数 B_o、石油的相对渗透率 k_{ro}。

图 5.13 显示了这些变量随压力的变化特征。图 5.14 显示了压力变化对 $k_{ro}/\mu_o B_o$ 的总体影响。在泡点压力 p_b 之上，石油的相对渗透率 k_{ro} 等于 1(即 $k_{ro}=1$)，而($k_{ro}/\mu_o B_o$)项则几乎是恒定的。当油藏压力降到泡点压力 p_b 之下时，气开始从溶液析出，而这会导致 k_{ro} 和 $\mu_o B_o$ 均大幅降低。图 5.15 定量地显示了油藏压力降低对 IPR 的影响。

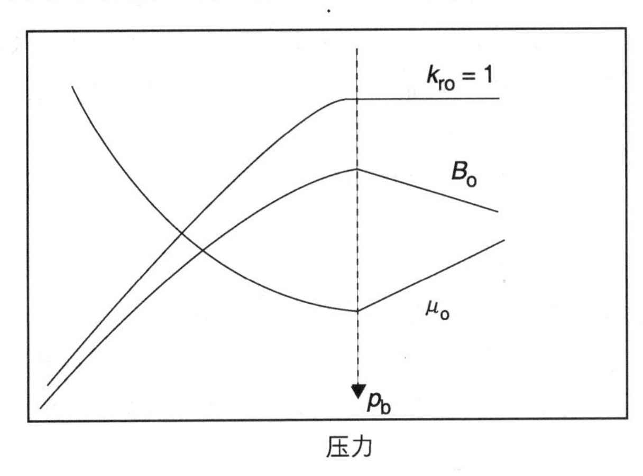

图 5.13 油藏压力对 B_o、μ_o 和 k_{ro} 的影响

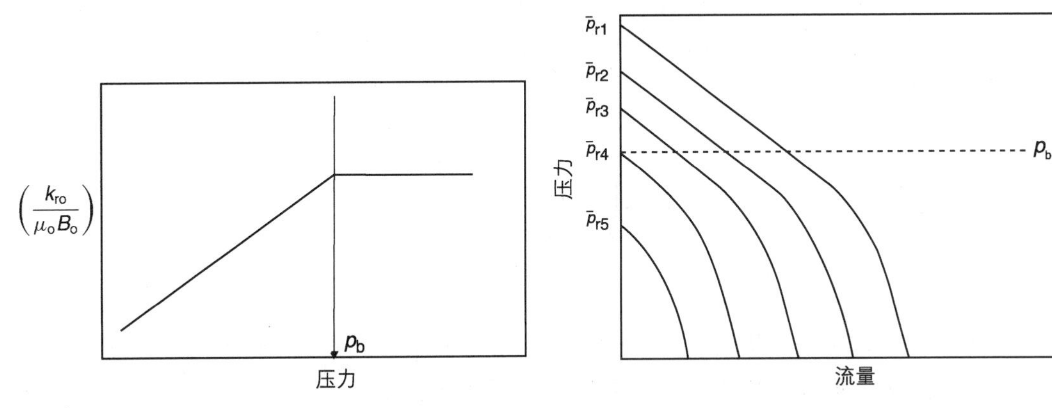

图 5.14 $k_{ro}/\mu_o B_o$ 随油藏压力的变化

图 5.15 油藏压力对 IPR 的影响

有几个经验方法可用于预测溶解气驱油藏的非线性 IPR 特征。这些方法大都要求至少开展一次稳定的试井，以便测量 Q_o 和 p_{wf}。所有这些经验方法都包括以下两个步骤：利用稳定的试井数据建立当前平均油藏压力 $\overline{p_r}$ 下的 IPR 曲线；预测随平均油藏压力而变的未来 IPR。

以下经验方法可用于求取当前的和未来的流入动态关系：Vogel 法、Wiggins 法、Standing 法、Fetkovich 法、Klins 和 Clark 法。

5.2.1.2 Vogel 法

Vogel(1968)使用一个计算模型得到了在较大范围条件下生产的几个假想的饱和油藏的 IPR。Vogel 对 IPR 计算结果进行了标准化，并以无量纲的形式表示了该关系式。他通过引入以下无量纲参数对 IPR 进行了标准化：

$$无量纲压力 = p_{wf}/\overline{p_r}$$

$$无量纲流量 = Q_o/(Q_o)_{max}$$

式中：$\overline{p}_r$为当前平均油藏压力，psi(表)；p_{wf}为井底压力，psi(表)；Q_o为压力 p_{wf}下的石油产量；$(Q_o)_{max}$是在井底压力为零时的流量，即 AOF。

Vogel 绘制了所有油藏的无量纲 IPR 曲线，得到上述两个无量纲参数间的下列关系式：

$$\frac{Q_o}{(Q_o)_{max}} = 1-0.2\left(\frac{p_{wf}}{\overline{p}_r}\right)-0.8\left(\frac{p_{wf}}{\overline{p}_r}\right)^2 \tag{5.66}$$

Vogel 法还可加以扩展，通过用 $Q_L/(Q_L)_{max}$ 替换无量纲流量，来把水产量也考虑在内，在这种情况下 $Q_1=Q_o+Q_w$。现已证明该方法对于含水率高达 97%的生产井也是有效的。

该方法要求有如下数据：当前平均油藏压力$\overline{p}_r$；泡点压力 p_b；稳定的试井数据，包括 p_{wf}下的 Q_o。

Vogel 方法可用于预测下列两种类型油藏的 IPR 曲线：饱和油藏，$\overline{p}_r \leqslant p_b$；未饱和油藏，$\overline{p}_r > p_b$。

5.2.1.3　饱和油藏中直井的 IPR

当油藏压力等于泡点压力时，这个油藏就被称为饱和油藏。下面介绍应用 Vogel 方法计算一个饱和油藏中具有稳定流动数据点(即在 p_{wf}记录的 Q_o值)的一口油井的 IPR 曲线的过程：

第 1 步，采用稳定流量数据(即 Q_o和 p_{wf})，由式(5.66)计算$(Q_o)_{max}$：

$$(Q_o)_{max} = \frac{Q_o}{1-0.2(p_{wf}/\overline{p}_r)-0.8(p_{wf}/\overline{p}_r)^2}$$

第 2 步，假定多个不同的 p_{wf}值，并由式(5.66)计算对应的 Q_o，由此建立 IPR 曲线：

$$\frac{Q_o}{(Q_o)_{max}} = 1-0.2\left(\frac{p_{wf}}{\overline{p}_r}\right)-0.8\left(\frac{p_{wf}}{\overline{p}_r}\right)^2$$

即：

$$Q_o = (Q_o)_{max}\left[1-0.2\left(\frac{p_{wf}}{\overline{p}_r}\right)-0.8\left(\frac{p_{wf}}{\overline{p}_r}\right)^2\right]$$

【示例 5.8】

假定平均油藏压力为 2500psi(表)的饱和油藏中有一口在产井。其稳定的生产测试数据显示，稳定的井产量和井底压力分别为 350STB/d 和 2000psi(表)。计算以下参数：$p_{wf}=1850$psi(表)条件下的石油产量；假设 J 恒定条件下的石油产量。采用 Vogel 法和恒定采油指数法建立 IPR 曲线。

解答：

(1) 第 1 步，计算$(Q_o)_{max}$：

$$(Q_o)_{max} = \frac{Q_o}{1-0.2(p_{wf}/\overline{p}_r)-0.8(p_{wf}/\overline{p}_r)^2}$$

$$= \frac{350}{1-0.2(2000/2500)-0.8(2000/2500)^2}$$

$$= 1067.1(\text{STB/d})$$

第 2 步，应用 Vogel 方程计算 $p_{wf}=1850$psi(表)条件下的 Q_o：

$$Q_o=(Q_o)_{max}\left[1-0.2\left(\frac{p_{wf}}{\bar{p}_r}\right)-0.8\left(\frac{p_{wf}}{\bar{p}_r}\right)^2\right]$$

$$=1067.1\left[1-0.2\left(\frac{1850}{2500}\right)-0.8\left(\frac{1850}{2500}\right)^2\right]$$

$$=441.7(\text{STB/d})$$

(2) 第 1 步，由式(5.59)计算 J：

$$J=\frac{Q_o}{\bar{p}_r-p_{wf}}$$

$$=\frac{350}{2500-2000}=0.7[\text{STB/(d·psi)}]$$

第 2 步，计算 Q_o：

$$Q_o=J(\bar{p}_r-p_{wf})=0.7(2500-1850)$$

$$=455(\text{STB/d})$$

(3) 设定多个 p_{wf}值并计算相应的 Q_o(见表 5.11)：

表 5.11　Q_o的计算结果

p_{wf}	Vogel	$Q_o=J(\bar{p}_r-p_{wf})$
2500	0	0
2200	218.2	210
1500	631.7	700
1000	845.1	1050
500	990.3	1400
0	1067.1	1750

5.2.1.3.1　未饱和油藏中直井 IPR

Beggs(1991)指出，在把 Vogel 方法应用于未饱和油藏时必须考虑所记录的稳定流量测试数据的两种可能的结果，如图 5.16 所示：记录的稳定井底流压大于或等于泡点压力，即 $p_{wf}\geqslant p_b$；记录的稳定井底流压小于泡点压力，即 $p_{wf}<p_b$。

5.2.1.3.2　第一种情况 $p_{wf}\geqslant p_b$

当稳定的井底流压大于或等于泡点压力时，Beggs 给出了确定 IPR 的如下方法(见图 5.16)。

第 1 步，采用稳定的数据点(Q_o和 p_{wf})计算采油指数 J：

$$J=\frac{Q_o}{\bar{p}_r-p_{wf}}$$

第 2 步，计算泡点压力下的石油产量：

$$Q_{ob}=J(\bar{p}_r-p_b) \tag{5.67}$$

式中：Q_{ob}为 p_b下的石油产量。

第 3 步，通过假定 $p_{wf}<p_b$条件下的各种值并采用下列方程计算对应的井产量，获取泡点压力以下的 IPR 数值：

$$Q_o=Q_{ob}+\frac{Jp_b}{1.8}\left[1-0.2\left(\frac{p_{wf}}{p_b}\right)-0.8\left(\frac{p_{wf}}{p_b}\right)^2\right] \tag{5.68}$$

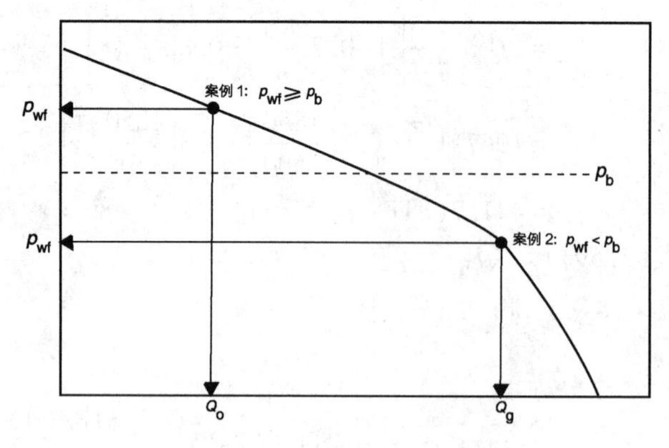

图 5.16　稳定的试井数据

当井底流压为零时(即 $p_{wf}=0$)，石油产量达到其最大值(Q_{omax}或 AOF)，可以采用上述表达式进行计算：

$$Q_{o\max}=Q_{ob}+\frac{Jp_b}{1.8}$$

需要指出的是，当 $p_{wf}\geq p_b$时，IPR 呈直线，其表达式如下：

$$Q_o=J(\bar{p}_r-p_{wf})$$

【示例 5.9】

假设泡点压力为 2130psi 的未饱和油藏中一口油井在生产。当前的平均油藏压力为 3000psi。现有的流量测试数据显示，这口油井在 2500psi(表)的稳定压力 p_{wf}下的产量是 250STB/d。求取 IPR 数据。

解答：

所给定的问题显示，流量测试数据是在泡点压力以上(即 $p_{wf}\geq p_b$)记录的，因此，必须采用前文所讲的适用于未饱和油藏“第一种情况”的方法进行计算。

第 1 步，采用试井数据计算 J：

$$J=\frac{Q_o}{\bar{p}_r-p_{wf}}$$

$$=\frac{250}{3000-2500}=0.5[\text{STB}/(\text{d}\cdot\text{psi})]$$

第 2 步，由式(5.67)计算泡点压力下的井产量：

$$Q_{ob}=J(\bar{p}_r-p_b)$$

$$=0.5(3000-2130)=435(\text{STB/d})$$

第 3 步，对于 p_b以上的所有压力值，应用恒定 J 法求取 IPR 数值，而对于 p_b以下的所有压力值，由式(5.68)计算 IPR 数值(见表 5.12)：

$$Q_o=Q_{ob}+\frac{Jp_b}{1.8}\left[1-0.2\left(\frac{p_{wf}}{p_b}\right)-0.8\left(\frac{p_{wf}}{p_b}\right)^2\right]$$

$$=435+\frac{(0.5)(2130)}{1.8}$$

$$\times\left[1-0.2\left(\frac{p_{wf}}{2130}\right)-0.8\left(\frac{p_{wf}}{2130}\right)^2\right]$$

表 5.12　IPR 数值

p_{wf}/psi	Q_o(STB/d)
$p_i=3000$	0
2800	100
2600	200
$p_b=2130$	435
1500	709
1000	867
500	973
0	1027

5.2.1.3.3　第二种情况 $p_{wf}<p_b$

当稳流量测试给出的 p_{wf} 数据低于泡点压力时，如图 5.16 所示，建议采用如下方法计算 IPR：

第 1 步，采用稳定的井试井数据并结合式(5.67)和式(5.68)，求解采油指数 J，得出：

$$J=\frac{Q_o}{(\bar{p}_r-p_b)+(p_b/1.8)[1-0.2(p_{wf}/p_b)-0.8(p_{wf}/p_b)^2]} \tag{5.69}$$

第 2 步，由式(5.67)计算 Q_{ob}，即：

$$Q_{ob}=J(\bar{p}_r-p_b)$$

第 3 步，通过设定多个高于泡点压力的 p_{wf} 值并根据下式计算相应的 Q_o，得到 $p_{wf}\geqslant p_b$ 情况下的 IPR：

$$Q_o=J\,\bar{p}_r-p_{wf}$$

第 4 步，由式(5.68)计算低于 p_b 的多个 p_{wf} 下对应的 Q$_o$：

$$Q_o=Q_{ob}+\frac{Jp_b}{1.8}\left[1-0.2\left(\frac{p_{wf}}{p_b}\right)-0.8\left(\frac{p_{wf}}{p_b}\right)^2\right]$$

【示例 5.10】

对示例 5.8 中所描述的井重新进行了测试，得到了下面的结果：$p_{wf}=1700$psi(表)；$Q_o=630.7$STB/d。应用新的测试数据求取 IPR。

解答：

注意，稳定的 p_{wf} 低于 p_b。

第 1 步，由式(5.69)求解 J：

$$\begin{aligned}J&=\frac{Q_o}{(\bar{p}_r-p_b)+(p_b/1.8)[1-0.2(p_{wf}/p_b)-0.8(p_{wf}/p_b)^2]}\\&=\frac{630.7}{(3000-2130)+(2130/1.8)[1-(1700/2130)-(1700/2130)^2]}\\&=0.5[\text{STB}/(\text{d}\cdot\text{psi})]\end{aligned}$$

第 2 步，计算 Q_{ob}：

$$\begin{aligned}Q_{ob}&=J(\bar{p}_r-p_b)\\&=0.5(3000-2130)=435(\text{STB/d})\end{aligned}$$

第 3 步，在$p_{wf}>p_b$时，由式(5.63)求取 IPR 数据，而当$p_{wf}<p_b$时，由式(5.68)求取 IPR 数据(见表 5.13)：

$$Q_o = J(\bar{p}_r - p_{wf}) = J\Delta p$$

$$= Q_{ob} + \frac{Jp_b}{1.8}\left[1-0.2\left(\frac{p_{wf}}{p_b}\right)^2-0.8\left(\frac{p_{wf}}{p_b}\right)^2\right]$$

表 5.13 IPR 数据

p_{wf}/psi	公式	Q_o/(STB/d)
3000	式(5.63)	0
2800	式(5.63)	100
2600	式(5.63)	200
2130	式(5.63)	435
1500	式(5.68)	709
1000	式(5.68)	867
500	式(5.68)	973
0	式(5.68)	1027

经常需要随着油藏压力下降来预测未来井流入动态。要计算未来井流入动态，需要建立一个能预测未来最大井产量的关系式。

有多种方法可用于确定 IPR 随油藏压力下降的改变情况。其中个别方法要求使用物质平衡方程来求取随油藏压力而变的未来含油饱和度数据。在没有这些数据的情况下，有两种简单的近似方法可与 Vogel 方法结合使用，用于预测未来 IPR。

5.2.1.3.4 第一种近似方法

该方法可以提供在指定的未来平均油藏压力$(\bar{p}_r)_f$下未来最大井产量$(Q_{omax})_f$的粗略近似值。这个未来最大井产量$(Q_{omax})_f$可用于 Vogel 方程，预测未来$(\bar{p}_r)_f$条件下的 IPR。下面的步骤归纳了这种方法：

第 1 步，由下式计算$(\bar{p}_r)_f$下的$(Q_{omax})_f$：

$$(Q_{omax})_f = (Q_{omax})_p\left[\frac{(\bar{p}_r)_f}{(\bar{p}_r)_p}\right]\left[0.2+0.8\frac{(\bar{p}_r)_f}{(\bar{p}_r)_p}\right] \tag{5.70}$$

式中：下标“f”和“p”分别代表未来和目前状态。

第 2 步，利用新计算的$(Q_{omax})_f$值，并由式(5.66)得到 IPR。

5.2.1.3.5 第二种近似方法

Fetkovich(1973)提出了计算未来$(\bar{p}_r)_f$条件下$(Q_{omax})_f$值的简单近似方法。其数学表达式如下：

$$(Q_{omax})_f = (Q_{omax})_p\left[\frac{(\bar{p}_r)_f}{(\bar{p}_r)_p}\right]^{3.0}$$

上述方程仅用于提供未来(Q_{omax})的大致估算值。

【示例 5.11】

应用示例 5.8 中给出的数据，预测油藏压力从 2500psi(表)降到 2200psi(表)时的 IPR。

解答：

示例5.8显示了下列信息：当前平均油藏压力$(\bar{p}_r)_p=2500$psi(表)；当前最大石油产量$(Q_{omax})_p=1067.1$STB/d。

第1步，由式(5.70)求取$(Q_{omax})_f$：

$$(Q_{omax})_f=(Q_{omax})_p\left[\frac{(\bar{p}_r)_f}{(\bar{p}_r)_p}\right]\left[0.2+0.8\frac{(\bar{p}_r)_f}{(\bar{p}_r)_p}\right]$$

$$=(1067.1)\left(\frac{2200}{2500}\right)\left[0.2+0.8\frac{2200}{2500}\right]$$

$$=849(\text{STB/d})$$

第2步，由式(5.66)求取IPR数据(见表5.14)：

$$Q_o=(Q_o)_{max}\left[1-0.2\left(\frac{p_{wf}}{\bar{p}_r}\right)-0.8\left(\frac{p_{wf}}{\bar{p}_r}\right)^2\right]$$

$$=849\left[1-0.2\left(\frac{p_{wf}}{2200}\right)-0.8\left(\frac{p_{wf}}{2200}\right)^2\right]$$

表5.14　IPR数据

p_{wf}/psi	Q_o/(STB/d)
2200	0
1800	255
1500	418
500	776
0	849

需要指出的是，Vogel法的主要缺陷在于其对用于建立油井IPR曲线的匹配点(即稳定试井数据点)的敏感性。

对于一口多层完井的生产井而言，应用如下关系式来分配单层产量是可能的：

$$(Q_o)_i=Q_{oT}\frac{[1-(\bar{S}_if_{wT})](((k_o)_i(h)_i)/((\mu_o)_{Li}))}{\sum_{i=1}^{n\text{Layers}}[1-(\bar{S}_if_{wT})](((k_o)_i(h)_i)/((\mu_o)_i))}$$

$$(Q_w)_i=Q_{wT}\frac{[(\bar{S}_if_{wT})](((k_w)_i(h)_i)/((\mu_w)_i))}{\sum_{i=1}^{n\text{Layers}}[(\bar{S}_if_{wT})](((k_w)_i(h)_i)/((\mu_w)_i))}$$

其中：

$$\bar{S}_i=\frac{(S_w)_i}{\sum_{i=1}^{n\text{Layers}}(S_w)_i}$$

式中：$(Q_o)_i$为分配到i层的石油产量；$(Q_w)_i$为分配到i层的水产量；f_{wT}为井的总含水率；$(k_o)_i$为第i层的有效石油渗透率；$(k_w)_i$为第i层有效水渗透率；nLayers为层数。

5.2.1.4　Wiggins法

Wiggins(1993)以4组相对渗透率和流体特征数据作为计算模型的基础输入数据，建立了用于预测流入动态的关系式。所得到的关系式具有一个假设条件，即初始油藏压力等于泡点压力。Wiggins提出了适用于预测三相流动期间IPR的广义关系式。他提出的关系式与Vogel法中的类似，其表达式如下：

$$Q_o=(Q_o)_{max}\left[1-0.52\left(\frac{p_{wf}}{\bar{p}_r}\right)-0.48\left(\frac{p_{wf}}{\bar{p}_r}\right)^2\right] \tag{5.71}$$

$$Q_w=(Q_w)_{max}\left[1-0.72\left(\frac{p_{wf}}{\bar{p}_r}\right)-0.28\left(\frac{p_{wf}}{\bar{p}_r}\right)^2\right] \tag{5.72}$$

式中：Q_w为水产量，STB/d；$(Q_w)_{max}$为$p_{wf}=0$条件下的最大产水量，STB/d。

就像Vogel法一样，要计算$(Q_o)_{max}$和$(Q_w)_{max}$，必须获取井的稳定试井数据。

Wiggins将上述关系式的应用范围进行了扩展，通过提供估算未来最大流量的表达式，来预测未来的流入动态。他把未来最大流量表述为如下参数的函数：目前(当前)平均压力$(\bar{p}_r)_p$；未来平均压力$(\bar{p}_r)_f$；当前最大石油产量$(Q_{omax})_p$；当前最大水产量$(Q_{wmax})_p$。

Wiggins提出了如下关系式：

$$(Q_{omax})_f=(Q_{omax})_p\left[0.15\frac{(\bar{p}_r)_f}{(\bar{p}_r)_p}+0.84\left(\frac{(\bar{p}_r)_f}{(\bar{p}_r)_p}\right)^2\right] \tag{5.73}$$

$$(Q_{wmax})_f=(Q_{wmax})_p\left[0.59\frac{(\bar{p}_r)_f}{(\bar{p}_r)_p}+0.36\left(\frac{(\bar{p}_r)_f}{(\bar{p}_r)_p}\right)^2\right] \tag{5.74}$$

【示例5.12】

为方便起见，这里重复使用示例5.8和示例5.11中给出的信息：当前平均压力=2500psi(表)；稳定的石油产量=350STB/d；稳定的井底压力=2000psi(表)。

采用Wiggins法求取当前IPR数据，并预测当油藏压力从2500psi(表)降到2000psi(表)时未来的IPR。

解答：

第1步，采用稳定的试井数据，结合式(5.71)计算当前最大石油产量：

$$Q_o=(Q_o)_{max}\left[1-0.52\left(\frac{p_{wf}}{\bar{p}_r}\right)-0.48\left(\frac{p_{wf}}{\bar{p}_r}\right)^2\right]$$

求解当前$(Q_o)_{max}$得到：

$$(Q_{omax})_p=\frac{350}{1-0.52(2000/2500)-0.48(2000/2500)^2}=1264(\text{STB/d})$$

第2步，应用Wiggins法得到当前IPR数据(见表5.15)，并与Vogel法所得结果进行对比。图5.17通过图解的方式对比了这两种方法所得结果。

表5.15 应用Wiggins法得到当前IPR数据

p_{wf}/psi	Wiggins/(STB/d)	Vogel/(STB/d)
2500	0	0
2200	216	218
1500	651	632
1000	904	845
500	1108	990
0	1264	1067

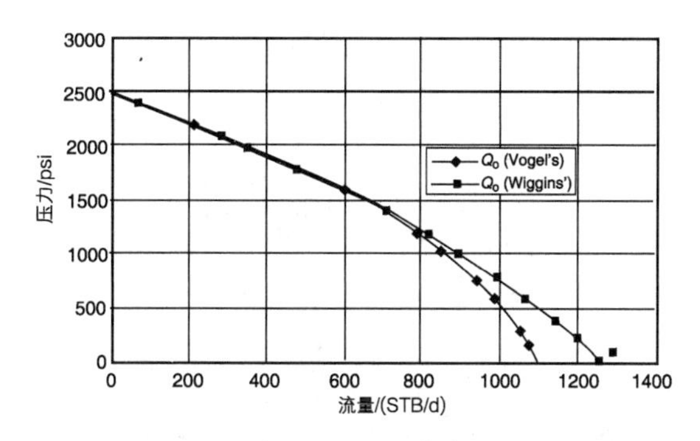

图 5.17 IPR 曲线

第 3 步，由式(5.73)计算未来最大石油产量：

$$(Q_{\text{omax}})_{\text{f}}=(Q_{\text{omax}})_{\text{p}}\left[0.15\frac{(\bar{p}_{\text{r}})_{\text{f}}}{(\bar{p}_{\text{r}})_{\text{p}}}+0.84\left(\frac{(\bar{p}_{\text{r}})_{\text{f}}}{(\bar{p}_{\text{r}})_{\text{p}}}\right)^2\right]$$

$$=126\left[0.15\left(\frac{2200}{2500}\right)+0.84\left(\frac{2200}{2500}\right)^2\right]$$

$$=989(\text{STB/d})$$

第 4 步，由式(5.71)计算未来 IPR 数据(见表 5.16)：

$$Q_{\text{o}}=(Q_{\text{o}})_{\max}\left[1-0.52\left(\frac{p_{\text{wf}}}{\bar{p}_{\text{r}}}\right)-0.48\left(\frac{p_{\text{wf}}}{\bar{p}_{\text{r}}}\right)^2\right]$$

$$=989\left[1-0.52\left(\frac{p_{\text{wf}}}{2200}\right)-0.48\left(\frac{p_{\text{wf}}}{2200}\right)^2\right]$$

表 5.16 IPR 数据

p_{wf}/psi	Q_{o}/(STB/d)
2200	0
1800	250
1500	418
500	848
0	989

5.2.1.5 Standing 法

Standing(1970)实质上对 Vogel 方法的应用范围进行了扩展，用于预测作为油藏压力函数的油井未来 IPR 数据。他指出，Vogel 方程[式(5.66)]可以改写成如下形式：

$$\frac{Q_{\text{o}}}{(Q_{\text{o}})_{\max}}=\left(1-\frac{p_{\text{wf}}}{\bar{p}_{\text{r}}}\right)\left[1+0.8\left(\frac{p_{\text{wf}}}{\bar{p}_{\text{r}}}\right)\right] \tag{5.75}$$

Standing 把式(5.1)定义的采油指数 J 代入式(5.57)，得到了如下公式：

$$J=\frac{(Q_{\text{o}})_{\max}}{\bar{p}_{\text{r}}}\left[1+0.8\left(\frac{p_{\text{wf}}}{\bar{p}_{\text{r}}}\right)\right] \tag{5.76}$$

然后，Standing 定义了“零压差”采油指数 J_{p}^*：

$$J_p^* = 1.8\left[\frac{(Q_o)_{max}}{\bar{p}_r}\right] \tag{5.77}$$

$J_p{}^*$与J的关系如下：

$$\frac{J}{J_p^*} = \frac{1}{1.8}\left[1+0.8\left(\frac{p_{wf}}{\bar{p}_r}\right)\right] \tag{5.78}$$

有了式(5.78)，就可以根据J来计算$J_p{}^*$：

$$J_p^* = \frac{1.8J}{1+0.8(p_{wf}/\bar{p}_r)}$$

为了得到预测所期望的IPR的最终表达式，Standing将式(5.77)和式(5.75)合并，消去$(Q_o)_{max}$项，得出如下方程：

$$Q_o = \left[\frac{J_f^*(\bar{p}_r)_f}{1.8}\right]\left\{1-0.2\frac{p_{wf}}{(\bar{p}_r)_f}-0.8\left[\frac{p_{wf}}{(\bar{p}_r)_f}\right]^2\right\} \tag{5.79}$$

式中：下标"f"表示未来状态。

Standing指出，根据当前的$J_p{}^*$值可以估算$J_f{}^*$，计算公式如下：

$$J_f^* = J_p^*\frac{(k_{ro}/\mu_o B_o)_f}{(k_{ro}/\mu_o B_o)_p} \tag{5.80}$$

式中：下标"p"表示当前状态。

如果没有相对渗透率数据，那么可根据下式对$J_f{}^*$进行粗略估算：

$$J_f^* = J_p^*\left[\frac{(\bar{p}_r)_f}{(\bar{p}_r)_p}\right]^2 \tag{5.81}$$

Standing用于预测未来IPR的方法可以归纳成以下几个步骤：

第1步，采用当前时间状态和现有的试井数据，由式(5.75)计算$(Q_o)_{max}$：

$$(Q_o)_{max} = \frac{Q_o}{(1-(p_{wf}/\bar{p}_r))[1+0.8(p_{wf}/\bar{p}_r)]}$$

第2步，由式(5.77)计算目前状态下的J^*，即$J_p{}^*$。注意，其他方程组式(5.75)~式(5.78)也可用来估算$J_p{}^*$：

$$J_p^* = \frac{1.8J}{1+0.8(p_{wf}/\bar{p}_r)}$$

$$J_f^* = J_p^*\frac{(k_{ro}/\mu_o B_o)_f}{(k_{ro}/\mu_o B_o)_p}$$

第3步，利用流体特征、饱和度和相对渗透率数据计算$(k_{ro}/\mu_o B_o)_p$和$(k_{ro}/\mu_o B_o)_f$。

第4步，由式(5.80)计算$J_f{}^*$。在没有石油相对渗透率数据的情况下采用式(5.81)来计算：

$$J_f^* = J_p^*\frac{(k_{ro}/\mu_o B_o)_f}{(k_{ro}/\mu_o B_o)_p}$$

$$J_f^* = J_p^*\left[\frac{(\bar{p}_r)_f}{(\bar{p}_r)_p}\right]^2$$

第5步，由式(5.79)求取未来IPR：

$$Q_o = \left[\frac{J_f^*(\bar{p}_r)_f}{1.8}\right]\left\{1-20\frac{p_{wf}}{(\bar{p}_r)_f}-0.8\left[\frac{p_{wf}}{(\bar{p}_r)_f}\right]^2\right\}$$

【示例 5.13】

设定饱和压力为 4000psi(表)的一个饱和油藏内有一口在产油井。该井以稳定的产量 600STB/d 生产，而且 p_{wf} 为 3200psi(表)。利用物质平衡方程进行计算，得出了下列含油饱和度和 PVT 特征的当前和未来预测结果(见表 5.17)。

表 5.17　产油井的 PVT 特征

	目前	未来
$\bar{p}$/psi	4000	3000
μ_o/cP	2.40	2.20
B_o/(bbl/STB)	1.20	1.15
k_{ro}	1.00	0.66

采用 Standing 法求取 3000psi(表)压力下的 IPR 数据。

解答：

第 1 步，由式(5.75)计算当前的 $(Q_o)_{max}$：

$$(Q_o)_{max}=\frac{Q_o}{(1-p_{wf}/\bar{p}_r)[1+0.8(p_{wf}/\bar{p}_r)]}$$

$$=\frac{600}{(1-(3200/4000))[1+0.8(3200/4000)]}$$

$$=1829(\text{STB/d})$$

第 2 步，由式(5.78)计算 J_p^*：

$$J_p^*=1.8\frac{(Q_o)_{max}}{\bar{p}_r}$$

$$=1.8\left[\frac{1829}{4000}\right]=0.823$$

第 3 步，计算下列压力函数：

$$\left(\frac{k_{ro}}{\mu_o B_o}\right)_p=\frac{1}{(2.4)(1.20)}=0.3472$$

$$\left(\frac{k_{ro}}{\mu_o B_o}\right)_f=\frac{0.66}{(2.2)(1.15)}=0.2609$$

第 4 步，由式(5.80)计算 J_f^*：

$$J_f^*=J_p^*\frac{(k_{ro}/\mu_o B_o)_f}{(k_{ro}/\mu_o B_o)_p}$$

$$=0.823\left(\frac{0.2609}{0.3472}\right)=0.618$$

第 5 步，由式(5.79)求取 IPR 数据(见表 5.18)：

$$Q_o=\left[\frac{J_f^*(\bar{p}_r)_f}{1.8}\right]\left\{1-20\frac{p_{wf}}{(\bar{p}_r)_f}-0.8\left[\frac{p_{wf}}{(\bar{p}_r)_f}\right]^2\right\}$$

$$=\left[\frac{(0.618)(3000)}{1.8}\right]\left\{1-0.2\frac{p_{wf}}{3000}-0.8\left[\frac{p_{wf}}{3000}\right]^2\right\}$$

表 5.18 IPR 数据

p_{wf}/psi	Q_o/(STB/d)
3000	0
2000	527
1500	721
1000	870
500	973
0	1030

需要指出的是，Standing 法的主要缺陷之一是，它需要有可靠的渗透率数据；另外，还要求应用物质平衡方程来计算未来平均油藏压力下的含油饱和度。

5.2.1.6 Fetkovich 法

Muskat 和 Evinger(1942)试图通过由拟稳态流方程计算一个理论采油指数，来考虑所观察到的井的非线性流体特征(即 IRP)。他们给出的达西方程如下：

$$Q_o=\frac{0.00708kh}{[\ln(r_e/r_w)-0.75+s]}\int_{p_{wf}}^{\bar{p}_r}f(p)\mathrm{d}p \tag{5.82}$$

压力函数 $f(p)$ 的定义如下：

$$f(p)=\frac{k_{ro}}{\mu_o B_o} \tag{5.83}$$

式中：k_{ro} 为石油的相对渗透率；k 为绝对渗透率，mD；B_o 为原油体积系数；μ_o 为原油黏度，cP。

Fetkovich(1973)提出，这个压力函数基本上可落入两个区域：

区域 1。未饱和区域：在 $p>p_b$ 时，这个压力函数 $f(p)$ 落入该区域。由于该区域内的原油相对渗透率为 1(即 $k_{ro}=1$)，因此可以得出以下关系式：

$$f(p)=\left(\frac{1}{\mu_o B_o}\right)_p \tag{5.84}$$

Fetkovich 观察到，$f(p)$ 中的变量很小，因而这个压力函数被视为常数，如图 5.18 所示。

区域 2。饱和区域：Fetkovich 指出，在 $p<p_b$ 的饱和区域，$k_{ro}/\mu_o B_o$ 随压力呈线性变化，且这条直线过原点。图 5.18 示意性地展示了这条直线，其数学表达式如下：

$$f(p)=0+(斜率)p$$

即：

$$f(p)=0+\left(\frac{1/(\mu_o B_o)}{p_b}\right)_{p_b}p$$

简化后得到：

$$f(p)=\left(\frac{1}{\mu_o B_o}\right)_{p_b}\left(\frac{p}{p_b}\right) \tag{5.85}$$

式中：μ_o 和 B_o 为泡点压力下的估算值。

在直线压力函数的应用中，有三种情形必须加以考虑：$\overline{p_r}$ 和 $p_{wf}>p_b$；$\overline{p_r}$ 和 $p_{wf}<p_b$；$\overline{p_r}>p_b$ 和 $p_{wf}<p_b$。下面介绍这三种情形。

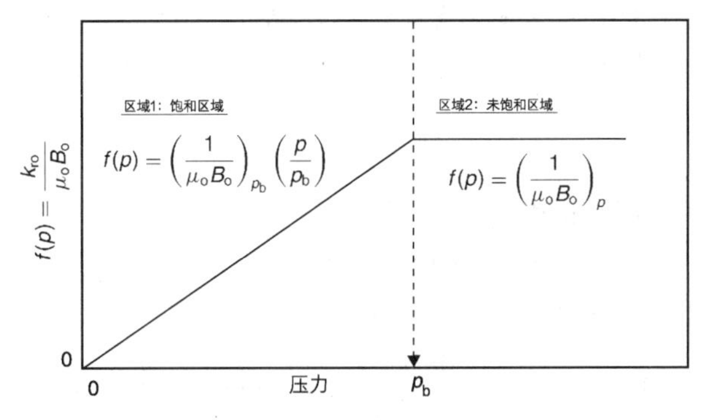

图 5.18　压力函数的概念图

5.2.1.6.1　第一种情形：$\bar{p}_r$ 和 p_{wf} 都大于 p_b

p_{wf} 和 $\bar{p}_r$ 都大于泡点压力的未饱和油藏中的油井就符合这种情形。这种情形下的压力函数 $f(p)$ 由式(5.84)来描述。将式(5.84)代入式(5.82)得到：

$$Q_o=\frac{0.00708kh}{\ln(r_e/r_w)-0.75+s}\int_{p_{wf}}^{\bar{p}_r}\left(\frac{1}{\mu_o B_o}\right)\mathrm{d}p$$

由于 $(1/\mu_o B_o)$ 为常数，所以有下式：

$$Q_o=\frac{0.00708kh}{\mu_o B_o[\ln(r_e/r_w)-0.75+s]}(\bar{p}_r-p_w) \tag{5.86}$$

根据采油指数的定义得到：

$$Q_o=J(\bar{p}_r-p_{wf}) \tag{5.87}$$

从油藏参数方面来定义采油指数可以得出：

$$J=\frac{0.00708kh}{\mu_o B_o[\ln(r_e/r_w)-0.75+s]} \tag{5.88}$$

式中 μ_o 和 B_o 是在 $(\bar{p}_r+p_{wf})/2$ 的条件下进行评估的。

【示例 5.14】

假设平均油藏压力为 3000psi 的一个未饱和油藏中有一口在产油井。在 150℉ 下记录的泡点压力为 1500psi。以下其他数据已知：稳定的流量 = 280STB/d；稳定的井筒流压 = 2200psi；h=20ft；r_w=0.3ft；r_e=660ft；s=−0.5；k=65mD；2600psi 压力下的 μ_o=2.4cP；2600psi 压力下的 B_o=1.4bbl/STB。

利用储层特征[即式(5.88)]和试井数据即[式(5.58)]计算采油指数：

解答：

由式(5.87)可以得出：

$$\begin{aligned}J&=\frac{0.00708kh}{\mu_o B_o[\ln(r_e/r_w)-0.75+s]}\\&=\frac{0.00708(65)(20)}{(24)(1.4)[\ln(660/0.3)-0.75-0.5]}\\&=0.42[\mathrm{STB/(d\cdot psi)}]\end{aligned}$$

由生产数据可以得出：

$$J=\frac{Q_o}{\bar{p}_r-p_{wf}}=\frac{Q_o}{\Delta p}=\frac{200}{3000-2200}=0.35[\mathrm{STB/(d\cdot psi)}]$$

所得结果证实这两种方法的结果具有合理的匹配度。但需要指出的是，在式(5.88)中用于确定采油指数的参数值存在几个不确定因素。例如，表皮系数k或泄油面积的变化将引起J的计算结果发生改变。

5.2.1.6.2　第二种情况：$\bar{p}_r$和p_{wf}都小于p_b

当油藏压力$\bar{p}_r$和井底流压p_{wf}都低于泡点压力时，压力函数$f(p)$用式(5.85)的直线关系式来表示。将式(5.85)与式(5.82)合并可以得出：

$$Q_o=\left[\frac{0.00708kh}{\ln(r_e/r_w)-0.75+s}\right]\int_{p_{wf}}^{\bar{p}_r}\frac{1}{(\mu_o B_o)_{p_b}}\left(\frac{p}{p_b}\right)dp$$

由于$(1/\mu_o B_o)$项为常数，所以有下式：

$$Q_o=\left[\frac{0.00708kh}{\ln(r_e/r_w)-0.75+s}\right]\frac{1}{(\mu_o B_o)_{p_b}}\left(\frac{1}{p_b}\right)\int_{p_{wf}}^{\bar{p}_r}p\,dp$$

积分得出：

$$Q_o=\frac{0.00708kh}{(\mu_o B_o)_{p_b}[\ln(r_e/r_w)-0.75+s]}\left(\frac{1}{2p_b}\right)(\bar{p}_r^2-p_{wf}^2) \tag{5.89}$$

把式(5.81)所定义的采油指数代入上述方程得到：

$$Q_o=J\left(\frac{1}{2p_b}\right)(\bar{p}_r^2-p_{wf}^2) \tag{5.90}$$

该方程中的$(J/2p_b)$项通常被称为动态系数C，即：

$$Q_o=C(\bar{p}_r^2-p_{wf}^2) \tag{5.91}$$

为了把油井中出现非达西流(湍流)的可能性考虑在内，Fetkovich在式(5.19)中引入了指数n，得到下式：

$$Q_o=C(\bar{p}_r^2-p_{wf}^2)n \tag{5.92}$$

指数n的取值范围从1.0(完全的层流)到0.5(较高程度的湍流)。

式(5.92)中有两个未知数：动态系数C和指数n。假设$\bar{p}_r$已知，要估算这两个未知数至少需要开展两次测试。

对式(5.92)两端同时取对数，并求解$(\bar{p}_r^{\ 2}-p_{wf}^{\ 2})$项，这个方程的表达式可以写成下式：

$$\log(\bar{p}_r^2-p_{wf}^2)=\frac{1}{n}\log Q_o-\frac{1}{n}\log C$$

在双对数坐标系中绘制$(\bar{p}_r^{\ 2}-p_{wf}^{\ 2})$与$q_o$的关系曲线，将得到一条直线，其斜率为$1/n$，在$(\bar{p}_r^{\ 2}-p_{wf}^{\ 2})=0$时的截距为$C$。一旦$n$的数值被确定，则可根据直线图上的任意点计算出$C$值，其计算公式如下：

$$C=\frac{Q_o}{(\bar{p}_r^2-p_{wf}^2)^n}$$

在根据测试数据确定了C值和n值之后，就可以利用式(5.92)求取完整的IPR。

为了建立未来平均油藏压力将降至$(\bar{p}_r)_f$时的IPR，Fetkovich假设动态系数C为平均油藏压力的线性函数，因此，C值可以调整为：

$$(C)_f=(C)_p\frac{(\bar{p}_r)_f}{(\bar{p}_r)_p} \tag{5.93}$$

Fetkovich假设指数n不会随着油藏压力下降而变化。Beggs(1991)非常精彩而全面地论述了构建油气井IPR曲线的各种方法。Beggs(1991)曾用以下例子来说明如何利用Fetkovich法来求取未来和当前的 IPR。

【示例 5.15】

对平均压力为 3600psi 的饱和油藏中的一口生产井开展了 4 点法稳定试井(见表 5.19)。

表 5.19　生产井的生产数据

Q_o/(STB/d)	p_{wf}/psi
263	3170
383	2890
497	2440
640	2150

运用 Fetkovich 法构建完整的 IPR。构建油藏压力降至 2000psi 时的 IPR。

解答:

(1) 第 1 步，建立下列数据表(见表 5.20):

表 5.20　($\bar{p}_r^2-p_{wf}^2$)数据

Q_o/(STB/d)	p_{wf}/psi	($\bar{p}_r^2-p_{wf}^2$)/10^{-6}psi^2
263	3170	2.911
383	2897	4.567
497	2440	7.006
640	2150	8.338

第 2 步，如图 5.19 所示，在双对数纸上绘制($\bar{p}_r^2-p_{wf}^2$)与 Q_o的交会图，并确定指数 n，即:

$$n=\frac{\log(750)-\log(105)}{\log(10^7)-\log(10^6)}=0.854$$

第 3 步，在直线上选取任意一点[例如(74510×10^6)]求动态系数 C，由式(5.92)求取动态系数 C:

$$Q_o=C(\bar{p}_r^2-p_{wf}^2)^n$$

$$745=C(10\times10^6)^{0.854}$$

$$C=0.00079$$

第 4 步，给出各种 p_{wf}值并由式(5.92)计算相应的流量，由此求取 IPR 数据(见表 5.21):

$$Q_o=0.00079(3600^2-p_{wf}^2)^{0.854}$$

表 5.21　IPR 数据

p_{wf}/psi	Q_o/(STB/d)
3600	0
3000	340
2500	503
2000	684
1500	796
1000	875
500	922
0	937

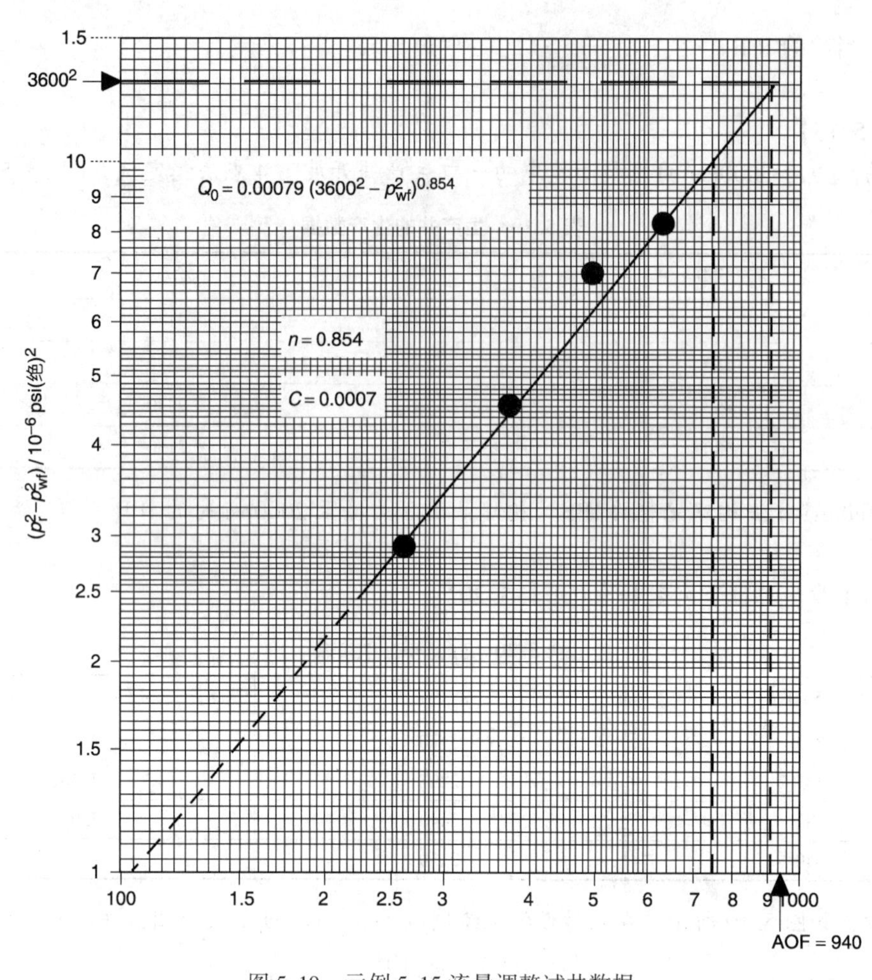

图 5.19　示例 5.15 流量调整试井数据

（来源：Beggs，D.，1991. Production Optimization Using Nodal Analysis. OGCI，Tulsa，OK）

图 5.20 显示的是 IPR 曲线。注意，AOF[即$(Q_o)_{max}$]为 937STB/d。

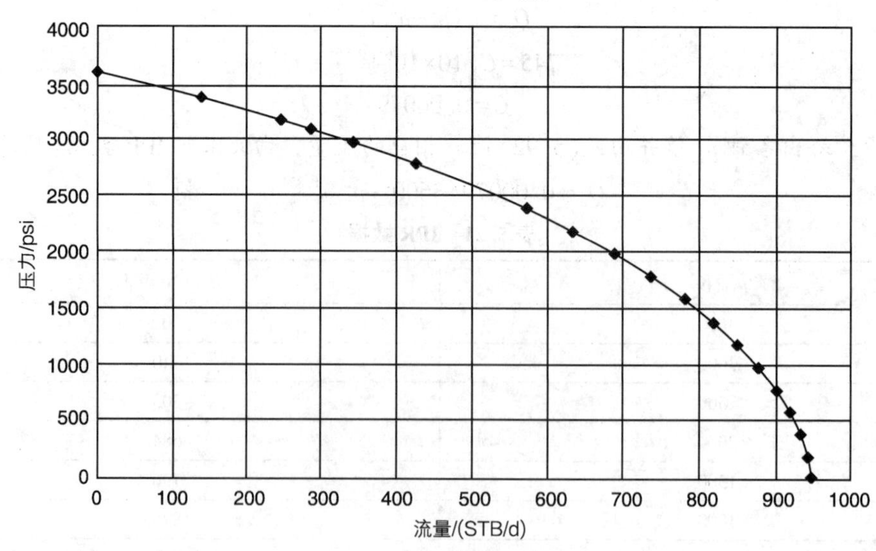

图 5.20　采用 Fetkovich 法绘制的 IPR 曲线

(2) 第 1 步，由式(5.94)计算未来的$(C)_f$：

$$(C)_f=(C)_p\frac{(\bar{p}_r)_f}{(\bar{p}_r)_p}$$

$$=0.00079\left(\frac{2000}{3600}\right)=0.000439$$

第 2 步，采用新计算的 C 值和下列流入方程建立 2000psi 压力下的新 IPR 曲线(见表 5.22)：

$$Q_0=0.000439(2000^2-p_{wf}^2)^{0.854}$$

表 5.22 IPR 数据

p_{wf}	Q_0/(STB/d)
2000	0
1500	94
1000	150
500	181
0	191

图 5.21 给出了当前和未来的 IPR 曲线。

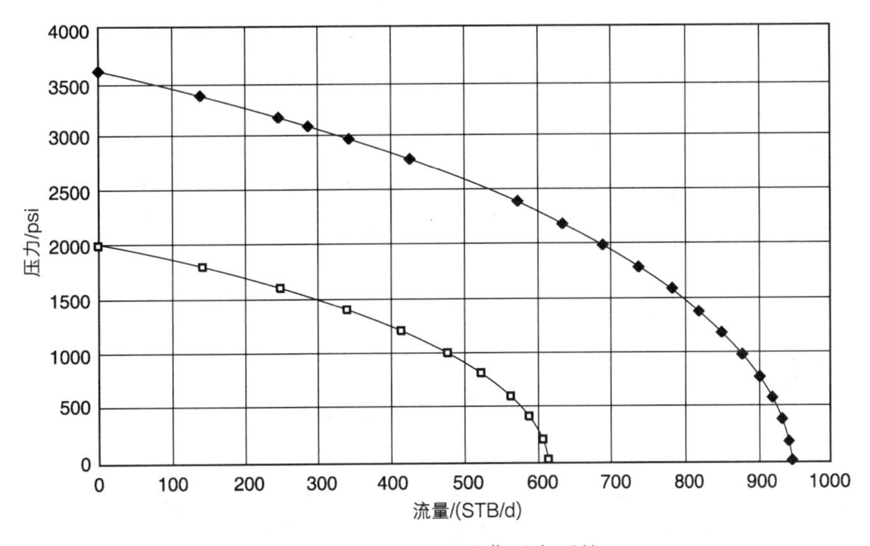

图 5.21 未来 2000psi 油藏压力下的 IPR

Klins 和 Clark(1993 年)建立了经验公式，将 Fetkovich 的动态系数 C 和流动指数 n 与油藏压力的递减联系在了一起。这两位研究者还观察到，指数 n 随油藏压力的变化相当明显。Klins 和 Clark 得出结论认为，“未来”压力$(\bar{p}_r)_f$下$(n)_f$和 C 的数值是与泡点压力下 n 和 C 的数值相关联的。设 C_b和 n_b分别代表泡点压力 p_b下的动态系数和流动指数，Klins 和 Clark 引入了下列无量纲参数：无量纲动态系数$=C/C_b$；无量纲流动指数$=n/n_b$；无量纲平均油藏压力$=\bar{p}_r/p_b$。

这两位研究者利用下面的两个式子把 C/C_b和 n/n_b分别与无量纲压力相关联：

$$\left(\frac{n}{n_b}\right)=1+0.0577\left(1-\frac{\bar{p}_r}{p_b}\right)-0.2459\left(1-\frac{\bar{p}_r}{p_b}\right)^2+0.503\left(1-\frac{\bar{p}_r}{p_b}\right)^3 \qquad (5.94)$$

以及：

$$\left(\frac{C}{C_b}\right)=1-3.5718\left(1-\frac{\bar{p}_r}{p_b}\right)+4.7981\left(1-\frac{\bar{p}_r}{p_b}\right)^2-2.3066\left(1-\frac{\bar{p}_r}{p_b}\right)^3 \tag{5.95}$$

式中：C_b为泡点压力下的动态系数；n_b为泡点压力下的流动指数。

下面详细介绍如何应用上述关系式来随油藏压力变化调整系数 C 和 n：

第 1 步，运用现有的试井数据并结合 Fetkovich 式[即式(5.92)]，计算当前平均油藏压力$\bar{p}_r$下的目前(当前)n 值和 C 值。

第 2 步，利用当前$\bar{p}_r$值，分别由式(5.94)和式(5.95)计算无量纲 n/n_b和 C/C_b：

第 3 步，利用下面的式子求取常数 n_b和 c_b：

$$n_b=\frac{n}{n/n_b} \tag{5.96}$$

$$C_b=\frac{C}{(C/C_b)} \tag{5.97}$$

需要指出的是，如果目前的油藏压力等于泡点压力，那么在第 1 步计算的 n 和 C 实际上就是 n_b和 C_b。

第 4 步，假设未来平均油藏压力为$(\bar{p}_r)_f$，分别由式(5.94)和式(5.95)计算相应的未来无量纲 n/n_b和 C/C_b：

$$n_f=n_b\left(\frac{n}{n_b}\right)$$

$$C_f=C_b\left(\frac{C_f}{C_b}\right)$$

第 5 步，利用下列公式计算未来的 n_f和 C_f值。

第 6 步，利用 Fetkovich 方程中的 n_f和 C_f求取在所期望(未来)的平均油藏压力$(\bar{p}_r)_f$下油井未来的 IPR。需要指出的是，在$(\bar{p}_r)_f$下的最大井石油产量$(Q_o)_{max}$由下式计算：

$$(Q_o)_{max}=C_f[(\bar{p}_r)^2]^{n_f} \tag{5.98}$$

【示例 5.16】

利用示例 5.15 给出的数据，求取在油藏压力降至 3200psi 时的未来 IPR 数据。

解答：

第 1 步，油藏压力在泡点压力($p_b=3600$psi)之上，因此：$N_b=0.854$ 和 $C_b=0.00079$。

第 2 步，由式(5.94)和式(5.95)计算在油藏压力为 3200psi 时的未来无量纲参数：

$$\left(\frac{n}{n_b}\right)=1+0.0577\left(1-\frac{3200}{3600}\right)-0.2459\times\left(1-\frac{3200}{3600}\right)^2+0.5030\left(1-\frac{3200}{3600}\right)^6=1.0041$$

$$\left(\frac{C}{C_b}\right)=1-3.5718\left(1-\frac{3200}{3600}\right)+4.7981\times\left(1-\frac{3200}{3600}\right)^2-2.3066\left(1-\frac{3200}{3600}\right)^3=0.6592$$

第 3 步，求解 N_f和 C_f：

$$N_f=n_b(1.0041)=(0.854)\times(1.0041)=0.8575$$

$$C_f=C_b(0.6592)=(0.00079)\times(0.6592)=0.00052$$

因此，流量表达式可以写成：

$$Q_o=C(p_r^{-2}-p_{wf}^2)^n=0.00052(3200^2-p_{wf}^2)^{0.8575}$$

最大井石油产量(即 AOF)出现在 $p_{wf}=0$ 时，即：

$$(Q_o)_{max}=0.00052(3200^2-0^2)^{0.8575}=534(\text{STB/d})$$

第 4 步，假设多个 p_{wf} 值，建立下表(见表 5.23)：

$$Q_o=0.00052[3200^2-(p_{wf})^2]^{0.8575}=534(\text{STB/d})$$

表 5.23　p_{wf} 和 Q_o 值

p_{wf}/psi	Q_o/(STB/d)
3200	0
2000	349
1500	431
5000	523
0	534

图 5.22 对比了在示例 5.10 和示例 5.11 中所计算的当前和未来 IPR。

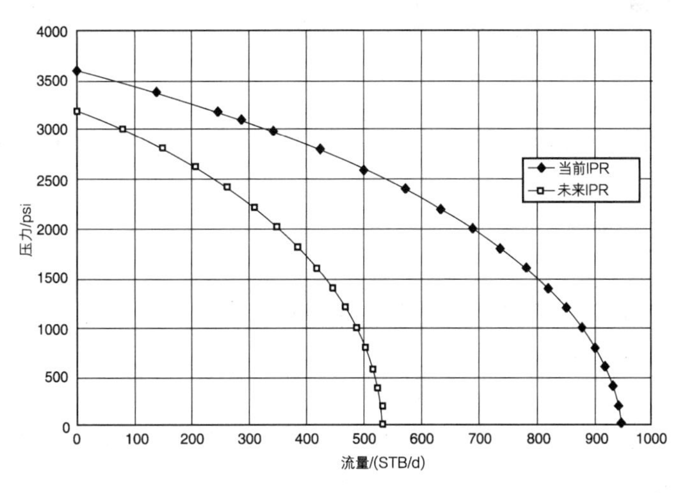

图 5.22　IPR 图

5.2.1.6.3　第 3 种情况：$\bar{p}_r>p_b$ 且 $p_{wf}<p_b$

图 5.23 是第 3 种情况 3 的示意图，其中假设 $p_{wf}<p_b$ 且 $p_r>p_b$。式(5.28)中的积分可以加以扩展并改写为下式：

$$Q_0=\frac{0.00708kh}{\ln(r_e/r_w)-0.75+s}\left[\int_{p_{wf}}^{p_b}f(p)\,\mathrm{d}p+\int_{p_b}^{\bar{p}_r}f(p)\,\mathrm{d}p\right]$$

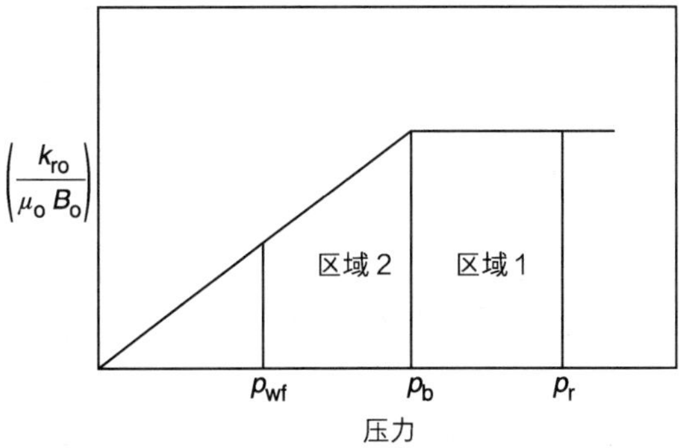

图 5.23　第 3 种情况下的($k_{ro}/\mu_o B_o$)与压力的关系

将式(5.84)和式(5.85)代入上述表达式得出：

$$Q_0=\frac{0.00708kh}{\ln(r_e/r_w)-0.75+s}\times\left[\int_{p_{wf}}^{p_b}\left(\frac{1}{\mu_o B_o}\right)\left(\frac{p}{p_b}\right)dp+\int_{p_b}^{\bar{p}_r}\left(\frac{1}{\mu_o B_o}\right)dp\right]$$

式中：μ_o和B_o为在泡点压力p_b下的估算值。

对上述表达式进行整理得到：

$$Q_0=\frac{0.00708kh}{\mu_o B_o[\ln(r_e/r_w)-0.75+s]}\left[\frac{1}{p_b}\int_{p_{wf}}^{p_b}p\,dp+\int_{p_b}^{\bar{p}_b}dp\right]$$

求取采油指数的积分并引入上述关系式得出：

$$Q_o=J\left[\frac{1}{2p_b}(p_b^2-p_{wf}^2)+(\bar{p}_r-p_b)\right]$$

即

$$Q_o=J(\bar{p}_r-p_b)+\frac{J}{2p_b}(p_b^2-p_{wf}^2) \tag{5.99}$$

【示例 5.17】

假设一口油井拥有下列油藏数据和试井数据。压力数据：$\bar{p}_r=4000$psi；$p_b=3200$psi。试井数据：$p_{wf}=3600$psi；$Q_o=280$STB/d。

求取井产生的 IPR 数据。

解答：

第 1 步，鉴于$p_{wf}<p_b$，由式(5.58)计算采油指数：

$$J=\frac{Q_o}{\bar{p}_r-p_{wf}}=\frac{Q_o}{\Delta p}=\frac{280}{4000-3600}=0.7[\text{STB/(d·psi)}]$$

第 2 步，在假设的$p_{wf}>p_b$条件下，由式(5.87)计算 IPR；而当$p_{wf}<p_b$时，由式(5.99)计算 IPR 数据(见表 5.24)：

$$Q_o=J(\bar{p}_r-p_{wf})=0.7(4000-p_{wf})$$

$$Q_o=J(\bar{p}_r-p_b)+\frac{J}{2p_b}(p_b^2-p_{wf}^2)=0.7(4000-3200)+\frac{0.7}{2(3200)}[(3200)^2-p_{wf}^2]$$

表 5.24 IPR 数据

p_{wf}/psi	方程	Q_o/(STB/d)
4000	式(5.87)	0
3800	式(5.87)	140
3600	式(5.87)	280
3200	式(5.87)	560
3000	式(5.99)	696
2600	式(5.99)	941
2200	式(5.99)	1151
2000	式(5.99)	1243
1000	式(5.99)	1571
500	式(5.99)	1653
0	式(5.99)	1680

计算结果显示在图 5.24 中。

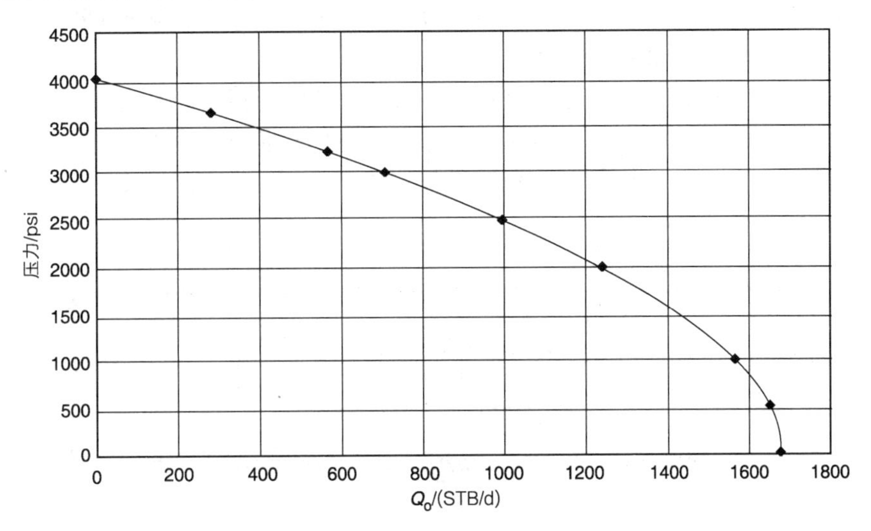

图 5.24 应用 Fetkovich 方法计算的 IPR

需要指出的是，Fetkovich 法优于 Standing 法之处在于，在预测未来平均油藏压力下的原油饱和度时，不再需要进行繁杂的物质平衡计算。

5.2.1.7 Klins 和 Clark 法

Klins 和 Clark(1993)提出了形式上类似于 Vogel 法的流入表达式，可用于估算未来 IPR 数据。为了提高 Vogel 方程的预测能力，这两位研究者还在 Vogel 表达式中引入了一个新的指数 d。他们建立的表达式如下：

$$\frac{Q}{(Q_o)_{max}}=1-0.295\left(\frac{p_{wf}}{\bar{p}_r}\right)-0.705\left(\frac{p_{wf}}{\bar{p}_r}\right)^d \tag{5.100}$$

其中：

$$d=\left[0.28+0.72\left(\frac{\bar{p}_r}{p_b}\right)\right](1.24+0.001p_b) \tag{5.101}$$

Klins 和 Clark 法的计算步骤总结如下：

第 1 步，已知泡点压力和当前油藏压力，由式(5.101)计算指数 d。

第 2 步，根据现有的稳定流动数据(即 p_{wf}下的 Q_o)，解式(5.100)求取 Q_{omax}，即：

$$(Q_o)_{max}=\frac{Q_o}{1-0.295(p_{wf}/\bar{p}_r)-0.705(p_{wf}/\bar{p}_r)^d}$$

第 3 步，通过为式(5.100)中的 p_{wf}设定多个数值并求解对应的 Q_o，建立当前 IPR。

5.2.2 水平油井动态

自 1980 年以来，水平井在油气生产井中所占的比例持续增长。与直井相比，水平井具有如下优势：每口水平井都可以对很大的油藏体积进行泄油；提高薄产层的产量；水平井能够使水分带(water zoning)和气分带(gas zoning)问题最小化；在直井近井筒地带天然气流速度较大的高渗透率油藏中，水平井可降低天然气流速和减少湍流；在二次采油和提高采收率采油中，长水平井段注入井可以提高注入量；水平井段可与多条裂缝接触，从而大幅度提高产能。

水平井实际的生产机理及其周围流体流动状态被认为要比直井中的更复杂，在水平井的水平井段很长的情况下尤其如此。实际上存在某种形式的线性流动与径向流动的组合，井动态很可能类似于已经开展过全面压裂的油井。Sherrad 等(1987)指出，水平井的实测 IPR 曲线形状，类似于采用 Vogel 法或 Fetkovich 法预测的 IPR 曲线的形状。这些研究者指出，1500ft 长的水平井的产能是垂直井的 2~4 倍。

水平井可看成是在有限的产层厚度范围内所钻的一排紧密相临的垂直井。图 5.25 显示了一个产层厚度为 h 的油藏中水平段长度为 L 的水平井的泄油面积。每口水平井泄油面积的构成都包括其端部半径为 b 的半圆形泄油面积和水平井段的长方形泄油面积。

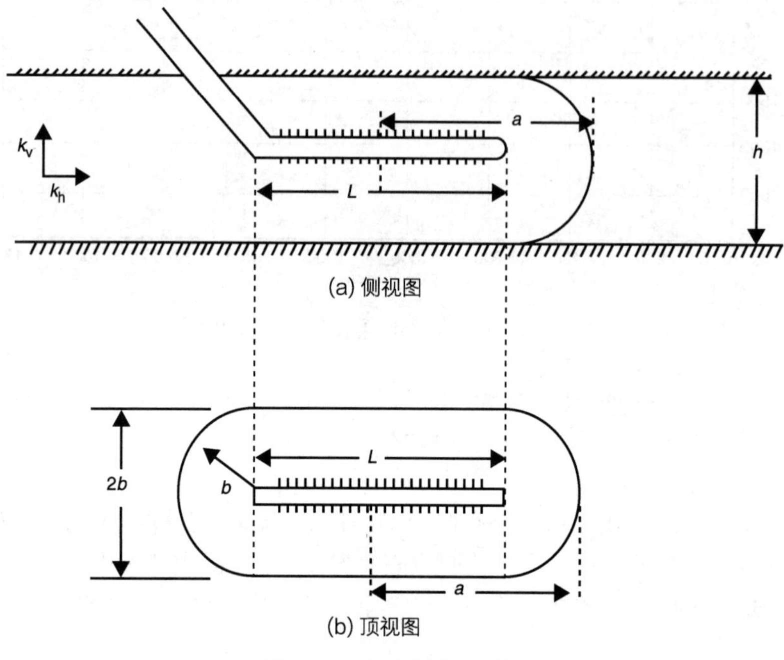

图 5.25　水平井泄油面积

假设每口水平井的端部都由拥有半径为 b 的半圆形泄油面积的垂直井来代表，Joshi (1991)提出了下面两种计算水平井泄油面积的方法。

5.2.2.1　方法 Ⅰ

Joshi 提出，水平井泄油面积的构成包括其两端半径为 b(相当于直井 r_{ev} 的泄油半径)的两个半圆和中间尺寸为 $2h \cdot L$ 的一个长方形。因而其计算公式如下：

$$A=\frac{L(2b)+\pi b^2}{43560} \tag{5.102}$$

式中：A 为泄油面积，acre；L 为水平井长度，ft；b 为椭圆的半短轴，ft。

5.2.2.2　方法 Ⅱ

Joshi 假设水平井的泄油面积为一椭圆形，因此其计算公式如下：

$$A=\frac{\pi ab}{43560} \tag{5.103}$$

其中：

$$a=\frac{L}{2}+b \tag{5.104}$$

式中：a 为椭圆的长半轴。

Joshi 注意到，由这两种方法得出的泄油面积 A 并不一致，因而建议把二者的平均值作为水平井的泄油面积。大多数产量方程都要求有水平井的泄油半径，其表达式如下：

$$r_{eh}=\sqrt{\frac{43560A}{\pi}}$$

式中：r_{eh}为水平井的泄油半径，ft；A 为水平井的泄油面积，acre。

【示例 5.18】

一个面积为 480acre 的区块计划采用 12 口直井进行开发。假设每口直井的有效泄油面积为 40acre，计算有效开发这个区块所需的 1000ft 或 2000ft 长的水平井的数量。

解答：

第 1 步，计算直井的泄油半径：

$$r_{ev}=b=\sqrt{\frac{(40)(43560)}{\pi}}=745(\text{ft})$$

第 2 步，采用 Joshi 提出的两种方法计算 1000ft 和 2000ft 长水平井的有效泄油面积。

（1）方法Ⅰ。由式(5.102)计算 1000ft 长水平井的泄油面积：

$$A=\frac{L(2b)+\pi b^2}{43560}=\frac{(1000)(2\times745)+\pi(745)^2}{43560}=74(\text{acre})$$

2000ft 长水平井的泄油面积为：

$$A=\frac{L(2b)+\pi b^2}{43560}=\frac{(2000)(2\times745)+\pi(745)^2}{43560}=108(\text{acre})$$

（2）方法Ⅱ。由式(5.103)计算 1000ft 长水平井的泄油面积：

$$a=\frac{L}{2}+b=\frac{1000}{2}+745=1245(\text{ft})$$

$$A=\frac{\pi ab}{43560}=\frac{\pi(1245)(745)}{43560}=67(\text{acre})$$

2000ft 长水平井的泄油面积为：

$$a=\frac{2000}{2}+745=1745(\text{ft})$$

$$A=\frac{\pi(1745)(75)}{43560}=94(\text{acre})$$

第 3 步，求取这两种方法计算结果的平均值，1000ft 长水平井的泄油面积为：

$$A=\frac{74+67}{2}=71(\text{acre})$$

2000ft 长水平井的泄油面积为：

$$A=\frac{108+94}{2}=101(\text{acre})$$

第 4 步，计算所需的 1000ft 长水平井的数量：

所需的 1000ft 长水平井的总数＝总面积/单井泄油面积＝480/71≈7 口井

第 5 步，计算所需的 2000ft 长水平井的数量：

所需的 2000ft 长水平井的总数＝总面积/单井泄油面积＝480/101≈5 口井

从实际的角度看，水平井的流入动态计算是在以下两种流动状态下进行的：稳态单相流和拟稳态双相流。Joshi 撰写的参考书详细论述了水平井技术，其中涉及了求取 IP 的最新方法。

5.2.3　稳态流状态下的水平井产能

稳态解析解是最简单形式的水平井解。稳态解要求油藏中任一点的压力都不随时间变化。稳态条件下的井产量方程表达为：

$$Q_{oh}=J_h(p_r-p_{wf})=J_h\Delta p \tag{5.105}$$

式中：Q_{oh}为水平井产量，STB/d；Δp 为从泄油边界到井筒的压降，psi；J_h为水平井采油指数，STB/(d·psi)。

井产量 Q_{oh}除以压降 Δp 总是可以得到水平井的采油指数 J_h，即：

$$J_h=\frac{Q_{oh}}{\Delta p}$$

有多种方法可用于根据流体和储层特征预测采油指数。这些方法包括：Borisov 法；Giger、Reiss 和 Jourdan 法；Joshi 法；Benard 和 Dupuy 法。

5.2.3.1　Borisov 法

Borisov(1984)提出了下列表达式，用于预测各向同性油藏(即 k_v为 k_n)中水平井的采油指数：

$$J_h=\frac{0.00708hk_h}{\mu_o B_o[\ln(4r_{eh}/L)+(h/L)\ln(h/2\pi r_w)]} \tag{5.106}$$

式中：h 为厚度，ft；k_h为横向渗透率，mD；k_v为纵向渗透率，mD；L 为水平井长度，ft；r_{eh}为水平井泄油半径，ft；r_w为井筒半径；J_h为采油指数，STB/(d·psi)。

5.2.3.2　Giger、Reiss 和 Jourdan 法

针对纵向渗透率 k_v等于横向渗透率 k_h的各向同性油藏，Giger 等(1084)提出了用于计算采油指数 J_h的下列表达式：

$$J_h=\frac{0.00708Lk_h}{\mu_o B_o[(L/h)\ln(X)+\ln(h/2r_w)]} \tag{5.107}$$

其中：

$$X=\frac{1+\sqrt{1+(L/2r_{eh})^2}}{L/(2r_{eh})} \tag{5.108}$$

为了考虑储层的各向异性，这些研究者提出了下列关系式：

$$J_h=\frac{0.00708k_h}{\mu_o B_o[(1/h)\ln(X)+(\beta^2/L)\ln(h/2r_w)]} \tag{5.109}$$

其中，参数 β 的定义如下：

$$\beta=\sqrt{\frac{k_h}{k_v}} \tag{5.110}$$

式中：k_v为纵向渗透率，mD；L 为水平井段的长度，ft。

5.2.3.3　Joshi 法

Joshi(1991)提出了估算各向同性油藏中水平井采油指数的如下关系式：

$$J_h=\frac{0.00708hk_h}{\mu_o B_o[\ln(R)+(h/L)\ln(h/2r_w)]} \tag{5.111}$$

其中：

$$R=\frac{a+\sqrt{a^2-(L/2)^2}}{(L/2)} \tag{5.112}$$

a 是泄油椭圆面积的半长轴，其表达式如下：

$$a=\left(\frac{L}{2}\right)\left[0.5+\sqrt{0.25+\left(\frac{2r_{eh}}{L}\right)^4}\right]^{0.5} \tag{5.113}$$

通过把纵向渗透率引入式(5.111)，Joshi 把储层各向异性的影响考虑了进来，得到下式：

$$J_h=\frac{0.00708kh_h}{\mu_o B_o[\ln(R)+(B^2h/L)\ln(h/2r_w)]} \tag{5.114}$$

参数 B 和 R 分别由式(5.110)和式(5.112)确定。

5.2.3.4　Renard 和 Dupuy 法

针对各向同性油藏，Renard 和 Dupuy(1990)提出了如下关系式：

$$J_h=\frac{0.00708kh_h}{\mu_o B_o[\cosh^{-1}(2a/L)+(h/L)\ln(h/2\pi r_w)]} \tag{5.115}$$

a 是泄油椭圆面积的半长轴，由式(5.113)确定。

针对各向异性油藏，这两位研究者提出了下列关系式：

$$J_h=\frac{0.00708kh_h}{\mu_o B_o[\cosh^{-1}(2a/L)+(\beta h/L)\ln(h/2\pi r'_w)]} \tag{5.116}$$

其中：

$$r'_w=\frac{(1+\beta)r_w}{2\beta} \tag{5.117}$$

其中的参数 β 由式(5.110)确定。

【示例 5.19】

假设有一口 2000ft 长的水平井，其泄油面积估计为 120acres。储层具有各向同性，其特征如下：$k_v=k_h=100$mD；$h=60$ft；$B_o=1.2$bbl/STB；$\mu_o=0.9$cP；$p_e=3000$psi；$p_{wf}=2500$psi；$r_w=0.30$ft。假设为稳态流，采用下列方法计算井产量：(1) Borisov 法；(2) Giger、Reiss 和 Jourdan 法；(3) Joshi 法；(4) Renard 和 Dupuy 法。

解答：

(1) Borisov 法

第 1 步，计算水平井的泄油半径：

$$r_{eh}=\sqrt{\frac{43560A}{\pi}}=\sqrt{\frac{(43560)(120)}{\pi}}=1290(\text{ft})$$

第 2 步，用式(5.106)计算 J_h：

$$\begin{aligned}J_h&=\frac{0.00708hk_h}{\mu_o B_o[\ln(4r_{eh}/L)+(h/L)\ln(h/2\pi r_w)]}\\&=\frac{(0.00708)(60)(100)}{(0.9)(1.2)[\ln(((4)(1290))/2000)+(60/2000)\ln(60/2\pi(0.3))]}\\&=37.4[\text{STB/(d·psi)}]\end{aligned}$$

第 3 步，由式(5.105)计算井产量：

$$Q_{oh}=J_h\Delta p=(37.4)(3000-2500)=18700(\text{STB/d})$$

(2) Giger、Reiss 和 Jourdan 法：

第 1 步，由式(5.108)计算参数 x：

$$X=\frac{1+\sqrt{1+(L/2r_{eh})^2}}{L/(2r_{eh})}=\frac{1+\sqrt{1+(2000/(2)(1290))^2}}{2000/[(2)(1290)]}=2.105$$

第 2 步，由式(5.107)求解 J_h：

$$\begin{aligned}J_h&=\frac{0.00708Lk_h}{\mu_o B_o[(L/h)\ln(X)+\ln(h/2r_w)]}\\&=\frac{(0.00708)(2000)(100)}{(0.9)(1.2)[(2000/60)\ln(2.105)+\ln(60/2(0.3))]}\\&=44.57(\text{STB/d})\end{aligned}$$

第 3 步，计算井产量：$Q_o=44.57(3000-2500)=22286(\text{STB/d})$。

(3) Joshi 法：

第 1 步，由式(5.113)计算椭圆半长轴的长度：

$$\begin{aligned}a&=\left(\frac{L}{2}\right)\left[0.5+\sqrt{0.25+\left(\frac{2r_{eh}}{L}\right)^4}\right]^{0.5}\\&=\left(\frac{2000}{2}\right)\left[0.5+\sqrt{0.25+\left[\frac{2(1290)}{2000}\right]^2}\right]\\&=1372(\text{ft})\end{aligned}$$

第 2 步，由式(5.112)计算参数 R：

$$\begin{aligned}R&=\frac{a+\sqrt{a^2-(L/2)^2}}{(L/2)}\\&=\frac{1372+\sqrt{(1372)^2-(2000/2)^2}}{(2000/2)}=2.311\end{aligned}$$

第 3 步，由式(5.111)求解 J_h：

$$\begin{aligned}J_h&=\frac{0.00708hk_h}{\mu_o B_o[\ln(R)+(h/L)\ln(h/2r_w)]}\\&=\frac{0.00708(60)(100)}{(0.9)(1.2)[\ln(2.311)+(60/2000)\ln(60/((2)(0.3)))]}\\&=40.3[\text{STB/(d}\cdot\text{psi)}]\end{aligned}$$

第 4 步，计算井产量：

$$Q_{oh}=J_h\Delta p=(40.3)(3000-2500)=20154(\text{STB/d})$$

(4) Renard 和 Dupuy 法：

第 1 步，由式(5.113)计算 a：

$$\begin{aligned}a&=\left(\frac{L}{2}\right)\left[0.5+\sqrt{0.25+\left(\frac{2r_{eh}}{L}\right)^4}\right]^{0.5}\\&=\left(\frac{2000}{2}\right)\left[0.5+\sqrt{0.25+\left[\frac{2(1290)}{2000}\right]^2}\right]^{0.5}\\&=1372(\text{ft})\end{aligned}$$

第 2 步，由式(5.115)确定 J_h：

$$J_h = \frac{0.00708hk_h}{\mu_o B_o[\cosh^{-1}(2a/L)+(h/L)\ln(h/2\pi r_w)]}$$

$$= \frac{0.00708(60)(100)}{(0.9)(1.2)[\cosh^{-1}((2)(1327)/2000)+(60/2000)\ln(60/2\pi(0.3))]}$$

$$=41.77[\text{STB}/(\text{d}\cdot\text{psi})]$$

第3步，计算井产量：

$$Q_{oh}=41.77\times(3000-2500)=20885(\text{STB/d})$$

【示例5.20】

运用示例5.19中的数据，假定油藏具有 $k_h=100$mD 和 $k_v=10$mD 的各向同性储层，采用以下方法计算井产量：(1) Giger、Reiss和Jourdan法；(2) Joshi法；(3) Renard和Dupuy法。

解答：

(1) Giger、Reiss和Jourdan法：

第1步，由式(5.110)求解渗透率比 β：

$$\beta=\sqrt{\frac{k_h}{k_v}}=\sqrt{\frac{100}{10}}=3.162$$

第2步，按照示例5.19所讲方法计算参数 x：

$$X=\frac{1+\sqrt{1+(L/2r_{eh})^2}}{L/(2r_{eh})}=2.105$$

第3步，由式(5.109)确定 J_h：

$$J_h = \frac{0.00708k_h}{\mu_o B_o[(1/h)\ln(X)+(\beta^2/L)\ln(h/2r_w)]}$$

$$= \frac{0.00708(100)}{(0.9)(1.2)[(1/60)\ln(2.105)+(3.162^2/2000)\ln(60/(2)(0.3))]}$$

$$=18.50[\text{STB}/(\text{d}\cdot\text{psi})]$$

第4步，计算 Q_{oh}：

$$Q_{oh}=18.5\times(3000-2500)=9252(\text{STB/d})$$

(2) Joshi法

第1步，计算渗透率参数比 β：

$$\beta=\sqrt{\frac{k_h}{k_v}}=3.162$$

第2步，按照示例5.19所讲方法，计算参数 a 和 R：$A=1372$ft；$R=2.311$。

第3步，由式(5.111)计算 J_h：

$$J_h = \frac{0.00708hk_h}{\mu_o B_o[\ln(R)+(h/L)\ln(h/2r_w)]}$$

$$= \frac{0.00708(60)(100)}{(0.9)(1.2)[\ln(2.311)+((3.162)^2(60)/2000)\ln(60/2(0.3))]}$$

$$=17.73[\text{STB}/(\text{d}\cdot\text{psi})]$$

第4步，计算井产量：

$$Q_{oh}=17.73\times(3000-2500)=8863(\text{STB/d})$$

(3) Renard和Dupuy法：

第 1 步，由式(5.117)计算 r'_w：

$$r'_w=\frac{(1+\beta)r_w}{2\beta}$$

$$r'_w=\frac{(1+3.162)(0.3)}{(2)(3.162)}=0.1974$$

第 2 步，由式(5.116)计算 J_h：

$$J_h=\frac{0.00708(60)(100)}{(0.9)(1.2)\left\{\begin{array}{l}\cosh^{-1}[(2)(1372)/2000]+[(3.162)^2(60)/2000]\\ \ln(60/(2)\pi(0.1974))\end{array}\right\}}$$

$$=19.65[\text{STB}/(\text{d}\cdot\text{psi})]$$

第 3 步，计算井产量：

$$Q_{oh}=19.65(3000-2500)=9825(\text{STB/d})$$

5.2.4 半稳态流状态下的水平井产能

对于溶解气驱油藏中的水平井，井筒周围存在复杂的流动状态，因而可能无法采用像 Vogel 法这样简单的方法来构建 IPR。然而，如果至少有两次稳定试井数据，那么就可以确定 Fetkovich 式[即式(5.92)]中的参数 J 和 n，并用于构建水平井的 IPR。在这种情况下，J 和 n 的数值不仅考虑了井筒周围的紊流效应和含气饱和度效应，还考虑了油藏中非径向流状态效应。

Bendakhlia 和 Aziz(1989)运用一个油藏模型生成了多口井的 IPR。他们发现，如果 Vogel 方程与 Fetkovich 方程相结合并采用如下表达式，那么就会与所获取的数据一致：

$$\frac{Q_{oh}}{(Q_{oh})_{max}}=\left[1-V\left(\frac{p_{wf}}{\bar{p}_r}\right)-(1-V)\left(\frac{p_{wf}}{\bar{p}_r}\right)^2\right]^n \tag{5.118}$$

式中：$(Q_{oh})_{max}$ 为水平井最大产量，STB/d；n 为 Fetkovich 方程中的指数；V 为变量参数。

要运用这个方程，至少需要有三组稳定的试井数据，用来估算在任意给定的平均油藏压力 $\bar{p}_r$ 下的未知量 $(Q_{oh})_{max}$、V 和 n。然而，Bendakhlia 和 Aziz 指出，参数 V 和 n 是油藏压力或采收率的函数，因此，在预测模式下运用式(5.118)并不简便。

Cheng(1990)提出了水平井的一种形式的 Vogel 方程，该方程是基于数值模拟器的结果。提出的表达式形式如下：

$$\frac{Q_{oh}}{(Q_{oh})_{max}}=0.9885+0.2055\left(\frac{p_{wf}}{\bar{p}_r}\right)-1.1818\left(\frac{p_w}{\bar{p}_r}\right)^2 \tag{5.119}$$

Petnanto 和 Economides(1998)针对溶解气驱油藏中的多分支水平井建立了一种广义 IPR 方程。提出的表达式如下：

$$\frac{Q_{oh}}{(Q_{oh})_{max}}=1-0.25\left(\frac{p_{wf}}{\bar{p}_r}\right)-0.75\left(\frac{p_{wf}}{\bar{p}_r}\right)^n \tag{5.120}$$

其中：

$$n=\left[-0.27+1.46\left(\frac{\bar{p}_r}{p_b}\right)-0.96\left(\frac{\bar{p}_r}{p_b}\right)^2\right]\times(4+1.66\times10^{-3}p_b) \tag{5.121}$$

$$(Q_{oh})_{max}=\frac{J\bar{p}_r}{0.25+0.75n}$$

【示例 5.21】

假设溶解气驱油藏中有一口长 1000ft 的水平井。该井以稳定的流量 760STB/d 生产，井底压力为 1242psi。当前的平均油藏压力是 2145psi。运用 Cheng 法求取 IPR 数据。

解答：

第 1 步，采用给定的稳定流动数据计算水平井的最大产量：

$$\frac{Q_{oh}}{(Q_{oh})_{max}}=1.0+0.2055\left(\frac{p_{wf}}{\overline{p}_r}\right)-1.1818\left(\frac{p_w}{\overline{p}_r}\right)^2$$

$$\frac{760}{(Q_{oh})_{max}}=1+0.2055\left(\frac{1242}{2145}\right)-1.1818\left(\frac{1242}{2145}\right)$$

$$(Q_{oh})_{max}=1052(\mathrm{STB/d})$$

第 2 步，由式(5.120)求取 IPR 数据(见表 5.25)：

$$Q_{oh}=(Q_{oh})_{max}\left[0.1+0.2055\left(\frac{p_{wf}}{\overline{p}_r}\right)-1.1818\left(\frac{p_{wf}}{\overline{p}_r}\right)^2\right]$$

表 5.25　IPR 数据

p_{wf}/psi	$(Q_{oh})_{max}$/(STB/d)
2145	0
1919	250
1580	536
1016	875
500	1034
0	1052

5.3　第三阶段：建立油藏动态与时间的联系

所有的油藏动态预测技术均显示，累积石油产量和瞬时 GOR 都是油藏平均压力的函数。但这些方法都没有建立累积石油产量 N_p 及累积天然气产量 G_p 与时间的关系。图 5.26 显示了预测的累积石油与油藏平均压力下降低的关系。

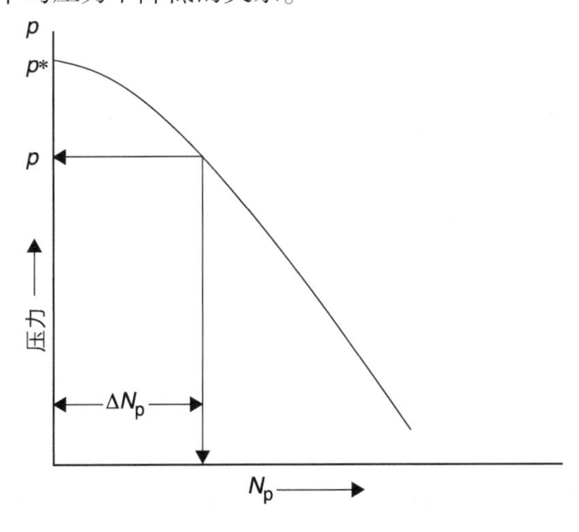

图 5.26　累积石油产量与平均油藏压力的关系

运用 IPR 概念并结合 MBE 预测可以计算生产所需的时间。例如，Vogel(1968)利用式(5.66)来表达井的 IPR，其表达式如下：

$$Q_o=(Q_o)_{max}=\left[1-0.2\left(\frac{p_{wf}}{\overline{p}_r}\right)-0.8\left(\frac{p_{wf}}{\overline{p}_r}\right)^2\right]$$

下述方法可用于将预测的油田累积石油产量与时间 t 相关联：

第 1 步，绘制预测的累积石油产量 N_p 与油藏平均压力 p 的关系曲线，如图 5.26 所示。

第 2 步，假设当前的油藏压力为 p^*，当前的累积石油产量为 $(N_p)^*$，油田的总产量为 $(Q_o)_T{}^*$。

第 3 步，选取一个未来的油藏平均压力 p，根据图 5.26 确定未来的累积石油产量 N_p。

第 4 步，采用所选取的未来油藏平均压力 p，建立油田内每口井的 IPR 曲线(见图 5.27 示意性地显示了两口假设油井的情况)。求取任意时点所有油井的产量总和，并利用所得结果建立整个油田的 IPR。

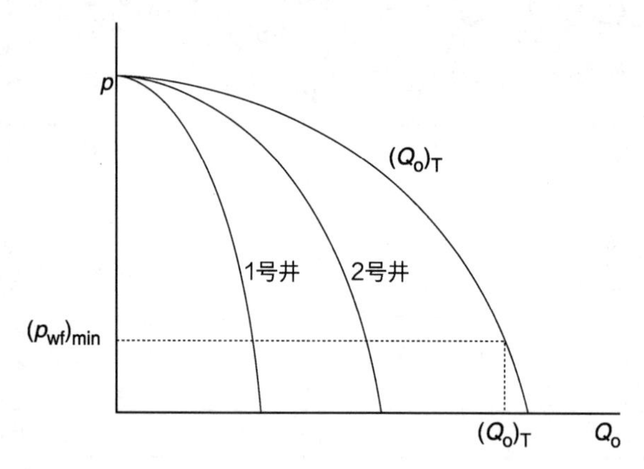

图 5.27　未来平均压力下整个油田的 IPR

第 5 步，根据最小井底流压确定油田总产量 $(Q_o)_T$：

$$(Q_o)_T=\sum_{i=1}^{\#well}(Q_o)_i$$

第 6 步，计算油田平均产量 $(\overline{Q}_o)_T$：

$$(\overline{Q}_o)_T=\frac{(Q_o)_T+(Q_o)_T^*}{2}$$

第 7 步，计算在第一个压降区间(即从 p^* 到 p)实现新增石油产量 ΔN_p 所需的时间 Δt，计算公式如下：

$$\Delta t=\frac{N_p-N_p^*}{(\overline{Q}_o)_T}=\frac{\Delta N_p}{(\overline{Q}_o)_T}$$

第 8 步，重复上述步骤，计算达到油藏平均压力 p 所需的总时间 t，计算公式如下：

$$t=\sum\Delta t$$

5.4　习题

(1) 习题 1

一口油井在稳态流状态下以 300STB/d 的产量进行生产。记录的井底流压为 2500psi。下列数据已知：$h=23$ft；$k=50$mD；$\mu_o=2.3$cP；$B_o=1.4$bbl/STB；$r_e=660$ft；$s=0.5$。

计算：油藏压力、AOF、采油指数。

（2）习题 2

油藏平均压力为 3000psi(表)的饱和油藏中有一口在产油井。稳定试井数据表明，这口井能够在 2580psi(表)的井底流压下生产石油 400STB/d。计算 3000psi 压力下的剩余石油地质储量；$p_{wf}=1950$psi(表)条件下的井产量；建立当前油藏平均压力下的 IPR；在 J 恒定的假设条件下建立 IPR 曲线；绘制油藏压力为 2700psi(表)时的 IPR 曲线。

（3）习题 3

泡点压力为 2230psi(表)的未饱和油藏中有一口在产油井。当前油藏平均压力为 3500psi(表)。现有的试井数据显示，在 2800psi(表)的稳定 p_{wf} 下这口井的石油产量是 350STB/d。采用下列方法求取 IPR 数据：Vogel 关系式、Wiggins 法。建立当油藏压力下降到 2230psi 和 2000psi 时的 IPR 曲线。

（4）习题 4

饱和压力为 4500psi(表)的饱和油藏中有一口在产油井。该井以 800STB/d 的稳定产量生产，p_{wf} 为 3700psi(表)。通过物质平衡方程计算得出了当前和未来的原油饱和度及 PVT 特征的如下预测值(见表 5.26)：

表 5.26　当前和未来的原油饱和度及 PVT 特征

	当前	未来
$\bar{p}_r$/psi	4500	3300
μ_o/cP	1.45	1.25
B_o/(bbl/STB)	1.23	1.18
k_{ro}	1.00	0.86

运用 Standing 法求取 3300psi 压力下该井的未来 IPR。

（5）习题 5

平均压力为 4320psi 的饱和油藏中有一口在产油井，对该井开展了四点法稳定试井，结果如下(见表 5.27)：

表 5.27　在产油井的生产数据

Q_o/(STB/d)	p_{wf}/psi
342	3804
498	3468
646	2928
832	2580

运用 Fetkovich 法建立完整的 IPR。建立油藏压力降至 2500psi 时的 IPR。

（6）习题 6

某口油井的下列油藏数据和试井数据已知。压力数据：$p_r=3280$psi；$p_b=2624$psi。试井数据：$p_{wf}=2952$psi；$Q_o=$STB/d。求取该井的 IPR 数据。

（7）习题 7

一口水平井段长 2500ft 的水平井，其泄油面积估计为 120acre。其储层具有各向同性的特征，以下参数已知：$k_v=k_h=60$mD；$h=70$ft；$B_o=1.4$bbl/STB；$\mu_o=1.9$cP；$p_e=3900$psi；$p_{wf}=3250$psi；$r_w=0.30$ft。

假设为稳态流状态，运用下列方法计算井产量：Borisov 法；Giger、Reiss 和 Jourdan 法；Joshi 法；Renard 和 Dupuy 法。

（8）习题 8

溶解气驱油藏中有一口 2000ft 长的水平井。该井的稳定产量为 900STB/d，井底压力为 1000psi。当前油藏平均压力为 2000psi。运用 Cheng 法求取 IRP 数据。

（9）习题 9

犹他州 Aneth 油田的下列 PVT 数据已知(见表 5.28)：

表 5.28　Aneth 油田的 PVT 数据

压力/psi(绝)	B_o/(bbl/STB)	R_{so}/[ft^3(标)/STB]	B_g/[bbl/ft^3(标)]	μ_o/μ_g
2200	1.383	727		
1850	1.388	727	0.00130	35
1600	1.358	654	0.00150	39
1300	1.321	563	0.00182	47
1000	1.280	469	0.00250	56
700	1.241	374	0.00375	68
400	1.199	277	0.00691	85
100	1.139	143	0.02495	130
40	1.10	78	0.05430	420

初始储层温度为 133℉，初始压力为 220psi(绝)，泡点压力为 1850psi(绝)，没有活跃水驱。在 1850~1300psi(绝)的压降区间内，总共产油 720×10^6STB 和产气 $590.6\times10^9$$ft^3$(标)。

在 1850psi(绝)压力下，石油储量有多少桶(储层条件下的桶数)？平均孔隙度为 10%，束缚水饱和度为 28%，油田面积 50000acre。产层平均厚度为多少英尺？

（10）习题 10

在 3150psi(绝)泡点压力下，一个油藏最初含有 4×10^6STB 石油，溶解气含量为 600ft^3(标)/STB。当油藏平均压力降到 2900psi(绝)时，溶解气含量为 550ft^3(标)/STB。B_{oi} 为 1.34bbl/STB，而 2900psi(绝)压力下的 B_o 为 1.32bbl/STB。其他数据如下：R_p = 600ft^3(标)/STB[2900psi(绝)压力下]；S_{wi} = 0.25；B_g = 0.0011bbl/[ft^3(标)][2900psi(绝)压力下]。

油藏为没有原始气顶的定体积油藏。当压力降到 2900psi(绝)时，有多少石油(STB)被开采出？计算 2900psi(绝)压力下的游离气饱和度。

（11）习题 11

下列数据取自室内岩心测试、生产数据和测井信息：井间距 = 320acre；净产层厚度 = 50ft；气-油界面距离储层顶面 10ft；孔隙度 = 0.17；初始含水饱和度 = 0.26；初始含气饱和度 = 0.15；泡点压力 = 3600psi(绝)；初始地层压力 = 3000psi(绝)；储层温度 = 120℉；B_o = 1.19bbl/STB [2000psi(绝)压力下]；N_p = 在 2000psi(绝)压力下为 $2.00\times10^6$$ft^3$(标)/STB；$G_p$ = $2.4\times10^9$$ft^3$(标)[2000psi(绝)压力下]；天然气压缩系数 $Z = 1.0 - 0.0001p$；溶解，GOR · $R_{so} = 0.2p$。

计算流入的水量和 2000psi(绝)压力下的驱动指数。

（12）习题 12

一个溶解气驱油藏的下列生产数据已知(见表 5.29)：

表 5.29　一个溶解气驱油藏的生产数据

p/psi	GOR/[ft^3(标)/STB]	N_p/10^6STB
3276	1098.8	0
2919	1098.8	1.1316
2688	1098.8	1.8532
2352	1098.8	2.8249
2016	1587.52	5.9368
1680	2938.88	9.86378
1344	5108.6	12.5632

计算各压力下的累积产气量 G_p 和累积 GOR。

(13) 习题 13

一个定体积溶解气驱油藏的初始含水饱和度为 25%。初始原油体积系数为 1.35bbl/STB。当 8%的原始石油被采出后，B_o 值降为 1.28。计算含油饱和度和含气饱和度。

(14) 习题 14

一个定体积未饱和油藏的下列数据已知：$p_i=4400$psi；$p_b=3400$psi；$N=120\times10^6$STB；$c_f=4\times10^{-6}$psi^{-1}；$c_o=12\times10^{-6}$psi^{-1}；$c_w=2\times10^{-6}$psi^{-1}；$S_{wi}=25\%$；$B_{oi}=1.35$bbl/STB。

估算地层压力降到 4000psi 时的累积石油产量。在 4000psi 压力下的原油体积系数为 1.38bbl/STB。

第6章　提高采收率技术概述

一次采油、二次采油和三次(强化)采油是根据开采方法或开采油气的阶段来描述油气生产的术语。

一次采油是指无需注入诸如气或水等流体来提供辅助能量，而仅在油藏天然能量驱动机理下开展的油气生产。在大多数情况下，天然能量驱动是一种相对低效的开采方法，因而总采收率比较低。由于大多数的油藏都缺乏足够的天然能量驱动，促使人们通过引入某种形式的人工驱动来补充油藏的天然能量，最基本的方法就是注气或注水。

二次采油是指通过常规的注水或非混相注气方法而增加石油产量的开采方法。二次采油通常是在一次采油之后开展，但也有可能与一次采油同时进行。注水可能是最常见的二次采油方法。然而在开展二次采油项目之前，应当证实仅依赖天然能量开采确实无法满足要求；否则就存在着二次采油所需的大量资本投资被浪费的风险。

三次(强化)采油是指在二次采油之后进一步提高石油产量的开采方法。各种提高采收率方法(EOR)本质上都是开采在一次采油和二次采油方法都已达到其经济极限后油藏中还剩余的石油，也就是通常所说的残余油。图6.1说明了这三种开采方法的概念。

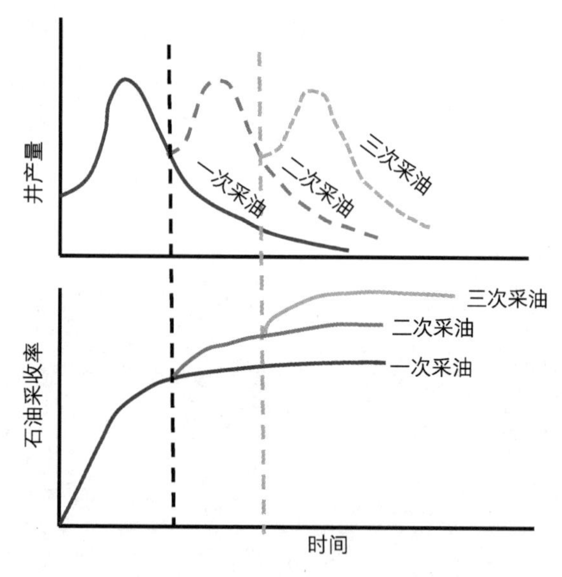

图6.1　石油开采方法的分类

6.1　提高采收率的机理

提高采收率(EOR)和强化采油(IOR)这两个术语并没有严格的区分，有时被视为同一概念而混用。IOR是一个通用术语，是指通过任何途径来提高采收率的方法(例如调整开发策略，包括加密钻井、水平井和提高纵横向波及效率等)。EOR在概念上更具体，可视为IOR的子集。EOR是指通过把含油饱和度降低到残余油饱和度“S_{or}”以下来提高采收率的方法。EOR的目标会随油气藏类型的不同而发生很大变化。图6.2展示了流体饱和度以及典型的轻质油和重质油油藏以及油砂的EOR目标。对于轻质油油藏来说，EOR通常要在二次采油结束后开展，且 EOR 的目标大约是原始石油地质储量(OOIP)的 45%。重油和油砂的一次采油和二次采油效果较差，这两种类型油藏的石油产量主体上依赖 EOR 方法。

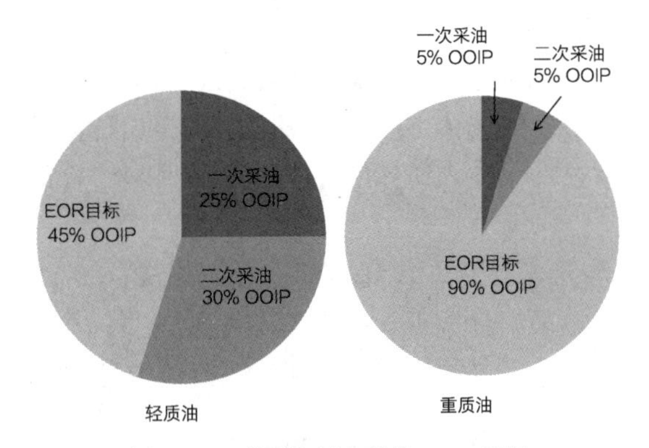

图 6.2　不同类型油藏的 EOR 目标

EOR 方法能够实现的残余油饱和度“S_{or}”降低幅度(也就是流动性改善程度)受控于以下两大因素：毛细管数“N_c”和流度比“M”。

毛细管数是指黏滞力与界面张力之比，其表达式为：

$$N_c = \text{黏滞力}/\text{界面张力} = v\mu/\sigma$$

也可以用以下等效表达式来表示：

$$N_c = (k_o/\phi\sigma)(\Delta p/L) \tag{6.1}$$

式中：v 为达西速度；μ 为驱替流体的黏度；σ 为界面张力；k_o 为被驱替流体(即油)的有效渗透率；ϕ 为孔隙度；$\Delta p/L$ 为压力梯度。

图 6.3 展示了毛细管数和残余油饱和度比(EOR 实施后与实施前的残余油饱和度的比值)的示意图。

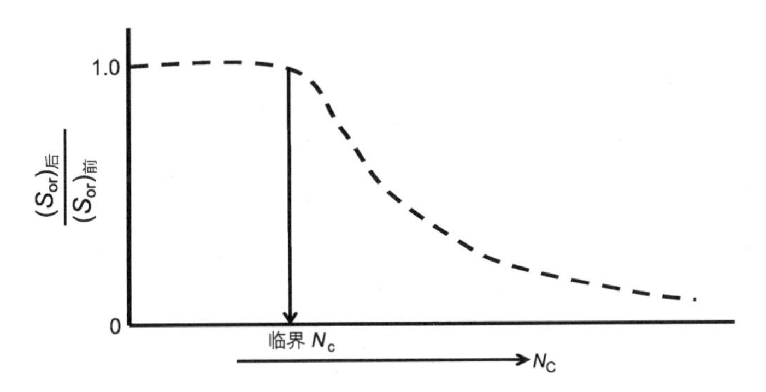

图 6.3　N_c对残余油饱和度的影响

图 6.3 中展示了残余油饱和度随毛细管数增加而降低的情况。显然，通过下列措施可以增大毛细管数：增大压力梯度 $\Delta p/L$；增大驱替流体的黏度；降低注入流体与被驱替流体之间的界面张力。

减小驱替流体与被驱替流体之间界面张力，可能是通过增大毛细管数来降低残余油饱和度的唯一可行途径。正如图 6.3 所示，毛细管数必须大于临界毛细管数，才能使残余油饱和度发生变化。应当注意的是，如果把界面张力降到 0，毛细管数就会变得无穷大，驱替过程也就变成了完全的“混相驱”。

在理解 EOR 驱动机理时，需要知道的另一个重要概念是流度比“M”。流度比“M”是指驱替流体的流度与被驱替流体的流度之比，其表达式为：

$$M=\lambda_{驱替}/\lambda_{被驱替}=(k/\mu)_{驱替}/(k_o/\mu_o)_{被驱替}$$

式中：k 是有效渗透率；μ 为黏度。

流度比影响微观(孔隙层面)和宏观(平面和纵向波及)驱油效率。$M>1$ 时对驱油不利，因为在这种情况下驱替流体比被驱替流体(油)更易流动。这种不利条件可导致注入流体发生窜流和绕过残余油的情况。通过增大注入流体的黏度(如聚合物驱)可改善黏度比。

6.2 强化采油方法

已开发出的所有 EOR 方法都是旨在提高毛细管数，如式(6.1)所示。总的来说，EOR 技术大致可划分为下列 4 种：热采、化学驱、混相驱、其他。

这 4 种方法中每一种都涉及不同的注入方法和注入流体类型，可总结如下(见表 6.1)：

表 6.1 4 种 EOR 方法比较

热　采	化学驱	混相驱	其他
(1) 注蒸汽：周期注蒸汽、蒸汽驱、蒸汽辅助重力泄油 (2) 火烧油层：正向燃烧、反向燃烧、湿式燃烧	聚合物、表面活性剂段塞、碱、胶束、碱-表面活性剂-聚合物(ASP)	注 CO_2、贫气、N_2、富气、WAG 驱	MEOR、泡沫

作为选择和实施强化采油方法的第 1 步，首先应当开展筛选研究，来选取合适的 EOR 技术，并评价其对油藏的适用性。Taber 等(1997)基于来自世界各地 EOR 项目的大量数据提出了强化采油方法的筛选标准。在对所收集的数据进行深入分析的基础上，他们列出了在特定的油田成功实施 EOR 项目所要求的油藏及原油的最佳特性，如表 6.2 所示。

表 6.2 EOR 方法的筛选标准汇总

方　法	原　油	油　藏
N_2和烟道气	>35API 度；<1.0cP；轻烃占比高	S_o>40%；地层为砂岩或几乎无裂缝的碳酸盐岩；厚度相对较薄，除非地层倾斜；渗透率非关键；深度>6000ft；温度非关键
化学驱	>20API 度；<35cP；ASP：需要油中的有机酸族	S_o>35%；地层为首选砂岩；厚度非关键；渗透率>10mD；深度<9000ft(随温度而变化)；温度<200℉
聚合物驱	>15API 度；<100cP	S_o>50%；地层为砂岩，但可用于碳酸盐岩；厚度非关键；渗透率>10mD；深度<9000ft；温度<200℉
混相 CO_2驱	>22API 度；<10cP；中间组分占比高(C_5~C_{12})	S_o>20%；地层为砂岩或碳酸盐岩；厚度相对较薄，除非地层倾斜；渗透率非关键；深度取决于所需的最小混相压力“MMP”
首次接触混相驱	>23API 度；<3cP；高 C_m	S_o>30%；地层为砂岩或有少量裂缝的碳酸盐岩；厚度相对较薄，除非地层倾斜；渗透率非关键；深度>4000ft；温度可对 MMP 有显著影响
蒸汽驱	10~25API 度；<10000cP	S_o>40%；地层为高渗透率砂岩；厚度>20ft；渗透率>200mD；深度<5000ft；温度非关键
火烧油层	10~27API 度；<5000cP	S_o>50%；地层为高孔隙度砂岩；厚度>10ft；渗透率>50mD；深度<12000ft；温度>100℉

关于 EOR 及其相关问题的文献数量非常多，其中包括 Smith(1996)、Willhite(1986)、Van Poollen(1980)、Lake(1989)、Stalkup(1983)和 Prats(1983)等的优秀参考书目。下面将对所列的一些 EOR 方法作简要描述及讨论。

6.3 热采方法

对于重质低重度原油油藏而言，一次采油和二次采油通常只能开采出其原始石油地质储量中的很小一部分。对于 API 重度为 13 的重油油藏而言，很常见的一种现象是：在油层温度为 110℉时原油的黏度高达 2000cP，而在油层温度为 220℉时黏度仅为 60cP。原油黏度降低到原来的 1/33，原油产量相应地就会增加 33 倍。通过注入热流体或通过燃烧部分地下原油产生热能，都可以提高油藏的温度。

6.3.1 周期注蒸汽

周期注蒸汽(CSS)方法，又称为“蒸汽吞吐”或“蒸汽浸泡”，由三个阶段构成：注入、浸泡、生产。

在最初阶段，以较高的速率向井中注入蒸汽，历时约 1 个月。在注入阶段结束后，油井关井几天(大约 5 天)，以便通过“蒸汽浸泡”加热近井地带的石油。然后，开井生产，直至产量逐渐降低到经济产量下限，然后重复整个循环周期。蒸汽注入和浸泡可以重复进行 4~5 次，或者直至注蒸汽实现的新增产量下降到不经济的水平为止。在一般情况下，该方法相当有效，尤其是在最初几个周期中。蒸汽吞吐法增产措施通过下列三种途径大幅度提高产量：清除井筒周围聚集的沥青和/或石蜡沉积物，改善井筒周围地层的渗透率(即获得有利的表皮系数)；大幅度降低原油黏度，从而提高原油的流动性和油井产能；增强原油的热膨胀，从而提高含油饱和度和石油的相对渗透率。

许多初始应用案例都获得了远高于模拟预测结果的增产量。这主要是得益于井筒周围变清洁和渗透率的提高。由于石油黏度降低以及沥青和/或石蜡沉积物被清除而实现的新增产量，可以在以下的简化假设条件下进行近似计算：油层被加热范围达到半径“$r_{热}$”，而且温度也达到了一个均一数值；油层加热半径“$r_{热}$”内的石油黏度用$(\mu_o)_{热}$表示，而原始油黏度用$(\mu_o)_{冷}$来表示；改善后的表皮系数用$S_{热}$表示，而原始表皮系数用$S_{冷}$表示。

泄油半径“r_e”与井筒半径“r_w”之间的压力降可用下列公式表示：

$$(\Delta p)_{热}=(p_e-p)+(p-p_{wf}) \tag{6.2}$$

式中：p 为半径 r 处的油藏压力；p_e为平均油藏压力。

把达西方程应用于未加热和加热泄油面积内的压降计算，得出：

$$(\Delta p)_{冷}=\frac{(q_o)_{冷}(\mu_o)_{冷}[\ln(r_e/r_w)+S_{冷}]}{k_oh} \tag{6.3}$$

$$(\Delta p)_{冷}=\frac{(q_o)_{冷}(\mu_o)_{冷}[\ln(r_e/r_h)+S_{冷}]}{k_oh}+\frac{(q_o)_{热}(\mu_o)_{热}[\ln(r_{热}/r_w)+S_{热}]}{k_oh} \tag{6.4}$$

假设对于热油藏或冷油藏而言，过径向系统的压力降是相同的，那么通过对式(6.2)~式(6.4)进行整理可以得出：

$$(q_o)_{热}=(q_o)_{冷}\left[\frac{(\mu_o)_{冷}[\ln(r_e/r_w)+S_{冷}]}{(\mu_o)_{热}[\ln(r_{热}/r_w)+S_{热}]+(\mu_o)_{冷}[\ln(r_e/r_{热})+S_{冷}]}\right]$$

以上表达式表明，油井产能的增加是原油黏度和表皮系数降低共同作用的结果。在蒸汽吞吐应用几个周期后，可转为蒸汽驱。

6.3.2 蒸汽驱

蒸汽驱是一种井网驱替方式，与水驱类似，也要先筛选合适的井网，把蒸汽注入到一些井里，而从相邻的油井中采油。大多数蒸汽驱开发一般都采用±5acre 井距。注蒸汽的开采动态在很大程度上取决于所选择的注采井网、井网规模以及油藏特性。注蒸汽项目一般要经历 4 个阶段：油藏筛选、先导性试验、油田规模的实施、油藏管理。

已成功实施蒸汽吞吐开发的油藏大都被视为蒸汽驱的最佳候选油藏。该方法包括连续注入蒸汽，以便在注入井周围形成一个蒸汽带，随着蒸汽的不断注入，这个蒸汽带在油层中继续向前推进。在典型的蒸汽驱项目中，注入的流体含80%的蒸汽，20%的水，即蒸汽质量占80%。大多数油田的蒸汽驱开发一般都是与蒸汽吞吐开发一同进行，后者在生产井中实施。在注蒸汽井的热能到达生产井之前，生产井中的石油因黏度太大而无法流动时，采用这种方法的效果尤其好。

随着蒸汽穿过注入井与生产井之间的油层，会产生多个具有不同温度和不同含油饱和度的区域，如图6.4所示。该图对比了5个区域，每一个区域都有相关联的温度和含油饱和度剖面：

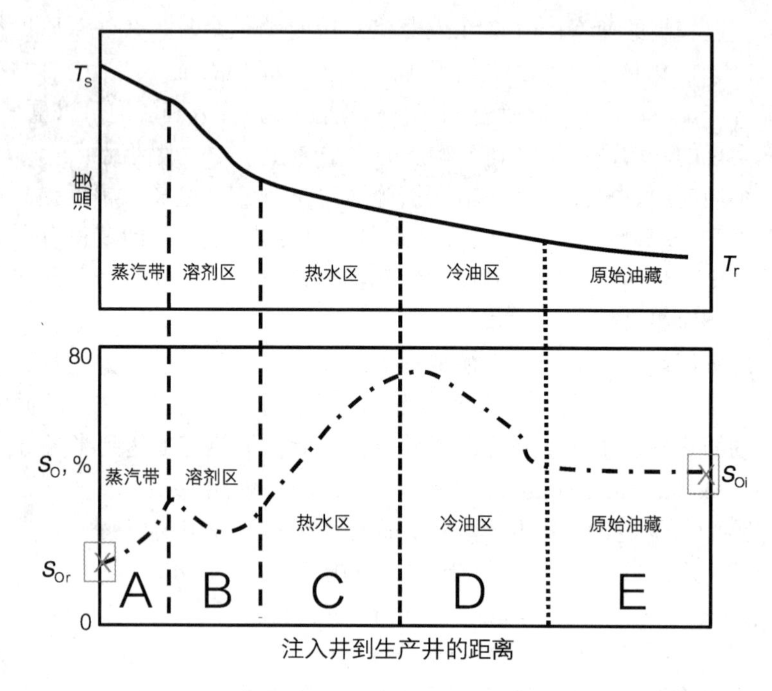

图6.4　温度和含油饱和度剖面

（1）蒸汽带“A区”。随着蒸汽进入油层，会在周围形成了一个蒸汽饱和带，其温度几乎与注入蒸汽的温度相同。蒸汽驱的典型温度剖面如图6.4的上部曲线所示。剖面图展示了由注入井中的蒸汽温度向生产井储层温度的逐渐过渡。由于A区的温度高，含油饱和度降至其最低值，如图6.4下面的饱和度剖面线所示。含油饱和度的急剧下降归因于以下因素：原油流度因黏度的降低而明显改善；原油中较轻组分在蒸汽作用下发生蒸馏作用并汽化。在蒸汽带内，如果是较轻质的原油，那么借助于蒸汽而获得的开采量要更大一些，因为它们含有更多的在蒸汽作用下可蒸馏的组分。

（2）热凝析液带“B区和C区”。热凝析液带可分成一个溶剂区“B”和热水区“C”。随着蒸汽带从注入井向外移动，它的温度因热损失到周围的地层而下降，并且在距注入井一定的距离处，蒸汽以及一些气化的烃类蒸汽凝结形成热凝析液带，即B区和C区。热凝析液带可被描述成由溶剂区（凝结的烃类流体带）和热水区组成的一个混合带。在这个热凝析液带内，溶剂区从地层中提取更多的原油形成混相烃类段塞驱，这个段塞可以与地层油形成混相，这种混相驱对注蒸汽开发的最终石油开采量有显著影响。

（3）含油带“D区”。随着可动的石油被向前推进的蒸汽和热水前缘驱替，在D区形成了一个含油饱和度高于初始饱和度的含油带。D 区的特征表现为温度剖面的范围从热凝析液带的温度降到初始油藏温度。

(4) 储层流体带"E 区"。"E"区基本上是油藏中还未受到蒸汽的影响或蒸汽还未波及到的部分。该区含有原始油藏条件下的流体系统，这里的原始油藏条件是指流体饱和度和原始油藏温度。

6.3.2.1　注蒸汽开采机理

在蒸汽注入条件下，原油是在多种开采机理的共同作用下被开采出来，这些开采机理对产量的贡献及重要程度各不相同。基本上已确定有 5 种开采机理为主要的驱动力：降黏、石油热膨胀、蒸汽蒸馏、溶解气驱、混相驱。

图 6.5 展示了每种机理对重油蒸汽驱开发总采收率的贡献。下面分别对每种机理进行简要论述。

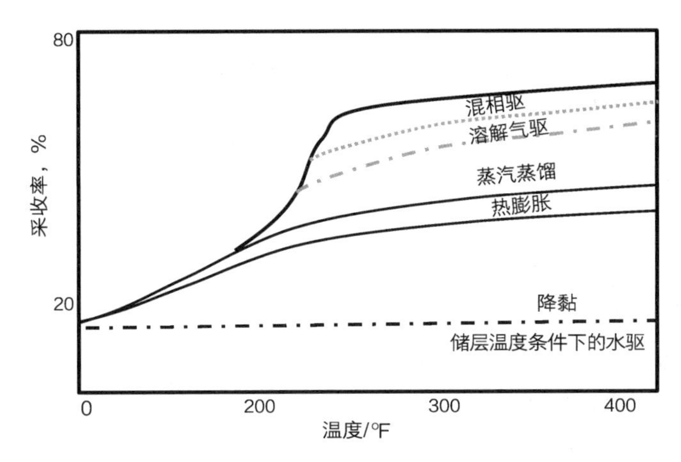

图 6.5　各种蒸汽驱机理对原油采收率的贡献

6.3.2.2　降黏

原油黏度随温度升高而降低可能是重油开采最重要的驱动机理。温度升高的最终结果是流度比"M"得到改善，正如前面所定义的：

$$M=\left(\frac{k_w}{k_o}\right)\left(\frac{\mu_o}{\mu_w}\right)$$

随着黏度的降低，驱油效率和面积波及效率都得到明显改善。当把石油从高温区向低温区驱替时，其黏度会再次升高，导致石油向前推进的速度降低。因此，大量的石油聚集形成一个含油区。在重油蒸汽驱开发中，这个含油区很常见。正是这个含油区的存在，才使生产井出现热突破之前的石油产量比较高而水油比比较低。

6.3.2.3　热膨胀

热膨胀是热凝析液带中的一种重要的开采机理。其原油采收率取决于下列因素：原始含油饱和度、原油类型、加热区的温度。

当石油随着温度的升高而膨胀时，其饱和度增加，且变得更易于流动。油的膨胀程度取决于油的组分。就油的膨胀能力来说，轻质油要大于重质油，因此，热膨胀在轻质油开采中可能更有效。一般来说，热膨胀对原油采收率的贡献介于 5%~10%之间。

6.3.2.4　蒸汽蒸馏

蒸汽蒸馏是蒸汽带内主要的开采机理。蒸汽蒸馏过程涉及原油中相对轻组分的气化，形成水蒸气与可冷凝烃类蒸汽的混合物。部分烃类蒸汽将与水蒸气一起凝结，并与蒸汽带之前向前推进的热凝析液区内捕集的残余油混合在一起。这一混合作用将在热凝析液前缘之后产生一个溶剂区。向前推进的热凝析液带绕过的原油发生蒸馏作用，从而使蒸汽波及带的最终残余油饱和度非常低。理论上讲，在原始原油与大量的烃凝析液混合的情况下，残余油饱和度基本上可降为零。

6.3.2.5　溶解气驱

随着温度的增加，溶解气从石油中释放出来。被释放的溶解气与注入井和生产井之间的压力递减梯度成比例膨胀。气相的这种膨胀作用可提供更多的驱动力，为石油开采作出贡献。此外，在注蒸汽过程中还能产生 CO_2，这些 CO_2 要么来自蒸汽与含 CO_2 地层的高温反应，要么来自含 CO_2 的石油。如果大量的 CO_2 被释放出来，会对提高石油采收率作出一定的贡献，因为随着被释放气体的膨胀，不仅可以降低石油的黏度，而且还可以接触到更多的原始石油地质储量。

6.3.2.6　混相驱

在热凝析液带，由蒸汽带产生的溶剂区会从地层中提取更多的石油，形成"油相混相驱"。实质上，蒸汽带"制造了"一个混相油段塞，它可以驱替所接触到的石油，驱油效率达 100%。这种混相驱替对石油采收率的贡献为原始石油地质储量的 3%~5%。

与其他的 EOR 方法相比，注蒸汽开发的主要优点是蒸汽驱适用于多种类型的油藏。然而，在特定的油藏中考虑实施蒸汽驱之前，也有两个限制因素必须先进行评估：油藏的总深度应小于 5000ft，这个深度极限是根据蒸汽的临界压力[3202psi(绝)]所确定的；油藏的净产层厚度应大于 25ft。当对一个油藏开展蒸汽驱开发评价时，这一限制条件应予以考虑，以减少由产层的底板和盖层岩石所造成的热损失。

一般来说，注蒸汽开发油藏的筛选标准如下：原油黏度小于 3000cP；深度小于 1500ft(译者注：不一致，原著中就存在的问题)；API 重度小于 0；渗透率大于 300mD。

6.3.2.7　流体的热性能

在开展蒸汽驱项目的设计时，需要清楚地认识蒸汽、储层流体和固体的物理性能和热性能。这些性能对于以下两个蒸汽驱参数的计算是必不可少的：计算热损失量，以便正确估算所需的蒸汽发生器的产能；评价蒸汽和热水的物理采油驱油机理。所需的流体和固体的热性能总结如下。

当初始温度为"T_i"的 1lb 的水在恒定压力"p_s"下加热时，它将会达到最高温度"T_s"，即所谓的饱和温度，然后会被转换成蒸汽。被水"h_w"吸收的热量称为"焓"或"显热"，由以下关系式计算：

$$h_w = C_w(T_s - T_i) \tag{6.5}$$

式中：C_w 为水的比热容，Btu/(lb·°F)；T_s 为饱和温度，°F；T_i 为初始水温度，°F；h_w 为饱和水的含热量(饱和水的焓)，Btu/lb。

如果温度为 T_s 的 1lb 的饱和水在同样的饱和压力 p_s 下进一步被加热时，它会继续吸收热量而温度不变，直到完全转化为蒸汽。把水转换成蒸汽(水汽)所需的额外热量被称为汽化焓或蒸汽的潜热"L_v"，总含热量 h_s 的计算公式如下：

$$h_s = h_w + L_v \tag{6.6}$$

式中：h_s 为蒸汽含热量或焓，Btu/lb；L_v 为潜热，Btu/lb。

对蒸汽进一步加热，使其温度升高到一个高于 T_s 的温度 T_{sup}，而压力保持在 p_s，这时蒸汽就会从饱和状态转化到过热状态。过热蒸汽的含热量(焓) h_{sup} 由下式表示：

$$h_{sup} = h_s + C_s(T_{sup} - T_s) \tag{6.7}$$

式中：C_s 为 $T_s \sim T_{sup}$ 温度范围内蒸汽的平均比热容。

在蒸汽干度为“X”的湿蒸汽情况下，湿蒸汽的含热量(焓)计算公式如下：

$$h_s = h_w + XL_v \tag{6.8}$$

1lb 湿蒸汽的体积由下式计算：

$$V = (1-X)V_w + XV_s \tag{6.9}$$

式中：V_w为 1lb 饱和水的体积；V_s为干蒸汽的体积。

标准蒸汽表列出了蒸汽的性能参数；在没有标准蒸汽表的情况下，可以用下列表达式来估算蒸汽的特征：

$$T_s = 115.1p_s^{0.255} \tag{6.10}$$

$$h_w = 91p_s^{0.2574} \tag{6.11}$$

$$L_v = 1318p_s^{-0.08774} \tag{6.12}$$

$$h_s = 1119p_s^{0.01267} \tag{6.13}$$

$$V_s = 363.9p_s^{-0.9588} \tag{6.14}$$

蒸汽的另一个重要特征是黏度。蒸汽在低于 1500psi(绝)的压力下，下面的线性关系式表示了蒸汽黏度$\mu_{蒸汽}$随温度的变化情况：

$$\mu_{蒸汽} = 0.0088 + 2.112 \times 10^{-5}(T-492)$$

【示例 6.1】

计算 1000psi(绝)压力下干度为 80%的蒸汽的焓。

解答：

第 1 步，应用式(6.11)估算水的显热 h_w：

$$h_w = 91p_s^{0.2574} = 91(1000)^{0.2574} = 538.57(\text{Btu/lb})$$

第 2 步，应用式(6.12)估算潜热：

$$L_v = 1318p_s^{-0.08774} = 1318(1000)^{-0.08774} = 718.94(\text{Btu/lb})$$

第 3 步，应用式(6.8)计算蒸汽的焓 h_s：

$$h_s = h_w + XL_v = 538.57 + (0.8 \times 718.94) = 1113.71(\text{Btu/lb})$$

在蒸汽驱过程中，油层内温度的变化会对储层流体性质产生重大影响。对温度有很强依赖关系的最重要的流体性质之一是石油的黏度。黏度之所以很重要是因为多孔介质中流体的流动速度与其黏度成反比。在温度升高时，重油黏度大幅度降低，使得这一参数在蒸汽驱中尤其重要。

注蒸汽降低了油和水的黏度，但同时又增大了气体的黏度。Ahmed(1989，2006)给出了多个关系式。在没有实验室实测的黏度数据时，可以利用这些关系式计算原油黏度。然而，这些关系式都是基于这样的假设，即在高温下发生裂解或蒸馏时，或在形成悬浮固体(例如沥青烯)时，原油的品质不发生变化。假设存在一种原油重度是 API 重度的重油系统，那么在任一温度下的石油黏度可用下列表达式估算：

$$\mu_o = 220.15 \times 10^9 \left(\frac{5T}{9}\right)^{-3.556} [\log(\text{API})]^z$$

$$z = [12.5428 \times \log(5T/9)] - 45.7874$$

温度为“T”条件下水的黏度可用下列关系式来估算：

$$\mu_w = \left(\frac{2.185}{0.04012(T-460) + 0.0000051535(T-460)^2 - 1}\right)$$

另一个重要的性质是比热容[Btu/(lb·℉)](1Btu≈1055J，下同)，这是注蒸汽开发中石油采收率计算的一个必不可少的组成部分。在一般情况下，比热容“C”定义为把单位质量物质的温度提高一个温度单位所需的热量，与把作为参照物(通常是水)的类似物质的温度同样提高一个温度单位所需的热量之比。饱和水的比热容可用下列表达式近似计算：

$$C_w = 1.3287 - 0.000605T + 1.79(10^{-6})(T-460)^2$$

式中：温度 T 的单位为°R。

对于原油来说，比热容可以通过下列表达式来估算；

$$C_o = \left(\frac{0.022913 + 56.9666 \times 10^{-6}(T-460)}{\sqrt{\rho_o}}\right)$$

式中：C_w 为水的比热容，Btu/(lb·℉)；C_o 为油的比热容，Btu/(lb·℉)；T 为温度，°R；p 为油的密度，lb/ft^3。

6.3.2.8　注蒸汽过程中的热传递

热传递是热能从一个位置到另一位置的运动。正如热力学第二定律所描述的那样，热流总是从较高温区向较低温区流动。热传递有三种不同的方式：传导——存在直接物理接触的物体之间的热能传递；对流——物体(通常是流体)与周围环境之间以流体运动的形式进行的热能传递；辐射——物体通过电磁辐射的方式发射或吸收能量而进行的热能传递。注蒸汽过程中储层的辐射热传递并不明显，因为没有足够的孔隙空间供电磁辐射传播。

热传导是导致热能因进入上覆和下伏地层而出现损失的因素，如图 6.6 所示。

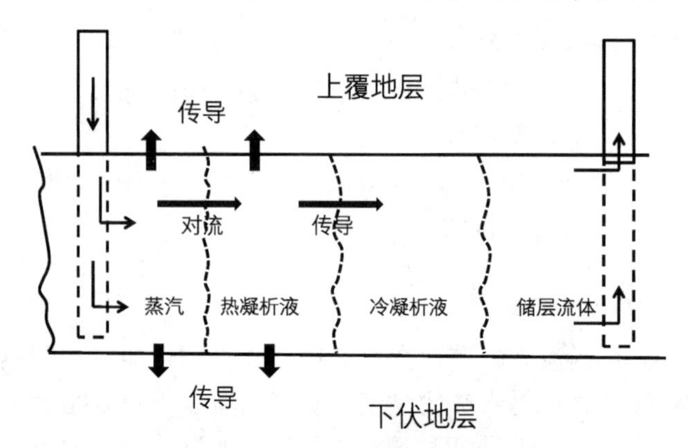

图 6.6　蒸汽驱热传递和热损失

当流体流动速度很低时，热传导在储层中也会发挥重要作用。以传导的方式进行的热传递可用以下表达式表示：

$$q_{heat} = \lambda A \frac{dT}{dx}$$

式中：q_{heat} 为 x 轴方向上的热传递速率，Btu/h；λ 为导热系数，Btu/(h·ft·℉)；A 为与 x 轴方向垂直的面积，ft^2；T 为温度，℉；x 为热传递方向上的长度，ft。

导热系数“λ”度量的是在 1ft 厚度上温差为 1℉ 的情况下，固体物质在 1h 内通过 $1ft^2$ 面积传输 1Btu 热能的能力。多孔岩石的导热系数随下列参数的增大而增加：岩石密度、液体饱和度、压力、饱和液体的导热系数。导热系数随温度和孔隙度的增大而降低。下面列出了各种干岩石和饱含水岩石的导热系数(见表 6.3)。

表 6.3　各种干岩石和饱含水岩石的导热系数

岩石		密度/(lb/ft³)	比热容/[Btu/(lb·℉)]	导热系数/[Btu/(h·ft·℉)]	热扩散系数/(ft²/h)
干岩石	砂岩	130	0.183	0.507	0.0213
	粉砂	119	0.202	0.400	0.0167
	粉砂岩	120	0.204	0.396	0.0162
	页岩	145	0.194	0.603	0.0216
	石灰岩	137	0.202	0.983	0.0355
	砂(细)	102	0.183	0.362	0.0194
	砂(粗)	109	0.183	0.322	0.0161
饱含水的岩石	砂岩	142	0.252	1.592	0.0445
	粉砂	132	0.288	1.500	0.0394
	粉砂岩	132	0.276	1.510	0.0414
	页岩	149	0.213	0.975	0.0307
	石灰岩	149	0.266	2.050	0.0517
	砂(细)	126	0.339	1.590	0.0372
	砂(粗)130	0.315	1.775	0.0433	

Tikhomirov(1968)给出了估算饱含水岩石导热系数的如下关系式:

$$\lambda_R = \frac{6.36[\exp(0.6\rho_r + 0.6S_w)]}{(0.556T + 255.3)^{0.55}} \tag{6.15}$$

式中：p_r为干岩石密度，g/cm³；S_w为含水饱和度，小数；T为温度,℉。

在热力采油计算中，λ_R值的范围为1.0~1.4Btu/(h·ft·℉)。

热前缘通过热传导而穿过地层传播的速率受热扩散系数“D”的控制。热扩散系数定义为岩石导热系数“λ_R”与其体积热容量之比，可根据下列公式来估算:

$$D = \frac{\lambda_R}{\rho_r C_r} \tag{6.16}$$

式中：λ_R为岩石的导热系数，Btu/(h·ft·℉)；D为热扩散系数，ft²/h；ρ_r为岩石密度，lb/ft³；C_r为岩石的比热容，Btu/(lb·℉)。

在大多数的热力采油计算中，“D”的值约为0.04ft²/h。乘积($p_r C_r$)是岩石(即上覆地层)的体积热容量。饱和地层的体积热容量“M”由下式计算:

$$M = \phi(S_o\rho_o C_o + S_w\rho_w C_w) + (1-\phi)\rho_r C_r \tag{6.17}$$

式中：M为地层的体积热容量，Btu/(ft³·℉)；ρ为油藏温度条件下的密度，lb/ft³；C为比热容，Btu/(lb·℉)；S为饱和度，小数；ϕ为孔隙度，小数；下标o、w、和r分别代表油、水和岩石基质。

应当指出的是，岩石基质的热容，即$(1-)p_r C_r$，约占总热容的75%，即注入地层的热量有75%用于加热岩石基质。

6.3.2.9　蒸汽驱开采动态预测

诸如周期和连续注蒸汽等热采方法都涉及热量和质量的传递，而这种热量和质量的传递在数学上可以用一组微分方程来描述。这些数学表达式可以通过数值模拟的方法来求解。数值模拟有许多优点，其中包括：具备纳入不规则注入井网的能力；考虑储层的非均质性；对单井施加约束条件；烃类基本特征的变化；机理。

然而，数值模拟需要大量的油藏数据和冗长的计算以及专门的热模拟软件。因此，需要有能够给出可接受的结果并作为现场工程师简单计算工具的分析模型。

最早用于模拟蒸汽驱的模型是 Marx 和 Langenheim 所建立的模型，用于预测单井注蒸汽过程中储层蒸汽带的生长情况。在建立这个模型时，Marx 和 Langenheim（“M-L”）采用了以下假设：蒸汽穿过厚度均匀的单个地层；热损失方向与蒸汽带的边界垂直（即顶、底板），如图 6.7所示；加热带的温度保持在蒸汽温度“T_s”，并在加热带以外迅速下降到储层温度，如图 6.8所示。

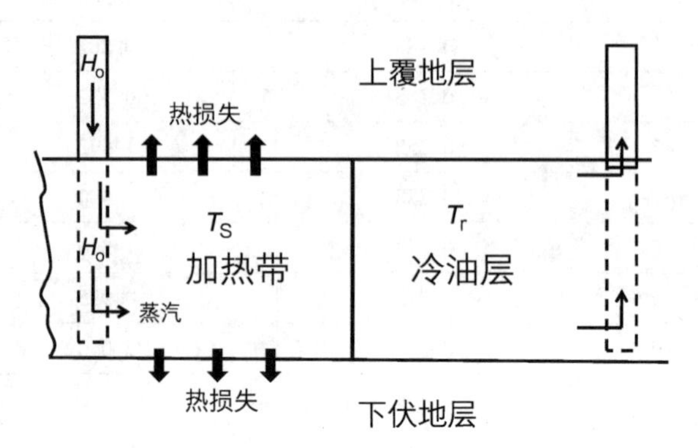

图 6.7　Marx 与 Langenheim 概念模型

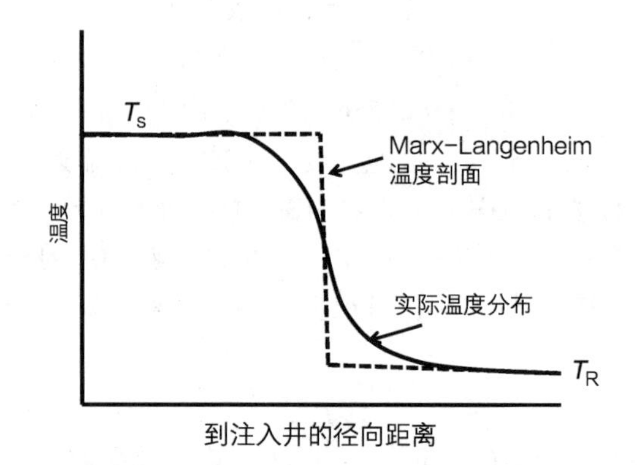

图 6.8　Marx 和 Langenheim 温度曲线

Marx 和 Langenheim 加热模型是基于这样的假设，即热流体是在恒定的发热量“H_o”和恒定的温度“T_s”下注入油井的，如图 6.7 概念图所示。这两位研究者提出的计算注热速率的公式如下：

$$H_o=\left(\frac{5.615\rho_w Q_{inj}}{24}\right)\left[h_s-C_w(T_r-32)\right] \tag{6.18}$$

式中：Ω_{inj}为蒸汽发生器的供水量，bbl/d；H_o为注热速率，Btu/h；T_r为储层温度，℉；ρ_w为水密度，lb/ft^3；h_s为蒸汽含热量或焓，其表达式由式（6.8）表示，Btu/lb；C_w为水的比热容，Btu/（lb · ℉）。

【示例 6.2】

一台蒸汽发生器的冷水供水速度为 1000bbl/d。出口的蒸汽压力、温度和干度分别为 1271psi（绝）、575℉和 0.73。其他相关的储层和流体性质如下：C_w = 1.08Btu/（lb · ℉）；ρ_w = 62.4lb/ft^3；T_r · 120℉。以 Btu/h 为单位计算热注入速率。

解答：

第 1 步，应用式(6.11)估算水的显热 h_w：

$$h_w = 91p_s^{0.2574} = 91(1273)^{0.2574} = 573.1(\text{Btu/lb})$$

第 2 步，应用式(6.12)估算潜热：

$$L_v = 1318p_s^{-0.08774} = 1318(1273)^{-0.08774} = 861.64(\text{Btu/lb})$$

第 3 步，运用式(6.8)计算蒸汽的焓 h_s：

$$h_s = h_w + XL_v = 573.1 + (0.78\times 861.64) = 1245.2(\text{Btu/lb})$$

第 4 步，运用式(6.18)计算热量注入速率：

$$\begin{aligned} H_o &= \left(\frac{5.615\rho_w Q_{inj}}{24}\right)[h_s - C_w(T_r - 32)] \\ &= \left(\frac{5.615(62.4)1000}{24}\right)[1245.2 - 1.08(120-32)] \\ &= 16.79\times 10^6(\text{Btu/h}) \end{aligned}$$

Marx 和 Langenheim 把热平衡应用于具有均匀且稳定特性的单个水平层来估算作为时间“t”函数的加热区的面积延伸和增长“$A_s(t)$”，由此得出：

$$A_s(t) = \left[\frac{H_o MhD}{(4)43,\ 560(\lambda_R)^2\Delta T}\right]G(t_D) \tag{6.19}$$

其中函数 $G(t_D)$ 定义为：

$$G(t_D) = e^{t_D}\text{erfc}(\sqrt{t_D}) + 2\sqrt{\frac{t_D}{n}} - 1 \tag{6.20}$$

无量纲时间 t_D 由下列表达式确定：

$$t_D = \left[\frac{4(\lambda_R)^2}{M^2h^2D}\right]t \tag{6.21}$$

式中：$A(t)$ 为时间 t 的累计受热面积，acre；erfc(x) 为补余误差函数；H_o 为恒定热量注入速率，Btu/h；λ_R 为顶底板岩石的导热系数，Btu/(h·ft·℉)；h 为储层厚度，ft；t 为时间，h；ΔT 为蒸汽带温度与储层温度之差(即 $T_s - T_r$)，℉；D 为由式(6.16)定义的上覆和下伏地层的热扩散系数，$D = \left(\frac{\lambda_R}{\rho_r C_r}\right)_{\text{Overburden}}$，ft²/h；$M$ 为由式(6.17)定义的储层(地层)的体积热容量，$M = \phi(S_o\rho_o C_o + S_w\rho_w C_w) + (1-\phi)\rho_r C_r$，Btu/(ft³·℉)。

表 6.4 中的 3~5 栏分别列出了无量纲时间“G”、$e^{t_D}\text{erfc}(\sqrt{t_D})$ 和 erfc(t_D) 的函数值。

表 6.4　Marx 与 Langenheim 辅助函数

(1)t_D	(2)E_h	(3)G	(4)$e^{t_D}\text{erfc}(\sqrt{t_D})$	(5)erfc(t_D)
0.0	1.0000	0	1.0000	1.0000
0.01	0.9290	0.0093	0.8965	0.9887
0.0144	0.9167	0.0132	0.8778	0.9837
0.0225	0.8959	0.0202	0.8509	0.9746
0.04	0.8765	0.0347	0.8090	0.9549
0.0625	0.8399	0.0524	0.7704	0.9295

续表

(1) t_D	(2) E_h	(3) G	(4) $e^{t_D}\operatorname{erfc}(\sqrt{t_D})$	(5) $\operatorname{erfc}(t_D)$
0.09	0.8123	0.0731	0.7346	0.8987
0.16	0.7634	0.1221	0.6708	0.8210
0.25	0.7195	0.1799	0.6157	0.7237
0.36	0.6801	0.2488	0.5678	0.6107
0.49	0.6445	0.3158	0.5259	0.4883
0.64	0.6122	0.3918	0.4891	0.3654
0.81	0.5828	0.4721	0.4565	0.2520
1.00	0.5560	0.5560	0.4275	0.1573
1.44	0.5087	0.7326	0.3785	0.0417
2.25	0.4507	0.7783	0.3216	0.0015
4.00	0.3780	1.5122	0.2554	0.0000
6.25	0.3251	2.0318	0.2108	
9.00	0.2849	2.5641	0.1790	
16.00	0.2282	3.6505	0.1370	
25.00	0.1901	4.7526	0.1107	
36.00	0.1629	5.8630	0.0928	
49.00	0.1424	6.9784	0.0798	
64.00	0.1265	8.9070	0.0700	
81.00	0.1138	9.2177	0.0623	
100.00	0.1034	10.3399	0.0561	

Effinger 和 Wasson(1969 年)提出了如下数学表达式，用于近似计算 $e^{t_D}\cdot\operatorname{erfc}(\sqrt{t_D})$：

$$e^{t_D}\operatorname{erfc}\sqrt{t_D}=0.254829592y-0.284496736y^2+1.42143741y^3-1.453152027y^4+1.061405429y^5 \tag{6.22}$$

其中：

$$y=\frac{1}{1+0.3275911\sqrt{t_D}}$$

Marx 和 Langenheim 加热模型的几个重要导数包括了以下蒸汽驱的动态关系式：

(1) 石油流量 q_o

假设加热区内所有的可动油都被驱替，石油驱替流量可由下式给出：

$$q_{od}=4.275\left(\frac{H_o\phi(S_{oi}-S_{or})}{M\Delta T}\right)(e^{t_D}\operatorname{erfc}\sqrt{t_D}) \tag{6.23}$$

式中：q_{od} 为被驱替的石油流量，bbl/d；S_{oi} 为原始含油饱和度；S_{or} 为残余油饱和度；H_o 为热量注入速率，Btu/h；ϕ 为孔隙度。

(2) 瞬时蒸汽-油比("SOR")是蒸汽注入量(冷水当量)与被驱替的石油流量之比；即：

$$\mathrm{SOR}=i_{蒸汽}/q_{od}$$

(3) 注入的总热量"H_{inj}"：

$$H_{inj}=H_o t$$

式中：H_{inj} 为注入的总热量，Btu；t 为总注入时间，h。

(4) 相邻地层的总热耗“H_{lost}”

单位为 Btu/h 的热损耗量由下式得出：

$$H_{lost}=H_o(1-e^{t_D}\mathrm{erfc}\sqrt{t_D}) \tag{6.24}$$

(5) 储层中的总剩余热量“H_r”

单位为“Btu”的加热区剩余热量由下式得出：

$$H_r=\left[\frac{H_oM^2h^2D}{4(\lambda_R)^2}\right]G(t_D) \tag{6.25}$$

(6) 储层热效率“E_h”

Marx 和 Langenheim 把储层热效率定义为时间 t 储层中剩余热量与总注热量之比，即：

$$E_h=\frac{H_r}{H_ot}=\left[\frac{G(t_D)}{t_D}\right]$$

或其等效公式：

$$E_h=\frac{1}{t_D}\left[e^{t_D}\mathrm{erfc}(\sqrt{t_D})+2\sqrt{\frac{t_D}{\pi}}-1\right] \tag{6.26}$$

表 6.2 列出了储层热效率值。

【示例 6.3】

利用示例 6.2 的数据和结果，在热量注入速率恒定为 16.78×10^6Btu/h 的条件下，运用 Marx 和 Langenheim 方法估算开采动态。以下附加数据已知：$\rho_o=50.0$lb/ft³；$\rho_r=167.0$lb/ft³；$\rho_w=61.0$lb/ft³；$S_{oi}=0.60$；$S_{or}=0.10$；$S_w=0.40$；$C_o=0.50$Btu/(lb·℉)；$C_w=1.08$Btu/(lb·℉)；$C_r=0.21$Btu/(lb·℉)；$T_r=120$℉；$T_s=575$℉；$\phi=0.25$；$h=40$ft。底板岩石的热扩散系数 $D=0.029$ft²/h；岩石导热系数 $\lambda_R=1.50$Btu/(h·ft·℉)。

解答：

第 1 步，利用式(6.17)计算储层体积热容量 M：

$$M=\phi(S_o\rho_oC_o+S_w\rho_wC_w)+(1-\phi)\rho_rC_r$$

$$M=0.25(0.6\times50\times0.5+0.4\times61.0\times1.08)+(1-0.25)\times167\times0.21$$

$$=36.64[\mathrm{Btu/(ft^3\cdot ℉)}]$$

第 2 步，以下列表格的形式进行所要求的开采量计算(见表 6.5)。

表 6.5 开采量计算结果

时间/d	时间/h	式(6.26)t_D	式(6.21)E_h	式(6.20)G	式(6.22) $e^{t_D}\mathrm{erfc}\sqrt{t_D}$	式(6.19) $A_s(t)$/acre	式(6.23)q_{od}	SOR
10	240	0.03468	0.88516	0.03069	0.82024	0.1305	472.5986	2.1160
30	720	0.10403	0.80642	0.08389	0.71937	0.3567	414.4810	2.4127
60	1440	0.20805	0.74212	0.15440	0.63889	0.6566	368.1123	2.7166
90	2160	0.31208	0.69912	0.21818	0.58682	0.9278	338.1078	2.9576
120	2880	0.41611	0.66639	0.27729	0.54825	1.1791	315.8879	3.1657
150	3600	0.52014	0.63987	0.33282	0.51773	1.4153	298.3007	3.3523
200	4800	0.69351	0.60442	0.41918	0.47799	1.7825	275.4050	3.6310
230	5520	0.79754	0.58618	0.46798	0.45867	1.9900	264.2136	3.1840

续表

时间/d	时间/h	式(6.26)t_D	式(6.21)E_h	式(6.20)G	式(6.22) $e^{t_D}\mathrm{erfc}\sqrt{t_D}$	式(6.19) $A_s(t)$/acre	式(6.23)q_{od}	SOR
300	1200	1.04027	0.55265	0.57491	0.42220	2.4447	243.2585	4.1109
400	9600	1.38703	0.51515	0.71453	0.38349	3.0384	220.9583	4.5257
500	12000	1.73378	0.48593	0.84249	0.35435	3.5826	204.1655	4.8980
600	14400	2.08054	0.46211	0.96145	0.33127	4.0884	190.8666	5.2393
800	19200	2.77405	0.42494	1.17881	0.29644	5.0127	170.8029	5.8547
1000	24000	3.46757	0.39668	1.37551	0.27096	5.8492	156.1185	6.4054
1500	36000	5.20135	0.34721	1.80597	0.22843	7.6796	131.6138	7.5980
2000	48000	6.93513	0.31400	2.17766	0.20137	9.2602	116.0231	8.6190
3000	72000	10.40270	0.27040	2.81287	0.16767	11.9613	96.6090	10.3510
4000	96000	13.87027	0.24195	3.35594	0.14683	14.2706	84.5993	11.8204
5000	120000	17.33783	0.22138	3.83825	0.13232	16.3216	76.2408	13.1163
6000	144000	20.80540	0.20555	4.27657	0.12149	18.1855	69.9984	14.2860
7000	168000	24.27297	0.19285	4.68113	0.11301	19.9058	65.1110	15.3584
7300	175200	25.31324	0.18951	4.79699	0.11080	20.3985	63.8400	15.6642

图 6.9 以曲线图的形式展示了上述结果。

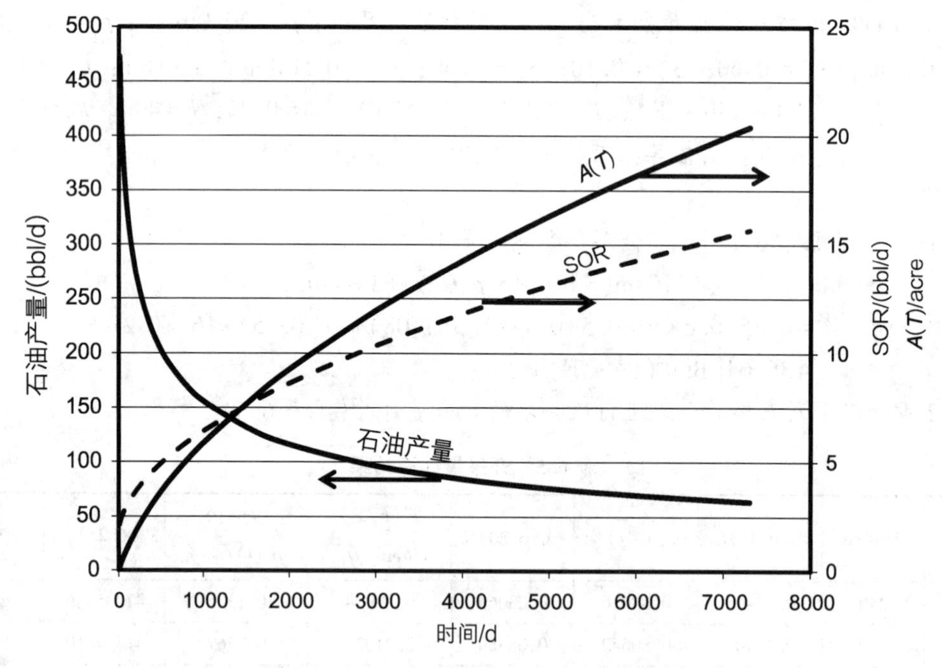

图 6.9　Marx 和 Langenheim 开采动态曲线

室内实验实测的受热面积趋于比采用 Marx 和 Langenheim 方法预测的结果低，基于这种认识，Mandl 和 Volek(1969)引入了临界时间“t_c”的概念。其定义为一个时刻，超过这个时间，向前推进的热凝析液带前缘的下游区域就被穿过这个凝析液前缘的热水加热。在临界时间“t_c”之前，储层中所有的热量都集中在蒸汽带内，而且可采用 Marx 和 Langenheim 方法计算开采动态结果。研究者们建议，当 $t>t_c$ 时，受热面积可由下式得出：

$$A_s(t)=\frac{H_oMhD}{(4)43560(\lambda_R)^2\Delta T}\left\{G(\lambda_R)-\left[\sqrt{\frac{t_D-t_{cD}}{\pi}}\left(E_{hv}+\frac{[t_D-(t_{cD})^{-3}]e^{t_D}\text{erfc}\sqrt{t_D}}{3}-\frac{t_D-t_{cD}}{3\sqrt{\pi t_D}}\right)\right]\right\}$$

参数"E_{hv}"代表以潜热形式注入的热量所占比例(以小数表示)，其计算公式如下：

$$E_{hv}=\frac{1}{1+(XL_v/C_w\Delta T)} \tag{6.27}$$

式中：L_v 为潜热，Btu/lb；X 为蒸汽干度；ΔT 为蒸汽带温度与储层温度之差(即 T_s-T_r)，℉；C_w 为温度范围 ΔT 内水的平均比热容，Btu/(lb · ℉)。

以下步骤总结了计算临界时间 t_c 的方法：

(1) 由式(6.27)计算以潜热形式注入的热量所占比例(以小数表示)。

$$E_{hv}=\frac{1}{1+(XL_v/C_w\Delta T)}$$

(2) 计算临界补余误差函数：

$$e^{t_{cD}}\text{erfc}\sqrt{t_{cD}}=1-E_{hv} \tag{6.28}$$

(3) 把 $e^{t_{cD}}\text{erfc}\sqrt{t_{cD}}$ 的值输入表 6.2，并读取相对应的 t_{cD} 值。

(4) 由式(6.21)计算临界时间，即：

$$t_c=\left[\frac{M^2h^2D}{4(\lambda_R)^2}\right]t_{cD}$$

图 6.10 展示了蒸汽带的热效率"E_h"随无量纲时间"t_D"和"E_{hv}"的变化。上面的曲线(即 $E_{hv}=1.0$)遵循由式(6.26)的数学表达式或表 6.2 第 2 栏中所列数值代表的 Marx 和 Langenheim 的热效率。如上所述，当时间"t"小于临界时间"t_c"时，Marx 和 Langenheirn 热效率用于产量计算。在超过临界时间之后，蒸汽带的热效率会遵循式(6.28)给出的与 E_{hv} 相对应的曲线。

【示例 6.4】

利用示例 6.2 的数据和结果来计算临界时间。

解答：

(1) 由式(6.27)计算以潜热形式注入的热量所占比例(以小数表示)：

$$E_{hv}=\frac{1}{1+(XL_v/C_w\Delta T)}$$

$$=\frac{1}{1+((0.73)(861.64)/1.08(455))}$$

$$=0.439$$

(2) 计算临界补余误差函数：

$$e^{t_{cD}}\text{erfc}\sqrt{t_{cD}}=1-E_{hv}=1-0.439=0.561$$

(3) 把 $e^{t_{cD}}\text{erfc}\sqrt{t_{cD}}$ 的数值(即 0.561)输入表 6.2，并读取相对应的 t_{cD} 值，由插值得出：$t_{cD}=0.381$。

(4) 由式(6.26)计算临界时间，即：

$$t_c=\left[\frac{M^2h^2D}{4(\lambda_R)^2}\right]t_{cD}=\left[\frac{36.6^2(40^2)0.029}{4(1.5)^2}\right]0.381$$

$$=6906(\text{h})=288(\text{d})$$

以上实例表明，在到达 288 天的临界时间之前都可以利用 Marx 和 Langenheim 的加热模型，可以由式(6.26)计算 Marx 和 Langenheim 储层热效率值，也可以从图 6.10 中上面的曲线读取数值。在达到临界时间后，就需要通过追踪适当的 E_{hv} 曲线，以 t_D 值函数的形式读取的热效率值。

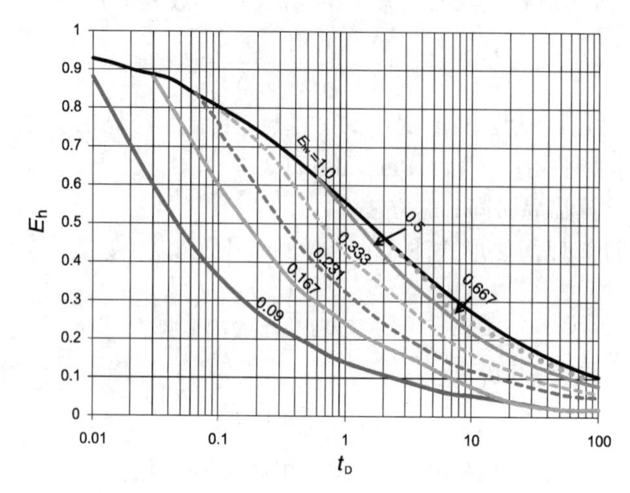

图 6.10　蒸汽区内剩余的注热量所占比例(以小数表示)。

应当指出的是，蒸汽带的体积“V_s”与蒸汽带内存在的注入热量所占比例(即 E_h)相关，其关系式为：

$$V_s = \left[\frac{H_o t E_h}{43,\ 560 M \Delta T}\right] t E_h \tag{6.29}$$

蒸汽带面积为：

$$A_s(t) = \frac{V_s}{h} \tag{6.30}$$

式中：V_s 为作为时间函数的蒸汽带的体积，acre · ft；H_o 为热量注入速率，Btu/h；t 为时间，h；E_h 为时间“t”时蒸汽带的热效率；$A_s(t)$ 为时间“t”时蒸汽带的面积，acre；h 为厚度，ft；M 为由式(6.17)计算的储层体积热容量“M”，Btu/(ft^3 · ℉)。

然后可由下列关系式计算出累积产油量“N_p”：

$$N_p = 7758\phi \frac{h_n}{h_t}(S_{oi} - S_{or}) V_s$$

式中：N_p 为累计产油，bbl；h_n 为净厚度，ft；h_t 为总厚度，ft。

现场结果表明，与实测的现场生产数据相比较，由 Marx 和 Langenheirn 表达式计算的产油量“q_{od}”普遍高估了蒸汽驱的生产动态。为了使计算结果与实测的现场数据一致，在蒸汽驱生产动态方程中纳入了参数“Γ”，其表达式为：

$$q_o = (q_{od}) \Gamma \tag{6.31}$$

参数 Γ 被称为俘获效率，它表示从蒸汽带驱替的原油所占比例(以小数表示)。俘获效率为 0.66~1 不等。在某些情况下，Γ 值会大于 1，这表明产出的油量多于由蒸汽带所驱替的油量。如果存在明显的重力泄油现象，并从蒸汽带以外开采了石油，那么就有可能发生这种情况。参数 Γ 通常设定为 0.7。

Jones(1981)、Chanadra 和 Damara(2007)提出，俘获效率是三个无量纲参数的乘积，其中每一个参数的值各不相同，从 0.0~1 不等。俘获效率定义为：

$$\Gamma = A_{cD} V_{oD} V_{PD}$$

式中：A_{cD}为无量纲蒸汽带面积；V_{oD}为驱替的产油量，无量纲；V_{PD}为蒸汽填充的孔隙体积所占比例。

这些俘获参数可由以下公式进行近似计算：

$$A_{cD} = \left[\frac{A_s(t)}{A[0.11\ln(\mu_{oi}/100)]^{1/2}} \right]^2 \tag{6.32}$$

这个公式的区间为 $0 \leqslant A_{cD} \leqslant 1.0$，而且在 $\mu_{oi} \leqslant 100\text{cP}$ 时，$A_{cD} = 1.0$。这个无量纲蒸汽带面积参数 A_{cD}旨在考虑早期产油量对井网规模的依赖性，以及初始石油黏度的主导作用。

$$V_{pD} = \left[\frac{5.615(V_s)_{inj}}{43560Ah\phi S_g} \right]^2 \tag{6.33}$$

这个参数的区间为 $0 \leqslant V_{PD} \leqslant 1.0$，而且当 $S_g = 0$ 时，$V_{PD} = 1.0$。如果最初有大量的气存在，则 V_{PD}参数描述的是油藏的填充过程，这个过程考虑了因初始含气饱和度而额外引起的对注蒸汽的响应延迟。

$$V_{oD} = \sqrt{1 - \frac{7758\phi S_{oi} V_s}{N}} \tag{6.34}$$

式中：A 为油藏(试验区)总面积，acre；N 为原始石油地质储量，bbl；S_g为初始含气饱和度；H_n为净厚度，ft；$(V_s)_{inj}$ 为累积注入蒸汽体积，bbl；V_s 为随时间而变化的蒸汽带的体积，acre · ft。

这个参数的区间为 $0 \leqslant V_{oD} \leqslant 1.0$。正如式(6.34)所表示的，参数 V_{oD}表示注蒸汽开发过程中任意时点驱替原油占原油产量的比重，越来越多的受控于油藏井网中的剩余油量。

图 6.11 为构成俘获效率的三分量示意图。

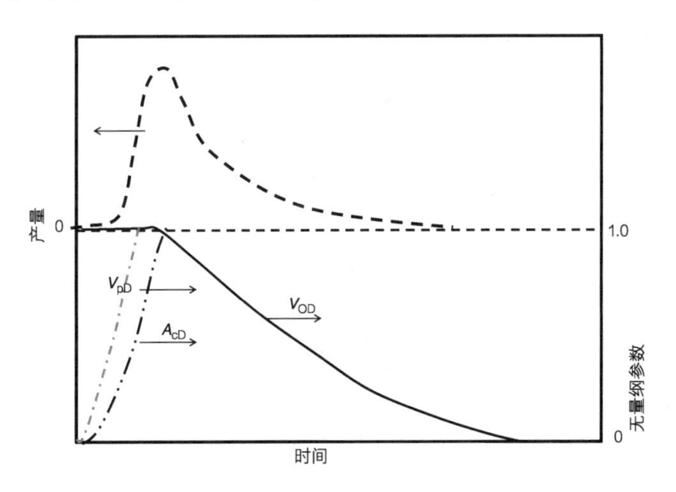

图 6.11　俘获参数示意图

6.3.3　蒸汽辅助重力泄油

蒸汽辅助重力泄油(SAGD)最初是由 Butler(1991)研发的一种重油原地热力开采方法。Butler 提出采用注蒸汽与水平井技术相结合的方法，辅助重力驱动原油向生产井流动。该方法利用一对平行的水平井，其中一口在地层的底部，而另一口则在其上方约 10~30ft 的位置。这些井纵向排成一列，长度约为 3500ft，其示意图参见图 6.12。这些井的钻井作业一般在一个中心井台上完成，成组排列。顶部的井为蒸汽注入井，而底部的井为生产井。

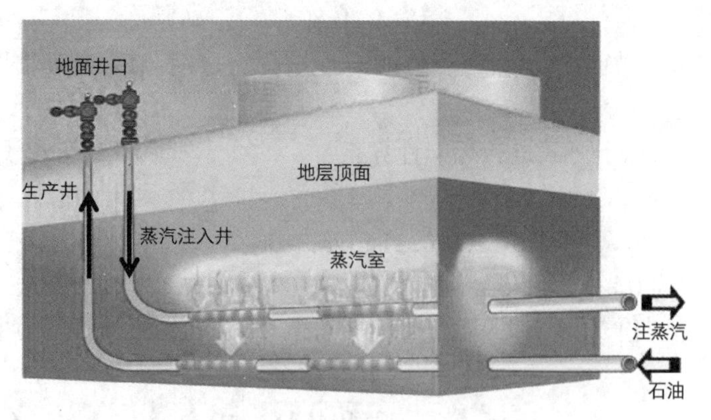

图 6.12　SAGD 概念示意图

最初，冷的重油基本上是不流动的。因此，需要有一个初始预热阶段，以便在注采井对之间建立均匀的热力学沟通。在启动阶段，两口井中都要注蒸汽，以便使井间储层预热。注入井与生产井中的蒸汽循环过程要持续约 2~4 个月，通过降低原油的黏度来提高其流动性。在油层内的石油具有流动性之后，就开始仅向上部的注入井中连续注蒸汽。随着蒸汽的连续注入，蒸汽上升到地层的顶部，形成一个“蒸汽室”，这个蒸汽室沿垂直和水平方向增长。注入的蒸汽将到达蒸汽室的界面，加热周围的冷油砂。凝析液和加热后的原油在重力作用下排出，与上升的蒸汽形成对流，流向储层底部附近的水平井。应当指出的是，由于石油和蒸汽的流动路径是独立的，这一驱替过程很缓慢。但是，传统上与蒸汽驱有关的指进问题基本上被消除，从而通过 SAGD 提高了石油采收率。图 6.13 展示了蒸汽室膨胀过程以及相关的泄油流动的示意图。

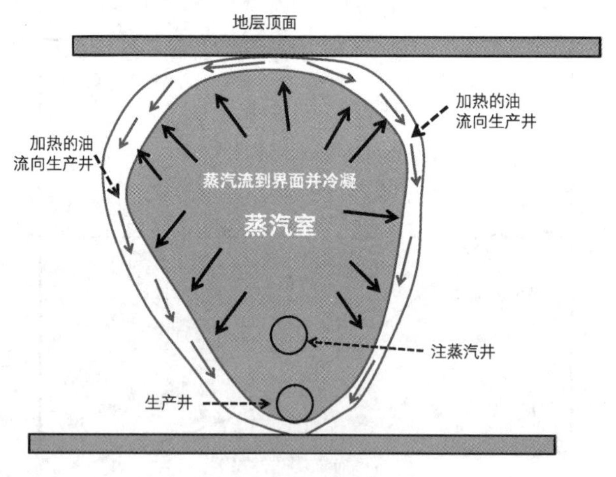

图 6.13　SAGD 机理示意图

Butler 室内实验证实了 SAGD 概念，并记录了这个热采过程的下列独特特征：以重力作为驱动原油流动的主要动力；利用水平井在重力作用下获得较高产量；加热后的原油直接流向生产井，无需驱替未接触到的原油；几乎立即出现原油生产响应(尤其是在重油油藏中)；采收率高(在某些案例中可高达 70%~75%)；对储层的非均质性敏感性差。

6.3.4　火烧油层

火烧油层或火驱是一种独特的 EOR 方法，该方法将部分地下原油氧化，并用作燃料来产生热。在火烧油层方法中，储层中的原油被点燃，借助注入空气使之持续燃烧。通过向位于中心位置的注入井连续注入空气开始火烧油层工艺，在注入一段时间空气产生了足够的热量后，可自发地点燃油层中的原油。即使在不燃烧的情况下，所注入空气中的氧与原油之间的化学反应也会产生热量。依据原油组分，这一氧化过程的速度可能足以产生能点燃石油的温度。如果不行，可以通过下列途径实现点火：井下电加热器；注入空气预热；在注入空气之前先注入可氧化的化学物。

大量的实验室实验和现场采油数据表明：火烧油层过程产生的热量和汽化的烃气将把所波及到的油层中的石油100%驱替出来。火烧油层方法有三种形式：正向燃烧、反向燃烧、湿式燃烧。下面简要介绍上述三种方法。

6.3.4.1　正向燃烧

“正向燃烧”这个术语表示火焰前缘推进的方向与注入空气的方向相同。图6.14为正向燃烧过程中油层内所形成的几个不同区带的示意图。图6.15展示了驱油机理和各区带相关的温度剖面图。

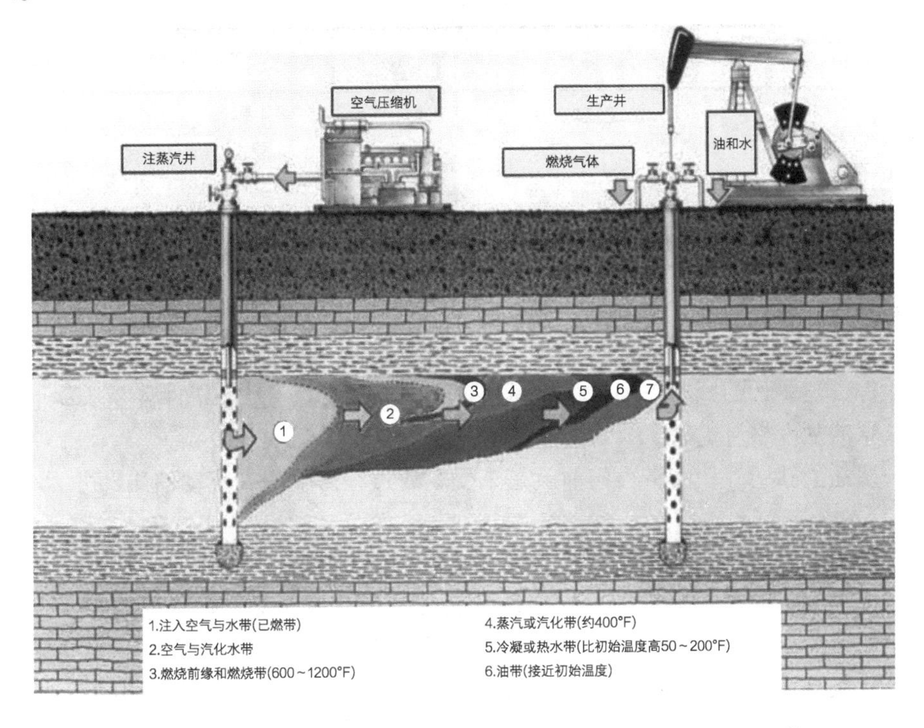

图6.14　火烧油层开采法(美国能源部Bartfesville能源技术中心提供)

如图6.14和图6.15所示，在正向燃烧过程中已经识别出了七个带，它们是：

(1) 已燃带。已燃带是已经被燃烧的区域。这个带充满了空气，可能含有少量残留的未燃烧的有机物，基本上主要由完全不含油或焦炭的净砂组成。因为连续注空气，已燃带的温度从注入井内注入空气的温度上升到燃烧前缘的温度。

(2) 燃烧前缘带。燃烧前缘带位于已燃带的前面，其温度变化范围为600~1200℉。正是在这个区域，氧与燃料结合发生了高温氧化作用。

(3) 焦炭带。紧靠燃烧前缘带前面的是焦炭带。焦炭带是指因原油热裂解而沉积了碳质物质的区域。焦炭残余馏分由具有高相对分子质量和高沸点温度的成分组成。这些馏分在原油中的占比可以高达20%。

(4) 汽化带。焦炭带之前就是汽化带，它由汽化的轻烃、燃烧产物和蒸汽组成。在这个

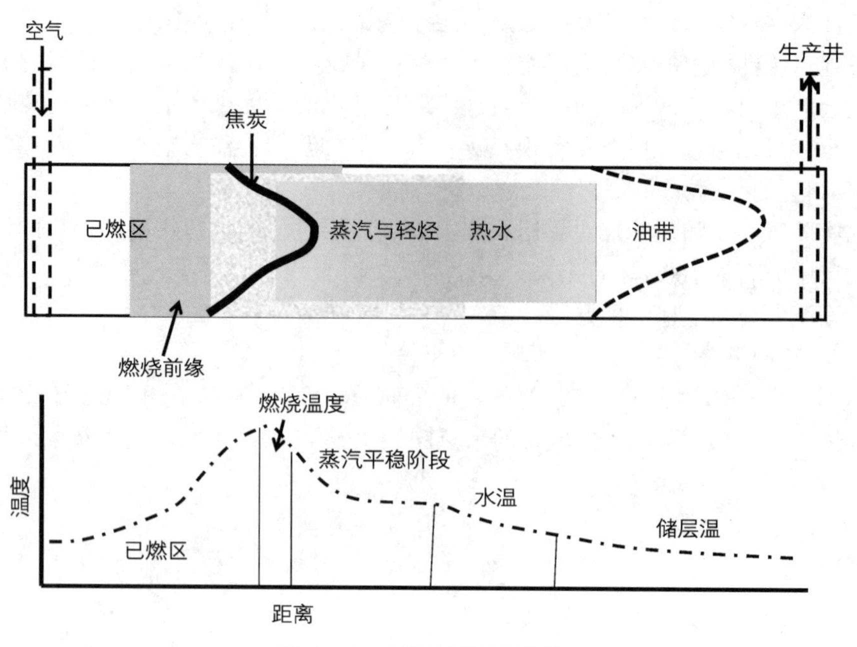

图 6.15 火烧油层温度分带

区域，温度由燃烧形成的高温向储层原生水汽化温度变化。

(5) 冷凝带。过了汽化带就是冷凝带，正是在冷凝带在多种驱动机理的作用下原油被驱替。冷凝的轻烃以混相的方式驱替储层中的原油，冷凝的蒸汽产生了热水驱动机理，而燃烧的气体通过气驱进一步提高原油采收率。这个带的温度通常比原始储层温度高出 50~200℉。

(6) 油带。被驱替的原油以油带的形式在下一个带聚集。这个带的温度基本上接近原始储层温度，原油黏度略有提高。

(7) 未扰动的储层。从油带再向前就是未受燃烧过程影响的未扰动储层部分。

6.3.4.2 反向燃烧

反向燃烧技术用于原油黏度非常高的油藏。反向燃烧过程首先从正向燃烧开始，先向油井中注入空气，然后把这口油井转为生产井。已点火并在油砂层短距离燃烧后，该井投入生产，转到相邻的另一口井进行注空气作业。相邻井注入的空气驱动石油穿过加热带流向生产井，而燃烧前缘沿相反的方向向注空气井推进。然而，如果空气注入井周围的石油发生自燃，那么就停止注空气(即供氧)，并把反向燃烧转变为正向燃烧。

Brigham 和 Castanier 指出，反向燃烧方法还没有在经济上获得成功，主要原因有两个：

(1) 在生产井中开始的燃烧会产生热的采出液，这些流体中通常含有未发生反应的氧。这样就需要采用特殊的、高成本的管道，以抵御高温和抗腐蚀。与正向燃烧相比，反向燃烧需要更多的氧来推动前缘向前传播，从而增加了火烧油层项目作业的主要成本。

(2) 未反应的焦炭状重质终馏分将残留在储层的已燃部分。在开发过程的某一时点，焦炭会开始燃烧，从而使反向燃烧逆转成为正向燃烧，并产生大量的热，但产油量很少。这种情况甚至在严格控制下的室内试验中也已发生过。

6.3.4.3 湿式燃烧

正向燃烧过程中的热利用效率非常低下，其原因是空气的热载能力较差。在正向燃烧采油过程中，所产生的热量大约只有 20%能够到达燃烧前缘的前面，并为石油开采作出贡献。剩下的热被储存在已燃带，并最终损失在产层的顶底板岩石中。

为了合理利用损失的这一部分热量，人们对火烧油层方法进行了多方面的改进。可以随同空气一起注水或水和空气交替注入，从而改善热量的分布，并降低了对空气量的要求。在已燃带，注入的水被转化为过热蒸汽，流经火焰，并加热其前面的储层。这就是所谓的 COF-CAW(正向燃烧与水驱的组合)。

当混有空气的过热蒸汽到达燃烧前缘时，只有氧在燃烧过程得到利用。在穿过燃烧前缘时，过热蒸汽与空气中的氮气以及主要由 CO 和 CO_2组成的烟道气混合，这种混合气体驱替燃烧带前缘的石油，并在其温度下降到约 400℉时发生冷凝。蒸汽带的长度取决于从已燃带上游回收的热量的多少。

依据水/空气比，湿式燃烧可分为：完整湿式燃烧，水被转换成过热蒸汽，而且仅从已燃带回收部分热量；正常湿式燃烧，已燃带所有的热都被回收；急冷或超湿式燃烧，燃烧前缘的温度因注水而下降。

如果操作适当，水辅助的燃烧会减少所需的燃料量，提高原油采收率，并减少加热一定体积储层所需的空气量，工艺效率的改善可以达到 25%。由于储层一般都具有非均质性而且存在能够影响流体运动和饱和度分布的重力超覆，导致难以确定最佳水气比。如果注入太多的水，会导致燃烧前缘效率低下，从而失去这种开采方法的优势。

在一般情况下，火烧油层是一个非常复杂的过程，它综合了多种驱动机理的效果，包括：蒸汽驱；热水驱与冷水驱；混相驱和非混相驱。

该开采方法可以在多种油藏中获得较高的原油采收率，尤其适用于能够满足如下标准的油藏：储层厚度应大于 10ft，以避免过多的热量损失到周围地层。然而，在储层非常厚的情况下，可能会因重力超覆而存在波及效率的问题；渗透率必须足够大(大于 100mD)，以便于稠油的流动，并获得所需的空气注入能力；孔隙度和含油饱和度必须足够大，以便取得经济成功；储层深度应足够大，以便把注入的空气围限在储层内。除了影响注入压力外，一般情况下没有深度限制。

火烧油层方法具有如下几个缺点：会形成油-水乳状液，造成泵抽问题，降低油井产能；会采出富含硫酸盐和铁的低 pH 值(酸性)热水，产生腐蚀问题；出砂量会增加，并造成井壁坍塌；因石油的热裂解而产生蜡和沥青质；因生产井的温度过高而造成衬管和套管故障。

火烧油层开采方法具有只波及含油带上部的趋势，因此，在非常厚的储层中纵向波及率可能很差。燃烧前缘通过隙间水蒸发和燃烧反应产生蒸汽。蒸汽驱替燃烧前缘前面的大部分重油，但当蒸汽凝结为水时，水下沉到蒸汽和燃烧气体的下面，从而导致蒸汽的流动集中在含油带的上部。

火烧油层产生的热量有很大一部分都没有用于加热石油，而是加热含油层、泥页岩夹层、底板和盖层。因此，只有当需要加热的岩石材料很少时，即当孔隙度和含油饱和度较高而且砂层厚度适中时，火烧油层开采方法才会是经济可行的。

6.4 化学驱

任何二次或三次采油方法的总采收率(效率)“RF”都是三个单独的效率因子的综合乘积，其简化表达式如下：

$$RF=(E_A E_V)E_D$$

或：

$$RF=(E_{vol})E_D$$

用累积石油产量来表示，上式可以写为：

$$N_p = N_S E_A E_V E_D$$

式中：RF 为总采收率；N_S为二次或三次采油开始时的原始石油地质储量，STB；N_p为累积产油量，STB；E_D为驱油效率；E_A为面积波及效率；E_V为纵向波及效率；E_{vol}为体积波及效率。

面积波及效率(E_A)是被驱替流体波及面积占井网面积的比例(以小数表示)。决定面积波及效率的主要因素是：流体流动度、井网类型、平面非均质性、注入流体的总体积。

纵向波及效率“E_V”是注入流体接触到的产层占纵剖面的比例(以小数表示)。纵向波及效率主要随下列因素而变化：纵向非均质性、重力分异度、流体流度、总注入量。

需要注意的是，E_A与E_V的乘积称为体积波及效率“E_{vol}”，它表示注入流体接触到的体积占水驱井网体积的总比例(以小数表示)。

驱油效率E_D为在任意给定的时间点或注入孔隙体积下从波及区驱替出的可动油所占比例，即$S_{oi}-S_{or}$。只有在残余油饱和度降低到 0 的情况下，驱油效率才能接近 100%。化学驱基本上有两个主要的目标：

(1) 增大毛细管数“N_C”，使残余油流动并提高驱油效率。如前面的图 6.3 所示，残余油饱和度可以通过增加毛细管数来降低，由式(6.1)所给出的表达式为：

$$N_c = \left(\frac{k_o}{\phi\sigma}\right)\left(\frac{\Delta p}{L}\right)$$

降低驱替流体和被驱替流体之间的界面张力可能是增大毛细管数的唯一可行的选择。毛细管数必须大于临界毛细管数，才能使残余油饱和度发生变化。应当注意到，如果把界面张力降低到 0，毛细管数就会变的无限大，这表明驱替效率大到了 100%，即“混相驱替”。

(2) 降低流度比“M”，以改善面积波及效率与纵向波及效率。化学驱是旨在通过提高波及效率(即E_A、E_V和E_D值)来提高原油采收率的强化采油技术之一。化学采油方法包括：聚合物驱、表面活性剂-聚合物驱(亦称为胶束-聚合物或微乳状液驱)、碱驱(或苛性碱驱)和碱-表面活性剂-聚合物(ASP)复合驱。

上述方法都涉及在注入前把化学物与水混合，因此，这些方法都要求储层特征及其条件有利于注水。下面将逐一简要讨论上述的各种驱油技术。

6.4.1 聚合物驱

大多数的强化采油方法都是通过降低残余油饱和度来提高驱替效率的。然而，聚合物驱则是设计用于通过降低流度比来提高波及效率。流度比“M”被定义为驱替流体的流度($\lambda_{驱替}$)与被驱替流体的流度($\lambda_{被驱替}$)之比。在传统的水驱中，流动比的数学表达式为：

$$M = \lambda_{驱替}/\lambda_{被驱替} = (k_{rw}\mu_o)/(k_{ro}\mu_w) \tag{6.35}$$

流度比大约为 1 或小于 1 被认为是有利的，这表明，所注入流体的流动速度不会比被驱替流体的运动速度更快。例如，当$M=10$时，水流动的能力是油的 10 倍以上。式(6.35)表明，通过以下任意一种方法都可使M更有利：降低原油的黏度μ_o，提高油相的有效渗透率，降低水相的有效渗透率，增加水的黏度μ_w。

除了热采方法之外，几乎没有什么办法可以改善储层中石油的流动特性，即μ_o和μ_{ro}。然而，当把一类化学物质(如聚合物)加入到水中时，即使浓度很低，它们也会增加其黏度并降低水的有效渗透率，从而使流度比降低。

由于存在着控制或减小水流度的需求，人们开发出了聚合物驱或聚合物增强水驱采油方法。聚合物驱被视为是一种改进的水驱技术，因为它通常不开采孔隙空间内所捕集并被水隔离的残余油。然而，聚合物驱能够开采出比水驱开采更多的石油，其增产的途径是提高波及效率和增大与储层接触的体积。水溶性聚合物的稀释水溶液能降低储层中水的流度，从而提高了驱油效率。部分水解的聚丙烯酰胺(HPAM)和黄原胶(XG)聚合物都是通过下列方法降低水的流度：提高所注入水相的黏度；降低地层中水相的渗透率。

水相渗透率的降低具有相当强的永久性，而油相的渗透率相对保持不变。渗透率降低的幅度是通过室内岩心驱替试验进行测量的，测量结果用两个渗透率降低系数来表示：

(1) 残余阻力系数“R_{rf}”。残余阻力系数是实验室测量的参数值，它描述的是聚合物驱后水的渗透率降低情况。即使在聚合物溶液已被盐水驱替后，它仍能继续降低水相的渗透率。这种聚合物溶液降低渗透率的能力是在实验室测得的，可以用一个被称为残余阻力系数的参数来表示。渗透率降低系数定义为聚合物溶液注入前后所注入盐水的流度比。

$$R_{rf}=\lambda_w(\text{注聚合物前})/\lambda_w(\text{注聚合物后}) \tag{6.36}$$

(2) 阻力系数“R_f”。阻力系数“R_f”描述的是水流度的降低情况，其定义为在相同条件下测得的盐水流度与聚合物溶液流度之比，即：

$$R_f=\frac{\lambda_w}{\lambda_p}=\frac{k_w/\mu_w}{k_p/\mu_p} \tag{6.37}$$

式中：λ_w为盐水的流度；k_w为盐水的有效渗透率；μ_w为盐水的黏度；λ_p为聚合物溶液的流度；k_p为聚合物溶液的有效渗透率；μ_p为聚合物溶液黏度。

渗透率的降低基本上是由于聚合物分子在储集岩中滞留引起的。这是吸附作用与捕集作用相结合的产物，且并非完全可逆。因此，在油田已停止注聚合物，又重新转入注水开发后很长时间，大多数的聚合物(及其所带来的益处)仍留在储层中。吸附就是聚合物分子在岩石表面的不可逆滞留。吸附在岩石表面上的聚合物量取决于聚合物分子的类型和大小、聚合物浓度以及岩石表面特性。

有两种测试方法用来测量吸附量：一种是静态条件下的测试方法，而另一种是动态测试方法，用于测量岩心驱替过程中的吸附量。聚合物分子以单分子层的形式吸附在岩石表面上，其厚度等于聚合物分子的直径。一旦这个单层达到饱和的程度，就不会再发生吸附。

图6.16展示了流度比改善对5点法水驱井网波及效率的影响。该图对比了在不同含水率“f_w”条件下面积波及效率随流度比“$1/M$”倒数的变化。根据图6.16中数据而列出的表6.6对比了在不同含水率和流度比条件下的面积波及效率。图6.16和表6.6都显示出，改善流度比对面积波及效率有重要影响。从表6.6可以看出，把流度比从10降低到1，在开始产水之前的波及面积增加了近一倍。

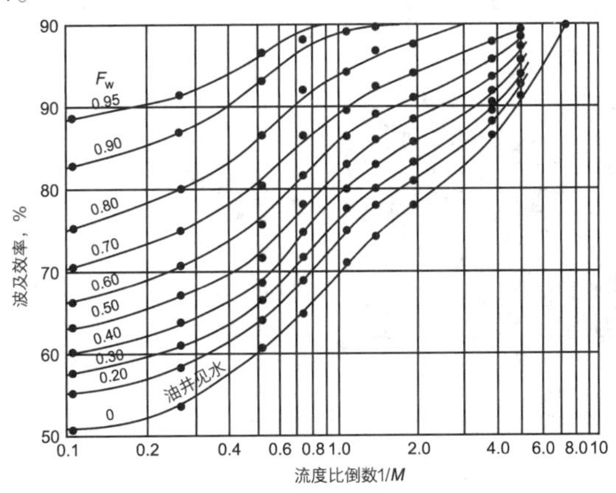

图6.16　面积波及效率随$1/M$和f_w的变化

表 6.6　不同 M 条件下 E_A 的对比

M	$1/M$	油井见水时的 E_A	含水率达 95%时的 E_A
10	0.1	0.35	0.83
2	0.5	0.58	0.97
1	1	0.69	0.98
0.5	2	0.79	1.00
0.25	4	0.90	1.00

对驱油效率产生不利影响的另一个重要因素是黏性不稳定性(黏性指进)。黏性不稳定性与驱替过程相关，当被驱替流体(原油)的黏度高于驱替流体(例如水)时，在驱油过程中就会出现黏性不稳定性问题。黏度较小的驱替流体通常比黏度较大的被驱替流体更容易流动，由此引发穿过原油系统指进的扰动。黏性指进对驱油过程的波及效率有着重大的影响，黏性指进引起的不稳定驱油过程往往与驱替流体的过早突破有关。图 6.17 显示了一个 5 点井网模型的四分之一部分内的黏性指进。图 6.18 是以黏性指进与流度比关系表示的驱替流体前缘稳定性的概念性示意图。从图 6.18 中可以看出，聚合物驱流度比好于传统水驱，其前缘稳定性更好。它清楚地说明，要获得更好的整体波及效率，进而获得更高的原油采收率，提高驱替相的流度是多么的重要。

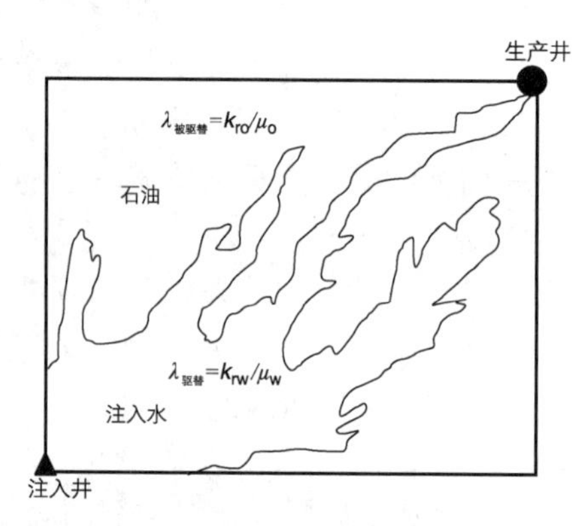

图 6.17　水驱中的黏性指进

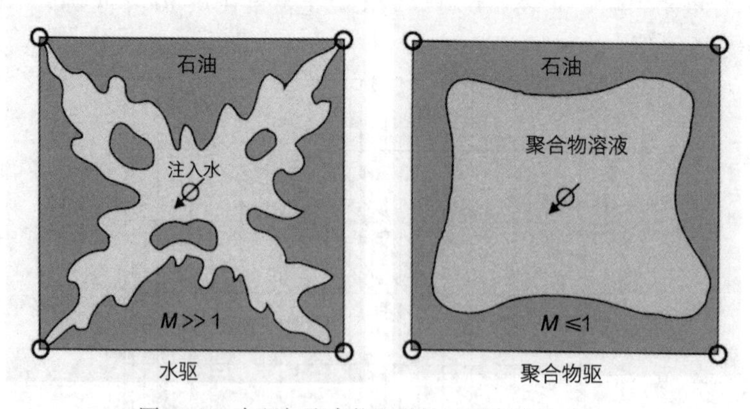

图 6.18　水驱与聚合物驱黏性不稳定性的对比

6.4.1.1　聚合物特性

牛顿流体(例如水或油)在剪切力的作用下会发生变形或流动。流动有一个阻力，这个阻力被定义为剪切力(剪切应力)与流动速率(剪切速率)之比。对于牛顿流体，这个比值是个常数，被定义为流体的视黏度。这个黏度的数学表达式为：

$$\mu_{app}=剪切应力/剪切速率=\tau/v \tag{6.38}$$

式中：μ_{app}为视黏度；τ为剪切应力(压差)；v为剪切速率(流速)。

对于多孔介质中牛顿流体的流动，视黏度可以简单地用达西方程表示：

$$\mu_{app}=k\frac{\Delta p/L}{q/A} \tag{6.39}$$

式中：$\Delta p/L$为压力梯度；q/A为表观流体速度；k为有效渗透率。

视黏度也可采用阻力系数"R_f"来表示，其表达式为：

$$\mu_{app}=\mu_w R_f$$

上面定义的视黏度包括由于聚合物溶液的吸附或堵塞而造成的渗透率降低的影响。

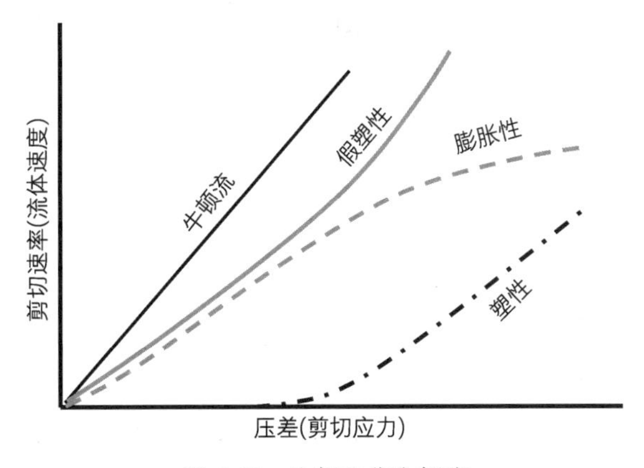

图6.19　牛顿和非牛顿流

由于剪切应力与剪切速率之比不是一个常数，因此，非牛顿流体的特征不能采用由式(6.38)或式(6.39)计算的单个恒定的黏度值来表示。如图6.19所示，这些非牛顿流体的流动可遵循下列复杂的流体模式：

(1) 塑性流体。钻井液具有塑性流体类型的特征。这种类型的流体需要一个压差(剪切应力)来启动流动。如图6.19所示，塑性流体的黏度随着流速的增大而降低。

(2) 膨胀性流体。这类流体的特点是视黏度随剪切速率(流速)的提高而增加。

(3) 假塑性流体。在大多数流体注入和储层条件下，聚合物溶液通常都被划分为假塑性流体。这种类型的流体在低速下流动时，表现出较大视黏度，而在高速下流动时，视黏度则较低。

穿过多孔介质流动的聚合物溶液的流变特性可分为四个流动区域，如图6.20所示。在速度较低时，聚合物溶液的视黏度接近最大极限值。而对于较大的速度范围，聚合物溶液的流动特征表现为假塑性，黏度随着速度的提高而降低。在较高的速度下，聚合物溶液的黏度接近于最小值，这个最小值等于或大于溶剂的黏度值。在速度非常高时，黏度随速度的增加而增大，聚合物溶液表现出膨胀性流体的流动特性。应当指出的是，绘制由式(6.37)所定义的阻力系数"R_f"与流体的速度的关系曲线，将得出一条类似于聚合物黏度曲线的曲线图，它同样具有精确的四分的流动区域。聚合物溶液的黏度可以根据残余和阻力系数进行估算，关系式如下：

$$\mu_p=\mu_w\left(\frac{R_f}{R_{rf}}\right)$$

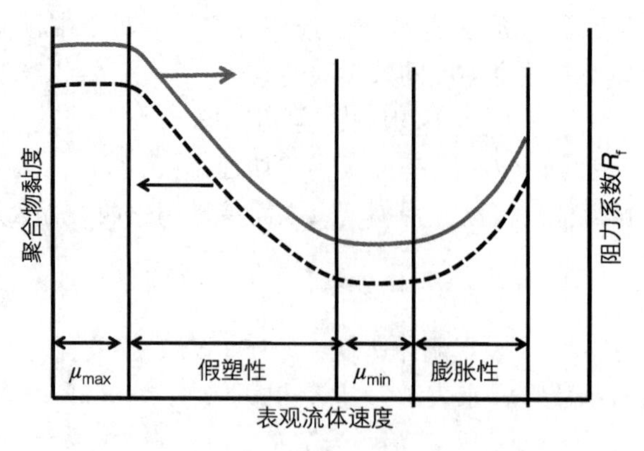

图 6.20　多孔介质中聚合物溶液的流变特性

尽管聚合物溶液的流动特性很复杂，但即使在较高的剪切速率下，这些流体的视黏度也明显高于水的黏度，如图 6.21 所示。

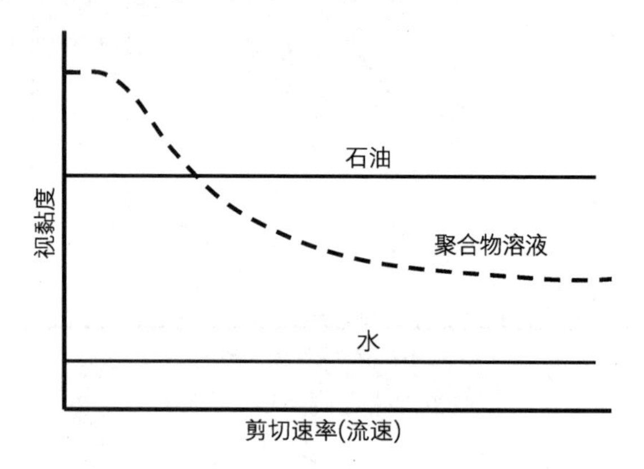

图 6.21　视黏度与流速的关系

下式所示的幂律关系是一个简单的数学表达式，可用拟合典型的黏度–剪切速率实验数据：

$$\mu = kv^{n-1} \tag{6.40}$$

式中：μ 为黏度；K 为幂律系数；n 为幂律指数；v 为表观流体黏度。

根据指数“n”的值，幂律适用于三种不同类型的流体：假塑性流体，$n<1$；牛顿流体，$n=1$；膨胀性流体，$n>1$。

Gaitonde 和 Middleman(1967)修改了幂律关系，用于模拟多孔介质中聚合物溶液的假塑性流动特性。修改后的幂律从较大流速范围内的局部渗透率和孔隙度的角度来考虑多孔介质。修改后的表达式如下：

$$\mu_p = 0.017543K\left(\frac{9n+3}{n}\right)\left[150k_w\phi(1-S_{orw})\right]^{\frac{1-n}{2}}(v)^{n-1} \tag{6.41}$$

式中：μ_p为聚合物溶液的视黏度，cP；K 为由黏度计实验数据得出的幂律系数，cP(s)$^{n-1}$；n 为幂律指数；ϕ 为孔隙度，小数；k_w为水的渗透率；S_{orw}为相对于水的残余油饱和度，小数；v 为表观流体速度，ft/d。

【示例 6.5】

聚合物驱的黏度计测量和岩心驱替数据如下。

岩心数据：$k_w=17\text{mD}$；$\phi=0.188$；$S_{orw}=0.32$。

聚合物溶液数据：聚合物浓度 = 200mg/L；盐水黏度 = 0.84cP；$k=7.6\text{cP}(\text{s})^{n-1}$；$N=0.67$。

计算并绘制以下表观流体速度下的聚合物黏度曲线：2.83ft/d、5.67ft/d、11.3ft/d、17.0ft/d、22.7ft/d 和 28.3ft/d。

解答：

第 1 步，应用并简化式(6.41)，得出：

$$\mu_p=0.017543K\left(\frac{9n+3}{n}\right)[150k_w\phi(1-S_{orw})]^{\frac{1-n}{2}}(v)^{n-1}$$

$$\mu_p=0.017543(7.6)\left(\frac{9(0.67)+3}{0.67}\right)[150(17)(0.188)(1-0.32)]^{\frac{1-0.67}{0.67}}(v)^{0.67-1}$$

$$\mu_p=4.668846(v)^{-0.33}$$

第 2 步，计算在所要求流速下聚合物溶液的黏度(见表 6.7)。

表 6.7　在所要求流速下聚合物溶液的黏度的计算结果

v/(ft/d)	μ_p/cP
2.83	3.31
5.67	2.63
11.3	2.10
17.0	1.83
22.7	1.67
28.3	1.55

第 3 步，绘制聚合物流变特性图，如图 6.22 所示。

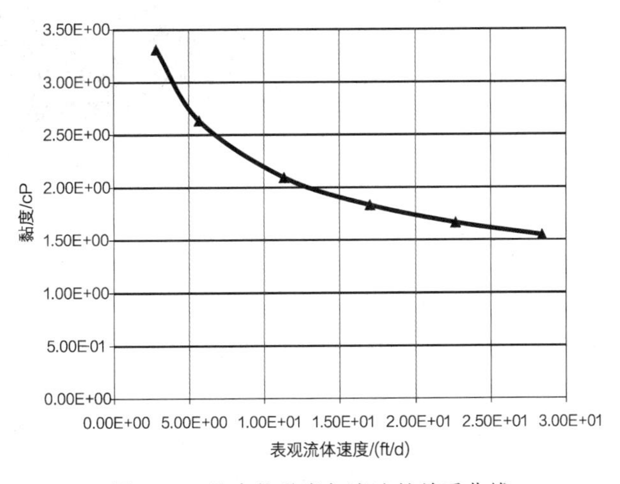

图 6.22　聚合物黏度与流速的关系曲线

6.4.1.2　聚合物驱油机理

与传统的水驱技术相比，聚合物驱可以使原油采收率显著增加，如图 6.23 的示意图所示。在开展聚合物驱时，首先要注入一个聚合物溶液段塞(大约为储层孔隙体积的 25%～50%)，接着进行后续注水驱动聚合物段塞和形成的含油带流向生产井。由于后续水-聚合物的流度比不理想，后续水倾向于穿过聚合物段塞指进，并逐步稀释段塞的后端。为了尽可能降低不利流度比的影响，传统的做法是在后续水与聚合物段塞之间增加一个含有浓度递减的聚合物的淡水缓冲带，把两者分隔开来，如图 6.24 所示。缓冲带溶液中聚合物浓度采用了逐渐降低的设计，确保缓冲带前缘的黏度与聚合物段塞的黏度相等，而缓冲带后缘的黏度与追逐水的黏度相等。

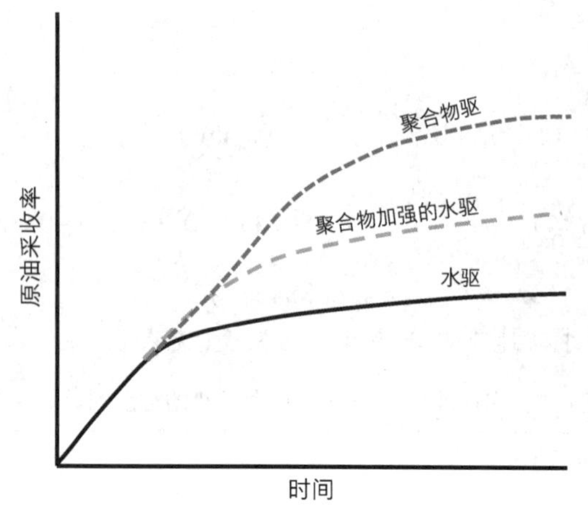

图 6.23　聚合物驱的原油采收率

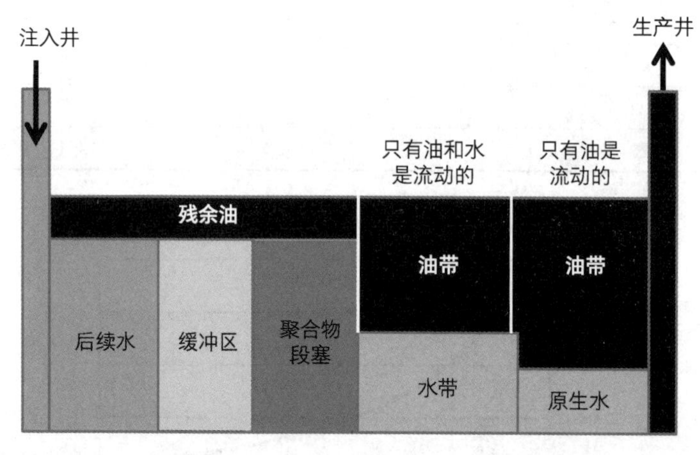

图 6.24　作为一种二次采油方法的聚合物驱

6.4.2　表面活性剂段塞和胶束溶液驱

利用表面活性剂的采油方法可分为：表面活性剂-聚合物(SP)段塞驱；胶束聚合物(MP)驱；碱-表面活性剂-聚合物(ASP)复合驱。

上述所有化学驱技术都以表面活性剂作为主要成分之一。表面活性剂，又叫做表面作用剂，是肥皂或皂类物质，它们能够明显改变和降低其溶液的界面张力性质(即使微量存在)，从而能够促进其所接触的剩余油的流动和改善驱替效果。

表面活性剂的特征是具有两亲性分子。这种分子的一端被水吸引(这是亲水端)，而另一端被油吸引(这是亲油端)。正是表面活性剂的这种双重吸引性质，使得它们能够溶解油和水，形成混相混合物。业界通常使用的一种表面活性剂是石油磺酸盐。这种化学剂是利用从 LPG (液化石油气)到原油本身所含烃类制造的。石油磺酸盐的化学性质非常复杂，通常是根据它们的相对分子质量对其进行描述的，其相对分子质量为 350~550 不等。表面活性剂段塞注入过程由以下步骤组成：

（1）前置液。注前置液的目的是在注入表面活性段塞前通过注入盐水溶液来调节油层。盐水溶液设计用于降低油气藏内现有水相的矿化度和硬度，以便它们与表面活性剂混合后不会引起表面活性剂界面性质的损失。前置液量通常为孔隙体积的50%~100%。

（2）表面活性剂段塞：。在现场应用中，表面活性段塞的体积为孔隙体积的5%~15%。大量的室内研究表明，要有效地驱替和采收石油，最小的段塞规模应该是孔隙体积的5%。

（3）流度缓冲液。表面活性剂段塞被流度缓冲液所驱替，缓冲液中的聚合物含量介于段塞与后续水之间。分隔后续水和表面活性剂段塞的流度缓冲液可防止表面活性剂段塞的质量从其后端开始出现快速下降。流度缓冲液是所有化学驱采油技术中不可或缺的一个组成部分，它可以最大限度地减小经济高效开采石油所需的化学剂段塞的规模。

图6.25和图6.26分别展示了用于二次采油和三次采油过程的化学剂段塞注入机理示意图（表面活性剂、胶束或ASP）。需要注意的是，化学剂段塞将混相驱油，并形成一个驱油带；剩余油和水这两相同时流动。当化学驱用于二次采油过程时，如图6.25所示，生产井将按照原有的递减速率继续生产，直到油水带出现突破。油水产量的增加表明已对化学驱注入过程有了矿场响应。图6.26显示了用于三次采油的化学驱。从这图6.26可以看出，先前的水驱已使油藏的含油饱和度降至不可动残余油饱和度。在油水带到达生产井之前，生产井只产水。这个过程中必须考虑的一个经济参数是采出水处理问题。

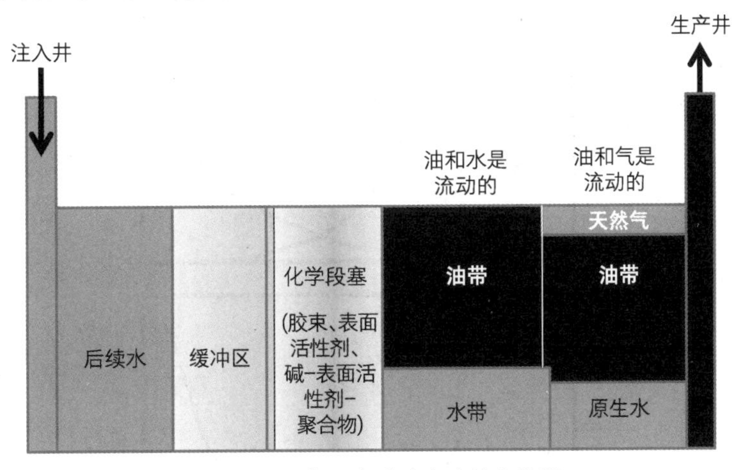

图6.25　用作二次采油方法的化学驱

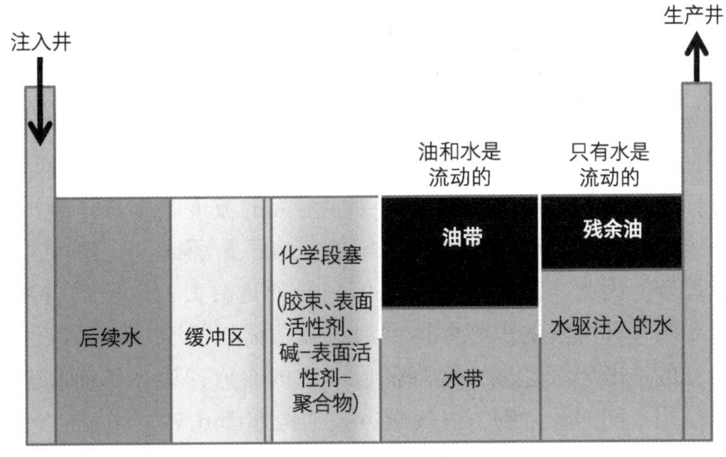

图6.26　用作EOR方法的化学驱

表面活性剂段塞的另外一种形式是胶束溶液、微乳化液等。化学段塞实质上包含了其中添加的其他化学物质。胶束溶液是一种表面活性剂溶液段塞，由以下五种主要成分组成：

表面活性剂、烃、助表面活性剂(乙醇)、电解液、水。

由于任何一种化学驱方法都存在的一个主要问题，是化学剂(见表面活性剂)在多孔介质表面的吸附，因而要在溶液段塞中添加助表面活性剂(乙醇)，以减少表面活性剂在储集岩中的吸附量。在胶束溶液中添加诸如氯化钠或硫酸铵等电解质，以调节和控制在胶束溶液与储层水相接触时所引发的胶束溶液黏度的变化。

在各种类型的化学驱中，储层水相的组分常常会对注入的化学段塞产生不利影响。因此，在开展化学驱采油时，首先要注入与化学段塞溶液相匹配的前置水带，并把地层盐水驱替出油层。

流度也许是在设计化学驱或混相驱采油方法时必须考虑的最重要因素之一。合理设计的化学驱或混相驱采油方法必须有一个溶液段塞，其流度应等于或小于稳定的被驱替流体带的流度。图 6.27 的上图展示了一组假设的水-油相对渗透率曲线。假设水和油的黏度恒定，根据 k_{rw} 和 k_{ro} 曲线计算总的相对流度(即 $\lambda_w+\lambda_o$)，曲线的水平切线就代表总流度的最小值。总相对流度的最小值设计为化学段塞所需的最大流度。通过段塞中聚合物的浓度调整化学段塞的黏度，以便获取最佳的流度。

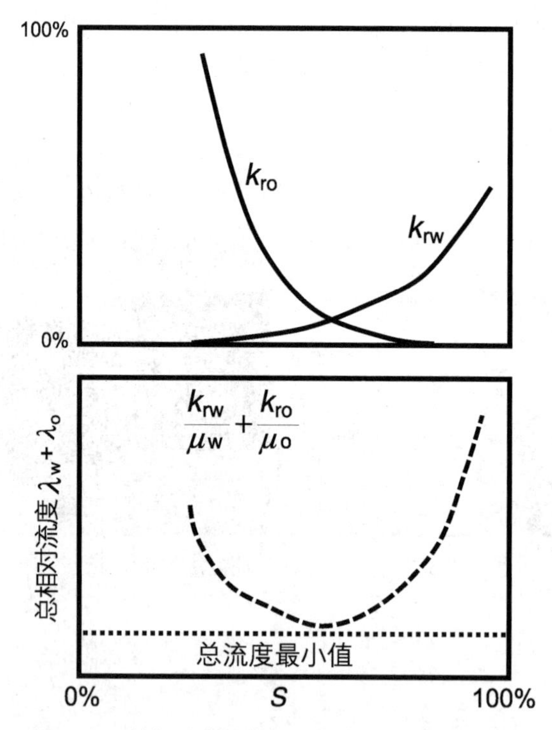

图 6.27　总相对渗透率与含水饱和度的关系曲线

此外，为了保证整个驱替系统的稳定性，缓冲溶液的流度必须等于或小于胶束段塞的流度。然而，如果后续驱动水和流度缓冲溶液之间的流度匹配不理想，驱动水将会渗入并绕过流度缓冲液和化学段塞。因此，流度缓冲液的体积必须足够大，以保护段塞。对于浓度恒定的缓冲溶液，一般要求缓冲溶液的体积要达到油藏孔隙体积的 50%~100%。然而，如果将流度缓冲溶液中聚合物的浓度分级递减，会降低后续水的渗入速度，从而改善这种驱油方法的经济性。虽然可以采用不同的聚合物浓度递减方案，但如图 6.28 所示的半对数关系是用于设计缓冲带的一种简易方法。

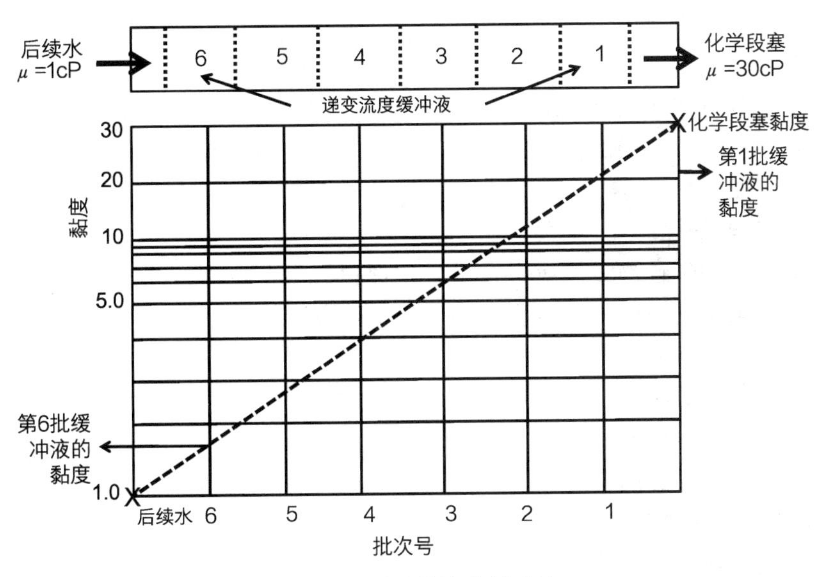

图 6.28 递变的流度缓冲液

该方法的应用通过下列实例来说明。

【示例 6.6】

利用下列数据，设计一个体积为 60% 油藏孔隙体积的递变型缓冲带溶液。假设将注入 6 批次等量的缓冲液，即每批次的体积都是 10% 油藏孔隙体积。化学段塞黏度 μ_{slug}30cP；后续水的黏度 μ_{Chase} = 1.0cP。

解答：

在一个半对数坐标纸上，在 y 轴上标绘化学段塞和后续水的黏度，并与一条直线相连接，x 轴被均分成六段，如图 6.28 所示。从直线上读取每批次缓冲液所需的黏度，得出如下结果（见表 6.8）。

表 6.8 黏度计算结果

批号	黏度/cP
1	20
2	11
3	7
4	4.2
5	2.6
6	1.6

6.4.2.1 化学驱的应用

化学驱适用于很多已成功地进行了注水开发的油藏。一般来讲，化学驱采油方法的适用对象有以下几种油藏：

（1）适用于砂岩油藏，在碳酸盐岩油藏或储层盐水中含有过量钙或镁离子的油藏中的应用受限。在这类油藏中，表面活性剂的吸附量高。

（2）这种方法最适合于中等重度的油藏。在低重度油藏中应用可能不经济。在稠油、高黏度的油藏中应用时，需要增大胶束和聚合物段塞的黏度，才能获得比较有利的流度比，这会增加成本。

（3）化学驱采油方法在技术上适用于二次采油或三次采油。如果用于二次采油，它会减少一系列操作成本。然而，仍需通过把其所能够实现的增油量与水驱进行对比，来评价其经济性。

6.4.2.2　化学驱的优点

（1）化学溶液后注聚合物缓冲液组合是一种理想的驱替流体，已证实其具有较高的混相驱单位驱油效率和较高的面积波及效率。在采用这种方法时，通过控制流度可优化面积波及效率。

（2）现场作业与水驱的区别不大，只需额外增加一些混配设备和过滤设备。

（3）在早期的表面活性剂驱中，存在储集岩石对表面活性剂的吸附作用，缩短了表面活性剂驱变成水驱的过程，添加含有适量助表面活性剂和电解质的胶束溶液能解决吸附问题。

6.4.2.3　化学驱的缺点

化学驱主要的缺点是需要大量高成本的化学品。在项目伊始就必须投入大量资金，大部分的资金在第一年就必须投入。化学品所需资金随孔隙体积变化而变化。收益取决于储层的含油饱和度和化学驱能够实现的增油量，而这两个参数很难确定。

在水驱枯竭油藏中实施胶束驱时，在项目实施的前半年到两年的时间里只产出水，具体时间的长短取决于残余油饱和度及井网的规模。如果采出水的水质达不到配置胶束和聚合物溶液要求，那么，在这个过渡期间采出的水必须处理掉。

6.4.3　ASP 驱

碱-表面活性剂-聚合物(ASP)驱技术的机理类似于胶束驱技术，其目的是驱动残余油。ASP 驱技术把降低界面张力的化学剂物与控制流度的化学剂物结合在一起，以改善总体驱油效率和提高采收率。该技术以成本非常低的碱作为所注入的 ASP 段塞的主要成分之一，而把昂贵的表面活性剂的浓度降低 20~70 倍。如果石油含有天然有机酸(最常见的有机酸是环烷酸)，那么碱就可以通过与残余油发生反应而就地生成表面活性剂。因此，通过减少所需的商业表面活性剂用量，可以明显降低段塞成本。采用碳酸钠(碱)的其他益处有以下几点：减少表面活性剂和聚合物在岩石上的吸附量；改变地层的润湿性，使其成为“水湿性更强”的地层，或把地层的润湿性从油湿系统转变成水湿系统。ASP 驱采油方法的设计必须达到三个主要目的：化学品在活性状态下扩散，以便接触并驱替剩余油，驱油效率达 100%；优化段塞溶液中聚合物浓度来控制段塞流度，以实现目标区的体积全覆盖；化学品的用量和段塞的尺寸要足够大，以解决因吸附而造成的滞留和段塞瓦解问题在很大程度上，注入段塞的设计以及其配制段塞选用的化学品影响着这些目标的实现。

ASP 驱使用的两种最常见的碱剂是：纯碱(碳酸钠[Na_2CO_3])和烧碱(氢氧化钠[NaOH])。

与所有的化学驱采油技术一样，ASP 驱也分为 4 个不同的阶段，如图 6.26 所示：

（1）前置液。储层中的盐水组分通常对 ASP 溶液有不利影响。要解决这一问题并将硬度比较大的地层盐水与段塞分隔开，在注入 ASP 段塞之前先注入前置液水带。与 ASP 溶液具有配伍性的这种前置液水，可以将地层盐水从储层中冲洗出来。

（2）ASP 段塞。段塞的规模可为孔隙体积的 15%~30%。段塞的配方与胶束段塞类似，只是大部分的表面活性剂被低成本的碱所取代，所以段塞的规模可能大得多，但总成本较低。随着段塞穿过地层移动，它以混相驱替的方式把所接触到的石油 100%驱替。其面积波及效率受流度比的控制。这里所说的流度比也就是驱替流体流度与被驱替流体流度之比。按照预先确定好的数量在 ASP 段塞中添加聚合物，以把其流度调整到接近或小于油-水的总流度。

（3）流度缓冲液。需要注入顶替液来驱动 ASP 段塞穿过油层。这种顶替液与 ASP 段塞之间也需要有一个有利的流度比。如果用水作为顶替液，那么就有可能产生不利的流度比。这将会导致面积波及效率降低，还会出现水在 ASP 段塞中指进现象，从而导致 ASP 段塞稀释和消散。为了保护段塞，紧随段塞之后注入稠化水，用作流度缓冲液。这种稠化水是水与聚合物的溶液。聚合物带的黏度逐渐降低，紧邻 ASP 段塞部分的黏度较高，而聚合物带后端的黏度较低。这种黏度渐变是通过改变溶液中聚合物的浓度实现的。这个黏度递减的聚合物带的成本更低，而且后续水与聚合物之间可以获得一个更有利的流度比。聚合物带的最小规模是孔隙体积的 50%。

（4）后续水。流度缓冲液被后续水顶替，直到石油开发项目达到其经济极限为止。

6.4.3.1　ASP 驱的优点

ASP 溶液与后置的聚合物缓冲液的组合是一种理想的驱替流体。它可提高混相驱的单位驱油效率，并提高面积波及效率。采用这种方法时，通过控制流度可以优化面积波及效率。现场操作与水驱几乎没有区别，只是额外增加了一些混配设备和过滤设备。

6.4.3.2　ASP 驱的缺点

这种技术的应用也存在如下一些缺点和局限性：

（1）项目初期必须投入大量资金，其中大部分投资是在第一年。化学品的投资随段塞规模而变化。收益取决于两个可能很难确定的参数：即 ASP 驱开始时的初原始含油饱和度和可以开采的石油量。

（2）在枯竭水驱油藏中使用 ASP 驱时，在投产后的半年到两年内油井只产水，具体时间长短取决于井网规模。这会带来另一个问题。如果采出水的质量无法满足配置 ASP 段塞的要求，那么这些水就必须处理掉。

（3）该方法不适合于碳酸盐岩油藏。

（4）在生产井的井筒中会出现石膏或硬石膏沉淀。

（5）化学品在高温下可能会发生降解。

（6）ASP 驱油中使用的化学品都有很明显的潜在危害。这些潜在危害都是人们特别关注的，在开采项目完成后，许多化学品都会滞留在油层里。如果在开采过程中有大量的化学物质泄漏到周围环境中，它们会降低供水质量，并带来其他危险。

6.5　混相气驱

众所周知，水和油不混溶。如果把这两种液体倒入一个瓶子，并静置一段时间，那么这两种不同的液体之间就会有一个明显的分界面。油和水被归类为非混相液体。同样，石油和天然气也不混溶。降低驱替流体与被驱替流体之间界面或表面张力，是促使驱替方法获得成功的关键因素之一。

与不混溶性的定义正好相反，如果两种流体能够按各种比例进行混合，而且混合液仍保持单相，那么它们被视为混溶流体。汽油和煤油就是两种混溶的液体。由于混溶液体的混合物是单相的，不同液体之间没有界面，因而也就没有界面张力。从图 6.3 和式(6.1)给出的毛细管数的定义可以明显看出，油和驱替相之间的界面张力“σ”被完全消除(即当 $\sigma \approx 0$ 时，N_C 变成∞)，残余油饱和度降至其最低可能值，而驱油效率 E_D 接近 100%。这基本上是各种形式混相驱(例如化学物、天然气等)的目标。因此，注入流体为混相体系或非混相体系对最终原油采收率有很大影响。任何形式的二次或三次采油的最终原油采收率“RF”可以定义为：

$$\mathrm{RF}=E_{\mathrm{voL}}E_{\mathrm{D}} \tag{6.42}$$

其中，体积波及效率“E_{vol}”可以定义为：

$$E_{vol}=E_DE_A$$

式中：RF 为采收率；E_A为面积波及效率；E_V为纵向波及效率；E_{voL}为体积波及效率；E_D为驱油效率。

由式(6.42)表示的非混相驱与混相驱过程的原油开采动态表明，原油采收率“RF”是有限的，而且主要受控于注入过程中的如下两个因素：

(1) 体积波及效率“E_{vol}”在很大程度上取决于流度比和储层特征，体积波及效率通常小于100%，其控制参数主要包括渗透率分层差异、黏性指进、重力分异、面积波及不完全及纵向与面积波及效率。

(2) 驱油效率“E_D”定义为被驱替流体从所波及的储层中驱替出的可动油所占比例，即：

$$E_D=\frac{S_{oi}-\overline{S}_o}{S_{oi}} \tag{6.43}$$

式中：S_{oi}为原始含油饱和度；$\overline{S}_o$为波及区的剩余残余油饱和度。

由于原油与常规的注入水或气之间的界面/表面张力较高，非混相驱过程的剩余油饱和度也总是比较高，因此E_D永远无法接近100%。混相驱的目的就是要把界面/表面张力降低到非常低的值，从而使驱油效率接近100%，油藏波及区的剩余油(残余油)饱和度大幅降低。

6.5.1　混溶性

混相驱要在一个油藏中获得经济成功，必须满足下列几个条件：能够以大批量低成本获取足够多的溶剂，从而使项目具有经济效益；储层压力必须达到溶剂与储层原油之间实现互溶所需的压力值；增油量需足够大，增油速度足够快速，以便项目收益能够弥补相关的额外成本并实现获利。有两种混相驱：

(1) 一次接触混相驱(FCM)是指注入流体与储层中原地流体不管以什么样的比例进行混合，一经接触即可形成单相混合物的混相驱。

(2) 多次接触混相(MCM)驱是指注入流体在与储层中原油第一次接触时并不混溶，但经过多次接触后可以产生互溶性(动态互溶性)的混相驱。

这类混相驱可以划分出以下几种类型：汽化干气驱(或称为“高压注干气”)、凝析富气驱、汽化-凝析气复合驱。

有些注入流体(例如化学驱流体和液化石油气)能够以任意比例直接与储层原油混合，而且它们的混合物保持为单相。这种驱油方法被归类为“一次接触混相驱”。混相驱所用的另一些流体在与储层原油直接混合时会形成两相，即它们并不是首次接触就可以形成混相。然而，在与油藏原油多次接触后可以产生互溶性，因而被称为“动态互溶性”。这个过程中的动态驱油机理被描述为就地产生混相段塞。在这个过程中，原油与注入流体的反复接触会使成分通过“蒸发”或“凝析”实现就地物质转换，从而产生互溶性。产生互溶性的这个过程可归类为“多次接触混相驱”。应该指出的是，由于油藏混相区内的混合物保持为单相，流体之间没有界面，因而岩石的润湿性和相对渗透率便失去了意义。然而，因为流度比受混相溶液和被驱替原油黏度比的剧烈影响，因此流度比对采收率有着显著的影响。

在本章的剩余部分内容中，无论是能够实现一次接触混溶性，或是多接触混溶性的混相注入流体，都称为混相“溶剂”。下面将对这两种类型的混相驱作一评述。

6.5.1.1　一次接触混相驱

液化石油气(LPG)产品(如乙烷、丙烷和丁烷)都是用于一次接触混相(FCM)驱的常用溶剂，即在与储层原油第一次接触时就会形成混溶。LPG 只有在保持液态时，也就是储层温度低于其临界温度而且压力等于或超过其蒸汽压力时，才能与储层中的原油混溶。表 6.9 列出了一些常用的液化石油气产品保持液态的温压关系。

表 6.9　保持液态的温度–压力关系

甲烷		丙烷		正丁烷	
T/℉	*p*/psi(绝)	*T*/℉	*p*/psi(绝)	*T*/℉	*p*/psi(绝)
50	460	50	92	50	22
90	709	100	190	100	52
		150	360	150	110
		200	590	200	198
		206(临界温度)	617	250	340
				300	530
				305(临界温度)	550

例如，在 150℉的温度时，在任何压力下甲烷都会保持气相；另一方面，丙烷只有在压力≥360psi(绝)时才会保持液态，而正丁烷只有在压力≥110psi(绝)时会保持液态。

实际上，液化石油气溶剂是作为一个液态烃段塞注入的，其规模大约是储层孔隙体积的5%，而仅随其后注入较廉价的诸如贫气或烟道气等后续气来进行顶替。然而，顶替气必须与烃类段塞混溶，以防止段塞随尾端的品质下降。如表 6.4 中所示，使液化石油气产品液化并使之具有一次接触混溶的能力所需的压力比较低。然而，要使顶替气与 LPG 段塞之间具有互容性所需的压力比使这些烃类液化所需要的压力高得多。例如，在 160℉的温度条件下，若以丁烷作为顶替气，在压力高于 1600psi(绝)时才能与甲烷混溶，而在大约 125psi(绝)的压力下丁烷和原油之间就已具有互溶性。如以氮气作为顶替气，在压力高于 3600psi(绝)时才能实现混溶。因此，对注入的液化石油气段塞的一个基本要求是：溶剂段塞必须与储层原油和顶替气都具有互溶性。要提高液化石油气驱的整体波及效率，应先采用顶替气和水段塞交替注入顶替烃段塞，最终转变为连续注水顶替，如图 6.29 所示。

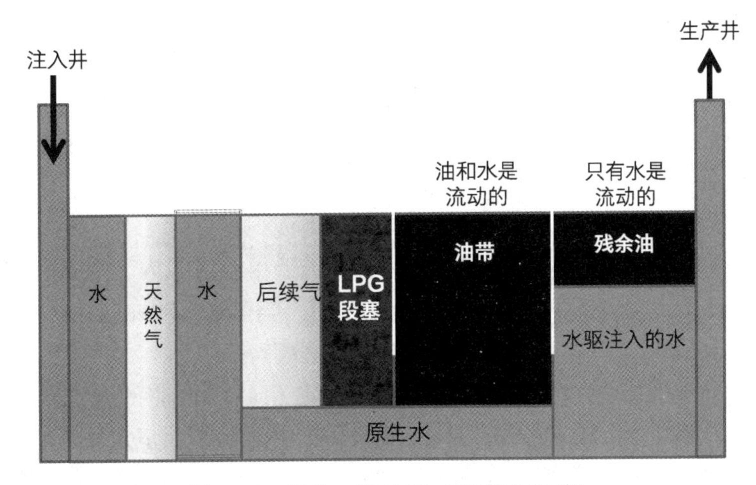

图 6.29　作为一种 EOR 方法的 LGP 驱

6.5.1.2　多次接触混相驱

利用如图 6.30 所示的拟三元图可以很好地表征多组分烃类混合物的相特征及其与驱替气

的相互作用。储层流体的组分被分为三类拟组分，它们分别位于三元图的角上。经常使用的一类拟组分可能包括以下混合组分：

（1）组分1。它代表一个挥发性拟组分，由甲烷、氮气和二氧化碳组成，位于三元相图的最上角。

（2）组分2。它代表一个由中间烃类组分如乙烷-己烷组成的拟组分，位于三元相图的右下角。应当指出的是，有时CO_2也被纳入中间组分。

（3）组分3。它基本上是庚烷加馏分“C_{7+}”，位于三元相图的左下角。

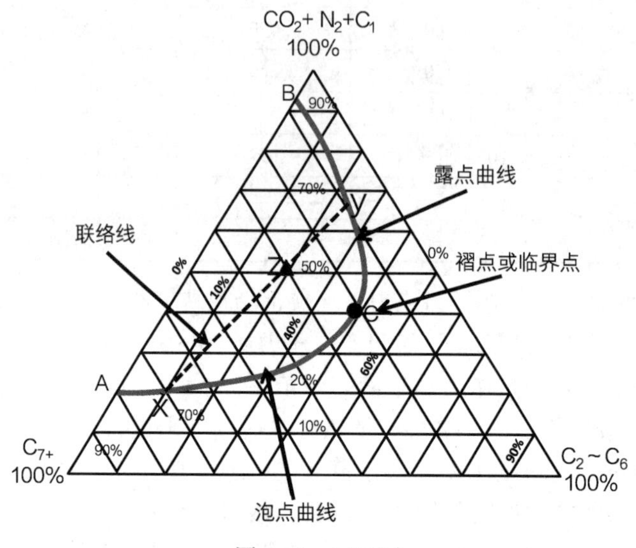

图6.30　三元图

三元相图的每个角都代表一个给定的拟组分的100%，从每个角的对角处的0%渐变为100%（增幅通常为10%）。图上被曲线“ACB”包围的区域被称为相包络区，代表由这三个拟组分构成的不同混合物的相特征。例如，图6.31中点“z”点代表由50%的“$C_1+N_2+CO_2$”、20%的“$C_2 \sim C_6$”和30%的C_{7+}组成的混合物。在图示的压力和温度下，由这三个组分构成且其组分位于相包络区内的任何系统（例如z点），都将形成两个相，一个是饱和气相，其组分由“y”点表示，另一个是饱和液相，由“x”点表示。连接x点和y点，并穿过z点的虚线被称为联络线。曲线的“AC”段被称为泡点曲线，代表饱和液体的组分，而“BC”段被称为露点曲线，代表饱和气的组分。露点曲线在褶点（临界点）“C”与泡点曲线连接，这表明处于平衡状态的气体和液体具有相同的组分与特性。

在用三元相图表示相特征的关系时，还有两个原则必须注意：

一般情况下，如果烃类混合物总组分“z”的坐标位于相包络线内，那么在当时的压力和温度下，这种混合物就会形成两相（液相和气相）。然而，当其位于相包络区之外时，混合物就会以单相的形式存在。

图6.31所示的三元相图示意性说明了一次接触混相（FCM）驱的概念及其实现的基本条件，并标示了多次接触混相（MCM）驱的区域。图6.31中显示了在恒定压力和温度下两种不同的烃类气体混合物和一种原油系统。这三个烃类系统是：干气，其组分由A点表示；富气（用干气稀释的LPG），其组分由D点表示；地下油藏中的原始原油，其组分由B点表示。

混相驱和非混相驱方法的基本理论表明，在代表所注入烃类系统组分的两个点（A点或B点）和代表地下油藏中原地石油组分的点（B点）之间绘制一条直线，就可以识别出正在采用的驱替方法的类型。如果绘制的线穿过相包络区(即两相区)，它表明在注入气和地下原始原油之间可能发生多次接触混相驱替过程；如果没有，则表明会实现一次接触混相驱过程。如图 6.31 所示，AB 线穿过两相区，表明组分为“A”的注入气与组分为“B”的原油不具备一次接触混相的能力。两者的混合物会形成两个相，其组分由 x 点和 y 点代表。由此产生的联络线在“z”点穿过“AB”线，这个点表示注入气“A”和原油“B”的总体(组合)组分。在代表注入的富烃组分(即液化石油气+干气和非烃组分)的“D”点和“B”点之间绘制直线“DB”，结果表明所绘制的曲线不通过相包络区，这说明注入的流体保持在单相区，因而将与原油系统形成一次接触混相驱。应该指出的是，注入的组分位于图 6.31 阴影区的任何溶剂段塞，例如液化石油气，都将与由 B 点所代表的原油实现 FCM(一次接触混相驱)。

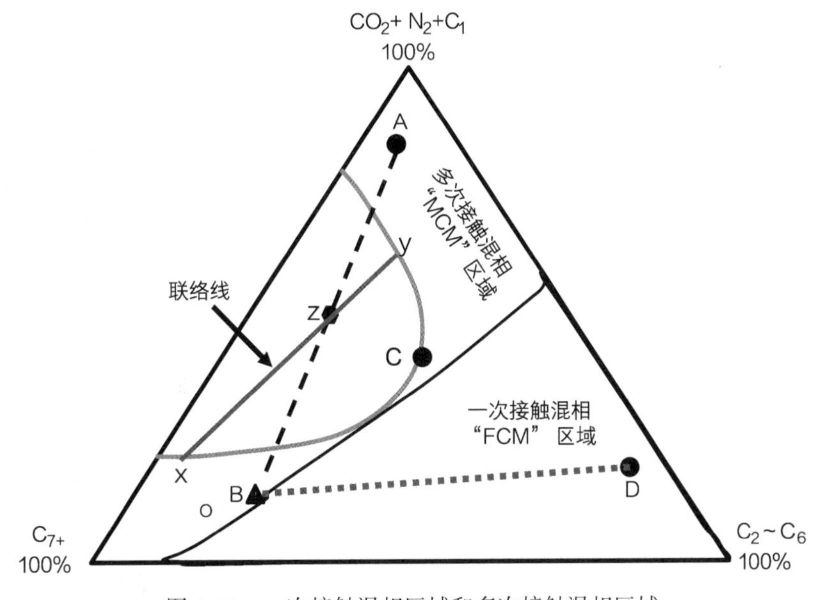

图 6.31　一次接触混相区域和多次接触混相区域

基于上述讨论，FCM 与 MCM 之间的区分是基于连接注入流体组分与液体组分的直线是否穿过相包络区。然而，两相区域的规模(相包络区)取决于压力和温度。对于恒定的温度来说，两相区域的大小会随着压力的增大而变小，如图 6.32 所示。图 6.32 表明，在压力等于 P_3 时将实现一次接触混相驱。这个压力被称为最小混相驱压力“MMP”。

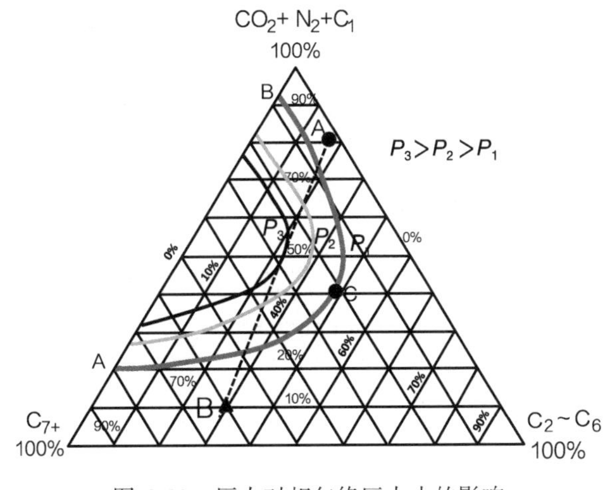

图 6.32　压力对相包络区大小的影响

第7章　经济分析

7.1　引言

本章内容涵盖进行油气经济分析的基本要素，审视国际石油财税制度，并讨论石油储量报告相关的问题。一个多世纪以来，油气工业已在油气勘探、开发、生产、运输和炼制等方面投资了巨额资金，而且长期以来也一直是一个巨大的财富来源。在美国等国家，大量的地下矿产资源的所有权都归私人所有，个人和公司通过开采油气赚取巨额财富。而在大多数国家，矿产资源所有权归国家所有。一直以来，大型国际油气公司(IOC)在承担全球开采油气的风险中扮演着重要角色，为许多资源国提供风险资本、开发资金、技术和人力。这些资源国则建立了国家石油公司(NOC)，负责管理资源国与IOC之间的关系，同时开发IOC没有涉足的油气资源。技术先进且财力雄厚的NOC在全球范围内展开技术与金融竞争，现在已经出现了一批经重组而形成的资本雄厚的国际化国家石油公司(INCO)，它们在获取油气资源方面与IOC展开竞争。过去几十年间，“超级大公司”以及近期发展起来的小型独立石油公司，都已在全球不同地方占据了勘探开发油气资源的有利位置。这些石油公司可以从高校、科研机构和服务公司轻松获得最新科研成果，它们之间的竞争由此变得日趋激烈。服务公司也已在参与世界各地油气田的开发和生产(但参与生产的情况要少一些)。

油藏工程师要参与油气生产过程中的每一个环节。本书大部分内容都在探讨与多孔介质中流体流动有关的物理过程，如何估算未来的开采量，以及如何提高开采速度和最终开采量。油藏工程师必须充分理解与石油和天然气相关决策息息相关的经济学。Lester C. Uren撰写了最早的石油工程教科书，他在1924年出版的《Petroleum Production Engineering(石油开采工程)》一书的前言中写道：“工程师既是技术专家也是经济学家。在专业工作中，其目标不仅仅是运用科学知识来满足生产需求，更应努力让这些目标在一定成本内实现，以获取经济效益。”

在大多数情况下，油藏工程师都担任着分析师的工作，以个人或(更多情况下)团队成员身份提供建议。他们所提出的经济决策建议必须准确反映价值和风险，与备选方案作合理比较，并且要能让决策制定者看得懂。许多经济学家在该领域表现出色，但搜求最佳技术解决方案并将其转换为合理决策建议的是一个综合性的研究团队。这个团队的骨干为油藏工程师、采油工程师、地质学家、地球物理学家及其他方面的专家，如地质力学及岩石物理学专家。

以下几个案例讨论了油藏工程师必须开展例行评估的典型决策，阐述了油藏工程师评估现金流、资本投资及不确定性条件(风险)下决策的方式，并说明了包括共享风险和分成收入在内的一系列更高端的问题。

下述案例阐述了可能需要由油藏工程师来回答的一些典型问题。在讲述经济参数的计算和决策制定的标准时，我们还将再次讲到其中部分案例。

7.1.1　致密气藏最佳井距

致密气藏中，理论上的最终技术开采量(忽略非均质性和积液等因素)也许与井距并没有密切的关系。图7.1显示了对平均渗透率为0.008mD、厚度55ft的致密气藏所开展的一系列油藏模拟结果。每个例子中都采用了相同的水力裂缝长度和绝对裂缝导流能力。这些模拟得出了不同的裂缝长度与泄油半径之比，但这影响的主要是边界效应出现之前的瞬变特征和时间长度。所模拟致密气藏的井距为40~640acre，也就是说，在$1mile^2$的区域内，最少有1口，而最多有16口井。实践中，这些致密气井都是分阶段完钻的，较早完钻的气井与较迟的相比，其产量和最终开采量都要高一些。在简化的案例中，没有给整个气田施加总产量的上限条件，即假定没有集输系统、设施、压缩或销售限制。为方便说明，案例过度简化问题，不过加入了时机的选择、非均质性、不同的水力压裂结果、井位等要素，以提高结果的准确性。

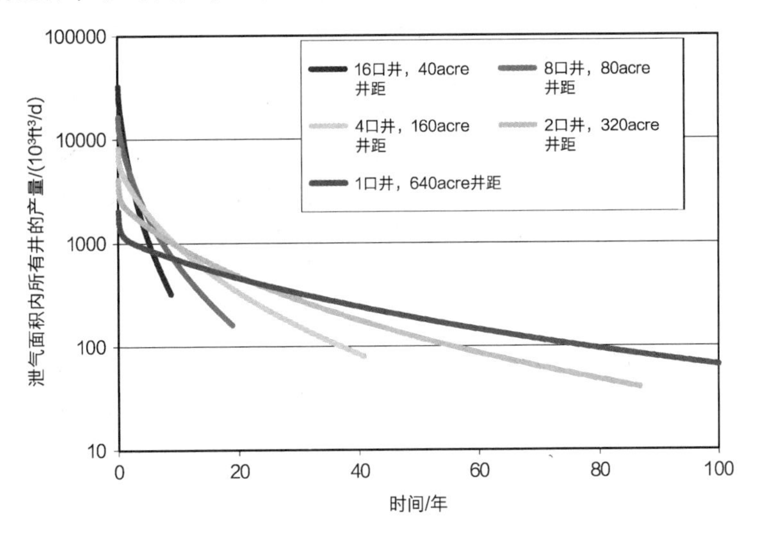

图7.1　均质致密砂岩气藏不同井距条件下的产量对比

每一案例中的产气量都以时间函数的形式进行标绘，每个案例都代表了泄气面积中所有气井产量的总和。40acre井间距案例的初始产量为640acre井间距的16倍，其原因是每口井的早期瞬变特征基本上都是相同的。每口井要达到预计的最大产量$20×10^3ft^3/d$，在40acre井距案例中所需时间不足9年，而在640acre井距案例中则需要100年。模拟时长不可超过100年。这些案例的最终开采量基本上没有区别(见图7.2)。经营者最终需要回答的问题是：我应该钻多少口井?

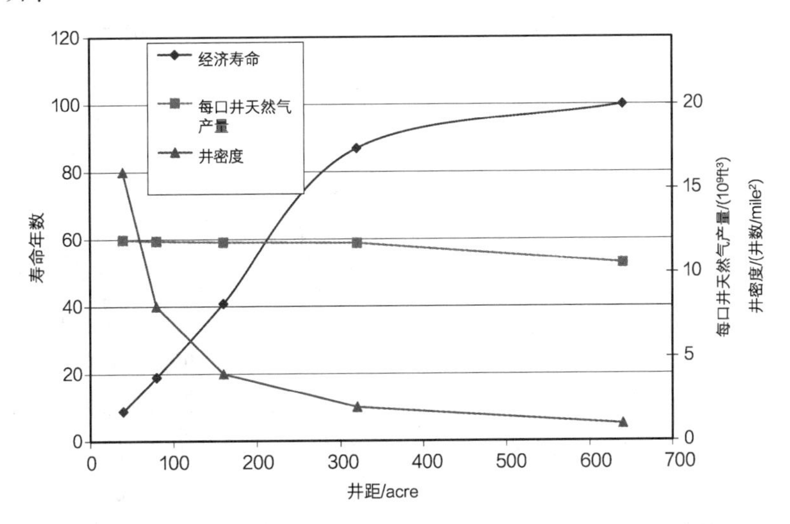

图7.2　不同井距条件下的经济寿命、最终天然气开采量和井数

凭直觉来看，读者也许会认为在41年的时间里(由井距为160acre的4口井)开采11.8×

$10^9ft^3/d$，要比在 87 年的时间里（由两口井距为 320acre 的井）获得同样多的天然气产量要好得多。问题是，加速天然气开采所带来的额外价值足以回收另外两口井的成本吗？更难于决定的是，为了适度提高开采速度（如 40acre 与 80acre 井距或 80acre 与 160acre 井距案例之间的差异），是否值得投入双倍或四倍的资本投资。油藏工程师与经济学家（许多油藏工程师兼任上述两项工作）需要通力合作，确定项目所需最优资本投资，并与备选资本投资作比较。问题的答案由许多因素决定，包括未来产品价格、地表约束条件的限制、监管方面的限制、油井建设成本、经营成本、包括管材和液体处理在内的完井问题、油藏非均质性等。在生产实践中，油藏工程师和地质学家经常低估油藏的复杂程度（如最为致密的气藏），导致所确定的最优井距比均质油藏模型的结果更为紧密（更高的井密度）。同样，在相似的地质环境中部署更多油井可以有效提高效率，优化钻井和完井作业。如果一口或多口井出现机械故障，而且受损油井的修复因成本十分高昂而不值得做，那么以较高的密度布井就会大有裨益。在开发后期修复或更新生产井的技术难度更高，储层内的低压会为钻井和完井作业带来严峻挑战。这些问题并不罕见，但是很难判断其中哪些问题有可能出现。

7.1.2 钻探与转让案例

这一案例中，油藏工程师需要估算在一系列小规模油气发现附近开展的勘探项目的潜在可采资源量。工程师有一张由地质学家和地球物理学家利用地震、地质和岩石物理资料绘制的图件，并通过分析附近油气发现的测井曲线、实际的气水界面和溢出点的位置、预期压力等，已经估算了“最有可能的”天然气地质储量。井成本的估算已经完成，包括发现井和开发井在内的成功案例的开发计划也已制定好。公司已经获得了远景圈闭的勘探租约，询问工程师是否可以对这个远景圈闭进行钻探。这一远景圈闭与一个钻探成功率很高的海上油气发现十分类似。获得油气发现的可能性预估在 50%~90%之间。在第一口探井是干井的情况下，预计不会再继续投资，而是直接放弃租约和勘探。另外一个经营者提出受让这个勘探区块，以承担所有探井成本为条件换取 75%的权益。“受让”或“转让”是指签订租约有权进行钻探的一方（转让人）将这些权益的一部分转让给另一方（承让人）。双方签订的协议中必须包含钻探权、生产权，以及转让承诺、现金、授权、信息、技术等。协议条款有些简单明了，有些则极尽繁杂。在受让者收回 1.5 倍投资之后，油藏工程师所在的公司的权益可以提升至 40%。油藏工程师现在必须在两种选择之间作出抉择：其一是保留这个区块未来的全部所有权，但公司会面临资本风险；其二是只保留这个区块 25%（或最终更多）的所有权，但公司可以规避所有的资本风险。

这个问题的答案和经营者的决定由什么因素来主导？虽然勘探项目固有的经济吸引力和“成功的机会”是决定性因素，但公司的资金状况、投资机会组合等也是重要因素。图 7.3 展示了“钻探”和“出让”这两种选择在贴现率为 10%条件下净现值（NPV10）成功概率的变化。为方便举例说明，使用了 10%的贴现率。合适的贴现率可能不同，它是与投资机会相关的系统性风险的函数。在这个例子中，“成功”只是一种情形，即气田的发现与钻探前所估算的最终开采量和时间选择准确切合。失败情形是单口干井。事实上，油藏工程师要评估大量备选情形，包括一系列潜在情形，并采用下文将要描述的先进技术（见图 7.3）。

钻探和转让哪个更好呢？很显然，成功几率很低时，转让是更好的选择；成功几率为 100%时，钻探则是首选。如果成功几率是 60%（另有 40%的可能性是干井）的话怎么办？NPV10 自然比转让略优一筹，但为了获取少量增量利润，则需要承担巨大风险。

7.1.3 先进技术的价值

最后的实例说明了不确定油气藏条件与油气藏开发决策之间的联系。这一案例中，经营者只能在地面一个位置开发两个完全不同的断块，并钻一口多分支井。钻井部门提出一个低成本方案，但受完井方式所限，任何一个分支井都无法进行选择性关井。油藏工程师在断块中发现了强烈的水驱，但无法准确预测油井何时开始产水，因而提出一个成本较高但更智能化的完井方式，同时使用流入控制设备(ICD)，经营者可以从地面选择性地关闭任意一口分支井。该方案会大幅增加成本，因此管理者必须知道它能额外产出多少石油，以及减少水处理量能降低多少生产费用。在生产实践中，诸如试验设计等先进的模拟技术可用于评估各种可能的情形，并预估“期望的”结果。在这一实例中，在智能完井方案下，只有“前10年不产水”的情形得出了NPV10为负值。经营者可以看到使用水流控制设备的智能完井方案的优势所在。

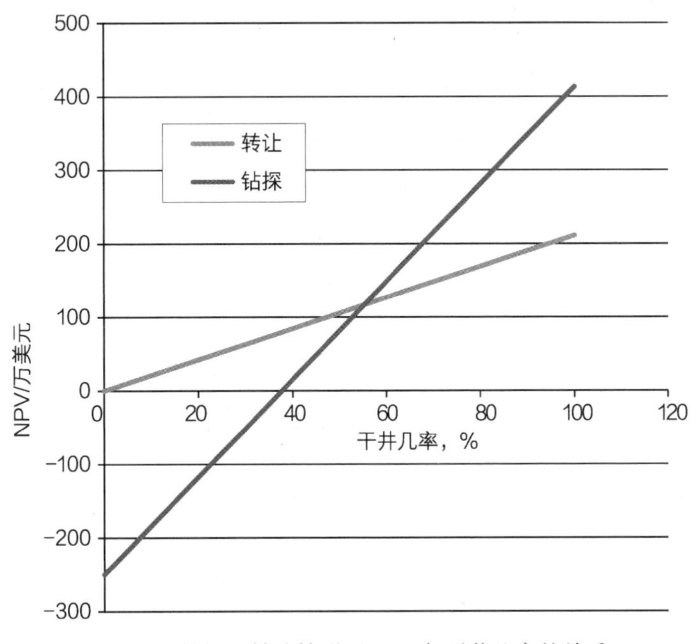

图7.3　钻探和转让情形下NPV与干井几率的关系

7.2　评估标准及现金流量分析

7.2.1　回收期

这一节将定义并阐述许多常见的现金流的衡量标准。最常见且最简单的经济衡量标准之一，也许非“回收期”莫属。“回收期”(又称为“资金回收期”)定义为收回投入资本和费用所需时间长度，换言之，也就是实现累计现金流为零所需时间。回收期为现金流起初为负而后(总计)为正的经济项目提供了最为有力的诠释。回收期分为几种不同形式，其中包括折现回收期。

我们将在本章多次讲到这一例子(见表7.1)，在期初投资之后石油开采产生了一系列的月度现金流。登陆石油评估工程师协会(SPEE)网站(http://www.spee.org/index.html)，可以查到该案例以及有关储量报告、油气资产评估及经济评估等的很多指导原则。该案例中包含的假设见表7.1。

表7.1　案例假设

初始石油产量	200bbl/d
投资	100万美元
递减率	0.3 $年^{-1}$

续表

双曲线指数	0.5
固定石油价格	2.5 美元/bbl
净收入利率	85%
经营权益	100%
操作费用	2000 美元/月
开发税	10%
截止日期	2000-1-1
评估日期	2000-1-1

从这些假设中可以计算出月现金流量。月现金流量可以如图 7.4 所示进行累加。

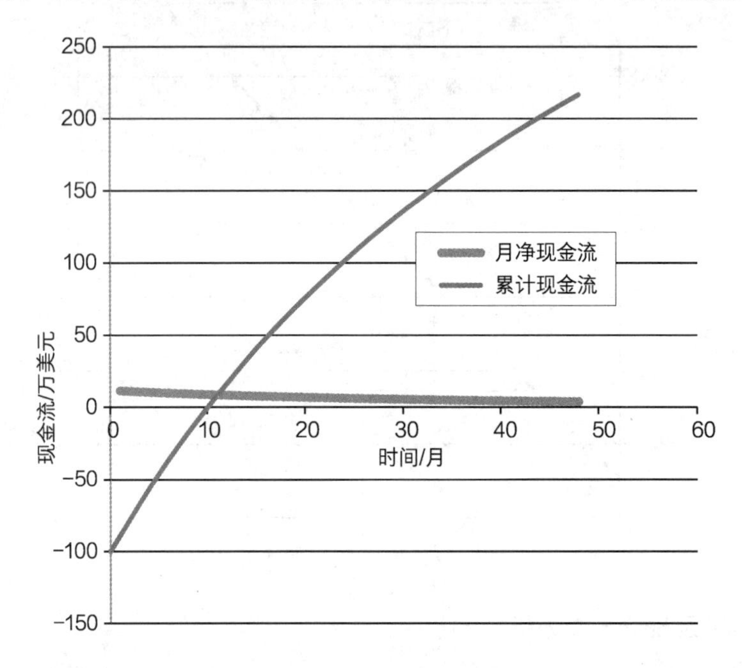

图 7.4　月现金流量

这一案例中，对这些现金流进行粗略浏览，可以看出回收期大约是 10 个月的时间。仔细研究月现金流数据，可以发现 10 个月的累计现金流为-6401 美元，而在第 11 个月的月底则是 78717 美元。经济评估人员通常的做法是进行(线性)内插，这样会得出少于 10.1 月或 0.84 年的回收期。回收期可以用任何常见的时间单位来表示。许多软件程序经常以评估中所采用的最小计时单位来进行回收期的线性内插。如果这个最小计时单位是年，那么这个线性内插假设就会带来明显的误差。回收期的度量本身带有不精确的缺陷，因为实际的现金流计时几乎从没有完全精准的时候。一口井也许每天都会产油，但经营者却很少每天都能获得报酬。许多分析师(包括已发布的 SPEE 案例)忽略了每月天数的变化和闰年，但也有一些人则将这些因素考虑其中。考虑到这些因素的人不应当使用固定费用，即美元/月。回收期不应报告给过多的高层管理人员。

与折现回收期一样，税后计算回收期的方式也十分常见。除非分析师特别说明，否则“回收期”默认为税前未贴现的衡量标准。公司的程序和实践会规定在计算这些经济参数时要采取一致的方法。

回收期看似简单，但很多因素会导致其计算结果具有不一致性，包括：有关从何时开始算起的问题；多种未来投资情形，包括累计现金流到达零的多次时间；现金流总为正的情形；增量评价。

之前的案例中，假定期初投资发生的时间为“时间零点”，SPEE 案例未特别指出投资即是钻井费用。日产量为 500bbl/d 的一口油井或一个油田很可能在约定好的日期买进后，当日就为所有者带来现金收入。在钻一口油井的情况下，需要一定时间来钻井、完井和安装设备，然后才能开始产油。在更为复杂的情况下，经营者还必须承担以下开支：获取近海研究成果和“投机性”地震数据（“spec seismic”）；开展数月的地质和地球物理研究，并筛选在即将开始的新一轮近海招标区块中有潜力的区块；投标多个区块，至少赢得一个区块；在新获得的区块上进行三维（3D）地震研究，并开展进一步的地质和地球物理（G&G）研究，同时开展潜在油气发现的钻井、完井和开发等方面的工程研究；钻探一口或多口勘探井；如有必要，还要钻评价井；如有必要，还要钻测试评价井；开展进一步的研究，并批准开发项目；建造和安装一个配套设施完备的近海平台，完成必要油井的钻井作业和设备安装；建设石油和/或天然气管道或通过其他方式将产品运输至市场，可能需要建设陆上设施，如原油稳定设施，或者在没有现货市场的地区建设燃气发电站，使天然气货币化；开始生产。

这一项目很有可能要在运行十多年之后才能带来正现金流。在为竞标某一个区块而开展经济性评价时，一种典型的做法是以提交标书的日期作为“时间零点”，前期开支一般都忽略不计。这样做的理由在于前期开支都属于更为广义的“勘探成本”，如内部专家的使用。然而，一旦决定准备钻探第一口探井之后，可能就会在准备钻探井的时间“重新确定时间零点”，并重新计算回收期，这种现象并非少见。这种情况会在重大的资本投资阶段重复出现，原因是前期支出都是“沉没成本”，当前的决策是基于需要立刻作出的决定。在这样的情况下，税后计算必须准确包含合理的备选方案（如放弃区块和勾销前期支出）带来的税收影响（金融和税收计算方式因国家而不同，也常因经营者的具体情况而变化）。

一般原则上，合理的评估时间是在“重大”开支开始之时。在近海案例中，重大开支可以是租借区块的定金或探井支出。在建造诸如天然气处理厂等设施的情况下，一般都要等到工程建设真正启动之后，而且会取决于约定付款时间的合同条款的具体规定。在所有案例中，分析师都要清楚说明回收期开始的时间，以及相关的假设条件。

在许多案例中，一般要先开展中等规模的项目，来充分评估某项技术或尽早产生现金流，而与此同时，为下一步扩大油田的开发规模创造更多的条件。比如热力采油项目，在现有的许可证下可选取少数几个井网开展蒸汽驱，但出于法规、可用淡水和处理设施等条件所限，全油田的蒸汽驱开发会在几年的时间里得不到批准（或无条件开展）。如果蒸汽驱项目正在开展评估，那么在更大型项目的开支发生之前，第一个项目很有可能已经完成资金回收。对于小型项目而言可以规定回收期，而对于较大规模的项目，则可以采用增量法（incremental approach）来确定其回收期；在大额开支发生时，将计算时间调回“时间零点”。

在复杂或大型项目中，回收期很少是决定性的或唯一的经济标准。它最适宜用在诸如修井这样的简单项目中。这类项目投资额相对较少，而且决策制定者比较熟悉其现金流的特点。回收期这个参数的主要缺陷在于决策制定者无从得知项目实际所得利润的数字，其他缺陷还包括提供的关于时限的信息过度简化。

7.2.2 已归还投资倍数

已归还投资倍数（NTIR）与收益/投资比（PI 比）类似。收益/投资比常被称为投资收益率（ROI），但这个概念很容易与贴现现金流动投资回报率（DCFROI）混淆。它是对总的净现金流量而非“投资”的未贴现的简单衡量。在之前的案例中，投资额为100万美元(负现金流)，累积的未贴现现金流产生4914952美元的净现金流，或5914952美元的正现金流。这一案例中的NTIR为5.9。PI比定义为总收益与投资额之比，该案例中是4.9。刚好收回投资的项目，其NTIR为1.0，PI比为0.0。

在对具有不同特征的项目进行对比时，NTIR并不是一个理想的选择。之前论述的致密气藏案例中，640acre井间距案例的NTIR比加密井案例的高得多。投资数额小的情况下，NTIR数值会非常大。有时会出现随时间追加投资的情况。一些分析师将这些投资视为现金流，而另一些人则视其为期初投资。在对具有类似的现金流特征和时限的项目作比较时，使用NTIR是最为理想的。通过对比大量的奥斯汀白垩层中水平井的经济评估结果发现，采用NTIR对项目进行排序的结果与采用其他更为复杂的技术所得结果几乎是一样的。若产量递减速度快，而价格自动调整速度慢(low escalation rate)，就会导致大部分现金流出现在项目早期，对于这类项目的评价NTIR也是适用的。但对于价格自动调整速度比较快的长期项目，采用NTIR进行评价则很容易引起错误。

究竟是选择NTIR还是PI作为项目的评价标准并不是研究者们十分关心的，重要的一点是只能二者选其一，并与其他的经济价值衡量参数一起使用。不管采用两者之中哪一个，决策制定者都会习惯的，但如果两者混用，就不可避免地会带来混乱和不解，从而失去以它们作为标准的意义。

7.2.3 未来现金流贴现，资金的时间价值

资金具有时间价值，这点是不言而喻的。你是希望未来30年每年获得1000美元，还是一次性得到3万美元呢？在某些情况下延迟付款更为可取。比如说，大笔钱款到账时需要缴纳大额税款，但税款随时间推移会少得多。假定一年支付10万美金，或当前一次性支付300万美金，在累进税制下前者可能更优。为便于讨论，这里忽略了税金。另一案例中，由于缺乏自律(比如彩票中奖者)，很容易挥霍一次性获得的所有钱款。如果金额很大，接受这些资金的决策者个人可能不会认为未来支付的总金额的价值要比一次性支付金额的大很多，即接受人的效用函数是非线性的。为了便于本次讨论，我们一般会假设决策者在决策范围内的效用函数为斜率是1的线性函数，而且具有财务自律能力。这些假设的例外情况将在第7.7.3节中加以论述。

但一般来说，假定当前和未来的美元税收影响相同，今天获得的一美元比未来的一美元价值更高。贴现与复利的概念联系十分紧密。大多人都能理解复利的概念：如果将一定数额的资金(比如说100美元)存入利息为5.0%的银行账户，这100美元在一年后的未来价值(FV)为105美元。在第二年年末，FV为110.25美元。当然复利的计算中会出现变量，5.0%的利率也并非完全等价。计算复利的一般公式为：

$$FV = PV(1+i)^n$$

i 被称为复利率，用于以复利计算现值(PV)的未来价值。复利率常被称为利率。利率与贷款有本质上的联系，对利率的讨论常与特定的金融工具、货币政策、通货膨胀问题等混淆在一起。我们将要讨论的一些经济指标(GRR)会用到复利，因为对于这类指标而言，采用复利率要比利率更为适宜。

在油气行业内贴现率有独特的含义，与其他常规的含义并不相同(其他含义是指银行直接从联邦储备金中获得短期借款而需支付的利息，或者因接受信用卡而需支付的费用)。贴现率是用于把未来价值转换为当前价值的费率。在进行评价时使用的贴现率往往并不只是一个贴现率值，而是常常采用贴现率函数的形式计算PV。大多数石油公司(或者银行、监管者、投

资者以及复查评价结果并提出建议的其他人员)都会考虑1~2个具体的贴现率。还有公司常用且特别重要的一个贴现率就是加权平均资本成本(WACC)。

在指定的贴现率i条件下，时间段n内的一系列不连续现金流的现值按照以下公式计算：

$$PV=\sum_{t=0}^{n}\frac{FV(t)}{(1+i)^{t}}$$

时间可以是任意适当的数字，但应当具有一致性并清楚地加以说明。长期项目通常按照年贴现率计算，那些现金流随时间变化缓慢的项目尤其如此。月贴现率可能和年贴现率一样常见(或者更加常见)。下面一节探讨了具体的贴现方法和各自的优势。

“正确的”贴现方法存在吗？尽管有些人不同意，但实际上的确存在“最佳的”贴现方法，那就是最接近实际现金流的方法。如果每年在固定日期兑现支付(典型的彩票支付就是这样)，那么年度贴现(具体讲就是每年期末贴现)就能准确地反映实际的现金流，因而将是确定现金流价值的最准确方式。

考虑到会计实践和生产报告实践等方面的因素，许多分析师主张按月贴现。对于在接近评估开始时间的较短时期内现金流快速下降(或上升)的资产，按照月度贴现对项目进行评估和排序要优于按年度贴现。但是，如果月度贴现优于年度贴现，为什么不采用周贴现、日贴现，或者是微秒贴现呢？从油气作业中获得的现金流也可能与月贴现一样不频繁，但实际上却是近乎连续的。

在未来现金流连续贴现的情况下：

$$PV=\int_{0}^{T}FV(t)e^{-\lambda t}dt$$

其中，$\lambda=\ln(1+i)$。应用于不连续现金流的连续贴现方法具有简单的表达式，并且持续贴现方法仅仅是之前所使用的贴现率的一种变形。在现金流能够作为连续函数进行解析描述时，这项技术最有帮助，只是它在油气评估领域的使用相对少见。

由于月贴现被如此广泛地使用，我们应该讨论这些评估方法的几大特点，其中包括：如何处理每月和每年的天数变化；如何协调月度利息率和年贴现方法；如果使用月度利息率方法，应该使用哪种月度利息率。

一些分析师使用与日历完全吻合的每月天数来进行评估(包括闰年)。在执行夏令时的季节，一天的时间可能为23h或25h，有个别分析师甚至把这一细节也考虑在内，但大多数分析师在资产评估中都忽视了这一细节。而其他分析师则使用等天数的月份计算，考虑到闰年的存在，每年计为365.25天。一个月的天数便是365.25/12天，即30.42天。为了油气投资决策排序和评估的目的，这些方法是大致相同的。在按照日历计算的方法中，每月天数的变化将会导致每月的体积(产量)估算结果产生一定的变化，而如果按照月度等间距的方式图形显示计算结果，则会显得有些异常。图形显示应当反映耗用的天数，或者正确地考虑月度间距。相似地，基于如此多的单井美元/月或单套设施美元/月数据进行的成本评估，将导致略微有异常的现金流评估结果，尤其当项目达到经济极限时，这种现象会更为突出。这些问题都可以得到解决，并且没有哪一种方法明显优于其他方法。具体选用何种方法，必须经过清楚地沟通。

在本章当中，一些例子(如SPEE例子)按照每年365.25天进行计算，并平均计算每月天数。油藏模拟输出，例如致密气实例，将倾向于使用日历上的实际天数。在后者中，操作费X美元/月可按(X/30.42)乘以每月实际天数的方式进行计算。这两种方法都会有足够高的准确度。重要的是，要保持一致性并清晰地阐述假设条件。

月现金流贴现的方法之一是使用与月数对应的年数(非整数)，并使用年折现因数(详见SPE推荐做法)。另一种选择方法是使用月贴现率，并在计算中采用整数月。在后一种情况下，有两种常见方法可以将年贴现率转化为月贴现率。在前一种情况下，我们使用家庭贷款和信用卡中常见的"APR"即"年百分比率"。另一种方法是"有效月利息率"。这种方法的结果是月复利率与年利率相等。下面对这些方法进行简单的举例说明。假设年贴现率是10%，采用期末法对12个月的现金流即1000美元进行贴现。A方法使用非整数年，第一个月的贴现现金流将是：

$$PV=1000\text{美元}/(1+0.1)^{1/12}=992.09\text{美元}$$

在B方法(即APR方法)中，月利率将是0.1/12，即0.8333%。在C方法(即有效月利率方法)中，月利率由下列公式计算：

$$i_{月}=\ln(1+i)/12=\ln(1.1)/12\times100\%=0.7943\%$$

在后两种方法中，第一个月的现金流可以计算如下。

APR方法：

$$PV=1000\text{美元}/(1+0.08333)^{1}=991.74\text{美元}$$

有效月利率方法：

$$PV=1000\text{美元}/(1+0.07943)^{1}=992.12\text{美元}$$

APR方法更加直观，而有效月利率方法更接近年利率，特别是使用中期贴现(midterm discounting)的情况下(见表7.2)。

表7.2　三种方法比较①

月	年	现金流/美元	方法A(每月、非整数)/美元	方法B(每月、年百分比率)/美元	方法C(每月、有效)/美元
1	0.083	1000.00	992.09	991.74	992.12
2	0.167	1000.00	984.24	983.54	984.30
3	0.250	1000.00	976.45	975.41	976.55
4	0.333	1000.00	968.73	967.35	968.85
5	0.417	1000.00	961.07	959.36	961.22
6	0.500	1000.00	953.46	951.43	953.64
7	0.583	1000.00	945.92	943.56	946.13
8	0.667	1000.00	938.44	935.77	938.67
9	0.750	1000.00	931.01	928.03	931.28
10	0.833	1000.00	923.65	920.36	923.94
11	0.917	1000.00	916.34	912.76	916.66
12	1.000	1000.00	909.09	905.21	909.43
		12000.00	11400.49	11374.51	11402.78

① 年贴现率=10%；APR月贴现率(年百分比率)=0.8333%；有效月贴现率=0.7943%。

在贴现率较高的情况下，这种方法所得结果间的差异会比较大。

7.2.4　定期贴现

所有现金流都发生在一个时间段结束(期末即EOP)时这个假设，对于正现金流而言，是最保守的方法，而对于负现金流而言，则是最乐观的方法。年度期末(ANEP)仍被广泛使用。然而，期中(MP)贴现(假定所有现金流都发生在一个时间段的中间)变得越来越普遍。尽管在数学上存在可能性，但期初(beginning-of-period)贴现的方法不常见，因而除特殊情况外，一般不推荐使用这种方法。

在上面有关贴现方法的讨论中，采用了非整数年利率方法和两种月贴现率方法来阐释月EOP方法。为了进行MP贴现操作，在A方法中的年数将被1/(2×12)，即0.042拉低。整数月将由1，2，3，…，12变为0.5，1.5，2.5，…，11.5。

7.3 自动调整价格和不变价格

现如今调整油气价格是评估师们思维过程中的一个根深蒂固的组成部分。从基本供需预测到趋势分析，现如今我们可采取多种途径进行价格预测。但世界上没有任何一种方法能够很好地跟踪记录一个相当长时期内的价格变化趋势。解决价格不稳定的一种方法就是所谓的"不变价格"法。从本质上来讲，它其实就是一种预测，并且在大多数情况下也和其他方法一样有效。经济评价的内容包括通货膨胀对项目或商业机会的各类成本与收益的影响，这类评价要比不变价格案例的更为常见。

多数大公司采用企业官方预测结果，以保证其经济评估的一致性，一般确定最高价或固定的上调价格的年数。有些公司则同时对上调价格案例和固定价格案例进行评价，以此来说明价格调整带来的影响。

在不变价格案例中，操作成本的定期上下调整幅度一般都设定为零，但操作成本仅随产水量(举例说明)的增加而增加。不变价格在一般情况下确实能体现出合同规定的成本和收益波动。大多数不变价格都是通过加权平均资本成本(WACC)或以企业折现率与通货膨胀率之差作为"不变价格"贴现率进行评价的。另外，包括SEC储量评估在内的一些评估方法要求采用不变价格(统一价格)法。通过把不变价格(统一价格)案例与价格和成本上涨的案例进行对比，来说明产品本身创造出的价值和通过对定价作出假设而创造的价值。

读者可直接登录SPEE官网获取有关价格调整的指导原则，但这些指导原则所涉及的主要是评价结果的披露。最为重要的一个因素是在应用价格调整法时保持一致性，并就假设条件进行清楚的沟通。SPEE给出的一些相关建议摘录如下：

为了与惯常做法保持一致，应当假设从第二个时间段开始采用价格调整系数(escalation factor)。价格调整系数的应用还要基于所评价的最小时间段的长度。最常见的时间段长度是月或年，但有时也会遇到以季度或半年为时间段的情况。

如果采用的是月现金流量，那么价格调整应当以月为时间单位采用"阶梯式"进行。如此一来，假定价格以每年6%的速度增长，那么月增长率的计算应基于6%的年有效增长率和价格每月都增长这两个条件。

如果采用的是年度现金流量，则应以年为时间单位采用"阶梯式"进行。因此，假定价格以每年6%的速度增长，第一年全年价格保持在调整后的价格上不变，而第二年则增长为6%。如果"时间零点"现金流-1000出现在表格A1中，年度正现金流300出现在A2~A6中，那么正确的EOP折现是NPV(0.1，A2：A6)+A1(即124.76美元)，而不是NPV(0.1，A1：A6)(即124.76美元)。ANMP(账目网络管理程序)产生一个更高的NPV10值，即192.74美元，其原因在于与ANEP相比而言，ANMP对正现金流(1500美元)少折现了半年时间。

7.4 现值

现值(简称为PV)可有效地用于对所需投资额接近而且规模相当的项目进行排序。净现值(简称为NPV)是指所评估投资方获取的所有现金流量。它可以是税前金额，也可以是税后金额。在一些采用净现值进行税后计算的公司里，现值和净现值这两个术语可交换使用。特定折现率也与净现值有一定关系，而且这个折现率(通常用一个年度百分数表示)通常会附上NPV10，其含义是按10%的折现率计算的净现值。还有很重要的一点是要清楚地注明任何净现值计算的“截止”日期。

在本文下续案例中，将采用上文提及的评估工具对一系列现金流量进行对比。每一个项目都有一个未折现的“时间零点”投资。电子表格制作者(以微软电子表格软件为例)常犯的一个错误就是采用诸如 NPV 的函数(比如净现值)的现金流量贴现，这一做法会错误地把第一个现金流量按一个时间段进行折现。

在采用电子表格法时，必须将时间零点现金流添加至折现后的现金流(或者从后者中扣除)。这些函数通常采用 EOP 折现方式。若采用其他折现方法，制作者必须把实际折现系数或方程考虑在内(见表 7.3)。

表 7.3　年度现金流

项目	年度现金流/美元			
	项目 A	项目 B	项目 C	项目 D
0 年	-1000	-1000	-1000	-1000
1 年	500	100	600	3000
2 年	500	100	500	2500
3 年	500	1400	400	20001
未折现的总数	500	600	500	25001
NPV15 ANEP	141.61	83.09	162.82	814.09
回收期/年	2	2.5	1.8	1.8
NTIR	1.5	2.57	1.5	1.5

在这个案例中，项目 A、项目 B、项目 C 按 NPV15 的排序与按照简单的回收期的排序具有很好的一致性。按 NTIR 进行的排序显示，项目 B 才是最佳项目，但很少人会直接选 B 而放弃项目 A 或 C。在折现率大于 7%的情况下，项目 C 比项目 A 和项目 B 更有优势。而在折现率较低(例如 5%)的情况下，不管是按照 NTIR 排序，还是按照 NPV 排序，项目 B 都排在项目 C 之前。

作为一项经济指标，NPV 独具诸多优势，其中它是财富数量的重要指标。与 DCFROI 不同(在 7.4.3 节展开详细说明)，它绝非是通过试算法就可以得出的。即使非常复杂的现金流也会给出独一无二的解，不可能存在多解性。现在很容易把 NPV 与概率分析和常规风险分析结合在一起使用。此外，当所有的现金流都是正值或都是负值时，它可用来比较各个方案的优劣。与此同时，根据 NPV 也能在租赁与自购决策之间很好地进行对比分析，从而为石油和天然气资产的评估奠定一个良好的基础。

NPV 最大的缺点在于它无法反映现金增值的速率和投资效益。在上文案例中，仅从 NPV 角度上分析，不管采用任何折现率进行计算，项目 D 都要比其他项目更有优势。项目 D 的数值是项目 C 的五倍之多。该项目的 NPV 比较高的唯一原因是其投资规模较大。仅靠 NPV 值是不可能很好地对这些项目进行排序的。综合考虑投资效益的经济参数是必不可少的。

在计算 NPV 数值时，现金流的正确来源应该是净现金流(简称为 NCF)。仅从财务账目利润(净收入)或实际经营的现金流来计算 NPV 数值是不恰当的。净收入绝非净现金流，CFOPS (每股营业现金流量)也不包括固定资本或流动资本下投资的相关现金流出。

在 SPEE 案例中(见表 7.1)，它提供了一系列的假设条件，利用这些假设条件可以说明各种折现法的不同之处。累计未折现现金流总量高达 4914952 美元。由于该表未明确指出端点值，可提前计算出或者根据每月统计的现金流来确定经济极限。但要根据复杂变化的价格调整和多变的净利率提前计算经济极限，可能是不现实的。在这个案例中，可以采用如下公式计算经济极限：

经济极限=月操作费用/[石油价格×NRI×(1-SEV)]

=2000/[25×0.85×(1-0.1)]=104.58(bbl/月)

对于月平均值而言，计算结果是3.43bbl/月。可采用以下双曲线递减方程式计算废弃时间：

$$t=\frac{(q_i/q_o)^n-1}{nD_i}$$

把这些数值代入公式进行计算，所得结果是37.17年。虽然通常可以提前进行这样的计算，但实际上许多分析师还是更愿意使用月或年预测手段。在现金流转为负值时，直接停止生产。分析师在作此类决定时应更加谨慎，同时从现实角度考虑操作费的实际属性。从租赁损益表中无法明确看出哪些是固定费用和可变费用，哪些可变费用是取决于所处阶段的以及正确的预测方式。在经济评估中，重要的不是过去费用，而是未来费用。在很多情况下，一口井出现负现金流时，经营者并不会立即关闭或废弃这一油井。月操作成本也不会因关闭这口油井而减少，原因在于(举例说明)负责看护30口井的司泵的工资不会因为一口井或关闭被废弃而减少。此外，在一些情况下，操作成本还取决于产液量、公用设施、海上平台、集输系统等因素。

在经济评估中，重要的不是过去费用，而是未来费用。在很多情况下，一口井出现负现金流时，经营者并不会立即关闭或废弃这一油井。

在SPEE案例中，本文作者针对月度产量预测和年度产量预测计算了NPV数值，同时计算NPV和DCFROI。采用上文提及的不同方法计算出了NPV10。每一种方法对DCEROI和NPV均产生了重大影响。SPEE介绍的评估方法将在下文详细阐述。

7.4.1　SPEE推荐的评估方法

按月计算的现金流，其折现时间不应早于当月的月底。若采用月复利方式计算，年利率必须通过以下公式转换为有效月利率：

$$i_m=(1+i_y)^{1/12}-1$$

评价所采用的折现方法应当在储量报告的前言或主体报告中加以介绍，这样读者们就可以比较容易地理解报告中所采用的各类设设。建议采用的表述方式如下：“本报告中的现金流计算以月为单位，以年复利率$x\%$每年折现。假定每月的现金流发生在有油气生产当月的月末。”

按年计算的现金流应按照期中折现率进行折现。储量报告的前言或主体部分如果包含了有关年现金流的内容，就应进一步讨论所采用的计算方法，使得读者可以明白整个计算过程。建议采用的表述方式如下：“本报告中的现金流计算以年为单位，以年复利率$x\%$每年折现。假定一个时期内油气开采产生的现金流发生在有油气生产当期的期中。”

油气开采产生的现金流无论是按月还是按年计算，一次结算的现金流，比如租借定金、资产收购或在指定日期将发生的重大投资等，都需按预期发生的时间进行计算。

7.4.2　折现回收期

习惯于使用回收期的分析师认为，采用折现现金流也可计算回收期。折现回收期可基本回答如下问题：在既定的折现率下何时能够获取正的NPV？除了回收期是在未折现现金流的基础上进行计算这一点之外，回收期固有的各种缺陷它都有。折现回收期的另外一个缺点在于它鲜为人知。回收期这一概念很简单，但折现回收期需要有一个特定的折现率和折现方法，就如 NPV 一样。折现回收期并未得到广泛应用。

7.4.3　折现现金流动投资收益率

折现现金流动投资收益率(简称为 DCFROI)又被称为折现现金流动的收益率(DCFROR)或内部收益率(IRR)，是指 NPV 为零时的折现率。这一概念大受决策者欢迎，因为其本质与银行利息极为相似。石油和天然气资产的现金流与银行利息不能画等号，人们把钱存入银行，获取少量利息，而这些利息随时间推移还要计算复利。尽管 DCFROI 存在些许缺点，但它仍是最为流行的投资评估工具之一，尤其在计算投资收益上特别有优势。我们回到上文讨论的案例项目 C 中，继续采用 ANEP 折现方法计算，但其折现率可从 0~50%不等(见图 7.5)。

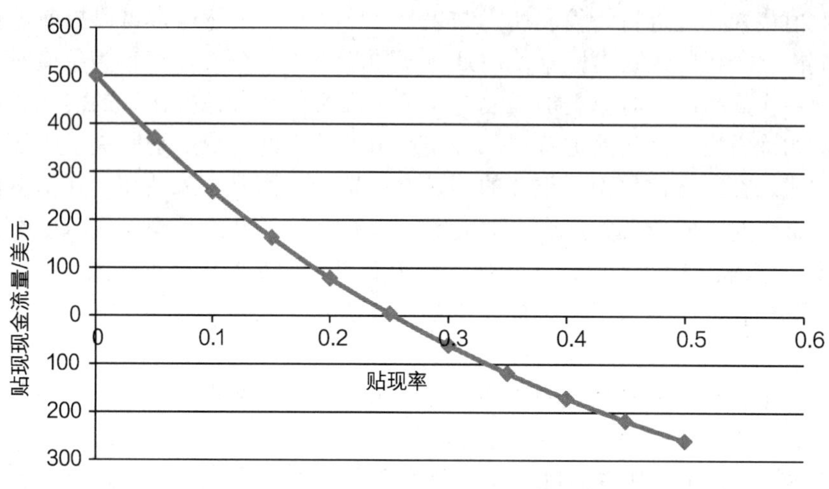

图 7.5　DCFROR 计算示意图

折现率大约达到 25%以上就会产生 NPV 负值，而低于 25%时则可以得出 NPV 正值。通过试算法计算，NPV 为 0 时的折现率是 25.35%。

项目 D 和项目 C 有着相同的 DCFROI 值，因为所有的现金流量都仅仅是五倍大。项目 A 的 DCFROI 值为 23.38%，项目 B 仅有 18.37%，为最低值。事实上，最“佳”项目主要取决于公司适用的折现率，鉴于这一情况我们又将其称为资本成本。

我们又进一步探究了项目 C 的现金流。如果可以按 25.35%的利率把资金投入银行，你会期望公司的现金流量能够达到与项目 C 一样的数值吗？从 DCFROR 角度对项目进行排序的决策者需要全面考虑这种方法的优势和劣势。

如今的确有一些类型的现金流量明细表，其中不只一种折现率能使 NPV 值为零。此类情况的案例包括费率加速增量评价(rate acceleration incremental evaluation)案例以及在项目生命周期的某些时点需要大规模投资的案例。

无论何时累计现金流量出现不止一种变动趋势，都会出现非唯一解。换句话说，如果累计现金流在开始时是负值，然后转为正值，随后再一次转为负值(也许随后还会再转变为正值)，那么就有可能出现非唯一的多回报率解。这类项目最典型的莫过于由评估加速项目(acceleration project)所得的增量现金流。有些公司在不同选项的对比中采用 DCFROI 方法，因而只报告折现率使 NPV 值为零时的一个数值具有误导性。

于 2000 年 3 月 2 日在得克萨斯州休斯敦举办的石油经济软件研讨会上 SPEE 开展了一项研究，对比了各类经济评估软件的性能。一些软件仅能提供一个数值，而其他软件则可同时提供两个数值。某些软件甚至还指出了使用注意事项。SPEE 在“推荐的评估方法#9——报告多个收益率”中推荐了以下评估方式：“在存在多个收益率的情况下，所报告的经济概要必须提醒报告读者注意多个收益率的存在(以代替单个收益率)。与此同时，该概要还须告知读者现值剖面数据。有关此类概要的提醒可参照以下文字：IRR 可能存在多个收益率，请详细参考现值剖面图。”

作为一种项目排序工具，DCFROI 还存在其他问题，在以下情况下无法计算其数值：所有的现金流都是负值(干井、租赁费、无法产生任何正现金流的项目等)；所有的现金流都是正值(已开始产油气的租借区块转出，无投资就生产油气的情况等)；现金流不足以实现简单的成本回收，如果现金流无法回收投资费用，就无法产生正的 DCFROI(在废弃之前无法回收其钻完井费用的油井)。

人们认为 DCFROI 的另一大缺陷是所谓的内在假设，即所有的现金流都按照等于 DCFROI 率的折现率进行了再投资。所有现金流都能以相同的比率折现这一事实是这一假设产生的基础。在此论断下，DCFROI 对于高收益率而言过度乐观，因为当石油公司在高 DCFROI 项目上投入一定量资金时，返回公司的现金流都以有争议的较低的收益率进行了再投资。出现这种困惑的主要原因是很多人把 DCFROI 视为以某种方式等同于银行利率。如果在我们前面所举的例子中石油公司确定实施项目 C，这绝不等同于将 1000 美元以 25.35%的利息进行投资。公司在项目 C 中投资 1000 美元，三年内可实现收益 1500 美元。如果该公司将 1000 美元以 25.35%的利率投入银行，那么三年后他们可收益 1969 美元。当然，公司不会把前三年所得收益存放在办公室的桌子里。但他们从再投资中所获取的收益是无关的，除非你考虑的是公司的未来财富而不是项目产生的边际收益。

上述论据构成了采用折现现金支出收益(简称为 RODCO)这一概念的基础。但另一方面，大家普遍认为该论据有点类似于利率。如果银行以 10%的利率借贷 1000 美元给个人，只要折现方法适合，以 10%折现的利息和本金收益将会得出零 NPV。即使银行和借贷方还有其他投资项目，也不会对这个结果造成任何影响，特定交易产生 10%的 DCFROI 值。需强调的一点是，DCEROI 绝非银行利息的等价物，它一般应用于相似项目的投资效率对比。

DCFROI 可以达到很高的数值。如果每年的计算值高于 100%，建议简单地按照 100%+而非具体高值的形式进行报告。与 NTIR 或回收期相比而言，DCFROI 是衡量项目财务吸引力的一种更现实的方法，原因在于 DCFROI 将资金的时间价值也计算入内。DCFROI 是一种极好的资本效率衡量指标，可以对具有类似周期和现金流模式的项目进行对比。但对于某些项目而言，DCFROI 是无法计算的，而在另外一些项目中则容易出现多解现象。

7.4.4 净现值与贴现现金流投资回报率

当投资机会的 DCFROI 高于资本成本，而且 NPV(净现值)为正值时，如果可接受的项目没有数量限制的话，那么根据这两种衡量标准进行决策就会得出相同的接受或拒绝决策。在资本配置的情况下，采用这两种衡量标准对投资项目进行排序的结果可能会不完全相同。

认真分析项目 A、项目 B 和项目 C 的现金流。图 7.6 显示了每一个项目的贴现率与 NPV 的关系曲线。

项目 C 在 NPV 为零时的贴现率最高，因此它拥有最高的 DCFROI 值。如果企业的贴现率为 10%或 15%，那么项目 C 还会实现最高的 NPV 值和 PVR，因为投资价值是相同的。如果企业的贴现因数低于 6.9%，则项目 B 实际上拥有最高 NPV 值和 PVR 值。

应谨慎评估加密钻井开发天然气项目。有很多产量比较低的气田实施了加密钻井开发天然气项目，但气田天然气总产量的增量要小于加密井的产量。一些分析师认为，加密井产量比较低可能反映了存在比较严重的井间干扰，因此加密钻井项目实现的新增产量低于预期值。虽然并不存在“与销售计量的争论”，但经常出现的情况是加密井以较高的流动压力生产，增大了地面集输的压力，致使原有气井的产量受到抑制。某些原有气井可能也只是以略高于井筒内积液速度的产量在生产，在这种情况下，的确存在干扰，但这只是“地面”干扰，可以通过技术手段(如果不是经济手段)加以消除。这些技术手段包括通过优化集输系统、压缩系统及其他措施来减少气井内的积液。

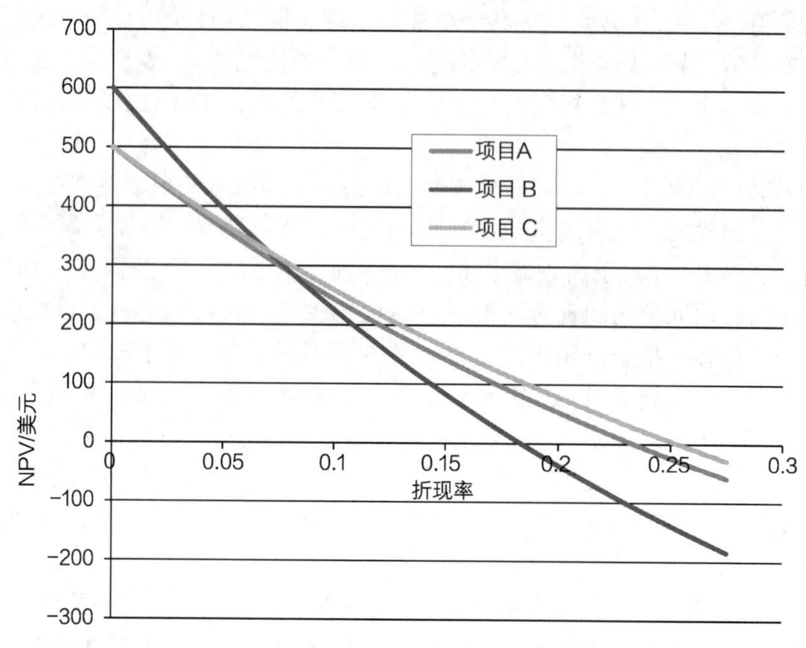

图 7.6 三个项目的 NPV 与折现率的关系曲线

7.5 加速投资

加速投资是指为提高从已实施项目获取收益的速度而进行的追加投资。在矿产资源开采业中，加速投资一般涉及为进一步提高已建成基本产能的开发项目的产量而追加的投资。一个典型的例子是：为了加快开采速度，在现有的油气井已经能够满足其开发要求的油气藏中钻加密井。实际上，加密钻井经常可以增加油气开采量，其原因是油气藏中往往存在之前未被发现到的非均质性，因泄油气面积较小而能够降低油气藏总压力以及提高驱扫效率等。

与其他可选方案进行比较成为评估加速投资项目的基本方法。加速投资方案下的净现值(NPV)必须加以计算，并与基础或未加速方案下的数值进行比较(即延续现有的经营模式)。如果加速投资方案的净现值超过基础方案的净现值，那么该投资便在可以考虑的范围之内。在多种因素的影响下，评估此类项目的投资现金流回报率(DCFROI)通常都不甚具吸引力。在最初的致密气井距评价案例中，我们比较了均质致密气藏中井间距在 40~640acre 之间的致密气井。我们作出了若干非现实的假设，其中包括所有井的钻井作业均同时进行而且同时投产，所有水力裂缝的长度和导流能力都相同。最为重要的一点是，储层渗透率具有各向同性而且是均质的。我们还假定，不存在因地面设施和合同条款约束而造成的产量限制。如果我们再作出几个简单的假设，便可以针对每种情况计算 NPV10(见表 7.4)。

表 7.4 针对每种情况的 NPV10 计算结果

假设	数值
钻井成本(优化前)/美元	2950000
钻井成本(优化后)/美元	1300000

续表

假设	数值
操作成本/[美元/(井·月)]	2000
矿区使用费,%	20
生产税,%	7.5
初始气价/(美元/1000ft^3)	4.50
价格上调速度,%	4.0
价格上调最长年限/年	20
贴现方法	MMP
贴现率/(%/年)	10

根据这些假设，我们可以计算天然气的月价格、操作成本、产量、现金流及评估所需的其他指标。从表7.4中可以看出，最重要的假设是钻井成本。在油气发现井中，由于要取大量的岩心、开展各种测井、测试作业等等，这些会大幅度增加钻井成本。如果很多油气井的钻井作业都是基于优化的钻井施工方法、最优的套管设计、优质水力压裂设计等，那么较低的成本即为“目标”成本。在所钻的油气井数量很多而且开展了合适的工程分析的情况下，几乎总能大幅度地削减建井成本。

表7.5显示了基于井的目标成本而计算的上述案例在不同贴现率下的NPV。显然，在10%~15%的典型企业贴现率下，井间距为80~160acre时NPV值最高。由于所有案例均具有高DCFROI值，所以在衡量资本效率方面DCFROI几乎没有用。如表7.5中所示，在各种情况下，现值率(PVRs)都有利于较大的井间距。

表7.5 不同贴现率下的NPV

井距/acre	40	80	160	320	640
NPV	0.6	1.9	3.9	6.2	8.5

在640acre井间距案例中，我们可以“花最小的钱获最大的利”，但这意味着什么呢？在这种情况下，它意味着我们想要开发尽可能多的开发单元(每个单元面积为1mile^2)。但是对于指定开发单元而言，我们如何判断320acre的井间距(每个开发单元两口油井)要优于640acre的井间距呢？显然，320acre的井间距将产生更大的NPV10。那么这一决策到底好在哪里呢(见图7.7)？

我们如何判断哪一个是最佳决策呢？新增NPV10和NPV10比率列在表7.6中：

表7.6 新增NPV10和NPV10比率

井间距/acre	320~640	160~320	80~160
新增NPV10/美元	5251031	3871971	230042
新增NPV10比率/美元	4.0	1.5	0.0

尽管320acre井间距本身的NPV10比率大于6.0，它的渐增资本效率仍然在很高的水平，大于640acre井间距的。160acre井间距产生大量额外NPV10，但代价是需额外钻两口井，而且新增资本效率也很一般。80acre井间距能够产生比160acre井间距更大的NPV10，甚至在这样的敏感性上，80acre井间距却有着相对较低的资本效率(见图7.8)。

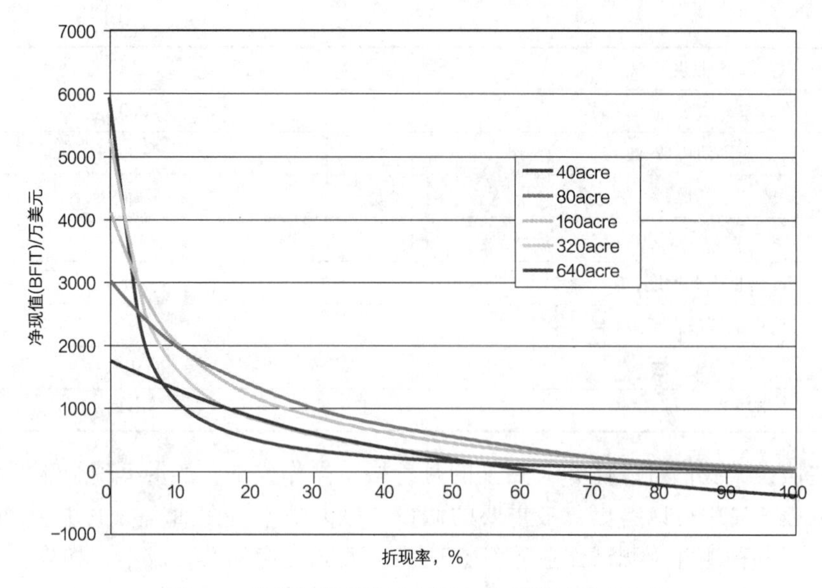

图 7.7　致密气案例的净现值与贴现率的关系曲线

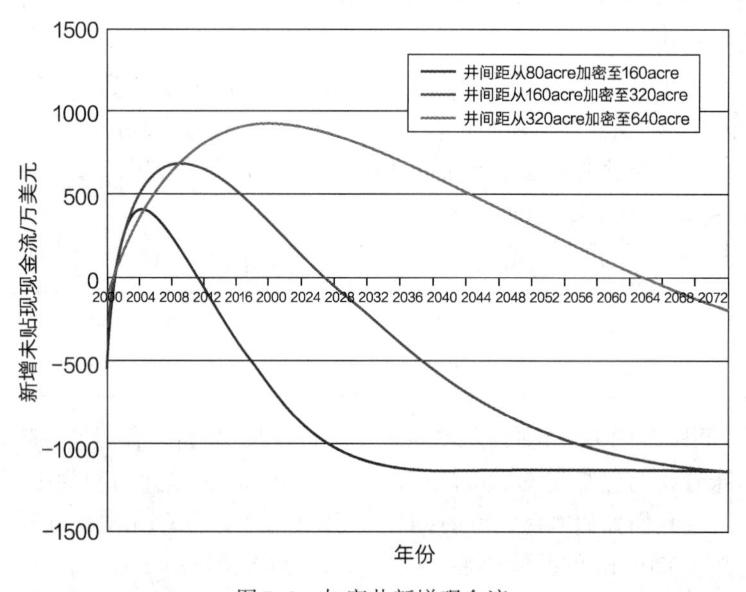

图 7.8　加密井新增现金流

在这种情况下，敏感性经常能够提供有益的参考。下面一系列数据显示了不同的气井成本假设和初始天然气价格假设是如何影响决策的。如预期的那样，在生产井成本较高的情况下，大井间距比较有利，而在气价较高的情况下，则小井间距比较有利。实际上，较高的气价可能与较高的气井成本相互关联，其原因是气价较高时市场上对钻机和水力压裂设备的竞争会加剧，而这会推升建井成本(见图 7.9 和图 7.10)。

7.5.1　现值率(PVR)

虽然 NPV 无法衡量资本效率，而 PVR 指数却是衡量投资效率的一项重要指标，它在较大资本投资项目的排序中很有用。PVR 是项目所产生的折现后(税后)的净现金数额与折现的税前现金支出(或投资)之比。净现金流和现金支出均按照企业折现率折现。需要注意的是，计算 PVR 时的分子并不是收入，而是所产生的净现金数额。操作费将和税费、矿区使用费等一起从收入中扣除，并且不能贴现为投资的一部分。一些企业采用 PVR 的一种变型，即在上述定义的 PVR 之上加 1，与折现的 NTIR 类似。PVR 为 1 的项目等同于税后(ATAX)现值(PV)为 0 且 DCFROI 等于折现率的项目。

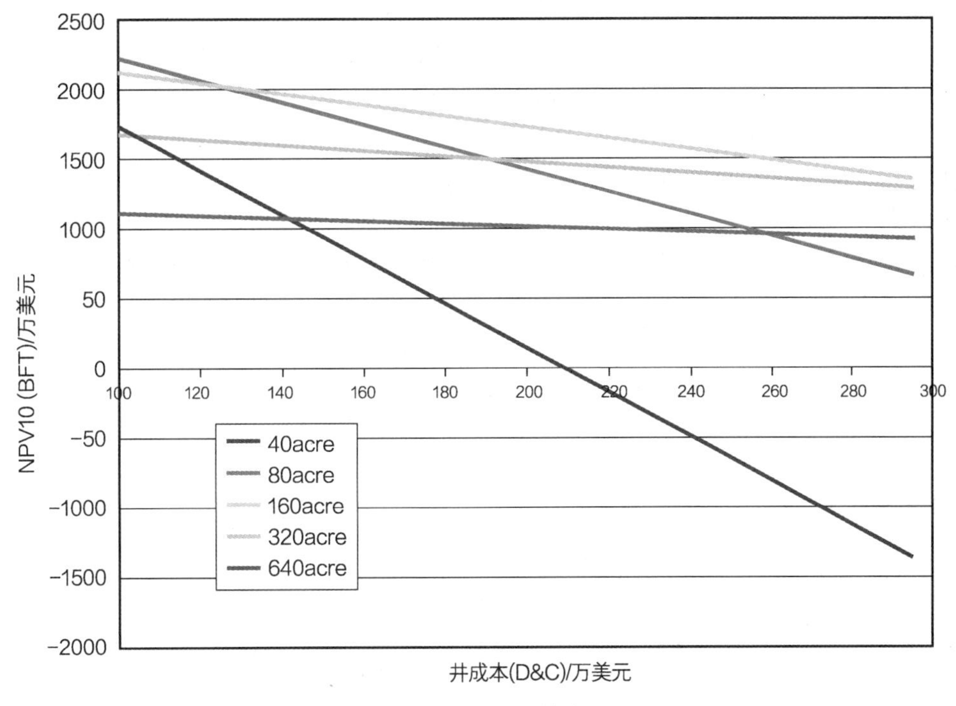

图 7.9　井成本的敏感性

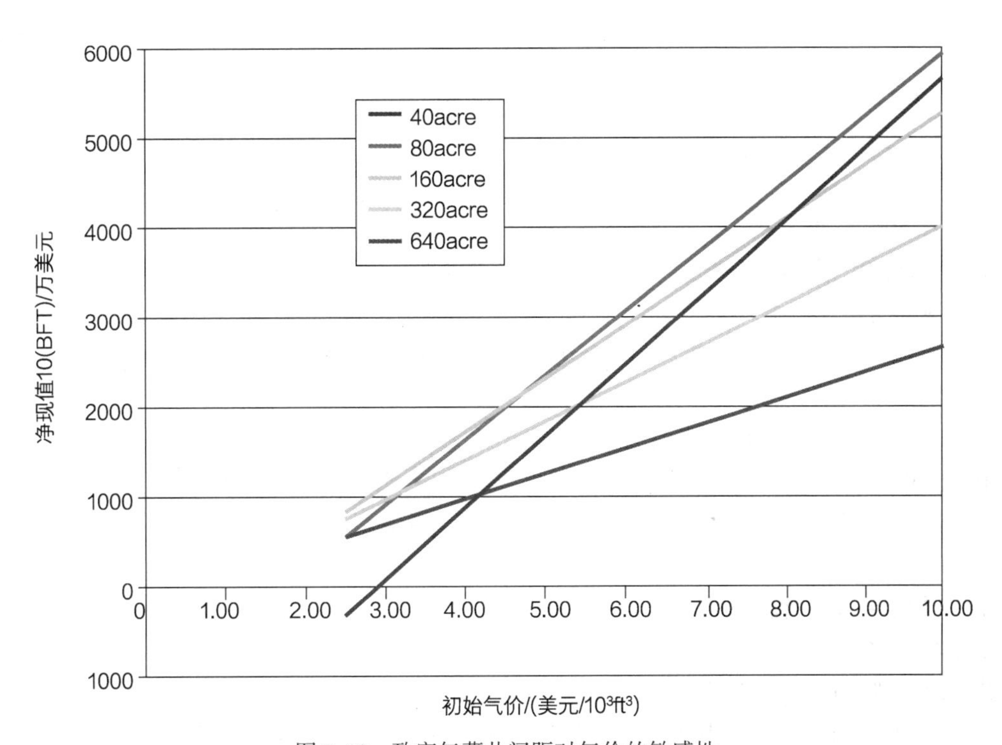

图 7.10　致密气藏井间距对气价的敏感性

PVR 拥有 NPV 不具备的许多优点，例如在企业再投资率上不存在混淆、不存在多解现象等。以项目 A~D 为例，按照 PVR 对项目进行排序时，能够产生最大 NPV 的项目，即“花最小的钱获最大的利”的项目，总是排在前面。

7.5.2　回报率增长(GRR)

PVR 的弱点在于它不像 DCFROI 那样拥有利率的内在特质。GRR 是一种将现金流转化为类似利率的衡量标准，这个衡量标准总是采用与 PVR 相同的方式对项目进行排序。

为了计算 GRR，我们将所有的正现金流按照企业折现率往前计算到某时点的复利，设为未来 t 年。超过该日期的现金流将被往回贴现至时点 t。这种方法计算的是在假定所有的现金流量都以企业贴现率进行再投资的条件下到时点 t 所产生的总现金当量(设为 B)。负现金流(除去操作成本、税费等)被贴现回时间零点，得到时间零点的投资当量 I。如果我们将这 I 美元存入银行，那么要在时点 t 使之增值到 B 所需的利率即为 GRR。对于资产性项目(ANEP)的复利计算而言，其公式为：

$$\text{GRR}=\left(\frac{B}{I}\right)^{1/t}-1$$

由于 GRR 拉低了高 DCFROI 项目，而抬高了低 DCFROI 项目(与企业贴现率相比)，因而管理层还需一个“逐渐适应的过程”。对于如何确定 t 值，t 值究竟应该为多少，并没有理论上的正确答案，同时很少有人原来就具备 GRR 意识。

7.5.3　永久年金

永久年金(perpetuity)是一系列无限期持续的现金支付。实际上，真正的永久年金并不存在。尽管如此，永久年金的理论价值在于它能够估算一些现金流的价值，比如固定资产和持续经营的清算价值。在估算永久年金时，我们要么假定未来分期付款的周期稳定、持续、永不间断，要么假定支付以一定的增长率 g 上升或下降。由于遥远未来的支付折现后的现值微不足道，因此永久年金的价值是有限的。永久年金的理论值为：

$$\text{PV}=P/r$$

式中：PV 为永久年金现值；P 为分期付款；r 为折现率或利率。

如果分期付款以速度 g 增长，那么当 $r>g$ 时，上述方程式变为：

$$\text{PV}=P/(r-g)$$

显然，在增长率 g 接近或超过折现率时，永久年金法是没有作用的。如果 $r=g$，那么 PV 等价于未贴现现金流的一个无穷序列，因而变为无穷的。

潜在兼并或收购的典型评估产生未来 5~10 年的现金流预期，同时增添了一个“永久年金”值来计算剩余寿命期内的现金流。如果净现金流的预测期限是 10 年，那么永久年金的数值将基于第十年的现金流进行计算。

$$\text{PV(acq)}=\text{PV}_1+\text{PV}_{12}+\cdots+\text{PV}_{10}+[P_{10}/(r-g)]\text{第 10 年的贴现因数}$$

由于预期增长率(g)接近资本成本，永久年金概念可能会给出不切合实际的数值。因此，基于该方法计算的清算价值应当与基于其他方法的清算价值进行比较，以便评估持续经营的价值。

7.6　加权平均资本成本

7.6.1　概念架构

若干金融理论的概念被用来确定资本的加权平均成本(WACC)。它是投资者要求从企业全部资金来源中获得的加权回报，既包括借入资本，也包括自有资本。这一方法对所有公开上市的企业都有意义，其中的假设包括如下几个概念：

(1) 这些假设中的第一个概念是无论何时公司的价值均与其借入资本和自有资本的市值

相等，即总体等于部分之和。企业资本结构中任何一部分的价值，无论是债券、商业票据、普通股或其他部分，均由当前金融参数决定，比如最优惠利率、经济活动水平等。

(2) 用来确定资本成本(CC)的第二个金融理论概念，即资本成本是借入资本和自有资本的税后加权平均边际成本。加权 CC 意味着权重为借入资本或自有资本在企业总资金结构中所占的比例。借入资本的边际成本是为新增的下一个单位借入资本所支付的利率；自有资本的边际成本是新增的下一个股票持有者期望从购买企业股票中获得的回报。使用借入资本或自有资本的边际成本(非历史成本)的原因在于它们决定了资本结构中全部借入资本或自有资本部分的市场价值。

若以代数公式的形式表示，资本的税后加权平均成本(WACC)为：

$$\mathrm{WACC}=\frac{D}{V}r_{\mathrm{d}}(1-\mathrm{MTR})+\frac{E}{V}r_{\mathrm{e}}$$

式中：D 为资本结构中全部有息负债的市场价值；E 为所有自有资本证券的市场价值；V 为公司或 $D+E$ 的价值，因此 $D/V+E/V=1.0$；r_{d}为借入资本的边际成本；MTR 为边际税率；r_{e}为自有资本的边际成本。

借入资本的边际成本很容易从公开交易的金融市场中获得，而自有资本的边际成本则难以捉摸。

由此引出了用于决定资本加权平均成本的第三个概念——资本资产的定价模型(CAPM)。我们可以通过 CAPM 来计算自有资本的边际成本。该模型在计算中使用历史和易于获取的现成信息(还有其他计算自有资本成本的模型)。CAPM 的代数表达式是：

$$r_{\mathrm{e}}=r_{\mathrm{f}}+\beta\times(r_{\mathrm{m}}-r_{\mathrm{f}})$$

式中：r_{e}为自有资本的边际成本；r_{f}为无风险利率，通常被定义为 13 周的美国国库券期货利率(与美国主权债券降级有关的近期事件可能会使 r_{f}具有另外一种定义)；r_{m}为债券指数市场现利润的期望回报，比如 S&P 500 或 DJIA；β 为衡量一种证券的回报与总体市场回报平行运动倾向的系数。

β 值等于 1.0，意味着证券回报精确地反映了市场动态。β 值等于 0.0，则意味着两者完全无关。β 值大于 1，表明证券回报的波动性大于市场回报的上下波动。原则上，β 值为负可能意味着，市场回报下降时，证券回报趋于上升，反之亦然。$\beta\times(r_{\mathrm{m}}-r_{\mathrm{f}})$是期望回报值变化性的市场评估，换句话说，是该证券的风险溢价。

7.6.2　企业价值

企业的市场价值可以通过计算其资本要素的市场价值来估算。我们可以从各类文件和市场信息中获得相关信息。这一价值与潜在买方购买该企业的价格不同！本质上，它是当前企业可以卖出的价格。

7.6.3　借入资本的市场价值

企业有息借入资本的各类组成部分包括不同类型的工具、到期日和票面利率。上市证券的市场价值可以从公开资源中获得，而其他债务工具的市场价值可以根据类似证券的直接竞价/已知信息来估算。

举例说明，证券包括设备债券、信用债券、票据、有抵押的偿债债券、商业票据、污染控制债权、可兑换债券、偿债基金债券、私募资金、长期负债的当期部分(LTD)以及各类其他部分。这些证券的账面价值和市场价值均被用于估算债券的市场价值。

为了计算借入资本的边际成本，我们作出以下典型假设，新增的下一个单位的借贷资本将来自借入资本结构中的各种现有债务工具。通常，这些借入资本成本根据企业金融专家对未来借贷融资计划的建议，按照当前比例加权计算。

CAPM 是计算自有资本边际成本的方法之一。其他典型方法常用来建立企业的 WACC 价值，而 CAPM 足以阐明概念。我们有如下计算公式：

$$r_e = r_f + \beta \times (r_m - r_f)$$

一般情况下，美国国库期货被用来确定(r_f)值。假定($r_m - r_f$)的历史关联在变化迅速的金融环境中保持不变，我们计算自有资本的边际成本仅仅只需要 β。

有若干个 β 值可以利用，其中包括公众资源和从一个月到数年不等的时间框架内的股票价格和市场价格的回归相关系数。

7.6.4　自有资本的市场价值

普通股的剩余价值乘以每股价格，所得结果就是自有资本的市场价值。在多数情况下，企业股票可以按高于票面价值的大量溢价(或贴现)出售，而总借入资本的价值可能为票面价值的贴现价(少数情况为溢价)。基于市场价值对资本结构中的每个部分进行估价的效果，在于在以票面价值为基础的价值比较时，按照资产构成比率降低(或提高)市场借入资本。对于一些企业而言，会因通货膨胀而拥有较少的借入资本，同时会因对金融表现的预期而拥有较多自有资本。

7.6.5　公司价值

将公司价值当作市场借入资本和自有资本的总和，我们能够估算公司的市场价值和票面价值。一般情况下两者差异很大，且大多数公司的成交价格高于票面价值。

7.7　风险分析

几乎所有的商业决策都是在不确定的条件下作出的。这意味着作出决策时缺少充足的信息来保障决策的正确性。同时，决策可能产生两种或更多种结果。石油勘探便是典型的不确定决策案例。下面的风险分析将从石油勘探的角度进行叙述，但它也可以应用于制造业、营销和服务行业的决策。我们推荐使用预期价值经济学来评价探井和勘探项目。预期价值经济学阐释了多种结果的可能性。

与之前讨论过的方法相比，风险分析提供了一种更为全面、透彻的方式，来评估和比较项目的风险高低和不确定程度。与传统的投资分析方法相比，这种方法能够为决策者提供有关潜在盈利性及其实现可能性的更多深入认识。

蒙特-卡洛(Monte-Carlo)模拟法是油藏工程师在现代风险分析领域能够掌握的最重要的工具之一。

通常，传统分析方法只涉及现金流和回报率。风险分析能够为决策过程带来的附加利益在于风险和不确定性的定量分析，以及如何将这些因素融合进制定和实施投资策略的过程当中。商业决策带来的风险和不确定性无法通过此类分析或任何其他投资复审方法加以消除。决策分析的优势在于它具有评估、量化和了解风险的作用，使管理层能够制定和采取适当的策略，将企业遭受风险的程度降至最低。

决策分析是一门跨学科科学，涉及不同门类的学科，包括概率和统计学、经济学、工程学、地质学和金融学等等。决策分析中的一些统计方法为基于风险的经济分析中各种因素的敏感性分析提供了很好的手段。下面简要描述石油行业应对风险的若干方法：

(1) 随意决策最小化(arbitrary decision minimums)。在某些情况下，我们通过提高 DCFROI 的最小值来应对项目风险。例如，在风险程度或不确定性较高的项目中，我们将临界获利率由正常值 15%调整为 30%。回报率与风险程度相互适应的需求在这一过程中得到体现。虽然目标方向正确，但这一方法并未充分考虑多种竞争性投资方案之间风险程度的差异，因而一般不推荐使用。

（2）容许的干井数(allowable dry holes)。有人使用被定义为“容许干井数”或“干井容量”(dry hole capacity)的指标来描述钻探项目中的相对风险程度。在这种方法中，分析师估算一个远景圈闭勘探若获得成功预期实现的NPV。然后把这个NPV除以干井成本，所得结果是由一个油气发现获取的现金流的现值超过干井成本的倍数。虽然该方法没有提供任何发现概率信息，但却对研究一个油气发现的价值足以支持的探井数量带来了启发。鉴于这点，它提供了竞争性勘探区块可承受风险的相对指标。该方法在一些特定情况下有效，当然在应用上也存在一些缺陷。例如，它没有明确地考虑估算的发现概率，也没有为“实施与否”提供一个明晰的决策标准。进一步讲，该方法未向我们提供以下信息：为了达到特定的赢利标准，“容许干井数量”倍数或“成功容量”(success capacity)必须多大程度上大于某个特定数字。

（3）模拟技术。模拟技术这一概念为分析师提供了一种可选方案，用不确定性参数的可能值分布的形式来描述风险或不确定性。电脑(蒙特-卡洛模拟器)将这些分布组合在一起，生成从投资机会中预期获得的可能盈利水平的分布。显然，蒙特-卡洛模拟是油藏工程师在现代风险分析领域中需要掌握的重要工具之一。7.7.4节将进一步探讨蒙特-卡洛模拟。

（4）预期价值经济学。预期价值这一概念是决策分析的基石。它也是一种将概率估算和定量估算结合在一起的方法，它构成了风险调整(risk-adjusted)的决策基础。对管理者而言，这一概念并不仅是一种判断上的补充，而是估算和比较不同投资选择可能产生的不同结果的工具。

钻一口探井的结果可能是一口干井，可能是一个大油气发现，也可能是介于两者之间。每一种结果都有可能出现，但没有哪一种结果必然出现。持有上述观点的人很多，因为他们认为在确定概率估算值时存在固有的主观性，预期价值分析对此毫无用处。毫无疑问，要为一个远景圈闭可能的钻探结果赋予一个概率值是非常困难的，有时甚至连所有可能钻探结果的确定也不具备可操作性。然而，预期价值分析的优点已在多次试验中得到反复确认。如果一家企业坚持不懈地将许多项目的长期预期价值最大化，那么我们可以肯定地说，这家企业将会更好地利用风险加权价值经济学。

7.7.1 经调整的贴现率

目前采用的风险分析方法种类繁多，如果企业管理层已经适应了其中一种，往往很难进行调整。我们不推荐企业针对每一种情况都更换风险管理方法。但是，在风险分析中调整折现率的做法仍十分常见。管理者可能希望以NPV10来评价加密钻井和修井项目，而以NPV25来评价探井。中等风险水平则可能以较高的贴现率进行评价。根据原理，如果油藏工程师和分析师在评价中采用一致的方法进行估算，那么调整后的贴现率可能与实际情况符合。本文作者对这种认识的正确性持怀疑态度。如果我们回头看前文所讲的“钻探与转让”案例，读者自身可以按照25%的贴现率进行估算，继而决定什么时间适合于钻探，而什么时间适合于转让。在对多个案例进行对比时，“风险折现率”的方法常常不能正确估算风险。我们转而强烈建议要么将“风险折现率”法公开应用在现金流的评价中，要么采用蒙特-卡洛模拟法进行风险评估。

7.7.2 敏感性分析

敏感性评估是处理风险和不确定性的一种常见方法，其具体做法是改变输入参数，然后以参数改变量函数的形式展示这些假设条件改变所产生的影响。前文所提到的数字，例如不同的井距会给出不同的现金流或经济数据，都是很典型的。实际上，在许多情况下，所修改的参数并不独立于其他参数。例如，在下面的旋风图版中，初始产量随油层净厚度的改变也改变。造成产层厚度相同的油井有着不同初始产量的原因很多，渗透率、黏度、表皮系数等都可能发挥一定的作用。下面这种类型的图通常被用来显示导致经济价值改变(例如 NPV10)的最重要因素(见图 7.11)。

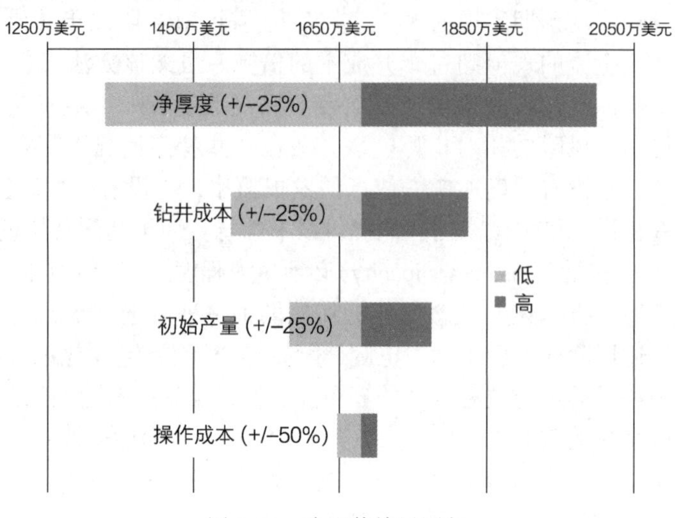

图 7.11　净现值旋风图版

仅仅改变其中一个变量就有可能引发一系列复杂的结果，而且这个问题也并不总能在敏感性分析中得到妥善处理。如果工程师引入净毛比这个敏感性参数，那么油气资源量就会发生明显改变。初始产量将如何改变呢？含水层的相互作用呢？流体处理和人工举升问题？简单的敏感性分析就需引入大量的假设，而这些假设需要采用易懂而且一致的方式进行处理。而在对开采历史很长的油藏的模拟预测结果进行敏感性分析时，这一点尤为重要。考虑一个历史产量拟合效果据信非常好的油藏案例。即使在这样的案例中，许多参数仍存在问题。比如，如果工程师仅仅把残余油饱和度作为敏感性参数加以改变，而没有重新构建历史拟合，那么未来的产量就有可能产生与现实不符的变化。如果工程师使用一个不同的 S_{or} 值，同时重新构建历史拟合，那么比起只改变 S_{or} 值，其预测结果偏离历史拟合的程度要小一些。仅仅改变 S_{or} 值会夸大油藏模拟对假设条件错误的敏感性。

7.7.3　决策树和效用理论

决策树是用来描述多种选择方案，帮助决策者筛选出能够使 NPV 最大化或其他希望优化项目的一种有效方法。在本书稍后章节中，我们将探讨“效用”这个术语可以表示不同结果的相对合意性。决策理论基于决策者的目标和偏好确定最希望达成的结果。油藏工程师可以使用决策树来描述具有多种选择方案和可能性的复杂情况。我们的探讨可以被视为一种简单的引入。在构建决策树的过程中，正方形代表决策节点，圆形代表概率节点。每个决策节点与两个或两个以上的决策相连，多个决策节点可以和一个概率节点相连。例如，某概率节点代表在拉斯维加斯赌博轮盘上的数字“30”压 1000 美元赌注。美国式赌博轮盘上标有 38 个等概率的结果。押单个数字上的赌注如果成功押中，一美元将赢得 35 美元。押注的方式很多，例如押黑色或红色，成功押中将按一比一赔付。在这两种成功押中的情况下，押注者都可以保留赌注。由于有两个绿色数字、18 个黑色和 18 个红色数字，在黑色或红色上押注 1000 美元的 EMV 是 $-1000+(18/38)\times2000=-52.63$ 美元。欧洲式赌博轮盘只有一个绿色槽和 37 个可能的结果，赔付比率也略有不同，但无论怎样，赌博游戏参与者的 EMV 还是负值。图 7.12 展示了这个过程。我们能够很容易用下列公式估算在“30”上押注的预期价值：

$$EV = -1000\text{ 美元} + (1/38)\times 36000\text{ 美元} + (1/38)\times 0\text{ 美元} = -52.63\text{ 美元}$$

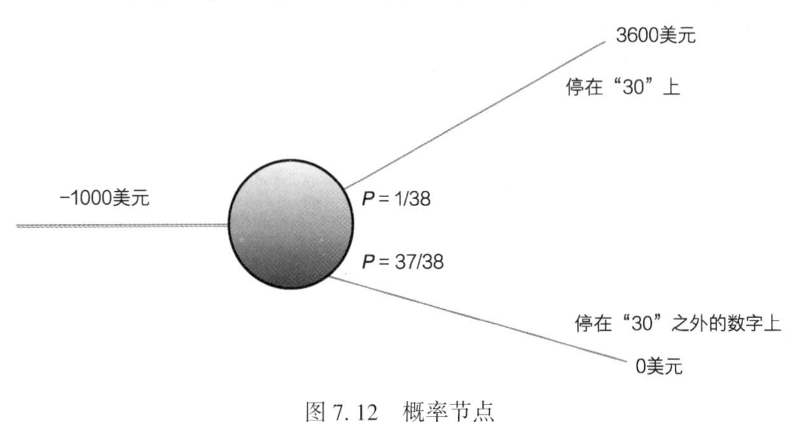

图 7.12　概率节点

换句话来说，在数字“30”或其他任何数字上押注 1000 美元具有 52.63 美元的负预期值。类似分析将显示每个赌博游戏都具有负预期值，这也解释了拉斯维加斯为何有奢华的酒店和廉价的“包饱自助餐”。不过，选择比其他方案预期值更低的轮盘游戏是否算得上疯狂？不，对于决策者而言，35000 美元与 1000 美元的意义并不相同。他可能有一笔即将到期的外债需要偿还，如果不能立即获得 35000 美元，后果不堪设想。对于风险的特殊偏好通常不能用常理思考，存在较大负面影响的预期结果对于大多数人来说都没有太大意义。这一分析并不意味着，每一位参与者都会从轮盘游戏中输钱。可以比较直观地模拟说明，通过采取不同策略设置轮盘游戏，使参与者中的一部分人能够获胜。从长远角度看，所有参与者的预期货币总值为负。

假设有人给你提供玩抛硬币游戏的机会。硬币正面朝上，你将获得 2 美元；背面朝上，你一分钱也得不到。毫无疑问，这项游戏的预期货币值(EMV)为 1 美元。那么，你愿意以何种价格将游戏机会卖给别人呢？其他人似乎不可能接受 1 美元以上的价格。而如果以更低的价格卖出，你便在“赠送”EMV。让我们举另外一个例子，在这个游戏当中，你必须购买一张门票。硬币正面朝上，你将获得 3 美元；背面朝上，你将获得 1 美元。你愿意花多少钱来购买玩这个游戏的门票？这个游戏的 EMV 是 2 美元，如果你花了少于期望价值的钱来玩这个游戏，你便是在获利。你愿意花 1 美元以上来玩这个游戏吗？如果你愿意，第二种游戏的净结果便与第一种的相等：硬币正面朝上为 3 美元-1 美元=2 美元，背面朝上为 1 美元-1 美元=0 美元。在第一个游戏中你期望的游戏票出售价格和第二个游戏当中你愿意为购买游戏票支付的价格是否不同？决策者经常根据预期价值基准之外的因素来做决定，而所需的投资金额决定了这一基准。

我们再来考虑另外一组决策。在第一种情况下，投资 1000 欧元购买一口在钻井的很小一部分权益(0.1%)。这口井的预期成功率为 50%(你愿意的话，可以把它当成硬币的正面)。如果成功获得油气发现，你将获得净现值为 4000 欧元的一系列现金流；如果钻出干井，则无任何获利。EMV=0.5×4000 欧元-1000 欧元=1000 欧元。你对这项投资是否有兴趣？如果你相信这些数字，投入 1000 欧元，显然表示你的决策是愿意参与其中。现在，再来一起分析购买 100%权益的情况。在这种情况下，你需要投资 100 万欧元，有 50%的机会获利 400 万欧元。假定你需要将房产抵押、提取退休金并从一切可能的地方借钱才能刚好凑齐投资额，那么你可能不会接受这样的投资机会。可能使投资者破产的单一投资或一系列投资被称作“赌徒破产投资”。正 100 万欧元的效用可能远达不到 1000 欧元效用的 1000 倍。通过分析自己对一系列构架相似的供选择方案的反应，具备博弈理论专业知识的人可以构建出自己的“无差异曲线”。你和决策者的个人效用与无差异曲线都不如企业的效用函数重要。为了便于说明，我们假定企业拥有斜率为 1 的线性效用函数，且完全依赖 EMV 进行决策。只有在巨额投资中才会出现例外的情况。在“钻探或出让”的案例中，我们可以画出如图 7.13 所示的决策树。

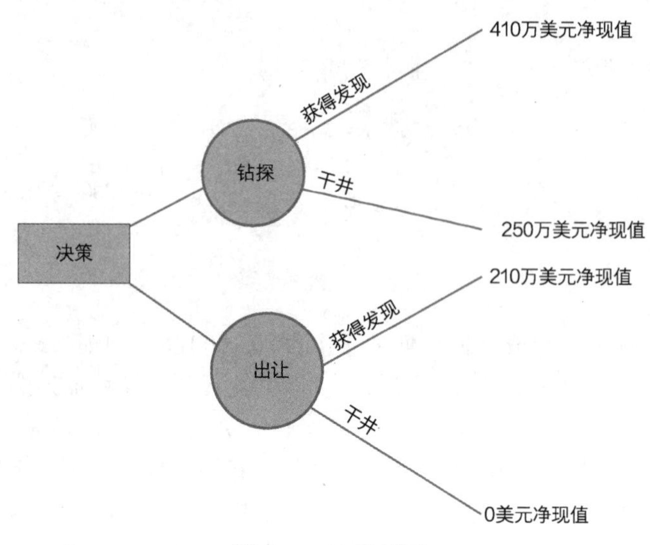

图 7.13　决策树图

决策结果只有两种，钻探或出让。概率节点也只有两个，干井或获得发现。随着每个概率节点的 EMV 被计算出来，决策树的分析过程由右向左推进。每个概率节点的期望值被其期望值所取代，并且 EMV 最高的决策节点被选定。每个概率节点都存在多种可能性，同时概率节点能够由蒙特-卡洛模拟式来代替。实际上，整个决策树都可以被蒙特-卡洛模拟法代替，所作决策的分布以及对应的结果的变化性都将呈现给决策者。

7.7.4　蒙特-卡洛模拟

通过模拟来估算变化性和风险的概念在本文作者职业生涯中已经被逐渐接受和广泛应用。理解其中涉及的概念对油藏工程师来说是最基本的要求，因此我们仅简单阐述这一概念，并为以后的学习提供了许多参考资料。此外，我们还可以利用一些商业软件来协助计算，这些工具通常能相对容易地适应复杂问题的计算。建立能够尽可能多地综合各种数据的真实可信的分布是这个过程中最困难和重要的部分。使用蒙特-卡洛模拟法而忽视可利用的数据(或者没有尽力获得并使用这些数据)，这种做法不仅不认真，还可能因此而产生误导并付出高昂代价。

蒙特-卡洛模拟法指依赖独立变量分布的随机(或近随机)样本来反复求解复杂方程式的计算方法。如果输入的分布准确地反映了独立变量的变化性，反复进行的一系列计算会得出一个能够反映可能解的范围的分布。实际上，如果一个或多个独立变量与另一个变量相互关联(正向或负向)，则必须采用修正技术来处理这种部分依存关系。

让我们一起看下面这个简单的例子。同时抛出两枚骰子，并将它们的点数相加。每抛掷一次，每枚骰子朝上的一面数字为 1~6 之间的整数，每个数字随机独立出现。显然，两枚骰子的点数之和只可能是 2~12 之间的整数。我们知道，只有当两枚骰子的点数都为 1 时，两者之和才能为 2。因此，得到 2 的几率是 $(1/6)\times(1/6)=0.027778$。如果我们抛掷 300 次，那么所预期的平均结果如表 7.7 所列：

表 7.7　抛掷 300 次的概率分布

相加结果	概率	300 次中的出现次数
2	0. 02777778	8. 33
3	0. 05555556	16. 67
4	0. 08333333	25
5	0. 11111111	33. 33
6	0. 13888889	41. 67
7	0. 16666667	50
8	0. 13888889	41. 67
9	0. 11111111	33. 33
10	0. 08333333	25
11	0. 05555556	16. 67
12	0. 02777778	8. 33

显然，每次抛掷的结果只可能是整数。尽管我们运用分析的方法知道了可能出现的情况，但让我们用蒙特-卡洛模拟法来再做一遍。操作的方法很多，我们选择其中的一种：在 EXCEL 函数中键入=int(rand( ) ∗6+1)，结果为接近抛掷一次的伪随机数。在两列中分别进行这个操作，将结果相加，我们可以得到简洁明了的 EXCEL 表格。每次重新计算都将产生新的结果分布。因此，如果读者重复该试验，得到的答案应为近似值，而不会与下列结果完全重合。在这种情况下，我们抛掷骰子 300 次，得到两个独立变量，并将结果相加。每个变量的输入分布都是与每次结果(1~6)相关的概率密度函数(概率为 1/6)。输出为两个采样分布的简单相加。图 7.14 显示了 3 个 300 次抛掷试验的理论分布式。尽管这 3 个试验的结果都指向理论答案，我们仍可以观察到一些异常现象。第一次抛掷试验中，得到“9”的次数出人意料地明显多于“8”(见图 7.14)。

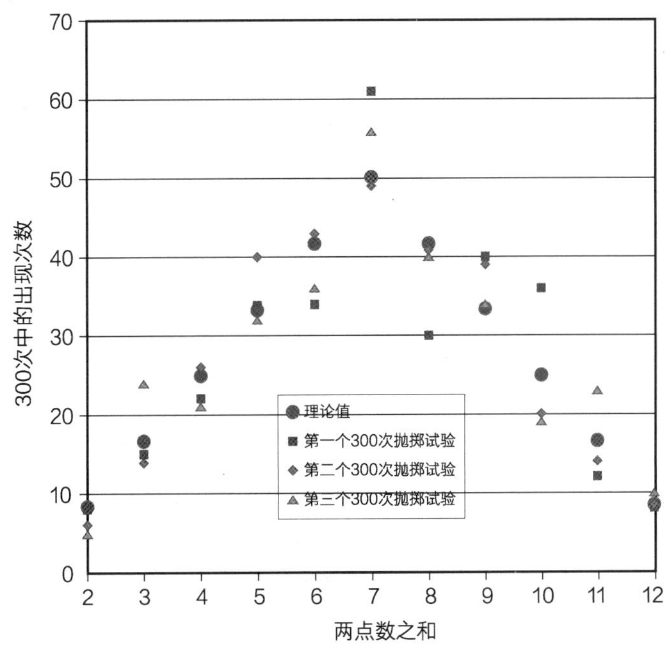

图 7.14　三个 300 次抛掷试验的结果

简单地增加抛掷次数就能解决这个问题，如果我们抛掷 5000 次而不是 300 次，实际结果将和理论结果趋近一致(见图 7.15)。

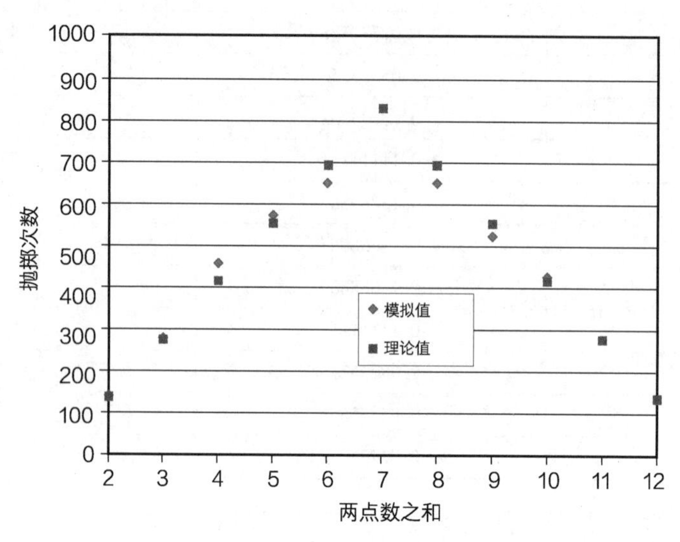

图 7.15　5000 次投掷试验结果

如果我们进行 10000 次或更多次抛掷模拟试验，结果将更加趋近理论值。实际结果分布的平均数、众数和中位数都为 7。每位熟悉“掷骰子”游戏和赌博中“获胜几率”的读者都知道，对参与者来说，每次赌博都以得到负 EMV 的总价值收场。这并不意味着所有参与者在这项游戏中都会比在我们之前探讨的轮盘游戏中输掉更多钱，但如果反复参与这项游戏，不管采用何种策略，最终 EMV 总为负值。

试验虽然简单，但稍微延伸我们就可以阐释另外一个重要问题。如果我们将两个骰子的点数相乘而不是相加，情况会怎么样呢？我们知道，乘积会在 1~36 之间变动，但不会包括其间所有的整数。得到 1 和 36 的概率极限值为 0.027778。图 7.16 显示了所得的解析解及 5000 次模拟投掷的结果。

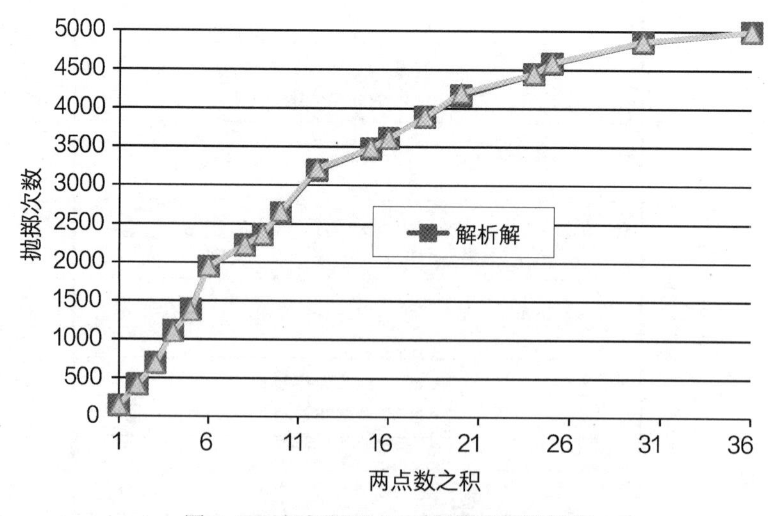

图 7.16　解析解及 5000 次模拟投掷结果

在这个案例中，我们使用了累积密度函数而不是概率密度函数。通常的做法是，不按照实现的次数来显示图 7.16，而是按照小于或等于某一特定值的累计概率来显示，见图 7.17。

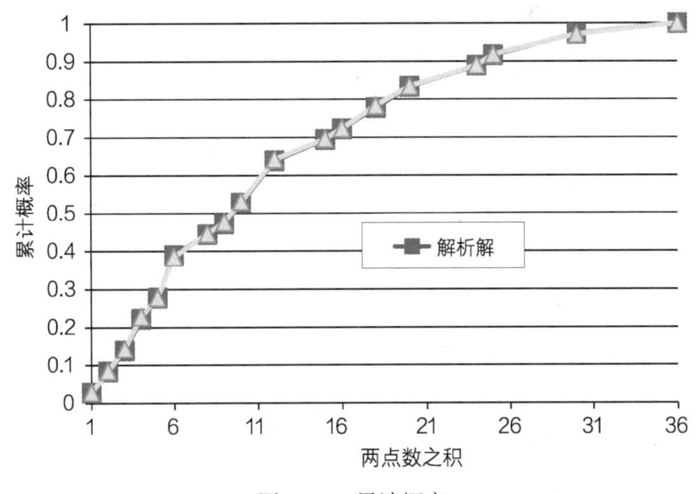

图 7.17　累计概率

这种图的优势在于其纵坐标可以按照概率来理解。同时，我们很容易注意到，这项试验的中值在 9~10 之间，平均数接近 12.25，呈双峰分布。在使用蒙特-卡洛模拟法对油气发现进行模拟时，平均值大于中值的特征很常见；在储量规模的分布中，我们同样能够注意到类似的现象。虽然一些作者喜欢用数学方法解释这一现象，但显然其中许多因素呈偏斜分布而非正态分布。例如，收入、财富和成年人的身高等都属于这种分布，其平均值都大于中值。少数几个数值比较大的正值就会对平均值产生重大影响。

在油气领域，蒙特-卡洛模拟法可以用来估算油气地质储量、油气可采储量、所需生产井的数量、未来的井产量、资本和操作成本以及未来净现金流等。它们共同构成了竞价策略制定过程的组成部分，并且几乎可以应用于任何不确定条件下的决策。在最简单的案例中，我们可以计算潜在远景圈闭的石油地质储量。石油地质储量(N)的计算式(油田单位)如下：

$$N=\frac{7758\phi AhS_o}{B_o}$$

研究用于计算石油地质储量的变量。我们可以发现，潜在远景圈闭的面积和净厚度显然是整个油田或泄油区的平均值，两者之积可以由净产层的岩石总体积估计值来取代。含油饱和度和孔隙度也都必须为平均值。但是，在很多情况下，由于低孔隙度往往与低含油饱和度相互关联，这两个参数并不完全独立。我们怎样才能得到这些变量的合理分布呢？得出答案并不容易。简单地猜测一个最小值、最大值和最可能值，并使用三角形分布来进行显示，可能会也可能不会优于单个估算值。最好的做法是认真分析孔隙度数据和去聚类(declustered)数据的分布。

由于样本偏差的存在，去聚类毫无疑问非常必要。对于比较高产油田中的生产井而言，偏差和趋势的产生(offset and trend production)可能不成比例。这些数据趋于使分布偏向于最密集抽样的数据(最高的孔隙度数据可能就是这方面的一个例子)。由于本章的重点不是蒙特-卡洛模拟法，因此未将建立概率分布所采用方法的细节、其相对的优点、与处理相关的方法等包括在内。同样，有很多优秀的商业软件工具可用来进行此类评价。

7.8　国际石油财税制度的种类

7.8.1　背景

在大多数国家，油气及其他矿产资源的勘探和开发权均归国家或偶尔归国王所有，美国的联邦土地、州属公共土地和局属公共土地也都是如此。追溯历史，跨国际石油公司(IOC)曾向独立的资源国提供了很多优惠条件，这些资源国认为值得给予这些公司一定的油气资源勘探开发权和利润份额。这些条件包括：

(1) 愿意承担巨大风险，并投入大量资金勘探油气资源；

(2) 向资源国提供其所不具备的勘探和生产方面的专业技能和技术；

(3) 拥有开发大型油田所需的巨额资本，并愿意投资这些数年后才能开始盈利的油田；

(4) 提供训练有素、经验丰富并且能胜任重大项目管理的人才；

(5) 拥有炼油厂和分销体系，能够对所开采的油气进行炼制、改质和营销。

然而，很显然，如果纯粹为了获取现金收益(和个别情况下所产生现金收益的小部分)而轻易授权给国际石油公司，对资源国几乎没有什么实在意义。资源国的员工依然缺乏经验，而且由于产出的石油和天然气都用来出口，并未在本地开创任何与油气相关的产业。虽然收益分配比例在20世纪50年代就已发生了变化，但是诸如资源控制、资源国公民获取较高职位以及当地工业和基础设施发展等诸多问题直到20世纪60年代才真正有所改观。在这个时期，资源国大都通过成立一个或多个国家石油公司来解决上述问题，并且改变了对国际石油公司运作方式的规定。

7.8.2　通用的合同类型

对于国际石油公司而言，在资源国进行油气勘探和/或生产，有许多合约基础可供它们选择。本小节将对此进行概述，并且把一些国家的现行或近期制定的相关制度的具体内容进行了对比。由于法规和协议的细节经常会有变动，所以这里所做的总结随时都可能成为过时的信息。通用的合同有很多种，但是可以根据各自的方法将其基本差异总结为以下四个方面：

(1) 所有权。油气的所有权是在地下、在井口或其他地方归石油公司所有，还是在所有环节都全部归国家所有。

(2) 支付方式。是由接收油气的公司还是由开采油气的公司支付费用，还是通过成本补偿和利润回收来代替支付？

(3) 利润驱动。合同中是否规定石油公司要承担全部的价格风险？或者石油公司的盈利从根本上讲受按投资额计算的支付金额的驱动？

(4) 经营自由度。合同条款和行政规定是如何共同影响石油公司在资源国内经营及其改变投资决策的自由度？

还有一点需要注意的是，最佳的方法是不存在的。上文提到过的这些具体方法互相之间没有可比性，因为每个国家和每份合同的具体支付方式和风险的处理方法都差别很大。

虽然本小节的题目是“国际石油财税制度的种类”，但也可以简单地称之为“国际石油制度的种类”。问题在于财税条款与法律及合同的规定之间很容易混淆。

石油制度通常有三种主流类型：租让制合同、产品分成合同(PSCs)和服务合同。它们各自的一般特征，将在下文逐个讨论。但是在租让制合同中，财务要素通常与勘探和生产权的授予是分开处理的，而在产品分成协议和服务合同中，财务要素通常与规定各方权力的基本合同是密不可分的。

然而，就像在对任何事物进行概括时的情况一样，在建构任何一种石油制度类型的时候，都要当心与其他的类型区别开。尤其是财务收益方面，即使一种石油制度看起来明显不同于其他制度，但它们的财务收益可能非常接近。确实，在资源国准备更新或修改自己的石油合同或财税制度时，他们经常对其进行“标记”，以区别于其他国家，并且会不顾主体合同类型的不同而互相“借用”。

7.8.3 租让制合同

虽然很多大油气田所采用的都是租让制合同模式，但这一般是特定历史时期的产物。在20世纪的前六七十年间，资源国以租让制合同的形式把大油气田授予经营者的现象并非罕见。当时的油价相对低廉而且几乎没有变化，而且要想从油气田中创造价值，炼油厂和运输及分配系统与勘探和生产同等重要。

所谓租让，就是将大面积区块有时甚至整个国家的陆上或海上的油气经营权授予石油公司。租让制合同的期限很长，有时甚至长达50~99年。租让制合同的受让方拥有合同区内所有的油气权益，其中包括全部的管理决策的权力。资源国通常会收取单桶固定矿区使用费或固定比例的收益。在许多情况下，国际石油公司本国政府收取的单桶石油税金要高于资源国政府获取的单桶石油收益。由于存在这种不平等待遇，最终导致双方重新议定合同的条款和条件，或者这些国际石油公司被取而代之。在某些情况下，资源国政府还会单方面终止租让制合同，或者对以往属于国际石油公司的资产进行“国有化”。

7.8.4 合资经营

合资经营的特点是在开发油气资源中共同承担风险和分享利润。作为合资经营伙伴的国家石油公司，会获得相对较多的初期收益，而作为承包方的国际石油公司则要承担100%的勘探成本和第一桶油“进入油罐”前的所有潜在成本。后续的资本和经营成本由合资的双方按照一定比例共同承担。对于油田的管理决策和合资经营的人员派遣，资源国政府(通常是作为合作伙伴的国家石油公司)也要与之共同担负。但是在作为征税和授权机构与作为国际石油公司合作伙伴之间，政府的位置是有明显界限的。国家石油公司通常会以现金或石油的形式，为承包方偿付一部分勘探和开发成本。政府对石油份额的所有权独立于承包方的所有权。承包方仅有权登记其在合资公司总储量中应得的份额，其中还要扣除需要以石油的形式来偿还的矿区使用费和潜在的应偿付成本。

7.8.5 矿税/矿区使用费制度

矿税/矿区使用费制度源自租让制体系。矿税/矿区使用费制度的概念很好理解，资源国政府将矿区租让给作为承包方的国际石油公司，允许其进行勘探和开发，租让的方式可以是通过谈判直接租让，也可以是通过某种形式的竞价投标进行租让。费用构成通常包括期初成本、矿区租金以及固定的或可变的矿区使用费。资源国税务当局根据承包方从矿区中获取收益的多少向其征收相应税金。

美国外大陆架矿区租约就是一个典型的矿税/矿区使用费制度案例。虽然大部分的外大陆架租约都是通过竞价投标发放，并且采用固定的矿区使用费条款，但矿税/矿区使用费制度还可以包含投入工作量的承诺、可变的使用费及净利润利息等等。

许多执行矿税/矿区使用费制度的国家，除了企业所得税外，还要收取各种形式的“租金”或税收，其目的都是为了从油气田经营中获得更高比例的经济收益，无论这些经济收益仅仅是来源于高收益油田，还是来源于比如高油价带来的暴利，例如英国的石油收入税(PRT)、挪威的补充石油税(SPT)、巴西的特殊参与费(SP)、澳大利亚的石油资源租赁税(PRRT)、阿拉斯加的生产税(ACES)。英国、挪威，以及澳大利亚的大部分近海地区，不征收任何的使用费，而“租金”和所得税几乎就是这些国家全部的利润份额。

虽然“租让”这一术语仍在沿用(许可和特许也沿用了下来)，但矿税/矿区使用费制度下的租约和旧式的租让制合同有很大的不同。尽管在不同国家的司法制度下其细节会有所不同，但是它们都包含一些相似的重要条款规定，例如一般都包含在不同阶段退还部分矿区面积的规定，只有那些直接产油气的区域才能长期(通常是整个开采寿命期)持有。在某些司法制度下，在持有区块的不同时期还规定有不同的最低义务工作量。

经营者能够登记自己的“净”储量，也就是100%的总储量扣去使用费之后的余额。

7.8.6 产品分成合同

随着世界石油需求的增长，以及全球分销越来越普遍，国际石油公司带来的有利条件可以归结为人力、科技、管理和资本。

1967年，印度尼西亚签署了第一份产品分成合同(PSCs)。产品分成合同的双方分别是国家石油公司和国际石油公司(也称为承包方)。产品分成合同(有些国家也叫做产品分成协议)与矿税/矿区使用费制度的不同之处，在于前者所开采油气所有权的转移是发生在出口地点，而后者所有权的转移发生在井口(井下资源归国家所有)。与服务合同不同，在产品分成合同中，国际石油公司的补偿方式通常是以实物偿还，而且合同双方对各自的石油份额拥有所有权。

总之，产品分成合同将总产量分成了成本油(用来偿还成本的石油或天然气，为简单起见，这里统称为石油)和利润油(除去成本油之后的剩余产量)。承包方从成本油中获取补偿，并从剩余的利润油中得到一份分红(见表7.8)。

表7.8 利润油分成案例

产量区间/(bbl/d)	政府分成,%	承包方分成,%
0~25000	68	32
25000~50000	71	29
50000~75000	73	28
75000~100000	77	23
100000以上	80	20

顾名思义，产品分成合同必须包含有关经营和财务运行方式的条款，包括以有关合同区块及其期限(持续时间)的描述以及有关诸如“公平交易”和“社区及社会项目”等术语的一系列详细定义。

(1) 退还矿区面积的计划表。一定时间后，特定比例的矿区必须归还给资源国政府。通常这一计划还有相应的工作量投入条款。

(2) 随时间变化的义务工作量或者最低开支(常指工作投入)。

(3) 资源国政府的参与。任何产品分成合同中都有资源国政府的参与，一般是通过国家石油公司的形式来参与，有时也可以作为开采权益的一方来参与。无论什么情况下，承包方在前期(通常是油田开发方案得到批准前)承担所有的勘探和评估成本，在资源国政府同时也是开采权益的一方时，事后会按成本份额的比例对承包方进行补偿。

(4) 油气发现及其商业性的定义。很多产品分成合同都会要求承包方对商业油气发现进行申报，并向政府报批针对其商业性的油田开发计划。以上每项都涉及到一系列的问题。对于非商业性油气发现进行上报的义务也要在此进行描述(在勘探期结束前，退还与非商业性油气发现相关的矿区面积)。

(5) 成本油和利润油的分成。产品分成合同在这一独特的方面，详细描述了承包方如何就其开支获得补偿。

(6) 一定比例的石油产量被视为“成本油”，承包方的可回收成本从中获得补偿。在大多数产品分成合同中，很多种成本都是可以回收的，比如研究项目的人工费用。现在的产品分成合同对可回收成本进行了各种形式的限制。“经营”成本通常是可以从可支配的成品油中直接得到全额补偿的，但用于补偿成本的产品数量可能有一定的限制，这样可以保证资源国政府总能从产品中获得一定份额。到油气生产开始时，承包方通常都已在勘探、钻井、完井和设备等方面投入了大量资本。这些成本可能必须随时间进行折旧，以便进行成本回收。在某些情况下，考虑到成本回收中的延迟问题(货币的时间价值)，可以对其进行抬价。总之，这与为了规避企业所得税之目的而进行的折旧非常相似。

(7) 超过回收成本所需的成本油的部分被称为"余空(ullage)"成本油。对于这部分成本油有很多种处理方法，比如在政府和承包方之间规定详细的分配比例(例如90/10)，全部归政府所有，或者纳入利润油中进行分配(这种处理方式更典型)。如果产品分成合同中规定用于成本回收的石油所占比例很大，那么"余空"成本油就可能成为总收入中的重要组成部分。

(8) 利润油是为补偿承包方所承担的风险和取得的成功而保留的部分油气产量。在很多情况下，利润油中分配给承包方的比例是根据产量(每季度或是每个月)来计算的。另外一种方式是资源国政府与承包方按固定比例分成。

(9) 除了根据产量调整利润油分配比例的方法之外，还有一种选择是根据盈利能力的概念进行分成，比如收益率，或者(可能更常见)*R* 系数。*R* 系数的具体定义在每个合同中都可能不同，但是一般情况下，它是累计收入和累计成本之间的比率：*R* 系数达到 1.0 时，经营就开始盈利(基于现金的盈利计算，不考虑资金的时间价值)。

(10) 税收。大多数产品分成合同都明确规定承包方交纳当地所有的税收。有些情况下，产品分成合同中会指明所有的税收(确切地来说，是公司收入所得税和其他与生产相关的税收)由资源国政府而非承包方支付。如果任何石油所得税或其他税收需要由承包方来支付，那么产品分成合同中一般都会特别说明。

(11) 权力和义务。大多数(几乎是全部)产品分成合同所授予的权力都包括承包方的石油份额可自由出口，以及保留海外油气销售收益。然而，有些产品分成合同会对所使用的或汇往海外的本币和外币的数量设置一定的限制。很多合同还会减免进口关税。

(12) 有些产品分成合同也可能规定向当地市场出售一定数额油气的义务，并且要以低于出口市场的价格出售。

(13) 定金、矿区使用费及其他费用。大多数产品分成合同都要求在最初和指定的时间或按照生产篱笆(production hurdle)交付一定数目的定金。虽然有些产品分成合同没有对矿区使用费作出规定，但很多都要求交付基本的矿区使用费，这样可以确保资源国政府能够获得一定数额的现金收入。大多数合同中还要求每年都要有某种形式的奖学金或教育项目的投资，通常随着产量的提高，这一投资额也要增加。大多数资源国政府倾向于让承包方开具支票，并允许政府部门对这一资金进行控制，石油公司对此需要谨慎。通过在教育和奖学金方面发挥积极的作用来避免潜在的贪污腐化是一种更可取的做法，但很多资源国政府会把这当作干预当地事务的行为。与参与教育及奖学金项目一样，为社会发展项目提供资金也是很常见的。勘探区的矿区租金属于典型的开发和生产租金。一般来讲，定金和矿区使用费是不能从成本油中回收的。

(14) 大多数产品分成合同对用品服务本地化(local content)有很多规定，要求雇用并培训当地人员，而且总开支中的很大一部分要用于某些国有公司或合作伙伴上。

(15) 产品分成合同还包含有关法律条文的论述，包括纠纷的解决、协议的终止、适用的法律、市场营销、不可抗力等等。

(16) 合同的稳定性和纠纷的解决也是关键问题。合同的稳定性是为了在将来政府改变合同条款时保护国际石油公司。这对国际石油公司开辟市场至关重要，但它也具有争议性而且很难措辞。很多国家，比如北美和北海的国家，不允许对主权进行任何限制。纠纷的解决方式越来越多，比如仲裁条款。即使合同是根据资源国的法律撰写的，但双方可能会同意将纠纷交由中立的国际仲裁机构进行处理。

7.8.7　篱笆圈(Ring Fencing)

简单地讲，篱笆圈就是对每个财务或管理要素进行计算或管理的层次。这个层次低可以是油气田或开发区块，高可以是整个合同区，有时是整个地区甚至整个国家。虽然产品分成合同中可以圈进篱笆圈的财务组成包括成本油、利润油、矿区使用费、税金和定金，但这一概念也适用于其他财务安排。在一个产品分成合同区内获得多个商业油气田发现的情况很普遍。篱笆圈允许成本和产量与一定的勘探费用汇集在一起。这样就减少了承包方的一部分风险，鼓励他们增加支出。而且它还可以作为一种财税激励手段，鼓励承包方开展更多的勘探开发活动(比如，如果资源国收取80%的利润油，那么钻一口新的探井就意味着资源国同时要支付80%的勘探费用)。所以，有些国家拒绝接受篱笆圈，因为它会明显减少资源国的短期收入。

7.8.8　产品分成合同中储量的处理及相关问题

在产品分成合同中，与登记石油储量有关的一个关键点在于从字面上和意义上都要仔细理解产品分成合同中的条款，从而准确反映承包方能登记什么样的储量。通常可以通过“所有权”手段来登记储量。这种方法关注的是国际石油公司凭借其在合同中的财务权力可以获取的石油桶数(成本油和利润油的总和)。税前估算的以美元表示的储量数额等价于当前国际油价下的一定数额的石油桶数。这就是所登记的“所有权”。

产品分成合同的不同寻常的一点在于产品价格对承包方报告储量的影响。矿税/矿区使用费制度中，随着产品价格下降，经济极限会降低，而石油储量也会减少。这种影响仅限于油气田寿命期的后期，因而对于递减速度比较小的井和油气田来说更为显著。但是未开发的边际储量可能并没有经济价值，比如扩展蒸汽驱采油的范围或增加待钻井的井位。

在产品分成合同中，油气价格降低实际上可能会增加操作者可以登记的储量。价格下降会导致利润油的价值减少，而成本油保持稳定(它反映的是未回收的成本，与价格无关)，因此需要为同样的现金权益支付更多的石油桶数。假设探明未开发储量的开发变得只有边际价值，承包方仍可以对其进行钻采(要有资源国政府的批准，并且在合同条款中添加此项)，而且会为这些活动而获得(更多桶)成本油和相应的利润油。而在矿税/矿区使用费制度中，遇到相似情况时，这样的生产活动是不能开展的。实质上，资源国政府是在为这种开发活动提供补贴，希望籍此实现油气产量、经济复苏甚至就业等目标。

7.8.9　服务合同

服务合同与产品分成合同的不同主要在于服务的补偿是通过现金支付，而且承包方对产出的油气没有所有权。服务合同可以是纯服务合同，每桶石油的服务费按固定的费率计算；也可以是风险服务合同，费率与产量或其他形式的绩效挂钩。纯服务合同可以附带也可以不附带所采出石油的购买协议。在这种“背靠背”式的原油购买协议存在的情况下，或者在服务合同含有风险条款的情况下，服务合同其实和产品分成合同十分相似。无论何种情况下，风险服务合同中的很多概念和条款都与产品分成合同相同。

混合式协议可以综合各种协议类型中的任何内容。这种协议的主要局限性在于要根据政府的法律法规来指定协议条款和条件的适用方式。承包方根据服务合同进行储量登记可能要比在其他国际财税制度下更困难一些，但也并非一定不可能，通常要按照所有权方法进行操作，详见7.8.8节。

7.8.10　产品分成合同及服务合同的相关问题

产品分成合同和服务合同的条款通常规定由承包方来决定产量水平。没有篱笆圈时，承包方的处境是：投资必须局限在一个油气发现上，并且由于高昂的操作费用或者产量递减，回收成本的速度很慢。终止协议的决定权掌握在资源国手中，需要通过展期谈判来确定。

如果发现了优质油田，而合同条款中对成本回收有很多的限制，那么经营者就不会有太大的积极性来降低成本，并可能在油田中试验复杂而成本高昂的技术，而这些技术可能并不适用于这个油田。另一方面，如果有关成本回收的条款过于优惠，就会鼓励承包方开展试验和风险投资，而资源国政府会从中收益颇丰。

如果资源国政府以拥有开采权益的合作方参与开发，那么资源国政府（或国家石油公司）将必须开具大额的支票。有些时候，资源国政府对这类费用的支付非常缓慢，还会欠下承包方大量资金。这使得在资本决策、运作实践和合同展期等方面，资源国政府、国家石油公司和承包方之间的动态关系发生变化并复杂化。

7.9　各国案例

下面通过实例介绍五个国家的石油政策概要。这不能作为权威性的阐释，只是作为说明现实情况复杂多变性的概述。接着会在总结中将各国加以比较。石油政策是不断变化的，强烈建议石油工程师听取有关合同细节和油气资产评价实践的现时建议，以便得到最新且最准确的解释。

7.9.1　巴西（不包括盐下油气田）

除了最近发现的盐下油气田外，巴西实行的是租让/矿税/矿区使用费制度，相关法律是在1997年才获得通过的。在这个制度之前，是由Petrobras（巴西国家石油公司）实行垄断。虽然Petrobras现仍为国家石油公司，但除了得益于其历史地位而被给予占绝对优势的区块面积之外，其享有的权利与其他公司一样。在实行产品分成合同的盐下油气领域，Petrobras也享有特殊待遇。

许可证是通过竞标发放给国际石油公司的（在本书编写的同时，发现盐下油田之后的许可证发放已经有所延迟，但有迹象表明2011年会得到恢复）。所有没有发放许可证的区块都由新建立的国家石油管理机构（ANP）负责管理，它独立于巴西矿产部。在首轮许可证发放中（1999年），巴西国家石油管理机构进行了公开招标，在评标标准中资金投入的权重为85%，而向巴西当地供应商购买勘探开发服务承诺的权重为15%。在后几轮的招标中，评标标准的细节有所改动，但仍然属于公开竞标的范畴。本质上，公司所报的签字定金反映了公司愿意从考虑风险和成本因素之后预计能够盈利的财务租金中支付的数额。

1998年的《石油法》确立了举行许可证招标和发放许可证的基本原则，但许可证本身被纳入了在石油法生效后确立的租让制协议模板。这种协议对于所有竞争者来说基本上都是一样的（Petrobras和第一轮招标的其他许可证持有人），从而省去了反映各轮招标所特有条件的条款。Petrobras可以选择与其他公司联合竞标新许可证区块，但是必须在勘探和开发的各个阶段付清相关的费用。

根据1998年的石油法，要获得许可证，石油公司需要缴付“矿区使用费”、被称为“特别参与税”的特别石油税、租金和定金。后来颁布的总统令规定了如何核定“特别参与税”，这个税目是一种形式的租税，采用比例税率，税率依据具体油田的产能和盈利状况而定。矿区使用费的法定下限为5%，上限为10%，而国家石油管理机构有权在适当或必要时作出调整。租金是根据时间表确定的，而签字定金在中标后就要支付。

在租让制合同中，石油公司的权利和义务都有具体规定，包括在各个许可阶段的最低资金投入量。这些承诺事项在招标前就规定好了。合同年限中勘探期最长为 9 年，分为三个阶段，而开发期为 27 年。公司有权出口或在当地出售其所有产品。国家石油管理机构负责租让制合同的监管以及矿区使用费和特别参与税的收缴。通用的税种和雇佣员工等方面的问题则是其他政府部门的职责。

7.9.2　印度尼西亚

印度尼西亚是经典的产品分成合同的起源国。在这种合同中，勘探和开采费用全部由外国石油公司代表印度尼西亚国家石油公司出资。作为回报，公司有权按照“产品分成”方案获得油气。多年来，这一方案略有变化。而现在，针对石油与天然气的方案是不一样的，针对老区和新区的方案也有所不同。然而，经典的分成方案以“85∶15”的分配比例而著称，在允许石油公司(承包方)获取足够的油气产量来回收其成本之后，印度尼西亚国家石油公司(代表国家)将获取剩余油气产量的 85%，而承包方获取 15%。

这种分成方案要稍微复杂一些。印度尼西亚没有矿区使用费的概念，但是有一种叫做“头份油气”的概念，规定前 20%产量要根据 85∶15 的比例(或其他适用的比例)在印度尼西亚国家石油公司和承包方之间进行分配。其后的油气产量先用于回收经营和投资成本，而后者要参考摊销进度表，但允许有一定程度的提高或给予高达 27%“投资信贷”。有些制度中，分配用于成本回收的产量是有明确限制的。印度尼西亚通过“头份油气”和摊销而非直接回收成本等措施把这一比例有效地限制在了 80%。成本回收完成之后，所有的剩余产量都要根据产品分成比例进行分配。

印度尼西亚还通过国内市场义务的机制进一步征收利润份额。要求石油公司以低于国际市场价的价格向印度尼西亚国内市场提供一部分产品。虽然并没有明确归类为“政府所得”，但属于名副其实的政府所得。

在印度尼西亚，石油公司不用缴纳企业所得税，而是被视为印尼国家石油公司已经为之代交(这种机制适用于很多国家)。实际上，官方确实征收企业所得税，但要对原来的“85∶15”的分配比例进行调整，以便在把企业所得税率考虑进来之后实际的分配比例仍保持为85∶15。虽然最终结果相同，但是这样石油公司在按照本国管辖权来安排税务方面就有了灵活性，而这正是此种类型合同结构中一个非常重要的特点。

印度尼西亚通常是通过竞标和谈判相结合的方式来发放石油合同。与其他国家不同，印度尼西亚一般不会举行“轮次”招标，它先对业界开放很多区块，然后和有意向的公司进行直接谈判。合同期限近年来有所变化，但现在是 3 年的勘探期(并有可能延续第二个 3 年期限)和 20 年的开发期。

7.9.3　英国

英国实行的是租让制协议，这种常见的合同类型也适用于其他很多国家，如阿根廷、澳大利亚、挪威和美国。英国的许可证大部分都是通过许可证招标轮次中基于工作计划竞标来发放的。但是评标所考虑的因素之一是该公司此前在英国的总体表现。石油公司也可以直接申请和现有区块相邻的开放区块，以及能够证实属于现有油气发现延伸部分的开放区块。虽然事实上所有的推荐都是由政府部门(现在是能源和气候变化部)的公务人员来完成，但协议最终的审批或发放都是由主管的部长或局长来决定。

在发放许可证时，石油公司要承担勘探义务，但在此后其他时间，公司可以随意决定自己愿意承担的经营活动水平。油气田开发必须提前得到批准，但是区块剩余面积(减去最初退还面积后的剩余面积)的许可证期限会相对较长，有 30~40 年的时间，一般情况下公司可根据实际情况把开发活动的时间推迟或提前。

授权的年份不同，许可证适用的条款也会有所不同，而对于油田开发许可证而言，其适用的条款会因开发申请的批准日期不同而有变化。具体的条款已经在过去的30年间发生了许多改变。目前，老区内一个区块一个许可证，而新区内可能会存在多个区块公用一个许可证的情况。一个区块的面积是10′的纬度×12°的经度。而在所发放的区块是先前退还区块的一部分时，其形状则有可能是不规则的。

早期的油田开发要支付矿区使用费，数额是原油井口价值的12.5%。但是在1982年以后批准开发的所有油田都无需再交付矿区使用费，而2002年起，所有的油田都不用再交矿区使用费。1993年以前批准开发的所有油田都要缴纳50%的石油收益税(租税的一种)，但是1993年以后审批的就无需再缴纳该项税金。这项税收以不同的油田区别对待的方式被圈定了核算范围。

所有在英国运营的公司都要缴纳企业所得税，另外还有针对某些资产折旧的特殊规定。因此，英国有的油田要缴纳石油所得税和企业所得税，而有的油田只缴纳企业所得税。虽然英国曾在20世纪90年代降低过税收，那时新油田只需缴纳30%的企业所得税，但后来从2003年起，这一税率增加到了40%，2006年增加到了50%。伴随这一增长的是允许所有的资本成本直接折旧。因此，石油公司实际上直到所有的成本都回收后，才开始向政府交税。除此之外，进行勘探但没有进行生产(或者说不用缴纳企业所得税)的公司，在的确需要扣减成本之前，可以连续几年小幅度提高勘探成本。

全部资产的所有权都归投资的公司所有，油气一旦生产出来，其所有权就归公司所有了。英国没有国家石油公司(仅在20世纪70年代晚期到80年代早期的一段时间里曾存在过)。整个系统都由多个政府部门或独立机构控制，比如能源与气候变化部(负责发放许可证和一般性的审批)、环境部、卫生及农村事务部、税务和海关以及独立的卫生安全执行局。

7.9.4 伊拉克服务合同

从2008年起，伊拉克开始分三轮向国际石油公司发放了服务合同。每份合同都有所不同，但是都遵守了相同的服务合同结构的一般性原则。也就是说，所有的经营活动都由国际石油公司(在联盟中作为承包方)出资，作为回报，它们可以回收成本并获得固定的单桶报酬。单桶报酬是根据公司间的竞价而定的。公司获得补偿的形式可以是现金，也可以是同等价值的石油。

第一轮服务合同涉及伊拉克的大型老油田，其日产量都在$20\times10^4\sim100\times10^4$bbl/d之间。合同要求国际石油公司要与伊拉克石油部负责油田运营的现有隶属机构联合起来，在未来的20年进行投资并提高石油产量。

承包方费用(成本回收和单桶报酬)来自于“新增”产量的一部分，换句话说，就是实际产量超出合同中规定的基础产量部分，而基础产量本身定义为生产开始时按一定的年递减率递减后的产量。在一个会计年度没有回收的成本，可在下一年度得进行回收。

只有当承包方把产量提高到一定的界限值(产量累计增长到这个点)，才能开始进行成本回收。而在产量超过这个界限值后才能获取单桶报酬。虽然这类合同中的基础产量很难确定，而且还容易引发争议，但是国际石油公司在合同签署之前就知晓基础产量将是多少，所以缓和了这些矛盾。

这些合同是通过竞标程序发放的，各公司联盟根据自己认为可以达到的高产稳产产量和可以接受的单桶服务费进行投标。这两个竞标指标分别与其他公司的对应指标进行比较，在此基础上进行打分，得分最高的将中标，并获得合同。

然而在招标过程的后一阶段，伊拉克政府要求单桶报酬费不能超过伊拉克石油部先前已设置(但未公开)的最高值。在第一轮招标中，所有的单桶报酬费的标底都超过了伊拉克石油部的最高限。于是中标者就有机会接受伊石油部设定的最高值，而不是此前在标书中提出的价格。最终四家公司联盟接受了伊石油部规定的最高值。虽然每个合同区块的最高费用不尽相同，但是通常都在每桶2美元。

这样做的结果是：合同中的财务条款仅部分是由资源国设定的，而在很大程度上也是整个行业通过竞争性投标程序设定的。合同还规定公司如果达不到竞标时设定的高峰产量要受到处罚，这样既能够激励石油公司通过精心经营来达到所设定的目标，还可以避免竞标中报价太高。

在第二轮和第三轮的服务合同竞标中，有一些细节上的差异，但是都采用了同样的一般性单桶报酬规则和竞标程序。在这两轮竞标中，所提供的大部分油田都只有少量产量或没有产量。所以，所有的未来产量都可以用来计算报酬。此外，很多投标公司都参照了伊拉克石油部可以接受的报酬水平，报价低于或等于伊石油部设定的最高值，但这些未开发油田的报酬上限要稍微高一些，有的油田高达每桶6美元。

所有这些合同(在本书写作的时候)还在早期的执行阶段，会出现什么样的问题还有待观察。除了上述财务条款之外，承包方在合同执行的最初3年内还具有最低支出义务。标书中报出的高峰产量必须在合同生效的6年内达到，并维持合同所规定的期限(6~13年不等)。油田的未来开发计划虽然由承包方提出，但是仍需伊拉克当地的运营公司审批，并由管理委员会(由承包方和伊拉克政府共同组成)行使管理权，年度工作计划和预算需通过批准程序。

7.9.5　总结

在本小节的开头，我们讨论了各种合同形式下的相应组成部分，包括所有权、油气分配方法和比例的计算方法、支付方式以及经营自由度等。

没有任何一项指标参数可以定义一种合同类型。世界经济合作组织的国家更青睐矿税/矿区使用费合同类型，这些国家接受的产品分成合同或服务合同比较少，而且倾向于提供更高的经营自由度。然而在实际中，一种合同类型具体应该有哪些内容并没有限制，正如上文提到过的，一种合同类型完全可以借用另一种合同的内容。

产品分成合同的要素和矿税/矿区使用费合同的不同，但是从纯粹的财税角度来看，在执行中却是十分相似的。如果在矿税/矿区使用费合同中规定要征收高额生产税，那么国际石油公司获取的利润并不会比产品分成合同的多，只是殊途同归罢了(见图7.18)。

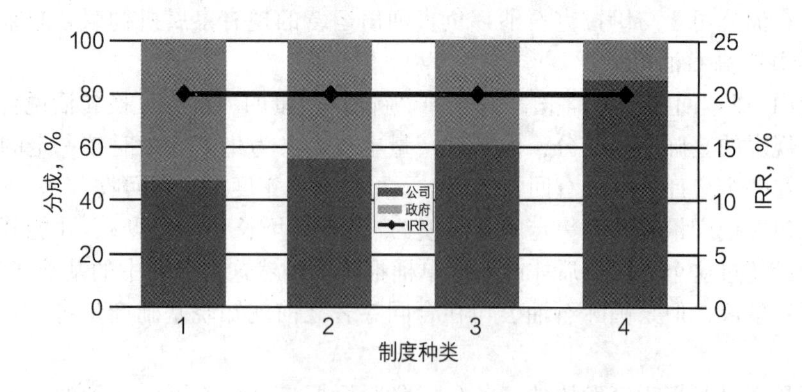

图7.18　规定要缴纳高额生产税的矿税/矿区使用费制度

政府所得的获取时间和政府总体收入的水平同等重要。不同的制度下，政府所得的总水平可能非常相似，但是政府获取所得的时间不一样，会导致石油公司的利润完全不同。反之，即使政府所得的水平不同，石油公司的利润也有可能是一模一样的。

下面的图 7.18 和图 7.19 展示了四种不同的财税制度。在产品分成合同下或服务合同模式下，政府收取不同的定金、矿区使用费、产品税和收入所得税。在这几种情况下，国际石油公司最终获得了相同的利润率，其原因是政府所得发生的时机不同。

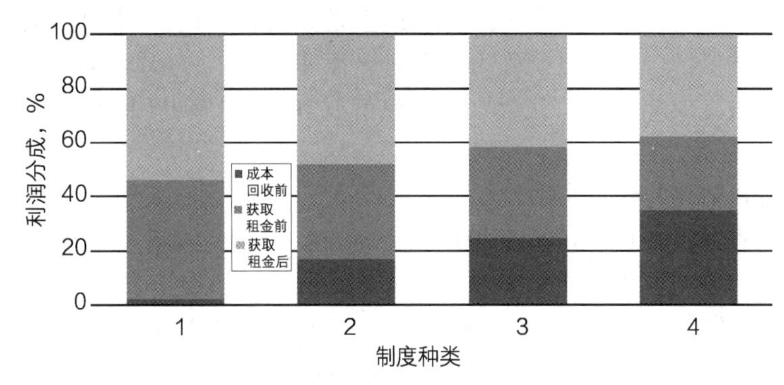

图 7.19 同一油田在四个不同的政府所得水平上的利润分成

图 7.19 展示了同一油田在四个不同的政府所得的水平上的利润分成，在这四种情况下国际石油公司获得的利润率都是 20%。图 7.19 对其原因进行了解释，展示了政府所得发生的不同时机。利润可分为三个阶段：政府在投资者回收其投资之前(回收成本前)获取的利润，在国际石油公司回收成本之后但尚未收获适当的利润之前(获取租金前)获取的利润，以及在石油公司收获了利润之后(获取租金后)获取的利润。

最能吸引国际石油公司的是第一个例子，政府的所得大多发生在公司获得适当的收益之后。另一方面，政府需要在获得最高利润和收取利润的时机之间寻求平衡，虽然越早越好，但如果太早就会把国际石油公司的利润压的太低，就会缺乏竞争力。

在设计财税制度方面，没有确切的科学可言。通过对许多因素的判断，也包括非财税因素，比如地质潜力、有争议地区的勘探和生产的成本结构，以及总体的商业和合同吸引力。要判断所提供的合同是否具有竞争力，需要与希望获得相同数额投资的其他国家的竞标合同相比较。即便如此，这种竞争力也不太可能长久，而是受到石油或天然气价格，不断改变的地质潜力或成本结构以及外部竞争的影响。

7.10 石油储量登记的一般性问题

油藏工程学的教科书如果没有提及“可采油气储量估算和储量登记”这部分内容，那么这本书就是不完整的。储量登记由世界上多个实体共同决定。虽然很多国家使用的指导原则是相似的，但具体细节可能会定期变更。本书只是间接提到了用于估算资源量和储量的具体技术方法，不同油气田和油气藏评价所采用的具体技术方法也不尽相同。

7.10.1 油气资源量

“油气资源量”这一术语泛指地球内部剩余可采的油气。油气本身被定义为以任意相态存在的油气。非油气资源经常会和油气资源伴生，包括二氧化碳、硫化氢、氮气、硫磺和氦气等。这些非油气资源也可能具有商业价值。因为无法知道确切的油气资源量，我们总是以估算值来表述。相关的估算流程还要涉及到技术可采储量、经济可采储量和商品油气量以及这些储量实现的时间点及其价值等方面的评估。即便读者对储量评估、登记和报告的细节不感兴趣，也要了解油气成为“储量”(大体上)必备的要素：已发现的、可开采的、剩余的(从指定日期开始)和有商业价值的(基于特定项目)。

不符合“储量”要求的油气统称为“资源”。以下术语应避免使用：剩余储量(所有储量都有截止日期，而且都是在该截止日期剩余的）、可开采储量（不可开采的储量是根本不存在的）、商业储量（如果没有商业价值，就不能称作储量）、剩余可开采储量（多余的双重修饰）、已认证的储量（储量认证有其本身的作用，但并不改变储量状况）。

以上这些只要简单称其为“储量”即可。同样，以下这些术语不能用以描述储量，应该避免使用：原始储量或最终储量（“估计最终开采量”是其公认术语）、技术储量（有时指物理上可开采的非商业性的资源。这些只能称为资源量，而非储量）、地质储量或“地下”储量（经常和原始石油或天然气地质储量混为一谈）、远景/待发现/推测储量（这些待发现的油气都是指远景资源量）。

7.10.2 资源量估算与核算指南

许多组织都为资源量估算与核算过程提出了标准和指南。读者肯定很想了解由美国石油工程师协会（SPE）、美国石油地质家协会（AAPG）、世界石油委员会（WPC）和石油评价工程师协会（SPEE）共同发起的石油资源管理系统（PRMS，将在 7.10.3 节进行讨论）（http://www.spe.org/industry/reserves/docs/Petroleum_Resources_Management_System_2007.pdf）。针对该问题，各个国家的证监机构（比如美国证券交易委员会）可能会给出大体相似的具体定义，但它们本质上不同于石油资源管理系统的定义和方法。例如，美国证券交易委员会要求所有在美国公开交易（上市）的公司披露其证实储量，而且直到 2010 年 1 月 1 日开始，报告主体才获许自主选择是否报告可能储量。澳大利亚证券交易所则要求披露探明储量或者一并披露探明储量和可能储量。

除了证监机构相关的指南，还有政府的特定说明。最终，单个企业内部可能会采用不同的方法来记录资源量或储量估算值。储量估算人员必须具备扎实的法规和储量定义方面的知识，并且必须了解规则的最新变化。

储量和资源估算是通过油气公司内部与外部的协作完成的。承包商一般是扮演辅助公司内部评价人员的角色。通常来说，负责团队是通过工程管理部提交评价报告，但它们已经日益成为公司财务部门的一部分。内部储量评价流程的差异很大。在很多情况下，经营单位（根据地理分布划分的业务单位）先做好储量估算，然后交由其他部门审核。一些企业通过内部团队来计算公司范围内的储量，另一些企业则会综合使用这些方法。

外部顾问可以扮演的角色多种多样。一些公司利用外部公司来编制所有的储量估算报告，然后一些顾问会审核或审计其中部分数据，而另一些顾问则审核储量评估的过程和所采用的方法而不是实际的储量数字。在公司内部的储量审计委员会中，外部顾问可以充当顾问的角色，也可以作为其中的一员直接参与具体事务。

石油评价工程师协会网站（http://www.spee.org/ReferencesResources/index.html）的“参考文献和资源”部分中，包括储量估算和报告在内的“最佳范例”一栏添加了一连串的注释。在 SPEE 网站（http://www.spee.org/ReferencesResources/SECGuidelines.html）和 SEC 网站上，能找到与证实储量披露相关的一系列 SEC 文件。加拿大监管信息以及与储量估算相关的其他材料也可以在这个网站上找到。

7.10.3 资源分类体系

图 7.20 显示了与石油资源管理系统（PRMS）密切相关的国际石油工程师学会/世界石油理事会/美国石油地质学家协会/石油评价工程师学会的资源分类体系。各协会的网站上都有石油资源管理系统，下文许多叙述内容也均出自于此。这一系统包括以下各类石油资源：产量、储量、或然资源量（contingent resources）、远景资源量以及不可采石油。“不确定性范围”这个术语用于描述与一个具体项目（潜在）可采的实际油气量有关的不确定性。“商业化可能性”用

来描述项目投入开发并进入商业生产状态的可能性(自下而上增加)。

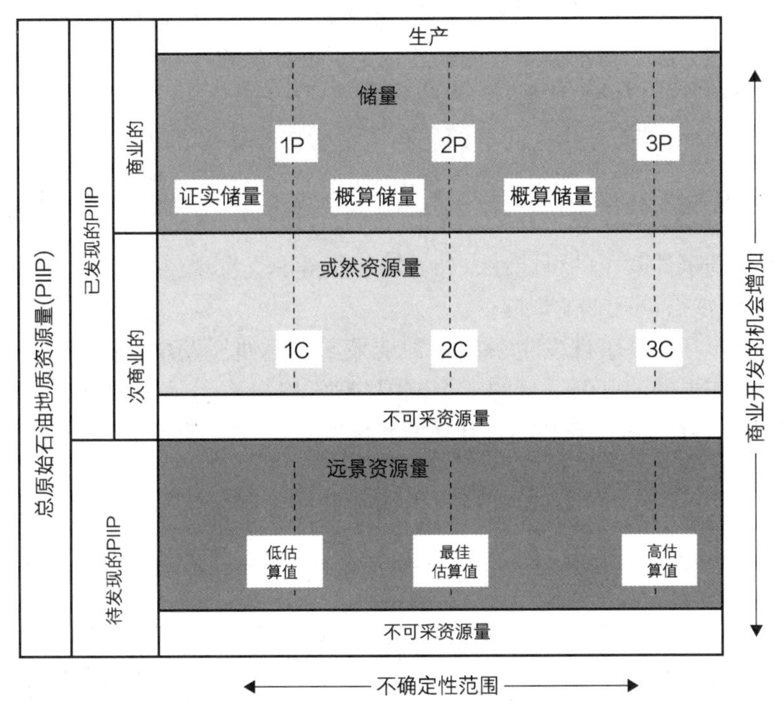

图 7.20　油气资源分类体系(来源：石油资源管理系统 PRMS 中的图 1.1)

图 7.20 左边的总原始地质资源量(PIIP)可划分为已发现的原始地质资源量和待发现的原始地质资源量。根据其当前经济、技术、管理和其他因素，已发现的原始地质资源量还可细分为次商业性资源量和商业性资源量。

技术可采(一旦发现后)的待发现原始地质资源量被称作“远景资源量”。这些资源量投入商业开采(通过任何项目)的可能性比较低，这是因为它们的实际价值尚未得到确认。在描述与来自探井和/或探边井及其测量结果的证据有关的探明状态时，有具体的指导原则。

技术上可采但具有次商业性的已发现原始地质资源量被称作“或然资源量”。远离现有市场或基础设施的天然气田通常称作“闲置天然气”，属于或然资源量的一种情况。另一类或然资源量是通过经济性还无法得到证实的 EOR 措施可能实现的潜在新增开采量。依靠现有的或正在开发的技术不可采的次商业性已发现原始地质资源量(如剩余油和焦油)不属于或然资源量。

具有商业性但截止给定日期仍未投产的已发现原始地质资源量属于储量范畴。其商业性特征包括：具有制定合理的开发时间表的条件；对这些开发项目的未来经济性的合理评估符合明确的投资和经营标准；开发项目要具备经济可行性，其全部产量或者至少所期望的部分产量应有销售市场，对此需要有一个合理的预期；有证据能够证明必需的生产和运输设施已经存在或者能够建设好；有证据能够证明所评价生产项目实际实施所需的法律、合同、环境及其他社会和经济方面的条件都已具备。

要注意的是，正如“合理的确定性”这一术语，上述商业性指标中有一个重要的评价因素(judgment factor)。将资源归为储量就意味着对项目的商业生产性有高度自信。这通常需要有实际依据，而有关这种依据的要求可能会变化。

商业可采的已发现原始地质资源量与累计产量之和就是估计最终开采量(EUR)。这同样是一个估算值，指的是在生产开始前估算的从商业和技术角度均可采的石油总量，但其数值会随着储量估算值的变化而改变。储量、或然资源量和远景资源量的不确定性是可变的，而这种可变性更难描述，因为对不确定性的描述包含了更主观的内容。

7.10.4　风险和不确定性的注释

人们对“风险”和“不确定性”这两个词的涵义常常存在诸多困惑。有人认为风险是“糟糕的事情发生的可能性”。许多人将经济风险视为“回报的可变性”。针对储量报告中的讨论，我们认为风险的含义包括以下内容。

（1）风险是个别事件发生的可能性，如：钻井获得油气发现(或者与之相反，只是一口干井)的风险；产量分成合同延期的风险。

（2）不确定性包括相关事件发生后的各种结果：获得油气发现情况下的不确定性指的是由这个油气发现可获得的油气开采量的整个范围(通常以概率表示)；与以后更长年限有关的(财务条款的吸引力可能降低)未来油气开采的变化性。

7.10.5　基于项目的资源评价

虽然资源分类系统解决了各种资源评价中的商业性和不确定性，但在具体的资源评价中最终要得到的通常还是净资源量。图7.21有助于理解净可采资源量，并阐明了项目的概念。

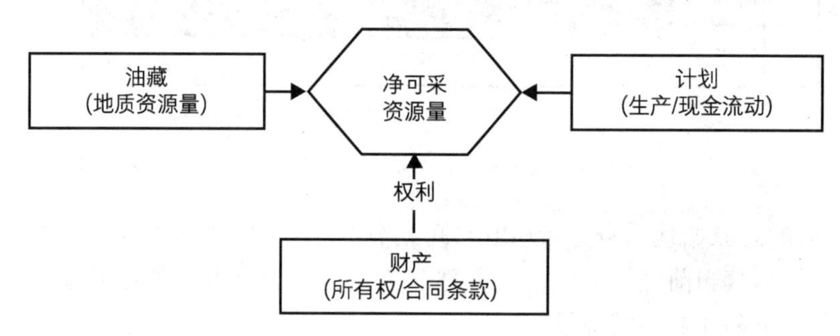

图7.21　资源评价数据源(来源：石油资源管理系统PRMS中的图1.2)

油气藏含有一定数量的油气并且具有独特的特征，这些特征通常决定了通过给定的一系列活动能够从油藏中开采的潜在油气量。财产(property)指的是租借或许可经营区块，并规定了界定产出油气所有权的具体财税条款。给定项目指的是井、储层和经济活动(如钻井、注水等)以及相应的产量、油气价格、操作费用和资本支出等。项目是连接石油聚集和决策过程的桥梁。

7.10.6　项目成熟度子类和储量分类

我们知道，资源成熟度越高，其商业价值就越大(见图7.22)。因为子类能够反映资源成熟度的更多细节，所以油田开发项目一般是依据子类进行归类。

随着盆地研究和大规模区带研究的深入，所获取并得到解释的地质和地球物理资料以及钻取的探井数量的增多，勘探成熟度会逐渐提高。同样，拿闲置的天然气资源举例，在这些天然气资源所在地区有管道后，或然资源量也许会从最偏远发现的“不可开发”(没有任何到达市场的现实性希望)转变为“延迟开发”，而在周边再获得其他几个小规模天然气发现，那么就有可能把输气管道延长，进而把原本闲置的天然气资源投入开发。随着经济评价的进行以及监管部门和合作伙伴的许可证的获得，项目会进展到“待开发”状态，只待最终决定的通过，其中可能涵盖最后批准、产能的进一步描述、更高质量的成本估算等一系列问题。如果项目的商业价值得到认可，项目则会进展到“已论证开发可行”状态，这意味着项目已经做好最终批准准备，项目将获批、得到执行并最终“投产”。

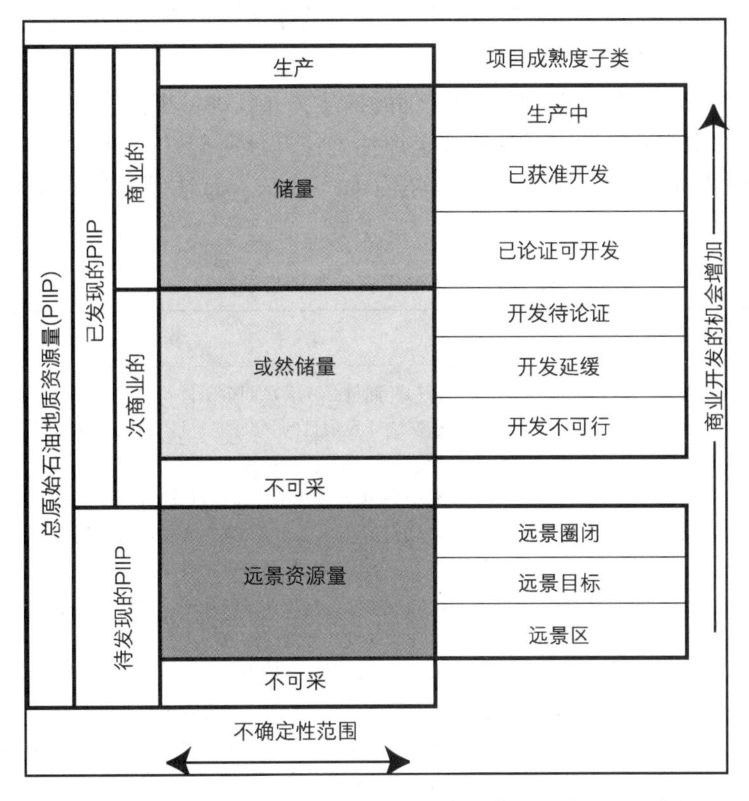

图7.22　基于项目成熟度的子类(来源：石油资源管理系统PRMS中的图2.1)

我们应该注意到，这些项目的成熟度子类不能解决资源量或储量的不确定性问题。在几个不同的储量子类中，依然会存在证实储量、概算储量或可能储量。

已开发储量是指利用现有的油井和设备预计可以开采的油气量。已开发在生产储量是指预计从完井段(评估储量时正在开井生产的井段)可开采的油气量。已开发未生产储量包括关井储量和管外储量。未开发储量是指预计未来通过投资可开采的油气量。被归类为“未开发”的储量要继续被视为“储量”，则需要不断朝着可被开发的方向努力。以往，证实未开发储量(PUD)得到了很大的关注，因为它们是证实储量，并且应该和其他已开发和在产的证实储量一样，其不确定性的变化应当比较低。最新的SEC规则修改了特定的证实未开发储量在被开发之前能够保持“储量”身份的时间限制。就开发程度而言，概算储量和可能储量有着相同的变化性范围。

7.10.7　资源量和储量的不确定性

资源分类图(见图7.22)的横坐标与可开采油气量的不确定性有关。造成这种不确定性的原因可能包括油气地质资源量的潜在变化、适用于油气藏的采收率、开采效率和开发方法等。不确定性的变化可由确定性方法或概率法来表示。PRMS建议，在采用概率法时，针对低值情景、最佳值情景和高值情景，适当的累积概率界限分别为90%、50%和10%。也就是说，低值情景表示未来的采出量有90%的可能性会等于或超过低值情景的估算值。对于储量而言，这些估算值分别被称为1P、2P和3P储量，它们表示的是累积数值。表示增量的术语分别为证实储量、概算储量和可能储量。因此，证实储量加上概算储量即2P值，再加上可能储量即3P值。

与此类似，适用于或然资源量的低估算值、最佳估算值、高估算值分别是1C、2C和3C

累积数值，适用于远景资源量的术语为低估算值、最佳估算值和高估算值。在或然资源量和远景资源量分类中规定了增量的定义。

PRMS 对上述的每一项内容都有相当详细的描述，并且进一步论述了新增项目、压缩、加密钻井、EOR 和非常规资源。在对各种储量评估方法开展一般性讨论的同时，也解决了经济考虑因素和储量报告惯例等问题。最后，给出了如下表格，总结了可开采资源的不同类型(见表 7.9~表 7.11)。

表 7.9 可采油气资源类别与子类①

类/子类	定义	指导原则
储量	储量是指在给定的条件下自评估基准日期起，通过对已知油气藏实施开发项目，预期能够经济采出的油气量	(1) 储量必须满足四个条件：已发现、可开采、具有商业性和基于实施开发项目的剩余油气量。根据评估的确定性水平，可以将储量进一步分类，并按照实施项目的成熟程度将储量分成不同级别，和/或根据开发和生产状况对储量进行描述。 (2) 要想归入储量类别，开发项目必须确保具有商业可行性。对所要求的内部和外部的审批必须有一个合理的预期，以及在合理的时间框架内，有足够多的证据证明该项目可实施开发。 (3) 开发准备的时间取决于特定的环境，并根据其工作内容进行调整，建议以 5 年作为基准。但若出于市场方面的原因或者为了实现合同或战略目标等，经营者选择推迟具有经济性项目的开发，则可将开发准备期延长。但无论怎样，储量级别的确定都必须有充分的理由和正式的文字材料。 (4) 要归入储量类别，必须有充分的实际生产和地层测试资料来证明油藏商业性开发可行。在某些情况下，如果测井和/或岩心分析证明目的层含油气，且与同一地区正在生产的油藏或地层测试已证实有产能的油藏可类比，也可归入储量类别
在生产	开发项目正在生产并向市场出售石油	(1) 关键的评判标准是项目正在获得销售收入，而不是被批准的开发项目必须完成。在这个时点，可以说项目的“商业化几率”已达 100%。 (2) 项目的“决策点”是商业化生产
已获准开发	所有的审批程序都已完成，资金也已到位，开发项目正在实施	(1) 在这一时点，必须确定该开发项目的实施能够持续进行。项目的实施决不能受诸如重要法规的审批或销售合同等不确定因素的影响。预测的资本支出也应列入到当年或来年已批准的预算中。 (2) 项目的“决策点”是决定对生产设施的建设和/或开发井的钻井进行投资
已论证可开发	基于上报时预测的合理商业条件，开发项目的实施是可行的，并且对所有必要的审批/合同的获得有合理的预期	(1) 为使储量达到这一项目成熟度级别，基于对未来价格、成本等(预测情况)的假设以及项目具体情况判断，在上报时开发项目必须具有商业可行性。应有足够的证据证明在合理时间框架内的开发活动具有商业性。应有一个足够详细的开发方案来支持项目的商业性评估，并能合理预计将获得项目实施前所需要的法规审批/销售合同。除上述审批/合同外，没有任何已知的不确定因素阻碍开发活动在合理时间框架内进行(见储量分级)。 (2) 项目的“决策点”是上报者和合作者(如果有的话)共同作出决定，项目在上报时已经达到足够高的技术和商业成熟度，足以满足开发条件。

续表

类/子类	定义	指导原则
或然资源量	截至某一给定日期，通过实施开发项目，预计能够从已知油气聚集中采出的油气量，但由于一种或多种不确定因素，目前尚不认定其可商业可采	或然资源量可能包括(例如)目前尚无可行的销售市场，或其商业开采依赖于尚处于开发阶段的技术，亦或油气藏评估结果不足以清晰表明其具备商业性。或然资源量还可以根据评估结果的确定性水平进一步分类，而且可根据项目成熟度进行细分，并(或)根据经济状况对其进行描述。
开发待论证	油气藏已经发现，正在对其在可预见的未来投入商业性开发的可行性进行论证	(1) 项目被认为具有最终商业开发的潜力，为证实项目具有商业可行性，并为选择合理开发方案提供基础，目前正在进一步采集数据(如钻井，地震数据)和评价。已经认识到主要的不确定性因素，并预期能在合理时间框架内得到解决。若评价结果不理想，就需要把项目重新分级为“延迟开发”或“开发不可行”。 (2) 项目的“决策点”是决定开展进一步的数据收集和研究，将项目推进到可以作出开发和生产决策的技术和商业成熟度水平。
延迟开发	已发现油气藏，但项目活动搁置，而且(或者)商业性开发论证可能会被长期推迟	(1) 认为项目具有最终投入商业开发的潜力，但由于一些外在不可预见因素影响，无法继续开展评估；或者还需要通过进一步评估才能明确最终商业性开发的潜力，开发可能会被长期推迟。如果情况发生变化，不能保证在一定时间内解决不可预见性因素，项目只能重新归为“开发不可行”。 (2) 项目的“决策点”是决定要么继续开展评估，以明确最终商业性开发的潜力；要么暂缓或延迟评估活动，等待外部不确定因素的解决
开发不可行	已发现油气藏，但是由于生产潜力有限，目前尚无计划开发或获取更多数据	(1) 认为项目在上报时不具备最终商业开发的潜力，但记录了理论可采量，便于在今后技术和商业条件发生重大变化的情况下，能够重新认识项目的潜力。 (2) 项目的“决策点”是在可预见的未来不对项目做进一步的数据收集或研究的决定
远景资源量	截至某一日期，待发现油气聚集中潜在可开采油气量的估算值	根据发现概率和假定被发现的情况下通过实施指定的开发项目可开采油气量的估算值，来评估潜在的油气聚集。一般认为，这类开发项目的细节明显较少，因而更大程度地依赖于勘探早期的开发类比
远景圈闭	与潜在油气聚集相关的项目。该油气聚集的落实程度比较高，已可作为一个可行的钻探目标	项目活动的重点是判定发现概率，如果获得油气发现，则评估其在商业开发方案下潜在的可开采量范围
远景目标	与一个潜在油气聚集相关的项目。该油气聚集的落实程度目前还比较低，需要采集更多数据和(或)评估以将其确定为远景圈闭	项目活动的重点是获取更多的数据和(或)进一步开展评价，以确定该远景目标是否可以升级成为远景圈闭。这些评价包括发现机率的评定以及如果获得油气发现，在可行的开发情景下潜在的可开采油气量的范围
远景区	该项目与潜在远景圈闭的有利区带相关。但尚需采集更多的数据和/或开展更多的评价，以识别具体的远景目标或远景圈闭	项目活动的重点是获取更多的数据和(或)开展进一步的评价，以识别具体的远景目标或远景圈闭，以便更详细地分析其获得油气发现的机率，并且假设能获得油气发现，分析其在假设的开发情景下潜在的可采油气量的范围

①来源：PRMS 的表 1。

表 7.10　储量状态定义与指导原则[①]

状况	定义	指导原则
已开发储量	已开发储量是在现有井和设施条件下预期可开采的油气量	只有在必需的设备已安装完毕，或者安装设备的费用相对钻新井较低时，储量才能定义为已开发储量。如果所需设备的没有到位，则有可能需要将已开发储量重新划为待开发储量。已开发储量可进一步再分类为正生产储量和未生产储量
已开发正生产储量	已开发正生产储量是指在评估之日从已射孔并正在生产的完井层段中预期采出的油气量	只有提高采收率项目投入实施之后，提高采收率项目预计新增的可开采储量才能被视为正生产储量
已开发未生产储量	已开发未生产储量包括关井储量和管外储量	关井储量是指预计从以下井(层)中可采出的油气量：评估之时已射孔但未开始生产的完井层段；因市场或管线原因而关闭的井；因机械原因无法生产的井。管外储量是指在开始生产前需要追加完井或重新完井才能够从现有井产层中开采的油气量。在所有情况下，与钻一口新井的费用相比，投产或者恢复生产的费用相对较低
未开发储量	未开发储量是指未来通过投资预计可以开采的油气量	来自于已知油气藏中未钻井区域的新井；已有井加深钻遇其他已知的油气藏；从加密井获得的产量；与钻一口新井相比，需投入较高费用所获得的产量；重新完井；为满足一次采油或提高采收率方案而安装生产设施或地面集输设施

① 来源：PRMS 的表 2。

表 7.11　储量分类的定义与指导原则[①]

类别	定义	指导原则
证实储量	证实储量是指在指定评估日，通过地质和工程数据分析，在确定的经济条件、操作方式和政府规章制度下，具有合理的确定性、将来可以从已知油气藏中经济采出的油气数量	（1）若采用确定性方法，则“合理的确定性”这个术语指对可开采油气量具有高置信度。若采用概率方法，则实际采出量至少有 90% 的可能性等于或大于预计量。 （2）证实储量分布面积包括：根据钻井资料圈定并根据流体界面落实的面积，如果有的话，还有油藏尚未钻井的紧邻部分，并且根据已有的地质和工程数据可合理地判定这个邻区与现有油藏连通且具备经济生产能力。 （3）在流体界面数据缺乏的情况下，则要依据钻遇的最低烃类界面计算面积，否则必须有地质、工程和动态数据的支持。此类数据包括压力梯度数据和地震显示。仅由地震资料还不足以确定证实储量的流体界面。 （4）在满足下列条件的情况下可以把未开发区域的储量划分为证实储量：能够以合理的确定性被确定为商业可采的油藏的未钻井区域；已有的地质和工程数据以合理的确定性表明，目标地层与已钻井的探明区域有横向连通性。 （5）对证实储量而言，应基于一定的可能性范围来为这些油藏选取采收率，这个可能性范围应该有来自类比油藏以及根据已探明区域的特征和适用的开发方案得出的可靠工程判断等方面的证据
概算储量	概算储量是指根据地质和工程数据分析判断其采出可能性小于证实储量但高于可能储量的那部分额外储量	（1）实际剩余可采量大于或小于证实储量与概算储量之和(2P)的可能性是相同的。在这方面，若采用概率法进行评价，则实际采出量等于或超过 2P 估算值的概率至少为 50%。 （2）油气藏内与证实储量分布区紧邻但资料控制程度或现有数据解释的置信度较小区域内的储量可以划为概算储量。所解释的储层连续性可能未达到合理的确定性标准。 （3）概算储量的估计值还包括因项目采收率高于证实储量预期采收率而新增的开采量

续表

类别	定义	指导原则
可能储量	可能储量是指根据地质和工程数据分析判断采出可能性小于概算储量的那部分额外储量	(1) 项目最终采出总量超过证实储量、概算储量与可能储量之和(3P)(相当于高估算值情景)的可能性小。若采用概率法进行评价，则实际总采出量等于或超过3P估算值的概率至少为10%。 (2) 油藏内与概算储量分布区相邻但资料控制程度和现有资料解释的置信度更低区域内的储量可划分为可能储量。通常，概算储量分布在根据地质和工程资料无法清晰地界定所给定项目下油气藏中具有商业生产能力的含油气面积和纵向含油气界限内的区域 (3) 可能储量的估算量还包括因项目采收率高于概算储量预期的采收率而新增的储量
概算和可能储量	(参见以上对概算储量与可能储量分别所给的定义)	(1) 2P和3P估算值可能基于合理的替代技术和油藏商业性的解释和/或明确记载的所属项目(包括与成功的类似项目结果所做的比较)。 (2) 在常规油气聚集中，若根据地质和工程数据在同一油气聚集内识别出了与油藏紧邻的区域，而这些紧邻区域可能因小断层或其他地质不连续面的存在而与证实储量分布区分隔开来，而且还未被钻井揭示，但解释认为它们与已知(已探明)油藏连通，那么这些区域的储量就可能被划分为概算和/或可能储量。构造部位高于已探明区域的，其储量可能被划分为概算储量或可能储量。构造部位位于相邻的探明或2P储量分布区域的，其储量可能被划分为可能储量(有时是概算储量)。 (3) 对于因可能具有封闭性的大断层的存在而被分隔开的邻区而言，在被钻井揭示并被评价为商业可采之前，其储量类别的划分应特别小心。在这样的情况下进行储量类别划分，应当明确地给出论证依据。如果这些区域与已知的油气藏之间明确存在隔层(即缺乏储集层、位于构造低部位的储层或测试结果不利等)，则不能划定为储量，而应划为远景资源量。 (4) 在常规油气聚中，如果钻井已确定了一个已知油藏的最高点(HKO)，而且伴生气顶也有可能存在，那么只有在已有记录的工程分析结果以合理的确定性证实初始地层压力高于泡点压力的构造较高部位，其内油藏部分才能划定为证实石油储量。而未达到该确定性的油藏部分，其储量可根据储层流体性质和压力梯度解释结果被界定为油和/或气概算储量或可能储量

① 来源：PRMS的表3。

7.11 以往的美国证券交易委员会(SEC)储量准则

根据SEC制订的准则，在美国上市的公司必须每年披露其证实储量。SEC证实储量的披露遵循S-X准则210.4-10条的规定，SEC专家在SEC发布的多份专门公告文件中对其进行了解释与讨论，其中包括《Staff Accounting Bulletin(专家会计公告)》。SEC于1978年颁布规则4-10(a)，2009年最终修订，并于2010年1月1日执行。本篇将对过去的一些问题进行论述，并对美国的这套准则的现状进行总结。

规则4-10(a)对从事石油与天然气生产的公司提出了明确的会计与报告标准，包括对证实石油与天然气储量的定义等。2010年1月1日执行修订版之前，规则4-10(a)将“证实石油与天然气储量”定义为：地质和工程数据已经以合理的确定性证明，在当前的经济与操作条件下(如截止估算之日的价格和成本)在未来几年能从已知油气藏中开采出的原油、天然气或天然气液的估算值。规则 4-10(a)在定义中排除了“因地质条件、储层特征或经济因素存在不确定性而使其开采可行性招致合理怀疑的油气量”。

2000 年 6 月 30 日和 2001 年 4 月 31 日，SEC 的工程技术人员发布了对规则 4-10(a)的解释。这些解释对于如何根据规则 4-10(a)评估和报告证实储量意义重大。这是在围绕 SPE 或 WPC 对证实石油和天然气储量的定义以及 SEC 对应定义的各自优点的讨论中重要的争论点(SPE 96382，Cline.、Rhodes 和 Hattingh. 在 SPE 年度技术会议和展览中提出，该会议于 2005 年 10 月 9~12 日在得克萨斯州达拉斯举办)。《专家会计公告》重新定义并修订了这些规则的解释。《SEC 专家指导意见》承认，在对规则 4-10(a)“合理的确定性”标准的确切涵义的认识方面，石油和天然气行业存在混乱和不一致性。

在《SEC 专家指导意见》发布之前，除了“合理的确定性”标准的不明确性之外，技术领域的众多改变(如三维地震解释、油藏模拟和计算机技术进步)也是导致混乱和不一致性的因素。20 世纪八九十年代，油气行业发生了巨大的改变，这些新技术的运用明显改进了技术领导者所认为的“合理的确定性”涵义。下面列举一些技术进步情况。

三维(3D)地震是地球科学领域在过去一个世纪最振奋人心的进步，它对油气勘探开发的影响不可估量[3D seismic technology：the geological‘Hubble’，Joe Cartwright and Mads Huuse，Basin Research(2005)17，1-20，doi：10.1111/j.1365-2117.2005.00252.x]。计算技术的进步使这种强大的技术得以迅速发展，到 20 世纪 90 年代中后期，该技术已被广泛使用，油气藏可视化技术因此进展显著。

随着钻井技术、油田开发技术和修井技术的发展，深水油气勘探开发活动的界限进一步向更深海域拓展。海洋油气勘探开发活动的历史已超过 50 年，但深水钻探在 20 世纪 70 年代才开始进行，而 20 世纪 90 年代才开始了深水采油。在此时期，许多新的开采技术得以发展，包括张力腿平台，随动塔式平台，浮式采油、储油与卸油船(FPSO)，浮式油轮装卸储运装置等。

油藏模拟和相关技术从计算机革命和其他技术进步中获益颇丰。1978 年，规则 4-10(a)公布时，最先进的油藏模拟技术也只能在 10000 个网格单元量级的油藏模拟模型上运行(SPE 38441，“Reservoir Simulation：Past，Present and Future，”J.W.Watts，SPE Computer Applications，Volume 9，Number 6，December 1997，pp.171-176)。逼真的地质或地质统计模型并未得到开发，也没有详细的定量地质模型、结构和断层模型以及其他先进的储层表征工具。如今，人们已有能力建立拥有数亿网格单元的地质模型，通过快速开展流线型模拟来筛选模型并对所选定的模型进行粗化，并且例行性地开展网格数达数千万甚至数亿的模拟研究。

1978 年，基本上所有的井都要么是垂直井，要么是自中央平台钻的斜井。水平井技术彻底改变了开发油气藏的方式。于 20 世纪 80 年代末到世纪之交发展的重要技术包括：中短半径钻井工具、MWD 定向设备、先进的井下动力钻具和一系列完井工具。

新的油藏监测技术包括地面和地下测斜仪、井下微地震监测、4D 地震、重力仪等。借助于这些新技术，作业者可通过以往不可能的方式“看见”流体的运动。

《SEC 专家指导意见》首次为 1978 年发布的规则 4-10(a)提供了来自 SEC 的重要解释。它为行业提供了额外的信息，以便企业决定如何评估证实储量。一些关键领域被给予了极大关注。这些额外信息使行业解读规则 4-10(a)中评估证实储量所要求的“合理的确定性”的方式发生了巨大变化。

规则 4-10(a)对证实油气储量的定义要求：“在未来几年……在现有的经济和操作条件下(即截至评估日的价格和成本)，油气的开采具备“合理的确定性”。在《SEC 专家指导意见》

中，“现有的经济和操作条件”有如下(后加的重点)更加详细的解释：现有的经济和操作条件是指评估有效日实行的产品价格、操作成本、生产方式、开采技术、运输和营销安排、所有权和(或)权利条款以及法规要求。

该解释是对规则 4-10(a)中“现有的经济和操作条件”，即“价格和成本”的附加解释。规则 4-10(a)中“现有的条件”此前曾被解释为包括与油气发现相关的常规条件，也就是运输和营销安排常常与开发评价和开发方案编制同时进行。

规则 4-10(a)规定，若实际生产或确定性的地层测试结果证实油气藏具备经济生产能力，则它可被视为已证实。规则 4-10(a)颁布时，“地层测试”一词被广泛用于描述通过电缆传输的工具所采集样品的测试。该工具的典型用途是获得流体和压力样本，如斯伦贝谢的 MDT 工具或贝克休斯的 RCI 工具。单个压力样本也可获得。该工具可用于预测流体界面和水力连通性。业界的通常做法是：若根据测井岩石物理分析结果和井所在区域的经验判定具有“合理的确定性”，那么具有这种确定性地层测试结果的储层的证实储量就可以进行登记。在许多井中都存在多套油气层，而这些油气层都是按照从深到浅的顺序投入开采的。到评价时为止还没有投入开采的油气层，一般要根据岩石物理分析和地层测试结果(例如电缆传送的地层测试器)把其中的储量登记为证实未开发储量(或证实已开发未生产管外储量)。

不过，《SEC 专家指导意见》同样也改变了该问题的面貌，其中提到：如果已经在一个远景油气层中开展过确定性的地层测试或者这个油气层已经在以经济的产量进行生产，该远景油气层中的储量就可以被认定为证实储量。SEC 专家很清楚，通过测井电缆采出少量(如 100mL)石油开展的地层测试结果或偏远地区一口井的产量达到每天几百桶，这些并不一定是决定性的证据。说明井中某一段具有生产能力的裸眼井测井资料的分析结果，并不足以为证实储量提供支持。

对于要求开展全射孔完井(full blown completion)和常规生产测试的额外(通常是不必要的)步骤，许多工程师最初并不接受。业界专家认为，这些步骤会额外增加巨额费用(特别是深水油气井)和带来额外的环境风险，而且开展这些测试的唯一目的是为了登记证实储量。2004 年，考虑到该解释所带来的额外费用以及技术和环境风险，SEC 专家最终决定，对于墨西哥湾深水区的储量评价，只要裸眼井测井、地震测量、岩心分析和电缆测试结果都支持证实储量估算结果，就不再要求开展生产测试。不过，对于其他地区的深水油气井或其他任何油田或气田，SEC 明确说明不放弃这一要求。从技术角度看来，这似乎过于武断，因为不论是尼日利亚海域、墨西哥湾浅水区，还是路易斯安那州陆上地区，其裸眼井测井、地震测量、岩心分析和电缆测试的物理指标与证实储量的相关性，与墨西哥湾深水区并无差别。最终，SEC2009 年修订版允许采用“可靠的技术”来得出具备产能的结论。

与此类似，在 1978 年颁布的 SEC 会计员工的 ASR257 条规则中，清晰明白地说明某些证实储量的登记并不要求开展传统的生产测试：在某些情况下，如果电测井和其他类型的测井资料及岩心分析结果同时说明，所评价油藏与同一油气田内在产的或地层测试已证实具有生产能力的类似油气藏具有可比性，那么就可以依据这些资料把这个油气藏的储量登记为证实储量。

与此相反，《SEC 专家指导意见》则提出，要以测井和岩心分析取代传统的生产测试，需要求有“压倒性”的支持证据；甚至明确表示，对于仍处于勘探阶段的评价对象，这些资料能满足要求的情况会是“稀有事件”。《SEC 专家指导意见》中的这一点对“合理的确定性”提出了更加严苛的要求，甚于行业此前所理解的规则 4-10(a)之要求。

7.11.1 探明区域的定义(“邻区”)

较早的规则4-10(a)规定，油气藏的探明区域包括“根据钻井结果圈定的部分”以及“尚未钻井但根据已有的地质和工程资料可合理地判定其具备经济生产能力的紧邻部分”。在《SEC专家指导意见》颁布之前，行业惯例允许使用地震资料和压力数据，以及地质知识来合理地判定是否具备经济生产能力。这样就允许以供油面积的技术论证作为判定证实储量的依据。

然而，《SEC专家指导意见》“强调(曾经强调过)”，若油气藏内除了一口生产井之外没有其他井，那么即使有地震资料，最多也只能对这口井的一个紧邻区域进行证实储量登记；并且还附带指明，在“已钻井(带加重语气符号)的法定……供油面积之外区域”，地震资料不能作为登记证实储量的唯一证据。《SEC专家指导意见》的这一解释要求，不论技术风险多低，亦或根据地质和工程资料确定的生产能力预期多么确定，能够登记证实储量的法定(当地规章性的井距确定原则)邻区的数量也不得超过一个。

该解释存在矛盾性。油藏连续性的地质确定性主要建立在对含油地层和含气地层的沉积和成岩历史的技术理解之上。规章性的井距确定原则通常要求在油气田开发的早期阶段采用较大的间距(即井间距更大)，而在开发后期采用较小的井距(即井间距减小)，但这么做的原因与地质不确定性几乎没有关系。因此，该《SEC专家指导意见》指出，随着对油藏动态认识的深入，能够划为证实储量的区域应更少。值得注意的是，《SEC专家指导意见》在其他地方提到：合理确定性的概念表明，随着越来越多的技术数据得以利用，正向或向上修正证实储量的可能性要远大于负向或向下修正证实储量。

此外，由SEC专家解释建议的法定井距规则只有在此规则被普遍接受的美国和加拿大陆上地区才有意义。但在其他地区，除了会使分析更加混乱之外，它几乎起不到什么作用。《SEC专家指导意见》提出，在没有明确规定这类法定井距单位的地方，“技术上论证过的供油面积”可能永远不会被接受。

7.11.2 2009年SEC准则的改变

2007年12月12日，SEC发布《概念公告》，征求公众对储量登记政策、方法和标准修改的意见。2008年6月26日，SEC发布公告，声明已提议修订有关油气公司报告证实储量的要求。值得注意的是，SEC并未接纳PRMS，尽管其在此方面已作出了大量改变。SEC指出，其已对提案进行了修订，这样最终的定义就会同PRMS的术语及定义更加吻合，从而提高油气行业对新规的遵从与理解程度。详细的规则可在SEC官方网站上查询(http：//www.sec.gov/rules/final/2008/33-8998.pdf)。

7.11.2.1 有所改变的方面

(1)现在可以利用技术来估算证实储量，前提是经验表明借助于这些技术可得出关于储量规模的可靠结论。运用的技术或计算技术必须做过实地测验，并可提供具有合理确定性的结果，而且在所评估地层或类比地层中应用所得结果具有一致性和可重复性。有关所包括技术的一般性讨论即将被披露，用于新储量的登记或现有储量的实质性的增长，但不需要指明单个资产区。如果与改变深水井的测试要求一样，未来对“可靠技术”类别作出修改，将不足为奇。石油公司有责任证明其所运用的技术是“可靠的”(如同定义中所示)，SEC已表明将不会提供在他们看来符合这一要求的技术列表。

(2)石油公司可以自行选择向投资者披露其概算储量与可能储量。先前的规则限定只能披露证实储量。

(3)诸如油砂这类资源现在也可被归类为油气储量。在此之前，这类资源被视为矿采储量。石油公司可以报告，以改质生产合成油气为目的从油砂、页岩、煤层或其他不可再生的自然资源中抽提出的可销售的固态、液态或气态烃类，以及为此类抽提目的所开展的活动。公司被禁止将不以转换为合成石油或天然气为目的而开采的煤炭与油页岩纳入油气储量。合成石油和合成天然气的体积将分别加以确认。

1）对于输送到主管道、常规运输工具、炼油厂或海运油库的石油、天然气或天然气液，无论是天然的，还是合成的，都需要报告其改质后的产品体积。

2）对于以交由第三方升级为合成石油或合成天然气而开发的自然资源，应报告交付第三方的“未加工的”产品。

（4）根据当前的石油工程师协会标准，石油公司必须报告其储量报告编写人或审计员的独立性与资质。

（5）依托于第三方编制储量评估报告或开展储量审计的公司有额外的披露义务。

（6）报告油气储量的公司必须采用基于前 12 个月的平均价格，而非年终某天的价格，以便使各公司储量评估结果具有尽可能高的可对比性，并且减小因采用某天单一价格而带来的评估差异。所采用的平均价格由前 12 个月每月第一天价格的未加权算术平均数确定。正如此前的规则所言，由具体合同安排(基于未来条件的价格涨跌除外)控制的价格优先于 12 月平均价格法。值得注意的是，与 SEC 规则相反，PRMS 的预测是基于“企业对未来条件的合理预测，包括项目运行期间的成本与价格”。PRMS 同时也建议评估员可检验价格不变的情况。

7.11.2.2　新规则中的其他的改变

2008 年 12 月 29 日，SEC 宣布，一致通过了旨在使油气储量报告要求“现代化”的修订版。虽然 SEC 宣称这些规则在过去超过 25 年的时间里并未修改过，但实际上，专家指导意见和其他公告都已做过众多修改。新规则的生效期是 2009 年 12 月 31 日，适用于 2010 年 1 月 1 日及之后编制的年度报告(10-K 和 20-F)。

新规则中还有许多其他的改变，负责储量登记的人员需熟悉详情。最切实相关的不同于 PRMS 的几个方面包括：

（1）新规则中的经济界限可能不包括非烃类产品的销售收入。这在 PRMS 中是允许的，SEC2009 规则会普遍地使所报告的储量存在低估的现象。

（2）PRMS 对储量的定义中要求有“坚定的意向”投入开发，并以一系列标准为基础，包括：

1）有证据表明在法律、合同、环境以及其他社会与经济等有关方面都将允许实施正在接受评估的开采项目(SEC2009 只规定了生产的法定权利)。

2）有证据表明必需的生产与运输设施都已就位或可以就位。

3）对其全部产品销售量或至少可以支持项目开发的部分产品销售量有一个合理的市场期望。

4）有依据充分的合理的开发时间表。SEC2009 指定为 5 年。虽然这个期限的确定有点随意，但对于某些项目可能较为合理，已被广泛接受。

5）对此类开发项目的未来经济效益有一个合理的评估，而且经济效益必须满足规定的投资和操作标准。

6）PRMS 要求有坚定的意向，而 SEC2009 则提出了尚未明确定义的“合理的期望”。然而，在 2010 年 10 月发布的 FAQs 中，SEC 指出，他们期待有一个“最终的投资决定”以支持“一个开发计划的正式通过”。

（3）SEC2009 给出的证实储量和概算储量的定义与 PRMS 的略微不同。在某些情况下，与 PRMS 相比，SEC 的这些定义将会给证实储量和概算储量的登记提出更高的限定条件。

（4）SEC2009 中，某些领域所需的额外储量报告详情如下：

1）证实未开发储量发生的重大变化，包括证实未开发储量转化为证实已开发储量。

2）将证实未开发储量转化为证实已开发储量的进展情况及投资的数量与时间，包括但不仅限于资本支出等信息。

3）在作为证实未开发储量披露后的 5 年或更长时间后，某个油田或国家仍有相当数量的证实未开发储量未得以开发的原因。

（5）对资源量而非储量的评估将不予披露，除非外国或州立法律有要求，或者对提交报告的公司的债券收购有兴趣的一方有要求。

（6）在披露储量报告时需要对占公司储量 15% 以上的国家（基于证实石油当量储量）加以说明，但在外国对这些披露内容有限制的情况下可以不披露这些信息。

（7）SEC2009 规则也允许披露那些基于其他的价格和成本标准估算的储量，包括管理层对价格的预测。希望公司将选择这一方法来提供与 PRMS 类似的披露内容。

（8）石油公司还需要披露并描述储量登记人员在储量估算中所采用的内部控制措施，还需指出负责监督储量评估报告编制工作的主要技术负责人的资质。如果储量登记人员说明储量审计是由第三方完成的，则必须披露监督储量审计的主要技术负责人的资质。

第 8 章　财务分析

石油工程师仅仅掌握本专业的知识和技能是不够的，想要成为优秀的工程师，他们必须对其他的学科有一定的了解，比如岩石物理学、地质学和地球物理学等。无论如何，油气经营的最终目的是获取收益，石油工程师很有可能要与财务方面的专业人士打交道，特别是当他们在职业生涯中升职到重要的领导岗位的时候。本章将介绍一些油田工程师常见的财务问题，但是不可能面面俱到。在不同国家，乃至一个国家不同的石油公司，规则和做法都各不相同。几乎所有涉及石油和天然气资产的并购(M&A)活动都会需要有油田工程师的参与。我们还将涉及一些标准评估方法之外的并购问题。

8.1　固定资产投资

在进行经济评价时，弄清现金支出的目的是很有必要的。不同目的的现金支出，如当期费用、固定资本和流动资本，会对纳税产生不同的影响，因此也会对投资机会的税后现金流产生影响。在计算经济指数时，对不同现金支出的处理方法也会有所不同。

用于固定资产的现金支出被称为固定资本投资。在企业运营过程中，固定资产的预计使用年限都在一年以上，并且一般不会出售。作为生产设备而购买的压缩机是固定资本，其原因是在企业运营过程中使用压缩机时，压缩机在其使用年限内具有相对的永久性，而且一般不会出售。而对于压缩机生产商或购买压缩机以供销售的公司来说，压缩机则是流动资本，其原因是：虽然它仍旧是相对永久的物品(在开始使用后)，但生产商制造或销售商持有压缩机的目的是将其所有权转卖。压缩机是流动资本的一部分，具体来说，是产成品存货。土地所有权是个特殊情况。虽然它是永久性的，可能也不会被出售，但是如果持有土地所有权的目的是将来把其转售，它也可以被看作是投资性资本。以生产产品或提供服务为目的而持有的未开发土地属于固定资产。

固定资产既可以是有形的，也可以是无形的。如果资产具有实体(例如测井工具)，那么它就都是有形资产。如果资产无实物载体，其价值体现在它作为所有物赋予其拥有者的权利上，那么它就是无形资产(例如测井技术专利)。

大部分固定资产的使用年限有限。一项固定资产的成本(减去所有的净残值)一般情况下都可从其产生的收入中逐步收回(这样做的目的往往是为了财务报表和纳税)。通常用于描述将固定资产成本系统地转移到费用中的术语有折旧(depreciation)、折耗(depletion)和摊销(amortization)(通常被称为 DD&A)。

固定资产的分类依据是其属性和/或项目用途。有形资产，例如工厂或生产设施，一般计提折旧。其中，包括工艺设备(既包括装置内的，也包括装置外的)、机械设备、家具、建筑及其固定装置。虽然土地也是有形资产，但不计提折旧。折耗是对诸如矿产(包括石油和天然气)等递耗资产的冲销过程。折耗或以百分比(法定的)方式计算，或以成本耗损方式计算。虽然很多石油公司已无须接受法定折耗限额，但在其他一些矿产行业和国家，这样的做法仍旧很普遍。

某些勘探和生产支出，例如租约签字定金，可以按照单位产量法(UOP)折耗。应用到石油和天然气资产上，则是基于已生产油气量占证实储量的比例来计算。如果已开采的储量

(produced reserves)估计值偏低，基于单位产量法(UOP)的折耗速度就会过快，反之亦然。无形资产一般进行摊销。无形资产包括专利、版权和租赁资产的改良。有些无形资产在报税时不可摊销，例如商誉和商标。

8.1.1 成本基础

固定成本经常按照成本基础估价。通常，资产的成本与获取资产时所付出的现金等值。这也适用于固定资本，购得成本包括所有权获取和安置资产费用，以及将其调整到适用于企业运营活动状态的过程中的支出。因此，一台泵机组的成本除了泵自身的商品价格以外，还包括运费、安装费、分摊的间接费用(在适用的情况下)和其他任何相关费用。必须要分清工厂硬件的购得成本和土地成本，原因是有形固定资产的成本计提折旧，而土地支出则不是。

8.1.2 对现金流的影响

固定资产支出从两个方面影响税后现金流。首先，获取资产的支出要在投资完成的日历年度的净现金流量(NCF)中全额扣减。固定资产支出的第二个影响是所得税的计算。美国国内税务局(IRS)和很多外国政府都允许在任何一个时期从应纳税额中扣除固定资本支出的一部分。政府法规允许随时间回收资产成本。

美国的详尽计税方法以及世界各国的计税方法不在本文的讨论范围之内。不过，对于分析师来说，熟知与油气评估有关的详尽而确切的税务知识是极为重要的。很多时候，经济软件工具会给出令人吃惊的一系列可选税务方案。对于一种特定类型的常规评估而言，确定税务方案是比较容易的，但对于规模较大的非常规评估而言，明智的分析师会寻求胜任的税务和财务专家的帮助。

在大部分情况下，分析师所考虑的唯一税务因素是税务的边际影响。其结果是，公司作为整体纳税的复杂性被忽视了。因此在对公司开展整体的评估时(特别是为了并购活动而进行的评估)，重要的一点是采用一致的方法正确地综合所有的重要计税方法。

会计规范和/或政府法规对固定资本的缴税和财务报表有不同的会计政策。比如启动成本，它是固定资产购得成本的一部分。一般情况下，只有在启动已经开始后，才会精确计算启动成本，但是作为税务规划的指导原则，启动成本应当在新活动开始后的最短允许时间内摊销。在财务报表中，启动成本一般会被资本化，并在固定资产的年限内进行折旧。为了报税的目的而尽可能快地将启动成本进行冲销，税金扣除就会加速。财务报表规则所规定的折旧时间表往往同现金报税(cash tax)的不同。

8.1.3 维护费用

常规维护支出一般来说是那些需要周期性支出的费用。维护支出计入其发生当期的运营费用。虽然主要的维护支出(如定期检修支出)并不是每天都在发生，但是在做计划的时候，可以假定它们连续发生。为定期检修而留存的资金实际上是任意指定时期的应计费用(非现金费用)。在财务和会计专业中，“准备金”这个术语通常是指为一个具体项目或者实体留存的资金。因此，维护“准备金”就是为了将来的维护而留存的资金，与油气储量没有任何关系。实际的现金流直到定期检修活动实施后才会出现，例如每 18 或 24 个月进行一次检修。但是，要将精确的现金流模式纳入经济评价，需要有很强的洞察力。很多公司在开展经济评价时都简单地假设定期检修费用连续发生。

8.1.4 额外固定资本

维护行为会显著增强一项投资的运营效果(延长其寿命或增强其能力)，可能成为一项固定资产投资，并有自己的折旧时间表。如果对此类支出的需求是已知的，那么在经济评价中应该把它们在固定资本支出项上反映出来。在被实际使用之前，备用零件一般被视为流动资本。如果它们的年限能达到相对永久(一般是指使用年限在一年以上)，就可以在投入使用后把它们视为固定资产，其成本可以通过折旧回收。

8.1.5 流动资本

流动资本在经济评价中可定义为流动资产与流动负债之差。非现金流动资产包括原料库存、产品库存、应收帐款和备用零件库存等。流动负债包括应付帐款。库存水平以及应收账款和应付账款周转天数的确定，应该基于预期的运营状况和行业一般惯例。在流动资本相对较少时(例如钻井和油井生产)，就可以在经济评价中忽略不计。

8.2 财务报表

虽然下面的一些例子是基于美国的事例改编而成，但是每个国家都有自己的会计和税务原则。在很多情况下，这些规则可能与美英的规则一致或基本一致，但是不能假设情况总是如此。虽然如此，美国会计和税务原则的概念可以帮助我们了解大多数其他国家使用的相关条款。

8.2.1 普遍接受的会计原则(GAAP)

在美国，向股东、债权人和公众公布的财务报表必须遵守“普遍接受的会计原则(GAAP)”。这个原则由会计专业机构和美国证券交易委员会(SEC)颁布。公司的联邦纳税申报单受美国国内税务局管理。大部分其他国家也有类似的管理机构和咨询机构。

我们在本章中选取 GAAP 作为一个实例，但这里的解释可能没有反映出美国国内税务局或会计原则的最新变更。纳税申报单上所报的收入和税额与在财务报表中反映出来的经常不一致。这种不一致源自某些税务规定与 GAAP 存在差异。

GAAP 报表的目的是为了在一致的指导原则下反映出公司的运营结果。税务原则的目的是为了让政府获取收入，而纳税人可以合法地通过多种方式推迟纳税或者尽量少纳税，实现现金收益的最大化。当我们提及公司的销售额、利润和库存的时候，我们谈到的是财务报表上的数字，而不是税金或现金数字。我们通常将税金(现金)数字作为计算经济指标的依据。

资产负债表反映的是公司在特定时间点的财务状况，其中包括资产、负债和净资产。利润表(常被称为“损益表 P&L statement”)反映的是某个时期的财务成果，由收入和扣除各种费用后的净利润构成。虽然油藏工程师无需具有完备的财务和会计知识，但是应能够读懂资产负债表和利润表。

8.2.2 净收益

收入(revenue)的定义是一项投资或特定来源所回报的总收益。净收益是收入减去所有费用(支出或损失)以及扣税后所剩余的部分。用于确定净收益的基本会计原则是“配比(matching)”。简单来说，就是把在相同时期发生的费用与相关收入进行匹配。如果收入无法与一项支出进行配比，那么所产生的费用在发生的时候就应被认可。

8.2.3 时间差异

由于配比原则，在任一期间的费用可能不一定与同一期间支出的现金相等。导致这一现象的原因是一个期间花费的现金可能在多个期间带来收益。在这种情况下，现金支出计入资产的借方，在获得收益的几年摊销计入费用帐。最终，所有支出的现金都被视为费用。下面通过实例解释这个原则。

天然气处理厂扩建项目在建设阶段需要现金。这部分现金会反映在其作为资金被支出期间的现金流中。然而，天然气工厂将会在随后的多年内产生收入。这些建设成本应当与相关的收入相配比。为了使配比易于进行，建设成本被资本化，作为资产负债表上的资产。这些成本随后在估计的资产经济年限(被称为资产年限)内以折旧、折耗和摊销(数据)方式记入费用账。

出于经济评价之目的，投资在发生时被视为现金支出。如果投资时间超过几个月，那么分析师就需要决定是将整个投资看作一次性投资，还是将其分摊在不同期间。出于税务考虑，估计要到期的增值(现金)税应该纳入评价。

收入和现金收入出现时间归属差异也很常见。销售记录以所有权转让时间为准，而不是获得现金收入的时间。例如，购买产品的顾客可以利用长达45日的展期信用证延期支付货款。卖方会在所有权转让后，即在产品装上顾客的交通工具后，就记录销售，而不是在收到现金支付后才进行记录。

还有一种财务报表叫做现金流量表。现金流的定义是公司在特定时期收入和支付的净现金。现金流与净收益不同。要了解公司的净现金流出或现金收入情况，就必需有现金流信息。典型的现金流展现方式是在净收益中增加非现金费用或变动(例如折旧)，并扣除非本期的现金支出(例如资本资产购入)。现金流转表仅供公司管理者参考，而并非是为了满足GAAP的要求。GAAP要求的是资金表，它与现金流量表有些许不同。

8.2.4 折旧、折耗及摊销(DD&A)

公司纳税申报单中的收益常常与其财务报表中的不同。这种不一致往往因不同税务规定和GAAP原则导致的"时间归属差异"而产生。折旧、折耗及摊销费用也可以被用来解释税务的时间归属差异。在财务报表中，折旧费用反映的是前期的现金支出费用，因此是没有当期现金支出配比的当期费用。

税务原则一般允许在资产使用年限的较早时间确认较多的折旧费用，但是财务报表不认可这一点。在资产的使用年限中，这两种方法确认的折旧总额将(常常)是相同的，但是单期确认的折旧金额不同。表8.1中的例子解释了时间归属差异。

表8.1 解释时间归属差异的案例①

年份	折旧/美元		超额税款/美元
	财务报表直线折旧法	报税加速折旧法	财务报表折旧
1	12500	20000	7500
2	12500	15000	2500
3	12500	10000	(2500)②
4	12500	5000	(7500)②
总额	50000	50000	

① 成本=50000美元；折余值=0；使用年限=4年；税率=40%。

② 括号中的数字表示负值。

如表8.1所示，两种方法得出的资产使用年限内的折旧费总额是一样的。在资产使用的早期，为报税的目的而确认的折旧金额要大于为编制财务报表而确认的折旧金额，这样可以减少应税收入，从而减少前几年所需缴纳的税款。而在后几年，所缴纳税款(现金)数额会增加；最终，在相同的税率下，这两种方法所支付的税额相同。不过，由于在前几年中少付了税款，期间公司可以从这些现金中获利。

为了更好地进行解释，我们假设这个项目在第一年产生了500000美元，现金利润率(cash margin)为20%。那么第一年的账面和报税见表8.2。

表 8.2　第一年的账面和报税

项目	账面/美元	报税/美元	差异/美元
收入	500000	500000	
现金支出	(400000)①	(400000)①	
折旧	(12500)①	(20000)①	(7500)①
运营收益	87500	80000	(7500)①
联邦税	35000	32000	(3000)①
净收益	52500	48000	(4500)①

① 括号中的数字表示负值。

8.2.5　延付税款

读到这里，读者可能会失望地发现，在现金税(cash tax)到期时，延付税款并没有改变。"延付"这个术语指的是财务(账面)报表和报税这两个不同的计税方式之间的差异。这里所讲例子中的延付税款出现的原因，是为了报税的目的使用了加速折旧法，而为编制财务报表的目的采用了直线折旧法。在第一年，出于报税考虑，使用加速折旧方法可以向美国国内税务局少支付 3000 美元税款(本期税款)。但在财务报表中，确认的税款必须是 35000 美元。然而，在第一年只有 32000 美元的现金作为税款支出了。在财务报表中这个差额就记录为延付税款。延付税款既可以是正数，也可以是负数。

在本例中，最终支付的税款没有区别；但是，在有些情况下延付税款存在永久性差异。可能引起永久性差异的例子包括：(市、州)免税利息收入；税法改变；商誉摊销；某种罚款或违约金；红利收入；超过成本折耗的过度折耗。

如果一个项目或资产在预计年限之前终止，出于税务和记账考虑，它的剩余价值一般会被作为开支勾销。除此之外，如果项目或资产在预计年限终止之后继续运行，无论出于记账还是税务考虑，都不会再对其折旧，原因是资产的所有成本都已经勾销了。

8.2.6　产生的现金流

要计算出当年所产生的现金数字，账面收入需根据非现金费用进行调整，方式是把折旧和延付税款加回账面。

这里有关延付税款的描述是经简化的，一个项目或资产在财务报表和报税之间有多方面的差异。表 8.3 是几个时间归属差异的例子：

表 8.3　时间归属差异的案例

财务报表	报税
采用直线折旧法	采用加速折旧法
无形钻井和开发成本(IDCs)发生后和支出后要进行资产化	IDC 发生后，其 70%作为支出记入费用账，而其余的 30%摊销到下 60 个月
地质和地球物理勘探成本发生后，将作为支出记入费用账	将地质和地球物理勘探成本资本化，然后将这些成本摊销到产量上
将利息费用作为项目建设成本的一部分资产化，并在资产的使用年限内折旧	利息费用发生后作为支出记入费用账

8.3　并购

世界上并购已经变得非常普遍，潜在出盘人(acquirer)常常寻求以明显高于预先所报市场价格的溢价出售其普通股。在资产收购评估中，出现了很多更加复杂的税务、法律和会计问题。油藏工程师在探勘和生产资产的收购中起着关键的作用，因此需要对这些活动中的主要问题有全面的了解。其中很多事项既不属于油藏工程问题，甚至也不是经济学问题；然而，油藏工程师不仅是并购活动的参与者，而且经常是并购团队的领导者。虽然这里讨论的重点是勘探和生产资产，但是这些解释一般也适用于其他行业的相似情况。

收购研究涉及三项基本内容：寻找收购对象；经营业务和财务评价，其中包括尽职调查(due diligence)；谈判。收购对象既可以通过内部人员寻找，也可以通过公司外的专业人士、投资公司和银行寻找。在对潜在收购对象进行筛选后，收购公司需要对目标公司进行经营状况和财务评价。评价内容包括目标公司的资产、市场和对买家的潜在价值。这对于确定公司的价值来说是极为重要的。第三部分的收购谈判(从开始接触一直到最终交易完成)是整个收购过程中最为关键的部分。这是一个极为专精的领域，在此方面没有丰富经验的分析师应尽早了解相关的专业知识。

8.4 探勘和生产资产收购环境概述

勘探和生产资产收购可以通过多种方式完成。收购的对象既可以是正在运营的整个企业，也可以是单项资产。征集方法各种各样，既可以在业界公开招标，也可以与单个公司进行私下的谈判。剥离资产的公司所采用的征集方法很大程度上决定了竞争的水平。也有公司采用不征集且往往不甚友好的要约收购方式收购那些不想被收购的企业。

在一些情况下，公司会决定剥离其所有或部分勘探和生产资产。剥离这些资产的理由包括：公司决定将经营重点放在非石油行业；公司决定将经营重点放在石油行业的其他业务；公司决定剥离某个地理区域的业务/产权；资金不足，无法正常地把勘探发现投入开发；技术力量不够，无法正常开采油气储量；需要现金来减少过多的债务；市场环境有利，资产需求旺盛，买家可以溢价出售资产(以最高价卖出)；特殊的税务状况增强了资产剥离的吸引力；对私营公司的不动产规划要求；为了降低成本、改善业绩和/或减少竞争，两家公司合并成为更大规模的公司。

很多因素都会增强所收购勘探和生产资产的吸引力。收购能够帮助公司快速增加产量、储量和区块面积。勘探项目从启动到完成常常需要很长的时间，而通过资产收购可以缩短这个过程。整体收购一个公司可以增加员工数量并提升专业技能。公司下游业务发展往往要求增强对原料的控制，而这也是促使公司收购油气生产资产的重要原因之一。资产收购通常能够迅速增加公司的净收益，并且提供短期和长期的增长机会。拥有明显的资本和/或技术优势的公司可以通过收购开发能力不足的公司的资产，扩大自己的开发规模，改善自身的经营状况，提高油气产量。加强对原料的控制能增加公司在天然气处理、管道和其他下游业务的扩张机会。收购还是获取大面积区块和向战略目标区扩张的捷径。

购买勘探/生产资产的竞争极为激烈。很多公司都具有必需的资源和强烈的愿望来参与收购油气生产资产的激烈竞争。大规模资产收购的主要竞争者包括大型跨国石油公司和大型独立石油公司。然而，小型独立石油公司和非石油企业也在积极参与油气探勘和生产资产的收购。这些公司相信有时购买油气储量要比通过勘探发现油气储量更经济。

8.4.1 税务重要性

收购活动既可以在股东层面上进行(收购股票)，也可以在公司层面上完成(收购资产)。当一家公司想要收购另外一个公司的时候，它可以通过直接与股东谈判获得出盘公司的股票。从某种意义上来说，出盘公司自身根本没有涉足交易。在这种情况下，出盘公司成为受盘公司的子公司。或者，受盘公司可以与出盘公司接洽(而不是像上面所讲那样直接与出盘公司的股东联系），购买出盘公司的资产。在这种情况下，出盘公司继续存在，但是它的资产中不再包含库存、机器设备、油气储量等，而是受盘公司为购买出盘公司的资产而支付的现金、票据、股票，或任何等价物。

通常，收购或须缴税，或不须缴税。这里所指的是售卖方需立即支付的税款。对卖家来说，免税或无税交易实际上是延迟缴税交易。举一个简单的例子，如果出盘公司的股东以比购入价格高的价格将其股票变现，这之间的差价是需要立即缴税的（取决于政府税法，很可能按照资本收益率课税），但是也有例外。另外一方面，出盘公司的股东也有可能把自己持有的股票出售给受盘公司，而不用立即缴纳任何税款。实际上，对这些收益的课税延迟了，这些股东现在拥有了受盘公司的股票，等到将来他们处置这些股票的时候，就须纳税了。规定这些税务的法规各国不同，而且会随着时间变化，因此及时向称职的税务顾问咨询相关的现行法规是很重要的。

如果卖方想要进行免税交易，受盘公司一般必须以发行权益性证券的方式支付很大一部分购买价格。受盘公司可以获取卖方的股票或它的净资产，条件是以权益性证券作为对价（consideration）。如果交易对卖方来说是免税的，那么买方继承卖方的征税基数，一般来说这个基数是比较小的。在应纳税的交易中，买方可能会购买卖方的股票或净资产。在采用应纳税的交易方式时，买方必须按照公平市价把买价分配给所有资产；出于税务考虑，任何无法归于特定资产的买价都被认定为商誉，而商誉是不能减税的。所有归于特定资产的价格相加之和必须与买价相等，这很重要，因为这样将来政府税务部门进行税收冲销时才不会出现大的问题。针对这个问题各国都有不同的规定，因此建议征求当地专业人士的建议。

如果是油气生产资产的交易，不能归于特定有形资产的买价部分一般可以归于被收购公司的油气储量，而这部分的征税基数等于买价的剩余部分。买价一般都可以根据单位产量进行冲销。收购的油气储量部分可以计入石油公司价值的主体部分。在收购研究中会预测将来的油气储量，因此需要掌握下列信息：追加的开发、勘探钻井、注水采油或提高采收率法采油。

8.4.2 收购的会计问题

收购的会计复杂程度不亚于税务和法律因素。在此只作一个简单的概述，反映的是美国的会计问题。各国在这方面的法规各异，并会随时间而变。在2001年之前，无论联营会计方法还是收购会计方法都可用于并购，但此后美国只允许使用收购会计方法。

8.4.3 联营会计方法

虽然在美国已经不再使用联营会计方法，但也应对其有一定的了解。在使用联营会计方法时，资产按照前一个所有人的帐面结存价值进行结转。而收购会计方法则要求采用“公平市价”。这可以防止因固定资产以远低于公平市价的价格记账而从折旧中获得收益。

8.4.4 收购会计方法

在收购会计原则下，收购成本由所给定对价（consideration）的公平价值或所获得的资产价值所决定，以这两者中更清晰明了者为准。成本的一部分随后根据特定资产和负债的公平价值，分配到单项资产上，得出现值。能够被识别和命名的无形资产也有公允价值。超出公允价值的成本归于商誉。商誉在随后的每年年底进行评估，以确定是否有潜在的价值缩减可能。

8.4.5 并购中的尽职调查

尽职调查指的是对相关信息的分析，是并购过程的重要组成部分。尽职调查一般是在交易条款已经讨论过并已达成一致之后进行。然而，在达成确定的交易条款前，部分调查可能已经完成。在收购案中，尽职调查主要是买家的责任。在受盘公司利用本公司股票进行支付的并购案中，双方都要进行尽职调查。这种调查是一系列协同的活动和分析，由一个团队完成，由买家出资，目的是详细检查被收购公司的资产、财务记录、契约责任以及其各种业务领域的过程和系统。尽职调查的人员构成一般既有公司内部的和外聘的会计师和律师，也有受盘公司各个业务领域的代表。根据每桩并购案的具体情况，外聘专家或顾问可能参与一个或多个业务领域的调查。调查团队在正式调查过程开始时组建。团队中会包括以下业务领域的一名或多名代表(根据具体情况而定)：会计、公司发展、客户合同、工程、道德与规范、地质和地球物理、人力资源、HSE、投资者关系、知识产权、信息技术、法律事务、运营、不动产、储量、风险管理、安保、供应链、税务、财政。

尽职调查团队成员应在各自负责的领域对调查对象作出全面审查。除了其他事务外，团队成员还应在其专业领域内完成如下任务：查看被收购公司的主要设施；会见管理层并与之面谈；在不违反保密原则的情况下，与被收购公司的顾客、供应商和商业伙伴接触；审查合同、内部流程和规定，以及尽职调查文件所要求的其他材料；将所有收到和审查过的文件归档；如认为必要，对目标进行跟进询问；编写本人所负责领域的正式尽职调查报告；各领域调查小组的负责人应撰写一份报告，并可能需要在最终的尽职调查会议上向执行发起人和调查团队中的部分成员做口头报告。

8.4.6 估价

本部分将介绍一些概念性的意见，帮助确定一家将被兼并或收购的企业的价值。第一条意见是：在判断兼并或收购对象的财务吸引力时，现金流是一个重要的标准。在其他形式的经济评价中，比如一项新的业务，净现值或贴现现金流投资回报(DCFROI)指标是最有意义的。被兼并或收购公司的增量现金流是经济评价的基础。

然而，收购案的增量现金流的本质不同于油藏工程师所分析的正常增量现金流。与兼并或收购相关的增量现金流，不仅仅是目标公司在没有被兼并或收购时的现金流。受盘公司和出盘公司之间的增效作用可能会产生增量现金流，但单凭买方或卖方各自的力量都是无法产生增量现金流的。一些金融理论专家称，增效作用是进行兼并或收购仅有的正当理由。这种增效作用产生现金流的原因有很多。成本节约是一个常见的原因，或许合并后的组织规模增大，能够捕捉此前对任何一方来说都太大而无力把握的机会(临界规模)。无论起因是什么，开展经济评价工作的分析师应将这种增效作用产生的现金流纳入其研究范围。

第二个意见是关于估价方法的，应使用收购对象而不是受盘公司的资本成本(贴现率)来确定收购对象的价值。这样做的目的是获得与金融证券市场(备选资金来源)一致的估价。最后一个意见涉及的是兼并或收购对象的估价，受盘公司只能购买收购对象的资产净值——银行和其他债权人已经拥有债务了！

从概念上讲，一家企业的价值可以被认为是其净现金流的现值，在有增效作用的情况下，还包括增效作用。即：

$$V=\sum_{i=0}^{N}\frac{\mathrm{NCF}_i}{(1+\mathrm{COC}_{\mathrm{candidate}})^i}$$

其中，NCF_i是第 i 期的预测净现金流，$\mathrm{COC}_{\mathrm{candidate}}$是被收购公司的资本成本(贴现率)。

根据定义，企业的价值等同于其债务和资产净值的市场价值，即：

$$V=D_{\mathrm{m}}+E_{\mathrm{m}}$$

因此，要确定受盘公司愿意支付的最高价格(基于精确的假定)，需从企业的价值中减去其债务的市场价值，即：

$$V_{\max}=\sum_{i=0}^{N}\frac{\mathrm{NCF}_i}{(1+\mathrm{COC}_{\mathrm{candidate}})^i}-D_{\mathrm{m}}$$

第 9 章　职业精神和职业道德

9.1　什么是职业

职业是指从业人员在接受专门教育和培训后从事的事业或工作。职业的目的是提供客观的专业建议或服务，获取与其他商业收入不相关联的、清晰规定的收入。我们这里提到的职业包括会计、土地测量、医学、牙医、精算学、法律、建筑和工程等。这些职业具有多个共同的特性，包括：全职工作；须进修过专门的课程；由地方性和全国性的协会管理；拥有专门的职业行为守则；拥有州或其他政府制定的执照规定。

各州的监管机构对职业的执业行为有管理权，同时对进入职业的人员有决定权，从而限制了人员进入此职业业界的通道。这赋予了在此行业内执业的有限垄断权。例如，如果州政府或者其他政府机构要求由医生来批准某些种类药物的处方，那么医生所需的培训、测试和执照获取等就是某种有限垄断。同样，如果要求由拥有执照的职业工程师来证实某个文件或建筑设计合格，就对能从事这个职业某些方面工作的人设定了限定条件。

想象一下，如果公司聘请那些没有经过专门教育并获得相关执照的医生或律师会发生什么。他们只能参与公司内部的、没有公共影响的活动，不能享受职业给他们带去的特有权利。我们会认为这种情况是很不寻常的。但是在石油工程行业中，这其实已经成为惯例！对于不提供公共工程服务的公司，大部分州不要求供职于这个公司的工程师必须拥有执照。加拿大的做法则大相径庭，几乎所有的加拿大石油工程师都力求获得执照。有些人将有执照的职业工程师称为“注册”工程师；不过，获得执照的说法更加准确的传达了这个概念的含义。本文作者认为，执业工程师应获取职业执照。

9.2　职业道德

在本部分我们会谈及工程行业的职业道德，我们将主要关注对油田工程师来说最为关键的具体问题。石油工程师学会(SPE)是代表石油工程师的最大的职业组织，学会中的石油工程师数量超过所有其他组织。SPE 的使命是：“…为了公众的利益而收集、传播和交换有关油气资源勘探、开发和生产以及相关工艺的技术知识，并为专业人员提供提高自己技术水平和专业竞争力的机会。工程师职业道德是工程师的职业行为标准，包括工程师对公众、对雇主和客户，以及对工程职业的责任。石油工程师学会职业操守指南总结了这些责任。”

9.2.1　职业操守指南

前言：工程师们认识到，工程的施行对所有人的生活质量都有非常重要的影响。工程师应展示高水平的职业素养，诚实、正直、公正无私；处事公平、合理；在进行职业活动和行为时，遵从所有适用的法律，保护环境，并维护公共福利。这些是为大众、客户、雇主、同事和本行业的利益服务时的指导性职业行为准则。

基本原则：工程师是一位专业人士，他为所有使用工程服务的客户提供符合道德标准的专业服务，并致力于改进自己的专业能力，提高服务水平，保持公平，作出依据充分的判断，并在执业过程中保持基本理念，即保护环境，维护公共健康、安全和福利。

9.2.2 职业行为总则

工程师在符合其能力和经验的领域内提供服务，并须提供所有的资格证明。

工程师能够认识到其工作所带来的后果以及连带产生的社会问题，并致力于增进公众对工程与社会之间关系的理解。

在提供信息和发表公开声明，涉及专业事物和职业角色时，工程师要诚实、尊重事实、遵守道德和公平。

在涉及职业交往时，工程师不应有种族、宗教、性别、年龄、民族或族裔、服饰或残障歧视。

工程师在为每位雇主或客户提供职业服务时，应是忠诚可靠的代理人或受信托人，没有必须的许可，不得透露任何现任或前任客户或雇主的专利或秘密商业事务或技术流程。

工程师应向受影响方告知任何已知的或潜在的利益冲突或其他情况，以免影响或可能影响其判断，或损害公平或其行为水平。

工程师有责任在其整个职业生涯中不断提高自身的专业能力，并有责任鼓励同事共同提高。

工程师对自己的行为负责；寻求和接受对自己工作的批评；对其他人的工作提出中肯和建设性的批评；正确评价其他人的贡献；对于不是自己所做的工作，不要归功与自己。

在意识到自己的职业任务会对现在或将来的公共健康和安全产生不利影响时，工程师应对雇主或客户提出正式建议，如果获得授权，可以考虑进一步披露信息。

工程师应寻求采用技术和经济措施，来尽量减小对环境的影响。

工程师应与其他专业人士组成多学科团队，协作增效，增加其产品的价值。

工程师应在工程执业过程中遵守本国、本地区或本州法律法规中有关工程活动的所有适用的法律条文和基本道德准则，并支持其他人也这样做。

——董事会批准，2004 年 9 月 26 日

石油评价工程师学会(SPEE)还公布了一份涵盖甚广的道德文件(http：//www. spee. org/images/PDFs/ReferencesResources/SPEE%20Discussion%20and%20Guidance%20on%20ethics. pdf)，其中包括了对专家证人问题的讨论。州执业资格董事会经常提供执业道德指南和培训。

对工程师在执业过程中或充当专家证人时常见的道德问题，石油工程师学会总则和原则中都提出了意见。在向“公众”或客户提供服务时，工程师永远不能尝试在不属于其专业的职业领域执业。工程师必须公布其全部和详细的资格和经验。工程师的简历应随时更新，这样做并不是为了另寻高就，而是为了能够准确地总结其本人的经验和能力。在大型石油公司工作的工程师很有可能被要求从事专业领域之外的工作，在他的雇主了解他的工作经历和知识积累的情况下，他当然可以这样做，但是在获得更多经验之前，他不应该担任这种不属于他原本专业范围的项目的主要负责人。顾问工程师在没有完全获得资格之前，一定不能提供工程服务。

工程师必须仔细挑选雇主或客户，防止哪怕是表面上的利益冲突。这样的冲突可能在细微之处发生，有时候对于工程师来说不存在利益冲突的地方，对客户来说却是如此。因此，尽早处理潜在利益冲突问题是非常重要的。你是否参与了挑选卖方的决策过程，而你的亲属或密友却是卖方的雇员？你是否持有潜在商业合作公司的股票(一般情况下是在共有基金之

外)？你是否曾经接受所在公司潜在商业合作公司的高规格接待或其他有价值的物品？在过去的一个案例中，一家石油公司的雇员甲经另外一家石油公司的工程师乙推荐，成为一个重要石油工程师学会奖项的候选人，而之后乙参与了一场同甲的谈判。假如你是甲的上级领导，你会想知道是乙推荐了甲么？

9.3　工程师作为专家证人的相关问题

有一则讲专家的老笑话。专家(拼写做 expert，发音类似 ex-spurt)的定义被分割为两个部分，“ex”的意思是“曾经经历”，“spurt”的意思是“在高压中汗如雨下”。实际上，“专家”指的是拥有专业技能和专门知识的人，其他人可以信任专家的工作和意见。在很多种情况下，工程师，特别是油藏工程师会作为专家，应要求提供专门知识、建议和证词。这些情况可能包括为监管机构提出建议，在诉讼中提供证据，在仲裁或调解中提供意见，或在政府机构颁布法规或展开调查之前提出建议。在上述每种情况下，工程证据可能最终影响重要决策的制定，这些决策对工程师的雇主或客户的财务影响可能大大超过单纯的技术建议的价值。无论工程师多么聪明，受过多高等的教育，多受公众关注，作为专家，他或她的信誉和沟通技巧是最重要的。

需要油藏工程专家证词最多的情况是诉讼。与仲裁案件甚至有争议的监管听证会相比，提起法律诉讼的数量要多得多。在诉讼中，可能有一个或多个原告，和一个或多个被告。各方都可以聘请多个领域的专家。作为专家，油藏工程师通常被要求说出他对一些事实的解读，和他认为某些活动或未能成功实施的某些活动是否符合某些(通常为法律定义的)标准。他可能需要应要求估算储量(无论是证实储量、概算储量、可能储量或其他定义下的储量)和某项资产的价值。他还常会需要应要求预测某些租约下曾经有过的或现有的可采油气的数量或价值，以及各种行动可能产生的影响。他也有可能被要求在他的专门知识领域内作出假设，推测在另外一种情景下可能具有的价值。本文作者之一在 20 世纪 30 年代早期曾被要求说出当时学界对储层非均质性的认识水平，以及这种认识水平对油气开采的影响！

作为专家证人，最重要的就是说出真相。油藏工程师在向非专业人士解释自己对油气系统的理解时，可能需要类比或简化。但是最关键的是，永远不要背离真相。

以上说到的这些观点都不是随意提出的。每个观点都可能是其中一方战胜另外一方(或至少最大程度的降低损失)的策略中的一环。有些事情是工程专家必须认识到的。作为一名专家你的工作不是为你所在的一方辩护！你的工作是利用你的专门知识，提出清晰且有说服力的证词，证明你所作出的结论是正确的。作为专家证人，最重要的部分就是说出真相。油藏工程师在向非专业人士解释自己对油气系统的理解时，可能需要类比或简化。但是最关键的是，永远不要背离真相。

你的工作也包括指出“另外一方”的事实性和技术性错误。这样做肯定是有风险的。如果专家被察觉到为其中一方辩护，那么他会面临失去他自身信誉的风险。最容易让人对专家的独立性产生质疑的，是反复或无理性的攻击其他专家的工作，哪怕对方的工作再糟糕也是如此。

在顾问被聘请作为独立专家的时候，他们通常收到代表客户的律师支付的聘用定金。但是要记住，你不“代表”客户。律师代表客户，而且在你提出证词的时候，他们并没有宣誓。哪怕是在代表自己的雇主以专家的身份作证，你也必须能够经受住对方律师对你的信誉和你的结论的询问。对方律师经常会暗示，由于你受雇于你的雇主，你很可能为了帮助雇主免于极为不利的诉讼结果，为了不在你的职业生涯中留下“污点”而说或做任何事情。你要能够有力的表现出自己坚持承诺的立场，和你说出的是无可争议的真相。

在一些情况下，油藏工程师可能不是以专家身份，而是以其他身份上庭作证(通常是宣誓作证，但也会是在审讯中)。事实证人提出证词证明他们所知的真实事实，不提供观点。对方律师很有可能试图引导事实证人说出专家观点，虽然事实证人没有这个义务。公司雇员也常会被要求上庭代表他们的雇主回答问题(质询)和证明某些记录的真实性。

9.3.1 信誉和证明

想要建立信誉，证明是不可缺少的。没有必备的证明，你无法作为专家出庭作证。你应该准备一份及时更新的简历，在其中强调你的教育背景、经验、特殊执照、出版物、职业协会会员身份和活动、获奖情况等等。专家证人的简历与工程师的求职简历不同。专家证人简历的唯一目的是说服看简历的人，这位专家完全具备对其手上的案子提出观点的资格。

专家证人简历不应有任何印刷错误，且应避免夸大其词。特别是专家应该避免招摇的在简历中提起之前参加过的胜诉的案件。例如：“我曾在十个诉讼案件中出庭作证，我的客户胜诉并获得超过 2 亿美元。”这表面上看起来很不错(而且聘请专家的律师很可能对此产生深刻印象)，但是对方律师可能利用这点诘问专家，质疑他是辩护人，而且会为了保持自己一方的胜诉记录而愿意说或做任何事情。

在有相当水平的职业协会或类似组织的活动也很重要。同行的认可，同行评审的论文，作为带头人或组织者参与的讨论会和论坛，都能够提高专家证人的简历水平。这些活动的影响还不仅限于此。参与这些活动让专家能够结识其他职业人士，而他们有可能是某个领域的专家。他们可能将咨询工作推荐给你，或者成为很好的信息来源。与非专业人士不同，专家证人一般都有分析和评价其他人的专门知识水平的能力，并且可以提供可靠的“道听途说”的证据。在诉讼中单独作证的工程专家最好依照惯例进行一些咨询，避免被贴上“职业专家”的标签，让同行对你产生不利的看法。

由于专家证人的信誉极为重要，所以必须要重申工程师要注意的几个道德问题。作为专家证人的工程师不得在其专业领域之外作证。这点的重要性无论怎样强调都不过分。有的工程师可能会“跨界”，即因为种种原因跨出了他们真正的专业知识范畴。

专家证人所做的每一件事情都将最终影响他本人的信誉。应对下面的事实有所准备：对方律师有可能找到你在博客、论坛、社交网络登陆界面、网络视频、过去的证词或报告、给编辑的信，或任何其他会场说过或写过的任何东西，并可能将这些当作让你难堪、反驳你的论点、或其他挑战你的信誉的武器。这些武器还可能包括你的不寻常的爱好，极端或哪怕是温和的有争议的组织的成员身份等。试图推销自己的行为会让专家看起来像辩护人，招摇的提及专家的胜诉经验也会损害其信誉。

9.3.2 报酬和支付

专家证人一般按小时或天计算报酬，并须公开报酬数额。如果专家的收费与其他专家相比较低(哪怕是远超陪审员的薪金)，陪审团可能不会重视这位收费低的专家的证词。准备充分且专业水平很高的专家收取高额报酬，一般不但不会影响陪审团对他的看法，实际上反而可能加深陪审团的印象。如果某位专家的收费比其他所有专家的收费都高出很多，可能会使陪审团产生对其不利的看法。但是不管怎样，支付账单的客户会希望专家的收费在合理的限度内越低越好。

对专家的报酬限于他所付出的“时间和材料”。不应存在“有风险”的报酬，即按照案子结果而支付的报酬。原告律师接案子的惯例是在胜诉的情况下获得所有或者大部分的报酬。由原告律师聘请的专家不应按此方式接受报酬，因为这种条件会让人觉得(也许不是事实)他的证词的公正性会受到影响。

此外，专家应坚持要求按时收到报酬，这很重要。如果原告或一家小型公司拖欠专家一大笔钱，那么对方律师可能会对此大做文章。例如：

问：那么工程师先生，你刚才提到，迄今为止原告公司尚欠你约21万美元，对吗?

答：是的。

问：这对你来说是很大一笔钱吗?

答：嗯，是的。

问：那么如果原告公司无法在本案中胜诉，你可能就拿不到这笔钱了，对吗?

答：我相信我会收到这笔钱的。

问：那对你来说真是很不错啊。但是如果原告公司胜诉了，支付你的报酬就不会有任何问题了，对不对?

答：就像我刚才说的，我相信我会收到这笔钱的。

问：但是很明显，为了拿到这笔对你来说“很大的一笔钱”，作证对你来说是有财务利益的，不是吗?

为大型咨询事务所工作的工程师专家面对这种情况的可能性会小于为拥有较少客户的小型事务所工作的专家。工程师专家可以采取的一个办法是收取合理数额的“预支定金”。一般来说，预计的月度支出是合理的数额。或者，坚持要求聘请专家的事务所或公司及时支付报酬，通常是在30天内。

9.3.3 专家报告

大部分专家都会被要求撰写专家报告。这种报告与普通的技术报告不同。可惜的是，在很多石油公司，撰写技术报告的技巧在逐渐消失，而E&P(原本是exploration and production探勘与生产的缩写)越来越多的代指“电子邮件和多媒体(email and PowerPoint)”。典型的专家报告会为诉讼提供参考资料并提供如下信息(但不限于此)：专家的资格；形成观点所涉及的信息和材料；报酬；背景事实；观点总结；专家观点的基础(凡是支持观点所需的，就可以并应该有)；签名，并常伴有“工程执照”印章或印记；专家证人简历；专家曾作证过的其他审判案件或宣誓作证案件(如果有要求的话)；支持观点所需的表格和数据。

专家报告应提供专家想要作证的每一个观点。在实际操作中，在报告完成后才形成的紧密相关的观点是有可能提交给法庭的。专家证人将进入法庭，对方律师会要求他们一方的专家或是正式反驳报告，或帮助律师在宣誓作证和/或上庭期间找出其中的失误。专家将被反复盘问，或被长时间地问及报告的细节。

专家在形成观点的过程中必须全面深入的分析事实。在可能的情况下，他要到现场去或研究问题涉及的油气井或工具，仔细记录所观察到的结果。他必须坚持要有足够的时间来确切地表达观点，证明自己的观点站得住脚，很有说服力。聪明的专家不会接受预算低或时间紧的案子，因为这无法保证他完成自己的工作。接受这样的工作一定会导致专家的观点不如正常情况下那样深入全面。而这种观点将很难有说服力，或站得住脚。

专家应谨慎地将结论清晰的陈述出来，并用必要的事实支持结论。你作为本领域的重要专家的身份并不足以达成结论。必须清楚明白的讲述支持结论的事实和假定，让它们能经得起对方律师的反复盘问。对缺少专家证人经验的高级技术人员来说，这可能有些难。

专家工程师不是律师，不必了解法律的细微差别。但是，工程师必须完全了解相关法律，确保自己的结论能够达到法律规定的标准。如果对方律师用你不熟悉的法律行话向你提问，你可以要求他解释其含义，或至少在回答问题的时候，把“从法律门外汉的理解来说”作为开场白。一定要注意，工程师不要在报告中使用他自己不能完全理解的法律用语和/或技术行话。在一个案例中，一位专家被询问到他在自己的结论中使用的一些法律用语。他无法解释这些用语。他是接受了律师的建议才在报告中使用了这些词汇。实际上，律师帮他写了其中的一些句子。随后，对方律师提出：“报告中还有哪些句子是你的律师给你写的?”这样让他难堪的问题。

在被问到一项发明的时候，证人本来只是上庭去描述这种技术是怎样使用的，但是律师盘问毫无准备的证人，让他解释包括如下词汇的术语：“不当实验(undue experimentation)”和“易见性(obviousness)”。证人没有意识到这些术语在专利权法中有特定的法律含义，回答了这些问题(无视本公司律师的反对)，但是他的回答与法律定义不一致。

你可能不得不在撰写专家报告的时候几易其稿。不要撕毁你中间的草稿。事实上，本文作者的做法是不写任何草稿。在写报告的过程中，文件随着观点的形成不断添加、编辑和更新。不向其他人提供报告草稿的复件，也不打印出来。在报告完成前，聘请专家的律师可以通过用专家的电脑，或是在他们的办公室内用投影仪，或者通过远程桌面浏览软件(如Webex，GotomyPC等)阅读最新的版本并提出意见。律师们还有可能要求你出示任何提及的修正版、附件或说明。你可以很容易的解释你为了解释观点的某一部分加了几句话，或根据他们的建议重新组织了文件的顺序。全盘接受律师的编辑，修改内容(特别是消除其他可能的理论这样的做法)是不可接受的。

9.3.4 宣誓作证

大部分诉讼不会开庭审理，很多通过“宣誓作证”过程处理。宣誓作证是指在庭审前发誓作证。总体来说，专家在宣誓作证期间只会被对方律师提问，而“他的一方”的问题到出庭才会问。专家的宣誓作证过程将由法庭记录员和(现在越来越普遍)录像人员记录下来。在庭审的时候，宣誓作证过程可能被回放(如果有录像)或朗读。如果专家在庭审时说“我不确定是否能有人精确地估算那个数值”，他下一刻可能就会看到他自己在电视中说：“我已经估计出那个数字，我相信它会在40%~50%这个范围内。”宣誓作证的证词一定会被打印出来，专家有一定的时间来更正法庭记录的错误。不要放弃你检查和更正记录的权利，然后在证词记录上签名。

曾经有很多律师持有这样的观点，即：“你是无法在宣誓作证中获胜的，你只会输。”随着法律辩论越来越复杂，宣誓作证的证词在立案申请和宣誓作证后、开庭前的其他诉讼程序中的重要性增强。由于大部分案子根本不会开庭审理，在宣誓作证中达到“立案”目的就显得越发关键。很多案子在宣誓作证程序中就已分出胜负。无论是上庭作证还是在宣誓作证中，专家都应仔细听问题，用足够多的时间来考虑答案，并精心回应。虽然也会有一些必须迅速和有力回答的问题，但是这种情况并不常见。

专家应记住，在几乎所有的案件中，与他合作的律师都不能代表他。专家通常不由律师代表。聘请专家的律师代表客户，一般会在宣誓作证过程中提供一些协助。专家也许有权利但也许无权利与律师交谈(避免证词成为“工作产品”)，而且专家可能不得不为与律师或其他人的谈话作证(如果被问及)，甚至包括他们在庭下的谈话。

在宣誓作证期间，在任何时间都不要羞于提出暂停休息的要求，你可以在休息时间伸展下双腿或去下卫生间。反方律师可能会利用很多巧妙和不那么巧妙的方法来让专家感到疲惫、愤怒或困惑。不要试图主动提供无关信息或帮助律师确切的表达问题。不要"同意"用任何方式限制你的回答，但是要特别注意，不要对"是的"、"不是"或"我不知道"这样的回答表示同意。不要把证词遗忘在办公室，而只带那些他们要求你带的文件。你一般要出示某些文件，那么你就必须要准备好那些文件。你可以按照你平时组织文件的方式出示它们，一般来说没有必要在出示的时候按照特别的方式组织这些报告，尤其是当这种方式与你平时办公时组织文件的方式不一致的时候。

如果同一份报告的不同副本存在任何差异，你可能必须提交所有的副本。如果你有一份对方专家的报告，上面有你的笔记，你可能也得提供这份报告。所以记住，在特别糟糕的结论旁边写"真是个笨蛋"之前，记得这份报告有可能成为呈堂证供。

9.3.5　直接诘问

虽然大部分案件不会开庭审理，但专家证人要准备好在诉讼、仲裁或相似情况下在陪审团、专家小组或法官面前接受诘问。虽然一些案件(取决于具体国家和法律体系)特别是知识产权(IP)案件一般由法官听审，很多民事案件仍旧由陪审团判决。虽然法院审判规程不属于本文详细讨论的内容，但是其中一些部分是与专家证人密切相关的。绝大部分石油工程专家是在民事或立法案件而不是刑事案件中作证(我们希望如此)。在这些案件中，原告(在立法听证中称作申请人)通过直接诘问一系列证人，包括专家证人的方式，向法院提出立案。

不要把这个看作一场智力的战斗……你不是在努力"获胜"，而是要说服法官或陪审团，你获得结论的理由充足，可以据此判断事实。

直接诘问包括律师向证人提问一系列的问题，证人回答。律师不应当陈述证词然后问证人："这是正确的，难道不是吗?"在有些法庭，律师可以询问涵盖范围很广的各种问题，而证人也可以用较长时间详细解释他的理论、设想、方法和结论。允许专家向陪审团解释的直接诘问的例子包括：

问：琼斯博士，请你向陪审团解释一下水力压裂是什么，它的工艺流程，以及为什么你确信 XYZ 公司操作失当?

答：首先让我来回答有关水力压裂是什么的问题。卡顿瓦利(Cotton Valley)组砂岩气藏中的天然气是本纠纷中涉及的主体。它们赋存在地表以下 10000ft 深处砂岩的非常细小的孔隙中。我有一份这种砂岩的样品。你们可以看到……

问：因格莱森女士，你确信被告不当地对 Slippery Rock 组上段和下段地层进行了合采吗?

答：是的。

问：请说明你的观点。

大部分法庭允许进行"论证展示"，例如数据记录和地图的放大复印件、三维物理模型，以及详尽而复杂的计算机动画。专家必须确定他使用的任何论证手段都能够清晰明了且易于理解地传达他想要表达的信息，而且能够无误的运行。依据本文作者的经验，如果过多地使用详尽而复杂的 3D 动画，陪审员会感到厌烦的。对那些不熟悉油藏模拟、压力瞬变分析或其他可能用到的技术的陪审员来说，能证明某个具体观点的正确操作的有形展示是非常有说服力的。

直接诘问对专家来说应该是意料中之事。律师应该已经提前帮助专家排练过可能的问题和回答；但是专家不应该明显表现出他排练过了。专家应该用手指拿着文件，在举例说明假定和结论的时候把文件翻回前页。

9.3.6　盘诘

在直接诘问之后，对方律师有权向专家提问。在这种诘问过程中，使用的规则和方法各不相同。对方律师可以诱导证人。如果专家没有直接回答问题(常见的策略)，盘诘律师可能会反复的问同一个问题："……那么我会继续问这个问题，直到你作出你的回答，而不是你的律师让你做的回答。"要注意，在盘诘过程中，律师可能看起来友善、怀着敌意、让人无聊或让人困惑。与在陪审团面前实际作证相比，宣誓作证时的场面有时会显得很有戏剧性。不过对有充分准备的专家来说，盘诘从很多方面来讲都是其工作中最容易的部分。不要把这个看作一场智力的战斗或一盘国际象棋对阵。你不是在努力"获胜"，而是要说服法官或陪审团，你获得结论的理由充足，可以据此判断事实。专家应记住如下几点：

(1) 非常仔细的听问题，然后回答所提的问题。你可能会感到奇怪，律师常常只是作出陈述，实际上没有问真正的问题。更多情况下，他会同时提出很多问题，你要确定你在回答哪个问题。

(2) 不要在回答中主动提供额外的信息，除非你确定额外的信息对传达你的结论是必不可少的。

(3) 不要被迫给出"是"、"不是"或"我不知道"这样的回答。如果给出是或否这样的回答会对陪审团造成误导，你可以说你需要给出一个完整的答案，否则会造成误导。

(4) 哪怕律师(看起来好像)在确切表达问题时有困难，不要试图"帮助"他。

(5) 在回答问题前稍候片刻，给你的客户的律师提出反对的时间。他的反对理由可能对你有用，有些反对是由于各种法律原因而作出的。

(6) 在庭审案件中，听提问人的发问，但是要面对整个陪审团回答问题。让他们认为你可信才是最重要的。

(7) 在回答问题时，既不要表现出讽刺，也不要显得很屈尊。这样的表现几乎一定会让陪审团对你产生不好的印象，而且可能返回来对你造成打击。

(8) 开门见山，直指观点。尽量不要卖弄聪明，对问题避而不答。

(9) 把复杂问题简单化。即便陪审员对特定问题基本一无所知，且本身教育程度各异，工程专家需要能够将复杂观点用简单易懂的方式讲授和解释给他们。

(10) 回答整个问题。如果盘诘律师在你完成回答前打断你，你完全有权利说"我还没有回答完毕"。

(11) 如果你必须批评对方专家的工作或结论，批评的言辞要清晰明确，解释他们的错误或有缺陷的假定。

(12) 除非你有确实证据，可以回答对方的反问，否则避免批评他们本人、他们的名誉或他们的证书。

问：那么史密斯博士，我方客户宣称，你代表的客户马斯夫石油公司越过租地边界钻井盗取我方油气，我方专家琼斯先生对你方盗取的油气量作出了结论，而你之前说到琼斯先生在这些结论中犯了无数的事实性错误。你和你的律师是否试图说明琼斯先生没有能力正确计算数字，或者你们认为他是个骗子？或者这只是两个专家持有不同意见，真相可能存在于这两种结论之间的某个地方？

(这个问题出自真实案例中的真实问题。专家的回答中长处是哪些？短处是哪些？)

答：在我回答你的问题之前，需要澄清几个问题，以免我的回答对陪审团造成误导。你提到“我的律师”和“我代表的客户”。DC&H 法律事务所聘请我提出观点，判断在本案中是否存在任何油气排泄，如果存在，排泄量是多少；这样的油气排泄是否会造成任何伤害，如果有伤害，伤害的程度如何。他们不是我的律师，我也不代表这个公司。从我之前的科学分析和结论你已经知道，我不认为存在任何盗取油气的行为，我已经展示过，马斯夫石油公司没有越界钻井。至于你有关琼斯先生能力的问题，我注意到他既不是石油工程师学会的会员，也不是持有执照的石油工程师。根据他的背景和经验，他是一名设备工程师。我没有从他的简历中看到任何负责储量计算或经济评估的工作经验。我的综合三维油田模拟是基于周密建构的静态模型，而琼斯先生使用的方法是在地图上计算面积比率，他的方法没有考虑地质构造的变化性，从理论上就是不正确的。因此，虽然琼斯先生是否有能力进行正确的计算尚不可知，但是我不相信他有评价我的工作或开展相似工作的经验。至于你的第二个问题，我不认为琼斯先生和我的结论之间的不同可以被称为两个专家之间观点的相异。我的结论是基于可靠的科学依据作出的，而在盘诘琼斯先生后，他的结论很明显是基于理论和实际上有缺陷的近似值作出的。

(13) 如果允许，你可以站起来通过绘图或推导来回应对方提出的问题。一次，在被问到(无论是出于什么原因)一大堆相同大小的球体的孔隙度是多少的时候，本文作者之一回答道："我不记得具体数字，但是我能够推导出答案。"对方律师很欢欣的同意了，并提供了一块陪审员们都能看清的大书写板和几支马克笔。在专家成功推导出这个简单的等式后，对方律师的士气明显低落起来，陪审团注意到这点，全部接受了专家的结论。

(14) 哪怕你不能绘图或推导，最让人印象深刻的专家会找到合理的方式跳出证人困境。有效的视觉辅助和说明性的例子所造成的影响会让专家建立信誉，帮助陪审员记住专家的证词。所有的说明方式在操作时必须没有缺陷，所要传达的信息也必须清晰明确。

(15) 一般情况下你应该接受你的律师的建议，但是记住，你是专家，你的行为是独立的。一位专家花了整个上午做了一通绝妙的直接证词。在回到法庭接受盘诘的时候(在被提示他仍旧在誓言约束下后)，他把他的西装扣了又解开，直到坐下前才停止。在落座时，他对陪审团微笑，并进行了短暂的眼神接触。盘诘过程如下：

问：伦琴博士，我注意到在坐下之前你解开了西装扣子，并且还在刚落座后向陪审团微笑了，是不是？

答：是的。

问：是德威先生或你方其他律师告诉你这么做的吗？

答：呃，是的……差不多，好吧，是的。

问：没有其他问题了。

带有数字标号的列举式回答是非常好的回答方法。这种方式向陪审团展示了你的结论是有事实依据的，而且也很容易理解。

问：那么马斯卡特博士，你实际上并不确定考那舒特(Cornershoot)石油天然气公司的水平井是否越过了租地边界，是不是？

答：实际上我可以。有五个理由，即：原始方位调查很明显的显示，井眼轨迹从未越过租地边界；已经反复调查了涉案井眼，虽然这些调查不能完全覆盖整个井眼轨迹，但是也已覆盖了水平井段的一半以上，而且所调查的井眼轨迹与原始井眼方位完全一致；第三，为了……

9.3.7　知识产权

虽然知识产权指的是包括版权、商标等在内的一系列权益，对于身为专家证人的油藏工程师来说，知识产权与专利权是同义词。专利权由政府向一个或多个发明人颁发，目的是鼓励和奖励创新。专利权是指在一段时间内使用受专利权保护的任何东西(无论是封隔器的设计还是优化石油开采收的工艺)的排他的法律权利。专利权的拥有人可以独家使用它，也可以准许其他人使用，或甚至仅是阻止其他人使用。发明人需要公开专利权的部分细节，有相当才能的读者不需要开展“过多实验”就能复制专利工具或工艺。

专利权法本身有成套的术语。有些普通的单词在其中具有特殊的法律含义，例如“显而易见性”或“实验法(experimentation)”。不那么常见的词汇，例如“工艺中的普通技能之一(one of ordinary skill in the art)”指的是某个特殊的法律定义，专家可以在“马克曼听证”或类似活动中寻求帮助，了解权利主张和专利权用语的真正含义。这些特殊单词的含义在决定专利权的有效性或侵权是否存在上往往十分关键。

9.3.8　伪科学(Junk Science)

作为专家，工程师作出结论的基础，必须是已经被确立的和被广泛接受的科学和工程原理。“伪科学”会被法官拒绝，不允许在陪审团面前出现。有可能属于不可接受证词的例子包括：不是基于同行审定的和已经公开的方法而提出的方法论的相关证词；错误率无法预计的方法论的相关证词；无法用已被接受的科学原理验证的方法论的相关证词；没有被科学界普遍接受的方法论的相关证词。

仅在其他法律案件中使用过的方法论尤其不可信。在美国，各种法律问题都会产生，在这种大环境下，专家证词遇到的难题常被叫做“道伯特案的挑战(Daubert challenge)”或“弗赖标准(Frye test)”，前一个叫法越来越常见。全世界的缜密的法庭都采用相似的法规排除不确定的技术和伪科学。法官往往是判定道伯特案的挑战是否成功的唯一决定因素。如果一位专家工程师在这样的挑战中失败，那就意味着他可能不再能成为专家证人，因为对方律师肯定会用各种方式提起这位专家的证词是如何“在某某案件中被当作伪科学扔出来了”。不过在少数情况下，专家随后会聘请自己的律师，开始一场道伯特案的挑战。

9.4　反腐因素

在谈论油藏工程师和道德的过程中不谈及美国外国腐败诉讼法案(United States Foreign Corrupt Practices Act)，即FCPA，那这个讨论就是不完整的。FCPA颁布于1977年，已经成为美国司法部的一个重要的执法工具，特别是在最近十年。很多执法行动集中在石油和天然气行业，特别是在一些以腐败著称的国家中油气勘探和生产活动数量增多之后。国际交易数量很多的大部分国家都有相似的情况，或者很有可能将要出现这种情况。

这个法令是美国在国际商业界减少腐败的一次尝试，惩处的是在参与美国之外交易时有腐败行为的美国公司和公民。对于美国的上市公司，其高级职员、董事、雇员、代表或股东，以及其他的美国公民为了获得或保留交易，或获得不正当商业优势而贿赂(或提出贿赂)的，FCPA将此视为犯罪。FCPA还有规定，要求公开交易的公司须有准确的账簿和记录，以及一个内部控制系统，确保公司的资产依据管理层的指示使用。

要注意的重要一点是，不仅是价值的转手可以导致违反FCPA的反贿赂规定。提出、计划或承诺付款或给予有价值的物品(甚至是在将来)也包括在FCPA的反贿赂规定范畴内。更重要的是，贿赂可以有很多种形式，包括支付金钱或其他有价值的物品，例如“以物代款”的物品或服务。为了影响外国政府官员的行为或使之不作为而贿赂、被迫付给回扣、给予或承诺给予任何有价值的物品等都会违反 FCPA 的规定。禁令还延伸到顾问、代理人或其他代表支付的钱物，在收到好处的个人或公司知道，或有理由认为这部分支付的钱物是用于贿赂或其他影响外国公共官员的情况下。代理人的不当行为通常被理解为雇用这个代理人的公司的不当行为。

在 FCPA 规定中的外国公共官员的定义非常广泛，包括了外国政府或任何部门的代理人或外国政府机构的官员或雇员。这其中包括了国有公司的雇员和皇室成员，这些人虽然没有“官方”权威，但是在政府企业或政府控制的公司以及外国政党中都可能持所有权或管理股权。规定中还包括了外国海关、移民和运输部门官员。

FCPA 不是那种言辞模糊，很少执行的法案。美国司法部一直在增加对美国公司和公民的执法力度，特别是在石油行业中。有些公司雇员、经理和高级职员可能了解足够的违反 FCPA 反腐败条款的知识，但是如果他们蓄意无视、故意忽视或有意不顾公司或其职员的刻意行为，就可能面临对出现不当行为的公司实体和相关个人的犯罪起诉。

在近些年，FCPA 的罚金数额大幅上升。在 2008 年底，西门子股份公司在一系列 FCPA 违法诉讼中败诉，被罚款 8000 万美元，并退回非法所得。哈里伯顿公司在 2009 年初同意向美国政府支付 5590 万美元以达成和解，原因是其前下属单位在建设一座天然气工厂时向尼日利亚官员行贿被起诉。大量的公司因在伊拉克“石油换食品”计划相关事务中违反 FCPA 而支付大量罚款。很多个人已经和正在因此被起诉并须服重刑。

公共官员腐败将导致国民失业，损害国家经济，无论从道德还是伦理上，这种行为都是让人深恶痛绝的。在全球工作的油藏工程师可能已经见到过从轻微到构成犯罪的腐败行为，因此必须对此做好准备，掌握足够多的相关知识并在行事中保持最大程度的正直。法规和情况会随时间而改变，工程师还应保持学习与他所受雇和所工作国家相关的法规。

9.5 道德丧失，道德困境

发生了什么问题，为什么？在公开的不道德行为增加到与诈骗发生频率相当的同时，还出现了大范围的道德倒退。下面是两个由真实案件启发而来的案件，为了保护犯罪人员的隐私，场景和名字都进行了虚构。第一个案子中存在大量问题，因此作为讨论的首个例子。其他的案子由美国国家专业工程师学会(the National Society of Professional Engineers)的版权案例改编。与 NSPE 案例有关的版权通告中指出：“这个意见是基于提交给道德审查委员会的数据，而且在应用于具体的案例时并不一定代表所有的相关事实。这个意见仅供教育之目的，不应被视为代表具体个体的任何道德观。这个意见可以在不经进一步允许的情况下重印，但前提是把这条声明放在案例正文之前或之后。”这些案例来自网站 http：//wadsworth. com/philosophy _ d/templates/student _ resources/0534605796 _ harris/cases/Cases. htm # Cases%20exclusively%20on%20the%20site。其原来的题名为“谁的证人”、“发放礼物”和“强迫的排序”。这个网站上有很多涉及工程的违反道德的案例。

虽然原本案例可能有或没有真实案例来源，这里讲到的三个案例全部为虚构。

9.5.1 案例：成功奖金所导致的非故意后果

劳瑞·川森特(Larry Transient)是一家公司的工程师，查克·斯崔克斯利普(Chuck Strikeslip)是同一家公司的地质顾问，他们都已经在这家大型石油公司工作很多年了。公司后来发生变动，要求他们搬到新址，否则他们就只能离职。他们都决定“接受一揽子补偿”，之后各自开办了自己的咨询公司。虽然他们的公司是分开的，但是他们共用一个办公室，也共享项目的常规工作。他们两个公司的发票也常常是混用的，还会随身携带同事公司的商务名片。

他们都根据咨询的时间按小时收费，但是查克把不接受咨询的时间花在勘探远景构造上，并且成功卖掉了其中的几个远景构造，获得了现金和佣金。投资人鲍勃·比格贝尔特(Bob Bigbelt)为了“进入石油行业”，聘用劳瑞和查克。他承诺每个月都付给他们两人一定数额的咨询费用，但要求这个费用按照咨询费用的“现行价”打折。鲍勃还口头承诺，如果他能获得一定级别的油气储量(证实储量和概算储量)，他会付给这两人大量奖金。劳瑞和查克在寻找鲍勃所想要他们找到的那种类型的远景构造方面并没有多少经验，但是他们都在职业生涯中“看到过很多”。

在毙掉很多交易后，查克在某拉美国家的一个闲置油田的下面找到了一个远景构造，根据地震资料来看这个构造非常复杂，但是(在第一次重新解释后)发现这个构造看起来很好，发育一条断层，而且三面都闭合。最近的油井大约在50mile以外，但产油层的深度接近，产量很高。可惜的是，他们拿不到附近油田的地震资料，最新的声波测井结果不仅没有解决已有问题，反而引发了更多问题。查克最初认为这仅仅是一个远景区。虽然如此，鲍勃欣喜若狂。他的投资人好像很愿意“赌一把”，要求劳瑞做了一个“成功案”的评估，(不出所有人意料)评估看起来非常有吸引力。鲍勃努力促成交易，他的投资人急着要看到结果。劳瑞观察到查克每修改一次地图，看起来都更好一些。查克现在把这个构造称为“可钻探远景圈闭”。劳瑞此前从没有对查克的客观性有过疑问，但是现在他有点担心。

要买下这个远景区，就必须买下老油田。鲍勃想要为油田做一个复兴计划。根据记录，在油田被废弃之时，一些油井的日产油量高达35~50bbl/d。劳瑞建议去油田实地考察，鲍勃谢绝了，因为他已经雇用了本地的保罗·普罗迪瑟(一个“勘探商”)去查看所有的东西。保罗也会享受成功奖金。鲍勃应该获得生产油田的“所有记录”，但是他拿到的是一些构造地图，经多次复印已经难以辨认的横剖面上的测井曲线，一些产量递减曲线和所标注日期在生产应该已经结束很久以后的一系列试井资料。没有明显的记录表明曾开展过什么样的修井作业，或者这些作业是什么时候开展的。鲍勃的指示是作出一份复兴计划，其中包括数据收集，但是要确保为复兴计划展示一个“成功案”。

劳瑞的成功案看起来好极了。他和查克已经开始计算他们每人可能在这个项目中挣的钱，这些钱比他们之前在退休计划中所挣的所有钱还要多。劳瑞和查克现在要飞去纽约与投资人见面，最终确定对这项油气资产的出价。这让劳瑞感到很震惊。劳瑞本来用成本数字做过评估，他把这些数字称为“占位符”，原本是只有一半事实作为基础的猜测。保罗没有回答任何有关油田情况的问题，也没有提供任何更多的数据。劳瑞对查克的地图的信心(在他职业生涯中第一次)不是很高。劳瑞意识到，如果他面对的是前雇主的话，他甚至做梦都不会想到建议做这样一笔交易。

之后他了解到查克的妻子病了，查克的普通保险无法支付所有的费用。劳瑞对退休计划的兴奋值已经从顶峰下降了35%。但是无论什么时候他对鲍勃提起风险和不确定性，他得到的都是同样的回应：“好极了劳瑞，我很高兴你看到了这些问题。我们将采取正确的措施减少问题。你只需要确定你准备好成功案，因为这些人想要先看看‘奖品的大小’。”

人人都想要这桩交易达成，如果劳瑞要制止它好像太不公平了。明天就是要飞往纽约的时间，劳瑞该怎么做呢?

这里有什么问题?很多问题。首先，劳瑞和查克有明显的利益冲突。哪怕所有的投资人都认识他们(况且实际上他们都不认识)，这样的冲突也会蒙蔽判断力，干扰思考的公正性。

劳瑞和查克都在他们真正的专业之外的领域给予建议。他们两个都“从来没有帮助其他人在石油行业立足”过，这样的远景区圈闭和经营对他们来说都是新事物。结果就是，劳瑞大幅低估了成本。受地面条件所限，导致油田在恢复生产之前又花了很多年时间。几口油井在修井作业之后含水率很高，致使油井无法经济开采。保罗从没有给劳瑞或查克任何不利的信息，但是只要去油田看看，劳瑞就可以看到生锈的加热处理器，漏水的水罐和多年盐水渗漏的明显痕迹。

劳瑞和查克在评估过程中采取了最佳的执业行为吗？当然没有。以占位符作为成本预测？劳瑞知道真正的石油公司会花费时间和金钱来确认项目。但他们没有这样做，反而用了他们的客户要求他们用的方式。这明显违背了道德。工程师的职责是使用最佳的执业行为，而不仅仅是做“他们被要求做的”。劳瑞和查克具备了客观性吗？问题本身就是一个回答。

劳瑞和查克上了飞机，到会作了陈述。劳瑞极力强调在项目中存在重大风险，他们不能确定能否恢复油田生产，以及勘探本身就有风险。一位投资人问劳瑞他曾经多少次参与过恢复油田生产的工作，他诚实的回答“十几次”。下一个问题是“有多少这样的项目是不成功的？”他诚实的回答说“没有”。他想要指出其中的不同，但是投资人只想询问成功的案例。他们问这些机会有多少“运营空间”，鲍勃拿出一张劳瑞或查克以前都未曾见过的地图，上面显示还有另外五个“有恢复生产潜力的”油田。

在交易完成后，劳瑞和查克各自收到了超过20万美元作为成功奖金。最终的费用是与结果挂钩的，但是鲍勃告诉他们这个数字“里面应该有两个逗号(超过百万)”！他们还作了一些进一步的顾问工作，直到有些地方出了“岔子”，鲍勃临时按照时间支付了他们费用。他明确的告诉他们，他觉得他们应该“像他一样”工作，抓住这个项目的机会，挣到其余的成功奖金。一年后，项目成了一个吞钱的无底洞，在第一口井的修井作业结束后，一个产层的采出液的含水率超过了98%，而这个产层以前既没有注水记录，也没有生产记录，而且位于大多数预期会增产石油的产层的上倾方向。劳瑞被派往油田，了解到了大部分的坏消息。保罗基本上从第一天开始就没有说实话，而是隐瞒了与潜在不利消息有关的记录。保罗被解雇了，鲍勃雇用了一个不那么乐观的经营者。就在保罗刚离职后，一份质量极高的研究成果被发现，显示恢复这个油田生产的机会极小。后来人们发现甚至这份研究成果也是乐观的说法。在查克完成对深层远景圈闭的重新填图后，鲍勃被投资团队解雇。远景圈闭消失了。在这个事例中，工程师的做法本应是怎样的？这些工作应该在什么时候进行？

9.5.2　你的专门知识中的多少属于你的雇主

雇员作为每个雇主或客户的忠实代理人或受信托人处理专业事务，在没有必须的许可的情况下，不泄露任何现任或前任客户或雇主的、属于专利或秘密种类的商业事务或技术流程。那么，到底什么商业事务或技术流程的知识属于雇主，哪些知识和经验又属于工程师呢？思考下面的例子：

9.5.2.1　收购方面的专门知识外流

工程师丽萨(Lisa)是白安普石油天然气公司(Buy-um-up Oil & Gas)并购工作组的负责人。因为她所处的位置，她基本上研究了北美所有的小型独立油气公司。她知道他们的资产、产量和潜力。她的老板依靠她的分析与这些油气公司进行交易谈判，给她的责任范围也越来越大。她建立了一个庞大的数据库，但是只有她能够真正的运用这个数据库。她的联系人名单包括了所有大型独立石油公司的大老板。

在石油评价工程师学会会议上，丽萨遇到了比格石油收购公司(BigAcqPetro)的总裁。他们很愿意聘请她，丽萨本人也很想接受这个机会，因为新工作地点在一个非常优美的地方，而且薪水比现在高得多。比格公司明确表示，他们要丽萨做与在白安普公司“基本上同样的工作”，只是交易的“规模会大很多”。白安普的老板在丽萨提交辞呈的时候勃然大怒，因为他们正在开展一个收购项目。丽萨指出他们手上永远都会有这样的项目，而且这个项目要几个月以后才能完成。丽萨的老板过了一段时间后回头找她，给了她一个单子，上面写着一系列她不能为新雇主做的事情，他想要让她书面同意这些条件，其中包括：她不能带走她的数据库或数据库中的任何信息；她必须在白安普再待一段时间，培训出能使用这个数据库的人(人选尚未确定)；她不能带走联系人名单；她不能帮助比格公司收购任何白安普已经考虑收购的公司；她不能使用白安普的“方法”为比格公司收购油田。

在这些要求中，哪些(如果有的话)是丽萨从道德上有责任做到的？她应该签这份协议吗？比格公司应该做些什么？

9.5.2.2　高级雇员开办顾问公司

技术人员鲍勃(Bob)在一家大型石油公司的研发部门工作，他的工作内容是帮助公司开发一个智能井系统，这个系统随后被授权给了一个服务公司——银泰力油气井集团(IntelliWell-Group)。他于是加入了银泰力，在公司内建立起了一个咨询部，在帮助公司销售更多工具方面起了促进作用。他开发的软件让经营者优化了油气井的智能管理。他在智能油气井管理圈子里出名后，银泰力的管理层给了他很多时间撰写论文和参加会议。后来鲍勃决定和两个下属一起开办自己的顾问公司。这给银泰力的咨询部造成了严重损失。

鲍勃知道他不能带走任何商业机密，包括他在银泰力开发的软件。他想他可以再次创造相似的软件，甚至可能是更好的软件，既能够处理银泰力的工具，也能处理银泰力的竞争对手的工具。鲍勃知道他是通过银泰力的平台才获得了现在的能力，想知道他的道德责任是哪些。

鲍勃还对聘请同事感到担忧。他原本计划不这样做，而是聘请其他公司的人。但是，当他隐晦地对在银泰力的下属提起他的计划的时候，他们非常乐意加入他的公司。鲍勃意识到如果他这样做，银泰力不仅会损失咨询利润，而且会损失市场占有率。

鲍勃知道银泰力的策略是从石油公司挣最多的钱，石油公司期望聘请他来帮助他们从银泰力和银泰力的竞争对手那里获得“更划算的交易”。

过去，鲍勃的团队总是推荐银泰力。现在他计划在挑选卖家时匿名挑选，以便没有偏见的提出建议。他意识到，由于过去与银泰力的关联，在自立门户后他不得不努力取悦其他卖家，给其他卖家一个公平的机会。

鲍勃计划联系他在石油工程师学会先进技术研讨会、论坛和其他会议上遇到的行业专家，推销他的咨询服务。

鲍勃应该考虑到什么道德问题？这些问题中哪些有可能导致违反道德的行为？你会对鲍勃提什么建议，限制他的计划？

9.5.3　到底做谁的证人

玛利亚·浩特邵特(Maria Hotshot)是页岩气工程方面的世界知名专家。她参与了水平井和水力压裂设计和评估方方面面的工作，在其30年职业生涯的后10年，研究了世界各地的页岩气项目。她不仅是顾问的热门人选，而且由于她的专门知识和作为专家证人的风度，她还是受欢迎的专家证人，多次在曝光率很高的诉讼中担当专家证人。在一个案件中，她的证词如此卓有成效，以至于在该案件结束后对方(败诉方)马上向她伸出橄榄枝，请她在另外一桩案件中作证。午饭后，玛利亚回到办公室，看到了几份电话留言和电子邮件。第一封来自一位当地的原告律师。他的电子邮件正文如下：

浩特邵特博士：

我的名字叫马克·奇萨姆(Mark Cheatham)，我代表页岩盖斯公司(Shale Guys Inc)。我们在马塞勒斯页岩区拥有大面积的区块，一些投资人表达过愿意帮助我们钻探的意向。但是比格石油天然气公司(Mark Cheatham)向我们表示，他们在开发这一区块的页岩气方面具有丰富的专门知识，因此我们没有自己钻探，而是把区块的部分面积出让给了他们。他们有义务钻数口油气井，来获得一定的收益，但是他们搞砸了。在没有做地质力学研究的情况下，他们贸然开始钻探。他们在水力压裂方面的工作也一团糟。现在他们拒绝再钻其他的井，但是由于比格石油天然气公司糟糕的表现，我们的投资人对这桩交易很不满意。页岩盖斯公司不得不自己钻井，以保持其宝贵的区块面积。请马上给我打电话进一步讨论这个问题，我们确定会在这个案子中聘请你。我们希望你能说明他们做错的地方，并计算由于他们作为经营者的不审慎行为而为我们带来了多少损失。

此致

敬礼

马克·奇萨姆

高级顾问

DC&H 法律事务所

另外一则信息来自一家玛利亚很熟悉的大型公司，她还曾为其做过证词。信息中简单的提到他们在一个案件中代表一家大型页岩气生产商，想要与她讨论聘请她作证的可能，请她回电。

问题：如果你是玛利亚，你更倾向于为哪家公司做专家证人，为什么？你会先回哪家公司的电话，为什么？如果你不打算置身这个案子之外，在决定倾向于为哪家公司作证的时候，你会问自己哪些问题？如果你会问道德问题，哪些问题是你会问的？

在被聘请之前，专家不要向律师问及太多他们的有关这个案件的理论细节，这个很重要。在一些案件中，律师会故意向有可能作证的专家披露大量的信息，以降低他们为另外一方作证的可能性。另外一些律师可能会聘请多位专家，目的仅仅是让他们不能成为对方的专家。在一些领域，只有少数特别知名的专家，几乎没有人能够替代他们，这时这种情况出现的可能性就很大。

最后，专家要么只代表原告要么只代表被告的做法是不可取的。那样做的专家会被定性为“幕僚”，只能从一个方面看待案件。

9.5.4　大排名

这个例子是基于 NSPE 的实例：http：//wadsworth. com/philosophy_d/templates/student_resources/0534605796_harris/cases/Cases/case60. htm。

第一部分：吉姆·彼得斯(Jim Peters)向后靠在椅背上，宽慰地舒一口气。他是岩石物理学专业组的组长，他刚刚写完年度业绩评价的最后一部分，为比格石油天然气公司评价了他所负责小组里的 12 个成员。吉姆担任组长马上要满一年了，这是他第一次评价其他雇员。无论如何，他觉得他很好地完成了评价工作。他与每个人都进行了谈话，全面回顾了他们一年来的表现，并重新检查了当年早些时候定下的具体年度目标的完成情况。这些谈话开诚布公、坦诚相见，而且吉姆相信，这样的谈话对他和每个雇员都是有价值的。

比格公司的评价表格要求组长对每个雇员分级：卓越、优秀、良好、合格或不合格。每个等级都要求附上书面描述，解释这样评级的理由。吉姆将 12 人中的 8 人评为卓越或优秀，其中一人评为合格，其他三人评为良好。如果被评为不合格，这很有可能意味着这位雇员将会被解雇。

吉姆将他的评价交给了他的直接上司杰森·"麦克"·麦克道格尔(Jason"Mac"McDougal)。麦克是比格公司高级油藏描述部门的经理。他要检查吉姆的评价结果和其他部门的评价结果，批准，然后提交给比格公司的勘探和生产板块人力资源部总监。

让吉姆大为吃惊的是，几天后麦克冲进吉姆的办公室，把评价报告扔到他桌子上，大叫："吉姆，你做的评价根本不行！你给他们的评价太高了！你要知道我得给我们部门的所有人做一个大排名，然后把排名和评价一起交上去。在我看来你想要让所有你的人都在大排名里排在前面。你必须重写评价，等级也要调整，比例要基本与'正态分布'相近——卓越的人数不应该超过两个，合格或不合格的人数可能也要有两个。明天下班前把修改后的评价报告放在我桌子上。明白吗?"

这样的转折让吉姆感到灰心、丧气和失望。在他看来评价系统被人操纵着来产生既定的结果，而不是来反映员工真正的业绩表现。他还感到时间紧迫，因为他第二天已经安排好要做其他项目了。你认为吉姆有什么选择？你认为他应该怎样做？解释你的回答。

第二部分：吉姆·彼得斯加班到深夜，希望在麦克·麦克道格尔设定的最后期限前完成工作。在接近工作的尾声的时候，他没怎么考虑就把两个优秀改成了良好，但是没有改动对他们表现的评语。

吉姆把改后的评价报告交给了麦克，然后回到了日常的对岩石物理专业组的管理工作中。麦克看起来对更改后的评价比较满意，把它们(连同大排名)按流程交给了上级批准。几周后，评价表被发还给吉姆，他随后安排了与所有专业组成员的一对一会谈，告诉他们评价的等级。在他们看过评价结果后，终于有人爆发了："吉姆，从你的评语来看我是一个优秀员工，但是你只给了我'良好'的评定!"吉姆一直害怕有人会发现这个差异，但是还没有想出如何回应员工。他只是脱口而出："我也是不得已才降低大部分人的评级，因为这个要符合管理层设计的等级分布标准!"

皮特冲出吉姆的办公室，喃喃地说到："我以为我的评价是要鼓励我改进的！我现在可知道了，根本不是那样!"讨论吉姆对重新评估任务的处理方式。要达到更好的结果，他原本可以怎么做？现在你建议他如何做？你认为比格公司需要改变评价系统吗？如果你认为需要，该做什么改变呢？在评价系统事件中，出现了什么道德问题？

9.5.5 礼品和娱乐

每个人都知道我们不应该偷窃。每个人都知道我们不应该接受贿赂。但是不是每个案例都是非黑即白的。在"不是偷窃"的背景下考虑下面的事例：

(1) 闯入一个商店，拿走价值 3000 美元的货物；

(2) "借"一个朋友的车，但是总也不还；

(3) 骑走别人忘了锁的自行车；

(4) 在上班时间为你的公司开发一个计算机软件，然后开发一个大幅改进的版本，用自己的名字申请专利；

(5) 从朋友那儿借了一本书，因为忘了所以很久没还，最后无法归还(在发现未还的书时你朋友已经搬到其他国家居住了，因此你决定留着这本书)；

(6) 用在 A 公司时产生的想法为 B 公司做一个完全不同的岩石物理应用软件。

(7) 用 A 公司开发的管理技术管理 B 公司；

(8) 你在街头看到一个人掉了两角五分硬币，把它捡起来；

(9) 没有还你借的纸(或曲别针)；

(10) 街上有不知道哪个人掉的两角五分硬币，你把它捡起来。

基本上，没有人认为例 1~3 不是盗窃(偷窃)。同样情况，最后两个一般也不会被看作盗窃。可能大部分人会把例 4 看作某种盗窃。例 5 是我们中很多人都做过的事情。我们可能会说这个举动是情有可原的，因为我们还书所要花的费用和精力可能要超过这本书对朋友的价值。如果这本书是过期的旧书，那就更是如此。我们可能很抗拒用“偷窃”这个词来形容自己的行为。与例 8 相比，人们可能认为例 6 和例 7 不是可以明确界定的偷窃事例，除非在这两个例子中涉及了大量金钱。

要认定什么是偷窃，什么不是偷窃有时候是很难的，因为没有一个单一的标准能够界定这个问题。最明显的标准是事件中涉及的资产的价值。但是这个标准并不总是起效。从一位老妇人那里抢走一块钱很明显是盗窃。相比之下，用在 A 公司时产生的想法为 B 公司开发一个非常不同的应用软件就不是很明显，哪怕后一个例子中涉及的金额远远超过前一个。有很多不同的因素都是与之相关的，金钱价值只是其中之一。

对于贿赂也是如此。我们都知道接受贿赂是违反职业道德的，但是有时候我们很难判断什么是贿赂，什么不是贿赂。当然，不是所有接受礼品和娱乐接待的例子都符合受贿标准，就像不是所有获得他人资产的例子都被视为偷窃一样。确定是否违反了受贿法规，需要常识、辨别力和对道德深入思考的力量。这些能力应该是每个工程师的职业培训的一部分。下面的例子都是有关“灰色”事例的，供大家讨论。这个例子是在 NSPE 实例的基础上不严格地构建的：http：//wadsworth. com/philosophy_d/templates/student_resources/0534605796_harris/cases/Cases/case72. htm。

9. 5. 6　站在贿赂海岸边上

9. 5. 6. 1　案例 C-X

汤姆(Tom)是公司钻井、油气藏和完井各团队里最成功的领导者。在他被提升为一个大规模团队的资产经理的时候，没有人感到惊讶。这个大规模团队要负责在一个酸性致密气区带钻探数百口深水平井。他是全权负责盈亏，监督钻井、地质和地球物理、油气藏、完井和生产工程以及现场作业的负责人。虽然人事、法律和财务主管从技术上说应该对他们部门的上司负责，但是因为汤姆的鼓舞人心的管理风格，他们都将自己当作是汤姆的团队的一分子。

汤姆过往的经验十分有效，他的团队一次又一次超越了预期。在检查钻探工作时，他确定在钻头、定向钻井和完井中使用三项新技术，最后证明这些技术都极为适用。这些技术都由同一个卖家提供。在几口井中的试验结果证实，这些技术的性能表现良好，甚至帮助改进了健康和安全管理工作。

在公司花了一大笔钱购买了新工具后，提供技术的服务商的执行销售代表吉姆结识了汤姆，并邀请他参加去南美钓鱼的旅行。旅程安排听起来很诱人。汤姆没有直接购买的责任，也只是因为想提高业绩才购买新技术，而且他的确很喜欢钓鱼。汤姆的公司没有明文禁止这样的礼物，而且他知道跟他同级别的同事曾经接受过类似的娱乐招待。他还知道他的新上司此前接受过比这个规格高得多的接待。他应该接受这次钓鱼的邀请吗?

关于这个事例，首先要注意的是这并不是一个典型的贿赂事件。实际上，这个完全不是一个贿赂事件。我们大约可以这样定义贿赂：雇员因与工作合同或工作性质不符的行为而获得的酬劳。汤姆的行为并不与他的工作责任相冲突，实际上，他的行为符合了他的职责。而且，这个礼物是在汤姆完成推荐以后给予的，汤姆事前不知情，对此也没有期待。

9.5.6.2 案例 C-1

下面一个案例是一个典型的贿赂事件。我们称它为 C-1。

汤姆获得升职成为资产经理，与老朋友吉姆(Jim)共进午餐。吉姆开始带汤姆和他的妻子去非常豪华的晚餐场所，并且提出如果汤姆能够向公司推荐吉姆公司的钻头和定向钻探工具，就会得到不少好处。吉姆公司的技术与汤姆公司正在使用的技术几乎不相上下，但是价格更高。出于吉姆的建议，汤姆愿意尝试新的技术。吉姆随后邀请汤姆参加一次豪华的南美钓鱼之旅。如果“诱人的钓鱼之旅”这个礼物对于很多参与者来说似乎过于贵重，可以由“限制慎严的乡村俱乐部高尔夫活动”或者“肯塔基德比赛马会的门票”来替代。重要的是所提供的礼物要比常规的娱乐活动贵重但又没有完全突破上限。

虽然原本的事例(C-X)不是贿赂，它在接收一份大礼方面的确与贿赂有相似之处。为了看得更清楚，思考下面的事例。它与真正的贿赂之间基本没有相似之处。我们称这个案例为C-10。

9.5.6.3 案例 C-10

汤姆被升职到新的资产经理职位。他不久就发现，公司当前使用的技术和工艺是没有办法让他达成公司制定的高额生产和利润目标的。汤姆丰富的经验又一次帮助团队超越了预期。在检查钻井工作时，他决定使用三项新的钻头、定向钻探和完井技术，这些技术都十分适用。这三项技术都由同一家公司提供。在几口井中的试验结果证实，这些技术的表现很好，甚至提高了健康和安全管理的水平。

在向卖家下了一个大定单后，一位销售人员前来拜访，向汤姆介绍了自己，并给了他一个带有卖家标志的闪存盘，价值不足 20 美元。

9.5.6.4 小结

很明显这些事例是有连续性的。从 C-1，一桩明显的贿赂案件到 C-10，一件明显的非贿赂事件。现在我要问的问题是：在这个连续的事件序列里，应该把 C-X 放在哪里？我们是应该把它叫做 C-2，即它与 C-1 有密切关系，然后将其定义为一件道德失当的事件吗？或者我们应该把它叫做 C-9，也就是说它在道德上没有问题呢？还是我们可以给它一个 2~9 之间的数字？最后，在 C-X 事件中，汤姆应该参加那次旅行吗？

在开始思考这个问题之前，我们先来研究一下 C-1 事例的一些特点：虽然汤姆没有指定钻头和定向钻井工具的直接权利，但是他的名声让他可以对此事产生极大影响；销售人员在工作确定或交易完成前接近汤姆并提出建议；汤姆所选定技术的使用效果并没有明显优于成本更低的其他技术选项；在给予好处的建议和汤姆决定使用产品之间存在因果关系，换句话讲，汤姆因为吉姆的提议而决定使用吉姆的服务；虽然 C-1 中出现了贿赂，但是公司可能受益于因汤姆而不断发展的与供应商的密切关系，比如可能会更容易获得服务(我们假定如此)；汤姆不会接受与他没有合作关系的供应商所提供的好处(我们假定如此)；如果知道会获得礼物，其他人可能也会从吉姆那里购买产品，虽然吉姆所售的产品不是最好的；送礼物的目的是获得实际的金钱收益；虽然不是实际上的腐败，但是肯定有腐败的迹象。例如，看一下 IBM 公司的测试：“如果你在当地报纸上看到这个事情，你会不会想这个礼物与商业关系有某种联系?”经过这样的测试，这个事件中确有腐败的迹象(当然在本事例中这种迹象不那么让人容易被误导)。

我们可以推测 C-10 与 C-1 之间只有第 5 点特征是相同的。但是 C-X 与 C-1 之间的相同之处有第 5~9 点。我们可以假定，在 C-X 中，汤姆常在交易完成后从供应商那里接受好处，即便供应商没有获得订单也是如此。

你会如何评价汤姆在C-X事例中的行为？你认为他的行为越过了道德和不道德行为的界限了吗？我们可以从双方的各自的角度给一些论点，然后让你来做最后的评判。但是在看到理由之前，一个观点应该会对你有帮助。

从道德容许程度来说，有些案例是无法清晰界定的。虽然从整个连续事件的最后结果来看，有些事件能够被比较明确的断定，但是还有一些事件非常模糊，只能用比较武断的方式判断。从法律来说如此，从道德来说也是如此。

用比较常见的事物来类比，世上有黄昏或拂晓，也有白天和黑夜。如果需要在夜晚变成白昼，或白天转为黑夜的那段时间中定义一个时间点，这个时间点必须要武断的设定。这不是说白天和黑夜之间没有区别，也不是说在转化的过程中有不清楚的部分。大部分人都会把日出时分当作白天，而不是夜晚。黄昏则通常被视为晚上而不是白天。那么凌晨呢？或更进一步说，到底在什么时间白天变成了黑夜呢？我们可以设定一个时间。比如说，我们可以说那是我们在开车的时候必须要打开车灯的时间。但是出于其他目的要设定这个时间的，这个时间点可能又有差异。因此，转变的时间不单是武断定下的，而且还是根据不同的目的而武断定下的。

有鉴于此，我们应该可以判断这些事件在这一系列事件中的位置了。例如，如果汤姆是在推荐新技术之前得到了旅行邀请，我们大都会认为汤姆不应该接受。我们可能会称这个事件为C-2。让我们假设汤姆仍旧推荐吉姆公司的服务，因为他真心认为他们公司的服务是最好的，这样吉姆的南美旅行邀请不是汤姆作出这种推荐的原因（或至少不是必要的先决条件）。在这种情况下，吉姆的提议很明显是贿赂，但是汤姆没有因为他的贿赂而作出决定。然而无论如何，汤姆可能不应该接受他的邀请。

现在我们来考虑以下几个论点，首先讲述的论点是C-X事件应该被判定为道德失当。

（1）反对汤姆接受邀请的论点

1）西方道德和可能全世界道德都倾向于加强对贿赂的约束。这就意味着对那些与贿赂紧密相关的行为的限制应该加强。大部分大型石油公司都有很详细的规则，规定如何赠送礼物和接收礼物。

2）这个礼太大了，会在道德上造成困扰。

3）其他人如果知道礼物的存在，可能会在明知不适合自己公司的情况下购买吉姆的产品。即便汤姆在事前不知道对方会邀请他旅行，但是如果他接受邀请，这种行为对他部门中的其他人来说就是一种先行行贿。他们可能会说："如果我们从吉姆那里购买产品，我们也会收到好处。"

4）接受事后礼物可能让其他人对汤姆留下一种印象，那就是他是可以被"收买"的。

5）在道德中，要问到的一个重要的问题是你是否希望别人做你做过的事情。如果每个销售人员都向购买或推荐了他们的产品的人提供礼物，每个购买者都接受了礼物，这种做法肯定就会成为惯例。我们的第一个反应是这可能会抵消礼物带来的影响。无论你推荐谁的产品，你都期待有人会给你送礼。因此，汤姆无论推荐哪个销售人员的产品，都可能会因此接到豪华南美游的邀请。但是，这种情况如果不是贿赂，那看起来就像勒索了：哪怕销售人员要让自己的产品进入购买方的考虑范围，他就得送点什么。进一步说，小型公司可能没有能力提供豪华的礼物，因此他们的产品就可能不会被考虑。这会损害公平竞争。更进一步说，这种礼物会变得越来越昂贵，因为每个销售人员都想超过其他人。因此，接受礼物的行为会造成不良后果。

（2）赞成汤姆接受邀请的论点

1）我们已经指出，从贿赂的定义来看，汤姆的行为不是真正的受贿。真正的受贿者作出决定的理由是吉姆的提议。由于旅行邀请是在汤姆已经作出决定之后提出的，汤姆事前并不知道会有这样的旅行，那么这个旅行也就不是真正意义上的贿赂。

2）汤姆的公司可能会因为汤姆和吉姆之间的私人友谊而获益。汤姆的公司可能会因此更容易获得吉姆的公司提供的置换服务和其他服务。

3）工作生活应该有点"额外好处"。商业和职业生活往往需要人十分辛苦的工作。钓鱼旅行和相似的好处为生活增加了色彩，从提高工作满意度和工作效率角度来说，这挺重要的。实际上，很明显对于汤姆所在公司中同级别和更高级别的人来说，接受这种礼物是正常现象。

4）接受这样的礼物在汤姆的行业中是很常见的。它几乎不影响产品的成本。所有能够提供这些复杂而昂贵的产品和服务的大型企业，都有能力负担这种礼物而不会对其财务产生任何影响。

5）从道德角度来看，我们必须假定每个人都有权做我们所做的事情。但是如果每个销售人员都提供旅行，每个处于汤姆位置的人都接受邀请，那么没有什么会受到损害。什么都是相等的。这可能像是某种"勒索"，但是这不过是一种说法而已。你得问问有什么受到损害了没。

请注意，两方都有支持己方观点的正当理由。在这个事例中有很多灰色地带，因此对任何读者来说可能都有一个尚可接受的情况。虽然我们都认为哪怕是能被感知到的贿赂都不应该存在，但是总有能够为事件分辩的理由，让所作决定看似正当。

我们鼓励读者带着责任心思考这个问题。这个事例与读者们开始职业生涯后很快就会遇到的问题有相似之处。这些事例根据美国全国职业工程师协会（NSPE）的版权案例改编，原案例中有更多关于赠礼和贿赂的内容、参考材料和讨论。

参 考 文 献

Agarwal, R. G. , 1980. A new method to account for producing time effects when drawdown type curves are used to analyze pressure buildup and other test data. SPE Paper 9289, presented at SPE-AIME 55th Annual Technical Conference, Dallas, TX, September 21-24, 1980.

Agarwal, R. G. , Al-Hussainy, R. , Ramey Jr. , H. J. , 1970. An investigation of wellbore storage and skin effect in unsteady liquid flow: I. Analytical treatment. SPE J. 10(3), 279-290.

Agarwal, R. G. , Carter, R. D. , Pollock, C. B. , 1979. Evaluation and performance prediction of low- permeability gas wells stimulated by massive hydraulic fracturing. J. Pet. Technol. 31(3), 362-372, also in SPE Reprint Series No. 9.

Al-Ghamdi, A. Issaka, M. , 2001. SPE Paper 71589, presented at the SPE Annual Conference, New Orleans, LA, September 30-October 3, 2001.

Al-Hussainy, R. , Ramey Jr. , H. J. , Crawford, P. B. , 1966. The flow of real gases through porous media. Trans. AIME 237, 624.

Allard, D. R. , Chen, S. M. , 1988. Calculation of water influx for bottomwater drive reservoirs. SPE Reservoir Eval. Eng. 3 (2), 369-379.

Anash, J. , Blasingame, T. A. , Knowles, R. S. , 2000. A semianalytic(p/Z) rate-time relation for the analysis and prediction of gas well performance. SPE Reservoir Eval. Eng. 3, 525-533.

Ancell, K. , Lamberts, S. , Johnson, F. , 1980. Analysis of the coalbed degasification process. SPE/DPE Paper 8971, presented at Unconventional Gas Recovery Symposium, Pittsburgh, PA, May 18-12, 1980.

Arps, J. , 1945. Analysis of decline curve. Trans. AIME 160, 228-231.

Beggs, D. , 1991. Production Optimization Using Nodal Analysis. OGCI, Tulsa, OK.

Begland, T. , Whitehead, W. , 1989. Depletion performance of volumetric high-pressured gas reservoirs. SPE Reservoir Eval. Eng. 4 (3), 279-282.

Bendakhlia, H. , Aziz, K. , 1989. IPR for solution-gas drive horizontal wells. SPE Paper 19823, presented at the 64th SPE Annual Meeting, San Antonio, TX, October 8-11, 1989.

Borisov, Ju. P. , 1984. Oil Production Using Horizontal and Multiple Deviation Wells(J. Strauss, Trans. and S. D. Joshi, Ed.). Phillips Petroleum Co. , Bartlesville, OK(the R&D Library Translation).

Bossie-Codreanu, D. , 1989. A simple buildup analysis method to determine well drainage area and drawdown pressure for a stabilized well. SPE Form. Eval. 4(3), 418-420.

Bourdet, D. , 1985. SPE Paper 13628, presented at the SPE Regional Meeting, Bakersfield, CA, March 27-29, 1985.

Bourdet, D. , Gringarten, A. C. , 1980. Determination of fissure volume and block size in fractured reservoirs by type-curve analysis. SPE Paper 9293, presented at the Annual Technical Conference and Exhibition, Dallas, TX, September 21-24, 1980.

Bourdet, D. , Alagoa, A. , Ayoub, J. A. , Pirard, Y. M. , 1984. New type curves aid analysis of fissured zone well tests. World Oil, April, 111 - 124.

Bourdet, D. , Whittle, T. M. , Douglas, A. A. , Pirard, Y. M. , 1983. A new set of type curves simplifies well test analysis. World Oil, May, 95-106.

Bourgoyne, A. , 1990. Shale water as a pressure support mechanism. J. Pet. Sci. 3, 305.

Brigham, W. , Castanier, L. In-situ Combustion, Petroleum Engineering Handbook, vol. V. SPE, Dallas, TX, p. 1367(Chapter 16).

Butler, R. M. , 1991. Thermal Recovery of Oil and Bitumen. Prentice Hall, Englewood Cliffs, NJ.

Carson, D. , Katz, D. , 1942. Natural gas hydrates. Trans. AIME 146, 150-159.

Carter, R. , 1985. Type curves for finite radial and linear gas-flow systems. SPE J. 25(5), 719-728.

Carter, R. , Tracy, G. , 1960. An improved method for calculations of water influx. Trans. AIME 152.

Chatas, A. T. , 1953. A practical treatment of nonsteady- state flow problems in reservoir systems. Pet. Eng. B-44-B-56, August.

Chaudhry, A. , 2003. Gas Well Testing Handbook. Gulf Publishing, Houston, TX.

Cheng, AM. , 1990. IPR for solution gas-drive horizontal wells. SPE Paper 20720, presented at the 65th SPE Annual Meeting, New Orleans, LA, September 23-26, 1990.

Cinco-Ley, H. , Samaniego, F. , 1981. Transient pressure analysis for finite conductivity fracture case versus damage fracture case. SPE Paper 10179.

Clark, N. , 1969. Elements of Petroleum Reservoirs. Society of Petroleum Engineers, Dallas, TX.

Closmann, P. J. , Seba, R. D. , 1983. Laboratory tests on heavy oil recovery by steam injection. SPE J. 23(3), 417-426.

Coats, K. , 1962. A mathematical model for water movement about bottom-water-drive reservoirs. SPE J. 2(1), 44-52.

Cole, F. W. , 1969. Reservoir Engineering Manual. Gulf Publishing, Houston, TX.

Craft, B. , Hawkins, M. , 1959. Applied Petroleum Reservoir Engineering. Prentice Hall, Englewood Cliffs, NJ.

Craft, B. C. , Hawkins, M. (Revised by Terry, R. E.) 1991. Applied Petroleum Reservoir Engineering, second ed. Prentice Hall, Englewood Cliffs, NJ.

Culham, W. E. , 1974. Pressure buildup equations for spherical flow regime problems. SPE J. 14(6), 545-555.

Cullender, M. , Smith, R. , 1956. Practical solution of gas flow equations for wells and pipelines. Trans. AIME 207, 281-287.

Dake, L. , 1978. Fundamentals of Reservoir Engineering. Elsevier, Amsterdam.

Dake, L. P. , 1994. The Practice of Reservoir Engineering. Elsevier, Amsterdam.

Dietz, D. N. , 1965. Determination of average reservoir pressure from buildup surveys. J. Pet. Technol. 17(8), 955-959.

Donohue, D. , Erkekin, T. , 1982. Gas Well Testing, Theory and Practice. International Human Resources Development Corporation, Boston, TX.

Duggan, J. O. , 1972. The Anderson 'L' - an abnormally pressured gas reservoir in South Texas. J. Pet. Technol. 24(2), 132-138.

Earlougher, Robert C. , Jr. , 1977. Advances in Well Test Analysis, Monograph, vol. 5. Society of Petroleum Engineers of AIME, Dallas, TX.

Economides, M. , Hill, A. , Economides, C. , 1994. Petroleum Production Systems. Prentice Hall, Englewood Cliffs, NJ.

Economides, C. , 1988. Use of the pressure derivative for diagnosing pressure - transient behavior. J. Pet. Technol. 40 (10), 1280-1282.

Edwardson, M. , et al. , 1962. Calculation of formation temperature disturbances caused by mud circulation. J. Pet. Technol 14(4), 416-425.
Theory and Practice of the Testing of Gas Wells. 1975. third ed. Energy Resources Conservation Board, Calgary.
Fanchi, J. , 1985. Analytical representation of the van Everdingen-Hurst influence functions. SPE J. 25(3), 405-425.
Fetkovich, E. J. , Fetkovich, M. J. , Fetkovich, M. D. , 1996. Useful concepts for decline curve forecasting, reserve estimation, and analysis. SPE Reservoir Eval. Eng. 11(1), 13-22.
Fetkovich, M. , Reese, D. , Whitson, C. , 1998. Application of a general material balance for high- pressure gas reservoirs. SPE J. 3 (1), 3-13.
Fetkovich, M. J. , 1971. A simplified approach to water influx calculations - finite aquifer systems. J. Pet. Technol. 23(7), 814-828.
Fetkovich, M. J. , 1973. The isochronal testing of oil wells. SPE Paper 4529, presented at the SPE Annual Meeting, Las Vegas, NV, September 30-October 3, 1973.
Fetkovich, M. J. 1980. Decline curve analysis using type curves. SPE 4629, SPE J. , June.
Fetkovich, M. J. , Vienot, M. E. , Bradley, M. D. , Kiesow, U. G. , 1987. Decline curve analysis using type curves - case histories. SPE Form. Eval. 2(4), 637-656.
Gaitonde, N. Y. , Middleman, S. , 1967. Flow of viscoelastic fluids through porous media. Ind. Eng. Chem. Fund. 6, 145-147.
Gentry, R. W. , 1972. Decline curve analysis. J. Pet. Technol. 24(1), 38-41.
Giger, F. M. , Reiss, L. H. , Jourdan, A. P. , 1984. The reservoir engineering aspect of horizontal drilling. SPE Paper 13024, presented at the 59th SPE Annual Technical Conference and Exhibition, Houston, TX, September 16-19, 1984.
Godbole, S. , Kamath, V. , Economides, C. , 1988. Natural gas hydrates in the Alaskan Arctic. SPE Form. Eval. 3(1), 263-266.
Golan, M. , Whitson, C. , 1986. Well Performance. second ed. Prentice Hall, Englewood Cliffs, NJ.
Gomaa, E. E. , 1980. Correlations for predicting oil recovery by steamflood. J. Pet. Technol. 32(2), 325-332. 10.2118/6169-PA, SPE-6169-PA.
Gray, K. , 1965. Approximating well-to-fault distance from pressure build-up tests. J. Pet. Technol. 17(7), 761-767.
Gringarten, A. , 1984. Interpretations of tests in fissured and multilayered reservoirs with double-porosity behavior. J. Pet. Technol. 36 (4), 549-554.
Gringarten, A. , 1987. Type curve analysis. J. Pet. Technol. 39(1), 11-13.
Gringarten, A. C. , Bourdet, D. P. , Landel, P. A. , Kniazeff, V. J. , 1979. Comparison between different skin and wellbore storage type-curves for early time transient analysis. SPE Paper 8205, presented at SPE-AIME 54th Annual Technical Conference, Las Vegas, NV, September 23-25, 1979.
Gringarten, A. C. , Ramey Jr. , H. J. , Raghavan, R. , 1974. Unsteady-state pressure distributions created by a well with a single infinite-conductivity vertical fracture. SPE J. 14(4), 347-360.
Gringarten, A. C. , Ramey Jr. , H. J. , Raghavan, R. , 1975. Applied pressure analysis for fractured wells. J. Pet. Technol. 27(7), 887-892.
Gunawan Gan R. , Blasingame, T. A. , 2001. A semianalytic(p/Z)technique for the analysis of reservoir performance from abnormally pressured gas reservoirs. SPE Paper 71514, presented at SPE Annual Technical Conference and Exhibition, New Orleans, LA, September 30-October 3, 2001.
Hagoort, J. , Hoogstra, ROB, 1999. Numerical solution of the material balance equations of compartmented gas reservoirs. SPE Reservoir Eval. Eng. 2(4), 385 392.
Hammerlindl, D. J. , 1971. Predicting gas reserves in abnormally pressure reservoirs. Paper SPE 3479, presented at the 46th Annual Fall Meeting of SPE-AIME. New Orleans, LA, October, 1971.
Harville, D. , Hawkins, M. , 1969. Rock compressibility in geopressured gas reservoirs. J. Pet. Technol. 21(12), 1528-1532.
Havlena, D. , Odeh, A. S. , 1963. The material balance as an equation of a straight line: part 1. Trans. AIME 228, I-896.
Havlena, D. , Odeh, A. S. , 1964. The material balance as an equation of a straight line: part 2. Trans. AIME 231, I-815.
Hawkins, M. , 1955. Material balances in expansion type reservoirs above bubble-point. SPE Transactions Reprint Series No. 3, pp. 36-40.
Hawkins, M. , 1956. A note on the skin factor. Trans. AIME 207, 356-357.
Holder, G. , Anger, C. , 1982. A thermodynamic evaluation of thermal recovery of gas from hydrates in the earth. J. Pet. Technol. 34 (5), 1127-1132.
Holder, G. , et al. , 1987. Effect of gas composition and geothermal properties on the thickness of gas hydrate zones. J. Pet. Technol. 39 (9), 1142-1147.
Holditch, S. et al. , 1988. Enhanced recovery of coalbed methane through hydraulic fracturing. SPE Paper 18250, presented at the SPE Annual Meeting, Houston, TX, October 2-5, 1988.
Hong, K. C. , 1994. Steamflood Reservoir Management. PennWell Books, Tulsa, OK.
Horn, R. , 1995. Modern Test Analysis. Petroway, Palo Alto, CA.
Horner, D. R. , 1951. Pressure build-up in wells. Proceedings of the Third World Petroleum Congress, The Hague, Sec II, 503-523. Also Pressure Analysis Methods, Reprint Series, No. 9. Society of Petroleum Engineers of AIME, Dallas, TX, pp. 25-43.
Hughes, B. , Logan, T. , 1990. How to design a coalbed methane well. Pet. Eng. Int. 5(62), 16-23.
Hurst, W. , 1943. Water influx into a reservoir. Trans. AIME 151, 57.
Ikoku, C. , 1984. Natural Gas Reservoir Engineering. John Wiley & Sons, New York, NY.
Jones, J. , 1981. Steam drive model for hand-held programmable calculators. J. Pet. Technol. 33(9), 1583-1598. 10.2118/8882-PA, SPE-8882-PA.
Jones, S. C. , 1987. Using the inertial coefficient, b, to characterize heterogeneity in reservoir rock. SPE Paper 16949, presented at the SPE Conference, Dallas, TX, September 27-30, 1987.
Joshi, S. , 1991. Horizontal Well Technology. PennWell, Tulsa, OK.
Kamal, M. , 1983. Interference and pulse testing - a review. J. Pet. Technol. 2257-2270, December.
Kamal, M. , Bigham, W. E. , 1975. Pulse testing response for unequal pulse and shut-in periods. SPE J. 15(5), 399-410.
Kamal, M. , Freyder, D. , Murray, M. , 1995. Use of transient testing in reservoir management. J. Pet. Technol. 47 (11), 992-999.
Kartoatmodjo, F. , Schmidt, Z. , 1994. Large data bank improves crude physical property correlation. Oil Gas J. 4, 51-55.
Katz, D. , 1971. Depths to which frozen gas fields may be expected. J. Pet. Technol. 24(5), 557-558.

Kazemi, H. , 1969. Pressure transient analysis of naturally fractured reservoirs with uniform fracture distribution. SPE J. 9 (4) , 451-462.

Kazemi, H. , 1974. Determining average reservoir pressure from pressure buildup tests. SPE. J. 14(1) , 55-62.

Kazemi, H. , Seth, M. , 1969. Effect of anisotropy on pressure transient analysis of wells with restricted flow entry. J. Pet. Technol. 21 (5) , 639-647.

King, G. , 1992. Material balance techniques for coal seam and Devonian shale gas reservoirs with limited water influx. SPE Reservoir Eval. Eng. 8(1) , 67-75.

King, G. , Ertekin, T. , Schwerer, F. , 1986. Numerical simulation of the transient behavior of coal seam wells. SPE Form. Eval. 1 (2) , 165-183.

Klins, M. , Clark, L. , 1993. An improved method to predict future IPR curves. SPE Reservoir Eval. Eng. 8(4) , 243-248.

Lake, L. W. , 1989. Enhanced Oil Recovery. Prentice Hall, Englewood Cliffs, NJ.

Langmuir, I. , 1918. The constitution and fundamental properties of solids and liquids. J. Am. Chem. Soc. 38, 2221-2295.

Lee, J. , 1982. Well Testing. Society of Petroleum Engineers of AIME, Dallas, TX.

Lee, J. , Wattenbarger, R. , 1996. Gas Reservoir Engineering, 5. Society of Petroleum Engineers, Dallas, TX, SPE Textbook Series.

Lefkovits, H. , Hazebroek, P. , Allen, E. , Matthews, C. , 1961. A study of the behavior of bounded reservoirs. SPE. J. 1 (1) , 43-58.

Levine, J. (1991). The impact of oil formed during coalifi- cation on generating natural gas in coalbed reservoirs. The Coalbed Methane Symposium, The University of Alabama, Tuscaloosa, AL, May 13 - 16, 1991.

Makogon, Y. , 1981. Hydrates of Natural Gas. PennWell, Tulsa, OK.

Mandl, G. , Volek, C. W. , 1967. Heat and mass transport in steam-drive process. SPE Paper 1896, presented at the Fall Meeting of the Society of Petroleum Engineers of AIME, New Orleans, LA, October 1-4, 1967. doi: 10. 2118/1896-MS.

Marx, J. W. , Langenheim, R. H. , 1959. Reservoir heating by hot fluid injection. Trans. AIME 216, 312-314.

Mattar, L. , Anderson, D. , 2003. A systematic and comprehensive methodology for advanced analysis of production data. SPE Paper 84472, presented at the SPE Conference, Denver, CO, October 5-8, 2003.

Matthews, C. S. , Russell, D. G. , 1967. Pressure Buildup and Flow Tests in Wells, Monograph, vol. 1. Society of Petroleum Engineers of AIME, Dallas, TX.

Matthews, C. S. , Brons, F. , Hazebroek, P. , 1954. A method for determination of average pressure in a bounded reservoir. Trans. AIME 201, 182-191, also in SPE Reprint Series, No. 9.

Mavor, M. , Nelson, C. (1997). Coalbed reservoirs gasin- place analysis. Gas Research Institute Report GRI 97/0263, Chicago, IL.

Mavor, M. , Close, J. , McBane, R. , 1990. Formation evaluation of coalbed methane wells. Pet. Soc. CIM, CIM/SPE Paper 90-101.

McLennan, J. , Schafer, P. , 1995. A guide to coalbed gas content determination. Gas Research Institute Report GRI 94/0396, Chicago, IL.

McLeod, N. , Coulter, A. , 1969. The simulation treatment of pressure record. J. Pet. Technol. 951-960, August.

Merrill, L. S. , Kazemi, H. , Cogarty, W. B. , 1974. Pressure falloff analysis in reservoirs with fluid banks. J. Pet. Technol. 26(7) , 809-818.

Meunier, D. , Wittmann, M. J. , Stewart, G. , 1985. Interpretation of pressure buildup test using in - situ measurement of afterflow. J. Pet. Technol. 37(1) , 143-152.

Miller, M. A. , Leung, W. K. , 1985. A simple gravity override model of steam drive. Paper SPE 14241, presented at the SPE Annual Technical Conference and Exhibition, Las Vegas, NV, September 22-25, 1985. doi: 10. 2118/14241-MS.

Muller, S. , 1947. Permafrost. J. W. Edwards, Ann Arbor, MI.

Muskat, M. , 1945. The production histories of oil producing gas-drive reservoirs. J. Appl. Phys. 16, 167.

Muskat, M. , Evinger, H. H. , 1942. Calculations of theoretical productivity factor. Trans. AIME 146, 126-139.

Myhill, N. A. , Stegemeier, G. L. , 1978. Steam - drive correlation and predication. J. Pet. Technol. 30 (2) , 173 - 182. 10. 2118/5572-PA, SPE-5572-PA.

Najurieta, H. L. , 1980. A theory for pressure transient analysis in naturally fractured reservoirs. J. Pet. Technol. 32, 1241-1250.

Neavel, R. , et al. , 1986. Interrelationship between coal compositional parameters. Fuel 65, 312-320.

Nelson, C. , 1989. Chemistry of Coal Weathering. Elsevier Science, New York, NY.

Nelson, R. , 1999. Effects of coalbed reservoir property analysis methods on gas-in-place estimates. SPE Paper 57443, presented at SPE Regional Meeting, Charleston, WV, October 21-22, 1999.

Neuman, C. H. , 1974. A mathematical model of the steam drive process applications. SPE Paper 4757, presented at the SPE Improved Oil Recovery Symposium, Tulsa, April 22-24, 1974. doi: 10. 2118/4757-MS.

Ostergaard, K. et al. , 2000. Effects of reservoir fluid production on gas hydrate phase boundaries. SPE Paper 50689, presented at the SPE European Petroleum Conference, The Hague, The Netherlands, October 20-22, 1998.

Palacio, C. , Blasingame, T. , 1993. Decline - curve analysis using type - curves analysis of gas well production data. SPE Paper 25909, presented at the SPE Rocky Mountain Regional Meeting, Denver, CO, April 26-28, 1993.

Papadopulos, I. , 1965. Unsteady flow to a well in an infinite aquifer. Int. Assoc. Sci. Hydrol. I 21-31.

Payne, David A. , 1996. Material balance calculations in tight gas reservoirs: the pitfalls of p/Z plots and a more accurate technique. SPE Reservoir Eval. Eng. 11(4) , 260-267.

Perrine, R. , 1956. Analysis of pressure buildup curves. Drilling and Production Practice API 482-509.

Petnanto, A. , Economides, M. (1998). Inflow performance relationships for horizontal wells. SPE Paper 50659, presented at the SPE European Conference held in The Hague, The Netherlands, October 20-22, 1998.

Pinson, A. , 1972. Conveniences in analysing two-rate flow tests. J. Pet. Techol. 24(9) , 1139-1143.

Pletcher, J. , 2000. Improvements to reservoir material balance methods. SPE Paper 62882, SPE Annual Technical Conference, Dallas, TX, October 1-4, 2000.

Poston, S. (1987) . The simultaneous determination of formation compressibility and gas in place. Paper presented at the 1987 Production Operation Symposium, Oklahoma City, OK.

Poston, S. , Berg, R. , 1997. Overpressured Gas Reservoirs. Society of Petroleum Engineers, Richardson, TX.

Pratikno, H., Rushing, J., Blasingame, T. A., 2003. Decline curve analysis using type curves – fractured wells. SPE Paper 84287, SPE Annual Technical Conference, Denver, CO, October 5-8, 2003.
Prats, I. N., 1983. Thermal Recovery, Monograph 7. SPE, Dallas, TX.
Pratt, T., Mavor, M., Debruyn, R., 1999. Coal gas resources and production potential in the Powder River Basin. Paper SPE 55599, presented at the Rocky Mountain Meeting, Gillette, WY, May 15-18, 1999.
Ramey Jr., H. J., 1975. Interference analysis for anisotropic formations. J. Pet. Technol 27(10), 1290-1298.
Ramey, H., Cobb, W., 1971. A general pressure buildup theory for a well located in a closed drainage area. J. Pet. Technol. 23 (12), 1493-1505.
Rawlins, E. L., Schellhardt, M. A., 1936. Back-pressure Data on Natural Gas Wells and Their Application to Production Practices. US Bureau of Mines, Monograph 7.
Remner, D., et al., 1986. A parametric stuffy of the effects of coal seam properties on gas drainage efficiency. SPE Reservoir Eval. Eng. 1(6), 633-646.
Renard, G. I., Dupuy, J. M., 1990. Influence of formation damage on the flow efficiency of horizontal wells. SPE Paper 19414, presented at the Formation Damage Control Symposium, Lafayette, LA, February 22-23, 1990.
Roach, R. H., 1981. Analyzing geopressured reservoirs – a material balance technique. SPE Paper 9968, Society of Petroleum Engineers of AIME, Dallas, TX, December, 1981.
Russell, D., Truitt, N., 1964. Transient pressure behaviour in vertically fractured reservoirs. J. Pet. Technol. 16(10), 1159-1170.
Sabet, M., 1991. Well Test Analysis. Gulf Publishing, Dallas, TX.
Saidikowski, R., 1979. SPE Paper 8204, presented at the SPE Annual Conference, Las Vegas, NV, September 23-25, 1979.
Schilthuis, R., 1936. Active oil and reservoir energy. Trans. AIME 118, 37.
Seidle, J., 1999. A modified p/Z method for coal wells. SPE Paper 55605, presented at the Rocky Mountain Meeting, Gillette, WY, May 15-18, 1999.
Seidle, J., Arrl, A., 1990. Use of the conventional reservoir model for coalbed methane simulation. CIM/ SPE Paper No. 90-118.
Sherrad, D., Brice, B., MacDonald, D., 1987. Application of horizontal wells in Prudhoe Bay. J. Pet. Technol. 39(11), 1417-1421.
Slider, H. C., 1976. Practical Petroleum Reservoir Engineering Methods. Petroleum Publishing, Tulsa, OK.
Sloan, D., 1984. Phase equilibria of natural gas hydrates. Paper presented at the Gas Producers Association Annual Meeting, New Orleans, LA, March 19-21, 1984.
Sloan, E., 2000. Hydrate Engineering. Society of Petroleum Engineers, Richardson, TX.
Smith, C. R., 1966. Mechanics of Secondary Oil Recovery. Robert E. Krieger Publishing, Huntington, NY.
Smith, J., Cobb, W., 1979. Pressure buildup tests in bounded reservoirs. J. Pet. Technol. August.
Somerton, D., et al., 1975. Effects of stress on permeability of coal. Int. J. Rock Mech. Min. Sci. Geomech. Abstr. 12, 129-145.
Stalkup Jr., F. I., 1983. Miscible Displacement, Monograph 8. Dallas, TX, SPE.
Standing, M. B., 1970. Inflow performance relationships for damaged wells producing by solution-gas drive. J. Pet. Technol. 22(11), 1399-1400.
Steffensen, R., 1987. Solution-gas-drive reservoirs. Petroleum Engineering Handbook. Society of Petroleum Engineers, Dallas, TX, Chapter 37.
Stegemeier, G., Matthews, C., 1958. A study of anomalous pressure buildup behavior. Trans. AIME 213, 44-50.
Strobel, C., Gulati, M., Ramey Jr., H. J., 1976. Reservoir limit tests in a naturally fractured reservoir. J. Pet. Technol. 28(9), 1097-1106.
Taber, J. J, Martin, F, Seight, R., 1997. EOR screening criteria revisited. SPE Reservoir Eval. Eng. 12(3), 199-203.
Tarner, J., 1944. How different size gas caps and pressure maintenance affect ultimate recovery. Oil Weekly, June 12, 32-36.
Terwilliger, P., et al., 1951. An experimental and theoretical investigation of gravity drainage performance. Trans. AIME 192, 285-296.
Tiab, D., Kumar, A., 1981. Application of the pD function to interference tests. J. Pet. Technol. 1465-1470, August.
Tracy, G., 1955. Simplified form of the MBE. Trans. AIME 204, 243-246.
Unsworth, J., Fowler, C., Junes, L., 1989. Moisture in coal. Fuel 68, 18-26.
van Everdingen, A. F., Hurst, W., 1949. The application of the Laplace transformation to flow problems in reservoirs. Trans. AIME 186, 305-324.
van Poollen, H. K., 1980. Enhanced Oil Recovery. PennWell Publishing, Tulsa, OK.
Vogel, J. V., 1968. Inflow performance relationships for solution-gas drive wells. J. Pet. Technol. 20(1), 86-92.
Walsh, J., 1981. Effect of pore pressure on fracture permeability. Int. J. Rock Mech. Min. Sci. Geomech. Abstr. 18, 429-435.
Warren, J. E., Root, P. J., 1963. The behavior of naturally fractured reservoirs. SPE J. 3(3), 245-255.
Wattenbarger, R. A., Ramey Jr., H. J., 1968. Gas well testing with turbulence damage and wellbore storage. J. Pet. Technol. 20(8), 877-887.
West, S., Cochrane, P., 1994. Reserve determination using type curve matching and extended material balance methods in The Medicine Hat Shallow Gas Field. SPE Paper 28609, presented at the 69th Annual Technical Conference, New Orleans, LA, September 25-28, 1994.
Whitson, C., Brule, M., 2000. Phase Behavior. Society of Petroleum Engineers, Richardson, TX.
Wick, D. et al., 1986. Effective production strategies for coalbed methane in the Warrior Basin. SPE Paper 15234, presented at the SPE Regional Meeting, Louisville, KY, May 18-21, 1986.
Wiggins, M. L., 1993. Generalized inflow performance relationships for three-phase flow. Paper SPE 25458, presented at the SPE Production Operations Symposium, Oklahoma City, OK, March 21-23, 1993.
Willhite, G. P., 1986. Water Flooding. SPE, Dallas, TX.
Willman, B. T., Valleroy, V. V., Runberg, G. W., Cornelius, A. J., Powers, L. W., 1961. Laboratory studies of oil recovery by steam injection. J. Pet. Technol. 13(7), 681-690.
Yeh, N., Agarwal, R., 1989. Pressure transient analysis of injection wells. SPE Paper 19775, presented at the SPE Annual Conference, San Antonio, TX, October 8-11, 1989.
Zuber, M. et al. (1987). The use of simulation to determine coalbed methane reservoir properties. Paper SPE 16420, presented at the Reservoir Symposium, Denver, CO, May 18-19, 1987.